城市读本

（中文版）

The Chinese City Reader

[美] 理查德·T·勒盖茨　[美] 弗雷德里克·斯托特　英文版主编
[美] 张庭伟　田　莉　中文版主编

中国建筑工业出版社

图书在版编目（CIP）数据

城市读本（中文版）/（美）勒盖茨，（美）斯托特英文版主编；（美）张庭伟，田莉中文版主编．—北京：中国建筑工业出版社，2013.10（2022.8 重印）

书名原文：The Chinese City Reader

ISBN 978-7-112-15754-9

Ⅰ．①城…　Ⅱ．①勒…②斯…③张…④田…　Ⅲ．①城市规划－研究　Ⅳ．① TU984

中国版本图书馆 CIP 数据核字（2013）第 198749 号

责任编辑：董苏华　张　建　孙书妍
责任校对：张　颖　王雪竹

城市读本（中文版）
［美］理查德·T·勒盖茨　［美］弗雷德里克·斯托特　英文版主编
［美］张庭伟　田　莉　中文版主编

*

中国建筑工业出版社出版、发行（北京海淀三里河路 9 号）
各地新华书店、建筑书店经销
北京嘉泰利德公司制版
北京市密东印刷有限公司印刷

*

开本：787 × 1092 毫米　1/16　印张：42¼　字数：1062 千字
2013 年 11 月第一版　2022 年 8 月第六次印刷
定价：148.00 元
ISBN 978-7-112-15754-9
（31350）

各部分编辑简介

第 1 部分　城市的演进
胡以志，澳大利亚堪培拉大学城市规划与设计助理教授

第 2 部分　城市文化与社会
侯丽，同济大学城市规划系副教授，博士生导师

第 3 部分　城市空间
张宗彝，同济大学房地产系讲师

第 4 部分　城市政策，管理和经济
王兰，同济大学城市规划系副教授

第 5 部分　城市规划的历史与展望
张立，同济大学城市规划系讲师

第 6 部分　城市规划理论
田莉，同济大学城市规划系教授，博士生导师

第 7 部分　城市规划实践
秦波，中国人民大学城市规划与管理系副教授

第 8 部分　城市设计
李晴，同济大学城市规划系讲师

第 9 部分　全球化背景下的城市
马文军，上海交通大学建筑系副教授

鸣 谢

历时五年，几经反复，本书终于得以出版，这是团队协作的成果。中文版主编希望在此对作出贡献的以下人员表示衷心的感谢：

主要翻译人员：张立（序言）；胡以志（第 1 部分）；侯丽、方伟（第 2 部分）；张宗彝（第 3 部分）；王兰、雷月梅（第 4 部分）；张立、毛其智等（第 5 部分）；田莉、童明等（第 6 部分）；秦波、田卉等（第 7 部分）；李晴（第 8 部分）；马文军（第 9 部分）。

各部分选文的翻译由各部分编辑负责（除特殊注明外，选文由各部分编辑进行翻译）。

全书各部分引言及各篇选文的编者导读由张庭伟审校、编写，此前由其助手于洋作了初校。中文文献由张庭伟组织、选编。

全书的英文正文、插图翻译由田莉审校。其助手梁印龙在图片收集、格式编排上做了大量工作。

我们要特别感谢理查德·T·勒盖茨教授，没有他在版权、出版等方面的协助推动，本书不可能在较短时间内完成。我们也要感谢中国建筑工业出版社的大力支持，使本书得以顺利出版。

张庭伟　田莉

2013 年 7 月

目　录

第 5 部分　城市规划的历史与展望

第 6 部分　城市规划理论

第 7 部分　城市规划实践

第 8 部分　城市设计

第 9 部分　全球化背景下的城市

后记

框 图 目 录

第 1 部分　城市的演进

第 2 部分　城市文化与社会

第 3 部分　城市空间

第 4 部分　城市政策，管理和经济

第 5 部分　城市规划的历史与展望

第 7 部分　城市规划实践

第 8 部分　城市设计

第 9 部分　全球化背景下的城市

导　言

《城市读本》(中文版) 首次以英国 Routledge 出版社出版的英文第 5 版《城市读本》(City Reader) 为蓝本，为中文读者选译、编辑的最重要的经典及当代城市研究领域的文献。此前，英文版《城市读本》已经在北美、欧洲及其他英语国家畅销了 17 年。两位英文版主编，理查德·勒盖茨及弗雷德里克·斯托特，都是已经退休的城市研究教授，他们两人合起来从事教育工作的时间超过了 80 年，但是迄今仍然活跃于学术领域。两位中文版主编张庭伟教授及田莉教授，在 5 年时间内选择文献并联系组织了包括在同济大学、中国人民大学、上海交通大学及澳大利亚堪培拉大学任教的几位优秀年轻教授共同翻译了本书。

勒盖茨及斯托特教授在他们教育生涯的前期，分别在旧金山州立大学、斯坦福大学、加利福尼亚大学伯克利分校教授城市研究、城市及区域规划的课程。他们的学生经常问：哪些是在某个研究领域中最优秀的城市规划论文？哪一篇新发表的文章抓住了有关城市研究、规划学科某个领域的最新发展动向？张庭伟教授在伊利诺伊（芝加哥）大学及同济大学的学生，田莉教授在同济大学及中国人民大学的学生，也提出过相似的问题：什么是中国及西方在城市研究、规划领域最主要的论文？由于无法向学生们提供一个单独的资料库，所以我们积累了我们认为的主要文献及书目的复印本供学生们参考。显然，一个经过系统汇编的优秀论文文选，不但能够向城市研究和城市规划专业的学生介绍经典文献，还可以作为与城市问题有关的所有课程的主要教材。正是基于以上两个目的，勒盖茨和斯托特教授才于 1991 年开始编著英文版《城市读本》。由 Routledge 出版社于 1995 年出版的第一版《城市读本》收纳了规划专家、学术界同行和学生一致认为应该介绍给学生的经典文章和最新论文。

很快，《城市读本》便成为世界各国规划研究、城市与区域规划、城市地理、城市社会学等课程的必读图书，2012 年该书更是荣登“亚马逊”购物网上城市和土地利用规划类书籍的百大畅销书榜首。基于该书所取得的成功，Routledge 出版社以其为范本，出版了一套关于城市的系列丛书。到 2011 年，《城市读本》已发行到第 5 版，而一套共 10 分册的“城市读本系列丛书”也已经出版，包括了城市设计、全球城市、可持续城市发展、城市与区域规划和其他城市研究和规划等重要课题。

随着中国经济的腾飞和大规模的城市建设，英文版《城市读本》也引起了海外华人学者和规划专业中国留学生的关注，出版中文版的呼声越来越高。熟悉英文版《城市读本》的华人学者和学生普遍认为经典的以及当代的关于诸如城市历史、大都会地区财政、全球气候变化、全球化、城市设计、信息技术和很多其他方面的著作对中国都具有广泛的借鉴意义。而且，除了重要的西方文献外，新一代的中国城市学者也已经取得了不少令人瞩目的研究成果，这些成果补充和扩展了西方文献。因此，《城市读本》（中文版）的四名主编选编并组织翻译了英文版中与中国最相关的文献，同时还新收录了一些来自中国学者的最新研究文章——因为要编著一本中文版的《城市读本》，仅仅翻译西方文献是不够的。我们需要的是一本全新的文选，收入和中国有关的西方文献，删除只适于美国及欧洲读者的、内容过于狭隘的文章；同时也收录经典的以及当代的中文文献。

从近 20 年来西方读者的反馈来看，英文版《城市读本》的最大优点之一就是对于全书、各章、各篇文献所作的“编者导读”介绍，这些介绍将各自独立的文章放入当时当地的背景中，这样，《城市读本》就不仅仅是单篇优秀文献的简单汇集，而是把它们融会串联起来，使全书成为一个整体。因此，我们在编著《城市读本》（中文版）时，一个决定性的决策就是重新撰写所有的“导读”介绍，将收录的中文文献也放入各自的时代背景中，与原来的西方文献“无缝地”融合成为一个整体。

翻译 60 多篇文献、并重新撰写“导读”介绍是一项繁重的任务，仅靠四位主编显然难以完成。由于文献内容在概念上的复杂性，并涉及很多规划专业术语，非专业人士也难以胜任翻译工作。对于中文读者而言，中外不同文化和时代背景的确切解释尤其至关重要。但是具有足够专业知识、又有优良外语能力的中国规划学者确实不多。我们的工作有幸得到一批具备这样能力的出色学者的大力支持，他们拥有西方大学的博士学位或有在海外留学的背景，具有扎实的专业知识基础和出众的双语能力，足以胜任文献的翻译和引言的撰写，从而可以整合中西方经典文献，并且把每一篇文献都放入适当的背景中进行介绍。

《城市读本》（中文版）收录了一系列经典文献。基托（H.D.F. Kitto）在“城邦”一文中提出的根本问题，即个人及其生活的社区的关系，在今天与在 2400 年前同样重要。沃斯（Louis Wirth）75 年前发表的论文《都市作为一种生活方式》对于今天的规划专业学生理解在快速城市化中，中国出现的诸如经济问题、动迁问题和社会动荡现象依然具有现实意义。卡斯特利斯（Manuel Castells）关于新型网络社会的研究和霍尔（Peter Hall）关于规划理论的研究对于当今中国也具有重要的参考价值。同样，本书中所选的梁思成、吴良镛、林毅夫、仇保兴等中国学者的中文文献提出了一些值得思考的根本性问题，也是对西方文献的重要补充。

《城市读本》（中文版）也力图收录一些优秀的关于城市研究的当代文献。我们发现学生对于下列文献具有广泛的兴趣：帕特南（Robert Putnam）关于正在衰退的社会资本的发现、吴缚龙关于转型中的中国城市的描述，卡斯特利斯关于“流空间”的研究，以及勒盖茨和张庭伟对西方规划著作的综合介绍等。本书中所选文献绝大部分来自20世纪学者的研究，而且力求是最近的著作。

《城市读本》（中文版）是一本国际文献选集。在全球化的背景下，学生们必须具有国际视野，必须了解国外杰出学者的思想。除了来自美国和中国的学者外，本书还收录了来自奥地利、澳大利亚、加拿大、丹麦、英国、法国、德国、伊朗、意大利、西班牙和瑞士等国家学者的文献。他们当中很多人都具有广博的全球视野可供借鉴。

《城市读本》（中文版）是一本跨学科的文献选集，所涉及的学科包括人类学、建筑学、考古学、城市规划、古代经典、文化研究、人口学、经济学、地理学、历史学、景观建筑学、法律、政治学、社会学和城市设计。很多作者交融了跨学科的真知灼见，其中一些最优秀的著作甚至完全超越了传统的学科框架。

《城市读本》（中文版）强调城市建成环境与自然环境之间的联系。随着世界人口激增，城市化深入，设计建造可持续的城市已成为当务之急。布伦特兰委员会（The Brundtland Commission）、比特雷（Timothy Beatley）、惠勒（Stephen Wheeler）、吴志强、王建国等一些学者的著作，向学生们介绍了关于可持续城市发展、绿色城市主义、生态设计、新都市主义及其他城市规划、设计方面的新内容。

《城市读本》（中文版）所选的文献还有另外两个目的：一，向学生们展现经典文献的思想理念；二，让学生们领略优秀文献的写作风格。本书收录的文献的作者，如基托、芒福德、怀特、雅各布斯、帕特南、戴维斯、霍华德、张庭伟、唐子来、周一星、胡鞍钢、赵民、孙施文等的文章都同时具有思想和文采，提供了良好的实例。通过阅读他们的文章，读者可以学到如何写出易于理解、条理清晰的论文。而在卡斯特利斯、芒福德、林奇、霍尔等学者的文章中，则处处展示出思想的火花。因此本书中的文献不但涵盖了广泛的内容，而且能够启迪读者的思考。

作为一本城市研究经典文献的选集，其组织结构必须有灵活性。因为城市研究和城市规划所涉及的内容纷繁复杂，而相关课程的种类、每门课程的内容也千差万别，所以没有一种公认的最佳方法来组织关于城市及规划的文献。因此，本书力求建立一个具有广泛适应性的灵活结构。我们把文献划分为九大部分：城市的演进；城市文化与社会；城市空间；城市政治，管理和经济；城市规划的历史与展望；城市规划理论；城市规划实践；城市设计；全球化背景下的城市。这样，教授们在使用本书时可以根据其各自课程的展开程序来选用、指定本书中的阅读文献。

在《城市读本》（中文版）中，我们讨论了关于“愿景”（visions）在城市研究和城市规划中的重要作用。在导言的结尾处，想谈谈我们自己的“愿景”，即如何使用本书。我们设想本书的基本读者是首次接触城市及规划文献的中国学生，以及在中国学习的国际学生。本书也可以作为非规划及城市研究专业学生的通用课程教材。当然，本书的主要受众是城市规划和其他领域中侧重于建成环境研究的学生。对于这些学生，本书可作为一部毕生有用的经典文献参考书。我们希望本书能够拨动读者们理想的心弦，激发学生们对于城市问题更加深入的思考及更加广泛的阅读。在每一篇文献后面，我们都列出了该作者的其他相关文章，以及其他作者对于同一课题的相关文献。对于选修城市研究、城市与区域规划、地理学、社会学、政治学、历史学等课程的学生们来说，本书是一本涵盖了多学科的关于城市问题的综合读本。

我们希望《城市读本》（中文版）能够成为一本受到学生、教授和实践工作者喜爱并且时时阅读的参考书，并希望所收录的文献能够经得起时间的考验，在多年后重读它们依然能够给读者带来新的启迪。

最后，第一版的《城市读本》（中文版）的出版将是一个重要的起点，但它远远不会是封顶之作。我们希望它能够在未来继续再版，作出动态调整，不断完善和充实。同时，我们也希望参与本书选编及翻译工作的这些充满才气的年轻学者们能够在今后的再版中继续自己的杰出工作。随着中国在国际城市研究和城市规划领域中的学术地位不断提升，我们期待在将来再版的《城市读本》（中文版）中有更多来自海内外中国学者的文献，而这些年轻一代的中国学者正是今天本书的读者。我们坚信在西方专业杂志上将会看到越来越多的出自中国学者的文章，而西方学术界必将越来越从向中国同行和中国经验的学习中获益。

理查德 · T · 勒盖茨　教授

弗雷德里克 · 斯托特　教授

张庭伟　教授

田　莉　教授

2013年7月

绪言　如何研究城市

理查德·T·勒盖茨

研究城市是一项宏大而无止境的事业。对于研究城市的个人而言，有太多的内容需要掌握，并且要一直不断地学习。幸运的是，无论是过去还是现在，很多优秀的学者已经开始关注城市。我们现在知道大量的关于城市的信息，包括城市如何演化、城市社会结构、城市文化、城市内部空间组织、城市体系中城市间的关系、城市应承担哪些经济职能，如何管理城市、怎样规划和设计城市，以及（预判）未来的城市图景。《城市读本》（中文版）的主编认为，过去一百年关于城市的经典作品在当今时代仍然散发着其恒久的光芒。

关于城市的专业学科教学和跨学科教学

尽管课堂上关于城市的学术性教学不同于英国文学和土木工程，但是大部分有关城市的学术研究可以归类在“城市研究”的名目下，因为在城市规划、城市设计、建筑学和景观建筑学之类的应用性专业课程中或者是在跨文化研究项目中，城市研究是类似城市地理学、城市社会学、城市政治学、城市经济学、城市人类学等社会科学学科研究领域中的一支。对于第一次接触这些内容的学生而言，提供一份关于这些领域和学科的阐述，并阐释其如何适应大学教育，这样的工作是有益的。

几乎所有的现代大学都以专科或本科学院的形式来组织教学和科研，比如社会科学学院、建筑和城市规划学院。专科和本科学院通常是围绕一个学科的学术部门（比如地理系）来相应地组织；当然有时也有跨学科的项目，比如城市研究项目，往往需要学生研修多门不同学院的学科和领域的课程。在院系部门和具体项目中有来自不同学术背景的教师。城市与区域规划和城市研究系通常是由多学科组成的，其教职工具有多种学科和专业背景。比如在美国的一个中等规模的城市与区域规划系中有 10 位核心教职员工，其中三位有城市与区域规划专业的博士学位、两位有城市设计或建筑学的学位，一位有法学学位，另外四位分别有经济学、地理学、统计学和政治学博士学位。

大部分的大学鼓励跨学科的科研和教学。比如一所大学可能会鼓励历史学教师去为城市研究系的学生讲授课程，或者城市研究系可能会将经济学系的城市研究课程纳入城市研究专业的必修或选修课程。尽管不同学科背景的教师和交叉学科的学者都在研究城市，但是大部分的关于城市的学术文献（比如《城市读本》中的大部分文章，以及 Routledge 出版社出版的“城市阅读”系列丛书）一直以来是出自社会学家（社会学专业学者是经过训练的，他们系统研究人类社会的方方面面）之手。《城市读本》中的一些文章以及《城市和区域规划读本》和《城市设计读本》中的一些节选由城市规划和设计（城市和区域规划、城市设计、建筑学、景观建筑学）应用领域的学者撰写。

大部分的大学有专科或本科社会科学学院。社会科学学院包括一些社会科学的部门（系），这里的授课教师拥有地理学、社会学、经济学、政治学和人类学的学科背景。历史系有时在社会科学学院，有时在人文学院。在这些社会科学部门（系）中，对城市有兴趣的教师从他们各自学科的视角来讲授城市课程，这些课程包括城市地理学、城市社会学和城市政治学等。在这些以各学科为基础的课程中，教师会使用一些由其他学科学者撰写的资料。比如，一位地理学教师可能会在城市地理学课程中使用一些经济学者和社会学者经常运用的内容和方法。城市和区域规划系（在英国经常称作“城乡规划”）通常在专门的学院中，这类学院通常包括建筑学，规划学、景观建筑学，有时也包括一些与建成环境相关的学科。

在关于城市研究的不同学科和专业领域中，实际内容、方法和理论之间的边界往往是模糊的。城市经济学者倾向于使用定量方法研究城市经济，而城市社会学者倾向于使用定性方法研究城市的社会问题。但是部分城市经济学者也使用定性方法，部分社会学者也会更倾向于使用定量方法。大部分关于城市政治学的学术文献是政治学者基于其共同遵守的理论和方法撰写的。但是法学教师迈伦·奥菲尔德（Myron Orfield）使用地理信息系统软件描绘大都市区域，并形成了大都市政治学理论，该理论在政治学者当中已经有了很大的影响力。社会学家萨斯基娅·萨森（Saskia Sassen）关于全球城市体系的著作不仅在规划师、经济学者当中广为传阅，在政治学者圈中也广为熟知，在其他领域也是如此。

学科是有其自身优势的，学科通常或多或少有其获取知识的独特方法，同时或多或少有学科内公认的知识体系。比如所有想获得历史学博士学位的教师必须学习历史学者使用的历史学研究方法。所有的历史学教师需要研修足够的不同门类的历史学课程，这样他们才能够有宽广的知识面，而不是仅仅局限于他们专长的一个或几个研究时段、研究议题或者历史学调查方法。

学科的不足之处在于，会助长在学科自身内部进行严密思考的习惯。实际上存在这样的风险，比如，对于受过经济学严密训练的教师而言，当他研究或者讲授关于城市蔓延的议题时，他会仅仅强调经济因素的重要性。因为大学曾经教育他们经济学的重要性，从而使得他们忽略（城市）蔓延的政治、社会和空间方面（因素的重要性）。当然，认识城市蔓延是与土地使用价值差异、工作地点变化、基础设施融资等经济因素相关的经济问题也是重要的。但是，理解郊区特点的社会学属性、郊区独栋住宅设计与郊区蔓延的关系、郊区种族集聚的空间特点以及许多其他与经济学间接相关的议题，会更进一步地丰富对郊区的理解，并且有助于形成好的城市规划和政策。总体而言，跨学科研究有其优点。如果工作方法得当的话，跨学科研究可以提供对研究现象的多元维度的认识，这种认识比从单一学科视角的研究更加丰富、更加全面、更加多样化。

因为跨学科研究缺少思维的严谨性，因此容易变得松散和缺少标准，这是跨学科研究的风险所在。经过严格训练的特定学科的学者通常会对致力于广泛但肤浅的跨学科教学、研究和写作的同事持激烈的批判态度。

理论和实践

关于城市的学术著作是受理论影响的，所谓理论是指用逻辑上和条理上都很清晰的一系列原则来解释现象。社会科学中的理论倾向于提供一个认识（现象的）框架。比如，曼努埃尔·卡斯特利斯的关于流动空间的理论提供了帮助解释数字信息流动如何影响全球城市体系的丰富洞见。

一些教师认为只有基础研究和理论构建是有价值的，他们瞧不起试图解决现实中城市问题的应用研究和著作。他们认为应用研究是派生物、是低等级的研究活动，是一种职业教育，不适合真正的学者。这样的观点实在是太愚蠢。

城市非常适合于进行应用研究，如同纯粹学术研究一样，以问题为导向的学术研究同样可以在理论上富有洞察力、在研究方法上精通娴熟。威廉·怀特（William Whyte）基于对纽约城市公园和广场的观察而提出了公园和广场的颇有创见的设计方法，詹姆斯·Q·威尔逊（James Q. Wilson）和乔治·L·凯琳（George L. Kelling）基于对新泽西州纽瓦克市的警察工作的观察提出了关于社区治安的“碎窗”理论，约翰·福雷斯特（John Forester）基于对实践经验丰富的规划师的大量访谈提出了调解城市规划冲突的学说，上述这些理论与《城市读本》中任何一篇应用研究较少的节选一样，是理性的、逻辑缜密的。

彼得·霍尔（Peter Hall）和其他学者痛斥在城市理论和实践之间缺少联系。我们也赞同这一观点。理论和实践需要在研究城市的过程中进行链接。理论可以形成实践，实践也可以形成理论。对于如何链接理论和实践，约翰·福雷斯特的方法是一个很好的案例。福雷斯特通过与从业者的访谈提出了关于规划师如何处理冲突的学说。他提出的学说对于从业者也是有益的。

研究城市的方法

研究城市的学者既使用定量研究方法也使用定性研究方法。两种研究方法对于认识城市都是有意义的。最好的城市研究设计经常将定量研究与定性研究相结合，并用多种方法对问题进行三角测量。

定量研究方法需要使用统计方法分析数据。实际上，所有的定量分析现在都是由计算机辅助完成的。如果一位城市政治学教师在做关于城市选票数据的统计分析，想知道新近的移民对于移民政策的感觉与长期居住的非移民是否有不同，那么他就需要做定量的城市研究。应用统计也是大部分城市研究和城市规划课程中的常规部分，有时在一些社会科学学科中也需要应用统计。学生们通常需要学习使用类似社会科学统计套件(SPSS)之类的计算机统计软件来做定量分析。

在很多城市研究中，时间是很重要的维度。研究者可以选择在某一特定时间点来认识一个问题。试想，科学家在研究一千年前形成的一百步长的极地冰圆柱样本，试图测定过去不同时期进入的空气中的碳含量时，从冰柱上割下一个小切片研究其碳含量（其中的碳是在 1682 年冻入冰柱中的），这可能就是自然科学中所谓的截面研究的一个例子。同样地，仅仅聚焦于某一时间阶段的社会研究也是截面研究。弗里德里希·恩格斯关于 1844 年英国曼彻斯特工人糟糕生活和工作状况的研究就是一个很好的截面城市研究的案例。他描述的那一年的（工人）状况与更早时期的状况是不同的，并且未来这一状况可能会改变。但是他对那一年曼彻斯特的（工人）状况的速写提供了一张令人震惊的关于早期工业城市状况的图景照。

试图认识一段时间状况变化的研究设计，我们称之为纵向研究设计。金斯利·戴维斯关于从中世纪早期至 20 世纪后半叶的人口城市化研究是纵向研究的一个案例。通过研究一千年时间里欧洲城市的人口数据，戴维斯可以描述这期间的变化，而截面研究在这方面是不可能的。

在很多城市研究中地理空间是一个很重要的方面。大部分关于城市现象的统计分析是非空间的（不包括作为变量的地理空间）。但是因为许多城市现象有空间维度，因此在研究城市和制订城市与区域规划时，地理信息系统软件（GIS）是非常重要的，该软件允许用户使用地图表现数据信息。在地理系、城市规划系和其他相关院系中通常会开设 GIS 课程。迈伦·奥菲尔德通过使用 GIS 描绘美国大都市区域的城市特质，来识别公共需求和政治利益。这是城市空间分析中一个非常精彩的案例。

定性研究不需要包括数字和统计分析。威廉·怀特使用观察（包括利用各时间段的照片）的方法来发现人们如何使用城市公园和广场，这是对于城市定性研究方法使用的令人印象深刻的一个很好的案例。城市社会学家威廉·朱利叶斯·威尔逊（William Julius Wilson）和伊利亚·安德森（Elijah Anderson）花了大量时间在芝加哥和费城黑人聚居区观察：每时每刻这里都发生了什么，并且进行了居民访谈，从而完成一次全面彻底的定性田野研究。安德森对于居民陈述的描绘，勾画了一幅错综复杂，但是刻画深入的（黑人聚居区生活）画卷，这是使用定量研究方法所无法完成的。城市设计师凯文·林奇（Kevin Lynch）和他的学生们对波士顿居民进行了一系列访谈，来认识人们如何感知城市意象，这是另外一个令人印象深刻的定性研究的优秀案例。

进行城市研究，从来都不是只有一条正确的路径。多种方法（的运用）可以帮助研究者对一个问题实现多维度认知。这样，学者在研究城市蔓延时，可能同时选择截面和纵向研究方法、定量和定性研究方法。定量研究可以包括使用计算机统计套件的非空间分析，也可以包括用 GIS 进行的地图绘制和空间统计分析。在这个开放的研究设计中，研究者可以选择各种各样的研究方法，这取决于其研究技能、可支配的时间以及经济成本。在城市研究中广泛使用文献搜索、观察、访谈、深度访谈、基于互联网的搜索、电话或通信调查、群体聚焦、案例研究和许多其他研究方法。

尽管这不是一本关于城市研究方法的书，但是一些选文的编者导读对选文使用的研究方法进行了评论。对于所有其他选文，也如同理解文章主旨一样，要特别关注其研究方法。

有关城市研究的组织和杂志

许多学术社团举办会议、制定标准、发行学术杂志和提供相关资助。在北美，几乎直接与城市研究相关的学术团体是城市公共事务协会［the Urban Affairs Association（UAA）］；欧洲相应的专业协会是欧洲城市研究协会［European Urban Research Association（EURA）］。这两个协会有来自各个领域的职员和学生，包括社会科学领域的、城市规划领域的以及其他领域的。

在北美，各规划院校均是规划院校联合会［Association of Collegiate Schools of Planning（ACSP）］的成员；在欧洲其是欧洲规划院校联合会［Association of European Schools of Planning（AESOP）］的成员。在拉丁美洲、澳大利亚和新西兰、加拿大、巴西以及葡萄牙语国家、法国以及说法语的国家都有规划院校组织。全球规划教育协会网络［Global Planning Education Association Network（GPEAN）］开设了一个网站，提供了上述规划院校联合会的链接网址。每一个规划院校联合会又提供了其会员的链接网址。

致力于国际规划教育的美国规划院校协会成员已经组织成立了全球规划教育者利益团体［Global Planning Educators Interest Group（GPEIG）］，该团体建立了一个非常活跃的、提供丰富信息的网站，关注世界各地的城市规划。

世界规划院校大会（World Congresses of Planning Schools）每五年举办一次，第一届2001年在上海，第二届2006年在墨西哥，第三届2011年在澳大利亚的佩斯举办。

像美国社会学协会［American Sociological Association（ASA）］、美国政治科学协会（American Political Science Association）和美国地理学者协会（Association of American Geographers）等学科性的学术组织都有特别的关注城市的社团分会组织。沿着这些会议的城市轨迹，有相同兴趣的城市规划专家聚集在一起，进行学术讲演、讨论学术论文或者用其他方式分享信息。

在美国，城市规划师的最重要的专业协会是美国规划协会［the American Planning Association（APA）］。在英国，相应的组织是皇家城市规划研究院［the Royal Town Planning Institute（RTPI）］。在这些组织中，有实践经验的规划师相聚在一起讨论他们的专业兴趣。这两个组织都发行非常优秀的期刊，并且有信息量丰富的网站。

像《城市事务》(Journal of Urban Affairs)、《城市研究》(Urban Studies）和《国际城市与区域规划》(International Journal of Urban and Regional Research）等杂志均刊发与城市相关的学术文章。《规划教育与规划研究》(The Journal of Planning Education and Research）杂志［由美国规划院校联合会（ACSP）发行］是北美顶尖的城市规划学术杂志。《美国规划协会会刊》［由美国规划协会（APA）发行］是一本更加关注于规划实践的优秀学术杂志。《城乡规划评论》(The Town Planning Review）是英国的顶尖城市规划学术期刊。同济大学主编的《城市规划学刊》(Urban Forum）和中国城市规划学会出版的《城市规划》(City Planning Review）是中国顶尖的城市规划学术杂志。

（张立　译）

第1部分

城市的演进

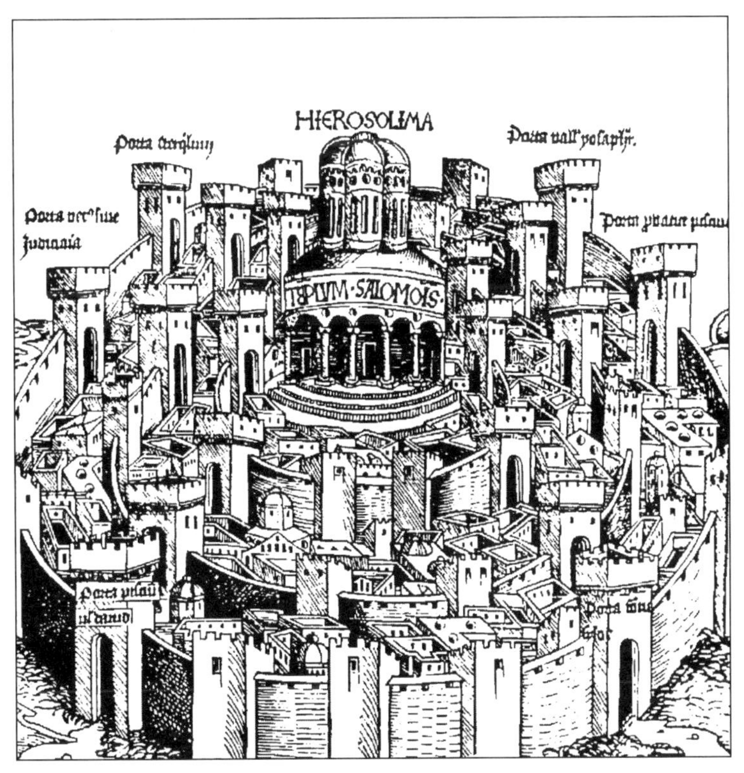

引 言

城市就是文明。人类进入文明社会用了好几万年。但是，自从公元前 3500 年左右美索不达米亚平原、印度河、尼罗河流域出现真正的城市以来，世界各地城市文化的影响力、城市人口的稳步扩散和增长就成为人类历史的中心事实。

正如人口学家金斯利・戴维斯所指出的，“城市化”和“城市的发展”不是一回事。按照戴维斯的定义，“城市化”是人口中城市与农村人口之间比例的增长。这种增长可以在城市本身不发展的情况出现（例如，农村人口大量死亡），或者城市人口增长，但是城市化程度没有提高（例如总人口，包括城市与农村人口，以类似的速度增长），这些都是掌握城市生活历史的重要概念。最重要的是，城市化的定义有助于解释农村到城市移民如何反复成为城市发展历史的关键性因素，而且至今仍然是关键性因素。

城市历史的特点既包括连续性——所有城市共有的城市功能缓慢演进的模式，也包括不连续性，或者是城市结构和功能的突变期。城市历史的首个突变期是澳大利亚考古学家 V・戈登・蔡尔德（V. Gordon Childe）称之为的“城市革命”，就是从简单的部落社区和村落农业生产到复杂的社会、经济和政治体制（这些是美索不达米亚、埃及和印度河谷最早期城市的特点）的重大转变。诚然，古代近东和其他地区最早期的城市发展依靠新石器时代积累的知识，诸如位于安纳托利亚（Anatolia）恰塔尔土丘（Catal Hüyük）的某些大规模新石器时代社区就比美索不达米亚城市早出现几千年，至少可以视为城市的原型。不过，在蔡尔德看来，形成真正的城市生活，书写的发展是一个至关重要的文化因素。作为书写和记录发源地的古代近东城市的出现，只是构成一系列巨变的第二步（第一步是建立农业居地的新石器革命），这一系列的变化塑造了人类发展演进的全貌。尽管这些连续性的阶段有所重叠，蔡尔德描述的三场“革命”（农业、城市和工业革命）都彻底地改变了世界。

在某些重要的方面，很多古代城市都十分相像。这些城市都有高墙环绕——除了埃及，那里城市周围的沙漠可能被认为足以防御外敌；还有秘鲁的一些地方，那里安全的帝国围绕着单个的城市，这样就不需要城市防御。此外，几乎所有的城市都包含明显的城堡要塞区，都有独立围墙，包括一座庙宇、一个宫殿和中央粮仓。很多早期的城市也拥有某种金字塔或庙塔。正如魏复光（Karl Wittfogel）在《东方专制主义》(Oriental Despotism)（1957）一书中所指出的，几乎所有的城市都位于大河旁边，其权力（以及统治者的权力）基于对大型灌溉系统的控制，这些灌溉系统为周围的乡村服务。此外，这些最早期的城市多数都由刘易斯・芒福德称之为“权力独白”（monologue of power）的全能宗教和军事统治者所控制。

这样，最早期城市的物理结构和社会经济的复杂性与此前的任何事物都有所不同。

石器时代的村庄是由长者组成的议事机构管理，而城市多由作为神王一体的独裁者及其侍从神职人员统治，他们形成一个与市民彻底分开的阶层。新石器时期社区建造的泥土围墙可能用作仪式庆典的中心，山上的堡垒可能用来避难和防御。古代城市——从幼发拉底的乌鲁克和巴比伦到墨西哥山谷的特奥蒂瓦坎和特诺奇蒂特兰——把这些设施改变成了精致的结构，有规模的遗迹至今依然可见。

在其他地区——中国、撒哈拉以南的非洲、东南亚、墨西哥、中美洲和安第斯——很多城市都发展起来，与古代近东城市的发展没有关系。然而，了不起的是，各地的古代城市在社会结构、经济功能、政治秩序和标志性建筑等方面十分相似。就是在今天——尽管所有城市都在某些方面与众不同——城堡的基本城市功能（主要与政府和管理秩序有关）、市场（生产和交换的经济功能实现所在地）和社区（家、家庭和当地社区文化）继续定义城市和城市生活。

不过，古希腊的城市突破历史的发展，其模式与古代近东城堡主导的城市发展非常不同。希腊城市出现于公元前 1200 年，在公元前 500 年就进入了令人吃惊的文化全盛时期。或许因为夹在狭窄的山谷中间，而不是位于宽阔的冲积平原，希腊城市规模不大（有时人口只有几千人），经济上自给自足，社会和政治机构几乎像村庄那样。希腊人对城市文明发展的显著贡献就是城市公民身份和民主自治的概念。希腊民主并非完美无缺，也算不上包容。女性、奴隶和外国人都被排除在公民权利和责任之外。但是民主原则的文化、艺术和智力成果不凡。“在几个世纪之内”，刘易斯·芒福德在《城市发展史》（The City in History）（1961）中写道，“希腊人对大自然和人类潜能的发现比埃及人或苏美尔人在几千年里发现的还要多。”

如果城市是文明，城市也是文化的工具，人类自打新石器时代就借助这个工具试图实现更高级和包容的社会概念。希腊人对城市文明历史贡献的核心是“polis”这个概念。它有时翻译成“城市－国家”，其他时候被认为是希腊城市的全体公民。H·D·F·基托在《希腊人》中对此有精彩描述。“polis”既指社区，也指社区感，有助于定义希腊城市居民与其所在的城市和其他城市公民乃至世界以及自己的关系。在《政治学》一书中，亚里士多德把人称为“zoon politikon”（“政治动物”，或者更恰当的说法是“属于 polis 的动物”），所描写的理想的城邦要足够小，以便一个公民说话，所有集合在一起的其他公民都能听到。希腊城市里有像雅典卫城这样的城堡，但是对希腊公民而言，公共生活的所有方面都发生在大会场或者公共市场，要接触农村大自然只需要走很短的路程。从这个角度来讲，在城市的语境里，“polis”是面对面交流的人际关系的重生，而这种关系正是新石器时代村落里前城市社区的特点。

作为城市生活历史的另外一个不连续节点或者突变，罗马城由一开始是意大利中部台伯河沿岸的一群村庄，发展成为一个类似早期希腊城市的强大共和国，然后突然膨胀成为一个巨大的都市和世界帝国之城——的确，这是遥远的城市社区的一个城堡城市，在某种程度上预示着如今主导全球社会的遍布世界的城市体系。罗马对文明的贡献很大。罗马的道路、导水管和排水系统制定了卓越的工程新标准。罗马的军事和殖民管理制度传播了普通法，建立了共享的和平，统治人口众多的广阔区域，从波斯一直延伸到苏格兰的边界。罗马帝国的扩张也传播了罗马文学、哲学和艺术，为广泛的文化霸权主义奠定了基础。罗马军团所到之处，就建设殖民市镇，常常留下原始的军事营地的遗迹，沿着后来中世纪城市中心的方位基点分布。

但是，如果说罗马人在行政和基础设施方面的成就令人叹为观止，他们在社会发展领域则问题多多。罗马人替换了希腊人的社区概念和政治参与方式，建立了帝国的特权公民身份，是基于贵族、门客和庶民严格区分的社会等级制度。从奥古斯特（Augustus）起，罗马皇帝就自称为神，安排奢华的场面让受到震撼的人民产生敬畏，还据说通过提供“面包和竞技”（即小恩小惠）来统治广大的罗马人民。最终，有着一百万人口的罗马逐渐被视为整个地中海世界的帝国寄生虫，罗马城和帝国最终因不堪自身的重负而分崩离析。

在西方，罗马帝国衰落之后的大部分中世纪时期里，欧洲是文化上的一潭死水。在中世纪早期，自给自足的宗教社区置身于世界之外，一些省城则撤回到罗马圆形剧场的高墙之内，罗马的人口减少到只有几千人。在同一个时期，中国和印度的一些城市影响力扩大，成为自己帝国系统的中心。中国唐朝的长安人口达到百万以上，是世界上最大、最规整、最宏伟壮丽和文化最为发达的一座城市，是唐朝的政治、经济、文化中心，也是世界文明的中心。欧洲在北部受到维京人袭击，南部受到北非阿拉伯人入侵，结果大部分欧洲地区重新回到农村状态，在军阀封建制度下，广泛实行着农奴制。

与此同时，伊斯兰城市——开罗、巴格达和当今西班牙摩尔人聚居的科尔多瓦——曾经是罗马帝国的范围，现在成为真正的权力中心。其他的城市中心——吴哥窟的高棉文明，中国朝代更迭建立的不同首都（如东都洛阳、东京汴梁、金中都、元大都等）、非洲的大津巴布韦——常常与欧洲的城市在财力和实力上相当甚至更强。不过在公元 1000 年之后，欧洲开始复兴，后来中世纪城市成为真正的商业、文化和社会中心。正如亨利・皮雷纳（Henri Pirenne）在《中世纪城市》(Medieval Cities)（1925）一书中指出的，正是其经济功能使得大的贸易市镇不可避免地实力增长，政治上实现独立。中世纪的市镇运用财富从贵族那里赢得自治的权利，在封建义务的海洋中成为自由的海岛。

欧洲中世纪城市的防御性围墙给城市和农村划分了清晰的界限，多数市镇规模不大，使城市工业和商业能轻松互惠，另外也可以追求农业发展。在市镇围墙内，行会提供了经济和社会生活的组织，而教堂关注公民的精神需求，建立了举办社会仪式和实现社区团结的框架。教堂、行会、慈善机构、大学和多彩的市场都是典型的中世纪机构。这些机构在一起构成了刘易斯・芒福德称之为的“城市戏剧”(urban drama)，但是一旦“这个社会秩序的团结被打破（因为民族国家和资本主义工业化的出现），所有一切都陷入混乱……城市成为相互冲突的文化和不协调的生活方式的战场”。

从古代到现代这段时期出现的城市非常多样化，亚洲和美洲的城市文明常常令欧洲的访问者瞠目结舌。在欧洲本身，中世纪城市结构的缓慢解体因文艺复兴的各种力量和集权君主制的崛起而加速了。强大的新民族统治者建造了自己的皇家宫殿，比如路易十四的凡尔赛宫，位于传统城市中心的外面。他们对现有城市构架进行干涉，建设适合展示巴洛克式浮华权力的宽广大道和开阔广场。启蒙运动和革命时代把国王们从神权上赶了下来，在新的社会政治背景下重新建立了符合城市商业利益的政治权力。最后，正是市场资本主义和建立在新生产技术之上的新工业经济秩序，摧毁了中世纪城市的最后残余，把教堂从其社会角色中分离出来，让市场保留其纯粹的经济功能，与此同时在世界范围内发展经济。这样一来，资本主义城市，尤其是工业革命的城市，在城市历史中形成另一次突变。资本主义创立了全新的城市范例，为所有后来的城市建立了实体、社会、经济和政治前提条件。随着工业革命的出现，我们看到城市现代主义的崛起。

虽然文艺复兴的政治和经济成果有助于在世界范围内传播欧洲的主导力量，这是通过广泛的勘察项目、地理发现和帝国扩张来实现的，但是工业化的力量帮助完成了欧洲主导世界的过程，把世界划分为先进的工业化国家（原来是欧洲和北美）和欠发达的非工业化国家。工业现代化也创造了新的社会秩序，这种秩序基于拥有财产的资本家和没有财产的无产阶级。而城市，尤其是新的工业中心，成为工厂和贫民窟的聚集地，这种大城市令人沮丧，也是世界前所未有的。

对新的城市工业秩序观察最早和最敏锐的人之一是弗里德里希·恩格斯，他本身就是德国一个大工业家的儿子。在《1844年英国工人阶级状况》（The Condition of the Working Class in England in 1844）（1845）一书中，恩格斯详细记录了曼彻斯特工人阶级地区无情的贫困和悲惨状况，以及资产阶级保护自身不受社会丑恶的困扰所采用的策略，而这正是他们财富的源头。这种令人吃惊的状况引起多种应对措施——引进城市公园、供水系统、公共卫生设施、鼓动给穷人提供救助和公共住房，甚至是完美社会的乌托邦式愿景——所有这些为现代城市规划作出了贡献。

工业革命的“震惊城市”（shock cities）——恩格斯笔下的曼彻斯特或者厄普顿·辛克莱（Upton Sinclair）在《丛林》（The Jungle）（1906）中描写的芝加哥——常被认为是独特和个别的现象，但是工业城市化的第一个阶段证明只是漫长的城市适应和转型过程的开始。著名的历史学家萨姆·巴斯·沃纳（Sam Bass Warner）回顾了工业革命之后一个世纪的变化，这些变化有的是技术、经济、城市社会生活和城市本身形态的全新而出人意料的发展。19世纪40年代，产业工人住在肮脏而污染的环境里，离他们工作的工业企业很近。这些就是刘易斯·芒福德称之为早期工业时期的“工厂营地”，而人的寿命即便在技术最先进的国家里估计也不超过40岁。但是水和蒸汽动力逐渐让位于电力，市政的交通系统让工人得以生活在离工作场所的烟灰远一些的地方。铁路使工厂能位于中心城市之外，一种新的中央商务区式的市中心开始成型，此时城市成为都市系统，其结构如欧内斯特·W·伯吉斯（Ernest W. Burgess）在《城市的成长》（The Growth of the City）中所描述的那样。在美国，奴隶制被废除，非裔美国人争取完全的公民权利的长征才开始。工会解放了产业工人，女性解放了自己。尤其是20世纪20年代以后，金融资本和商业规模营销的新形式提高了城市中产阶级乃至产业工人的生活标准。但是，城市工业一个世纪的故事并不完全是阳光灿烂的。随着物质的进步，人口的增长，大规模的移民要求文化设施，出现了路易斯·沃斯在《都市作为一种生活方式》（Urbanism As a Way of Life）中描写的社会和心理异化。但是，更清洁的空气和水、更多的社会整体财富、公共卫生及医疗技术的进步，意味着到了1940年现代工业城市居民的平均寿命估计接近65或70岁。

正如沃纳和其他城市历史学家所指出的，为了应对新城市现实的挑战和复杂的问题，一个令人信服的策略是中产阶级逃离到郊区。郊区化导致社会阶层隔离，成为现代社会一个持续的特点，是仍然持续的社会不和谐与阶级冲突的源泉。纵观20世纪，尤其在北美洲，中产阶级的郊区模式在规模和影响力两方面都大增，结果它们不再是中心城市的附属。相反，郊区现在定义很多城市的特征，把旧核心区留给了最贫穷的城市人口，需要花大力气进行更新和再开发。正如沃纳所指出的，尽管首先有“电车郊区”建在城市之间的铁路沿线，但是在新的郊区，尤其是第二次世界大战以后开发的郊区，出行都是依靠汽车，创造了“城市蔓延”。世界各地越来越多的城市都具备这个特点，罗伯特·布鲁格曼（Robert Bruegmann）将其描写为人口增长和社会财富增加以后几乎不可避免的一个过程。关于新的独栋住宅开发，人们写了很多文章，多数批评郊区为文化荒原，是阶级特权的隔离式庇护所。在《莱维敦镇居民》（The Levittowners）（1967）中，赫伯特·甘斯（Herbert Gans）对开发商阿瑟·莱维特（Arthur Levitt）在纽约长岛建造的独栋住宅社区给出了相当同情的看法。他描写了熟练工人和中产管理者组成的社区，这个社区注重家庭，是真正的中产阶级，而不是上层中产精英。在《杂草边疆》（The Crabgrass Frontier）这本书中的“当代美国的汽车文化”（The Drive-in Culture of Contemporary America）一章中，肯尼斯·T·杰克逊（Kenneth T. Jackson）对汽车主导的郊区作出了更加概括性的总结，从文化和设计规划的角度对城市蔓延进行了批评。

“蔓延”起初是指蔓延的郊区，但是后来很快超越了郊区起初的限制，一种新的城市类型于20世纪前几十年里在加利福尼亚州出现，标志着世界城市历史的一个新阶段。洛杉矶有时被说成是“寻找城市”的郊区集合体，常常被嘲笑是愚钝的后城市混乱的终极体现，但却打破了城市开发的所有现存规则和自然边界，最终成为新的极端分散的城市范例：站在后现代边缘的当代多核心都市。洛杉矶的关键特点——这座1920年不到60万人口的城市发展为如今的一千万人口——从一开始就存在，尤其是其“空间自由”和对中产阶级独栋家庭住宅的偏好，是作为“为生活而设计的表达”。不论好坏，这些特点被高速公路网和对汽车的依赖（很多人会说过度依赖）进一步加强，汽车取代了一度广泛存在的电车网络，创造了没有单一市中心的大都会区。如今，洛杉矶是真正的世界城市，其产品——工业和文化的——在全球各地具有影响力。

19世纪，中产阶级的郊区在主要城市中心之外发展，沿着通勤铁路线按照一定间距隔开。20世纪，汽车的影响使一度吸引人的小规模郊区变成无尽拥堵的蔓延。郊区发展的头两个阶段依靠关键中心城市的存在，它既是生产和就业的中心，也是文化设施的中心。然而随着洛杉矶的发展，这个模式开始改变，如今新的“边缘城市”（Edge City）郊区圈与早期郊区开发在规模、复杂性甚至功能方面都明显不相同。它们是多数新住房，多数新工作，甚至多数新文化中心的所在地。越来越多的情况是，主要通勤模式不是从郊区到中心城市，而是从郊区到郊区。的确，正如罗伯特·费什曼（Robert Fishman）在《中产阶级的乌托邦：郊迁化兴衰》（Bourgeois Utopias：The Rise and Fall of Suburbia）（1987）中指出的，新的“边缘城市”郊区并不是郊区，从根本上来讲而是一种新的分散型城市，他称之为“技术郊区”（technoburb）。

城市文明的未来如何会被无穷尽地探讨下去。中心城市会消失吗？“边缘城市”会担负起主要的城市功能吗？城市化过程会像梅尔文·韦伯（Melvin Webber）在1968年预言的那样逆转并导致反城市化和人口的普遍分散吗？或者某些城市区会变成世界范围的指挥和控制中心吗？——正如萨斯基娅·萨森在《新技术和全球化对城市的影响》（The Impact of the New

Technologies and Globalization on Cities）中所指出的全球权力的新城堡，在其内部公司的权力和服务业的边界不自在地共存。当然没人能说得准，但是城市历史好像越来越进入发生新突变的早期阶段。或许新的范式正在地平线出现，城市历史中新的不连续性被赋予各式各样的名称，如后现代、后城市主义或全球资本主义的重组，几乎肯定影响它们的因素包括电信网络、技术虚拟、经济交换的全球系统、需要更加关注可持续性问题的生态限制等。不论城市的定义出现怎样根本性的转换或变化，城市和城市社会本身将继续成为人类历史的中心，城市生活自古以来就有的某些特点——富人穷人共存、寻找社会公正和有意义的社区、交流和创新的各种机遇——将肯定会继续存在。新的城市范式似乎正在出现，新范式可能是部分区域性蔓延 / 部分技术郊区 / 部分虚拟都市——这就是曼努埃尔·卡斯特利斯称之为的“流动的空间，场所的空间”（the space of flows，the space of place）。不论如何演进，新的城市世界——全球化社会里由城市组成的世界体系——有可能成为城堡、市场和社区历史……以及一直作为人类机构的城市演变的重要新阶段。

人口城市化

金斯利 · 戴维斯

编者导读

本文选自《科学美国人》(1965)。城市化进程中的人口学研究是一切城市史的基础。人口学(demography)一词源自希腊语"demos"(人民),意即研究人口之学。金斯利·戴维斯(1908—1996 年)是历史城市人口学的先驱,特别侧重研究世界城市化的历史,即人类发展进程中城市人口相对于农村人口比例逐步上升的过程。

这篇选文综合了戴维斯关于城市化发展的研究结论,而正是城市化贯穿了人类的历史。他提出了城市化的一些根本性问题,也阐述了理解人口动态变化及城市发展的一个理论框架。戴维斯还做了一项基本性的工作,即对城市化可能的来源进行了细致的区分。他认为城市化是因为农村 – 城市的移民引起的,而不是因为不同的出生率和死亡率等其他因素引起的。

戴维斯收集了翔实的数据,研究了罗马帝国沦陷之后欧洲的小城市居住点在中世纪和现代早期缓慢发展的过程。这些数据为研究欧洲城市化历史发展提供了人口学背景。在漫长的中世纪时代城市化中,城市人口相对于农村人口增长非常缓慢。形成鲜明对比的是,在 1800 年左右城市化的进程大大加快了。戴维斯得出结论:英国的工业革命引发了城市人口快速增长,农村 – 城市人口间转换,使得城市人口比例和城市规模都迅速扩张。与此相关,弗里德里希•恩格斯则描述了工业革命给曼彻斯特和其他 19 世纪英国工业城市中贫困无产阶级带来的悲惨境地。他的分析对评估 21 世纪人类的未来有很强的相关性。根据一些环境人士的分析,发达工业社会和全世界的无限制发展将最终达到地球的承载极限。

戴维斯认为人类城市化随着一条扁形的 S 曲线发展:前工业化时代的城市发展非常缓慢,处于 S 曲线的底部;随着工业化的发展,城市增长非常迅速,处于 S 曲线的中部;然后到达 S 曲线的顶部,之后逐步稳定。他观察到发达工业化国家正处于 S 曲线的顶部,一些快速城市化的欠发达国家处在 S 曲线陡峭的中部,其他新兴的国家则处在 S 曲线缓慢增长的底部。将金斯利・戴维斯的 S 曲线放入一个 X 轴代表时间、Y 轴代表城市人口比例的坐标系,将有助于我们理解他的城市化理论。英国(城市化率在 1300 年只有约 5%,而现在则为约 93%)现在位于 S 曲线的顶部,其 S 曲线陡峭的中部随着工业革命的开始出现在 1750 年左右。长长的趋向水平的 S 曲线顶部标志着在几十年前英国就已经差不多完成了城市化进程。德国和法国的 S 曲线的长长的顶部和陡峭的中部出现都比英国要晚。中国 S 曲线长长的底部延续到大约 1980 年，此后才开始迅速上升。一些非常贫穷的非洲国家的 S 曲线依然处于底部，因为它们还没有开始快速的城市化进程。

亚洲、南美和非洲等地的一些发展中国家有大量迅速成长的大城市。21 世纪里，更多的人会生活在千万以上人口的“超大城市”（megacities）里。它们汇集在一起，形成广阔的“超大城市区域”（mega–urban region）。

戴维斯认为城市化发展会有终结的一天，但并非是指绝对人口增长的终结，也不是指城市规模增长或城市绝对人口增长的终结。他发现，一些正处在城市化进程中的欠发达国家，其农村人口也在增长，不像 19 世纪的欧洲，城市化发展带来农村地区人口的减少。他认为发展中的社会将无法支撑其人口增长。戴维斯的这一观点有助于理解萨斯基娅·萨森对全球与日俱增的贫困、不均以及发达国家的大城市里大量廉价移民劳动力等问题的描述。有关世界城市化的本质和动因的研究和学术争论仍在继续。根据联合国预测，目前主流观点认为全世界的总人口将从 2010 年的不到 70 亿增长到 2050 年的约 90 亿，城市化进程将在世界各个角落继续进行，特别是在发展中世界。

历史学家继续对城市的增长提出新的见解，由于他们所依赖的原始记录材料零碎而不完整，并非所有人都同意戴维斯或者其他学者的著述。关于战争、瘟疫、医疗进步、贸易、技术、宗教和意识形态等因素在多大程度上会影响城市发展，观点也多不一致。在一些规范性领域（normative area）中的争议更大，比如，如果政府可以对人口增长和城市化发展采取措施的话，那么应该如何采取措施。戴维斯强调人口总量增长（他认为这是对人类真正的威胁）对世界城市化的影响，并暗示为了让城市满足人类需求，计划生育是必要的。但是，很多政府因为宗教或者政策原因排斥计划生育。有些欧洲国家面临人口减少的问题，正在讨论是否应该采取鼓励多生的家庭生育政策。

戴维斯还有多篇关于人口学和自然资源的文章和著述。他有两本全集：《城市：起源，增长及人类影响》（Cities：Their Origin，Growth and Human Impact）（San Francisco：W. H. Freeman，1973），和 Mikhail S. Bernstram 合著的《资源，环境及人口：当代的知识与未来的选择》（Resources，Environment and Population：Present Knowledge，Future Options）（New York：Population Council，Oxford University Press，1991）。关于戴维斯和他的著作，还可参见 David Hoer 著的《金斯利·戴维斯：传记及选集》（Kingsley Davis：A Biography and Selections from his Writings）（Edison，NJ：Transaction，2004）。

其他作者的一些著作包含了大量关于世界城市化的数据，例如 Tertius Chandler 和 Gerald Fox 合写的《城市增长 3000 年》（3000 Years of Urban Growth）（New York：Academic Press，1974），Tertius Chandler 的《城市增长 4000 年：人口统计史》（Four Thousand Years of Urban Growth：An Historical Census）（Lewiston：Edwin Mellen，1987）。这两本书收集了 4000 年间全世界各个角落的城市人口数据的预测。这些预测有些来自当时的记录，而有些则来自该系列第二本书完成的 1987 年的学者的推算。书中脚注注明了这些预测的来源，是很有价值的数据和来源的资料概要。然而作者将不同时期的不同城市的人口数据进行纵向排列的做法实际上存在一些问题。因为这些数据来源纷繁芜杂，甚至彼此矛盾，并没有一个统一的定义或方法，Chandler 和 Fox 的推论必须要经过极端仔细的甄别，特别是最不完整和可信度最低的最早期城市的记录。Jan de Vries 在其著作《1500—1800 年期间的欧洲城市化 》（European Urbanization 1500—1800）（Cambridge：Harvard University Press，1984）中收录了关于所有在 1500—1800 年间人口达到或超过 10000 人的西欧城市人口的可靠数据，这些数据以 50 年为量度进行了详细的记录。有关人口学和城市化进一步的资料，可参阅世界银行的《世界发展指数》（World Development Indicators）（Washington，DC：World Bank，2005），Ad van der Woude，Akira Hayami 和 Jan de Vries 等编著的《城市化的历史：动态的互动进程》（Urbanization in History：A Process of Dynamic Interaction）（Oxford：Oxford University Press，1990），以及联合国人口署经常更新出版的《世界人口展望》（World Population Prospects）。其他有用的资料还包括 Paul Knox 和 Linda McCarthy 合著的《城市化：城市地理学导论》（Urbanization：An Introduction to Urban Geography）第二版（Upper Saddle River）（NJ：Prentice-Hall，2005）。

需要了解欠发达国家城市化的最新发展，可参阅 Alan Gilbert 编著的《拉丁美洲的巨型城市》（The Mega-City in Latin America）（New York：United Nations University Press，1996），Carole Rakodi 编著的《非洲面临的城市挑战》（The Urban Challenge in Africa）（New York：United Nations University Press，1997），Fu-chen Lo 和 Yue-man Yeung 编著的《亚太地区形成中的世界城市》（Emerging World Cities in Pacific Asia）（New York：United Nations University Press，1996）。

需要从环境的角度理解世界城市化，可以参阅 Cedric Pugh 编著的《可持续性、环境与城市化》（Sustainability，the Environment，and Urbanization）（London：Earthscan，1996）。Lester R. Brown 和 Jodi L. Jacobson 在《城市化的未来：面临的生态与经济制约》（The Future of Urbanization：Facing the Ecological and Economic Constraints）（New York：Worldwatch Paper No. 77，1987），以及 George Martine，Gordon McGranahan，Mark Montgomery 和 Rogelio Fernandez-Castilla 编著的《新全球前沿：21 世纪的城市化、贫穷与环境》（The New Global Frontier：Urbanization，Poverty and Environment in the 21st Century）（London：Earthscan，2008）书中总结了世界人口研究的近期成果以及对未来的反思，其中有些发现令人触目惊心。未来城市化发展对政策制定者来说当然是重要的课题。需要进一步了解与人口有关的政策问题，包括“世界人口大爆炸”的可能性，可参阅 Nicholas Eberstadt 的《富裕的乞丐及其他人口问题》（Prosperous Paupers and Other Population Problems）（New Brunswick，NJ：Transaction，2000）。若想进一步了解未来人口是否会减少，可参阅 Phillip Longman 的《空空的摇篮：出生率下降是如何威胁世界的繁荣以及我们如何应对》（The Empty Cradle：How Falling Birthrates Threaten World Prosperity and What To Do About It）（New York：Basic Books，2004），Ben J. Wattenburg 的《更少：人口下降的新人口学如何塑造我们的未来》（Fewer：How the Demography of Depopulation Will Shape Our Future）（Chicago：Ivan R. Dee，2004）。如果需要了解中国的“一胎化”政策及其影响，

可参阅 Valerie Hudson 的《揭示实质：亚洲过剩的男性人口对安全的影响》(Bare Essentials：The Security Implications of Asia's Surplus Male Population)(Cambridge：MIT Press，2004)。

正文

城市化社会里，大多数人口居住在拥挤的城镇之中，这是人类社会发展历程中崭新而重要的一步。尽管5500多年前就有了城市，但是它们规模很小，被包围在农村人口占绝对多数的区域之中，更重要的是，这些城市很容易就退化到村落或者小镇状态。相反，今天的城市化社会里，不但城市集聚的规模历史上从未有过，而且集中在这些城市集聚里的人口比例非常高。比如，1960年，近5200万的美国人生活在16个城市区域里。这些城市区域的面积加起来比起亚利桑那州的一个小县科奇斯的面积还小。根据美国统计局的一种统计方法，占美国总人口53%的9600万人集中在占国土总面积0.7%的213个城市区域里。美国统计局的另一种统计方法则表明美国城市人口占70%。大面积高密度的城市人口集聚所涉及的人际接触和社会复杂程度历史上从未有过。它们超过任何其他动物的居住规模，呈现出群居类昆虫而非哺乳类动物的行为特征。

大部分人并不清楚城市化发展是人类历史上较近的事情，而且速度非常快。1850年之前，没有社会可以称作是高度城市化的社会。1900年只有英国才可以这样称谓。仅仅65年后，所有工业化国家都已经高度城市化，而且全世界的整体城市化进程正在加速发展。

多年前，我和我在哥伦比亚大学的同事收集世界城市以及城市人口比例的资料，记录城市化进程。近年来，我们在加利福尼亚大学伯克利分校的国际人口与城市研究中心继续这项工作。这些研究获得的数据显示出城市化指标的一种历史趋势：居住在10万以上人口规模城市的人口比例。尽管这些数据都是近似数据，但是也足以表明城市化是如何加速发展的。1850—1950年间城市化指标的变化率就远远高于1800—1850年，但是1950—1960年间的指标变化率是此前50年的两倍！如果1950—1960年间的城市化速率保持下去的话，到1990年世界上居住在10万以上人口城市中的人口将超过一半。如果运用城市化的另一个指标——世界上居住在各类城市区域人口的比例——我们发现在1960年，这一数字就已经达到33%。

很明显，世界作为一个整体还没有全部城市化，但是很快就会。人类生活的这种变化最近才发生，即便是最城市化的国家其社会机制仍然留有农业社会的原始特征。城市化对人类组织和社会演变的深远影响只能通过假设去推想。

讨论人类城市化趋势及其影响时，我想赋予“城市化”这一词语特殊的意义。城市化是指在城市聚落中生活的人口比例，或者这一比例的上升。一个常见的错误就是把城市化简单理解为城市人口的增长。既然总人口由城市人口和农村人口组成，“城市人口比例”将受这两者影响。相应地，城市人口有可能在没有城市化发生的情况下增长，只要农村人口比例以同等或者更快的速度增长。

历史上，城市化与城市增长同时发生，这导致两者概念上的模糊。读者马上会发现，区分这两种趋势是必要的。比如，在当今最发达的国家，城市人口仍然在增长，但是城市人口占总人口的比例却保持稳定或者下降。换句话说，城市化进程——人口从分散的聚落向城市中心集中的过程——是有始有终的，但是城市的增长没有这种内在的规律。即便是所有人口都生活在城市之中，城市增长仍然有可能发生，只要出生人口多于死亡人口。

农村与城市的区别只是程度的不同。精确的区分标准都是人为的设定，各国不同。只要获得所有大小社区的数据，在它们之间划一条区分线就可以随心所欲了。比如，一个比较方便的城市化指标就是居住在超过 10 万人数之上聚落的人口比例。在下面的分析中，我将使用两个指标：一个是刚刚提到的这个；另一个是各国官方统计中的城市人口比例。现实中，这两个指标之间有很高的相关性，因此任何一个都可以当作城市化指标。

实际上，最难的并不是如何确定城市化标准的门槛，而是如何清晰界定城市区域的范围。洛杉矶的东部边界有多远？沿着胡格利河前行，加尔各答市区在何处消失开始变成农村？过去，城镇人口一般按照行政区域统计。因此纽约的人口经常被说成是 800 万左右，而这刚好是纽约市区的人口。第一次世界大战之前，这种数字的出入不大。但是自那以后，特别是在发达国家，城市人口迅速从行政区域内外溢。1960 年，美国统计局界定的纽约—新泽西州东北部城市区人口达到 1400 万。根据这种界定，纽约是世界上人口最多的城市，其人口总量是作为行政区域的纽约市人口的两倍。

由于城市发展的外延，单以行政区域为基础统计人口会低估城市人口而高估农村人口。正是出于这方面的考虑，我们尽可能多地界定了很多国家在 1950 年的大都会区域。这些大都会区域包括市中心、行政区域、城市以及城市周边人口外溢地区。

重新界定大都会区域的结果使得世界上居住在10万人口以上城市的人口比例由原来的15.1%上升到 16.7%。1960 年，我们尽可能使用许多国家提供给联合国的有关“城市集聚”的数据。比如，美国提供的有关“城市区域”的数据，是指人口超过 5 万的城市及其周边建筑集聚地区。

……我关心的是整个社会的城市化程度。从人类历史上小城市的首次出现到 19 世纪城市化社会的出现，其间几千年的变迁令人好奇。同样令人好奇的是，城市化社会出现的地区——西北欧——并非产生历史上那些大城市的地区。相反，历史上那些产生大城市的地区城市化率都非常低。诚然，中世纪时代的西北欧全然是农业社会，现代人很难想象。也许正是这些社会的非城市特征彻底剥离城镇的寄生性，从而最终创造出全新的社会基础，使城市化得到革命性的发展。

无论如何，两个看似互相矛盾的条件预示着新时代的到来：一个是中世纪的农业生产率，无论按人头还是按亩产计算都很低；另一个是封建社会制度。前者意味着城镇不能单凭当地农业生产而繁荣，必须开展贸易，并生产贸易制品。后者意味着城镇不可能获得周边农业地区的控制权，结果都变成相互交战的城邦。因此，这些城镇专事贸易和制造，并发展出与这种功能相适应的制度。工匠是要在城镇中工作的，因为城镇中的商人可以控制质量和成本。城镇之间的竞争引发专业化生产和技术创新。对识字、会计技术和地理知识的需要让城镇对世俗教育进行投资。

中世纪的城镇规模很小，所占地区的人口比例也很低，但是它们让工业和商业紧密相连，并注重技术。这些为后来城市化取得突破性发展奠定基础。要不是非牲畜能源和机械的应用使得生产率极大提高，城市化的突破性发展不可能出现。很明显，取得这样的突破非常困难。数据表明，在中世纪后的 300 年里，即便是欧洲人征服了新大陆，城市化发展前景仍不明晰。我收集了这些城镇在两个以上时间点的人口估算：16 世纪的城镇 33 个；17 世纪的城镇 46 个；18 世纪的城镇 61 个。它们在这三个世纪的平均年增长率低于0.6%。根据估算，整个欧洲1650—1800年的人口增长略高于0.4%。很明显，城镇人口的增长幅度非常小。如果单算10万以上人口规模城市的人数，它们占欧洲总人口的比例在1600年是1.6%，1700年是1.9%，1800年是2.2%。在工业革命来临前夕，欧洲基本上是农业社会。

工业革命带来的变化令人叹为观止。到1801年，英格兰和威尔士十分之一的人口居住在10万以上人口规模的城市。40年后，这一数字翻了一番；又60年后，这一数字又翻了一番。到1900年，英国已经是城市化社会。一般的规律是，一个国家工业化时间越靠后，其城市化速度就越快。居住在10万以上人口规模城市的人口比例从10%上升到30%，英格兰和威尔士花了79年，美国花了66年，德国花了48年，日本花了36年，澳大利亚花了26年。经济发展与城市化之间的紧密相关性一直持续下去……1960年，199个国家的城市人口比例与人均收入差异都很大。

很明显，从经济增长的角度理解现代城市化最容易，城市化的影响在发达国家的表现最显著。观察这些国家的城市化趋势，不难发现城市化是个有限度的过程，是这些国家从农业社会向工业社会过渡的过程。大部分发达国家的城市化集中出现在过去一百年里，而发展中国家的城市化则最近才开始。有些发达国家的城市化过程马上就要结束。然而，城市化的结束并不意味着经济发展或城市增长的结束。

典型的城市化过程可以描述成一个扁形的S曲线。从S曲线的底部开始，第一个拐点出现比较早，然后是很长的中间快速增长部分。比如，10万以上人口规模城市人口比例增长最快的时期在英国是1811—1851年，在美国是1820—1890年，在希腊是1879—1921年。当这一比例达到50%的时候，曲线开始转平，出现反复，甚至下降，直到城市人口比例达到75%。英国是世界上最城市化的国家之一，1926年城市人口比例是78.7%，比1961年的78.3%略高。

人们对于S曲线末端的城市化解释存在分歧。当一个社会发达到一定程度，且高度城市化，就有可能负担得起郊区化和城市边缘地带的开发。在这种情况下，城市化进程减慢是显而易见的：越来越多的城市人口居住在农村，且被划分为农村人口。为了解决这种分歧，有些国家选择扩大城市区域的范围。在1960年左右的人口普查中，很多国家就这样做了。至于传统的城市划分法和新的城市划分法哪个误差更大，人们看法各有不同。在城市化的高级阶段，城市化的整个概念是存在模糊性的。

如果不从经济发展决定城市化这点入手，就很难理解城市化的终结。首先要回答的问题是：城市从何而来？可选择的答案并不多：城市人口比例上升是因为农村居住点增长到一定程度就被定义为集镇或城市，是因为城市的出生与死亡人数之比超过农村，或者是因为人口从农村迁徙到城市。

第一种情况对城市化影响甚微。第二种情况从未发生过。历史上，阻碍城市增长的一个重要障碍是城市的高死亡率。19世纪中叶，伦敦的饮用水主要来自水井和河流，然后排向污水区、坟场和潮滩区。结果是，伦敦城定期就会受到霍乱的侵袭。有数据表明，1841年伦敦人的平均寿命约36岁，利物浦和曼彻斯特人约26岁，而同期整个英格兰和威尔士人的平均寿命则是41岁。1850年以后，由于卫生、营养和住房条件的改善，城市健康水平得到提高。但是，即便是1901—1910年间，英格兰和威尔士的城市死亡率仍然比农村高出33%。正如英国总登记办公室的首席统计师伯纳德·本杰明（Bernard Benjamin）所言："生活在城市不仅意味着染上流行病和城市疾病的高风险……而且意味着要忍受其他不良环境导致的疾病——工厂工作的折磨以及城市生活的煎熬。"但是，到了1950年，城乡间的死亡率差别基本消除。

就出生率而言，即便是在历史上城市化发展的高速时期，城市出生率也比农村出生率低很多。实际上，在19世纪后半叶和20世纪的前四分之一世纪，城乡间的出生率差别在逐步扩大。1800年，美国城市妇女的平均生育率比农村妇女低36%，1840年低38%，1930年低41%。此后，这一差别逐渐消失。

由于城市的高死亡率和低出生率，以及城市范围的界定对城市人口统计影响甚微，工业革命时期真正唯一决定城市人口比例上升的因素就是农村－城市间的移民。移民因素不但可以弥补城市人口自然增长的不足，还可以使城市人口总量大大提高。例如，如果城市人口比农村人口的死亡率高三分之一，但出生率低三分之一（19世纪后半叶的实际情况就是这样），城市则需要每年按照每千人移民40—45人的比例，才能保持年人口增长率3%。只要农村人口基数足够大，保持这样的移民比例很容易做到。但是，一旦农村人口基数不大，保持同样的城市人口增长比率意味着农村人口的流失。

为什么会发生农村－城市间移民？原因是，随着技术进步和人类生产率的提高，加上一些常量因素，人口在城市集中的回报率更高。其中一个常量因素是，土地是农业生产的主要工具，从事农业生产的人口很分散，相反对于制造业、商业和服务业来说，土地则仅仅是一个场所。再者，农业产品的需求比服务业和制造业产品的需求更缺乏弹性。随着生产率的提高，服务业和制造业可以支付更高的工资吸纳更多的劳动力。由于土地对于非农业活动来说仅仅是一个场所，这些活动可以选择彼此邻近（在城镇里面），使劳动分工中的空间限制最小化。同时，随着农业技术的进步，农业生产中的投资需求上升，人力需求不但降低，而且越来越成为经济上的负担。相当一部分农业人口处于不利境地，相对而言，他们会被吸引到收入更高的其他领域。

因此，人们发现，在工业革命时期，为什么每一个国家的农村人口都大量涌入城市。人们也发现为什么在城市人口比例已经很高、城市人口的再生能力不能抵消人口死亡的情况下，很多国家的农村人口流失情况会如此之严重，以至于出现农村绝对人口和相对人口都下降的情况。瑞典的农村人口1920年之后开始下降；英格兰和威尔士的农村人口1861年开始下降；比利时的农村人口1910年开始下降。

意识到城市化是一个会结束的过渡过程，人们会想了解另外一个事实，即在什么情况下城市化过程会结束。城市化过程的一个基本特征是从农业就业向非农业就业的深刻转变。这个转变与城市化相关，但不等同于城市化。特别是在城市化发展的后期，两者的区别开始显现。汽车、收音机、电影和电能的出现，加上工作天数和时数的减少，在农村生活的劣势被消除。同时，城市规模的扩大加剧生活的难度。这样，被定义为“农村”的人口相应扩大，包括来自城市的人口和真正的农业人口。正因为此，很多工业化国家的“农村”人口的绝对数量从未减少过。但是，很多工业化国家依赖于农业生产的人口——读者会以生产功能而非仅仅以农村居住地为标准来区分非城市人口——其绝对数量和相对数量都在减少。例如，美国1920—1959年间共计2700万人口离开农村，平均每年约70万。结果是，尽管农村家庭的生育率高，美国农村人口从1916年的3250万下降到1960年的2050万。1964年，根据美国更严格的“农村家庭”的定义，也就是这些家庭完全依靠农业生活，美国的农业人口数字下降到1290万。这一数字占美国总人口的6.8%，而1880年，美国农村人口的比例是44%。在英国，从事农业生产的男性人口最高峰是1851年的1800万；到1961年，这一数字下降到50万。

在这一过程的后期，工业化国家的城市化趋

向于停止。这样，经济发展与城市增长之间的关系也就结束。两种因素可以解释这种变化。首先，没有足够的农村人口继续为城市提供大量移民。（美国 1290 万的农民如何保证 1 亿城市人口的继续增长？）其次，受城市扩张影响而搬迁到农村的非农业人口和城市人口一样开始增长。人口统计局将城乡边缘地带的居民统计为城市人口，这样做的结果是将“城市”一词与高密度居住的概念剥离，越来越靠近“非农业”的意思。发达国家的城市人口越来越“农村化”，也就是说居住密度比较低，这样他们既可以享受城市生活的设施，而不必承受过去城市生活的拥挤。

但是，这里人们又会碰到一个问题，就是城市化的结束并不意味着城市增长的结束。新西兰就是一个很好的例子。1945—1961 年间，新西兰的城市人口比——也就是城市人口占城乡总人口的比例——基本没变（61.3%—63.6%），但是同期城市人口数却增长 50%。1940—1950 年间，日本的城市化率略有下降，但是同期城市人口数却增长 13%。

需要记住的是，一旦城市化结束，城市的增长就取决于整体人口的增长。同时，也会有足够的农村移民进入城市，以抵消人口自然增长的差别。当居住密度变得更低的时候，城市人口的生育率会上升，但是被“城市化”的农民的生育率会下降。因此，少量的移民是必需的，以保证城市增长与自然增长持平。

我现在开始讨论发展中国家。当前，发达国家的城市化开始放慢，正是占人类四分之三人口的发展中国家的快速城市化代表了当今世界的特征。事实上，1950—1960 年间，发展中国家 10 万以上人口规模城市的人口比例增长比发达国家要快三分之一。东欧和南欧欠发达地区的城市化速度要慢一些，但是世界上其他发展中国家的城市人口增长速度是发达国家的两倍，尽管后者常常把郊区和城乡边缘地带的人口也统计为城市人口。

城市化的规律决定当前发展中国家的城市化速度应该会超过发达国家。认识到这一点，有人会想当然地认为，发展中国家的城市化是典型的经济发展初期阶段的现象。但是，这种看法是错误的。发展中国家的城市化绝对不是在重复历史。当然，了解现状的最好方法是分析它与历史轨迹的不同之处。

首先需要注意的是，当今发展中国家的城市化速度不但比发达国家要快，而且比发达国家城市增长的高峰期还要快，尽管后者差别不是特别大。我们收集了 40 个发展中国家在最近几十年的数据，发现它们的城市人口比例平均每 10 年增长 20%。而 16 个工业化国家在它们城市化的高峰期（主要是在 19 世纪）城市人口比例平均每十年增长 15%。

读者不免疑问，为什么发展中国家的城市化速度比发达国家的历史最快速度只高出一点点？似乎与一些非工业化国家的城市人满为患的印象不符。实际上它们并不矛盾。人们必须清楚一个基本的区别，即城市人口比例的变化与城市人口的绝对增长不是一回事。人们的印象是没错的：发展中国家的城市增长速度非常快，远远超过 19 世纪工业化时代的城市发展高峰期。如果按照目前的速度发展，发展中国家的城市人口每 15 年就要翻一番。

我们收集了 34 个发展中国家的数据。20 世纪 40—50 年代之间，它们城市人口的年均增长率是 4.5%。下列地区的数据出奇地相近：非洲的 7 个国家年均增长 4.7%，亚洲的 15 个国家年均增长 4.7%，拉丁美洲的 12 个国家年均增长 4.3%。相反，欧洲的 9 个国家城市人口增长最快时期（大部分出现在 19 世纪下半叶）的年均人口增长率是 2.1%。即便是接受大量移民但工业化发展领先的国家，像美国、澳大利亚、新西兰、加拿大和阿根廷，它们的城市人口增长率也低很多，年均 4.2%。日本和苏联的数字分别是 5.4% 和 4.3%，但是其经济增长最近才刚刚起步。

今日的发展中国家与昨日的工业化国家相比，城市人口绝对数量上的差异比城市人口相对比例上的差异还要明显。这是怎么回事情呢？答案存在于这两类国家另一个深层次的差别之中——也就是它们在总人口以及农村和城市人口增长上的差别。20 世纪 40 年代以来，发展中国家的人口增长速度一直是工业化国家的两倍，远远超过后者在最高峰时期的速度，只有那些早期吸收大量移民的拓疆国家可比。今日的发展中国家，人口密度已经很高，不幸的是，它们普遍贫穷，经济前景黯淡。这些国家的人口，仅仅依靠自然繁衍，就以历史从未有过的速度成倍增长。人口高峰是这些国家城市快速扩张的主因。与这些国家国内外的主流观点相左，它们的城市增长并非源自农村 - 城市间的移民。

有一种计算方法可以对此给予清楚的解释，并消除总人口增长对城市人口增长的影响。这种计算方法假定一个国家的总人口在一个时间段内保持不变，但是城市人口继续按照历史速度变化。这样的话，如果农村 - 城市间移民是影响城市人口的唯一因素的话，就能够计算出城市人口的绝对增长量。举个例子，哥斯达黎加 1927 年的总人口数是 471500，其中城市人口数是 88600，占 18.8%。如果总人口数 471500 保持不变，但是城市人口比例从 18.8% 上升到 34.5% 的话，那么这个国家 1963 年的绝对城市人口数应该只有 162700。假定农村移民是城市人口增长的唯一来源的话，情况就是这样。而实际城市人口增长到 456600。换句话说，哥斯达黎加的城市人口增长只有 20% 归于城市化；44% 归于这个国家的总人口增长，剩下的增长归于这两种因素的合力。同样，1940—1960 年间，墨西哥的城市人口增长 50% 归于总人口增长，只有 22% 归于城市化。

但是，发达国家的历史发展情况迥异。1850—1888 年间，瑞士的城市人口增长量和哥斯达黎加最近的情况类似，但是只有 19% 的增长归于总人口增长，69% 的增长来自农村 - 城市间移民。1846—1911 年间，法国的城市人口绝对增长量中，只有 21% 归于总人口的增长。

这种对比得出的结论是，一些发展中国家的政府正头疼的城市问题，其原因被错位了。它们的城市如雨后春笋般地出现，满是破败的房屋和衣衫褴褛的农民，但是它们把这种疯狂的城市扩张归结于农村 - 城市间的移民。事实上，这种移民只够抵消城乡间生育率的微小差别。而正如我们所知，历史上的工业化国家，其城乡间的生育率和死亡率差别都很大，如果城市需要增长，就需要吸纳大量的农村移民。今日发展中国家的城镇，其生育率只比农村微低，但是旧的城市高死亡率问题不但没有消除，在有些城市反而恶化。19 世纪，城市化高速发展的国家掌握了方法，让城市里拥挤的居民避免了像蚊蝇一样死去的命运。今天，这些经验在世界城市里广泛应用，即便是那些刚刚脱离部落生活的国家也不例外。事实上，大部分的公共卫生财政是投入到城市的。结果是，非工业化国家的城市人口正以前所未有的速度在成倍增长，这其中农村 - 城市间的移民作用要小得多。

上述趋势对农村人口意义深远。鉴于发展中国家总人口的爆炸式增长，为了避免农村人口集聚到一定密度从而影响农业经济的发展，就必须一直向城市大量移民。确实，农村移民量应该比历史上要高。但是，这种大量的内部移民却并未发生，而且在可见的未来也未必就会发生。

为了进一步阐述这个问题，我要回到前面提到的观点，即在工业化国家的发展过程中，农村居民的绝对数量和相对数量都在下降。法国的农村总人口在 1846 年是 2680 万，1926 年下降到 2080 万，1962 年是 1720 万，而同期法国的总人口却在增长。由于统计中的“农村”人口也包括越来越多地居住在城市边缘地区的城市人口，历史上农村人口下降幅度应该更大，符合真正的农村人口发展趋势。在美国，“农村”人口从未增长过，一直持续下降。今天，美国的农业人口是其1910年的五分之二。

发达国家的这种变化在当今的发展中国家却并未出现。发展中国家的城市人口增长迅速，但是它们的农村人口——以及范围更窄的农业人口——增长速度也不低，比当今发达国家历史同期的城市人口增长速度还快。贫穷的发展中国家因此面临着两难困境。如果不从农村大量移民出去，农村将滞留大量失业农民。如果加大农村移民量，城市的超快速增长也是灾难。

发达国家城市快速增长的历史过程尽管痛苦，却解决了一个问题——农村人口的问题。城市的增长有利于农业生产的整合，提高了资本化运作和整体生产效率。但是，今天发展中国家的城市增长速度更快——也承受着同样的城市问题——但是城市化并未解决它们的农村问题。

委内瑞拉就是典型的例子。首都加拉加斯人口从1941年的35.9万人飙升到1963年的150.7万人。其他城镇的人口增长速度和首都差不多，甚至更快。如此快速的城市增长会稀释农村人口吗？没有。1951—1961年间，委内瑞拉的农村人口增长11%。结果是，农业人口密度变得更糟。1950年，每平方英里的可耕地上平均64名男性劳动力从事农业生产；到1961年，这一数字上升到78。（相比较，在加拿大，每平方英里的可耕地上平均4.8名男性劳动力从事农业生产，美国是5.6名，阿根廷是15.6名。）当然，每名男性农业劳动力都有家属。在委内瑞拉，每平方英里的可耕地需要养活大约225人。委内瑞拉的城市增长大部分要归于总人口的增长。如果总人口没有增长，完全依靠内部移民实现城市增长的话，其城市人口增长只能达到实际人口增长的28%，而农村人口却要下降57%。

委内瑞拉的情况在其他发展中国家比比皆是。不仅仅在加拉加斯，在很多城市成千上万的无家可归者在并非属于他们的土地上搭建临时住所。尽管叫法不同，这些非法居住者在贫穷国家的大城市随处可见。他们居住在圣萨尔瓦多平原地区的溪谷里，或者里约热内卢和波哥大地区的半山腰上。他们坚定地占据着公园、学校操场和其他空地。约旦首都安曼的人口从1958年的12000增长到1961年的247000，但是相当一部分人口生活在贫民窟，大部分人享受不到必要的城市生活设施。大巴格达地区的人口现在估计是85万人。和许多发展中国家的城市一样，巴格达的贫民窟主要分布在两部分：市中心和城市外延地区。这些地区多是私搭乱建的茅草房，占整个城市住房的45%，但是缺乏生活设施，甚至连厕所都没有。所有这些国家都在努力提高生活水准。除了这些城市问题之外，它们的农村人口也在快速增长，使得原本就密度很高的农村压力更大。与经济发展不同，我将城市化定义为一个会完成并最终结束的变化过程。按照1950—1960年间的速度发展，20世纪末之前将可实现“城市化世界”。但是，人们不应该简单地认为人类的城市化进程将会一帆风顺地完成。面临的问题之一与我在一开始就区分的城市化与城市增长的概念相关。当今，全球的城市增长速度与城市化速度不成比例。它们之间的矛盾发展存在于工业化国家，在非工业化国家表现得更严重。

正是在这方面，作为世界大多数的非工业化国家并没有重复工业化国家的历史。整个19世纪和20世纪初，城市增长与经济进步互为因果，互相促进。城市吸收农村的富余劳动力从事生产和服务，再反过来促进农业现代化。但是，当今的发展中国家，如同当今的发达国家一样，其城市增长越来越与经济发展以及农村－城市间移民脱钩。发展中国家的城市增长在更大程度上源于总人口的增长，而且由于现代医疗技术和高出生率，其总人口增长速度历史上前所未有。

现在世界人口增长速度是1940年之前的两倍，最快增长区域已经从发达国家转向落后国家。后果是，落后国家几乎不可能提供及时充分的城市服务，以满足大量的、永不停息的城市新生婴儿和农业移民的需求。几乎更不可能及时充分地扩大农业土地和投资，满足农村人口自然增长的需求。这个问题与城市化无关，与农村－城市间移民无关，是人口成倍增长造成的问题。这个问题的规模和成因历史上都从未有过，而城市的飞速增长只是它痛苦的表象之一。

只要人口增长，城市就会扩张，不管城市化率是上升还是下降。这意味着有些个别城市的规模将极度扩张，使得19世纪的一些大都市相形见绌，看上去像个小镇子。如果纽约城市区域人口增长和美国总人口增长速度保持一致（根据美国统计局对美国总人口的中期预测），到1985年纽约人口将是2100万，到2010年将是3000万。根据我的推算，如果印度的人口按照联合国的预测速度增长，到2000年印度最大城市的人口将在3600万—6600万之间。

如此高密度的人口集聚意味着什么呢？1950年，纽约－新泽西东北部城市区平均人口密度是每平方英里9810人。如果2010年总人口达到3000万的话，平均密度将是每平方英里24000人。尽管现在纽约市的部分地区（平均密度是每平方英里25000人）和其他城市已经超过这个密度，但是这个密度将扩展到整个区域，包括本来人们为了躲避高密度而迁居的郊区。实际情况是，尽管人口在增长，但是纽约城市区域的人口密度却是在下降，而不是上升。原因是，城市集聚的地理范围扩张速度超过人口增长速度。1950—1960年间，纽约城市区域增长51%，而人口增长15%。

那么，只要预测纽约的人口增长和城市区域的增长，人口密度问题就解决了。其实未必，因为纽约并不是这个区域唯一正在扩张的城市，还有费城、特伦顿、纽黑文等。到1960年，在东部沿海延绵着一条长约600英里，宽30—100英里不等的地理区域，总人口约3600万。（我这里所描述的沿海区域比有的学者所指的波士顿－华盛顿都市群范围更长。）由于整个区域正在成长为一个巨大的多中心城市，其人口不可能长期增长，而不引起密度的上升。人口长期的倍数增长，势必与人类持续的空间寻求发生矛盾，比如寻求充分的住宅地、开敞的郊区校园操场、铺张的购物中心、单层的工厂建筑、宽阔的高速公路等。

人们对巨型城市集聚的态度最好的表达就是努力逃离它。城市越大，空间成本就越大，生活成本也就越高，人们就越愿意支付低密度生活。然而，随着城市区域的扩张和连接，很可能大部分人将支付不起低密度地区的生活。

当然，也可以这样设想，尽管总人口继续增长，但是城市可能会停止增长，甚至萎缩。但是，即便这样，也不可能永久性地解决空间的问题。它将最终消除城市与农村的差别，但代价是农村消失了。

显而易见，解决城市拥挤以及发达和发展中国家大部分城市问题的唯一方法是降低总人口的增长速度。但是，为了实现这一目标的政策设计缺乏智慧和执行力度。城市规划师们继续认为应该对人口增长引发的问题进行规划，而不是把人口增长本身当作一个需要规划的问题。因此，任何控制人口的讨论都是纯推测性的，现实中不可控制的人口增长让这种讨论成为空谈。

城市革命

V · 戈登 · 蔡尔德

编者导读

对古老城市的研究，源于对史前文明、人类学、考古学方面的研究，而今天对城市文明诞生的研究则已经越来越多了。V·戈登·蔡尔德（1892—1957 年）有可能是 20 世纪最有影响力的考古学家。蔡尔德在澳大利亚出生，获奖学金资助在英国牛津大学皇后学院学习，毕业后回到澳大利亚，短期参与过左翼政治活动。后来又返回英国，在爱丁堡大学担任考古学教授，此后担任伦敦大学考古学院院长。

蔡尔德最重要的著作是《人类创造自我》（Man Makes Himself）（1936）一书。在这本书中，蔡尔德提出全新的理论框架来解释人类在历史和史前时期的发展阶段，给世界考古学研究带来革命性的变化。在这本开拓性的著作中，蔡尔德摒弃了 19 世纪以来形成的关于人类历史发展的“三个时代理论”（石器时代、铜器时代、铁器时代），提出人类发展的四个不同阶段（旧石器、新石器、城市、工业），期间穿插着三个“革命”，或者被称为文化发展的根本性转变。

根据蔡尔德的划分，人类的第一次革命——从旧石器时代的狩猎采集文化到定居式的农业文化——是新石器革命。第二次革命——从新石器时代的农业文化到从公元前 4000—公元前 3000 年之间开始形成的基于生产和交易的复杂的等级制度——是城市革命。人类文化和历史发展上的第三次重要模式转移——自有城市存在以来唯一一次全新的发展——是 18 和 19 世纪的工业革命。这里，值得我们特别注意的是：蔡尔德生活在电脑时代之前，在他发展其划分理论时还没有像当下关于信息技术正如何使城市社会发展深刻变革的讨论。曼努埃尔·卡斯特利斯认为，“信息城市”是一个截然不同的城市类型，网络社会的崛起与蔡尔德所论述的那些革命同样影响深远。

蔡尔德最为人称道的是其关于最早的城市的著作。这些城市出现在公元前 4000 年左右的美索不达米亚地区（今天的伊拉克境内），有底格里斯河和幼发拉底河环绕流过，该地区通常被称作“新月沃地”（the Fertile Crescent）。本书的“古代巴比伦城”一图展示了这些最早期城市的形式：纪念性城门、大规模的泥砖墙、庭院、祭司和国王（priest-kings）的住宅和金字形神塔。

蔡尔德的著作对于一直持续的争论深有影响，这些争论涉及最早的城市在何时、何地、为什么得以出现，以及更早的关于什么是城市的争论。并非所有的人都同意蔡尔德的观点，即认为从新石器时代到城市时代的转变是和过去时代的彻底决裂。在旧世界（指亚洲及欧洲——译者注）和新世界（指美洲——译者注）的一些地方，都发现了可以追溯到 1 万年前的古代土木工事、水井、灌溉系统，甚至跨洲的贸易网络等。考古学家詹姆斯·梅拉尔特（James Mellaart）就认为，从古土耳其的恰塔尔土丘和哈吉拉尔新石器时代社区遗址上发现的证据，比最早的美索不达米亚城市还要早好几千年，这无疑对蔡尔德的整个理论是个挑战。然而，有一点很清楚的是，在大部分地区，一般说来农业文化比最早期城市要早出现几千年。而且和城市生活相适应的文化机制是随着美索不达米亚城市的崛起才完全发展起来的。

也并非所有的人都同意蔡尔德关于城市的定义。更多的考古学家挖掘、发现了比蔡尔德研究的美索不达米亚城市还要历史久远、但规模较小且文化较落后的聚落，他们认为这些聚落具有足够的城市生活特征，也该算作真正的城市。在南美和中美洲从事研究的学者们也指出，蔡尔德定义的关于城市必不可少的一些文化特征（包括使用车轮、书写和犁耕）在规模庞大、文化更发达的美洲印第安人聚落就不存在，但是这些聚落在其他方面却确实可称为城市。

在这篇从《城镇规划评论》（1950）中节选的文章中，蔡尔德详细地描述了城市革命的构成因素，它们伴随着古代近东的美索不达米亚和其他地区的复杂文明在早期的发展。蔡尔德认为，推动这些转型的主要因素深植于社会的物质基础之中：生产方式和当时物质和技术资源。因此，作为城市文明的特征，经济上的劳动分工、社会政治等级的发展，甚至基本的宗教和思想模式的形成，都建立在通过兴修水利以提高粮食生产、通过建筑城墙和筑垒以保护居民社区等的需要之上。

许多现代学者质疑蔡尔德所借用马克思主义物质决定论。尽管蔡尔德强调文字作为真正的城市社会要素的重要性，但是他明显地忽视了文化的非物质因素具有的首要地位，这被证明是错误的。蔡尔德的理论体系很少涉及刘易斯·芒福德提出的“城市戏剧”或者简·雅各布斯提出的“街道芭蕾”（street ballet）等概念。但是，目前为止没有人提出蔡尔德在视角或在意识形态上的局限性。相反，他提供了一个可拓展的宏观历史基础，让后来的学者可以继续研究。

蔡尔德是一位笔耕不辍的学者，出版了一系列的著作，许多至今依然经典。蔡尔德最知名的著作包括：《欧洲文明的黎明》（The Dawn of European Civilization）（London：Routledge & Kegan Paul，1925），《最古老的东方》（The Most Ancient East）（New York：Grove Press，1928），《历史探索》（What Happened in History）（Harmondsworth：Penguin，1942），《社会演变》（Social Evolution）（London：Watts，1951）。

其他关于美索不达米亚城市的书籍包括 Nicholas Postgate 和 J.N.Postgate 的《早期美索不达米亚：历史黎明时期的社会及经济》（Early Mesopotamia：Society and Economy at the Dawn of History）（London and New York：Routledge，1994），Georges Roux，《古代伊拉克》（Ancient Iraq）（New York：Penguin，1993），以及 C. Leonard Woolley 的两本经典著作：《苏美尔人》（The Sumerians）（Oxford：Oxford University Press，1928），《乌尔及伽勒底人》（Ur of the Chaldees）（Oxford：Oxford University Press，1929）。

要想了解当前对古代城市研究的现状，可阅读 Gwendolyn Leick，Mesopotamia（Penguin，

2003）和 Charles Gates，*Ancient Cities：The Archaeology of Urban Life in the Ancient Near East and Egypt，Greece，and Rome*（London and New York：Routledge，2003）。

关于世界其他地方最早期城市的研究，今天还有价值的著作包括 Mortimer Wheeler，*Civilizations of the Indus Valley and Beyond*（London：Thames & Hudson，1966），Karl Whittfogel，*Oriental Despotism*（New Haven：Yale University Press，1957），Basil Davidson，*The Lost Cities of Africa*（Boston：Little Brown，1959），Richard E. W. Adams，*Prehistoric Mesoamerica*（Norman：University of Oklahoma Press，1991），Sylvanus G. Morely 和 George W. Brainerd，*The Ancient Maya*（Stanford：Stanford University Press，1956），Jacques Soustelle，*The Daily Life of the Aztecs*（New York：Macmillan，1962），James Mellaart，*Earliest Civilizations of the Near East*（New York：McGraw-Hill，1965）和 *Catal Hüyük*（New York：McGraw-Hill，1968）和 Paul Wheatley，*The Pivot of the Four Quarters：A Preliminary Inquiry into the Origins and Character of the Ancient Chinese City*（Chicago：Aldine，1971）。

正文

“城市”的概念很难定义。本文的目的是为了从历史——甚或史前历史——的角度来展现城市是如何成为一场“革命”的结果和标志的。这场“革命”为人类社会开启了一个新的经济阶段。当然，“革命”一词不能理解为一场突发的暴力灾难。在这里，它指由于经济结构和社会组织的渐进变化而形成的巅峰状态。它也伴随着与之俱来的人口的剧增——如果数据可循的话，在人口表现图上会有一个明显的增长曲线。工业革命时期英国的人口表现图上就有这样的一个增长曲线。此前类似的人口曲线变化尽管无法通过统计学进行表现，但是在英国和其他地区肯定出现过两次。这两次变化尽管并不非常明显，而且持续时间比较短，但是它们也代表着经济发展中的革命性变化。它们同样应该被认为是经济和社会发展转型的标志。

20 世纪的社会学家和人类学家将前工业化社会的发展按照层次划分为三个阶段，分别为“蒙昧”、“野蛮”和“文明”。如果选用合适的标准进行界定，这三个合乎逻辑的发展层次可以转变成时代的先后顺序。在它们曾经发生过的地方，考古学都已经证明它们是按照一个接一个的次序进行演变的。蒙昧时期和野蛮时期很好辨析，最好的方法是按照获取食物的方式加以区别。蒙昧人靠采集、捕猎和打鱼为生。相反，野蛮人——他们生活在旧大陆的热带以北地区——则至少懂得种植植物和饲养动物以补充食物供给。

在整个更新世时期——也就是考古学上的旧石器时代——所有我们已知的人类社会根据上述标准都处在蒙昧时期，而且少数偏远地区的蒙昧部落一直保存到今天。考古发现表明，野蛮社会在不到一万年前开始，也就是新石器时代。它代表着比蒙昧时期更近、更高级的阶段。但是，文明时期则不能用如此简单的概念去解释。从词源上讲，“文明”（civilization）一词与“城市”（city）一词相关，而且城市生活肯定从文明时期开始。但是，对于考古学家们来说，城市本身就概念模糊，所以他们更愿意把文字的使用当作文明的标准。文字容易辨识，而且被证明是比其他更复杂的特征更可信赖的文明指数。然而，需要指出的是，说一个民族是文明或者识字民族，并不代表它所有的成员都会阅读书写，也不代表它所有的成员都生活在城市之中。迄今为止，还没有一份史料证实一个蒙昧社会会使自己过渡到文明社会，即接受城市生活或者发明书写的。凡是建立过城市的地方，之前都存在过没有文字的村落（除非是文明民族进驻到此前从未有人居住的地方）。因此，无论何时何地，文明时期都在野蛮时期之后出现。

我们已经看到，这里定义的革命，应该体现在人口统计数字上。就城市革命而言，人口增长主要是指居住在某一建成区域的人口成倍地增长。最早的城市代表着到那时为止最大规模的居住单元。当然，早期城市的特征并不仅仅指它们的规模。根据现代的标准，早期城市的规模简直微不足道。我们甚至发现，“城市”一词都不适合称谓今天的超大规模人口集聚区。但是，一定规模的聚落和人口密度是文明社会不可缺少的特征。

人口的密度取决于食物供应，而食物的供应又受制于自然资源以及可供利用的开发资源、运输和保存食物的技术。后面几个因素是决定人类历史发展进程的重要变量。人类获取食物的方式已经被当作区分蒙昧社会和野蛮社会的标准。蒙昧时期人们以采集为生，人口稀少分散。美洲的土著社会里，未开荒的土地每平方英里可承载0.05—0.10人的生活。只有在自然条件非常优越的情况下，美洲西北部太平洋沿岸的渔猎部落人口密度方可超过每平方英里1人。据此我们可以猜想，在旧石器和前新石器时代，欧洲的人口密度应该低于美洲的一般水平。而且，这些以渔猎和采集为生的人通常小规模成群结队，流动生活。不同的小队伍，最多在有重要仪式的时候——比如澳大利亚土著人的歌舞会——短暂聚集在一起。只有在自然条件非常优越的地方，渔猎部落才能建立起类似村庄的聚落。美洲太平洋沿岸有些聚落有30座左右结实而耐用的住房，里面住着几百人。但是，即便是这样的村落，也只有冬天才有人居住。其他季节里，居民们分成小队，奔向各地。在旧大陆，还没有发现有类似的前新石器时代的村落。

当然，新石器革命带来人口扩张，大大提高了优质土地对人口的承载能力。今天，太平洋的一些岛屿仍处在新石器社会时期，其人口密度达到或者超过每平方英里30人。但是，由于没有周边海洋的限制，在哥伦布登陆之前，北美有记录的人口密度每平方英里不到2人。

在新石器时代，人们应该、当然也确实一起生活在永久性的村落里。但是，由于过度粗放型的农业生产方式，除非有水利灌溉农作物，否则村落至少每二十年就得迁徙一次。总体上，人口的增长更多表现在村落个数的成倍增长上，并没有表现在村落规模的扩大上。人类学的发现表明，新石器时代的村落最多住几百人（新墨西哥州有几个印第安人的村庄住着1000多人，但是他们可能不属于新石器时代）。在史前时代的欧洲，现在所知道的最大的新石器村落位于日德兰半岛（位于丹麦——译者注）上的巴卡尔（Barkaer），有52座单间小房屋。一般的村落有16—30座不等的房屋。因此，平均下来，新石器时代当地村落的居民数在200—400人之间。

新石器时代的人口密度如此之低，主要受制于技术的限制。缺少带轮的交通工具和道路，为了运输笨重的农产品，人们不得不居住在农产地的步行范围之内。同时，新石器时期一般的农业耕作方式，也就是今天人们所说的刀耕火种或者更替耕种，使得超过一半的可耕地处于休耕状态，从而需要占用更大面积的土地。一旦某一聚落的人口数量超过附近的土地可承载的能力，多余人口就不得不分开，寻找新的聚落地。

除了人口增长之外，新石器革命还带来其他的发展。新石器技术的应用，有助于生产盈余的增加。新的经济生产方式允许，也确实要求，农民每年生产比维持其本人及家庭生活需求更多的粮食。换句话说，它使正常的社会生产盈余成为可能。由于新石器时期的技术效率低下，一开始的生产盈余微乎其微。但是，生产盈余慢慢增长，最终发展到一定程度，并要求社会关系进行重组。

现在我们知道，在任何一个石器社会里，无论是旧石器还是新石器时代，无论是蒙昧时期还是野蛮时期，理论上每个人都可以在家里制造几件必要的工具、基本的衣服和简单的饰物。社会的每一个成员，只要年龄允许，都必须积极地从事采集、打猎、打鱼、种植和畜牧生产，为集体贡献粮食。只要这种生产方式继续存在，就不可能有全职的专家，也不可能有个人或者阶层可以依靠别人生产的粮食生活，并通过物质和非物质的产品或服务交易保障生活所需。

确实，在石器时代的蒙昧人甚至野蛮人中，我们发现有专门的手艺人［比如火地岛（在南美洲南端——译者注）奥纳人中的燧石工匠］、自称会巫术的专家、甚至部落首领。在欧洲，也有证据表明在旧石器时代有巫师存在，在前新石器时代有地方首领的存在。但是，如果我们再仔细研究，就会发现这些从事专门任务的人并不是全职的。奥纳人中的燧石专家大部分时间要从事狩猎活动。他只是在其他时间帮助别人做一些箭头，别人回馈一些礼物，这样他可以补给食物，并赢得别人的尊重。同样，哥伦布时代之前的北美洲土著首领，尽管可以从其他人那里获得一些特殊的礼品和服务，但是也必须带领大家从事狩猎和打鱼活动。也只有在这些活动中体现出来的技能和力量才能保持他的权威。新石器时期的野蛮人社会也是这样，像波利尼西亚人，只是在他们当中，种植技能的重要性取代了狩猎能力的重要性。原因很简单，如果不是每个成员都为集体的食物供给作出贡献，食物就不够。社会还没有足够的盈余供养不事劳作的人。

因此，除了因为年龄和性别原因而造成的基本的劳动差异之外，社会分工是不可能的。相反，集体劳动、共同使用相似的生产工具获取食物，这样的方式在一定程度上保证了集体的团结。为了保护食物、保护居所、应对仇敌——人类或者动物，集体成员之间的合作是必不可少的。共同的经济利益和追求成为团结的纽带，再通过共同的语言、风俗和信仰得以加强。为了提高共同获取食物的效率，需要执行严格的统一性。但是，这种统一性和生产的合作并不需要通过国家机构进行维持。地方组织通常由单个宗族（他们认为他们由共同的祖先繁衍而来，或者通过宗教仪式具备了某一神秘先祖的血统）组成，或者由一群有姻亲关系的宗族组成。血缘的情感再通过对共同祖先或者神秘场所的祭拜得以加强和补充。考古学不能为血缘组织提供任何证据，但是，在美索不达米亚地区的原始村庄里，祭祀场所就占据着中央位置。在英国，有些呈长条形状的集体古坟墓俯瞰着的地区，很可能就是新石器村庄的所在地。这些古坟墓很有可能就是祭祀先祖的圣地，是村民们凝聚情感、举行仪式的地方。但是，这种被理想化并被具体符号化的团结精神，本质上和狼群和羊群的组织原则是一致的。涂尔干（Durkheim，1858—1917 年，法国社会学家，倡导集体表象论——译者注）称之为“机械纽带”。

现在，在一些技术上仍处于新石器时期的高级野蛮人（比如毛利人中会文身或者雕刻木头的人）中，我们发现工匠有全职专业化的趋势，但是代价是他们必须脱离当地的组织。假如单个的村庄没有足够的生产盈余全年供养一个专职的工匠，那么每个村庄应该生产足够的粮食供养他一周。工匠就这样在村庄之间来回流动，完全依靠手艺吃饭。这种流动性，让他们脱离了定居的亲属团体。他们最终也会形成自己的类似组织——工艺氏族。它们要么具有继承性，可能发展成为一种等级的种姓制度；要么主要通过招收学徒的形式增加新成员（在古代实行学徒制，在中世纪只招收短期学徒）。这些组织最终可以发展成为手工业行会。但是，这些手艺人从血缘纽带中解放出来，同时也意味着放弃血缘组织在野蛮社会所提供的人身和财产保护。社会必须重新组织，以接纳和保护他们。

史前时期的劳动专业化很有可能源自类似的流动工匠。这方面很难找到考古发现进行证明，但是从人类学的角度出发，那时候的金属匠几乎就是全职的专业人士。在欧洲的铜器时代早期，金属似乎就由云游四方的铁匠们锻造和供应，他们的工作方式有点类似更近时期的补锅匠以及其他的流动工匠。尽管没有充分的证据证明，但是在冶金术出现的早期，亚洲很有可能也出现过类似的金属匠人。另外，肯定也出现过其他专业的手艺人，就像波利尼西亚的例子表明的那样。只是他们使用的材料容易腐烂而无法保存，考古学家无从辨识罢了。城市革命的一个结果就是将这些专业匠人从流浪状态中拯救出来，在一种新的社会组织中保证他们的安全。

大约 5000 年前，尼罗河、底格里斯—幼发拉底河和印度河等河谷地带，由于实施了水利灌溉种植（加上畜牧业和渔业），开始生产足够的社会盈余，可以供养一些本地的手艺人，让他们从粮食生产中脱离出来。水路运输，加上在美索不达米亚和印度河谷有轮车，甚至在埃及有专门从事运输的动物等，使得粮食很容易在几个中心集中起来。同时，依赖河水灌溉农作物限制了可耕地的面积。开凿运河进行导流，避免每年的洪水暴发等需求促进了人口的集中。这样就产生了最早的城市——人口规模是已知的新石器村庄的十倍大。可以这样说，旧大陆的所有城市都发端于埃及、美索不达米亚和印度河谷一带早期的城市。所以，如果文明最狭义的定义需要从它独立的表现特征进行比较得出的话，那么早期的城市可以不考虑在内。

但是，约 3000 年后在中美洲地区出现的玛雅城市，就与旧大陆的城市文明几乎没有直接联系。进行城市发展比较的时候，必须考虑到玛雅人的成就。然而，这又使得如何界定城市革命的必备条件变得复杂起来。旧大陆的农业经济依靠谷物种植和畜牧业产生社会盈余。而且，由于灌溉的运用（可以避免过长的休耕期）和一些重要的发明和发现——像冶金、犁、帆船和轮车等——使得经济效益大大提高。然而，玛雅人对这些工具一无所知。他们不饲养动物获取奶类和肉类。尽管他们也种植玉米等谷类，但是使用的刀耕火种的方法和史前新石器的欧洲和当今太平洋岛屿居民的方法一样。因此，由于需要把玛雅文化考虑在内，新旧大陆都适用的对城市最狭义的定义标准将大大简化。尽管如此，仍然有十条根据考古数据演绎而来的比较抽象的标准，可以将甚至是最早期的城市与任何过去或者当代的村庄区分开来。

（1）就规模而言，最早出现的城市肯定比此前的任何人类聚落范围更广，密度更高，尽管它们可能大大小于当代的许多村庄。但是，只有美索不达米亚和印度的早期城市，我们对其人口的估算才比较肯定和准确。那里考古挖掘的广度和深度都比较充分，既可以揭示整个区域的全貌，又可以展示局部区域的建筑密度。而且，在这两个方面的发现与今天那些还未工业化的东方城市的特征有高度的一致性。根据推算，苏美尔人最早的城市人口规模在 7000—20000 人之间。印度河谷最早的城市哈拉帕（今属巴基斯坦——译者注）和摩亨佐达罗（今属巴基斯坦——译者注）的人口肯定比这个数字更高。我们可以根据城市工事的规模，推算出埃及和玛雅城市人口的规模也都差不多，因为这些工事很有可能是由城市居民建设的。

（2）早期城市人口的组成和职能已经与任何村庄有了不同。很有可能城市的大部分居民仍然是农民，依靠城市周围的土地和水体进行收获。但是，所有的城市肯定都有其他的阶层，他们并不需要自己去通过农业、畜牧业、渔业或者采集获取食物——他们是全职的手艺人、运输工人、商人、政府官员和牧师。所有这些人都需要居住在城市，依赖附近村庄的农民生产的社会盈余为生。但是，他们并不是用自己的产品或者服务直接与单个的农民交换谷物或者鱼类。

（3）每一个农业生产者用非常有限的技术工具从土地上挣出少量的生产盈余，然后以什一税或者政府税的形式贡献给想象的神灵或者神圣的国王集中起来。要是没有这种形式的集中，低下的农业经济生产力不可能形成有效的资本积累。

（4）真正的标志性的公共建筑不但将每个已知的城市与任何农村区别开来，而且代表着社会盈余的集中程度。从一开始，每座苏美尔人的城市都由一个或者几个国家神庙统治着。它们集中建在砖砌的平台之上，俯视周边的民房，通常与假山、塔楼或者神殿相连。神庙的附属建筑通常是手工厂和武器库。每个主神庙其实都是一个大粮仓。印度河谷的哈拉帕以一座城堡为中心，四周由大量的窑砖砌成。里面很可能是一座大宫殿，从城堡很容易就可以俯视巨大的粮仓和成排的手工作坊。在埃及没有挖掘出早期的神庙或者宫殿。但是，整个尼罗河流域都有大型的法老坟墓，而且文字记录也可证明皇家粮仓的存在。最后，玛雅人用刻石垒成的神庙和金字塔世人皆知，而城市就围绕着它们成长起来。

因此，在苏美尔（今伊拉克南部——译者注），社会盈余最初有效地集中在一位神祇的手上，并储藏在神祇的粮仓里。在中美洲，情况也可能是这样。但是，在埃及法老（国王）自己就是神。当然，想象中的神灵是由现实中的牧师去服侍。除了操持奢华有时也很血腥的祭奠，以表示对神的敬意之外，牧师也负责管理以神的名义拥有的财产。在苏美尔，不在城市革命之前，就在城市革命之后，神的财富和权利开始和现世中的领导者分享。后者就是“城市王”，是城市的统治者和战争的领导者。神圣的法老自然也有各级的官员辅佐。

（5）当然，所有不从事粮食生产的人首先由神庙或者皇家粮仓积累的社会盈余供养，他们依赖庙宇或者皇室而生存。很自然地，牧师、政府官员和军队领导占用了大部分的社会盈余，并成为“统治阶级”。但是，与旧石器时代的巫师或者新石器时代的酋长不同，正如一份古埃及文字所记录的，他们“免于从事任何体力劳作”。从另一方面来讲，低层阶级因此不但获得和平与安全的保障，而且不必从事被一些人认为比体力劳动还要厌烦的脑力劳动。除了告诉大众太阳明天还会升起、洪水明年还会泛滥（对自然天象没有5000年记录史的人们真的会为这些事情忧心忡忡）之外，统治阶级也通过规划和组织工作为他们的臣民带来切实的好处。

（6）实际上，统治阶级是被迫去发明文字记录系统和准确实用的科学知识的。仅仅是管理苏美尔人的庙宇，或者埃及法老拥有的巨大财富，就要求由牧师和官员组成的管理阶层去发明一些常用的记录方法，以便其他人和后来者辨认。也就是说，他们需要发明整套的文字和数字标记系统。文字因此就成为最重要，也是最方便的文明的标志。尽管文字是埃及、美索不达米亚、印度河谷和中美洲等古文明共同的特征，但是它们书写的文字以及材料都不相同——埃及人用纸莎草纸写字，美索不达米亚地区的人则写在黏土上。古印度和玛雅人唯一现存的文字记录刻在印章和石碑上，但是它们和埃及与苏美尔地区流传下来的文件差不多，都是记载文字的工具。

（7）文字的发明——或者我们应该说书写记录的发明——使得有闲的知识阶层可以进一

步钻研精确的、具有预测功能的学科——比如代数、几何和天文学。埃及人和玛雅人的记载表明他们可以准确地预测年轮，并创造了历法，这无疑是非常有用的，并且很容易验证。这样统治者就可以很方便地计划农作物的播种周期。但是，由于使用不同的自然单位制，埃及人、玛雅人和巴比伦人的历法都不相同。历法和数学是早期文明的共同特征，它们也是考古学家的标准——文字——的必然结果。

（8）集中的社会盈余还供养其他的专业人才，他们开创了艺术表达的新方向。即便是旧石器时代的野蛮人，也尝试用具体而自然的手法去表现他们看到的动物甚至人类，有时出人意料地成功。但是，新石器时期的农民从未这样做过。他们从未尝试去表现自然界的物体，而喜欢用抽象的几何图形去象征一个人、动物或者植物的重要特征。但是，埃及、苏美尔、印度和玛雅文化的艺术家们——全职的雕刻家、画家或者篆刻家——却再一次通过雕刻、模型或者绘画的方式表达人或者物体的形象。他们的手法不再是旧石器时期简单的自然主义，而是在各自的城市中心形成抽象而复杂的风格，并且彼此各异。

（9）集中的社会盈余还有一部分用来支付进口当地没有的原材料，用于生产或者宗教的目的。长距离、经常性的“外贸”活动是所有早期文明的共同特征，即便在野蛮人时期也普遍存在。但是有据可查的“外贸”活动在旧大陆大约发生在公元前3000年，在新大陆则发生在玛雅“帝国”时期。此后，经常性的贸易活动从埃及一直最远延伸到叙利亚海岸的比布鲁斯（腓尼基的一座古城——译者注），同时美索不达米亚和印度河谷也有了贸易往来。国际贸易产品在一开始主要是“奢侈品”，但已经开始包括一些工业材料，比如旧大陆的金属，在新大陆可能是黑曜石。到这个时候，最早的城市就是长途贸易的中转站，好比新石器时期的村落。

（10）因此，城市为手工业者提供了发挥他们技能所需要的原材料，而且以居住地而非以血缘关系为基础的政权组织保证了他们的安全。他们不必再颠沛流离。城市成为手艺人政治和经济上的归属地。

然而，作为获取安全保护的代价，手工业者们变成了神庙或者皇宫的依附，而且与低下阶层相连。广大的农民阶层获取的物质条件更差。例如，在埃及，金属并没有取代石头或者木头成为农业生产工具。但是，最早的城市社会肯定由某种新石器时期的村庄还不具备的稳定性联系在一起，尽管这种稳定性还不完美。农民、手艺人、牧师和统治者们组成一个社会，不仅仅因为有共同的语言和信仰，而且因为他们的作用互补，为整个社会的福祉（用文明的标准重新定义）所需要。实际上，最早的城市是最早呈现出接近一个有机整体状态的社会，以其全体成员作用的互补和互相依赖为基础，好比一个有机体中的细胞组合。当然，这种相似性比较牵强。对于现存的生产力量来说社会盈余的集中不管有多必要，事实上，少数统治阶级占用大量的社会盈余，大多数平民只占有少量的社会物质并被排除在精神文明成果之外，他们之间的经济利益矛盾非常明显。因此，适合野蛮社会机制的意识形态工具被用来维持社会的稳定，这是为什么神庙和祭祀显得如此重要的原因。现在，又有了政权组织的力量加以辅助。这样，在最早的城市里，就没有了怀疑论者或者分裂主义者生存的空间。

这十点描述了所有最早的城市的共同特征，它们是考古学家根据残破的、有时语焉不详的历史记录所能作出的最大发现。没有找到这些城市有共同的城市规划方面的特征。一方面，埃及和玛雅城市还没有完全挖掘出来；另一方面，新石器时代的村庄经常有围墙；奥克尼群岛中斯卡拉布雷村落有非常讲究的污水排放系统；哥伦布登陆之前的印第安人村庄已经建有两层的住房，等等。

最早的城市的共同特征都很抽象。具体说来，埃及、苏美尔、印度和玛雅文明的差异性就好比它们的寺庙、文字以及艺术品一样，千姿百态。鉴于它们之间的差异性，而且到目前为止没有证据表明旧大陆的某一个城市中心（比如，埃及）在时间上优先于其他中心，也没有证据表明中美洲文明与其他城市中心有过接触，只能认为这四个文明的城市革命是独自发展的。相反，旧大陆后来发展的所有文明都可以看作希腊、美索不达米亚和印度古文明的直系后裔。

但是，文明的发展也并非总是一脉相承。比如，铜器时期克里特岛上的海洋文明或者古典希腊文明，它们与先祖文明的差别远远大于它们与同时代其他文明的差别，更不要说当代我们自己的文明了。但是，产生这些文明的城市革命并不是凭空而来。它们很可能建立在人们推断的三个初期文明中心所积累的资本之上。这一点在文化资本上表现得最为明显。即便是今天，我们仍然使用着埃及人的历法，苏美尔人对天和小时的划分。我们的欧洲祖先没有必要再去发明一套时间划分标准，也没有必要重复观察时间划分的天象基础。他们直接继承——并稍做改进——那些 5000 年前就发展成熟的系统。同时，就物质资产而言，在某种程度上情况也是这样。埃及人、苏美尔人和印度人都积累了大量的粮食盈余。同时，他们也必须从外面进口必要的原材料，像金属、建筑木材以及“奢侈品”等。那些拥有这些资源的社会可以通过交换获取城市盈余的一部分。他们可以用这部分盈余作为资产供养全职的专业人士——手艺人或者统治者——直到这些专业人士在技术和组织上的进步丰富了他们的原始经济，反过来也可以生产出可观的社会盈余。

城　邦

H·D·F·基托

编者导读

本文选自《希腊人》(1951)。即使在其鼎盛时期，古雅典的居民数量也仅仅与美国伊利诺伊州皮奥里亚市的人口差不多，刚超过10万人，算不得世界文明的大中心。不过英国古典主义学者汉弗莱·戴维·芬德利·基托(Humphrey Davy Findley Kitto，1897—1982年)提醒我们，不要犯了把规模大小与重要性相混淆的常见错误。在雅典的黄金时代，这座城市与希腊其他700多座小定居点一起，为人类文化作出了巨大贡献。希腊人在哲学、文学、戏剧、诗歌、艺术、逻辑、数学、雕塑和建筑等方面的成就对西方文明有着深远的影响。

对城市学家而言，他们一直感兴趣的是希腊人创造的“城邦”(The polis)这个概念。基托指出，既然我们没有希腊人所称的“城邦”，我们就没有相对应的词去描述它。也许“城市－国家”(City-state)，或者“自治社区”(self-governing community)更加接近这个概念。

公元前5世纪，经典意义上的希腊城邦步入成熟阶段，介乎本书介绍的蔡尔德描述的美索不达米亚大城市出现到如今这段时间的中间点。城邦的物质形态强调公共空间。私人房屋低矮，不面向街道。相比之下，希腊人强调公共庙宇、体育场、市集(市场与公共论坛的结合)，如附图所示。像雅典这样大规模的城邦，公共建筑非常宽敞，通常由大理石建成，十分壮美。即便小规模的城邦，社区也为这些公共建筑投入很多资源。

如果说城邦的物质形态令人惊叹的话，其社会组织才是历来真正引人入胜的题目。城邦代表一种社会形式，两千多年来人们对此兴趣不断。城市历史学中一个永恒的问题是，城邦的理念是否可以应用于后来的人类城市社会，比如说弗里德里希·恩格斯描写的工业革命时代的阶级分化的城市，或是肯尼斯·T·杰克逊和罗伯特·布鲁格曼分析的蔓延郊区，抑或本书第9部分描写的当今全球社会。

在下面的选文中，基托描述了希腊城邦如何使每个公民实现其精神、道德和智力等方面的能力。城邦是一个充满活力的社区，甚至是个扩展的家庭。希腊人在很多方面都以隐私为重，但是基托指出，他们的公共生活本质上是公社主义(communistic)的。作为一个社会机构的城邦，为其公民定义了作为人的本质特征。

城邦并非支持每个居民的发展：女性和奴隶就不算公民，不参加城邦大部分的生活。外国人可以观看希腊剧院的演出，但是被很多专为公民(自由人、非外国人、男性)而设的机构排斥在外。在《文明中的城市》（Cities in Civilization）一书中，彼得·霍尔爵士进一步质疑了很多公民实际参与公共事务的程度。他推断认为，符合条件参与公共决策的人中，只有很少比例的人实际参与。他进一步指出，虽然希腊城邦的农民和其他受教育最少、最不善言谈的公民可能在场，并且与受过教育的上层雅典人有同样的投票权，但是与上层阶级相比，他们不可能非常有效地参与。霍尔认为，他们大多数人是被动的看客，而不是公共事务的积极参与者。

虽然对城邦客观全面的看法必须包括承认当时奴隶制的存在、把女性排除在公民生活之外、限制外国人的权利以及教育和阶层对社会关系的影响，但是与之前其他城市文明相比，雅典和其他希腊城邦的民主程度令人惊讶。人们很容易把基托视为绝望的浪漫主义者，并把他对希腊城邦的描写看作象牙塔般的卡米洛特（Camelot）（英国传说中亚瑟王的宫殿所在之地，象征灿烂或繁荣昌盛的地方——译者注），实际上并不存在。但是这样说未免过于苛刻。与此前任何形式的社会关系相比，作为社会制度的希腊城邦表现出显著的进步。它为其公民所代表的价值在一个不完美的世界里具有永恒的重要性。

基托在讨论城邦为何在希腊出现时，驳斥了决定论的观点，例如地理经济决定论认为山区需要小而分散的城邦。相反，基托认为城邦出现是因为希腊人的性格。他也表达了对城邦生活特质的怀旧之情，而这些特质现如今似乎受到威胁。比较一下这些观点：把城邦视为支持性的、人本主义的、实现人类潜力的制度的见解，和路易斯·沃斯把现代大城市视为异化和道德沦丧中心的见解，或者威廉·朱利叶斯·威尔逊和伊利亚·安德森有关居住着下层黑人的贫民窟的见解。请注意以下概念之间的联系：基托认为的城邦孕育着的人本主义价值观，和罗伯特·帕特南提出的公民参与造就的“社会资本”概念，J·B·杰克逊（J.B. Jackson）“几乎完美的城镇”（almost perfect town）的理想化生活，彼得·卡尔索普（Peter Calthorpe）和威廉·富尔顿（William Fulton）在《区域城市》（The Regional City）中倡导的回归人的尺度的社区理念，以及在《新城市主义宪章》（The Charter of the New Urbanism）中表达的价值观。

有助于理解城邦及其重要性的其他著作包括 Christian Meier 的《雅典：一个处于黄金时期的城市形象》（Athens：A Portrait of the City in its Golden Age）（New York：Metropolitan Books，1998）和 Cecil Maurice Bowra 的《希腊的经验》（The Greek Experience）（London：Weidenfeld and Nicolson，1957），以及伟大的古典作家 Jacob Burckhardt 的经典作品新版《希腊人和希腊文明》（The Greeks and Greek Civilization）（New York：St Martin's，1998）。另外值得一读的还有 Lisa Nevett 的《古希腊世界的家庭和社会》（House and Society in the Ancient Greek World）（Cambridge University Press，1999）和 Nicholas Cahill 的《奥林帕斯的家庭和城市组织》（Household and City Organization at Olynthus）（Yale University Press，2002）。希腊民主研究的两部经典著作是 James O' Neil 的《古代希腊民主的根源及发展》（The Origins and Development of Ancient Greek Democracy）（Lanham：Rowman and Littlefield，1995）以及 Josiah Ober 的《民主雅典的不同政见者》（Political Dissent in Democratic Athens）（Princeton University Press，1998）。

如果想了解希腊城市规划，请参考 Richard Ernest Wycherley 的《希腊人如何建造城市》（How the Greeks Built Cities）第二版（London：Macmillan，1963）和《雅典的基石》（The Stones of Athens）（Princeton University Press，1978）。Dora Crouch 的《古希腊城市中的水资源管理》（Water Management in Ancient Greek Cities）（Oxford University Press，1993）是本难得的好书。Spiro Kostof 所著的《建筑历史》（History of Architecture）（Oxford University Press，1980）中的第七章"Polis and Akropolis"对了解古希腊建筑很有帮助。

在描述人类文明中城市所起的作用时，两个权威的文本都特别强调希腊城邦的贡献。参见刘易斯·芒福德的《城市发展史》（The City in History）（New York：Harcourt Brace Jovanovich，1961）中"The Emergence of the Polis"和"Citizen Versus Ideal City"两个章节，以及彼得·霍尔爵士的《文明中的城市》（Cities in Civilization）（New York：Pantheon Books，1998）中的第二章"The Fountainhead"。

正文

"polis"是希腊文，我们翻译成"城邦"（city-state）。这个翻译不准确，因为正常的"polis"不大像"城市"（city），而更像一个"邦国"（state）。但是，如同政治一样，翻译也是委曲求全的艺术。既然我们没有希腊人称之为"polis"的东西，我们就没有相对应的词。从现在起，我们要避免使用让人误导的"城邦"，直接用希腊原文……我们将首先研究这个政治体系如何出现，然后尽量重构"polis"这个词，通过动态观察恢复其真正的意义。这可能是个长期的任务，但是这一过程有助于提高我们对希腊人的了解。不清楚"polis"这个概念是什么，对希腊人意味着什么，就无法正确理解希腊的历史、希腊人的思想或者希腊的成就。

那么首先，什么是"polis"？……

……在克里特岛……我们发现 50 多个相当独立的城邦，也就是小"国家"……克里特岛的情况也反映了希腊的整体情况，或者至少在希腊历史上发挥过重要作用的那部分……

要认识到城邦规模的大小，这很重要。现代读者拿起柏拉图的《理想国》或者亚里士多德的《政治学》，会发现柏拉图的理想城市应该有 5000 公民；亚里士多德则规定，所有公民应该彼此认识；读者看到如此哲学遐思可能会莞尔一笑。但是柏拉图和亚里士多德不是空想家。柏拉图设想着正常规模的希腊 polis；他暗示的意识是说，很多现有的希腊城邦太小——很多不到 5000 公民。亚里士多德以他有趣的方式说……只有十个公民的 polis 不大可能，因为无法自给自足，有 10 万公民的 polis 会很荒诞，因为无法有效统治自己……亚里士多德讲到 10 万公民；如果我们让每个人有妻子和四个孩子，再加上数量颇多的奴隶和居住在当地的外国人，我们算出的人数可以达 100 万——这是伯明翰的人口数量；对亚里士多德而言，像伯明翰那样人口众多的独立"国"是课堂上的笑话……

其实，只有三个希腊城邦的公民超过 2 万人：西西里岛的锡拉库萨（Syracuse）和阿克拉加斯（Acragas），还有雅典。伯罗奔尼撒战争爆发之初，阿提卡（Attica）的人口大约是 35 万人，一半是雅典人（男人、女人和儿童），十分之一是居住在当地的外国人，其他是奴隶。斯巴达，又称拉西第梦（Lacedaemon），公民数量更少，不过占地面积更大。斯巴达人已经征服并吞并了麦西尼亚（Messenia），拥有 3200 平方英里的领土。按照希腊的标准，这是很大一片领土：走路快的人得两天才能穿过。重要的商业城市科林斯（Corinth）的面积为 330 平方英里……与比特岛（Bute）一样大的凯奥斯岛（Ceos）则分为四个城邦。于是，岛上就有四支军队、四个政府，可能有四种不同的日历，或许还有四种不同的货币和度量体系——尽管这种可能性并不大。迈锡尼（Mycenae）历史上是阿伽门农（Agamemnon）首都废墟的缩小版，但仍然保持独立。在布拉底（Plataea）战役中，迈锡尼派出一支部队前去帮助希腊人抵抗波斯人；这支部队只有 80 人。即便按照希腊的标准来看，这也是很小的部队，但是我们还没有听说有关一支部队共用马车的笑话。

以这个规模来思考对我们而言比较困难，我们觉得 1000 万人的国家是小国，习惯像美国和苏联这样的大国。这两个国家太大，说的时候都得用首字母。但是调节能力强的读者适应了这个规模之后，就不会犯下把大小与重要性混淆的庸俗错误……

但是，在我们详解“polis”的本质之间，读者可能想了解多里安（Dorian）之前的希腊如何从相对宽阔的领土模式变成了四分五裂的马赛克。古典的学者也想知道个中缘由；不过没有历史记录，我们能做的就是给出几个似乎合理的原因。有历史、地理和经济等方面的原因；把这些原因列出来之后，我们可以得出结论：可能最重要的原因是，这就是希腊人想过的生活方式。

（这里，基托描述了希腊卫城的转变：从为防御多里安侵略者而在山顶建的据点到聚会、宗教和商业场所。）

至此，我们可以援引古代或现代希腊人非常爱社交的习惯。英国农民喜欢在自己的土地上建房子，不得已的时候才进城。英国农民空闲不多，不过有闲暇时就朝门外看看，非常自足。希腊人喜欢住在城市或村镇里，走路去上班，然后有大量富余时间在城里或村镇广场上闲谈。所以，集市成为市镇，很自然地位于卫城下面。这成为人们公共生活的中心——我们很快会看到这有多么重要。

但是，为什么这些市镇没有形成更大规模的单元？这是个重要的问题。

有经济方面的原因。希腊地理障碍多，货物运输很困难，除非走海路，而当时航海信心不足。此外，由于我们刚才提到的各种原因，使得非常小的一片地方就颇为自给自足，因为希腊人对生活的物质需求不高。这两个事实都指向同一个方向：希腊经济的互相依赖、国家不同地方之间的相互引力，都不够强大，难以打破希腊人住在小社区的愿望。

也有地理方面的原因。有人认为，这种独立的城邦体制是这个国家的地理特性强加在希腊身上的。这个理论比较有吸引力，尤其对一些想用一个伟大的解释去破解所有现象的人而言，但这好像不见得是真的。显而易见，这个国家的地理分隔的确有些作用；例如，这样的体制不可能在埃及出现，因为那里完全依靠对尼罗河洪水的适当管理，必须要有一个中央政府。但是有些国家跟希腊一样，地理分隔得比较彻底——例如苏格兰——这些地方却从未发展出 polis 体制；相反，希腊附近有很多城邦，例如科林斯和西库昂，虽然二者之间没有足以严重妨碍现代人骑自行车的地理障碍，但是两个城邦还是保持独立。此外，恰恰是希腊最具山区特征的地方却从未发展为城邦，直到后来——例如阿卡狄亚和埃托利亚才有类似行政区的体制。polis 发展繁荣的地方，通信都相对容易。所以，我们仍然得找个其他方面的解释。

经济学和地理的解释有所帮助，但是真正的

解释是希腊人的个性……要阐述这一点需要一些时间。我们可以首先清除一个重要的历史观点。如此荒谬的一个理论体系怎样能够支撑20多分钟的解释?

历史的反讽众多而苦涩，但是至少这必须归功于诸神，是他们让希腊人在足够长的时间里完全拥有东地中海地区，有空像实验室实验一样，研究出人的本性在多大程度上、何等条件下能够创造和维持一个文明……几个世纪以来，活跃而聪明的希腊人都可以生活在明显荒谬的体制里，这种体制适合他们的特质，并被发扬光大，而不是被单调而巨大的帝国所吞并，那样的话就会扼杀其精神成长……除非已经理解了 polis 对希腊人的意义，才能读懂希腊的历史；也只有理解到这一步，我们才能理解为何希腊人发展 polis，为何倔强地维持它。下面让我们研究这个词在实际中的运用。

polis 开始的意思是后来称之为的卫城，那是整个社区的要塞，是公共生活的中心……polis 很快指城堡，或者"使用"这个城堡的全体人。所以我们在修昔底德（Thucydides）中读到："开船进入爱奥尼亚湾时，位于右侧的埃庇丹努斯（Epidamnus）就是一个 polis"。这不像说"开船进入布里斯托尔海峡，位于右侧的布里斯托尔就是一座城市"，因为布里斯托尔不是一个可能与格罗斯特交战的独立国家，只是纯粹由当地人管理的一个城区。修昔底德的话暗示，有一个市镇——尽管可能非常小——名叫埃庇丹努斯，那是埃庇丹努斯人的政治中心，他们居住的领土中心就是城镇——而不是"首都"——不管他们住在城镇，还是这片领土上的某个村子，他们都是埃庇丹努斯人。

有时，领土和市镇的名字并不一样。于是，阿提卡是雅典人占领的领土，由雅典——更狭窄意义上的 polis——比雷埃夫斯和很多村子构成。但是那里的人们统称雅典人，不是阿提卡人。只要是公民就是雅典人，不论他生活在阿提卡的哪个部分。

从这个角度来讲，polis 就是我们的"国家"……统治的实际工作可能托付给一个君主，根据传统的用法以所有人的名义来行事，或者托付给某些贵族家庭的首领，或者托付给拥有很多财产的公民理事会，或者托付给所有公民。所有这些及其修改的版本都是"政体"的自然形式。希腊政体与东方君主制的明显不同是，东方君主制内君主不负责任，掌控的权利不是神赋予的，自己本身就是个神。如果有不负责的政府，就没有 polis……

……polis 的规模使一个成员亲自向其公民同胞上诉成为可能。如果他觉得 polis 的另外一个成员已经伤害他了，他就会很自然地去上诉。希腊人都假定 polis 的起源是对公正的渴求。个体是无法无天的，但是 polis 会确保错误得到纠正。但并不是通过复杂的国家机器，因为这种机器只有靠个人来运行，而个人可能会与原本的犯错者一样不公道。只有向整个 polis 公开宣布所受冤屈，受害方才能有把握获得公正。这个词现在也就意味着"人民"，与国家有实际的区别。

[……]

……演说家德摩斯梯尼（Demosthenes）讲到一个人完全"避开城市"（avoids the city）——这种翻译会让不审慎的人以为他住在对应于湖区或珀利（Purley）的地方。但是"避开 polis"这个词组不是在告诉我们此人的住所；这词组的意思是，他不参与公众生活——所以有点怪。他对社区的事务不感兴趣。

现在，我们对 polis 这个词掌握够多知识了，能意识到英语中不可能翻译这样普通的句子，比如"帮助 polis 是每个人的责任"。我们不能说"帮助国家"，因为这样不会激发起大家的热情；正是"国家"取走了我们一半的收入。也不是"社会"，因为对我们而言，"社会"太大太杂，只有从理论的角度才能理解。一个人的村庄、一个人的工会、一个人的阶级对我们而言是有意义的单位，但是“为社会工作”，尽管是个令人仰慕的情怀，对我们多数人而言是模糊和无力的。在战争之前的岁月，英国大多数地区对衰退地区了解什么？银行家、矿工和农场工人相互之间有多少了解？但是每个希腊人了解 polis；polis 就完完整整地在他眼前。他能看到给 polis 提供粮食的土地——或者未能提供粮食，如果地里的庄稼没收成的话；他能看到农业、商业和工业如何相互结合；他知道前线的情况，哪儿实力强哪儿弱；如果不满足的人策划政变，要掩饰这个事实非常难。polis 的整个生活，各部分之间的关系，掌握起来都很简单，因为规模不大。所以说，“帮助 polis 是每个人的责任”不是表达一种美好的情怀，而是说最朴素和最紧迫的常识。公共事务的刻不容缓性和具体性，不可能适用于我们。

[……]

伯利克里（Pericles）发表的葬礼演说由修昔底德记录或再创造过，这个演说将展示这种刻不容缓性，让我们进一步了解 polis 这个概念。修昔底德告诉我们，每年如果有公民在战争中阵亡——常常都有阵亡的——“polis 选一个人”来发表葬礼演说。今天，这将是首相、英国社会科学院或 BBC 提名的人。在雅典，这意味着大会要选一个人，而这个人经常在大会发言；这个场合里，伯利克里从一个特别高的平台上讲话，他的声音可以让尽可能多的人听到。让我们思考一下伯利克里演讲中用到的两句话。

他把雅典的 polis 与斯巴达的相比较，指出斯巴达接受外国访客时很不情愿，时不时就驱赶所有陌生人，“而我们让我们的 polis 成为所有人共有的”。polis 在这里不是政治单位；也不是归化外国人——希腊人很少这么做，因为 polis 是个很亲密的联盟。伯利克里的意思是：“我们向所有人开放我们共同的文化生活”，这后面的话也表明这个意思，虽然翻译起来有些难：“我们也不会剥夺他们的任何指导或演出”——这些话几乎不知所云，直到我们意识到戏剧，不论是悲剧还是戏剧、合唱圣歌表演、荷马史诗的公开朗诵和游戏，都是“政治”生活必需和正常的部分。当伯利克里说到“指导和演出”，说到“让 polis 对所有人开放”，他心里想到的就是这些事。

但是我们必须要更加深入地研究。细读演讲会发现，在赞扬雅典 polis 的时候，伯利克里赞扬的不只是一个国家或民族，他是在赞扬一种生活方式。他在演讲词后面把雅典称为“希腊的学校”时，也意味深长。——这是什么意思？我们不也赞扬“英国人的生活方式”吗？区别在于，我们期望我们的国家对“英国人的生活方式”要漠然处之——的确，要是国家积极努力推动这种生活方式，就会令我们多数人感到恐慌。希腊人把 polis 想成一个积极的、具有促进作用的事物，训练公民的大脑和性格；我们视其为提供安全和便利的一个机器。关于对道德的训练，中世纪国家把这个任务交给了教会，而 polis 把这个视为自己的工作，现代国家则把这个任务交给上帝才知道的机构了。

polis 的原意是“城堡”，其意思可以指“人民政治、文化和道德的总体社会生活”，甚至“经济”生活，要不然我们如何理解同一篇演讲中的另外一句话，“由于我们 polis 的重要性，全世界的农产品都运到我们这里？”这一定意味着“我们的国家财富”。

宗教也与 polis 联系在一起——尽管不是所有形式的宗教。奥林匹亚众神的确在各地受到希腊人的膜拜，但是每个 polis 如果没有自己的神，至少有自己对这些神特殊的祭拜……但是除了这些奥林匹亚神之外，每个 polis 还有自己当地的小神灵、“英雄”和仙女，都通过太古的仪式来进行膜拜，几乎想象不出在某个仪式举行地点之外存在。所以……有种感觉的确可以这么说，

polis是一个独立的宗教和政治单元……

[……]

……亚里士多德讲过一句话，我们翻译得很不到位的“人是政治动物”。亚里士多德的本意是“人是居住在polis的动物”；他在《政治学》中继续证明，polis是人唯一可以充分实现精神、道德和智力潜能的框架。

这就是这个词的某些言外之意……polis是个活着的社会，基于真实或假设的血统关系——是一种大家庭，尽可能把生活转变为家庭生活，当然也有家里吵架的时候，由于是家里吵架，所以吵得更凶。

这不仅解释了polis，也解释了希腊人的所做所想，希腊人根本上是社会的人。在赢得谋生手段方面，他基本上是个利己主义者；在充实生活方面，他基本上是个“共产主义者”。宗教、艺术、游戏、讨论——所有这些都是生活所需，只有通过polis才能充分满足——不是像我们那样，得通过有相同想法的人结社，或者通过企业家向个体呼吁。(这部分地解释了希腊戏剧和现代电影之间的差别。) 此外，他想在管理社会事务方面发挥自己的作用。当我们意识到希腊人通过polis享受到多少必需、有趣和令人兴奋的活动，这些活动都在露天举行，在同一个卫城的视野之内，可见的同样的群山或海围绕着国家每个成员的生活——我们这才可能理解希腊的历史，理解希腊人为什么不愿牺牲polis，不愿牺牲鲜活而包罗万象的生活，去实现广泛但无趣的统一……

[……]

隋唐长安城规划 *

董鉴泓

编者导读

在西方，自罗马帝国（公元前 27—395 年）衰落以后，欧洲的城市发展经历了一个漫长的萧条期，贯穿了中世纪的大部分时期。而在东方，古代中国的城市发展则呈现出不同的景象。在有记载的 5000 年中华文明史中，尽管朝代更替、天灾人祸也导致了城市发展的起起落落，但是一旦战乱结束，国家统一，就出现一些经济发展的“盛世”时期，达到了古代中国城市文明一个又一个的高峰，为人类的城市发展演进史增添了东方模式的新类型。代表中国古代城市文明最杰出的代表是唐代（618—907 年），特别是盛唐时期的长安，即今天的西安。在一定程度上可以说，唐长安在古代东方城市中的地位及影响，超越了罗马在古代欧洲的地位及影响。就城市规划及建设而言，唐长安奠定了亚洲东方城市的“标准”及样板，此后中国其他朝代以及日本、朝鲜、越南及一些东南亚城市的规划布局均受到唐长安的巨大影响，有的甚至完全仿照唐长安进行建设，例如日本的古都平城京、平安京。

长安地区长期是中国的古都，始于秦代的都城咸阳（公元前 350 年），历经汉代的都城长安（公元前 206 年），到隋代（581 年）和唐代（618 年）的都城长安，曾经是 13 朝的古都，建都的年代长达千余年；而且城市居民极多，在唐代就达到百万人口。而此前的人类城市历史中，有据可考的只有古罗马的人口超过百万。研究者认为，有一些重要原因使长安能够在长达千年之久的漫长时间里作为古代中国的国都，并且成为这么巨大的城市，关键是关中地区有利的地理条件和资源。第一个条件是关中地区的水资源。古代长安利用了优越的水资源，素有“八水绕长安”之称。秦、汉、隋、唐时期营建长安城时，都利用了其有利的水条件，并开凿人工渠道，引水入城。第二，关中地区气候温和，土壤肥沃，处于广阔的平原地带。这些自然条件对于古代中国的农业文明来说至关重要，为建立都城提供了重要条件。第三，古代都城选址时，军事因素最重要。长安三面环山，东临黄河，具备了“山川以为固”，进可攻，退可守的优越条件。

尤其重要的是，隋唐长安的规划建造、城市格局、城市管理制度及社会生活组织形态，完全体现了古代中华文明对城市及城市社会的基本理念，体现了周代《考工记》记载的城市

* 作者根据其本人的《中国城市建设史》（第三版）（北京：中国建筑工业出版社，2007）为本书重新编写的专稿。——编者注

建设的原则。所以犹如研究古代罗马是研究古代西方文明的重要内容一样，研究隋唐长安也是研究中华文明的重要组成部分。

本文研究隋唐时期的长安城规划。隋唐长安是古代中国在曹魏邺城之后，第一个平地新建的都城。无论是空间物质规模还是人口规模，隋唐长安“不仅是中国历史上最大的城市，也是古代全世界最大的城市”。隋唐长安城墙范围87平方公里左右，加上广阔的禁苑，面积足有250平方公里。而唐长安城总人口包括驻兵、官府、僧侣等达到百万以上，还不算居住在长安的外国人。中唐诗人韩愈有诗:“长安百万家，出门无所之”，可为佐证。

唐长安不但是当时中国的政治、经济、宗教和文化中心，也是重要的国际贸易和活动中心，来自波斯、阿拉伯、日本等外国的人员与产品在长安城司空见惯。作为当时世界上最大、最规整、最宏伟和文化最为发达的城市，唐长安也是当时世界文明的中心。但是，安史之乱之后唐朝国运开始衰退，长安也日趋衰落，直到黄巢起义捣毁唐王朝，也摧毁了长安作为首都的活力。自此，中国的经济活动中心向东部、南部转移。

本文侧重描述隋唐长安的空间规模和形态，并总结了中国古代王城空间规划的特点和思想，比如空间的严整布局和结构的完全对称、宫廷与民居的严格隔离和森严等级、宏大的空间规模对于体现王权意志的作用等。隋唐长安的空间规划受到前世王城（曹魏邺城、北魏洛阳）规划的影响，对后世王城（东都洛阳、东京汴梁、金中都、元大都、明清北京）规划的影响更是深远。与世界其他地区的古代都城相比，长安规划的特征包括以宫廷为中心的布局，完善的坊里体系，有专门分工的市场区域，规定的宗教寺庙设施，以军事防御为主要功能的城墙等。

本文作者董鉴泓教授，1926年出生，1951年毕业于同济大学土木系市政组，曾任同济大学城市规划教研室主任、建筑系副主任、城市规划研究所所长、中国建筑学会城市规划学术委员会副主任委员、中国城市规划学会常务理事等。现任《城市规划学刊》主编。董鉴泓教授长期从事城市规划与城市建设史的教学与科研工作。他的研究方向为：中国城市建设史、城市规划理论、城市与区域的发展等。主要著作有《中国城市建设史》、《中国东部沿海城市发展规律与经济技术开发区规划》等。他主编的《中国城市建设史》（第三版）（北京：中国建筑工业出版社，2007）是公认的研究中国城市规划和建设历史的重要参考资料。若希望了解更多中国古代都城规划历史，还可参阅董鉴泓编著的《城市规划历史与理论研究》（上海：同济大学出版社，1999），潘谷西主编的《中国建筑史》（第四版）（北京：中国建筑工业出版社，2001）。

正文

隋唐长安城兴建的时代背景

魏晋南北朝时期，大约400年间，由于割据分裂和长期的战争，农村经济受到很大的破坏，商业和手工业也受到严重的影响。国家的统一与和平，成为各族人民的共同愿望，国内各民族有了进一步的融合。这种情况为隋朝的统一创造了条件。隋初经济有所恢复，沟通了大运河，在这种条件下，隋文帝杨坚建造了规模宏大的大兴城和东都洛阳城。

隋朝短暂的王朝在农民起义中被推翻。李渊父子取代了农民起义的成果，建立了唐朝。从唐太宗（贞观）到唐玄宗（开元）百余年间，经济空前繁荣，文化高度发展。唐代在隋朝大兴城和洛阳城的基础上，发展建成了东、西都城长安与洛阳，这是当时世界上最大的城市。

南北朝后，中国的经济中心逐渐由中原转向江淮流域，隋、唐时的军事、政治中心仍然以关中地区为主，这就出现了军政中心与经济中心分离的情况。大运河（汴河）的修通，沟通了南北交通，解决了关中对江淮地区物资大量需求的流通问题。

通往西域的陆上国际交通，汉以后曾中断，唐代又恢复，国际贸易和军事行动，使这一带的城市重新繁荣起来。亚非各国特别是阿拉伯商人来中国经商，首都长安也成为国际活动的中心。

唐代驿站驰道以长安为中心通往全国各地，交通畅通。

南北朝之后已很兴盛的佛教，加上唐代国际交通的发展，使得一些西方宗教也传入中国，如伊斯兰教、景教、摩尼教等，再加上对中国原有道教的提倡，各城市宗教建筑异常活跃，长安城中有大量占地很大的寺院。宗教也影响了一些建筑形式。

隋大兴城的修建

长安附近从西周到秦汉，长时间是都城的所在地，如丰、镐、咸阳、长安等。这些都城在东汉末年的战乱中受到破坏，关中地区人口减少、耕地荒芜，因而以后魏晋各朝建都于洛阳。但北朝的前秦、后秦、西魏、北齐又在汉长安建都，北周灭北齐后也以此为都，隋文帝灭北周统一全国后，仍在此建都，原因为：

1）长期混战使邺城、洛阳等城均已严重破坏。

2）江南初定，政治统治还不够巩固。

3）关中平原军事形势有利：北可御突厥，西扼巴蜀要道，东可出潼关控制黄河中下游。

4）隋朝势力原来就在这一带。

隋文帝在长安建都时，决定放弃原来的汉长安城，在其东南另建新城，原因为：

1）汉长安历经破坏，难于修复，而且“风水”不利。“此城从汉以来，凋残日久，屡为战场，旧经丧乱，今之宫室事近权宜，又非谋筮从龟，瞻星揆日，不足建皇王之邑。”（《隋书·文帝本纪》及《册府元龟·十三》）

2）汉长安已有多朝建都，不在新地建都不能体现新王朝的新气象。“王公大臣，陈谋献策，咸云羲农以降，至于姬刘，有当代而屡迁，无革命而不徙，曹马之后，时见因循，乃末代之宴安，非往圣之宏义。”（引文同上）

3）“汉营此城，经今八百岁，水皆碱卤，不甚宜人。”（引文同上）

4）汉长安宫殿与一般建筑杂处，分区不明，防卫和管理也不方便。

宋代吕大防在《长安图题记》中记载：“隋氏设都，虽不能尽循先王之法，然畦分綦布，闾巷皆中绳墨，坊有墉，墉有门，逋亡奸伪，无所容足，而朝廷宫、市民居，不复相参，亦一代之精制也，唐人蒙之以为治。”

宋敏求《长安志》也记载：“自两汉以后，至于晋齐梁陈，并有人家在宫阙之间。隋文帝以为不便于民，于是皇城之内惟列府寺，不使杂人居，公私有便，风俗齐肃，实隋文新意也。”

新城选定在“山川秀丽，卉物滋阜，卜食相土”的龙首原高地，位于汉长安东南，在开皇二年（公元 582 年）动工，命太子左庶子宇文恺创制（即制定规划）。

宇文恺可说是一位规划专家和建筑工程师，根据《隋书·宇文恺传》记载，他不仅主持规划了长安和洛阳二城，还从事过水利、长城、桥梁等方面的工程，也亲自设计过一些房屋。

新城历时 9 个月，动用民工数万人，初步建成，定名为大兴城（隋文帝在后周时被封过大兴公），以后隋炀帝、唐初又经数次修建。新城址用地原来还有一些村庄，建城时拆迁，但村名仍保留，原有坟地也一律迁葬。

隋亡后，唐朝仍在这里建都，改名长安城，屡有修建，但城市基本轮廓仍和隋初建城时相同。

隋唐长安的地形与规模

长安新城南对终南山及子午谷，北临渭水，东有浐、灞二水和汉代漕渠遗迹，城西一片平原。东北部较高称龙首原，东南部已伸入曲江池及较大起伏的丘陵地区。

隋初建城规模，据宋敏求《长安志》记载："外廓城东西十八里一百一十五步，南北十五里一百七十五步，周围六十七里。"1957年探查，城址东西长9721米，南北长8651米，周围约36公里，不算后建的大明宫，城墙范围内用地约8300公顷多，算上大明宫共达8700公顷左右，不仅是中国历史上最大的城市，也是古代全世界最大的城市。城北还有广阔的禁苑：东到灞水西岸，北到渭水岸，西面包括汉长安城，南到长安北城墙，其中宫苑建筑很多，和城市面积合起来，足有25000公顷左右（图1）。

《长安志》记载："共有户三十万"，实际上包括京兆府各县在内。就长安城内的长安、万年二县计，共有8万多户，按每户10人计，加上常驻兵10万人，官府僧道等10万人，总人口应在百万以上，人口毛密度约为120人/公顷。

城市总体布局

隋唐长安是在曹魏邺城之后，第一个平地新建的都城，在规划布局上总结了过去的优良传统，按照一定的意图去建造，成为我国严整布局的都城的典型（参见框图3）。

宫城在城市中部偏北，主要宫殿坐北朝南，有"南面为王"的含义，也便于控制全城。

宫城南面是皇城，有文武官府、宗庙、社稷坛等，还有为宫廷服务的官营手工作坊（将作监、军器监、少府监……等），还驻有军队，其中包括保卫京师的左、右千牛卫等。皇城东西约2820米，南北约1843米。皇城与宫墙之间，用一条很宽的道路分开，文献记载宽为300步（约440米），实测约220米，实际上是一个大广场，可能是为了便于防御，也可能是为了用于练兵操演。在这里的"承天门"可接受百官和外国使臣的朝贺。

宫城南北长约1492米，宽与皇城同，由太极宫、东宫和庭掖宫组成。太极宫宽1967米，东宫宽150米，庭掖宫宽702米，后来总称西内。

城外东北的龙首原上，贞观八年（公元634年）曾建大明宫，作为太上皇李渊养老的宫殿，未建成时因李渊死而停工。高宗龙朔二年（公元662年），高宗患风湿病，觉得太极宫地位低湿，又复建大明宫，并常年移居在此，以后各代也都以大明宫为政治中心，称北内。大明宫"北据高原，南望爽恺，每天晴日朗，南望终南山如指掌，京城、坊市、衡陌，俯视如在槛内"。经过发掘，主要宫殿有含元殿、麟德殿等，中间还有太液池。

皇城东南，还有兴庆宫，称南内。兴庆宫原是兴庆坊，唐玄宗未即位时和其他几个王子的王府在此。后来向北扩建占永嘉坊地，开元二十四年又向西和南扩建，占道政坊部分和东市东北角。考古发掘得知，兴庆宫南北长1250米，宽1080米，南面就是通向春明门的大街。可能是防御要求，宫城四周道路加宽，因而影响了周围的坊、市。

宫城正门——承天门的遗址在今西安莲湖公园内，有三个门道，中间宽8.5米，西侧宽6.2米，东侧宽6.4米。

自承天门经皇城正门——朱雀门，直到外城南面正门——明德门，是全城的中轴线。朱雀门至明德门的大街称朱雀街，长约5316米。东西向第一条横轴线是宫城前通到通化门和开远门的大街。第二条横轴是皇城前面通到春明门和金光门的大街。两条横轴和中轴线两次相交在主要城门处，这种用道路交叉突出主要建筑物的做法，在中国古代城市总体布局中是常见的手法。

北面原有兴安、玄武、芳林等门，建大明宫后又开丹风门、建福门，北城西部也新开景耀、

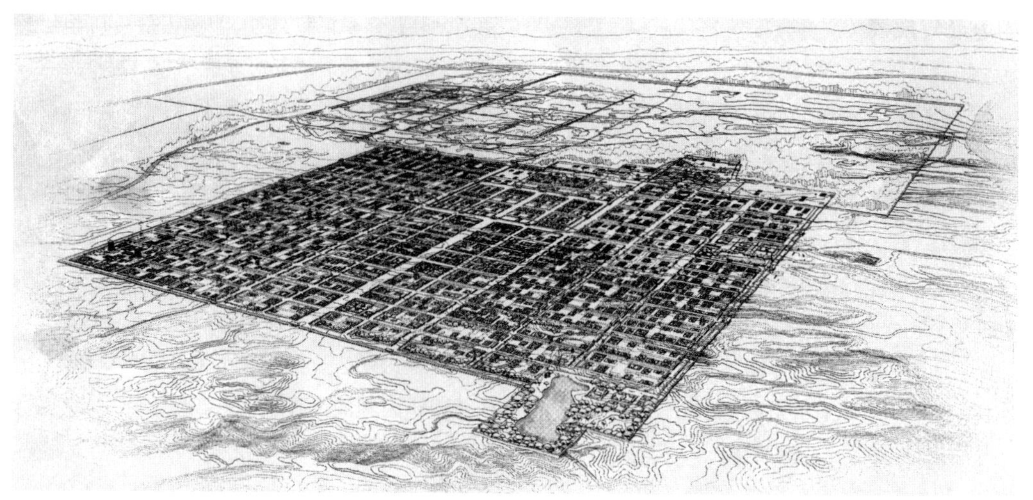

图 1　总体鸟瞰

光华门。东面有通化、春明、延兴门；西面有开远、金光、延平门；南面有启夏、明德、安化门；南北和东西各门都互相正对，中间是城内主要干道（称为六街），城内的街道网也以这些干道为骨架，形成完全对称的布局。由这些路所划分的坊里，也东西对称，使整个城市布局严整、对称。这种对称布局突出了中轴线，又通过中轴线而突出占城市统治地位的宫殿。这种将城市作为一个构图的整体，使道路、坊里、建筑布局成为一个统一体的规划手法，是中国城市建设的优良传统，隋唐长安在布局上的整体性，超过以往的任何城市。

隋唐长安也将统治阶级和一般人民的居住地区严格分开，以改变长安的"宫殿与民居相参"的情况，宫城、皇城居中偏北，被外城三面包围。这样市在南面，似乎与"前朝后市"的城制不符，不过北魏洛阳的布局，市也是在宫南。

祖庙与社稷坛在皇城内的左右，完全合乎"左祖右社"的城制，祭天在城南，和汉长安同。

道路系统

道路系统成严整的方格网系统，共有东西大街 11 条，南北大街 14 条，互相直角相交。南北向道路和子午线方向实测只差 1° 多。

通向城门的主要干道，宽度大于其他道路。主要干道出城门后就是市际干道，二者是合一的。当时的主要交通工具是马车，不论市内或市际，对道路的要求是一样的。

隋唐长安的道路宽度，可以说是空前绝后，按文献记载，可分如下几种：

1）宫前横街：前面说过是宽 300 步。

2）丹凤门大街：宽 120 步，相当于 176 米，是大明宫与丹凤门的笔直通道，当时百官上朝通过此街，车马比较拥挤。

3）朱雀大街，宽 100 步，相当于 147 米，实测宽度与此相符。其他南北向大街宽度文献记载都是 100 步，实测都小于此数，有 134、108、68 米和 20 米等各不相同。

4）东西向街道，由北起第一、二、四街宽 60 步（相当于 88.2 米）。第四街实测为 75 米。

5）东西向街道的第五街以下宽度都应是 47 米（相当于 69 米），实测第五街（通春明和金光门）宽 120 米，第六街 44 米，第七街 40 米，第八街 45 米，第九、第十街 55 米，第十一街 45 米，第十二街 59 米，第十三街 39 米。

6）除全市性南北东西道路外，各坊里内有

十字街或一字街，其宽度未见记载，实测怀德坊内十字街宽约 15 米，显然这是地区性道路，主要供人行。其间还有许多小路，通到每户，称为坊曲。有记载说，王公到崇仁坊妓院，车不能入内。

道路的宽度，并没有完全从经常的交通量出发，朱雀大街那样宽是为了帝王出行的特殊需要，日本园仁和尚关于长安的记载有："(会昌元年）八月早朝，幸南郊坛，坛在明德门前，诸卫及左右军，廿万众相随，诸奇异事，不可胜计……。"南北道路很宽，可能是为了便于位于城北的统治机构"捕亡奸伪"，可以使骑兵易于快速到达全城每个角落。

由于道路宽大超过实际需要，经常发生在道路上掘土筑屋或私自种植的事件，政府不得不三令五申地加以禁止。

道路路面多为泥土，少数地段也发现有砖瓦碎块填铺，因此遇雨就难于通行。朱雀大街路土厚达 0.4—0.5 米，路两侧有水沟，宽约 3 米、沟深 1.7—2.1 米，两壁坡度为 76°，这些沟叫御沟、杨沟或羊沟。后唐马镐的《中华古今注》记载："长安御沟谓之杨沟，植高杨于其上也"。御沟有排水、植树的作用。

东市、西市里面的街道，宽度仅 16—18 米，路面用石子铺成，路两边有石砌排水明沟，宽约 30 厘米，沟外，沿店铺还有 1 米宽的人行道。很明显，这是与全市性道路不同的商业街。

东城和城墙平行，筑有夹城。开元十四年（公元 726 年）扩建兴庆宫时，先由大明宫通到兴庆宫，开元二十年（公元 732 年）又向南延伸，通到曲江池、芙蓉园。夹城专供皇帝使用。"人主自由潜行往返，由外窥之而不能见及。"

坊里

唐长安全城共划分有 109 个坊里，坊名颇多变化，主要是与皇帝名字避讳。坊里大小，按文献记载共有五种：

1）朱雀大街两侧 18 个坊为 350 步 ×350 步，相当于 515 米 ×515 米，约合 26.7 公顷。

2）朱雀大街两侧第二排的 18 个坊里为 350 步 ×450 步，相当于 515 米 ×662 米，约合 34 公顷。

3）春明门、金光门大街以南的其他 47 个坊为 350 步 ×630 步，相当于 515 米 ×955 米，约合 49.2 公顷。

4）通化门、开远门之间的大街以北各坊为 400 步 ×650 步，相当于 588 米 ×955 米，约合 52.2 公顷。

5）通化门、开远门之间的大街以南，金光门大街以北，皇城两侧的各坊 550 步 ×650 步，相当于 797 米 ×955 米，约合 76.1 公顷。

其他还有一些坊里，面积大小不等，如丹凤门大街两侧的光宅、翊善、永昌、来庭四坊，兴庆宫北的永嘉坊等，都是由于后来开辟丹凤门大街和扩建兴庆宫而形成的。

坊里面积如此之大，在古代中国城市中也有空前绝后的，其原因：一是坊里的划分完全是由干道网决定的；二是为了便于统治管理。坊里数目太多，不便于管理。

坊里内部，前两种在坊里中间有一字横街，有东西两个坊门；后三种在坊里中间有十字路有四个坊门，皇城南面四排坊里只开东西门，朝北无门，一方面因这些坊面积较小，另一方面由于风水迷信，认为朝北开门会冲了皇城宫城的"气"。

坊里四周有夯土的坊墙，墙基厚度 2.5—3 米左右，都临近各街沟边，墙高 2 米左右，每一坊里像一座小城。坊门在日出和日落时敲打钟鼓启闭。坊门关闭后，严禁在街上行走，每年只有正月十五上元节前后几天，可以夜不闭坊门。

一般居民只能坊内开门，只有贵族和寺庙可以向大街开门。这种规定当然是从便于管理出发，但唐中叶后执行也不严格，常有"起造舍屋，侵占禁街"的现象，政府不得不三令五申地禁止。

坊中有许多大府第占地很大，中唐以后官僚

贵族追求排场，宅第宽大，有的府第占了半个或1/4坊里，这些大宅第有时很空。

坊里中还有不少寺庙也占地很大。“僧寺六十四，尼寺二十七，道士观十，女观六，波斯寺二，胡袄祠四。隋大业初有寺一百二十，谓之道场，有道观十，谓之玄坛。天宝后所增，不在其数”(宋敏求《长安志》)。靖善坊的兴善寺、保宁坊的昊天观甚至占一坊之地。晋昌坊的大慈恩寺房屋总计1897间，居住僧众不过300人。

一般居民住宅条件很差，在府第、寺庙之间，在弯弯曲曲的小巷“坊曲”内，低矮窄小，甚至一些低级官吏和知识分子的居住条件也很差。白居易诗写自己“游宦京都二十春,贫中无处可安贫,长羡蜗牛尤有舍，不如硕鼠难藏身”。后来他住在长乐坊,也是“阶庭窄宽才容足,墙壁高低粗及肩”。政府对民居的格式有严格限制，“不得造棋阁，临视人家……庶人所造堂舍，不得三间四架，门屋一间二架,仍不得辄施装饰。”(《唐会要》卷卅一)

建城之初，只划分了坊里，将土地分给建造者自己建造，住户之间的小巷坊曲，也是自发形成的，坊里内部布置相当零乱。由于政治中心在东北部，王富贵族多在东北建府，城东北人口最密。由于长安居住用地大大超过需要，城南几排坊里始终没有建成，“自兴善寺以南四坊，东西尽廓，率无第宅，虽时有居者，烟火不接，耕垦种植，阡陌相连。”(徐松《两京城坊考》)

市肆

城内有东、西二市，对称位于皇城南面各占二坊之地，约900米×900米。市内有东西和南北向街道各两条，呈井字形。井字街中央部分是市署、平准局，两市均有放生池，市门也有一定的开闭时间。两市在开元时还将河道引入。

市中有肆和行。同样性质的店铺集中在一起称行，记载的有220行，如绢行、珠宝行、大衣行、秤行、果子铺、楸辔行、铁行、药行等。

日本园仁和尚在《游学长安记》记会昌二年六月二十七日“夜三更，东市失火，烧东市曹门以西十二行,四千余家。”可见,当时市内店铺很多。

东市集中着各种商业，西市颇多外国商人的店铺，相当于一个国际贸易中心，以波斯人、阿拉伯人为最多，有胡店，有胡姬演胡戏，有波斯的珠宝商。

市内以商品交易为主，也有少量与店铺在一起的手工作坊，一般手工业作坊和家庭手工业，可能仍分散在各坊里中。

城内商业需要集中成市，说明商业已较“日中为市”的时代发达，但这样大的城市只有两个集中的市，反映商业不够发达，市民和市的关系不太密切。盛唐以后，商业和手工业分布在其他坊里的越来越多,如乐器作坊(小忽雷)集中在崇仁坊,毡曲在靖恭坊,制玉器在延寿坊,售美酒在长乐坊,造车工匠在通化门附近，东市附近各坊有很多邸店。各坊里中还有一些为日常生活服务的店铺。

市内市民云集，因而也是官府对犯人行刑的所在。

水系和绿化

汉长安水质变碱，同时地势较高，水井有的深达数十丈，隋初放弃汉长安另建新城，也与此有关。吸取汉长安的经验，隋建长安将宫城皇城选在地势较低之处。

全城引水分东西二区。东面从浐河上游开渠分水，南流到城东高地上，再分几个支流入城，在城东南流人曲江池和芙蓉园，东北支流流经兴庆宫北的龙首渠，一面经皇城，进宫城，到城北的御苑，另一面流入城南坊里。城西引水分两支经南城墙入城，东支经皇城进宫城，在宫城里汇集到苑内的五个湖，再北流到城北御苑区；西支流人城西坊里，后来通到西市。

城市水系主要为饮用，同时在园林绿化上的意义很大，水的良好条件，使长安的园林绿化水平远比汉长安高。

后来把渠道通到西市，水系也起了运输供应的作用。城外的几条渠道完全是漕运的需要，由江淮供应的粮食、物资都集中在城东，这一带还有一些仓库。开元时，城东有个广运潭，曾集中各地船只，举办物资展览会。

城内最好的绿地是曲江池和芙蓉园，皇帝常去游玩，每年三月三日在此宴会群臣，堤岸上张结彩幕，江中有彩船，商人把奇珍异物陈列市中招徕顾客，富豪把名花陈列街上。不过一般人是不许入内游玩的。知识分子考中进士后，特许游玩曲江池，并登大雁塔题名。

城北御苑绿化良好，其中还有不少离宫别院、球场（唐朝盛行马球）。

大宅第和寺庙里绿化也很好，诗人颇多描写，如“人人散后君须看，归到江南无此花”（白居易）；又如“紫陌红尘拂面来，无人不道看花回，玄都观里桃千树，尽是刘郎去后栽”（刘禹锡）。

城内街道两旁也都有行道树，一般多种槐树，统治者对街道绿化很关心，在官方文件中常谈到街道绿化。皇城宫城内多种梧桐。

隋唐长安城市的规划思想

隋唐长安城的规划，仍是继承了中国古代都城规划的传统，由于完全是新建，这种传统的布局方式表现得更为明显，而且有所发展。直接影响长安规划的是曹魏邺城，邺城之后，北魏孝文帝关于洛阳的改建规划更直接影响隋唐长安。长安城平面方正，每面开三门，宫城居中，宫前左右有祖庙和社稷等，都是《周礼·考工记》上所列的王城制度，至于市在宫南，则洛阳已是这样布局。洛阳北面是茫山，城市向南发展，因此市在宫南。

城市布局上，不使“宫殿与居民相参”的意图十分明确。采用严格坊里制则是为了便于统治人民。道路突出宫殿，这一切都是从城市最高主人——皇帝的意图出发的。

隋唐长安城市规模、道路宽度、坊里面积都大得惊人，远远超过了实际需要，处处以大来反映当时大一统的威望。经过几百年分裂战乱，隋朝统一了全国，不久又建了中国历史上最强大的唐王朝，当时号称“天可汗”。因此在各方面都企图超越前代，以致城市面积超过当时人口需要很多，在唐代全盛时，长安城南部许多坊里始终未完全建成。

城市布局有一定的数字概念，每边开三门，一般门均有三个洞。皇城、宫城南面全是三门，明德门是五门洞，采用奇数，奇数可以有中心和对称。

毕沅在《长安志》注文中说：皇城前面四行坊，象征四季。九排象征周礼王几九铺，十三排象征十二月加闰月。中国古代由于对一些天文、生物等自然现象的认识而形成一些“风水”、“八卦”的观念，对城市和建筑的布局是有影响的。宋代张礼在《游城南记·永乐坊》后注中记载：“即横岗之第五爻也，今谓之草场坡，古场存焉。宇文恺城大兴，以城中有大土岗，东西横亘，象乾之六爻，故于九二置帝王之居，九三置百司，以应君子之数，九五贵位不欲常人居之，故置元都观、大兴善寺以镇之，元都观在荣业坊，大兴善寺在靖善坊，其岗与永乐坊东西相宜。”

长安城规划对中国古代都城的规划有很大影响。后建的东都洛阳在许多方面类似长安，宋代东京汴梁也受其影响。金的中都是仿效汴梁的，元大都则模仿金中都，所以它们都间接受长安的影响。

长安的规划也是当时国内外一些城市的学习榜样，如唐代位于中朝边境的渤海国上京龙泉府（今吉林宁安），其布局方式基本与长安相同。日本的古都平京城、平安京，也完全模仿唐长安规划，甚至连朱雀大街、东西市的名称也相同。

大城市 *

弗里德里希·恩格斯

编者导读

在人们的记忆里，弗里德里希·恩格斯（1820—1895 年）长着浓密胡子的形象是国际共产主义的标志。在其大部分的成年岁月里，弗里德里希·恩格斯都生活在比他更出名的朋友兼同事卡尔·马克思的影子里，这是他命运的独特之处。不过，在年仅 24 岁时，那个更有人情味、更容易接近的恩格斯，带着满腔的年轻人的理想主义，直面了工业革命导致的社会惨象。工业家的父亲派年轻的恩格斯到英国中部曼彻斯特的工厂学习商务管理。父亲作出的这个决定，没想到让恩格斯写出了《1844 年英国工人阶级状况》(1845)。这本书列为城市社会政治学最早的杰作之一,《大城市》即选自该书。

到 19 世纪 40 年代，工业革命已经彻底改变了很多英国城市的面貌，尤其是中部和北部地区的。恩格斯笔下的曼彻斯特就代表着新的工业城市的样子。框图 4 是奥古斯塔斯·韦尔比·皮金作的对比图，它比较了一座 15 世纪城市那由教堂的尖顶统领的城市天际线和同一城市 1840 年由作坊、工厂和一个巨大监狱统领的城市天际线。

这里所选的《大城市》(注意这里的“大”是指规模大，而不是伟大！）中，恩格斯采用徒步游历的方法进行观察和分析。尽管恩格斯总结了关于工人阶级起源和历史作用的社会主义理论，尽管他引用很多当时的资料来支撑他的分析，但是他大部分的论据还是靠在城里观察，然后撰写他的见闻。恩格斯很快就不仅仅是告诉读者工人阶级所面临的社会苦难，他开始向读者们展示工业城市化的惨象，带他们游历曼彻斯特工人阶级所在的区域。正如在但丁所著的《神曲·地狱》中那样，这种游览越来越深入地构成占据曼彻斯特的污秽、苦难和绝望。一些人认为，恩格斯夸大贫民窟的恶劣环境，以支持他激进的意识形态。但是后来主流的英国学术研究者，诸如查尔斯·布思（Charles Booth）以及几位有声誉的皇家委员会成员，完成的一系列报告中记录的英国城市环境与恩格斯描述的一样糟糕。

恩格斯写这本书时，首批城市照片才开始出现。令人遗憾的是，他没有用记录实际情况的照片作为自己著作的插图。后来到了 19 世纪后期，雅各布·里斯(Jacob Riis)、刘易斯·海因(Lewis Hine)和其他摄影家用照片记录了贫民窟的状况。弗雷德里克·斯托特(Frederic Stout)的《新

* 本篇译文摘自人民出版社出版的《马克思恩格斯全集》，对其中地名按现行规定有所改动。——编者注

现实的愿景》(Visions of a New Reality)选文就讨论了摄影家们对 19 世纪城市新现实的反映。

读过《工人阶级状况》的人必须承认，恩格斯非常熟悉曼彻斯特的无产阶级社区——老城、爱尔兰城、朗密尔盖特 (Long Millgate) 和索尔福德 (Salford) ——他的观察敏锐而客观。最有意思的是他关于无节制的过度建筑(从空气和水污染的角度)对公共健康影响的描述。恩格斯预料到很多像弗雷德里克·劳·奥姆斯特德 (Frederick Law Olmsted) 这样的环保主义改革者、像埃比尼泽·霍华德 (Ebenezer Howard) 这样的乌托邦主义规划师所提出的观点。甚至可以说，他为斯蒂芬·惠勒 (Stephen Wheeler)、世界环境与发展委员会和蒂莫西·巴特莱 (Timothy Beatley) 等人的可持续发展规划的观点奠定了基础。

恩格斯注意到，作为对城市工业主义式的空间隔离在空间安排上的应对，面对主干道的建筑外立面掩盖了城市的丑恶面，以免从郊区向城内通勤的工厂主和经理人看见大墙背后的苦难。这已成为城市分析的一个常见主题。它被迈克尔·哈灵顿 (Michael Harrington) 在其《另一个美国》(The Other America) (New York : Macmillan，1962)、迈克·戴维斯 (Mike Davis) 在其《石英城市》(City of Quartz)，以及很多其他关注城市社会空间不公平现象的观察者所反复论述。

不论是资本主义者还是社会主义者，20 世纪城市规划的传统一大部分要归功于恩格斯。他在破旧的城市基础设施与城市贫民的异化绝望之间建立的联系，到今天仍然成立。城市公园运动和理想的公司城镇的建设——英国的索尔泰尔 (Saltaire) 和桑莱特港 (Port Sunlight)、美国的洛厄尔 (Lowell) 和普尔曼 (Pullman) ——以及后来对城市中心区进行再开发的努力，都是要解决恩格斯首先发现的问题。

恩格斯描述的状况成为社会现实主义文献的传统。这个传统始自英国的查尔斯·狄更斯 (Charles Dickens) 和加斯克尔 (Gaskell) 女士，后由美国的厄普顿·辛克莱 (Upton Sinclair) 和西奥多·德莱赛 (Theodore Dreiser) 传承。人们不禁会想，恩格斯和社会现实主义者所描述的工人阶级，其文化影响是否可以与理查德·佛罗里达 (Richard Florida) 所描述的后工业时期的"创意阶层" (creative class) 的文化影响相媲美?

若想更多了解曼彻斯特的早期情况，请参阅彼得·霍尔的《文明中的城市》一书中的"Manchester，1760—1840"章节。其他有关英国城市贫困问题的重要调查文献包括 : Henry Mayhew 的《伦敦劳工及伦敦穷人》(London Labor and the London Poor) (1851—1862)，Charles Booth 的《东伦敦及汉克纳居民的生活和职业状况》(Conditions and Occupation of the People in East London and Hackney) (Journal of the Royal Historical Society，1887)，Jack London 的《深渊中的人们》(People of the Abyss) (New York : Macmillan，1903) 和 George Orwell 的《巴黎和伦敦的下层与边缘者》(Down and Out in Paris and London) (London : Secker and Warburg，1933)。

在美国，对贫民窟状况的重要研究包括 : 雅各布·里斯的《别人是如何生活的》(How the Other Half Lives) (New York : Scribners，1903)，Upton Sinclair 的《 丛 林 》(The Jungle) (New York:Doubleday，1906)，还有对非裔美国人贫民窟状况的系列报告，如 W.E.B. Du Bois 所著的《费城黑人》(The Philadelphia Negro)，St. Clair Drake 和 Horace Cayton 所

著的 *Black Metropolis*（University of Chicago Press，1945），W・J・威尔逊（William Julius Wilson）所著的 *When Work Disappears* 和 Elijah Anderson 所著的 *Code of the Street*。

最近出版了两本不错的恩格斯传记：Tristram Hunt 所著的《马克思的将军：恩格斯的革命人生》（Marx's General：The Revolutionary Life of Friedrich Engels）（New York：Metropolitan Books，2009） 和 John Green 所著的《恩格斯：革命的一生》（Engels：A Revolutionary Life）（London：Artery Publications，2008）。若想了解恩格斯以及挚友卡尔・马克思的最重要著作，请参阅 Robert C. Tucker 编纂的《马恩读本》（The Marx–Engels Reader）（New York：W.W. Norton，1978）。若想了解 19 世纪城市贫穷状况概况以及更广泛的社会政治背景，请参阅彼得・霍尔所著的《明日城市》（Cities of Tomorrow）（London：Basil Blackwell，1988）中的"恐惧之夜的城市"（The City of Dreadful Night）一章，Eric Hobsbawm 所著的《革命年代 1789—1848》（The Age of Revolution，1789—1848）（New York：Vintage，1996） 和 Kenneth Morgan 所著的《工业英国的诞生：1750—1850》（The Birth of Industrial Britain，1750—1850）（Longman，1999）。Robert C. Allen 所著的《全球视角下的英国工业革命》（The British Industrial Revolution in Global Perspective）（Cambridge：Cambridge University Press，2009）对经济历史进行了精彩的全新分析。若想更多了解恩格斯笔下的曼彻斯特，及其与小说中所出现的社会现实主义的联系，请参阅文学历史学家 Steven Marcus 的权威之作《恩格斯，曼彻斯特和工人阶级》（Engels，Manchester，and the Working Class）（New York：Random House，1974）。另外值得参考的还有 Robert Roberts 的杰作《经典的棚户区》（The Classic Slum）（University of Manchester Press，1971），以第一人称记录了 20 世纪早期作者在索尔福德的成长经历。

正文

像伦敦这样的城市，就是逛上几个钟头也看不到它的尽头，而且也遇不到表明快接近开阔的田野的些许征象——这样的城市是一个非常特别的东西。这种大规模的集中，250 万人这样聚集在一个地方：使这 250 万人的力量增加了 100 倍；他们把伦敦变成了全世界的商业首都，建造了巨大的船坞，并聚集了经常布满泰晤士河的成千的船只。从海面向伦敦桥溯流而上时看到的泰晤士河的景色，是再动人不过的了。在两边，特别是在伍利奇以上的这许多房屋、造船厂，沿着两岸停泊的无数船只，这些船只愈来愈密集，最后只在河当中留下一条狭窄的空间，成百的轮船就在这条狭窄的空间中不断地来来去去——这一切是这样雄伟，这样壮丽，简直令人陶醉，使人还在踏上英国的土地以前就不能不对英国的伟大感到惊奇。[1]

但是，为这一切付出了多大的代价，这只有在以后才看得清楚。只有在大街上挤了几天，费力地穿过人群，穿过没有尽头的络绎不绝的车辆，只有到过这个世界城市的"贫民窟"，才会开始觉察到，伦敦人为了创造充满他们的城市的一切文明奇迹，不得不牺牲他们的人类本性的优良品质；才会开始觉察到，潜伏在他们每一个人身上的几百种力量都没有使用出来，而且是被压制着，为的是让这些力量中的一小部分获得充分的发展，并能够和别人的力量相结合而加倍扩大起来。在这种街头的拥挤中已经包含着某种丑恶的违反人性的东西。难道这些群集在街头的、代表着各个阶级和各个等级的成千上万的人，不都是具有同样的属性和能力、同样渴求幸福的人吗？

难道他们不应当通过同样的方法和途径去寻求自己的幸福吗？可是他们彼此从身旁匆匆地走过，好像他们之间没有任何共同的地方，好像他们彼此毫不相干，只在一点上建立了一种默契，就是行人必须在人行道上靠右边走，以免阻碍迎面走过来的人；同时，谁也没有想到要看谁一眼。所有这些人愈是聚集在一个小小的空间里，每一个人在追逐私人利益时的这种可怕的冷淡、这种不近人情的孤僻就愈是使人难堪，愈是可恨。虽然我们也知道，每一个人的这种孤僻、这种目光短浅的利己主义是我们现代社会的基本的和普通的原则，可是，这些特点在任何一个地方也不像在这里，在这个大城市的纷扰里表现得这样露骨，这样无耻，这样被人们有意识地运用着。人类分散成各个分子，每一个分子都有自己的特殊生活原则，都有自己的特殊目的，这种一盘散沙的世界在这里是发展到顶点了。

这样就自然会得出一个结论来：社会战争，一切人反对一切人的战争已经在这里公开宣告开始。正如好心肠的施蒂纳所说的，每一个人都把别人仅仅看作可以利用的东西；每一个人都在剥削别人，结果强者把弱者踏在脚下，一小撮强者即资本家握有一切，而大批弱者即穷人却只能勉强活命。

凡是可以用来形容伦敦的，也可以用来形容曼彻斯特、伯明翰和利兹，形容所有的大城市。在任何地方，一方面是不近人情的冷淡和铁石心肠的利己主义，另一方面是无法形容的贫穷；在任何地方，都是社会战争；都是每一个家庭处在被围攻的状态中；在任何地方，都是法律庇护下的互相抢劫，而这一切都做得这样无耻，这样坦然，使人不能不对我们的社会制度所造成的后果（这些后果在这里表现得多么明显呵！）感到不寒而栗，而且只能对这个如疯似狂的循环中的一切到今天还没有烟消云散表示惊奇。

因为这个社会战争中的武器是资本，即生活资料和生产资料的直接或间接的占有，所以很显然，这个战争中的一切不利条件都落在穷人这一方面了。穷人是没有人关心的；他一旦被投入这个陷入的漩涡，就只好尽自己的能力往外挣扎。如果他侥幸找到工作，就是说，如果资产阶级发了慈悲，愿意利用他来发财，那么等待着他的是勉强够维持灵魂不离开躯体的工资；如果他找不到工作，那么他只有去做贼（如果不怕警察的话），或者饿死，而警察所关心的只是他悄悄地死去，不要打扰了资产阶级。在我住在英国的那一个时期，在极端令人愤怒的情景下真正饿死的至少有二三十个人，而很少能碰到一个陪审员有足够的勇气在验尸的时候公开承认这一点。尽管见证人的供词是明确的，毫不含糊的，可是资产阶级（陪审员都是从他们里面选出来的）总要找出一条后路逃避那个可怕的判断：“饥饿致死”。资产阶级在这种场合下不敢说出真相，因为这就等于判决他们自己有罪。可是还有更多的人不是直接由于饥饿而是由于它的后果死掉的：经常挨饿引起不可救药的疾病，因而增加了牺牲者的数目；饥饿使身体虚弱，结果在另一种条件下完全可以平平安安地过去的事情，现在不可避免地要引起严重的疾病和死亡。英国工人把这叫作社会的谋杀，并且控诉整个社会在不断地犯这种罪。他们难道不对吗？

当然，饿死的人在任何时候都仅仅是个别的。但是，有谁能向工人保证明天不轮到他？有谁能保证他经常有工作做？有谁能向他担保，如果明天厂主根据某种理由或者毫无理由地把他解雇，他还可以和他的全家活到另一个厂主同意“给他一片面包”的时候？有谁能使工人相信只要愿意工作就能找到工作，使他相信聪明的资产阶级向他宣传的诚实、勤劳、节俭以及其他一切美德真正会给他带来幸福？谁也不能。工人知道他今天有些什么东西，他也知道明天有没有却由不得他；他知道，任何一点风吹草动、雇主的任何逞性、商业上的任何滞销，都可以重新把他推入那个可怕的漩涡里去，他只是暂时从这个漩涡里面挣扎出来，而在这个漩涡里面是很难而且常常是不可能不沉下去的。他知道，如果他今天还能够生存，那么，他明天是否还有这种可能，就绝对没有把握了。

[……]

曼彻斯特位于一串小山的南山坡下，这一串小山从奥尔德姆起绵延于艾尔威尔河和梅德洛克河的河谷间，到克萨尔－摩尔山达到终点，这是曼彻斯特的跑马场和“圣山”。曼彻斯特本城位于艾尔威尔河左岸，在该河及其两条支流——艾尔克河和梅德洛克河之间，这两条小河就在这里流入艾尔威尔河。在艾尔威尔河右岸，在这条河的急转的河曲环抱之处在索尔福德，再往西是彭得尔顿；艾尔威尔河北边是上布劳顿和下布劳顿；艾尔克河北边是奇特姆希尔，梅德洛克河南边是休尔姆，再往东是梅德洛克河畔的却尔顿，再往前，差不多在曼彻斯特以东是阿德威克。所有这些房屋的总和，通常就叫作曼彻斯特，这里的人口至少有 40 万，也许还要多。这个城市建筑得如此特别，人们可以在这里住上多少年，天天上街，可是，如果他只是出去办自己的事或散步，那就一次也不会走进工人区，甚至连工人都接触不到。其主要原因是，由于无意识的默契，也由于完全明确的有意识的打算，工人区和资产阶级所占的区域是极严格地分开的，而在那些不能公开这样做的地方，这种事情就在慈善的幌子下进行。在曼彻斯特的中心有一个相当广阔的长宽各为半英里的商业区，几乎全区都是营业所和货栈（ware-houses）。这个区域几乎整个都是不住人的，夜里寂静无声，只有值勤的警察提着遮眼灯在狭窄而黑暗的街道上巡逻。这个地区有几条大街穿过，街上非常热闹，房屋的最下一层都是些辉煌的商店；在这些街上，有些地方楼上也住了人；这里的市面是不到深夜不停止的。除了这个商业区域，整个曼彻斯特本城、索尔福德和休尔姆的全部、彭得尔顿和却尔顿的大部分、阿德威克的三分之二以及奇特姆希尔和布劳顿的个别地区——所有这些地方形成了一个纯粹的工人区，像一条平均一英里半宽的带子把商业区围绕起来。在这个带形地区外面，住着高等的和中等的资产阶级。中等的资产阶级住在离工人区不远的整齐的街道上，即在却尔顿和在奇特姆希尔的较低的地方，而高等的资产阶级就住得更远，他们住在却尔顿和阿德威克的郊外房屋或别墅里，或者住在奇特姆希尔、布劳顿和彭得尔顿的空气流通的高地上——在新鲜的对健康有益的乡村空气里，在华丽舒适的住宅里，每一刻钟或半点钟都有到城里去的公共马车从这里经过。最妙的是这些富有的金钱贵族为了走近路到城市中心的营业所去，竟可以通过整个工人区而看不到左右两旁的极其肮脏贫困的地方。因为从交易所向四面八方通往城郊的大街都是由两排几乎毫无间断的商店所组成的，而那里住的都是中小资产阶级，他们为了自己的利益，是愿意而且也就够保持街道的整洁的。诚然，这些商店和它们背后的那些区域总是有密切关系的，所以在商业区和靠近资产阶级住区的地方，商店就比背后藏着工人们肮脏的小宅子的那些商店更漂亮些。但是，为了不使那些肠胃健壮但神经脆弱的老爷太太们看到这种随着他们的富贵豪华而产生的穷困和肮脏，这些商店总算是够干净的了。例如第恩斯盖特街从老教堂一直向南伸展，在起头的地方是两排货栈和工厂，接着是第二流的商店和几个啤酒店，再往南去，就是商业区的尽头，这里是一些比较难看的商店，愈往南，就愈肮脏，同时酒店和小饭馆也愈来愈多，最后，在街道的南端，小店的外貌就使人丝毫不会怀疑这些小店的主顾是工人，而且也只是工人。从交易所向东南伸展的市场街，看上去也是一样：最初是些第一流的华丽的商店，楼上是营业所和货栈；接着（在皮卡迪利）就是一个接着一个的大旅馆和货栈；再往前去（在伦敦路），在梅德洛克河旁，是工厂以及为资产阶级下层和工人开设的小酒店和商店；再往前，在阿德威克－格林附近，是高等和中等资产阶级的房屋，在它们后面，是那些最富有的厂主和商人的大花园和别墅。这样，了解了曼彻斯特，就可以从几条大街推出与它们毗连的地区的情况，但是很少能由此看出工人区的真正面貌。我知道得很清楚，这种伪善的建筑体系是或多或少地为一切大城市所具有的；我也知道，零售商因其所经营的商业的性质就必须住在繁华的大街上；我知道，在这种街道上好房子总比坏房子多，这一带的地价也比偏僻的地方高。但是我毕竟还没有看到过一个地方，像曼彻斯特这样有系统地把工人阶级排斥在大街以外，这样费尽心机把一切可能刺激资产阶级的眼睛和神经的东西掩盖起来。然而，曼彻斯特在其他方面比任何一个城市都建筑得更不合警察的规定，更没有一定的计划，而是更偶然地堆积起来的。当我连带考虑到资产阶级那种热心的保证，说什么工人生活得很好的时候，我就觉得，那些自由派厂主，曼彻斯特的"big Wigs"[2]对该市的这种可耻的建筑体系并不是完全没有责任的。

还要补充一下的，就是几乎所有的厂房都是沿着贯串全城的三条河流和各种运河建立起来的，现在我就来描述工人区本身的情形。首先要谈的是曼彻斯特旧城，它位于商业区北边和艾尔克河之间。这里的街道，即使像托德街、朗－密尔盖特、威色－格罗弗和修德希尔这些比较好的街道，也都是又狭窄又弯曲的，房屋又肮脏又破旧，胡同里的建筑更是令人作呕。如果从老教堂顺着朗－密尔盖特街走去，就会看到右边有一排老式房屋，这些房屋的门面没有一间不是东倒西歪的——这是旧曼彻斯特，工业时代以前的曼彻斯特的残迹，以前住在这里的居民和他们的子孙都搬到本城建筑得较好的区域去了，而把这些对

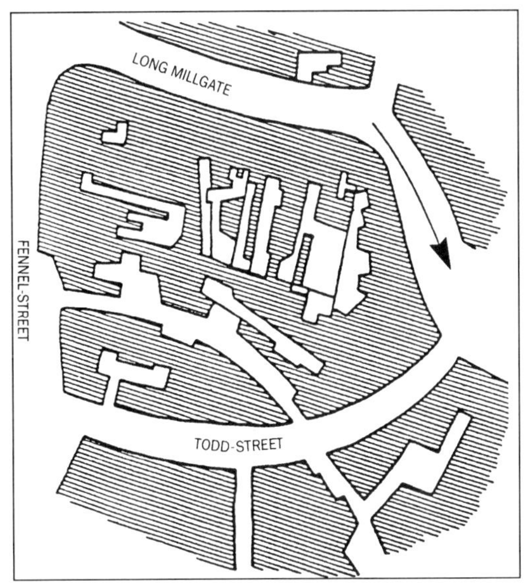

图 1

他们太不合适的房屋留给包括很多爱尔兰人在内的工人居民。这里才真正是一个几乎毫不掩饰的工人区，甚至大街上的商店和酒馆也没有人想把它们的外表弄得稍微干净一些。但是这一切和后面那些只有经过狭窄得甚至不能同时走两个人的过道才能进去的胡同和大杂院比起来简直就算不了什么。像这样违反合理的建筑术的一切规则而把房子乱七八糟地堆在一起，弄得一所贴着一所地挤作一堆，实在是不能想象的。而且这不能只怪建筑物是旧曼彻斯特时代保存下来的。这种杂乱无章的情形只是在最近才达到顶点，现在，在任何地方，只要那里的建筑方式比较古老因而还保留下那么一点点空隙，人们就在这里补盖起房子，把这个空隙填起来，直到房子和房子之间连一小块可以再建筑一些东西的空地也没有为止。

［……］

这张图可以充分地表明全区的，尤其是艾尔克河附近的建筑方式是如何不合理。在这里，河的南岸很陡，有 15 英尺到 30 英尺高；在这个陡坡上，大部分的地方都有三排房屋，最下面一排紧靠水边，而最上面一排却已经是屋檐齐及山顶，

面临着朗－密尔盖特街。此外，河岸上还有工厂，总之，这里的建筑也和朗－密尔盖特街下段一样密集而杂乱。大街左右有很多有顶的过道通到许多大杂院里面去；一到那里，就陷入一种不能比拟的肮脏而令人作呕的环境里；向艾尔克河倾斜下去的那些大杂院尤其如此，这里的住宅无疑地是我所看到过的最糟糕的房子。在这里的一个大杂院中，正好在入口的地方，即在有顶的过道的尽头，就是一个没有门的厕所，非常脏，住户们出入都只有跨过一片满是大小便的臭气熏天的死水洼才行。这是艾尔克河畔杜西桥以上的第一个大杂院——我指出这一点，是考虑到可能有人要想证实一下我的话，下面紧靠着河的地方有几个制革厂，四周充满了动物腐烂的臭气。要到杜西桥以下的那些大杂院里去，大半要从一条狭窄而肮脏的台阶走下去，而要进入屋内就必须跨过一堆堆的垃圾和脏东西。桥以下的第一个大杂院叫作爱伦大院，在霍乱流行的时候，这里的情况曾使卫生警察不得不命令居民都搬出来，清扫一番，并用氯气把房子熏一遍；凯博士在一本小册子[3]里，对这个大杂院当时的情况曾做过一番令人惊心动魄的描述。从那时起，这个大杂院显然已经有一部分拆掉重新盖过了；至少从桥上看下去，就马上可以看到一些断垣残壁和高耸着的垃圾堆旁边有几所较新的房屋。从桥上看到的这幅景象——一堵一人高的石墙小心翼翼地遮住了这幅景象，使个子不很高的过路人无法看到——就是全区的一般面貌。桥底下流着，或者更确切地说，停滞着艾尔克河，这是一条狭窄的、黝黑的、发臭的小河，里面充满了污泥和废弃物，河水把这些东西冲积在右边的较平坦的河岸上。天气干燥的时候，这个岸上就留下一长串龌龊透顶的暗绿色的淤泥坑，臭气泡经常不断地从坑底冒上来，散布着臭气，甚至在高出水面四五十英尺的桥上也使人感到受不了。此外，河本身每隔几步就被高高的堤堰所隔断，堤堰近旁，淤泥和垃圾积成厚厚的一层并且在腐烂着。桥以上是制革厂；再上去是染坊、骨粉厂和瓦斯厂；这些工厂的脏水在废弃物统统汇集在艾尔克河里，此外，这条小河还要接纳附近污水沟和厕所里的东西。这就容易想象到这条河留下的沉积物是些什么东西。桥以下，可以看到陡峭的左岸上大杂院里的垃圾堆、脏东西、泥土和瓦砾：房屋一所耸立在一所后面，由于坡很陡，每一幢房子都看得见一小块；所有这些房屋都是被烟熏得黑黑的、破旧的，窗玻璃破碎不堪，窗框摇摇欲坠；在后面，是旧的兵营式的工厂厂房。在比较平坦的右岸，是一长排房屋和工厂。靠边的第二所房子是一座没有屋顶的废墟，里面堆满了垃圾，而第三所房子造得这样低，它的最下一层竟不能住人，所以就没有窗子，也没有门。在这后面，是穷人的墓地和利物浦—里子铁路的车站，再往后就是习艺所——曼彻斯特的“穷人的巴士底狱”，它像一座城堡，从小山上的锯齿形的高墙后面森严地俯视着对岸的工人区。

杜西桥以上，左岸较平，右岸较陡，但是两岸住房的情况丝毫也不见得好些，而且更坏了。在这里只要从朗－密尔盖特这条大街向左一拐弯，就会迷失方向；走出一个大杂院又走进另一个大杂院，走过一些拐角、一些狭窄而肮脏的胡同和过道，几分钟以后，终于堕入五里雾中，根本不知道天南地北了。到处都是半倒塌或完全倒塌了的房屋，其中有一些事实上已经就有人住了，这种情形是很耐人寻味的；房子里很少有铺上木板或石板的，几乎到处都是破烂的装置得很坏的窗和门，而且是多么肮脏！到处是一堆堆的垃圾、脏东西和废弃物，死水洼代替了水沟，仅仅是臭气就足以使稍微有点文化气息的人无论如何不能在这里住。不久以前，由于里子铁路新修的延长出来的一段要在这里跨过艾尔克河，这些大杂院和胡同的一部分被拆掉了，可是余下的部分却暴露在人们的眼前。例如在铁桥附近就有一个大杂院，它那肮脏的令人作呕的面貌远远地超过其他一切大杂院，这是因为以前它四周都有房子包围着，很难走到里面去；尽管我认为自己很熟悉这一带地方，假若不是建筑铁路桥梁时打开了缺口，我也永远不会发现这个大杂院。沿着坑坑洼洼的河岸，从上面拉着晒衣服的绳子的那些木桩旁边走过去，就走进了这一堆乱七八糟的矮小的平房中，这些房子大多数都是土地，地上没有铺任何东西，每一家都只有一个房间，厨房、起居室、卧室，什么都是那一间唯一的房子。在这样一个长不到 6 英尺宽不到 5 英尺的洞穴里，我看到了两张床——这算什么床铺呵！——另外再加上一张梯子和一个炉灶，正好填满了整个房间。在其他许多小屋里，我根本就什么也没有看到，虽然门是敞开的，而住的人就站在门口。门前到处是脏东西和垃圾；垃圾下面似乎是铺了石头的，但是看不见，只是时而在这里时而在那里用脚踏下去才感觉得到。这一整堆住着人的牲畜栏，两面被房屋和工厂包围着，第三面是河。这里，除了一条沿河的狭窄的小路，只有一个狭窄的有顶的过道通到外边去——通到另一片几乎建筑得一样坏和一样不整洁的像迷阵一样的房屋里面去。

这已经够了！整个艾尔克河河岸的房屋都是这样建筑的。这是一些毫无计划地胡乱堆在一起的房屋，全部都已经或多或少地接近于倒塌了；房屋内部的肮脏零乱和周围的肮脏环境完全相配称。住在这里的人怎么能够讲究清洁呢？要知道，他们就连大小便的地方也没有。这里的厕所是这样少，每天都积得满满的；要不就离得太远，大部分居民都无法利用。附近只有艾尔克河的脏水，而自来水和抽水机又只是那些“体面的”市区里才有，人们怎么能够洗澡呢？现代社会中的这些奴隶的住屋并不比杂在他们小屋之间的那些猪圈更干净些，这实在是不能怪他们的！苏格兰桥以下沿岸有六七间地下室，室内的地面和离它不到 6 英尺远的地方流过的艾尔克河水浅时的水面比起来，至少要低两英尺，对岸桥以上离桥不远的街道拐角上有一幢房屋，最低一层没有门，也没有窗，根本不能住人（而这种情况在这一带并不少见）；还应当指出，由于没有更适当的地方，附近居民经常用这种敞开的最低一层房子做公共厕所——像这幢房子的上面一层和那六七间地下室，房主们还恬不知耻地把它们出租！

我们撇开艾尔克河，再钻到朗－密尔盖特街另一边的工人住宅的中心去，我们就会走进一个稍微新一点的工人区，这个区域从圣迈克尔教堂起一直伸展到威色－格罗弗和修德希尔。这里至少比较整齐一些。我们在这里看不到紊乱不堪的建筑，至少是可以发现一些长而直的街道和死胡同，以及按照一定计划建筑起来的通常是四方形的大杂院。但是，如果说前面那些区域里的每一幢房子都是胡乱地建筑起来的，那么，在这里，这种胡乱建筑的做法却表现于整条整条的街道和整个整个的大杂院，在建筑这些街道和大杂院的时候丝毫没有考虑到其他街道和大杂院的地位。街道时而朝这一面转，时而又朝那一面转，每走一步都会闯入死胡同或者碰上死角，使你又回到原来出发的地方；要不在这个迷阵里住上一个相当长的时期，那就怎样也摸不清这里的方向。这些街道和大杂院的通风（如果这个词还可以用到这里的话）状况和艾尔克河一带一样坏，虽然这个区域在某些方面比艾尔克河流过的那个区域优越一些（这里的房屋比较新，有些街道间或还有污水沟）可是这里几乎每一所房子都有住人的地下室，而这在艾尔克河畔，由于房屋比较陈旧，建筑得也比较马虎，就很少看到了。在其他方面，如脏东西、垃圾堆、灰堆和街道上的死水洼，却是两个地方都有的，而在我们现在所谈的这个区域里，除了这些东西，我们还可以看到一种极其有碍居民的清洁的情形，这就是成群的猪在街上到处乱跑，用嘴在垃圾堆里乱拱，或者在大杂院内的小棚子里关着。这里，正像曼彻斯特大多数其他工人区一样，腊肠制造商把院子租下来，在那里盖起猪圈；几乎每一个大杂院里都有一个或几个这样地隔开的角落，院里的居民把一切废弃物和脏东西都往里扔，结果猪是养肥了，而这些四面都有建筑物堵住的大杂院里的本来就不新鲜的空气却由于动植物体的腐烂而完全变坏了。穿过这个区域，修筑了一条相当体面的宽阔的街道——密勒街，这样，这里的后景就相当成功地被隐蔽起来了，但是谁要是为了好奇，走进许多条通向大杂院的过道中的一条去看看，那么每隔20步他就会碰到这样一个不折不扣的猪圈。

曼彻斯特旧城就是如此。重读了一遍自己对它的描写，我应当说，我不仅丝毫没有夸大，而且正好相反，对这个至少住着两三万居民的区域，我还远没有把它的肮脏、破旧、昏暗和违反清洁、通风、卫生等一切要求的建筑特点十分鲜明地表现出来。而这样一个区域是在英国第二大城，世界第一个工厂城市的中心呀！如果想知道，一个人在不得已的时候有多么小的一点空间就够他活动，有多么少的一点空气（而这是什么样的空气啊！）就够他呼吸，有什么起码的设备就能生存下去，那只要到曼彻斯特去看看就够了。不错，这是旧城——和当地居民谈到这个人间地狱的可憎的状况时，他们就会强调这一点——但是这能说明什么呢？要知道，一切最使我们厌恶和愤怒的东西在这里都是最近的产物，工业时代的产物。属于旧曼彻斯特的那几百所房子老早就被原来的住户遗弃了，只是工业才把大批的工人（就是现在住在那里的工人）赶到里面去；只是工业才在这些老房子之间的每一小片空地上盖起房子，来安置它从农业区和爱尔兰吸引来的大批的人；只是工业才使这些牲畜栏的主人有可能仅仅为了自己发财致富，而把它们当作住宅以高价租给人们，剥削贫穷的工人，毁坏成千上万人的健康；只是工业才可能把刚摆脱掉农奴制的劳动者重新当作无生命的物件，当作一件东西来使用，才可能把他赶进对其他任何人都是太坏的住所，而这种住所工人得花自己的血汗钱来享用，直到它最后完全倒塌为止；所有这些都只是工业造成的，而如果没有这些工人，没有工人的贫困和被奴役，工业是不可能存在的。固然，这些区域原来的规划就不好，很难从这种规划中弄出什么好东西来。但是在改建时，土地占有者做了些什么，地方当局又做了些什么来加以改善呢？什么都没有做。相反地，只要哪里还空下一个角落，他们就在那里盖起房子；哪里还有一个多余的出口，他们就在那里盖起房子来把它堵住。地价随着工业的发展而上涨，而地价愈是涨得高，就愈是疯狂地在每一小块土地上乱盖起房子来，一点也不考虑居民的健康和方便，唯一的念头就是尽可能多赚钱，反正无论多坏的小屋，总会找到租不起好房子的穷人的。

[……]

在这里，不妨一般地谈谈曼彻斯特流行的工人区的建筑形式。我们已经知道，在旧城，房子的排列大半是纯粹出于偶然的。每一所房子在建筑时都没有考虑到其余的房子，而几所房子中间的一块不规则的空地，由于没有其他名字可用，就称它为"大杂院"（court）。在这个区域中的一些稍微新一点的地段和工业繁荣初期形成的其他一些工人区里，房子的分布是比较有计划的。两条街道之间的地方被划分为较有规则的多半是四方形的大杂院，这些大杂院一开始就是以近似附图（图2）所表示的那种样子盖起来的，经过有顶的过道从街上通到里面去。房子的完全没有计划的分布固然很妨碍通风，因而对居住者的健康非常有害，但是这种把工人关在四面都被建筑物围起来的大杂院里的办法就更有害得多了。这里空气根本不能流动；只是在生火的时候，烟囱算是大杂院中闷人的空气的唯一出口。[4] 此外，这些大杂院里的房屋大半都是两排盖在一起，两排房子共用一堵后墙，这就足以使那里不可能有任何良好的通风了。又因为街道警察对这些大杂院的情况漠不关心，同时房屋里扔出来的一切东西都是扔在什么地方就留在什么地方，所以，在那里看到脏东西以及一堆堆的煤灰和垃圾，也就用不着惊奇了。我曾经访问过一些大杂院（在密勒街），这些大杂院至少要比大街低半英尺，没有排水沟，下雨时积起来的水一点也流不出去！

后来出现了另一种建筑形式，这种形式现在已普遍地采用了。现在，工人小宅子几乎再也不一所所地盖了，总是一盖就是几十所，甚至几百所；一个业主一下子就盖它一整条或两三条街。这些街道排列如下：第一排是比较高级的小宅子，很幸运，这些小宅子有一个后门和一个小院子，因而房租也最贵。这些小宅子的院子通向一条两端都盖有房子的弄堂（back-street），其中一端有一条窄缝或有顶的过道通到这条弄堂里去。大门开在弄堂里的那些小宅子，房租最便宜，一般也照管得最坏。它们和第三排小宅子共用一堵后墙，第三排小宅子的门开在另一条街上，房租比第一排便宜，但比第二排贵。这样，街道的布置情况就约略如图 2。

由于房屋和街道是这样排列的，所以第一排小宅子的通风还相当不错，第三排的通风至少也不比前一种建筑形式中类似的小宅子差；但是中

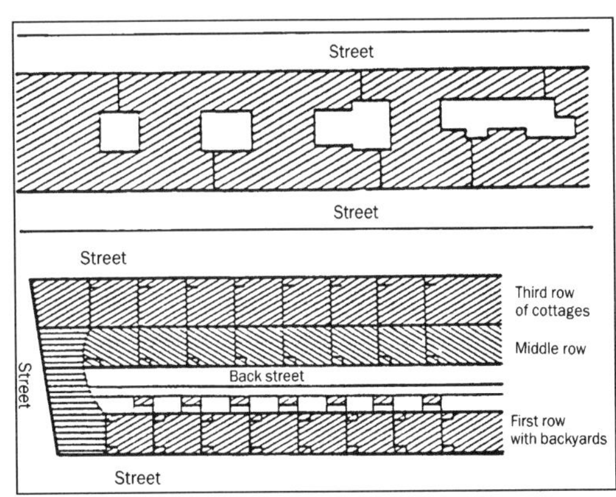

图 2

间一排的通风在任何情况下都和大杂院中的小宅子一样坏，而弄堂也并不比大杂院更整洁些。业主们宁愿要这种建筑方式，因为它既节省地面，又使他们能通过第一排和第三排小宅子的较高租金来更顺利地掠夺工资比较多的工人。

这三种小宅子建筑形式不仅在全曼彻斯特，甚至在整个郎卡郡和约克郡都可以看到，它们往往是混杂在一起的，但大半都单独存在，所以仅仅从这一特征就可以看出城市各部分的相对年龄。第三种形式，即有弄堂的那一种形式，在圣乔治路以东、奥尔丹路和大安柯茨街两边的广大工人区里占有绝对的优势，在曼彻斯特的其余工人区和郊区也很常见。

[……]

我在二十个月的时间内有机会亲身观察到的曼彻斯特各工人区就是如此。如果所我们在这些地方游历的结果概括一下，我们应当说，曼彻斯特及其郊区的 35 万工人几乎全都是住在恶劣、潮湿而肮脏的小宅子里，而这些小宅子所在的街道又多半是极其糟糕极不清洁的，建造时一点也没有考虑到空气是否流通，所考虑的只是业主的巨额利润。总之，在曼彻斯特的工人小宅子里，既不可能保持清洁，也不可能有什么设备，因而也就谈不上家庭乐趣；在这些住宅里，只有那些日益退化的、在肉体上已经堕落的、失去人性的、在智力上和道德上已经沦为禽兽的人们才会感到舒适而有乐趣。

[……]

最后，我们用不多的几句话把本章中所叙述的事实再概括地说一说。大城市里住的主要是工人，资产者和工人的比例至多是一比二，常常是一比三，有些地方是一比四。这些工人根本没有什么财产，全靠工资过活，工资几乎总是只够勉强糊口。这个一盘散沙的社会根本不关心他们，让他们自己去养家活口，但是又不给他们能够长期维持正常生活的手段。因此，每一个工人，即

使是最好的工人，也总有可能失业，因而就有可能饿死，确实也有许多人饿死了。工人住宅到处都规划得不好，建筑得不好，保养得不好，通风也不好，潮湿而对健康有害。住户住得拥挤不堪，在大多数场合下是一间屋子至少住一整家人。至于屋子里有多少家具，那就随贫穷的程度不同而有所不同，最穷的连最必需的家具都没有。工人的衣服一般也是很糟糕的，在很多情况下只是一些破衣褴衫。食物一般都很坏，往往是几乎不能入口的，在许多场合下，至少是有时候，在量方面也不足，而在最坏的情况下就会饿死人——这样，大城市里工人阶级的状况就表现为一个逐渐下降的阶梯：最好的情况是生活暂时还过得去，靠紧张的工作而挣得的工资也比较多，住的房子也不错，饮食一般还不算坏——说这一切是好的，过得去的，自然是从工人的眼光来看；最坏的情况是极端的贫困，直到无家可归和饿死的地步；但是一般说来，是更多地接近于最坏的情况，而不是接近于最好的情况。同时，并不是某一类工人就固定在这个阶梯的某一级上，不能说这一类工人生活得好，那一类生活得坏，更不能说过去是这样，现在是这样，将来也还是这样。不，就算有些地方是这样，就算某些工作部门大体上优越于其他工作部门，但是每一个部门里工人的状况仍然是极不稳定的，每一个工人都有可能通过这一整个阶梯，从相对的舒适转到极端的贫困，甚而至于饿死；几乎每一个英国无产者都能滔滔不绝地叙述他一生所遭受的不幸。

注释

1 这是差不多五十年前，在美丽如画的帆船时代写的。现在，这样的船如果还出现在伦敦，那就只有停在船坞里面了，而布满泰晤士河的已是熏得漆黑的丑陋的轮船。——恩格斯在 1892 年版上加的注

2 这是一个无法翻译的双关语。英语中“big Wigs”的意思是“要人”或“大亨”，而和它发音相同的“big Whigs”的意思却是“辉格党巨头”。——译者注

3 医学博士詹·菲·凯，“曼彻斯特棉纺织业中的工人在精神和身体方面的状况”，1832 年第 2 版（The Moral and Physical Condition of the Working Classes, employed in the Cotton Manufacture in Manchester, By James Ph .Kay, Dr.Med.2nd edit 1832）。作者对一般工人阶级和工厂工人没有加以区别，但是在其他方面，这是一本出色的书。——恩格斯原注

4 但是，有一位聪明的英国自由党人在“童工调查委员会报告”中硬说，这些大杂院是城市建筑艺术的杰作，因为它们像许多露天的小方场一样，可以改善通风状况，促使空气流通！假如每一个大杂院都有两个或四个宽阔的露天的面对面的出口，让空气可以自由流通，那也许真可以改善通风状况，促使空气流通；但是这些大杂院从来也没有两个这样的露天出口，甚至难得有这么一个，几乎一切大杂院都只有一条狭窄的有顶的过道。——恩格斯原注

当代美国的汽车文化

肯尼斯 · T · 杰克逊

编者导读

正如弗里德里希 · 恩格斯、萨姆 · 巴斯 · 华纳（Sam Bass Warner）、罗伯特 · 布鲁格曼、罗伯特 · 费什曼和其他学者所描述，郊区城镇的历史悠久，至少可以追溯到欧洲和美国的沿铁路郊区城镇，是寻求安逸的中产阶级为了逃离污染的工业城市而致使这些隐退之处得以出现。但是，在20世纪20年代和第二次世界大战之后的几年里，郊区化具有了新的形式和历史重要性。最初产生在美国，促使其发生的技术乃是汽车。在《杂草边疆：美国的郊区化》中，肯尼斯 · T · 杰克逊（有时被称作美国城市历史学家的前辈）描写了美国"郊区革命"全面的概况。在"当代美国的汽车文化"一章中，他针对私人汽车给城市社会带来的大部分是消极的社会和文化影响这一事实，进行了深刻的批评。

肯尼斯 · 杰克逊并不是批评郊区的发起人。事实上，正是美国和其他地区20世纪40、50和60年代的郊区发展，引发了大量主要持批评态度的研究文献。第二次世界大战之后的郊区，被认为在文化层面是僵死的，在社会种族层面是隔离的，人们称其为"蔓延"，为之打上了"反城市"的印记（刘易斯 · 芒福德用以形容洛杉矶的词汇）。例如，以下一些标题体现了多数评论的口气：济慈的《画窗上的裂缝》（The Crack in the Picture Window）（1956）、理查德 · 戈登（Richard Gordon）的《分裂的陷阱》（The Split-level Trap）（1961）、马克 · 巴尔达萨雷（Mark Baldassare）的《天堂的麻烦》（Trouble in Paradise）（1986）、罗伯特 · 福格尔逊（Robert Fogelson）的《资产阶级的噩梦》（Bourgeois Nightmares）（2005）、戴维 · 戈茨（David Goetz）的《郊区导致的死亡：如何防止郊区扼杀你的灵魂》（Death by Suburb：How To Keep the Suburb from Killing Your Soul）（2007）和萨拉莉·罗森堡（Saralee Rosenberg）的《亲爱的邻居，去死吧》（Dear Neighbor，Drop Dead）（2008）。情况的确如此，詹姆斯 · 霍华德 · 孔斯特勒（James Howard Kunstler）在《无名地的地理》（The Geography of Nowhere）（1993）中称汽车郊区为"邪恶的帝国"，乔尔·S·希尔施郝恩（Joel S. Hirschhorn）给自己的分析起名为《蔓延致命》（Sprawl Kills）（2005），另一个激进的分析叫着要《轰炸郊区》（Bomb the Suburbs）（2001）！不论如何，杰克逊对郊区文化现象——从三车车库到驾入式教堂——进行翔实的分析，是关于汽车如何改变现代城市结构和社会生活的权威声明。

肯尼斯·T·杰克逊是哥伦比亚大学历史和社会科学雅克·巴尔赞（Jacques Barzun）讲座教授。他在芝加哥大学获得博士学位，曾是城市历史协会（Urban History Association）和美国历史学家组织（Organization of American Historians）的主席。他编辑过《纽约百科全书》（Encyclopedia of New York）（1995），著有好几部有影响力的著作，包括《1915—1930年城市里的三K党》（The Ku Klux Klan in the City，1915—1930）（1967）和与斯坦利·舒尔茨（Stanley Schultz）合著的《美国历史中的城市》（Cities in American History）（1972）。杰克逊被称作"城市悲观主义者"，因为他对郊区化持悲观的态度。他正在撰写的一部有关美国交通政策的著作，标题为《通往地狱之路》（The Road To Hell）。但是在最近的采访中，他指出"经过长时间衰退"之后，他现在看到城市的"一线希望"。

有关郊区的经典作品包括：Herbert Gans 的《莱维敦镇居民》（The Levittowners）（指大批量生产预制件式的郊区城市——译注者）（New York：Pantheon，1967），书中对中产阶级的家庭生活总体上持积极的看法。Sam Bass Warner Jr. 的《有轨电车式的郊区：波士顿1870—1900年的扩张过程》（Streetcar Suburbs：The Process of Growth in Boston，1870—1900）（Cambridge，MA：Harvard University Press，1962），以及 Robert Fishman 的《中产阶级的乌托邦：郊迁化的兴衰》（Bourgeois Utopias：The Rise and Fall of Suburbia）（New York：Basic Books，1987）。有关这个问题的分析性代表作，请参阅 Becky Nicolaides 和 Andrew Wieze 编的《郊区读本》（The Suburb Reader）（London & New York：Routledge，2006）。

其他有关郊区的最新研究包括 J. Eric Oliver 的《郊区的民主》（Democracy in Suburbia）（Princeton University Press，2001），Mark Salzman 的《失落之地：荒谬的郊区主义》（Lost in Place：Growing Up Absurd in Suburbia）（Vintage，1995），Valerie C. Johnson 的《郊区的黑人运动》（Black Power in the Suburbs）（New York：SUNY Press，2002），Becky Nocolaides 的《我的蓝色天堂：洛杉矶劳工阶级郊区的生活与政治》（My Blue Heaven：Life and Politics in the Working-class Suburbs of Los Angeles）（University of Chicago Press，2002），Adam Rome 的《推土机与乡村：郊区蔓延和美国环保主义的崛起》（The Bulldozer and the Countryside：Suburban Sprawl and the Rise of American Environmentalism）（Cambridge University Press，2001），Oliver Gillham 的《无限的城市：城市蔓延争论概述》（The Limitless City：A Primer on the Urban Sprawl Debate）（Island Press，2002）和 Dolores Hayden 的《构建郊区：绿地与城市发展：1820—2000年》（Building Suburbia：Green Fields and Urban Growth，1820—2000）（Pantheon，2003）。也有与上述作品持不同观点的著作，认为"蔓延"是由来已久的城市扩张的自然过程。请参阅 Robert Bruegmann 的《蔓延：一部简史》（Sprawl：A Compact History）（University of Chicago Press，2005）和 Paul Barker 的《郊区主义的自由》（The Freedoms of Suburbia）（London：Frances Lincoln，2009）。

正文

第二次世界战之后的岁月给美国带来前所未有的繁荣，例如彩色电视机、音响系统、无霜电冰箱、电动搅拌机和自动垃圾粉碎机，成为美国中产阶级家庭的基本设备。但是，个人成功和身份的最佳象征是时髦的、带空调的大马力汽车，这相当于一份在轮子上的个人声明。从20世纪50年代到80年代，美国人口增长了百分之五十，而美国人拥有的汽车增长了百分之二百。在高中，最重要的成人礼是得到驾驶执照，享有脚踩油门的自由。全美的教育管理者不得不为成百上千的学生建造停车位。车成为一个人的身份，重要的问题是："他开的是什么车？" 不仅十几岁的青少年，上百万的岁数更大的人差不多也用车的数量、成本、风格和马力来定义自己。"逃跑"，乔伊斯·卡洛尔·奥茨（Joyce Carol Oates）小说中一个人物想到，"只要有自己的车，他就是个美国人，不会死去。"

不幸的是，美国人的确常常死于车轮下。1899年9月9日，亨利·H·布利斯（Henry H. Bliss）在纽约刚从74大街和中央公园西的一辆有轨电车上走下来，就被一辆汽车撞死，成为肉体和钢铁之间旷日持久战争的首个伤亡者。此后，屠杀每年都在升级，直到每年要有5万美国人死于交通事故，大约两百万人受到非致命伤害。对美国而言，汽车的机动性比战争还致命。就好像每两周公路上就上演一次偷袭珍珠港，撞车变得稀松平常，结果出现一个给受害者提供医疗、法律和保险服务的完整行业。

环境的成本几乎和死亡总数一样高。在1984年，全美道路上行驶着1.59亿辆汽车、卡车和公交车，每天消耗百万桶石油，导致的交通堵塞令人神经崩溃，使它们本应开放的城市变得水泄不通，把大部分乡村变成了车道。毫不奇怪的是，当1974年和1979年汽油短缺时，人们在加油站排长队，行为科学家注意到很多人经历了愤怒、抑郁、挫折感和不安全感，以及巨大的失落感。

这种反应是可能的，因为汽车和郊区已经结合起来，创造了一种汽车文化，成为多数美国人日常经历的一部分……此外，和其他地方的公民相比，并非只有美国人更倾向于购买机动车。第二次世界大战之后，欧洲人和日本人开始跟上。到了1980年，两地都实现了美国1950年达到的汽车拥有量。在汽车技术方面，美国的主导地位在战后的岁月里下滑，而德国、瑞典和日本的工程师成为开发柴油引擎、前轮驱动、刹车片、喷油系统和转缸式发动机的先驱。

尽管说美国人对汽车情有独钟并不准确，尽管约翰·B·雷（John B. Rae）1971年写下"现代郊区是汽车的产物，没有汽车就不会存在郊区"时有些言过其实，的确，机动车从根本上重组了美国日常生活的模式。作为年轻人，刘易斯·芒福德建议国人"忘记可恶的机动车，为爱侣们和朋友们建设城市"。当然，美国遵循了另外一种模式。批评家威拉德·摩根（Willard Morgan）1929年在《美国建设者》（American Builder）中提出，建设汽车设施为驾车的人口服务，这已经产生了"一个全新的建筑形态"。

州际公路

1939年，纽约世界博览会上最受欢迎的展馆是通用汽车的"未来景象"（Futurama）。该展馆展示了25年之后的情况，提供"神奇的阿拉丁似的时空之旅"。参观者排队数小时，就等着站在移动走道上，头顶是一个巨大的模型，由设计师诺曼·贝尔·格迪斯（Norman Bel Geddes）创造。微型高速公路上有5万辆汽车，穿过模型农场，开往模型城市……“未来景象”的讯息给人留下深刻的印象，上百万的模型部件令人叹为观止：“建设未来的工作需要我们最大的精力，我们最富有成果的想象；只有这样所有人才能有更大的机遇。”

令人叹为观止的全国公路系统前景吸引了各种游说团体，包括汽车制造商协会、州公路管理者、公交车运营商、美国卡车协会，乃至美国停车协会——因为路上车辆越多，旅途结束后就会停更多的车。例如卡车公司推动立法，要求把州的汽油税花在公路上，而不是学校、医院、福利或公共交通上。1943年，这些团体整合成“美国道路建设者协会”，通用汽车是最大的贡献者，形成仅次于军火商的游说团体。在20世纪50年代，该团体成为所有利益团体中基础最广泛的团体，包括石油、橡胶、沥青和建筑行业；汽车销售商和租赁商；卡车和公共汽车公司；依靠相关公司的银行和广告机构；以及工会。在地方层面，专业房地产集团和住房建筑商协会也加入这场运动，希望公路能提高住房周转率或提升房价。他们预想的不仅仅是拓宽现有公路，而是建设全新的高速公路系统，启动历史上最大的和平时期建设项目。

[……]

德怀特·艾森豪威尔（Dwight Eisenhower）感受到越来越大的政治压力，就于1954年任命一个委员会“研究”美国的公路需要。委员会的结论是预先决定的，部分因为委员会主席是通用汽车的董事之一卢修斯·D·克莱（Lucius D. Clay）。委员会认为，除了修建大规模公路系统，没有别的办法，并且提议国家政策主要向汽车和卡车倾斜。州际公路法案在1956年通过，当时国会允许建41000英里的公路系统（后来扩大到42500英里），联邦政府支付90%的成本。艾森豪威尔总统给出签署这个法案的四条理由：当前公路不安全；汽车往往在交通堵塞中纠缠在一起；道路状况不好，企业运输成本太高；需要现代公路，因为“主要城市万一遭到原子弹袭击，公路网必须允许迅速撤离目标地区”。这全然没有讲到公路对城市和郊区的影响，虽然混凝土大道和使用大道的35吨的拖拉机拖车鼓励工业继续向环路和交叉路的方向转移。此外，州际公路系统使公共交通继续衰落，几乎注定了未来城市发展会延续一个没有中心的蔓延……

[……]

美国交通资金的偏向持续了一代人的时间，之后就启动了州际公路项目。这种偏向产生的无法避免的结果就是，美国如今拥有世界上最好的公路系统，几乎是最差的公共交通系统。洛杉矶尤其是美国最引人注目的例子，城市蔓延专门是为了适应汽车的机动性。洛杉矶宽广却没有定型的沿街房屋集群、购物中心、工业园、高速公路、独立的市镇无缝融合在一起，成为一片混凝土和柏油。多年来，没有什么能使这个以汽车为中心的文明粘合成一个整体——只有个人的习惯。洛杉矶基本的形状源于三个因素，这些因素早在高速路系统之前就已经存在。第一个因素是土地便宜（那是在20世纪20年代，而不是70年代），人们都想拥有独栋家庭住房。例如在1950年，洛杉矶地区近三分之二的住房单元都是完全孤立的，比芝加哥（28%）、纽约市（20%）或费城（15%）都要高，而居民密度是所有大城市中最低的。第二个因素是油田和炼油厂地点分散，导致出现诸如惠蒂尔（Whittier）和富勒顿（Fullerton）的工业郊区，以及诸如拉哈布拉（La Habra）的居民区，那里住的都是石油工人及其家属。第三个因素是洛杉矶的大众交通系统一度非常优秀，顶峰时有1100多英里的轨道交通线，构成世界上最大的城市间电力铁路网。

[……]

车库

最贴近美国家庭心灵、身体和汽车的汽车设施是车库。那是家庭和外部世界的连接点。"Garage"（车库）是法语，意思是存储空间，但是变成了多用途的围合，内部整合到居所里，这是美国所特有的。

[……]

第一次世界大战之后，昂贵的房屋规划开始包括车库，到了20世纪20年代，私人车道变得非常普通，车库成为重要的卖点。1928年流行的《住宅建筑商》（Home Builders）模式的书籍给出了木式、都铎式和砖式等类型的55种车库设计。在富裕的地区，很大的高效的房屋结构包括车库上面给家庭司机的房间。在不那么招摇的社区，用途唯一的小车库就比车子本身大一点点……尽管有趋势把车库建得与房子更近，但在1925年之前车库都建在房子的后面，常常通过一个与街道平行的小道相连。当时汽车仍然被人们认为是类似马的东西——可靠重要，但是不必是晚上得紧挨着的东西。

不过到了1935年，车库开始融入房子本身，1937年的《建筑实录》（Architectural Record）指出："车库已经成为居所非常重要的部分"。第二次世界大战之后这个趋势开始加速，小道上不再有马拉车，车库宽度往往超过50英尺，汽车不再仅仅是地位的象征，而成为家庭的一个成员，需要照顾和避风躲雨。"车港"是有圆顶但未封闭的结构，引进它代表着这个问题一种便宜的解决方案，尤其是在气候温和的地区。但是在20世纪50年代，封闭式的车库又重新获得人们喜爱，甚至成为独栋住宅必须有的结构。能轻松走到汽车成为居所设计的一个关键方面，这不仅仅是针对富人而言。在20世纪60年代，车库往往占地约400平方英尺（大约是房子本身的三分之一），通常空间可容纳两辆汽车，以及各种修剪草坪和树木的工具。从车库能直接进房子（有个布置方便的门直接通向厨房），车库就成为居所整体的一部分，主导着新房屋的门面。在加利福尼亚，车库和私人车道通常都修得很大气，房子几乎可以描述为车库的附属品。不过很少有人像英国人那样走极端，英国那里汽车特别珍贵，以至于起居室通常改建成车库。

汽车旅馆

随着美国橡胶轮胎文明的发展，出现了一种新的路边建筑，给高速行驶的旅行者呈现一眼就能认出来的形象。多数评论家认为这些汽车设施没品位，低廉、容易忘记、不结实，但是这些结构的确吸引了一些有才华的建筑师的注意，其中最有名的就是洛杉矶的理查德·诺伊特拉（Richard Neutra）。对他而言，汽车代表着现代性，其设计与他自己精确和高效的理想平行。这种结构和汽车之间的相关性开始在20世纪60和70年代受到颂扬，那时的建筑师罗伯特·文丘里（Robert Venturi）、丹尼斯·斯科特·布朗（Denise Scott Brown）和史蒂文·艾泽努尔（Steven Izenour）推出了"作为象征的建筑"和"沟通建筑"的概念。他们的著作《向拉斯韦加斯学习》（Learning From Las Vegas）促使情趣的转移，对商业地段，尤其是路过驾车者能轻易识别的巨大艳俗的标志，从普遍的谴责到推崇备至。

汽车文化一个无处不在的例子就是汽车旅馆。在19世纪中期，每个城市、每个县府、每个雄心勃勃的矿业市镇、每个志向要扩大地盘的路旁宽广地，都得有个旅馆。不论这种结构是波士顿的特伦蒙特酒店（Tremont House）、还是纽约第五大道酒店这样的气派宫殿、还是偷工减料建成的房子，一般都位于商务区的中心，是社区活动的焦点。很大程度上，酒店是用来进行非正式社会交往和开展商务的场所，是城市的心脏和灵魂。不过1910—1920年间，越来越多的驾车旅游者给公路旁的住宿场所创造了市场。早期的驾车者就在路边选个地方露营。到了1924年，开放的城市露营地有几千个，提供冷水龙头和户外厕所。后来出现了“木屋营地”，由很小的白色隔板建成的小村庄，半圆形布局，常常建在树丛中。这些设施开始称为“游客庭院”，便宜方便，不那么正式。到了1926年，估计有两千个庭院，多数在美国西部和佛罗里达。

[……]

到了1952年，凯蒙斯·威尔逊（Kemmons Wilson）和华莱士·E·约翰逊（Wallace E. Johnson）才在孟菲斯的夏日大道开始经营首个“假日酒店”。但是，此前很久，也就是在1926年，加利福尼亚州圣路易斯－奥比斯波县（San Luis Obispo）的一个业主就造了个新词“汽车旅馆”，来描述让客人在屋外停车的设施……

汽车旅馆在第二次世界大战之后开始兴旺起来。当时典型的设施比早期的木屋更大、更贵。主要的连锁店制定价格、服务以及旅行公众能够信任和尊重的标准。早在1948年，美国就有26000个自称汽车旅馆的设施。来之不易的尊重吸引了更多的中产阶级家庭。到了1960年，有6万家汽车旅馆，这个数字到1972年又增加了一倍。那时美国的市中心，每30个小时就有一家旧的酒店关门停业。在美国郊区，由塑料和玻璃建成的香格里拉正在崛起，取代城里的酒店。

[……]

汽车式剧院

市中心的电影院和老式杂耍剧院，也面临着汽车带来的类似挑战。1933年，理查德·E·霍林斯黑德（Richard M. Hollinshead）在新泽西州里弗顿（Riverton）他家车库前架起一个16毫米的投影仪，然后开始看起了电影。意识到美国人都开车上瘾，霍林斯黑德和威利斯·史密斯（Willis Smith）1933年6月3日在卡姆登（Camden）有40个车位的停车场上开了世界第一家汽车式影院。霍林斯黑德想出了这个主意，但是获利不多，因为1938年美国最高法院拒绝受理他起诉勒夫影院（Loew's Theaters），从而接受这个观点，即汽车式影院是不可以申请专利的。这个想法从来没有在欧洲流行过，但是1958年超过4000个户外荧幕点缀着美国的景观。因为汽车式影院可以讨价还价，播放的电影往往是第二遍上映或二流的片子。晚上一般都放恐怖片和十几岁少年的浪漫电影……学者们经常评论说，在荧幕上的表演还不如车里的精彩。

在20世纪60年代和70年代，汽车式电影的欢迎程度开始下滑。燃油价格上涨，放映季只能有6个月，这都导致欢迎程度下滑，但是最主要的因素是猛涨的土地价格。当汽车式酒店刚开张的时候，一般都是在比较偏的地方。后来供出售的小块土地和购物商场更近了，汽车式影院的潜在收益就不能和其他形式的投资相比。根据全美影院所有者协会的统计，1983年美国只有2935家露天影院，尽管美国商业影院屏幕为18772个，是35年来的最高位。屏幕的增加不仅仅是因为市中心和街区的剧院，还因为购物中心新开的多屏幕影院。拥有购物中心的大鳄们意识到，室内购物商城的大停车场晚上都比较空，就认为剧院是成功零售策略的重要部分。

加油服务站

在美国购买汽油经历了五个特征明显的时代。第一个阶段对开车的人而言明显是最糟糕的，开车的人得拎着桶去马车行、修理店或者干货商店买汽油。偶尔有卖汽油的小贩推着小油罐车在街头叫卖。不管怎么买，车主得通过一个漏斗把桶里的汽油倒进油箱。整个过程效率不高、味大、浪费太多，偶尔还会有危险。

第二个阶段始自 1905 年左右，当时圣路易斯的 C・H・莱西格（C.H. Laessig）给一个热水器装了一个玻璃计量器、一个花园用的水管，把整个东西竖起来放。通过这么简单的一个动作，他就发明了把储油罐里的汽油传送到汽车的简单方法，不再需要桶了。同一年晚些时候，西尔韦纳斯・F・鲍泽（Sylvanus F. Bowser）发明了一个汽油泵，可以自动测量流量。这整个组合被称为"加充站"。这个阶段持续到大约 1920 年左右。期间这样的设备由零售店外的一个泵构成，零售店主要从事其他生意，只给驾车者提供少量宝贵的服务……

1920—1950 年间，服务站进入第三个阶段，作为一个群体成为美国分布最广泛的商业建筑之一。这些提供全服务的建筑结构在一个屋顶下，有汽油分销和正常汽车维护的所有功能，常常建成殖民时期的小房屋、希腊神庙、中国宝塔和装饰宫殿的形状。很多都是当地的地标，是社区引以为豪的建筑……1935 年之后，加油站又开始演变，这一次成为更加相似的实体，整个国家的加油站都实施标准化，反映出坐拥几十亿美元石油公司的大众营销技巧。一些更熟悉的设计具有创新元素，容易记住，比如纽约建筑师弗雷德里克•弗罗斯特（Frederick Frost）给美孚（Mobile）设计的鼓形加油站，门脸弯曲度特大，传达了公司的身份。另外一个流行的服务站风格是沃尔特・多温・提格（Walter Dorwin Teaguea）给德士古（Texaco）做的设计，外部是光滑的白色，线条优雅，熟悉的红星和大写的红色字体。不论产品或设计怎样，加油站一般都是一家业主来经营，代表美国生活中小企业的重要一部分。

加油站发展的第五个阶段始于 20 世纪 70 年代，当时传统服务站的经营者开始缓慢消亡。新的加油站分为两种。第一种是超级加油站，通常由石油公司拥有和运营。多数结合自助服务和全服务的油泵仪表板，以及装备齐全的"汽车护理中心"。服务区与加油区是分开的，这样两个部分不会相互干扰。机师不会停下工作去卖汽油。第二种类型更加普遍，可以称为"小市场加油站"。自 20 世纪初以来，这些设施的运营者走了整整一个圈子。典型的情况是，他们对汽车一窍不通，期望客户自己加油。这样，"戴着星星的人"已经让销售六罐装食品、冰袋和成品三明治的青少年所替代了。

购物中心

长期以来，大规模零售业与中央商务区联系在一起，但是两次世界大战期间，开始搬离城市核心区。20 世纪 20 年代，纽约和芝加哥的大百货商店开始第一批实验，占领郊区不断增长的零售市场……

对中央商务区重要地位的另外一个威胁是"条形街"（string street）或"走廊式购物中心"（shopping strip）。这些都是在 20 世纪 20 年代出现的，旨在服务开车的人而不是步行的人，鼓励城里有车的居民光顾郊外的商业场所。在有轨电车和快速交通换乘站附近，已经能发现小型的购物广场。但是，正如之前指出的，这些新的零售大街通常从城市商务区向周围散发出来，延伸至低密度的住宅区，从功能上主导城市的街道系统。它们是 20 世纪 80 年代人们熟悉的公路购物中心（highway strip）的原型，现在延伸至乡村。

[……]

封闭式温度可控的购物中心概念，首先是 1956 年明尼阿波利斯附近的绍斯代尔（Southdale）购物中心推出的，使郊区的优势增加了。

20世纪70年代，一个新的现象——超级区域性购物中心——给郊区购物增加了更精致的特色。新购物中心的原型是弗吉尼亚费尔法克斯（Fairfax）县华盛顿环路上的泰森角（Tyson's Corner）。这个购物中心由布卢明代尔公司（Bloomingdale's）主营，1983年的营业额达到1.65亿美元，提供了14000多个就业岗位。更大的是长岛的罗斯福地（Roosevelt Field），共有商家180个，占地220万平方英尺。这个超级购物中心每周吸引275000游客，1980年营业额达2.3亿美元。最讲究的是休斯敦的拱廊商业中心（Galleria），这个世界闻名的商业中心有240家精品专卖店、四家影院、26家餐厅、一个奥林匹克比赛场那么大的滑冰场、两家奢华酒店。这些商品的店堂里几乎没什么窗户，也几乎看不到钟表，正如赌场一样。

这种超级购物中心的推动者辩称，它们要替代旧的中央商务区，成为新区里新搬来的家庭可以识别的集聚点。这些购物中心吸引人们周末和下午前往，对青少年特别有吸引力，他们经常去那里约会购物或者会见异性。一位官员在1971年指出："这些购物中心现在是他们的街角商店。新的购物中心消灭了小的商贩，关闭了多数影院，现在正替换郊区更旧的购物中心"。它们对有孩子的母亲和老年人特别有吸引力，他们中很多人定期出门前往购物中心，不用担心犯罪行为或严酷的天气。

[……]

房车和移动的家

一个在轮子上的国家最典型的象征，可能就是美国独一无二的房车的发展。1936年作家霍华德·奥布赖恩（Howard O' Brien）预言到："房车就要永远存在了"。早期，房车在美国就已经兴盛了。20世纪头十几年，房车都是独立设计，由卡车或汽车拖着；到了20世纪20年代，开始商业化生产。起初，房车设计用来旅游，主要是度假用的。20世纪30年代经济大萧条时期，很多人，尤其是销售员、演艺者、建筑工人、农民工为了寻找任何工作，被迫开始游牧式的生活。他们发现这些橡胶轮胎上的临时拖车给他们提供了必要的栖身之所，同时也满足他们的经济和移动需求。与此同时，沃利·拜厄姆（Wally Byam）和其他设计者开始把房车设计成流线型的经典泪滴状，也就是闻名于世的"气流"设计。

在第二次世界大战期间，美国政府采取行动，购买上万辆房车，给军工生产人员使用，禁止出售给普通公众。到了1943年，全美住房局一家单位就有35000辆铝盒子，全美200000辆房车的60%都用于国防领域……

20世纪50年代中期，"移动的家"这个词才开始指受尊重的人可以结婚、成长和去世的地方。从那时起，那不仅是"移动"的房屋，更是"大规模制造的"房屋。那也不仅仅是个拖车，而是一个现代工业化的住所，有着正常房屋的所有装备。到20世纪50年代末，移动房屋的宽度增加到10英尺。联邦房屋管理局（FHA）开始把移动房屋认定为适合不动产抵押借款保险的住房类型，销售合同的期限从3年增加到5年。

20世纪60年代，制造商推出了12英尺宽的移动房屋，后来增加到14英尺宽，开始增加壁炉、天窗和教堂顶。1967年，两辆拖车侧面连接起来，形成第一辆"双宽"。新增的空间可以对屋子作出更多种类的安排，对有固定收入的退休人员特别有吸引力。他们也降低了房屋的移动程度。到了1979年，甚至单宽的"拖车"也可以有17英尺那么宽（约60英尺长）。据移动房屋研究院的统计，不到2%的拖车房屋从原来的地点移开过。由于永久性越来越高，部分单独社区和法院开始把这些结构定义为不动产，要上缴地产税，而不是像机动车那样只缴纳执照费。

尽管房车继续被认为是“棍式”房屋（用来描述美国普通骨架住房的贬义词语）的拙劣替代品，在轮子上的房屋反映了美国的价值观和工业实践。房车都是用容易加工的材料制造的，诸如金属板和塑料，代表一种整体消费部件，每部房车装饰、地毯和家电一应俱全。更重要的是，房车提供了内城房屋的一种郊区选择，可以供蓝领工人、新婚夫妇和退休人员使用……

汽车式社会

汽车式汽车旅馆、汽车式影院和汽车式购物中心，只是很多跟随内燃发动机尾气出现的新事物的一小部分。1984 年，出售杂货的夫妻店已经让位于几乎无处不在的超市，多数银行有汽车式窗口，少数殡仪馆能让哀悼者看望去世的人，签到，然后致以敬意，而不需从车里出来。在得克萨斯的奥德萨社区学院，甚至开了一个驾车就能报名的窗口。

最普遍的就是快餐连锁店，不仅打击了家庭开的餐馆，也极大影响了杂货店的生意。1915年，说书的詹姆斯·G·亨尼克（James G. Huneker）[他对 20 世纪初美国生活的讲述编成了《新大都会》(New Cosmopolis）一书] 抱怨廉价快火烹制的“食品地狱”出现，以及放松的就餐体验被“罐装音乐和自动午餐酒馆”替代。随着汽车的使用，出现了“抓”东西吃的概念。1921 年，达拉斯出现首个汽车式餐厅罗伊斯黑利猪扒馆（Royce Hailey's Pig Stand）。后来的十年里，首个连锁快餐店“白塔”认定乘车旅行的家庭在路上需要方便的餐饮。吃饭的地方得看上去干净，于是就刷成白色。餐厅得看上去眼熟，于是每处餐厅的简洁菜单都加以标准化。为了吸引眼球，餐厅建得像小城堡，有假的城墙和塔楼。为了预防土地租赁的问题，白色小城堡建造之初就是可以移动的。

最大的饭店运营起始于 1954 年。当时一个芝加哥地区的奶昔机销售商雷·A·克罗克（Ray A. Kroc）与理查德和毛里斯·麦克唐纳（Richard and Maurice McDonald）合作，这两人是加利福尼亚圣贝纳迪诺（San Bernardino）快餐城的业主。1955 年，克罗克先生的首个“麦当劳”店在芝加哥郊区的德斯普兰斯开张，那里长期以来是卫理公会教徒年度露营之地，非常有名。第二家和第三家麦当劳都在加利福尼亚，是 1955 年开张营业的。……麦当劳的企业就靠免费停车和汽车式取餐，几十家效仿者都模仿麦当劳的方法。后来在 1984 年，麦当劳在明尼阿波利斯以北的州际公路上开始建造世界上最完整的汽车式建筑群。这个建筑群将称为“麦停站”，里面有汽车旅馆、加油站、便利店，当然还有麦当劳餐厅。

[……]

没有中心的城市

在众多地方当中，只有加利福尼亚成为战后郊区文化的象征。加利福尼亚引导了赛车、外国汽车、厢式车和车房的繁荣。1984 年，加州 2600 万公民拥有近 1900 万机动车，有世界上最广泛的高速路系统。结果就出现了一种新的无中心城市，最明显的例子就是洛杉矶东南一度沉睡和偏远的奥兰治县。沃尔特·迪斯尼从好莱坞来到这里，买下农场，于 1955 年开始经营迪斯尼乐园，奥兰治县就从一个农村偏远地区变成郊区，后来又变成中小市镇的集合体。奥兰治县从未有过真正的城市焦点，主要是因为每个产油区都造出了独立的郊区中心，这些中心之间没有任何一个占主导地位。20 世纪 60 和 70 年代，当这片区域被进一步分割用于开发时，这个传统延续了下去。等到了 1980 年，奥兰治县共有 26 个城市，每个城市的人口不超过 22.5 万。正如《圣经·创世纪》中的生儿育女那样，这些城市合并繁衍成一个巨大的集合体，共有200万人口，有着用于人口普查的都市区指称——阿纳海姆、圣安娜和加登格罗夫。与传统的美国都市区不同，奥兰治县的通勤系统缺少焦点，没有明显被认为是当地生活的中心。相反，一位当地居民的经验非常具有典型意义："我住在加登格罗夫，工作在欧文，购物去圣安娜，看牙医去阿纳海姆，我丈夫工作在长滩，而我曾经是富勒顿市女性选民团的主席。"

一个没有中心的城市也在圣克拉拉县发展起来。这个县位于旧金山南45英里，是硅谷所在地。该县最北是帕罗阿尔托，最南是大片土地种植大蒜和莴苣的吉尔罗伊，这里分布着世界上最多的电子产品公司。1940年，此地因梅干和杏子闻名。第二次世界大战之后，这里最大的城市圣何塞市也成为美国最大的郊区。1940年圣何塞人口不到7万人，1980年人口暴增至63.6万人，超过旧金山成为当地最大的城市……

这些数字在加州更大一点而已，但是在美国每个城市的边缘都上演着同样的模式，从芝加哥附近的布法罗格罗夫（Buffalo Grove）和绍姆堡，到孟菲斯附近的日耳曼敦和科利尔维尔，到圣路易斯附近的克雷沃克尔和拉迪。住在城市边界外的人越来越多，但是比这更重要的是都市区蔓延的面积。1950—1970年之间，华盛顿特区城市化的面积从181平方英里增加到523平方英里，迈阿密从116平方英里增加到429平房英里，在纽约、芝加哥和洛杉矶等更大的都市里，居住区域都用上千平方英里来衡量。

工厂和办公室的非中心化

第二次世界大战之后，美国的城市呈分散化态势发展。这不仅仅与错层平房和社区学校有关，这几乎涉及国家生活的方方面面，从制造业到购物再到专业服务。最重要的是，这涉及工作场所的选址。郊区作为工薪族每日通勤去城里上班的出发之地，这一概念遭到了侵蚀。这个趋势进展很快。1970年的时候，15个最大的都市郊区中，9个都成为主要的就业中心。在旧金山这样的一些城市，几乎四分之三来往上班的人既不生活在城里，也不在城里工作。在特拉华州的威尔明顿，1940年66%的工作都在城市核心区；到了1970年，这个比例下降到四分之一。尽管曼哈顿办公和商务活动的密度全世界最高，1970年纽约市78%的郊区居民也工作在郊区。很多偏远社区也实现了独立于老市中心的一种自治……

制造业现在是非居住活动中最分散的。随着20世纪70年代美国工业就业占总就业的比例从29%下降到23%，幸存的制造业企业常常转移到郊区或者成本更低的南部和西部……

一度人们认为办公室的功能要依靠大城市的街道，不过也追随了郊区化的趋势。19世纪，商业机构尽量让所有的运营在一个集中的屋顶之下进行。当时邮件很慢，也不可靠，雇员之间的通信也局限于人的声音能传那么远的距离。最近，地产经济学和通信技术革命改变了这些情况，很多公司现在把会计部门、数据处理部门和出纳部门都分开。正如保险公司、银行支行、地方销售员和医生办公室在转移到郊区后已经减少成本，假定也增加了可通达性，后台业务部门的功能也从会前台业务部门分离开，转移出中央商务区。

[……]

自从第二次世界大战以来，美国人民已经经历了周边人造环境的变化。商业、居住和工业模式重新得以设计，来满足机动车驾驶者而不是行人的需求。花哨的标志、巨大的停车场、单向街、汽车式服务窗口和抛弃式快餐建筑——所有都与郊区世界有关——已经替换了上一代人的慢节奏、以街区为中心的模式。一些汽车革命的观察家们指出，汽车已经创造出一个新的更好的城市环境。快速交通导致空间规模的变化，这已经形成一种新的有机体，加快了个人沟通，使更老的城市环境变得过时。刘易斯•芒福德在纽约阿米尼亚小镇隐居写作时，强调对此观点特别不同意。他获奖的著作《城市发展史》颂扬了中世纪的社区，批评他眼中的美国城市沦落成“无形的城市渗出”。他指出，汽车大都市并非城市发展的最后阶段，而是反城市，“消灭了与之相撞的城市”。

[……]

有些征兆显示，汽车文化和汽车的太平盛世正离我们远去。过去十年里，有10万多加油站，或者美国加油站总数的三分之一都消失了。空荡荡的游客广场和用板钉上的汽车旅馆都在提醒我们，快速发生的变化可以让商业建筑在建起后的四分之一世纪内过时。甚至郊区的风向标——第二次世界大战后使商品销售发生革命性变化的购物中心——也开始显得小而过时，因为更新的、全封闭的购物商城吸引了时尚的家庭式贸易。一些更老的中心已经重新改造成保龄球馆或工业建筑，一些重新装修来吸引更大的租户和更有钱的顾客。但是其他购物中心就很不景气，关着门。同样的情况是，20世纪50年代典型的快餐城现在成为过去的遗迹。这些地方过去有穿制服的“汽车餐厅服务员”，在汽车窗口记下订单。1946年在贝弗利山庄开张的戴勒罗斯（Delores）汽车式餐厅是幸存的企业之一，最近被提议设为历史地标，表明这类餐饮企业注定面临消失的危险。

超越郊区：技术郊区的兴起

罗伯特·费什曼

编者导读

罗伯特·费什曼（1946 年出生）是密歇根大学历史学教授。他的第一本著作是权威的《20 世纪的城市乌托邦》（Urban Utopias in the Twentieth Century）（1977），这本研究埃比尼泽·霍华德、勒·柯布西耶和弗兰克·劳埃德·赖特的作品奠定了他的学术声誉。在他的第二本著作中，费什曼决定研究一个单调、缺乏想象的课题——郊区的历史——结果发现“郊区理想”是另外一种形式的乌托邦，是中产阶级的乌托邦。

《中产阶级的乌托邦：郊迁化的兴衰》真正关注的焦点是郊区的理念，而不仅是郊区本身。费什曼的分析逻辑让他得到很多令人惊讶的创见和结论。从中世纪一直到 18 世纪，郊区由一些聚集在城镇外围的房屋组群构成，里面住着穷人及声誉欠佳的人。当郊区首次为中上阶层而建立时——这在美国比在欧洲更兴旺，因为在欧洲往往是工人阶级居住的郊区和边缘市区占支配地位——理想的目标是创建一处地方，能完美地结合城市的丰富和农村的纯净。与任何有远见的社会改革者的理想一样，这个概念同样具有乌托邦色彩，但是有一个重要的不同之处：“其他现代乌托邦都是集体性质的”，费什曼写道，“对郊区社区的愿景则是建立在私有财产和单个家庭的理念之上。”

郊区已经演化为今天的“技术郊区”（Technoburbia）。这个占主导地位的新城市现实不能再被认为是传统意义上的郊区。在华盛顿州雷德蒙德和加利福尼亚州的库珀蒂诺，微软和苹果公司的总部与居民区、零售中心，甚至是带状开阔空间混在一起，构成了一种新的城市形态。城市和郊区无缝结合在一起，既包括城市化和非城市化的区域，也有高科技和传统的开发建设。

为了描述这个新现象，费什曼创造了两个新名词：“技术郊区”（Technoburb）和“技术城市”（techno-city）。费什曼把技术郊区定义为城市边缘区，可能有一个县那么大，作为实体的社会经济单位出现。新的技术郊区沿着公路的增长走廊伸展，在都市区高速公路周边，购物中心、工业园、办公园区、医院、学校和各种住房一个接着一个展开。

按照费什曼的理解，“技术城市”指因技术郊区的出现而改变的整个都市区。在费什曼看来，我们仍然可以把纽约都市区称为“纽约市”，但是越来越多的情况下，我们提到“纽约市”就指整个纽约大都会区。而大都会区经济和文化生活的大部分不再仅仅位于核心城市。历史悠久的中心城市越来越边缘化，技术郊区作为美国人生活的中心已经崛起。在费什曼看来，环绕老城中心地区的新技术郊区不代表肯尼斯·杰克逊所认为的“美国的郊区化”，而是“传统意义的郊区的终结，以及一种新的分散城市的创立”。郊区成了城市本身，这可能是对现代城市化的终极讽刺。

费什曼对技术郊区的错误进行了严厉的批判。技术郊区由未经规划的不协调的一堆元素构成——住房、工业、商业，甚至农业——几乎没有首尾一贯的模式或结构。技术郊区浪费土地，依靠公路系统，然而公路系统却周期性地处于混乱状态。技术郊区没有合适的边界，由一片独立却又重合的政治管辖区混乱地构成，使得有意义的区域范围内的规划几乎不可能。正如迈伦·奥菲尔德（Myron Orfield）所观察的那样，用于支付当地政府服务的财政收入的获取十分不公平。

然而费什曼注意到，似乎所有新的城市形态在初期都混乱。甚至是最“有机的”历史城市景观也需要经历很多混乱和试错，才慢慢演变成型。例如，要有像弗雷德里克·劳·奥姆斯特德和埃比尼泽·霍华德那样的天才规划师，从19世纪杂乱无章的城市中创造出井然有序的公园和花园郊区［如奥姆斯特德设计的位于芝加哥郊外的充满浪漫气息的“河滨新城”（Riverside）］，或者就想象并实际建造出花园城市。费什曼承认，城市蔓延有其功能上的逻辑。他猜测，如果对城市蔓延的理解更透彻、管理更到位，或许它会成为正面而非负面的发展。费什曼以弗兰克·劳埃德·赖特的“广亩”愿景为例，表明规划师们应如何从中受到启发来运用美学来完善技术郊区，而罗伯特·布鲁格曼的《蔓延》（Sprawl）一书中的选文表明，城市建设向外延发展，不过是对人口增加的压力和中产阶级希望躲避城市中心区不适的生活的符合逻辑并且“自然”的反应。

费什曼得出结论，认为技术城市在物质和文化上都尚属于建设过程中。尽管理查德·佛罗里达对谁会居住在新的技术社区，以及他们如何工作和社交，给出了有说服性的洞见，但是技术城市在未来可能如何发展尚不清楚。技术郊区是否最终会被认定是与之前的城市形态相比，乃是一种进步？对此尚无定论。另一个问题是关于技术郊区与本书第9部分讨论的正在出现的全球性社会中的城市的关系，也尚无结论。

本选文出自费什曼的《中产阶级的乌托邦：郊迁化的兴衰》（1987）。他的其他有关城市的主要著作包括《20世纪的城市乌托邦》和《美国规划的传统：文化及政策》（The American Planning Tradition：Culture and Policy）（Woodrow Wilson Center Press，2000）。

其他有关正在出现的后现代郊区的观点，请参阅：记者Joel Garreau的*Edge City*（New York：Anchor，1992），*Postmodern Geographies：The Reassertion of Space in Critical Social Theory*（1989）一书中Edward Soja撰写的“Taking Los Angeles Apart”一章，Michael Dear的“The Los Angeles School of Urbanism：An Intellectual History”，以及Peter Calthorpe和William Fulton对新兴“区域城市”的描述。有关郊区历史的优秀文章结集，请参阅Becky Nicolaides和Andrew Wiese编辑的*The Suburb Reader*（London & New York：Routledge，2006）。另外有两本书呼吁重新配置城市与郊区之间的关系，分别是Myron Orfield的*American Metropolitics：The New Suburban Reality*（Washington：Brookings Institution，2002）和David Rusk的*Cities Without Suburbs：A Census 2000 Update*（Woodrow Wilson Center Press，2003）。

正文

如果 19 世纪可以被称作“大城市的时代”，那么 1945 年之后的美国就是“大郊区的时代”。随着中心城市在人口和工业方面陷入停滞或衰落，增长几乎都发生在城市周边地带。1950—1970 年之间，美国的中心城市人口增长 1000 万，而郊区人口增长 8500 万。此外，郊区至少占这个时期所有新增制造业和零售业工作的四分之三。等到了 1970 年，美国居住在郊区的人口比例几乎比 1940 年翻了一番，更多人居住在郊区（37.6%），这个比例高于居住在中心城市（31.4%）或农村地区（31%）的人口比例。20 世纪 70 年代，中心城市经历了净外迁人口 1300 万，同时出现了前所未有的去工业化，贫困加重、住房衰败。

[……]

郊区始自 18 世纪的伦敦，自那时起就是都市不断扩张的专门部分。不论是否位于中心城市政治边界的内外，郊区总是在功能上依靠城市的核心。相反，郊区的发展往往意味着强化核心的专业化服务。在我看来，战后美国发展的最重要特征，就是几乎同时发生的住房、工业、专业化服务和办公室工作的非中心化；结果城市的边缘地区就从它不再需要的中心城市脱离；创造了分散的环境，但是这个环境具备城市所拥有的一切经济和技术活力。这个独特而显著的现象不是郊区化，而是一座新城。不幸的是，我们缺少一个方便的名字来称呼这座新城，在我们所有主要城市中心的周围这种新城已经成形。有些人使用“外郊区”（exurbia）或“外城”（outer city）等词汇。我（带着歉意）建议两个新词：“技术郊区”和“技术城市”。“技术郊区”的意思是作为一个可运行的社会经济单位出现的周边区域，可能有县那么大。沿着公路发展走廊建起的是购物中心、工业园、校园一样的办公园区、医院、学校和各种类型的房屋。这里的居民到邻近的周围地段、而不是城里找工作并满足其他需求；这里的工业不仅找到所需的雇员，也获取了专业化的服务。新城是个技术郊区，不仅仅是因为高科技工业在加利福尼亚北部的硅谷和马萨诸塞州 128 公路这样的原型技术郊区找到了最适宜的家。在多数技术郊区内，这样的工业只提供一少部分工作，但是只有通过先进的通信技术才使得分散城市的存在成为可能，这种技术完全取代了传统城市里面对面的交流。技术郊区导致了城市的多样性，但是无须像传统城市那样聚集。“技术城市”是指随着技术郊区的出现而被完全改造的整个都市区。技术城市一般沿用主城的名字，例如“纽约都市区”；运动队也用这个城市的名字（即使他们不再在中心城的界限内打比赛）；其电视台好像也从中心城播出节目。但是这个区域的经济和社会生活越来越超越其假定的核心。技术城市是真正多中心的，其模式跟洛杉矶首次建立的路子一样。技术郊区可能从核心向各个方位蔓延 70 多英里，常常相互之间——或与国内其他技术城市之间——的来往比与核心区的交流更加直接。环形的高速公路或绕城高速非常好地确定了新城的周围，恰当地表现了技术城市的真实结构。绕城高速把城市周边的每一部分与其他部分联系起来，而根本不用通过中心城市。

[……]

老的中心城市越来越被边缘化，而技术郊区已经成为美国生活的中心。传统的郊区族——他们去城里通勤的成本越来越高，而城里可用的资源与离家很近的资源并无二样——越来越稀少。在这个被转化的城市生态中，郊区的历史走到了尽头。

技术城市的先知

跟所有新的城市形态一样，技术城市及其技术郊区的出现不仅没有人预料到，也没有人观察到。我们仍然沿用旧都市的认知范畴来看待这种新城。我认为只有两位先知在技术城市首次出现时发现了其崛起的潜在力量。所以，他们的想法对理解新城尤其具有价值。

20世纪初，大城市的力量和吸引力都处于最高位。H·G·韦尔斯（H.G. Wells）大胆地断言，成就工业都市的技术力量将要摧毁都市。他在1900年的文章“大城市的可能扩散”中指出，大城市里看似不可阻挡的人员和资源聚集很快将被逆转。他预言，在20世纪都市会发现自己的资源流入分散的“城市区域”，这片区域如此广大以至于“城市”的概念按照他的话说会变得“像‘邮车’那样过时”。

韦尔斯的预言基于对新兴运输和通信网络的深入分析。纵观19世纪，铁路运输已经成为相对简单的体系，有利于人们直接前往大的中心。不过，随着支线和电车的扩大使用，复杂的铁路网络已经形成，可以作为分散区的基础。[正如韦尔斯所写，亨利·E·亨廷顿（Henry E. Huntington）证明了他对洛杉矶区域命题的正确性。] 韦尔斯把2000年的“城市区域”想象为一系列小村庄，小住宅和工厂散布在开阔的空间中，与区域任何其他点都由高速铁路相连。（这个愿景与那些发现洛杉矶发展成此类村庄网络的看法并无多大不同。）老的城市不会完全消失，但是会失去金融和工业功能，其存在仅仅是因为人类对群聚的内在热爱。韦尔斯预言，“后都市”城市将成为“本质上是一个市场，一个集各种商店的大长廊，有中央大厅和聚会场所，有步行的地方，有电梯和移动平台辅助的通道，免受天气影响，整个是非常宽敞、明亮和有趣的集合体”。简言之，大都市将缩小为我们今天称之为的大型购物中心，而社会的生产生活将在分散的城市区域进行。

20世纪20年代末和30年代初，韦尔斯的预言得到弗兰克·劳埃德·赖特的支持，赖特从类似的假设得出了更加激进的观点。赖特实际上已经目睹了汽车和卡车时代的开端；可能也并非出于偶然，20世纪10年代末和20年代初的大部分时间里，他住在洛杉矶。与韦尔斯一样，赖特认为“大城市不再是现代的”，注定要被分散的社会所替代。他把这种新的社会称为广亩城市。这往往与普及的郊区化相混淆，但是赖特的“广亩城市”正是他所鄙视的郊区化的对立面。他正确地发现，郊区代表城市向乡村的本质延伸，而广亩城市代表之前所有城市的消亡。

正如赖特所预见的，广亩城市基于汽车的普遍拥有和高速公路网的结合，使得人口无须再聚集到某一个特定的点。的确，任何此类聚集从必要性上来讲都是没有效率的，因为这是个堵塞点，而非沟通点。城市会在乡村延伸开来，密度足够低，从而允许每个家庭拥有自己的田产，甚至能从事兼职的农业工作。然而这些田产不会是与世隔绝的；由于可以接入高速公路网，住在这里的人们可以像任何19世纪的城里人那样轻松获得很多工作和专业化的服务。每位公民出行速度在每小时60英里以上，在一小时车程范围内，他可以在数百平方英里内创建自己的城市。

正如韦尔斯那样，赖特发现工业生产不可避免地离开城市，去农村地区获得空间和便利。但是，在试图预见彻底分散的环境如何产生城市才具有的多元化和刺激时，赖特更加大胆。他认为，即使在最分散的环境里，主要公路的交叉处会具备某种特别的地位。这些交叉路口将成为他称之为路边市场的天然场所，这是对购物中心了不起的预测：“很大的宽敞路边娱乐地点，这些市场建得很高，很漂亮，就像形式灵活的亭子——设计为合作交流的场所，不仅是商品交流而且还是文化交流的场所。”他给路边市场添加了一系列高度文明的小规模机构：学校、现代大教堂、节日庆典中心以及诸如此类的机构。在这样的环境里，即使城市的娱乐功能也会消失。很快，赖特虔诚地希望中心城市自身会消亡。

结合在一起看，韦尔斯和赖特的预言构成了对现代科技和社会分散趋势的非凡洞见。两人的观点都以乌托邦的形式呈现，未来的形象都呈现为“难以避免”，然而却没有持续关注未来如何实现。尽管如此，韦尔斯和赖特所预见的转型现象已经在美国发生，这个转型非同一般，因为发生时还没有清晰地认识到转型正在发生。虽然不同的群体参与到他们所认为的美国的“郊区化过程”，其实他们是在创建新的城市。

[……]

技术郊区/技术城市：新都市的结构

宣称新的美国城市具有一种模式或结构，就是否定明显不过的事实。人们可以总结技术郊区的结构，认为其违反规划的每一条原则。这中观点是基于技术郊区的两种铺张浪费的行为，往往引起规划师的不满：一个家庭拥有自己的院子，天然地浪费土地，而使用个人汽车天然地浪费能源。新城市完全依靠道路系统，然而这个系统几乎总是处于混乱和拥堵的状态。技术郊区的景观是住房、工业、商业乃至农业使用的混杂体，令人感到绝望。最后，技术郊区没有恰当的边界；不管怎么定义，技术郊区都分为独立和重叠的政治管辖区，这种令人抓狂的安排使任何规划协调都完全不可能。

然而，技术郊区已经成为我们社会中增长和创新的真正场所。城市蔓延虽然看上去浪费资源，但是它具有某种真正的模式，给技术郊区提供足够的逻辑和效率，至少满足一些希望。如果说技术郊区的结构有一个基本的原则，那就是恢复了工作和居住之间的联系。郊区把工作和居住分成两个独立的环境；其逻辑是大规模的通勤，工人每天早晨从边缘地带赶到一个核心区，然后晚上再散开。技术郊区则在单一的分散环境中包含了工作和居住。

工业化之前的城市里，人们经常生活和工作在同一个屋檐下。在世纪之交的工业区，工厂是工人阶级社区不可缺少的一部分。如果按照这些地区的标准，技术郊区里工作和居住的联系也算不上是近的。新泽西州最近的一项调查表明，在州成长走廊两侧就业的多数工人居住地位于同一个县里。但是，这种相对的分散模式必须跟此前通勤到诸如纽瓦克或纽约等城市核心的模式相对照。在多数情况下，上班用的时间减少了，虽然上班的距离仍然不短。正如 1980 年的人口统计显示，上班的平均路程似乎在距离、更重要的是在时间上都在减少。

技术郊区内的通勤是四面八方的，沿着干线和二级公路构成巨大的网络。按照弗兰克·劳埃德·赖特的理解，它们确定了社区的边界。目的地的复杂性使公共交通非常低效，但是的确取消了可怕的瓶颈。如果该区域内的工作集中在单一的核心，这个瓶颈就必然出现。在技术郊区，每一栋房子都位于由工作与服务组成的真正“城区”阵列的合理驾驶时间范围之内，正如公路旁的每个工作地点都能依靠一个“城区”工人池。

有些人认为，20 世纪 70 年代的能源危机会削弱技术郊区。但是他们没有意识到，新城市已经发展了自己的交通模式，相对短途的不同方向的汽车旅行已经替代了进出城市单一核心区潮汐般的交通流，而后者就是以前关于通勤的定义。随着住房、工作和服务都处于边缘区，这种城市蔓延模式发展了自己相对高效的形式。真正无效的形式将是任何企图恢复大规模长途通勤到核心区的模式。为了说明技术郊区工作和居住之间新的联系，我们必须首先面对这个矛盾之处：新的城市需要住房、工业和其他“核心”功能大规模和协调地搬迁至边缘地带；然而，并没有人来协调指挥这个过程。的确，尽管并不是因为有意识的目标推动了主要的行为者，技术郊区还是出现了。战后的住房建设之所以繁荣是因为人们企图逃避城市的现状；新的公路尝试把交通流导向各个城市；规划师企图限制周边的发展；对老工业都市霸权地位最具破坏力的政府项目，其设计初衷恰恰是要保护它。

在交通运输政策领域可以清晰地发现这个矛盾之处。赖特在他的广亩城市规划中已经抓住了基本要点：充分发展的公路网消除了中央商务区的首要地位。这个公路网建立了完整的一系列公路交叉口，这些可以作为商务中心，推动全方位的出行，防止任何一个单独的中心获得独特的重要性。然而，从罗伯特·摩西（Robert Moses）时代到目前为止，公路规划者想象着新的公路就像更古老的铁路运输一样，可以让汽车和卡车开进城里和周围的工业地带，从而提高老中心的重要性。公路最多也就是为传统郊区化服务；换言之，早晨高峰期从周边进核心区，下午则相反从核心区去周边。环路是技术郊区重要的“大街”，设计时就是为了让州际的车流不用经过中心城市。技术郊区的历史则是现代社会更深层结构特点的历史，韦尔斯和赖特最初描述的这些特点优先于有意识的目的。为了阐述清楚，我把有关技术城市诞生的讨论分为两个相关的话题：住房和工作地点。

住房

战后美国大规模建房，这可能是实现郊区梦的最纯粹的例子，然而最终的结果是令郊区过时陈旧。1950—1970 年，每年平均建造 120 万套住房，大多数都是郊区单个家庭居住的房屋；美国的住房存量增长了 2100 万套，增加了一半以上。在 20 世纪 70 年代，建房热潮更加高涨：又新增 2000 万套住房，几乎相当于前 20 年的建房套数的总和。正是因为大规模新建住房，才把美国的重心从城市核心转移到周边，从而确保这些重要扩展的区域不再是睡城。

这次大规模的建筑繁荣似乎是 1945 年之后才有的特点，其实早在 20 世纪初就已经初现端倪，当时就首次试图在美国全境普遍开展郊区建设。这次繁荣本质上可以视作 20 世纪 20 年代建筑繁荣的延续，只不过因为大萧条和第二次世界大战被中断 20 年。正如乔治·斯腾利布（George Sternlieb）提醒我们的那样，1929 年美国汽车工业生产的人均汽车与 20 世纪 80 年代一样多，房地产开发商早已经在外延区域进行了分区规划，只是在 20 世纪 60 年代和 70 年代才建设起来。

[……]

甚至在 20 世纪 70 年代末，实际收入停滞不前，利率、汽油价格和土地价值高企，但是都没有降低新的独栋家庭房屋对人们的吸引力。在 1981 年，一户中等收入美国家庭的收入只够支付中位房价所需款项的 70%；到了 1986 年，中等收入美国家庭又一次能够支付得起中位房屋。尽管成本在增加，独栋家庭房屋仍然占所有居住套数的 67%，比 1970 年以来只下降了 2%。此外，1986 年对潜在房屋购买者的一项调查显示，85% 的人打算购买单家独户家庭郊区住房，只有 15% 的人在寻找公寓或联排别墅。建筑商所称的“独栋”目前在城市周边仍然很有市场。

然而，独栋住房的持续吸引力不应该掩盖那些已经彻底改变住房的意义和语境的重要变化。20 世纪 50 年代，新的郊区房正如其一个多世纪以来的前辈一样，其存在就是为了把妇女和家庭与城市经济生活隔绝开来；它在城市和乡村之间划出一个只供居住的区域。现在，一栋新房子可能就毗邻一个办公园区，新的办公面积比城里的写字楼更多，这房子也可能就在公路那头，而公路这头是一家购物中心，销售额可能超过市中心的百货商店，这房子也可能俯瞰一个产品出口世界各地的高科技实验室。周边的独栋分离式家庭住房不再是一个隐匿之处，而被当作一个方便的基地，在这里居住的夫妇可以很快到达工作地点。

如果工作没有随着住房的变化同时转移，大规模的"郊区"繁荣肯定会自己枯竭，因为去拥挤的核心区上班的路途越来越长，而公路和公共交通设施不堪重负。在现实中，新的周边社区可能就成为批评家所谓的妇女"隔离屋"，而不是创造了中产阶级妇女重新融入劳动力的条件。郊区房和郊区睡城的形象并没有改变，这掩盖了工作地点变化的重要性，而这正是下一节要讨论的主题。

工作地点

正如那些曾经努力规划这个过程的人痛苦地认识到，工作地点有其自发的规律。1945年之后，工厂从城市核心区转移，这与住房繁荣没有关系，就算没有住房繁荣工厂也可能转移。不过，在20世纪50和60年代，住房和工作同时转移到周边地区，创造了未曾预料到的创业和专业知识的"临界质量"，使得技术郊区可以成功挑战两个世纪以来中心城的经济主导地位。

[……]

与此同时，卡车越来越重要，这意味着工厂不再那么依靠老厂区才有的铁路线聚集。工人们有自己的汽车，所以工厂可以散布在周边，不需要担心缺少公共交通。(20世纪30年代洛杉矶分散的飞机制造厂和其他工厂预兆了这个趋势。)这个过程势头加大，这是因为成千上万个未经协调的决定，根据这些决定，经理们允许内城的工厂自生自灭，把新的投资投向郊外。

不过，20世纪50和60年代工作地点发生的变化只是技术郊区真正胜利的序曲：管理工作和先进的科技实验室及生产设施受到诱惑，从核心区搬迁到了周边地区。这个过程可以分成三个部分。首先在多样化的地点设立了"高科技"发展走廊，比如加利福尼亚的硅谷、达拉斯和沃思堡之间的硅平原(Silicon Prairie)、亚特兰大环城、普林斯顿和新泽西州新不伦瑞克之间的一号公路、纽约的韦斯特切斯特县、宾夕法尼亚州的瓦利福奇(Valley Forge)以及波士顿城外的128号公路。第二个部分是指办公机构，尤其是后端办公部门，从中心城的高层建筑搬迁到技术郊区的办公园区；最后一个阶段是生产服务工作——银行、会计、律师、广告代理商、技术员以及类似工作——搬迁到技术郊区之内，这样就给更大的公司创立了支持人员的重要基地。

的确，兴建技术郊区的势头非常猛，影响面很广，我们现在必须问是否赖特最终的预言将会实现：旧城市中心的消失。在更深层次的分散趋势导致旧市中心最终衰败之前，当下市中心写字楼建设热潮和内城绅士化会不会仅仅是老城的最后一次欢呼?

在我看来，如果仅仅是因为韦尔斯和赖特低估了20世纪末仍然继续存在的经济和政治集中的力量，他俩所预言的最后分散不大可能出现。如果物理的分散的确意味着经济分散，那么城市的核心到现在就会成为鬼城。但是实力雄厚的大机构仍然找一个中心地点，来证明其重要性，并且大城市的历史核心仍然比郊区的写字楼群能更好地满足这个需求。此外，在核心区的公司和政府总部仍然吸引各种各样专业的支持服务——律师事务所、广告、印刷、媒体、餐饮、娱乐中心、博物馆以及更多——这些继续让中心城市存活下来。

核心周围的旧工厂区也留存下来。但是，从痛苦和反常的住房条件来讲，那里的穷人无法挣到在周边繁荣新城的入场券。所以，在可以预见的未来，大城市不会消失，技术郊区的居民会继续不安地面对城市核心的经济实力和精英文化以及那里的贫穷。但是，不论怎么说，技术郊区已经成为美国社会真正的中心。

新城市的意义

在技术城市和技术郊区的结构之外，有一个更大的问题：这种分散的环境对我们的文化有什么影响？能像奥姆斯特德评价一个世纪以前的郊区那样，把技术郊区说成代表“最有吸引力、最精致和形式最健康的家庭生活，以及人类所获取的文明艺术的最佳应用”？实际上多数规划师的观点与此恰恰相反。他们的指控可以分为两部分。首先，对旧城和穷人阶层而言非中心化城市发展是一场社会和经济的灾难，穷人越来越沦落到拥挤衰败的区域。它重新把美国社会分隔成富裕的外城和贫穷的内城，阻碍穷人分享技术郊区内就业和住房机会的门槛也越来越高。

其次，非中心化城市发展被视为一种文化灾难。一方面，城市内丰富而多元的建筑遗产衰败了；另一方面，技术郊区作为标准化和简单化的蔓延式建设，消耗了时间和空间，摧毁了自然景观。后工业化的美国所创造的财富被用来建造一个丑陋和浪费的假城，摊子铺得太大，无法提高效率，太表面化，无法创造新的文化。这两种指控的真实性无法否认，但是我们也要从论战性的夸大其词中摆脱出来，这种言过其实好像折磨着任何研究这些课题的人。第一个指控更加触及根本，这涉及1945年之后非中心化发展中的真正的结构性中断。技术郊区从物质、社会和经济上脱离于城市，跟郊区一样是从深层次上反城市的。郊区化加强了中央核心区作为某个不断扩展区域的文化和经济心脏的地位；由于排除了工业，郊区没有影响城市的工厂区，甚至扩大了这些工厂区。

然而，技术郊区的发展彻底性地颠覆了工厂区，也对商务核心区构成潜在的威胁。郊区新地点的竞争让1890—1930年之间建造的整个居住和工厂区变得过时，提供了核心区之外的替代性选择，甚至包括最专业化的购物和行政服务。

此外，这个竞争已经在南方黑人大规模迁徙到北方城市的背景下发生。黑人、拉美裔人和其他新移民只能住得起老工厂区的房子，用人单位和白人工人阶级都抛弃了那片地方。这样的结果就是迪斯雷利“两个国家”的20世纪版本。不过，现在富裕阶层的外延包括中产阶级和更富有的工人阶级——这是人口的大多数；而大部分是黑人和拉美裔的少数族裔则被迫住到破败的街区，缺少像样的住房，也没有工作。

在某些关键性领域，传统的城市核心区仍然具备保留白领和专业工作的能力。一些高薪的工人选择居住在核心区附近的高层或最近更新的住房，或多或少改变了城内萧瑟的图景。与破败的工厂区和扩张的郊区相比，“绅士化”现象已经显而易见，尽管统计数字上还不是非常明显。“绅士化”既驱赶了低收入城市居民，也使他们受益。20世纪末，美国的环境表现出所有的“两国”症状：一个陷入贫困的环境，与主流文化隔绝，说着自己的语言和方言；另一个是越来越均质化的富裕文化，认为城市环境危险，离那里越来越远。

[……]

反对技术郊区的理由可以轻而易举地总结出来。即使与传统的郊区相比，技术郊区一开始看起来也让人无法理解。它没有清晰的界限；它将不和谐的农村、城市和郊区元素包含在一起；县而非城市街区才是最恰当的衡量单位。结果，新城市缺少任何可以识别并且赋予其整体意义的中心。主要的市民机构似乎随意地散布在景观无法区分的地方。即使是有规划的开发——不论从里面看如何地和谐——都只不过是碎片化环境中的一个碎片而已。独栋的房屋、单独的街道、甚至是一组集中的街道和房屋都能够并且常常设计得不错，但是缺少真正的公共空间或者完全被商业化了。只有剩下未被开发的小片农田是真正的开阔空间，即便它们也不可避免地被开发了，导致进一步的逃离和蔓延式发展。

人们只能犹豫不定、并且有条件地认为技术城市是有优势的。不过，我们也只能希望其不足之处在很大程度上是一个新型城市在其早期所表现出的拙劣。所有新城市形态在早期都表现得很混乱。“有成百上千种形态和尚未完成的物质，杂乱地混在一起，颠倒着，钻进地里，耸在地上，在水里发霉，像任何梦那样无法辨识。”这是 1848 年查尔斯・狄更斯在小说《东贝父子》(Dombey and Son)(第六章) 中描写的伦敦。正如我所指出的，蔓延具有功能上的逻辑，这在习惯更加传统城市的人们看来可能不会很明显。如果这个逻辑用想象的方式去理解，正如韦尔斯，尤其是赖特试图的那样，那么也许可以设想出一个与之相配的美学。

我们必须记住，过去即使是最“有机”的市容也是经过很多混乱和试错才慢慢发展起来的。典型的 19 世纪铁路郊区——批评家用来判断目前城市蔓延的标准——是从 19 世纪都市无序的发展中演化出来的。首先，像约翰・纳什(John Nash) 和弗雷德里克・劳・奥姆斯特德那样的天才规划师掌握了这个过程，设计了美学公式来进行引导。这些公式然后缓慢而不完整地传达给了投机的建筑商，这些建筑商还掌握了基本的理念。最后，个体业主不断升级他们的房屋，消除不和谐的因素，把他们的社区改造得越来越符合理想。

我们或许可以希望后郊区外城正在出现类似的进程。作为技术郊区美学的出发点，可以考虑赖特的广亩城市规划和草图，任何试图想看看现代有机的美国景观的人都可以从中有所收获。更加有用的是美国新镇传统，从新泽西州的拉德本开始，规划得很细致，旨在协调非中心化发展与老社区之间的关系。新镇设计已经被投机的建筑商采纳，不光是高度曝光的项目，比如詹姆斯•劳斯 (James Rouse) 的马里兰州哥伦比亚镇，还有上百个更小的规划社区，这些小社区开始在景观上留下自己的印记。在土木建筑层次，有赖特的马林县市政中心，这是分散性环境中公共标志建筑的典范。多层封闭的购物中心已经非常宽敞，可与过去大的城市购物区相媲美。新建的高校校园和校园一样的办公楼群和实验中心对环境作出很大贡献。一些商业公路地块已经从杂音中拯救过来，呈现一种不那么俗气的活力。(这个演变与 19 世纪城市核心区的演变相类似，当初的城市核心区是小建筑物和大标牌构成的丑陋集合体，后来在世纪之交改造成还算像样的商务中心区。) 最重要的是，人们越来越觉得，开阔的土地必须通过区域性的土地功能规划、风景区购买和农场减税来保留下来，作为景观不可缺少的一部分。这些政府措施、加上成千上万个小规模的个体努力，就能给新的城市创造合适的环境。这些努力能够给外城更有深度的多元化提供起点。对每个地区增加的理解和尊重，可以让人们越来越拒绝试图消灭所有这些区别的大众性文化。所以，从物质和文化角度讲，技术城市仍然在建设过程中。其经济和社会性的成功是不可否认的，当然代价也不菲。最重要的是，新的非中心化模式已经从根本上改变了城市的形态，郊区依靠城市从而获取其功能、实现其意义。不管新城市的命运如何，现在传统意义上的郊区都属于过去了。

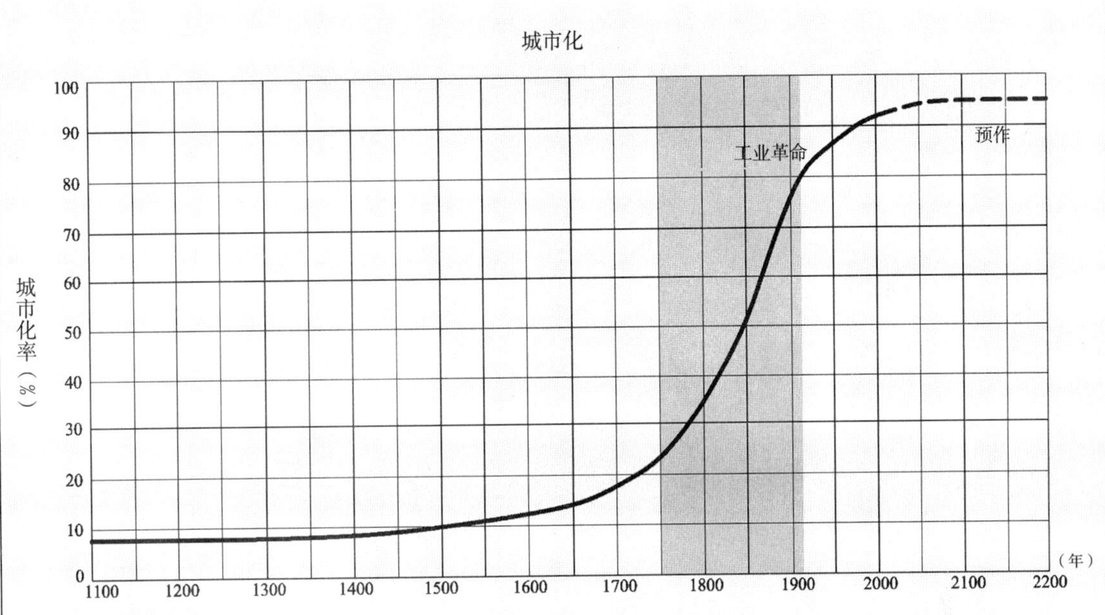

1100—2200 年英格兰城市化率变化情况

城市化率（也叫城镇化率）是城市化的度量指标，一般采用人口统计学指标，即城镇人口占总人口（包括农业与非农业）的比重。城市化通常会遵循一定的模式，即人口学家金斯利·戴维斯所描述的衰减的 S 曲线，该曲线大致分成三个阶段：第一阶段为城市发生和发展的初级阶段，城市化发展速度非常慢，城市人口比重很低，大都不到 25%；第二阶段为城市发展的加速阶段，大量农村人口涌向城市，城市人口比重增至 60%—70%；第三阶段为城市发展的成熟期，城市人口增长速度与总人口增长速度相当，并在相当一段时间内发展平缓。任何时候各个国家和地区的城市化进程都不尽相同，故城市化曲线的形态及长短也有差异

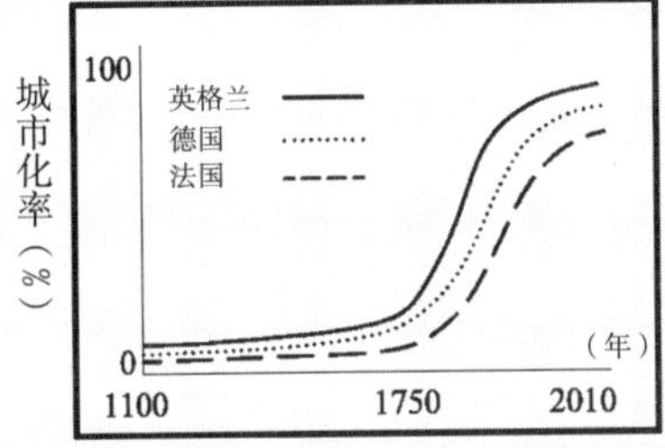

戴维斯认为一个大区域内不同地区的 S 曲线发展轨迹存在相似性。例如虽然德国和法国的 S 曲线拐点出现得比英格兰晚，增速也没英格兰快，但三者 S 曲线的总体形状还是比较相似的

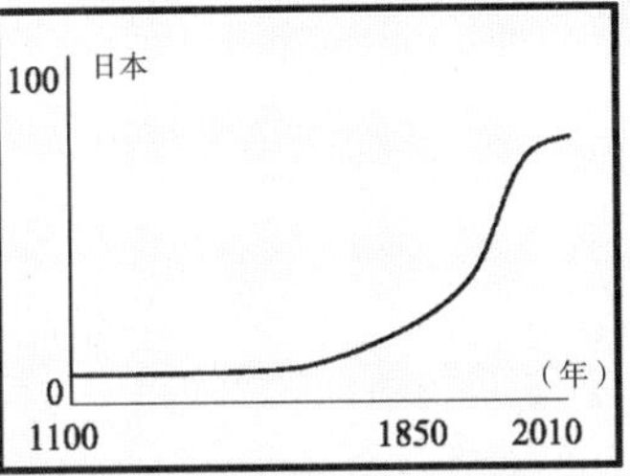

历史、政治、经济和文化都会影响城市化进程。日本的城市化 S 曲线在 1850 年日本对西方开放，开始工业化后才迅猛上升

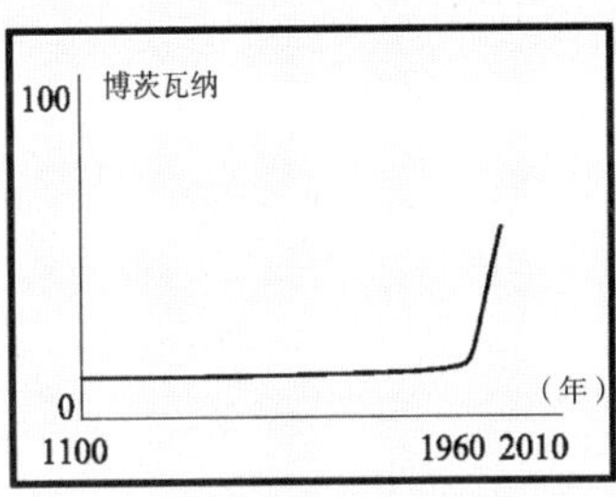

今天，一些发展中国家正经历着快速城市化的过程。例如非洲国家博茨瓦纳，1960 年城市人口比例仅为 2%，但如今其城市化率已经超过 50%

框图 1　人口城市化 S 曲线图

框图 2　中世纪的围城：法国的卡尔卡松

在西方，罗马帝国衰落之后，欧洲经过一段时间的无序和挣扎，开始复苏。像法国的卡尔卡松这样的小城市，开始孕育贸易活动、经济增长以及像行会这样的自治机构。注意图中城市的密度、如何利用城墙界定和保护这座城市以及如何在咫尺之内安排农场和果园。这种明晰而细腻的布局激发了现代田园城市和新都市主义规划师的灵感

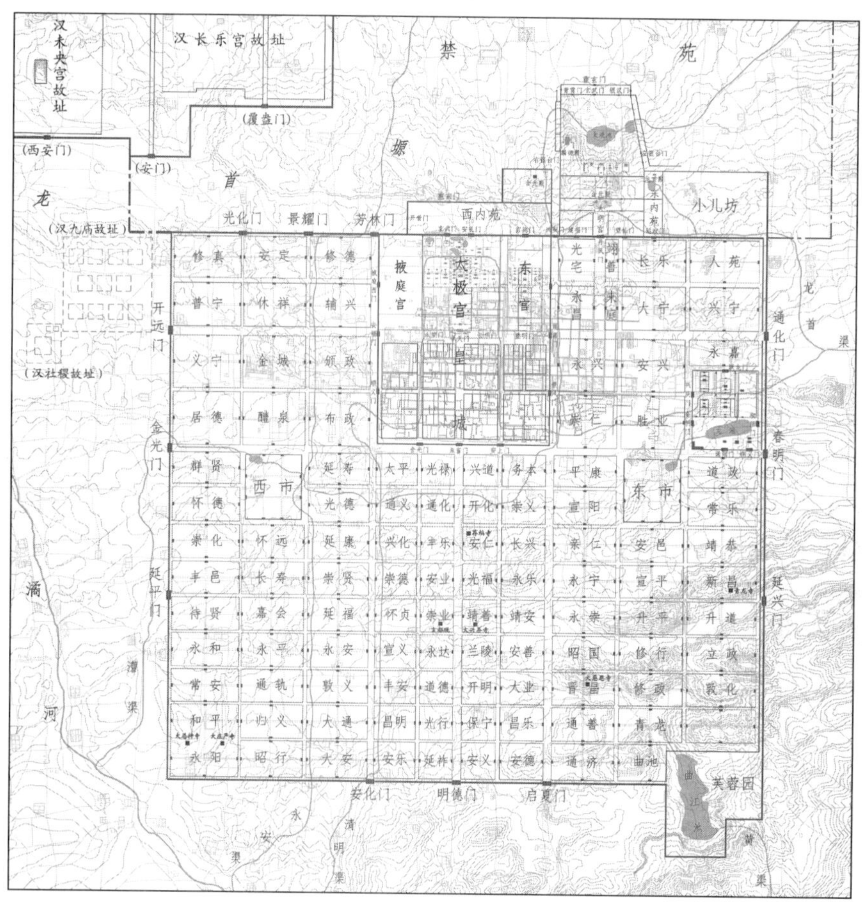

框图 3　隋唐长安城平面

（图片源自《城市规划原理》第四版，吴志强、李德华主编）

框图 4　19 世纪的工业城市

19 世纪初期，以蒸汽动力机械为基础的新工业城市在欧洲出现。图中上下两幅画分别名为《1440 年的一座天主教小镇》和《1840 年的同一座小镇》。当时的观察家奥古斯塔斯·韦尔比·皮金用它们对比同一座城市在工业革命前后的变化。第一幅画中，教堂的尖顶是主导性的建筑元素，中世纪城墙的周围非常空旷，天空和河流干净清澈。第二幅画中，工厂的烟囱取代了教堂的塔顶，天空中充满烟雾，建筑蔓延到曾经空旷的土地，而前景是一座巨大的圆形监狱。皮金这样说明他的作品："中世纪优雅的设施与当代建筑的对比，表明今日情趣之低俗"

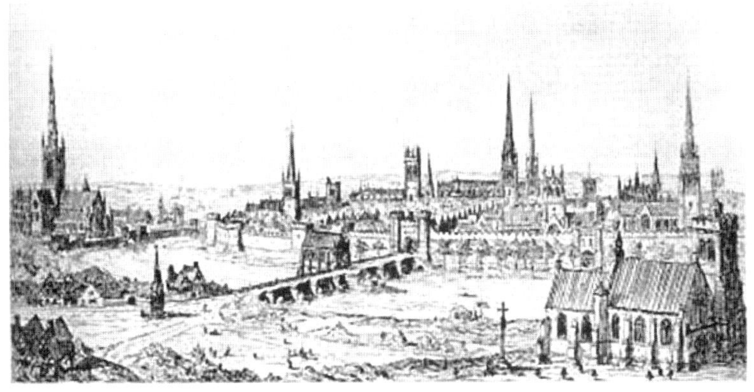

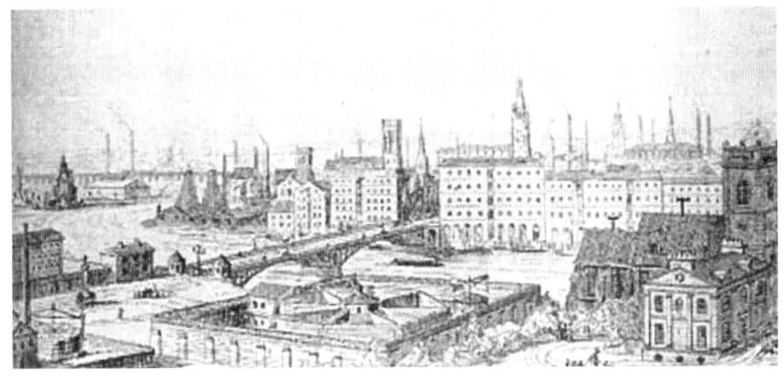

框图 5　一个 20 世纪 20 年代的现代城市中心区

弗里德里希·恩格斯在 19 世纪中叶英国的曼彻斯特观察到的一个特征就是，上层阶级可以穿越宽广的街道，而不必接触到构成城市大部分的贫民窟里悲惨的生存状况。这幅图是 1925 年左右旧金山市繁忙的市场大街，是典型的现代新城市中心区形象。值得注意的是有轨电车、公交车、汽车和行人如何共享公共空间

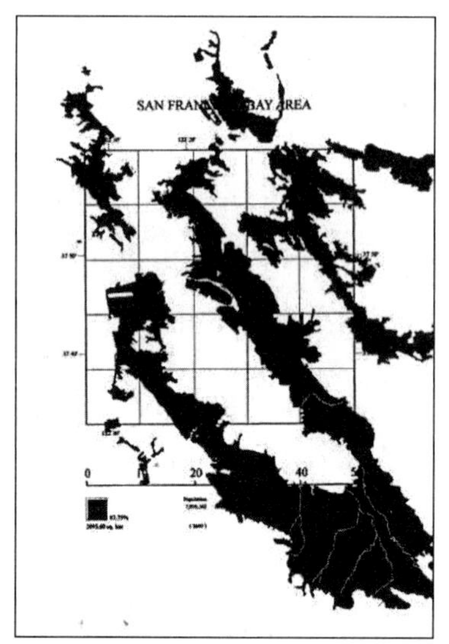

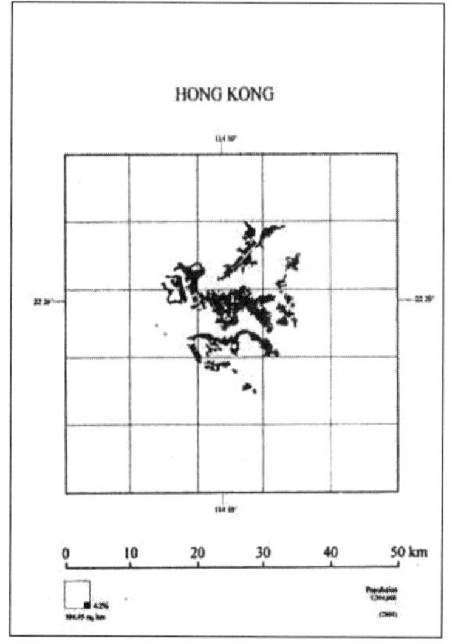

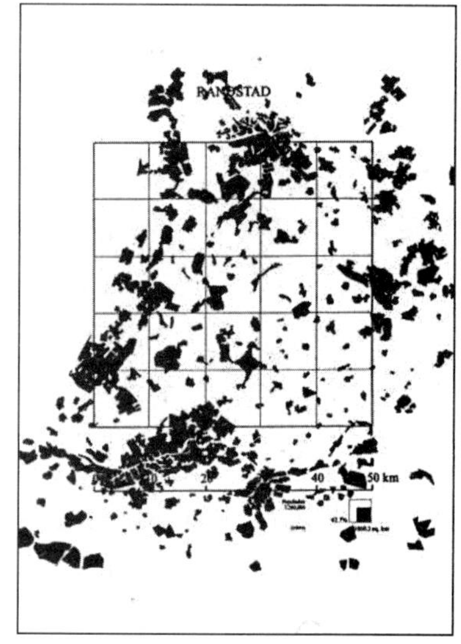

框图 6　旧金山海湾地区（左）、中国香港（中）以及兰斯塔德（右）三地区城市面积的比较

这三幅图都是在同一尺度下绘制的，可以直观地反映出三个城市同样容纳 700 万人口所需的城市面积的大小。通过计算三个城市的面积，然后折算成占 50 公里 ×50 公里方格的比例，结果显示，旧金山海湾地区面积占 83.35%，而中国香港仅占 4.2%，兰斯塔德地区占 42.7%

框图 7　郊区蔓延

罗伯特·费什曼用“技术郊区”一词描述一种城市开发形态，它围绕旧的核心城市，将商业、居住、办公和其他功能混杂在一起。记者若埃尔·加罗（Joel Garreau）则用“边缘城市”这个词。其他人则称之为郊区蔓延，它们的住房构成一种重复的模式——从空中观察效果最佳——很多人认为是文化荒原

第2部分

城市文化与社会

引 言

正如莎士比亚所说，“人民就是城市”，这是一句城市学者们历来热衷引用的名言。城市由一系列组织机构构成——它是市政府管理的辖区，是贸易交易的市场，也是一个社区——而在三者之中，社区这个概念是定义最不完善、却最真实地表达了广大城市居民的家庭、邻里和地方文化的一面。城市形态和设计反映了城市的物质外观及基础设施的布局；基于效率原则而规划出来的城市发展，往往应对了政府和市场的需求。但是，正是组成城市社区的市民——他们的个人期望和集体奋斗，他们平淡的日常生活和猛然觉醒的瞬间——才是城市研究的核心课题，更是城市规划的根本目标。

本部分所收录的文章讨论了在城市中生活的人的本身，关注社会、社区和文化之间微妙而不断转化的相互影响。这些文章试图梳理城市社会如何影响城市文化，文化又如何影响市民的日常生活和憧憬；并探寻在都市背景下产生何种文化，以及在不同的社会背景下，它以何种形式表现出来——可以是高尚文化或流行文化的形式。最后，本部分分析了在都市背景下社区如何运行，并思考社区可能出现的形式。关于城市社会和文化方面以及其他关于城市的文章可以进一步参考 Jan Lin 和 Christopher Mele 编著的《城市社会学读本》（The Urban Sociology Reader, 2005）和 Malcolm Miles，Tim Hall 和 Ian Borden 的《城市文化读本》（The City Culture Reader，2nd edition，2004）。

研究“城市人”的中心学科是社会学。作为一门“社会的科学”，它是伴随着现代工业城市的出现而诞生发展的。当亚里士多德观察到所有人类都是“政治动物”（zoon politikon）（即生活在城邦中的动物）时，他也许已经在实践社会学。但是现代社会学是一个学术领域，随着工业革命中城市的深刻转型而发展起来。近年来，新的分析框架——包括社会研究、社会理论、社会关系、文化研究和城市人类学——逐渐融入现代社会学，无论是起到证实或证伪的作用。然而，基本的社会学观点依然是所有研究“城市人”的中心。

社会学学科的范畴十分广泛和包容，有助于我们全面地观察和理解城市。法国人奥古斯特·孔德（Auguste Comte，1798—1857 年）是现代社会学的奠基人之一，他希望将历史学、心理学和经济学融入一个全新的学科——“社会学”——之中，以此解决现代社会所产生的种种问题。今天，社会学研究领域以包括个人与团体的社会关系、社会阶层的类型（以等级或社会经济情况划分）、社会行为的变异（如犯罪）以及种族、族裔和性别问题。并不是所有伟大的前辈社会学家——如卡尔·马克思、斐迪南·滕尼斯（Ferdinand Tonnies）、涂尔干、乔治·西梅尔（Georg Simmel）、马克斯·韦伯（Max Weber）等——都如孔德那样持有乐观主义的态度。以爱德华·威尔逊（Edward O. Wilson）为代表的社会生态学派强调人类社会行为的遗传学根源，该学派被一些人认为属于悲观主义。正如威尔逊所写的那样，“每个人都是由其背景（特别是文化背景）与影响其社会行为的基因的相互作用所塑造的”。主流社会学并不重视基因遗传，而强调对于多元文化环境影响的理解，多元文化背景是丰富的人类图景的组成要素，同时在必要时可以通过教育政策、社会活动和规划来加以改变。

没有人比刘易斯·芒福德的文章更适合作为“城市文化与社会”这部分的第一篇文章了。芒福德是一位没有经过社会学专业训练、自学成才的一流社会哲学家，也是美国20世纪最重要的公共知识分子和最著名的城市学者之一。芒福德一直非常关注城市人的问题。60多年来，他一直抨击那些认为城市的兴起和繁荣仅仅是因为纯经济的原因或者城市应该从规模和密度来定义的观点。与之形成鲜明对比的是，芒福德认为城市是人类精神的体现，并且培育了人类个性的不断发展。这一观点在他1937年针对规划师的一席谈话“城市是什么”里面表达得十分清晰。芒福德提出：城市的定义不应局限于其人口规模和密度，或者是建成环境的特点；相反，城市的人文意义是其根本，而城市的街道是人生戏剧演出的场所。“城市戏剧”（urban drama）的概念是芒福德城市观点的核心，在他其后的著作如《城市文化》（The Culture of Cities，1938）、《城市发展史》（The City in History，1961）中反复出现。与威廉·怀特和简·雅各布斯一样，芒福德深深陶醉于城市生活。对他而言，城市反映和培育了人类精神，而创造更好的、更人性化的城市将有助于丰富人类文明。

与芒福德关于城市生活和人性之间存在联系的观点相类似，路易斯·沃斯（Louis Wirth）在“都市作为一种生活方式”一文中提出了一个根本性问题，即“什么是都市”，并断定都市的“生活方式”形成了“都市型”的人格和个性特征。沃斯是享有盛名的芝加哥学派的一员，在20世纪20—30年代创立了城市社会学及其研究框架，对今日的城市社会学研究具有深远的影响。在研究那些从东欧和南欧农村社会迁来芝加哥的移民时，沃斯发现，现代城市的生活方式与属于乡村文化的生活方式截然不同。他在“都市作为一种生活方式”中抽象总结出都市之所以区别于乡村的基本特征，并解释了广受诟病的都市性格如粗鲁和冷漠形成的原因。由于大城市中人们之间的相互交流不再是乡村社会中面对面的静态交流，而是更为疏远和间接，因而形成了特殊的都市人格，并且体现出与乡村社会截然不同的集体行为方式和社会特性。

尽管沃斯进行的是理论研究，但值得一提的是他的理论是建立在20世纪上半叶包括他在内的芝加哥学派众多学者的实证观察基础上的。建筑评论家和城市社区活动家简·雅各布斯以自身对于街道层面的第一手观察而写出的《美国大城市的死与生》（1961），则可以说单枪匹马撼动了当时自负的城市规划界，并将社区的价值带入城市空间设计中。建筑与城市设计可能不一定会决定人类行为，但是糟糕的设计会麻木人性，而好的设计则可以对人的行为产生强有力的正面和积极的影响。在设计师希望在设计项目中融入的众多价值观来看，恐怕没有一个比培育社区感和鼓励人的交流互动更为重要。对雅各布斯来说，交通工程仅仅是街道设计的一个考虑方面。在“人行道的用途：安全”一文中，雅各布斯提出设计街道应使人们能够方便地从窗口就看到孩子们在街上玩耍、邻居们愿意聚在门前闲聊——就像她所居住的格林尼治村的哈得孙街一样，这样的设计才能更加便于人们的使用。相比于强调高效交通而忽略街道和邻里生活的道路，这样步行友好型的街道设计更加安全，还有助于减少城市犯罪的发生。雅各布斯特别强调通过街道设计来提高安全性，尤其是对女性而言。安全的环境是创造和保存社区感的基本前提。

历史地理学家葛剑雄的“城市品性”(2010) 一文从历史和中国的角度解读了城市“品性”的形成和发展。所谓“品”，作者指的是城市的性质和功能，不同的类型及其相应的功能，是决定城市之品的基础，也是城市之性赖以存在的根基；城市在“品”之上产生和发展了其独特的个性。同样功能的城市的“性”之所以不同，取决于城市基本的自然环境、建筑设施，也取决于城市人及其文化传统。葛剑雄并提出，城市品性无法复制，也不易移植，其品性的延续形成了城市的文脉，这既包括城市特有的物质环境，也包括能够传承文脉的人。葛剑雄的文章建立在他丰富的中国历史地理知识基础上，他文中同样强调了“人”在塑造和保存城市“品性”和“文脉”中的重要性。

从另一个角度，罗伯特·帕特南，“孤独的保龄球客”的作者，所忧虑的是美国曾经赖以骄傲的市民文化在现代城市社会中逐步衰落的现象。根据在美国和欧洲的实证研究，在没有忽视种族和贫穷问题的同时，帕特南提请城市领袖和中产阶级面对这一社会事实，即人们不再像以往那样与社区的基本组织机构保持紧密的联系，从邻里组织、兄弟会，到甚至是政党组织的会员数量和活动参与程度都出现显著的下降。帕特南认为这种社区和市民参与逐步衰落的现象——即所谓“社会资本”的减少和市民参与的缺失——可归结于多个原因：女性进入就业大军、日益增加的社会和地理流动性，以及“闲暇方式的技术性转化”等。另一个可能的解释是现代城市社会已经高度分化，每一个重要城市都成为多元文化的竞逐场所。今日的文化不再限于所谓艺术或知识阶层所创造的“高雅文化”——交响乐、歌剧、芭蕾等，劳动阶层的社区和内城的少数族裔聚居区同样催生诗歌文学、街头巷尾杂谈带来的语言学创新、说唱、爵士乐、绘画乃至涂鸦。这些当然都成为“城市戏剧”的组成元素，但是谁会主宰一个城市的文化？谁的“社会资本”会在“城市竞逐”中主宰获胜？是什么构成了“市民参与”？这些都是值得认真思考的问题。

理查德·佛罗里达集中于有关城市未来经济的争论中的一个方面——“创意阶层”在城市中所起的作用。在他 2002 年出版的《创意阶层的兴起》(The Rise of the Creative Class) 一书中，佛罗里达提出：一个有创造力的环境——或者至少是对创造性和创意人士友好的环境——在后现代信息社会对于城市生活和城市经济的繁荣至关重要。后工业经济体中的“信息管理者”和“符号分析师”，如工程师、艺术家、软件程序员、作家、企业战略家等这些新型的城市居民是知识工人，他们通过有创造力的想象为企业和社会创造附加值。创意阶层人士不仅仅是受过良好教育的高端服务业工人，而且为城市带来新的活力，并通过他们对个体性、精英性和多样性的追求，改变了城市文化。

城市文化是动态的、多变的，因而总是存在一些学术研究尚未能够完全认识和分析的现象。城市社会可能因短期的冲突和长期的包容而发展，也有可能因文化冲突的尖锐化使得城市物质环境被破坏而成为牺牲品。在全球化浪潮下的城市社会和文化问题，将是一个永恒的议题。

城市是什么?

刘易斯·芒福德

编者导读

一直以来，刘易斯·芒福德（1895—1990年）被认为是美国最后一位伟大的公共知识分子，一位不仅仅局限于学术界而为受过教育的广大公众进行写作的学者。自1922年第一部著作《乌托邦的故事》（The Story of Utopia）开始，他一生出版了大约25部具有影响力的著述，并对社会哲学、美国文学、文化史和技术史都有着重大的贡献，尤其对城市历史和城市规划作出了杰出贡献。

芒福德出生在纽约布鲁克林区，他所处的时代是在城市文明的历史上现代城市达到一个新的巅峰的时期。芒福德认识到城市经验对人类文化和人格塑造是不可缺少的组成部分。他始终信奉：相较于城市与自然环境、与人类社区精神价值之间的关系，城市的物质空间设计和经济功能是次要的。在他为《纽约客》所撰写的那些建筑批评文章中，在他20世纪20—30年代在全美区域规划协会（RPAA）的工作中，在他20世纪50年代反对纽约格林尼治村一条横穿华盛顿广场的高架道路的运动中，以及在他终生所宣扬和捍卫的帕特里克·格迪斯的环境理论和霍华德的田园城市理论中，都体现了他的这些原则。

“城市是什么”一文原载于《建筑实录》（Architecture Record）（1937），源于芒福德1937年对城市规划师的一次讲座。此文表达了芒福德对于城市规划和在城市生活中人类个体及社会整体的潜能的一些基本理念。他写道：城市就是“一座社会活动的剧场”，而其他因素——艺术、政治、教育、商业等等都是为了让这种“社会戏剧……更为丰富，精心设计的舞台可以更加彰显演员和演出活动”。城市作为一种社会戏剧的形式不仅仅存在于革命时期，也体现在日常生活中，这是芒福德在其著作中一再重复的主题和景象。在1938年的《城市文化》（The Culture of Cities）中，他热情地描述了艺术家丢勒（Albrecht Dürer）在1519年的安特卫普看到的一次宗教游行的情景，他认为这是一次戏剧化的演出，其中“观看者同时也是交流者”。对于1961年的《城市发展史》中提出的“城市戏剧”这一概念，他解释道，古代城市的社会生活建立了一种戏剧化的对话，“普通生活本身呈现出戏剧的特征，服装和布景提升了它，而场所强化了声音，并增强了演员的形体感。”他认为早期的城市对话是单向的、从国王到顺民的“权力的独角戏”。由于缺乏真实的对话，因而“注定要走向落幕”。真实的双向对话在广场、集市和邻里中发生并发展，尽管缓慢却势不可挡。最后，城市文明最伟大的时代往往可以在从柏拉图的《理想国》到莎士比亚的戏剧这样的戏剧和文学对话中得到表现，这些戏剧和文学总结了城市“全部生活经验”。这是一个吸引人的观点，它使我们开始思考电影、电视节目、流行网站和视频游戏所讲述的关于我们现代城市文明的质量问题。

芒福德对于现代城市规划理论与实践的影响是难以限量的。他所提出的“城市戏剧”概念得到了众多城市研究学者的共鸣。例如本书所收录的简·雅各布斯的“街道芭蕾”；威廉·怀特提出的“好的城市广场应当像一个舞台”；艾伦·雅各布斯（Allan Jacobs）和唐纳德·阿普尔亚德（Donald Appleyard）要求规划师应当满足人们对“幻想和异国情调”的追求。他们认为，“城市是一个充满惊喜的场所，是一座剧场，一个人们可以展示自己和被他人所欣赏的舞台。”毫无疑问，芒福德会赞同经济学家理查德·佛罗里达关于“创意阶层”的城市文化重要性的观点。

作为历史学家，芒福德对于社区价值和城市对拓展人格潜能的强调把他和很多后来的城市理论家联系起来，如路易斯·沃斯等。《城市发展史》是芒福德的杰作。《城市文化》是它较为早期的版本，但同样值得一读。1968 年出版的《城市愿景》（The Urban Prospect）收录了芒福德关于城市规划和城市文化的相关文章；在技术对人类文化的影响方面，《机器的神话》（The Myth of the Machine，1967）和《权力五边形》（The Pentagon of Power，1970）是分析技术对于人类文化影响的杰出作品。

近年来，芒福德在环境学和区域学方面的成就得到了新一代环境规划师的重新认识。有关著作可参见 Mark Luccarelli Lesis 的《刘易斯·芒福德与生态区域：规划的政治》（Mumford and the Ecological Region：The Politics of Planning，1997），以及 Robert Wojtowicz 的《刘易斯·芒福德与美国现代主义：欧洲建筑和城市规划的乌托邦理论》（Lewis Mumford and American Modernism：Eutopian Theories for Architecture and Urban Planning，1998）。关于芒福德的传记有 Elmer S. Newman 于 1971 年的《刘易斯·芒福德（1914—1970）传记》（Lewis Mumford：A Bibliography，1914—1970），Donald L.Miller 的《刘易斯·芒福德生平》（Lewis Mumford：A Life，1989），Thomas P. Hughes 和 Agatha C. Hughes 合著的《刘易斯·芒福德：公共知识分子》（Lewis Mumford：Public Intellectual，1990），以及 Frand G. Novak 所写的《刘易斯·芒福德》（Lewis Mumford，1998）等。

正文

我们大多数的住房和城市规划已经被一些不理解城市的社会功能的人所绑架。他们指望通过对当代城市的活动和兴趣进行一些简单的调查就能了解这些功能。显然他们不明白自己的做法可能存在巨大的失误，事倍功半，或者吃力不讨好。这些人以为仅仅建造符合卫生标准的廉租房、拉直或者拓宽街道就能解决城市问题。

城市作为一个纯粹的物质存在众所周知。但是，如果把城市看作一个社会机构，城市又是什么呢？早期的学者，从亚里士多德、柏拉图到乌托邦作家托马斯·莫尔、罗伯特·欧文，都比今天那些所谓系统性很强的社会学家给出过更好的答案，当代美国大多数“城市社会学”几乎毫无贡献可言。对城市最令人信服的定义出自约翰·斯通（John Stow），一个伊丽莎白时代伦敦的忠实观察者：

人们涌进城里和联邦是为了开诚布公和有利所图，城市、公共组织和公司的确很快带来了商品。首先，人们由于密集的交流，告别了原来乡下那种荒蛮和暴力，变得注意仪表、更为人性和公正……因此这种良好的行为方式被看作城里人的象征。总的说来，就像我们经常听到的那样，人（在城里）更容易被宗教所驯服，因为他们生活在别人的眼光里，更在乎公正，害怕受到伤害。

然而联邦和王国在教育人民学习爱和美好方面并没有比上帝做得更好。只不过人们在城市里因为身处一个共同的社会而紧密相连，由此形成联盟、团体和公司。

要想比如上对城市过程的精彩描述做得更好恐怕很难。以下我将城市的社会学概念总结如下：

城市是原始的群体和具有特定目的的各类集合的总和。首先，第一类在所有团体中，家庭和邻里是最为普遍的。其次，第二类则可以说是城市生活的特征，在相对有限的区域内，不同团体通过类似于公司一类的经济组织而得以维持，具有公共的管理规则，长期固定在特定场所。城市存在的物质手段是为各种聚集、交换和储存提供固定的场地、稳定的庇护和长期的设施；城市的基本社会手段是劳动的社会分工，不仅仅服务于经济生活，而且服务于文化进程。整体而言，城市是一个地理集合体、一种经济组织、一个制度进程、一座社会活动的剧场和集体创造的美学象征。城市培育艺术，其本身也是艺术品；城市创造了剧场，其本身更是剧场。在城市这座剧场里，人们各种有目的的活动得到关注，通过冲突和合作形成事件、群体，或者达到更为重要的顶峰。

如果没有这种社会戏剧使得各类群体活动不断地聚焦和深化，城市的功能就会一无是处，这与地广人稀的乡村不同。城市的物质构成可能会阻碍这种戏剧性，也可能从艺术、政治和教育方面通过精心的设计为戏剧提供舞台，更加彰显演员的动作和演出效果。人们如此关注城市的美或丑不是出于无聊，而是这决定了人们社会活动的品质。如果说人们在离开他们城市的蜗居迁往环境更好的郊区——即使是一个模范田园郊区！——会心有不甘的话，那是因为城市生活的丰富和多面性，社会的不和谐和冲突种种构成了城市戏剧，这是郊区所缺乏的。

我们可以从社会角度将城市描述为一种特殊的架构，该架构为公共生活和集体戏剧提供了各式各样的机会。城市作为一种间接的联系形式，在标志、符号和专业化组织的帮助下，促进人与人之间的面对面交流，市民的个性不再像传统现实中的人格那样完整，而是呈现出多面性：更为专业化的兴趣、训练更为圆熟的才能、更好的辨识和选择能力。城市既可能让个体从群体中疏离，也通过一个显而易见的固定的集体提供更为广泛的参与机会使得个体与个体重组。人类无法想象生活在一个虚无的无形社会中，城市提供了市民生活和体验的机会。城市中统一的规划和协调的建筑成为市民社会相关性的象征；一旦物质环境变得无序和混乱，它所承载的社会功能也会变得难以表达。

从这方面的城市概念可以引申出更进一步的结论：社会因素是第一位的，城市的物质形态组织、产业和市场、通信和交通等必须服务于社会需求。然而，在 20 世纪的城市发展中，我们肆意扩建工厂，却把基本的社会核心，把政府、教育和社会服务机构看作附带的。今天我们必须把社会核心看作任何一个有效的城市规划的基本要素：确认学校、图书馆、剧院、社区中心的选址及其相互关系是首要任务，这是形成城市邻里和建立一体化的城市框架的首要前提。

如果要对“城市是什么”作出社会学意义

上的解释，人们还需要回答一系列其他同样重要的问题。明确的结论需要明确的判断标准为基础，例如首先，城市最合适的规模是多少？或者城市是否可以不断连绵增长直至覆盖大半个美洲大陆，而剩下的世界则依附于这个巨型城市？对一个只关注城市设施的物质空间组织的规划师来说——这可以说是过去大都会规划的现实——后者不是没有可能。但是如果城市是一座社会活动的剧场，如果它的需求是由它给予各类社会群体所提供的机会所限定，城市的规模就必然有所限制。

在勒·柯布西耶早期理想城市的设计中，他选择300万作为一个城市容纳人口的合适规模：该数字与巴黎的城市人口总和相近，但是柯布没有解释为什么这可以当作一个理性城市发展的标准。如果一个城市的规模决定于它的生产组织的功能，它能提供积极的社会互动和产生文化的可能，那么我们就能找到一些决定城市人口规模的确定因素。许多因素会影响人口基数和大学规模数量之间的关系，然而我们可以假设，如果要维持一所大学的有效学生数量，城市人口应当不少于100万；那么200万人口的城市就应该有两所大学。人们也可以说，其他因素不变的情况下，500万人口的城市不会比100万人口的城市更有效地支撑一所大学的存在。认识到这些比例关系能够防止在既有的有限数目的机构上过度建设、人浮于事，限制而不是无限扩大教育设施规模。

在人口规模或面积上提供一个绝对数字并不重要，然而在生活的某些方面还是有可能确定这些数字的，例如城市的规模达到何种程度以后就能像自然孕育一样自我复制。更为重要的是，意识到规模应当永远服务于其社会关系的功能……存在这样的一种最优数字规模，超过这一居民规模会使得各方面收益降低。同时也存在最优的扩张面积，超越这一面积城市增长会趋于瘫痪，无益于社会关系的推进。快速交通方式，如地下铁的到来，使得即使区域面积半径从40英里扩展到100英里，城市之间仍能享受像伦敦和汉普斯特德之间的那种紧密联系。但是孩子们的活动仍然局限在步行范围之内，大约四分之一英里；成人可以在邻里间自由而频繁地聚会，此时最大距离毫无意义。然而这种距离限定了一个大学、一个中央参考图书馆，或者一个装备精良的医院所能服务的特殊人群。小汽车和飞机的出现已经极大地拓展了城市人居的可能区域，但是为了实现交流而城市需要连续增长的必要性因为电话和广播的出现已经被削弱。在中世纪，由市中心向外不到半英里就已经是它的规模极限。而现在，大城市沿着交通走廊一个街区接着一个街区的累积发展，从各方面无视因技术发明而可能带给我们的新的城市组团方式。区域成为社会生活的基本单元，但是区域不可能有效发挥效用，因为如果整个区域密密麻麻地住满了人，他们的存在就会阻塞交通干道、阻碍社会设施的使用。

对城市的规模、密度和面积进行限制毫无疑问有助于实现有效的社会交往，这是理性的经济和社会规划的最重要手段。过去之所以不愿意设置这样的限制主要基于两个因素：认为所有数量级的增加都是进步的标志和必然“有利于做生意”的假设；担忧这种限制过于武断，相信这样可能会“减少经济机会”——因拥挤而得益的机会——和中断永远不可能中断的变化的来临。这些反对都是肤浅的。

现在在美国的城市里对建筑高度的约束已经习以为常；在英格兰，所有城市的住房都必须遵守严厉的开发强度控制；那些曾经认为无法实现的已经在施行。这种限制不仅仅是约束人口增长本身：它还给规划师和管理者机会以增加更多的中心，来容纳未来入驻的人口，而不是允许既有的中心无限垄断扩张。这些限制有助于打破过去无效、臃肿的城市集聚。在这种规划模式下，规划师将既有的“单核城市”

替换为新型的“多核城市”，正如沃伦·汤普森（Warren Thompson）教授所命名的，后者由社区群所组成，相互之间界限明确、合理分隔，更好地承担起原有毫无秩序的大城市的责任。只要合理地规划环境和资源，一个地区有 20 个这样的城市就会拥有所有单个 100 万城市的所有便利，而且没有那些繁重的缺陷：资金被冻结在无法获利的设施中，高价阻碍了土地有效再利用以适应新的需求的可能。

记住今天正在发生的变化。新型的电力、交通和通信没有局限于旧的高速公路网络。巨型的输电铁塔横跨山丘，无视汽车的活动范围局限；飞机更为自由地飞越沼泽和山脉，它的旅程的结束，结束于一片田野，而非大道。适用于快速机动车交通的高速公路也与车马时代的交通模式迥然不同。仅仅提一些身边的例子，如新泽西和西切斯特兴建的一些新的高速公路，多少是基于本顿·麦凯（Benton MacKaye）关于“无城镇高速公路”（Townless Highway）的一系列文章所构思的体系。一个独立的、建成的高速公路网络方案远离临近的乡村和城镇，就像铁路系统一样。在这种网络中不存在过去那样单一的大城市中心，将区域的优势都集中在一处；相反，“整个地区”都向人居开放。

即使没有合理的公共控制，在下一代，城市的各项设施很有可能会进一步解体和分散化。无镇高速公路导致了无高速公路镇（Highwayless Town）的诞生，在那里亲密、连续的人际关系需要是第一位的。这与埃德加·钱布莱斯（Edgar Chambless）所构思的机器时代的公路镇（Roadtown）或者早期西班牙工程师提出的带状城市刚好相反。无公路镇以公共设计为基础进行有效的功能分区，而不是盲从与法律文本。在这种城镇中，不同功能分区像自然岛屿一样相互分离，根据各自的用途合理设计，而不是工业、商业、住区和公共部分形态上大同小异。

第一个这种类型城镇的系统规划出现于 1929 年，由怀特和斯坦（Stein）在拉德本（Radburn）制定；差不多同一时期科恩和汉堡的规划师在更小的规模下完全独立地重复了这一规划模式。由于设计本身受传统郊区的住宅房型和陈旧的建筑形式所局限，拉德本的新型规划模式并没有得到进一步推广。单就总体而言，该方案的主要关系表达得十分清楚：人行交通和车行交通彼此独立，住宅区不受主干道干扰；不连续的道路模式（尽端式）；社会生活通过提供不同层级的核心空间专业布局，在社区层面提供学校、儿童乐园和游泳池。这一类型的规划在勒·柯布西耶 1934 年的北非内穆尔（Nemours）规划可谓到达顶峰，综合考虑了城市的物质和社会功能。

通过这些共同的努力，多核城市的原则被建立起来。这些规划方案必须有助于为基本群体提供全面的经常性会面和交流的机会：形成更为复杂的区域形态和更为综合的生活方式，因为地理区域第一次被视为一种社会存在的统一体。跟原有大众自发形成必要的社会集中和社会戏剧相反，我们可以通过主观的地区核心营造和区域空间安排来为其创造条件。这涉及专业术语，但这些词汇的含义是不容忽视的。要实现这些城市生活中的新可能，不仅仅来自技术组织的创新，而且源于社会学的深刻理解，在合适的个体和城市结构中提供戏剧性活动发生的空间，正是下一代人的使命。

都市作为一种生活方式*

路易斯・沃斯

编者导读

路易斯・沃斯（1897—1952 年）是著名的城市社会学芝加哥学派的一员，该学派的著名学者还有欧内斯特・W・伯吉斯（《城市的成长》作者）、罗伯特・帕克（Robert E. Park）和圣克莱尔・德雷克（St. Clair Drake）等。芝加哥大学的这些学者通过把学术研究导向城市的街道生活、并把芝加哥当作“活的实验室”来探索城市问题和社会进程，从而重新定义了现代社会学。

沃斯生于德国，孩童时期移民美国，曾任美国社会学协会主席。他对于城市社会学最为基础性的贡献在于实质性、逻辑性地建立了对城市生活的“社会学定义”。正如他在 1938 年发表于《美国社会学期刊》的文章“都市作为一种生活方式”中所作的经典总结所说，要超越城市的物质结构、经济产品，以及其文化机构的特征（尽管这些都很重要），而从社会学的角度对城市作出定义，发现其具有的“作为一种独特的人类群居模式的都市性要素”。

沃斯认为，城市具有的三个重要特征——巨大的人口规模、社会的异质性及高人口密度——催生了一种特殊的都市生活模式以及有异于乡村的都市人格。最早可追溯至伊索寓言中城里耗子和乡下耗子的故事，很多细心的观察者已经发现，在自然环境中的“乡下人”和在机器式的生活背景下的“城里人”之间存在明显的差异。沃斯尝试从理性角度来解释这种差异，即这是基于城市居民对现代城市社会环境特征的条件反射。例如，城里人之所以相对于乡下人对于社会差异更为宽容——同时也更加冷漠和不友善——只是一种为了适应大规模、高密度和多元的城市社会环境而积累的生活经验。沃斯的分析可与乔治・西梅尔在 1903 年的讲演并随后被收录在《城市社会学读本》中的“大都市及其精神生活”［“The Metropolis and Mental Life”, Jan Lin & Christopher Mele（eds.）, The Urban Sociology Reader, London: Routledge, 2005］相提并论。

尽管一些人认为沃斯关于都市生活的社会学解释无非是观察到城市现象的社会科学证明，但也有人认为根本不存在所谓的“都市人格”或者“都市生活方式”。例如社会学家赫伯特•甘斯就认为，无论是都市中的村庄，或是城市郊区，同样都试图保有其原先就具有的独特文化和人格特征。奥斯卡・刘易斯（Oscar Lewis）关于“贫困的文化”（the culture of poverty）的

* 节选自上海三联书店出版的“都市文化研究系列”,《阅读城市：作为一种生活方式的都市生活》，原译者赵宝海和魏霞，本书编者在其基础上进行了局部调整和修订。——编者注

研究，则与马克思主义学派相似，认为文化和人格的差异，乃是源于其不同的社会经济阶层，而非仅仅因为是“都市的”。然而，沃斯关于“都市人格的发展源于对城市物质和社会环境的适应”这个观点深刻地影响了当代的城市规划理论和实践，使得在城市中创造、培育“社区”的氛围成为当前规划师的重要目标之一。

然而，物质空间设计真的能够塑造人们的社区归属感、促进对都市生活的社会心理适应吗？许多社会学家、心理学家、建筑师和规划师采用了各种设计方法试图缓解如沃斯、西梅尔和其他社会学者提到的这种由都市生活所带来的社会心理的迷失及负面影响。本书第8部分“城市设计”的节选文章，均或多或少地体现了这种“环境决定论”的痕迹——即假定建成环境会影响到人类行为。如凯文·林奇，一位20世纪城市设计学的伟大人物，也相信改善城市意象有益于提高居民在环境中感受到的舒适程度。林奇将人们认知的城市意象分解为几个必要的元素，并且建议通过这几个要素的设计提升来改善城市的意象。荷兰建筑师和规划师扬·盖尔（Jan Gehl）相信，如果人们更多地享用建筑之间的室外空间，就会带来更多的社会交流和人类幸福。由社会学者转变为城市设计师的威廉·怀特就如何提升公园和广场的使用和乐趣给出了一系列实用的、完整的设计建议。怀特认为，提供更多可坐的空间、设立食品售卖设施、减少街道和重要的公共空间之间的隔离，会提升人们在城市中的生活体验。但是，如沃斯所描述的大都市生活所带来的种种疏离，真的能通过良好的设计得到改善吗？

沃斯的其他著作包括《当代社会问题》（Contemporary Social Problems）（University of Chicago Press，1940），《战争对美国少数族裔的影响》（The Effects of War on American Minorities）（Social Science Research Council，1943），《孤岛》（The Ghetto）（University of Chicago Press，1956）等。他的选集《路易斯·沃斯论城市及社会生活文选》（Louis Wirth on Cities and Social Life：Selected Papers）（University of Chicago Press，1964）是一本有用的文集。

有关城市生活与人类性格关系的重要分析还包括Erving Goffman的《日常生活中的自我体现》（The Presentation of Self in Everyday Life）（Garden City，NY：Doubleday，1959）和Richard Sennett的《无序的用途：人格与都市生活》（The Uses of Disorder：Personal Identity and City Life）（New York：Norton，1970）。

其他相关的著作有Sylvia Fleis Fava的《作为一种生活方式的郊区都市主义》（Suburbanism as a Way of Life）（American Sociological Review，21（1），1956），和收录在《恐惧的建筑学》中Fred Dewey的“作为一种生活方式的计算机都市主义”（“Cyberurbanism as a Way of Life”，From Architecture of Fear）（Princeton，NJ：Princeton University Press，1997）等。

对于本文的标题《都市作为一种生活方式》（Urbanism as a way of Life），至少有以下几种译法：“作为一种生活方式的都市性”、“作为一种生活方式的城市主义”、“都市状态作为一种生活方式”等等。“都市主义”（urbanism）一词本身的内涵非常丰富，它既可以指在城市中所形成的特有文化、生活和城市特性，也在某些语境和国家（如法国、西班牙）中被视为城市设计和城市规划的代名词，包括20世纪末兴起的所谓“新城市主义”（new urbanism）。沃斯一文中的“urbanism”意指从社会学角度观察，城市作为一种区别于其他人类集体生活方式的独特特征的集合，包括都市人因此而形成的特定的集体人格特征，并试图将其与现代主义、工业主义和资本主义有所区分，是一个非常综合的概念，本文在此部分译为“都市”或“都市性”，即强调城市的社会和人文特性，包括本文标题直接以“都市”代替这一综合概念。文中有部分“urbanism”为符合中文习惯和语境也译为“都市生活”。

正文

城市和现代文明

正像古代游牧民族在地中海盆地的永久定居标志着西方文明的开端一样，大都市的发展是现代西方文明区别于古代的标志。在大都市生活的独特环境中，人类与自然的距离前所未有地疏离……或许可以把城市和乡村看作可供人们选择的定居模式的两极。本文的独特视角是将城市—工业社会和乡村—民俗社会视为两种典型的社区类型，其中前者是在当代文明中出现的一种人类交往的基本模式。

城市的社会学定义

尽管城市在我们的文明中具有重大意义，但是我们对城市的特性和城市化的过程知之甚少。的确，有人试图归纳都市性的典型特征，如地理学家、历史学家、经济学家以及政治学家都立足于不同学科给出了不同的城市定义。依照社会学研究方法所提出的城市定义，其目的并不是取代其他学科的定义，而是希望通过强调城市的特质作为人类集合的一种特殊模式，来唤起大家对城里人之间相互关系的关注。城市的社会学定义的意义在于将那些体现了有别于其他人类集体生活模式的都市性独特要素提炼出来。

[……]

都市性，或者说构成都市独特生活方式的综合特征，与影响这些因素的发展和衍生的城市化并不仅限于实体和人口统计意义上的城市地区。当然，在这些城市，尤其是大城市里，它们都得到了充分的体现。在定义城市时应倍加小心，以免将任何受具体地方和历史制约的文化影响等同于都市主义。尽管它们可能显著地影响了社区的特征，却不是使之成为城市的根本的决定性因素。

要特别注意将都市性与工业主义和现代资本主义混为一谈的危险。城市在现代世界中的兴起无疑得益于现代动力机械技术、规模生产和资本主义企业的出现。但早期城市与现代城市有所不同：它们在前工业化和前资本主义的秩序中发展，这与今天的大城市不同，但它们仍然是城市。

在社会学的意义上，城市可以被定义为一个规模较大、人口较为密集的、各类有差异的社会个体的永久定居场所。基于这一最简明的定义所隐含的假设，我们或许可以根据既有的社会群体的知识建构一种都市主义的理论。

都市主义理论

在有关城市的大量文献中，我们试图寻找一种将城市作为社会实体的、系统的都市主义理论，但一无所获。过去的确提出了一些针对某些特殊问题的理论，如将城市的发展作为一种历史趋势、一个周而复始的过程等；我们也撰写了一批具有社会学洞察力的著作，以及有关都市性各方面具体信息的实证研究。尽管有关城市的研究成果与教材大量涌现，我们至今都没有从城市的社会学定义所隐含的假设中，从实证研究所证实的社会常识中，提炼出一系列关于都市主义的综合的纲领性假设。在马克斯·韦伯富有洞察力的论文“论城市”和罗伯特·帕克的重要文章“城市：对开展城市环境中人类行为研究的建议”中，我们发现了非常接近于都市主义的系统理论。但这些精辟的论述远不能形成一个有序的、连贯的理论框架以供研究参考。

我们接下来将设法阐明城市的几个典型特征。以这些特征为前提，我们便可以根据社会学的基本理论和实证研究勾勒出进一步的或更深刻的特征。我们希望通过这种方式得出蕴含在都市主义理论中的基本命题。其中的一些命题可以从大量可资利用的研究资料中得到支持；其他的一些命题也许要作为推定根据，但它们需要更加充分而准确的检验假设。希望这一过程至少会显示我们形成了有关城市的系统知识，以及未来研究中关键的、可能富有成效的假设。

[……]

在观察和研究的基础上，我们可以在人口规模、居住密度、居民和集体生活的异质性这三者之间寻找社会学定义。

人口聚居的规模

自亚里士多德的《政治学》问世以来，人们认识到如果一个地方的居民数量超过某一限度后，将影响他们之间的关系以及城市的特性。正如前面已经指出的，人口数量的增长带来个体差异范围的扩大。此外，参与互动的个体数量越多，他们之间可能的差异就越大。因此，与乡村居民相比，城市居民的个性、职业、文化生活和社区观念会在更大的两极间浮动。

依此类推，肤色、种族遗存、经济与社会地位、品位与嗜好等方面的不同也会导致个体在空间上的隔离。由于城市集合体成员的出身和经历各不相同，血缘纽带、邻里关系和共同的社会传统影响下世代生活所形成的情感已不复存在，或变得非常淡薄。在这种环境中，竞争和正式的控制机制取代了民俗社会赖以存在的坚实纽带。

[……]

人际互动中人数的增加使他们之间的接触无法呈现自己的全部人格。在这种条件下，个体的人际关系被切割成不同的部分。研究城市精神生活的学者借此解释了都市的“精神分裂”人格。这不是说城市居民比乡村居民的熟人少，可能事实恰好相反；但与日常生活中有点头之交的人数比，他们熟悉的仅占其中很小一部分，而且他们对这些认识的人也缺充分的了解。

通常情况下，都市人是在高度分化的角色中交往。与乡下人相比，他们肯定要依靠更多的人来满足生活的需要。因此，他们与大量的组织群体相联系，但极少依赖于特定的人，因为这种对他人的依赖局限于高度分化的活动。其实质意义在于，都市生活的特点在于次级关系而不是初级关系。都市人之间的接触可以是面对面的，但却是非人格化的、肤浅的、短暂的，因而也是部分的。他们的交往表现出的拘谨、冷漠与腻烦，可以理解为抵制他人的个人请求和期待的手段。

肤浅、匿名与短暂是城市社会关系的特性，这使我们容易理解城市居民通常具有的世故与理性。生活中的每个人都首先是实现自己目标的手段。在这种意义上，我们认识的人习惯于和我们保持功利关系。因此，个体在某种程度上摆脱了亲密关系的群体对个人与情感的控制；另一方面，他（她）也失去了那种在完整的社会中自然的自我流露、集体精神与参与意识。这从根本上导致了社会的失范或社会空洞化。涂尔干在试图对技术社会中出现的各种社会现象进行说明时提到了这种现象。

城市人际关系的割裂与功利性在制度上表现为在各种职业中极大发展的专业分工。如果没有职业规范和职业道德的制约，金钱关系带来的掠夺性将妨碍社会秩序的有效运行。为追求效用与效率，企业的组织运行需要灵活的合作制度，个体只能在不同的群体中活动。股份公司在城市－工业世界中比个体企业家和合伙人更占优势，这不仅得益于它将成千上万的个体资源集中起来的可能性或有限责任和永久继承等合法的特权，而且根源于这样一个事实，即企业没有灵魂。

[……]

密度

和对数量的分析一样，通过对城市有限空间内人口集聚的社会学分析也得到了一些相关结果。这里仅简述其中的几个问题。

达尔文对动植物群的论述以及涂尔干对人类社会的分析中指出，当区域面积为常数，而个体数量增加（也就是密度增加）时将产生差异化和专门化。因为只有这样，该地区才能承受个体数量的增加。因此，密度的增加会进一步增强因规模扩大对人及其活动的多样性影响，促进社会结构的日趋复杂。

在主观方面，如西梅尔所说，无数个体近距离的身体接触必然使（他们之间的）媒介发生变化，这样我们才能使自己适应城市环境和我们的同伴。通常，我们能进行亲密的身体接触，可我们之间的社会关系却很遥远。视觉认知在都市世界中意义重大。我们看到表明个体职能身份的制服，却忽略了制服的外表所遮盖的个体特性。我们努力发掘并培养自己对人造世界的敏感，却离自然越来越远。

我们感受着绚丽与肮脏、富足与贫困、智慧与无知、秩序与混乱的强烈对比。对空间的争夺如此激烈，以致每个角落都要被利用起来去获取最大的经济收益。工商业集中的地方，从经济和社会角度考虑都不适合住宅用途。这导致了工作场所与居住场所的分离。

人口密度、土地价值、租金、距离、卫生、声望、审美情趣，以及有无噪声、烟尘和尘垢等公害，使城市的不同地区成为适合不同阶层的人居住的地方……城市的不同地区有不同的专门功能，因此，城市似乎是社会世界的马赛克图，不同的地区间迥然不同。不同的个性和生活方式纠缠在一起，产生了相对主义的视角和对差异宽容的观念，这是理性的先决条件，并导致生活世俗化。

个体间缺乏感情纽带却要聚集在一起工作、生活，形成了竞争、扩张和互相利用的习气。为了防止人们缺乏责任感，消除潜在的混乱，控制手段越来越制度化。若不迫使人们严格按规章制度行事，这个庞大而复杂的社会就无法运行。时钟和交通信号是都市世界社会秩序的基本象征。频繁的近距离身体接触，伴随着巨大的社会距离，加深了独立个体间的互相排斥。他们如果没有得到回应的其他机会，就会倍感孤独。拥挤在一处的众多个体不可避免地进行大量活动，这将带来摩擦和怨恨。都市人必须面对的快节奏生活和复杂技术加重了他们的挫折感，并导致精神紧张。

异质性

都市环境中，不同类型人之间的社会交往打破了刚性的等级界线，使阶层结构复杂化。与高度一致的社会相比，都市的社会分层结构复杂多变，充满了差异。都市人的流动性很强。个体一方面被置于其他人的影响之下，另一方面在构成都市社会结构的社群中沉浮。不稳定性和不安全感是他们生活的常态。这也有助于理解都市人老于世故、四海为家的性格。没有一个群体能让个体完全归属于它。个体所属的群体也不可能自发地形成一个单一的生活阶层。由于不同志趣源自不同的社会生活，于是个体便加入各种能展示他个性的某个侧面的群体。在乡村社会和原始社会中，个体淹没在群体之中，但城市中的群体绝不会有这种单一中心结构出现。都市人一般所属的群体要么无关痛痒，要么复杂多变。

由于都市人缺乏归属感且可以自由流动，组成群体的成员通常变化很快。居住场所、工作场所和工作性质、收入和兴趣的经常变化，使人们很难凝聚在一起，更不能使个体间维持并促进一种亲密而持久的关系。都市人因种族、语言、收入和社会地位上的差异而彼此排斥的情况要明显多于同类相吸的发生。都市人没有家，临时的居住地不会产生传统和情感的联系，很少成为贴心的邻居。个体很少有机会全面了解城市，也无法审视自己在城市中的位置。所以，他（她）发现很难判断自己的“最大利益”所在，对大众媒介灌输给他的观点和推荐给他的领袖也无所适从。个体脱离了将社会整合在一起的组织，大批居无定所的个体使城市社会的集体行为无法预知，并带来各种问题。

虽然城市将不同类型的工作交由不同的个体来完成，并通过竞争和推崇标新立异、效率和创造力来强化个体的独特性，从而使城市人口高度分化，但这也有均质化的效应。任何众多差异化的个体聚集之处都存在着去个性化的趋向……在这种情况下，个性为类型所取代。当许多人必须使用共同的设施和机构时，不得不使它们满足一般人而不是特殊个体的需要。公用事业和娱乐、教育以及文化机构提供的服务必须适应大众需求。同样，由于学校、电影、广播、报纸等文化事业客户众多，必然发挥均质化的效应。只有考虑到现代宣传技术所推动的大众诉求，我们才能理解都市生活中出现的政治活动。如果个体想要真正参与城市的社会、政治和经济生活，只有部分地牺牲个性来满足大众的要求，才能使自己完全投入大众运动。

都市理论与社会学研究的关系

通过上文中的理论概述可知，复杂而多变的都市现象可以通过几个基本类别进行分析。城市社会学研究可以因此而达成基本一致，不仅使实证研究者可以更为准确地关注这个领域中的问题和方法，还使他们的研究主题获得一个更为综合而系统的理论。在都市领域的实证研究得出的一些典型结论——尤其是基于美国城市——都证实了前文所提出的理论命题，而对于进一步研究所需的关键性问题则需要提出研究框架。

在城市人口数量、居住密度与异质化程度三个变量的基础上，似乎可以解释都市生活的特征并对不同规模与类型的城市间的差异作出说明。

都市作为一种生活方式的特殊类型，可以从以下三个相互关联的视角来进行考察：（1）作为包括人口、技术与生态秩序的物质结构；（2）作为一种包含某种特殊的社会结构、一系列社会制度和一种典型的社会关系模式的社会组织系统；（3）作为一整套态度、观念和众多以典型的集体行为方式出现并受制于社会控制的特殊机制的个性集合。

生态学视野中的都市性

就物质结构和生态活动而论，我们能采用较为客观的指标获得相当精确的、可以量化的分析结果。通过对城市的人口数量与密度等功能特性的考察，我们可以解释城市对其腹地的支配地位。都市生活中产生大量的专门设施、技术和机构，只有城市对它们的需求足够大时，它们才会增长繁荣。这些组织和机构提供服务的性质和范围，加上小城镇中设施不够发达，使城市的支配地位得到强化，更多的地区依赖中心城市。

城市人口成分呈现了有选择性的、差异化的因素。城市比农村地区吸纳了更大比例的青壮年人口，而留守农村的多为老人和儿童。很多其他方面也一样，城市越大，这方面的都市特性越明显。在大多数城市，女性的人数远高于男性的人数，只有吸引了大量外来男性移民的超大城市和一些其他特殊类型的城市例外。城市人口的异质性更多地显示为民族和种族的差别。在百万人口以上的城市，移民和他们的后代几乎占人口的三分之二。随着城市规模的缩减，他们占城市人口的比例也在下降。在农村地区，移民仅占当地总人口的六分之一左右。同样，较大的城市比小城镇吸引了更多的黑人及其他族裔群体。由于城市居民的年龄、性别、种族和民族出身等与诸如职业、志趣等因素相关，城市居民的差异性自然而然成为他们的主要特征。在美国大城市到处是特征完全不同的人在进行近距离的直接交往，在此之前从来没有过这种情况。城市，特别是美国城市，普遍由各个民族和各种文化的要素组合而成，并蕴含着生活方式的巨大差异：人们之间只保持着微弱的联系，情感淡漠但宽容，偶尔发生剧烈的冲突但永远都鲜明的对立。

城市人口无法自然增殖似乎是都市生活集合体中的某种综合因素导致的生物学结果，出生率普遍下降是西方世界城市化最重要的标志之一。城市的显著特征在于人口不足以维持自身。城市人口的死亡人数比例比乡村高，在过去是因为城市死亡率过高，随着健康条件的改善，城市更适合人居住，但由于城市出生率较低仍然延续了这一现象。城市人口的生物学特征具有重要的社会学意义，不仅因为它们反映了城市生存方式，而且它们是城市及其基本社会组织成长并在未来获得支配性地位的必要条件。城市是人口的消费者，而不是生产者。人类生命的价值和对人性的社会判断不会受到出生率和死亡率对比的影响。土地利用、定价、租用与占有的模式，各种建筑、住宅、交通运输设施、公用事业的特性和功能——所有这些和许多其他方面的城市实体机能都不是与作为社会实体的城市无关的孤立现象。它们受都市生活方式影响，又影响着都市生活方式。

都市作为一种社会组织形式

社会学经常将都市生活方式的显著特征描述为：次级关系取代初级关系，血缘关系纽带弱化，家庭的社会意义衰落，邻里关系消失，社会团结的传统基础破坏殆尽等。所有这些现象都可以通过客观指标进行检验。因此，像都市人口的出生率低下且仍然继续下降的趋势表明的那样，城市无益于传统家庭生活，包括抚养子女和以家庭为核心组织基本活动。工业、教育和娱乐活动向家庭以外的专门机构的转移过程，剥夺了家庭一些典型的历史上曾经具有的功能。城市中的母亲很可能有工作，房客通常是家庭的一部分，婚姻通常后延，单身、独身者的比例很大。与农村相比，城市的家庭规模偏小，存在更多没有孩子的家庭。作为社会生活单位的家庭从乡村庞大的血缘群体中解放出来，个体成员也可以追求各种他们感兴趣的职业、教育、宗教、娱乐和政治生活。

[……]

总体而言，城市不提倡那种在个体陷入危机时有可依靠的维持生存基础的经济生活，也不鼓励他们自谋生活。城市居民的平均收入要比农村高，但大城市的生活费似乎更高。购买房产给家庭带来巨大的经济负担，因此较少人买房。房租很高，耗费了人们收入的很大一部分。城市居民享有很多免费服务，他们把一大部分收入花在娱乐和进修等方面，食物上的开支仅占收入的很小一部分。免费服务不能提供的，都市人都必须购买。事实上，没有被商品经济开发的人类需要已经所剩无几。都市娱乐活动的主要功能之一是迎合人们追求刺激的心理，向他们提供逃离繁重、乏味而单调的工作和生活的途径。这为创造性的自我表现和自发地形成群体联系提供了各种手段，但这两者也常常在都市世界中导致两种后果：看客心理或是刻意吸引眼球的破纪录狂。

个体意义上的都市人变得软弱无力，只有加

入由兴趣爱好相似的人结成的群体才能实现自身的完满。结果出现了大量的以满足人们各种各样的需要和利益为目标的自愿组织。虽然都市人际关系的传统纽带被冲淡了，但都市生活却意味着人与人之间更多的相互依赖，更复杂、脆弱、不稳定的人际关系，很多情况下个体对此几乎无能为力。经济地位相似，或其他能决定个体在都市世界中生活状况的基本条件相似的人与人之间的关系，以及个体与其所属的自愿群体间的关系，通常都很脆弱。在原始社会和农业社会，一般根据诸如谁属于哪个群体、谁与谁为伍等一些已知的条件就可以作出预言；在城市中我们只能描述群体构成和联系的一般模式，而这种模式不免暴露出很多不协调和矛盾之处。

都市个性与集体行为

在很大程度上，都市人通过自愿组成的群体在经济、政治、教育、宗教、娱乐或文化等方面的活动来表达并发展自己的个性、获取身份，实现未竟的人生理想。但是不难发现，这些功能高度分化的组织体系无法保证由个人志趣构成的个性的一致性和完整性。在这种情况下，个体从群体中脱离、精神崩溃、自杀、懈怠、犯罪、堕落和失范等现象在城里比在乡下更为普遍。这一点已经为现有可比较的指标所证实，但是这些现象背后的机制仍需要进一步分析。

在城市中，既然大部分集体目标对大量分散的、各不相同的个体没有吸引力，只有通过个人所归属的群体组织才能将他们的利益和资源纳入集体的事业中来。可以说，城市的社会控制主要通过正式的组织群体来实现。同样，城市大众容易会受特定符号或标签化的操控，这些操控往往来自异地或是通过幕后的通信工具实现。在这些情况下，经济、政治和文化领域的自治徒有虚名，流为形式，至多是在不同压力群体下达成的不稳定平衡。由于现有的血缘纽带失去效力，我们创造了虚拟血缘群体。以地缘为社会统一基础的单位消失，代之以利益单位。同时，城市社会分解为一系列脆弱的片断化关系，凌驾于有明确中心却没有清晰边界的地域之上，和超越地方限制的世界范围的劳动分工之上。处于互动状态的人越多，交流的水平越低，越趋于在那些共有的或对所有人来说都有益的事务为基础的初级水平上进行。

因此，很显然，面对现代文明中的通信系统中出现的新趋势和既有的生产配送技术，我们必须寻找预示着都市这种社会生活方式未来可能的发展方向的种种迹象。无论是福是祸，都市性变化的方向会改变城市，也会改变世界。我们需要对那些更基本的因素和过程以及它们的趋势和调控机制进行更细致的研究。

目前，社会学家对作为一种社会实体的城市有了清晰的概念，并有了一套有效的都市理论以期生产一种可靠的知识体系，而它们目前还不能被看作“城市社会学”。依照都市理论的出发点，上文中的理论架构应当根据深入分析和实证研究得到阐述、检验与修正，并希望能对关联性的标准和实际数据的真实性进行验证。有关城市的社会学论文向来不乏对没有条理的资料进行胡乱拼凑，因此需要仔细地甄别这些资料，使之结合成一种紧凑有序的知识体系。顺便提一句，只有通过这样的理论，社会学家才能避开那种徒劳无益的做法，即以社会科学之名，对贫穷、住房、城市规划、卫生、市政管理、治安、市场、运输及其他专门议题做出种种经常得不到支持的判断。虽然社会学家不能解决任何实际问题——至少不能单靠他来解决——如果他找到自己的正确位置，他就会对这些问题的理解和解答作出重要贡献。通过某种一般的理论方法，而不是那种特别的方法，城市社会学将大有可为。

人行道的用途：安全*

简·雅各布斯

编者导读

简·雅各布斯（1916—2006年）在开始关于城市生活和城市规划写作的时候，只是一名社区活动家和一本建筑论坛杂志的副编辑，而非经过专业训练的规划师。那时候她常常被讽刺为“一个穿着网球袜的小老太太”、一个关心安全问题胜过关心现代规划技术发展水平的政治业余爱好者。然而，雅各布斯的观点在20世纪60年代却得到了公众热烈的反响和共鸣。她对傲慢自大的城市规划技术权威的反感，引领了当时反对推土机式重建社区的反抗运动。

1961年《美国大城市的死与生》的发表，对城市规划界产生了巨大的冲击。该书是对当时城市规划秩序的正面抨击，特别是当时正在推行的大规模城市重建项目的批判，例如规划师罗伯特·摩西在纽约所做的工作。雅各布斯嘲笑城市更新只会创造出贫民窟。她挑战了当时被很多规划师视为理所应当的观点，如公园都是好的、拥挤是糟糕的。相反，她说，公园经常是危险的，拥挤的社区人行道反而是孩子玩耍最安全的地方。雅各布斯把城市规划最引以为豪的历史起源戏剧性地总结为“光辉田园城市美化”（Radiant Garden City Beautiful），这一概念不但轻率地摒弃了从勒·柯布西耶到霍华德乃至丹尼尔·伯纳姆（Daniel Burnham，芝加哥19世纪末重要的规划师和建筑师）等人的成就，而且将他们归为一类。芒福德在其文章“城市癌症的家庭疗法”（Home Remedies for Urban Cancer）中，赞扬了雅各布斯的人文精神和对城市生活的热爱，但对她肆意攻击霍华德和格迪斯这些芒福德多年以来十分尊敬和推崇的大师非常不满。

选文节选自雅各布斯的代表作《美国大城市的死与生》，该书可以说代表了她学术生涯的最高水平。在“人行道的用途：安全”一文中，雅各布斯总结了她关于如何将邻里建设成社区以及如何建设宜居城市的基本观点。安全——尤其是对妇女和儿童而言——来自“注视街道之眼”（eyes on the street），即传统邻里对社区公共空间参与式的监督，而柯布式的现代城市规划所强调的超大街区和摩天大楼，却在摧毁这种街道周围眼睛存在的可能。个体的归属感和社会凝聚力来自有着明确界限的邻里和狭窄、拥挤、混合使用的城市街道。最终而言，

* 节选自译林出版社2005年版《美国大城市的死与生》，原译金衡山，本书编者进行了局部调整和修订。——编者注

城市的活力来自居民们日常在街道上发生的、可见的、各种各样的丰富活动——“街道芭蕾”，这样的活动只可能出现于雅各布斯所钟爱的纽约格林尼治村中她所居住的哈得孙街上。

雅各布斯最显著和持久的特点是她毫不掩饰地对城市和城市生活的热爱。《美国大城市的死与生》既是对现代城市规划范式的严厉批判，也激发了人们对传统城市生活的热爱，使得那些年轻的、受过高等教育的青年人寻找像格林尼治村那样的适合生活、工作、抚育家庭的邻里社区。在一定程度上，这本书鼓励和证明了在那些前工人阶级社区进行中产阶级式绅士化开发的合理性。另一方面，它还反映了某种类似芝麻街（美国童话中的世界——译者注）式的奇异的思乡情结。总体而言，它无疑是鼓励城市生活而非郊区生活的，它发表于美国城市的内城社区在贫穷、衰落和被忽略的情况下逐渐走向荒废之时，因而具有特别意义。

与沃斯关于城市人口规模、密度和多样性如何创造了独特城市特色的理论相反，雅各布斯认为城市拥挤的人群和异质性所产生的不是疏离的都市人格，而是邻里的活力、社会的融合和安全性的实现。她提出的“街道芭蕾”跟芒福德的“都市戏剧”、威廉·怀特强调“公共广场”的重要性、杰克逊对于本土城市建筑的钟爱、帕特南对于“社会资本”的强调，乃至佛罗里达关于城市社区作为“创意阶层”聚集地的观点多少有相似之处。雅各布斯用以对抗城市更新的社区行动主义（community activism）与达维多夫的“倡导性和多元主义规划”和阿恩斯坦的“市民参与阶梯”有着一脉相承的历史传统。一些城市设计师（如西特）与雅各布斯一样，对于不规则和近乎无序的城市街道形式具有同样的钟爱。

雅各布斯其他的重要著作还包括《城市经济》（The Economy of Cities，1969）、《生存体系》（Systems of Survival，1992）等。她在《城市经济》里挑战了传统的农村发展从而哺育了城市出现的思想，提出了城市和城市经济有可能先于乡村和农业而出现的创新观点。《生存体系》是关于“商业和政治学道德基础”的柏拉图式的对话集。近年来，雅各布斯发表了《将来临的黑暗时代》（Dark Age Ahead，2004），一部关于当代文化衰微，呼吁回归到文明中的一些关键要素的著作，这些要素包括：家庭、社区、教育、科学以及经培训的专业人员（learned professions）。以下书籍可以作为进一步了解雅各布斯的延伸阅读材料，包括 Max Allen 的《重要的思想：雅各布斯的世界》（Ideas that Matter：the Worlds of Jane Jacobs，1997），Anthony Flint 的《与摩西的博弈：雅各布斯如何作为纽约建设的大师以及如何促进美国城市转型》（Wrestling with Moses：How Jane Jacobs Took on New York's Master Builder and Transformed the American City，2009）。此外，还可以阅读 Robert A. Caro 关于雅各布斯的主要对手摩西的著作《权力的掮客：罗伯特·摩西和纽约的衰落》（The Power Broker：Robert Moses and the Fall of New York，1975）一书。

正文

在城市里，街道除了承载交通外，还有许多别的用途。城市中的人行道——街道中行人走路的部分——除了行人走路外，也有其他很多用途。这些用途是与交通紧密相关的，但是并不能相互替代，就其本质来说，这些用途和交通系统一样，是城市正常运转机制的基本要素。

如果孤立来看，城市人行道的意义很抽象。只有在与建筑物和它旁边的其他用途，或者附近的其他人行道联系起来时，它的意义才能表现出来。同样的道理也适用于街道，即除了承载马路中间的交通外，它还有其他的目的。街道及其人行道，城市中的主要公共区域，是一个城市最重要的器官。试想，当你想到一个城市时，你脑中出现的是什么？是街道。如果一个城市的街道看上去很有意思，那这个城市也会显得很有意思，如果这个城市的街道看上去很乏味，那么这个城市也会非常乏味。

这里我们要谈到的第一个问题是，如果一个城市的街道很安全，不受野蛮行为和恐惧的侵扰，那么这个城市在安全上就不用为上述行为担忧。当人们认为一个城市或它的某些地方危险或者混乱，那么他们主要是觉得人行道不安全。但是，人行道以及走在上面的行人不是被动的安全受益者，或无助的危险受害者。在城市文明与野蛮行为的斗争中，人行道及其周边的用途以及它们的使用者都是积极的参与者。维护城市的安全是一个城市街道和人行道的根本任务。

这个任务完全不同于小集镇或郊区的街道和人行道应有的用途。大城市不是小集镇，区别不仅仅在于比其更大；大城市也不是郊区，区别不在于其更稠密。它们之间有一些基本差异，其中之一是城市顾名思义有着许许多多的陌生人。对任何一个人而言，在大城市碰到的陌生人比他认识的人要多得多，不仅在公共场所如此，更为常见的是在家门口。大城市意味着在一小块区域上的人口高度密集，因此即使是相邻的居民，也可能是陌生人。

一个成功的城市地区的基本原则是人们在街上身处陌生人之间时必须能感到人身安全，必须不会潜意识感受到陌生人的威胁。做不到这一点的城市地区在其他方面也会同样糟糕，并且会给它自己、给城市带来成堆的麻烦。

今天，不文明的行为占据了很多城市的街道，或者人们非常害怕这种行为会发生在街道上，其结果和前者是一样的。"我住在一个可爱、安静的住宅区"，我的一个朋友说，他现在正在寻找一个新的住处，"深夜里唯一不安的声音就是偶尔会听到有人被袭时发出的尖叫声。"诸如此类的街上暴力事件用不着发生很多就会让人对街道感到恐惧……一旦恐惧产生，人们就会减少上街的次数，结果是街道越发不安全。

当然有些人是惊弓之鸟，无论客观情况如何，他们都会感到不安全。但是，这种恐惧与让那些在正常情况下谨慎、容忍和乐观的人们感到的恐惧是不一样的，后者拒绝贸然在晚上——有些地方甚至是白天——走进一些他们很可能受袭的街道。在那些地方，一旦遭遇袭击你不会被人看到或者得到及时援救。他们这种担心一点也不过分，常识而已。造成这种恐惧的不文明行为或现实而不是想象中的不安全现象不只发生于贫民区。事实上，这样的问题在一些看上去很优雅、"安全"的住宅区，就像我朋友要离开的那种地方，是最严重的。

也不能认为这个问题只有老城才有。在一些旧城改造的例子里，包括一些所谓的最好的案例，如中等收入住宅区中，这种情况反而最严重。一些负责此类住宅区的警官最近警告居民，不要在天黑后出门闲逛，他还告诫他们要在知道敲门者的身份后才开门，而这个住宅区可以说全国知名（既为规划师又为银行家所羡慕）。这里的生活和儿童恐怖故事中的三只小猪和七个小孩差不离了。这个问题不仅在那些大幅度更新的城市里非常严重，在更新工作滞后的城市里也一样。把它归咎于少数族裔、穷人或流浪者，认为他们应对城市的危险负责任，这也是不明智的。在这些人中间，在他们的居住区之间，文明和安全的程度大不相同。比如，在任何时候，纽约最安全的人行道是那些边上住着穷人和少数族裔的地方。同时，最危险的街区也是由这类人占据着。其他城市也八九不离十。

［……］

首先要弄明白的是，城市的公共安全——人行道和街道的安宁——不是主要由警察来维持的，尽管这是警察的责任。它主要由一个内部的、非正式的网络来维持，这是一个由人们自觉控制和自行制定标准的网络，也由其自行维持。在有些城区——那些居民频繁更换的住宅区和街道尤甚——公共人行道的法律和秩序的维持几乎全依赖警察和保安。这样的地方如同丛林一样，危险无处不在。一个连正常的文明秩序都无法自行维护的地方，警察再多也不管用。

第二件要弄明白的事是，不安全这个问题不能通过分散人群、降低密度，用郊区化来取代城市特征的方法来解决。如果这个方法可以缓解城市街道的危险，那么洛杉矶就应该是最安全的城市，因为从表面上看，洛杉矶几乎全郊区化了。它已经没有任何可以称得上是人口稠密的都市地区。但是，就像别的大城市一样，洛杉矶不能回避这个事实，即作为一个城市，它拥有很多陌生人，他们中总有一些人带来麻烦。洛杉矶的犯罪数字令人目瞪口呆。在人口多于百万的 17 个大城市中，洛杉矶的犯罪率高居榜首，其名字本身成了高犯罪率的代名词，对个人的袭击犯罪尤其高——正是这种犯罪使得人们对街道产生恐惧。

[……]

这是一个大家都熟悉的道理：一条经常被使用的街道应是安全的街道，一条荒无人烟的街道很可能是不安全的。但是，这种情况又是怎么产生的呢？是什么使得一条城市的街道使用得多或少？有些街道有时很热闹，但有时却突然空无一人，这又是为什么？

一个城市街道要想能够容纳陌生人，在陌生人多的时候也能确保安全，就像那些很成功的城市街区那样，必须要具备三个条件：

首先，在公共空间与私人空间之间必须要界限分明，不能像郊区的住宅区那样混合在一起。

其次，必须要有一些眼睛盯着街道，这些眼睛属于我们称为街道的天然护卫。街边的房子具有应付陌生人、确保居民以及陌生人安全的任务，它们必须面向街道，不能背向街面，使街道失去保护的眼睛。

再次，人行道上必须总有行人，这样既可以增添看护街道的眼睛的数量，也可以吸引更多的人从楼里面往街上看。没有人会喜欢坐在门廊或从窗子里往外看空荡荡的大街。几乎没有人会这么做。与此相反，很多人常常喜欢通过观看街上的活动自乐自娱。

有一些比大城市更小也更简单的地区，对公共行为（如果不是犯罪）的监控或多或少是通过一个由声誉、街谈巷议、赞许、反对和制止等行为构成的网络来运转的。如果大家相互熟悉，并且消息传达的渠道畅通，这样的方法很管用。但是，一个城市里的街道不仅要监控城市居民的行为，还要包括来自郊区和小城镇的访客，他们期望逃离家中的闲言碎语和羁束，在城里好好待上一阵。因此，城里的街道必须要通过更加直接和明确的方法来实施监控。城市能否解决这样一个固有的难题还是一个问题，但在很多街道，人们做得非常出色。

想通过使一个地区的其他地方，如内部庭院，或有遮蔽的玩耍空间变得安全，从而避开城市街道不安全这个话题，是没有用的。让我们再次回到街道本身的定义上来。在应付陌生人方面，城市街道责无旁贷，因为这是陌生人来往最多的地方。城市街道不仅要防备那些干坏事的陌生人，也要保护众多不会惹是生非、心地善良的陌生人。他们是街道的使用者，他们往来于街道的同时也给它带来了安全的保证。没有人可以在一个与世隔绝的人工环境里度过一生，即使是孩子也不行。每个人都需要使用街道。

表面上看，我们似乎有一些明确的目标：划清公共空间与私人空间或者什么也不是的空间之间的界限，这样那些需要监视的地方就会有一个清楚的、适用的范围；另外就是要确保这些公共街道有人在监视，并尽量保持这种监控持续不断。

但是，要达到这些目标却不那么简单，尤其最后一点。你不能没有理由就让人们上街，也不能让人们观望一条他们不愿看的街道。通过监视和互相监督来确保安全听上去挺残酷，但在实际生活中却并不残酷。一条街道，当人们能自愿地使用并喜欢它，而且在正常情况下很少意识到他们在起着监督作用，那么这里就是街道的安全工作做得很好、最不费心思和最不经常出现敌意或怀疑的地方。

达到这种监视的条件是要在沿着人行道的边上三三两两地布置足够的商业点和其他公共场所，尤其是晚上或夜间开放的一些商店和公共场所。例如商店、酒吧和饭店能够以不同的、复杂的方式维护人行道的安全。

首先，这给人们——居民和陌生人——提供了足够的使用人行道的理由。

其次，有一些地方本身没有太多公共用途，但这些小场所的存在可以让它们成为通向另外一些地方的必经之路，使得这些地方也常常人来人往，熙熙攘攘；这样的影响从地域上讲不会延伸很远，因此，一片城市区域中商业应该频繁分布，可以使街道上缺少公共场所的地方也拥有很多行人。此外还应该有不同种类的小企业、小商业，让人们有理由横穿一些小道。

再次，店主和小企业主本身就是典型的安宁和秩序的坚决支持者；他们憎恨打碎玻璃以及拦路打劫这种行为；他们不愿意看到顾客因为害怕不安全而战战兢兢。如果数量足够多的话，他们是最有用的街道监视者和人行道护卫者。

这最后一点，即一些人的活动吸引另外一些人，对于城市规划师和建筑师们似乎是不可理解的。他们的理论前提是城里人追求那种空荡的、明显的秩序和静谧感。没有什么比这更加不切实际了。在城市的每个地方都能发现人们喜欢观看另一些人和他们的活动。

[……]

老城表面上看来无序，其实背后有一种神奇的秩序在维持着街道的安全和城市的自由——这正是老城的成功之处。这是一种复杂的秩序，其实质是城市互相关联的人行道用途，这为它带来了一个又一个驻足的目光，正是这种目光构成了城市人行道上的安全监视系统。这种秩序充满着运动和变化，尽管这是生活不是艺术，我们或许可以发挥想象力，称之为城市的艺术形态，将它比拟为舞蹈——不是那种简单、准确的舞蹈，每个人都在同一时刻起脚、转身、弯腰，而是一种复杂的芭蕾，每个舞蹈演员在整体中都表现出自己的独特风格，但又互相映衬，组成一个秩序井然，相互和谐的整体。一个让人赏心悦目的城市人行道“芭蕾”每个地方都不相同，从不重复自己，在任何一个地方总会有新的即兴表演出现。

我所在的哈得孙街每天都会推出这样一幕互相关联的人行道芭蕾场景。早上 8 点后，当我出去放垃圾袋时，我第一个进入了这个场景，这当然是一件再平淡不过的事，但我喜欢我的这个角色以及放下垃圾袋时发出的“叮当”声。这时有一队初中学生走过舞台的中心，他们扔下很多糖纸。（这么一大早，他们怎么吃这么多糖呢？）

我边打扫着糖纸边观看着这个早晨里其他的一些仪式：哈尔珀特先生正打开洗衣房小推车的锁，把它推向地下室；乔·科尔纳基亚的女婿正在把一些空箱子搬到熟食店的外面叠起来；理发师把折叠椅搬了出来，放在路边；戈尔茨坦先生正在收拾电线，这表明五金店开门了；公寓看门人的妻子把她长着圆圆脸的 3 岁孩子搁在门廊边，身边放着一个玩具曼陀铃，这是一个让他学英语的好地点——他妈妈不会说英语。此时，正在走向圣洛克教堂方向的小学生三三两两走过这里向南边走去，向圣维罗尼卡十字街方向的孩子向西走去，而四十一公立中学的孩子则向东走去。另外，在街道的边缘还有两个新近设置的“入口处”，穿戴体面、姿态高雅的女士和提着公文包的男士从公寓门口和街的一侧出现，他们大多数人是去赶公共汽车或地铁，但是也有一些人会跳上人行道叫出租车，一些出租车就会在这个时候神奇地出现在他们面前，因为出租车本身就是这个早晨各种仪式中的一部分：它们先是从中城把乘客送到下城的金融区，现在又把住在下城的一些人送到中城。与此同时，穿着休闲服的家庭妇女开始出现在街上，她们碰面时会停下来，简短地聊上几句，不是哈哈笑上几声，就是步调一致地抱怨什么。现在也到了我赶着去上班的时间了，我与劳法罗先生照例互道再见。劳法罗先生个头不高，身体壮实，围着白围裙，有一个水果摊。他站在街的上端他家门口，两手交叉抱在胸前，双脚稳稳地立在地面上，看上去就像大地一般坚实。我们互相点头，并且很快地朝街道的前后扫上一眼，然后回头互相看看，脸上露出微笑。过去十几年间的许多个早上我们都是这么打招呼的。我们互相都知道它的意义所在：一切平安无事。

[……]

我对深夜“芭蕾”和它的变化了解得最清楚的时间是凌晨一觉醒来照看我的小宝宝的时候，此时坐在黑暗中的我会看着外面的黑夜，听着人行道上的声音。大多数时候，我听到的声音就像是一伙人断断续续的谈话声；在早晨3点时，传来歌声——很好听的歌声。有时候是一阵尖锐的、愤怒的或悲伤的哭泣声，或者是一阵窸窸窣窣地寻找一串散落的珠子的声音。有一个晚上，一个年轻人咆哮着一路跑来，对着两个女孩子骂脏话，很显然这两个女孩子是他勾引来的，但她们并没有让他满意。很多门打开了，一群警惕性很高的人围着他站了半圈，没有太靠近他，但他们一直等到警察来为止。沿着哈得孙街的很多门洞里也探出很多头来，人们纷纷在说：“醉鬼……不正常……肯定是从郊区来的野孩子”。（后来证明他确实是从郊区来的野孩子。在哈得孙街上，我们有时会倾向于认为郊区肯定是一个很难教育孩子的地方。）

我对哈得孙街上每日“芭蕾”场景的描述听起来似乎要比实际的情况夸张一点，因为文字描述总会有所浓缩。在实际生活中，事情不完全是那样。但有一点是肯定的，那就是生活是不间断的，“芭蕾”永远不会停顿，不过总的说来情景是安宁祥和的，节奏甚至是悠闲的。那些对城市里诸如此类充满活力的街道了解得很清楚的人肯定会知道是什么样的情况。我害怕的是那些不甚了解的人总会在脑子里产生错误的概念——就像早先根据旅游者对犀牛的描述画出来的犀牛图那样。在哈得孙街，就像在波士顿的北角或任何一个大城市的充满活力的街道上一样，在维护人行道的安全方面，我们住在这个街区里的人并不比那些住在无人监视的地区的人能干多少，那些人所处的地盘互相间虽相安无事，但依旧互相敌视，因此期望远离这种状况。我们这里的人幸运地拥有城市秩序，它使得我们维护安宁的行为变得相对简单，因为在我们的街上有足够多的眼睛。并不是说这种秩序本身是简单的，或者只是简单的数量问题。这里的大多数成员都有着这样或那样的专门经验。他们的经验组合在一起，在人行道上发挥作用，尽管这本身并不是专门组织起来的行为，但这正是力量之所在。

城市品性*

葛剑雄

编者导读

本文摘自陈燮君主编《中国 2010 年上海世博会城市足迹馆》第三篇《城市智慧》(2010)。

葛剑雄是当代中国的历史学家，在历史地理、人口史、移民史等方面广有研究，他已经发表史学专著 20 余部、论文 100 余篇。“城市品性”一文是葛剑雄教授近期的作品，原为上海举办的 2010 年世博会中城市足迹馆的展示而作。他从历史和中国的角度解读城市“品性”的形成和发展；他认为“品”可以理解为类型和属性；“性”则指某一事物的“物质和精神方面的具体内容及其具体的或抽象的表现”。就城市而言，“品”主要体现在城市的性质和功能上，如政治型、经济型城市等。不同的类型及其相应的功能，是决定城市之品的基础，也是城市之性赖以存在的根基。在此基础上，城市方能产生和发展其独特的“性”。葛剑雄指出：在中国，早期的城市被称为“国”，从繁体的“國”字就可以看出早期城市的功能，即以祭祀、防卫和管理为主。随着历史的发展，城市之间产生了功能上的差异，表现出多元化。同一类型的城市不仅会有量的差异，更会有质的差异。不同品的城市具有不同的性，但相同品的城市完全可能有不同的性。“品”相对稳定,“性”却因时而异,因人而异。同样功能城市的“性”之所以不同，是由于城市自然环境、建筑设施的影响，根本取决于城市居民及其文化传统。所以，城市的品可以复制，性却无法复制，也不易移植，要“复制一座品性完全相同的城市则绝无可能”。

如果外界条件比较稳定，城市的基本品性得到延续，就会形成城市的传统和文脉。文脉不仅是城市的基本设施、名胜古迹、文物遗址的积累，更是一代代城市人的文化和智慧的结晶，一种城市记忆和人地关系的经验。葛教授更指出，对于一座已经存在了相当长时间的城市，保持并改善其品性的一个重要方面，就是要延续城市的文脉。这不仅需要保留必要的物质环境、建筑和设施，更离不开能够传承文脉的人。居民既是城市品性的守护人，又是其批评者、改变者、塑造者。优良的城市品性使居民得到享受和陶冶，而高素质的居民也使城市品性得到完善和升华。

葛剑雄师从中国著名历史地理学家谭其骧，1983 年获得博士学位，是中华人民共和国历史上的首批文科博士，曾经被中国国务院学位委员会、教育部评为“作出突出贡献的中国博士学位获得者”。葛剑雄擅长利用文献资料和考古发掘之间的互证和分析来弥补正史的不足，

* 本文摘自陈燮君主编《中国 2010 年上海世博会城市足迹馆》第三篇《城市智慧》(2010)。——编者注

关注被传统文化所忽视却又深刻影响着历史进程的普通民众的作用，对中国历史研究屡有精彩之笔。自2001年起，葛剑雄教授主持了复旦大学与哈佛大学燕京学社合作的中国历史地理信息系统（CHGIS）的研究工作，并参与《中华大典》部分内容的编纂。以葛剑雄教授为主编的六卷《中国移民史》全书260万字，是迄今为止最为完整和系统地介绍中国移民史的专著，以不同历史时期移民的数量变化和空间移动为出发点，从不同层面揭示移民过程的历史真实及其在社会变迁中的作用，努力还原华夏民族产生、形成、发展的历史真相，对中国史学研究有着深远影响。

葛剑雄的代表作品包括《西汉人口地理》（1986）、《统一与分裂》（1994）、《中国历代疆域的变迁》（1997）、《中国移民史》（1997）、《中国人口史》（2005）等。

正文

品性，也可以称为品格，本来是用来衡量人类的一种尺度或标准，以后也用之于人类所创造的精神或物质的产物，如艺术品、文学作品、学术成果、建筑物、景观等，自然也能包括城市。

我的理解，所谓品性，包含了两方面的内容。一是品，一般可以理解为类型和属性。在比较、评价、鉴赏的过程中，只有同一类型或相近类型，才有实际意义。一是性，某一事物的物质和精神方面的具体内容及其具体的或抽象的表现。

就城市而言，品，主要体现在城市的性质和功能上，如政治型、经济型、文化型、宗教型、军事型、休闲型等，或者两种或多种类型的综合型。不同的类型及其相应的功能，是决定城市之品的基础，也是城市之性赖以存在的根基。在此基础上，城市方能产生和发展其独特的性。

一、

在城市产生之初，它的品性只能体现在与非城市的差别，因为城市本身几乎不可能立即产生自己的品性，在城市内部也不可能马上产生品和性的基础。

早期的人类是群居的，否则无法生存和繁衍。或许当时也有高人、异人离群索居，或者在生产或迁徙中掉队落单，但除非他们重新加入群居或形成新的群居，否则就不可能生存，更无法繁衍。每一群体都必须自给自足，或者通过争夺其他群体的资源以维持自身的生存。只有当某一群体达到相当大的规模，有了一定的公共积累，产生了一定的共同需求时，城市才有可能产生。

在中国，早期的城市被称为“国”。所谓“国”（繁体字写为“國”），其本意是一位手持戈的人在守卫着自己的一片土地，并且用一圈围墙加以守卫。这个“國”字很恰当地显示出早期城市的功能。实际上，在城市产生之前，聚居的人群中已经产生了一些共同的需求，如祭祀、防卫、管理等。但只有在城市形成之后，这些功能才有了专门的设施和人员。例如祭祀，一方面必须有一个共同使用的场所，另一方面，也要保证这一场所有足够的人数，自然需要有专人司其职责。再如防卫，一般已建起城墙，有的还开凿护城河，或建起类似的工事，有了专职的守卫人员。这些花费都得由城市里的人口负担，而城市人口赖以生存的粮食和物资也得依靠自己生产或获得。尽管城内还保留着一些农田、菜园，但另一部分或大部分是由处于城外的郊人或野人生产的。生产力的提高和商品经济的发展，使城市中的一部分人口可以不再从事农业生产，而致力于经济、文化、军事、礼仪等活动，为城市的功能化提供了可能性。

如果说，早期的城市毫无例外地具有一些共性的话，从一开始就存在自己的个性，并逐渐形成自己的特色。例如，祭祀的方式、崇拜的对象和程度、祈求的目标和结果，都会因地而异，因人而异。时间一长，这些差异会越来越大，越来越明显。但在一座城市就是一个政治实体，互不统属的条件下，每座城市的基本功能并无二致，只有管理模式的不同和控制程度的强弱。

但当一个政治实体不止拥有一座城市时，或者当不同的城市结成一个实体时，城市之间逐渐产生了功能上的差异，即在保证城市的基本功能的前提下，产生了不同的附加功能。开始时，这种差异只限于政治地位，即统治和被统治。如夏、商、周的王都与各诸侯的都城之间，前者是天下共主所在，是统治各诸侯国、接受各国朝贡的，必须具备这样的功能；而后者是接受统治的"王土"，必须具备定期向天子贡献的功能。

一些较大的诸侯国已拥有不止一座城市，在它们内部，也出现了城市功能的差异。都城具有两重功能，即在接受天子统治的同时，统治本国的其他城市。其他城市则必须具备接受都城统治的功能。到战国后期，随着郡县制雏形的形成，已经出现了不同等级的行政中心城市，相互之间存在管辖和被管辖的关系。经过秦始皇的强力推行和西汉期间的巩固，郡县制度给中国带来了一个完整的行政系统即城市系统：首都——郡级治所（诸侯国都）——县级（侯国、道、邑）治所。随着行政区划制度的变迁，具体的层级和名称因时而异，但这一城市体系延续至今。首都、30多个省级城市、200多个市（省会、省辖、地级）和2000多个县（市）级城市构成了中国城市的绝大部分。

当一个政治实体内部拥有不止一座城市时，在行政中心之外的城市，也可能具有不同的功能，如依托祖先或名人陵墓、名山大川形成祭祀性城市；因地处边防或战略要地，形成军事性城市；因水陆交通路线交汇，有道路通往其他重要城市，形成交通枢纽城市；因手工业发达、商业繁荣而形成工商业城市；统治者对文化的重视，士人的聚集和学术活动的开展，使所在城市成为学术中心。

这些功能完全可以并行不悖，所以国都、省地一类大城市往往同时具有不止一项功能，就是中小城市，除了作为区域行政中心以外，也可以具有某项其他功能。如战国时齐国的都城临淄自然是齐国的政治中心，而且由于齐国实力强大，影响力所及远至东部各诸侯国，实际上还是太行山以东的政治中心。临淄人口多至10万户，有数十万人，手工业发达，商业繁荣，称得上是一座工商业城市。稷下学宫的设立吸引了各国的一流学者和大批士人，使临淄成为人才荟萃，百家争鸣的学术文化中心。作为国都，临淄的军事功能也相当完善。由于历代都实行中央集权制度，长期沿用的首都往往是功能最齐全的大城市，同时发挥着多个全国性中心的作用，西汉、隋唐的长安，东汉、北魏的洛阳，元、明、清的北京莫不如此。

有了不同的功能，城市才能显示出不同的品，才可能分为不同的类型。品可以是单一的，也可以是复合的或综合性的。

二、

同一类型的城市不仅会有量的差异，更会有质的差异。所以，不同品的城市自然有不同的性，但相同品的城市完全可能有不同的性。品相对稳定，性却因时而异，因人而异。品可以大致分类，性却难以划分，因为既有客观标准，更有主观标准。

同样功能的城市的性之所以不同，取决于两

方面的条件，用今天的语言说，就是硬件和软件。前者是指城市基本的自然环境和建筑设施，后者是指城市里的人和那些人维持着的传统。例如中国古代的首都，必定要根据建都的基本原则选定城址，如“天下之中”、“四塞之地”、“上游形胜”、“虎踞龙盘”等。还得根据自然条件的缺陷和实际需要，建造城墙、关隘、运河、道路等，以及宫殿、园林、衙署、市场、寺庙、兵营、民居等。与此相适应的人口是皇室、贵族、宦官、文武官员、将士、居民、商人、工匠、僧尼等。这些人中间有不少是首都特有的，或者是因为首都而特别多，而他们的地位和作用更是其他城市所无法等量齐观的。就是普通百姓，由于生活在首都，也会享受到一定的优待，形成优越感。首都的地位一经确立，还会吸引大批流动人口，其中相当一部分会转化为移民。一个长期延续的首都，必定会形成其独特的文化和文化传统。这些因素构成了首都城市的品性，其中任何一项因素的变动都可能影响其他因素，也会改变城市的品性。

不仅如此，品性中的一些因素具有客观标准，硬件方面的基本都可以定性并定量，软件方面也有一部分可以定性定量，另一部分则只能定性而无法定量，有的则既不能定性更无法定量。对同一因素，不同的人可以有完全不同的印象和感觉，产生不同的记载和评价。如对同一座长安城，皇帝、大臣、下僚、将军、士兵、贵族、平民、富户、穷人、土著、流民、汉人、胡人等会有不同的感觉，金榜题名的进士与名落孙山者之间、不断升迁的大臣与受到贬斥的官员之间、自由移民与被强制安置者之间，绝不会感知同样的景观，即使他们同时处于同一城市，他们的满意度、幸福度、适宜度会有天壤之别。

其他功能的城市，如经济、文化、军事、交通、祭祀、旅游等类型也是如此。

所以，城市的品可以复制，性却无法复制，也不易移植，要复制一座品性完全相同的城市则绝无可能。汉高祖刘邦为了取悦于他父亲，曾将他故乡丰邑完全复制到关中，将这座新城命名为新丰。还将丰邑的居民和他们的家产，包括喂养的牲畜宠物，全部迁至新丰。新丰建得惟妙惟肖，据说居民迁入时将从丰邑带来的鸡犬放在路上，它们就会找到主人的家和自己的窝。但以后新丰与关中的其他城市并无二致，可见丰邑的品性早已不复存在。其实原因很简单，刘邦可以将新丰的建筑和城市设施造得像丰邑一样，却无法改变新丰所处的关中的自然环境；刘邦可以将丰邑的居民和牲畜全部迁至新丰，却不能使他们和它们的后代不随乡入俗，发生不可避免的变化。

即使城市的品不变，性也多变。但如果外界条件比较稳定，城市的基本品性也能得到延续，并且形成传统。品是性赖以存在的基础，一旦城市的功能转变、增加或丧失，性也会随之变化。但性的变化未必与品同步，稳定的性往往会滞后于品的改变，特别是在城市居民比较稳定的条件下。

三、

由于城市的品性更多表现在精神文化方面，因而又被称为城市的文脉。

所谓城市文脉，就是指一座城市的文化及文化传统，而不是仅仅指当时存在的文化，因此与城市的功能是否延续有密切的关系。简单地说，一方面是指现在的文化，一方面是指过去的文化，如果这两者是延续的，那就形成了一种传统。如果两者是不同的，或者以往有过这样的不同，这种传统就中断了，难以形成文脉。一座城市，尽管现在的文化很发达，如果过去的文化已不复存在，或者从来没有这样的文化，要形成文化传统必定要假以时日，形成自己的文脉更需要长期的积累和绵延。

另一方面，只有形成了自己的文脉，并且得

到延续，城市的功能才能得到充分的发挥，才有可能推到极致。文脉不仅是城市的基本设施、名胜古迹、文物遗址的积累，更是一代代城市人的文化和智慧的结晶，足以保持城市的记忆，提供调节人地关系和适应变化发展的经验。

但是在城市发展的过程中，并非所有的城市都能保持不变的功能。特别是在一个急剧变革的时代，或者受到天灾人祸的摧残，一些城市的功能被强制改变，或者被破坏殆尽，延续数百上千年的文脉就此中断，幸而不绝如线，也已岌岌可危。例如，三国吴、东晋、宋、齐、梁、陈六朝的都城建康（建业）作为南方的政治、经济、文化中心存在了三百多年，其功能基本不变，文脉得以延续。但到隋灭陈时将建康城彻底毁灭，将地区行政中心迁往别处，当地人口几乎全部外迁，这座六朝古都从地图上消失了。尽管以后的南京是在这片土地上重建的，除了战火毁灭不了的古代遗址遗物外，还有多少六朝遗风？太平天国战争不仅破坏了南京城内外的大批古代建筑和文化设施，还导致当地人口大量死亡或外逃。战后的南京虽逐渐恢复，但城内人口已以来自苏北、淮北等地的移民为主，城外也成了河南等地移民的乐土，少数幸存土著人口岂能承担延续文脉的重任？

又如，1949年建都北京，在时隔22年后这座城市重新恢复首都的地位。元、明、清的首都的基本设施当然不能适应新中国首都的功能，本来可以通过新建和适当改造来实现，但在革命的“不破不立”思想指导下，却选择以大拆大建和彻底改造的办法。领袖希望站在天安门上看到烟囱林立的愿望又使首都增加了经济功能，并提出了要将消费城市变为生产城市的具体目标。到了“文化大革命”期间，构成北京文脉的人和物都成了批判、打倒、驱逐和毁灭的对象，文脉焉能不断？

没有文脉或文脉断绝的城市并非没有品性，只是不可能有高雅的、深厚的、愉悦的、稳定的品性，甚至不可能具有与本身相适应的品性。

四、

城市的主人当然希望它具有自己期望的品性，那么首先应该确定它的品，即从城市功能的定位开始。任何一项功能，都需要最低限度的物质条件和实施这项功能的人。但是要提高这项功能，使城市形成令居民满意的品性，就不能局限于物质条件，也不能只保证居民的温饱，而应注重城市在物质和精神上、硬件和软件上的全面发展。

对于一座已经存在了相当长时间的城市，保持并改善其品性的一个重要方面，就是要延续城市的文脉。这不仅需要保留必要的物——环境、建筑和设施，更离不开能够传承文脉的人。

今天，中国绝大多数城市的功能已经发生不可逆转的变化，原有的设施已经无法满足城市发展的需要，加上中国有限的土地和庞大的人口，如果单从物质条件的需求看，城市多数原有设施的确已经失去了存在的必要。由于长期不重视城市建设，不重视民生，过早地剥夺了私有住房，几乎所有的城市都面临住房紧缺破败、基础设施严重不足的困难。从经济效益看，大拆大建，增加建筑密度和容积显然更有利，也能更快满足居民改善生活的强烈愿望。像北京的四合院和胡同、上海的石库门和弄堂，即使以往有千好万好，既不可能成为未来民居的主要模式，也不会得到多数人的喜爱。城市居民反拆迁的抗争，大多不是对文化传统的守护或对旧居的依恋，基本上都是经济利益和社会公正的诉求。

但为延续文脉着想，一座城市需要保存最低限度的古物旧物，才能保持城市的历史记忆，才能延续城市的品性。因为这些物曾经是城市多数居民的住所或活动场所，也是当时的文化和传统赖以存在和延续的物质基础。如果让城市的后人仅仅凭着文字和图像去想象，大多数人是不可能理解生动的历史，留下深刻记忆的。何况在物质生活得到满足的情况下，居民的精神生活要求会不断提高，对国家和城市的记忆正是他们所需要的。这些记忆中还包含着我们今天不一定知道或理解的抽象的智慧和价值观念，原物的保存才能给后人以破解或汲取的可能。即使是完全属于封建、迷信、腐朽、反动、罪恶的旧物，也有必要适当保留一些，以便让后人了解历史的另一面。

但更重要的是，必须有传承文脉的人，有了人脉才能有文脉。四合院和胡同、石库门和弄堂里必须有一些原来的居民，或者熟悉原来生活的居民后人，真实的历史和生活并非完全可以用文字或图像记录的。但另一方面，这些居民完全能选择自己的居住方式和职业，如果需要他们为了传承文脉而发挥特殊的功能，政府和社会应该给他们合理的补偿和奖励。对一些传承特殊技艺或记忆的人，政府要保证他们衣食无忧，不断改善，而不能让他们去市场竞争。

这些物和人的保留必须用地方立法的方式加以保证，通过当地的人民代表大会进行监督，而不能根据长官意向随意变化，也不能因为主管官员的更迭而得不到稳定。

而要做到科学决策，就离不开一批专门的研究人员，需要他们主要从事本城本地历史和文化的深入发掘、抢救、整理、研究和必要的普及。在城市新功能的建设和新文化的创建中，也要充分听取他们的意见，采用他们的成果，使本土传统得到可能的体现，本土文化的元素渗透在新文化之中。

守旧与创新并行不悖，相得益彰，城市品性在延续中改善，在继承中更新。居民既是城市品性的守护人，又是其批评者、改变者、塑造者。优良的城市品性使居民得到享受和陶冶，而高素质的居民也使城市品性得到完善和升华。

孤独的保龄球客：社会资本在美国的退化

罗伯特·帕特南

编者导读

罗伯特·帕特南被称为"当今世界最具影响力的学者"，他的作品广受包括比尔·克林顿、托尼·布莱尔和乔治·W·布什等人在内的美英政治家的好评。作为社会评论家，他继承了来自亚历克西·德·托克维尔（Alexis de Tocqueville）的《论美国的民主》（1835）、P·古德曼（Paul Goodman）的《荒唐地长大》（1960）和P·斯莱特（Philip Slater）的《追求孤独：在转折点的美国文化》（1970）等学者的传统。帕特南在发表于《民主学刊》的这篇文章（1995），以及随后出版的同名书籍里，提出了"孤独的保龄球客"现象，也就是越来越多的美国人把玩保龄球作为一种娱乐消遣，但越来越少的美国人加入有组织的俱乐部团体活动，以此来比喻当代美国中产阶级城市生活方式的转变，以及生活在当今以企业工作、过度消费和多重影响下的娱乐生活为代表的文化中的全世界数以百万计的人，这个文化已经越来越物质化及个人主义化。

尽管城市被认为拓展了人类聚居活动的广度和深度，但帕特南认为当代的城市越来越变得缺乏市民参与，传统社区曾经具有的人际关系良性互动、一种集体的"社会资本"已经被严重侵蚀，甚至濒临崩溃。帕特南在其后期的大规模调研中，进一步发现社会资本的形成与种族的多样性呈负相关关系。尽管大部分研究早在2001年就已完成，但他出于对批评者提出的"压制性信息"的伦理质疑，以及甚至对"政治上不正确"的顾虑，迟至2008年才将全部的研究成果公布。

帕特南最初的观点在某种程度上源于路易斯·沃斯1938年关于"都市作为一种生活方式"的文章（参见本书第2部分的选文）。城市居民不再像生活在小镇或郊区时的他们自己或他们的父辈们那样，通过集体活动彼此联系。相反，研究显示，当代社会中所有重要的市民参与形式，如选举、参加社会组织、教会活动乃至友情和亲情维系等各种社会互动方式都在逐年失去吸引力。这种状况部分地源于一些众所周知的原因：社会和地理上的流动性增强、女性进入就业岗位后家庭重要性的淡化，以及现代科技造成的娱乐方式的改变等。尽管可以理解，但帕特南认为，这些力量已经造成了社会危机，必须通过针对性的政策加以改善，促进各种类型的市民参与，增强邻里、同事和市民间的联系纽带。

帕特南关于城市中市民参与的观点深受传统哲学思想影响，包括俄国哲学家彼得·克鲁泡特金（Peter Kropotkin）的《互助理论》（Mutual Aid）（New York: Knopf，1922，originally published in 1902）和约翰·哥德纳（John Gardner）的“社区建设”（Building Community）（Independent Sector，1991）等。这些书中都提出了相似问题，现代城市社会能否重建像古希腊城邦文明中市民间的亲密关系？例如新城市主义规划原则和扬·盖尔所设想的城市设计实践（参见本书第 8 部分的选文）真能塑造雅各布斯在她的《美国大城市的死与生》一书中所推崇的“社区”感吗？这些讨论增加了本书第 9 部分关于城市未来的社会及技术发展后果研究的重要性。

罗伯特·帕特南（1941 年—）是哈佛大学公共政策彼得·马尔金和伊莎贝尔·马尔金（Peter and Isabel Malkin）教授，也是哈佛肯尼迪政府学院前任院长，他的著作涉及政治学、比较政治学、国际关系和公共政策等多个领域。他在 1970 年获得耶鲁大学博士学位之前，曾在牛津大学的斯沃斯莫尔和巴利奥尔学院（Swarthmore and Balliol College）学习。他曾著有《政治家的信仰：英国和意大利的意识形态、冲突与民主》（The Beliefs of Politicians：Ideology，Conflict and Democracy in Britain and Italy）（New Haven，CT：Yale University Press，1973），与他人合著的《让民主生效：现代意大利的公民传统》（Making Democracy Work：Civic Traditions in Modern Italy）（Princeton，NJ：Princeton University Press，1993）等。在《孤独的保龄球客》一书于 2000 年出版并大获成功之后，帕特南组织了一系列的美国市民参与研讨会，邀请了社区领袖和决策者参加，并针对不同城市的背景，积极致力于旨在增强城市中市民联系的行动计划。另外，他还是《易变的民主：当代社会中社会资本的演变》（Democracies in Flux：The Evolution of Social Capital in Contemporary Society）（New York：Oxford University Press，2000）一书的编者。其他有关城市社会资本的书籍可参考 James S. Coleman 的《社会资本创造人力资本》（Social Capital in the Creation of Human Capital）（American Journal of Sociology，94，1988），以及 Robert Wuthnow 的《分享旅程：社区的支持团体和美国的新探索》（Sharing the Journey：Support Groups and America's New Quest for Community）（New York：Free Press，1994）。一些对于社会资本理念的发展和批评的观点可参考 Robert M. Silverman 编纂的《社区组织：社会资本与地方情境在当代城市社会的互动》（Community–Based Organizations：The Intersection of Social Capital and Local Context in Contemporary Urban Society）（Detroit，MI：Wayne State University Press，2004），更有意义的是，从批判性角度出发的 Ivan Light 的《为什么要社会资本》（Social Capital for What?），Randy Stoeker 的《社会资本缺失的奥秘以及社会结构的游魂：为什么社区发展赢不了》（The Mystery of the Missing Social Capital and the Ghost of Social Structure：Why Community Development Can't Win）以及 James De Filippis 近期的《社区发展中的社会资本神话》（The Myth of Social Capital in Community Development）[Housing Policy Debate，12（4），2001] 等。

正文

过去十几年中，新兴的民主国家不断涌现，这些国家的学子强烈意识到强大而活跃的市民社会（civil society）是民主稳定的有力保障。面对发展中国家以及第三世界薄弱的市民社会，发达的西方民主国家尤其是美国被视为可供效仿的典范。然而事实证明，美国市民社会的欣欣向荣在过去几十年正经历着激烈的退化。

自 1835 年阿历克西·德·托克维尔（Alexis de Tocqueville）《论美国的民主》（Democracy in America）一书出版以来，美国一直是民主与市民社会关系的重要系统研究对象。这部分原因是美式生活成为社会现代化的先行者，也源于美国长久以来被视为是一种特别“市民化”（civic）的社会（下文即将看到，这种说法不无道理）。

当托克维尔于19世纪30年代造访美国时，美国繁荣的市民组织在推动民主中所起的作用给他留下了最深刻的印象。他发现：“美国的男女老少、各行各业都热衷于参加各类协会。不仅有商业和工业协会，而且还有其他包罗万象的类型：如宗教的、伦理的、严肃的、空谈的、非常宽泛的和非常具体的、非常庞大的和非常迷你的协会等等。在我看来，在美国没有什么比这些知识的和伦理的协会更加值得关注了。”

最近，美国新托克维尔学派的社会科学家从实证研究中发现公共生活的质量和社会机构的表现（不仅限于美国）明显受制于市民参与的规范和网络。在教育、城市贫困、失业、打击犯罪和毒品乃至健康等领域的研究人员发现，在市民更为积极参与的社区这些问题会解决得更好一些。同样，对于美国不同种族团体经济成就的研究也说明团体间的社会联系至关重要。这些结论同其他领域内的研究相吻合，证明了社会网络对于就业和其他经济产出的重要作用。

与此同时，一个看似无关的研究——经济发展的社会学也将注意力聚焦于社会网络方面，其中部分研究针对发展中国家展开，探究东亚“网络资本主义”特别成功的原因。在西方经济体中，研究者也发现了基于工人和小企业主之间的网络而形成的高效灵活的“工业区”。跟旧工业时期不同，这些密集的人际和组织间的网络推进了超现代产业的发展，从硅谷的高科技产业到贝纳通高端时尚业。

市民参与的规范及其网络同样对代议制政府的表现产生强烈影响。这至少是我在20年里对意大利不同区域进行的准实证研究中所得到的核心结论。尽管这些区域性政府表面上看相差无几，但其效力却良莠不齐。系统性调查表明管治效果的好坏取决于长期市民参与的传统历史（或是否有市民参与）。选举参与度、报纸读者人数、唱诗班以及足球俱乐部会员人数，这些都是一个成功的区域衡量指标。实际上，历史分析表明这些组织化的市民互助和社会团结，并不是社会经济现代化的衍生物，相反是其先决条件。

毋庸置疑，市民参与和社会联系可以促成不少良性结果，包括更好的学校、更快的经济发展、更低的犯罪率、更有效力的政府等，这种过程的机制具有多重性和复杂性。尽管这些结论仍有待验证以及适当限定，但在各学科及分支中的众多实证研究都已经进行过强有力的论证。部分领域的社会科学家最近提出社会资本的概念，并构建基本框架来理解此类现象。类似物质资本和人力资本具有提高个体生产力的作用，“社会资本”是指具备网络、行为规范以及社会诚信的社会组织特征，它可以促进为了共同利益的协调和合作。

诸多原因表明，在具备充足的社会资本的社区中生活会更容易。首先，市民参与的网络会造就互惠的规范模式，并培养社会诚信感。这种网络促进协调和交流，扩大声望，并有效缓解集体行动的两难。如果经济和政治协商是基于密集的社会互动网络，可有效避免投机的发生。同时，市民参与的网络可以延续以往合作的成功经验，并成为未来合作的范例。最后，密切的互动联系还有可能提高参与者的主人翁意识，将“小我”发展为“大我”，或者说（借用理性选择理论家的话）加强参与者对于集体利益的“感觉”。

我并非试图探究社会资本理论的发展（更谈不上对该理论有所贡献）。相反，我基于社会联系和市民参与将显著影响我们的公共生活和个体发展这个重要前提，将其作为当代美国社会资本变化趋势的实证研究起点。此处我主要侧重以美国为案例，当然在其他当代社会中也可能存在一定程度的相似。

市民参与怎么了？

首先以我们熟悉的政治参与的变化特征为例，不仅仅因为它与狭义的民主问题直接相关。想想过去 30 年国家选举中公民投票率明显下降。相比 20 世纪 60 年代早期较高的公民参与程度，1990 年的投票率下降了四分之一，数千万美国人放弃了他们父辈行使最基本公民权利的传统。这种现象在州和地方选举中也显而易见。

美国人渐渐抛弃的不仅仅是投票站。在过去 20 年中，根据罗珀（Roper）机构每年十次的全国性抽样调查显示，自从 1973 年开始，美国人在“上一年”声称参与过“城镇或教育事务公共会议”的人数减少了约三分之一（从 1973 年的 22% 下降到 1993 年的 13%）。对于参加政治集会或演讲、服务于地方或社区组织、政治党派等的比例也同样降低（甚至更加明显）。几乎在各个方面，美国人对政治与政府的参与程度相比上一代人急剧下滑，尽管此时期公民的平均受教育程度——这个应该说最能够影响个体政治参与度的因素——却是显著提高。

并非偶然，当代美国人已经从心底开始排斥政治和政府了。美国人中仅仅在“某些时候”或者“几乎从不”“信任华盛顿政府”的比例已经从 1966 年的 30% 显著地上升到 1992 年的 75%。

这种趋势不需要严格的政治学解读也已经表现得非常明显。也许是 20 世纪 60 年代开始的政治灾难和丑闻（暗杀、越南战争、水门事件、伊朗门事件等等）激发了美国人民对政治和政府的厌恶，因此引发了公众倒戈。我并不否认这种常规解释具有一定意义，但当我们考察更为广泛的市民参与时，这种解释就难以立足了。

我们对于美国人参与组织成员的调查可先从全民社会调查的汇总结果开始，这个全国调查采用了科学的调查方法，在过去 20 年内已经进行了 14 次。美国公众参与最常见的组织是与宗教相关的社团，尤其受女性欢迎。其他女性经常参与的组织包括为学校服务的小组（通常是家长－教师联盟）、体育小组、职业社团以及文学社团。男性中以体育俱乐部、工会、专业协会、兄弟会、退伍军人团体以及服务俱乐部等为常见的类型。

信教是美国迄今最为常见的依附于特定组织的形式。实际上，多方面表明，美国仍是一种“教堂”社会（甚至比托克维尔时代更为显著）。例如，美国人均占有的礼拜室数量比任何其他国家都要多。然而美国的宗教信仰似乎正开始淡出组织机构，更多地变成一种自我定义。

在过去 30 或 40 年中，美国人是如何从组织化的宗教中逐步退出的？总体趋势很明显：在 20 世纪 60 年代，每周做礼拜的比例明显下滑，从 50 年代末期约 48% 跌落至 70 年代早期约 41%。从那时起，这一比例开始停滞，或者（根据某些调查）进一步下滑。同时，全国社会调查的数据也表明过去 20 年中所有“与宗教相关的社团”参与度在逐年缓步降低。由此可以得出，美国人无论是在宗教服务还是与宗教相关组织的净参与度，从 60 年代都有一定的下降（大约六分之一）。

长久以来，工会是美国工人中最大众化的组织之一。然而近 40 年中工会人数也在下降，尤以 1975—1985 年最甚。从正值工人运动高峰的 20 世纪 50 年代中期开始到现在，参与工会的美国非农劳工比例已经缩减了一半，从 1953 年的 32.5% 下降到 1992 年的 15.8%。目前来看，所有因罗斯福新政而迅速增长的工会成员数目到今天基本被抹平。昔日工会大厅里的欣欣向荣现如今也不过是明日黄花罢了。

家长－教师联盟是 20 世纪美国极为重要的市民参与形式，因为家长参与教育过程代表了一种特别活跃的社会资本形式。因此当代家长－教师联盟的参与比例急剧降低是极为遗憾的，整个过程中的参与人数从 1964 年的 1200 万下降到

1982 年仅 500 万，不过最近数字又回升到约 700 万了。

接下来，我们来看看市民和兄弟组织的参与（包括志愿者工作）情况。首先，传统妇女组织的成员数自从 20 世纪 60 年代中期开始就逐步下降。例如，全国妇女俱乐部联盟的成员数自 1964 年以来已经下降了 59%，而女性选民同盟的参与数也自 1969 年下降了 42%。

类似情况在主要的市民志愿组织人数中也可见一斑，比如童子军组织（自从 1970 年开始人数缩减了 26%）和红十字会（自 1970 年人数降低了 61%）。但是是否有可能志愿者只是转换了服务的组织呢？“长期”（相比于偶尔或“临时”）从事志愿服务的人数可从 1974 年和 1979 年劳工部现状人口调查中看出。调查表明近 15 年中正规志愿者数量大约明显缩减了六分之一，在成人中所占比例从 1974 年的 24% 降低到 1989 年的 20% 左右。当前从红十字会和童子军组织活动中大量退出的人的数量明显高于新入编成员的数量。

兄弟会类型的组织成员数量在 20 世纪 80—90 年代也着实经历了锐减，例如雄师会（自 1983 年以来减少了 12%）、麋鹿会（自 1979 年以来减少了 18%）、施里娜会（自 1979 年以来降低了 27%）、国际青年商会（自 1979 年以来降低了 39%）、共济会（自 1959 年以来下降了 39%）等组织都经历了成员数量下降状况。总之，在 20 世纪很多主流市民组织经历了规模扩张后，也在近 20 年经受了急速而剧烈的人数下降。

最能表达当代美国去社会组织化的奇特而尴尬的现象是：更多的美国人热衷打保龄球，但通过有组织的俱乐部来打保龄球的人在近 10 年左右越来越少。在 1980 年至 1993 年间，保龄球爱好者总数增长了 10%，然而以俱乐部形式集体打保龄球的数量却降低了 40%。（不要以为这微不足道，要知道接近 8000 万美国人在 1993 年的一年内至少打一次保龄球，比 1994 年国会选举投票人数的三分之一还多，或者相当于全美号称每周会做礼拜的人数。甚至在 20 世纪 80 年代保龄球俱乐部数量减少之后，仍然有 3% 的美国成年人定期在保龄球俱乐部活动。）个人保龄球手数量的增长威胁到保龄球馆的经营，因为俱乐部的人一起打保龄球会消费三倍的啤酒和比萨，而保龄球馆的经营利润主要来自啤酒和比萨，而不是保龄球和球鞋出租。这其中深刻的社会意义表现为，一个人去打保龄球会缺乏社会互动，甚至不会在享用啤酒和比萨时简单地与他人零星交谈。在大多数美国人眼中，无论保龄球是否比选举更吸引人，至少保龄球社团数量减少成为社会资本正在消减的另一佐证。

反向潮流

尽管如此，我们还是要严肃地审视对这一现象的质疑。也许我们所探讨的那些正在衰落的传统市民组织形式不过是被更有活力的新兴组织所代替？例如全国性的环境组织（好比塞拉俱乐部）和女权团体（比如国家妇联）在 20 世纪 70 至 80 年代发展迅猛并且现在已有数百万付费会员。更富戏剧性的是美国退休人员协会（AARP），持卡会员数从 1960 年的 40 万增长到 1993 年的 330 万，成为世界上最大的私营团体（仅次于天主教）。这些组织的高层管理人员都是华盛顿最有权威的说客之一，很大一部分原因在于这些人背后数量庞大的忠诚会员。

此类规模庞大的组织无疑具有极高的政治重要性。然而从社会联系的角度看，这些组织又同以往的“第二类组织”不同，或许我们需要用“第三类组织”来为其命名。对于大量的会员而言，仅仅需要按时交纳会费或者偶尔阅读简报就可以了。很少会有人出席协会的任何活动，会员之间也很少（以会员的名义）碰面。塞拉俱乐部（Sierra Club）中两个成员的关系还不如一个园艺俱乐部，其更类似于（波士顿）红袜（棒球）队的两个粉丝（或者两个资深丰田车主）：他们归属于同样的集体并且拥有同样的志趣，但是他们都无视彼此的存在。他们的关联，简言之，就是拥有共同的标志、共同的领导以及貌似共同的理想，但是彼此之间毫无联系。例如社会资本理论认为组织成员可以增强社会诚信，但是这种预期在第三类组织中并不成立。从社会联系的角度看，环境保护基金会和保龄球俱乐部显然不可相提并论。

这种第三类组织的会员增加是反驳我论点的一个例证（但可能并不成立），第二个反驳例证表现为非营利组织的大量涌现，尤其是非营利的服务机构。这种所谓的第三类组织包罗万象，从乐施会、大都会艺术博物馆到福特基金会或者梅奥诊所（Mayo Clinic）。换句话说，尽管很多第二类组织是非营利性质的，但还有很多非营利机构并非属于第二类组织。以非营利组织的规模变化来考察社会联系的变化是根本性的概念错误。

第三种可能的相反例证同对社会资本及市民参与的评价相关。一些优秀的研究者曾提出近几十年各种类型的“帮助小组”数量有显著增长。罗伯特·乌斯那（Robert Wuthnow）报告说将近40%的美国人表示“当下参与定期聚会的小组，成员之间互相帮助和关心”。这其中一部分与宗教有关，但也有很多其他类型。例如，乌斯那的全国抽样调查中将近5%的人承认定期参与“自助”小组，比如匿名戒酒小组，同时也有5%的人表示自己是读书小组或某个个人爱好俱乐部的成员。

乌斯那调查对象所描述的组团无疑代表了社会资本的一种重要形式，而且肯定可以算是社会联系的一种。但另一方面，这类联系的作用同传统市民组织还不完全一样。正如乌斯那所强调的：

> 小型群体中培育社区感方面可能同其支持者所想的不完全相同。一些小群体只不过是为个人在他人在场的情况下关注自己提供机会而已。维系群体成员之间的社会契约非常微弱。有空就来，自愿发言，互相尊重，从不批评，如果扫兴就暗自离开……我们可以想象（这些小型群体）替代家庭、邻里和广泛的社区联系这些需要长久维系的社会关系，但前者实际上不是这样的。

所有这三种可能的反例——第三类组织、非营利性机构以及互助小组，都或多或少需要与传统市民组织的退化联系起来考虑。我们可以来看看全国社会调查的情况。

在所有的教育水平下，协会会员数量在1967—1993年间急剧下降。在受过高等教育的人群中，人均加入的社团数目从2.8缩减到2.0（降低了26%），高中学历的人群从1.8降到1.2（下降了32%）；受教育程度少于12年的人，人均值从1.4下降到1.1（下降了25%）。换句话说，美国社会各类受教育程度（也是各阶层）中，加入社团的平均数目在过去25年内下降了几乎四分之一。如果不根据教育程度进行分类，这种下降趋势并不明显，但是问题在于：相比过去有更多的美国人处于鼓励参与协会的社会大环境中（如更多的高学历和中年人等），但参与组织或协会的总人数却没有增加反而下降。

这种会员下降的趋势从社团的类型来看，以宗教、工会、兄弟会、退伍军人团体以及学校服务等组织尤为明显。相反，专业协会中的会员人数却在近年有所增长，但相比教育程度及岗位层次的提高，这种增长同预期尚存差距。此外研究样本表明男性与女性都具有同样的趋势特征。总之，既有的调查结果验证了我们之前的论断：美国市民参与形式的社会资本与上一代人相比显著退化。

邻里友善和社会诚信

前文曾提到，当前大多数已有的针对社会联系的定量研究是以正式的组织形式为前提，比如投票站、工会及家长－教师联盟等。此外社会资本还有一种显而易见而无须赘述的非正式组织形式，那就是家庭，而家庭关系（核心家庭及延伸家庭）的淡化已经得到公认。这种现象无疑可以证明并解释我们社会资本退化的论点。

另一个具有可靠的时间序列数据来衡量的非正式社会资本是邻里关系。在 1974 年以来的全国社会调查中，参与者被问及，“你多久会和邻居晚上一起聚聚？”结果表明，在过去 20 年中每年与邻居聚会一次以上的美国人比例逐年下滑,从 1974 年的 72% 下降到 1993 年的 61%。(另一方面，和“非邻居的朋友”的社交聚会却表现出增长，这一趋势表明以工作为核心的社会联系的兴起。)

美国人也对社会更加不信任。美国人认为大多数人值得信任的比例自 1960 年下降了三分之一，当年有 58% 的人如此认为，但到了 1993 年就只有 37%。这种趋势在各类教育水平人群中都很明显。实际上,因为社会信任和教育水平有关,也正因为教育水平显著提高，对照教育程度，社会信任的总体下滑也更为尖锐。

我们针对社会联系及市民参与变化趋势的讨论是基于这些社会资本形式是相互影响的假设。事实也如此。协会会员相比非会员更热衷于参与政治、与邻居交往、表达社会诚信等等。

社会诚信和协会会员资格之间的密切关联不受时间和个体的影响，而且可适用于其他国家。在 1991 年针对 35 个国家世界价值观的调查中，社会诚信和市民参与表现出很强的相关性；一个社会中的协会会员的比例越高，市民对社会愈加信任。诚信和参与是衡量社会资本的一个同样指标的两面。

美国在衡量社会资本的这些因素上在国际水平中依然保持前列。即使在 20 世纪 90 年代，尽管经历了多年的衰减，美国相比世界上其他国家仍更加相互信赖并热衷参与社会活动。但过去 25 年的变化趋势使美国在国际社会资本的排名中明显下降。以美国最近社会资本急剧退化的趋势来看（如果同时期其他国家的排名没有变化的话），再过 25 年后美国很可能沦为中游位置，同当代的韩国、比利时和爱沙尼亚相当。如果这种趋势持续两代人的时间，美国将和当今的智利、葡萄牙及斯洛文尼亚差不多。

美国社会资本为何经历退化？

正如我们所见，在过去 20—30 年受到某种原因影响，美国经历了市民参与和社会联系的退化。那这“某种原因”会是什么呢？在此给出几个可能的解释，并辅以初步的分析论证。

首先要说的是女性进入劳动大军。正是在这 20—30 年中，数以百万的美国女性走出家门开始从事有偿就业。这是美国人均每周工作小时数在这些年显著增加的重要原因之一。可以理解，这种社会变革减少了人们建立社会资本的时间和精力。对于某些组织，比如家长－教师联盟、妇女选举人联盟（the League of Women Voters）、妇女俱乐部联盟（Federation of Women's Clubs）以及红十字会等，肯定都受到了影响。女性的市民参与度最为明显下降发生在 20 世纪 70 年代，上述几个女性组织的会员数量较 60 年代末期减少了一半。相比而言，男性组织成员数的下降大约晚发生 10 年，传统组织的总体数目到目前大概减少了 25% 左右。另一方面，调查数据显示男性会员减少的总量实际上与女性持平。这在逻辑上可以解释，因为男性会员数量减少可能源于妇女解放的影响,如男性需要承担洗碗等传统的(女性）家务劳动，但也有时间分配研究表明妻子在工作的男性只承担一小部分家务活。简言之，在女性革命之外，还有其他潜在因素影响了社会资本的退化。

流动性："烂根"假说

很多组织参与的研究显示，稳定的居所及拥有自己的住房等衍生现象明显有利于更充分的市民参与。流动性，好比给植物经常浇水，会腐烂植物根系统，并且迁移和重新落脚都需要时间。小汽车、郊区化、向阳光地带搬迁等现象可以说一定程度上削弱了美国人的社会根植性，但该假说的基本问题是：有充分证据显示自 1965 年以来美国人的居住稳定性和拥有住房比例在稳步提高，当前无疑比 20 世纪 50 年代要高，尽管以我们的标准那个时期的市民参与和社会联系毫无疑问更好。

人口因素的其他转变

20 世纪 60 年代以来美国家庭也经历了很多其他变化，如低结婚率、高离婚率、较少子女、更低工资等等。这些变化会导致市民参与的松懈，因为结了婚的中产阶级夫妻通常会与社会更为充分地联系。而且，规模变化在美国经济发展中的影响是压倒性的，街角杂货店被大型超市所取代，现在可能超市购物也正在被可以待在家中进行的电子购物所替代，基于社区的企业时过境迁，代之以陌生的跨国公司，这些都可能直接削弱了市民参与的物质基础。

休闲活动的科技转型

有理由相信科技发展的大势所趋从根本上将我们的娱乐休闲时间变得明显"私有化"和"个人化"了，破坏了培育社会资本的机会。这种转变趋势中最明显，而且可能最具影响的是电视机的出现。20 世纪 60 年代的时间分配研究表明花费在看电视上的时间增加是美国人生活方式改变中最明显的。电视使我们的社区（或者说，我们感受到的社区）更加虚无缥缈。使用经济学术语，电子科技使个人得到更大满足，但是以丧失正的社会外部性为代价，这种外部性来自更简单的娱乐形式。同样的逻辑可以用来解释歌舞杂技被电影所取代，然后电影被录像所取代的问题。即将推向大众的所谓"虚拟现实"头盔是这种彻底孑然一身的娱乐方式的最新演绎。科技真的让我们的个人兴趣和集体兴趣渐行渐远了吗？这是一个值得系统分析的问题。

如何应对？

面对一个社会科学问题最无助的办法就是呼唤更多的研究。尽管如此，我不想建议进一步的调查。

我们必须分清社会资本的多个维度，它明显不是一个单一概念，尽管都用了同一个词来表达（本文亦然）。什么类型的组织或者网络最能体现——或者说激发——社会资本，以便让人们互相帮助、共同行动，并增强社会认同感？本文中我强调了协会组织生活的作用。在早先的文章中我曾强调网络结构，认为"水平"的联系相比垂直联系能够创造更多的社会资本。

另外还有一些涉及宏观社会学的重要问题可能同本文讨论的趋势相反。例如，电子网络对于社会资本将有何影响？我的直觉是一个电子论坛（对社会资本的贡献）不如在保龄球馆见面，甚至还不如人们在理发店偶遇见效，但这需要严肃的实证研究来证明。职场中社会资本的发展情况又如何？它是否随着市民参与的退化而增强，表现出类似于热力学第一定律的特征，即社会资本不会被产生也不会被消除，只是从一种形式转化为另一种形式？抑或究竟本文所描述的趋势是否代表了一种无谓损失（deadweight loss）？

对过去 25 年美国社会资本变化的分析需要

全面考虑到社区参与的成败得失。我们不能美化20世纪50年代美国小城镇中产阶级的市民生活。除了本文提到的负面趋势，最近十几年表现出明显的社会包容度上升及歧视减少的现象，这些正面的趋势可能同传统社会资本的退化有着复杂的关系。而且，一个全面的社会资本研究需要参考曼克·奥尔森（Mancur Olson）及其他人研究所强调的，即社会、经济及政治组织的密切交往极易形成低效的卡特尔联盟，也就是政治经济学家所讨论的“寻租”和寻常百姓所理解的腐败。

最后，也许是最重要的是，我们需要创造性地研究公共政策是如何冲击（或可能冲击）社会资本的形成的。在一些知名案例中，公共政策侵蚀了高效的社会网络和规范。比如美国20世纪50年代和60年代的清除贫民窟政策，翻新了物质资本，但是却极大丧失了既有的社会资本。合并乡村邮局和小的校区保证了行政和财政效率，但是如果全面考虑这类政策的社会资本成本，则会得到更为负面的结论。另一方面，过去施行的诸如郡县的农业代理体系、社区学校以及对慈善捐款实施抵税等政策都证明政府可以鼓励社会资本的形成。比如最近加利福尼亚州圣路易斯－奥比斯波颁布的政策规定所有的新建住宅都必须有前廊，体现了政府力量能够以何种方式和何处来影响网络的形成。

目前在全球层面关于民主和民主化先决条件的讨论中，“市民社会”（civil society）的理念一直占据了核心地位。在新建立的民主社会中，这一理念的重点在于需要培育积极的市民生活土壤，尤其是缺乏自治政府传统的国家。具有讽刺意义的是，在成熟的民主社会中，正当自由民主成为意识形态和地缘政治的主流思想时，越来越多的市民却开始质疑公共机构的有效性。至少在美国，有理由怀疑当代的民主困局可能与源自25年前开始的市民参与的广泛和持续退化有关。学术领域更应该关注在其他发达民主社会中，包括在不同的机构及行为掩盖下，是否也存在这种社会资本退化的过程。而美国需要解决的是如何扭转这些社会网络关系发展的颓势，以便重塑市民参与和社会诚信。

创意阶层

理查德·佛罗里达

编者导读

本文摘自《创意阶层的兴起：如何影响着我们的工作、休闲、社区及日常生活》(2002)。

恩格斯在《1844年英国工人阶级的状况》一书以及他和卡尔·马克思的合著中曾宣称，新的社会阶级——工人阶级或产业工人阶级的出现，将注定对工业革命及工业城市兴起中的人类社会的形式和内涵，产生世界性和历史性的影响。而在《创意阶层的兴起》一书中，理查德·佛罗里达描绘了新的社会经济阶层的出现，这是一个注重创意和创新而不是生产实际产品的阶层，他们是后工业化(而非工业化)的推动力。佛罗里达让我们深思，新兴的"创意阶层"能否像19—20世纪的工人阶级一样，对21世纪的信息化社会产生重要的和革命性的影响?

按照佛罗里达的观点，创意阶级(或阶层)可分为两个层次：一个是"超级创意核心"，包括科学家、工程师、大学教授、诗人、小说家、艺术家、艺人、演员、设计师与建筑师以及当代社会的其他思想领袖，如人文作家、编辑、文化人士、智囊团研究人士、分析家以及其他决策制定者；另一个是"创意专家"，指"在高科技、金融服务、法律及健康职业和商业管理等高知识密集产业工作的人员"，还包括很多将"创意价值"融入工作中的技术人员和辅助专职人员。所有这些构成了一个真实存在的经济阶层，"其成员具有社会、文化和生活方式的独特特征。"

其后，佛罗里达特别说明他并非利用"阶级"这一概念来表示"对财富、资本的所有权或生产方式的占有"这些特性。相反，他认为，如果我们沿用马克思主义的分类，那么我们依然在谈论资产阶级与无产阶级的老式资本主义。在新兴的后现代社会和后工业经济秩序下，"创意阶层并不占有和控制人和物质上的重要资产。他们的资产源于其创新能力，这是一种蕴藏于头脑中的无形资产。"

佛罗里达关于创意阶层的文章受到了很多城市的追捧。一些城市采取资助特殊艺术区和多元艺术节的再发展政策以吸引"创意阶层"入驻，以激活落后的城市的经济。例如在丹佛市的LoDo社区采用艺术友好型的政策，同时新建了轻轨和市中心的棒球场馆，成功地激发了衰退的仓储区的活力。又如，旧金山采用规划条例来鼓励供艺术家和其他创意阶层"居住－工作"的工作室空间的建设，这成为与市政府有关系的房地产商可利用的重要政策。

不可避免的是，学界无疑也存在着对“创意阶层”理论的批判。有些人将佛罗里达称为“精英主义分子”，例如保守的曼哈顿研究所高级研究员斯蒂文·马兰加（Steven Malanga）曾在《华尔街日报》撰文，称佛罗里达是兜售“经济万灵油”的街头贩子和卖弄“完全错误的”“时髦的新世纪理论”的投机商。根据马兰加的观点，是更低的税率和公共安全吸引了产业入驻并带来就业岗位，从而使得城市财政收入提高，而并非是主办艺术节和“创造充满活力的同性恋社区”的影响。

理查德·佛罗里达是加拿大多伦多大学罗特曼管理学院马丁经济繁荣研究所（Martin Prosperity Institute）的所长。他曾在麻省理工学院、哈佛大学、卡耐基·梅隆大学任教，并创办了两家以商业－通信－战略咨询为主业的公司。《创意阶层的兴起》一书被《华盛顿月刊》评选为2002年政治类畅销书并被《哈佛商业评论》推举为当代社会经济分析中的重要“突破性理念”之一。佛罗里达还出版过《创意阶层的迁移：新的全球人才竞争》（The Flight of the Creative Class：The New Global Competition for Talent，2005）、《城市与创意阶层》（Cities and the Creative Class，2005）、《谁是你的城市？》（Who's Your City? 2009）和《重新大洗牌：新的生活和工作方式如何推动后金融危机时代的繁荣》（The Great Reset：How New Ways of Living and Working Drive Post-Crash Prosperity? 2010）等书。

佛罗里达构思这一论著的基础，可参见 Fritz Machlup 的《美国知识的生产与传播》（The Production and Distribution of Knowledge in the United States）（Princeton，NJ：Princeton University Press，1962）、Daniel Bell 的《后工业社会的到来》（The Coming of Post-Industrial Society）（New York：Basic Books，1973）和 Peter Drucker 所著的《后资本主义社会》（Post-Capitalist Society）（New York：Harper Business，1995）。若想阅读对佛罗里达作品的评论，可参见 Allen J. Scott 的《创意城市：概念和政策》（Creative Cities：Conceptual Issues and Policy Questions）（Journal of Urban Affairs，28，2006）、Michele Heyman 与 Christopher Farticy 的《对创意阶层、社会资本和人力资本理论的测试》（It Takes a Village：A Test of the Creative Class，Social Capital and Human Capital Theories）（Journal of Urban Affairs，44，2009）。

正文

创意经济的兴起对于社会群体和阶层的重构具有深远影响。多年以来，不断有人预测在发达工业经济体中会涌现出新的阶层。20世纪60年代，彼得·德鲁克（Peter Drucker）和弗里茨·马克卢普（Fritz Machlup）将工人中出现的新群体称为“知识型工人”，这个群体的社会地位和重要性都在不断上升。丹尼尔·贝尔（Daniel Bell）于20世纪70年代提出，在制造业向“后工业”经济体转型中，包括科学家、工程师、经理人和政府官员的新式精英阶层开始涌现。社会学家埃里克·奥林·赖特（Erik Olin Wright）多年来一直潜心研究所谓新式“职业－管理”阶层的兴起。罗伯特·赖克（Robert Reich）最近推出了“概念分析师”这一名词来形容那些操纵概念和符号的劳动力群体。这些学者都关注到了我下面要提到的这一新兴社会阶层结构的经济层面特征。

还有一些人探讨了新兴的社会规范和价值体系。保罗·福塞尔（Paul Fussell）先期提出了“X阶层”理论，总结了我现在称之为“创意阶层”的众多特征。在1983年出版的《阶层》一书中，福塞尔以其特有的诙谐机智的文风将中上阶层从所谓"高端蓝领"（high proles）之中分离出来，然后在结尾提出与这些既有分类都格格不入的"X"人群正在发展壮大：

> 你不会生来就是X人……你必须在必不可少的不断探索和创新中赢得成为X阶层一员的资格……那些涌向大城市，不愿意屈从于老板或上级约束的从事"艺术"、"写作"、"创意"等工作的年轻人，正是雄心勃勃的X人……如果像米尔斯（C. Wright Mills）说的，中产阶层"永远受制于他人"，那么X人则正好相反。……X人是独立思考的……他们钟爱所从事的工作，锲而不舍，"退休"只适用于那些受雇于他人、靠工资过日子、对工作没兴趣的人。

戴维·布鲁克斯（David Brooks）在2000年提出波西米亚和布尔乔亚的价值观结合在一起形成了新的社会群体，即波波族。我的观点同布鲁克斯不同，我认为这两者的结合产生了全新的价值观和时代精神。

我在此想表述的主要观点是创意阶层存在的基础是经济性的。我将其定义为一种经济阶层，并且认为其经济功能决定并彰显了其成员的社会、文化和生活方式取向。创意阶层人群通过创意来创造经济价值，因此它包括很多知识工人、"概念分析师"以及专业和技术工人，但重点在于他们在经济中的真实作用。我对于创意阶层的定义更强调人们依据经济职能自发形成社会群体并表现出共同的群体特征的过程。他们的社会文化特性、消费和购物喜好以及社会特征都由此而来。

我所提到的经济阶层并不是基于资产、资本或生产方式。如果我们沿用这种传统的马克思主义语境，社会的基本结构仍然只是分为拥有和掌控生产方式的资本家以及他们所雇用的劳动力。在资产阶级和无产阶级、资本家和工人的二元对立关系中缺乏更细微的进一步分析空间。创意阶层的人很多都并不拥有或掌控任何物质形式的重要资产。他们的资产来源于其创造能力，无形地蕴藏于自身的大脑。根据我的实证调研和访谈，可以越来越明显地看到创意阶层的人还没有将自己视为一个独特的社会群体，但实际上他们拥有很多共同的喜好、愿望以及选择。这一新阶层或许没有工业社会中涌现的工人阶层所具有的重大意义，但至少表现出一定的一致性。

新的阶层结构

创意阶层的显著特征在于其成员从事的工作是在"开创有意义的新形式"。我认为创意阶层主要由两部分人群组成。这个新阶层的超级创意核心包括了科学家、工程师、大学教授、诗人及作家、艺术家、娱乐家、演员、设计师和建筑师等，以及现代社会的思想领袖——非文学类作家、编辑、文化人物、智囊研究员、分析师以及其他观念制造者。无论是软件程序员还是工程师、建筑师或是电影导演，他们都充分参与创作过程。我将创意工作的最高等级定义为创造出新的形式或者设计，可以转化并广泛使用，比如设计一种可以广泛制造、销售和使用的产品，提出一种可以应用在诸多场景的原理或战略，或者创作广为传唱的乐曲等等。处于创意阶层核心的人经常从事这种工作，这是他们谋生的方式。在解决问题的同时，他们的工作也可能会诱使发现新的问题：比如不仅仅是制造更好的捕鼠器，而是先注意到我们需要一个更好的捕鼠器。

除了核心群组之外，创意阶层还包括广泛的在知识密集型产业就业的"创意专家"，比如高科技行业、金融服务、法律和医疗行业、商务管理等。这些人的工作是创新地解决问题，运用复杂的一系列知识来解决某些具体问题。这样的行业通常需要较高的正规教育学历以及高层次的人力资本。从事这类工作的人有时会创造出新方法或新产品并被广为使用，尽管这并不是他们工作的基本内容。他们需要经常独立思考。为应对特定情况，他们常独到地综合运用多项基本方法，作出大量判断，不时尝试创新。创意阶层的人，比如物理学家、律师、管理者都以此来处理遇到的各式各样的问题。在具体工作中，他们也会测试或设计新技术、新的治疗方法或者新的管理方式甚至自己创新这些技术。如果一个人可以持续这么做，也许这个人就会通过换工作或者晋升进入超级创意核心：创造可供转换和广泛使用的新形式成为其工作的基本内容。

[……]

随着工作中创意成分逐渐增多，涉及的背景知识更加复杂，这些人的独特价值会得到更多的认可，一些人可能从工人阶层或服务阶层转到创意阶层乃至超级创意核心。除了从事创意的职位呈现增长趋势外，在其他岗位中也显现出更多的创意成分。一个主要例子就是当今日益精简的办公室里的秘书。很多情况下现在的秘书一人不仅承担很多之前由庞大的秘书处负责处理的工作，他们还是办公室主任，负责传递信息、策划和设立新系统，并经常在安排出差上作出重要决策。秘书需要运用“智力”和计算机以外更多的技能。我们所处的环境中，创意被愈加重视。公司和机构重视创意是因为这可以促进生产，个人重视创意是因为它可以带来展示自我的平台及实现自身成就感的机会。总之，随着创意被愈加珍视，创意阶层开始增长。

然而并不是所有工人都在转型之列。例如在很多低端服务岗位，我们发现情况正好相反：工作越发“缺少技术”甚至“无须创意”。一个在连锁快餐店柜台工作的雇员所讲的每句话和每个动作都已事先设定好：“先生，欢迎来到本餐厅，您需要点餐吗？您需要玉米片来配餐吗？”这种工作已经被完全组织化了——同过去充满乐趣的邻家小餐厅相比，现在的服务生已经没有多少余地可在服务中加入自己的创意了。更糟糕的是，还有很多失业的人，以及因为没机会接受必要的教育和训练、即将被这个新系统淘汰的人。

[……]

盘点创意阶层

贝尔、福塞尔和赖克对社会阶层构成的转变进行了具有说服力的描述。但是我认为更有必要梳理和量化当下这种转变的程度及趋势。让我们首先来看看创意阶层的主要发展趋势。

● 创意阶层现在大概包括 3830 万美国人，相当于全美劳动力总数的约 30%。这一数值相比 1900 年的 300 万人几乎增长了 10 倍。20 世纪初创意阶层只占劳动力的 10% 左右，随后几十年变化不大，直到 1950 年略微增长，在 20 世纪 70 和 80 年代间比例相对保持在 20% 左右。从那时起，这一新兴的阶层开始经历井喷，从不到 2000 万增长到当前规模，在 1991 年时已占就职人口的 25%，至 1999 年这一比例攀升至 30%。

● 处于创意阶层中心位置的是超级创意核心，其数目约为 1500 万，大概占劳动力总数的 12%。主要构成是那些直接从事创意活动的人，包括科学、工程、计算机、数学、教育、艺术、设计以及娱乐等行业。在过去一个世纪，这一部分人群从 1900 年不到 100 万人增长至 1950 年 230 万并在 1991 年逼近 1000 万。伴随着总量增长，其占劳动力的比例也从 1900 年的 2.5% 上升至 1960 年的 5%，在 1980 和 1990 年分别为 8% 和 9%，至 1999 年上升为 12%。

● 如今传统工人阶级规模为 3300 万人，几乎占据美国劳动人口的四分之一。主要工作包括生产操作、交通及原材料运输、维修、保养和建设工作。工人阶级所占比例在 1920 年达到峰值

40% 左右，随后至 1950 年间保持稳定，到 1970 年下降至 36%，并在近 20 年比例急剧下滑。

● 服务业阶层约 5520 万人口，占美国劳动力的 43%，乃是美国规模最大的就业团体。其包括低收入工人和循规蹈矩的服务岗位，比如健康护理、配餐、看护、文秘工作以及其他办公室低层次工作。尽管工人阶层数量经历萎缩，过去的一个世纪服务业阶层却经历了显著增加，从 1900 年 500 万人的规模到如今增长了不止 10 倍。

对于美国 20 世纪各阶层结构演变过程的考察也很必要。在 1900 年，大概有 1000 万人属于工人阶级，相比之下创意阶层有 290 万人，服务阶层有 480 万人。工人阶级相比其他两类总和都要高。但是当时规模最大的是从事农业的劳动力，占据劳动力总量的 40%，不过这一比例在当代已经锐减。在 1920 年工人阶级占据 40% 的劳动力总量，创意阶层占 12%，服务阶层占 21%。

到了 1950 年，阶层的结构变化不大。工人阶级数量仍占据主导，大概有 2500 万职工，占据劳动力总量的 40%，其时创意阶层有 1000 万人（占 16.5%），服务阶层有 1800 万人（占据 30%）。按比例，工人阶级数量同 1920 年相当，相对 1900 年有了增长。尽管创意阶层所占比例有了略微增加，但服务阶层的增长却极为显著，填补了农业劳动力急剧锐减所造成的空缺。

美国各类阶层出现真正的结构性变化发生在过去的 20 年间。1970 年，服务阶层人数已经超过了工人阶级，到了 1980 年差距逐渐拉大（比例分别为 46% 和 32%），标志着 20 世纪工人阶级从比重最大的第一名首次退出。到了 1999 年，创意阶层和服务阶层规模都超过工人阶级。服务阶层总共有 5500 万人（占据 43.4%），超过了工人阶级在以往 20 世纪任何时期的数量。

美国各阶层的结构演化反映了深入而广泛的社会经济转型过程。传统工人阶级的缩减部分源自根本性的工业经济萎缩，以及传统社会中社会及人口构成方面发生的变化。工人阶级再也无法像从前那样直接主导美式生活的基调或建立相应的价值观念了——就像 20 世纪 50 年代的管理阶层同样也不行一样。那么为何工人阶级的社会功能没有被新的主流阶层也就是服务阶层所继承呢？众所周知，服务阶层人微言轻，并且其人数规模的扩大是同创意阶层的兴起相辅相成的。创意阶层——以及现代创意经济——显而易见需要依靠大规模的服务阶层来“外包”原本由家庭提供的功能。服务阶层主要为创意阶层和创意经济提供基础服务。创意阶层还拥有强大的经济实力，其成员收入明显高于其他阶层。1999 年，创意阶层的平均薪水大概为 5 万美元（48752 美元），而工人阶层大概为 2.8 万美元，服务阶层工人为 2.2 万美元……

我在个人生活中对于这种变化也是感同身受。我的住房条件很不错，厨房装备精良，但通常只是个摆设，因为我常在外吃饭，有“佣人”来为我准备餐食并服侍我。我的房子干净整洁，但我从不打扫，因为有钟点工。我还有一个园丁和游泳池清洁工，甚至个人司机（其实是搭出租车时）。简言之，我拥有好比英国地主的各类佣人，只是他们都不是全职，也无须住在我家楼下；他们住在附近各处，只是部分时间为我服务。而且并非所有“佣人”都是“低等公民”。为我理发的人是一位备受欢迎的创意发型师，开着一辆新式宝马车。为我清理房屋的女工很能干：我不但让她帮我清扫和整理房间，还请她为装修提建议；她以一种企业家的精神来进行着这些工作。她丈夫拥有一辆保时捷汽车。某种程度上，这些服务阶层的成员也拥有创意阶层很多功能、品位和价值观，存在不少共同点。我的理发师和钟点工独自承包工作，规避在大型组织就职所附带的繁文缛节，并且他们都崇尚创新。类似这样的服务阶层很接近创意经济的主流，也是社会阶层重构的主要潜在人群。

创意阶层的价值特征

创意阶层的兴起表现在价值观、社会规范和取向等方面都有显著变化。尽管这些变化仍在继续而且还并未完全展现出来，但很多主要趋势已经被研究价值观的学者所关注，而且在我对于全美的研究中也有所感受。并非所有的这些社会取向都同传统相悖：也有部分体现出新旧的融合。这些也是受过更多高等教育和创意人士的价值观。基于我自己的访谈和关注群体，以及认真参考了他人进行的统计调查，我将创意阶层的价值特征归纳成如下三类。

● 个体性。创意阶层人士表现出强烈的个体性和自我表现特征。他们不希望受制于组织或机构命令，并且抵触传统的集体主义规范。从“非主流”艺术家到“古怪”的科学工作者，创意人士都是这样。只不过现如今这种观点已经更加被人广为接受。因此，这种在组织规范中逐渐显现的不服从会成为一种新兴的主流价值观。创意阶层人士着力彰显个体差异，体现出各自不同的创造能力，由此产生各式各样的创意身份特征。

● 精英性。创意阶层非常珍视个人才华，这一点与怀特归纳的“组织人”（organization man）特征很类似。创意阶层崇尚辛勤工作、挑战和激励。他们愿意设定目标并为之奋斗。因为优秀，他们总是走在前面。

创意阶层人士从来不根据他们赚的钱或者收入水平来进行自我定位。尽管金钱是衡量成就的标准，但不是全部。在我访谈和关注的群体中，我经常碰到有人很坦率地表达对自己生来所处经济阶层的鄙夷。正如那些从非常富裕的家庭——所谓资产阶级——出来的年轻后裔，他们常将自己等同于从事音乐、电影或者知识等工作的“普通”创意人士。他们接受创意阶层是以才华为真正的价值所在，不再将财富作为定义社会地位的标准并因此而试图看淡它。

创意阶层重视个人才华的原因有很多。创意人士都怀有雄心壮志并且都期望通过自身能力开创天地。对创意人士最大的鼓舞是被同行所钦佩。他们工作的公司通常面临巨大的竞争压力，员工不可能混日子，每个人都应需要贡献业绩。这种竞争压力大到必须雇用最优秀的人才，而不论其种族、宗教或性取向等其他因素。

但精英性同样有其负面效应。比如专业知识和心理素养等塑造个人才华的品质需要在社会中获取和培养，然而那些具有这类品质的人很容易认为这是与生俱来的，或是自己修炼的结果，或认为别人就是“玩不来”。由于有意无意地淡化了文化与教育方面优势的作用，精英性反过来隐约维护了创意阶层试图打破的偏见。从积极意义来看，精英性的确也代表了很多我们接受的价值与信仰——从相信金子总会发光，到崇尚独立及排斥僵化的等级制度等。研究者发现这些价值观正在兴起，不仅在美国的创意阶层中，在我们的社会及其他国家也表现出了这种转变。

● 多样性与开放性。多样性已经因政治正确而成为滥觞。对于某些人来说这是一种理想和呼吁，但对有些人是一种特洛伊木马式的观念，有的认可，有的厌恶。我所研究的创意人士经常使用这个词，但不是出于政治正确的原因。多样性本身就是他们的价值所在。由于这一点经常被提及，并且是就事论事（而非政治姿态），我将其作为创意阶层价值观的基础特征。正如我所关注的群体和访谈所表现出的，创意阶层人士高度认可那种任何人都可以融入并发展的组织和环境。

人的多样化之所以得到认可首先是出于自我利益。多样化可以说是精英模式的另一种表现形式。具有天赋的人不认同通过人种、民族、性别、性取向或者外表来划分人群。有一点即可看出这种对于多样化的推崇：创意人士告诉我在求职面试时他们会问公司是否对同性伙伴提供（与常规家庭同样的）津贴，即使他们自身并不是同性恋。他们追求一种包容差异的开放环境。在很多高层次创意人士的成长过程中，无论其种族背景或性取向如何，他们大多有自己是异类的感觉，与同学们格格不入。他们可能有古怪的个人癖好或打扮很出格。而且，创意人士流动性强，在全国各地不断迁移；就算他们出生在美国，也可能不会是居住地的"本地人"。当新兴公司或社区的创意人士逐渐增多，对于多样化尤其是接受同性恋是一种讯号，表明"欢迎另类人士"。在行为方式和组织政策上也有这个特点。比如说，在硅谷和奥斯汀这样创意阶层聚集的地方，传统办公室举办圣诞节派对的受众程度不及其他更加世俗的和包容性的庆祝活动来得流行。很多公司最大的节日是万圣节派对：因为任何人都可以享受这个奇装异服的节日。

虽然创意阶层喜爱开放性和多样性，但从某种程度上说这仅仅是多样性的精英组合，涵盖了有限的受过高等教育的创意人士。尽管创意阶层的兴起为女性和少数族裔开启了前进的光明大道，但其本身肯定无法终结种族与性别长久存在的分歧。特别是在很多高科技产业中这种分歧依然存在。高科技创意产业的圈子里面仍然罕见非洲裔美国人。部分接受访谈人士指出典型的高科技公司"看起来就像是排除黑人面孔的联合国"。这尽管遗憾但也不足为奇。有几个原因，美国黑人在很多职业中比例较低是常见现象，而这一特征受时下所谓的数字化分化影响更加严重——例如美国黑人家庭收入低于全国平均水平，因此他们的孩子拥有更少接触计算机的机会。我的个人研究表明高科技公司在一个区域的集聚程度与非白人所占人口比例之间呈统计学负相关关系，这同我的其他研究发现正好相左，在其他研究中我发现高科技和其他形式的多样性，比如外籍人士及同性恋等，呈现正相关关系。

对于吸引创意阶层人士的多样性，也有着不少值得思考的批判观点。当提到一个典型的小软件公司通常会拥有一批印度人、中国人、阿拉伯人和其他国家雇员时，一个印度技术专家说："这不是多样性！他们都是一类人——软件工程师。"尽管有这些分歧，但可以肯定的是独特的价值取向转变正在发生……

框图 8　都市，已经成为一种生活方式

城市的发展催生了一种特殊的都市生活模式和异于乡村的都市人格，人类显然越来越离不开这种生活方式。图为上海陆家嘴繁华的夜景（图片源自 http：//www.scio.gov.cn/ztk/dtzt/31/13/2/201007/t709276.htm）

框图 9　街道生活

随着经济社会的不断发展，人们对社会生活的关注度越来越高。特别是在老龄化背景下，城市中的老年人对于公共社会生活的需求显得更为迫切，街道生活也逐渐成为社会生活中的重要组成部分。上图为武汉老年人喜爱的活动地带——长江大桥桥头绿化带（张庭伟摄，2008 年）

框图 10　一个城市对待历史文化的态度往往可以体现出该城市的品性

上图为上海的新地标——新天地。旧区改造是一个重要课题，也是当代中国城市发展面对的主要挑战之一。上海的新天地项目是 20 世纪 90 年代开始进行的旧区建造项目，保持了部分原有的 20 年代的居住建筑并将之改造为多样的商业使用。该项目建成后获得游客的喜爱，成为上海的新地标（张庭伟摄，2010 年）

下图为上海的传统商业中心——豫园商场（城隍庙）。中国城市中传统的商业中心往往邻近庙宇。上海的城隍庙商业地区具有 300 余年的历史，是上海历史最悠久的商业中心，20 世纪 90 年代以来，该地区经过扩建改造，已经成为到上海来的国内外旅游者必到之处（张庭伟摄，2011 年）

框图 11　孤独的“保龄球客”

城市居民不再像他们生活在小镇或郊区的父辈那样，通过集体活动彼此联系。大多数人每天行走在人群中，人与人之间也许天天照面，却不相识，都市生活也有让人感到孤独的一面。图为上海早高峰时段地铁 2 号线的场景（图片源自 http：//act3.2010.qq.com/4405/work/show-id-80554.html）

框图 12　理查德·佛罗里达认为“创意阶层”的出现将引发后工业时代的到来

上海 2000 年以来先后制定了一系列政策，包括在规划和建设管理上的宽松政策，以鼓励发展各类“创意产业园区”。图为上海八号桥创意园区，以建筑设计、设计咨询、影业制作、时尚商铺、休闲餐饮为主要业态，正努力成为一个国内外创意行业交流、推广、传播的平台，成为一个多功能的时尚创作中心（图片源自 http：//www.yoyard.com/destination/scenicdetail/4422.htm）

第3部分

城市空间

引　言

本书的第 1 部分从城市的规模、密度、空间功能分布和形态等角度分析了城市的演进：自乌尔城的泥砖墙和古巴比伦金字塔到希腊城邦的大理石广场；自 19 世纪曼彻斯特拥挤的贫民窟到当今郊区的高科技研发园区、购物中心和居住区。第 2 部分探讨了城市的文化和社会特征，展示了长期以来其令人惊叹的多样性。从 W・E・B・杜波依斯（W.E.B. Dubois）笔下 19 世纪晚期费城第七区（黑人聚居区——译者注）复杂黑暗的社区，到 20 世纪早期移民文化影响下的冷漠社会——路易斯・沃斯提出“都市作为一种生活方式”的理论正是以此为基础，再到雅皮创意阶层聚集区——理查德・佛罗里达认为它非常重要，促进了城市经济的发展。

本书的第 3 部分主要讨论城市物质和社会空间两方面的问题，收录和节选了六篇该领域经典以及最新的论著。在所有研究城市的社会科学和应用专业领域，地理学是最为关注城市空间的。本书后面还会提到城市地理学方面的文章，但“城市学读本系列丛书”的其他读本中对此有更充分的探讨，详见尼古拉斯・法伊夫（Nicholas Fyfe）和朱迪思・肯尼（Judith Kenny）等著的《城市地理学读本》(London：Routledge，2005)。该书内容丰富，涵盖种族、阶层、性别和性取向；全球化；经济重组；政治、治理和不平等；社会运动和社会冲突；城市形式和象征主义；技术等各类主题（法伊夫和肯尼，2005）。

本书的其他部分将分别研究城市规划历史与展望、城市规划理论、城市规划实践和城市设计等主题。在这些篇章中会再次谈到城市空间的话题，而讨论范围则将扩展至如何干预和塑造城市的物质形态，怎样规划和设计城市及区域等层面。

近千年以来，自然地理学家研究和绘制了地球的自然和地缘特征，人文地理学家研究了文化和社会现象的空间问题。但直到 20 世纪 50 年代，城市地理学才成为地理学的一个重要分支。当今，城市地理学重新焕发了生机，新一代地理学家和其他自然和社会领域的科学家扩大了其学科内涵，学者们运用地理信息系统（GIS）软件，以过去难以想象的速度和精度用计算机进行空间分析。许多学科的研究者对于我们理解城市空间作出了贡献。本部分中收录了多个学科的文章，包括来自社会学（欧内斯特・伯吉斯）、历史学（罗伯特・布鲁格曼）、经济学（胡鞍钢）、城市地理（周一星）、城市规划（唐子来），以及城市设计［阿里・迈达尼普尔（Ali Madanipour）］等领域的论文。他们和本书的其他作者共同丰富了我们对城市空间的理解。

许多城市在自然发展过程中，很少或根本没有明确的总体规划，也没有集中控制。城市中的乡土建筑是普通百姓自己建造的，他们没有经过设计方面的专业训练。还有些城市是自然发展和不同历史时期有规划开发的混合产物。马萨诸塞州波士顿市的老城区，那古老蜿蜒的街道和不规则的地块，与波士顿规整的后湾地区（Back Bay）形成了强烈的反差，那里曾是一片沼泽地，19 世纪下半叶开始开发，由景观建筑师弗雷德里克·劳·奥姆斯特德规划设计。伦敦自中世纪发展起来的混乱的老街区与 1666 年伦敦大火摧毁后重建的地区也形成了鲜明的对比。只有少数城市，如澳大利亚首都堪培拉和巴西首都巴西利亚，整个城市是根据统一的总体规划建成的。然而，即使在这些城市和它们的郊区，也存在着乡土建筑，并不完全符合规划的规定。

现代城市地理学领域的先驱是社会学家，而不是地理学家。在学术界，“学派”思想的形成是一群学者个体在同一地区、对同一项目共同研究的成果。最著名的例子之一是社会学中的“芝加哥学派”（Chicago School），由集聚于芝加哥大学的一群美国社会学家在 20 世纪 20 和 30 年代进行的先驱探索工作而建立。薄薄的一本《城市：都市人群行为调查的建议》（The City：Suggestions for Investigation of Human Behavior）（Chicago：University of Chicago Press，1929）收录了十篇论文，记录了芝加哥学派的核心思想。除了路易斯·沃斯在城市社会结构方面的开创性工作，罗伯特·帕克、欧内斯特·伯吉斯和其他芝加哥学派的成员共同提出了有关城市物质形态的第一个系统性理论。在本部分的第一篇文章“城市的生长”里，欧内斯特·伯吉斯提出了许多令人瞩目的假设。

伯吉斯侧重研究单个城市的内部结构，而不是多个城市相互联系的模式。他认为在城市的物质形态之下，存在着隐藏的社会和经济逻辑。在他看来，城市是以中央商务区（CBD）为核心的一系列同心圆。每个环内的居民，以及该区的功能各不相同。物质形态和人类生活密切相关。根据伯吉斯的观点，城市不是一成不变的。芝加哥学派的社会学家们受动植物群落进化理论的影响很大。伯吉斯从社会生态学的角度设想城市是个动态的有机体，不断地有新的居民流入内圈，并随着时间的推移向外流动。伯吉斯和其他社会生态学家认为，城市的入侵和继承过程与动植物群落类似，表现为不同族裔、种族、阶级和其他社会群体对空间的竞争。城市体系的每个部分都有鲜明的特色，在系统中发挥独特的作用。每个人通过和别人及整个系统的联系，处于不断流动的状态中。

在伯吉斯这篇有关城市生长的经典论文发表以后，地理学家、社会学家、土地经济学家和其他学者深受他的启发，80 多年以来不断研究城市的形态问题。与之相提并论的有 20 世纪 30 年代房地产经济学家霍默·霍伊特（Homer Hoyt），他提出的扇形理论认为城市的空间组织是由中心的 CBD 沿交通走廊呈轴向扇形分布；有芝加哥大学地理学家昌西·哈里斯（Chauncy Harris）与爱德华·厄尔曼（Edward Ullman），他们在 1945 年合著的文章中提出：大多数城市有多个核心，而不是同心圆或扇形结构；最新的还有迈克尔·迪尔（Michael Dear）和洛杉矶城市主义学派（Los Angeles School of Urbanism）的其他成员，他们提出了竞争范式（competing paradigm）的理论。

20 世纪 80 年代末，加利福尼亚州南部地区一群联系松散的学者、专业人士和活动家相信，该地区发生的情况是一个更广泛的全美国社会地理转变的象征。地理学家迈克尔·迪尔与史蒂芬·弗兰斯迪（Steven Flusty）分别是加州大学洛杉矶分校和南加州大学的学者，他们和南加州其他志同道合者共同开创了一个坚实而富有争议的思想流派，即洛杉矶城市主义学派。

洛杉矶学派用后现代主义的观点取代了芝加哥学派的现代主义的观点来看待城市发展的

过程。迪尔和弗兰斯迪用“基诺资本主义”（Keno capitalism）一词来描述后现代时期的城市变化进程，该词源于基诺游戏，即输赢在很大程度上靠偶然性来决定。与芝加哥学派不同，洛杉矶学派认为城市发展是一个非线性、混沌的过程；并非如芝加哥学派所说的是一个理性、由计划决定的过程。他们提出：资本对一块土地的选择具有偶然性，周围土地的价值会跟着这个选中的地块飙升，其他相似的社区则可能由于没有获得新的发展机会而衰退。新的开发并不是连续的，城市中心犹如嫁接一样，在事后植入城市。郊区化及与中心相关的分权化没有任何关系，城市边缘区将中心留存的功能组织起来，而不是相反。经济全球化在很大程度上决定了城市的经济功能。

伯吉斯和迪尔研究的是单个城市或大都市区的空间组织问题。在城市形态研究中，还有一个主题涉及城市体系中各个城市之间的关系。1933年，德国经济地理学家瓦尔特·克里斯塔勒（Walter Christaller）就城市体系进行了开创性的研究。通过对德国南部电讯系统细致的实证研究，克里斯塔勒提出了“中心地理论”（central place theory）。在他看来，经济功能具有等级层次，从使用最频繁的功能（如在再小的社区也能找到的日用杂货商），到非常特殊的功能，如证券交易所（它可能只在整个国家，或整个国际区域中最大的城市里才存在）。

伯吉斯和芝加哥学派的同事们发起了关于城市内部结构的讨论，至今仍然热议，要感谢迈克尔·迪尔和洛杉矶学派，以及瓦尔特·克里斯塔勒发起了世界城市体系的讨论，在彼得·泰勒、萨斯基娅·萨森、尼尔·布伦纳（Neil Brenner）和罗杰·凯尔（Roger Keil）等人的文章中继续讨论了城市和区域发展的社会经济过程。

北京大学地理系（现城市与环境学院）的周一星教授研究了中国的城市空间和区域经济问题，并有所创新。本部分中收录的他的文章，以城市主要经济联系方向来解释城址变迁、城市扩展、区域中心城市发展等众多城市现象。这一工作的理论意义在于对中心地理论的推广，在规划实践上则有助于确定城市发展方向和区域发展重点。因此在进行区域规划、城镇体系规划和城市规划工作时，应该着力分析区域和城市的经济联系，判断主要经济联系方向，而不是简单套用中心地理论。

同济大学城市规划系教授唐子来的文章探讨了经济全球化对城市体系的影响。作为中国经济中心的长江三角洲区域（以下简称“长三角”），已经越来越纳入全球经济网络，其城市体系的演化具有新的特征。其一，上海作为“长三角”的“门户城市”，发挥向外连接全球网络和向内辐射区域腹地的“两个扇面”作用；其二，“长三角”内部的城市之间关联网络具有层级和地域的双重属性，企业则是城市之间关联网络的“作用者”；其三，经济全球化进程中的国际劳动分工，导致“长三角”的城市体系正在从以“行业类型”为特征的空间经济结构转变成为以“价值区段”为特征的空间经济结构。

美国伊利诺伊大学（芝加哥）的建筑和艺术史教授布鲁格曼对城市空间发展的一种普遍现象——城市蔓延的原因进行了批评性的分析。他认为反都市态度、种族主义、资本主义体系、错误的政府政策、通信技术发展以及汽车驱动等等观点，都不是有说服力的对美国城市蔓延问题的解释。布鲁格曼认为：与城市蔓延真正紧密相连的两大因素是不断增长的社会财富和政治民主。

英国纽卡斯尔大学的城市设计教授阿里·迈达尼普尔的文章认为：欧洲人有意无意地排斥其他文化群体，使得其他文化群体难以享有充分的社会权益。迈达尼普尔将社会排斥区分为经济排斥、政治排斥及文化排斥这三种排斥类型。经济排斥指群体内的成员在就业上受到排斥；政治排斥指某些群体成员的政治权利遭到排斥；文化排斥则是指该群体成员受到主流文化在符号、意义、仪式以及话语等方面的边缘化。由于排斥往往包括了空间维度，迈达尼普尔提出了一些策略，以打破空间排斥、增加包容度。例如，政府的住房补贴可以帮助低收入的外国移民居住到城市中他们原本负担不起的地段；可以提供平等的就业机会；可以为他们的子女提供更好的教育条件等。

清华大学公共管理学院教授胡鞍钢的文章则从经济历史、经济统计和经济理论三个方面，分析了中国在工业化与城市化过程中经济社会结构转型的变迁和历史轨迹，从19世纪以来的城乡二元结构到当今的四元经济社会结构，即农业部门、乡镇企业部门、城镇正规部门经济与城镇非正规部门经济。本文从定量的角度刻画这一历史演变的轨迹，以理论的角度分析其内在的历史动因，并试图说明未来的走向。

本书的第9部分将继续讨论全球化背景下的城市及未来的发展趋势。社会学家萨斯基娅·萨森、地理学家J·比弗斯托克、彼得·泰勒和理查德·史密斯以及跨学科背景的城市规划专家尼尔·布伦纳和罗杰·凯尔等人，进一步讨论了全球城市体系的问题。

城市的生长：一项研究课题的导言

欧内斯特·W·伯吉斯

编者导读

欧内斯特·W·伯吉斯（1886—1966年）是著名的芝加哥大学社会学系的一名成员，该系在20世纪20—30年代重塑了现代社会学，把学术研究引入芝加哥市的街头巷尾，将城市自身作为“活的实验室”来研究城市问题和社会动态。

在伯吉斯漫长而多产的学术生涯中，他研究了关于城市和市民生活的一系列社会问题，撰写的大量论著涉及婚姻和家庭、个人与社会群体的关系，以及他晚年关注的老龄化问题。他对城市研究最著名的贡献莫过于发表于1925年，收录在本书中的“城市的生长”一文。

本文的副标题是“一项研究课题的导言”，伯吉斯在文中深刻分析了现代城市社会发展和空间扩张之间的互动关系，推动了城市地理学和城市社会学等次级学科的诞生。他的研究重点是单个城市的结构模式（即城市的内部结构），而不是城市间的关系（即城市体系）。他并创建了一套理论，试图有机、动态地诠释他所谓的“社区脉动”（The pulse of the community）。

伯吉斯写道：城市的扩展伴随着一个分配的过程，这个过程将个人和群体在居住和就业层面进行转移、分类和安置。正是这个动态的过程赋予了城市形式及特征，“过程”是伯吉斯很喜欢用的一个词。

在此文写作的时代，芝加哥是个富有活力、快速发展的移民城市。作为物资集散中心，芝加哥的富裕建立在有利的区位基础上。19世纪下半叶及20世纪初，来自美国新开发区域的铁路线在芝加哥交会并继续向东延伸。西部的谷物，北方的木材，西南部的牛群全都运往芝加哥分类、加工，然后运往东部。绵延数里的谷物输送带，无数的木材堆场，巨大的屠宰场吸纳了成千上万没有技能的移民工人就业。贸易商、工厂主和企业家越来越富有。第一和第二代移民在繁荣的经济中成长为中产阶级。

伯吉斯有关城市发展的研究中，最核心的内容是著名的同心圆模型，它将城市分为五个区。同心圆模型看起来像是芝加哥经济和人口状况的静态图（横断面分析），但这个模型其实也描绘了社会和经济结构变化的过程（纵向分析）。伯吉斯将社区变化的过程称作“继承”（succession），这是个植物生态学术语，他借用来形容城市的新陈代谢和运动性。通过借用自然科学的术语，将城市和自然界进行类比，伯吉斯帮助建立了社会生态学，用这种独特的方法来诠释城市增长和发展的基本模式。

在伯吉斯看来，所有的城市问题和病症都是渐进的。经过一代人的时间，芝加哥已从一个拓荒小镇蜕变成蓬勃发展的国际大城市。伯吉斯的模型是逻辑而理性的。他深信城市的社会和经济结构之下存在着潜在的逻辑，能够科学地加以理解。他认为城市本身就是区域发展的推动力。芝加哥是当时的世界级城市，其发展模式主要是内生性的，受内部的地方因素推动，而不是外部的国际因素。

伯吉斯的文章发表后，许多城市理论家对简洁明了的同心圆模型进行了批判性的修改。1939 年，房地产经济学家霍默·霍伊特提出“扇形模型”，他认为现代资本主义城市空间是由提供各种活动的楔形区域组成，并由市中心沿着交通走廊向外扩展。1945 年，地理学家昌西·哈里斯和爱德华·厄尔曼提出“多中心模型”，主张城市是围绕多个而非单一的经济活动中心发展的。这些作者的观点及他们提出的替代模型在《城市地理学读本》（Fyfe and Kenny，2005）一书中有详细介绍。

伯吉斯的同心圆模型一直是城市地理学和城市社会学课程中的重要文献，也是公认的一部充满智慧、引人入胜的理论著作。不管是作者的实用现场考察法，还是同心圆模型，都不断启发着现今的学者们，引发了许多城市空间研究的重要成果。在进入哈佛大学执教之前，威廉·朱利叶斯·威尔逊是芝加哥大学社会学系的一员，沿袭该系的传统，他以芝加哥为实验室，继续研究了由伯吉斯等人建立的、与城市底层社会阶级和种族相关的一些重要课题。本书收入的阿里·迈达尼普尔的文章“社会排斥与空间”也受惠于伯吉斯。J·B·杰克逊（J. B. Jackson）和伯吉斯有同样的观点，他认为在城市形式中存在着一种潜在的逻辑，这种逻辑甚至在正式规划尚未制定的时候就已经存在了。杰克逊强调的是历史和文化对城市面貌的影响。

伯吉斯的模型同时也受到很多批评。迈克尔·迪尔和现在很多学者或是完全反对伯吉斯的模型，或是认为伯吉斯的模型即便是准确描述了 20 世纪初城市的发展进程，也不再能适应现在的情况。伯吉斯的模型属于现代主义传统（modernist tradition）。它设定了一套合乎逻辑的、理性的流程，以中心商业区为核心，呈同心圆环状向外扩散，直至城市边缘和郊区更远的地方。但是这个模型能否恰当地描述当今城市变化的过程？作为持不同观点的一方，代表后现代思潮的洛杉矶城市主义学派对此并不认同。例如，迈克尔·迪尔认为，当前洛杉矶市的成长取决于边缘区域的发展，并不是伯吉斯所认为的中心商务区的影响。迪尔和其他洛杉矶学派的学者提出，决定大城市空间结构的是全球结构性的力量，而不是伯吉斯所认为的作为自由行为者的个体。

在批评伯吉斯没有考虑性别因素的同时，达芙妮·斯佩恩（Daphne Spain）和其他作者质疑一些社会生态学的假设，在这些假设中，有的社会群体（如黑人、移民和女性）因一些他们无法控制的决定性力量而迫居劣势地位。

计算机技术和软件，包括统计系列、地理信息系统等，使得当今地理学家和社会学家能借助更先进复杂的工具处理海量数据，进而描绘出城市的内部结构。因此，对社会群体和城市形式间关系的认识，继伯吉斯开创先河以来，不断地突飞猛进。

伯吉斯的同心圆模型生动形象地解释了城市结构的形成和变迁。但城市结构的形成机制，在不同经济制度和文化背景的城市中是不同的。例如，与 20 世纪初期的芝加哥相比，中国城市的形成和发展在不同阶段曾经受到封建主义、殖民主义、资本主义、社会主义计划经济及社会主义市场经济的不同影响，展示出更加复杂多样的城市发展过程及空间结构。在传统自由资本主义的“强市场－弱国家”模式中，西方城市的社会空间更多遵循市场配置的逻辑，而在中国的“强国家－弱市场”模式中，作为政府主导型的社会，城市空间的分化体现出强烈的政府作用的影响。然而，本文作为研究城市空间结构的经典著作，其借鉴意义仍然存在。

欧内斯特・W・伯吉斯是芝加哥大学社会学系的教授，也是芝加哥社会学派最富影响力的成员之一。同样杰出的还有他的同事路易斯・沃斯，著有“都市作为一种生活方式”（参见本书第 2 部分选文）；罗伯特・埃兹拉・帕克则提出了很多有关移民、同化和社会生态学的重要理论。伯吉斯是芝加哥大学社会学系的主任，曾任美国社会学学会（1934）、社会学研究会（1942）、社会科学研究委员会（1945—1946）的会长。他在 1921—1930 年间任美国社会学会会刊的主编，1936—1940 年间任美国社会学学刊的编辑。

本文选自帕克、伯吉斯和麦肯齐合著的《城市》一书（芝加哥大学出版社 1984 年版，第一版印刷于 1925 年）。芝加哥大学将伯吉斯的论著原件保存在“特别收藏研究中心”里。伯吉斯最重要的作品都收录在《欧内斯特・伯吉斯论著集》（芝加哥大学社区及家庭研究中心，1974 年出版）一书中。

法伊夫和肯尼合著了“城市读本系列”中的《城市地理学读本》，其中收录了霍伊特关于城市内部结构的扇形理论，以及哈里斯和厄尔曼的多中心理论等文献。

正文

现代社会的一个突出现象，就是大城市的形成和发展。机器工业生产给我们的社会生活带来的巨大变化，在城市中表现得最为明显。在美国，由农村向城市文明转变的过程虽较欧洲开始得晚，可能不比欧洲更快更彻底，但至少有其自身明显的特点，并更具逻辑性。

现代生活的种种表现形式，特别是城市方面的，诸如摩天大楼、地铁、百货公司、日报、社会化劳动等等，都是现代美国的特征。社会生活中一些较为微妙的变化，在其发生之初被人们称为“社会问题”，诸如离婚、犯罪、社会骚动等，令人吃惊而困惑，如今这类问题已经十分严重地出现在美国几个最大的城市之中了。正是深刻的、“颠覆性的”（subversive）社会力量酿成了这些变化，并体现在城市的空间增长和扩张过程中。韦伯、布谢以及其他一些学者所作的比较统计研究，其重要意义也正在于此。

这些统计分析虽然主要是针对城市发展的影响，但也为我们廓清了城市人口有别于农村人口的显著特点。在城市人口中，女性对男性的比例要大于农村的情况；另外，中、青年所占比例较大，外来人口比例也较高，职业的分化程度（heterogeneity）也比较高，这些特点都随着城市的发展而增强，并深刻地改变着城市的社会结构。人口构成上的这些变化，也反映着城市社区在社会组织方面发生的种种变化。事实上，这些变化正是城市发展的一个组成部分，并蕴含着各种发展过程的本质。

韦伯和布谢对城市人口聚集这一非常显著的过程作出了充分的解释。许多城市规划、区划、区域调查等领域的爱好者们，则又从不同的实用观点出发对城市的发展过程进行了研究。较之不断增长的城市人口密度，更重要的是与之相关的人口溢出（overflow）趋势，以及因此造成的城市向外围地区扩张，进而将外围地区融合为更大规模、一体化的社区。因此，本文首先讨论城市的发展，然后再来探讨与之密切相关的一系列城市新陈代谢和运动过程，这些过程还不大为人所知。

物质环境的发展

从城市规划、区划和区域调查这些角度来看，城市发展几乎完全是指其物质环境的发展。交通部门的引力研究（traction studies）主要针对交通设施发展与城市人口分布状况的关系。贝尔电信公司和其他公用事业部门通过调研来预测城市发展的方向和速度，以便估算未来业务扩展的潜在需求量。在城市规划中，配置公园和林荫大道，拓宽交通干道，提供市民中心等公共设施，均考虑了城市未来物质空间发展的控制要求。

美国几个最大城市的发展与扩张，已经使我们不能不予以关注了。纽约城市及其环境的研究与规划工作已经开始，芝加哥区域规划委员会的成立将都市区扩大到半径 50 英里、约 4000 平方英里的地域范围。上述两个项目都在估测未来城市的范围，以便应对城市发展带来的诸多变化。英国约半数以上的居民居住在 10 万人口以上的城市中，对于城市发展同社会组织之间的一些联系，C·B·福西特（C. B. Fawcett）曾作过一段很生动的描述：

> 过去几十年世界城市人口发展增长的过程中，一个最重要、最突出的现象就是发达国家出现了一批巨大的城市聚集体，或称城市群（Conurbation），这类城市较之过去任何历史时期出现的伟大城市，规模更大、数量更多。这种现象往往是由于若干个邻近的城镇同时发展、相距越来越近，最终连成一片广大的城镇地区。这样的城市群，每个内部仍然包含有许多个较为密集的城镇发展核心，这些核心又大多是城市群所赖以发展形成的原有城镇的中心区；各个核心城镇通过原来人口相对较为稀疏的郊区（Suburbs）联系起来。郊区现在已经是城市化地区，但通常建筑物不太密集，且有较多的开放空间。
>
> 城镇居民这种大规模的聚集，是地球上人口分布的一个新趋向。目前拥有百万人口以上的大城市，全世界已有 30—40 个。而仅仅一百年以前，除中国水路沿岸有这样的大型人口聚居地外，全世界只有两三个这样的大城市。居民大规模聚集的现象，在地理学和社会学研究中都有重要意义，它会引发各种问题，如社会生活组织、居民的福利，以及人们的各类活动安排等。而目前还很难见到有哪个大城市已经形成了与自身规模相称的社会意识，或是已经按照共同的利益、思想和情感形成了各自明确的群体关系。

在欧洲和美洲，持续扩张的大城市被称为“大都会地区”（the metropolitan area），地域范围远远超过了原先的行政界线，以纽约和芝加哥两市的情况来看，甚至超过了州的界线。大都会地区的范围可以理解为成片连续的城市化区域，但将来可能会根据交通条件和通勤的情况来确立。比如芝加哥的一位商务人士可以住在郊区，到市中心 loop 区上班，他的妻子还可以在马歇尔市场（Marshal Field's）购物，并到大剧院观赏歌剧。

发展的过程

迄今还没有人从过程的角度来研究过城市发展，虽然在城市规划、区划和区域调查中已经包含了这种研究的素材，以及发展过程各个方面的信息（intimation）。城市发展的典型过程，也许可以用一系列同心圆的图示来很好地说明。这组同心圆所标明的顺序号码，既代表城市扩展中各个分区的先后顺序，又代表不同类型的地区在发展过程中的先后顺序（图 1）。

图 1 描绘了城镇发展的理想模式，即由中央商务区（图中的 I 区：Loop 区）快速向四外呈辐射状发展。环绕着中心区的是过渡区（II 区），过渡区通常会渗入商业及轻工制造业。第三圈（III 区）居住着工薪阶层，他们离开 II 区是由于那里的环境不断衰退，但又不想住得离工作地点太远。这个地区外围是居住区（IV 区），由高级公寓楼，或是封闭式的独立别墅区组成。再向外，超出城市边界以外的是通勤区（V 区）：即郊区，或卫星城镇，一般距市中心约有 30 分钟到一个小时的车程。

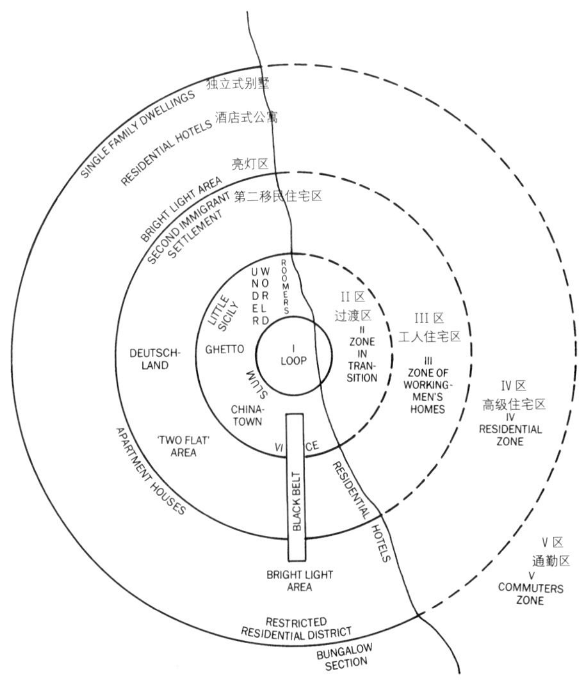

图 1　城市的发展

这张图清楚地说明了城市扩展的主要方式，总体趋势是：内层的每一个地区都是通过入侵与之相邻的外层而扩展自己的地盘。这种扩展形式可以称为“继承”（succession），这种现象植物生态学中已有很细致的研究。若将此图应用于芝加哥城，则可看出早期的四个圆环地区现在都处于内圆区，即现在的商业区。如今衰退区（area of deterioration）的边界，几年之前曾是富裕家庭居住区的边界。许多芝加哥人还记忆犹新，这里曾住着“最殷实的家庭”。不用说，不论芝加哥或是任何其他大城市，实际上都不会完全符合这一理想模式。芝加哥河、湖的位置，铁路线的走向，工业布局历史因素，各社区对于入侵现象的抵御程度等等，形成了现实情况的种种复杂性。

城市发展、扩大的一般过程，除了延伸和继承之外，还包括两个互相对立而又互为补充的过程，即集聚和疏散（concentration and decentralization）。所有城市中均存在着内外交通向中心商务区汇聚的倾向。在每个大城市的繁华中心区，都可以看到大型百货公司、摩天办公楼、火车站、大饭店、剧场、博物馆，以及市政厅等众多公共建筑。很自然地，这里也是城市的经济、文化和政治中心。芝加哥市大约每天有 50 万人从市中心的 Loop 区进进出出，集聚作用对城市生活其他方面的影响可见一斑。近年来，在城市的外围地区出现了一些次级商业中心。但看起来，这些“卫星城镇中心”（satellite loops）并不代表“期望中的”社区复兴，而是表明若干个地方社区组成了较大的经济体。往昔的芝加哥是乡村小镇与移民区组成的一个聚合体，而现在，它正在经历着重组的过程，将形成集中式的分散系统（a centralized decentralization system），使本地社区融合起来形成次级商业区，或隐或显地纳入市中心商业区的支配之下。目前，已经就集中式疏散的实际过程在发展连锁店的问题上展开了研究，连锁店的发展只不过是城市组织基础发生变化的一种形式。

我们已经了解到城市发展既有物质空间的延伸，又包含技术服务的进步和拓展，它使城市生活不仅充满活力，而且更加舒适，甚至奢华。城市生活基本且必需的设施中，有些只能待公共生活发展至相当高的水平才能产生。例如，300 万居民的芝加哥市需要依赖一个统一的供水系统，一家巨型的燃气公司，一家大型照明供电厂等。而正如城市生活的其他许多方面一样，这种经济协作关系是一个例证，它丝毫不同于通常所指的那种“协作精神”。大型公用事业是大城市生活机械化的一个组成部分，它对社会组织而言绝少甚或根本没有意义。

而发展的过程，尤其是发展的速度，不仅需要从物质空间和商业的发展来考察，还需要从其对社会组织造成的影响及城市个体的情况等方面来研究。在物质环境及技术设施层面，城市怎样的发展规模才能和自然而且充分的社会组织调整情况相适应呢？城市怎样的发展速度才能与社会组织的调整变化保持同步呢？

社会组织与解体的新陈代谢过程

这些问题最好的答案就是把城市发展看作社会组织与社会解体的结果，很像是生物机体内部新陈代谢的合成和分解过程。若干个体是以什么方式融入城市生活的？每个人又是通过什么过程成为社会的一个有机组成部分的？我们知道，每个人接受文化的自然过程是出生。人生下来便处在家庭和其相应的社会环境中——我们这里讨论的环境就是现代城市。人口的增加，即出生率大于死亡率时，最有利于同化和吸收，但自然增长速度是否就是城市的常规发展速度呢？当然，现代城市人口以很快的速度增长，并仍在持续增长，而自然增长率可以用来衡量额外的人口增长对新陈代谢的干扰情况，如战后移民大潮中，南方黑人大量流入北方城市。类似地，所有城市在人口的年龄和性别构成上都呈现出与标准分布的偏差，人口标准分布选取瑞典的例子作为参照是因为近年来它不曾受大量人口迁入迁出的影响。因此，人口分布中那些显著变化，如男性明显超过女性，或是女性明显超过男性，或儿童的比例，成年男子或女子所占比例等，都是社会新陈代谢出现异常的征候。

一般情况下，解体与组织可看作是两个互补的过程，也可看作社会秩序动态平衡中相辅相成的过程，或模糊或明确地以渐进方式趋向终点。只要是解体过程可以导致改组，导致产生更有效的调节作用，那么解体就不应被理解为一种病态的，而是正常的过程。解体作为方式与行为重建的先决条件，几乎无例外地支配了城市中新来者的命运，他们被迫放弃习惯，而且常常是放弃那些他们奉为道德训诫的东西，这个过程中常常伴有激烈的思想斗争和失落感。而终究，这些变化或迟或早总会带来一种自由解放的感觉，并驱使人们奔向新的目标。

在城市发展中存在一个分配的过程，按照居住地和就业对个人和群体进行筛选和分布。这个过程导致了美国各世界级大城市内部出现了地区分化，且如出一辙，城市间只有很小的差别。市中心的繁华商业区内，以及其相邻的街道上，是“流浪汉”(hobohemia)的家园(main stem)，是来自中西部地区居无定所的民工乐土(teeming Rialto)。市中心商业区的外围通常是“贫民窟”或称“衰退地区”，那里充满了贫困、堕落、疾病，以及底层社会的犯罪与恶习。衰退地区内还包括了合租公寓区(rooming house)，是“落魄者”的炼狱。不远处是拉丁区，是那些富有创造兼具反叛精神的人群栖身地。贫民窟拥挤不堪，人满为患，充斥着各类移民区——赤贫区(Ghetto)、小西西里(Little Sicily)、希腊街

(Greek town)、唐人街 (Chinatown) 等——这些地区把旧世界的习惯传统与美国的地方特点十分有趣地结合了起来，还有一片黑人聚居带 (Black Belt) 以此向外楔形延伸，那里生活放任，杂乱无章。衰退地区实际上是腐朽、没落、人口渐趋减少的地区，但它同时又是一个新生的地区，那里出现了新的教区、居住区、艺术家聚居的地方，同时成为激进思想的中心——这一切都意味着人们在努力憧憬一个新的、更美好的世界。

与此毗邻的下一个地区，是以工人和商店职员为主的聚居区，这些人有技术专长，生活节俭。这个地区是第二移民区，一般居住着第二代移民。该区从贫民窟剥离出来，是贫民区中有识人士所向往的“德国区”(Deutschland)。这个称呼字面意思是“德国的”，掺杂着嫉妒和羡慕的情绪，指的是位于贫民区外围较好的居住环境，住的都是小康之家，仿效德国犹太人的生活水准。其实这一地区的居民反过来也在觊觎外圈的“乐土”，向往那些酒店公寓、高级住宅区、“卫星城镇中心” (satellite loops),以及那些“亮灯”地区(“bright light” areas)。

自然经济与文化群体的分化赋予了城市形式与特征。分隔使各类群体及群体中的个人，在城市生活的组织系统中各得其所、各就各位。分隔现象在某些方面限制了城市的发展，而在另一些方面则任其发展。这些地区往往会强化自身的某些特征，以吸引并发展其同类人群，结果使得分化现象更为显著。

劳动分工也同样可以解释城市发展过程中的解组、重组和日趋显著的分化现象。欧洲与北美农村社区来的移民，不太具备有价值的从业技能，来适应我们这个工业、商业，或是专业化的生活需要。然而选择职业的情况却很有趣，它表现出按国籍划分，甚至是按照种族和境遇划分的特点，而不是按照这些人过去的从业背景。例如，爱尔兰人多作巡警，希腊人开冷饮店，中国人开洗衣房，黑人当搬运工，比利时人看大门，等等。

在芝加哥市，100 万 (实际调查数字为 996589 人) 完全就业人口中，包含了 509 个职业；而且，对《名人录》中 1000 多名男女的调查显示，共有 116 个不同职业；这些事实令人想到，在城市环境中，职业的细微分化“对于城市人口的分析和筛选、对各种不同成分的分类与整理是何等精细呵！”这些数字也可以说明，现代工业社会的运行机制、各种从业群体的分化和隔离是多么的错综复杂。与劳动就业的分工有关的，是相应的社会阶层、文化和娱乐团体的分化。每个社会成员都能在各种各样的群体中，找到适合自己的角色和生活方式，或者可以移居到更为隔离、鲜有冲突的社会环境中生活。而这些，在一个又小又封闭的村庄里是不可能实现的。个人的解组可能是因为他未能适合两个对立群体的行为准则。

如果城市发展和新陈代谢的现象表明，适度的解体可以，而且确实促进了社会组织的形成，那么这种现象也同样表明，伴随着城市迅速发展，疾病、犯罪、混乱、恶习、疯狂、自杀等现象会大大增加，这些大致上可以看作是社会解组的指标。但，我们要问：城市社会新陈代谢失调的原因指标，而非后果指标——又是哪些？有人提出，超过自然增长的人口实际增长数即可作为一个指标。芝加哥和纽约这样的大城市人口增长主要来自每年数以万计的移民。他们大量的涌入，像潮头一样首先淹没了移民地带，这第一个立足之地，并把那里的居民排挤到外圈，以此类推，直至这潮头的总冲量达到最后一个地区。总的影响是，加速了城市的扩展，加速了工业发展，加速了衰退地区 (II 区) 的“废弃” (junking) 过程。研究城市人口的内部运动 (internal movements) 更加重要：城市中正在发生哪些运动？这种运动如何度量？对城市中的运动进行定性分析自然要比定量分析容易些。这些运动中，有居住地迁移，有职业变动，有人员流动，有上下班通勤，还有娱乐消遣的活动。这就产生了一个问题：我们研究城市生活所发生的变化中，运动的意义是什么？这个问题的答案将直接指向运动与流动的重要区别。

流动是社区的脉搏

运动本身并非发展或变化的表现形式。事实上，运动可以是一种固定不变的移动秩序，旨在维持一种经常性的状态，如日常运动等。而对发展有意义的运动则是指新的刺激，或新的形势而引发了运动的变化。这种类型的运动变化，我们称之为“流动”（mobility）。日常性运动的典型表现形式是上下班，运动的变化，或者说是流动，其特征性的表现形式则是投机冒险活动。大城市，以其“明灯皓盏”、新奇和廉价商品荟萃；以其浮华的欢场、底层社会的恶罪；以其事故、抢劫、自杀事件带来的生命和财产风险，已经变成了一个高度投机与冒险、充满刺激与兴奋的地区。

显而易见，流动性中包含了变化、新的体验和刺激。刺激的意义在于，它能引发人对其周围环境中某些事物作出反应，这些事物都可以表达他的愿望。人和其他机体一样，在发展过程中都需要刺激。对外界刺激作出反应，只要它是完整的个体中不可缺少的部分，那就是健全的。但当这个反应是割裂的，亦即脱离个体组织，并且不受其支配时，它就变得紊乱，甚而是病态的。因此我们说，为刺激而寻求刺激，比如说无休无止地寻欢作乐，本质上就是种恶习。

城市生活的流动性，随着刺激数量和强度的增加，难免使人困惑、道德颓丧。而保持民风民德及个人操守非常重要的因素是连续和稳定性，这种连续性在首属群体（primary group）的社会控制下自然存在，但在流动性非常大的地方，首属群体的控制作用实际上几乎全部崩溃，例如在大城市的衰退地区，就会滋生堕落、混乱无序和罪恶。

我们在研究城市时发现，人口流动地区常常就是下列现象丛聚的地区：青少年犯罪、拉帮结派、犯罪、贫困、弃妇、离婚、弃婴与恶习等。

这些实际情况说明了为什么流动性可作为衡量城市新陈代谢状态的最好指标。我们还可以用一个更形象化的概念：把流动比做“社区的脉搏”。就像人体跳动的脉搏一样，流动的过程反映和揭示了社区的各种变化，易于分析各种构成因素，并能用量化的形式来表达。

涉及流动性的因素可划分为以下两大类：1）人的活动状态；2）联系和刺激的数量及类别。城市人口的活动状态随人口年龄、性别构成的情况而变化，也随着个人脱离家庭和其他群体的程度而变化。所有这些因素均可以量化。人群对新刺激作出反应，可以用活动状态的变化，或是联系增加的情况来衡量。城市人口活动的统计数据只能反映日常运动的情况，但较高的增长速度比增长数量更适于衡量流动性。1860年，纽约城的马车线路共运载乘客约5000万人次；1890年，电车（以及一些仍在使用的马拉车辆）运载乘客5亿人次；到1921年，各种高架、地下、地面、电动和蒸汽等公共交通郊区线路共运载乘客25亿人次。芝加哥市每人每年乘坐地面、高架公共交通线路的平均次数为：1890年为164次，1900年为215次，1910年为320次，1921年为338次。此外，每人平均乘坐蒸汽和电力公共交通郊区线路的次数为：1916年为23次，1921年为41次，几乎增加了一倍。而且小汽车使用的增加情况更不容小觑。例如，伊利诺伊的汽车数量，从1915年的131140辆，增加到了1923年的883920辆。

除了人口活动的数据以外，还可以用联系增加的情况来衡量流动性，1912—1922年的十年间，芝加哥城的人口增加了不足25%（23.6%），而芝加哥人所收到的信件却近乎增加了一倍，从693084196件增加到了1038007854件。在1912年，纽约城每百人有电话 8.8 门，到 1922 年，增加到 16.9 门；波士顿在 1912 年每百人有电话 10.1 门，到 1922 年增加到 19.5 门。同一时期，芝加哥的电话数量从每百人 12.3 门增加到 21.6 门。而电话使用率的增加恐怕比电话门数的增加更能说明问题。芝加哥城的电话通话次数，从 1914 年的 606311928 次，增加到 1922 年的 944010586 次，大约增加了 55.7%，而同一期内人口仅增加了 13.4%。

土地价格能够反映出运动的状况，因而可作为衡量人口流动的最敏锐的指标之一。芝加哥城内土地价格最高的地点就是人口流动最大的地点，即市中心区（Loop）的州大街与麦迪逊大街（State and Madison streets）所在的那一角。交通流量统计表明，在每天交通高峰时段内，每小时大约有 3.1 万人，或 16.5 小时内有 21 万人要通过这一地区的西南角。十多年以来，市中心 Loop 区的地价一直很稳定，而在同一时期，那些有战略意义的“卫星城镇中心”内，地价却两倍、四倍，甚至六倍地增长，这些数字正是描述城市变化的精确指标。到目前为止，我们所作的研究表明，土地价格的变化，尤其是跟租金关联变化的状况，可以作为衡量流动性的最好的单项指标，也可用来反映城市发展和扩张过程中发生的变化。

简要地说，我试图提出一种观点和研究方法，社会学系目前正将它用于城市发展的研究，即从城市的扩张、继承和集聚等几个方面来解释城市的发展变化；进而分析城市社会的解组现象超过其组合现象时，扩张对于城市的新陈代谢有些什么影响，以及界定人口流动的含义，并将其作为量度城市扩张和新陈代谢的指标，它易于量化，就像是城市社区的脉搏。从一定意义上来说，本文可当作芝加哥大学社会学系正在进行的五六项研究课题的导言。而我直接参与的这项课题，则是想将这些调查的方法应用于城市的横断面研究——就像将此地区放在显微镜底下，从而更详细、更有控制地、更准确地研究前文叙述的那些过程。为此，我们特别选择了一个西部犹太人社区，这个社区包括一个所谓的“贫民窟”，或称作第一居民区，还有朗代尔（Lawndale），即所谓的“德国人地区”，或称作第二居民区。从城市发展、城市新陈代谢，以及城市人口流动等方面来看，这一社区对于该项研究课题有几个明显的有利条件，它代表了从市中心商业区向四周呈辐射状发展的一般趋势。从文化上看，这个社区目前仍比较单一。朗代尔本身是个变化中的地区，有来自贫民窟的居民不断迁入，也有本区居民不断迁出，流向条件更好的外围高档居住区。在这个地区内，我们还可以研究，人口高度流动性对社区和个人的解组将会发生何种影响，而又是如何被这个犹太社区富有效率的公共组织所抵消的。

社会排斥与空间

阿里·迈达尼普尔

编者导读

基于居民的族裔、阶级、宗教、收入、性别、原国籍、残疾、性取向或其他一些特征，排斥某些城市群体，剥夺他们在城市中的某些权利，已经、并将继续是世界各地城市一个亟待解决的问题。纽卡斯尔大学城市设计教授阿里·迈达尼普尔从空间层面研究了当代欧洲城市的社会排斥问题，对理解世界各地城市的社会排斥现象，无论是现在还是过去，都很有帮助。

纵观历史上最有活力的城市社会，在那里的外来人士都很受欢迎，能够被包容并融入城市生活中。H·D·F·基托指出，2500年以前的外国人（外邦人）在希腊城邦参与到生活的方方面面。他们散住在整个城邦，而不是在地理上隔离的外国人社区；他们与雅典公民一样从事着商贩的工作，对雅典黄金时代的哲学、科学、文学、艺术成就作出了重大贡献。但他们不是雅典公民，不允许参政，除此之外，雅典的政治制度是非常包容和民主的。

英国城市规划教授彼得·霍尔爵士在他的权威著作《城市文明》（Cities and Civilization）一书中认为，外国人或外来人口多样性的存在，对于主流文化而言，是其短暂而伟大的文化和技术全盛期的重要组成部分，反映了城市黄金时代的特征。霍尔指出：例如，正是那些早期在纽约经营服装生意的犹太企业家们促进了电影工业的诞生。在服装行业里，他们学会了如何对美国大量收入较低的城市移民不断变化的品位迅速作出反应，能够很快将技术进步转化为商业优势。他们将这种经验移植到好莱坞，创造了一个新的产业——他们将无声电影奉献给广大观众，而观众们心甘情愿用辛苦钱去换得一场星期六晚上的娱乐。霍尔的另一个例子讲了来自密西西比河三角洲的贫困黑人，他们在20世纪沿着密西西比河迁移到芝加哥，来自三角洲的黑人带来了他们的蓝调音乐。在黑人聚居地带，这些小小的蓝调俱乐部帮他们暂时忘掉了城市生活中被歧视、令人难受的生活状况。渐渐的，黑人蓝调音乐演变成了摇滚乐，对全球流行文化作出了巨大贡献。在当今，硅谷的印度程序员，伦敦的中国科学家，纽约的拉美小说家们同样在不断地丰富着主流文化和整个世界。

在某些历史时期，包括当今社会，许多城市的法律和/或文化规范排斥一些社会群体。种族歧视曾经并仍然是世界各地许多城市中尖锐的社会问题。弗里德里希·恩格斯描述了1844年英国曼彻斯特市歧视工人阶层的惨痛状况。芝加哥社会学派的成员，如路易斯·沃斯记录了在 20 世纪初的芝加哥，来自欧洲中部和南部的移民由于受到空间隔离和社会排斥而造成了心理伤害。基于种族、宗教、性别、原籍等原因，在欧洲和北美地区对阿尔及利亚人、巴基斯坦人、土耳其人、东欧人、墨西哥人和其他人群的歧视仍然在继续。

随着全球化不断发展，来自世界各地的人们密切接触，并加快了移民的步伐，排斥的问题变得更加紧迫。在什么样的不同形式下，有些居民遭到排斥而无法参与到他们居住的城市生活中？这种排斥在城市空间中如何表现出来？我们该如何应对？这些都是迈达尼普尔提出的问题。

迈达尼普尔将歧视分为三种：经济歧视是指群体内的成员在就业上受到排斥；政治歧视是指他们的政治权利遭到排斥，如被剥夺投票权或充分的政治代表权；文化排斥是指这些群体成员受到主流文化在符号、意义、仪式以及话语等方面的边缘化。本书第 4 部分选入的谢莉·阿恩斯坦（Sherry Arnstein）的文章认为：公民参与决策像“阶梯”一样，包含着从“零参与”到“充分公民权”等递增的梯级。而迈达尼普尔则将社会排斥看成是一个“连续谱表”（spectrum），一端是完全没有融合，另一端则是完全融入社会。

虽然制定某些排斥性的社会规则可能出于善意的动机，例如几乎所有的文化都不能接受陌生人对他人房屋的入侵，而迈达尼普尔则认为阻止某些群体享有城市中存在的机会和权利，对这些人来说非常痛苦，对整个社会而言也是一种损失：人才不能被充分利用，资源浪费在冲突和社会控制上。

排斥现象通常具有空间特征。有的法律规定一些群体成员禁止出入城市某个区域，如中世纪威尼斯的犹太人被限制居住在城市的贫民窟中，19 世纪的上海租界区的一些公园禁止中国人入内。即使法律规定人们可以在城市中自由出入，迈克·戴维斯指出，仍存在一些明示或是暗示来表明某个特定群体在此不受欢迎。

迈达尼普尔提出两个颇具前景的理论方法以促进边缘群体充分融入城市空间：第一，城市空间“去商品化”，在这些群体所处的地区，减少私有房地产市场的决定性作用；第二，通过精心的城市规划消除排斥性的空间隔离。为中低收入家庭在原本买不起房的地段开发兼容型住房的做法，就属于第一项策略。例如，美国一些新型兼容公寓（inclusionary condominium）的开发项目，将一定比例的住宅单元保留给中低收入家庭，低于市场价出售。通过土地混合使用的区划法规来促进社会多样性的做法，属于迈达尼普尔提出的第二项策略。例如，一些城市鼓励将市场价和低于市场价的住房建设混合安排在同一地区。

迈达尼普尔总结了他的分析，提出应当倡导兼容性的规划和开发实践，以确保外来人员更充分地融入城市社会。他希望打破社会空间排斥的藩篱，提供更多融合的可能性。

社会排斥的空间现象在中国城市中同样存在，尤其是经济性的排斥。快速城市化和市场机制使得城市空间迅速扩张、重组，城市生活空间产生分异，表现为城市中的“高级住宅区”、“经济适用房”、“城中村”等不同收入人群的空间分离。研究发现，空间隔离造成许多社会问题，如居民空间体验的隔离感与剥夺感，使贫困阶层游离于城市主流社会之外，难以分享经济与社会发展带来的好处。居住空间的极化可能加剧城市社会的不和谐与矛盾冲突，因此空间分离问题也引起了中国规划师的关注。

阿里·迈达尼普尔执教于英国纽卡斯尔大学建筑规划和景观学院，教授建筑学、城市设计和规划等课程。他是纽卡斯尔大学全球城市研究小组的创始成员之一。迈达尼普尔出生于伊朗，在开始学术生涯之前是名执业建筑师。他的兴趣包括城市设计、开发和管理；城市空间的社会和心理意义；城市空间的形成过程，城市变化的机构，社会弱势群体和环境变化的含义等。迈达尼普尔的作品已被翻译成德语、中文、日语和波斯语。

本文选自《欧洲城市的社会排斥：过程、经验和反响》(Social Exclusion in European Cities)(London：Jessica Kingsley，1996)一书，由迈达尼普尔、戈兰·卡斯(Goran Curs)和朱迪思·艾伦(Judith Allen)合编。迈达尼普尔的其他著作包括《谁的公共空间？》(Whose Public Space?)(London：Routledge，2010)，《德黑兰：大都市的形成》(Tehran：The Making of a Metropolis)(New York：Wiley，1998)，《城市空间的设计：社会－空间过程的调查研究》(Design of Urban Space：An Inquiry into a Socio-spatial Process)(New York：Wiley，1996)，《城市的公共和私人空间》(Public and Private Spaces of the City)(London：Routledge，2003)，还有两本合编的选集：《地方治理》(The Governance of Place)(Aldershot，UK：Ashgate，1996)，与 Angela Hull 和 Patsy Healey 合编；《城市治理、制度能力和社会环境》(Urban Governance，Institutional Capacity，and Social Milieux)(Aldershot，UK：Ashgate，2002)，与 Goran Cars 和 Patsy Healey 合编。

有关美国社会排斥的历史背景，可以参阅 Elizabeth Cobbs-Hoffman 和 Jon Gjerde 的《美国移民和种族历史中的主要问题》第二版(Major Problems in American Immigration and Ethnic History)(Boston：Houghton Mifflin，2006)。有关美国当代种族、阶级和性别等问题的研究包括 Margaret L. Andersen 和 Patricia Hill Collins 的《种族、阶级和性别研究选集》第七版(Race，Class，and Gender：An Anthology)(New York：Wadsworth，2008)，Roberta Fiske-Rusciano 的《美国的种族、阶级和性别体验》(Experiencing Race，Class，and Gender in the United States)(New York：Wadsworth，2008)，Conrad Kottak 和 Kathryn Kozaitis 的《论差异：北美主流文化的多样性和多元化》(On Being Different：Diversity and Multiculturalism in the North American Mainstream)(New York：McGraw-Hill，2008)，还有 Paula S. Rothenberg 的《美国人种、阶级和性别：一项综合研究》第七版(Race，Class，and Gender in the United States：An Integrated Study)(New York：Worth，2006)。关于欧洲人移民到美国东海岸的一项经典研究是 Oscar Lewis 的《离乡背井》(The Uprooted)(New York：Atlantic Monthly Press，1951)。Ronald Takaki 的《彼岸的陌生人》(Strangers from a Different Shore)(Boston：Back Bay Books，2003)是一本出色的著作，研究了亚裔美国人的移民经历。Takaki 的另一本书《不同的写照：美国多元文化历史》修订版(A Different Mirror：A History of Multicultural America)(Boston：Back Bay Books，2008)拓展和完善了他的早期成果。

正文

本节主要探讨社会排斥和空间的关系，研究造成空间障碍的机制，重点分析了城市活动的障碍与社会排斥过程交织的方式。研究表明排斥是一种社会空间现象。

[……]

社会排斥的维度

对于欧洲城市面临的一些主要问题，大家的看法基本没有分歧。全球经济竞争的挑战表现为竞争者的多样性和欧洲建立统一伙伴关系以作出反应，这两个方面已经改变了城市的社会和空间地理格局。然而，城市和社会的转型一直是项昂贵的运动，与之相伴的是日益增长的社会鸿沟，长期失业和无业，尤其是男性，临时性的工作使很多人的生活质量逐渐下降。这些现象导致了对社会分裂（fragmentation）的关注，分裂使部分社会成员被排斥在“主流”之外，他们很痛苦，对整个社会也是有害的。

然而，由于文化和政治环境的多样性，社会排斥的概念似乎仍需进一步阐明。有些情况下，贫困问题应该是人们关注的焦点，而其他情况下，从公民权和一体化的社会环境等更广的方面研究社会排斥才有意义。因此，社会排斥不一定等同于经济排斥，虽然这种形式的排斥往往会造成更广泛的苦难和剥夺。

作为一个概念，社会排斥仍然不够明确，因为对它有不同的解释和分析，特别是在贫困和社会排斥方面相当模糊。有的学者重点研究贫困问题，他们觉得社会排斥的概念不知何故过于模糊，没有将注意力放在贫穷和剥夺等问题上。还有人认为，社会排斥的概念植根于一定的文明和文化传统（如天主教信奉的团结互助精神）和一个特定的福利体系（集团主义），因此它主张不与其他文化（尤其是自由派）和福利体系分享。另一方面，有人认为社会排斥是个有用的概念，仅仅关注贫困过于狭隘。他们尝试更加开放的讨论，纳入一般性的问题，如社会包容和公民权等。面对这种模棱两可和矛盾，我们必须先澄清社会排斥的概念。

不同形式的排斥对任何社会关系而言都是根本性的，社会的整体构架即是如此。例如，社会生活分为公共和私人两个领域，这意味着在其周围划定了时空领域的边界，不许其他人进入。通过这种方式，排斥成了一种运行机制，以制度化的形式来控制场所、活动、资源和信息的准入等。个人的行为，以及法律、政治和文化结构非常依赖于这种运行机制，并不断重复这种机制。无论是制度化有组织地，还是个人随意地，看来我们都参与了排斥的过程，这是我们的社会生活所必需的。

然而我们知道，无论它的重要性如何，这些排斥过程与包容活动密切配合以保持社会的组织结构（fabric）。只有通过这两个过程的合作以及良好的平衡，才能保持社会的连续性。在个人层面上，只追求私密而不谋求互动将会导致孤立。在社会层面上，只有排斥没有包容将导致社会结构的崩溃。因此，消极的局面并不是各种形式的排斥，而是缺少了包容过程，缺少了排斥和包容之间的平衡。

这个包容和排斥共生的社会，它的维度是什么？常有人说社会排斥是多维度的，要能够识别和分析这些方面，我们可以将经济，政治和文化领域作为三个广角来揭示社会包容和排斥，并对其进行分析和解释。

在经济领域，包容的主要形式是允许获取资源，这通常是通过就业来保障的。而排斥的主要形式是缺乏就业机会。在劳动力市场上遭受到边缘化和长期排斥，将导致生产和消费机会的丧失，进而导致了严峻的社会排斥状况。

经济领域里的排斥往往被看成排斥中重要而痛苦的形式。贫困和失业经常是大多数讨论社会排斥问题的核心，在一定程度上，贫困和经济排斥等同于社会排斥。很多文献中趋向将这些词混用。确实，长期的经济排斥能打破受害个人和群体的政治和文化联系。然而，也要注意到还有其他形式的政治和文化领域的社会排斥。

在政治领域，包容的主要形式是拥有话语权，能够参与决策。在欧洲自由民主社会，包容性一般通过投票和其他相关过程来保障。最明显的社会排斥则是缺乏政治代表权（political representation）。这可能包括了多种形式：从妇女在议会和政府的代表名额不足，到政治决策过程中完全排除移民群体；从少数派政党提出新的代表制以获取公平的权力份额，到经济和文化领域遭到排斥的群体退出政治参与。

在文化领域，包容的主要形式是分享共同的符号和意义。其中最强大的始终是语言、宗教和民族。一些新的符号关系包括了个人和群体的标识方式，它的形成与消费模式有关，从日常生活必需品到文化产品。例如，被誉为视觉文化的社会行为美学，已成为社会生活的重要组成部分。文化领域中排斥的主要形式则是被这些符号、意义、仪式和话语等边缘化。文化排斥的形式千差万别，就少数民族而言，他们的语言、种族、宗教和生活方式跟社会主流很不相同。

不同社会群体可能会遇到不同程度但高度关联的社会排斥。最严重的社会排斥形式是同时包括了经济、政治和文化排斥的元素。另一极是社会成员在三个维度上全面融入了主流社会。这两极之间，存在着很大的变化区间，个人和群体融入一些地区，但排除在另一些地区之外。一个主要的趋势是，越来越多的人受到焦虑和不确定性的困扰，他们曾属于大多数，却由包容向排斥转换。

社会排斥的空间化

社会排斥应当从政治、经济和文化等维度去了解。政治领域的排斥，如剥夺决策参与权，可以疏离个人和社会群体。文化领域的排斥，如切断文化交流和融合的共同渠道，也有类似的效果。就业上的排斥及其后果众所周知，这会破坏个人和家庭积极参与社会活动的能力。这些形式的排斥加在一起，会造成很严重的社会排斥，把排斥对象排挤在社会边缘，这种现象往往表现在空间形式上，形成破落的老城区或边缘区……

[……]

在过去，这种社会排斥的空间现象已经引发了一些拆除贫困区的尝试，却并不一定考虑过消除那些导致权利剥夺的原因，或者瓦解将人们集聚在特定区域的那些力量。拆除贫困人口的空间聚居点是一个持续的趋势：从19世纪奥斯曼（Haussmann）男爵在贫民区中间修建了宽阔的林荫大道，到20世纪贫民窟清拆计划和更微妙的房屋管理形式。这些尝试都是为了去除社会排斥的空间影响，反而验证了其固有的和反复出现的空间属性。无家可归是社会排斥在“去空间化”（despatialization）和“空间重组”（respatialization）过程中产生的最新情形，这个过程切断了一些群体与其原有的社会空间环境的关系，失去了住房。而他们会在城市的特定区域聚集起来，再次“空间化”，继而再度被“去空间化”。

空间性（Spatiality）与差异

很显然，城市缺少同质性（homogeneity），因为它们是容纳不同的场所。大城市的发展往往是由于吸引了周边农村地区，甚至是世界各地的人口。城市一直被称为不同人群的聚集地。亚里士多德曾指出："城市是由不同类型的人组成，同类人群不可能造就城市。"19世纪以来的城市前所未有的增长提出了一个永久的命题：差异是城市生活的特点。沃斯在他著名的城市主义理论（theory of urbanism）中指出：异质性（heterogeneity）与人口规模和密度一样，是城市的重要特点。城市对他来说，是"各种民族、人群和文化的大熔炉，是孕育新兴生物和文化融合的最佳沃土"。城市对于个体的差异，"不仅有接纳，还有回报"。这种对城市异质性的强调已将其造就成"陌生人的世界"。

我们发现对待城市的多样性问题有两套思路：有些人试图施加影响，使其容易理解、可以控制；还有些人为多样性而欢呼，这两种态度实际上是代表了现代主义和后现代主义思想。社会边缘化和排斥的问题一直未能解决，城市中仍然有弱势群体的聚居区，尽管理性主义者推出了大规模的再开发计划，更加敏感的空间转化随之而来。一方面，强调消除差异、把城市当作大熔炉的做法导致了敏感性的破坏和生活的混乱；另一方面，强调差异的做法导致了社会分裂和部落化（tribalism）。二者都未能治愈那些生活在社会边缘群体的创伤。

空间实践的障碍

我们应该如何分析空间？对空间的了解还存在不少差距和困境。从绝对和相对空间近百年的哲学分歧，到精神和现实空间、物理和社会空间、抽象和差异化空间之间的差距，再到空间和质量、空间和时间之间的关系，以及各种可以研究空间的角度，都有混乱和冲突的可能性。然而，为了避免这些差距和困境，我们需要着重研究建成环境形成的过程，通过分析空间形成和日常活动之间的关系，来了解空间的动态变化。然后，我们将能够理解和解释物质空间，以及它的社会和心理环境、属性。

可以说，社会排斥和社会融合的问题主要是围绕着准入权（access）来讨论。参与决策权、资源使用权和共同话语权（common narratives）的开放才能促使社会融合。这些准入状况具有明确的空间表现形式，因为空间是容纳不同形式的准入或禁入的场所。我们一般意义上的自由感受，和我们在空间活动中所拥有的选择权之间具有直接的联系。社会选择限制越多，空间选择的限制也越多，我们会感到或变得更加孤立。另一方面，如果社会选择范围很大，能去的地方就越多，居住、工作和娱乐场所的选择也会很多。拥有或没有空间自由的两种极端情况可能是阔佬总裁和囚犯。对前者来说，世界在变小，像个地球村，可以进行开放的沟通和互动；而对于后者而言，外面的世界很大且遥不可及。然而，对于大多数人来说，我们的空间是一系列从可达到不可达的场所。我们周围的空间是个开放、封闭或受到控制的场所组合。

城市空间是如何组织的？空间活动又是如何进行控制和规范的？多年的空间活动使得我们都能了解，哪些地方可以去或不能去，积累了关于场所及其进入模式的经验。场所的空间组织利用了自然或建筑环境中的元素，在我们的空间活动中加入视觉上的严格限制。例如，地形一直被用来建立差异和隔离，从古时候希腊人与美索不达米亚人将神庙建于山顶，到如今有钱有势的人也住在山上。还有精神层面的空间，我们对空间的感受，可以通过代码和标志来加以规范，用直接的警告或委婉的障碍阻止我们进入一些场所。心理空间还可以通过我们的恐惧和对场所活动的感受进行控制。例如，如果我们没有参与活动所需的资源，可能不愿进入一个看起来昂贵的购物中心，即使并没有实际的障碍物阻止我们入内。第三种妨碍我们空间行为的障碍是社会的控制，从法律禁止出入某些地方，到沿着公众认可的边界设置正式的障碍物。国界和公私领域的界线都是这种形式的例子。正式的规章制度、非正式的代码和标志、恐惧和欲望共同控制了我们的空间行为，并提醒我们出入的限制。通过这些，我们已经知道能否进出一个场所，在哪里受到欢迎，何处遭到排斥。周围环境出入限制越多，会令我们在社会空间中愈加感到困扰、疏离和排斥。

因此，空间在城市社会的融合或隔离中起着重要作用，它是社会关系的体现，影响并塑造着这些关系的各个层面。研究社会排斥离不开空间隔离和排斥，社会凝聚力或排斥确实是种社会空间现象……我们知道所有的人类社会都有各自的社会和空间排斥形式，所以排斥过程本身并非是社会隔离和分化的根源，而是由于缺少社会融合才导致了社会排斥，对于个体而言缺少了参与主流社会的可能性和渠道。

全球和国家空间

国界是最大的社会空间排斥手段。现代国家沿其边界设置隔离的措施，包括在地图上画线，在国土上围设铁丝网。离境的人必须接受特殊检查和控制才能入境，同样的检查也适用于那些打算出境的人。跨境流动受到国家的控制，通过政治过程，这种排斥的形式是合法和公开的。因此，国家的领土是一个制度化的排斥过程在空间上的表现。

其他行政区域界线，虽然也是一种排斥形式，但没有太多的强制色彩，也不具备很高的公众认知度或是由重兵把守，尽管这在历史上非常重要。其他任何形式的排斥都没有如此高昂的成本，以人的生命、牺牲和苦难为代价。20 世纪为了改变或保护国界付出人类生命的最高代价，经历了两次世界大战和许多地区冲突。多民族的国家分裂，新的国家诞生，可能会是个血腥的过程，千方百计用来排除他人。国家在空间上进行外科手术般的分割，无论由于外部力量，如在战后德国；还是由于突然爆发的内部力量，如前南斯拉夫，对于受到排斥的群体而言，离开自己的家园都是同样的艰难。

在国界包围的国家空间，国家主义的话语（narratives of nationalism）已用于合法化地排斥境外人士。事实上，排外的话语方式，确定了“我们”与别人如何的不同，将众多个体凝聚成一个群体，往往是必要的。这些话语中最危险的是一些反对其他国家、种族和群体的带有仇恨色彩的辞藻。但也有很多这样的话语不一定会助长暴力和仇恨，仍具有凝聚的力量。通过这些话语，它们往往依赖于共同的历史经验，将众多的人群彼此关联组织起来。该组织的重点就是国家，它拥有控制国界的权力。

国家主义的话语力图在庞大的多样性上创建一个同质体。无数个体结合起来，建立一个民主的公民社会，而这样的话语方式有助于现代民主国家的组建……

[……]

社区、市场和规范

在地方层面，通过对两个过程的关注，一个是房地产开发，另一个是空间规划，我们可以观察到差异和隔离的社会空间格局是如何产生的，而这些正是社会排斥的基础。我们知道“社区”（neighbourbood）一词有各种不同但相互关联的用法。在某种意义上，它大体上指的是地段（locality）。这种日常用法是基于个体和群体对周边环境的理解和想象，反映了基层的看法，把城市看作一个社区交错的集合。研究表明，人们对社区的看法因年龄、性别、阶层和种族而异。而在另一端是上层人士对社区的看法，如管理者、规划师和设计师等专家的观点，社区是指城镇的一个特定部分，用来理解城市结构和城市社会的变化，它也是一个管理工具。从这个角度来看，城市是一个独立社区的集合。

社区作为城市的组成部分，长期以来一直是城市设计师和规划师们关注的重点。借鉴历史先例，立足于现状，社区为他们提供了一个宜人的尺度，来理解城市的整体。从历史上看，社区作为场所在物质层面上反映了密切的社会关系，颇受城市规划师的褒奖，尤其是那些有怀旧情结的人，他们怀念中世纪城镇中封建式的维系和工业城市中工人社区的共同纽带。城市的空前增长导致了二元对立（dichotomy）局面的出现：在契约社会和礼俗社会（gesellschaft and gemeinschaft）之间，在疏离的大城市和村镇间浪漫的小型社区之间。为了重新创建这些社区的社会凝聚力，有人认为，城市应分解成较小的区域，甚至到社区层面。另一方面，有人认为社群主义（communitarianism）的小型社区能够胜过个人主义的郊区，那些资产阶级的乌托邦。

将社区作为物质实体，一个有凝聚力的社会单元，这种观念在整个20世纪引发了一系列改革思潮。从邻里单位的概念，到林奇的街区，都仍在推行营造清晰可辨的城市风貌；再到如今的都市村庄和新城市主义社区，这一系列的尝试通过空间组织来促进社会的凝聚力。

伴随城市规划对空间细分的推动，市场力量通过空间的产生、交换和使用的渠道助长了社会空间的隔离。空间的生产者，如批量建房者，往往会建造大规模的房产，创造的城市肌理反映了不同细分的组合。房地产市场的运作方式造成了不同收入群体和社会阶层的隔离。空间的商品化导致了空间上不同权限的访问（access）模式，形成差异化的空间组织和城市面貌。在那些尝试去商业化（decommodify）的地方，如战后的住房保障计划，城市规划师和设计师均已确认，一定程度的空间细分仍会普遍存在。

因此，我们可以确定两个过程：房地产市场过程中，将空间视作商品，往往通过商品访问权的差异化而造成社会空间隔离；城市规划和设计的过程中，通过建立某种形式的秩序来控制空间安排，使之合理化。如果将两个过程合在一起看，出现的是一个差异和排斥集体化（collectivization）的局面，导致了有钱人住在富人区，穷人聚居在新的贫民区。

[……]

公共和私人空间

社会空间排斥的另一种形式是公共和私人领域的隔离，这种隔离的严格实施类似于保护国界。我们不惜以任何手段防范入侵者进入私人领域，在有些国家使用武力手段甚至是合法的。私密性、私人财产和私人空间交织在一起，通过各种实物和标志来划定界线：从颜色和质地的微妙变化，到围栏和高墙。通过授权才允许入内，未经授权的人排除在外。这个排斥过程，通过公共话语（public discourse）、习俗或法律得到了合法化。违反排斥过程的行为，轻则是造成了不便，重则是犯罪。公共空间是社会公共领域的表现形式之一，由公共机构维护以保障公众利益，是向公众开放的。然而，公共场所的访问权，仍会受到排斥过程的影响。公共空间受到保护，以防止遭受私人利益的侵犯，这个过程对社会的健康至关重要。一些社会和政治思想的主流观点认为：公共空间应强调公共和私人领域区分和隔离的需要，尽管批评的观点认为它把分隔理想化了。

[……]

众所周知，开发企业不断变化的环境和金融业对建设环境和管理的介入，部分导致了空间的私有化。大型开发商和金融家期望投资的商品安全和保值，因此他们会努力尽可能地减少各种不确定性，以免威胁到自身利益。与之并行的，越来越担心的还有犯罪、日趋激烈的同业竞争、不断提高的消费者预期，所有这些都促使开发处于完全受控制的环境中。已经出现了城市空间中越来越大的部分由私人公司控制的局面。跟公共部门管控有很大的区别，这类相互隔离的私有空间包括封闭式的住宅区、购物城和市中心的人行道等，处于严密的私人监视之下，通过出入口和明确的界线与公共领域隔开。城市这些部分的全面管控，也是尝试控制犯罪的企图之一。犯罪作为空间对抗的诉求，本身就是一种排他性的力量，使得许多群体处于弱势和边缘化。

结论：社会整合与空间自由

社会排斥包括了资源访问权、决策权及共同话语权的缺失。多维度的社会排斥现象表现在空间形式上，较严重的情况例如破败的老城区或城郊接合部。社会排斥空间特性的形成通过了物质空间的组织，以及社会空间的控制，并由非正式的代码和标志，正式的规章制度来保障。这些正常渠道在所有的空间尺度上发挥作用。全球空间分割成国家空间，造成了对差别的排斥，将社会群体同质化。在地方空间的层面，社会排斥的空间化通过房地产市场产生，造成了空间隔离、差异化和商品化，借助城市规划机制进行空间分区、调整和管理，通过法律和习惯区分公共和私人领域，造成了空间私有化。

为了打破社会空间排斥的陷阱，将需要某种策略来挑战这些深层次的分化形式。然而，我们知道，全面挑战本身是有问题的，比如东欧曾试图重新定义公共和私人领域的关系。此外我们知道，任何人类社会体制上都会有某种形式的排斥过程。随着时间的推移，这些排斥过程的形式确实会发生变化。因此，不断反省和重温分化过程，是项经常而必要的任务。同时，必要和迫切的是建立和促进包容的过程，在排斥和融合之间求得平衡，提供整合的可能性，并打破社会空间排斥的陷阱。我们已经看到，空间是社会排斥的一个主要组成部分。重新探讨空间的障碍，争取访问权和更多的空间自由，这些是空间规划为了促进社会融合所能采取的方式。

现代中国经济社会转型：从二元结构到四元结构（1949—2009年）*

胡鞍钢　马伟

编者导读

著名发展经济学家阿瑟·刘易斯1954年提出“二元经济模型”，认为经济不发达国家和地区，乃至发达国家早期经济发展具有二元的性质，即现代城市部门与传统的乡村农业部门并存。二元经济理论问世后，一直经历着正反两个方面的深入探讨，有人根据实证资料对其假定前提和结论提出疑问，如舒尔茨、D·威尼斯、迪恩等。刘易斯本人和其他一些经济学家则对模型进行补充和扩展，使它成为分析发展中国家经济变迁、城乡关系、技术选择等一系列重大问题的理论框架。中国学术界基于中国国情，反思并超越了二元经济结构的理论框架，先后提出“三元”、“二元半”、“四元”、“双重二元”、“环二元”和“网络结构”等不同论断。

胡鞍钢教授的这篇文章从经济历史、经济统计和经济理论三个方面出发，实证分析和梳理了在中国工业化与城市化过程中，社会经济结构从传统社会到城乡二元结构、从计划经济下的二元结构到三元结构、再到四元结构等四个阶段，指出中国经济社会发展大大突破了经典的二元经济理论所预言的从二元到一元的历史轨迹，已经形成了特有的四大经济板块及四大社会群体。即农村农业、农村工业、城市非正规工业、城市工业等经济部门，以及农民、乡镇企业职工、城市农民工、城镇居民等群体，体现了一条独特的“中国之路”。

本文定量刻画了中国经济社会转型的历史轨迹，从理论角度分析了其内在的历史动因，并提出未来中国经济社会结构将沿着中国特有的历史逻辑演变发展。只有推动城乡之间、城市内部、农村内部的一体化；推进农业现代化、农村工业化；实现农民工市民化和城乡居民基本公共服务均等化等，才能最终缩小地区差距、城乡差距、贫富差距，真正实现“共同富裕”的社会主义现代化目标。

城市和乡村是构成社会的两个密不可分的组成部分，研究城乡关系一直是城市空间研究的一个视角，包含相当广泛的内容，如城乡发展关系、城乡经济关系、城乡文化关系、城乡社会关系、

* 本文摘自《清华大学学报》（哲学社科版）2012年第1期。——编者注

城乡生存关系、城乡运行关系等。不同领域的研究者通过考察发达国家和发展中国家在不同发展阶段的城乡发展与规划问题，并且形成了相当丰富的研究结论，如发展经济学中的二元结构理论、核心–边缘发展理论，城市经济学中的城市空间扩散理论和城乡边缘区理论等。中外学者对城乡经济社会发展的理论研究成果是我们进一步深入研究中国城乡关系的理论基石，也是中国统筹城乡发展、构建城乡和谐社会的重要依据。

胡鞍钢教授是著名的中国国情研究专家，主要研究领域为中国经济发展与发展政策，现任中国科学院–清华大学国情研究中心主任，清华大学公共管理学院教授。胡鞍钢早年研习工学，在中国科学院自动化研究所获博士学位。1991 年在美国耶鲁大学经济系进行博士后研究；此后十几年在美国 Murray State 大学经济系、麻省理工学院人文学院、香港中文大学经济学系、日本庆应义塾大学公共管理学院、哈佛大学肯尼迪政治学院、法国社会科学与人文学院中国研究中心等机构做访问教授或访问研究员。胡鞍钢教授著作颇丰，已经正式出版关于中国国情与发展研究的系列专著 60 余部。他所撰写的国情报告往往是中国高层的必读之书，并多次应中国政府有关部委邀请参与国家长远规划的制定和部门咨询。

本文原载于中国《国情报告》2011 年第 15 期，合作者马伟为胡鞍钢教授的博士研究生。对胡鞍钢教授学术思想有兴趣的读者，还可参阅其《中国国家能力报告》、《中国经济波动报告》、《中国地区差距报告》、《就业与发展——中国失业问题与就业战略》、《中国发展前景》、《中国挑战腐败》、《中国战略构想》、《影响决策的国情报告》、《中国大战略》、《第二次转型：国家制度建设》、《透视 SARS：健康与发展》等著作。

正文

认识中国国情，特别是认识中国现代社会的基本性质和基本矛盾，乃是认清中国现代化发展问题的根本依据，也是确定中国现代化发展战略的理论基础。中国现代社会的基本矛盾是传统农业经济与现代工业经济的矛盾，突出地表现为城市与乡村之间的结构矛盾，包括传统农业与工业化、农村与城市等矛盾。这一矛盾决定了中国发展的关键就是实现工业化、城市化和现代化的基本任务，也是认识现代中国经济社会转型道路的基本线索。

一、问题的提出：从二元结构到四元结构

现代中国经济社会结构是从哪里演变而来？又发生了什么样的历史变迁？又是怎样形成今天的新格局？今后几十年它又会向什么方向演进？我们如何比较完整而清晰地描述其发展的历史轨迹，又如何选择适宜的量化指标进行定量分析以及深入的理论分析？本文试图探索和回答这些问题。

传统发展经济学理论将二元结构定义为边际产出等于或接近于零的农村农业部门与边际产出较高的城市工业部门的并存状态，即暗含假设农村等同于农业，城市等同于工业；并且经过不断发展，农村农业剩余劳动力不断转移至城市工业，最终消除经济社会的二元分割状况，形成新古典经济学所谓的一元化市场，即二元结构仅仅是阶段性特征。但根据工业化与城市化的二维视角，经济社会并不能简单地划分为农村农业和城市工业两个部门，而是存在四个部门（图 1）。实际上，自 1972 年世界银行首次提出非正规就业以来，世界上主要发展中国家都出现了大规模的城市非正规就业人群，这已经突破了最初的二元经济理论。由于非正规经济的特殊性，一些发展经

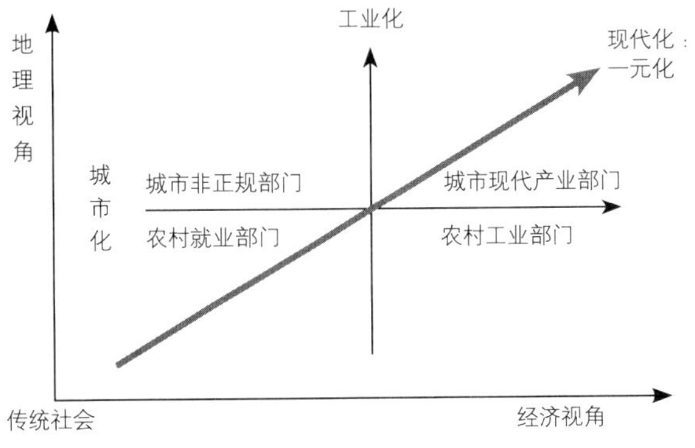

图 1　城乡结构分析框架

济学家引入非正规部门提出了三元结构理论和四元结构理论。中国的经济历史和转型实践则进一步突破了二元结构理论，除了日益庞大的城镇非正规就业外，在中国农村出现了规模巨大的农村工业部门，即乡镇企业。所以，当代中国实际上存在着四元经济社会结构。

为了更准确地了解近现代中国经济历史、更深刻地认识这一历史，本文从经济历史、经济统计和经济理论三个方面出发，实证分析和梳理中国工业化与城市化过程中经济社会结构转型的历史变迁和历史轨迹，认为中国的特殊国情使中国走出了不同于其他国家经济社会结构演变的发展道路，它先后经历了几个不同的转型阶段：一是1840—1948 年从传统农业解体到城乡二元经济社会结构的漫长演变阶段；二是 1949 — 1977 年计划经济体制下的城乡二元经济社会结构分割和强化阶段；三是 1978—1991 年农村改革和农村工业化迅速发展所伴随的二元经济社会结构开始解体并逐步转向三元经济社会结构，即农业部门、乡镇企业部门、城镇正规部门[1]；四是 1992 年之后建立和完善社会主义市场经济体制和城市化迅速发展所伴随的四元经济社会结构，即农业部门、乡镇企业部门、城镇正规部门与城镇非正规部门。[2]这是一个不断实现中国工业化与城市化的重大转型历史过程和社会变迁，无论是从人口规模，还是从转变方式，都是世界现代历史所未有过的，即使是与印度相比，中国经济社会转型也是独特的，这已经大大不同于经典的二元经济理论所描述的经济形态演变的假设，包括刘易斯、费景汉拉尼斯等、哈里斯托达罗等的二元经济理论[3]、菲尔兹三元经济理论[4]、拉尼斯与斯图尔特的四元结构等经济理论。[5]我们只能做"事后诸葛亮"，力图从定量的角度刻画这一历史演变的轨迹，从理论的角度分析其内在的历史动因，并试图说明未来发展的走向。

研究现代中国经济社会变迁的最大难点是缺少一目了然的数据，因此必须对国家统计局公布的基础数据重新定义和技术处理。本文对四元结构进行了界定，从经济结构和就业结构两个方面计算或估算了 1949—2009 年期间的历史数据。就业结构数据主要根据国家统计局所公布城乡从业人数来估计不同时期的四元就业：农业就业人数，不包括国营农垦（尽管他们从事农业，但是更具现代化因素，又属于正规就业），数据来自《新中国农业 60 年统计资料》（北京：中国农业出版社，2009）；农村非农业就业人数，包括国营农垦、社队企业或乡镇企业、农村个体工商户或其他人员，数据来自农村就业人数与前项农业就业人数相减数；城镇非正规就业，包括私营企业[6]、个体工商户和未统计（自我就业、灵活就业、农民工等），其中，城镇个体、私营就业人数 1952—1995 年数据来自《中国劳动统计年鉴 1996》，1996—2009 年数据来自《中国统计年鉴 2010》中"个体、私营"相加数，"未统计"就业人数 1990—2009 年数据来自《中国统计年鉴 2010》，之前系作者估计；城镇正规就业人数，包括城镇国营或国有单位职工、城镇集体所有制单位职工、新兴正规就业（包括股份有限公司、港澳台商投资单位、外商投资单位），1952—1989 年数据（为全国职工人数）来自《中国劳动统计年鉴 1996》，

1990—2009年数据来自《统计年鉴2010》中非"城镇私营、个体、未统计"项相加数。[7]经济结构数据系作者根据国家统计局所公布的GDP数据对不同时期的四元经济估算：农业增加值数据来自《新中国农业60年统计资料》；农村非农产业增加值，1949—1977年数据系作者估计，1978—2009年数据按乡镇企业增加值计算，来自《新中国农业60年统计资料》；城镇非正规经济增加值，包括私营经济、个体经济、未统计经济，数据系作者估计[8]；城镇正规经济增加值，等于全国城镇增加值（GDP减去农村增加值）减去非正规经济增加值。[9]计算结果见表1。作者根据该计算，定量地描述了1949—2009年期间即60年中国就业结构与经济结构动态变化的历史轨迹（图2、图3），在此基础上，分析了不同时期的经济社会结构演变特点及原因。

四元就业与经济结构（1949—2009）（单位：%） **表1**

年份	就业占全国比重				增加值占GDP比重			
	农业	非农业	正规	非正规	农业	乡镇企业	正规	非正规
1949年	86.21	5.31	4.47	4.00	58.35	5.31	24.24	12.1
1950年	85.14	5.18	5.45	4.23	59	5.11	24.16	11.74
1951年	84.27	4.92	6.57	4.24	55.01	4.78	27.97	12.24
1952年	83.37	4.64	7.73	4.26	50.96	4.47	31.88	12.69
1953年	82.90	4.21	8.69	4.20	46.28	4.04	36.35	13.34
1954年	82.97	4.47	9.17	3.40	46.02	4.29	38.81	10.88
1955年	83.09	4.36	9.68	2.87	46.66	4.18	40.02	9.14
1956年	80.38	6.62	12.93	0.07	43.51	6.43	49.85	0.2
1957年	81.04	5.47	13.05	0.44	40.58	5.29	52.75	1.39
1958年	57.86	22.21	19.53	0.40	34.39	21.84	43.14	0.63
1959年	61.71	17.70	20.15	0.44	26.88	17.24	55.03	0.84
1960年	65.10	11.26	23.06	0.58	23.59	10.61	64.51	1.29
1961年	76.41	2.74	20.21	0.64	36.46	1.98	59.77	1.79
1962年	81.28	1.21	16.68	0.83	39.72	0.37	57.1	2.81
1963年	81.57	1.15	16.41	0.87	40.6	0.27	56.2	2.94
1964年	81.31	1.28	16.59	0.82	38.75	0.39	58.05	2.82
1965年	80.70	1.39	17.32	0.60	38.2	0.48	59.31	2
1966年	80.54	1.49	17.44	0.52	38.57	0.52	59.18	1.74
1967年	80.64	1.68	17.22	0.46	40.48	0.66	57.38	1.49
1968年	80.63	1.73	17.25	0.39	42.35	0.7	55.71	1.24
1969年	80.54	1.93	17.20	0.33	38.17	0.85	59.85	1.12
1970年	79.65	2.02	18.05	0.28	35.4	0.9	62.77	0.94
1971年	78.60	2.12	19.05	0.23	34.23	1	64.03	0.74
1972年	77.69	2.23	19.90	0.18	32.99	1.03	65.39	0.58
1973年	77.51	2.34	20.02	0.14	33.5	1.11	64.96	0.44
1974年	76.94	2.49	20.47	0.10	34.02	1.24	64.45	0.29
1975年	75.91	2.55	21.48	0.06	32.52	1.28	66.01	0.19

续表

年份	就业占全国比重				增加值占 GDP 比重			
	农业	非农业	正规	非正规	农业	乡镇企业	正规	非正规
1976 年	74.56	3.06	22.33	0.05	32.95	1.8	65.12	0.14
1977 年	73.24	3.59	23.14	0.04	29.51	3.6	66.78	0.11
1978 年	69.25	7.06	23.66	0.04	28.19	5.74	65.98	0.09
1979 年	68.59	7.03	24.30	0.08	31.27	5.62	62.82	0.29
1980 年	67.59	7.57	24.65	0.19	30.17	6.28	62.93	0.62
1981 年	66.97	7.75	25.02	0.26	31.88	6.57	60.71	0.84
1982 年	67.04	7.73	24.91	0.32	33.39	7.03	58.46	1.12
1983 年	66.00	8.70	24.80	0.50	33.18	6.84	57.7	2.28
1984 年	63.02	11.60	24.67	0.70	32.13	8.79	55.61	3.46
1985 年	61.43	12.89	24.78	0.90	28.44	8.57	58.27	4.72
1986 年	59.95	14.13	24.98	0.94	27.14	8.5	58.44	5.92
1987 年	59.02	14.87	25.03	1.08	26.81	11.74	54.72	6.73
1988 年	58.40	15.34	25.05	1.21	25.7	11.58	55.33	7.39
1989 年	59.12	14.87	24.83	1.17	25.1	12.26	55.02	7.62
1990 年	59.29	14.39	21.71	4.61	27.12	13.42	54	5.47
1991 年	58.88	14.45	22.15	4.52	24.53	13.65	56.29	5.54
1992 年	57.68	15.32	22.35	4.65	21.79	16.66	55.79	5.76
1993 年	55.60	17.06	22.20	5.14	19.71	22.66	51.09	6.54
1994 年	53.53	18.82	22.61	5.05	19.86	22.67	50.68	6.79
1995 年	51.46	20.56	22.47	5.51	19.96	24.01	48.5	7.53
1996 年	49.79	21.31	22.06	6.83	19.69	24.81	46.56	8.93
1997 年	49.22	21.01	21.51	8.25	18.29	26.26	44.79	10.66
1998 年	49.18	20.22	17.96	12.64	17.56	26.29	40.58	15.58
1999 年	49.51	19.09	16.96	14.43	16.47	27.75	38.08	17.71
2000 年	49.46	18.43	16.07	16.04	15.06	27.37	38.22	19.34
2001 年	49.50	17.72	15.23	17.55	14.39	26.77	37.72	21.12
2002 年	49.52	16.88	14.74	18.86	13.74	26.91	36.28	23.06
2003 年	48.62	16.93	14.52	19.92	12.8	27.01	35.55	24.64
2004 年	46.45	18.34	14.54	20.66	13.39	26.15	35.16	25.29
2005 年	44.36	19.60	14.80	21.24	12.24	27.58	34.09	26.09
2006 年	42.19	20.76	15.03	22.02	11.34	27.35	34.32	26.99
2007 年	40.41	21.47	15.33	22.79	11.13	27.9	33.03	27.94
2008 年	39.13	21.88	15.45	23.54	11.31	27.98	31.9	28.81
2009 年	37.65	22.45	15.57	24.33	10.26	26.93	32.83	29.98

注：本表系作者计算。增加值按当年价格计算。

二、从传统社会解体到城乡二元结构形成（1840—1948）

中国二元经济社会结构形成绝非偶然，它是中国社会内部生产方式矛盾运动与外部国际资本积累相互作用的必然结果。[10] 历史上中国经济一直领先于世界，在1500年之后由于西方资本主义因素发展，中国开始落后；到18世纪下半叶第一次工业革命之后中国开始大大落伍；到1820年尽管中国GDP总量占世界的三分之一，但中国人均GDP仅为西欧12国的二分之一。[11] 直到1840年，西方的入侵才打破了长期停滞的中国传统农业经济社会格局，出现了某些现代资本主义因素，开始逐步形成二元经济社会。正如毛泽东指出，自从1840年的鸦片战争以后，中国一步一步地变成了一个半殖民地半封建社会。外国资本主义的入侵，促进了这种发展。外国资本主义对于中国社会经济起了很大的分解作用，一方面，破坏了中国自给自足的自然经济基础，破坏了城市手工业和农民家庭手工业；另一方面，又促进了中国城乡商品经济的发展。

1840年鸦片战争之后，西方资本主义列强利用特权，进行各类投资，在中国兴办了现代工商业，到1902年外国在中国的投资累计已达5亿美元，到1914年翻了一倍，达到10.67亿美元。[12] 外资企业一方面挤压中国本地企业成长，另一方面也成为中国企业学习的先驱。清朝政府在严重失败之后，也开始了洋务运动，兴办工业。不过，政府的无能在许多方面阻碍了现代经济发展模式的推广，他们没有能力直接参与而促进经济增长，这为私有企业的发展提供一个合适的环境。[13] 1890年，中国现代产业部门（包括制造业、矿业、电力、现代运输和商业）占GDP比重上升至0.7%（表2）。[14]

从表2看出，辛亥革命之后，中国民族资本得到一定发展，尤其是在第一次世界大战期间，一些轻工业部门取得较大发展，如纺织业、食品加工业、轻工业等劳动密集型产业，并与外国对手展开竞争。[15] 1913年现代制造业占GDP比重仅为0.6%，中国仍然以传统农业、手工业、传统运输和商业为主；1933年，中国现代产业部门（包括制造业、矿业、电力、现代运输和商业）占GDP比重上升至5.3%；后虽曾受抗日战争和解放战争负面影响，到1952年现代经济占GDP比重升至10.4%。[16] 1949年新中国成立时，农村人口占总人口的89.9%，城市人口比重为10.1%。[17]

1936年毛泽东就认识到，中国是一个政治经济发展不平衡的国家。他指出，当时"近代式的若干工商业都市和停滞着的广大农村同时存在，几百万产业工人和几万万旧制度统治下的农民和手工业工人同时存在"。[18] 这是一个典型的现代工商业与传统农业、现代都市与传统

中国GDP结构（1890—1952）（单位：%）　　**表2**

	1890年	1913年	1933年	1952年		1890年	1913年	1933年	1952年
种植业、渔业和林业	68.5	67.0	64.0	55.7	现代运输和商业	0.4	0.8	1.5	2.8
手工业	7.7	7.7	7.4	7.4	贸易	8.2	9.0	9.4	9.3
现代制造业	0.1	0.6	2.5	4.3	政府	2.8	2.8	2.8	
采矿业	0.2	0.3	0.8	2.1	金融	0.3	0.5	0.7	10.4
电力	0.0	0.0	0.5	1.2	个人服务	1.1	1.2	1.2	
建筑	1.7	1.7	1.6	3.0	住宅服务	3.9	3.8	3.6	
传统运输和商业	5.1	4.6	4.0	3.8	GDP	100.0	100.0	100.0	100.0

资料来源：安格斯·麦迪森：《中国经济的长期表现：公元960—2030年》，第48页。

农村同时并存的二元经济社会。1949年，毛泽东同志再次对当时“一九开”基本国情的落后性与现代性做了精辟概述：中国已经有10%左右的现代性工业经济，这是进步的，和古代不同；还有90%左右的分散的个体农业经济和手工业经济，这是落后的，是和古代没有多大区别的。我们还有90%左右的经济生活停留在古代的落后状态。[19]总体来看，这一时期中国农业的发展，有进步，也有停滞，但进步是局部的，而停滞是整体的。[20]中国经济发展在此期间出现了明显下降、再上升、再下降的复杂情形：按照麦迪森的数据，这一时期中国的人均GDP水平，先是从1820年的600美元（1990年国际元）下降至1870年的530美元；后不断上升，到1936年达到高峰597美元；而后持续下降至1950年的448美元，比1820年和1936年人均GDP水平下降了1/4，也低于同年印度619美元的水平。[21]这是中国现代经济增长的历史起点。

由此可见，近代以来，国际资本入侵，对中国传统农业社会的解体，一方面造成广大农村日益衰落，形成典型的农村贫穷经济；另一方面列强在少数沿海城市或“飞地”建立了现代化经济部门，从而初步形成了“一九开”的现代中国经济社会二元结构。正是在这一历史起点下，中国开始进入现代经济增长时期，也开始进入现代经济社会二元结构转型时期。可以预见，这一历史起点越低，二元结构差异越大，这一转型的任务就越艰难，实现这一转型的历史过程就越长，也意味着中国必须独辟蹊径，开拓独特的工业化、城市化和现代化道路，才能根本实现这一历史转型。

三、计划经济体制下二元结构的演变（1949—1977）

一国工业化初始条件，是该国工业化发展最重要的制约条件。由于各国经济发展初始条件不同，其发动因素、限制因素作用程度不同，因此工业化发展道路不同，二元经济社会的演变历史轨迹也不同。如果比较同期中国和印度、明治维新的日本、原苏联工业化初期（1926—1928年），会发现当时的中国与20世纪20年代的苏联相差甚远，与明治维新之后的日本以及当时的印度比较接近，即制约工业化、城市化和现代化发展的生产力因素依然存在，包括中国人口基数太大，人均资源占有量少，工业化基础十分薄弱，人均国民生产总值（GNP）水平低等。[22]可见，新中国的建立并不会自动解决二元经济结构问题，也不可能在短时间内解决这一问题。

1949年新中国建立之初，中国是一个传统农业与现代工业、传统农村与现代都市并存的二元经济社会结构。如果细分的话，当时已经具有四元经济社会结构的影子：在城市同时存在正规就业与非正规就业两类不同经济和就业，大体一半对一半，1949年全国城镇就业总数为1533万人，其中正规就业比重为52.8%，非正规就业即个体、私营经济部门就业者比重为47.2%；在农村同时存在农业与非农业就业，但是农业占绝大部分，1949年全国农村就业总数为15589万人，其中农业劳动力人数占农村就业总数的94.2%，非农业劳动力人数占5.8%。

20世纪50年代初，在迅速恢复国民经济之后，毛泽东就开始考虑如何由新民主主义过渡到社会主义问题，他提出了“一化三改”路线。[23]在农村，开展合作化运动。到1956年底，农业就业人数占乡村总就业比重达到95.1%，农业生产总值占农村生产总值的96.46%。[24]在城镇，开展一系列社会主义改造运动。经过改造后，我国城镇就业结构和经济结构发生了重大变化。城镇公有经济就业比重由1952年的64.68%提高至1956年的99.47%，城镇非公有经济就业比重由35.52%降至0.53%，而后大体在5%以内。城镇非公有经济占GDP比重由1953

年的13.34%降至1956年的0.20%，而后大体在3%以下。从1956年到1977年，除了1961—1969年外，城镇正规就业比重一直维持在98%以上；非正规就业比重到1977年达到历史最低点0.16%。城镇的基本经济结构转变为单一的公有制正规经济，非正规经济基本消失。从国际比较来看，中国是当时世界人均收入最低的发展中人口大国，也是在所有城镇既消灭了私人经济、个体经济等非正规经济，也消灭了非正规就业的发展中国家，这显然不符合中国基本国情。[25]

特别需要指出的是，1958年国家颁布的《中华人民共和国户口登记条例》确立了以户籍制度为核心的一系列制度安排，将整个社会切分成城乡对立的两大部分，严格限制了劳动力的流动和农民向市民的转化。这一时期（1949—1977年），一方面农村总人口和劳动力总量持续高增长，分别从1949年的4.84亿人和1.70亿人增加至1977年的7.83亿人和3.03亿人，分别增长了61.8%和78.2%，进一步强化了城镇与乡村的二元经济社会结构；另一方面农村人口和劳动力占全国比重不断下降，分别从89.4%和90%下降至82.4%和76.8%（图2）。[26]

农村的一元结构并不是一成不变的，政府曾正式发动了两次农村工业化“小高潮”。第一次遭到失败，第二次比较成功，为改革开放的乡镇企业异军突起奠定了基础。第一次是1958年毛泽东发动的“大跃进”运动。他要求各地方的工业总产值，争取在5年，或者7年内，或者10年内，超过当地的农业产值。[27]在政治动员的作用下，全国各地社队企业“遍地开花”，农村一度出现了工业的迅速发展，到1959年达到高峰，有社办工业企业70万个，总产值100亿元，比上年增加值60%，约占农村工农生产总值的16.75%；而后迅速回落，1960年降至50亿元，占农村工农总产值的9.86%；与此相适应，农村非农业就业也出现高潮，其所占农村就业比重在1958年达到27.74%。但是很快遭遇失败。由于受到3年自然灾害的影响，中共中央采取紧急措施，停止大炼钢铁、大办工业，农村非农就业比重迅速下降，到1963年达到最低值1.39%，社队企业生产总值占农村生产总值也降至5.89%。[28]第二次是发动农村工业化。1970年全国社队企业工业产值为67.6亿元，到1977年达到332亿元[29]；农

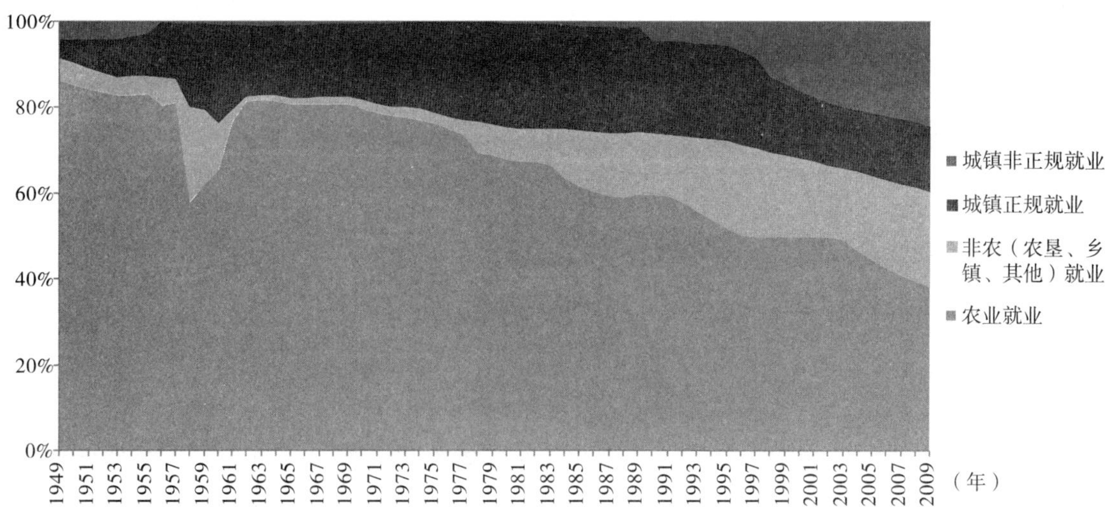

图2　就业结构变动（1949—2009年）

村非农业劳动力比重逐步上升，到1977年达到4.67%；农村非农业生产总值比重升至20.95%。[30]从国际比较来看，农村出现较大规模的工业化是中国所独特具有的，这是世界上其他发展中国家甚至发达国家所未出现过的现象。这时期发展起来的社队企业为20世纪80年代乡镇企业的发展与崛起奠定了初步基础。

在农村出现的两次工业化“小高潮”并没有在整体上改变农业部门仍然是农村经济，尤其是农村就业仍然是农业绝对主导的格局。农村劳动力流动在这个期间由于政策的变化出现了强制性的波动变化，但总体上是受到严格限制的。城镇仍然表现为国有正规部门经济形态，非正规经济规模极小。虽然我国经济社会仍然主要由城市正规部门与农村农业部门组成，但这已经不是典型意义上市场自发形成的城乡二元结构，而是受到计划经济体制和户籍制度影响不断人为强化的二元经济社会结构。

四、从二元结构到三元结构（1978—1991）

随着“文化大革命”的结束，十一届三中全会开启了我国经济社会改革开放的新时代。以中国农民的创新与实践精神为基础，改革首先从农村地区的家庭联产承包制拉开序幕。1982年中央一号文件明确指出，目前农村实行的各种责任制，都是社会主义集体经济的生产责任制；1983年，中央再次下发一号文件，指出联产承包制是在党的领导下我国农民的伟大创造。[31]农村改革政策迅速解放了生产力，农业生产实现了平稳较快增长，城乡差距在20世纪80年代初曾一度缩小，但很快随着城市改革的开始，差距再一次拉大。受我国人口基础大、人口增长快的影响，虽然一部分劳动力流动到城市或者乡镇企业工作，但农村农业劳动力人数在这一时期仍然继续增加，从1978年的2.78亿人增加到1991年的3.86亿人；农业增加值从1978年的1028亿元上升至1991年5342亿元；不过，农业劳动力人数占农村就业比重、农业增加值占农村增加值比重均呈下降趋势，前者从1978年的90.75%下降到80.29%，后者从1978年的83.1%下降至1991年的64.24%。

与此同时，十一届三中全会《中共中央关于加快农业发展的若干问题的决定》提出要大力发展社队企业，提高社队企业经济比重。1982年，国家制定“严格控制大城市，适当发展中等城市，积极发展小城镇”的城镇化方针，实行大力发展社队企业、就地转移农村剩余劳动力的政策。1984年，国家将社队企业更名为“乡镇企业”，明确了乡镇企业的发展方向，开辟了乡镇企业发展的黄金时代。1986年的中央一号文件指出，“不发展农村工业，多余劳动力无出路”，乡镇企业“为我国农村克服耕地有限、劳力过多、资金短缺的困难，为建立新的城乡关系，找到了一条有效的途径”[32]。1987年，党的十三大报告提出要“继续合理调整城乡经济布局和农村产业结构，积极发展多种经营和乡镇企业”。政策的支持成为乡镇企业蓬勃发展的有力推手，1978年乡镇企业就业人数为2826.56万人，到1991年则达到9614万人，占农村劳动力总数的20.21%，1978—1991年平均每年增加就业人数为621.7万人。1978年，乡镇企业增加值为209.39亿元，到1991年达到2972亿元，年平均增长率达26%，占农村增加值的比重也达到35.74%。[33]农业劳动力“离土不离乡，进厂不进城”，就地转化为产业劳动力，引发了农村社会出现新的经济活力。乡镇企业“异军突起”，为国民经济发展和创造就业作出了巨大贡献，成为“农村经济的重要组成部分”。

随着我国经济社会逐步转型，社会主义市场经济体制逐渐形成和完善，对城镇就业及农民工进城的限制也逐渐宽松。1980年，中共中央、国务院召开全国劳动就业工作会议，提出在国家统筹规划和指导下，实行劳动部门介绍就业、自愿组织起来就业和自谋职业相结合的政策。1984年，允许务工、经商等从事服务业的农民自带口粮在城镇落户。1985年，公安部颁布《关于城镇暂住人口管理的暂行规定》，允许暂住人口在城镇居留。在这个阶段，农民开始较大规模进入城市就业，但是由于民工潮涌带来许多管理和社会问题，不久，国务院开始针对一些地方自行放宽"农转非"标准的做法，进行了纠正。1989年，国务院下发《关于严格控制"农转非"过快增长的通知》，要求各地区要把"农转非"人数严格控制在计划指标之内，不得突破。一些大城市也对外来人口进行了清理，大批农民工重新还乡。因此，城镇农民工进城务工人数在20世纪80年代虽有所增加，但其占城镇总就业比重保持在5%以下。直到进入20世纪90年代后，才开始了更大规模的劳动力流动。受此影响，城镇非正规就业人数到1990年达到2984万人，1991年稍有回落降为2959万人，占城镇总就业的16.94%。城镇正规就业人数占城镇总就业比重从99.84%下降至83.06%。这说明，在该阶段，城乡分割的政策虽有所松动，但对于农村剩余劳动力的流动仍然采取较为严格控制的政策，导致农民进城务工的数量较为有限，城镇仍然是以国有、集体及新兴正规企业等正规经济为主。

如果说，中国农村改革第一大发明是家庭联产承包制的话，那么第二大发明则是乡镇企业异军突起。[34]如前所述，20世纪50年代以来中国的工业化定位为"国家工业化"，首先是国家发动、国家主导、国家投资、国有经济为主体的工业化，基本排斥了民间参与、非国有经济参与；其次也是城市工业化，即以城市为主导、为主体，又排斥了农村工业化、农民参与。改革以来，乡镇企业异军突起，使中国农民找到了一条参与工业化的现实途径，从而彻底改变了中国工业化的发展模式[35]；在城乡分割条件下，在农村地区发动工业化、推动工业化，提高了农村经济的分工水平，加速了农村劳动力从农业部门向非农业产业转移，在改造传统农业，提高非农经济收入等方面，起着积极的作用。乡镇企业部门与传统农业部门组成了中国农村社会唯一具有的独特二元经济结构；加上城镇正规经济部门，这一时期中国经济社会则由二元结构转为三元结构（图3）。

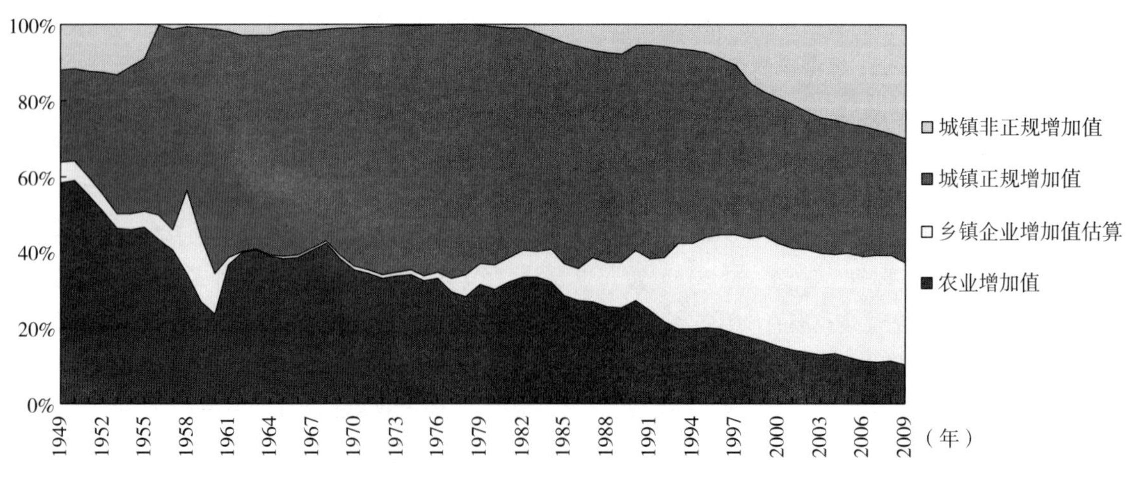

图3 GDP结构变动（1949—2009年）（当年价）

五、从三元结构到四元结构（1992—2009）

进入 20 世纪 90 年代，中国经济社会结构的重大变化是从三元结构逐渐转变到四元结构，特别是在城市地区出现了高速增长的非正规经济，超大规模的非正规就业成为我国经济的重要组成部分。非正规经济大体包括两个方面，一是个体经济、私营经济，这包括在国家统计局的就业统计范围内；二是农民工等流动人口，但未在国家统计局的统计范围内，只是作为差额项估计的。

从农村地区来看，农业与非农业就业结构、经济结构的关系继续发生深刻变化，先后经历了三个阶段：首先，农业劳动力绝对数在 1991 年达到高峰 3.9 亿，而后呈下降趋势，到 1996 年，降至 3.482 亿；与此同时，乡镇企业就业人数从 9609 万人上升至 1995 年最高峰 1.35 亿。其次，20 世纪 90 年代下半期至 21 世纪初，由于国内市场关系发生重大变化以及受亚洲金融危机的外部冲击影响，出现了与上半期相反的情况，农业劳动力开始上升，到 2002 年达到高峰 3.687 亿；乡镇企业就业人数呈先下降后上升趋势，直到 2003 年才超过了 1996 年的总数。再有，从 21 世纪初开始，农业劳动力大幅度下降，到 2009 年已降至 3 亿以下，比 2002 年的小高峰减少了 7162 万人；与此同时乡镇企业就业人数开始持续增长，到 2009 年达到 1.559 亿人，比 1996 年增加了 2080 万人。从经济结构来看，农业增加值占 GDP 比重持续下降，从 1991 年的 24.5%，降至 2009 年 10.6%，下降了近 14 个百分点；乡镇企业增加值占 GDP 比重不断提高，于 1993 年超过农业增加值，到 2008 年，这一比重达到最高峰，接近 28%，这既反映了农村工业化产出规模已经超过了农业产出规模，农村经济已经以非农业为主的新的特征。从国际视角比较看，中国不仅是世界农业劳动生产率增长最快的国家之一，也是世界上各国农村工业化比重最高的国家之一，这已经大大不同于传统的农村经济社会类型。

从政策背景来看，国家对于私营经济及劳动力流动的政策逐渐发生变化。1992 年党的十四大报告确立了建立社会主义市场经济体制的改革目标，提出了大力发展非公有制经济包括个体经济、私营经济、外资经济，多种经济成分长期共同发展[36]；1997 年，党的十五大报告将非公有经济作为我国社会主义市场经济的重要组成部分。[37] 这成为城镇个体经济、私营经济等非正规经济迅速发展的“加速器”。城镇个体、私营经济的就业人数从 1992 年的 837 万人上升至 2009 年的 9798 万人，年平均增长率高达 15.6%，占城镇就业比重从 4.7% 上升至 31.5%。这表明，城镇个体、私营经济的非正规就业已经占到我国城镇就业总数的近三分之一。

从发展阶段来看，农民工进城不但促进了城镇经济的发展与繁荣，还给居民消费、农业生产也带来了极大的促进作用。进入 20 世纪 90 年代至 90 年代末，中国开始从低收入向下中等收入过渡，进入 21 世纪，中国又开始向上中等收入过渡；与此同时伴随着城乡居民消费结构迅速变动，尤其是恩格尔系数迅速下降。人均收入迅速增长以及城乡居民消费结构显著变动，有力地推动了农业增加值占 GDP 比重和农业就业占全社会就业比重持续下降，农业增加值比重从 1992 年的 21.8% 下降至 2009 年的 10.3%。这意味着这一时期伴随着农业产出高增长（4.0%）与农业劳动力数量的大幅度下降，中国农业劳动生产率呈现高增长态势，这是农业劳动力转移和农村劳动力转移的巨大推力。与此同时，也形成了促进农村人口和劳动力向城市转移的巨大拉力，突出表现为城乡居民之间的收入差距：一是城镇居民家庭人均可支配收入增长速度明显超过农村居民家庭人均纯收入增长速度，在 1991—2009 年期间，分别为 8.3% 和 5.5%；二是两者的相对收入差距不断扩大，在这一时期由 2.40 倍上升至 3.33 倍；

三是农村新生劳动力人力资本水平明显提高，增加了他们向城镇流动、转移、就业、安家的能力，从而成为城镇居民和劳动力的重要组成部分，带动了城市人口迅速增长和占总人口比重持续上升。

20 世纪 90 年代以来，农村剩余劳动力向城市转移的规模越来越大，构成城镇非正规就业的主要组成部分。农民工等未统计部分就业人数从 1992 年 2236 万人升至 2009 年 9197 万人，年平均增长率高达 8.7%，占城镇就业比重从 12.5% 升至 29.5%；如果将城镇私营、个体经济非正规就业计入在内，城镇非正规就业人数占城镇就业比重则从 17.2% 上升至 61%，比正规部门就业比重 39% 高出 22 个百分点。

1949 年以来，我国城镇一直存在正规就业与非正规就业的就业形式。从两者占城镇总就业比重构成来看，经历了正规就业的倒"U"字曲线：先迅速上升，保持极高的比重，而后不断下降；同时也经历了非正规就业"U"字曲线：先迅速下降，以至于基本消失，而后开始上升，进入 20 世纪 90 年代以后迅速上升，且居主导地位。与城镇就业结构变动趋势相比，城镇正规经济与非正规经济也经历了大体一致的发展趋势：正规经济呈现倒"U"字曲线，非正规经济呈现"U"字曲线，也反映了城镇正规经济与非正规经济并存，且非正规经济规模已接近正规经济部门规模。图 4 充分反映和证明了在中国城镇呈现二元经济社会结构，而且无论是就业结构还是经济结构，非正规部门比重在上升，正规部门比重在下降，这种趋势还将持续下去。可见，中国已经不再是典型的二元经济社会结构，也不同于 20 世纪 80 年代所呈现的典型的三元经济社会结构，而出现了世界上 100 多个发展中国家十分独特的四元经济社会结构，与发展经济学所描绘的二元经济社会演变轨迹的理论假设大为不同。

六、未来转型方向：从四元结构到一体化和均等化

城乡二元结构作为中国社会最基本的结构划分，反映了新中国成立以来经济转型与社会转型的基本状况。发展引起转型，转型促进发展。在农村出现的乡镇企业作为就地转移农业剩余劳动力的主要渠道，促进了传统农村社会的转型。与农业相比，乡镇企业是一种接近现代工业并具有组织化运作模式，市场竞争程度非常高，劳动生产率增长较快，收入水平相对较高，出口依存度比较高，它们代表了中国农村工业化。[38] 乡镇

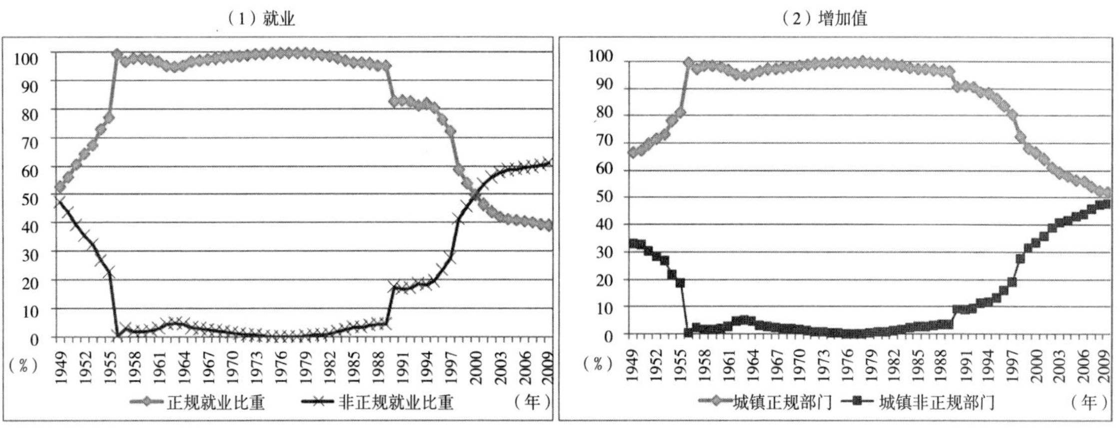

图 4　正规与非正规部门占城镇总量比重（1949—2009 年）

企业作为非正规就业，又是吸纳剩余劳动力转移的另一个主要渠道，“工作时间长、工资水平低、岗位不稳定且缺少社会福利。”[39] 非正规就业人员，尤其是农民工与城市正规就业居民之间在收入、社会身份、自身素质、社会保险、公共服务、社会权利、子女就学等诸多方面一直存在着较大的差距，形成了城市社会中显著不同的两个阶层，构成了我国城镇社会的二元结构。在原有的农村农业部门和城市工业部门的二元基础上，加上乡镇企业部门和城镇非正规经济部门，它们一起构成了中国经济社会的四元结构，具体体现为四类社会、四种国民、四项服务（表 3）。

从 180 多年前开始中国先后经历了从传统农业社会解体到城乡二元结构形成的过程；从 60 多年前开始中国的城乡二元结构不断演变和进一步强化；从 30 多年前开始中国又先后出现了三元、四元经济社会结构的历史转型；未来几十年发展的基本方向也必须按照这一独特的历史逻辑走向四元一体化，尤其是处在不同结构中的人口基本公共服务均等化。中国的工业化、城市化和现代化道路，既有别于发达国家走过的道路，也有别于其他发展中人口大国从二元或者三元到一元的转型道路。换言之，中国所呈现的四元经济社会结构本身就是十分独特的，因而未来演变也是十分独特的，它的基本方向就是城乡一体化、城市内部一体化、农村内部一体化，即经济社会一体化、趋同化和现代化。为了顺应这些发展趋势，从国家“十一五”就开始形成了相互关联、相互促进的“四化”的基本思路，即农业现代化、农村工业化、农民工市民化、城乡居民基本公共服务均等化。

1. 农业现代化。我国农业正经历着前所未有的发展转型，基本方向是向现代农业转变，实质是使农业更加具有现代性：一是农业生产组织不断地变革，各类农业企业蓬勃发展，农业产业化经营水平不断提高，农户与农业企业形成激励相容、利益共享、风险共担机制[40]，更加适应地区市场、国内市场和国际市场的变化，并对此作出

城乡四元经济社会特征 **表3**

主要内容	特征	农村二元结构		城镇二元结构	
		农业社会	农村工业	城镇非正规经济	城镇正规经济
四类社会	经济主体	传统农业	乡镇企业	个体、私营、未统计	公有、股份、外资、港澳台
	就业主体	农民	农民工	农民工	城镇居民
	户籍状况	农村户口	农村户口	主要农村户口	城市户口
	居住地点	农村	农村	城镇	城镇
四种国民	收入水平	低	中等	中等	较高
	就业质量	低端就业	中低端就业	中低端就业	中高端就业
	职业类别	自我就业	非正规就业	非正规就业	正规就业为主
	人力资本	较低	中等	中等	较高
四项服务	社会保障	覆盖率极低	覆盖率较低	覆盖率较低	基本覆盖
	公共卫生	较差	中等	中等	较好
	教育提供	有待改善	有待改善	有待改善	较好
	就业服务	接近空白	有待改善	有待改善	逐步发展

积极的响应，不断提高其市场竞争能力和国际竞争能力；二是国家和社会对现代农业要素不断强化投入：农业基础设施明显改善，农业科技创新与转化能力提高，农业机械化水平不断提高，农业特别是粮食综合生产能力建设得到加强，农业服务体系更加健全等[41]；三是农业结构加快转变：要实现从低附加值到高附加值、从自给自足的农业模式向高效开放的现代农业模式转变，积极参与全球市场，在更大范围、更高层次上参与全球农产品贸易市场和农业贸易一体化；四是农业劳动生产率大幅度提高，农业劳动力人数明显减少。

2. 农村工业集聚化。中国已经成为世界上规模最大的农村工业化国家，乡镇企业已经成为国民经济和工业、服务业的重要组成部分。但是，由于在筹资、技术条件等方面存在不足，乡镇企业面临着较大的生存压力。这就需要一方面"推进乡镇企业结构调整和产业升级"[42]，帮助技术改造和技术进步，积极发展和应用绿色技术；另一方面要重视规模经济和范围经济，推动要素不断积聚，从"队（村）－社／乡－镇"不断走上产业集群化道路，将乡镇企业导向规范的工业园镇，集中利用土地资源，集中提供政府公共服务、金融保险和物流等社会服务，产生产业集群效应。与此同时还要大力发展农村服务业，优先发展农村义务教育、农村卫生事业、农村文化事业，重点发展农村金融保险服务体系，完善农村服务流通体系，建立农村商业网点[43]，鼓励发展农村交通运输业。

3. 农民工市民化。单一的正规部门就业模式不可能解决我国城镇新增就业和乡村向城镇转移劳动力，大力发展城镇非正规就业和经济符合我国基本国情。[44]因此，国家需要继续鼓励农村人口和劳动力进城务工就业，优先将那些因城市建设承包土地被征用、完全丧失土地的农村人口转为城市居民，负责提供就业援助、技能培训、失业保险和最低生活保障等[45]，要把符合落户条件的农业转移人口逐步转为城镇居民作为推进城镇化的重要任务[46]，使他们能够真正"安居乐业"，平等享受公共服务，在劳动报酬、劳动时间、法定假日和安全保护等方面享有同等权利。[47]

4. 城乡居民基本公共服务均等化。党中央关于"十二五"规划建议正式提出，按照推进城乡经济社会发展一体化的要求，逐步完善符合国情、比较完整、覆盖城乡、可持续的基本公共服务体系，提高政府保障能力，推进基本公共服务均等化。如健全覆盖城乡居民的社会保障体系，到2015年实现农村社会养老保险制度全覆盖。健全覆盖城乡居民的基本医疗保障体系。[48]通过实行城乡公共服务均等化，加快城乡生活水平和公共服务水平趋同。

尽管实现农业现代化、农村工业化、农民工市民化、城乡居民基本公共服务均等化是一个长期的艰巨的历史性任务，但它却是破解"中国难题"的重大社会创新和巨大社会实践，我们已经开始找到了"中国方法"，也开始有了"中国经验"，这也会在国际上产生知识与经验的外溢性，为那些人口众多、农村人口依然占大多数的发展中国家提供可资借鉴的经验。对此，我们还需要不断探索、不断总结，更重要的是将这些实践变为"真知"。

七、结论：中国经济社会转型的独特道路

中华文明史比任何一个西方国家的文明史都更丰富和复杂[49]，中国现代化历史也比任何一个发达国家或发展中国家的现代化历史都更丰富和复杂。进入近代和现代之后，中国经济社会发展和结构的历史演变，既大大突破了经典的二元经济理论所预言的从二元到一元的历史轨迹，也出现了发达国家或其他发展中国家未曾经历的大规模农村工业化，走了一条独特的"中国之路"。100多年来，中国先后经历了

几个不同的经济社会结构转型阶段。首先，从1840年随着资本主义的入侵，几千年的传统农业社会开始解体，历经100多年逐渐形成了城乡二元经济社会结构。其次，1949年之后，新中国政府在极低水平条件下发动国家工业化，建立了计划经济体制，采取了限制人口流动的户籍制度，进一步强化了城乡二元经济社会结构。第三，伴随着农村改革和农村工业化（乡镇企业）兴起，有力地打破了城乡二元结构的基本格局，迅速形成了中国特有的三元结构。第四，20世纪90年代下半期以来，私营、个体经济迅速兴起，大量农民工进城务工，城镇非正规经济和就业出现爆炸性增长，迅速形成了中国特有的四元结构。可以认为，中国已经形成了四大经济板块、四大社会群体。

未来中国经济社会结构发展趋势将沿着中国特有的历史逻辑演变。这包括：一是农业现代化：农业生产组织化、专业化、企业化、产业化；现代要素大规模投入、迅速扩散、广泛应用；农业结构更加多元化、差异化和高附加值化。二是农村工业化：乡镇企业经营形式现代化、多样化、规范化；生产服务特色化、绿色化、高效化；产业结构优化升级、发展方式调整转型。三是农民工市民化：社会待遇公平化、公共服务均等化、职业培训常规化；让农民工融入城市、融入企业、融入社区、融入公共服务体系。中国是世界上极其特殊的国家，中国的经济社会发展经历了与其他国家不同的转型过程，走出了一条独特的社会主义现代化道路，只有不断要求增加和强化社会主义因素，如教育公平、就业公平、健康公平、社会公平、社会保障、基本住房保障等，推动城乡之间、城市内部、农村内部一体化，推进农业现代化、农村工业化、农民工市民化和城乡居民基本公共服务均等化，才能最终缩小地区差距、城乡差距、贫富差距，真正实现“共同富裕”的社会主义现代化目标。

注释

1 国内一些学者认为中国特殊的国情构成了由农业、乡镇企业、城市部门组成的三元经济结构理论。参见李克强：《论我国经济的三元结构》，《中国社会科学》1991年第3期；陈吉元、胡必亮：《我国的三元经济结构与农业剩余劳动力流动》，《经济研究》1994年第4期；赵勇：《城镇化：中国经济三元结构发展与转换的战略选择》，《经济研究》1996年第3期。

2 徐庆认为，中国目前存在的四元结构为传统农业、乡镇企业、城市现代部门（股份制、外商、港澳台投资企业）、城市传统部门（城镇国有经济单位）。该划分方式没有包括非正规部门。参见徐庆著：《论中国经济的四元结构》，《经济研究》1996年第11期。

3 参见 Lewis, W. A., Economic Development with Unlimited Supplies of Labor, *Manchester School*, Vol. 22, 1954, pp.139-191；Ranis, G. and John C. H. Fei, A Theory of Economic Development, *American Economic Review*, Vol.51, No. 4, 1961, pp. 533-565；Harris, J. and M. Todaro, Migration, Unemployment and Development：A Two Sector Analysis, *American Economic Review*, Vol. 60, No. 1, 1970, pp. 126-142。

4 菲尔兹将非正规（murky sector）就业引入理论，提出三元经济理论。参见 Fields, G. S., Rural-Urban Migration, Urban Unemployment and Underemployment and Job Search Activity in LDC's, *Journal of Development Economics*, Vol. 2, No.2, 1975, pp.165-187。

5 拉尼斯与斯图尔特提出V产品（V-Goods）概念，认为在城市中非正规部门包括现代化的部门和传统部门，其中传统部门投资水平低，劳动生产率低下，收入不高，技术进步滞后；而非正规中的现代部门则属资本、技术更加密集的部门。参见 Ranis, G. and F. Stewart, V-Good and the Role of the Urban Informal Sector in Development, *Economic Development and Cultural Change*, Vol. 47, No. 2, 1999, pp. 259-288。

6 私营企业系为雇工8人以上的营利性的经济组织。在中国城镇地区，绝大部分私营企业属于微型企业、小型企业，只有极少量属于大中型企业。为了便于统计，本文将其归入非正规就业类型。

7 1949年、1950年、1951年四类就业数据均系作者估计，其中1949年农村与城镇就业人数来自国家统计局网站，http：//www.stats.gov.cn/tjfx/ztfx/qzxzgcl60zn/t20090914_402586654.htm。

8 这里为了便于定量计算，作者提出两个假定：私营和个体经济劳动生产率＝全国非农产业平均劳动生产率；未统计经济劳动生产率＝全国平均劳动生产率。由此估算：私营和个体经济增加值＝全国非农产业平均劳动生产率 × 城镇个体、私营就业人数；未统计经济增加值＝全国平均劳动生产率 × 城镇未统计就业人数。

9 需要指出的是，GDP及工业、服务业增加值数据来自《新中国60年统计资料汇编》，2009年GDP、农业、工业及服务业增加值数据来自《2010年中国统计年鉴》，其中乡镇企业增加值数据来自中国农产品加工网，http：//www.csh.gov.cn/article_312564.html。

10 参见胡鞍钢：《胡鞍钢集——中国走向二十一世纪的十大关系》，哈尔滨：黑龙江教育出版社，1995年，第178页。

11 参见安格斯·麦迪森：《世界经济千年统计》，伍晓鹰、施发启译，北京：北京大学出版社，2009年，第270-271页。

12 参见安格斯·麦迪森：《中国经济的长期表现：公元960—2030年》，伍晓鹰、马德斌译，上海：上海人民出版社，2008年，第51页。

13 参见托马斯·罗斯基：《战前中国经济的增长》，唐巧天等译，杭州：浙江大学出版社，2009年，第1、8-9页。

14 参见安格斯·麦迪森：《中国经济的长期表现：公元960—2030年》，第46页。

15 参见托马斯·罗斯基：《战前中国经济的增长》，第20页。

16 参见安格斯·麦迪森：《中国经济的长期表现：公元960—2030年》，第46-48页。

17 参见何康主编：《中国的乡镇企业》，北京：中国农业出版社，2004年，第4-7页。

18 参见毛泽东：《中国革命战争的战略问题》，见《毛泽东选集》第1卷，北京：人民出版社，1991年，第188页。

19 参见毛泽东：《在中国共产党第七届中央委员会第二次全体会议上的报告》，见《毛泽东选集》第4卷，第1430-1432页。

20 参见汪敬虞主编：《中国近代经济史1895—1927》（中册），北京：人民出版社，2000年，第1286页。

21 Angus Maddison，Historical Statistics of the World Economy：1-2008 AD，www.ggdc.net/maddison/.

22 参见胡鞍钢：《胡鞍钢集——中国走向二十一世纪的十大关系》，第186-190页。

23 参见毛泽东：《在中央政治局扩大会议上的讲话》（1953年7月29日），见《毛泽东文集》第6卷，北京：人民出版社，1999年，第285页。

24 农村生产总值＝农业生产总值＋社队企业生产总值，其中社队企业生产总值数据参见何康主编：《中国的乡镇企业》，第15页；农业生产总值参见国家统计局：《中国统计年鉴1985》。

25 参见胡鞍钢：《胡鞍钢集——中国走向二十一世纪的十大关系》，第415-419页。

26 参见国家统计局国民经济综合统计司编：《新中国60年统计资料汇编》，北京：中国统计出版社，2010年，第6-7页。1949年农村劳动力人数系作者估计。

27 参见毛泽东：《工作方法六十条（草案）》（1958年1月），见《毛泽东文集》第7卷，北京：人民出版社，1999年，第347页。

28 社队企业生产总值数据来自何康主编：《中国的乡镇企业》，第15-38页；农业生产总值、工业生产总值等生产总值数据来自国家统计局：《中国统计年鉴1985》。

29 参见何康主编：《中国的乡镇企业》，第28-31页。

30 劳动力数据参见《中国劳动统计年鉴1996》；生产总值数据来自国家统计局：《中国统计年鉴1985》。

31 1983年中央一号文件《当前农村经济政策的若干问题》。

32 《中共中央、国务院关于一九八六年农村工作的部署》（1986年1月1日），转引自《十二大以来重要文献选编》，北京：人民出版社，1986年，第875-876页。

33 参见农业部编：《新中国农业60年统计资料》，北京：中国农业出版社，2009年。

34 参见邓小平：《改革的步子要加快》，见《邓小平文选》第3卷，北京：人民出版社，1993年，第238页。

35 参见董辅礽主编：《中华人民共和国经济史》（下卷），北京：经济科学出版社，1999年，第207页。

36 参见江泽民：《加快改革开放和现代化建设步伐，夺取有中国特色社会主义事业的更大胜利》（1992年10月12日），见《江泽民文选》第1卷，北京：人民出版社，2006年，第210-254页。

37 参见江泽民.《高举邓小平理论伟大旗帜，把建设有中国特色社会主义事业全面推向二十一世纪》（1997年9月12日），见《江泽民文选》第2卷，第1-49页。

38 李克强认为，“在一定意义上，农村工业部门等同于乡镇企业，这是因为乡镇企业的主体是工业企业，而农业企业所占份额特别小，又在生产流程中与工业企业有直接联系，乡镇企业在运作和经营方式上还是自成体系的”。见李克强著：《论我国经济的三元结构》。

39 参见吴要武.《非正规就业者的未来》，《经济研究》2009年第7期。

40 参见《中华人民共和国国民经济和社会发展第十一个五年规划纲要》，第5章。

41 参见《中华人民共和国国民经济和社会发展第十一个五年规划纲要》，第4章、第6章。

42 2010年中央一号文件《中共中央国务院关于加大统筹城乡发展力度进一步夯实农业农村发展基础的若干意见》，2009年12月31日。

43 《中华人民共和国国民经济和社会发展第十一个五年规划纲要》第4、6、7章都提出了相关要求。

44 参见胡鞍钢、杨韵新：《就业模式转变：从正规化到非正规化》，《管理世界》2001年第2期。

45 参见《中华人民共和国国民经济和社会发展第十一个五年规划纲要》，第21章。

46 参见《中共中央关于制定国民经济和社会发展第十二个五年规划的建议》（2010年10月18日），中国共产党第十七届中央委员会第五次全体会议通过。

47 《中华人民共和国国民经济和社会发展第十一个五年规划纲要》，第21章提出了相关要求。

48 参见《中共中央关于制定国民经济和社会发展第十二个五年规划的建议》。

49 参见R.麦克法夸尔、费正清编：《剑桥中华人民共和国史》总编辑序，俞金尧等译，北京：中国社会科学出版社，1992年。

城市蔓延的原因

罗伯特·布鲁格曼

编者导读

没有任何空间政策方面的问题像城市蔓延一样，令城市规划师们如此关注。向外扩张、低密度的郊区开发模式遍及几乎所有的美国大都会地区。自第二次世界大战以来，美国十年一度的人口普查数据显示，大都会区域内新建住宅区的平均密度明显低于原有建成区的住宅区。正如罗伯特·费什曼在本书第 1 部分中描述的那样：美国东海岸成片的低密度科技郊区现象，如今已从波士顿的北部延伸到佛罗里达州的尽端。尽管欧洲城市一般来说比北美城市紧凑，但是低密度的发展模式同样明显出现了。在中国、印度和世界上其他国家的大城市，尽管规模不同，但围绕中心城市向外低密度发展的模式却如出一辙。例如，上海和孟买都在密集的中心城区外围进行了大片的低密度居住区开发。

城市为何会蔓延发展？蔓延是好还是坏？我们是否应该对其加以控制？你或许会惊讶于罗伯特·布鲁格曼对这些问题的看法。

如果只是抽象地询问人们对城市蔓延的看法，而不涉及这是否影响他们拥有一套带着大花园的独立别墅、家里每个成人都有一辆汽车等具体问题，大多数人会说不喜欢。他们会关注开放空间和农田的减少，开车时间的增加，交通拥挤和乏味单调的郊区式发展。大多数社会学家、景观设计师、建筑师和城市规划师也在谴责城市蔓延，认为它蚕食基本农田，威胁动植物群落，导致空气污染和全球气候变化，耗费巨资去新建基础设施，增加通行时间，助长种族和阶层隔离，孤立女性群体，并带来大量的其他问题。

布鲁格曼不同意上述观点。他认为出现城市蔓延是因为人们需要它：市场对千百万人的需求作出了自然反应。在本文节选的部分中，布鲁格曼带有批判性地介绍了许多关于城市蔓延起因的自由派观点（liberal explanations），进而为城市蔓延辩护。

是美国人的拓荒者传统和反都市偏见导致了城市蔓延吗？这是个常见的说法，但布鲁格曼不这么认为。他指出：欧洲城市和美国城市的人均用地是接近的，尽管事实上欧洲人从来没有经历过在无限开阔的土地上拓荒的时代。布鲁格曼还提到，法国人和意大利人均为他们可爱的城市而骄傲，如今他们却同美国人一样地抱有反城市的偏见。

是种族主义的原因么？难道美国的城市蔓延是由于中高收入的白人阶层逃离中心城区，以避开贫穷的黑人和外国来的移民吗？或许在某些案例中确实如此，但是布鲁格曼提出了三点理由来反驳：（1）在人种相对比较单一的城市，如明尼阿波利斯市，大部分居民是斯堪的纳维亚裔的白种人，黑人很少，这些城市同美国其他城市一样也出现了蔓延；（2）中高收入的黑人阶层也同白人一样热衷于搬到郊区；（3）不同种族和收入的人群在空间上的隔离，在全世界都很普遍，并不仅仅出现在美国。

布鲁格曼和城市蔓延的批评者之间存在的分歧，核心在于对私有市场力量的认可程度不同。有一种观点赞成对城市发展进行公共干预，这是经济学家威尔伯·汤普森（Wilbur Thompson）提出的。他认为在“市场失灵”情况下，不受约束的自由市场会产生对社会有害的结果。这一派的观点认为自由市场之所以失败，是因为自私的个体在谋求自身利益最大化时，通常以牺牲他人的利益为代价。每个人都愿意在低密度的郊区拥有自己的独立住宅，却不知他或她的个人决策累积起来的结果，可能会给整个区域带来负面影响。贪婪的开发商为了追求利益最大化而诱使人们居住在郊区。布鲁格曼对上述的观点持怀疑态度，他指出在世纪之交（20世纪初），正是安居的倡导者们批判贪婪的开发商把居民引入拥挤的城市社区，如纽约市东南部。同时，像克拉伦斯·佩里（Clarence Perry）那样的改革者则提倡在美国大都市边缘的低密度地区或卫星城建造住宅。换言之，早期的改革家赞成通过蔓延式发展来满足人们的需求。布鲁格曼并不认为居民是被迫或被骗迁居到低密度的郊区，而是他们自愿住到那里，他认为开发商之所以开发郊区，是因为人们有需求。

另有一些观点批评是政府造成了城市蔓延。这个论点的支持者认为政府花费大量联邦资金修建高速公路，而不是用于地铁、轻轨或其他公共交通，从而导致依赖汽车的蔓延式扩张变得不可避免。政府为独立式住宅提供低息且有政府担保的贷款，使中低收入者像吃了胡萝卜似地尝到了甜头，从而选择到低密度的郊区而非市区去定居。政府允许购房者以支付的按揭利息来抵消所得税，诱使勉强有能力购房的群体选择在郊区购买住房。政府未能有效控制具有偏见的“禁贷区”（redlining）现象，致使私人银行拒绝给某些老城区的房产提供抵押贷款，例如位于高风险的老城区的房屋。政府甚至自己也参与禁贷，犹如挥舞的大棒，迫使人们离开中心城区而迁到郊区。

但是这些观点符合真实情况吗？布鲁格曼提出，用购房按揭利息的支出来抵消所得税的政策固然适用于郊区，但同样也适用于中心城区，银行愿意投资于所有可以获利的项目而不论其地理位置。为了证明公路建设并不是一个反都市的阴谋，布鲁格曼指出：很多城市早在20世纪50年代联邦政府援助公路项目之前就有公路建设计划了，并且大多数城市本身对公路建设持欢迎态度。

最后，布鲁格曼对“技术导致蔓延”的观点提出反驳，他并不认为技术，尤其是小汽车的发明导致了城市蔓延。他指出美国洛杉矶早在1920年就已经规划好了其低密度、多中心的城市发展模式。远在小汽车普及之前，是洛杉矶的有轨电车系统（electric streetcar system）使这种发展模式成为可能。

如果所有这些自由派的解释——拓荒者的传统、反都市的偏见、种族主义、贪婪的个人和开发商、不当的政府政策、财政和监管的胡萝卜加大棒（它降低了居住在中心城的意愿，鼓励人们住到郊区），以及汽车驱动的观点，都不是有说服力的解释，那么城市蔓延的原因究竟是什么？

布鲁格曼给出了两个根本性的解释：富裕和民主制度。他认为是人们自己想要居住在低密度的郊区。而随着收入的增加，人们也可以负担得起住在郊区。民主制度允许人们为自己作出选择，而人们选择了居住在低密度、蔓延式的新开发地区。

空间发展模式也是中国城市面临的重要问题。改革开放以后，高速城市化使得几乎所有城市都迅速扩张，尤其是大城市边缘区的土地开发失控，城市建设用地盲目扩张情况严重，引起了学术界的担忧。陈建华（2009）认为：中国的城市蔓延问题，表现为大规模的无序扩张。它具有不同于发达国家的成因。他指出：中国的二元化经济增长模式是城市蔓延的内在驱动力；而公共财政制度、户籍制度、社会保障和救助制度以及土地制度改革滞后是其制度性成因。他认为解决城市蔓延问题不仅要从总体上在集中与分散之间找到平衡点，而且要以转变经济增长方式、提高制度供给来作为解决城市蔓延问题的根本出路。

罗伯特・布鲁格曼是美国伊利诺伊大学（芝加哥）的建筑和艺术史教授，他也在伊利诺伊大学的"芝加哥城市规划与政策"项目中任职。他研究和教学的领域包括建筑、城市、景观、规划史和历史保护。布鲁格曼教授曾经在宾夕法尼亚大学、费城艺术学院、麻省理工学院与哥伦比亚大学任教。他也曾为美国历史建筑调查项目（Historic American Buildings Survey）和美国国家公园管理局的历史工程实录项目（Historic American Engineering Record）工作。

本文摘选自罗伯特・布鲁格曼的《蔓延：一部简史》一书（芝加哥大学出版社，2005）。布鲁格曼还著有《贝尼西亚：一个早期加州小镇的写照——1846 年至今的建筑历史》（Benicia：Portrait of An Early California Town：An Architecture History 1846 to the Present）（旧金山：101 Productions，1980）；《Holabird & Roche/Holabird & Root *——1910—1940 作品集》，三卷本（Holabird & Roche/Holabird & Root：An Illustrated Catalog of Works 1910—1940）（New York，纽约：Garland with Chicago Historical Society，1991），以及编著的《二十世纪中叶的现代主义：美国空军学院建筑》（Modernism at Mid-Century：The Architecture of the United States Air Force Academy）（Chicago：芝加哥大学出版社，1994）。

南加利福尼亚大学的规划教授彼得・戈登（Peter Gordon）和哈里・理查森（Harry W. Richardson）赞同布鲁格曼的观点，认为城市蔓延是市场的理性反应，也是人们意愿的反映。他们的观点综述在"城市蔓延和紧凑发展的辩论：基于新城市主义大会章程的思考"（The Debate on Sprawl and Compact Cities：Thoughts Based on the Congress of New Urbanism Charter）一文中，该文入选在 H.S. Geyer 等编写的《城市政策手册》中（Handbook of Urban Policy）（Cheltenham，Edward Elgar，2010）。

很多城市规划学者和规划师不赞同布鲁格曼的看法。如 Dolores Hayden 和 Jim Wark 的著作：《城市蔓延实地指南》（A Field Guide to Sprawl）（Norton，2006），该书可读性强，并配有照片，描绘了城市蔓延的程度及多样性。

---

* Holabird & Roche，后名 Holabird & Root 是在芝加哥成立于 1880 年的著名建筑事务所，创始人 William Holabird 和 Ossian Cole Simonds，以及后来加入的 Martin Roche 和 John Wellborn Root，Jr.，他们的设计风格从早期的芝加哥学派、装饰艺术（Art Deco）到后来的现代建筑，然后是可持续建筑。——译者注

Robert Burchell、Anthony Downs、Sahan Mukherji 和 Barbara McCann 通过《城市蔓延的代价：无控制的发展带来的经济影响》(Sprawl Costs：Economic Impacts of Unchecked Development)(华盛顿，华盛顿特区：Island Press，2005)一书，很好地阐述了城市蔓延在经济上效率低下，对通勤、环境和社会产生了严重负面外部效应。类似的观点同样见于 Anthony Flint 的《这片土地：向城市蔓延与美国未来宣战》(This Land：The Battle over Sprawl and the Future of America)(Baltimore：约翰霍普金斯大学出版社，2006)。Jerry Weitz 在《中止蔓延：政府对增长的指导》(Sprawl Busting：State Programs to Guide Growth)(Chicago：Planners Press，1999)一书中介绍了国家通过增长管理以减少城市蔓延的方案。

描述美国郊区化历史(和因此产生的城市蔓延)的书籍包括 Kenneth T. Jackson 的《拓荒之旅：美国的郊区化》(Crabgrass Frontier：The Suburbanization of the United States)(Oxford：牛津大学出版社，1987)，Andres Duany、Elizabeth Plater-Zyberk 和 Jeff Speck 的《郊区化国家：城市蔓延的兴起和美国梦的衰落》(The Rise of Sprawl and the Decline of the American Dream)(Boston：North Point Press，2001)，以及 Dolores Hayden 的《构建郊区：绿地与城市发展，1820—2000》(Building Suburbia：Green Fields and Urban Growth，1820—2000)(New York：Vintage，2004)。

正文

……是什么导致了城市蔓延？这一问题的答案五花八门并彼此矛盾。让我们简要地讨论其中的几个，先从那些假定城市蔓延是美国特有现象的观点开始，看看他们为什么认为美国的城市蔓延与其他地方不同，然后再讨论其他一般性的观点。

观点一：反都市态度和种族主义是蔓延的原因

许多研究者，通常是欧美知识分子，生活工作在中心城市，他们将美国大规模的城市蔓延现象归咎于民族性格。他们说：美国城市与欧洲城市非常不同，因为美国人身处于反都市的心脏地带，醉心于无拘无束的个人主义、低密度的生活环境和小汽车的便利。但城市分散化的历史进程表明，大家所认为的美国和欧洲在城市及郊区发展上存在的差异，并不主要是由欧美社会内在的差异造成，而只是个时间差异的问题。两个大陆上的城市，如果有什么区别的话，如人均用地、机动车拥有水平或其他类似指标等，其差别正在缩小甚至趋同。这些现象都在质疑：难道只有美国人反对都市？

事实上，只有你假定都市主义是由一小部分文化精英造就的时候，才有可能说美国人是反都市的。持这种假设的人认为都市主义的生活是指人们住在高密度中心城区的公寓里，拥有许多高雅文化设施(highbrow cultural institutions)。他们相信这里的市民更加包容和都市化，因为需要不断地与各种不同类型的人交往。这种都市主义的定义，多数是基于18世纪末和19世纪欧洲对理想城市的想象，遭到许多美国人和越来越多世界各地居民的排斥，更多的，是忽视。但这些人只要仔细想想，就不会认为高雅文化一定比他们自己的中产阶级文化更加优越，也很可能不屑于争论自己能否变得宽容，如果他们住在高密度中心城区的公寓大楼里，或被迫与他们不愿接触的人打交道的话。大多数美国人不喜欢 19 世纪工业城市那样的肮脏和混乱，即便不是敌视，也会漠视中心城区精英群体的小圈子文化（clubby culture），并没有证据说明郊区主义和都市主义是完全背道而驰的。发展郊区只是为了重新安排物质空间，使生活更加便利和舒适，以避免出现 19 世纪工业城市中穷人所面临的不悦处境。

确实有一些郊区主义者认为：郊区环境与老的中心城区正好相反，处于他们日常生活的外围，仅仅是高速公路上的另一个出口。然而，大多数人却认为这两个地方各有所长。对他们来说，郊区是个生活、工作和养育孩子的好地方，而市中心是个看球赛、去夜店、参观博物馆或是圣诞季血拼的地方。由于老城中心逐渐改造为旅游景点和娱乐场所，看起来它已经成为更大的都市圈中更有价值的组成部分。

另一个常见观点认为美国郊区发展和城市蔓延的原因是种族主义，即白人迁离造成的。尽管没有人否认种族在美国生活的许多方面扮演了关键的角色，但重要的是，像明尼阿波利斯那样少数民族人数不多的城市，却和拥有大量少数民族人口的芝加哥一样，同样存在城市蔓延。同样的例子还有，当非洲裔美国人变得足够富裕的时候，也像白人一样想迁往郊区，他们通常选择那些有大量非洲裔美国人居住的郊区。这些都说明种族和城市蔓延不存在必然联系。

由于收入水平、种族和民族的差异所产生的空间隔离，并非美国特有。这些隔离现象不仅仅见于美国城市郊区，在全世界的城市和郊区中都可以看到，特别是当收入悬殊成为一个主要因素的时候。所有 19 世纪的工业城市和当今的城市均是如此，不管是在瑞典斯德哥尔摩或者在巴黎郊区的旧公房里，还是在圣保罗的贫民窟或伊斯坦布尔的棚户区中，因肤色、宗教和收入水平而形成移民和贫穷居民的隔离，在当代都市生活中无处不在。

观点二：经济因素和资本主义体系是蔓延的原因

关于城市蔓延的原因，最普遍的解释很可能是：不完善的资本主义体系直接导致了城市蔓延。这一观点建立在两个有争议的命题上。第一个命题是：经济力量是人们交往的首要因素，也是生活中许多方面的推动力，其他因素都是次要的。事实上，尽管经济条件与都市形态关系密切，但是我们所了解的历史说明，这种影响比许多人认为的要间接、模糊很多。相似的城市形态可以在非常不同的经济环境中形成，不同的城市形态可能存在相似的经济环境。其次，通过历史的回顾我们发现城市形式不仅仅是一种结果，也是一种经济状况的起因。每个人做的每个决定，选择在哪里生活、工作或娱乐，都将反馈到整个系统。

第二个有待商榷的命题是：在许多情况下，资本主义体系本身难以很好地发挥作用，从而导致了“市场失灵”（Market Failure），产生了不利的结果。许多人声称城市蔓延是资本主义的必然结果，因为这种经济体制促使买方和卖方均追逐自己的利益，甚至以牺牲邻居的或是公共的利益为代价。例如，许多家庭都想在城市最边缘找到自己的理想家园以贴近自然，创造一个供少数人欣赏风景的环境，即便它很快会被新的开发所包围。还有些人说开发商通过低密度开发谋取利益最大化，而不管顾客是否真正需要，仅仅因为建造独立式住宅比公寓更赚钱。有些研究者提出，对利益底线的关注将不可救药地导致居住模式的低效，或对社会和环境不利，或外观丑陋，或这些问题全有。因此，政府必须通过干预来产生有利的结果。然而，视个人利益高于公共利益的这种行为，并不限于经济问题。在郊区购买别墅实现个人利益最大化的购房群体，恰恰也是选举政府官员的选民，他们努力争取对自己有利的土地利用法规，这通常以牺牲其他群体的利益为代价。

设想当土地所有者参与政治而不是经济交易的时候，他们突然会以一种完全不同的方式行事，这合乎逻辑吗？将个人利益置于社会福利之上的行为并不是生活在低密度住宅区的人特有的。比如，中心城区的医院急需扩建，而隔壁公寓里的居民却拼命阻止，因为这将挡了他们的风景，这种行为的性质是一样的。所以说，认为资本主义体系和城市蔓延之间存在密切联系没有什么道理。

这种观点认为城市蔓延是自由放任的资本主义（laissez-faire capitalism）的悲哀，是其不可避免的产物，而恰恰相反，19 世纪和 20 世纪早期的改革派分析了自由市场的影响，坚信这种私人力量不可避免地导致了过度的集中。例如，安居倡导者本杰明·马什（Benjamin Marsh）在 1910 年严厉斥责开发商为了利益最大化，拼命把人塞进每寸土地空间内。他对于有些开发商主张高密度对社区发展有益的论调感到特别愤慨，认为这只是为贪欲做了可笑的辩护；他还提出有一定收入的人群，最好的选择是离开密集的市区，搬到独立的花园式住宅里。

“自由市场引起城市蔓延”的观点还存在一个问题，伦敦早在 17 世纪就已经开始了蔓延，比土地消费者市场的完全建立要早了很多年。或者，从好的方面看，19 世纪末许多城市和乡村的发展模式，令反城市蔓延的积极分子非常羡慕，这其实主要归功于私人开发，在那几十年里几乎没有政府干涉。而后来政府机构对土地开发过程实行了大量干预，抱怨声开始出现。这也许意味着尽管确实存在市场失灵，但也不比“政府失灵”（government failure）更糟，虽然后者是为了规范市场。

尽管存在着问题，“资本主义造成城市蔓延”的观点还是成了历史上不断争论的重要议题。反对城市蔓延的改革派反复提出，美国人从没有真正选择生活在郊区。这种观点中，一个极端的说法是：大企业处心积虑和政府同谋，迫使美国人搬到了郊区。通用汽车公司的都市神话这一阴谋论是个很好的例子，可见反对城市蔓延的评论家对自己的观点有多么坚信不疑，哪怕所有的证据都指向相反的判断。

20 世纪 70 年代，布拉德福德·斯内尔（Bradford Snell）提出了这个理论，并备受追捧。他试图证明美国城市之所以失去有轨电车系统，是因为通用汽车公司为使之停运故意买断了所有线路，但很多人已经指出这个理论没有说服力。通用汽车公司或许确实购买了有些城市的有轨电车线路，公司里一些人或许确实想废除现有的有轨电车系统，但是，从大环境来看，汽车公司对此的作用几乎无关紧要。有轨电车已经让位于便宜又方便的公共汽车，事实上几乎每一个发达国家的城市都是如此，尤其是富裕的欧美城市，不管有没有通用汽车公司的干预，均放弃了有轨电车系统。

“公共交通终结”这样的观点，或者说如电影《谁陷害了兔子罗杰》（Who Framed Roger Rabbit）中重新演绎的那样，将全世界的看法浓缩成一点实在是太贪图方便了。从这一点上说，普通城市居民的需求被全面否认，贪婪的私人企业家和腐败的政府官员相互勾结贪欲，他们的利益得到支持。如今，贪婪的私人企业家和腐败的政府官员仍然存在，并且不断地将私利凌驾于普通市民的需求之上。然而，将城市蔓延归咎于贪婪的私人企业主，特别是房产开发商的看法是很成问题的。如果开发商真的如反城市蔓延斗士说的那样诡计多端，他们完全能够在市区和郊区一样地挣钱。

就像本杰明·马什认为的那样，开发商肯定能通过高密度开发赚钱，20 世纪 70 年代的“公寓热”（condominium-conversion boom）是个很好的证明。事实上，开发商通常是高喊反对“大地块区划”（large-lot zoning）的那个人，他们知道在给定的地块上提高建筑密度能够建造更多的房屋单元，从而获得更高的利润。

资本主义体系固有的特性影响了城市形态，这个观点最近有了新的流行说法。新说法提出：城市蔓延与市场不断加强的全球化有些联系。当然，市场条件的变化会反映在土地上，但是试图把一个具体城市或者城市一部分的建设环境认为是全球化的结果，至少到今天为止，没有什么价值。最终，不管一家银行是本地企业，还是一家总部远在异邦的跨国企业，当地房地产市场的动态和运作情况看起来都差不多。

观点三：政府是蔓延的原因

其他一些研究者，特别是美国的，从硬币的另一面看待城市蔓延，他们将问题归咎于政府失灵，是城市、州和国家各个层面上糟糕的政策助长了城市蔓延。比如联邦政府的购房补贴、公路计划、基础设施补贴以及联邦所得税减免等政策。反对城市蔓延的改革派甚至会说是联邦政策，而不是自由市场，迫使百万计的美国人住到郊区的独立住宅中。依此推断，如果联邦政府没有建高速公路，没有补贴郊区基础设施，没有鼓励长期住房按揭（self-amortized mortgages），没有发起联邦按揭保险，也不允许“禁贷区”（redlining），不为郊区住房购置者大量减税的话，许多城市居民或许更愿意留在密集的中心城区，住在大型的多层公寓楼里，而不是迁居到郊区的独立住宅里。

所有这些理由都不是很有说服力。首先，联邦政府依据州际高速公路法案（Interstate Highway Act）照章办事，却要为支持和规划这些道路承担责任的观点存在误导。大多数城市和都市地区在20世纪30年代就已经有了庞大的高速公路计划；许多项目早在20世纪50年代中叶，联邦州际高速公路计划实施之前，就已经获得了大量州和县的资金开始建设。这些道路建设也引起了中心城区的兴趣，并得到大力支持，他们认为这将是恢复城市活力的重要途径。考虑到近年来许多城市的复兴，大多数人将会断定，在不久的将来，这些项目对中心城区的发展很有好处。

另一种常见的观点认为，20世纪30年代，联邦政府机构推出一项“低息按揭分期偿还”的新政策，郊区居民可以享受该政策，但对很多市区居民有所歧视。事实上，20世纪30年代联邦政府机构鼓励“长期按揭分期偿还”（long-term self-amortizing mortgage）的干预行为，并不是什么新鲜事，也不是专门针对郊区居民的措施。早在20世纪早期，私人储蓄和贷款组织就曾使用过“分期偿还抵押贷款”的方式，到20年代末已经很常见了。这项政策可以使任何购房者受益，不管是中心城区的还是郊区的。政府的“禁贷区”政策并不像反对城市蔓延的历史学家声称的那样重要。“禁贷区”是指将某类社区划入一个范围，特别是居住着穷人和人种不断流动的那些地方，该范围内的房产风险较高，不宜进行抵押贷款。银行实施这种政策其实很合理：在房屋很可能贬值的区域，应当避免经济损失。联邦政府机构毫无疑问在“禁贷区”政策的延续和系统化过程中发挥了作用。但是不管是政府还是银行的做法，都不是新生事物，也并没对中心城社区抱有偏见。大多数银行，和大多数企业一样，都很愿意把钱投到赚钱的地方，不管是市区还是郊区。他们的判断是：又老又旧、种族不断流动的居民区，不管是在市区还是郊区，都将不可避免地面临房产价值大幅下降。这种观点可能以偏概全，也很可能在评估居民区时有失偏颇，但事实上，多年来大量证据表明房产价值确实随着社区的老化、民族或人种成分的改变而下降。没有规章制度能够改变这种生活的现实，或者降低这类贷款的风险。

事实上，对于许多相对较穷的买房者来说，不管是白人还是黑人，在所有美国城市里，

"禁贷区"根本不是什么问题，因为对他们来说，向银行贷款几乎是不可能的。相反地，这些买房者不管是住在芝加哥后场街区（Back of the Yards）的波兰移民工人，还是住在圣路易斯市中心的非洲裔美国人，都被迫求助于他们的大家庭（extended family），或者找教堂一样的机构帮忙，或是采用"协议购买"（contract buying）。"协议购买"指卖方提供资金帮助，加在买方身上的条款通常是很繁苛而且不公平的，但对于许多购买者来说，如果在成文或不成文的"禁贷区"买房，这通常是他们能够拥有房产的唯一途径。这些重要的机制确实使得许多贫穷的家庭拥有了自己的房产，使得美国在第一次世界大战之前房屋自有率达到了空前的近50%。

最后，也是最重要的一项，遭到谴责的联邦政策是为购房者减免所得税的政策，（有观点认为）它导致了城市蔓延。所得税减免毫无疑问对美国人生活的方方面面产生了很大的影响，然而，美国远不是唯一有这种政策的国家，其他许多国家都有类似的优惠。而且，税收优惠政策明显不是那种诱使市区居民迁到郊区的手段，联邦税法设立初期就已经有了这种规定。减免抵押贷款利率和地方房产税（local property taxes）的目的是为了避免不合理征税，因为购房款是否算做收入还存在着争议，它或者已经交过税，或者要付给那些准备为此项收入交税的人。有些研究人员提出税法的规定使购房者拾了个馅饼，这相当于他们买了房以后，不需要再向房东交租金，因此省下一笔因租金产生的税金。根据这一思路，从税收的角度，购房人应当和投资人或承租人享有同等待遇。在房屋上的投资应该与其他的投资一样，购房人需要为投资收入纳税，这样的话，在扣除所有开支之后的净收入，则基本上相当于是他们为自己付的房租。

毋庸置疑，针对购房者的税收减免政策极大地刺激了郊区住房建设，但它本质上并不是为了鼓励郊区发展，或者是鼓励在郊区开发占地更大的住房。美国税法对富裕的购房者比穷人更有利，对购房者比租房者更有利，这都是事实，也许应该根据这些情况进行更改或是废除，但税收减免的好处并没有跟地理位置挂钩。减免政策适用于任何房屋，不管是位于市区还是郊区。很明显，税收减免对很多人来说只有在收入和税率大幅增加的时候才变得重要，比如说在第二次世界大战后。到20世纪60年代，当减税对许多美国人而言很重要的时候，法律已经出台允许减税政策适用于任何类型的独户之家，不管是郊区的别墅还是市区高层公寓。20世纪60年代很多美国大城市有相当充足的空地，或是地上建筑相对廉价，可以进行再开发，提高建筑密度。此外，就在这些年里，出现了将出租住房改造成自有公寓（condominium）的开发热。

因此，如果存在需求，美国城市市区的建设可能已经超过郊区，而郊区购房者获取的按揭利息减免与市区相比则是小巫见大巫了。并没有出现这种情况的原因可能是因为20世纪末，郊区的住房又大又不算贵，美国大多数中产阶级但凡买得起的，几乎没人会有兴趣留在市区。自第二次世界大战以来，很可能因为购房减税的原因，增加了购买力，推动了单套住房面积的扩大。同样，我们可以推断减税还导致了住宅用地规模相应的增长。但在过去的50年里，减税的总金额明显上升的同时，郊区住宅平均占地规模却在下降，这说明购房免税政策和城市蔓延之间的联系是比较微弱的。

总而言之，这些鼓励房屋自有的政策都无法解释城市蔓延的现象。所以一点儿也不奇怪，到20年代末，早在那些被当作向郊区购房者倾斜的联邦优惠政策出台之前，移居郊区的运动已经如火如荼了，近半数的美国家庭拥有了自己的住房。更惊人的是，即使提供给购房者的减税金额大幅增加，20世纪下半叶的住房自有率仅从50%增加到 67%，尽管其间经历了美国历史上两个最重要的繁荣期和低密度郊区的大规模发展。

另一种关于联邦政府对城市蔓延产生影响的热门观点是，政府在郊区投入的资金比中心城区要多。事实上，最近几十年花在郊区基础设施项目上的资金可能真的比花在市区的多。这没有什么值得惊讶的，因为绝大多数市民现在住在郊区，绝大部分增长也就在郊区。为了证明这不公平，需要更多细致的测算而不是像现在一些常规研究那样，把郊区建了一条高速公路填入一列，市区建的填入另一列来进行计算和比较。一方面，大部分交通网络还是在中心城市汇集并为之服务；另一方面这种算法没有考虑到历史上所有联邦开支的总值。如果这样来算，自 18 世纪以来，联邦政府在港口和铁路、桥梁和高速公路、大学和医院等设施的投入主要位于中心城区，这些因素都需要考虑。除了基础设施之外，如果把联邦政府的所有开支都计算在内，迄今为止联邦资金在市区的人均投入要远远高过郊区，因为巨额的社会保障支出主要用于老龄人群，与郊区相比，城区老龄人口的比例高得多。

其他研究人员将城市蔓延更多地归咎于各州和地方政府。他们认为，大多数州未能行使宪法赋予他们土地利用方面的权力，来督促地方政府理性地进行规划。而在地方政府层面，建筑规范、区划条例、土地细分规定以及城市间的竞争都推动了城市蔓延。最具讽刺意味的是，一些研究人员提出：城市蔓延在现行体系中不可避免，因为开发商只要收买政客来支持城市蔓延就行了。然而，即使有人相信开发商如此强势，除非蔓延式开发本质上比高密度开发利润更高，这个观点才有说服力，而事实并非如此。

有些较委婉的批评特别指出土地区划规定（zoning provisions）的实施，导致了不同土地用途的隔离，限制了多功能混合型的开发，强化了最小用地规模的要求。如果废除所有的土地使用限制，美国城市也许会改造成多功能混合的高密度地区。然而，确切知道结局是不可能的，因为其中因和果的有关因素太过复杂，难以理清。例如，谴责蔓延主要是区划制度本身造成的，很明显没有道理，因为在美国城市普遍实施区划制度之前，蔓延很早就开始了，而土地区划则是在 20 世纪 20 年代才开始。大多数早期的土地区划条例，并未提出或鼓励新的开发模式，而只是传统模式的延续。比如说，有的老区发展了上百年，拥挤不堪，用地性质混杂甚至互不兼容，有经济能力的人逐渐离开老区，搬到城市边缘的居住区，那里土地受到使用限制（deed restriction）和私人合约（private covenant）的保护，不允许工业污染和有害的土地利用。而早期的区划制度大部分是借鉴了这些自发和私人的做法，使其能够公开化、合理化并推广到整个城市。

休斯敦的情况是：大部分地区过去一直反对区划制度，城市面貌和功能与同时代的其他城市非常相似。在休斯敦，并不是土地区划，而是通过土地细分条例和建筑规范的实施造就了郊区式开发的普遍特征。和区划制度一样，这些规定几乎是早期私人实践的延续和规范化。难道是这些规定造就了城市形态？或者它们是城市居民多年实践的产物，反映了居民想要的建设模式？这个问题的一个重要证据是：历史上曾通过私人机制对社区进行管控。休斯敦和其他地方一样，这些机制中最重要的是使用权合约（deed covenant），它可以规定从建筑面积、建筑轮廓到购买人群等各方面的事项。即使还没有任何土地区划的时候，富人一旦看到有不好的土地利用迹象，就能通过诉诸法律来保护他们的独立式别墅区。土地区划的主要功能之一是将富人享有的保护自身环境的权利赋予更多人。

土地区划并不像很多人批评的那样造成了城市蔓延，最后一个原因是：每当市场需求和区划法规产生冲突的时候，总是后者作出了让步。因为这些改变是逐渐发生的，通常是一次几个地块，持续很多年，很难研究这些变化的所有影响。然而，仍有可能进行一些合理的推测。例如，目前许多美国城市的郊区边缘，密度在增加，住宅用地规模在下降，很明显，前几十年住宅用地规模扩大并不是区划制度引起的，区划制度也并未根据市场情况而改变。可笑的是，大家认为区划制度确实助长了其蔓延的地区，恰恰就是在这些郊区和远郊地区，反对城市蔓延的倡导者成功地进行了大地块区划（large-lot zoning），使得用地难以细分，试图以此来阻止城市进一步蔓延。20世纪60年代以来提倡的大地块区划，迫使许多购房者买下大于需求面积的土地，导致了比没有土地区划条例时更低的密度。总而言之，土地区划在城市蔓延中的作用其实是比较模糊的，并不像反对城市蔓延的有关文献中描述的那样清晰。

还有一个指控：大城市政府通过下设许多市辖区形成了行政分割，造成各个辖区政府竞相发展，而不是共同努力为减少蔓延而规划未来。但是，地方政府分权引起城市蔓延的观点在实践中的情况尚不完全清楚。圣路易斯市由一个相对较小的中心城区和很多个郊区组成，确实已经成为美国最分散化的城市之一，其中心城区经历了大范围的弃置和大规模的城市蔓延。对比而言，澳大利亚的墨尔本或者悉尼，中心城区更小，却被奉为反城市蔓延的典范。相反的情况是，中心城区占了都市区的绝大部分也未必能紧凑发展。例如图森、印第安纳波利斯和杰克逊维尔，这些城市的中心城区占了都市区的大部分，但密度都很低，也很分散。

观点四：技术是蔓延的原因

另外一种比较流行的观点是：新的通信和交通技术导致了城市蔓延。在过去两百年里，有关城市形态变化的研究中最主要的观点是：铁路促进了城市集中发展，而小汽车使之分散。有人宣称，20世纪早期集中化的城市被第二次世界大战后分散化的城市所取代，是由于小汽车替代了公共交通。这种观点乍看之下似乎合理，事实上有很多疑点。首先，就像我们所看到的，小汽车并没有直接取代任何形式的公共交通，而是直接取代了私人马车。事实上，更准确地说是私人交通和公共交通共存，并且在19世纪和20世纪共同发展。小汽车取代了私人马车，公共汽车取代了有轨电车（streetcar），之前被取代的还有旧式轨道公车（cable car）和马拉轨道公车（horse-drawn street railway）。

确实，20世纪以来，私人交通工具的使用飞速增长，而公共交通的使用维持原状或者下降，同时各大城市的人口分布越来越分散。但是这并不能证明两者之间就存在简单的因果关系。没有理由认为汽车引起了分散化，就像没有理由相信铁路交通仅适用于集中化的城市一样。我们发现，都市人口开始向外分散的时间比汽车的出现要早上百年。20世纪早期，借助于铁路交通这个分散发展的主要推动因素，郊区化全面展开。到第一次世界大战的时候，私人小汽车还没什么影响，洛杉矶地区已经成为世界范围内最为分散的多中心城市地区之一。蒸汽火车、旧式轨道公车、有轨电车以及城际铁路系统使城市蔓延成为可能。更重要的是，从20世纪50年代开始，洛杉矶地区已经明显变得越来越密集，同时，绝大多数的人已经依赖于私人小汽车。发达国家最密集的都市地区，市中心区的小汽车拥有率快速增长的事实说明：较高的汽车拥有率并不是必然导致低密度发展的因素。

依此类推，把蔓延归咎于战后城市高速公路的发展也不尽合理。这些道路建设得到了中心城区利益群体的大力支持，这些人相信高速公路和以前的铁路一样，将会增强中心城区的主导地位，整个区域的人都很容易到达城市中心。事实上，高速公路确实使进入市区更加快捷，和铁路一样，离开市区也更加容易，但没理由认为道路和铁路引起的分散化有任何不同。在两者的影响之下，既有分散也有集中，各自的程度取决于许多其他因素和上千万人的个体选择。

如果有人愿意相信城市发展中存在简单的因果关系的话，那么他可以推翻整个“交通导致蔓延”的观点。从这个角度看，由于大多数家庭希望住在低密度地区，这些个体的意愿是促进运输行业、铁路、公共交通以及后来的汽车工业不断发展的主要原因。每一种交通方式实际上都是给予家庭更多的移动性（mobility）。导致大规模人口分散的关键因素并不是哪一种具体的交通方式，而是大大增加的移动性。我们可以得出结论：移动性的增加确实使城市蔓延成为可能，但并不是必然引起城市蔓延。

观点五：富裕和民主制度是蔓延的原因

或许研究城市蔓延原因的最好方法是暂时把城市为什么蔓延的问题放在一边，而是问问哪些力量比19世纪中期以前更强大，能够阻止城市蔓延和扩散。毕竟，在许多方面，它都令人困惑，为什么很久以来人们会选择生活在城墙包围的城市中，住得并不舒服、楼上楼下都是人，而城外到处都是更吸引人的开阔地。托马斯·西弗茨（Thomas Sieverts）提出这是一种非常不自然的状况，与“天然”的人类居住形态完全相反，既不是彻底开放的田野，也不是围合的树林，而是介于两者之间。德国建筑师托马斯·西弗茨在《不是城市的城市》（Cities without Cities）一书中研究了历史上非常紧凑的欧洲城市如今呈现分散化的问题，并探讨了遍及全球的新型都市形态，将其描述为都市化的景观或园林般的城市。西弗茨称之为“似是而非的城市”，同样他还提出，人们看起来既不喜欢高度密集，也不喜欢高度分散，而是喜欢适度集中。如果这样的话，历史上紧凑的城市，比如19世纪之前的欧洲，或许只是种畸形状态，是城市历史长河中的“一瞬”。西弗茨认为当时的城市，哪怕是失去了防御的必要以后，仍能维持紧凑发展，是少数精英和组织一致努力的结果，他们建立了一套“牧师君王和宗教协会、庙宇和教堂、城墙和市场、封建制度和行业公会”的体系。到了17和18世纪，这些力量的衰落，很可能比铁路、电信以及其他19世纪的创新更多地导致了城市蔓延。

尽管城市蔓延在不同时期、不同地点发展相异，城市蔓延的历史显示：与城市蔓延紧密相连的两大因素是不断增长的财富和政治民主。在市民越来越富裕，并享有基本经济和政治权力的地方，有更多人能获取曾经是富人专属的权益。我认为，其中最重要的就是隐私权、移动性、选择权。

隐私权，我指的是能够控制自己的周边环境。比如像纽约第五大道上的合作公寓（co-op apartment）那样：入口人行道处设有门卫，配有司机的小车随时待命；或者是另外的样子：郊区小块用地上建一幢不大不小的住宅。郊区住房如此成功的主要原因是：它享有的许多隐私特权，跟住在第五大道的百万富翁们差不多，付出的成本却少很多。

移动性，我指的是个人和社会的移动性。在19世纪，城市里只有权贵们才用得起私人马车，在市区恣意驰骋，而到了20世纪20年代末，特别是在美国，上千万的郊区中产阶级居民用上了私人交通工具。小汽车的普及使全世界的城市居民移动性大大增加。和20世纪初相比，各地的城市居民平均旅行次数增加了很多。这种空间上的移动性使得教育和就业机会大大增加，进而导致了不断增加的社会和经济流动性。

最后是选择性，或许是最重要和最具争议的因素。许多文化精英对“人们选择性不断增加会带来益处”的说法不感兴趣，因为他们认为，如果让普通市民进行选择，通常会作出错误的决定。城市蔓延确实增加了普通市民的选择。在世纪之交（20世纪初），主要是富裕家庭享有生活、工作和娱乐地点的多种选择。一位富有的纽约银行家和他的家庭可以随意住在市区或郊区，他们可以夏天住在阿迪朗达克山或者在纽波特（美国避暑胜地），冬天住在佛罗里达或法国的里维耶尔（地中海游憩胜地）。他们还能奢侈地选择离开邻居，跟朋友住得更近。如今，即使最普通的美国中产阶级家庭也享有这些选择。虽然有的选择不是那么激动人心，可事实上会使得任何情况都更能被接受，毕竟还有得选。关于城市蔓延为什么持续了这么多个世纪，这一问题最令人信服的答案是：越来越多的人坚信，这是获得一些隐私权、移动性和选择性的最可靠的途径，而这些权利过去只有权贵们才能享有。

然而，就此下结论说富裕引起了城市蔓延还不明智。事实上在每个大城市里，都有些最富有的人仍旧居住在密度非常高的市中心，这意味着富裕能与许多不同的居住形式兼容。如果每个人都变得足够富裕，很有可能许多人愿意住在像纽约公园大道这样的地方，或者是巴黎第16区的公寓里，那新的都市区将会按照这种需要来建造。都市地区和城市蔓延的情况，就像任何巨大而复杂的人类或自然系统一样，没有简单的原因和结果，而是有无数的作用力，通常是以复杂的和不可预知的方式彼此相互作用。

主要经济联系方向论*

周一星

编者导读

德国学者W·克里斯塔勒（1893—1969年）在屠能（1783—1850年）的“农业区位论”和A·韦伯（1868—1958年）的“工业区位论”启发下，创造性地把地理学的空间观和经济学的价值观结合起来，探索一个区域里城市的数量、规模和分布的规律性，在1933年出版的《德国南部中心地原理》一书中提出了“中心地理论”。他的著作被译成英文出版后，对世界城市学界影响深远。对该理论的检验、发展和讨论延续了几十年，至今尚未停息。1964年，中国的地理学教授严重敏先生首先把克氏理论介绍到中国。以后，一些学者也开始把该理论应用于中国城市的发展，例如施坚雅于1965年撰文指出：成都平原墟集日期的排列符合六边形市场区。20世纪80年代以来，中国学者把中心地理论应用于实践的文章渐多。在扩展、深化中心地理论研究的同时，也有一些研究把六边形理论模型简单、机械地套用于城市内部与城市体系的案例。

周一星是北京大学地理系（现城市与环境学院）教授，长期致力于城市地理学理论的研究及其与城市和区域规划实践的结合。针对一些研究简单套用中心地理论的状况，周一星在本文中提出，克氏理论对理解城市现象是有用的，但后人对他在理想条件假设下的纯理论模型，应该吸收其精髓，不可生搬硬套到现实空间中。在此背景下，作者在吸收已有理论的基础上，探讨在非均质条件下城市和区域发展的某种规律性。通过对大量城市案例的分析与归纳，周一星发现：城市主要经济联系的方向能解释城址变迁、城市扩展、区域中心城市发展等众多城市现象。这一工作的理论意义在于对中心地理论有所推广，在规划实践上则有助于确定城市发展方向和区域发展重点。因此，作者在结论里建议学界同仁在进行区域规划、城镇体系规划和城市规划中，要着力去分析区域和城市的经济联系，判断主要经济联系方向。

周一星曾任中国地理学会常务理事、城市地理专业委员会主任，中国城市规划学会副理事长、区域规划与城市经济学术委员会主任，对中国地理学界有相当贡献。他与本文相关的理论思考开始于1978年，1994年形成初稿，1998年正式发表。这一具有创新意义的思想，也曾体现在作者关于“中国大城市连绵区”和“中国城市经济区”等研究中。对周一星先生的学术思想感

* 本文原刊载于《城市规划》（1998年第2期），选入本书时，作者进行了修改。——编者注

兴趣的读者，可以阅读他的代表作《城市地理学》(商务印书馆，1995年初版，2012年第6次印刷)和《城市地理求索》(商务印书馆，2010)等。克里斯塔勒的名著，已由常正文、王兴中等译成中文，以《德国南部中心地原理》为名，1998年在商务印书馆出版，值得一读。

正文

中心地理论以均质平原和经济人为假设条件，解释城市体系的空间结构。大量的验证说明，该理论的一些观念、原则是有意义的，中心地模式的成分或痕迹几乎无处不在，尤其存在于低等级的聚落体系中。但是，人们不应该把三角形中心地分布，六边形市场区的理想模型，机械地硬套到现实中去。连克里斯塔勒本人都没有把他研究的德国南部画出整片的六角形。因为，尽管现实世界中人们的经济活动总的说是近于理智的，但一旦有了人类的经济活动，形成了聚落和城市，再经过历史的积淀，现实的城市和区域发展空间就绝对是非均质的。

在非均质空间和人类近于理智的活动行为下，城市和城市体系的空间结构有没有某种规律性？这是应用理论层次的问题。

这里提出的“主要经济联系方向论”就是对一种普遍存在的现象加以概括的尝试，并探索它的合理性。

一、前提

1)城市是一个开放系统，城市的发展离不开与城市以外区域的相互联系。城市发展的主要动力是为城市以外提供产品和服务。

2)城市与外部的相互作用按方向来分无非是向心和离心两种，即城市的吸引力和辐射力，可统称城市引力。

3)城市大体上是有等级层次性的。一个城市既对它直接吸引范围内的低位次城镇和区域有吸引力和辐射力，同时也受到这个城市直接吸引范围以外更高位次城市和更发达区域的吸引和辐射。前者可称为第一引力，后者可称为第二引力。这两个层次的引力的叠加，即构成一个城市对外联系由多个方向组成的力场，不同方向力的强度通常是不均衡的。

4)力场的具体表现就是城市和区域的对外联系，对外联系包括经济、政治、社会、文化联系，经济联系应该是最基本的联系；但在计划经济体制下，政治和行政上的联系在很大程度上会连带吸引其他方面的联系。在迄今为止的社会条件下，对外经济联系通过物流、人流、资金流、信息流的形式得以实现，这四种流的流向、流量有很高的相关性。目前以有形的物流和人流对城市发展的影响最直接。资金流、信息流的重要性在日益增加，但在一定程度上也要转化为物流和人流。因此，对外交通运输成为城市与外部联系的主要手段，成为实现社会劳动地域分工的重要杠杆。到信息社会，信息产品的生产、分配、流通、消费在社会经济中占主导地位的时候，城市会怎样发展，我们还说不很清楚。

以上前提是现实存在，而非理想抽象。

二、要点

在这样的前提下：

1)城市的实体地域会沿着它的对外联系方向而延伸，当几个方向的引力不均衡时，城市会偏重于主要对外联系方向而发展。

2）在漫长的历史发展中，一个城市城址的变迁往往朝着它的主要经济联系方向移动。

3）在一个相对完整的地域里，若第二力场在几个方向上的引力相对均衡，即没有明显的主导对外联系方向时，则中心城市常在第一力场的均衡点上成长发育，取区域的中心区位或重心区位。在第二力场明显不均衡的情况下，即区域在外部有明显的主导对外联系方向时，中心城市常在区域偏于主要对外联系方向的门户位置上形成发展。若一城市能兼得区域中心区位和门户区位两种优势，该城市常常成为稳定的区域首位城市。

4）城市的主要经济联系方向既有相对稳定的一面，也有随着经济格局、宏观形势和政策的变动而发生变化的一面。因此城市发展的主导方向也可能发生变化。

5）城市沿主要经济联系方向而发展的基本原理是最小努力原则。即通过中心城市集散的人流物流效率最高，人·公里和吨·公里趋于最小。因为在迄今为止的社会中，经济联系仍要追求出行时间和交通运输成本的节省以提高效益，经济联系仍需要人们面对面的交往，人们在交往中通过环境感知的积累又会强化人们的空间活动行为。

三、实例

以上“要点”是从大量实例中概括的，这里举一部分典型例子加以阐述。

例 1，广东龙门县城建成区沿主要经济联系方向而延伸。惠州市所辖的龙门县县城龙城镇，位处东江支流增江上游龙门河北岸的山间小盆地，古代因航运起点位置在七星岗一带兴起。对外联系有北、西和东南三个通道。向北、向西因县域边缘有增江与流溪河间的分水岭——九连山的阻隔，腹地很小，主要对外联系方向是东南向，沿河而下经增城到珠江三角洲。水运中断后，陆路交通也是先循河谷向东南到平陵镇后折向西到增城或向南到惠州。由主要对外联系方向所决定，建成区从七星岗明显沿河呈带状向东南延伸，这一趋势目前仍在继续。

我们也许还能记得，过去在平原上的很多城镇，建成区从老城门沿大道都会向外延伸构成“关厢”，不同方向城门外“关厢”的长短和大小，其实就代表了城镇对外不同方向联系的强度。不难判断，最大或最长的“关厢”即指向此城镇的主要经济联系方向。这是大量存在的城市发展的基本事实。

例 2，广东新会的区位与它和江门的关系。原新会县的县城会城镇历史上是粤西潭江流域的中心城市。向 EEN 方向流动的潭江在会城镇附近南拐经银洲湖可出崖门通海。如果潭江流域和新会的主要经济联系方向向南出海，则会城镇应该在通航河道会城河与潭江交汇处形成和发展。事实上古代在今会城镇西有过新夷、盆允等县建置，后都并到新会县。因广东的政治、经济重心一直在以广州为中心的珠江三角洲，新会县的主要经济联系方向应该趋于 NNE 方向的广州，这一方向的引力使会城镇在偏离潭江干流大拐弯处 NNE 方向的会城河河畔成长。江门又位于会城镇 NNE30 公里，原来不过是新会县管辖的一个镇，就因它处于新会县的主要对外联系方向上，成了潭江流域和新会县与广州联系的实际上的门户，逐渐取代了会城镇的经济职能，城市的规模和地位后来居上，反而超过了会城镇，早就成为地级市。形成这些现象的主导因素就是潭江流域及新会的主要经济联系趋向于 NNE 的广州。

据新会最新一轮的城市规划，会城镇城市用地将向潭江两岸和银洲湖转移，该规划意图是否得以实现，首先取决于新会的主要对外联系方向在规划期内转而向南直接出海的可能性。

例 3，河南伊洛河流域下游县兼并上游县及当代洛阳的城市发展。洛阳现辖的宜阳县、洛宁县、伊川县，在古代都曾经各有两个县，县城都分别设在洛河或伊河沿岸。由于伊河、洛河上游是高耸的伏牛山，而崤山、熊耳山、外方山相互平行又分别穿插在洛河、伊河两侧。地形限制使伊洛河贯穿的这几个县都以下游洛阳作为自己的主要对外联系方向，各县之间的横向联系却不多。长期发展的结果，这三个县在历史上都曾经发生了两个县归并成一个县的现象，而归并的结果均为处于上游的县被它下游的县所兼并，反映了城市经济活动向主要对外联系方向迁移和集聚的规律。例如，北宋熙宁年间处于上游的福昌县合并到寿安县，即今宜阳县；元代，处在今洛宁上游的长水县并到永宁县，即今洛宁县；伊川是洛阳南大门，伊阙素有古都咽喉之称，战国时，伊川为韩国新城郡，治所在今伊川平等乡古城，唐时，改名伊阙县，宋降为镇，伊阙县略入洛阳。民国16年冯玉祥督豫，在今伊川县内设立平等、自由两县；民国21年合并二县为伊川县，治今址。从新城、伊阙、平等、自由到伊川，城址均沿主要经济联系方向，向下游迁徙。

例4，县城搬迁中的一些教训。有一些县由于种种原因需要县城搬家，在计划经济体制下，习惯于把新县城搬到县域的中心区位，以便于实施行政管理。但由于常常忽视这些县对外经济联系力量的多向不均衡，有的新县城偏离了县的主要经济联系方向，结果起不到全县经济中心的作用。在社会主义市场经济体制下，县城区位不经济的矛盾突出了。例如山东肥城，老县城因煤矿采空，地面下陷而需要搬迁。当初有三个方案。一是迁到老城火车站以东，二是迁到王瓜店镇西北四孔桥一带，三是在老城火车站以南4公里处的空地上新建。20世纪70年代中，以不占好地为原则决定取第三方案。依我看此方案最差。新城迟迟没有发挥效益，形成规模，原因就在新城区位偏离了县内的经济重心及肥城与泰安之间的主要经济联系方向。

再如河南孟津县，县城址曾在黄河的几个渡口之间来回变动过，明嘉靖十一年定在老城，即现在的会盟镇，因20世纪50年代一场大水，位于县域东部的老县城被淹，1959年决定在全县的几何中心另建新县城。新县城避开了易淹的黄河岸边，却上了缺水的邙山丘陵，更重要的是偏离了县域东部沟通黄河南北的交通干线207国道和焦枝铁路，偏离了县内经济相对发达的东部各乡镇，现在新县城经济上也缺乏活力。

例5，省域中心区位城市和门户区位城市的相互消长。新中国成立以后我国有过几次省城搬迁，如安徽省会从安庆迁到合肥，河南省会从开封迁到郑州，吉林省会从吉林迁到长春，河北省会从保定迁到石家庄等，总趋势是看中交通方便的省域中心区位。我国位处省域中心区位或重心区位的省会占大多数。在过去农业社会和后来社会主义计划经济体制下，经济偏重于自成体系，中心区位更利于区域内部的联系和管理。新中国成立后我国的省会城市确实获得过较快的发展。但在外向型市场经济条件下，各区域都要力求与区外经济取得联系，参与到更大范围乃至世界的经济体系中。而处于区域主要对外联系方向上的门户城市则更利于发挥区域与外部联系的作用，具有更优越的区位优势。改革开放以来这类城市都获得了更快的发展，形成对中心区位城市的挑战。例如大连与沈阳、青岛与济南、天津与北京、芜湖与合肥、宁波与杭州、九江与南昌、深圳与广州、重庆与成都等等城市之间的竞争态势一定程度上都包含有门户区位向中心区位挑战的色彩。显然，认识城市区位对城市发展影响的规律性，协调好它们之间的关系，使它们扬长避短、分工合作，发挥整体效益是有意义的。

推而广之，改革开放以来，我国大力推行“三沿战略”，促进沿海、沿长江和沿陆上边境城市的发展，虽然经济联系的层次不同，但客观上都是促进区域门户区位城市的发展，让它们在对外经济联系中发挥更大的作用，从而带动区域以至国家的经济发展。开发深圳特区和浦东新区称得上是这方面最成功、最精彩的决策。

四、应用举例

笔者认为以上原理具有相当的合理性，因此也常把它用于规划实践，或用来解释一些城市发展现象。有的已经证明是正确的，有的可以引起人们的思考。

例 1，安徽芜湖的城址变迁和现代城市规划。向前追溯到春秋时代，芜湖的古城址位于青弋江以南水阳江畔的鸠兹，依托内陆小河运输而发展。到三国时代，青弋江流域经济得到开发，城址转移到青弋江北岸鸡毛山一带，依托的是大河入江运输。然后，城市建成区从鸡毛山沿青弋江向西延伸到入长江的二江汇口，即今芜湖老城“十里长街”两侧一带，进入大江运输阶段。1876 年芜湖辟为通商口岸，外国资本和官僚资本先后在长江岸边建立码头，与长江三角洲特别是与上海的水上联系成为主要经济联系方向，城市转而沿长江向北延伸。新中国成立后，芜湖的铁路交通日趋重要，并成为一个小型铁路枢纽，城市发展开始与铁路趋近，从长江岸边向东发展。1978 年进行新的城市规划时，芜湖已成为衔接宁芜、芜铜、淮南、皖赣（当时正在修建）四个方向的伸长式铁路枢纽，新的芜湖铁路编组站的位置选择，成为城市总体规划方案比较的决定因素。笔者经过铁路流量流向的分析，认为芜湖枢纽的最大货流方向是合肥 - 南京方向，城市的主要经济联系方向指向长江下游三角洲，因此把编组站规划在趋近于主要经济联系方向的城市东北部，当时称为大和塘方案（当然还有用地、环境、运输组织和工程可行性等其他方面的原因）。编组站的正确定位，引导了芜湖城市主要向北发展。十几年来芜湖的城市发展基本是按规划实施的。由上可见，城市的主要经济联系方向对芜湖城址的历史变迁和近现代城市用地的发展方向都起了十分关键的牵引作用。

例 2，洛阳城市体系规划。近现代洛阳的城市用地基本上在陇海铁路以南沿铁路呈带状东西展布，符合城市沿东西两个主要对外联系方向发展的规律。现在城市已连绵 20 公里。若继续东西延伸，城市建设既不经济合理，也受到用地条件的各种约束。向西已受秦岭余脉的阻挡，向东受杨文铁路编组站的阻挡。未来应向何处发展？我认为洛阳这样一个深处我国中腹地区，其经济发展一方面要利用居中区位与沿海的几个经济发达地区和内地的特大城市建立起多元化的经济联系；另一方面又要找到一个合理的主要对外联系方向。定量分析洛阳到以上海为中心的长江三角洲以及洛阳到京津方向、山东半岛方向、连云港方向和西安 - 兰州方向的人口与经济联系潜能，以到长江三角洲方向为最大。洛阳今后的主要经济联系方向应取长江三角洲发达区为最佳。目前它通过陇海和京沪铁路与该方向取得联系，但因这两条铁路都是运输极为繁忙的过饱和干线，洛阳以至河南极需开辟一条新的便捷通道把两者联系起来。规划提出利用焦枝线洛阳 - 宝丰段、宝（丰）漯（河）线、漯阜（阳）线和阜淮（南）线构成直趋长江三角洲的通路。实现这一目标的关键是把现在体制上互相分割的既有国有铁路和既有准轨地方铁路在运输上衔接起来而已。投资省效益大，而且在一定程度上可以替代与此线平行的规划宁（南京）西（西安）线的作用。基于这种认识，我们建议洛阳城市发展要从主要依托陇海线逐渐转向主要依托焦枝线，挖掘 1970 年才通车的焦枝线对洛阳城市发展的促进作用。城市新区可首选洛河以南、焦枝线以西、避开隋唐古城建设，使城市用地发展方向与主要对外联系方向相一致。此规划虽经审批通过，但此构思能否付诸实施，取决于跨省、跨部门的国有铁路和地方铁路部门能否在有关决策部门的重视下协调沟通起来。

例 3，如何利用德州、梧州的地理优势。位于大运河畔的山东德州市，是一个具有 2000 多年历史的老城市，早在 20 世纪初就已经是津浦铁路和石德铁路交会的枢纽。它的交通地理位置不可谓不好。但是它的经济发展水平和城市人口规模始终不像人们想象得那么好、那么大。当然原因是多方面的。例如历史上这里的农业条件一直比较差；位处冀鲁交界，历史上隶属多变，新中国成立后对这类认为迟早会“嫁”出去的“女儿地区”投资较少。我认为还有一个重要原因就是德州在计划经济下处在它腹地的主要经济联系方向的“上游”，从主要经济联系方向论的角度看，这是一种既非中心、又非门户的最为不利的区位。在正常情况下，德州的经济服务范围应该是以它为中心的属于原河北衡水地区、沧州地区的部分县和属于山东德州地区的那些县。但在计划经济体制下，在河北一侧本应该到德州的经济联系，大部分转向衡水、沧州和石家庄等河北的城市，使德州的腹地大大缩小。德州在山东一侧的腹地如以原德州地区为准，则有 12 个县之多。但是强大的省会济南市紧邻德州地区，除了少数几个邻接县外，德州地区的大多数县到济南的经济联系远比到德州更近便。也就是说，在计划体制下，德州地区的主要经济联系方向显然是济南方向，而德州却位处它管辖腹地的主要经济联系方向的背后，在它前方的县实际成了济南的经济腹地，完全可以不经过德州直接与济南联系（大概开三级干部会议之类的活动除外）。德州长不大这是主要原因。掌握同样的原理，德州的发展要充分利用市场经济体制，把过去省界对经济的分割作用变为利用两省之间的经济位势，发挥交通枢纽的优势，让自己在促进山东与京津冀之间的经济联系中，既充当山东方面腹地的门户城市，又成为河北方面腹地的门户城市。

类似的例子出现在两广边界的广西梧州市。梧州曾经是两广总督的驻地，在历史上一直是广西城市体系中数一数二的中心城市。梧州作为广西西江流域的门户和两广联系的咽喉创造了这一历史辉煌。新中国建立后，由于种种原因，广西区内外的主要经济联系方向发生变化，通过湘桂铁路的 NE - SW 向联系的重要性超过了通过西江的 E - W 向联系。在内向型计划经济体制下，梧州偏离在广西的主要经济联系方向之外，原本向东联系的梧州的腹地转而向西成为湘桂线上城市的吸引范围。城市丧失了腹地也就丧失了发展。作者建议广西要充分认识到市场经济条件下加强两广联系的重要性，建议加速两广间陆上通道的建设，打通广州向西经梧州到桂林和三江的铁路。这不仅是大西南与国内外大市场之间最近便的通道，梧州也会焕发青春，广西也能得到更快发展。

例 4，我国南方对外经济联系的门户城市的转移。广州位处东西狭长的广东省的中部，又处京广铁路南端和珠江口的北端，是我国典型的兼有中心区位和门户区位优势的一个城市，长期以来是广东甚至华南的首位城市，其地位从未受到过挑战。尤其在改革开放以前，广州通过广交会等渠道是我国经济与西方世界交流的重要门户。那时的深圳作为边防重镇与资本主义的香港隔河相望，人口不过数万。改革开放以后，深圳辟为经济特区，港深边界的政治性质已发生了由对立向友好、由封闭向开放的根本变化。深圳遂成为内地与香港乃至世界各国经济联系的最大的门户城市，替代并发展了过去广州所承担的对外经济联系的部分职能，实际人口由几万猛增到二三百万。1997 年香港回归以后，港深边界又由国际边界变成国内边界，香港将成为我国参与世界经济体系的最大的门户城市，深圳和广州的相应职能又会有所削弱。这三地的空间距离并没有发生变化，但它们的地理位置和城市职能的关系却发生了剧变。我国南方的门户城市沿着国家主要经济联系方向所发生的变化，不是很值得三地规划界深思吗?

五、意义

主要经济联系方向对单个城市或区域城市体系发展有着非常深远的影响。以上所举只是我工作中遇到的一部分例子，还可以在许多地方找到内容丰富、生动活泼的例证。既有符合发展规律的经验，也有违背客观规律的教训，还有一些值得深思的未来发展趋势。

笔者建议在进行区域规划、城镇体系规划和城市规划中，要着力去分析区域和城市的主要经济联系方向，它有助于你理解现有的城市地理现象，选择城市未来的用地，帮助你构思区域城市体系的空间框架。但是，城市和区域是一个受多种因素影响的复杂系统，行政边界、地形地物、功能分区、环境要求等都可能改变主要经济联系方向的影响力。在当前体制下，行政边界的作用尤为值得重视。因此我并不把主要经济联系方向作为城市与区域发展的唯一主导因素。

经济全球化视角下长三角区域的城市体系演化：关联网络和价值区段的分析方法*

唐子来　赵渺希

编者导读

经济全球化对各个国家和区域的城市体系产生了前所未有的重大影响，城市发展越来越纳入全球经济网络，城市体系的空间经济结构正在发生转变。彼得·泰勒认为跨国公司的全球生产网络将各个城市联结，并形成以“价值区段”为特征的世界城市体系。伴随着经济全球化的进程，中国的长江三角洲区域（长三角区域）越来越纳入全球经济网络，已经形成出口导向的世界级制造业基地，同时也成为世界上最主要的城市密集区域之一。因此，对长三角区域的研究成为当代中国研究的重要部分，也是进行全球化研究的组成部分之一。

本文从经济全球化的视角，采用关联网络和价值区段的分析方法，揭示了长三角区域的城市体系演化的三个主要特征。其一，上海作为长三角区域的“门户城市”，发挥向外连接全球网络的扇面状辐射和向内地区域联系的扇面状辐射的“两个扇面”节点的作用；其二，长三角区域内部的城市之间关联网络具有层级和地域的双重属性，而企业是城市之间关联网络的“作用者”；其三，经济全球化进程中的国际劳动分工导致长三角区域的城市体系正在从以“行业类型”为特征的空间经济结构转变成为以“价值区段”为特征的空间经济结构。

城市体系研究是城市地理、城市规划及相关研究的传统课题，在城市与城市之间的空间组织、产业分工、专业领域协作等发挥着重要作用。哈里斯和厄尔曼早在 1945 年提出城市本质是城市的内部组织关系，同心圆模式、扇形模式、多核模式等理论堪称该领域研究的经典。泰勒将城市之间的关系问题称为城市的第二本质。克里斯塔勒的中心地理论率先探索了城镇等级、规模、经济职能之间的关系及其空间结构的规律性等问题。这些传统理论侧重于竞争与等级关系，而世界城市网络理论则从全新的视角审视城市与城市之间的组织结构问题，认为城市是在整个城市体系中存在与发展的，城市之间的联系是城市体系结构与动态变化的根本原因。网络理论下的城市体系研究已从城市属性的横向比较，转向关注城市间联系的强弱。网络理论在欧盟多中心大都市研究中得到了广泛运用。相关研究方法也已经应用于研究中国沿海重点发展区域在世

* 本文摘自《城市规划学刊》2010 年第 1 期。——编者注

界城市体系中的位置；分析中国重要城市与全球城市体系的对接与互动关系；判断城市密集区是否存在向城市功能差异化互补的发展态势，以及讨论城市与区域的个体与整体的协作发展关系等方面。唐子来、赵渺希的这篇论文正是基于网络理论对长三角地区城市体系演化的研究成果。

唐子来 1957 年生于上海。1982 年和 1984 年在同济大学分别获得城市规划设计专业的学士学位和硕士学位；1995 年获得英国利物浦大学城市规划设计专业博士学位。现任同济大学城市规划系系主任、教授。他也是全国政协委员、中国城市规划学会常务理事、上海市规划委员会决策咨询专家（城市空间和环境专业委员会主任委员）。在规划理论研究之外，唐子来也参与具体的规划项目，特别是 2010 年世博会的规划设计工作，并担任世博会重点项目“城市最佳实践区”的总规划师。唐子来是《城市规划学刊》编委会副主任、《城市规划》编委、英国《Planning Practice and Research》国际顾问委员会成员。唐子来主要研究方向包括城市发展战略、城市规划国际比较研究、经济全球化与城市和区域发展、城市政策分析和评价、城市空间结构及其演化、城市开发和规划控制等。迄今他已在国内外专业刊物上发表约 60 篇学术论文。

本文原载于《城市规划学刊》2010 年第 1 期，合作者赵渺希为唐子来的博士研究生。对唐子来学术思想有兴趣的读者，还可参阅其论文《长三角区域的经济全球化进程的时空演化格局》、《改革开放以来上海社会空间结构演化的特征与趋势》、《城市发展与经济增长方式转变——理论分析与对策建议》、《西方城市空间结构研究的理论和方法》、《欧盟及其成员国的空间发展规划：现状和未来》、《发达国家和地区的城市设计控制》、《城市密度分区研究——以深圳经济特区为例》、《经济全球化时代的城市营销策略：观察和思考》、《城市历史街区产业功能拓展的本土特色与导向策略》等，及其专著《城市规划决策概论》。

正文

国际研究表明，经济全球化对于各个国家和区域的城市体系产生了前所未有的重大影响，主要表现在两个方面：其一，各个国家和区域的城市发展越来越纳入全球经济网络。卡斯特利斯认为，随着网络社会的崛起，“流通空间”（space of flow）而不是“场所空间”（space of place）造就了全球城市体系。这里，卡斯特利斯的流通空间就是指资本和信息的跨国流动形成全球经济网络，场所空间则是指城市作为全球经济网络的核心（hubs）和节点（nodes）；其二，经济全球化进程中的国际劳动分工导致各个国家和区域的城市体系演化，以“行业类型”为特征的空间经济结构正在转变成为以“价值区段”为特征的空间经济结构。泰勒（P. Taylor）认为，作为经济全球化进程中国际劳动分工的“作用者”，跨国公司的全球生产网络形成的“流通空间”将各个城市联结（interlock）成为世界城市体系。这就是说，在跨国公司的全球生产网络中，各个城市处于国际劳动分工的不同价值区段，由此形成以“价值区段”为特征的世界城市体系。

国内外学者普遍认为，在经济全球化进程中长三角区域越来越纳入全球经济网络，已经形成出口导向的世界级制造业基地，同时也成为世界上最主要的城市密集区域之一。笔者拟从经济全球化的视角，采用关联网络和价值区段的分析方法，考察长三角区域的城市体系（包括上海、杭州、宁波、绍兴、嘉兴、湖州、舟山、南京、苏州、无锡、常州、镇江、扬州、泰州、南通等市）的基本特征（图 1）。

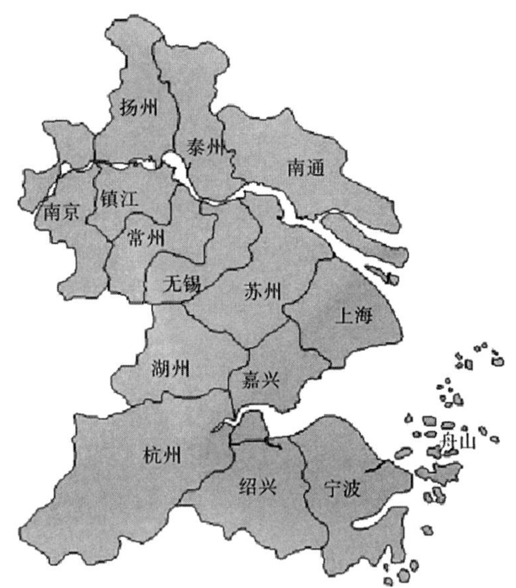

图1　长三角区域15个城市的空间分布

上海作为"门户城市"：向外连接全球网络和向内辐射区域腹地

1986年，美国学者弗里德曼（J. Friedmann）提出了世界城市的假说（The World City Hypothesis）。他认为，世界城市作为全球经济网络的"支点"，具有一些特定属性，包括公司总部、国际金融和商务产业的集聚地，全球性的交通和通信枢纽，同时也是国内和国际移民的主要目的地，并且呈现出社会空间的高度极化。弗里德曼被学术界认为是世界城市体系研究的"属性方法"（attribute approach）的开拓者。

1991年美国学者萨森发表了《全球城市：纽约、伦敦、东京》，验证了金融业和生产性服务业是这些城市的全球主导功能的核心产业。她认为，正是金融业和生产性服务业的全球化界定了全球城市网络。

从20世纪90年代后期开始，以英国Loughborough大学为基地的全球化与世界城市（Globalization and World Cities，简称GaWC）研究小组开始成为这一研究领域中最具影响力的学术机构之一，至今已经发表了一大批研究成果。其中特别引人注目的是泰勒等人提出的世界城市体系研究的"网络方法"（network approach）。

以卡斯特利斯的"流通空间"理论为依据，并基于萨森对于全球城市的经验研究结果，泰勒等人认为高端生产性服务业（advanced producer services）是世界城市网络的"作用者"，各个生产性服务企业的全球区位战略（global location strategy）将各个主要城市联结（interlock）成为世界城市网络（world city network）。因此，世界城市网络研究的具体方法是在全球范围内确定315个主导城市和高端生产性服务业的100家主导企业（涉及银行/金融、保险、会计、法律、广告、管理咨询领域），由此建立这些城市和企业之间的"服务价值"（service value）矩阵。根据将各个企业在各个城市的不同机构层级作为服务价值的表征，不仅可以判断世界城市网络中各个城市的关联层级，而且能够分析它们的关联地域。

上海作为长三角区域的核心城市是众所周知的。在长三角区域的经济全球化进程中，上海发挥了"两个扇面"的作用，即向外连接全球网络和向内辐射区域腹地，因而也被称为"门户城市"（gateway city）。在泰勒的世界城市网络研究中，上海的网络关联层级（network connectivity）在全球315个主要城市中的排名从2000年的第30位上升到2004年的第23位，并且具有面向全球（global orientation）的地域属性，即与上海的网络关联度较高的城市分布在全球多个区域。

笔者以生产性服务业的跨国公司为线索，考察以上海作为"门户城市"的长三角区域的全球关联网络。综合利用各种数据来源（包括企业数据库和银监会、保监会、司法部、商务部等网站发布的相关信息），选取2007年作为分析年份，可以获得在上海设有分支机构的 81 家生产性服务业跨国公司，包括 27 家银行/金融业公司、18 家会计事务所或管理咨询公司、18 家法律事务所、9 家 4A 级广告传媒公司和 9 家保险公司。

采用相对简化的方法，来考察上海作为“门户城市”的向外和向内的网络关联状况。首先，根据上述 81 家跨国公司中在其他城市（i）也设有服务机构（不分等级）的公司数量，可以得到该城市与上海的网络关联值（V_i），该数值显然应为 0-81。然后，进行标准化处理，得到该城市与上海的网络关联度，即 $N_i=V_i/V_{max}\times 100$，其中 $V_{max}=81$，即在上海设有分支机构的 81 家生产性服务业跨国公司。

面向全球的关联网络分析表明，与上海的网络关联度最高的 6 个城市包括伦敦、纽约、香港、巴黎、东京和新加坡，这些城市也是泰勒研究中全球网络关联度最高的全球核心城市，涵盖了北美、西欧和亚太三个全球经济区域；与上海的网络关联度较高的全球主要城市分布在全球多个区域。可见，上海面向全球的关联网络不仅具有明确的层级，而且显示出较为广泛的地域属性，这与泰勒的研究结果是完全一致的（表 1，图 2）。

辐射区域腹地的关联网络分析表明，长三角区域的各个城市与上海的网络关联度可以分为三个层级（表 2）。与上海的网络关联度相对较高的城市包括苏州、南京和杭州，网络关联度较低的城市包括宁波、无锡、绍兴、常州和嘉兴，没有网络关联度的城市包括镇江、南通、扬州、泰州、湖州和舟山。可见，与上海的网络关联度较高的城市都是长三角区域的主要城市，各个城市与上海的网络关联度与该城市的经济全球化进程是显著相关的，城市的经济全球化程度越高，受到上海的辐射程度也就越高。

上述分析结果表明，上海作为长三角区域的核心城市，已经成为全球经济网络中的重要“节点”，发挥着向外连接全球网络和向内辐射区域

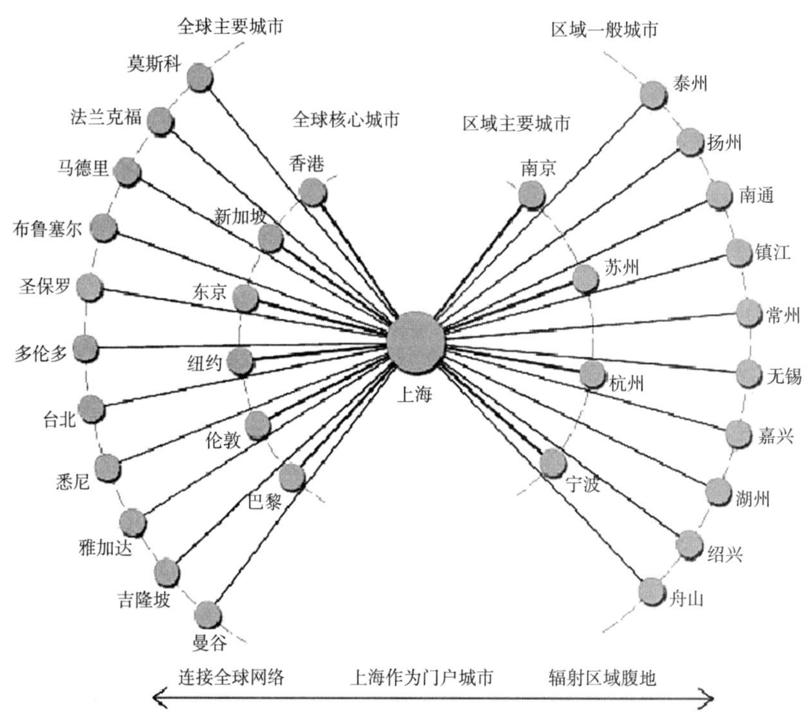

图 2　上海作为“门户城市”：向外连接全球网络和向内辐射区域腹地的“两个扇面”作用

上海与全球核心城市和主要城市的关联网络　表1

城市		地区	网络关联值	网络关联度
全球核心城市	香港	亚洲	71	87.7
	新加坡	亚洲	69	85.2
	纽约	北美	68	84.0
	伦敦	西欧	68	84.0
	东京	亚洲	63	77.8
	巴黎	西欧	59	72.8
全球主要城市	布鲁塞尔	西欧	54	66.7
	圣保罗	南美	51	63.0
	莫斯科	东欧	48	59.3
	雅加达	亚洲	48	59.3
	悉尼	澳洲	47	58.0
	曼谷	亚洲	47	58.0
	台北	亚洲	47	58.0
	马德里	西欧	46	56.8
	法兰克福	西欧	45	55.6
	吉隆坡	亚洲	42	51.9
	多伦多	北美	41	50.6

注：表中仅列出网络关联度较高的城市。

长三角区域内其他城市与上海的关联网络　表2

城市		网络关联值	网络关联度
区域主要城市	苏州	8	0.099
	南京	7	0.086
	杭州	6	0.074
区域一般城市	宁波	2	0.025
	无锡	1	0.012
	绍兴	1	0.012
	常州	1	0.012
	嘉兴	1	0.012
	镇江	—	—
	南通	—	—
	扬州	—	—
	泰州	—	—
	湖州	—	—
	舟山	—	—

腹地的“两个扇面”作用。无论是面向全球还是辐射腹地的关联网络都显示出明确的层级特征。生产性服务业的跨国公司以上海作为“门户城市”，为长三角区域作为世界级制造业基地提供必需的生产性服务，并在一些区域主要城市设置次级分支机构，提供更为直接的地方服务。

长三角区域内城市体系的关联网络分析

基于企业是城市之间关联网络的“作用者”的理论依据，采用类似方法，可以分析长三角区域内部的城市之间关联网络。利用 2007 年的万方企业库，可以获得注册在长三角区域的某一城市、并且在区域的另一个或以上城市设有分支机构的企业名录。

首先，如果 X 个企业注册在城市 B、并且在城市 A 设有分支机构，如果 Y 个企业注册在城市 A、并且在城市 B 设有分支机构，则城市 A 和城市 B 之间的网络关联值为 V_{ab}（或 V_{ba}）=X+Y。然后进行标准化处理，得到该对城市之间的网络关联度，即 N_{ab}（或 N_{ba}）=V_{ab}（或 V_{ba}）/N_{max}×100，其中 N_{max} 是所有城市之间的最大网络关联值。最后，将一个城市与区域内所有其他城市之间的网络关联度相加，可以得到该城市的总体网络关联度为 $TN_a=\sum N_{an}$（n 为 1…14，表示区域内的 14 个其他城市）。

基于上述分析方法，得到如下的研究发现（表 3，图 3）。其一是各个城市的总体网络关联度具有显著的三个层级特征。作为长三角区域的核心城市，上海的总体网络关联度明显地高于区域内的其他城市。第二层级的城市都是区域主要城市，包括南京、杭州、苏州。第三层级的城市都是区域的一般城市，包括宁波、无锡、常州、镇江、扬州、南通、泰州、嘉兴、湖州、绍兴和舟山。需要指出的是，各个城市的总体网络关联度与其经济全球化进程是显著相关的（相关系数

长三角区域内部的城市之间网络关联度 **表3**

	上海	苏州	无锡	常州	南京	镇江	南通	扬州	泰州	杭州	宁波	嘉兴	湖州	绍兴	舟山	总和
上海		100	78	39	65	23	32	20	21	82	69	25	13	28	4	599
苏州	100		19	5	23	6	7	3	3	12	8	3	1	3	0	193
无锡	78	19		9	20	4	4	4	5	10	6	1	1	2	1	164
常州	39	5	9		15	5	3	2	2	4	2	1	0	2	0	89
南京	65	23	20	15		12	10	10	8	14	9	2	2	1	0	191
镇江	23	6	4	5	12		8	4	4	4	3	1	0	3	0	77
南通	32	7	4	3	10	8		3	3	3	2	1	1	0	1	78
扬州	20	3	4	2	10	4	3		17	2	1	0	1	0	0	67
泰州	21	3	5	2	8	4	3	17		5	2	1	1	0	0	72
杭州	82	12	10	4	14	4	3	2	5		33	12	11	28	2	222
宁波	69	8	6	2	9	3	2	1	2	33		3	3	8	3	152
嘉兴	25	3	1	1	2	1	1	0	1	12	3		2	2	0	54
湖州	13	1	1	0	2	0	1	1	1	11	3	2		1	0	37
绍兴	28	3	2	2	1	3	0	0	0	28	8	2	1		0	78
舟山	4	0	1	0	0	0	1	0	0	2	3	0	0	0		11

为 0.603），城市的经济全球化程度越高，与区域内其他城市的总体经济联系程度也就越高。

其二，上海作为区域核心城市，与区域主要城市之间的网络关联度明显地高于区域一般城市，表明区域内核心城市和主要城市之间具有较高的经济联系程度。

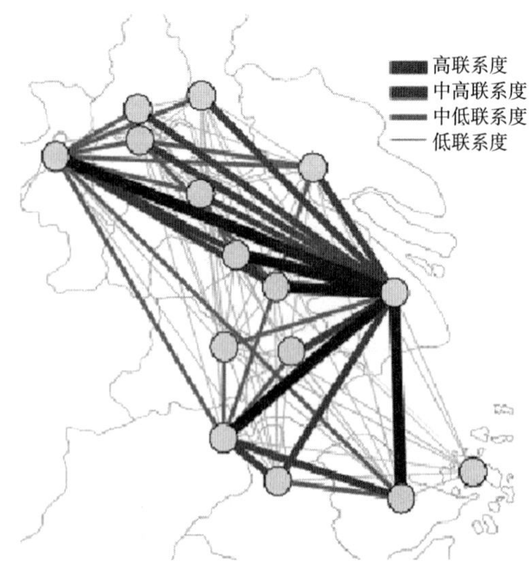

图3 长三角区域内部的城市之间网络关联度

各个城市的首位联系地和次位联系地 **表4**

城市	首位联系地	次位联系地
上海	苏州	杭州
南京	上海	苏州
杭州	上海	宁波
宁波	上海	杭州
苏州	上海	南京
无锡	上海	南京
南通	上海	苏州
嘉兴	上海	杭州
湖州	上海	杭州
常州	上海	南京
扬州	上海	泰州
绍兴	上海 / 杭州	
舟山	上海	宁波
镇江	上海	南京
泰州	上海	扬州

注：绍兴与上海和杭州的网络关联度相等。

其三，无论在江苏省还是浙江省内，绝大部分城市与区域核心城市（上海）和省会城市（南京或杭州）的网络关联度明显地高于省内的其他城市。如表 4 所示，长三角区域内各个城市的首位联系地都是上海，次位联系地都是各自省内的主要城市，表明区域核心城市和主要城市的各自影响范围。

其四，无论是江苏省还是浙江省的城市与省内其他城市之间的网络关联度明显地高于其与省外同级城市的网络关联度，表明行政区划对于城市之间经济联系的影响是依然存在的。比如，苏州与长江北岸的省内城市（南通、泰州、扬州）的网络关联度高于与其相邻的浙江城市（湖州和嘉兴）。

可见，网络分析方法不仅揭示了长三角区域内城市网络的关联层级，而且能够分析它们的关联地域。

长三角区域内城市体系的价值区段分析

在跨国公司的国际劳动分工导致的世界城市体系中，少数城市作为跨国公司的管理和控制中心（command and control centers），处于国际劳动分工的“价值区段”的高端，这些城市被称为全球城市（global cities）或世界城市（world cities）。更多的城市则是跨国公司的制造和装配基地，处于“价值区段”的低端。

萨森对于纽约、伦敦和东京的案例研究，验证了金融业和生产性服务业是这些城市的全球主导功能的核心产业。卡斯特利斯和霍尔则揭示了微电子产业的国际劳动分工的区位特征。研发和原型制作位于发达国家中具有良好生活品质的创新中心；高技术的核心部件制造位于发达国家的技术园区；组装和测试位于发展中国家的新兴工业化地区；面向客户的设备调试、售后服务和技术支持位于全球各地的区域市场中心。

笔者采用价值区段的分析方法，考察长三角区域的城市体系的基本特征。基于《国民经济行业分类》（GB/T 4754-2002），从价值区段的角度，可以分为 8 个产业部类（表 5）。第一产业

基于价值区段的 8 个产业部类 **表 5**

<table>
<tr><th>三大产业</th><th colspan="2">8 个产业部类</th><th>国民经济行业分类</th></tr>
<tr><td>第一产业</td><td colspan="2">农业</td><td>农林牧副渔业</td></tr>
<tr><td rowspan="5">第二产业</td><td rowspan="3">制造业</td><td>劳动密集型制造业</td><td>农副食品加工业，食品制造业，纺织业，纺织服装、鞋、帽制造业，皮革、毛皮、羽毛（绒）及其制品业，木材加工及木、竹、藤、棕、草制品业，家具制造业，造纸及纸制品业，印刷业和记录媒介的复制，文教体育用品制造业，橡胶制品业，塑料制品业，非金属矿物制品业，金属制品业</td></tr>
<tr><td>资本密集型制造业</td><td>饮料制造业，烟草制品业，石油加工、炼焦及核燃料加工业，化学原料及化学制品制造业，化学纤维制造业，黑色金属冶炼及压延加工业，有色金属冶炼及压延加工业，通用设备制造业，专用设备制造业，交通运输设备制造业</td></tr>
<tr><td>技术密集型制造业</td><td>医药制造业，通信设备、计算机及其他电子设备制造业，仪器仪表及文化、办公用机械制造业</td></tr>
<tr><td colspan="2">其他工业</td><td>石油和天然气开采业，电力、热力的生产和供应业，燃气生产和供应业，水的生产和供应业，非金属矿物采选业，有色金属矿采选业，煤炭采选业，黑色金属矿采选业，其他采矿业</td></tr>
<tr><td colspan="2">建筑业</td><td>建筑业</td></tr>
<tr><td rowspan="2">第三产业</td><td colspan="2">生产性服务业</td><td>金融保险业，房地产业，科学研究、综合技术服务业，地质勘察业，水利管理业</td></tr>
<tr><td colspan="2">其他服务业</td><td>农林牧渔服务业，交通运输、仓储、邮电通信业，批发和零售贸易、餐饮业，社会服务业，卫生、体育和社会福利业，教育、文化艺术和广播电影电视业，国家机关、政党机关和社会团体，其他行业</td></tr>
</table>

不再细分。第二产业分为技术密集型制造业、资本密集型制造业、劳动密集型制造业、其他工业和建筑业 5 个部类。制造业的 3 种类型划分参考了王志华和陈圻对于长三角区域的制造业结构研究；其他工业包括采掘业和电力、燃气及水的生产和供应业，这些行业多为垄断行业。第三产业分为生产性服务业和其他服务业两个部类。参照萨森对于全球城市的生产性服务业研究，并结合各个城市统计年鉴中数据的可获得性，将金融保险业、科研和工程勘察设计、房地产业划归为生产性服务业，其余则为其他服务业。

以 2000 年上海市的统计数据为例，核算上述 8 个产业部类的人均增加值作为价值区段的表征，可以得到从高到低的层级关系，依次为生产性服务业、其他工业、技术密集型制造业、资本密集型制造业、建筑业、劳动密集型制造业、其他服务业和农业（图 4），需要指出的是，其他工业多为垄断行业，较高的人均增加值并非市场合理竞争的结果。

考虑到建筑业的区域分布具有特殊性和其他工业的行业垄断特征，笔者选取生产性服务业、其他服务业、技术密集型制造业、资本密集型制造业、劳动密集型制造业和农业 6 个产业部类，并以这些产业部类的增加值占总增加值的比重作为变量，从产业价值区段的角度，对长三角区域的 15 个城市进行聚类分析。

以 1996 年各个城市的 6 个产业部类的增加值所占比重作为变量，将长三角区域的 15 个

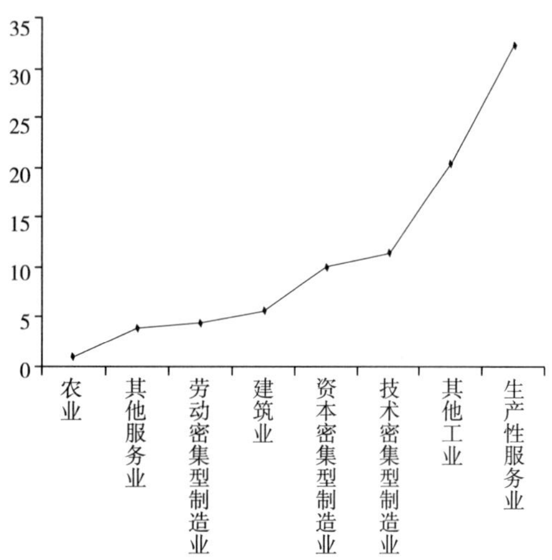

图 4　2000 年上海市 8 个产业部类的人均增加值

1996年长三角区域的城市聚类分析结果　表6

城市类型	城市
1	上海、南京
2	苏州、无锡、常州、镇江、杭州、宁波、绍兴
3	南通、嘉兴、湖州
4	扬州、泰州
5	舟山

城市分为 5 种类型（表 6）。依据各类城市的 6 个产业部类所占比重偏离区域平均值的标准差（STD）倍数，可以判断上述 5 类城市的产业价值区段特征（表 7）。第一类城市包括上海和南京，具有较高的产业价值区段特征，生产性服务业、技术密集型制造业、资本密集型制造业和其他服务业的比重都明显地高于区域平均值（大于

1996 年各类城市的 6 个产业部类的增加值所占比重偏离区域平均值的标准差倍数　表 7

城市类型	农业	其他服务业	劳动密集型制造业	资本密集型制造业	技术密集型制造业	生产性服务业
1	−1.159	1.020	−1.238	1.086	1.490	1.789
2	−0.535	−0.053	0.320	0.441	0.345	−0.329
3	0.722	−1.165	1.036	−1.220	−0.905	−0.487
4	0.752	0.450	−1.223	0.315	−0.718	0.452
5	2.391	0.927	−0.425	−2.226	−1.243	−0.718

1 倍标准差）；第二类城市包括杭州、宁波、苏州、无锡、常州、镇江和绍兴，产业特征不太明显，只有资本密集型制造业的比重高于区域平均值（为 0.441 倍标准差）；第三类城市包括南通、嘉兴和湖州，产业价值区段特征是劳动密集型制造业的比重明显地高于区域平均值（大于 1 倍标准差），农业的比重也高于区域平均值（为 0.722 倍标准差）；第四类城市包括扬州和泰州，农业的比重高于区域平均值（为 0.752 倍标准差）；第五类城市是舟山，具有较低的产业价值区段特征，农业的比重明显地高于区域平均值（大于 2 倍标准差），其他服务业的比重也高于区域平均值（为 0.927 倍标准差），表现出海岛旅游城市的产业特征。综上所述，1996 年长三角区域 15 个城市的聚类分析结果在一定程度上体现了产业价值区段特征，但是并不十分显著。

以 2005 年各个城市的 6 个产业部类的增加值所占比重作为变量，同样将长三角区域的 15 个城市分为 5 种类型，表现出非常显著的产业价值区段特征（表 8、表 9）。第一类城市包括上海、南京和杭州，具有最高的产业价值区段特征，生产性服务业和其他服务业的比重都明显地高于区域平均值（大于 1 倍标准差），技术密集型制造业的比重也高于区域平均值(为 0.679 倍标准差)；第二类城市是苏州，具有较高的产业价值区段特征，技术密集型制造业的比重明显地高于区域平均值（几乎为 3 倍标准差）；第三类城市包括宁波、无锡、常州、镇江、扬州和泰州，具有中等的产业价值区段特征，资本密集型制造业的比重明显地高于区域平均值（接近 1 倍标准差）；第四类城市包括南通、嘉兴、湖州和绍兴，具有较低的产业价值区段特征，劳动密集型制造业的比重明显地高于区域平均值（大于 1 倍标准差），农业的比重也高于区域平均值（为 0.576 倍标准差）；第五类城市依然是舟山，具有最低的产业价值区段特征，农业和其他服务业的比重都明显地高于区域平均值（分别大于 2 倍标准差和接近 2 倍标准差），表现出海岛旅游城市的产业特征。与 1996 年的状况相比，2005 年各类城市的产业价值区段特征更为显著。

2005 年长三角区域的城市聚类分析结果　表 8

城市类型	城市
1	上海、南京、杭州
2	苏州
3	无锡、常州、镇江、扬州、泰州、宁波
4	南通、嘉兴、湖州、绍兴
5	舟山

随着经济全球化进程的加快，长三角区域越来越纳入全球经济网络，跨国公司的国际劳动分工对于区域城市体系的影响也日趋显著。基于产业价值区段的城市聚类分析表明，从 1996 年到 2005 年，长三角区域的城市体系正在从以“行业类型”为特征的空间经济结构转变成为以“价值区段”为特征的空间经济结构，形成明显的基于产业价值区段的层级体系。需要指出的是，

2005 年各类城市的 6 个产业部类的增加值所占比重偏离区域平均值的标准差倍数　表 9

城市类型	农业	其他服务业	劳动密集型制造业	资本密集型制造业	技术密集型制造业	生产性服务业
1	−0.889	1.110	−1.215	0.134	0.679	1.166
2	−1.120	0.343	−0.221	−0.412	2.903	−0.555
3	−0.095	−0.285	−0.187	0.937	−0.243	−0.450
4	0.576	−0.952	1.349	−0.970	−0.573	0.003
5	2.053	1.847	−0.404	−1.731	−1.190	−0.254

各类城市的产业价值区段特征与经济全球化程度是显著相关的（如2000年两者的相关系数为0.782），城市的经济全球化程度越高，产业价值区段也就越高。

结语

在经济全球化进程中，长三角区域的城市体系演化表现出3个主要特征：1）上海作为长三角区域的“门户城市”，发挥向外连接全球网络和向内辐射区域腹地的“两个扇面”作用，成为生产性服务业跨国公司的全球生产网络的“节点”，为长三角区域作为世界级制造业基地提供必需的高端服务；2）长三角区域内部的城市网络具有关联层级和关联地域的双重属性，企业是城市之间关联网络的“作用者”，但行政区划的影响依然存在；3）跨国公司的国际劳动分工的影响日趋显著，长三角区域的城市体系正在从以“行业类型”为特征的空间经济结构转变成为以“价值区段”为特征的空间经济结构，形成基于产业价值区段的层级体系。需要再次强调，无论是关联网络还是价值区段，长三角区域的城市体系演化是与经济全球化进程显著相关的。

框图 13　上海城市的生长

上图为上海的中心区，体现出传统社区和现代建筑的共存。上海自 1843 年成为通商口岸后，历来是中国的工商业中心。20 世纪 90 年代开始，上海的城市建设进入高速发展时期，高速公路、高层建筑与传统的低层里弄住宅区交织在一起，成为上海城市肌理的组成部分（张庭伟摄，2009 年）

下图为上海浦东新区的金融中心地带。直到 20 世纪 80 年代后期，上海的经济活动仍然集中在黄浦江西岸（浦西），而东岸（浦东）地区曾经是发展滞后的地区。20 世纪 90 年代初，浦东新区被列为国家级经济开发区，从此开始高速发展，目前已经成为上海经济活动的重要中心（张庭伟摄，2011 年）

框图 14　深圳市政府办公中心

深圳的建设被称为世界城市发展的奇迹。从一个人口仅仅 2 万多的小县城，到人口达 1000 多万的大都会，深圳的发展仅仅用了 30 年时间。深圳的发展历史可以作为中国改革开放后城市飞速发展的典型（张庭伟摄，2007 年）

框图 15　广西南宁市中心的“五象广场”

在经济基础相对薄弱的中国西南部地区，城市建设也取得了长足的进步（张庭伟摄，2010 年）

框图 16　在街道上玩滑板的孩子

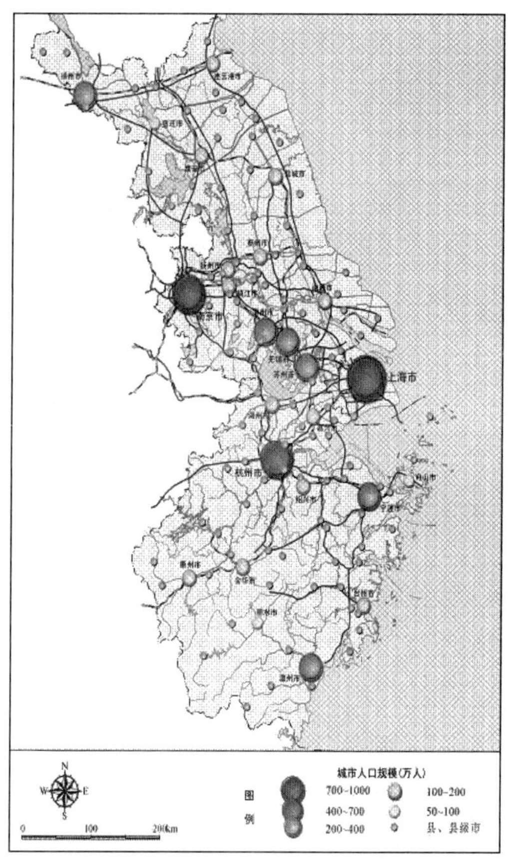

框图 17　《长江三角洲地区区域规划 2009—2020》中的长三角地区城镇体系

规划中提出，以上海为龙头，南京、杭州为两翼，苏州、无锡、常州、徐州、宁波、温州等为重点城市，适度扩大小城镇人口规模，形成大、中、小城市和小城镇协调发展的城镇格局

第4部分

城市政策，管理和经济

引　言

本部分集中介绍城市政策、城市管治和城市经济方面的研究，包括六篇文章，分别讨论美国政策制定中的公众参与问题；被称为“增长机器”的城市经济发展利益相关者联盟；中国经济的宏观发展阶段与特点；经济学因素对城市政策制定的影响；美国城市的内城在振兴经济时的优势，以及中国城市规划的公共政策属性。六篇文章阐述了中美城市政策、管治和经济的不同方面，讨论了彼此密切关联的城市政策、城市管治方式和经济运行模式如何影响着城市的发展。

本部分的第一篇文章讨论了多元主义如何在实际中得以运作。在 20 世纪 60 年代，谢莉·阿恩斯坦（Sherry Arnstein）是美国住房与城市发展部门（the Department of Housing and Urban Development，HUD）的模范城市项目（Model Cities Program）中关于公众参与的首席顾问。模范城市项目是一个耗资数十亿美元的联邦政府计划，目的是帮助低收入城市邻里发展、实施物质性和社会性改善的项目。虽然美国模范城市项目现在已不复存在，但怎样使市民参与到对他们有影响的地方决策中，在世界各地仍然是一个重要的问题（尽管公众参与经常被权威统治和麻木的政府部门忽略）。根据对 20 世纪 60 年代末到 70 年代初美国地方城市中市民实际参与决策程度的观察，阿恩斯坦提出了一个理论模型，以不同梯级的阶梯作比喻，描述市民参与决策的程度。阿恩斯坦在展开她关于市民参与决策阶梯的论述时，提出市民参与有点像吃菠菜：没有人在原则上会反对，因为这对身体有益。但是城市居民能否有效地参与影响到自己和其所在邻里的政府项目，则存在很大的差异。

了解一些背景知识能够帮助读者更好理解阿恩斯坦的文章。在 20 世纪 50 和 60 年代，美国的很多城市更新项目拆除了低收入少数族裔的邻里，让这些居民搬离，将他们的家院和社区机构转变为办公楼、高级住宅、花园，以及其他与这些居民完全没有关系的新用途。简·雅各布斯充满深情描述过的那个位于波士顿西区、风格粗犷但却充满公社意味的意大利社区就被波士顿西区城市更新项目夷为了平地。她描述过的街道芭蕾舞场已经被星巴克咖啡店和小巧的精品店所取代。在城市更新项目中，邀请居民参与城市更新项目、对未来更新项目的形式进行的决策通常是虚假的。与之形成鲜明对比的是，60 年代后期的美国“向贫困开战”（the US War on Poverty）强调穷人最大可能的参与度，许多关于如何使用联邦政府反贫困基金的决策都是由居民自己作出的。但是很多地方的反贫穷项目缺乏管理项目的能力，或者无法解决内部的矛盾。该类项目将选举出的地方官员和已成立的组织隔离在项目设计和反贫穷基金管理之外，造成了巨大的政治退步。阿恩斯坦工作过的模范城市项目正是希望寻找到一个平衡：在没有真正市民参与的自上而下的城市更新模式，与邻里团体拥有真正权力但却经常是互相争斗、浪费资金、成效甚微的反贫困模式之间的平衡。

阿恩斯坦让读者想象一个市民参与从最低到最高程度的阶梯。阶梯的梯级由最低的完全无参与（操纵式和治疗式参与）到最高的合作关系和市民控制。尽管阿恩斯坦偏向于将市民控制看作城市项目的最终目标，她也考虑到除了最底层两级以外，在不同程度上有用的其他梯级。阿恩斯坦的经典文章发表后的数十年间，一系列城市开发项目在美国、西欧和世界上其他一些国家开始实行。许多城市复兴项目要求不同程度的市民参与。借鉴阿恩斯坦的阶梯理论将有利于理解有良好意愿的地方政府官员如何在城市项目中推行有意义的市民参与，或者在政府推行、市民参与不力时，市民如何才能表达自己的观点。

阿恩斯坦把注意力集中在邻里层面的城市政治上，然而城市问题的决策通常涉及城市层面，或者是多层面政府的决策。为了使政策能够在城市层面、大都会区域、区域或者国家层面上顺利执行，相关利益组织必须共同合作，形成同盟。在本部分的第二篇文章中，纽约大学社会学系的社会和文化分析教授哈维·莫罗奇（Harvey Molotch）认为，由商业领袖、居民中的支持者、物业所有者、服务本地的金融机构投资人以及其伙伴组成的促进增长的同盟——他称之为“增长机器”——决定了城市政府在公共支出、土地使用以及城市社会生活等方面的决策。事实上任何地区的政治和经济本质是增长。尽管增长机器的不同成员可能喜欢不同类型的开发模式，但他们都希望培养良好的商业氛围，能够保持和吸引商业。增长机器的成员自身坚信并不断努力说服别人“发展对于社区的每一个成员都有好处”。但是莫罗奇并不相信经济增长和就业机会之间存在直接的联系。莫罗奇在这篇发表于 1975 年的文章中的最后一个议题是反增长联盟的诞生。尽管当时的美国城市以推进增长压倒一切，但莫罗奇已经感觉到了反增长情绪的出现。一些市民认为增长带来交通堵塞和污染。地区的学校往往负担过重。成功实行增长战略的城市通常要求比没有实行该战略的城市相同或更高的税率。一些激进的小城镇和城市同盟——特别是一些大学城——号召支持可持续的城市发展，这是十年后布伦特兰委员会报告极力支持的观点，他们也推进绿色规划和碳排放平衡的发展观，而这是蒂莫西·比特雷和斯蒂芬·惠勒认为当今最重要的规划议程。

前两位作者的选文关注城市和邻里层面的政治决策，本部分的第三篇文章将视线转到中国，以期从宏观角度对中国整体经济发展的历史进行分析。中国为什么在 14 世纪后步入衰落，工业革命和资本主义均未能发育？什么因素促使了中国在改革开放后实现了奇迹般的经济增长？中国经济存在的问题和面临的任务是什么？这些问题的答案无疑将有助于理解中国城市发展的经济环境、格局和体制演变。曾担任世界银行首席经济学家兼主管发展的高级副行长林毅夫博士在《中国经济》一书的序言中，采用宏大叙事的历史分析，对中国经济发展进行了区段划分和特点剖析。林毅夫将中国五千年的经济史划分为三个大时期和四个重要转折。在此框架下，林毅夫描述了中国古代的经济成就、近代的经济停滞和中华人民共和国时期经济建设的跌宕变化。林毅夫讨论了针对中国的“李约瑟之谜”和“韦伯疑问”，以解答中国 14 世纪后的衰落原因；进而从经济体制演变出发分析中国改革开放前后的主要机制变化如何创造了改革开放后的经济快速发展。实现经济增长的可持续性和社会的稳定性是林毅夫提出的中国未来面临的主要挑战和任务。他以历史的眼光对中国经济的整体运行和发展进行的深度剖析，为读者理解中国城市发展提供基础。

政治、经济和公共财政存在着密切内在联系。本部分有两篇选文介绍了以下几方面的重要思想：城市经济运行的机制；城市经济的概念如何促使地方政府做出更明智的决策；如何帮助中心城市在全球化经济中把握自己的优势并有效地参与竞争。

威尔伯·汤普森（Wilbur Thompson）是城市经济学领域的重要创始人。他在1965年出版的《城市经济学序言》（Preface to Urban Economics），是20世纪60年代和70年代很多经济学系开始设立城市经济学课程时使用的标准教科书。在这篇选文中，汤普森介绍了一些当时看来十分新颖的概念，而这些概念在以后完全融入了主流城市经济学思想。汤普森认为：如果没有考虑公共物品和服务的实际开支，常常会导致低效、有时甚至非理性的公共政策。汤普森举例证明如何通过定价来创造更好的公共政策。他将地区政府提供的产品进行分类，例如公共使用的物品（比如公路），需要由集体而不是个人提供；对于大众有关的有益品（比如小儿麻痹症疫苗），因为社会认定其非常重要，故应由公共支出支付且免费普遍提供；通过政府支付（比如食品救济券），可以在富裕的纳税人群体和困难的穷人群体之间进行收入再分配。汤普森认为这些公共支出都无可非议；如果认真考虑并谨慎落实，他非常支持。但是对于地区政府没有认真考虑公共支出原理——基于他讨论的原则及相关的经济概念——而推出的一些项目，汤普森认为这样的公共项目可能变样，公共基金也会被浪费。汤普森是比较早支持对公共产品进行定价的学者。在一些产品稀缺的领域——比如拥挤的高速公路空间——他支持使用价格杠杆来定量供应这些稀缺产品。汤普森率先提出了“拥堵价格”的概念，比如在高峰时期提高高速公路和大桥的过路费，因为这个时期需求很大故可能造成拥堵。“拥堵价格”在当时是一个新颖的理论，现在这个理论已经得到了广泛的应用。汤普森的观点对于今天中国正在以公共投资建设的一些公共项目有很大的借鉴意义。

哈佛大学的商学教授迈克尔·波特（Michael Porter）从私人部门的角度讨论城市的不公平问题，以及如何应对这个问题。众所周知，美国的郊区化导致内城衰退。如何解决这个问题？波特认为内城的经济和社会健康取决于私人部门经济的发展。城市的经济增长必须建立在私营企业认识到关系自身经济利益的基础上，而不是依赖于政府资助和优先政策带来的虚假发展。波特认为内城成功的关键在于充分利用其竞争优势：具有战略性的区位、本地市场的需求、融入区域商业集群的能力，以及人力资源。应该看到，波特强调的是发展的经济模式而不是社会模式。波特往往劝告企业在做慈善事业时不要提供社会服务，像幼稚园和流浪汉的救济粮，而应当提供邻里经济发展的管理经验。

本部分最后一篇文章讨论了在当前中国政治体制和法制背景下作为公共政策的城市规划工作。同济大学城市规划系赵民教授等针对中国规划学界对于城市规划的公共政策属性和依法行政中法律法规的关系问题进行了分析。文章指出：现代城市规划是市场经济条件下为应对社会公共问题、凭借立法手段确定和实施的一种特定的公共政策。城市规划作为公共政策，就需要法律的授权和约束；而具有公共行政机制法治化这个前提，才能保证城市规划的公共政策效用。对于复杂的城市规划体系，文章提出通过两个分类划分的方法来理解城市规划的公共政策属性，包括不同层面城市规划的制定和实施、中央和地方两级政府的不同诉求。该文同时讨论了中国城市规划阶段性特征，将中国城市规划基本划分为新中国成立后到改革开放前、改革开放到2000年、新世纪到现在，总结了我国规划从作为落实计划的工具转变为服务市场的工具，再到建设和谐社会的公共政策。选文最后剖析了中国城市规划的政策与行政构成体系，具体划分为宏观政策导向、地方政策转换和地方具体行政的逻辑序列等方面。

市民参与的阶梯

谢莉·阿恩斯坦

编者导读

地方城市政府很重要，而城市市民的多样角色则会影响与人们生活相关的政策和项目。公共、私人和非营利部门的不同角色通常共同作出关于地方项目的决策。在美国和西方民主国家，地方政府制定政策，规范土地使用，并且影响开发；但多数土地为私人所有，多数开发由私人资金投资。市民应当如何参与地方政府的决策制定？我们可以从谢莉·阿恩斯坦这篇名为“市民参与的阶梯”的经典文章中借鉴如何更好地去实现公共参与的指引。

阿恩斯坦用阶梯的隐喻，来描述市民参与影响他们生活的城市项目的不同层次。阶梯代表着一个假设模型。阿恩斯坦也在自己个人实践中，致力于通过赋权给无权力者和弱势群体来实现权力从有权者到无权者的重新分配。

在阿恩斯坦阶梯的最底层是两种形式的无参与，被她定义为“操纵性”（manipulation）和“治疗性”（therapy）参与。依据阿恩斯坦的理论，一些政府组织策划了虚假形式的参与，以迫使市民接受既定的行动路线为真正目的。在最底层阶梯的参与形式中，尽管被蒙蔽的市民认为他们参与了决策的制定，但阿恩斯坦认为他们并没有真正的参与决策——他们仅仅是被决策制定者利用了。接近阶梯的底端有另外一种形式的无参与，被阿恩斯坦界定为“治疗性参与”：决策制定者通过将人们集聚在一起宣称来参与决策，但是事实上是为了指责参与者们的个人缺点。这样做的动机是在寻求建议的伪装下，“治愈”地方政府官员所不喜欢的居民态度和行为。阿恩斯坦为这种形式的无参与贴上“不诚信”以及“傲慢”的标签。和操纵一样，在借参与之名行治疗之实的进程中，所谓的参与还不如一点不参与。

阶梯中的合法的、但是较低层次的是“信息性”（informing）和“征询意见性”（consultation）参与。阿恩斯坦认为，为市民提供关于政府项目、市民权利和义务以及可选择内容的真实信息是良好的第一步，特别是当它不仅仅是为了单向的传递信息而设计时。征询意见——获得市民建议——在整个进程如果能够比较诚信，并且市民的观点能够真正被考虑时，则会更好。例如，通过一些民意调查或许可以传递市民向政策制定者提出的真实信息。但是如果调查是唯一的参与形式，那么将无法确保市民的观点真正有分量。在阶梯的更高层面是“安抚性”（placation）参与，即政府对某些市民的需求妥协。但是，仅仅由政府向抱怨的市民施以一些小恩小惠来安抚他们，并不是一个真正令人满意的参与形式。

阿恩斯坦阶梯的最高阶梯包括：距离阶梯顶端三阶的“合作性”（partnership），顶端下面一阶的“权力代表性”（delegated power），以及位于阶梯顶端的“市民控制性”（citizen control）参与。在 20 世纪 60 年代美国的“向贫困开战”（the War on Poverty）运动期间，地方政府曾通过权力代表，给予一些市民组织在政策、资金、雇用和其他决策方面的完全控制权来运营项目。从那以后，权力代表以及市民控制变得十分少见。市民控制的反对者们提出了阿恩斯坦所列举的观点——认为市民控制也许会使公共服务各自为政，市民控制可能代价高且成效低，可能会被投机主义的骗子有机可乘，也可能仅仅是一种符号政治。现在，公共、私人以及非营利组织之间的合作很普遍。阿恩斯坦将真正的参与设置在这八级阶梯的相对较高的位置。合作代表了按照约翰・福雷斯特所描述的路线通过协商实现权力再分配。当地方政府、私人企业以及以社区为基础的非营利邻里组织这三方伙伴关系形成一种共同的规划和决策制定框架，市民的观点才真正起作用。就像商业合作或是国家之间的合作一样，这种地方合作可能带来压力和紧张，并且每一个参与方将不得不有所付出。但是如果他们坚持下去，每个人的利益都将最终被考虑到。

谢莉・阿恩斯坦和保罗・达维多夫都是在 20 世纪 60 年代后期写过关于市民参与和倡导性规划经典评论的自由派人士。比较二者的方式：达维多夫身为律师，支持具有技能的专业人士为无权力客户的利益进行辩护；阿恩斯坦身为社会工作者，支持通过将个人和社区直接纳入规划和决策制定过程中来赋权。

阿恩斯坦说市民参与像是吃菠菜，原则上每个人都会喜欢。但是市民参与是否有局限性?麻省理工学院教授伯纳德・弗里登（Bernard Frieden）在他的著作《环境保护之急》（The Environmental Protection Hustle）一书中提供了一个很好的案例研究，证明当市民非常想要保护他们自己的物业价值和特权地位时，通常会打着关注环境的旗号来拖延那些很有必要的项目。宁避症候群（Not-In-My-Back-Yard，NIMBY）的吵吵嚷嚷式的参与经常破坏有必要的公共项目，拖延提议，并且给那些努力做这件事情的公共、私人机构增加成本。一些政治科学家指责有些美国城市中的“过度多元主义”（hyperpluralism）现象，即有太多的对抗性团体以及对参与的过分关注，造成任何事情都很难做成。

阿恩斯坦（1929—1997 年）出生在纽约，在洛杉矶长大。她在 1963 年前在加利福尼亚大学洛杉矶分校研究体育，后短暂地从事社会工作，为医院处理社区关系，并作杂志编辑。她于 1963 年加入了肯尼迪青少年犯罪管理委员会，在那里她帮助社区开发一些改善就业机会、住房和学校的项目。其后，阿恩斯坦成为美国健康、教育和福利部（the Department of Health，Education and Welfare，HEW）助理部长的特别助手，在那里她计划了一项联邦政府战略来减轻医院的种族隔离。1966 年美国政府提出“模范城市项目”（the Model Cities Program）创立时，阿恩斯坦成为美国住房和城市发展部（the Department of Housing and Urban Development，HUD）关于市民参与事务的首席顾问，不仅服务于模范城市项目，也服务于整个专业部门。在健康、教育和福利部门、住房与城市发展部门工作以后，阿恩斯坦加入阿瑟・利特尔（Arthur D. Little）咨询公司，成为公共政策分析员和技术评估项目经理，进行针对医疗领域的技术应用评估工作。阿恩斯坦后来在美国骨科医学院校协会（the American

Association of Colleges of Osteopathic Medicine，AACOM）担任执行主任一职长达十年，直到她 1997 年去世。

“市民参与的阶梯”在 1968 年被美国规划协会期刊（the Journal of American Planning Association）出版。后来重印了超过 80 次，并且翻译成不同语言。阿恩斯坦也与亚历山大·N·克里斯塔基斯（Alexander N. Christakis）合作完成了《技术评估的视角》（Perspectives on Technology Assessment）一书（耶路撒冷：科学技术出版社，1976）。

关于城市规划和政府计划中市民参与的书还包括：Cliff Zukin、Scott Keeter、Molly Andolina、Krista Jenkins 和 Michael X. DelliCarpini 的《一个新的保证？政治参与，市民生活和转变的美国市民》（A New Engagement? Political Participation，Civic Life，and the Changing American Citizen）（纽约：牛津大学出版社，2006），James L. Creighton 的《公共参与手册：通过市民参与制定更好的决策（The Public Participation Handbook：Making Better Decisions through Citizen Involvement）（旧金山，Jossey Bass 出版社，2005），Thomas Ehrlich 的《民主社会的公共政策制定：与市民约定的导则》（Public Policymaking in a Democratic Society：A Guide to Civic Engagement）（阿曼克，纽约：M.E. Sharpe 出版社，2002），Henry Sanoff 的《设计和规划中的社区参与方法》（Community Participation Methods in Design and Planning）（纽约：Wiley 出版社，1999），以及 John F. Forester 的《协商型实践者：鼓励参与规划过程》（The Deliberative Practitioner：Encouraging Participatory Planning Processes）（剑桥，马萨诸塞州：麻省理工学院出版社，1999）。

英国的规划教授 Patsy Healey 建立了协作式规划理论文献的重要主体，不仅仅包括市民，还包括其他利益相关者：《协作规划：在破碎的社会中构筑场所》（Collaborative Planning：Shaping Places in Fragmented Societies）（第 2 版）（纽约：Palgrave Macmillan 出版社，2006）。

Peter Marris 和 Martin Rein 的经典著作《社会改革的困境》（Dilemmas of Social Reform）（第 2 版）（芝加哥，伊利诺伊：芝加哥大学出版社，1982）描述了基于社区的城市项目，并且明确表述了一种社会变化的哲学，这种哲学对 20 世纪 60 年代的美国城市政策产生影响。对于美国的“向贫困开战”，有两种非常不同的观点，一种是 Sar Levitan 的同情，参见《伟大社会的贫困定律》（The Great Society’s Poor Law）（巴尔的摩，马里兰：约翰·霍普金斯大学出版社，1969）；一种是 Daniel Patrick Moynihan 的高度批判，参见《最大可能的误解》（Maximum Feasible Misunderstanding）（纽约：自由出版社，1969）。美国的“模范城市项目”及其先例和随后的社区发展街区基金计划（Community Development Block Grant Program）的初期阶段都在 Bernard Frieden 和 Marshal Kaplan 的著作《忽略的政治：从模范城市到共享收益的城市援助》（The Politics of Neglect：Urban Aid from Model Cities to Revenue Sharing）（剑桥，马萨诸塞州：麻省理工学院出版社，1975）中有所讨论。

关于欧洲城市规划和政府计划中市民参与的书包括：Thomas Zitel 和 Ditmar Fuchs 的《参与式民主和政治参与：民主改革可以将市民带回决策中么？》（Participatory Democracy and Political Participation：Can Democracy Reform Bring Citizens Back In?）（伦敦：路特

里奇出版社，2006），James Barlow 的《城市发展中的公共参与：欧洲经验》（Public Participation in Urban Development：The European Experience）（华盛顿，华盛顿区：布鲁金斯出版机构，1995）、《规划和发展进程中的社区介入》（Community Involvement in Planning and Development Processes）（伦敦：HMSO 出版社，1995），以及 Albert Mabileau 的《英国和法国的地方政治和参与》（Local Politics and Participation in Britain and France）（剑桥：剑桥大学出版社，1990）。

正文

市民参与的概念有点像吃菠菜：原则上没有人反对，因为对大家都有利。理论上，被管理者参与管理是民主的基石，这是一个已被美国人支持和尊重的观点。然而当这一观点涉及的人是无权力的黑人、墨西哥美国人、波多黎各人、印第安人、爱斯基摩人和白人，表示赞同的鼓掌变为仅是礼节性的拍手。当无权者试图参与界定权力再分配，美国人在这一观点上的共识将分裂成为种族、道德、思想和政治方面的反对。

最近出现许多演讲、文章和书籍从细节上探索“谁”是我们这一时期的无权者。最近也有许多文件记录了“为什么”无权者会由于他们的弱势变得愤怒和痛苦，从而缓解深度弥漫在他们日常生活中的不平等和不公正。但是关于目前具有争议性的标语：“市民参与”或“最大可能的参与”的内涵却少有分析。简而言之，“什么”是市民参与？它与我们这一时期社会使命的关系是什么？

市民参与是市民权力

由于市民参与问题是政治论战中的“骨头”，大多数答案被刻意掩埋在诸如“自助”或是“市民介入”等平和的托词中。而另外一些答案被诸如“绝对控制”（包括美国总统在内的任何人都不曾拥有也无法拥有的控制）这样具有误导性的华丽词汇装饰起来。学者都难以理解在那些弱化的委婉说法和夸大的华丽修饰中的辩论。对于只读大标题的公众而言，更加让人困惑。

对于重要的“什么是市民参与”的问题，我的答案很简单，市民参与是一种市民权力的术语。它将使无权者拥有权力进行权力的再分配，而目前被政治和经济过程排斥在外，在未来发展中也未被深入考虑。通过市民参与，无权者将可以参与决定信息如何共享，目标和政策如何制定，赋税如何分配，项目如何操作，合同和资助的利益如何分配。简而言之，通过这个方法可以引发重要的社会改革，使无权者可以享有繁荣社会的福利。

零反对 vs. 利益

在空泛参与流程和真正拥有权力影响进程之间存在着非常重要的区别。去年春天（1968），法国学生为了解释学生和工人所进行的反抗活动，印刷了一张海报（图 1），精辟地概括了这种区别。海报指明一个基本观点：对于无权者来说，无权影响再分配的参与是一项空洞而让人沮丧的过程。这个过程使当权者可以声称考虑了多方利益，但是却可能仅让一部分人获益。这只是维持了现状。事实上，在 1000 个社区行动计划中，大多数项目都存在这种情况，并且可预期在 150 个模范城市项目中再次重复。

图1　法国学生海报。译文为“我参与，你参与，他参与，我们参与，你们参与……他们获益”

参与和“零参与”的类型

这里提出一个关于参与的“8级阶梯”理论，作为一种类型学研究，或许可对分析这一让人困惑的问题有些帮助。为了清晰表达，8个类型分布在一个阶梯图案中，每一台阶对应着决策中市民权力的大小（图2）。

阶梯底层的台阶是（1）“操纵性参与”和（2）“治疗性参与”。这两级描述了“零参与”层次，及其如何被伪造成真正参与的替代品。这两种参与方式的目的不是让市民能够参与规划或是管理项目，而是使当权者能够“教育”或“治疗”参与者。（3）“提供信息性参与”和（4）“征询意见性参与”是“象征性参与”层次。如果当权者为市民提供全部程度的参与，市民才能听见和被听见。但在第（1）到第（4）这种条件下，市民缺乏权力来保障他们的意见能够被当权者关注。局限于这些层次的参与处于未完成和缺乏力度的状态，未能改变现状。（5）“安抚性参与”是象征性参与的一种高级形式，虽然其基本规则允许无权者提出建议，但为当权者保留了其他象征性参与中的决定权。

阶梯再往上是市民权力对决策制定影响力提升的层面。市民可以进入（6）“合作性参与”，能够与当权者进行协商，在讨论中占有一席之地。最顶层的台阶为（7）“权力代表性参与”和（8）“市民控制性参与”，市民占据决策的大多数席位，或拥有全部的管理权力。

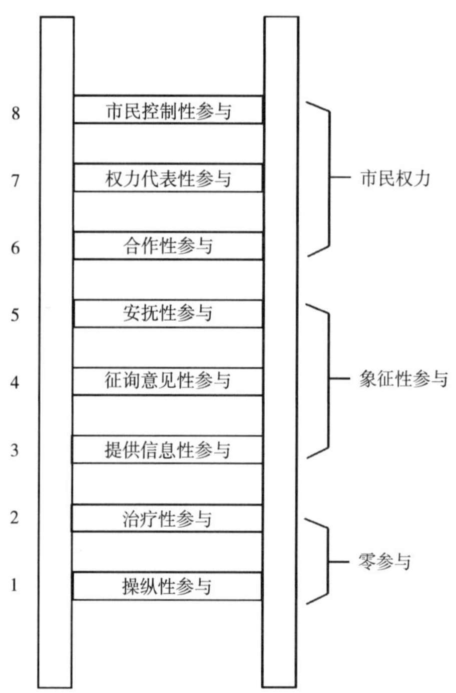

图2　市民参与阶梯

阶梯显然是一个简化的模型，但有助于阐述大多数人忽略的要点，即市民参与存在着不同等级。了解这些等级，将有助于剖析那些讨论该议题时的夸张语句，理解无权者对于参与日益增长的迫切需求，以及当权者让人困惑的模棱两可的回应。

虽然这个类型学模型采用了城市更新、反贫穷和模范城市等联邦项目作为案例，但也可在以下情况得到证明：教堂里寻求改变工作的牧师和信徒对权力有所诉求；高等院校在某种意义上成为讨论学生权力的文化阵地；也可在公共学校、市政大厅和警察部门等地方发现（或大企业，它已成为扩大清单中的下一个对象）。潜在问题的本质是相同的，即在各个场所中的“无名小辈”正试图变成“大人物”，拥有足够的权力使得政策目标的设定符合他们的观点、抱负和需求。

类型学研究的局限

阶梯模型将无权力的市民和当权者相提并论是为了强调他们之间的基本区分。事实上，无权者和当权者都不是内部同质的团体。每一个团体都包含各种各样的观点、明显的分歧、利益的竞争以及分裂的小团体。运用这样简单抽象模型的理由在于：大多数情况下，无权者实际上感觉当权者是巨大整体的“系统”，而当权者实际上感觉无权者是“茫茫人海”，均未能理解对方内部存在阶层和社会地位的差异。

这个类型学研究并未分析实现各级参与的重要障碍。这些障碍在简化区分的两边均存在。从当权者一方看，障碍包括种族主义、家长式管理以及对权力再分配的抵触。从无权者一方看，障碍包括贫困社区的政治、社会、经济基础设施不足，以及知识储备的匮乏；额外困难还在于难以在无用、冷漠和不信任中组织具有代表性和具责任心的市民团体。

关于阶梯模型的 8 个台阶，另外一点需要注意的是在真实世界里可能存在 150 个台阶，且台阶之间不能鲜明区分或是没有纯粹的区别。此外，一些用于阐述 8 个台阶的特征可能也适用于其他台阶。例如，无权者受雇于一个项目或应聘成为规划管理者可能发生在阶梯模型的任何一个台阶，且同时表现了市民参与的合法性和非法性特征。当权者可以雇佣无权者支持他们、安抚无权者或利用无权者的特殊能力和见识。就我的个人观点，一些市长通过鼓吹他们雇用激进黑人领袖的策略，实际上是为了降低他们在黑人社区中的信任度进而让他们闭嘴。

特征及其例证

在权力和无权力的背景下，阶梯模型的特征可使用当前的联邦社会项目作为例证。

1. 操纵性参与

在市民参与的名义下，以“教育”和启动群众支持为目的，把市民设置在只管敲章的顾问委员会或咨询董事会里。与真正的市民参与不同，阶梯的最低台阶意味着当权者将“参与”扭曲成为一个公共关系的虚假载体。

当社会精英被城市住房部门邀请参加市民建议委员会（CACs）时，这个虚幻的“参与”形式就开始伴随城市更新而流行。另一个操纵的目标是针对少数族裔团体的市民建议委员会的次一级委员会，这个组织理论上致力于在更新项目中保护黑人权利。在现实中，分委员会如同其“父母”市民建议委员会，功能更像是有信头的信纸，在合适的时候为了支持城市更新计划挺身而出（虽然近年城市更新计划被认为是赶走黑人计划）。

在市民建议委员会的会议上，官员对市民进行教育、劝说和建议，而不是相反的情况。根据联邦政府城市更新项目的导则中规定，委员会的明确功能包括“信息收集”、“公共关系”、“支持”，这些术语将操纵参与合法化。

这种形式的零参与自此被应用在其他涉及无权者的项目中，例如社区行动机构（CAAs）创建了名为“邻里议会”或“邻里顾问团”的组织。这些组织通常不具有合法的功能或权力，而社区行动机构利用他们“证明”“草根阶层”已介入项目。现实情况是项目决策者并未与“这些人”

讨论。在会议纪要中通常描述为“我们需要你们签字支持这项多元服务中心的议案，它将为不同人群提供住房，包括卫生部门的医生、福利部门的工人及就业服务部门的专家”。

签约者所不知道的是，在这个一年花费两百万美元的多元服务中心议案中，所提到的居民实际是在城市住房机构中与以前一样排号的人们。没有居民被问到其所在邻里是不是需要这样一个所谓的中心。没有居民意识到住户其实是市长的姐夫，或者这个新中心的主任就是城市更新机构中的社区组织的专家。

在签下他们的名字之后，自豪的草根们很负责任地向世界宣称他们已经“参与”为邻里建立了一个全新美好的中心，为居民提供了非常需要的工作、健康和福利服务。只有当剪彩仪式结束后，邻里议会成员才意识到他们没有自己的技术顾问，帮助他们理解法律文件。这个只在工作日早上 9 点至下午 5 点营业的新中心，实际上增加了他们的问题。城市住房机构将不会理睬他们，除非他们有一个粉红色的纸片来证明自己是“他们的”光鲜亮丽的新邻里中心中的居民。

不幸的是这种欺诈行为不是特例,而是以“草根参与”这类高谈阔论为名、行欺诈之实的典型。这种伪善触动了无权者埋藏在内心深处的愤怒情绪，及其与当权者敌对的心理。

带来希望的消息是，一些市民在被如此彻底地侮辱后学会了猫和老鼠的游戏，现在也了解如何去玩。市民需要真正的分级参与，以确保公共项目符合他们的需求，并优先考虑他们的利益。

2. 治疗性参与

伪装成市民参与的“集体治疗”应位于阶梯的最底层,因为其不诚信且自欺欺人。管理者——从社会工作者到精神病医生的心理健康专家——假设无权力与心理疾病同义。基于这种假设，在市民介入规划的“化装舞会”中，这些专家将市民视为集体门诊治疗对象。这种形式“参与”令人反感的原因在于：让市民参与大范围活动的目的在于治疗他们的“疾病”，而不是改变造成他们“疾病”的原因，即种族主义和欺压。

宾夕法尼亚不到一年前发生了一次突发事件。一位父亲带着他重病的婴儿到当地医院急诊室就诊，在岗的年轻内科住院医生让他带婴儿回家去喂一些糖水；但这个婴儿当天下午死于肺炎和脱水。情绪激动的父亲向当地社区行动机构委员会投诉。该委员会不仅没有开展对医院的调查，从而明确如何阻止类似死亡或改变错误治疗方式；相反的，委员会邀请这位父亲参加社区行动机构组织的面向父母的儿童照顾课程（治疗），并且承诺他会有人“电话医院主管，确保以后不会发生同样情况”。

没有那么戏剧性但更普遍存在的治疗案例存在于公共住房项目中的市民参与；在这些项目中的租房群体成了“控制你的小孩”或“清理运动”的载体。租房者被集中起来，帮助他们“将自身的价值观和生活态度调整为更大的社会价值观和生活态度”。在这些基本规则下，他们不再关注处理重要的事情，例如强迫搬迁、住房项目的社会隔离，或是为什么冬天里需要三个月的时间才替换一个破碎的窗户。

在我们这个时代，心理疾病概念的复杂性体现在南部地区为学生和市民权力诉求的工作者所面对的枪、鞭子以及其他形式威胁。需要来自合适的精神病医生的帮助来治愈他们的害怕以及避免疑心病。

3. 提供信息性参与

将权利、责任和选择的相关信息提供给市民应该是走向合理市民参与的最重要的第一步。但目前通常重点放在一种单向的信息传递，市民没有向官员反馈的渠道和协商的权力。在此条件下，特别是规划后期环节才提供信息，人们几乎没有机会来影响这个“为他们谋福利”而设计的项目。单向交流最为常用的工具是新闻媒体、宣传册、海报以及对询问的反馈。

因为提供表面信息、不鼓励提问或给予不相关回答等简单方式，市民会议变成单向交流的载体。例如罗得岛的普罗维登斯最近进行了一次模范城市市民规划会议，主题是“儿童游乐场”。一组被选举的市民代表耗时一小时讨论 6 个儿童游乐场的设置，而他们中几乎所有人都是一周参加 3—5 场这样的会议。这个邻里居住了一半黑人，一半白人。黑人代表指出 4 个儿童游乐场计划建在白人地区，黑人地区只有 2 个。城市官员采用每平方英尺造价和可达性的冗长而高技术含量的解释来回应。大多数居民很明显不理解他的解释。对于经济发展机遇办公室（OEO）的观察员来说，在考虑可用基金的情况下，存在设施分配更平等的其他选择。但在无知、法律术语以及官员威信的胁迫下，市民接受了这个“信息”，签署同意这个机构提出的将 4 个儿童游乐场放置在白人邻里的方案。

4. 征询意见性参与

邀请市民进行选择就像给他们提供信息一样，是一个走向完全参与的合理步骤。但如果向市民征询意见但不包括其他方式的参与，阶梯的这一台阶将仍然是一个骗局，因为这样并不能保证市民的顾虑和想法被纳入考虑。最常用的征询意见方法是意向调查、邻里会议以及公共听证。

如果当权者对于引入市民想法局限在这一层级，参与仅是一种装点门面的工程。重要的是，市民被感知为抽象的统计数字；参与程度通过参加会议人数、带回家宣传册数量或是回答问卷数来衡量。市民在所有这些活动中获得的是他们“参与了参与的过程”。当权者得到证据表明已经按照要求邀请“那些人”介入。

意向调查造成贫民区邻里的一种特别的抱怨。居民们越来越不满围绕他们的问题和每周被调查的次数。正如一位家庭主妇所言：“除了调查员每小时获得 3 美元，以及我那天家务没有做完之外，没有事情会因为那些该死的问题发生。”在一些社区，居民特别气恼，以至于他们提出有偿进行调查面试。

在没有配合其他的引入市民观点的方法而单独使用时，意向调查并不是社区观点的有效指标。无休止的调查（由反贫困基金来支付）已经“记录”了无权力的家庭主妇希望儿童游乐场在她们邻里，这样年幼的小孩可以安全地玩耍。但是这些妇女大多数在回答问卷的时候并不知道有什么选项。她们以为如果要求一些小东西，可能为邻里添置一些有用的东西。这些母亲知道一份免费的预付健康保险计划是一个可能的选项么？那她们可能不会把儿童游乐场放在心愿单上。

征询意见参与方式的一次经典误用发生在康涅狄格州纽黑文举办的一次社区会议中。该会议围绕一个模范城市项目拨款议案，向市民征询意见。詹姆斯·V·坎宁安（James V. Cunningham）在一份致福特基金会的未被公开的报道中，将群众描述为数量众多且基本心存敌对：

> 希尔家长协会成员希望知道为什么居民没有参与起草这份提议。社区行动机构主管斯皮茨（Spitz）解释这仅是一份申请联邦规划基金的提议；一旦获得了基金，市民将会深度介入规划。听众席上一个旁观者这么描述这次会议：
>
> “斯皮茨和梅尔·亚当斯（Mel Adams）为自己主持这次会议。希尔集团没有代表来协调或出席这次会议。斯皮茨告诉 300 个居民：这个大会是一个‘参与到规划’的例子。为了证明这个，由于听众中存在大量的不满，

他要求针对提议的每个部分进行一次‘投票’。投票采用的形式是：‘我能看见支持健康诊所的所有人举起手来么？反对的呢？’有点像是在问谁喜欢当妈妈一样。”

这次会议引发了深度怀疑，结合由来已久的“装点门面的参与”，促使纽黑文居民提出对项目控制权的需求。

用对比的方法看看丹佛的例子会比较有帮助。在这个案例中，技术员们了解到即使是他们中最有想法的人都对贫困者的问题和强烈愿望不熟悉和不敏感。模范城市项目的技术指导所描述的假设是：居民是地方店主抬高价格的牺牲品，结论是居民“极度需要消费者教育”。但居民指出，事实上地方店主发挥了一定价值的功能；例如他们发放利息较高的信贷，提供投资建议，并且通常是整个邻里能兑现福利券或薪水支票的唯一地方。作为征询意见的结果，技术员和居民同意用建立所需的信贷机构代替消费者教育项目。

5. 安抚性参与

尽管这一层面参与的象征性仍很明显，但市民开始在决策中具有一定程度的影响。一个参与范例是挑选一些“有价值”的无权者，将其纳入社区行动机构委员会，或诸如教育委员会、警察委员会和住房官方机构这样的公共实体。如果这些无权者没有肩负起选民的责任，或传统拥有权力者仍占据大多数的席位，无权者在票数上或手段上均存在劣势。另外一个范例是模范城市顾问和规划委员会，允许市民无限制的提建议或者制作计划，但保留当权者裁决这些建议是否具备合法性或可行性的权力。政府对市民让步的程度，基于两个重要因素：一是市民所拥有的技术支持的质量，是否能够清晰表达市民的优先关注点；一是社区为争取这些优先关注点而被组织起来的程度。

毫不意外，大多数模范城市项目中市民参与的层级都在政府退让这一台阶或是更低。市民权力从瓶中释放是因为（在一些城市中）贫困项目条款规定了“最大可能参与”的结果，住房和城市发展部门的政策制定者坚决要将市民权力的魔鬼放回瓶子里。因此，住房与城市发展部门通过市政府引导，为衰败的邻里提供物质、社会、经济活力复苏的途径。同时起草法律，要求所有的模范城市资金通过选举的城市议会分配到地方城市示范机构（CDA）。这个法案由国会制定，给予地方城市议会对于规划和项目的最终否决权，并且将社区团体和住房与城市发展部门的直接资助关系排除在外。

住房与城市发展部门要求城市示范机构在第一年内建立一个共同体：包括必要的地方当权者在内的政策制定委员会，以编制一个综合性物质社会规划。这个规划将在一个随后编制的五年行动阶段内执行。住房与城市发展部门和经济发展机遇办公室不同，没有要求无权者介入城市示范机构决策制定委员会，只需要“市民能够直接地和清楚地接触到决策制定进程”。

相应的，城市示范机构建立政策制定委员会，形成联合体；其成员包括被选举的官员、学校代表、住房、健康和福利官员、就业和警察部门代表，以及多样的市民领袖、工人领袖和商界领导人。部分城市示范机构包括来自邻里的市民。许多市长将住房与城市发展部门关于“接触政策制定进程”的条款理解为他们所寻求的、将市民降为传统建议角色的出路。

多数城市示范机构建立了市民建议委员会。市民政策委员会及其委员的数量惊人，但根本名不副实，因为他们不仅没有政策决策的功能，甚至连一点有限的权力都没有。几乎每一个城市示范机构都建立了一打规划委员会或是不同功能的工作组，包括：健康、福利、教育、住房和就业。多数情况下，无权力的市民被邀请和相关公共机构的技术人员一起为这些委员会服务。同时一些城市示范机构也建立了技术人员组成的规划委员会，与市民组成的委员会平行。

在大多数模范城市项目中，时间大量流失在塑造规划期中的复杂董事会、委员会和工作组架构。但多方的权力和责任仍难以明确，模糊不清。这种模糊性在一年规划进程的末期可能会导致相当大的矛盾。由于这一点的存在，市民可能会意识到他们又一次彻底地“参与”，但未能超过当权者所允许的退让程度。

一项研究成果在 1968 年 12 月住房与城市发展部门公报上发表（研究时间为 1968 年夏天，75 项规划资助的第二轮拨款之前）。尽管这个公共文件使用了更多柔和的官方语言，它证实了政策委员会基本从未制定过政策，其框架模糊而复杂。同时增加了以下发现：

1）大多数城市示范机构不会和居民协商讨论市民参与的要求。

2）由于有关地方当权者的负面经历，市民极度怀疑这个新的“灵丹妙药”（panacea）项目和市政厅的动机，这种不信任具有合理性。

3）大多数城市示范机构没有与那些真正能够代表邻里且肩负邻里选民责任的市民团体合作。正如在贫困项目中，介入其中的人更多代表着处于流动上升期的工作阶层。因此他们对于城市机构所定计划的默认不可能反映失业者、年轻人、更激进的居民以及极度贫穷的人的观点。

4）一周参与 3—5 场会议的居民并不了解他们在项目中最基本的权利和责任，以及拥有的选择。例如，他们没有意识到不需要接受他们不信任的城市技术人员所提供的技术支持。

5）大多数城市示范机构和其他城市机构提供的是三流的、家长式的、恩赐似的技术支持。技术人员不提供创造性的选项。当居民努力推进创造性的途径时，他们作出官僚式的反应。守旧的城市机构自身的既定利益是主要的行动议程，即使这是隐性的。

6）大多数城市示范机构没有参与那些能够暴露和解决城市衰败根本问题的综合规划。他们参与“所谓的会议”（meetingitis），并支持产生“所谓的项目”（projectitis）的策略；其结果是一个由传统机构在传统方式下执行的传统项目清单（laundry list），而这会首先产生贫民窟。

7）在审查发展规划或启动住房与城市发展部门所要求的规划时，居民发现无法从城市示范机构获得足够的信息。最好的情况下他们能获得表面信息；而最坏的情况是他们甚至无法得到官方的住房与城市发展部门材料的复印件。

8）大部分居民不了解他们拥有得到补偿的权利，补偿因参与而带来的花费（例如照看小孩、交通费用等）。居民培训应帮助居民理解联邦－州－城市体系及其次级体系网络，但大多数城市示范机构根本不考虑这一内容。

这些研究结果带来了住房和城市发展部门对市民参与方式的新诠释。尽管 75 个“第二轮”模范城市投资的申请要求没有变化，住房与城市发展部门长达 27 页的关于市民参与的技术公报反复呼吁了城市与居民共享权力。这也迫使城市示范机构进行转包合同，使居民团体可以聘用他们自己信任的技术人员。

科技信息办公室（OSTI）在 1969 年 2 月启动了一个新的评估；这是一个与经济发展机遇办公室签约的私人公司，为介入美国东北部地区模范城市项目的市民提供技术支持和培训。科技信息办公室给经济发展机遇办公室做的报告证实了早期的研究结果。另外其陈述道：

> 实际上任何模范城市结构中的市民参与都不意味着真正的决策分享，因而市民可能将自己看作是“项目的合作者……”。
>
> 通常而言，市民会发现不可能对进行中的综合规划产生重要影响。在多数案例

中，城市示范机构和其他现有机构的规划师在执行实际规划中将市民作为旁观监督者（watchdog）的边缘角色，并且最终产生了"橡皮图章式"（rubber stamp）的规划。在市民直接对项目规划编制负责的案例中，允许的时间期限与独立的技术资源都不够充足，因此针对他们试图解决的问题，他们没法做比非常传统的方法更多的事情。

通常而言，确保市民持续参与的方法在执行阶段很少甚至根本没有考虑到。大多数案例中的传统机构被设想为模范城市项目的执行者，它们难以进行体制创新，去鼓励机制性变化，改变项目在这些机构中执行方法，或确保市民会对模范城市项目的执行机构产生影响……总体上看，又一次"为人民"进行了规划。大多数主要规划决策由城市示范机构的工作人员制定，并由政策委员会以一种形式主义的方式批准。

6. 合作性参与

在阶梯的这一台阶，权力事实上通过市民和当权者协商的方式被重新分配。他们同意通过诸如联合的政策委员会、规划委员会等机制缓解僵持的局面，共享规划和决策制定的责任。基本规则通过一些形式的取舍建立起来以后，它们将不再受片面变化的影响。

合作可以在下列情况下最有效地发挥作用：社区拥有组织起来的权力基础，并处于市民领袖的领导下；市民团体拥有财政能力提供给其领袖，作为他们花费时间和付出努力的合理报酬，以及团体有资源雇用（或解雇）自己的技术员、律师和社区组织者。拥有这些要素，市民才会对规划的成果拥有一些真正的谈判影响力（只要双方都发现维持合作是有用的）。一个社区领袖描述这"就像是戴着帽子而不是拿着帽子走进市政厅"。

在模范城市项目中，75 个"第一代城市"中仅有大约 15 个城市与市民共享权力达到显著的程度。那些城市中除了一个以外，其他都是由于愤怒市民的要求，而不是城市自发开始共享权力的协商。这种协商由被先前形式的参与所激怒的市民引发。他们不仅愤怒，而且足够老练到能够拒绝再次被"欺骗"。他们威胁将反对支持城市规划的投资。他们派出代表去华盛顿的住房与城市发展部门。他们使用强硬的言论。协商在怀疑和仇视的阴云下举行。

大多数情况都是"市民引发"的权力共享，而不是城市给予的。关于进程没有什么新的事物。因为有权力者通常想要保住权力，历史上权力往往是被无权者夺取，而非当权者给予。

费城模范邻里居民的协商结果是一个发挥作用的合作。像大多数模范城市投资的申请者一样，费城写了一篇超过 400 页的申请，并且在一个社区领袖草草举办的会议中提出。当出席者被要求赞成的时候，他们愤怒地抗议城市在申请准备过程中没有向他们咨询。一个社区发言人威胁道要鼓动邻里抗议申请，除非城市给予市民几个星期的时间来审查这个申请及其修订建议。政府官员同意了。

在稍后会议中，市民提交给政府官员补充市民参与的章节，这个章节改变了基本原则，将薄弱的市民建议角色转变为强有力的权力共享协议。提交给住房与城市发展部门的费城申请包含了市民参与补充章节的每个字。（它也包含了一个市民准备的新的介绍章节，这个章节改变了城市对模范邻里的描述，即从对问题的家长式描述到对优势、劣势和潜力的现实分析。）结果是费城城市示范机构的政策制定委员会将把 11 个席位中的 5 个席位给予居民组织，称之为地区广泛委员会（AWC）。地区广泛委员会从城市示范机构获得一份每月超过两万美元的转包合同，用于维持邻里组织、为城市领袖所提供的规划服务支付每次参会7美元的酬劳，以及支付社区组织、规划师以及其他技术人员等社区职工的薪水。地区广泛委员会拥有自发制定规划的权力，与城市示范机构委员会联合编制规划，监督城市机构组织编制的规划。地区广泛委员会拥有一项否决权，这意味着任何规划只有在委员会审阅且任何不同观点都与委员会协商之后，才能由城市示范机构提交给城市议会。地区广泛委员会（被组织为16个邻里“中心”的邻里组织联盟）的代表可能出席城市示范机构工作组、规划委员会或是下一级委员会的全部会议。

尽管城市议会拥有针对规划的最终否决权（受联邦法律保护），地区广泛委员会相信，当考虑委员会提出的创新建议时，例如一个地区广泛委员会的土地储备银行、一个地区广泛委员会经济发展公司，或一个维持900个穷困家庭收入的实验性项目，邻里选民将足够强势与城市议会进行最终的谈判和协商。

7. 权力代表性参与

市民和公共官员的协商可使市民对一个特定规划或项目决策发挥主导作用。模范城市政策委员会或社区行动机构的代表机构是市民占据显著多数席位并拥有权力的典型案例。这一阶梯已经达到市民手握重要权力、确保项目对其负责的高度。为了解决分歧，当权者需要开始商议进程，而不是以另一端施压的方式作出回应。

模范城市的居民已获得这样一个起主导作用的决策制定角色，包括马萨诸塞州的剑桥、俄亥俄州的代顿和哥伦比亚、明尼苏达州的明尼阿波利斯、密苏里州的圣路易斯、康涅狄格州的哈特福德和纽黑文以及加利福尼亚州的奥克兰。

在纽黑文，希尔邻里的居民建立一个代表邻里权力的公司来准备整个模范城市规划。这个城市从住房与城市发展部门获得一份11万7千美元的规划拨款，其中11万美元用于邻里公司来雇佣自己的规划员工和顾问。希尔邻里公司在城市示范机构委员会的21个成员中有11个代表，确保邻里公司提出的规划在城市示范机构审核时会有大部分的声音支持。

另一个代表性权力的参与模型是市民和当权者各自拥有独立和平行的团体，如果协商不能解决双方不同的意见，则市民团体拥有否决权。有趣的是，这个共存模型中的市民团体可能因为过去合作方式而对市政府怨恨太深，导致他们无法参与到联合规划中。

由于所有模范城市项目在住房与城市发展部门资助之前都需要城市议会的批准，因而即使市民在城市示范机构委员会占据多数席位，城市议会也拥有最终否决权。在加利福尼亚的里士满市，城市议会认同市民拥有相应的反对权，但这种认同的细节模糊，并且一直没有实践过。

在社区行动项目中出现了各种代表权力的安排，这是邻里的需求，也是经济发展机遇办公室的新指导方针要求社区行动机构“超过居民参与基本要求”的产物。在一些城市，社区行动机构已经给市民主导的团体发放转包合同，进行规划并且/或是操作权力下放邻里项目的一个或多个部分，例如多目标服务中心或启智计划（Headstart program）。这些合同通常纳入一个包括逐条预算和项目说明的同意书。它们通常也包括一个对被代表的重要权力的特别陈述，例如政策制定、雇用和解雇，以及建设、购买和租赁的转包合同。（一些转包合同很广泛，涉及市民控制的模式。）

8. 市民控制性参与

对于社区控制的学校、黑人控制和邻里控制的需求在持续增长。尽管一个国家中没有人可以拥有绝对的控制，不要出现蓄意混淆目的的言辞仍然非常重要。人们仅仅需要一定程度的权力（或控制）来保证参与者或居民可以管理一个项目或机构，充分掌管政策和管理的各方面，以及能够就“局外人”可能会改变他们的情况进行协商。

最常被提倡的范例是一个与资金来源直接联系、没有中介的邻里公司。一小部分这种试验性的公司已经在提供商品以及/或社会服务。据报道，几个其他公司正处于发展阶段；当无权者继续对那些影响他们生活的当权者施压，新控制模式必然会不断涌现。

尽管纽约城欧申希尔－布朗斯维尔（Ocean Hill-Brownsville）学校的社区控制所进行的艰苦斗争已经引起了那些只读报刊新闻头条的公众的巨大恐慌，但没有公开事实表明无权者通过全权负责所有规划工作、制定政策和管理项目能够改善他们的命运。事实证明他们其实无法全力投入这些工作，因为他们不得不分出精力去处理反对意见，例如在联邦政府将资金给予了社区团体或一个纯黑人团体的时候。

大部分试验性项目将经济发展机遇办公室与其他联邦机构合作提供的研究或论证经费转变为投资。 案例包括：

1）一份180万美元的拨款提供给克利夫兰的哈夫地区开发公司，用以规划少数族裔集聚地区的经济发展项目，发展一系列经济体，包括新型购物－居住综合体项目、提供给地方建筑商的贷款保障项目。非营利公司的成员和委员会由黑人邻里的主要社区组织的领袖组成。

2）大约100万美元（第二年595751美元）提供给亚拉巴马州塞尔马的西南亚拉巴马农民合作协会（SWAFCA），目的是实现十个县的食物和家畜的市场合作。尽管地方试图阻止这一合作（包括强行阻止路上卡车到达市场），协会成员在第一年就增加到1150个农民，他们由于新作物的销售赚了52000美元。合作协会的董事会通过选举产生，这十个经济萧条县各选出两位贫困的黑人农民。

3）大约60万美元（30万补充拨款）提供给阿尔比亚公司和阿尔比亚投资信托基金，用以建立一个黑人操作、黑人拥有的制造公司，同时雇用阿尔比亚地区那些缺乏管理经验和不熟练的少数族裔团体的成员。产生利润的羊毛制品工厂和金属制品工厂的员工将通过延后的补偿信托计划拥有他们的工厂。

4）大约80万美元（第二年40万美元）奖励给哈莱姆联邦委员会。他们证明在社区委员会的支持和参与下，基于社区的开发公司可以推进和实施经济发展计划。在仅18个月的项目筹备和协商后，委员会将很快进行大规模投资，包括两个超市、一个汽车服务和修理中心（内设人力资源培训项目）、一个为年收入少于4000美元的家庭服务的金融公司，以及一个数据处理公司。这个全部由哈莱姆黑人组成的委员会已经在管理一个金属铸造厂。

尽管一些市民团体（和他们的市长）使用市民控制的言辞，但没有一个模范城市可以达到市民控制的标准，因为最终审批权和责任属于城市议会。

丹尼尔·P·莫伊尼汉（Daniel P. Moynihan）主张城市议会代表社区，但是亚当·瓦林斯基（Adam Walinsky）阐明了这种代表并没有代表性：

> 谁通过这个代表性的进程实践了“控制”？在纽约的贝德福－史岱文森贫民区有45万人，相当于辛辛那提整个城市的人口数量，比整个佛蒙特州人口还多。然而这个地区只有一个高中，80%的年轻人失学；婴儿死亡率是全国平均值的两倍；有超过8000个建筑被遗弃，成为老鼠的家园。然而这个地区在城市更新项目执行的整个15年间没有收到一美元的更新资金；失业率只有上帝知道。

显然，贝德福-史岱文森特有特别的需求；然而它总是在城市的800万人中被忽视。在1968年这个大型地区才通过诉讼赢得地区首位国会议员。在长年的忽视和拖延期间，从何种意义上能够说这个代表系统“代言”了社区呢？

瓦林斯基关于贝德福-史岱文森的观点总体上被整个国家的贫民区所接受。因此那些在模范城市规划过程中居民获得重要权力的贫民区在第一年行动规划中都会倡导建立新的社区机构，能够由居民全权管理，并拥有特定资金。如果这些项目的基本规则很清楚，并且如果市民理解：在多元场景下实现各得其所，需要他们服从在法定形式下的取与舍；那么这些类型的项目才能开始证明如何应对那些困扰穷人、具腐蚀性的各种政治和社会经济力量。

在黑人通过人口增长可能成为主导的城市中，激进尖锐的市民团体最终也不可能要求邻里自治的法律力量，例如费城的广泛地区委员会。他们的宏伟蓝图更有可能是要求一个通过选举实现的黑人城市。在可预见的未来里仍保持白人主导的城市里，与广泛地区委员会相似的团体很有可能会推进建立分离的邻里政府，从而创造和掌控权力下放的公共服务，包括警察保护、教育系统和卫生设施。许多城市可能取决于城市政府的意愿，来满足支持贫困者的资源分配需求，同时改变过去总体的不平衡。

反对社区控制的观点包括：它支持分离主义；它创造了公共服务的支离破碎；它更加昂贵和低效；它会使少数团体的“激进人士”像他们的白人祖先一样投机和鄙视无权者；它与绩效体系和专业化不兼容；而足够讽刺的是，允许他们控制但不给予充足资金来实现的社区控制，将使其成为无权者的新的猫和老鼠游戏。这些观点将都不会被轻视。但是我们也不能轻视辛苦倡导的社区控制观点，因为一切其他的试图结束他们苦难的方法都失败了！

（王兰　甘惟　译，王兰　校）

城市作为增长的机器：走向空间的政治经济学 *

哈维·莫罗奇

编者导读

在大多数城市和地区规划及政策的背后，是什么意识形态在推动？什么样的利益相关团体最能影响城市发展的进程？以城市经济增长为目标的论点有多少合法性？这些都是纽约大学社会学教授哈维·莫罗奇在这篇选文中将要谈及的重要问题。

像其他精英理论家、多元理论家及政体理论家一样，莫罗奇认为地方政治需要建立同盟。地方层面的个人和小团体有各种不同的目的。他们主要关注的问题可能包括：减少温室气体排放、建造保障性住房、增加妇女权益、为讲西班牙语的少数族裔提供工作、更新城市中央商务区（CBD）、降低房地产税，或者是新建一个会展中心。但是个人和小团体的单独行动很难争取到足够的选票来使得政府对他们的首要关注作出回应。围绕更高层级目标的同盟由此相应地建立了。那些希望减少温室气体排放、建造保障性住房、增加妇女权益、为讲西班牙语的少数族裔提供工作的自由派个人和组织，可能会联合起来选举出一个自由派的城市议会议员来实现所有这些目标。相似地，那些希望更新中央商务区，减少房地产税，修建新的会展中心的保守派个人和组织，他们也会联合起来，选举出一个保守派的城市议会议员来实现他们的这些目标。自由派联盟中的环保主义者可能与他们同盟中的女权主义者和民权主义者存在价值观的差异，但是他们如果相互妥协，一起努力达成他们共同的自由目标，则联盟中的每个人都可以获利。

根据莫罗奇对地方政治的调查，他认为不是所有的地方联盟都拥有相同的权力；在他写作这篇文章的时候，有一种类型的联盟占据了绝对优势——即那些把经济增长放在第一位的组织和个人组成的联盟。

布赖斯勋爵（Lord Bryce）—— 一位 19 世纪晚期的英国驻美大使——首次将“机器”这个名词用来指那些爱尔兰以及其他族裔的团体组成的高效组织，他们鼓动起选民，赢得了选举，然后将获得的资助和工作机会分配给他们的支持者。源自 19 世纪末 20 世纪初的民族“机器政治”（machine politics）理念，莫罗奇将这种以经济发展为导向、持续地主宰着地方政府的同盟称作“增长机器”。不像早期的城市政治机器，这些联合体的支持者不是低收入的外来移民，

* 摘自：汪民安等译 . 城市文化读本 . 北京：北京大学出版社，2008.

他们的目的也不是分配工作机会、社会福利和资助。相反的，莫罗奇认为这些增长机器由商业领袖、民权推进者、物业所有者、服务本地的金融机构投资人及其伙伴组成。他们的目标是促进城市以及他们活动区域内的经济增长。

增长机器的成员认为公共基金开支、土地使用规定以及其他政府行为的主要目的是促进发展。因此，假如要选择将本地房地产税收入投入到妇女中心建设，或者投资于帮助潜在投资者了解本市商业机会的“一站式办公楼”项目，增长联盟的成员肯定会选择资助“一站式办公楼”。

增长机器的每个成员也会有自身不同的优先考虑。比如一家大百货公司的主管可能希望增长机器将房地产税收入用来在百货公司附近建设一个公共停车设施，而城市最大的银行可能会希望市政府投资一个新的公园来提高房地产的价值。同一个增长联盟的第三个成员可能希望将资金用于改善一个城市再开发项目。但是增长机器所有的成员都希望营造一个良好的商业氛围，能够吸引或保留商业。

莫罗奇指出增长机器的成员并不认为自己的观点是自私的和自我服务的。他们相信增长对社区内的每个人都有利。在他们看来，增长可以降低本地的房地产税率，而且会积累起更多的房地产税收入，可以用来改善学校、图书馆、公园以及其他公共服务设施的条件；保留住那些本来可能会丧失的工作机会，并且创造一些新的、工资更高的工作机会，这样城市居民就能找到工作，城市的失业率会下降，在社会福利上的开支就会减少；而且经济乘数效应能够帮助小型企业雇用更多的员工，商品和服务的销量更好。莫罗奇质疑这样的假设。他的研究指出，那些存在着增长机器的城市，其房地产税率保持和以前一样，并没有降低。他也不相信经济增长和工作机会之间有直接的联系。比如新的体育场项目常被吹捧成帮助本地商业的磁铁，但最终却发现是浪费资金。

莫罗奇的文章写于 1976 年。相比现在，当时有更多的人认同经济发展具有重要性这一观点。在当时美国城市均推崇增长压倒一切时，莫罗奇的预言“反增长的情绪会增多”被证明是有先见之明的。莫罗奇写文章时只有很少几个有效的反增长同盟（大部分分布在大学城中），而如今增长管理（growth management）已经是许多城市最主要的关注事项——特别是在环境敏感地区的富足、有自由主义氛围的社区。现在，反增长联盟已经是许多城市中一个很强大的势力。在欧洲，绿色城市化就是一股重要的势力。而且像蒂莫西·比特雷描述的那样，绿色城市化——在 1987 年布伦特兰委员会（Brundtland Commission）发表其报告的时候还很少有人知道——如今已被广泛纳入到城市规划之中。像斯蒂芬·惠勒描述的那样，至少在口头上，许多国家和城市都公布了规划方案和政策来减少自身的碳排放，推动替代能源，并且都把对自然资源负责的管理放在盲目增长之上。

可以重新回顾奥菲尔德关于大都市财政不公平的描述。奥菲尔德作为一个自由主义者希望帮助那些“处于危机中”的社区，增长难道不会给这些社区提供工作机会和财产税收入吗？把莫里奇对支持增长同盟的描述——它和老式的不关心穷人和工人阶级真正利益的政治机器相似——与迈克尔·波特关于内城竞争优势的观点相对比，波特相信帮助本地企业成功是帮助城市中穷人的最好途径，波特也同意莫里奇描述的增长机器的大部分价值观，但是认为增长机器能够帮助提高内城居民的生活水平。

哈维·莫罗奇（1940 年出生）同时是纽约大学的社会学教授，社会和文化研究系大都市研究的教授。他 1968 年获得了芝加哥大学社会学的博士学位。1968—2003 年，莫罗奇在加州大学圣巴巴拉市分校任教。他还先后在纽约州立大学斯托尼布鲁分校、埃塞克斯大学、瑞典伦德大学、华盛顿大学，以及西北大学担任客座教授。1998—1999 年，他是伦敦政治经济学院的“百年教授”（Centennial Professor）。他同时还是斯坦福大学前沿研究中心的成员，罗素智慧基金会（Russell Sage Foundation）的成员。除了城市发展和政治经济之外，莫罗奇的研究领域包括了族裔研究（白人迁移）、环境恶化（加州圣巴巴拉市的石油泄漏事件）、媒体（作为社会结构产物的新闻写作）、相互作用的不公正机制，包括了人类对话（对话中的什么隔阂体现出人类交流），以及建筑、设计和消费的社会学（社会结构怎样生产出物质物品），即所谓的“物品从哪里来？”，这也是他最新一本书的书名。2003 年，莫罗奇获得了美国社会学协会（ASA）的城市和社区研究分会颁发的城市和社区研究终生成就奖。

这篇选文“城市作为增长的机器：走向空间的政治经济学”发表于《美国社会学杂志》第 82 期（1976 年 9 月），第 309-332 页。

发表此文后，莫罗奇和约翰·洛根（John Logan）在《城市财富》一书中发展了他关于城市作为增长机器的观点（伯克利，加州：加州大学出版社，1987）。《城市财富》作为 1987 年的最佳图书，获得了美国社会学协会城市和社区社会学部门颁发的罗伯特以斯拉公园奖（Robert Ezra Park Award），以及 1990 年美国社会学协会社会学卓越学术贡献奖。

莫罗奇其他的著作包括《有管理的融合：在城市中做好事的窘境》（Managed Integration：Dilemmas of Doing Good in the City）（伯克利，加州：加州大学出版社，1972），以及《物品从哪里来：烤面包机、厕所、汽车、电脑还有其他事物如何变成它们的形态》（Where Stuff Comes from：How Toasters，Toilets，Cars，Computers and Many Other Things Come to Be as They Are）（纽约：Routledge 出版社，2003）。

其他关于增长机器的书包括 John Mollenkopf 的《竞争的城市》（The Contested City）（普林斯顿，新泽西州：普林斯顿大学出版社），David Wilson 的《城市增长机器》（The Urban Growth Machine）（阿尔巴尼，纽约州：纽约州立大学出版社，2007），Barbara Ferman 的《挑战增长机器》（Challenging the Growth Machine）（劳伦斯，堪萨斯州：堪萨斯大学出版社，1996），以及 Natalie McPherson 的《机器和经济增长：工业革命历史增长理论的启示》（Machines and Economic Growth：The Implications for Growth Theory of the History of the Industrial Revolution）（圣巴巴拉，加州：Greenwood 出版社，1994）。

正文

关于城市制度与城市社会问题的传统分析，来自人们对“城市”、“城里”或“都市”的传统定义。对这些问题的分析，一般可以追溯到沃斯（Wirth）关于“数量、密度和异质性”（1938）的相当可信的经典阐述，这种趋势一直表现在最近的研究中，对场所的认知撇开了包括权力和阶级在内的社会结构这一重要维度。其结果是，以城市空间的传统定义为基础的社会学研究远离现实的日常活动，地方权力机构的上层首先考虑的是有关土地使用、公共预算，以及城市社会生活的政策。土地是地点（place）的基本要素，是提供财富和权力的市场商品，一些领导者因而对它产生了浓厚的兴趣，但是城市社会学的学术视角却没有清楚地反映这一点。因此，尽管存在大量关于社区权力及如何界定和阐释城市或城市空间的文献，但是几乎看不到将二者相联系并从政治经济角度研究城市生活的做法。

本文旨在满足这一需求。在我看来，在美国当前的环境中，几乎所有地区的政治经济的本质都是“增长”。我还认为，不管地方精英们在其他问题上的分歧有多大，对增长的追求是他们取得政治共识的重要而有效的动力，对增长的关注是所有重视地方目标的地区领导人的首要共性。而且，压倒一切的增长极大地制约了社会经济改革中地方的主动抉择。因此，我认为，地区在实质上而言就是一台增长机器。

最明显的增长标志是城市人口的不断增长，这一典型模式通常首先表现为基础产业的扩展，然后是劳动力的膨胀，零售业和批发业规模的扩大，更加广泛而日益密集的土地开发，更高的人口密度，不断提升的金融活动水准。尽管在本文中我通过人口增长的变化来论证“增长”，但“增长”一词所指的是全部相关事件的综合症候。在我看来，对于那些热衷于本地区增长并且有办法使其增长热情成为具体政治力量的人来说，实现增长并不断推动增长的手段构成了问题的核心。城市是那些精英分子的一台增长机器。

人类生态学：利益的马赛克图

我在别处已做过论证，任何特定的地块都是一种利益，任何特定的地区因而都是以土地为基础的利益集合体。也就是说，每个土地所有者（或以其他形式可以从某块特定土地的预期使用中获利的人）会为那块土地的前景考虑，从某个角度讲它与他或她的幸福休戚相关。如果所有权是十分简单的，那么这种关系也是十分明晰的：土地的利益潜能提高到一定程度，财富就增加了。而在其他情况下，所有权关系可能更加微妙——一个人对毗邻的地块感兴趣，如果使用情况不利于这块土地的发展，也可能会危及这个人自己的地块。更微妙的所有权关系是出现了对所有地块的关注——人们意识到自己的前途与更大范围的土地的前景息息相关，从特定地块所获得的经济利益，其实依赖于附近整个土地的未来状况。这种情况出现时，代表社区的“我们觉得”就会出现。我们不能把每一幅地图仅仅看作法律、政治或地形特征的分界图，而是应该看作争夺土地利益的策略联盟和行动的马赛克图；无论是一批小型的地块，还是整座城市或地区或一个国家，莫不如此。

社区的每个单位都设法以牺牲他人来提高自己的土地使用潜力。譬如，街区两端的商店经理会为公交车站设在自己的店前面而明争暗斗；城市北边的宾馆老板为了让会议中心建在自己附近而与南边的业主尔虞我诈。同样，社区单位会为公路线路、机场位置、学校校园的发展、国防合同、红绿灯、单行街的确定和公园开发而争斗。随着集体利益的机遇和挑战的增强或减弱，团体意识和团体活动的强度也随之增强或减弱，但当这些联盟能够长久维持时，就会结成同一个持久的社区。社区的每个成员同时又是其他多个社区的成员，社区以嵌套的方式存在（地区中有城市，城市里又有地段），社区的层次特色随着时间和环境的变化而变化。由于社区的嵌套特性，在一个层面上相互竞争的次单元（例如，街区内部在公交车站位置的争端中）会在更高的层面上结成联盟（例如，城市间竞争新建港口的位置）。显然，对潜在联盟的预期，使地方增长竞争的冲突强度得到了缓解。

因此，争夺土地利益的集团会联合达成共同的土地增值方案，结果便出现了社区，包括住宅区俱乐部、街区协会、城市或大都市的商业会所、国家发展机构或区域性联合组织。这些集合体无论正式与否，无论是政府的政治机构还是民办团体，其典型的运作方式都是：设法依靠政府获取资源，提升本地区的增长潜力。通常情况下，需要在政府层面采取的行动比社区层面的至少要高出一档，所以个体的土地所有者们联合起来向城市的政府机构索取地方利益，而城市群则会联合起来对国家政府施加有效的影响，如此等等。每个地区设法获取这些利益时势必要与其他地区竞争，因为增长的幅度至少在某一特定时期是有限的。发展资源的匮乏意味着政府要为土地使用者利益集团获得公共财富而竞争，并设法影响事关土地使用结果的决策。因此，各地区为获得增长的先决条件而相互竞争。历史上美国的城市基本上就是经过这样的过程来建立并发展的，这仍然是当代区域政治经济的重要动力，并对公共资源的配置及地方事务议程的管理起着决定作用。

政府决策不是影响区域增长机遇的唯一社会活动，民营团体的决策也有着重大影响。当一家大型企业决定要在某地建立分厂时，它就为周边土地的使用模式规定了条件。但是，即使在这种情况下，也会看到政府的决策——选择厂址要参考包括劳动力成本、税率、获取原材料及将商品运往市场的成本等问题。政府的决策（不管在哪个层面）影响着进入市场和原材料的成本。在当代尤其如此，因为原材料需要补贴（例如矿物枯竭补贴），空运、公路、铁路、管道以及港口开发都得依靠政府的批准或资助 A 政府的决策影响管理成本（例如减少污染要求、员工的安全标准），政府的决策还通过对失业率的间接控制、动用警察机关来制约或增强工会组织以及福利法的立法和实施等手段，来影响劳动力成本。

一般而言，各地方都非常在意政府的这些权力。地方除了创造能最有效地服务于工业增长的各种物质条件外，还会设法营造吸引工业的“经贸氛围”，譬如优惠税收、职业培训、加强法治，以及“良好”的劳资关系。为了促进增长，税收应该“合理”，警察机关应以保护财产为宗旨，力争把公开的社会冲突降到最低限度。公共事业的增加和新的发展所产生的管理费用应该由多数公民承担，而不是由对城市基础设施有“超额”需求的人们承担。几乎每期重要的经贸杂志都充斥着五花八门的地方（包括整个地区）广告，用广告语向潜在的工业投资者吹嘘自己的美德。此外，无论是选举出来的还是任命的官员，他们的一个重要角色就是充当工业“大使”，彬彬有礼地向潜在的投资者宣传这些优势。

不无偏激地说，这种旨在影响增长分布格局的有组织的行为，便是地方政府之政治活力的本质。它不是政府的唯一职能，但它是关键的职能，同时，竟然也是最容易被忽略的职能。按照本文的分析，增长只是政治进程中许多同等重要的事务之一。在当代社会科学家中，也许只有默里·埃德尔曼（Murray Edelman）从这一角度为考察政府问题而做了一些恰当的概念准备工作。埃德尔曼对两类政治进行了对比。一类是“象征性”的政治，它包含社会风气、发布在报刊头条的象征性改革，以及日报社论等“重大问题”。另一类政治是商品和服务在社会上实际进行分配的过程。这类政治基本上是看不见的，转化为委员会的内部谈判（如在一个正式的政府机关内部），决定谁在什么地方如何得到什么样的物质利益。这是我们在区域层面上必须探讨的政治，它是分配的政治，土地是这个体系中最关键（但不是唯一）的变量。

全力以赴参与地方事务的人，尤其是那些靠时运参与的人，是这样一种人：他们——至少与他们在人口中所占的比例极不相称——在土地使用决策中受益或受损最大。长期以来，数量方面占显著地位的是地方商人，地方金融机构中的产权所有者和投资商尤为突出，他们的赚钱路径须臾离不开地方政府。同样重要的还有律师、辛迪加组织者和房地产经纪人，他们必须让自己充分有利于那些土地拥有者和资产拥有者。还有一些人也相当重要，他们虽未直接参与土地的使用，但是他们的未来与城市的整体增长休戚相关。至少可以说，当地方市场达到饱和后，商业扩张有时会转向周边地区。

这就是联盟的基本框架，它有效地形成了“我们觉得”（或更贴切地讲，是“我们的感觉”）的社区。它会在特定地区的政治中逐渐发挥影响，并且通过各种手段变得日渐突出。政府出资鼓励各种名目的“繁荣”——商会、商业杂志和旅游刊物上的地方宣传广告、城市举办的彩车游行、广场表演，以及以地方名目对职业体育队的形形色色的赞助。体育团队尤其成了灌输有关地区“进步”的城市沙文主义精神的特殊机构。体育场里成千上万的人（更多的人在家里聚在电视机前）为克利夫兰或巴尔的摩（诸如此类）代表队高声尖叫，而在其他情况下，很难出现这样的场面。这种狂热被人利用，可以冠冕堂皇地欢呼，建设“更伟大的克利夫兰”或“更伟大的巴尔的摩”，等等，其目的是使地方发展方案赢得公众的认可。同样，公立学校的课程、儿童作文竞赛、演讲赛、拼写大赛、选美比赛等活动，都有利于为地方沙文主义和地方发展方案建构意识形态基础。我对人类地缘关系的构想，不同于那些从原始本能的角度进行的构想，我认为地缘是通过社会得以组织和维持的，至少在某种程度上得到了使用者的组织和维持。我认为，美国的社区并非没有城市沙文主义和增长狂热的其他渊源，只是增长机器的联盟动员了一切力量，使其合法化，并全力维系之，使之成为融入具体决策之中的一种政治力量。

都市报刊似乎也对这些城市资源的维系负有重要责任，这种机构也对地方的总体增长怀着极大的商业兴趣。美国城市日渐发展为一城一报的城市（或一城一报社），报刊企业若要到其他地区发展，似乎特别困难。一个堪称经典的事例是《纽约时报》，它在增设加利福尼亚版时不仅徒劳无益，而且蒙受了重大的经济损失。报纸的经济地位（其他媒体程度较小）往往与地区的规模密切相关。随着大城市的发展、与日俱增的发行点可出售更多的广告。因此，地方报纸的地位往往非常独特——它像其他许多地方企业一样，关心的是增长，但是，又与大部分企业不同，它关注的焦点不是具体地方的增长变化。也就是说，报刊特别注意的，不是新增人口应该住在北边还是南边，也不是赚钱的手段——钱是通过新的会议中心，或是新建的橄榄厂赚的。报刊除了将社区精英分子结成联盟，从而实现增长之外，并无个人企图。恰恰出于这个原因，报纸在社区往往表现出一种政治家的风范，有功利意识，但是绝不急功近利。相互竞争的利益集团常常把报社或报刊主编视为社区的最高领导、调查官及内部争吵的仲裁者；有时，为了更稳定、长期、适度的有计划增长，还作为开明的第三方来遏制短期的投机商。报纸成为影响改革的一支力量，“社区的声音”控制相互竞争的次单元，尤其要限制那些规模小、野心勃勃的“轻易赚大钱的能人”。报纸在与特殊利益集团的不断斗争中取得了各种业绩。媒体不仅通过它们所开发的特种新闻报道和所撰写的社论来达到这些目标，而且还通过它们所支持的地方公职的候选人来达到这些目标。目前的问题不是报纸控制了城市政治，而是其特殊势力的根源之一在于它们对增长本身的热情，而增长则是所有重要集团聚拢起来的一个目标。于是，便能看到，尽管报纸的社论撰写人一般都会积极表达自己保护“生态”的感情，但是他们往往更支持能够促进本地区发展的投资。《纽约时报》热爱城市的办公大楼和新增的工业设备，胜过对环境的热爱。《洛杉矶时报》发表社论，反对鼠目寸光的投机商牺牲环境的做法，但是更支持超音速运输机，因为它能把“就业机会”扩大到南加利福尼亚。报纸还常常以某种形式支持“合理规划原则”，因为合理规划更有利于未来的长期发展。如果规划中的道路不够宽阔，那么，狭窄的道路终究会遏制逐渐密集的土地使用。只有规划才是明智的，合理部署“健康增长”是国家的地方媒体与政治家们联手制定的最重要的“环境政策”。不能把“合理规划”的政策与限制增长或保守相混淆，后者通常代表的是相反的目标。

公共服务机构或半公共服务机构（例如大学、公用事业单位）的领导者，常常扮演着类似于报刊发行人的角色，成为增长的“政治家”，而不是倡导某些地方之间的增长分配。大学为了维持自身的扩展，可能需要地方增加其城市人口，而这就有可能使它在增长机器中屈从其他单元（银行、报刊），因为它得依靠这些单元争取学校发展所必需的优惠资金和有利的舆论环境。

[……]

如此说来，城市这台增长机器就把一种特殊类型的人物卷入其政治之中。这些人物无论代表自己，还是代表曾经资助他们获得权力的选民，他们往往是商人，而且是地方观念更强的那种商人。一般来说，他们从政不是为了保护或破坏环境，也不是为了压制或解放黑人，更不是为了取消或提升公民的自由。他们一经掌权，就可能什么事都干得出，或者什么事都会干，而这一切也许只是他们在其他领域里漫不经心地决策的后果。但是，这些象征性的地位源自他们掌权这样一个事实，他们通常不会让别人插手权力。因此，由于土地经营和资源配置的相关程序，这些人常常“参与”政府，尤其是参与地方政党的组织和筹资。有些“政治家”从整个社区的发展考虑，而不是囿于狭隘的地理界限，但是他们通过地方政府对资源的配置为所欲为地施加影响。身居官位的他们需要开发一些象征性事务，使自己（在面对同僚或对手时）能够保住位子，于是他们就会关注骗取福利、校车接送、街头犯罪、肉价等问题。对象征性问题的关注，其实是为了其他目的而保住权位所做努力的一种结果。这并不是说，这类人对这些问题没有“强烈的感受”——他们有时也能感受到。某些道德狂热分子与“忧国忧民者”参与政治来纠正象征性不法行为，也属于这种情况，然而，资助政客一路过关的金钱通常并不是什么象征性的金钱。

因此，掌管地方政府实权者（以及他们直接服务的那些人），并不能代表全体地方人口，甚至无法代表产生他们的社会阶层。他们带入公共话语的问题也不具有代表性。埃德尔曼指出，这些人靠分配问题掌权，但是，这一问题却或多或少地被人故意地从公众论述中删除了。允许讨论的问题与政客们所采取的立场衍生于某些商业部门和业界人士的世界观，也因为政客们既要煽动公众情绪，同时又不允许分配问题成为公共话题。由此推断，作为地方政治决定性力量的地产业如果能够成功地得到替换，这样的政治变革就会削弱社会上反动政治力量的统治地位，并会对引人关注的其他象征性问题产生影响。倘若真的发生这样的变革，人们很可能就会采取更为进步的立场来对待公民自由、较少扰乱接受福利救济的人、社会的“不正常者”，以及其他无助的受伤害者。

[……]

新兴的反联盟力量

尽管增长早已成为美国绝大多数地区的主导思想，但却也始终存在着一种抵制的颠覆性倾向。这些少数者被认为是浪漫的或有些不理智的，所以长期以来遭到忽视，甚至在关于严重的商业犯罪的新闻报道越来越多时亦是如此。

但是不难看到，不断扩大的增长规模与环境污染、交通拥挤，以及其他弊端有着密切的关系。同样清楚的是，大地方的税率通常不及小地方的低。尽管这一点并未受到重视，但是早在 20 世纪 40 年代就显示：政府的人均费用随着人口的增加而上升。然而很少有人注意到这一事实，尽管有钱人感到确实存在着这些事实，他们通过硬性控制人口的最高限度，而设法为自己留下人口密度低的小型专属胜地（譬如贝弗利山庄、沙点、西棕榈滩、莱克福里斯特，等等）。

不过，近年来，反增长运动的基础已经非常广泛，在有些地区已经具备了足够的力量，至少在政治权力上可以分庭抗礼。最显著的事例似乎是某些大学城（帕洛阿尔托、圣巴巴拉、博尔德、安阿伯），它们都发起了对额外增长成本的影响进行如实描述的研究。其他已强行控制增长的地区往往也是福利水平高的地区（例如纽约的拉马波、加利福尼亚州的佩塔卢马、佛罗里达州的博卡拉顿）。反增长情结已然成为一些大城市（例如圣迭戈）的重要的政治内容，在俄勒冈、科罗拉多及佛蒙特等地方，已经成为州级层面上（包括州长职位）的政治生涯的重要基础。由于该问题的客观重要性以及增长带来的普遍耗费，反增长联盟同样会在一般认为福利水平低的地区赢得权力，这是谁也无法阻挡的。也没有任何实质性理由来阻挡反增长联盟进一步扩大其阵地，吸纳地方出现的绝大多数工人阶级。

但是，像所有试图通过义务劳动来取代既得经济利益体系培植的政治力量的运动一样，反增长运动更有可能在注重实际的选民中获胜，这些选民是具有广泛基础的激进主义传统的中产阶级，他们悠闲而世故，不受机器的控制和摆布。至少在反增长联盟已经成熟的那些地方，这一点似乎是很清楚的。

目前，对于反增长活动家的社会成分的系统研究尚在进行中，但似乎新兴的反增长联盟的根基是近年来的环保运动，其生力军是参差不齐的年轻行动主义者（有些是和平与民权运动中的老兵）、中产阶级职业人士以及工人，他们都认为自己的生活方式和税率与增长发生了冲突。领导层中反增长的重要角色是政府雇员，以及为某些组织效力的人员，这些组织无论直接还是间接都不依靠地方增长获取利润。

例如，在圣巴巴拉反增长运动中，多数支持者是研究单位和电子公司的从业人员，还有些小型“高科技”公司的部门经理。他们在世界观和金钱利益方面采取世界主义的态度，把地方社区仅仅当作生活和工作的场所，而不是可以利用的资源。与这批支持者有联系的是某些有钱人（特别是那些财富来自非地方环境的人），他们仍然继承了贵族式的保守传统（有些变化）。

这种情况一经出现，增长机器的消亡所带来的变化在土地政策方面就凸现出来。地方政府为了把人口限制在标准之内，会通过直接或间接手段为本地区制定人口的容量并将其立法。任何关于未来发展方向的规划往往会将环境的负面影响减小到最低。美国城市土地开发经历的所谓自然过程，将会随着这一进程的政治经济基础的削弱而宣告结束。最重要的也许是，如果公共政策危及工商业土地使用者及其代表人物垂涎的利益，他们要移迁别处的威胁就不再那么管用了。由于增长机器在许多地方都遭到了破坏，商业集团将会越来越迁就地方政策，地方上的人们不再屈从商业意愿。随着城市政府开始问自己能为人民做什么，而不是做什么才能吸引来更多的人，新的课税办法、创造性的土地使用方案以及新的城市服务形式就会出现了。具体地讲，某个工业项目可能会从其社会功用方面进行评估，看这个产品对地方或整个社会有多大用处。仅仅为了区域扩张的生产就可能很少出现了。因此，必须提高国家的生产机器的使用价值，将外部的生产成本变为内部成本。

当增长不再是问题时，在政治体制中影响和促进增长的有些投资就不复有意义了，因而也改变了人民参与政府的基础。我们可以预计，由土地开发商和其他增长联盟力量领头的地方商业精英分子将会从地方政治中撤出，留下的空白可能会由更具代表性的、也许不太反动的激进活动分子来填补。值得注意的是，在反增长力量已建立起权力立足点的地方，他们的方案和政策可能会比其前辈更进一步，不仅在增长方面如此，在所有问题上都如此。例如，在科罗拉多州，成功领导了反对冬运会的环保分子也曾成功地发起了堕胎法改革，以及其他重要的进步事业。以环保为基础的圣巴巴拉“公民联盟”（主张多数党控制城市政府）代表了城市的传统左派及反文化力量与其他环保主义者的联合。因此，不发展运动对地方的影响可能在于最终推动地方政治的不断进步。地方政治是全国政治结构赖以存在的坚实基础（关于这一点有很多争论），但是无论依赖程度如何，都可能引发全国性的改革。到那时，就可能运用国家体制来施行其他政策，从而在地方层面上彻底消除增长机器，创建与城市公民新生活和谐一致的国家优先地位。上述思考的论点是，以改革为取向、以问题为基础的公民政治会长期存在。历史的记载与这一论点相悖，然而，在那些影响最严重的地区和当今城市体制普遍的非理性中已经露出苗头的政治潮流表明：可以作出别种选择，而那才是真正的未来。

（雷月梅　译）

中国经济的历史眼光 *

林毅夫

编者导读

中国经济的整体运行情况是中国城市发展的大背景。理解中国经济发展的过去、当前和未来，将有利于理解城市发展的动力、困境和挑战。中国作为一个历史悠久的大国，为什么在 14 世纪前取得了超越西方的经济和科技成就，却在 14 世纪后开始步入经济衰落；为什么在改革开放后中国经济得以快速增长，以及中国经济未来如何，面临着什么样的任务？林毅夫所撰写的本文提供了这些问题分析的框架和答案。

作为一个视野广阔、宏大叙事下的历史分析，林毅夫采用了两种概括方法，包括黄仁宇先生的大历史（macro-history）和绘画中的透视法和虚实法，集中探讨中国经济格局与体制模式与大框架历史的直接联系，从而回答中国经济兴衰的原因、面临的困境和未来发展的任务。这种分析方法和结论为理解中国城镇化的背景和动力提供了基础。

林毅夫将中国五千年的经济史划分为三个大的时期和四个重要转折。三大时期包括帝制时期（秦始皇统一中国的公元前 221 年到辛亥革命推翻帝制的 1911 年）、民国时期（中华民国政府建立的 1911 年到中华人民共和国成立的 1949 年）、中华人民共和国时期（1949 年至今）；四个转折点包括公元 14 世纪、19 世纪前半叶的鸦片战争、中华人民共和国成立和 20 世纪 70 年代的改革开放。通过这样的框架，林毅夫描述了古代的经济成就、近代的经济停滞和中华人民共和国时期经济建设的跌宕变化。林毅夫将 1949 年至今的经济发展分为了五个阶段，并称之为一个增长与波动交替发生的过程。1949—1952 年的经济恢复期为第一个阶段，工农业发展顺利，人民初步安居乐业；第二个阶段是作为第一个五年计划起始年的 1953—1958 年，被称为工商业的社会主义改造时期，国民经济发展稳定；第三个阶段从 1958—1965 年，包括经济增长秩序被行政命令破坏、国民经济比例严重失调的“大跃进”时期，以及 1961 年后的恢复调整期；第四个阶段是 1966—1976 年“文化大革命”的十年，经济增长损失巨大。林毅夫将 1978 年以来的改革开放划分为第五个阶段，并称该阶段为人类经济增长历史上前所未有的奇迹。

14 世纪中国经济的衰落和改革开放后创造的经济奇迹给经济学家提供了研究的课题。对前一个问题，林毅夫提供了多种解释性理论，重点讨论了针对中国的“李约瑟之谜”和“韦伯

---

* 本文摘自：蔡昉、林毅夫编 . 中国经济 . 中国财政经济出版社，2003。——编者注

疑问”。英国学者李约瑟提出了中国科技水平和经济发展为什么在领先于其他文明的基础上没有发展出工业革命，而在 14 世纪后衰落了；“韦伯疑问”则关注为什么工业革命和资本主义没有发生在中国。林毅夫分析了曾经流行的“高水平均衡陷阱”理论，指出这种因为人均剩余基本维持生存水平、缺少技术革新需求和工业化推动力的解释，并不适合中国的情况。林毅夫基于前现代时期和现代时期技术发明方式不同的前提假设，结合近代科举制度对科学研究的抑制，解释了为什么技术发明在中国现代时期落后于西方世界。而科学技术进步的不快速，导致了资本回报率低，使资本主义关系不能深化。

对中国在改革开放以来取得的经济奇迹，林毅夫从经济体制演变出发，分析了导致改革前后变化的主要机制。他指出中华人民共和国建立到改革开放之前的传统体制包括三个部分，分别是扭曲价格的宏观政策环境、高度集中的资源计划配置制度和缺乏自主权的微观经营体制。这种三位一体的经济体制模式在改革开放后被逐步瓦解。首先是微观经营体制改革的开始，从农村的家庭承包责任制到国有企业的承包制和股份制。微观经营体制改革的变化使微观经营单位拥有了对新增资源的配置权，计划外资源分配制度应运而生、与之配合；相应的生产要素价格和商品价格从计划转向市场决定。在林毅夫分析的演变链条中，一个在开始时并没有整体蓝图的中国经济改革从微观经营体制出发，影响了整体的传统体制；从农村出发带来了城市经济的全面展开；从双轨制发展到社会主义市场经济体制。

林毅夫同时分析了改革开放未来所面临的任务，包括实现经济方面的增长可持续性和社会方面的稳定性。他指出 1978 年以来的高速经济增长依赖于物质资本、劳动力的投入、人力资本从低生产率部门到高生产率部门、技术进步和体制变革；2000 年以后的发展环境已经与之前不同，经济增长的速度和可持续性都将受到影响。资源不足和环境退化与城镇化和经济发展需求之间的矛盾是迫在眉睫的重要问题。寻租现象、收入差距、流动人口和失业则是社会稳定发展的重要问题。进一步的改革任务需要加强生产要素价格体制和资源分配体制的变革，增强国家的比较优势，提高产业竞争力。

林毅夫生于中国台湾，1978 年毕业于台湾政治大学企业管理研究所，获企业管理硕士学位。1979 年就读于北京大学经济系，1982 年获经济学硕士学位。1986 年毕业于美国芝加哥大学经济系获博士学位。他曾担任国务院农村发展研究中心发展研究所副所长、国务院发展研究中心农村部副部长。1994 年创立北京大学中国经济研究中心，并担任主任至今。他也是第七至十届的全国政协委员，全国政协经济委员会副主任，第十一届全国人大代表，中华全国工商业联合会副主席，获法国奥特涅大学、香港城市大学、美国福特姆大学、英国诺丁汉大学、伦敦经济学院等大学荣誉博士学位，并于 2005 年获选第三世界科学院（现名发展中世界科学院）院士，2010 年获选英国科学院外籍院士。2008 年出任世界银行首席经济学家兼主管发展经济学的高级副行长。

本文出自《中国经济》（中国财政经济出版社，2003），由中国社会科学院蔡昉教授和北京大学林毅夫教授共同主编，自定义为一部专著型的教科书，立足于理论，对中国经济发展进行了分析与解释。林毅夫与蔡昉、李周同时著有《中国的奇迹：发展战略与经济改革》（格致出版社、上海三联书店、上海人民出版社，2002），集中阐述了中国经济发展奇迹的成因和问题，作为本选文所在著作的研究基础。林毅夫编著的著作还包括《自主能力、经济发展与转型：理论与实证》（北京大学出版社，2004）、《发展战略与经济发展》（北京大学出版社，2004）、《发展战略与经济改革》（北京大学出版社，2004）、《解读中国经济没有现成模式——中国经济 50 人论坛丛书》（社会科学文献出版社，2007）、《制度、技术与中国农业发展》（格致出版社，2008）、《经济发展与转型——思潮、战略与自生能力》（北京大学出版社，2008）、《欠发达地区资源开发补偿机制若干问题的思考》（科学出版社，2009）、《中国奇迹：回顾与展望》（北京大学出版社，2009）、《中国经济专题》（北京大学出版社，2009）、《林毅夫自选集》（山西经济出版社，2010），《新结构经济学》（北京大学出版社，2012），《繁荣的求索》（北京大学出版社，2012）。

正文

为了更好地理解当前的中国经济发展，以及尽可能准确地预见中国经济未来的走向，把我们的视野适当放大，从一个历史的眼光来观察中国经济，是十分必要的。许多历史学家认为："昨天即历史"，这是因为今天正是昨天的延续，而明天又是以今天为起点的。但是，我们在研究当代中国经济时，究竟需要回溯到历史的哪个时期，历史事实细微到何种程度，却是一个为难的选择。为了使这种历史的背景既对今天具有启发意义，同时又不致陷入历史细节，从而冲淡对于当代中国经济的阐述，在本章涉及历史背景时，我采用了两种概括方法。

其一是借用黄仁宇先生"大历史"（macro-history）的方法处理历史事实，以及历史与现实的有效连接。也就是说，在这一章中，我们不对自己提出系统描述中国经济史的任务，而是仅仅从影响当代中国经济的最重要的历史问题出发，在最必要的程度上进行一些概括。在经济历史学家研究的基础上，本章对中国经济史进行了粗线条的概括，力图给出一个大框架，使读者在不具备历史细节知识的情况下，对必要的背景也能一目了然。

其二是借用了绘画中的透视法和虚实法处理历史事实在时间上的继起性。即越是较遥远的历史事件，越是采用浓缩的办法对待史实。相反，对待较为晚近的历史，特别是与当前中国经济发展格局和体制模式有直接联系的历史，则给予了较为详尽的介绍，并采用了较多的统计资料。

采用上述两种方法，在本章的第 1 节，我们宏观地观察自秦代以来的中国经济史，即把中国经济发展分为三个大时期来观察，并特别关注每个时期的重要转折点。该节的概括与其说是揭示史实，不如说是提出问题，即为什么现代经济增长没有首先在中国？为什么中国经济发展绩效在改革前后截然不同？第 2 节简要描述了中国经济体制的来龙去脉，目的是使读者在以后章节的阅读开始之前，具备关于当前中国经济的历史背景。具体来说，要使读者了解改革以前的传统体制是怎样形成的，基本特点是什么；20 世纪 70 年代末以来经济改革的主要线索是什么；迄今改革已经到达的阶段。为了使关于历史的回顾与我们所要学习的当代中国经济建立起联系。第 3 节概述当前中国经济发展和改革所面临的主要问题。同样地，这里仅仅提出问题，而答案则留待读者在以后的阅读中逐渐探寻。

大国兴衰：中华五千年经济

中华民族历史的起源，据考古学家的技术测定，可以追溯到公元前 4000 年；在历史书上有明确记载的历史，大约开始于公元前2000年左右的夏代；而考古直接发现的文字历史，则为公元前1600年的商代。所以，通常所说的“五千年中华文明”只是一个大概的说法。自从公元前221年秦始皇统一中华民族就始终作为一个整体的国家概念而存在。

从宏观的角度，中国经济史可以通过三个大的时期和四个重要转折来观察。第一个大的时期是帝制时期，即自秦始皇统一中国建立帝制（公元前221年），直至辛亥革命推翻帝制（1911年），前后共历时2132年。其间我们以公元14世纪作为第一个转折时期，而以19世纪前半叶鸦片战争前后作为第二个转折点。第二个大的时期为民国时期，即从1911年建立中华民国政府至1949年中华人民共和国成立，后一事件同时也是一个重要的转折点。第三个大的时期是中华人民共和国时期，其间以20世纪70年代末改革开放的开始为重要转折点。

这种中国经济时期的划分，也许很难得到经济史学家的认同，事实上作者也并无意对中国经济史进行任何新的划分。然而由此出发来观察中国经济史，基本上可以从经济发展的角度，对中华民族在几千年历史中的兴衰形成一个梗概的认识。

古代的经济成就

经济史学家观察到，18世纪末英国工业革命的主要条件，中国早在14世纪就几乎全部具备了。首先，公元前300年的战国时期，中国社会的市场经济已经有了十分显著的发展。其特征表现为土地的私有制和自由买卖，劳动力实现了高度的分工，生产要素市场和产品都有了很大程度的发育。秦代的统一既是建立在这种市场经济发展基础上，同时也反映了经济发展对市场扩大的要求。

相对发达的市场经济，刺激了人民追求利润的生产动机，也有助于先进技术的传播。在汉代，以精耕细作为特征的传统农业的主要技术都已经十分成熟。在农具的发明和使用上，构成近代犁的主要特征的部分已经发明出来，并出现了最早的条播机——耧车。在农作技术上，出现了合理利用土地肥力的代田法和区田法，施肥、保墒、除虫和选种技术也相当成熟和先进。同时，农田水利建设方面的成就也是巨大的。公元9世纪（唐代）之后，随着中国经济重心逐渐从北方转移到长江以南水稻种植区，农业技术有了进一步的提高。特别是由于11世纪初（宋代）新的水稻品种的引进，推动了耕作制度的改进和完善，以及农具的创新高潮。唐宗明指出，曾经引起18世纪英国农业革命、由阿瑟·杨（Arthur Young）发明的科学（保护）农业方法，早在13世纪的中国就已经广为应用。

由于农业技术的发明和应用，迄至13世纪为止，中国农业始终是世界上最为精细的和生产力最高的。与最早出现现代经济增长的欧洲相比，宋代以后的几个世纪内，中国的食物供给状况都优于欧洲；中国人口增长的长期趋势开始于11世纪（北宋），而欧洲要到18世纪才真正开始。

农业作为一个初级产业，其生产剩余的能力是工业和其他产业得以发展的必要条件。中国高度发达的农业，也为工商业的发展提供了必要的产品（食物和原材料）与要素（劳动力和剩余资金）基础。中国工业在汉代和唐代已有较大的发展，宋代达到高峰。铁的使用是工业发展的基础。据估计，11世纪末中国铁的产量已达15万吨，按人均占有量算，是当时欧洲水平的5—6倍，产量增长速度也远远高于欧洲的水平，而欧洲到17世纪末才达到这个水平。此外，井盐业和纺织业等工业的发达程度也颇高。在13世纪，中国已经使用水力纺线机来纺织麻线，其技术的先进水平不亚于1700年欧洲同类机器的水平。

农业的高生产率和发达的工业，促进了早期的城市化和商业的发展。农民通过定期的集市相互发生联系，反过来这些分散的集市又通过运河、江河及道路连接起来，形成全国性的商业网络。主要农产品和许多地方特产已经驰名全国并销往四面八方。13 世纪中国许多城市的繁荣景象，令马可·波罗这样一位来自当时以发达的商业著称的威尼斯的人都感到惊讶。他后来描述道："苏州之大，方圆四十里；居民之多，数不胜数"；而杭州"无疑是天下最优美而繁华的城市……任何一个见到如此庞大的城市的人，都决不会相信可以找到如此多的食物来供养这么多张嘴"。另一位作者写道，与中国相比，"西方……基本上都是乡巴佬的世界，……既贫穷又不发达。"简而言之，迄止 14 世纪，中国已经拥有世界上最开放、技术上最先进、经济上最强大的文明。

建立在这种发达的经济基础之上，以及面对工农业发展的需求，中国在前现代时期的科学技术成就更是叹为观止。火药、指南针、造纸和印刷术这几项被弗朗西斯·培根认为是加速了西方从黑暗时代向现代社会转变的最重要的发明，都源于中国。李约瑟及其合作者在其不朽著作《中国科学技术史》中所收集的证据，也有力地表明，除了最近的两三个世纪以外，历史上中国在绝大多数主要的技术领域中，都一直遥遥领先于西方国家。

根据马可·埃尔文（Elvin）的扼要归纳，自公元 10 世纪至 14 世纪，中国已经开始对自然进行系统的实验性调查，并且创造了世界上最早的机械工业……在数学方面，已经发明了一种求解一元高次数值方程的通用方法。在天文学方面，随着大型仪器的铸造和水力时钟装置的更加完善，观测精度已经达到很高的水平。在医学方面，随着对尸体的解剖，一门系统的解剖学的创立已初见端倪；对一些病况的描述也更加精确；药典中新添了许多新的治疗方法。在冶金学方面，煤（也许还有焦炭）已被用来提炼铁矿。在军事上，火药从单纯的爆竹原料变为真正的爆炸物；喷火器、毒气、杀伤炸弹和枪也相继问世。与此同时，把已有的理论体系与过去几个世界积累起来的经验相结合的倾向越来越明显。

近代的经济停滞

从世界历史发展的层面上看，中国在前现代历史时期，有一个异常辉煌灿烂的开端，而且它的创造力一直保持了数千年。许多历史学家都承认，迄止 14 世纪，中国已经取得了巨大的技术和经济成就，达到通向全面的科学和工业革命的大门。然而，14 世纪之后，中国在科学、技术和制度上的领先地位没有往前移动。尽管 14 世纪以后中国的经济继续发展，局部的技术发明也频繁不断，但这一时期的经济发展更具有粗放型的特征，即总量增长但人均量不再增长，以往那种辉煌的历史不再重现。

当 17 世纪后西方的进步加快后，中国就远远地落在后面了。1840 年鸦片战争中，英国人的炮舰终于打破了这个火药发明国度的大门，西方技术上的优势给中国人带来的是屈辱。1911 年孙中山领导的辛亥革命，推翻了绵延数千年的帝制，建立了共和政体的国家。直至中华人民共和国成立，38 年之中中国经历了军阀割据、国内战争、日本军国主义的侵略等战乱（专栏 1）。正当西方国家以工业革命为开端，经济增长、结构变化和收入提高速度大大提高的时期，中国经济发展却相对缓慢，越来越落在世界经济发展潮流之后。

据经济史学家麦迪逊（Madison）估计，1700—1820 年期间，中国国内生产总值年增长率为 0.85%，人均国内生产总值没有增长；同期，欧洲国内生产总值和人均国内生产总值年增长率分别为 0.68% 和 0.22%；1820—1952 年期间，中国国内生产总值和人均国内生产总值年增长率分

专栏 1　中华人民共和国成立前的内忧外患

中国国内的混乱局面使人口和经济福利方面遭受巨大的损害：太平天国运动（1850—1864 年）波及半数以上中国省份，在富庶地区造成严重的破坏。在陕西、甘肃和新疆则发生了回民起义。在民国时期，则进行了长达 30 年的国内战争。

殖民主义入侵导致在租借地向 19 个外国列强割让治外法权和其他特权。经历了三次对日战争和两次对英法的战争。爆发了义和团运动这样的自发反对外国势力的斗争。俄国在 19 世纪 50 年代，以及在民国初年攫取了约 10% 的中国领土。在所有这些对外战争之后，获胜的列强还通过索取巨额赔款使中国蒙受耻辱。

帝制王朝和国民党政府都没有能力对这些问题作出有利于国家的反应。他们无力采取积极而有效的措施，以回应西方先进技术的挑战。帝制被废除之后，军阀政权寻求的是地方性的目标，而不是统一的全国性目标。国民党政府不能有效地维护中国的国家利益。它在重新获得领土完整方面毫无建树，对日本的侵犯也不能作出有效的反应。清王朝和国民党政府在财政上都十分孱弱，无力动员资源以抵御外侮和发展经济。

麦迪逊，《中国经济的长远未来》，北京，新华出版社，1999，第 15 页。

别为 0.22% 和 -0.08%，欧洲的这两个增长率则分别为 1.71% 和 1.03%。

1936 年中国全部工农业总产值中，工业和手工业产值占 34.92%，但现代意义上的工业产值只占工农业总产值的 10.84%。与 1920 年的工业结构水平（现代工业占工农业总产值的 5% 左右）相比有了较大的提高，但在此后直到 1949 年的十几年间，现代工业产出实际上没有再增长。并且，中国产业资本的 78.4% 掌握在外国投资者手中，而本国产业资本中又有约 1/4 为官僚资本。所以，构成中国经济结构整体部分的，仍然是传统的手工业和农业经济。

中华人民共和国时期

中华人民共和国成立之时，全国工农业总产值只有 466 亿元，人均国民收入为 66.1 元。在工农业总产值中，农业总产值比重为 70%，工业总产值比重为 30%，而重工业产值占工农业总产值的比重仅为 7.9%。1949 年，主要工农业产品的产量大都只有历史上最高产量的一半左右；通货膨胀高涨；失业现象严重；城乡居民的收入低下，生活十分艰难；在外交和经济上，受到西方主要资本主义国家的抵制和封锁。

从这样一个起点开始的国家建设和经济发展，通过其后的实践结果证实，中华人民共和国成立这一历史性的事件，对于中华民族的振兴具有意义深远的影响，从而也必然标志着中国经济史的一个重要转折点。西方经济史学家麦迪逊将这个事件与 1868 年日本的明治维新等量齐观。

中华人民共和国的经济发展主要经历了下列几个阶段。

第一个阶段是经济恢复时期（1949—1952 年）。政府通过一系列有效的经济政策，治理恶性通货膨胀，恢复被战争破坏的生产，增加就业机会，同时继续共产党政权从根据地时代就开始的土地改革，实现了“耕者有其田”，取消了帝国主义在华的特权，没收了官僚资本。到 1952 年，全国工农业主要产品产量绝大部分超过新中国成立前最高水平，通货膨胀得到遏制，人民初步得以安居乐业。

第二个阶段是第一个五年计划实施和实现对工商业的社会主义改造时期（1953—1958年）。这个时期集中建设了156个重点项目，填补了国民经济的空白，增强了薄弱环节的生产能力。通过一系列国家资本主义形式，实现了民族工商业向社会主义经济形式的过渡。获得土地的农民自发地组织起来，实行生产互助和合作。这一时期国民经济发展稳定，各个产业之间的比例适当，国民收入年平均增长率达到8.9%，城乡居民消费水平年平均增长4.2%。

第三个阶段是“大跃进”及其得到纠正的时期（1958—1965年）。1958年开始的“大跃进”中，增长指标过高，用行政命令代替科学态度，破坏了经济增长的正常秩序，造成国民经济比例严重失调。集中体现在重工业畸形发展，1958—1960年三年中重工业增长了2.3倍，远远超过轻工业47%的增长速度，而农业却下降了22.8%。过高的积累率造成居民生活水平每年降低4.9%，财政赤字也大幅度上升。农村人民公社化违背农民的意愿，失去了合作经济自愿的性质，农民劳动积极性受到严重的挫伤。加上生产单位过大，虚报产量，终于在自然灾害来临时，导致大范围的农业减产和大饥荒。

1961年国民经济进行调整，压缩基本建设规模，控制重工业发展，调整了失调的产业结构；在农村，把生产单位重新划小，确立了以生产队为生产单位。尽管人民公社体制继续保留了下来，但当时对生产单位规模的调整，也具有相当重要的意义。1957—1958年仅仅一年的时间，1.3亿个农户被吸收到2.6万个人民公社，平均每个公社的规模为6700个社员。到1961年，生产单位缩小为平均规模只有30个社员的600万个生产队（专栏2）。

经过几年的调整，经济得以恢复，农业、轻工业和重工业得到比较平衡的发展，主要农产品产量都恢复到或者超过1957年的水平，与1960年相比，1965年农业产值增长42.2%，轻工业产值增长27.5%，重工业产值下降 37.2%；国家财政状况好转，同时积累率降低，人民生活水平提高。1961—1965年期间平均积累率比1958—1960年降低了50%以上；20世纪60年代前5年中，城乡居民实际生活消费水平提高25.7%。

专栏2　为什么20世纪60年代初的农业调整要缩小公社规模？

在一个人民公社中，农业经营规模对于农业产量的影响是一柄双刃剑：一方面，规模扩大可以产生规模经济；另一方面，过大的经营规模可能导致劳动监督上的困难。如果由于劳动监督上的困难而造成的产量损失超过因规模经济增加的产量，就意味着经营规模过大，超过了必要的程度。

首先，扩大农业经营规模在技术上是有条件的，其提高产量的潜力也是有限的。农业机械的使用并不必然要求经营规模扩大。

其次，农业生产活动和劳动形式的分散性，使得劳动监督十分困难，劳动者努力程度与报酬之间的联系甚微。在这种情况下，农业经营规模过大意味着劳动监督更加困难，劳动者的努力必然会下降，导致的损失不能由规模经济给予弥补。

应该指出的是，人民公社的激励问题在于体制因素，而根源不在规模大小。这一点我们在后面还会讨论。但在政府不准备对体制进行根本性改革的条件下，通过调整经营规模，的确能够产生提高劳动激励的效果。所以，通过缩小20世纪50年代末过于膨胀的经营规模，农业产量在一定程度上得到恢复。

第四个阶段是经济增长遭受巨大损失的“文化大革命”期间（1966—1976年）。由于经济、社会和政治生活都处于无政府状态，工农业生产的秩序遭到破坏，产业结构严重失调，劳动者的积极性受到抑制，生产率没有任何提高，城乡居民生活水平提高很少，国有企业职工工资反而下降，农民收入徘徊不前。“文化大革命”结束以后的两年中，政府虽然力图纠正10年中的错误，恢复正常的经济秩序，但一方面尚未开始对低效率的经济体制进行改革，另一方面又提出不符合国情的发展目标，积累率继续提高，反而加剧了经济困难，产业结构比例失调的现象更加严峻，直到1978年，经济中的问题大都没有得到解决，全国仍有2.5亿农民处于绝对贫困的状况。

第五个阶段是实行经济改革和对外开放以后的发展时期（1978年以来）。以中国共产党十一届三中全会的召开为标志，中国经济改革和对外开放的政策被确立下来，并逐渐展开和加快。改革开放调动了劳动者的积极性，提高了生产效率，调整了产业结构，扩大了国际贸易，引进了外资。

1978—2001年间，国内生产总值平均每年增长9.3%，是中华人民共和国成立以来发展最快的时期，中国因而成为世界上经济增长最快的国家。同期，人均国内生产总值平均每年增长8.1%，达到创造“东亚奇迹”的亚洲四小龙在快速发展时期的增长速度。特别是在面积和人口分别为亚洲四小龙5倍和4倍的沿海5个省份，连续保持高达10%以上的经济增长速度，超过了亚洲四小龙最快速发展时期的增长速度，创造了人类经济增长历史上前所未有的奇迹。

中华人民共和国的经济发展，是一个增长与波动交替发生的过程。与以往的政权体制相比，政府具有更为迫切的富国强民的愿望、最大限度的资源动员能力，以及纠正经济决策失误的制度保障。所以，从整体上来观察，这个时期显然是中国历史上增长最快的时期。但是，由于新中国成立初期形成的计划经济体制从根本上排斥市场的作用，所以，激励不足、效率低下、产业结构扭曲，乃至不断出现决策失误，也是必然的结果，以致经济增长不能形成一个稳定、持续的轨迹。其间，“大跃进”和“文化大革命”所造成的损失最为巨大，据有的学者估计，如果没有这两次运动对经济发展的干扰，1993年的劳均产出会是实际水平的2.7倍（图1）。而一旦经济改革确立了计划经济向市场经济转变的目标模式，中国经济就出现了新的局面。

国家兴衰之谜

探究经济发展的原因，是经济学家以及其他学科知识分子的一个永恒兴趣所在。提出并尝试对这类问题作出解释的经济学家，例如有诺思（North）从产权制度、法律制度以及其他组织结构的变革与创新来解释长期经济增长的原因；奥尔森（Olson）探讨了利益集团活动对经济发展从而对国家兴衰起决定性作用。

如果从分析问题的着眼点上做一个大致分类的话，人们一般是从两个角度提出这样的问题。一个角度是试图解释一个国家或一些国家是怎样实现经济增长的。如罗斯托（Rostow）着眼于讨论一个经济如何创造“起飞”的条件，从而按照特定的增长轨迹分阶段地实现增长的；而库兹涅茨（Kuznets）则重点描述一个经济怎样跨越现代经济增长的门槛。更为晚近的这类讨论，如解释日本和中国台湾、中国香港、新加坡、韩国等亚洲四小龙如何由后进国家和地区，实现了赶超发达国家经济的经验。

另一个角度是针对特定的国家提出问题，即针对那些曾经处于技术创新前沿以及经济发展领先地位的国家，寻求为什么在此时此地经济增长得以继续，而在彼时彼地却没有。在思想史上，针对中国经济史提出类似问题的有两个著名的例子。

图 1　假设没有两次政治运动的增长绩效

说明：假如没有“大跃进”和“文化大革命”，中国经济在 1958 年以后的增长将不同于世纪发生的。

如果模拟这种假设的情形，并且将其与实际情形相比较，就会出现图中显示的结果：1993 年假设的劳动产出会是实际值的 2.7 倍。图中阴影是假设情形的劳动产出超出实际值的部分。

资料来源：根据 Y. Kwan 所提供的在 Y. Kwan and G. Chow, Estimating Economic Effects of Political Movements in China（Journal of Comparative Economic 23，1996：192-208）中使用的数据绘制。

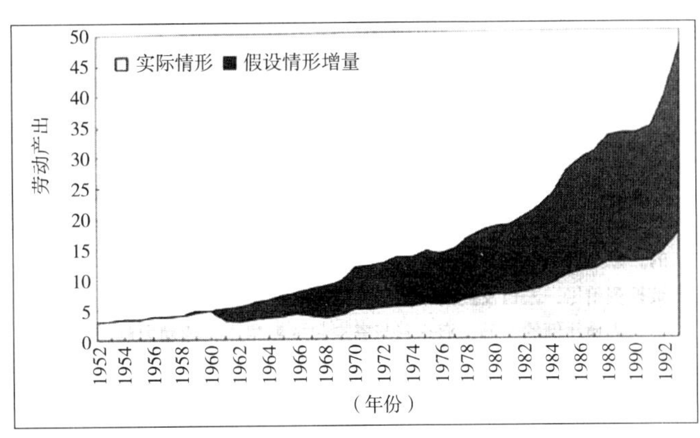

第一个是所谓的“李约瑟之谜”。研究中国科技史的著名英国学者李约瑟和许多经济史学家都承认，18 世纪末英国工业革命的主要条件，中国早在 14 世纪就几乎全部具备了。然而，中国却未能发生真正的工业革命。因此，李约瑟提出了这样的疑问：其一，为什么中国科技水平和经济发展在历史上一直遥遥领先于其他文明？其二，为什么中国科技和经济现在不再领先于世界水平？

第二个是所谓的“韦伯疑问”。在社会学、历史学和经济学方面都作出巨大贡献的德国人马克斯·韦伯，毕其一生学术生涯孜孜不倦地寻求类似的答案：为什么工业革命发生在英国，而没有发生在曾经孕育过资本主义胚胎的中国？

李约瑟和韦伯所提出的问题，具有相当的挑战性，吸引了许多不同学科的学者，试图对之做出回答。实际上，回答这个疑问，就是要解释为什么中国在 14 世纪以后科学技术发明以及经济增长相对停滞。

“高水平均衡陷阱”假说曾经是一种颇为流行的解释。埃尔文最早提出这个假说，后又经唐宗明、赵冈等做了进一步的阐述。这种解释把后期中国科技发明及经济增长的停滞归咎于人地比例的失调。中国的早期曾经建立起一些“现代”制度，如家庭耕作制度、无限制性继承的土地所有权制度，以及市场制度，这些都为技术的创新和扩散提供了有效的激励。可是，中国家庭由男嗣传宗接代的文化根深蒂固，因而鼓励早婚早育，导致人口高出生率和人口的急剧膨胀，进而经济条件恶化。与此同时，耕地面积扩大的可能性又是极为有限的，以致后来，中国便陷入这样的状况：生活只能维持在生存水平，技术潜力被挖掘殆尽，人口及其消费的增加速度快于食品供给的增加。

人地比例的上升，意味着与资本和资源相比，劳动力越来越便宜，以及人均剩余的减少。14 世纪中国出现的这种情形，一方面降低了对节约劳动的技术的需求，另一方面积累不出足够的剩余来推动工业化。与此相反，欧洲由于其封建世袭制度，使得它具有相对优越的条件，人地比例合理。与中国相比，欧洲相对落后的科学技术使其保存着许多经济和技术的潜力。等到知识的积累足以冲破工业革命的门槛时，其节约劳动的需求十分强烈，农业剩余也足以支持工业化所需资金。

这种“高水平均衡陷阱”假说成立的前提是没有技术进步，主张这一观点的学者也的确假设由于人口膨胀、人地比例失调而缺乏科技创新的需求。但是，这种假设在逻辑上是站不住脚的。因为即使中国早期达到了很高的物质文明，也并不意味着不存在物质缺乏，因而不能穷尽人们对物质的需求和对技术进步的需求。因此，解释为什么 14 世纪以后中国技术进步落后于西方国家，是回答“李约瑟之谜”和“韦伯疑问”的关键。

另一种假说则从技术创新的类型区别，回答为什么中国科学技术在历史上远远领先于其他文明，而现代反而落后于其他文明这个命题。林毅夫在“李约瑟之谜：工业革命为什么没有发源于中国”一文中指出了前现代时期和现代时期技术发明的方式是不同的。在前现代时期，大多数技术发明源于工匠和农民的经验，科学发现则是由少数天才人物在观察自然时偶然获得的。而现代技术发明主要是在科学知识的指导下，通过实验的方法而得到的。

在前现代时期的科学发现和技术发明模式中，一个社会中人口越多，经验丰富的工匠和农民就越多，拥有的天才人物也越多，因而科学发现和技术发明的概率也越大。中国由于人口众多，因而在前现代社会的科学发现和技术发明上占有优势。中国在现代时期落后于西方世界，是因为科举制度不能诱导知识分子投资于从事现代科学研究所必需的人力资本，因而从原始科学跃升到现代科学的概率大大降低，以致中国未能发生科学革命，技术发明只能停留在直接经验的基础上。而欧洲通过17世纪的科学革命，技术发明的模式也就转移到依靠科学和实验的基础上来了。

没有快速的技术进步，任何投入就不能取得足够高的报酬，而资本回报低就不鼓励资本积累，从而资本不能深化。资本不能深化也就不能导致资本主义关系的深化。这就是为什么尽管历史学家观察到中国的资本主义关系萌芽产生很早，但近代资本主义关系和生产方式终究没有在中国发生的根本原因。

中国经济发展的历史经历过由盛到衰，而改革开放以来的经济增长又展示了一个再次复兴的趋势。比较不同国家在相类似的增长时期中人均收入翻一番所需要的时间，英国在1780—1838年期间花了58年，美国在1839—1886年期间花了47年，日本在1885—1919年期间花34年，韩国在1966—1977年期间花11年，而中国在1978—1987年期间只用了9年，紧接着又在1987—1996年期间的9年中再次翻番。中国的人均收入翻番所用的时间之少是其他国家无法比拟的。2000年中国的GDP总量达到88189亿元，按照2000年的平均汇率换算，相当于10790亿美元，位于美国、日本、德国、英国和法国之后，居世界第六位（专栏3）。

由于改革以来，中国数次大幅度地下调汇率，对按官方汇率计算的国民生产总值的增长产生了很大的影响。而且一个经济中有许多产品和服务是非贸易品，其价格在发达国家和发展中国家差异悬殊，也会使按官方汇率计算的发展中国家的经济规模趋于偏低。因此，一些

专栏3 经济增长——中国与世界

中国过去20余年取得了高速经济增长。1978—1998年的20年间，几乎所有的省、直辖市和自治区都以从世界范围看令人瞩目的速度增长。如果把这个时期的分省经济增长率与全世界其他有数据的130个国家在1980—1998年期间的增长率进行比较，不仅中国全国的人均GDP增长率排位第一，中国的各省、直辖市和自治区也都名列前茅。图2中显示了各个国家和地区的经济绩效，年平均增长率差异巨大，有高达10%左右的中国，也有−16.4%的前苏联国家。把中国的各省、直辖市和自治区放进去，160多个国家和地区中，年平均经济增长率超过9%的前10位分别为中国和她的一些省份。如果按照这样的增长率发展下去，中国将在21世纪中叶以前成为世界上经济规模最大的国家。

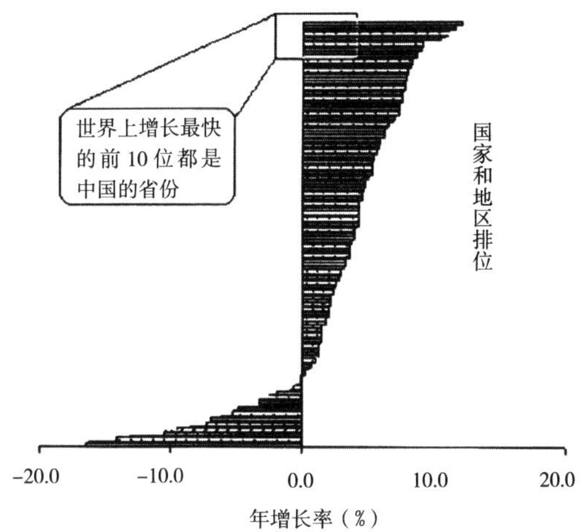

图 2　世界各国及中国 31 个省份经济增长率

资料来源：世界各国数据来自世界银行：《世界发展报告 2000/2001》，中国各省数据来自《中国统计年鉴》。

从事国际经济比较研究的经济学家认为，中国目前实际达到的经济总规模大大超过了按官方汇率计算的总规模，并对中国实际达到的经济总规模进行了新的估算。

比较广为接受的估算方法是购买力评价法。用这种方法调整过的国民生产总值，一个美元在中国的购买力，与一个美元在美国的购买力是相同的。使用购买力评价法，存在着因选择的样本、依据的数据和估算的方法不同得出的数值各不相同的问题，但毕竟有相同的结论，即用汇率估算的国内生产总值低估了实际购买力。按照这种方法，世界银行估计，2000 年中国的 GDP 总量为 50190 亿美元，在全世界的排名为第二，仅次于美国（96130 亿美元）之后。

如果中国目前的增长速度继续保持下去，它在 21 世纪中叶以前就会成为世界上总规模最大的经济国家。澳大利亚外交与外贸部估计，到 2015 年前后，中国将成为世界上最大的经济国家。麦迪逊所做的估计与此相近。世界银行估计，如果中国保持当前的发展速度，2020 年，如果美国的 GDP 是 109 个单位，日本是 43 个单位的话，中国的 GDP 将达到 140 个单位。即使使用汇率法估计，如果中国、美国、日本的增长率分别保持 1980—1995 年期间的平均水平，即 9.6%、4.0% 和 2.7%，中国经济总规模也将会在 2035 年前后超过美国和日本。

在这些估计中，中国国家统计局官员的预测结果是最保守的，即按照汇率法，中国国内生产总值将于 2005 年超过法国，2006 年超过英国，2012 年超过德国，21 世纪中叶可能超过日本，仅次于美国，成为世界第二经济大国。尽管届时中国的人均收入水平仍然较低，但其实际经济地位将大不相同。可见，中国迄今最有希望成为世界上唯一的一个经历了由盛到衰，再由衰到盛的大国。研究中国经济，自然有助于我们解释国家兴衰之谜。

经济体制的演变

中华人民共和国成立以后，中国经济所经历的增长与波动，是与经济体制的变动紧密相关的。而特别是改革以来与改革前的经济增长绩效的截然相异，更是反映了体制变革的效应。因此，为了更好地理解中国经济，首先有必要概括地了解传统经济体制的形成、组成部分、对其进行改革的过程，以及迄今为止改革的进展和结果。

传统体制的形成逻辑

中国传统经济体制的形成，是从选择重工业优先发展作为起点的。中华人民共和国成立之初，新政府为了迅速改变中国贫穷落后的面貌，选择了优先发展重工业的工业化途径作为经济发展战略。把这个发展战略作为背景，我们可以从三个组成部分来概括传统经济体制。

传统体制的第一个组成部分是扭曲价格的宏观政策环境。在一个经济发展水平低、资本极为稀缺的经济中，资金的成本很高。由于重工业是资金高度密集型的产业，在资本市场上由供求决定的利率，必然高得使优先发展重工业的战略无法实施。要实施这一战略，必须人为地压低资本、外汇、能源、原材料、劳动力和生活必需品的价格，以降低重工业资本形成的成本。因此，传统的宏观政策环境是以生产要素价格和产品价格的扭曲为特征的。

传统体制的第二个组成部分是高度集中的资源计划配置制度。扭曲生产要素和产品价格的制度安排造成了整个经济的短缺现象，为了把短缺的资源配置到战略目标所青睐的重工业部门，就要有一个不同于市场机制的资源分配制度。因此，银行体制、外汇管理体制、物质分配制度和劳动工资体制等，都以高度的计划控制为特征。

传统体制的第三个组成部分是缺乏自主权的微观经营体制。在依靠压低产品和生产要素价格、实行高度集中的计划制度分配资源，以推行重工业优先发展战略的条件下，为了保证微观经营单位生产剩余的使用方向也合乎战略目标的要求，政府通过工业的国有化和农业的人民公社化，建立起与重工业发展战略相适应的微观经营体制。这种体制的突出特征是其严重缺乏激励和生产效率低下。

可见，在传统经济体制中，重工业优先发展战略是政府主动选择的，是当时中国经济建设面临的环境与政府希望迅速实现工业化的目标相结合的产物。而扭曲价格的宏观政策环境、资源计划配置制度和没有自主权的微观经营机制，则是相应于重工业优先发展战略而形成的。从传统经济体制这三个组成部分的形成逻辑以及功能来看，这三个方面相互联系，构成了一个有机的整体，并且具有不可分割的性质。

传统经济体制定为推行重工业优先发展战略，以实现赶超发达国家的目标服务。然而，没有自主权的微观经营体制造成劳动激励不足，排斥市场机制的资源计划配置制度造成经济效率低下，扭曲的宏观政策环境则造成了扭曲的经济结构。因此，传统经济体制并没有实现赶超的使命，相反却导致了 20 世纪 80 年代以前中国经济增长缓慢，人民生活长期得不到提高的结果。

为了对中国传统经济体制有一个清晰的印象，我们用图 3 概括地描述出了这种体制的形成逻辑、三个组成部分及其相互联系，以及执行这个体制所产生的经济后果。

传统的社会主义经济理论对于这种三位一体的经济体制模式的形成，也产生过很大的影响。在苏联版本的《政治经济学教科书》中，照搬马克思在资本主义早期对于社会主义经济的设想，把按劳分配、公有制和计划经济当作社会主义经济的基本特征，从而排斥物质利益原则、多种经济成分并存和市场机制的实践，具有其深刻的理

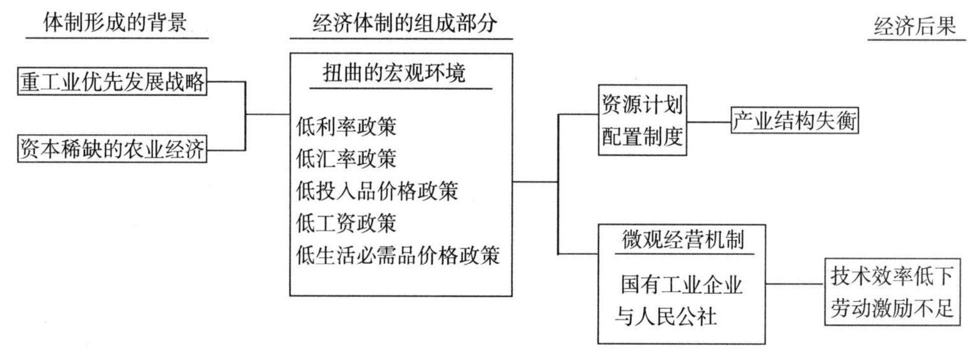

图 3　传统体制的形成逻辑和组成部分

论基础。毛泽东在其《论十大关系》中，虽然对苏联模式的一些方面进行了批判，也尝试在实践中予以修正，但由于中国选择了与苏联相同的重工业优先发展战略，因而不可能从根本上摆脱这种苏联式的经济体制模式。

体制改革效果

始于20世纪70年代末的中国经济改革，是从改革微观经营体制开始的。在农村，实行了家庭承包责任制，人民公社随即被废除。这种新体制的特点是农民家庭获得了土地的使用权和剩余产品的拥有权，成为农业生产和经营的基本单位，而原来的人民公社、生产大队和生产队三级集体组织的经营职能大多数为农户所替代。原来的人民公社现在改为乡，成为最低一级政府机构；原来的生产大队即现在的村，是村民的自治组织，是农村土地的实际所有者；原来的生产队现在叫作村民小组，大多不履行经济职能了。

由于农民的生产积极性提高，农产品产量和农民收入大幅度提高。进一步通过集体和家庭的积累，推动乡镇企业的迅速发展，农村新增资源被配置到原先受压抑的劳动密集部门。

国有企业的改革也是起步于20世纪70年代末。经过一系列以放权让利为特征的改革，特别是承包制、股份制的试行，以及允许非国有经济发展，增加了企业的竞争压力，改进了企业的激励机制和利润动机，提高了生产率，加快了增长速度。随着企业经营自主权的逐步落实，企业获得了对部分新增资源的配置权。企业在利润动机的驱使下，将这部分新增资源配置到在传统经济体制下受压抑的部门。

传统发展战略的目标是优先发展资本密集的重工业，压抑的是符合中国比较优势的劳动密集型产业。因此，受压抑部门的发展具有矫正扭曲的产业结构和发挥资源比较优势的效应，由此带来了中国经济的巨大增长，20世纪80年代以来一直保持世界上最快的平均增长速度。

微观经营单位对新增资源拥有配置权后，就需要有计划外的资源分配制度与它配合。因此，在农村家庭承包制和国有企业改革的推动下，商品流通体制、物资管理体制、就业制度、信贷管理体制和外汇体制等改革相继开始。相应地，产品价格和生产要素价格（利率、汇率、工资）形成机制也逐渐从计划转向市场。这方面改革的方式是通过双轨制形式的过渡，即首先形成资源配置和价格的双轨制。

双轨制的含义是计划机制和市场机制同时调节生产活动。随着改革特别是价格体制改革的深入，计划调节的比重逐渐降低，市场机制作用逐渐增强。目前，无论是社会零售商品总额，还是农副产品收购总额和生产资料销售总额中，价格完全由市场决定的比重都达到80%以上。

扭曲价格的宏观政策环境是维系重工业优先发展战略的基本制度安排，它的逐步松动推动了传统发展战略的转变；大中型国有企业是推行重工业优先发展战略的基本力量，然而在以乡镇企业为代表的非国有经济快速增长的竞争下，其在国民经济中作用的日益下降，也对传统发展战略产生了越来越强烈的冲击。随着经济体制三个主要组成部分改革的深入，经济发展战略逐渐转到利用资源比较优势的方向上来。

市场经济蓝图

中国经济改革之初，政府并没有一个整体改革蓝图。当时针对人民公社和国有企业中严重的激励不足和低效率，从最基层的生产单位开始，在农村实行了家庭承包制，在国有企业中进行扩大自主权试点。在农村改革取得明显的效果，国有企业效率有所改进之后，20世纪80年代中期，改革才在城市经济中全面展开。从那时开始，改革真正进入到价格、税收、财政、金融、就业和福利体制等方面。

对于中国经济体制的目标模式，起初也是不十分清晰的。邓小平对于改革的形象比喻“摸着石头过河”，既刻画了中国经济改革在步骤和推进方式上，要走一条循序渐进的道路，也反映了最终转向什么样的经济体制，也需要在实践中逐渐清晰化。

传统经济体制的理论基础足，社会主义经济的基本特征体现在公有制、计划经济和按劳分配三个方面。但是，由于单一的所有制抑制了竞争，计划化导致决策失误，以及由于监督的困难，按劳分配实际上成为平均分配，因此，这种体制模式的实行结果是导致资源配置效率低下、缺乏激励机制，从而阻碍经济增长。这也是进行彻底的经济改革的原因。实际上，20 世纪 70 年代末经济改革以前，政府也针对经济体制中存在的弊端，进行过多次局部改革。但以往的改革大多着眼于管理权限在不同的行政层次之间调整，并没有触及传统体制的三个主要组成部分，所以没有发动起真正的体制改革。

20 世纪 70 年代末开始的这一次改革，由于一开始就从农村基本经营体制上进行根本性的改革，并且由于传统体制各个组成部分所具有的内在联系，改革按照自身的逻辑逐渐深入，进而扩展到整个体制。每一步改革所取得的效果，对进一步改革起了一种自我加强的作用。并且随着对外开放的扩大，发达的市场经济国家和地区的经济体制模式也对中国产生很强的示范效应。于是，在改革的过程中，关于公有制、计划经济和按劳分配的传统认识逐渐被放弃。

改革之初，计划与市场被认为不是并列的关系。计划经济是基本的、主要的，市场调节的经济是从属的、次要的，但又是必需的，基本上是无害的。随着改革实践的深入，对于计划与市场关系的认识也不断变化。1984 年 10 月中国共产党第十二届三中全会通过的《中共中央关于经济体制改革的决定》中，肯定了社会主义经济是有计划的商品经济；实行计划经济并不等于指令性计划为主，指令性计划和指导性计划都是计划经济的具体形式；指导性计划主要依靠运用经济杠杆的作用实现。1987 年，中国共产党第十三次全国代表大会肯定了社会主义有计划商品经济的体制，应该是计划与市场内在统一的体制，提出计划和市场的作用范围都是覆盖全社会的，并把所要建立的经济运行机制概括为“国家调节市场，市场引导企业”的机制。

在 1992 年召开的中国共产党第十四次代表大会上，中国经济改革的目标模式被正式确认为“建立社会主义市场经济体制”，并且阐释了，这种体制就是要市场在社会主义国家宏观调控下对资源配置起基础性作用。“社会主义市场经济体制”的表述是当时对十几年经济改革实践进行总结的结果，而其所具有的内涵，则随着改革的深入不断得到进一步的丰富和明确化。

社会主义市场经济这个概念，实际上是关于中国今后经济体制模式的一个综合表述，其核心是市场机制作为资源配置的基本方式。具体来说，它包括下列几个方面。第一，建立一个与市场经济相容的微观经营制度。国有企业通过公司化改造，建立起产权明晰、权责明确、政企分开、管理科学的现代企业制度，同时，各种非国有经济共同发展。第二，建立全国统一开放的市场体系。城乡市场一体化，国内市场与国际市场相互衔接。第三，允许按劳分配与按照资金和土地等生产要素投入进行分配同时并存。生产要素价格的形成机制也建立在市场基础上。提倡效率优先，兼顾公平。第四，建立一个适合中国国情的多层次社会保障体系。

改革和发展的任务

20 世纪 70 年代末改革以来的中国经济，虽然实现了连续 20 年接近 10% 的增长速度，但仍然存在着一系列经济问题。这些问题中，有些是在经济发展过程中，在特定的世界经济环境下，各个国家通常都会遇到的；有些是中国经济改革尚未完成的条件下所必然面对的；还有一些是维持一个长期、稳定增长所需要的保障条件。中国能否在今后几十年继续保持快速增长，并在21世纪前期从经济总量上超过美国，成为世界上最大的经济体，在人均收入水平上达到中等发达国家水平，在很大程度上取决于能否通过继续改革解决这些经济问题。同样，学习和研究中国经济的目的，归根结底也在于寻找到解决这些问题的答案。

下面将要讨论的中国经济增长中的问题，首先对于中国在21世纪的持续、高速增长至关重要。其中任何一个问题的进一步恶化，都有可能使民族复兴的愿望功亏一篑。其次，上述问题之间具有紧密的内在联系，实际上共同表现出一种经济改革与发展的"活－乱"循环。依靠改革和对外开放，保持长期稳定、持续的经济增长，是打破传统的"活－乱"循环，实现新的经济发展均衡的重要保障。

保持增长的可持续性

自1978年底改革开放启动以来，中国经济的年平均增长速度很高，但年际间的增长差异也很大，年增长率有时高达13%—14%，有时只有3%—4%。自1978年至今，经济增长已经历了四个周期，平均每4—5年就有一个。由于这种周期性所反映的不确定性会影响国内外投资者的预期，因此会伤害经济增长的可持续性。

中国改革开放以来的高速经济增长，主要依靠物质资本、劳动力的投入和人力资本的积累、劳动力从低生产率部门到高生产率部门的转移、技术进步因素，以及因改革引起的制度变革效应，在今后的发展中，资本积累率水平、外资引进的速度和规模、人口结构、劳动力供给、技术进步率和改革效果，都会发生或多或少的变化，从而影响到经济增长的速度和可持续性。

随着改革以来经济增长的加快，中国人口、资源和环境之间的不协调问题日益突出。一方面，中国的自然资源总量相对匮乏，从人均占有的角度观察，中国属于"资源小国"；另一方面，中国生态环境已经相当脆弱，自然灾害频繁发生，尤其表现在水土流失、植被减少、草原退化等方面。

据估计，近40年来每年由气象、海洋、洪涝、地震、地质、农业、林业等七类灾害造成的直接经济损失，约占国民生产总值的3%—5%。水源和大气的污染降低了人民生活质量。以城市的空气为例，其污染水平大大超过国家规定的标准，因此而导致每年约29万人口的死亡。

资源不足和环境退化现象加剧的第一个危险信号就是对于粮食供给稳定性的威胁。"无粮不稳"是中国几千年历史积累下来的政治智慧。改革以来，粮食生产仍有波动，但从总量上看已能满足国民温饱需求。然而，中国毕竟是世界上耕地最稀缺的国家之一，又将受到非农产业和基础设施发展占用耕地的冲击，而人口继续增长和饮食结构改善则将造成粮食需求的增加。中国能否生产出这些粮食，能否在不影响世界上其他地区的情形下利用国际市场调节生产波动，也是一个十分重要的问题。如果处理不好，就难以实现国民经济持续稳定快速的增长。

保持社会稳定

伴随经济改革的深入和经济快速增长，一系列危及社会稳定的因素也在积累起来。

第一是腐败现象的加剧。尽管市场在配置资源方面起着越来越大的作用，但政府仍控制着相当一部分资源（包括资金、许可证等）的配置权或定价权。政府价格与市场价格之间的价差，就是制度租金。依靠各种手段追逐制度租金的活动就是"寻租"行为：近年来，中国经济中寻租动机越来越强烈，造成了腐败现象，腐蚀了那些掌有资源配置权力的政府官员，败坏了改革的声誉，引起了居民的广泛不满。

第二是地区收入差距的扩大。由于改革和开放的进行在地区之间是不平衡的，又加上各个地区在发展条件上的天然差异，在高速经济增长的背后，也存在着严重的地区之间发展不平衡，导致地区收入差距扩大。这尤其突出地表现在东、中、西部地区之间和城乡之间收入差距的扩大。20 世纪 90 年代以来，地区和城乡收入的差距比改革前还大。这种现象使得各个地区对中央政府的政策有不同的要求，如东部地区希望中央政府继续放权和进一步市场化，而中西部则希望中央政府加强集权。由此产生的经济、政治和社会问题都是严重的。

第三是流动人口激增。地区间收入差距的扩大，吸引了中西部地区的农民纷纷涌入城市和东部地区打工。据估计，处于流动状态的农民工人数大约为 7000 万人。在经济复苏和高涨期间，廉价的农民工一方面为东部经济发展作出了积极的贡献；另一方面，自己省吃俭用，将大部分收入汇回老家，成为中西部资金积累和收入增加的主要来源。然而，在经济萧条时期，不能获得城市合法居住身份的农民工滞留在城市里，极有可能成为社会不稳定的诱因。所以，人口迁移或劳动力的流动，特别是农村劳动力从农村向城市的转移，已经成为中国经济、社会的一种重要现象，并且是城市、农村的经济发展、社会稳定的至关重要的影响因素。

第四是失业现象的日益严重化。20 世纪 90 年代中期以来，因企业转制、转产和开工不足而造成的失业现象增多和部分企业工资支付不足，使城镇企业中潜在的就业不足转化为公开或半公开的失业。1995—2000 年期间，共有 1400 万人公开失业，此外，未登记为失业人员的下岗职工几年来一直在 1000 万人上下徘徊，1999 年全国共有不在岗职工（含下岗职工和停薪留职人员）2155 万人。农村外出打工找不到工作或失去工作的劳动力，以及从乡镇企业退出工作的劳动力，尚未统计在失业或下岗数字中。

这种就业困难导致一部分城市家庭收入水平下降，甚至有些家庭陷入相对贫困状态，造成潜在的社会不稳定。这种严重失业和下岗问题，不是某种单一的因素造成的，而是几个原因共同促成的。由于这种多因性质，解决失业问题的难度也是很大的。而如果不能遏止失业现象进一步严重化的趋势，社会稳定局面就会受到威胁。

进一步改革的任务

中国经济改革还远远没有完成。经济体制各个组成部分改革次序有先后，改革程度有差异，导致体制运行的一系列不协调乃至冲突。从改革进程来看，价格体制特别是生产要素价格体制的改革，以及资源分配体制如银行体制的改革，相对落后于微观环节自主权的落实。国有企业未完成的改革也干扰和阻碍着银行体制和利率的改革。

目前中国金融体系面临着严峻的问题。例如，中国各商业银行有着很高的呆、坏账比例。中国之所以免遭东南亚金融风暴的冲击，主要是因为银行业还没有开放，人民币还不能自由兑换。但是，如果呆、坏账的比例继续提高，储蓄者总有一天会对银行体系丧失信心；银行体系遭受外国投机者冲击的风险则有可能随着金融市场对外开放程度的提高而增大。这两方面的因素合在一起，很可能会使中国发生银行恐慌和金融危机，从而威胁到整个经济的发展。

改革前，政府财政收入主要来自国有企业上缴的利税。改革以来，国有企业的赢利状况一直不佳，1997 年甚至出现了全行业亏损，对国有企业亏损的补贴成为政府财政捉襟见肘的重要原因。由于国有企业目前仍然在税收、就业等方面占有重要地位，如果国有企业的赢利状况不能根本改善，政府财政总有一天会背不起这个沉重的包袱。一旦许多国有企业同时关闭、破产，国有企业的工人大量失业，社会稳定都无法保证，更谈不上经济的快速发展了。

国有企业面临的两难问题是，一方面人浮于事的状况造成企业效率不能提高，在其迄今为止所获得的经营自主权范围内，企业本意是希望通过劳动力市场解决冗员和劳动生产率低下的问题。然而，一旦过多的国有企业职工失业或下岗，在短期内又不能及时解决他们的失业保险问题，也不能及时安排他们再就业，就会产生社会不稳定。所以，政府往往要求企业分担这个包袱，要么不采取失业或下岗的办法，要么职工下岗以后，还要企业来负担一部分生活费用。与此同时，各级政府也出于社会稳定的目的，付出大量的补贴以解决职工下岗后的生活问题。此外，职工医疗保障和退休职工养老金的发放，如果不能从企业支出里面分离出来，国有企业就始终会承受政策性负担，并因此而保持与政府的软预算约束关系。

由此可见，缺乏一个高效的社会保障体系，是国有企业不能根本摆脱其政策性负相的主要原因。我们可以从几个方面来看这个保障体系对于解决进一步改革困境的作用。首先，只有建立起城镇职工失业保险制度，才能把企业替社会或国家分担职工富余的负担，转为由劳动力市场解决职工再就业需求，而在他们转岗的过程中，社会用共济的方式提供保障。其次，职工养老金从由企业负担发放转为由社会提供保障，可以把企业最大的政策性负担剥离掉，使企业利润足以反映其经营绩效。再次，职工医疗保障从由企业负担转为在更高的层次上统筹，才能够把这种必要的社会保障与企业经营剥离开，使企业和职工都无后顾之忧。最后，最低生活保障制度可以为居民提供最后的保障线，并保证社会稳定和改革的深入。

中国经过长达 15 年的努力，于 2001 年 11 月正式成为世界贸易组织（WTO）的成员，从此进入一个新的发展时期。总体上看，加入 WTO 并不改变中国的经济增长、体制改革和产业结构调整的趋势与方向；相反，中国工业更加紧迫地面临着如何按照自身比较优势进行调整以应对国际竞争的严峻挑战。

如果说在过去 20 多年中，我们可以按照循序渐进的方式进行改革与对外开放的话，加入了 WTO 后，中国的对外经济关系必须遵守该组织的规则和国际惯例，适应性的调整则要按照既定的时间表进行。一方面，WTO 协议为中国的改革开放创造了一个不可逆转的外部约束环境，以往的市场化改革趋势将在 WTO 框架下得以继续；另一方面，继续改革的时间约束比较强，改革的整体配套要求也提高了。加入 WTO 后，中国大多数产业和部门将要直接面对国际竞争，既面临着重大机遇，也面临着严峻挑战。

无论是农业还是工业，中国面对的主要问题都是比较优势的挑战。在 WTO 框架下提高中国产业的竞争力，难点在于如何动态地利用和发挥劳动力资源丰富的比较优势，选择与这种比较优势相一致的产业结构、技术道路与专业化分工格局。中国的服务业比重较小，具有很大的发展潜力。这些部门的发展，可以为从农业和工业中转移出来的劳动力提供大量的就业机会。由于一些服务部门存在着垄断现象，一旦外国企业进入这些行业，出现的竞争局面将是最严峻的。加入 WTO 以后，这些部门的改革已经迫在眉睫。

小结

在本文中，我们按照中国经济史的几个大时期划分，并且根据几个重要的经济转折点，简要地回顾了中国几千年以来的经济发展历程。从这个简要的回顾中，我们看到以 14 世纪前后为界，中国经济发展经历了一个由盛到衰的过程。而以 20 世纪 70 年代末为转折点，中国经济发展又呈现出一个由衰至盛的趋势。

对于为什么近代中国没有能够发生工业革命这样的命题，可以有各种各样的解释。但对于 20 世纪 70 年代末改革开放前后截然不同的经济发展绩效，解释只有一个，那就是经济体制模式导致不同的发展绩效。在这一章中，我们还回顾了改革以前传统经济体制的形成逻辑和组成部分，即以重工业优先发展战略的选择为起点，相继形成了扭曲价格的宏观政策环境，高度集中的计划配置制度，以及没有自主权的微观经营体制。

中国经济之所以能够保持连续 20 年以接近 10% 的速度增长，根本原因在于对传统体制的改革。本章对过去 20 余年的改革进行了简要的概括，并阐述了中国经济体制改革的同时，中国经济是否具有增长的可持续性，有赖于经济和社会的稳定、改革的方向和深化，以及资源和环境的可持续性。本文揭示了影响中国经济持续增长的一系列因素，以及中国经济正在面临并且需要解决的主要问题。

城市作为扭曲的价格体系

威尔伯·汤普森

编者导读

城市经济学是一个相对而言较新的次一级领域。它不像城市地理学，自古代就已经存在了；也不像城市社会学，起源于19世纪末的德国，并且于19世纪20年代和30年代，伴随着诸如欧内斯特·W·伯吉斯和路易斯·沃斯这样的芝加哥学派社会学家而发展成熟；也不像城市规划领域，早在1909年就首先在大学层面的课程中进行了教学。大专院校的经济系是在威尔伯·汤普森的著作《城市经济学导论》(A Preface to Urban Economics)在1965年出版后，才开始教授城市经济学课程。

特定学科的学者通常都认为在该学科内有所训练的人才是最好的决策者。建筑师弗兰克·劳埃德·赖特就有过梦想：一个县的建筑师应该是该地方层面关键政策的制定者。同样的，汤普森提出，城市应该有一个"城市经济学家"来塑造城市政策。虽然城市现在并没有设立一个那样的职位，但如今政府、私人及非营利部门的经济学家都在引入汤普森和其他经济学家关于城市经济和公共财政的理论和实践来支撑决策。

汤普森介绍的三个经济学概念是城市经济学的基本原理：集体消费的"公共物品"(public goods)概念，旨在鼓励期望行为的"有益品"(merit goods)概念，和旨在重新分配收入的"支付"(payment)概念。

"公共物品"由政府免费提供，供每个人使用，例如对大气污染的控制、警察和城市街道。汤普森指出了这类物品在私有自由市场经济中的位置。公共物品的提供需要资金，具有与供应相关的价格。但不像私人市场中商品可以计量的成本价格，这些公共物品的价格通常是隐含的，而不是清晰的。你不会考虑从家开车到学校使用公共街道要花费多少钱，也不会想到"噢，今天天气闷热潮湿，我得为政府控制空气污染支付很多钱"。当然，你交的税金用于支付街道建设和大气污染防治，但是以一种复杂的方式，因而对普通消费者而言是不可见的，且与市场现实无关的。汤普森认为，未能对预期政策及其相应公共物品的定价作出仔细思考，将会导致混乱的，或有时是非理性的政策。汤普森给出了一个由于对价格的疏忽导致了不良公共政策的案例，所涉及的是防火设施这一公共物品。一个理性的公共政策会致力于鼓励住房所有者为其住宅的防火设施投资以降低火灾的风险。防火设施花费的是每一位住房所有者个人的钱，而一个装有防火设施的房屋将比它在未装防火设置之前的物业价值更高。由于私人房主的物业税基于其房屋的价值，其物业税也会上升。物业税的上升对于节俭的房主来说是不利的，但他们的投资降低了消防员灭火的成本或火灾蔓延至周边财产的风险。如果同一个街区的其他住房所有者没有对其房屋进行防火处理，且让它们发展为易燃建筑，他们反而缴纳较低的物业税，这样的政策无疑存在不足。替代的做法是对投资防火设施的房主通过减免税收或税收津贴的方式给予奖励，同时通过增加税收来惩罚不作为的房主（也许可以用这些额外收入的税金来改善消防部门，使其能够处理这些房主给社会带来的额外风险）。

“有益品”是由政府免费提供的物品，因为集体决策认为这些物品是如此重要，以至于每个人都应该拥有，不论他们是否有能力支付，例如免费注射小儿麻痹疫苗。除极少数特例以外，政府都免费为儿童提供小儿麻痹症疫苗。实际上，各地政府都希望全部儿童都接受小儿麻痹症疫苗，不管他们的父母是否有能力支付；因为任何一个患有小儿麻痹症的儿童都有可能终身残疾，这会给儿童和家庭带来痛苦，而且终将有人不得不支付巨额的医疗费用。这些残废的儿童可能将永远无法工作，成为其家庭和公众永久的负担。这样的悲剧能够用几便士，通过一种简单的、无痛的接种疫苗来避免。汤普森将有益品称作一个多数人扮演上帝，迫使少数人通过使用这种实惠来改变其行为的实例。一些人反对某些有益品（甚至在极少的例子中，反对小儿麻痹疫苗接种），因此汤普森提出，有益品应当保守地仅仅用在非常重要的、受到普遍支持的情况下。他认为，为有益品支付费用，如小儿麻痹疫苗，是合法的政府行为；在公共利益要求大多数人迫使每个人都配合的极少数情况下，这种行为不应受市场价格的支配。

为重新分配社会收入的“支付”是不受价格支配的第三种支付方式。汤普森给出的经典例子是对贫困人群的福利支出，例如为没有财产或收入的失明老人提供的月度支付。一个群体（纳税者）支付，另一个群体（又穷又盲的老人）受益。在共产主义国家和一些具有支持大规模福利政府文化的国家，如瑞典，政府也许为每人支付几乎所有的医疗和教育费用，并且为穷人提供合理的、高标准的最低福利。美国、英国和大部分其他国家对于收入的重新分配政策受到更多限制。他们不喜欢大而累赘的官僚机构，不信任政府处理重新分配政策的能力。因此，他们主要依赖于私有市场的解决方式来满足人们几乎所有的基本需求。

汤普森认为，如果能够清晰地确定和计划，那么这三种商品——公共物品、有益品和再分配支付的每一种都能发挥作用。然而，他认为通常人们对这些政府支付的目的思考太少，对想要做的事情的目标不清。假如城市里有一个城市经济学家，她可能就会迫使市议会去思考议员们关注的政府补贴有多少给市博物馆。虽然市议会可能将参观博物馆视为一种理应得到公共税收支持的合法公共物品，仔细考虑后的决定也许是：应该推出有差别的收费结构——学生和年长的市民可以免费参观博物馆，但其他参观者必须支付门票。他们可能判断：免费参观博物馆没有免费小儿麻痹疫苗注射、维护公路或者帮助贫穷的失明老人重要。有财力的个人，而不是政府，应该自己决定花多少钱参观博物馆对他们是值得的。替代方案是，城市经济学家使市议会认同，博物馆首次开放时为了吸引顾客而设立一个比较低的博物馆入场费是必要的，一旦顾客人群建立，更高的费用也是恰当的。汤普森所提出的某些应该仔细审核的公共物品的极端例子，包括市属高尔夫球场和游船码头，但这些项目往往没有被仔细审核。纳税人应该补助打高尔夫的人和游艇业主吗？这些是有益品？公共物品？还是符合再分配政策的物品？

汤普森是使用价格配给稀缺物品的早期提倡者，尤其是高速公路和停车空间的使用。由于这篇影响深远的文章，世界上很多地方普遍采用了高峰时期收取拥堵费的政策，在通勤高峰时期的通行费设置得很高。高度重视机动性的人们（急着准时上班的、富裕的通勤者）将乐意支付高额通行费来避免交通拥挤。认为在那个时段机动性不那么重要的人们（例如打算一起去健身房锻炼的朋友们）可能会选择晚点去锻炼以节省高额的通行费。

威尔伯·汤普森（出生于 1923 年）明确地定义了城市经济学所包含的领域。1968 年 8 月，本选文登载在美国著名出版物《今日心理学》（Psychology Today）上。其影响深远的城市经济学著作则是《城市经济学导论》。汤普森还写过《战后国家工业发展的计量经济模式》（An Econometric Model of Postwar State Industrial Development）。

同时代的城市经济学前沿文章有阿瑟·O·奥沙利文（Arthur O. O' Sullivan）的《城市经济学》（Urban Economics, 7th edn）（Chicago, IL：McGraw-Hill, 2008）。其他城市经济学文章还包括约翰·麦克唐纳（John McDonald）和丹尼尔·麦克米兰（Daniel MacMillan）的《城市经济学：理论和政策》（Urban Economics：Theory and Policy）（Oxford：Wiley-Blackwell，2006），布伦登·奥弗拉赫蒂（Brendan O'Flaherty）的《城市经济学》（City Economics）（Cambridge，MA：Harvard University Press，2005），以及罗伯特·W·瓦斯莫（Robert W. Wassmer）编写的《城市经济学读本：议题和公共政策》（Readings in Urban Economics：Issues and Public Policy）（Oxford：Blackwell，2000）。

简·雅各布斯的《城市经济》（The Economy of Cities）（New York：Vintage，1970）是又一本引起广泛关注的书籍，该书将城市看作新经济思想的孵化器并强调实验。

正文

大都市的公共部门在使用“价格”作为一个明确体系方面的失败，是我们许多（即使不是大部分）城市问题的根源。基于其历史上的功能，价格可以被用于配置供给现有设施，标明新公共投资的预期方向，引导收入的分配，扩大公共选择的范围并改变其品位和行为。价格在私人市场中执行这些功能，但是它在公共部门已几乎被淘汰。我们说“几乎被淘汰”是因为它还存在，但是以一种隐含的、微妙的、扭曲的形式，即使是研究城市的学者也很少看见或确认，更不用说政府管理者了。这种隐含的价格体系导致不良的经济情况并不令人意外。

我们认为物业税是一种公共财政收入的来源，但是它还可以被重新解释为一种价格。通常来说，物业税基于不动产作为收入的代表，被合理化为“有能力支付”的税种。当收入和不动产之间的关系受到挑战时，物业税的辩护者就改变立场，使它合理化为一个“有益的”税种。于是物业税变成了一种财产所有人为其所得利益而支付的“价格”，例如防火保护。但是这种消防服务隐含的“价格”并不是一个有效率和公平的模型。给你的住房安装一个新的火炉或防火装置（减少着火的可能性），你的物业税（消防服务保险费）会上升；而使你的物业老化变成易失火的建筑，你的消防服务保险费还会下降！一个改变是纽约市对新装污染防治设备减免一年的税收，这虽然是一小步但却是正确的方向。

通常“城市蔓延”是一个多彩的词汇，它反映（暴露？）了说话人对高人口密度和繁重人际交往的偏好——即对“城市性”（urbanity）的偏好。使用城市边缘空间价格常常被设置得过低——远低于管道、电线、警车和消防车所需的全部成本；如果建筑地块不大，这些成本几乎可以忽略不计。此外，住宅开发商从连续的、昂贵的空置地上“跳跃”到偏远的、便宜的地块上开发，一般不会因价格问题遭受损失。通常一座公寓的价格包含将给水或排水管道延伸到新建筑的费用，但距离现有泵站的近远并不影响这个价格。

同样，驾车者在使用极其昂贵的城市道路系统、桥梁、隧道和交通管理时，不管他选择在高峰期开车去市区并因此增加了高峰容量，还是在为他服务的成本很低或为零的非高峰期，他都支付相同的许可证费和过路费。为了调和这种价格的扭曲，我们通常将过路费设置为零。当我们收取过路费时，我们有违常理地认为高峰小时通勤率等同于、甚至低于非高峰期的通勤率。

仅仅指出驾车者通过燃油费支付道路修建是不充分的。噪声、空气污染、交通管理和市政设施所消耗的社会成本均被一般纳税人所承担。此外，非高峰期的司机多支付并补贴了高峰期的司机。早晚高峰期需要四车道高速公路或桥梁的通车能力，其他时间和方向则仅需要两车道提供服务；平均容量几乎是恒定的。高峰期驾车者或许应当分担两条车道的成本，并且承担他们单独需要的另外两条车道的全部成本。最好在一开始就仔细辨别哪些地方能进行市场测试，而哪些地方不能。否则，应用价格原则的案例会有误解：或是狂热的支持者会夸大情况，或是项目改变太多。在任何一个案例中，设置其中的“醒悟”都难以扭转局面。

城市经济学大部分是“公共经济”，城市公共服务的定价造成非常困难甚至难以克服的难题。实际上，经济学家已经针对大部分的公共物品和服务的非市场化，建立了一套公共经济的非常高雅的理性，虽然经济学家可能已经过多宣传公共部门中价格的不适用性。让我们从没有在讨论的部分开始谈起。

公共经济提供“集体消费”的商品，由不可分割的群体生产和消费。每个人都必须被计入这个系统，不存在计入或不计入的可选性。我们不能明确个体的利益，因此我们不能要求一个补偿物。我们不能排除那些我们不会自愿支付的商品，因此我们必须转变为强制性支付：税收。司法和空气污染控制就是集体消费的公共服务。

公共经济的第二个功能就是提供“有益品”。有时我们中的大多数会变得有一点家长式作风，去决定那些我们认为对大家是最好的东西。我们相信一些物品特别有价值，例如教育，并且我们担心别人不能完全接受这个事实。因此，我们花费大量成本来生产这些有益品，免费提供给他们。与第一种情况中的集体消费产品不同，我们可以出售这些有益品。一个教室的门可以对不付费的人关闭，这与司法非常不同。但是我们选择敞开大门，以确保没有人因其成本而远离这些服务，然后我们以强制性支付来为这些服务提供资金。有益品是多数人扮演上帝的例子，并通过提供好处来“强迫”少数人改变其行为。

政府的第三种典型作用就是收入的重新分配。在此我们希望为一个群体提供服务，而另一个群体为该服务付费。福利性支付就是一个清晰的例子。同样的，任何一种私有市场或价格机制都是完全不合适；我们显然不指望福利接受者返还他们的付款。同样的，我们转向强制支付：税收。综上所述，私有市场不能处理某些物品和服务（纯“公共物品”），或者它可能会给出“错误的”价格（“有益品”），或者我们只是单纯地不想让消费者支付（收入再分配服务）。

但是在公共部门中实质性废除价格是一种对公共部门特殊需求的极端和高度简化的回应方式。有益品可以不总是以零价格来资助。很少有人会赞成通过博物馆的门票支付其全部成本，但是价格可调节，例如，使其仅支持博物馆的日常运营成本（如保安和门卫的工资，取暖和照明）。

不幸的是，由于我们已经给了地方政府越来越多的工作，所以我们几乎不假思索地将这种“免费的”公共服务的传统做法延伸到了每个新的事务中；虽然假设地方政府具有越来越多功能的趋势并不符合上述事务安排。例如支持在我们城市区域的拥挤中心为车辆提供免费公共设施不能通过以下理由来论证：（a）如果驾车者拒绝支付通行费，也不能把他们驱逐出高速公路；（b）私人驾驶机动车穿过人流密集区是一种具有特别价值的方式，或（c）驾车者支付不起他们自己的道路费用时，一般税（财产税）的纳税人应该资助他们。而所有这些理由都适用于论证政府提供城市的游艇码头和高尔夫球场。

价格配置供给现有设施的使用

当价格在城市公共部门的作用日益显著时，我们需要更好地理解价格的配置供给功能：一个对公共物品或服务临时（或永久）固定存量的需求如何能够调整到与其供应相符合。在任意给定时间，街道、桥梁和停车场的供应量都是固定的；街道“堵塞”和停车场“短缺”表达了需求远大于零价格供应，这不是一个令人惊讶的现象。应用市场方式解决，可通过引入一种短期的配给价格将一些驾车者转移到其他时段，一些转移为另外的交通方式，一些转移到其他活动区域，高峰期街道空间的缺乏（“堵塞”）可以暂时缓解（合理化）。

公共物品能持续使用很长时间，因此现状存量之外的增加太少，以至于不能快速简便地缓解短缺。与明码实价的私人部门相比，价格的配给作用可能在通常忽视价格的公共部门更为重要。

当一个驾车者沿着街区反复寻找一个停车位时，配给不总是需要用钱来实现。不愿意“花费时间”来等待并开走的驾车者为愿意花费时间的驾车者放弃了稀缺的停车位（幸运的平衡）。停车“问题”可以被重新解读为一个隐含的决定，人为地保持停车的低货币价格（价格为零或每小时 5 美分一个车位），并用等待的消耗或时间成本来补充它。问题是我们没有理解清楚并明确同意那样去做。

价格的核心角色是跨越界限在竞争目标之间分配稀缺资源，以使任一单元物品或服务的价值与生产该单元物品或服务所增加的成本相等。宽泛的表达是，我们长期而言需要从使用价格来抑制需求，使之与固定供应相一致；转变为通过反映生产成本的价格来调节，使供应与需求相符。

价格配给也标志指引着重新分配资源所需的新方向。如果配给价格超出使用者所能直接承担的产品生产成本，那么更多的资源通常应被分配到生产活动中。相对应的，一个低于相关成本的价格配给表示当前所提供的服务量不经济。配给价格揭示了使用者需求的强度。在交通高峰期开车或驾船去市中心，到底花多少钱真正值得？长期而言，驾车者和驾船者应该自由选择他们大致需要的并愿意支付的街道空间和码头空间。但是，如同我们经济中的私有部门，自由选择将需承担该选择的全部（财政上的）责任。

我们还需要延伸我们的价格策略至“要素价格”；我们需要一个精细的地方公职人员工资政策。城市发展中的关键决定可能与中小学老师的聘用与分配相关。能力和经验越多的老师在工作岗位上可选择的范围就越大；他们在较穷社区的旧学校里经过必需的实习期后，会很自然地选择去更好的社区里的新学校。这种迁移的模式当然不能实现机会平等的政策。

笔者在六年前已提出公立学校体系中的平均主义已经过度；甚至军队都认识到了价格的作用，例如给伞兵这种比在后方教书更危险一点的职业提供额外的“涨薪”奖励。此外，我们需要吸引男老师去贫民窟学校，以兼任在缺乏男性的家庭中的长者职责和实际的纪律管理者。当男性在一些地区有更高的生产率，并且在教书之外有更好的就业机会——更高的“机会成本”来提高他们的供应价格时，坚持在整个城市区域的各个地方给老师提供相同的工资是不经济的。不明智的观点是支付给在贫民窟和市郊工作的人相同的工资，以实现“同工同酬”。

大约一年前，去贫民区的学校工作可得到额外薪酬，但是教师们因其名称和明显厌恶而拒绝了任何“涨薪”的形式。一个温和的观点提出，他们必须阻止这些贫民窟的孩子背上难以教导的污名，这明显是家长和外部观察者的误解。一种怀疑是避免“贫民窟和市郊”工资差异的真正原因是老师在试图逃避在高收入和好工作环境之间的艰难选择。但是价格体系应该做的是准确的：牺牲均等化。

价格引导收入的分配

更广泛地应用通行费、服务费、罚款和其他“价格”，可对收入的分配给予更强的控制，有以下两个明显的原因：首先，目前使用税收资助公共服务造成了不明确的和无计划的收入分配；其次，对我们有限税金供给的消耗使当地政府难以从事其他明确的和有计划的再分配作用的项目。

更具体地说，如果中高收入和高收入的驾车者、玩高尔夫球的人和驾船者使用了受补助的公共街道、高尔夫球场和游船码头，多于他们所分担的地方税收中补贴部分的比例，那么这些公共活动使收入再分配陷入更大的不平等。即使这些活动在收入分配方面是中立的，公共部门来提供这些具有选择性的服务与提供更典型的公共服务（例如治安、教育、公共卫生和福利）的支出大致相当。

自我维持的公共高尔夫球场已非常普遍，同样原则的简单扩张引导了公共游船码头的建造，而这一原则在应用到公共博物馆这样涉及“文化”的更加困难的案例时，才更能测试该原则的普适性。我们必须记住：经常参观博物馆的人往往属于中高收入阶级，而包括低收入的非使用者在内所缴纳的税金才使得免费入场成为可能。所以免费入场实际上加大了再分配的不平等性（例如直接的物业税，或间接收取的租金、地方消费税，它们补贴了博物馆）。低价格似乎预期不会在很大程度上影响参观人数，特殊情况下的解决方案（如学生通行证）似乎也在我们承受能力范围之内。

不幸的是，“免费的”公共游艇码头和网球场均不能明确其“机会成本”。如果我们每建一个船坞或网球场就必须解雇一个教师或警察，那么我们就能看到这些公共设施的真实成本。但是在经济快速增长时，我们若仅需少雇用另一个教师或警察，这种对比通常不那么明显。因此，一般而言，在有限的地方预算限制（稀少的税收资金）情况下，提供一项导致不公平、对收入再分配无意义的地方公共服务，将削弱资金支持的项目所预期的再分配效果，也失去了对公平性的掌控。

通常在答疑的口头陈述时间，回答时非常有必要强调这个观点：“不，我不愿意在贫穷社区的运动场安置旋转门；反而正是因为我们的确在中高等收入人群的运动场入口安装旋转门，我们才能‘支付得起’给穷人的运动场。”

价格扩大选择范围

但是，当代隐含的和无计划的价格混乱比“单纯的”的效率和公平更危险。没有什么城市目标比追求多样化和选择——“多元主义”更容易获得一致支持。寻找多样性与农业衰退和工业兴起一样，在很大程度上推动了从农村到城市的移民。即使是对大城市最尖锐的批判都将广泛的选择视为由于“巨大”而拥有的长处。那么为什么以及是否我们所容忍的大城市多样性远少于我们可容忍的多样呢？就品位和选择而言，我们已经陷入了大多数人的暴政中。

在城市交通的最终分析中，问题不是高峰时期核心地区街道的使用者是否应全额支付他们使用的道路。问题是我们不强制采用直接的经济补偿，而是隐含地代替为一种新的支付方式——交通服务“市场”中的时间成本。高峰期驾车者的确全额支付了交通拥堵和耽误的时间成本。但是这种隐含的选择会使问题模糊和决策混乱。

我们应该认真明确不得不多支付多少美元，以提供为节省一定数量通勤时间而需要的额外容量。大多数城市驾车者可能仍然会选择现今“投资不足”的公路、桥梁和停车设施，在这些拥挤设施上缓慢移动，耗费大量的时间。即便如此，实质上还是有少数驾车者偏好不同的金钱和时间的成本组合。一个富裕的长途通勤者会将目前的交通堵塞视为真正的问题，并且愿意支付更多的钱来节省时间。如果经济规模不大，仅能支撑一条通往城镇的高速公路，或者一些自然稀缺的因素（如桥梁或隧道）影响了不同质量和价格的平行交通设施的提供，少数人的选择必须服从于多数人的利益，那么我们的确有一个真正的“问题”。但是，通常在大都市地区都有一定数量通往城镇的平行路线，并且未满足需求的群体数量多，足以区分各个路线之间的差别和使用情况。事实上，“大”的意义正是通过更大规模提供更多的选择。

在其中一条道路的高峰期征收高额过路费将能减少对它的使用；假定附近的道路仍可免费使用，那么付费的驾车者可在这条道路上高速行驶。只有当车速和物质产出最优化结合时，通行费才可能提高。否则公共交通当局会被指责为精英主义，满足少部分富人的快速移动，而使其他“免费”道路严重过载。此外，那些刚转变为高速收费的路段也很可能和它以前一样拥堵，因此不能减少免费路线的多余负载。

我们的城市尽可能迎合中层阶级的品位模式，这是应该的，但不能仅限于此。这个群体通过迟钝的纳税支出决策和模糊的政治过程，选择灵活便宜但缓慢地用私家车开到城镇。通常或总是在大城市地区，我们不必过多干涉那些愿意花更多钱和更少时间出行人的选择。我们通常应该允许城市居民支付他们更乐意使用的“货币”——金钱或时间。

城市交通被中产阶级主导的大多数规则不仅剥夺了富裕通勤者的权力，而且更严重的是它削弱了穷人依赖的廉价公共交通体系。机动车普及和公共交通体系使用的效应是一个经常被提及的话题：对公共汽车和铁路不断下降的资助导致了服务频率减少和每次出行管理费用的增加，通常高额费用又进一步减少了需求和服务频率。大约三分之二或更多的城市居民可能容忍并甚至可能喜欢速度慢和低廉的汽车出行。但是穷人失去了很多地方的工作机会——尤其是市郊的工厂——并且他们失去了购物机会，社区活动的参与也受到限制。城市交通所提供的真正的多样选择应该是允许有钱人用钱支付更快的出行，中产阶级用时间来支付具有私密性和便利的机动出行，而穷人则通过放弃（支付）私密性来节省金钱。

一个更为复杂的价格政策将会扩大在其他方向上的选择。大城市附近水污染问题的严重性问题意见不一。水中最低溶氧水平需要满足各种使用者极不相同的标准，而溶氧水平标准的提高必将导致成本增加。驾船者接受一个相对较低的“干净”程度以获取相对较少的成本。游泳者则需要更高成本下的更高标准。鱼类和渔夫渴望最高成本下的溶氧量水平。最后，可以想象一个处于康复期的老人、一个贫民窟居民或一个不懂水性对附近的河流不感兴趣的人。那么，什么是“干净”？

少数服从多数的决定，无论是市民直接承担高额税收，还是向工业污染者征税后以更高的生产价格转嫁到消费者身上，肯定都会产生“问题”。如果污染治理项目采用了折中——一种不彻底的方式——渔夫将会因河流仍然不能达到预想中的干净而很失望，而不懂水性的人会闹情绪认为该污染治理项目是为了“特殊利益要求”，而他的有限收入原本可以有更好用途。当然，我们能将地方公共部门的管理技术进行集成，设计和管理一个使用者付费的结构，使户外娱乐的选择与经济责任相一致，例如收取较低的驾船许可证费和较高的捕鱼许可证费。

我们在大城市发展中经常犯的重大错误是，过分受到富人的无重大社会意义的刺激和影响，反而允许这些人逃避最重要和最具普遍性的社会责任。我们阻止富人花钱远离烦人的交通堵塞，或者至少没有帮那些钱多时间少的人安排协调的方式，是一种扭曲和一种社会悲剧。我们因而允许了他们通过政治分裂和逃到避税天堂，以逃避他们对中心城区穷人的财政和领导责任。“多元主义和选择”这样难以实现的目标需要地方公共部门拥有更成熟的管理体系。

价格改变品位和行为

城市管理经济特别需要去解决与商业行为中“促销价格”类似的“发展价格”。低于成本的价格可以在有限的时期内创造假定的“有益品”市场。希望人为的低价格会刺激消费，支出模式（实践）的改变会及时带来品位模式（偏爱）的改变，新的服务经验将带来对有益品更多的喜爱。如无计划进行永久的收入再分配，那么无论品位是否充分改变使新服务能够自我支持，最终补贴都将会被撤回。

例如，我们国家的公园必须在开始时给予资助；并且因为这些公园是服务广大社会利益的“有益品”，这些资助可以无限期。但是户外娱乐的长期经验已经转变了大众的品位，公园大部分的成本现在已经可以由更高的入园费抵消掉。

此外，很难论证说因为大量穷人出现在黄石公园的门口，或者是附近大城市区域公园的门口，我们就需要持续的资助来为穷人提供这个服务。一个研究仔细分析了使用者和税收为公园提供资金的影响，指出这个微小的收入再分配将导致更大的不公平。

这个明显不是经济学家在价格心理学方面的断言，而是一些在这个标题下简要提及但值得注意的有趣现象。这里提供了一些简单的价格支付如何改变行为的例子，留给其他人去分类。

在最近一个对衰败地区的研究中，引用的案例是一个社区工业发展委员会通过一个从大型商业募捐者转到公众的“5 美分和 1 角”竞赛活动，来扩大资金筹集。他们希望最大限度从社区获得积极的支持，这更多出于公共政策而不是资金的考虑。但即使是琐碎的金融支持也被视为一种方式，用以创造公众对当地工业发展项目的广泛和强烈认可，并得到他们的政治支持。

社会工作机构同样发现，即使是对以前的免费服务进行名义上的收费，也提高了接受者的自尊和他对该服务的尊重。自相矛盾的是，对选定的公共健康和家庭服务、私人法律顾问和剩余食品，我们都会将名义上的收费与更高的公共援助支付联系在一起。

现在将这些案例以一种实用主义的方式放在一起，我们可以想象一个非常复杂的城市公共管理始于低成本价格，例如，新型快速公共交通在促销期间吸引汽车驾驶者离开小汽车，并“教育”他们不开车去工作的好处。当这种新型交通方式在高峰期变得拥挤时，新交通方式的喜好充分建立起来之后，“城市经济学家”可能会制定一个三种价格的收费结构：最低的收费用于平常的非高峰期，中间的收费用于平常的高峰期（通勤票），最高的收费用于偶尔的高峰期。这样一种安排可反映每个阶层对备用容量所需成本的贡献。

如果风险超过了包括在内的操作成本，那么将开始建设更多的设施。在收费框架下，成本核算（“成本－效益分析”）将包含增加的社会效益，并以一种更清洁、更安静的城市，或减少交通管制及事故的社会成本的形式出现。但是考虑到社会成本和私人成本，低于成本的收费将不能无限期地延续，除非是有益品或具有清晰收入再分配结果。并且在没有仔细比较备选再分配项目中使用补贴的相对效率时，也不要轻易在上述情况无限期使用低于成本的收费。我们似乎不仅需要城市经济的知识，也需要一些具有远见卓识的城市经济学家。

（王兰　姚放　译，王兰　校）

内城的竞争优势

迈克尔·波特

编者导读

众所周知，美国的郊区化导致了中心城市、特别是内城的衰退。哈佛商学院教授迈克尔·波特宣称内城街坊的经济困境可能是美国面临的最紧迫的问题。像他的哈佛同事威廉·朱丽叶斯·威尔逊一样，波特将缺乏就业岗位看成是造成犯罪、毒品、家庭畸形以及其他一些社会问题的根源。同样相似于威尔逊的观点，波特也认为在美国和其他国家，政府对于内城衰退问题以及就业岗位缺乏的应对措施都没有明显效果。但是威尔逊支持政府关于充分就业的项目，而波特却相信内城问题的最好解决办法在于确认、并利用好它们自身的特定优势。

波特将目前解决内城问题的方法描述为基于个人目的的社会模型。正如经济学家威尔伯·汤普森所描述的，像美国那样的市场导向国家主要依赖私人企业来满足社会需求。政府仅仅为那些"真正的弱势群体"提供住房补贴、食品优惠券、免费医疗保险以及其他再分配性质的项目。相似的是，慈善机构一般也致力于满足最穷的社会成员的个人需求。斯堪的纳维亚国家将自由市场方法与更大规模的福利国家制度混合起来。认同恩格斯对于资本主义批判的共产主义国家则废止了市场（至少是名义上的），并且通过更加集中的政治系统来分配资源，取得了不同程度的成功。

波特认为，在中心城内城的邻里中创造就业岗位和培训当地居民的政府项目一直不成系统并且效率低下。他相信政府的补助项目、优惠项目和为了刺激经济的一些昂贵项目都没有很好地发挥作用。在波特看来，政府将资金浪费在小型和微型的内城企业，而这些企业如果没有政府帮助就无法获利。这些企业雇佣或是要求私人业主雇佣那些缺乏能力的员工。或者他们花费大量投资企图使得没有希望的衰败再开发地区和严重污染的棕地地区重新具备可以使用的条件。这些被政府资助的公司通常会失败；那些通过优惠项目被雇用的员工在政府资助用完后则被解雇；而棕地和再开发项目地区也会空置，或被开发为形象工程，浪费掉本来有更好用途的资金。

波特赞成一种新的内城复兴的经济模型。他支持基于自我经济利益的、私营的、以营利为目的的项目，而不是基于人为激励、慈善或是政府命令的项目。波特指出，只有当内城真正的竞争优势被开发利用时，这种方法才会发挥作用。

波特认为：通过低廉的内城房地产价格、劳动力成本吸引企业在内城邻里选址，而不是在郊区或非城市区域的观点根本就不成立。相反，他认为内城有四个方面的真正的优势：第一，战略区位；第二，地区自身拥有的当地市场需求；第三，与区域就业集聚区结合的可能性；第四，渴望工作的劳动力。波特认为，能够最有效地利用这些内城优势的企业将会在没有政府支持的情况下获利，并且可能会发现内城是它们经营的最佳场所。

威尔逊强调内城缺乏那些教育程度不足的人们可以从事的工作，与之不同的是，波特认为内城仍然有（或可以有）足够的企业可以雇佣没有技能的工人，使之成为仓库和生产线的工人、卡车司机、售货员以及其他非技能的工人。

波特把内城经商的高昂成本和困难大部分归咎于政府的规范和反商业的态度。他认为，地方政府可以并应该通过减少规章制度，来改善投资环境，使内城邻里对私人企业更具有投资吸引力。在本质上，这正是哈维·莫里奇所发现的“增长机器”所喜欢的战略。通过减少规章制度来鼓励企业在萧条的内城邻里重新投资，已经成为英国“企业区”（British Enterprise Zone）、美国“授权区”（US Empowerment Zone）和“企业社区”（Enterprise Community）项目的主题。这些项目指定一个衰败的内城地区，在该区的边界范围内，政府提供一系列的激励措施来鼓励企业入驻。有一些激励措施采用货币形式，比如政府补助或减税。另外一些措施包括解除规范，允许工厂规避那些带来高成本的环境法规，例如减少温室气体排放的技术要求，或严格且成本高昂的职业健康和安全要求。其理念是：工厂会入驻这个地区，并雇用当地的居民；拥有了工作和收入，居民将能够负担更好的住房、食物、衣服和医疗保险。他们将不会依赖地方政府的福利救助，并且为自己赚钱生活感到骄傲，许多社会病将消失。

尽管对于问题的诊断是相似的，威廉·朱丽叶斯·威尔逊对波特关于社会模型和优惠项目的特征描述有何看法？考虑到历史性的种族主义、糟糕的公立学校教育以及许多内城黑人贫困居民缺乏技能，优惠项目难道没有必要吗？波特的处方是否能够救助那些伊利亚·安德森所描述的有着“街头文化”、并选择“黑帮式生活”的人们？

迈克尔·波特（1947 年出生）是哈佛商学院具有很高荣誉的“威廉·劳伦斯主教”教授（the Bishop William Lawrence University Professor）、哈佛战略和竞争力研究所（Harvard's Institute for Strategy and Competitiveness）主任。自 2000 年以后，他成为一名“大学教授”（University Professor）——哈佛授予教职员工的最高职业认证。除了他在哈佛商学院的工商管理硕士学位和哈佛商业经济学的哲学博士学位，波特拥有 14 个荣誉博士学位。波特关于竞争力的研究生课程与超过 80 所大学联合教学，许多大学是在发展中国家。波特还领衔哈佛商学院的新首席执行官（CEO）培训班，这是一个为新当选的世界最大和最复杂组织机构的首席执行官们所开设的项目。在 20 世纪 90 年代早期，波特将他的注意力转向内城问题。在 1994 年，他创办了一个协助全美内城商业发展的非营利私人组织：“建立一个有竞争性的内城”（the Initiative for a Competitive Inner City，ICIC），并一直担任主席。最近波特将他关于竞争力和战略规划思考扩展到医疗和环境管理领域。在为私人公司和国家政府提供建议之外，波特教授还是一个美国棒球大联盟球队——波士顿红袜队（the Boston Red Sox）的高级战略顾问。

波特教授将自己的这些想法在“内城经济发展新战略”［《经济发展季刊》，11（1），1997 年 2 月］这篇精选文章中加以深化。

波特最有影响力的书是《竞争战略：分析产业和竞争者的技术》（Competitive Strategy：Techniques for Analyzing Industries and Competitors），1998 年在马萨诸塞州剑桥哈佛大

学出版社首次出版，现在已经是第63次印刷了，并且被翻译成19种语言。《竞争优势：创造和维持卓越的表现》(Competitive Advantage：Creating and Sustaining Superior Performance)是1995年在纽约自由出版社出版，现在已是第38次印刷了。波特18本著作中的其他书包括《迈克尔·波特谈竞争》(Michael E. Porter on Competition)的升级和扩展版（波士顿，马萨诸塞州：哈佛大学出版社，2008），《关于竞争》(On Competition)（波士顿，马萨诸塞州：哈佛大学出版社，1998），以及《国家竞争优势》(The Competitive Advantage of Nations)（纽约：自由出版社，1990）。

讨论基于社区的经济发展的书——总体而言，比波特更少倾向于私营解决方法——包括 Edward J. Blakeley 和 Nancy Green Leigh 的《规划地方经济发展：理论和实践》第四版（Planning Local Economic Development：Theory and Practice），Paul Ong 与 Anastasia Loukaitou-Sideris 等的《少数族裔社区的就业和经济发展》(Jobs and Economic Development in Minority Communities)，Sammis White、Richard D. Bingham 和 Edward W. Hill 等的《21世纪金融经济发展》(Financing Economic Development in the 21st Century)，以及 Joan Fitzgerald 和 Nancey Green Leigh 的《经济复苏：城市和郊区的案例和策略》(Economic Revitalization：Cases and Stategies for City and Suburb)(Thousand Oaks，CA：Sage，2002)。也可以参见关于社会企业运作的著作，例如 David Bornstein 的《如何改变世界：社会企业和新想法的力量》(How to Change the World：Social Entrepreneurs and the Power of New Ideas)的升级版、Alex Nicholls 等的《社会企业：可持续社会发展的新模式》(Social Entrepreneurship：New Models of Sustainable Social Change)，以及 Peter C. Brinckerhoff 的《基于任务风险发展的艺术》(Social Entrepreneurship: The Art of Mission-Based Venture Development)。

正文

美国内城的经济萧条可能是国家面临的最有压力的问题。在劣势的城市区域缺少产业和就业岗位不仅引发贫困的恶性循环，而且引起严重的社会问题，例如毒品泛滥和犯罪。并且，随着内城持续恶化，关于如何帮助其走出困境的争论出现更多的分歧。

令人伤心的现实是过去几十年的复兴内城的努力都失败了。尽管物质资源不断投入，但是建立一个可持续的经济基础——随之而来的就业机会、财富创造、行为榜样以及地方基础设施的改善——都离我们很遥远。

过去的努力一直在一个围绕满足个人需求的社会模式的引导之下。因此，对于内城的救助很大程度上采取减压项目，例如收入支持、住房补贴以及发放食品券，所有这些都集中在高度可见的、真实的社会需求。

更直接以经济发展为目标的项目是零碎并且效率低下的。这些零碎的方法通常采取补贴、偏好政策，或在不相关的领域投资来刺激经济活动；这些不相关的领域包括住房、房地产以及邻里发展。由于缺乏一个整体策略，这样的项目将内城视为一个被外围经济隔离的孤岛，并且遵循其特有的竞争规律。他们鼓励并且支持了一些小型的内部企业，这些企业原本为地方社区服务而设定，但是其配备差到不足以吸引社区自身的消费能力，更不用说销往外部。简而言之，这种社会模式无意中阻碍了经济可行的公司的创立。没有这样的公司以及他们所创造的岗位，社会问题只会愈演愈烈。

认清复兴内城需要一个全然不同方法的时候

到来了。虽然社会项目将会继续在满足人们需求和改善教育的问题上扮演一个关键的角色，这些项目必须支持而不是阻碍一个协调的经济战略。我们应该问的问题是：基于内城的商业和为内城居民提供的就近就业机会如何增长。一个可持续的经济基础可以在内城建立，但是应当与其他地方的建立方式一样，即通过私营的、以营利为目的、具有自发性以及基于自身经济利益和真正竞争优势的投资，而不是通过人为诱导、慈善或是政府命令。

我们必须停止尝试通过无休止地增加社会投资并期望经济活动会随之发生的方式来治理内城的问题。相反的，经济模式必须在这样的前提下开始：内城产业可以营利，并且应当在地区、国家甚至国际范围内处于竞争位置。这些产业应当不仅能够服务地方社区，而且能够出口货物，为周边经济服务。这样一个经济模式的基石是识别和发掘能够转化为真正盈利产业的内城竞争优势。

我们的政策和项目落入财富再分配的陷阱。真正的需求和真正的机会是创造财富。

走向一个新的模式：区位和产业发展

如果内城内部和周边的经济活动能具有竞争优势，并占据一个别处难以替代的位置，这些活动将生根发芽。如果企业想要繁荣，他们一定要找到一个选址在内城的强有力的竞争性原因。协调的发展战略始于基本的经济原则，而下面这个企业的发展与此正相反。

阿尔法电子公司（Alpha Electronics）（公司名称使用化名），一个由28人组成的设计并制作多媒体电脑外部设备的公司，最初选址在下曼哈顿地区。在1987年，纽约经济发展办公室（OED）开始精心策划，引导企业重新选址到南布朗克斯地区，以实现该地区经济“复兴”。阿尔法，一个虽小但是处于成长中的公司，非常真挚地希望为社区作贡献，并且渴望从城市资助其经营的意愿中得到益处。相应的，城市很乐意看到一个高科技企业使衰败的邻里稳定下来，并创造就业。作为在此地重新选址落户的交换，城市提供给阿尔法公司大量能够减少成本并且增加利润的鼓励政策。看起来这是一个理想的策略。

到了1994年，这个重新选址的尝试从各方面都被证明是一个失败。尽管该产业迅速发展，阿尔法原来28个员工只剩下其中的8个。该公司不能吸引高质量的员工来南布朗克斯地区上班或是培训当地居民，被迫外包其制造环节以及部分设计环节的工作。潜在的供应商和客户拒绝访问阿尔法的办公室。城市对于安全保卫不够重视，也造成公司深受盗窃之苦。

哪一步走错了呢？这个计划尽管目的是好的，但经不住产业逻辑的考验。在采取行动之前，阿尔法和城市应当明智的问自己，为什么南布朗克斯地区的兴盛产业都不是电子产业。南布朗克斯在区位上没有特别的优势能支持阿尔法企业，并且有若干被证明的致命劣势。阿尔法与下曼哈顿电脑设计和软件公司集聚区隔离，切断了其与客户、供应商和电子设计师的重要联系。

相反，矩阵展示公司（Matrix Exhibits），一个价值220万美元、由30个员工组成的贸易展示品供应商在亚特兰大市内城蓬勃发展。当这个从田纳西州起家的矩阵公司在1985年决定进驻亚特兰大市场时，它可能已经比选了许多地方。其他所有制造和租赁贸易展示品的企业都坐落在亚特兰大郊区。但亚特兰大世界会议中心，这个城市的主要展示空间，距离内城仅6分钟车程；矩阵公司选择内城正是因为这个区位提供了一个真正的竞争优势。矩阵公司反馈客户的时间快速，可以比郊区的竞争对手更快地送达贸易展示品。矩阵公司从内城仓库空间的低租金中获得利益，它的竞争对手在郊区需为相似空间支付一倍的租金；并且矩阵公司的员工中有半数来自当地社区。地方警察帮助公司，避免发生任何严重的安全问题。今天的矩阵公司是佐治亚州最好的五家展示品供应商之一。

阿尔法和矩阵公司证明了区位对于企业的成功与否有多么重要。每一个区位，不论是国家、地区或是城市，拥有特定的区位条件，可以增强落户于该地区的公司在特定领域的竞争能力。区位的竞争优势通常不会产生在相互隔离的企业中，而是在企业集群中，即在相同产业或是通过客户、供货商或人脉关系联系起来的多个企业中。集聚意味着在一个特定地区的关键技能、信息、关系和基础设施的大量存在。不寻常的或是精细的本地需求给予企业对于客户需求的洞察力。以位于马萨诸塞州、极具竞争力的信息技术产业集聚区为例：它包括专注于发展半导体、工作站、巨型计算机、软件、网络配置、数据库、市场研究以及电脑杂志的企业。

由于特定的历史或是地理原因，集聚发生在特定的区域；而随着时间推移，集聚区自身变得强大并且具有竞争力的自我维持之后，这些原因就停止发挥作用。成功的集聚区例如好莱坞、硅谷、华尔街以及底特律，一些竞争者通常相互推动改进产品和流程。一组竞争企业的存在有利于新供应商的形成、相关领域企业的增长、特殊培训项目的形成，以及学院或大学内技术中心的出现。集聚区也提供新来者接触专家的机会、人脉和基础设施，而他们因此可以学习并且发掘他们自身的经济优势。

如果区位（以及历史事件）引发了集聚区的形成，那么这种集聚将推动经济发展。它们创造新的功能、新的公司以及新的产业。我在《国家竞争优势》里初次描述这个区位理论，将它应用在国家和州这样相对较大的地理区域。但是它也跟像内城这样较小的区域有关。为了使该理论与内城紧密相关，我们必须首先识别内城的竞争优势，以及内城产业与周围城市和地区建立经济联系的方式。

城市内城的真正优势

创建经济模式的第一步是确定内城的真正竞争力在哪里。很多人都误以为城市中心区有这样两个主要优势：房价低廉以及劳动力充足。这些所谓的优势事实上是错觉。内城的房产价格和人力价格往往比郊区以及乡村地区高。即使内城能够提供比美国其他地区更低廉的人力和房产，在经济全球化下，来自相对发达国家的企业在基本投入成本方面再也没有任何优势。内城会输给墨西哥和中国这样人力和房产便宜许多的国家，不可避免地丧失就业机会。

只有内城所独有的特质才能支持有活力的产业。我正在进行的美国城市调研明确了内城四个主要优势：战略性区位、本地市场的需求、与区域集群融合的能力，以及人力资源。不同的公司和开发项目经常明确并充分利用了其中的某些优势。但到目前为止，并没有一个系统的方法来利用它们。

战略性区位

内城基本位于那些应当具有极高经济价值的区域。紧邻拥挤的高租金地区、主要的产业中心，以及交通和通信节点。因此内城可为那些通过接近市中心商务区、基础设施、娱乐和旅游中心，以及公司聚集地而获得益处的公司提供竞争优势。

本地市场需求

对于以内城为基础的公司和产业来说，内城的市场本身就是最直接的机会。当其他市场都面临饱和时，内城市场的供应仍不足——特别是在零售、金融服务和个人服务方面。比如在洛杉矶的零售业方面，内城超市的人均渗透率为城市其他地区的 35%，百货公司为其他地区的 40%，模型、玩具和游戏商店为其他地区的 50%。

内城市场一个显著的特点是其规模。即使内城的人均收入相对较低，极高的人口密度也使其拥有惊人的购买力，成为一个广阔的市场。比如波士顿的内城，家庭收入的总额估计达到了 34 亿美元。

尽管内城家庭平均收入比其他地区低 21%，但每英亩的消费力却与波士顿其他地区相当；而且更重要的是，比周围的郊区还要高。此外，因为移民和较高的出生率，内城的市场处于年轻而且快速增长的状态。

融入区域集群

内城未来经济发展中最激动人心的一点是融入最近的区域集群；那些集群通常为区域特有，集聚了具有全美甚至国际竞争力的企业。比如波士顿的内城紧邻世界级的金融服务和保健企业集群；洛杉矶南中心区紧邻有影响的娱乐集聚区和一个大型物流服务和批发综合体。

与只是临近一个活动集中的市中心区域相比，内城能够接近具有竞争力的集群，这种能力是一个非常特别之处，一个在经济上影响更加深远的特点。这些有竞争力的集群创造了两类潜在的优势。第一类是产业构成。那些提供供应、零件和支持性服务的公司可以充分利用内城接近集群中多种客户的优势。

这些集群给内城带来的第二类优势在于：它们给内城公司去竞争提供下游产品和服务的机会。比如，波士顿内城的公司就可以利用波士顿金融服务的优势来为内城提供合适的服务——比如安全信用卡服务、代理经营服务以及共享基金——不论在内城范围内还是在内城范围外，甚至可以在全美的各个地方。

[……]

人力资源

内城的第四个优势与一些深入人心的关于内城居民特点的传统说法有关。第一个传统说法就是内城居民不愿意工作，宁愿依靠政府福利而不是工资来生活。尽管存在迫切需求去帮助那些未对工作做好准备的内城居民，但是绝大部分的内城居民是很勤劳、愿意工作的。一些对正式教育要求不高的中等收入工作（工资每小时 6—10 美元，比如库房管理人员、流水线工人，以及卡车司机等），雇主普遍反映他们能在内城找到努力工作和投入的雇员。比如波士顿内城一家生产多尔切斯特面包和裱花蛋糕的公司，其产品在整个地区的超市销售。公司提供每小时 7—8 美元的工资（包括养老保险和健康保险），吸引了大约 100 名本地工人。劳动力市场的忠诚是这个面包公司繁荣的重要原因之一。

必须承认的是，目前内城居民的许多工作的晋升机会有限。但事实上，这毕竟还是工作机会；内城及其居民都需要更多靠近家的工作机会。让工人每天通勤到遥远的郊区，或者搬去工作地点，都低估了内城居民在交通时间和相应工作技能方面的障碍。而且在决定什么是适合内城的产业类型时，很重要的一点是对这个劳动力市场的潜在雇员保持现实态度。有吸引力的高科技公司对媒体来说很好，但这对内城居民的益处很少。请回想阿尔法电器公司和矩阵展览公司完全不同的经验。在阿尔法电器公司案例中，公司所需的高级专业人才与当地社区的劳动力市场之间完全不匹配。与之相反的是，矩阵展览公司在开设亚特兰大办公室时就充分考虑了当地的人力资源条件。该公司在田纳西州的本部是根据每个客户不同需求设计展览，而亚特兰大办公室集中在从事预制构件的租赁业务，不需要高技术的工人，内城的工人就能满足要求。考虑到劳动力的条件，低技术要求的工作对内城来说才是现实和经济可行的；如果没有这样的就业机会，很多人会失业；对他们来说这些工作是经济阶梯的第一级。久而久之，成功的工作经历会带来一个自我强化的过程，技能和工资水平都会随之提高。

第二个传统说法是内城唯一的企业家就是毒贩。事实上，内城居民的合法创业能力很强，但大部分被引导到提供社会服务。比如波士顿内城有非常多的社会服务机构，比如社会组织、兄弟会和宗教组织。在这些组织创立和建设的背后是地方企业家骨干，他们满足了当地对社会服务的大量需求，也利用了政府、基金和私人企业赞助商的资金。挑战在于将这些人才和精力调整到盈利导向的产业和财富创造。

第三个传统说法是在内城或其附近长大的有技术的少数族裔已经抛弃了他们的根。今天不断增多的有天赋的少数族裔经理人代表着新一代的内城企业家。他们中的很多人曾在国内顶尖的商学院培训，并有国家顶尖公司工作的经验。与20年前极少数相比，现在每年都有大约2800名非裔美国人和1400名拉美裔美国人获得工商管理学学位。数千接受高级教育的少数族裔在顶尖公司中工作，比如摩根斯坦利公司、花旗银行、福特公司、惠普公司和麦肯锡公司等。这些经理人中的很多人已经发展了所需的技能、人际网络、资金基础以及足够的信心，开始准备加入或创办内城企业……

内城的真正劣势

提出一个连贯清晰的经济策略的第二步是分析产业选址在内城的真正劣势。无法逃避的事实是，在内城的产业运营会遇到比在其他地方更大的阻碍。许多不必要的阻碍来自政府。如果内城的弱点没有被直接指出，而是间接地通过津贴或命令解决，内城的竞争优势会继续损失。

土地

尽管内城有大量空置的物业，但大多数在经济上是不可用的。要整合小地块为有意义的场地成本过高；而在现实中，市政府、州政府以及联邦政府的各种机构相互争夺对土地的控制，使整合更加复杂。……

建筑成本

内城的建筑成本要比郊区高得多，这是因为物流的成本与拖延、与社区团体的协商谈判，以及严格的城市法规：限制区域、建筑条例、建设许可、监察，以及政府要求的工会合同和少数族裔群体协议。具有讽刺意味的是，尽管内城非常需要新的建设项目，其建设却比郊区受到更多的控制——

内城经济发展 **表1**

新模式	旧模式
经济：创造财富	社会：财富再分配
私人部门	政府和社会服务组织
营利的产业	获得补贴的产业
与区域经济的融合	被大经济环境孤立
出口导向型企业	服务本地社区的企业
受过良好教育、经验充足的少数族裔参与经济建设	受过良好教育、经验充足的少数族裔参与社会服务部门
邀请主流的私人部门机构	创建特殊的机构
直接针对内城的劣势	内城的弱势被淡化
政府集中改进经济环境	政府直接参与提供服务或资金

这是大城市政治和根深蒂固的官僚主义的产物。

［……］

其他成本

与郊区相比，内城建设的其他成本更高，比如水、其他市政设施、工人补贴、卫生保健、保险、许可证以及其他收费、房产和其他税收、职业安全和健康署的标准，以及社区租赁的要求等。例如，如瑟食品（Russer Foods）是波士顿内城的一家食品制造公司，在纽约北部也有一家相似的工厂。波士顿工厂的工人补贴开支高出纽约北部工厂55%，家庭医疗保险开支高出50%，失业保险开支高出166%，水费高出340%，电费高出67%。这样的高开支迫使公司离开，并压低了内城工人的薪水。类似工人补贴这样的成本在整个州或区域内都存在，而另一些成本是市域范围实行的税收，例如房产税。还有一些如财产保险这样的成本为内城所特有。所有成本难以留住现有的内城企业，并阻碍吸引新的企业。

不幸的现实是许多城市由于拥有更高比例的依赖福利、医疗以及其他社会项目的居民，需要更多的政府开支，结果导致更高的物业税。加重的税收负担导致了一个恶性循环——迫使更多企业离开，而剩下的企业就必须承担更高的税收。城市不愿意改变根深蒂固的官僚主义政府和工会，也不愿意改变低效和过时的政府机构，而所有这些都在增加城市的开支。

从在商店窗口外加一个挡雨棚，到开推车来改善场地状况，这些过度的规章制度不仅提高了建造和其他成本，也阻碍了内城产业生命的多个方面。各种规章同样阻碍了内城的创业活动，为刚起步的小企业形成一道难以逾越的屏障。各种限制执照和许可证、昂贵的许可证费用，以及过时的安全和医疗规章造成屏障，使在逻辑上合理、合适并能够为内城创造就业和财富的企业难以进入。

安全

犯罪的现实和对犯罪的感觉代表着城市经济发展的根本性阻碍。首先，针对物业的犯罪增加了企业成本。比如俄亥俄州克利夫兰市内城商业中心的教堂广场商店，比类似的郊区商业街每平方英尺多付2美元，用于全时段保安、高亮度照明以及持续的打扫，总体开支增加了20%。其次，针对员工和顾客的犯罪行为使得员工不愿意去工作，消费者也不敢光顾现有的商店，商店的营业时间就会受到限制。害怕犯罪是企业不考虑在内城地区开办新公司、内城原有的公司选择离开的最重要原因。目前，警察将大量资源集中在居住区域，却很大程度上忽略了商业和工业地块。

基础设施

今天的交通设施规划考虑最多的是居民的出行和购物等，但是货物和商业运输也应受到重视。新经济模式的最重要的一个方面——内城区位的重要度、内城产业和区域集群的联系、出口导向型产业的发展——都对内城产业区域和周围经济的交通联系提出了要求。不幸的是，内城的产业设施都处于待整修状态。道路的通行能力、高速路入口的密度和位置、与市中心、铁路和机场的联系，以及地区的物流网络都存在着严重的不足。

工人技能

因为受教育平均水平较低，许多内城居民缺少技能，仅能获得最不需要技能的就业岗位。更糟糕的是，为受教育程度低的人提供的就业机会已经大幅缩减。例如波士顿在1970—1990年之间，高中文化以下工作岗位的比例由27%下降到7%，而需大学学历的工作比例由18%上升到44%。在东北部的城市，16—64岁之间没有高中文凭的非洲裔美国男人的失业率由1970年的19%上升到1990年的57%。

管理水平

大部分的内城公司的管理者并没有受过正式的商业教育。但这个问题也不是内城特有，而是小型企业的普遍特点。许多拥有充足工作经验，但受过很少或没有受过正式管理教育的人在开办公司。这些内城公司因管理者没有受到良好教育，会遇到与其他小型企业一样的一系列可预见的问题。在战略发展、市场细分、客户需求评析、信息技术采用、工艺流程设计、成本控制、固定或重组资金、与贷出方和政府管理部门的互动、成熟的商业计划，以及雇员培训等方面都很薄弱。当地的社区大学通常会提供一些管理课程，但这些课程质量良莠不齐，同时那些管理者也在高强度的压力下很难有时间来参加。

资金

获得贷款和股权资本对于在内城发展的企业来说是一道无法逾越的困难。

首先，因为主流银行一直以来都不重视这样的企业，大多数的内城企业都苦于申请贷款的艰难。由于交易成本与利息值高度相关，哪怕在最好的经济环境下，小型贷款对银行来说也只有微小的盈利。很多银行保留小型贷款的业务只是希望能吸引存款，并帮助销售其他利润更高的产品。

联邦政府采取了一系列行为试图解决内城的贷款资金问题。针对贷款不公平问题的《社区再投资法案》(Community Reinvestment Act)立法通过，银行因此开始越来越关注内城地区。例如在波士顿，各大银行争先贷款给内城企业，一些银行也声称这样是盈利的。然而，政府直接提供资金的措施却被证明为无效。政府贷款和私营的公共贷款组织的增多都导致了分裂、市场混乱以及管理费用翻倍。那些本该提供给私营企业的商业贷款被这些高开支、官僚主义且无法承担风险的组织拿走。最终，高质量的私人金融专业服务未能在内城发展起来。

其次，股权资本基本不存在。内城的企业家通常没有足够的个人或家庭存款，人际网络也不足以聚集足够的资本。提供股权资本的机构很少为少数族裔的公司服务，在实质上忽视了内城的商业机会。

态度

内城公司的最后一道难关就是反商业的态度。一些工人认为公司带有剥削性，这种观点造成工人和管理层的关系极差。社区领袖和社会激进分子的反商业态度更使得这种关系恶化。这些态度是工人曾经受到的极差待遇、公司搬离和自然环境破坏这些令人遗憾的历史产物。但在今天还一直坚持这样的观点将不利于发展。社区领袖常常错误地把商业发展看作满足社会需要的方式；因此，他们对公司在社区的投资有着不实际的期待……

当过去公司在选址上没有多少选择余地时，政府强制性的收费和捐款，以及煽动反商业情绪都是政治手段，产生了一系列问题。而在今天竞争日益激烈的商业环境中，这些手段只会阻碍经济的发展。

要克服这些内城的商业劣势并建立其独有的优势，需要企业、政府以及非营利性机构的共同参与和努力。他们中的每一方都必须抛弃根深蒂固的观念和做法。每一方也必须愿意去接受内城以经济而不是社会观点为基础的新模式。私营企业、非政府或社会服务组织，必须成为这个新模式的核心。

私营部门的新角色

内城发展的经济模型挑战了私营部门所预设的领导角色。首先必须对内城采取新的态度。目前大部分私营部门的积极性由优惠项目或慈善机构所驱动。这样的经济活动无法在市场中发挥自身的优点，不可避免会引发对现实的不满。私营部门只有强调其最擅长的东西才最有效率：即创造并支持在真实竞争优势基础上的经济可行性。当私营部门承担新的角色时，应追求四种直接的机会。

1. 在内城创造并扩大经济活动。公司对内城最重要的贡献就是简单地在那里经营。内城拥有未开发的潜能可使公司盈利。公司和企业家必须寻找并抓住建立在内城真正优势基础上的发展机会。特别是零售商、经销商和金融服务公司，在内城拥有直接的机会。对内城的企业家精神而言，特许专营权是一个特别有吸引力的模型，因为它们提供的不仅是一种经营理念，还有培训和支持。

企业可以从许多外部公司在内城所犯的错误中学习。其中一个错误是零售和服务业未能根据当地市场需求调整其商品和服务……

另外一个常见的错误是未能在社区内建立关系并就地雇用员工。雇用当地的居民可在附近的消费者中建立忠实度，并且当地的零售和服务企业雇员会帮助商店挑选定制产品。证据表明那些与社区保持联系的公司极少有安全问题，无论其所有人是否居住在这个社区内。

[……]

2. 与内城的公司建立商业关系。通过进入合资企业或消费者－供应商的关系中，外部的公司可鼓励内城的公司出口产品，并迫使它们具有竞争性。长此以往，双方都会受益……这些关系不是基于慈善而是基于各自的利益，是可持续的关系；每个重要的公司都应该发展这样的关系。

3. 重新定位公司的慈善事业，努力从社会服务转为发展公司业务。无数的公司每年提供千百万的款额给可信赖的内城社会服务机构。但是如果他们也能专注于建立长期的公司业务关系，那么这些慈善的工作会更加有效；假以时日，社会服务的需求将会减少。

首先，公司可以对培训产生巨大的影响。美国现存的职业培训体系是无效的。培训计划支离破碎又高度密集，并与产业需求相分离。许多计划在为没有预期增长的产业中不存在的工作来培训人们。尽管改革培训需要政府的帮助，但是私营部门必须决定资源分配的方式和地点，从而确保当地特定就业需求与地区产业相适应。最后，应该是雇主而不是政府基于相关标准和工作适用性来保证所有的培训计划。

由私营部门引导的培训计划可能围绕在内城（例如波士顿的饭店、食品服务和食品加工）和附近区域（例如波士顿的财政服务和医疗）的产业集群建立起来。政府奖励措施所支持的产业协会和贸易组织可与当地培训机构合作，赞助他们自身的培训计划。

[……]

其次，在向内城的公司提供管理援助中，私营部门可以发挥同等重要的作用。正如培训一样，目前由政府提供资金或操作的培训程序也不充分。外部公司可为内城公司提供人才、专业技能和联系人。一种升级管理技能的途径是强调与区域公司的网络联系，或者是成为同一集群（消费者、供应商和相关经济活动）中的一部分，或者在所需领域具有专门知识。内城公司可以与在该区域内提供管理援助的公司合作；或者需要升级系统的内城公司与一个具备所需专业技能（例如信息技术专业知识）的集团公司合作。

[……]

4. 对产权资本投资采用适当的模式。必须使投资团体，尤其是风险资本家，相信在内城投资的可行性。已存在数量较小但在增加的、为少数族裔服务的股权供应商（尽管没有特别集中在内城）。一个成功的内城投资模式可能与主要为科技公司提供的风险投资模式不同。它可能与俄罗斯或匈牙利新兴经济体中的股票基金操作类似，即在平凡但是有潜在利润的项目上投资，例如超市和洗衣房。最后，顺应竞争优势原则的内城企业将对投资者产生适当的回报——特别是如果辅以适当的奖励，例如对资本收益免税和对符合要求的内城企业发放红利。

政府的新角色

迄今为止，政府对实现内城的经济复兴已经承担了主要的责任。联邦政府、州和地方层面的已有计划旨在创造就业和吸引企业，但均支离破碎。更糟的是，这些计划是基于补贴和托管，而不是基于市场现实。除非我们发现新途径，否则内城将不断耗尽我们正在快速萎缩的公共财源。

不可否认内城长久以来遭受歧视；然而，政府需要向前发展而不仅是回顾。政府可以通过在经济动议中支持私营部门来承担一个更加有效的角色。它必须将其焦点从直接干涉和介入转变为创造良好的商业环境。这并不是说公共基金没有必要存在；但补贴必须以不扭曲经济活动动力的方式使用，将焦点集中在提供基础设施以支持真正的可盈利企业。各级政府承担其新角色时应该强调四个目标：

1. 向经济需求最大的地区直接提供资源。我们内城的危机需要政府首先考虑资助。这看起来毋庸置疑。但事实上资金在诸如基础设施、防止犯罪、净化环境、土地开发和采购偏好等领域是基于政治原因。例如，大多数运输基础设施的投资在建立更加吸引人的郊区。此外，大多数优先援助项目没有提供给低收入邻里地区的公司。

[……]

不幸的是，当前政府援助程序的资质标准没有进行合理的设计，未能引导资源投向最需要的地方。优先资助项目选择是基于业主的人种、种族或性别，而不是基于经济需求。除了引导资源远离内城，这些基于人种或性别的差异会强化成见和不适当的态度，引起怨恨，并且可能使项目被操纵来服务非计划中的人群。经济贫困的地区以及居民就业比例高的地区应具有获得政府援助和优先项目的资质。焦点转为关注经济贫困将有助于将私营领域的分散部门整合在一起，共同解决内城的问题。

2. 增加内城作为一个经济活动场所的经济价值。为了刺激经济发展，政府必须认识到这是问题的一部分。现在政府的优先权通常与商业需求相反。人为和过时的政府引导的开销必须被取消，应努力使内城成为一个可盈利的经济活动场所。这样做将要求在大范围区域中重新思考政策和项目……

实际上，存在许多改革的可能性；例如制定政策消除内城企业所面临的大量土地和建设的成本劣势。持续的住房补贴可吸引企业，但内城不能为这些企业提供其他的经济价值。应以市场价格提供可建设的地块。单个政府机构可负责聚集整合小块土地，并资助拆迁、净化环境及其他花费。相同的机构还可以进行建设所有方面的流线管理——包括区划、许可、督查和其他认可。

要求环境保护的政策有进一步的发展。越来越多的城市——包括底特律、芝加哥、印第安纳波利斯、明尼阿波利斯和堪萨斯的威奇托——已根据不同的土地使用采用灵活的环境净化标准，从而成功地发展了被称为棕地的城市区域；方式包括在净化后的土地上如果发现污染物，可免除土地业主额外的罚款；或利用税收增值金融（tax-increment financing）方式来资助净化环境和再开发。

政府机构也可以发掘一条更具战略性的途径来发展交通和通信基础设施，这会促进内城内外的商品、就业、消费者和供应商的流动。波士顿的两个项目提供了负面案例：一条新高速公路出口匝道连接内城和马萨诸塞州收费站，转而联系周边地区及更远的地区；另一条直接进入海港隧道的道路连接洛根国际机场。两个项目尽管都成本不高，但均停滞不前，因为城市对其经济重要性没有一个清晰的设想。

3. 通过主流私营部门机构提供经济发展项目和服务。依赖小型的、基于社区的、非营利的、半政府的组织机构和有特殊目的的实体来提供资金和商业相关的服务是一个发展趋势，例如社区发展银行和专业的小型商业投资公司。社会服务机构可发挥作用，但不应是这个作用。非营利性组织和政府组织基本都不能对大量的公司提供有质量的培训、建议和支持，但主流的私营部门组织可以。与诸如商业银行和风险投资公司这些私营部门实体相比，有特殊目的和非营利的机构被高额的日常管理成本所困扰；他们难以吸引并保留高素质人员，难以提供竞争补偿或与不同规模公司交易的丰富经验。

[……]

为内城带来贷款和资本投资最重要的方式是私营部门的介入。如果具备相应匹配的私营部门投资者，那么可通过私人金融机构或引导少数族裔拥有的银行调整资本集中于内城，目前流向政府和准公共财政的资源将会被更好地引导。少数族裔拥有的银行对内城市场有充分深入的理解，拥有在内城进行产业贷款的专业知识，它们以此获得竞争优势。

在贷款中，增加内城资本供应的最好途径是提供和建设经济可持续的企业一样的私营部门奖励措施。一个途径是联邦政府和州政府免除那些基于内城、但雇用了最少量比例内城居民的经济活动或财政补贴中的资本收益和长期投资红利的税收。这些具有盈利前景的税收鼓励将在加速私营部门投资中发挥至关重要的作用。只有激发了真正盈利的企业的创造力，私营部门的资金才会被吸引到内城。

4. 将纳入政府计划的鼓励措施与真实的经济表现相结合。将鼓励措施与经济活动相结合的原则应该是每个政府项目的目标。当今大部分的项目都并不符合这个原则。例如，优惠项目将为公司有效确保市场。其他形式的保护政策相似，优惠项目减弱了削减成本和提高质量的动力。一份1988年的总审计局报告分析发现，在全美小企业协会购买优惠项目的6个月内，30%的公司已经倒闭。另外58%未倒闭的公司声称，全美小型企业协会撤销支持已对商业运行产生了毁灭性的影响。为使鼓励措施与经济表现相结合，应修订优惠项目，要求不依赖优惠项目的企业随着时间增长而数量增加。

对经济活动的直接补贴不能发挥作用。相反，政府资金应该用在土地整合、额外保安、环境清洁和其他旨在提高商业环境的投资。公司进而能作出基于真正盈利的决策。

社区性组织的新角色

最近，社区组织（community-based organization，CBOs）的城市更新活动与产业的发展密切相关。社区组织在该过程中可以且必须扮演重要的支持性角色。但关键是选择适当的战略，而且大量社区组织将必须从根本上改变其操作方式。虽然难以对这样多元的组织做出一个总体的建议，以下四个原则可指导社区组织发挥他们的新作用。

1. 识别并建立优势。与所有其他内城发展参与者一样，社区组织必须确立它们独特的竞争优势，并以其能力、资源和局限的真实评估为基础，参与到经济发展中。社区组织已经在发展低收入住房、社会项目和市政基础设施的供给中扮演着一个非常必要的角色。然而，虽然已有一些显著的成功，但绝大多数社区组织拥有或管理的企业是失败的。

大部分的社区组织缺乏建议、资助或经营企业的技能、态度和奖励机制。它们能把握低收入住房的开发，因其中存在大量的公共补助，但缺乏机构能力。当社区组织资助和协助营利性企业的发展时，它们难以与现存的私营部门机构竞争。

此外，社区组织很自然地趋向于关注社区企业，通常为邻里居民所拥有的小型零售和服务企业。社区组织所拥有的相对有限的资源，以及它们对相对小型社区的关注，不适合去发展对经济活力至关重要的公司。

最后，营利性商业活动所必需的竞争将不可避免地与以社区服务为目标的社区组织相矛盾。必要的选择包括：选择有资质的外来企业家，而不一定是当地居民；支持必要的裁员或解雇表现不佳的员工；分配主要的地段给商业用途而不是社会用途，并且批准给成功的企业家和管理者高工资。这些仅仅是一小部分必要的选择。鉴于这些机构的立足点在于满足邻里的社会需求，将难以把利益放在它们的传统使命之上。

2. 为改变劳动力和社区态度而工作。社区组织在对内城社区的深入了解和影响力方面具有独特的优势，并且它们可利用该优势来帮助促进经济发展。社区性组织可通过工作改变社区和劳动力的态度，并担当居民联络者的角色，平息其对新企业无根据的反对，从而帮助创造一个舒适的商业环境……

3. 创造工作准备和职业推荐体系。社区性组织可发挥积极的作用，为当地企业准备、筛选和推荐雇员。在众多内城居民中的一个迫切需求是工作准备培训，包括交流、自身发展和工作场所实践。对当地社区深入了解的社区组织具备条件，与产业紧密合作，提供这种服务……

社区组织还能通过积极发展筛选和推荐体系来帮助内城居民。不可否认的是，一些基于内城的企业没有雇用很多当地居民。其原因是多样和复杂的，但是似乎围绕着一些企业主对个别员工产生的不良印象，包括其工作态度、旷工、虚假病假条或吸毒……

4. 促进商业场所的改善和发展。社区组织（尤其是社区开发公司）也能利用它们在房地产中的专长，作为一个催化剂促进环境净化、工业和商业物业的发展……

克服障碍前进

这一经济模型为复兴美国衰败的城市社区提供了新的综合途径。但是，达成共识并加以实施将充满挑战。私营部门、政府、内城居民和整个公众对内城及其问题都持有根深蒂固的负面情绪和偏见，改变这些将会非常缓慢。对那些投入大量时间研究社会成因，以及对盈利企业充满怀疑的人来说，将难以理解从经济角度而不是社会角度反思内城。习惯于游说政府资源投入的活动家将难以接受一个促进财富创造的战略。习惯于在社会方面架构城市问题的民选官员将反对改变立法、重新定向资源和改变顽固的官僚机构。政府机构可能会发现很难放弃过去计划所积累的权力和控制。已经建立社会服务组织的当地社区领袖和经营着家庭商店的商人可能感受到创造新激励机制和权力中心的威胁。在旧式社区组织和对抗性政治中接受教育的当地政客将不得不涉足促进企业与居民合作的陌生领域。

这些改变对个人和机构来说都是困难的。尽管如此，这些改变必须实现。私营部门、政府和社区组织在内城经济复兴中都有至关重要的新角色。商人、企业家和投资者必须担当领导者的角色；社区活动家、社会服务提供者和政府部门必须支持他们。现在已经是时候拥抱理性经济策略、摒弃造成难以容忍成本的过时方式。

（王兰　姚放　译，王兰　校）

论城市规划的公共政策导向与依法行政*

赵民 雷诚

编者导读

本文发表于《城市规划》(2007年第6期)。城市规划行政管理是城市管治中的重要内容，受到国家主流意识和政体的影响和制约。城市规划作为一种公共政策已经逐渐在中国的城市规划学界形成共识，但其与公共政策、法律法规以及行政管理之间的关系还需厘清。城市规划是一个包含多个层面规划编制及实施管理的体系，不同层面及类型的规划工作有着不同的公共政策含义及法定地位。赵民等所撰写的文章分析了规划的公共政策属性，辨析了规划的公共政策导向与依法行政的关系。

赵民等首先从历史的维度，分析了现代城市规划的缘起和其基本理念，指出现代城市规划的诞生正是为了应对市场经济下的社会公共问题，是凭借立法手段确定和实施特定的公共政策，对公共价值的关注是现代城市规划的灵魂所在。同时，作为公共政策的城市规划需要法律的授权和约束，需要建构公共行政机制，并以法制化为前提，唯此才能保证城市规划的公共政策效用。赵民等列举了英国通过系列法律维护和保障城市规划实施的发展过程，而美国、加拿大和澳大利亚等国将城市规划的开发控制内容纳入区划法而使之具有法律效力；此外还探讨了城市规划的整体政策框架与具体控制手段，特别强调规划的重点是城市物质性空间，对各项发展的规制需要落实在土地控制层面。

在梳理国外现代城市规划的发展历程，并提出如何理解城市规划公共政策属性的基础上，文章分析了中国城市规划的阶段性特征，总结了规划从作为落实计划目标的蓝图转变为服务经济发展和市场主体的工具，再到建设和谐社会的公共政策的历时性演进。

城市规划应当具有公共政策属性并不意味着要将城市规划这样一个有着多层面的复杂系统与公共政策简单画等号。赵民等认为，要分阶段理解城市规划编制和实施的本质内涵。宏观层面的、战略性阶段的规划，包括城镇体系规划、城市总体规划等，需要体现政策性，要清晰表述战略目标和政策要求；而实施阶段的控制性详细规划等，要以高层面的规划为指引，为开发控制提供详细依据，经批准后具有法定的羁束力。在规划建设管理阶段，规划许可的审定和授予作为具体行政行为，需要符合有关法律和法规，遵循“依法行政”的原则。而一

---

* 本文摘自：赵民、雷诚，城市规划，2007年第6期。——编者注

项公共政策或政策文件，只有转变为法律规范或行政命令之后，才成为规划许可等具体行政行为的依据或约束条件。

文章中指出："法律法规"与"公共政策"是两个既有联系、又有区别的范畴；"政策文件"的出台作为一种行政行为，可以较灵活，以便及时应对经济社会发展中出现的问题；"政策文件"是在政府层级间（高向低）传递指示、决定和要求，它对具体行政行为具有指导意义，但对社会团体和公民不直接具有约束力。而"法律文件"的制定要依据和落实党和国家的各项方针政策，要依照法定程序；"法律文件"以法定形式颁布，构成行政法的法源，是依法行政的依据。

赵民等最后还分析了中国城市规划的政策与行政构成体系，具体可划分为宏观政策导向、地方政策转译和地方具体行政的逻辑序列。在宏观政策导向层面主要内容为政策指导和政策法规，地方政策转译与地方公共政策体系的建构相对应，地方具体行政对应于行政管理。作为空间资源调控的中国城市规划需要在区域规划和城市总体规划层面承接中央及高层级政府的政策要求，同时也要主观能动地制定地方政策框架；而在地方的城市规划行政管理层面，要通过实体性和程序性控制而真正实现"依法行政"。

赵民是同济大学建筑与城市规划学院城市规划系的教授，有丰富的规划教学和科研经验，并曾在国内外规划管理部门任职，对城市规划管理有理论和实践方面的思考，发表过多篇探讨城市规划行政管理问题的文章，包括《城市规划行政与法制建设问题的若干探讨》(《城市规划》，2000)，《论市场经济下居住区公共服务设施的建设方式》(《城市规划》，2002)，《关于物权法与土地制度及城市规划的若干讨论》(《城市规划学刊》，2005)，《论城市规划公共政策中的"协调原则"》(《城市规划学刊》，2007)。

正文

问题的提出

随着我国经济、社会及城镇化的不断发展，城市规划的实践及理论研究也在不断发展。近年来，关于城市规划的性质及如何对其准确定义的讨论很多；城市规划与公共政策的关系问题也广受关注。城市规划界的专家学者和领导纷纷提出自己的观点，例如："城市规划应该是城市政府部门的公共政策之一部分"、"城市规划基本的内容应当是城市其他各项政策的起点和最终归结"（孙施文、王富海，2000）；"城市规划的本质就是制定与空间发展及空间资源使用相联系的公共政策，并凭借公共权力加以施行"（赵民，2004）；"城市规划应当成为国家重要的公共政策"（陈为邦，2005）；"城市规划只有具备公共政策性质才能发挥宏观调控作用"、"城市规划不仅具有技术性、区域性、艺术性、综合性等特点，更重要的是，它最基本的属性在于它的政策性"（石楠，2005），等等。

新颁布的《城市规划编制办法》（2006年4月起施行）对此的表述是："城市规划是政府调控城乡空间资源、指导城乡发展与建设、维护社会公平、保障公共安全和公共利益的重要公共政策之一。"此外，建设部高层领导也在不同场合讲过城市规划是一种公共政策，并认为目前以目标和问题为导向的公共政策研究是整个规划体系中的薄弱环节。

"城市规划作为公共政策"似乎已经成为一

种“政治和制度引导下”的共同认识。但细究之下，“城市规划”与“公共政策”究竟是怎样的一种关系并不明晰。这种不明晰的“政策化”认识倾向及相应的言论传达的是一种较为模糊的信息，无助于人们把握城市规划的本质和理解国家宏观调控政策、城市政策、城市规划与规划行政的相互关系。

强调城市规划的公共政策性含义无疑是有其现实意义的，但学界还需深入研究和阐明“城市规划与公共政策”的关系。显然，城市规划的概念不仅因为时代的变化而不同，也会因人们所从事的工作性质和所处规划阶段的不同而产生不同认知。对于“城市规划与公共政策关系”的讨论和认识也应当基于对规划本质的认识而展开。本文回顾现代城市规划的起源和发展演进，分析我国城市规划的发展状况，讨论城市规划的公共政策观及其与依法行政的关系。

历史的视角

现代城市规划的发展已有百年历史，基于历史进程的回顾，可以从若干不同的视角来认识城市规划与公共政策的联系。

现代城市规划的诞生和基本理念

彼得·霍尔曾指出，“现代城市规划和区域规划的出现，是为了解决18世纪末产业革命所引起的特定社会和经济问题。”工业革命引发了城市化巨大的发展，也带了一系列经济、社会问题，包括城镇的无序扩展、居住条件恶劣、交通拥挤、环境污染等等问题，引发了严重的公共卫生和安全问题。1875年，英国政府首先从“公共卫生”的角度立法，通过一系列的法令来控制和解决城市中出现的问题；至1906年，对“公共卫生”的控制已延伸至对“城市建设”的控制，“城市规划”(town planning)这个概念应运而生；至1909年，英国的(也是世界上的)第一部城市规划法颁布，大学中的第一个规划系(英国利物浦大学市镇设计系)也宣告成立。显然，现代城市规划的诞生是为了应对市场经济下的社会公共问题，是政府凭借立法手段来确立和施行特定的“公共政策”。

早期众多空想社会主义者、社会改良主义者对理想的社会组织结构及卓越城市的追求和探索，对于现代城市规划的形成有着重要作用。以欧文、霍华德为代表的社会改良先驱思想家们，以积极主动的试验来探寻城市发展的范型和运营模式，体现了强烈的社会意识和公共价值导向。尽管有的人并不认为这些先哲的思想构成了城市规划的“科学理论”，但他们所体现的对社会问题的关切和人文关怀，却构成了现代城市规划的灵魂和精神(陈峰，2004)。

可以说从其诞生起，西方现代城市规划就是基于对公共价值的认识并凭借法制保障而对城市的发展加以调控。但早期的规划调控领域较局限于城市发展的物质范畴，并曾出现过唯美主义、形式主义及“环境决定论”等倾向。第二次世界大战后的“卫星城”和“新城”规划建设更是有着明确的政治意图和社会目标，亦即是在公共政策导向下的公共开发行为。在20世纪60、70年代以后，“石油危机”导致了西方国家的经济衰退，并引发了一系列的城市社会问题。与此相对应，城市规划领域有了很大扩展，经济发展、社会公平、环境保护，以及诸如就业、住房、种族、女权等问题，都进入了规划研究的视角，规划的公共政策功能被提到了前所未有的高度。这一发展对其后的城市规划学科和职业实践产生了深远影响。

城市规划的公共政策属性及公共行政机制

在市场经济条件下，市场是配置资源的基础力量；市场主体追求的是效率，而政府的职能是维护市场秩序、克服市场的低效和失效，并追求社会公平。政府的职能内涵要有一系列公共政策来演绎，并通过公共行政程序来落实。从公共行政的角度看，城市规划是政府针对市场失灵而进行公共干预的具体手段之一，这种干预涉及社会利益的调节及效率和公平的权衡，因而既要有基于价值判断的“公共政策”导向，也要有法律的授权和约束。也就是说，公共政策的清晰合理与公共行政机制的法治化缺一不可。从城市规划的发展历史看，其“公共政策”的效用是建立在强有力的法律保障基础之上的，并且经历了由封闭简单的行政管理走向开放公共管理的转变过程。

以英国为例，从1947年的《城乡规划法》（Town and Country Planning Act）开始，建立了第二次世界大战以后为世界许多国家所效仿的城市规划体系，即以发展规划为核心的城市规划体系。此后，英国根据国内经济发展的形势和面临的主要社会问题，先后制定了一系列的法律以维护和保障城市规划的实施。1968年，英国基于当时经济社会发展状况、城市规划实施的条件及新的城市规划理念，对城市规划体系又进行了调整，进一步明确了中央政府与地方政府的事权划分，并相应建立了两个层次的规划编制体系，即结构规划（Structure Plan）和地方规划（Local Plan）。结构规划是一种政策文件，由中央政府批准；结构规划针对区域性的发展问题，并为地方规划提供指引，因而没有“图纸”、只有“图示”。地方规划由地方政府根据结构规划而制定，无需中央政府审批；地方规划由“文本”和“图纸”所组成，它为地方的开发控制管理提供依据。其后曾出现过将两个层次规划合一的“一体化规划”（Unitary Plan），但规划的基本内涵没有变。这一阶段的城市规划基本处于相对封闭的单纯的行政管理阶段。

从20世纪90年代末开始，随着经济全球化的进程加快、可持续发展原则的日益深入人心，人们期望规划能够适应变化了的经济社会发展形势，以更好地引导和促进城市的发展。城市规划体系的调整问题再次引起了英国政府部门、社会团体和城市规划界的广泛讨论。2004年，以《规划和强制收购法》（Planning and Compulsory Purchase Act）的颁布为标志，英国的城市规划体系又发生了重大的改变。这一阶段的特征是城市规划行政趋于走向开放型公共管理，并逐步融入了城市管理的职能。作为城市政府的干预手段，一方面，由于城市规划管理职能是政府职能的重要方面，公共管理模式的选择是政府有效实现城市规划干预作用的前提；另一方面，城市规划施行与公共行政是密切联系在一起的，城市规划管理具有公共管理的特征，是城市公共管理的一部分。

无论城市规划的内涵和层级如何发展，依法行政始终是最基本的准则。在美国、加拿大、澳大利亚等西方主要发达国家的城市，有多层次的规划编制体系及各种各样的政策文件，但基本的法定开发控制规划（Statutory Plan）仍然是“区划”或“区划法”（Zoning by-law），即将一部分规划编制的内容立法，使其具有羁束力。

在英国，自1909年以来先后颁布了几十部规划法律。英国的规划主干法具有纲领性和原则性的特征，而实施性的规则主要是由中央政府的规划主管部门所制定的各项从属法规。包括“用途分类规则”（Use Classes Order）和“开发规则”（Development Order）等。除了上述规划主干法和从属法规以外，中央政府还发布关于城市发展和城市规划的政策性文件——“规划指引”。主要有《国家规划政策导则》（National Planning Policy Guidelines，简称NPPGs）、《规划建议要点》（Planning Advice Notes，简称PANs），其作用是阐述中央政府关于特定规划议题的政策，为地方政府制定规划提供指导。英国的成文规划及规划政策本身不具羁束性。根据法律授权及在规划政策指引下，地方政府依法做出具有羁束力的规划许可。

总结现代城市规划一百多年的演进历史，以制度化的方式来制约公权和私权的行使、以防范可能造成的对公共利益的危害，是城市规划公共管理运作的基本理念。在成熟的西方市场经济国家，城市规划体现公共政策的意图和导向；同时，城市规划的行政机制涉及公共权力的行使，一方面要有法律的授权和符合法定程序，另一方面又受到法律约束和公众的监督，从而保证其运作的权威性、规范性和有效性。

城市规划的具体控制与整体政策框架

在 20 世纪 80、90 年代，随着政治多元论、博弈论、公共管理科学等的兴起，以及人民的社会和政治事务的参与意识的空前提高，西方城市规划界对政治决策和城市经营管理的关注度也进一步提高。这一时期的趋势是在地方的城市规划编制中建构综合性的城市公共政策体系。首先，保持城市规划的空间指导和控制的传统功能，尤其是土地利用规划；然后，围绕地方的发展目标制定一系列基于空间战略的城市公共政策，在地方分权条件下加强对城市发展的控制和引导，提升城市的竞争力。

可以从英国城市规划的历程来探讨这种转变。首先是早先的大伦敦规划。大伦敦规划的重点是空间规划，此外还包含了就业、教育、卫生、收入分配等多方面内容。人们曾对此抱有很大的期望，然而“20 世纪 70 年代以失败告终的结局”无疑是对城市规划界的沉重打击。大伦敦规划的实践表明，城市规划并不是“包治百病”的灵丹妙药；如果没有相应的政府政策和法令保障，空间规划将很难在社会领域发挥作用。

自 20 世纪 70 年代后，英国政府的政策和立法导向发生了重大转变，包括鼓励地方政府在制定经济、社会和土地使用等方面的政策时要与上一层的结构规划有更好的结合。近年来，英国中央政府更为强调规划中的“土地使用战略”，而非宽泛的社会政策目标。亦即地方政府应将规划的关注点集中在土地使用方面，城市土地和空间应成为地方城市发展政策体系的基础。当然，城市规划并不排除对诸如交通、可持续发展等方面问题的考虑，但也不是规划覆盖的领域越广越好。规划相关领域中的内容可以通过其他的社会、经济政策和立法来面对和解决（孙施文，2005）。也就是说，对于城市物质性空间的问题，规划的作用趋于回归到“土地控制”的层面；对于非物质性空间问题，则强调城市规划机制应与其他经济社会机制共同作用，形成整体的政策框架和行动纲领。从而“城市规划具体控制的实质内容在减少，而其政策影响力却在逐步加大。”

对城市规划公共政策属性的认识

通过历史的回顾，综合我国规划界关于城市规划与公共政策的诸多论述和观点，应当可以得出“城市规划具有公共政策的属性”这一结论。但并不能因此而简单地将“城市规划”与“公共政策”画等号。现代城市规划作为一种社会建制，涉及诸多因素，具有多个层面及多样“属性”，任何简单化的理解都是不可取的。

对“城市规划具有公共政策属性”的认识，是基于对规划历史发展和演变过程的一种清晰认识和反思，这种“属性”产生于城市规划起源的社会内涵和政策意识，伴随着城市规划核心价值的变化、深化及升华而逐步凸现、并为广大规划者所认识。

较为具体的辨析，可以分为以下两个方面：

（1）就城市规划的编制和管理的不同阶段而言，其政策属性各不相同，应当区别看待。一般而言，高层级的规划为下一层级的规划提供政策目标，下一层级的规划要体现和实现上一层级规划的政策要求。

宏观层面的、战略性阶段的规划，包括区域性的城镇体系规划、城市总体规划等，由高层级政府（包括中央政府、省级政府）审批，必须要遵循高层级政府的有关政策要求，并据以构建地方的规划政策框架，用以指导各专业领域及实施性规划的编制。这个层面的规划编制，必定要突出政策性，清晰表述具体的政策目标和要求。

在实施性规划阶段，以西方的区划法及我国的控制性详细规划为例，其编制以有关的政策和高层级的规划为依据，综合各项社会性、工程性因素，协调各方利益，形成指导土地开发和利用的技术规定，其主要属性应是“地方性法规”或“公共契约”。

在规划管理的开发控制阶段，我国实行的是“许可制”。规划许可的审定和授予，是“具体行政”行为，要符合国家和地方的有关法律和法规，其“底线”是合法性，而非价值判断，或“效率”“公平”的权衡。一般而言，各级政府制定的公共政策对“具体行政”行为具有指导意义；根据依法治国的宪法精神及行政法治原则，只有当政策文件转变成法律规范，或以“行政命令”的形式发布后，才对“具体行政”行为具有羁束力。由此可见，依法行使规划许可的行政行为是具有法律效力的行为，其本质是“依法行政”。

这样分阶段理解也符合公共政策过程中的“制定、实施”两个过程要求。在事关全局和长远利益的规划编制及专项政策制定阶段，城市规划要以“维护社会整体利益”为目标导向，以贯彻党和国家的方针政策、有效解决社会公共问题的政策构建为己任。这也是从“发现社会问题”到“城市公共政策”出台的一系列功能活动的过程，即城市公共政策的制定过程。而城市公共政策的施行必然是有赖于城市中各个部门、各类组成要素的共同作用，并纳入法制的体系；而在既定的城市公共政策框架下进行的实施性规划的编制及具体的行政管理，即在公共政策的“制度化”施行阶段，城市规划要体现法治精神。

（2）就中央政府和地方政府之间的各自角色和诉求而言，城市规划所承载的政策含义和立意也是有区别的。中央和地方关注的内容和价值判断的基点客观上存在着不一致性，必定导致在不同层级政府之间对于城市规划的公共政策属性和作用理解的不一致。但地方必须服从中央。

从现实看，中央政府赋予城市规划的重要任务是落实宏观调控政策，“城市规划”较多展现为分层次的政策工具特性。例如，中央政府主管部门提出了建设资源节约性社会的政策目标，出台了加强土地使用管理的政策，各级城市规划部门就要具体加以贯彻和落实。

而在地方层面，城市规划在遵从国家宏观政策的前提下，还要为城市的发展制定具体的目标及政策框架，以及处理好与空间相关的各项物质性和非物质性要素。但目前我国许多地方政府对城市规划的理解往往仅仅局限于技术层面，较多关注图纸所展现的城市空间发展的终极状态，较少关注如何实施规划，及规划的配套政策。

地方层面的城市规划面临解决具体的城市发展问题，因此需要将城市规划的具体内容与地方城市发展战略及各项部门政策密切相关。“从某种意义上讲，制定城市规划就是制定城市公共政策，实施城市规划就是实施公共政策”（赵民，2000）。城市规划的综合性和对城市发展的指导作用决定了城市规划可以演绎和承载一定领域的城市政策。因此在“抽象行政”行为的意义上，城市规划一旦得到批准，也就意味着一系列政策的采纳；城市规划的施行，也就意味着城市公共政策的施行。

公共政策视角下的我国城市规划演进

我国现代城市规划的缘起、发展和演进，有着其自身的原因和轨迹。需要对新中国城市规划事业进行反思，进一步理解我国城市规划的职业特征、运行环境，在此基础上探索未来发展的导向。

我国城市规划的阶段性特征

新中国成立后，我国实行高度集中的计划经济制度，"计划"是统筹经济社会发展的纲领，"计划"的政策内涵及价值取向代表了国家意志，而留给"城市规划"的只是在建设领域落实"国家计划"的"工具"角色。在这样的条件下，城市规划的工程技术的属性突出，其社会意识和价值观的弱化是必然的。另一方面，即使在计划经济下，城市规划在客观上仍具有公共政策的效用，但囿于"国家本位"的思维，政策导向显得较为偏颇。

改革开放以后，我国引入了以市场为导向的经济发展模式，计划控制逐步弱化，市场主体快速崛起；同时，城市规划作为政府促进经济发展及调控空间资源配置的手段的作用也不断凸现。另一方面，由于在20世纪80年代以来的相当长时期内，国家的体制改革的目标并不清晰，采取的是"摸着石头过河"的渐进模式，使得城市规划的转型也难以有明确的目标。这一时期相关体制和政策的过渡性，一些领域的改革的滞后性，政府职能转变的不到位，导致了我国城市规划理论发展和实践的滞后。

经过多年探索，我国最终确立了建设"社会主义市场经济"的目标；自20世纪90年代以来，市场化改革不断加快和深化。在"发展是硬道理"的政治口号下，"以经济建设为中心"成为压倒一切的追求。在国家强力推动工业化和经济发展，以及地方领导追求"政绩"的左右下，城市规划被看成了"服务"城市开发和招商引资的工具，其价值取向可谓极其明确。我们看到，在市场经济发展的各个阶段，政府的市场取向、市场主体追求自身利益的动机，往往通过曲折的途径，转化为城市规划的技术语言（陈锋，2004）。在"土地使用权可以有偿转让、房地产热、开发区热、经营城市"等等建设浪潮中，城市规划都"忠实地"充当了技术工具的角色、运用"市场取向的技术话语"来为经济增长服务。可以说这一时期城市规划的"工具"作用大大增强，而"主体地位"及致力于"促进社会和谐发展"的公共政策意识并没有很好确立。

进入新世纪后，基于现实社会问题的压力及对原有发展路径的反思，中央继提出"三个代表"的执政理念后，又提出了要树立"科学发展观"，把建设和谐社会作为发展的根本目标。在这一大背景下，城市规划工作者也在检讨城市规划职业实践和建设工作中存在的问题。规划界已认识到单一的技术观点不但无助于解决城市面临的诸多问题，甚至还会使城市规划走入歧途。现代城市规划的社会内涵和政策属性，在经历了一番波折之后已逐步为大家所认识，这是一个很大的历史性进步。

另一方面应当认识到，我国仍处于经济社会的转型阶段，政治改革任重道远，政府职能的根本转变还有待时日。在未来相当长的时期内，城市规划都不会具备主导城市发展政策的地位和能力。我国现阶段及未来城市规划管理工作的繁忙、规划设计市场的繁荣及理论研究的活跃，并不代表城市规划"本体"地位的提高，以及在政策领域的更大话语权。城市规划的运作离不开所处的政治、经济和社会环境；在诸多因素制约下，尚不能轻言"应当构建城市规划为统领的公共政策框架"及"城市规划是城市建设的核心公共政策"。

从服务于“经济增长”到建设“和谐社会”

构建于新中国特定历史条件的我国城市规划体制，经历了“国家本位”和“政府主导”的计划经济时代，以及政策驱动下的市场经济发展时代。实行改革开放政策以来，我国的地方政府拥有了很大的发展自主权和资源配置能力；尽管历经数次宏观调控，地方政府一直保持着极强的经济职能，仍在直接介入和干预经济活动。因为事实上地方政府也是市场经济的直接利益主体，具有追求自身利益最大化的强烈冲动。中央政府保持着经济和社会发展的调控能力,并一直试图“纠正”地方发展的“偏差”。但政策往往不能完全贯彻，可谓“上有政策，下有对策”，表现出“打擦边球”、“软拖硬抗”、“象征性执行”、搞“土政策”等诸多曲解政策的现象。由于城市在地方经济发展中的重要作用，地方政府必定把城市规划和建设作为实现发展目标和体现政绩的主要途径。

中国的发展成就举世瞩目，不但整体国力大幅提升,社会发展也取得了长足的进步。多年来，城市规划作为政府行为，服务于地方经济增长，为地方政府招商引资和提高经济效率作出了很大的贡献。但以往的发展也出现了一些不平衡，包括：经济领域的增长方式粗放，资源和环境的压力趋大；社会领域出现不和谐状况，对“公平”的顾及不够以至忽视。在发展观存在一定偏差的宏观背景下,“城市规划”的“工具化”倾向过重。城市规划的“物质性设计”产业的发展加快，而城市规划的“公共政策研究”领域的发展则很缓慢。此外,不时可听到一些地方城市领导者对“城市规划阻碍经济发展”的斥责；许多城市把简化和弱化规划管理作为“提高行政效率”、优化投资环境、促进经济发展的重要举措；一些地方的城市政府甚至给规划行政主管部门下达招商引资的年度考核指标。凡此种种，从不同侧面反映了一些政府领导人乃至一部分社会人士仅仅将城市规划看作为一种服务于经济发展的工具或手段。

因而，在现实背景下很有必要强调城市规划的公共政策属性。其深刻意义在于：(1)使政府正确理解和运用城市规划机制，即城市规划主要是政府行为，“城市规划为城市的发展提供目标，为实现这一目标提供不同的途径，协调城市发展过程中的各种矛盾，如不同部门之间、地区之间的矛盾，长远发展和眼前利益的矛盾，社会经济发展与环境、资源保护之间的矛盾，现代化建设与历史文化之间的矛盾等，还对于具体的建设行为进行管理和规范，其目的在于实现城市社会的和谐、可持续发展，追求公共利益的最大化”(石楠，2005)；(2)使城市规划从业人员时刻不忘规划具有价值准则，以及自己所肩负的社会责任；(3)使城市规划教育与时俱进，包括在培养计划中平衡物质性设计与人文社科的课程安排。

“依政策行政”与“依法行政”

改革开放以后，为加快建立市场经济体制和实现现代化，我国的法制建设不同于西方严密的法律推演的模式，采取了“先实践，后立法”的模式，即国家权力机关授予国家行政机关较为宽泛的行政权力，先“摸着石头过河”，在实践检验的基础上再完成立法程序。其基本特点是，在法律法规等制度供给不足情况下，政府享有很大的自由裁量权限，通过制定经济社会发展规划，颁布一系列方针政策来管理国家事务。这实际上也是计划经济时期形成的传统。因而，党和国家的“政策”、中央领导的“讲话精神”，不仅对各级政府的“抽象行政”有着“指令性”的决定作用，而且对于“具体行政”行为也有着“指导”和“规范”作用。

随着改革开放的深入，经济和社会事业的不断进步，我国的法制建设也在逐步推进，并最终确立了建设社会主义法治国家的目标。1999年通过的《中华人民共和国宪法修正案》规定:“中华人民共和国实行依法治国，建设社会主义法治国家。”依法治国的基本要求是国家行政机关进行行政管理必须有明文的法律依据。对于行政机关来说，只有法律规定能为的行为，才能为之，即“法无授权不得行、法有授权必须行”，以“有法可依、有法必依、违法必究、执法必严”为准则。

在依法治国的方略下，我国城市规划的法制建设也已经取得了很大进展，城市规划及与城市规划相关的法律法规不断完善，城市规划的编制、审批以及建设管理的法治化程度不断提高，城市规划“依法行政”的框架已经基本形成。

“法律法规”与“公共政策”是两个既有联系、又有区别的范畴。目前规划界对此的认识尚不清晰，政策科学界对公共政策的定义也还不严密，如：“公共政策是指党和政府用以规范、引导有关机构团体和个人行为的准则或指南，其表现形式有法律、规章、行政命令、政府首脑的书面或口头声明和指示，以及行动计划与谋略等”（张金马，1992）；“公共政策应该界定为国家（政府）、执政党及其他政治团体在特定时期为实现一定的社会政治、经济、文化目标所采取的政治行为或规定的行为准则，它是一系列谋略、法令、措施、办法、方法和条例的总称”（陈振明，2004）。显然，从行政法学的角度看，这些定义中的公共政策表现形式并非都构成行政法的正式“法源”。

根据行政法制原则及学理，可将公共政策分解为“政策内涵”和“政策载体”。“政策内涵”反映执政党和政府的执政理念，是对具体社会事务的处理原则和要求；“政策载体”在现实中有两类，第一类是“指示、决定、通知、指引”等，表现为“政策文件”的形式；第二类是“法律、规章、条例、命令”等，表现为“法律文件”的形式。

“政策文件”与“法律文件”同为公共政策的载体，但有着不同的特征。“政策文件”的出台作为一种行政行为，可以较灵活，以便及时应对经济社会发展中出现的问题；“政策文件”是在政府层级间（高向低）传递指示、决定和要求，主要体现行政机关内部的控制机制，对具体行政行为具有指导意义，但不直接具有羁束力。而“法律文件”的制定要依据和落实党和国家的大政方针，要依照法定程序；“法律文件”以法定形式颁布，构成行政法的法源，是依法行政的依据。

所以尽管“政策文件”与“法律文件”同为公共政策的载体，具有内在的统一性，但两者有着明显的区别。政策一旦“制度化”，即以立法的形式出现后，就具有了法律自身的规定性，其效力不以政策的改变而改变。根据行政法治原则，依据“法律文件”而生效的具体行政行为，具有确定力、拘束力和执行力，非经法定程序不能改变。因而在现实中，一般不把法律法规称为政策。

城市规划的“政策导向”与“行政管理”的体系构成

区分“政策文件”与“法律文件”，对于我国城市规划事业的改革和完善具有重要意义。城市规划要体现公共政策的属性，或是要介入公共政策的制定，需要把握好在不同规划阶段的任务性质、工作方法以及表现形式。拟可按照“宏观政策导向—地方政策转译—地方具体行政”的逻辑关系来构建城市规划政策与行政体系（图 1）。

要解决我国现行城市规划的种种不足，关键是要明确城市规划作为资源配置的调控手段，需要在国家与区域的发展目标和政策的指引下，追求环境资源的可持续发展，保护城市社会的公共利益，以及维护公民、法人和其他团体的合法权益。从实践角度而言，城市规划的功能具有层次性，必须要形成一个体系。

区域和城市总体层面的规划，具有战略性和政策性；在这一层次的规划编制中，要根据中央和高层级政府的宏观政策及相关的法律、法规和部门政策，结合地方的具体条件，通过部门合作，

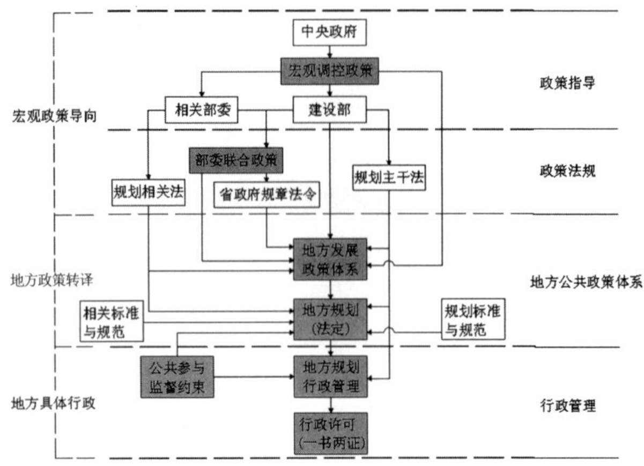

图 1　城市规划政策与行政构成体系

构建“地方发展的公共政策体系”及空间发展规划。在这当中，既要“转译”中央及高层级政府的政策要求，同时也要主观能动地制定地方的政策体系。

而在地方的城市规划行政管理层面，要使既定的公共政策“制度化”，从而为“依法行政”提供前提条件，所以面向城市开发管理的规划编制要走向法制化。我国《城乡规划法》对控制性详细规划的种种明文规定充分体现了这一导向。总之，一方面要完善控制性详细规划等实体性行政依据，从而力求减少开发许可管理中的自由裁量权限、增加羁束权限；另一方面还要构建完善的行政程序，使诸如“公共参与”、“行政救济”等程序制度化，并使其的运作更为公开、公正和高效。

结论

以历史的视角，城市规划的公共政策属性从其诞生起就已客观存在。在我国经济、社会及城镇化发展的现实背景下，重新审视、深刻理解“城市规划的公共政策属性”十分有必要。

可将公共政策分解为“政策内涵”和“政策载体”两部分；“政策文件”与“法律文件”同为公共政策的载体，但有着不同的特征。“政策文件”是在政府层级间传递指示、决定和要求，主要体现行政机关内部的控制机制。而“法律文件”的制定要依据和落实党和国家的大政方针，并以法定形式颁布，构成行政法的法源，是依法行政的依据。

区域和城市总体层面的规划，具有战略性和政策性，既要“转译”中央及高层级政府的政策要求，同时也要主观能动地制定地方的政策体系。而在地方的城市规划行政管理层面，要将公共政策“制度化”，通过实体性和程序性双重控制，使规划行政管理既具有明文的法律依据，又获得“程序公正”的保障，从而实现“依法行政”。

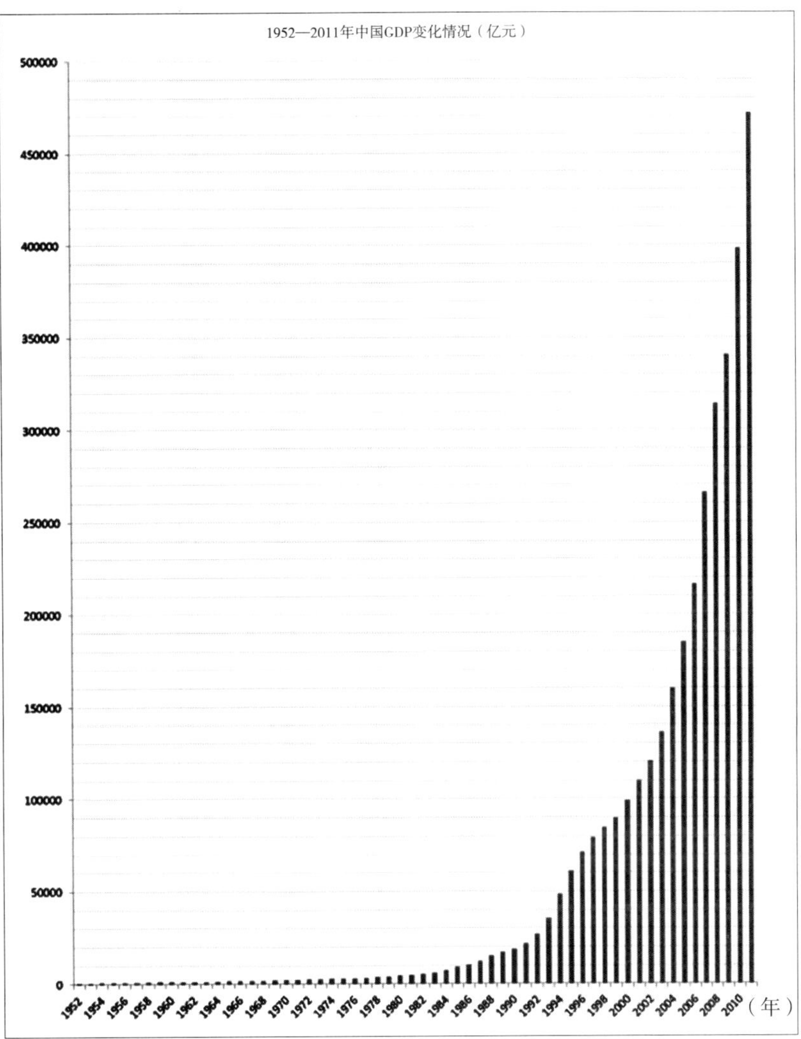

框图 18　中国的经济发展历程

1952—2011 年的 60 年来，中国经济发展取得了举世瞩目的成就。从发展历程看，大致可以分为三个阶段：1952—1978 年间，经济发展缓慢；1978 年“十一届三中全会”提出改革开放政策之后，中国经济发展速度开始加快，特别是 1992 年邓小平南巡讲话之后，大大激发了沿海地区的经济活力；进入新千年以来，“入世”为中国经济的持续高速发展注入一剂强心剂。以 GDP 为例，总量上从 1952 年的 679 亿元增长到 2011 年的 471564 亿元，增长近 700 倍，已位居全世界第二

城市规划的历史与展望

THE CRISIS,

OR THE CHANGE FROM ERROR AND MISERY, TO TRUTH AND HAPPINESS

1832.

IF WE CANNOT YET RECONCILE ALL OPINIONS,

LET US ENDEAVOUR TO UNITE ALL HEARTS.

IT IS OF ALL TRUTHS THE MOST IMPORTANT, THAT THE CHARACTER OF MAN IS FORMED FOR—NOT BY HIMSELF.

Design of a Community of 2,000 Persons, founded upon a principle, commended by Plato, Lord Bacon, Sir T. More, & R. Owen

EDITED BY
ROBERT OWEN AND ROBERT DALE OWEN.

London:
PRINTED AND PUBLISHED BY J. EAMONSON, 15, CHICHESTER PLACE
GRAY'S INN ROAD.
STRANGE, PATERNOSTER ROW, PURKISS, OLD COMPTON STREET
AND MAY BE HAD OF ALL BOOKSELLERS.

引 言

在影响人类生活和文化方面，城市规划的作用或许是最明显的；但与此同时，也是最看不见、摸不着的。用《社区：生计手段和生活方式》(Communitas: Means of Livelihood and Ways of Life)(1947)共同作者珀西瓦尔·古德曼（Percival Goodman）和保罗·古德曼（Paul Goodman）的话来说，当我们每天奔走劳碌的时候，很难认识到“平常人可以在一张纸上随意画了几条线或其他什么；但是，当工程师和建筑师一旦在图纸上画下一些线条来，就确定了人们行走和生活的方式”。

当闪族国王们建设埃利都（Eridu）和乌鲁克（Uruk）城墙的时候，他们就在致力于城市规划了，并且这样就决定了他们的人民今后如何生活。城墙为市民提供了安全和保护，也界定了城邦的新政体。与之相关的道路、桥梁、灌溉系统和具有商贸和市场交易功能的城市中心，这些都具备双重的职能，因为他们不仅要满足全体城市居民的实际社会需要，也要满足尤其是国王和僧侣精英们的（显耀）权力需求。古代城堡不仅仅是经济和政治权力的中心，也是宗教意义上的中心；这样，城市规划的第三要素在城市建设初期就已经有了，所谓的第三要素是指理想化的、关于人类存在的最佳可能的存在状况组成模式的精神层面的愿景。

现代城市规划的起源是复杂的。在一个层面上说，现代规划是历史模型和前现代模型的一种径直延伸，其赋予了如下内涵，即城市规划是基于满足市民大众的健康、安全和舒适，城市精英的政治利益，并表达每一种文化的最高精神理想的方式的目的而将秩序性强加于自然。然而在另一个层面上讲，现代城市规划远远比从前所做任何一件事情都复杂得多。总的来说，现代城市规划是在政治和经济多元化环境下实施的，这就使得城市的每一次物质性安排的选择都是竞争利益间的一次复杂协商。现代城市规划的实践也是发生在人类大发展的时期，这个阶段规划师的界定目标不再仅仅是强加人类秩序于大自然，而是持续地把秩序强加于城市本身。

规划的所有目标和功能（包括古代的继承和现代的创造）都出现在最初规划对与工业革命有关的城市状况的反应之中。如恩格斯和其他同时代观察家所描述的，秉承新工业制度的城市，其主要特征就是恐怖的拥挤、无处不在的苦难和绝望。每天公众的健康和安全都受到威胁，这不仅仅是指贫穷的工人阶级，也包括资本主义中产阶级。这样的状况引发了住房改革运动、引发了供水和排水技术的巨大发展，也使得中产阶级郊区得以出现。这样的状况也导致了欧洲和美洲由不同行业公司组成的“公司城镇”模式的建设，更是导致了现代城市规划职业的产生。

回顾19世纪城市规划的历史，理查德·勒盖茨和弗雷德里克·斯托特（本书英文版的主编）曾经写道：“经典的早期城市规划历史文献经常看起来具有惊人的现代色彩。”早期城市规划的惊人现代性的一个典型案例就是19世纪的公园运动，尤其是弗雷德里克·劳·奥姆斯特德的作品激发了类似于现代综合型城市规划的实践。例如纽约中央公园项目反映了欧洲景观园艺的移植和民主化趋势。但是不可否认，奥姆斯特德的目标绝不仅仅是把自然引入城市。在一定程度上，奥姆斯特德不断呼吁美国城市的政治和经济方面的精英阶层，建设公园以实现广大公众利益；这些公园可以作为城市的“绿肺”，从而有益于人们的健康；这些公园对于都市区的物质性基础设施而言是确实需要的，并且提供了通常意义上的娱乐场地；公园的池塘和水池可以作为市政供水系统的组成部分；并为那些被庸俗的街道娱乐、酒吧和妓院诱惑的穷人和工人阶层青年提供了另一种有益健康的选择，来舒缓并调和人性。

奥姆斯特德不仅仅是一位有远见卓识的改革家，也是一名成功的商人，他有精明的政治执行能力，懂得在大型市政项目上就如何投资和获得支持等方面为客户提供有用的战略性建议。有这样一群被冠以“乌托邦现代主义者”称谓的建筑师、规划师和活动家，他们虽然有一点脱离实际，但是却更加具有远见卓识。埃比尼泽·霍华德、勒·柯布西耶和弗兰克·劳埃德·赖特就是其中的三位，他们定义了乌托邦传统的主流。尽管他们中没有一个人的乌托邦理想在现实中被完全实现，但却都对 21 世纪现代城市和城市生活产生了巨大的影响。第四位是西班牙工程师和规划师阿图罗・索里亚・玛塔（Arturo Soriay Mata），他因为对城市交通系统和土地使用间关系的构想而影响深远。索里亚的带型城市构想认为，城市发展是建设在包括一条有轨电车线和其他市政公用设施在内的中央骨架之上。

埃比尼泽·霍华德可以引以为傲的是，他是“田园城市思想的创始人”。田园城市的主要思想是，通过在乡村建设小型的、自给自足的、绿带环绕的城市来缓解现代大都市的拥挤，霍华德对于田园城市项目持久的坚持是现代城市规划历史的里程碑之一。《明日的田园城市》中古雅别致的维多利亚时期的图案和图表反映了霍华德建设“一群无贫民和无烟城市”的构想。霍华德起初想把他的田园城市建设成为社会协作公有的。他想把环城绿带建设得比城市建成区部分大得多。并且，他想让他的城市在经济上实现自给自足，而不是仅供通勤的郊区。在实际建设莱奇沃思和韦林（霍华德 1924 年去世前建设的两座田园城市）的过程中，霍华德不得不对其最初的很多目标进行妥协。建设场地和商业是私有的，绿带更多地作为公园，而非扩展的乡村缓冲区，并且两座田园城市没有一座实现了最初设想的完全经济自给自足。尽管如此，如同韦林规划所展示的，这两座田园新城是完全意义上的经过规划的社区，其蕴含了很多霍华德的思想。田园城市实验引发了更大规模的城市规划运动，霍华德的追随者在世界各地推广田园城市的思想和实践。

夏尔 - 爱德华・让纳雷（Charles-Edouard Jeanneret）——就是我们熟悉的勒・柯布西耶，他是另一位乌托邦空想家，他从来没有看到他的理想规划得以完全实现，尽管如此，他却有着巨大的影响力。勒·柯布西耶设想他的“300 万人口的现代城市”是由一系列的精致塔楼组成，几何排列在周边公园中，他花了多年时间来寻找政府和实业家来资助他的规划。许多具有勒·柯布西耶式的向高空发展特点的城市已经在世界各地建成。实际上，现代建筑的国际风格和由勒・柯布西耶发起的国际现代建筑协会的原则已经成为城市发展的全球标准。但是，几乎在每一个案例中，周边环绕的公园都在现实中被妥协消失了。在一个接一个的案例中，公园中的塔楼都变成了没有公园的塔楼，或者是更甚之，公园中的塔楼成了停车场中的塔楼。

当勒・柯布西耶发表他的宣言，并用他的现代主义规划方案撼动建筑和规划基石的时候，像克拉伦斯·佩里、克拉伦斯·斯坦、亨利·赖特（Henry Wright）等美国规划师也在探寻如何建立适应小汽车的城市模式。作为一位建筑师和教育工作者，佩里发表了一篇影响深远的文章“邻里单元”，并在本书第 7 部分“城市设计”中收录。佩里设想为有车的基本家庭单元 * 提供以学校为核心的、紧凑的邻里社区，并制定出足够的土地使用和街道设计以容纳足够的家庭来支撑一所小学，这所小学被几乎是仅供邻里居民慢行交通使用的街道所围绕。在新泽西，斯坦和赖特在其非常有影响力的拉德本规划中，创造并实施了一系列规划概念，包括大街坊、住区尽头路和机非分离。弗兰克·劳埃德·赖特也对小汽车的发展作出了回应，并于 1935 年提出了“广亩城市”的构想。赖特提议建设一座由大约人均 1 英亩的农庄组成的城市，并呼吁让高密度和拥挤的传统城市逐步衰败。赖特认为私人小汽车实际上将会消除距离，并可能形成一种新式的基于个人主义、家庭和自给自足的社区。有些人认为，赖特的广亩城市的实际结果是蔓延的郊区。人均 1 英亩变为户均 1/8 英亩或更少，中心城市也并没有衰退，小汽车的单一交通变为一种新的依赖方式，而不仅是技术解放。以家庭为基础的郊区社区往好点儿说是“问题多多”，往坏一点儿说是“成了被嘲笑的对象”，并创造了肯尼斯·杰克逊所描述的“车轮子上的文化”。更近一点儿的是像罗伯特·布鲁格曼一样的郊区居民的辩护者，他认为人们普遍鄙视的无序蔓延实际上是顺理成章的、受大众欢迎的，为了承载比过去更大规模的人口，这几乎是不可避免的。

如果称这些有点儿乌托邦的空想家为规划师的话，那么他们决不仅仅是规划师。在这一群体中，即使是埃比尼泽·霍华德这样其中最为中庸的人，他也是一位梦想家。整体上看，这些乌邦托现代主义者非常关注宏大的哲学议题，比如人类和自然的联系、城市规划和道德改革的关系以及城市设计和技术对于社会进化转型所起的作用。解决现实世界中一直在变化的城市和大都市区域中的问题的任务就留给了更加现实的先生和女士们，他们就像 20 世纪城市规划发展中的城市规划从业者。如果乌托邦现代主义者建立了崇高的目标的话，这些职业规划师们则致力于相关的细节工作，这些工作在本书第 7 部分“城市规划实践”中做了阐述。虽然如此，对于通过更好的城市规划来创造更好的生活的愿景勾画仍然是当代城市规划发展的重要驱动力。创立一个好的规划愿景并遵守之，可以产生深远的积极影响。像得克萨斯州圣安东尼奥（San Antonio）著名的帕塞奥·德尔里奥（Paseo del Rio）滨河步行道再开发项目，原本该地区是一条河流转弯处，并且有排污渠，极大地损害了城市形象，但是通过对该衰败地区的再开发，重新焕发了社区的吸引力。如同许多其他城市一样，圣安东尼奥创立了使一个问题区域转变为一处壮丽的社会文化和娱乐设施集聚地的图景。如今，帕塞奥提供了令人愉悦的静坐、散步、划船和购物的场所。马萨诸塞州的波士顿也成就了同样的城市规划杰作，通过与开发商詹姆斯·劳斯（James Rouse）的合作，将昆西（Quincy）市场周边一座破烂废弃的集市转变为一处华丽的散步、购物、晚餐和文化活动的中心。同样，旧金山著名的巧克力工厂原本是一座被禁止生产的巧克力作坊。

20 世纪 70 和 80 年代一个新的规划思想在规划圈子里面流行，即可持续发展思想。由于与环境保护主义和“绿色”政治紧密联系，“可持续性”成为当时规划讨论中无处不在的口号。1987 年发表的世界环境与发展委员会（WCED）报告将可持续发展思想提升到了世界高度，成

* 指只包括父母和子女的家庭。——译者注

为全世界重要的事件；因为世界环境与发展委员会主席是挪威首相格罗·哈莱姆·布伦特兰，由此该报告也被称为布伦特兰报告。

按照布伦特兰报告所定义，可持续发展是指“适应当今需求但不应危及后代满足他们需求的能力的发展模式”。考虑到“生物圈吸收人类活动影响的能力”，WCED 把人类的基本需求定义为“食物、衣服、住所和工作”，并且呼吁世界各国特别关注“大量的未满足基本需求的贫民，他们的基本需求应该得到最最优先的考虑”。在布伦特兰报告的唤醒下，世界各国被要求削减工业产品产量和减少影响气候的温室气体排放量，并且世界各地的城市也被要求实施关于交通、能源使用、资源管理和无序蔓延的“绿色政策”。如同蒂莫西·比特雷所描述的那样，欧洲很多城市现在正在实施布伦特兰报告所建议的政策。

卓有远见的城市规划传统——尤其是可持续发展思想——在当下是非常有活力的。除了本书讨论的可持续的城市发展图景（特别是蒂莫西·比特雷和斯蒂芬·惠勒的工作）以外，“新城市主义”既是具有远见的规划和设计运动，也是营利性的、基于商业性的房地产开发过程。这一过程起始于“新传统主义”。在建设新社区时新传统主义强调恢复小城镇尺度，现在这样的类似房地产活动已经从佛罗里达传到加利福尼亚，并遍及全世界。

本部分收录的两篇中文文献是由梁思成先生和吴良镛先生所撰写。梁先生和吴先生都是我国城市规划学和建筑学领域的开拓性学者。梁先生是中国建筑学和城市规划学科的奠基人之一，本部分收录的“北京——都市计划的无比杰作”是梁先生发自肺腑的对北京都城规划的精彩总结。文章论述了祖先对北京城的选址、北京城的历史发展演变和历史上四次大的改建（金，元，明，清），由此认识到一个事实，“就是城墙的存在也并不能阻碍城区某部分一定的发展，也不能防止某部分的衰落。全城各部分是随着政治、军事、经济的需要而有所兴废……。”文章紧接着从北京市的水源、航运、中轴线布局、道路等级和环道系统以及功能分区等方面探讨了北京城市规划的特色，并提出保护北京城的重要性和紧迫性。从历史视角看，梁先生早年的很多规划思想，比如城镇体系规划、北京城墙的保护、规划法制、城市规划教育、中国建筑史等等是具有时代意义的，所以该文的导读对梁先生的城市规划思想做了较全面的简要介绍。故该文导读的结构与其他文章略有差异。

本部分所收录的另一篇文章“城市规划学的形成、发展和趋势”由吴良镛先生撰写。文章分别以西方和中国两条线索论述了城市规划学的形成和发展过程，并以工业革命为节点划分为前城市化时期和近代城市化时期。文章开篇即提出，“规划是人类的基本活动之一。规划是进行合理选择和对未来活动加以控制的行为，规划也是一种解决问题的特殊形式。从有意识地安排建筑空间和物质环境这个意义上来说，城市规划可以说和城市一样古老。”文章高度概括了近代城市规划的特点：“……有着更为广泛的内容。它对城市环境的形成、发展、布局与变化进行综合的研究，周密的规划，以期从政治、经济、社会、文化、美学多方面满足人们的生活需要……人们只能通过更深入的科学研究，力求更科学地预测未来，以不断地、及时地调节和完善城市的规划，这也正是城市规划学发展的总趋势。”

北京——都市计划的无比杰作*

梁思成

编者导读

梁思成先生（1901—1972年）是中国近代建筑教育事业的奠基者之一。梁思成1923年毕业于北京清华学校，1927年获美国宾夕法尼亚大学建筑学士、硕士学位，1928年回国创办东北大学建筑系，1946年创办清华大学建筑系。梁思成先生是联合国大厦顾问建筑设计师，1948年当选为中央研究院院士，1946—1972年任清华大学建筑系主任。

在城市规划方面，梁先生早在1930年就与张锐合作完成《天津特别市物质规划方案》。梁先生在该规划方案中首次提出了“大天津”的市县合并方案，并系统地阐述了城市交通、道路、绿化、公园、公共建筑、公交、航空、供水、排水、滨水岸线、垃圾处理、电力等设施规划。最为可贵的是，该规划不仅应用了功能分区的现代规划思想，还编写了《分区条例草案》和《设计及分区授权法草案》，体现了城市规划的公共政策属性。在《天津特别市物质规划方案》的最后几个章节还提出了详细的财政实施计划，这即使在今天的城市规划编制中也实属难能可贵。

1945年梁先生在阅读沙里宁新著《城市：它的产生、发展与衰败》后写成了“市镇的体系秩序”一文，明确指出：“市镇计划是民生基本问题之一，其优劣可以影响到一个区域乃至整个市镇的居民的健康和社会道德，工作效率”，“一个市镇是会生长的，它是一个有机的组织体。”梁先生十分准确地判断：“我们国家将由农业国家开始踏上工业化大道……在今后数十年间，许多的市镇农村恐怕要经历到前所未有的突然发育，这种发育，若能预先计划，善于辅导，使市镇发展为有秩序的组织体，则市镇健全，居民安乐……。”这可能是中国最早提出的城镇体系规划思想，也是对中国之后的快速城镇化道路的准确预判。

新中国成立后，梁思成与夫人林徽因写成《城市计划大纲》序，继续提倡现代规划理论。1950年梁思成与陈占祥合作，积极为首都的未来发展献计献策。《关于中央人民政府行政中心区位置的建议》主张发展新区，保护旧城；《人民首都的市政建设》提出了系统的北京市政建设要点；《关于北京城墙存废问题的讨论》提出了保护北京城墙，可惜这些卓越见解未被采纳。梁思成还翻译了《苏联卫国战争中被毁地区之重建》一书，并阐述阅读翻译的体会，强调建

* 本文选自《梁思成全集》第五卷（中国建筑工业出版社，2001）。关于梁思成生平的内容参考了吴良镛先生为《梁思成全集》所写的前言。——编者注

设新城必须尊重城市原有的风貌。

梁先生虽然接受了西方建筑教育，但是其深感建筑史不能只讲西方的，中国应该有自己的建筑史。从沈阳清东陵调查开始，梁先生以毕生的精力，对中国古建筑研究做了开拓性的工作。梁思成先生撰写的《中国建筑史》是中国第一部系统的建筑史书籍。在建筑（文物）保护方面，梁先生还提出“整旧如旧”的现代建筑（城市）保护思想。梁先生也从事过一些实际的工程设计，比如吉林大学、中国人民英雄纪念碑、鉴真纪念堂；梁先生还是国徽设计清华小组的领导者。《建筑学报》和中国建筑学会也是梁先生在 1953 年与汪季琦共同促成的。梁先生还与林徽因共同保护了北京的景泰蓝工艺。

“北京——都市计划的无比杰作”一文是梁思成先生对北京城市规划建设的精彩描述，字里行间透露着梁思成先生对祖国、对祖国首都无尽的热爱。文章首先系统地阐述了北京城的选址和四次大规模改建，接着论述了北京市的水源问题、航运问题、中轴线布局、道路等级和环道系统以及功能分区。文章指出“……最难得的是明清两代易朝换代的时候都未经太大的破坏就又在旧基础上修建展拓……。”梁先生认为，北京城之所以得到完整的保存，主要是因为以往北京不是工商业中心，所以形体环境尚未破坏。这一认识如果能够得到重视的话，北京今天的城市面貌无疑将会大不相同。必须承认，北京过多地承担了国家经济中心的职能，其代价就是历经千年保存下来的历史文化遗产湮没于遍布城市的高楼大厦之中。这不能不说是北京城市建设发展的遗憾。

梁思成先生不仅认识到了北京城历史格局得以保存的内在机制，还远见地认识到北京城墙保护的重要性。更难能可贵的是，梁思成先生并不是简单地谈论北京城的保护，而是深入地提出了“如何保护”的设想，比如利用城墙建设环城立体公园……此外，“发展新城，保护旧城”的城市保护思想在文中也已经明确提出……

60 年后重读梁先生的文章，其思想仍然熠熠生辉，不禁让今人惭愧。梁先生一生坎坷，疾病缠身，其取得的伟大成就与其个人的精神品格和坚强的毅力有很大关系，梁先生尽毕生精力呼吁国家和社会重视建筑艺术，保护民族文化，为我国建筑和城市规划事业作出了卓越贡献。

关于梁思成先生城市规划方面的著述可以参阅《梁思成全集》（第一卷，第四卷，第五卷）（中国建筑工业出版社，2001）。关于北京城市规划建设的相关文献可以阅读《从幽燕都会到中华国都：北京城市嬗变》（韩光辉，商务印书馆，2011）、《梁陈方案与北京》（梁思成　陈占祥 著，辽宁教育出版社，2005）、《北京城的生命印记》（侯仁之，生活·读书·新知三联书店，2009）。此外《1900—1949 年北京的城市规划与建设研究》（王亚南，东南大学出版社，2008）、《北京：一座失去建筑哲学的城市》（王博，辽宁科学技术出版社，2009）、《城记：北京城半个多世纪的沧桑传奇》（王军，生活·读书·新知三联书店，2004）也是不错的关于北京城市建设的读物。

正文

人民中国的首都北京，是一个极年老的旧城，却又是一个极年轻的新城。北京曾经是封建帝王威风的中心，军阀和反动势力的堡垒，今天它却是初落成的，照耀全世界的民主灯塔。它曾经是没落到只能引起无限“思古幽情”的旧京，也曾经是忍受侵略者铁蹄践踏的沦陷城，现在它却是生气勃勃地在迎接社会主义曙光中的新首都。它有丰富的政治历史意义，更要发展无限文化上的光辉。

构成整个北京的表面现象的是它的许多不同的建筑物，那显著而美丽的历史文物，艺术的表现；如北京雄劲的周围城墙，城门上嶙峋高大的城楼，围绕紫禁城的黄瓦红墙，御河的栏杆石桥，宫城上窈窕的角楼，宫廷内宏丽的宫殿，或是园苑中妩媚的廊庑亭榭，热闹的市中心里牌楼店面，和那许多坛庙，塔寺，第宅，民居。它们是个别的建筑类型，也是个别的艺术杰作。每一类，每一座，都是过去劳动人民血汗创造的优美果实，给人以深刻的印象；今天这些都回到人民自己手里，我们对它们宝贵万分是理之当然。但是，最重要的还是各种类型，各个或各组的建筑物的全面配合；它们与北京的全盘计划整个布局的关系；它们的位置和街道系统如何相辅相成；如何集中与分布；引直与对称；前后左右，高下起落，所组织起来的北京的全部部署的庄严秩序，怎样成为宏壮而又美丽的环境。北京是在全盘的处理上才完整地表现出伟大的中华民族建筑的传统手法和在都市计划方面的智慧和气魄。这整个的体形环境增强了我们对于伟大的祖先的景仰，对于中华民族文化的骄傲，对于祖国的热爱。北京对我们证明了我们的民族在适应自然，控制自然，改变自然的实践中有着多么光辉的成就。这样的一个城市就是一个举世无匹的杰作。

我们继承了这份宝贵的遗产，的确要仔细地了解它——它的发展历史、过去的任务、同今天的价值。不但对于北京个别的文物，我们要加深认识，且要对这个部署的体系提高理解，在将来的建设发展中，我们才能保护固有的精华，才不至于使北京受到不可补偿的损失。并且也只有深入地认识和热爱北京独立的和谐的整体格调，才能掌握它原有的精神来作更辉煌的发展，为今天和明天服务。

北京城的特点是热爱北京的人们都大略知道的。我们就按照这些特点分述如下。

我们的祖先选择了这个地址

北京在位置上是一个杰出的选择。它在华北平原的最北头，处于两条约略平行的河流的中间，它的西面和北面是一条弧线的山脉围抱着，东面南面则展开向着大平原。它为什么坐落在这个地点是有充足的地理条件的。选择这地址的本身就是我们祖先同自然斗争的生活所得到的智慧。

北京的高度约为海拔50米，地质学家所研究的资料告诉我们，在它的东南面比它低下的地区，四五千年前还都是低洼的湖沼地带。所以历史家可以推测，由中国古代的文化中心的“中原”向北发展，势必沿着太行山麓这条50米等高线的地带走。因为这一条路要跨渡许多河流，每次便必须在每条河流的适当的渡口上来往。当我们的祖先到达永定河的右岸时，经验使他们找到那一带最好的渡口。这地点正是我们现在的卢沟桥所在。渡过了这个渡口之后，正北有一支西山山脉向东伸出，挡住去路，往东走了十余公里这支山脉才消失到一片平原里。所以就在这里，西倚山麓，东向平原，一个农业的民族建立了一个最有利于发展的聚落，当然是适当而合理的。北京的位置就这样产生了。并且也就在这里，他们有了更重要的发展。同北面的游牧民族开始接触，是可以由这北京的位置开始，分三条主要道路通到北面的山岳高原和东北面的辽东平原的。那三个口子就是南口，古北口和山海关。北京可以说是向着这三条路出发的分岔点，这也成了今天北京城主要构成原因之一。北京是河北平原旱路北行的终点。又是通向“塞外”高原的起点。我们的祖先选择了这地方，不但建立一个聚落，并且发展成中国古代边区的重点，完全是适应地理条件的活动。这地方经过世代的发展，在周朝为燕国的都邑，称作蓟；到了唐是幽州城，节度使的府衙所在。在五代和北宋是辽的南京，亦称作燕京;在南宋是金的中都。到了元朝,城的位置东移,建设一新,成为全国政治的中心,就成了今天北京的基础。最难得的是明清两代易朝换代的时候都未经太大的破坏就又在旧基础上修建展拓,随着条件发展。到了今天,城中每段街、每一个区域都有着丰实的历史和劳动人民血汗的成绩。有纪念价值的文物实在是太多了。

(本节的主要资料是根据燕大侯仁之教授在清华的讲演“北京的地理背景”写成的。)

北京城近千年来的四次改建

一个城是不断地随着政治经济的变动而发展着改变着的,北京当然也非例外。但是在过去一千年中间,北京曾经有过四次大规模的发展,不单是动了土木工程,并且是移动了地址的大修建。对这些变动有个简单的认识,对于北京城的布局形势便更觉得亲切。

现在北京最早的基础是唐朝的幽州城,它的中心在现在的广安门外迤南一带。本为范阳节度使的驻地,安禄山和史思明向唐代政权进攻曾由此发动,所以当时是军事上重要的边城。后来刘仁恭父子割据称帝,把城中的“子城”改建成宫殿的规模,有了宫殿。937年,北方民族的辽势力渐大,五代的石晋割了燕云等十六州给辽,辽人并不曾改动唐的幽州城,只加以修整,将它“升为南京”。这时的北京开始成为边疆上一个相当区域的政治中心了。

到了更北方的民族金人的入侵时,先灭辽,又攻败北宋,将宋的势力压缩到江南地区,自己便承袭辽的“南京”,以它为首都。起初金也没有改建旧城,1151年才大规模地将辽城扩大,增建宫殿,意识地模仿北宋汴梁的形制,按图兴修。它把宋东京汴梁(开封)的宫殿苑囿和真定(正定)的潭圃木料拆卸北运,在此大大建设起来,称它作中都,这时的北京便成了半个中国的中心。当然,许多辉煌的建筑仍然是中都的劳动人民和技术匠人,继承着北宋工艺的宝贵传统,又创造出来的。在金人进攻掠夺“中原”的时候,“匠户”也是他们掳劫的对象,所以汴梁的许多匠人曾被迫随着金军到了北京,为金的统治阶级服务。金朝在北京曾不断地营建,规模宏大,最重要的还有当时的离宫,今天的中海北海。辽以后,金在旧城基础上扩充建设,便是北京第一次的大改建,但它的东面城墙还在现在的琉璃厂以西。

1215年元人破中都,中都的宫城同宋的东京一样遭到剧烈破坏,只有郊外的离宫大略完好。1260年以后,元世祖忽必烈数次到金故中都,都没有进城而驻驿在离宫琼华岛上的宫殿里。这地方便成了今天北京的胚胎,因为到了1267年元代开始建城的时候,就以这离宫为核心建造了新首都。元大都的皇宫是围绕北海和中海而布置的,元代的北京城便围绕着这皇宫成一正方形。

这样,北京的位置由原来的地址向东北迁移了很多。这新城的西南角同旧城的东北角差不多接壤,这就是今天的宣武门迤西一带。虽然金城的北面在现在的宣武门内,当时元的新城最南一面却只到现在的东西长安街一线上,所以西城还隔着一个小距离。主要原因是当元建新城时,金的城墙还没有拆掉之故。元代这次新建设是非同小可的,城的全部是一个完整的布局。在制度上有许多仍是承袭中都的传统,只是规模更大了。如宫门楼观,宫墙角楼,护城河,御路,石桥,千步廊的制度,不但保留中都所有,且超过汴梁的规模。还有故意恢复一些古制的,如“左祖右社”的格式,以配合“前朝后市”的形势。

这一次新址发展的主要存在基础不仅有天然湖沼的离宫和它优良的水潭,还有极好的粮运的水道。什刹海曾是航运的终点,成了重要的市中心。当时的城是近乎正方形的,北面在今日北城墙外约两公里,当时的鼓楼便位置在全城的中心点上,在今什刹海北岸。因为船只可以在这一带停泊，钟鼓楼自然是那时热闹的商市中心。这虽是地理条件所形成，但一向许多人说到元代北京形制，总以这“前朝后市”为严格遵循的古制的证据。元时建的尚是土城，没有砖面，东，西，南，每面三门；唯有北面只有两门，街道引直，部署井然。当时分全市为五十坊，鼓励官吏人民从旧城迁来。这便是辽以后北京第二次的大改变。它的中心宫城基本上就是今天北京的故宫和北海中海。

1368年明太祖朱元璋灭了元朝，次年就“缩城北五里”，筑了今天所见的北面城墙。原因显然是本来人口就稀疏的北城地区，到了这时，因航运滞塞，不能达到什刹海，因而更萧条不堪，而商业则因金的旧城东壁原有的基础渐在元城的南面郊外繁荣起来。元的北城内地址自多旷废无用，所以索性缩短五里了。

明成祖朱棣迁都北京后，因衙署不足，又没有地址兴建，1419年便将南面城墙向南展拓，由长安街线上移到现在的位置。南北两墙改建的工程使整个北京城约略向南移动四分之一，这完全是经济和政治的直接影响。且为了元的故宫已故意被破坏过，重建时就又做了若干修改。最重要的是因不满城中南北中轴线为什刹海所切断。将宫城中线向东移了约150米，正阳门，钟鼓楼也随着东移，以取得由正阳门到鼓楼、钟楼中轴线的贯通，同时又以景山横亘在皇宫北面如一道屏风。这个变动使景山中峰上的亭子成了全城南北的中心，替代了元朝的鼓楼的地位。这五十年间陆续完成的三次大工程便是北京在辽以后的第三次改建。这时的北京城就是今天北京的内城了。

在明中叶以后，东北的军事威胁逐渐强大，所以要在城的四面再筑一圈外城。原拟在北面利用元旧城，所以就决定内外城的距离照着原来北面所缩的五里。这时正阳门外已非常繁荣，西边宣武门外是金中都东门内外的热闹区域，东边崇文门外这时受航运终点的影响，工商业也发展起

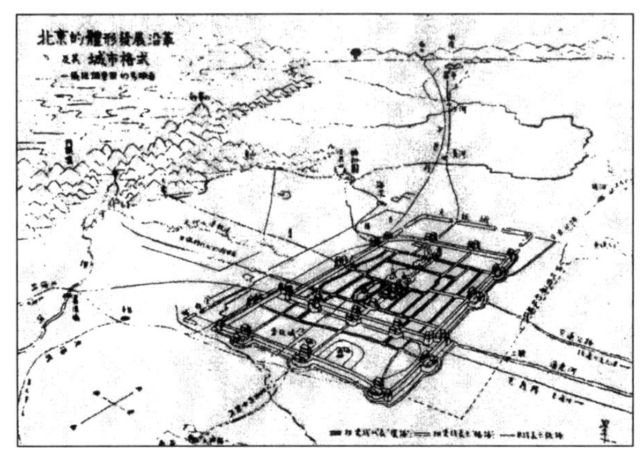

图1　北京的体形发展沿革

来。所以工程由南面开始，先筑南城。开工之后，发现费用太大，尤其是城墙由明代起始改用砖，较过去土墙所费更大，所以就改变计划，仅筑南城一面了。外城东西仅比内城宽出六七百米，便折而向北，止于内城西南东南两角上，即今西便门，东便门之处。这是在唐幽州基础上辽以后北京第四次的大改建。北京今天的凸字形状的城墙就这样在1553年完成的。假使这外城按原计划完成，则东西城墙将在二闸，西面差不多到了公主坟，现在的东岳庙，大钟寺，五塔寺，西郊公园，天宁寺，白云观便都要在外城之内了（见图1）。

清朝承继了明朝的北京，虽然个别的建筑单位许多经过了重建，对整个布局体系则未改动，一直到了今天。民国以后，北京市内虽然有不少的局部改建，尤其是道路系统，为适合近代使用，有了很多变更，但对于北京的全部规模则尚保存原来秩序，没有大的损害。

由那四次的大改建，我们认识到一个事实，就是城墙的存在也并不能阻碍城区某部分一定的发展，也不能防止某部分的衰落。全城各部分是随着政治、军事、经济的需要而有所兴废。北京过去在体形的发展上，没有被它的城墙限制过它必要的展拓和所展拓的方向，就是一个明证。

北京的水源——全城的生命线

从元建大都以来，北京城就有了一个问题，不断地需要完满解决，到了今天同样的问题依然存在。那就是北京城的水源问题。这问题的解决与否在有铁路和自来水以前时代里更严重地影响着北京的经济和全市居民的健康。

在有铁路以前，北京与南方的粮运完全靠运河。由北京到通州之间的通惠河一段，顺着西高东低的地势，须靠着由西北来的水源。这水源还须供给什刹海，三海和护城河，否则它们立即枯竭，反成孕育病疫的水洼，水源可以说是北京的生命线。

北京近郊的玉泉山的泉源虽然是“天下第一”，但水量到底有限，供给池沼和饮料虽足够，但供给航运则不足了。辽金时代航运水道曾利用高梁河水，元初则大规模地重新计划。起初曾经引永定河水东行，但因夏季山洪暴发，控制困难，不久即放弃。当时的河渠故道在现在西郊新区之北，至今仍可辨认。废弃这条水道之后的计划是另找泉源。于是便由昌平县神山泉引水南下，建造了一条石渠，将水引到翁山泊（昆明湖）再由一道石渠东引入城，先到什刹海，再流到通惠河。这两条石渠在西北郊都有残迹，城中由什刹海到二闸的南北河道就是现在南北河沿和御河桥一带。元时所引玉泉山的水是与由昌平南下经同昆明湖入城的水分流的。这条水名金水河，沿途严禁老百姓使用，专引入宫苑池沼。主要供皇室的饮水和栽花养鱼之用。金水河由宫中流到护城河，然后同昆明湖什刹海那一股水汇流入通惠河。元朝对水源计划之苦心，水道建设规模之大，后代都不能及。城内地下暗沟也是那时留下绝好的基础，经明增设，到现在还是最可贵的下水道系统。

明朝先都南京，昌平水渠破坏失修，竟然废掉不用。由昆明湖出来的水与玉泉山出来的水也不两河分流，事实上水源完全靠玉泉山的水。因此水量顿减，航运当然不能入城。到了清初建设时，曾作补救计划，将西山碧云寺，卧佛寺同香山的泉水都加入利用，引到昆明湖。这段水渠又破坏失修后，北京水量一直感到干涩不足。新中国成立之前若干年中，三海和护城河淤塞情形是愈来愈严重，人民健康曾大受影响。龙须沟的情况就是典型的例子。

1950 年，北京市人民政府大力疏浚北京河道，包括三海和什刹海，同时疏通各种沟渠，并在西直门外增凿深井，增加水源。这样大大地改善了北京的环境卫生，是北京水源史中又一次新的纪录。现在我们还可以企待永定河上游水利工程，眼看着将来再努力沟通京津水道航运的事业。过去伟大的通惠运河仍可再用，是我们有利的发展基础。（本节部分资料是根据侯仁之“北平金水河考”。）

北京的城市格式——中轴线的特征

如上文所曾讲到，北京城的凸字形平面是逐步发展而来。它在 16 世纪中叶完成了现在的特殊形状。城内的全部布局则是由中国历代都市的传统制度，通过特殊的地理条件，和元、明、清三代政治经济实际情况而发展的具体形式。这个格式的形成，一方面是遵循或承袭过去的一般的制度，一方面又由于所尊崇的制度同自己的特殊条件相结合所产生出来的变化运用。北京的体形大都是由于实际用途而来，又曾经过艺术的处理而达到高度成功的。所以北京的总平面是经得起分析的。过去虽然曾很好地为封建时代服务，今天它仍然能很好地为新民主主义时代的生活服务。并还可以再作社会主义时代的都城，毫不阻碍一切有利的发展。它的累积的创造成绩是永远可以使我们骄傲的。

大略来说，凸字形的北京，北半是内城，南半是外城，故宫为内城核心，也是全城布局重心，全城就是围绕这中心而部署的。但贯通这全部部署的是一根直线。一根长达八公里，全世界最长，也最伟大的南北中轴线穿过了全城。北京独有的壮美秩序就由这条中轴的建立而产生。前后起伏左右对称的体形或空间的分配都是以这中轴为依据的。气魄之雄伟就在这个南北引伸，一贯到底的规模。我们可以从外城最南的永定门说起，从这南端正门北行，在中轴线左右是天坛和先农坛两个约略对称的建筑群；经过长长一条市楼队列的大街，到达珠市口的十字街口之后才面向着内城第一重点——雄伟的正阳门楼。在门前百余公尺的地方，拦路一座大牌楼，一座大石桥，为这第一个重点做了前卫。但这还只是一个序幕。过了此点，从正阳门楼到中华门，由中华门到天安门，一起一伏、一伏而又起，这中间千步廊（民国初年已拆除）御路的长度，和天安门面前的宽度，是最大胆的空间的处理，衬托着建筑重点的安排。这个当时曾经为封建帝王据为己有的禁地，今天是多么恰当地回到人民手里，成为人民自己的广场！由天安门起，是一系列轻重不一的宫门和广庭，金色照耀的琉璃瓦顶，一层又一层的起伏峋峙，一直引导到太和殿顶，便到达中线前半的极点，然后向北，重点逐渐退削，以神武门为尾声。再往北，又“奇峰突起”地立着景山做了宫城背后的衬托。景山中峰上的亭子正在南北的中心点上。由此向北是一波又一波的远距离重点的呼应。由地安门，到钟鼓楼、钟楼，高大的建筑物都继续在中轴线上。但到了钟楼，中轴线便有计划地，也恰到好处地结束了。中线不再向北到达墙根，而将重点平稳地分配给左右分立的两个北面城楼——安定门和德胜门。有这样气魄的建筑总布局，以这样规模来处理空间，世界上就没有第二个。

在中线的东西两侧为北京主要街道的骨干；东西单牌楼和东西四牌楼是四个热闹商市的中心。在城的四周，在宫城的四角上，在内外城的四角和各城门上，立着十几个环卫的突出点。这些城门上的门楼，箭楼及角楼又增强了全城三度空间的抑扬顿挫和起伏高下。因北海和中海，什刹海和湖沼岛屿所产生的不规则布局，和因琼华岛塔和妙应寺白塔所产生的突出点，以及许多坛庙园林的错落，也都增强了规则的布局和不规则的变化的对比。在有了飞机的时代，由空中俯瞰，或仅由各个城楼上或景山顶上遥望，都可以看到北京杰出成就的优异。这是一份伟大的遗产，它是我们人民最宝贵的财产，还有人不感到吗？

北京的交通系统及街道系统

北京是华北平原通到蒙古高原、热河山地和东北的几条大路的分岔点，所以在历史上它一向是一个政治、军事重镇。北京在元朝成为大都以后，因为运河的开凿，以取得东南的粮食，才增加了另一条东面的南北交通线。一直到今天，北京与南方联系的两条主要铁路干线都沿着这两条历史的旧路修筑；而京包、京热两县也正筑在我们祖先的足迹上。这是地理条件所决定。因此，北京便很自然地称为华北北部最重要的铁路衔接站。自从汽车运输发达以来，北京也成了一个公路网的中心。西苑、南苑两个飞机场已使北京对外的空运有了站驿。这许多市外的交通网同市区的街道是息息相关互相衔接的，所以北京城是会每日增加它的现代效果和价值的。

今天所存在的城内的街道系统，用现代都市计划的原则来分析，是一个极其合理，完全适合现代化使用的系统。这是一个令人惊讶的事实，是任何一个中世纪城市所没有的。我们不得不又一次敬佩我们祖先伟大的智慧。

这个系统的主要特征是在大街和小巷，无论在位置上或大小上，都有明确的区别，大街大致分布成几层合乎现代所采用的“环道”；由“环道”

明确的有四向伸出的“幅道”。结果主要的车辆自然会汇集在大街上流通，不致无故地去窜小胡同，胡同里的住宅得到了安静，就是为此。

所谓几层的环道，最内环是紧绕宫城的东西长安街、南北池子、南北长街、景山前大街。第二环是王府井、府右街，南北两面仍是长安街和景山前大街。第三环以东西交民巷，东单东四，经过铁狮子胡同、后门、北海后门、太平仓、西四、西单而完成。这样还可更向南延长，经宣武门、菜市口、珠市口、磁器口而入崇文门。近年来又逐步地开辟一个第四环，就是东城的南北小街、西南的南北沟沿、北面的北新桥大街，鼓楼东大街，以达新街口。但鼓楼与新街口之间因有什刹海的梗阻，要多少费点事。南面则尚未成环（也许可以与交民巷衔接）。这几环中，虽然有多少尚待展宽或未完全打通的段落，但极易完成。这是现代都市计划学家近年来才发现的新原则。欧美许多城市都在它们的弯曲杂乱或呆板单调的街道中努力计划开辟成环道，以适应控制大量汽车流通的迫切需要。我们的北京却可应用六百年前建立的规模，只须稍加展宽整理，便可成为最理想的街道系统。这的确是伟大的祖先留给我们的“余荫”。

有许多人不满北京的胡同，其实胡同的缺点不在其小，而在其泥泞和缺乏小型空场与树木。但它们都是安静的住宅区，有它的一定优良作用。在道路系统的分配上也是一种优良的秩序，这些便是我们发展的良好基础，可以予以改进和提高的。

北京城的土地使用——分区

我们不敢说我们的祖先计划北京城的时候，曾经计划到它的土地使用或分区。但我们若加以分析，就可以看出它大体上是分了区的，而且在位置上大致都适应当时生活的要求和社会条件。

内城除紫禁城为皇宫外，皇城之内的地区是内府官员的住宅区。皇城以外，东西交民巷一带是各衙署所在的行政区（其中东交民巷在辛丑条约之后被划为“使馆区”）。而这些住宅的住户，有很多就是各衙署的官员。北城是贵族区，和供应他们的商店区，这区内王府特别多。东西四牌楼是东西城的两个主要市场；由它们附近街巷名称，就可看出。如东四牌楼附近是猪市大街、小羊市、驴市（今改“礼士”）胡同等；西四牌楼则有马市大街、羊市大街、羊肉胡同、缸瓦市等。

至于外城，大体来说，正阳门大街以东是工业区和比较简陋的商业区，以西是最繁华的商业区。前门以东以商业命名的街道有鲜鱼口、瓜子店、果子市等；工业的则有打磨厂、梯子胡同等等。以西主要的是珠宝市、钱市胡同、大栅栏等，是主要商店所聚集；但也有粮食店、煤市街。崇文门外则有巾帽胡同、木厂胡同、花市、草市、磁器口等等，都表示着这一带的土地使用性质。宣武门外是京官住宅和各省府州县会馆区，会馆是各省入京应试的举人们的招待所，因此知识分子大量集中在这一带。应景而生的是他们的“文化街”，即供应读书人的琉璃厂的书铺集团，形成了一个“公共图书馆”；其中参杂着许多古玩铺，又正是供给知识分子观摩的“公共文物馆”。其次要提到的就是文娱区；大多数的戏院就散布在前门外东西两侧的商业区中间。大众化的杂耍场集中在天桥。至于骚人雅士们则常到先农坛迤西洼地中的陶然亭吟风咏月，饮酒赋诗。

由上面的分析，我们可以看出，以往北京的土地使用，的确有分区的现象。但是除皇城及它迤南的行政区是多少有计划的之外，其他各区都是在发展中自然集中而划分的。这种分区情形，到民国初年还存在。

到现在，除去北城的贵族已不贵了，东交民巷又由“使馆区”收复为行政区而仍然兼是一个有许多已建立邦交的使馆或尚未建立邦交的“使馆”所在区，和西交民巷成了银行集中的商务区而外，大致没有大改变。近二三十年来的改变，则在外城建立了几处工厂。王府井大街因为东安市场之开辟，再加上供应东交民巷帝国主义外交官僚的消费，变成了繁盛的零售商业街，部分夺取了民国初年军阀时代前门外的繁荣。东西单牌楼之间则因长安街三座门之打通而繁荣起来，产生了沿街“洋式”店楼型制。全城的土地使用，比清末民初时期显然增加了杂乱错综的现象。幸而因为北京以外以往并不是一个工商业中心，体形环境方面尚未受到不可挽回的损害。

北京城是一个具有计划性的整体

北京是中国（可能是全世界）文物建筑最多的城。元、明、清历代的宫苑，坛庙，塔寺分布在全城，各有它的历史艺术意义，是不用说的。要再指出的是：因为北京是一个先有计划然后建造的城（当然，计划所实现的都曾经因各时代的需要屡次修正，而不断发展的）。它所特具的优点主要就在它那具有计划性的城市的整体。那宏伟而庄严的布局，在处理空间和分配重点上创造出卓越的风格，同时也安排了合理而有秩序的街道系统，而不仅在它内部许多个别建筑物的丰富的历史意义与艺术的表现。所以我们首先必须认识到北京城部署骨干的卓越，北京建筑的整个体系是全世界保存得最完好，而且继续有传统的活力的、最特殊、最珍贵的艺术杰作。这是我们对北京城不可忽略的起码认识。

就大多数的文物建筑而论，也都不仅是单座的建筑物，而往往是若干座合组而成的整体，为极可宝贵的艺术创造，故宫就是最显著的一个例子。其他如坛庙、园苑、府第，无一不是整组的文物建筑，有它全体上的价值。我们爱护文物建筑，不仅应该爱护个别的一殿，一堂，一楼，一塔，而且必须爱护它的周围整体和邻近的环境。我们不能坐视，也不能忍受一座或一组壮丽的建筑物遭受到各种格式直接或间接的破坏，使它们委曲在不调和的周围里，受到不应有的宰割。过去因为帝国主义的侵略，和我们不同体系，不同格调的各型各式所谓的洋式楼房，所谓摩天高楼，摹仿到家或不到家的欧美系统的建筑物，庞杂凌乱地大量渗到我们的许多城市中来，长久地劈头拦腰破坏了我们的建筑情调，渐渐地麻痹了我们对于环境的敏感，使我们习惯于不调和的体形或习惯于看着自己优美的建筑物被摒斥到委曲求全的夹缝中，而感到无可奈何。我们今后在建设中，这种错误是应该予以纠正了。代替这种蔓延野生的恶劣建筑，必须是有计划有重点地发展，比如明年，在天安门的前面，广场的中央，将要出现一座庄严雄伟的人民英雄纪念碑。几年以后，广场的外围将要建起整齐壮丽的建筑，将广场衬托起来。长安门（三座门）外将是绿荫平阔的林荫大道，一直通出城墙，使北京向东西城郊发展。那时的天安门广场将要更显得雄壮美丽了。总之，今后我们的建设，必须强调同环境配合，发展新的来保护旧的，这样才能保存优良伟大的基础，使北京城永远保持着美丽、健康和年青。

北京城内城外无数的文物建筑，尤其是故宫、太庙（现在的劳动人民文化宫）、社稷坛（中山公园）、天坛、先农坛、孔庙、国子监、颐和园等等，都普遍受到人们的赞美。但是一件极重要而珍贵的文物，竟没有得到应有的注意，乃至被人忽视，那就是伟大的北京城墙。它的产生，它的变动，它的平面形成凸字形的沿革，充满了历史意义，是一个历史现象辩证的发展的卓越标本，已经在上文叙述过了。至于它的朴实雄厚的壁垒，宏丽嶙峋的城门楼、箭楼、角楼、也正是北京体形环境中不可分离的艺术构成部分，我们还需要首先特别提到。苏联人民称斯摩棱斯克的城墙为苏联的项链，我们北京的城墙，加上那些美丽的城楼，更可称为一串光彩耀目的中华人民的璎珞了。古史上有许多著名的台——古代封建主的某些殿宇是筑在高台上的，台和城墙有时不分——后来发展成为唐宋的阁与楼时，则是在城墙上含有纪念性的建筑物，大半可供人民登临。前者如春秋战国燕和赵的丛台，西汉的未央宫，汉末曹操和东晋石赵在邺城的先后两个铜雀台，后者如唐宋以来由文字流传后世的滕王阁、黄鹤楼、岳阳楼等。宋代的宫前门楼宣德楼的作用也还略像一个特殊的前殿，不只是一个仅具形式的城楼。北京峋峙着许多壮观的城楼角楼，站在上面俯瞰城郊，远览风景，可以供人娱心悦目，舒畅胸襟。但在过去封建时代里，因人民不得登临，事实上是等于放弃了它的一个可贵的作用。今后我们必须好好利用它为广大人民服务。现在前门箭楼早已恰当地作为文娱之用。在北京市各界人民代表会议中，又有人建议用崇文门、宣武门两个城楼做陈列馆，以后不但各城楼都可以同样地利用，并且我们应该把城墙上面的全部面积整理出来，尽量使它发挥它所具有的特长。城墙上面面积宽敞，可以布置花池，栽种花草，安设公园椅，每隔若干距离的敌台上可建凉亭，供人游息。由城墙或城楼上俯视护城河，与郊外平原，远望西山远景或禁城宫殿。它将是世界上最特殊公园之一—— 一个全长达 39.75 公里的立体环城公园（参见框图 25）！

我们应该怎样保护这庞大的伟大的杰作？

人民中国的首都正在面临着经济建设，文化建设——市政建设高潮的前夕。解放两年以来，北京已在以递加的速率改变，以适合不断发展的需要。今后一、二十年之内，无数的新建筑将要接踵地兴建起来，街道系统将加以改善，千百条的大街小巷将要改观，各种不同性质的区域要划分出来。北京城是必须现代化的；同时北京城原有的整体文物性特征和多数个别的文物建筑又是必须保存的。我们必须“古今兼顾，新旧两利”。我们对这许多错综复杂问题应如何处理？是每一个热爱中国人民首都的人所关切的问题。

如同在许多其他的建设工作中一样，先进的苏联已为我们解答了这问题，立下了良好的榜样。在《苏联沦陷区解放后之重建》一书中，苏联的建筑史家 N·窝罗宁教授说：

> “计划一个城市的建筑师必须顾到他所计划的地区生活的历史传统和建筑的传统。在他的设计中，必须保留合理的、有历史价值的一切和在房屋类型和都市计划中，过去的经验所形成的特征的一切；同时这城市或村庄必须成为自然环境中的一部分。……新计划的城市的建筑样式必须避免呆板硬性的规格化，因为它将掠夺了城市的个性；他必须采用当地居民所珍贵的一切。
>
> 人民在便利、经济和美感方面的需要，他们在习俗与文化方面的需要，是重建计划中所必须遵守的第一条规则。……”（1944 年英文版，16 页）

窝罗宁教授在他的书中举辨了许多实例。其中一个被称为“俄罗斯的博物院”的诺夫哥罗德城，这个城的“历史性文物建筑比任何一个城都多”。

> “它的重建是建筑院院士舒舍夫负责的。他的计划作了依照古代都市计划的制度重建的准备——当然加上现代化的改善。……在最卓越的历史文物建筑周围的空地将布置成为花园，以便取得文物建筑的观景。若干组的文物建筑群将被保留为国宝：……
>
> “关于这城……的新建筑样式，建筑师们很正确地拒绝了庸俗的‘市侩式’建筑，而采取了被称为‘地方性的拿破仑时代的’

建筑。因为它是该城原有建筑中最典型的样式。……

“……建筑学者们指出：在计划重建新的诺夫哥罗德的设计中，要给予历史性文物建筑以有利的位置，使得在远处近处都可以看见它们的原则的正确性。……

“对于许多类似诺夫哥罗德的古俄罗斯城市之重建的这种研讨将要引导使问题得到最合理的解决，因为每一个意见都是对于以往俄罗斯文物的热爱的表现。……”

怎样建设“中国的博物院”的北京城，上面引录的原则是正确的。让我们向诺夫哥罗德看齐，向舒舍夫学习。

（本文虽是作者答应担任下来的任务，但在实际写作进行中，都是同林徽因分工合作，有若干部分还偏劳了她，这是作者应该对读者声明的。）

一九五一年四月十五日脱稿于清华园

“作者引言”与“城乡磁铁”

埃比尼泽·霍华德

编者导读

埃比尼泽·霍华德（1850—1928年）是一名职业速记员，传记作者称他为“一个没有资历，也没有社会背景的人”。然而就是这样一个不起眼的、朴实的、平凡的人，却成功地改变了世界。生于伦敦的霍华德，早年就经历了现代工业都市的环境污染、交通拥挤与社会混乱。他在美国内布拉斯加州做了一年的小农场主后，于1876年返回英国，开始参加一些政治运动和讨论小组，这些组织关注当时的社会问题。霍华德深受一批激进的理论家和空想家的影响，其中包括：社会改革者罗伯特·欧文（Robert Owen）、乌托邦小说家爱德华·贝拉米（Edward Bellamy）和倡导单一税种的亨利·乔治（Henry George）。1898年霍华德出版了《面向未来：一条通向真正改革的和平之路》一书（现在大家熟知的是该书1902年的版本，名为《面向未来的田园城市》*），开始系统地向人们游说“田园城市设想”的美丽和实用性。本文即选自该书。

虽然对于现代的读者而言，霍华德田园城市的规划构想，也许看起来带有优雅的维多利亚时代风格，但其思想在当时却是革命性的。事实上，霍华德提出的城市分散化、功能分区、自然融入城市、绿带分隔，以及在拥挤的中心城市外围建设自给自足的“新城”社区的构想，都为现代城市规划的整体传统奠定了基础。

与许多其他的乌托邦空想家不同，霍华德亲眼看见了他的规划构想付诸实践，尽管在形式上有一定程度的妥协。在他有生之年，英国建起了莱奇沃思和韦林两座田园城市。后来，田园城市理念传播到了欧洲大陆，20世纪30年代又通过新政**之风传到了美国，并最终几乎传遍世界各地。

霍华德的（田园城市）思想源于对城市过度拥挤的抗议，而认为城市拥挤是一个问题，正如他写道：“所有人几乎一致同意。”之后他引用“城市磁体”来解释为什么“人们要不断涌入本来就已经拥挤不堪的城市”。所谓的“城市磁体”是说，现代都市由于能够同时提供就业机会和文化娱乐设施，从而使其具有吸引力。与“城市磁体”相并列的是“乡村磁体”，其

---

* 一般译为《明日的城市》；本文译者认为，原作者不直接使用“Tomorrow”，而用了“T-omorrow”，有其用意所在，就是为了强调“面向未来”、“走向未来”，故译名如此。——译者注

** 指1933年富兰克林·罗斯福总统实行的经济政策，包括大规模的公共工程计划，并大规模地发放贷款，以增加就业，克服大萧条的影响。——译者注

吸引人的特征是能够提供更贴近自然的乡村生活环境，尽管如此，乡村地区却日益荒凉。最后，霍华德描述了自己的方案：一种基于"城市－乡村磁体"的新的人类社区，这是一个两全其美的方案。

根据霍华德著名的同心环的图解（他谨慎地提醒我们，这只是一张示意图，而不是实际的基地规划），田园城市的中心应该是一个中央公园，在公园内有重要的公共建筑，在公园周边环绕着由零售商店组成的"水晶宫"环。一个田园城市的总用地约 1000 英亩*，服务于 32000 人，其外围是一圈约 5000 英亩永久保留的农业绿带；若干新城与中心的一组"社会城市"相连接，它们之间通过铁路系统联系，这些城市共同构成一个都市地区。

关于过度拥挤带来的危害，霍华德的观点同弗里德里希·恩格斯相似，而他对这个问题的解决方案则与柯布西耶和赖特的方案都很不一样，值得进行比较。帕特里克·格迪斯和刘易斯·芒福德都是霍华德的直接追随者，他们将田园城市理念传遍欧洲和美国。近年来，彼得·卡尔索普（Peter Calthorpe）在加利福尼亚有效地重新发展了田园城市理念，提出"区域城市"概念，其具体形式是采用绿带隔离、郊区"步行小区"和"公交导向的开发"（TOD），并通过一个轻轨交通系统同中心城市相连，并彼此连接。

《面向未来的田园城市》至今仍然是一本有实际价值的、值得一读的书。读者可以在由理查德·T·勒盖茨和弗雷德里克·斯托特共同编辑的《早期城市规划》[Richard T. LeGates and Frederic Stout（eds.），*Early Urban Planning*（nine volumes），（London：Routledge/Thoemmes，1998）] 的第二卷中看到这本著作，另外还有一些出版社有它更早的版本，包括阿蒂克出版社（Attic Books）的 1985 年版本、伊斯特本出版社（Eastbourne）的 1985 年版本、麻省理工学院出版社（MIT Press）的 1965 年版本，以及费伯与费伯出版社（Faber & Faber）的 1960、1951 和 1946 年版。这本书最初的名字为《面向未来：一条通向真正改革的和平之路》（*To-morrow：A Peaceful Path to Real Reform，Sonnenschein*，1898），而现在它又有一个精彩的新版本，由彼得·霍尔和科林·沃德编辑（Peter Hall and Colin Ward，London：Routledge，2003），并沿用了它最初的书名。

关于埃比尼泽·霍华德的传记包括由 Robert Beevers 撰写的《田园城市的乌托邦：埃比尼泽·霍华德评传》（The Garden City Utopia：A Critical Biography of Ebenezer Howard）（New York：St. Martin's，1988）和 Dugald Macfadyen 的《埃比尼泽·霍华德爵士和城乡规划实践》（Sir Ebenezer Howard and the Town Planning Movement）（Manchester：Manchester University Press，1933；reprinted Cambridge，MA：MIT Press，1970）。对霍华德和田园城市实践最精彩的论述还应该阅读 Robert Fishman 的《20 世纪的城市乌托邦》（*Robert Fishman* Urban Utopias in the Twentieth Century）（New York：Basic Books，1977）和 Peter Hall 的《明日的城市 》（Cities of Tomorrow）（Oxford：Blackwell，1988）

此外，还有一些关于埃比尼泽·霍华德和田园城市实践的书籍，包括 Standish Meacham

* 折合约 400 公顷。——译者注

的《回归天堂：英伦风格和早期的田园城市实践》(Regaining Paradise：Englishness and the Early Garden City Movement)(New Haven，CT：Yale University Press，1999)，Peter Hall and Colin Ward 的《交往城市：埃比尼泽·霍华德的遗产》(Sociable Cities：The Legacy of Ebenezer Howard)(New York：Wiley，1998)，Stephen V. Ward (ed) 的《田园城市：过去，现在和未来》The Garden City：Past，Present and Future)(London：E & FN Spon，1992)，Stanley Buder 的《空想家和规划师：田园城市实践与现代社区》(Visionaries and Planners：The Garden City Movement and the Modern Community)(Oxford：Oxford University Press，1990)，以及由 Kermit Parsons and David Schuyler (eds) 编辑的《从田园城市到绿色城市：埃比尼泽霍华德的遗产》(From the Garden City to Green Cities：The Legacy of Ebenezer Howard)(Baltimore，MD：Johns Hopkins University Press，2002)。

关于霍华德田园城市思想的中文文献有《明日的田园城市》(埃比尼泽·霍华德 著，金经元译，商务印书馆，2002)和《社会城市——埃比尼泽·霍华德的遗产》(彼得·霍尔 科林·沃德 著，黄怡 译，中国建筑工业出版社，2009)；《明日之城：一部关于20世纪城市规划与设计的思想史》(彼得·霍尔撰写　童明 译，中国建筑工业出版社,2009)也有相关的精彩论述。此外《新城规划的理论与实践——田园城市思想的世纪演绎》(张捷、赵民 编著，中国建筑工业出版社，2005)也是一本不错的参考书。

正文

在当今党派分化和社会以及宗教议题激烈纷争的时代，也许很难找到一个对国民生活和安康均能够产生重要影响的议题，而且不论什么政党或对社会问题持不同主张的人士，对之都是完完全全认同的。

[……]

然而也存在这样一个议题，人们对之很难有不同见解……那就是不仅包括英格兰，也包括欧洲和美洲乃至我们的殖民地的所有党派人士在内，大家几乎一致认为应该坚决反对人们将来继续涌入早已拥挤不堪的城市，进而导致乡村地区衰败。

大家都认识到上述问题的迫切性，都在积极寻求解决办法，尽管在一开始我们就有了这样的一致意见，但是针对这样一个一致公认的极其重大的议题——至少可以说是非常重要的议题，期望大家也一致认同其补救办法的重要性，无疑太过于不切实际。

当这样的问题摆在人们面前时，其越是引人关注，就越让人能够看到(解决问题的)希望，正如我在这本书中所呈现的，因为我相信当下这个最紧迫议题的解决方法，也将使其他疑难问题变得迎刃而解，而至今为止这些疑难问题还是让当代最伟大的思想家和改革家头疼。

是的，如何让人们重新回到土地，重新回到这片属于我们的美丽的土地上。这里天空掩映、和风吹拂、阳光暖照、雨露滋润，这是上苍对人们的关爱。解决这个问题的答案实在是太重要了，因为这是通往成功之门的钥匙，即使这扇门只是打开一半，我们也能很容易地找到办法，来应对过度酗酒、超时加班、焦躁不安、极度贫困之类的问题——哎，这实际上也是政府治理的范畴，甚至于可以找到办法，处理好人民与最高权力之间的关系。

人们可能认为，寻找这个议题——如何让人们重新回到土地——的解决办法的第一步，或许需要详尽研究如今人们集聚在大城市的诸多原因。如果真是这样，我们一开始就要做一系列的长时间调查。然而幸运的是，不论对于作者或读者，在本书中这样的调查研究并不是必要条件。原因很简单：任何从前或当今导致人们向城市聚集的原因，都可以归结为“吸引力”。因此，如果不给人们（至少大部分人）提供比当今城市更大的“吸引力”，很显然根本无法阻止人口向城市集聚。我们需要做的是创造一股新的“吸引力”，去征服旧的“吸引力”。我们将每个城市当作一个磁体，每个人是一根磁针；这样说来，马上就可以明白，只有创造出比现今城市磁体更强大的磁体，才能实际促使人口自发而健康的重新分布。

这样一来，初看这个议题，是很难找到解决途径的，但也并非不可能。有人可能马上会问，“对于凡人而言，有啥可能让乡村比城市更有吸引力呢？让乡村的劳资，或者至少是生活舒适度比城市高；让乡村居民拥有同城市一样的社会交往机会，让乡村的男男女女拥有与城市人同等（也不必更多）的升职前景？”这个话题一直以各种类似的形式呈现在大家面前。这个话题也一直得到公众媒体的关注，似乎人民，至少劳动人民现在和将来没有任何其他选择，他们要么抑制对人类社会[1]的热爱——至少比落后的农村会多一些社会交往，要么完完全全舍弃对乡村的热情和纯粹的喜爱。对于这个难题，大家一致认为，让劳动人民现在和将来永远生活在农村，是不可能的，让劳动人民只从事农业，而没有其他的诉求，同样是不可能的；似乎这样一来，拥挤的、不健康的城市是唯一的，也是最经济的、最科学的解决方案；似乎我们现在的产业形式必然是持久的，即在农业和工业之间画了一道明确的界线。但是这个错误的推论没有注意到，除了这些固化的观点意外，还有其他的解决方案。实际上，并不是大家一直认为的那样，人们只有两个选择——城市生活或者乡村生活，人们还有第三个选择，即把城市生活的活力以及乡村生活的美好愉悦进行完美结合；“磁体”可以确保这样的生活达成现实，这个磁体能使我们美梦成真——人们自发从拥挤的城市转投到大地母亲的怀抱，那里是生命、幸福、财富和力量的源泉。城市和乡村可以看作两个磁体，各自吸引着人们迁入其中，与之对应，一种新的生活方式也参与了进来，这种新的生活方式具备城市和乡村的双重优点。这在图 1 中有所展示，名为“三磁铁”。其中城市或乡村的主要优势和它们各自的劣势展示在一起，而“城市－乡村”的优势就是避免了城市和乡村的各自劣势。

我们将看到，与乡村磁体相比，城市磁体具备高工资、更多的就业机会和诱人的升职前景等优势，但是与高租金和高物价相比，这些优势也就不值一提了。城市里的社会资源和娱乐场所是很吸引人的，但是超时工作、远距离通勤和“人群中的孤独感”很大程度上减低了上述优点的价值。霓光闪烁的大街是很吸引人，尤其在冬天，但是自然阳光正被越来越排除在外，空气严重污浊，以至于精致的公共建筑都像麻雀一样蒙着一层灰，这情景真叫人绝望。雄伟的大厦和可怕的贫民窟是现代城市中不可思议的反差。

乡村磁体宣称自己是所有美好和财富的源泉；但是城市磁体嘲讽乡村磁体是个缺乏社会活动而显得单调乏味的地方，是个缺乏资金而显得吝啬的地方。虽然在乡村有美丽的景致，气派的公园，充满花香的林木、新鲜空气和潺潺水声；但是人们常会看见“侵入者会被起诉”之类的警示标牌。如果按照英亩来计算，乡村的租金那是相当低的，但是这么低的租金是低工资的结果，而不是舒适生活的保障；长时间的劳累加上缺少娱乐，导致再温暖的阳光和纯净的空气也满足不了人们的心灵。唯一的产业是农业，而且经常遭受涝灾，但是这些多余的雨水很少得到恰当地收集；以至于遇上旱情，经常是供水严重缺乏，即使是饮用水也无法得到保障。由于缺乏适当的排水系统，卫生条件也较差，乡村在很大程度上也丧失了其本身有益健康的自然特色。因此在一些已经被人们遗弃的地方，为数不多留在乡村的人通常是聚居在一起，好比城市里的贫民窟。

但是，不论是城市磁体还是乡村磁体都没有充分展现大自然的的规划和意图。人类社会和大自然的美好应该是可以共存的。这两个磁体必须合二为一。就像男人和女人各自的天赋和能力是互补的一样，城市和乡村也应该如此。城市是社会的象征——标志着相互帮助和友好合作，标志着父母、兄弟、姐妹，以及人与人之间更广泛的联系——代表了宽广的胸怀——包容了科学、艺术、文化、宗教。而乡村是什么！乡村代表着上帝对人类的关爱。我们的存在和我们拥有的一切都来自自然。我们的身体在自然中形成，并最终回归自然。我们因此有东西吃，有衣服穿，并由此能得到温暖和庇护。我们栖息于大地母亲的怀抱中。它的美丽给我们提供了艺术、音乐和诗歌的灵感。它是推动产业巨轮滚滚向前的力量。它是一切健康、财富、知识的来源。但是它给人们带来的智慧与愉悦并没有得到充分体现。而且只要人类社会与自然界继续这样不合理地彼此隔离，乡村的优势就无法充分展示。城市和乡村必须结为连理，这样可喜的结合将孕育出新的希望、新的生活、新的文明。这就是我这本书的目的——通过建设城乡磁体，来展示如何迈出这个方向的第一步；并且我希望能让读者相信，在此时此地这是具有可操作性的，并且不论从伦理学或经济学角度而言，这也是理论上最合理的。

接下来我就将描述：在“城市－乡村”中，如何提供与拥挤的城市相同的，甚至是更好的社会交往的机会，同时其中的居民也能够享受大自然的美好；如何使高工资与低租金和低税负共存；如何保障所有人有充分的就业机会和光明的发展前景；如何吸引资金和创造财富；如何保证最令人艳羡的卫生条件；如何能让美丽的家园随处可见；如何扩大自由的边界，以至于在这里欢乐的人们通过协同安排和彼此合作可以做到一切想做的事情。

如果能够得到有效贯彻执行的话，这样一个磁体的构建，加之与其匹配的其他配套措施，必将给约翰·戈斯特（John Gorst）先生提出的这个迫在眉睫的问题——“如何让涌入城市的人群重新返回到大自然中”——提供一个解决途径。

城乡磁体

读者可设想：以 40 英镑 / 英亩的单价，即总价 240000 英镑在公共市场中买下一块约 6000 英亩的纯粹农用地。假设购买这块土地的资金来源是抵押债券，并且这些债券的平均利息不超过 4%。这块土地在法律上是在 4 位有责任心、肯定诚信和受人尊敬的人士名下的，由他们托管。对于债券持有人来说，他们是保证人；而对于打算在这片土地上建设田园城市（即城市—乡村磁铁）的人们而言，他们是托管人（图 1）。田园城市方案的主要特征之一就是，基于分年计算的地价得出的地租必须全部交给托管人，

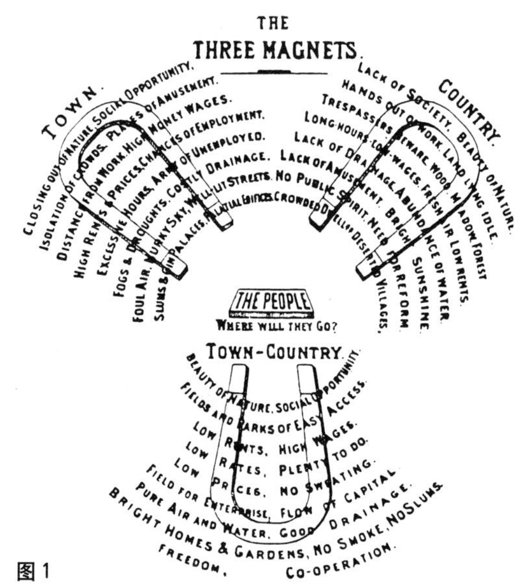

图 1

而托管人用这些钱支付了债券利息和偿债基金后，还需要维持新城管理机构中央委员会的收支平衡，以及建造并维护城市必备的公共设施，包括道路、学校、公园等。购买这块地的目的可能有多种，但这里要特别说明，其主要目的是：使我们的产业工人能找到较高工资的工作（也就是具有较高购买力），确保他们有健康的环境和稳定的工作。对于有事业心的工厂主、合作社社员、建筑师、工程师、建筑工人和各类机械工作者，以及各种从业人员，这里试图提供一种途径，确保他们获得与资本和才能相匹配的新的、更好的工作；同时，对于目前这片土地上的农学家或者潜在的迁入者而言，这里为他们开辟了一个近在家门的新市场。简单说来，田园城市的目标就是提高所有阶层劳动者的健康和舒适水平——而通过上文所说的一系列办法，就可以实现将城市和乡村生活整合在一起的健康、自然和经济节约的新生活，而所有地上之物由政府当局公有。

田园城市建在一个约 6000 英亩土地的中心附近，占地约 1000 英亩，也就是占了这片土地的 1/6。城市的平面可能是圆形的，从中心到边缘的距离为 1240 码（也就是大约 3/4 英里）。（图 2 是整个城市范围的用地方案，城市在中间；图 3 展示的是城市的一个分区，这有助于接下来阐述城市本身——但是，这些描述仅仅是示意性的，可能将与实际情况相去甚远……）

六条宏伟的林荫大道——每条宽 120 英尺——从城市中心贯穿至边缘，将城市划分成六个相等的分区。城市中心是一块 5.5 英亩的圆形场地，也是一个有良好灌溉的美丽花园；在这个花园的四周围绕着一圈大型的公共建筑——市政厅、音乐演讲厅、剧院、图书馆、博物馆、画廊和医院，这些公共建筑占地宽敞。

中央的公共花园，被“水晶宫”所包围，面积有 145 英亩。其内有充足的休憩场地，所有人都可以非常方便地使用。

环绕这个中央公园（除了被林荫大道穿越的部分）的是一圈面向公园的大进深玻璃拱廊，称为“水晶宫”。天气潮湿时，这幢建筑是人们最爱的游乐场所。即使再恶劣的天气中，它依然吸引人们来到中央公园，因为在晶莹剔透的建筑里人们可以感受外面仿佛触手可及的景色。这里还展示和出售手工制品，类似的商品在这里应有尽有，供人们精心挑选。对于购物而言，水晶宫里的空间实在是太大了，实际上

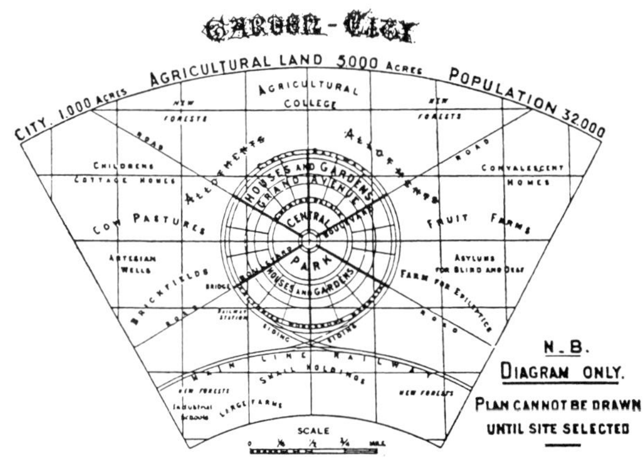

图 2

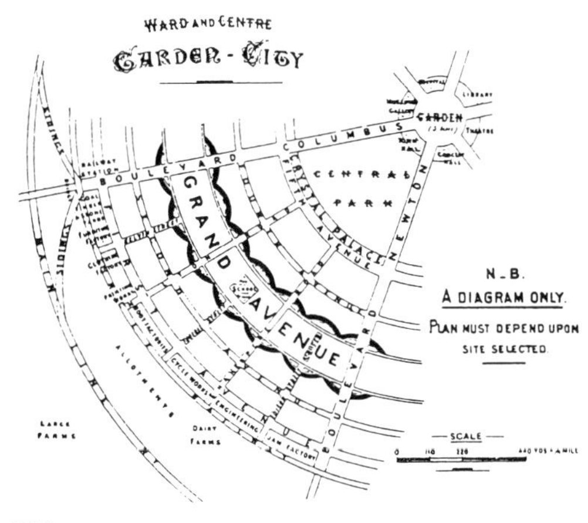

图 3

它相当大的部分是作为“冬季花园”——整个水晶宫构成了一座极具魅力的永久性展览馆，而它的环形布局则使它接近城市中的每一位居民——最远的居民也在600码之内。

穿过水晶宫向外走，穿过正对着的第五大道——它与城市其他道路一样，两边植有成排的行道树——再向水晶宫望去，我们发现一圈建造精美的住宅，每幢都占地宽敞；再继续向前走，我们观察到大多数的住宅都是以同心环的方式面对各条大街（也称之为环路）而建，或者面向往城市中心汇聚的林荫大道或道路。陪同我们这趟田园城市之旅的朋友告诉我们这座小城市自身大约有30000人，还有约2000人生活在农业地带。城市内共有5500块平均面积为20英尺×130英尺的建筑用地，其中允许交易的最小面积为20英尺×100英尺。注意到这里的住宅和住宅群都有各式各样的建筑设计和装饰——有些也合用花园和厨房——我们随之发现这些建筑都是沿着街道线或者是适当后退街道线而建，市政当局借此施行建设控制。田园城市鼓励个人尽情展现各自的兴趣和偏好，但是对卫生设施的建设却有着强制性的要求。

继续向城外走，我们来到“宏伟大道”。这条大道真的是名副其实的宏伟，因为它有420英尺宽，这样就形成了一条长达3英里的绿带，把中央公园以外的城市地区分成两个部分。实际上它本身就构成了一个115英亩的公园——住得最远的居民也在240码距离以内。在这条宏伟的大道上，有六座公立学校，每座占地4英亩，配有操场和花园；同时，大道沿线的其他地块保留下来以供教堂用地的使用，这些教堂可以是各种宗教信仰的，其建设费和维护费均来自各派别的信徒和他们的朋友筹集的基金。我们观察到：面对“宏伟大道”的房屋并非按照总图中同心圆模式布局的（至少图3所示的分区就是如此），而是按新月形的阵势布局，以确保拥有更长的临街线，由此也在视觉上凸显大道的恢宏。

在城市的外围布置工厂、仓库、乳制品厂、市场、煤场、木材场等，它们都面向环城铁路。环城铁路通过其侧线与城市的过境铁路干线相连。这样的布局使得人们能够直接将仓库或工厂的货物装上货车，经由铁路送往偏远的市场，或者直接将货物从货车中卸入仓库或工厂。这不仅仅大大节省了包装和运输的费用，并且将由毁坏造成的损失降至最小，而且通过减少城市道路上的交通量，从而明显降低道路的维护成本。田园城市内是严格控制烟尘排放的，因为所有机器都由电能驱动，这样也降低了照明和其他用电的成本。

城市的垃圾被用于当地的农业用地，这些农业用地属于不同的个体，其中包括大农场、小农户、奶牛牧场等。各类业主都自愿尝试能给市政当局带来最高租金的农业经营方式，这些经营方式之间的自然竞争，会带来一个最好的耕作系统，或者一个适应力最强的体制，可能后者更具可能性。这就很容易想象得到，也是可以证明的，由一个农业资本家或一个合作机构统领耕作的话，小麦更适合大面积播种；而蔬菜、水果和鲜花则适合由个体经营，以提供更细心的照料以及更多的人工和创作技巧，或者也可以由小团体来经营，而这样的小团体的成员需要对肥料、栽培方式或者人工还是自然培育环境的效用和价值有相同的认知。

这个规划（如果读者愿意也可以说它其实没有规划）可以避免经济停滞的风险，虽然鼓励个人发挥主观能动性，但却在最大程度上允许合作。由这种形式的竞争带来的租金增长将全都属于公共财产或者市政财产，而迄今为止其中绝大部分都被用于一些永久性项目的改善。

在田园城市（不含郊区），居民就业各得其所，每个分区都有一个商店或仓库；田园城市（不含郊区)为从事农业工作的人们提供最纯粹的市场，因为城市居民需要这些农产品，这样农民因为直接在家门口出售农产品而无需支付任何铁路运输费用。但这并不意味着这些农民和其他人必须将城市视为他们唯一的市场，他们有权向任何人出售产品，只要他们愿意。从试验的方方面面可以看出，田园城市并不是约束权力的地方，而是扩大人们选择范围的地方。

这个自由的原则对城市中的生产商和其他人都有效。他们用自己的方式处理自己的事情，当然也要服从土地的一般法规，更要服从为职工提供充足空间和合理卫生条件的规定。即便是对于供水、照明、电话通信而言，如果市政当局是高效且可信任的，那么它一定是从事这些公共事业的最佳机构——也不会有刚性垄断或绝对垄断可寻；如果任何私营公司或独立机构证明自己能够以较有利的条件为城市或者城市的局部地区提供类似的公共服务，或者供应自己公司的任何商品，这也是允许的。任何健全的行动体系比任何健全的思想体系都更需要得到人们表面上的支持。市政当局和公司的行动范围可能注定是要大大拓展的；但是，如果真是这样，那也是因为人民对这些行动有充分的信任，而这种信任正是由于人们拥有自由的范围在不断扩大。

各种慈善机构分布在城市中的各处，但它们并非由市政当局管理，而是由各种热心公益的人们来运作和组织。政府邀请他们在其所需的空旷场所设立这些机构，仅仅收取象征性的租金。政府认为自己对此可以慷慨一些，因为这些机构的消费力对于整个社区的发展非常有利。而且，那些迁入田园城市的人都是一些精力充沛且富于谋略的，让比自己更无助的同胞们享受到这样一个为人道主义而设计的试验所带来的好处，他们一定认为这是公正且正确的。

（顾竹屹　张立　译，张立　校）

注释

1　这里“Human Society”，作者是说人类社会应该是人与人之间社会交往的社会，而不是像落后农村地区一样大家互不往来。这一点与中国不同，英国或美国，19 世纪末期地广人稀，乡村人口居住比较分散，很少有像城市那样的社区。——译者注

现代城市

勒·柯布西耶

编者导读

勒·柯布西耶（1887—1965 年）是现代主义运动和众所周知的建筑“国际风格”（International Style）的奠基人之一。作为一名画家、建筑师、城市规划师、哲学家，以及一位革命性文化宣言的作者，勒·柯布西耶诠释了机器时代的力量和高效。他是勇敢的、近乎神秘的理性信仰的那一代人的代表，他们渴望以自己的方式来接受 20 世纪的科学精神，他们要将以前所有那些政治的、文化的和观念的束缚，连同废败、腐朽的过往一起完全抛开。

柯布西耶原名夏尔 – 爱德华·让纳雷 – 格里斯（Charles–Edouard Jeanneret–Gris），在以手表制造业闻名的瑞士小镇拉绍德封长大。为了追求在艺术和建筑领域的职业生涯，他移居巴黎，之后开始采用其著名的笔名——勒·柯布西耶。当时，他的现代住宅（他称之为“居住机器”）设计是如此的新颖，其立体派极简主义的风格令人震惊。然而，真正的轰动发生在 1922 年，那一年，勒·柯布西耶向公众展示了他的“300 万人口的现代都市”规划。城市采用严格对称的方格模式，由整齐排列的、完全相同的、几何化的摩天大楼构成。勒·柯布西耶坚称：这不是未来城市，而是今天的城市。在消除几百英亩城市现状肌理后，“现代城市”将在巴黎右岸区建成！

“现代城市”的方案无疑引起了公众的关注，但是当时众多的城市规划委员会并不认可勒·柯布西耶的这个方案。在整个 20 世纪 20 年代、30 年代和 40 年代，他竭尽所能到处寻求潜在的资助人——瓦赞（Voisin）汽车公司的产业资本家、苏联共产主义的统治者和法西斯占领的法国维希政府，但大多没有成功。勒·柯布西耶的实质影响并非来自他设计并建造的城市，而是来自那些由其他人设计建造、然而合乎他首先提出的规划原则的城市。其中最值得注意的是现今无处不在的“花园里的摩天大楼”理念。无论是像巴西的巴西利亚或者印度的昌迪加尔（那里的新城都是在空地上建起的）这样相对完整的案例，还是像世界各地建设的摩天大楼花园和高层住宅街区这样局部的案例，勒·柯布西耶的思想都已经切实地改变了全球的城市环境。

人们经常把勒·柯布西耶的“现代城市”规划与弗兰克·劳埃德·赖特的“广亩城市”规划做对比，这种对彻底集中和彻底分散的规划理念的比较，的确颇有意思。人们将勒·柯布西耶的胆识与第二次世界大战后重建和再发展热潮中的乐观情绪做比较，甚至与像保罗·索莱里（Paolo Soleri）这样的乌托邦式的巨型结构主义者相比较。然而有些人已经注意到，在纯粹的勒·柯布西耶理念的超理性中，存在着精英主义以及与民主传统相悖的严密的阶级结构。刘易斯·芒福德、简·雅各布斯和彼得·霍尔可以列为三位对此最严厉的批评家。美国著名规划师艾伦·雅各布斯（Allan Jacobs）和唐纳德·阿普尔亚德（Donald Appleyard）的“城市设计宣言”故意采用了勒·柯布西耶宣言的形式，但是拒绝采纳他的规划思想，转而提出了与勒·柯布西耶理念相反的规划原则，包括充满活力的街道、参与式规划以及将传统建筑整合到新的城市结构中等设想。在勒·柯布西耶城市设计光芒的背后，有一些一直被质疑的问题：如何在勒·柯布西耶式的城市中实行民主政治？在这些耀眼的高楼中的社会关系是什么样的？许多亚洲的“超级城市区域”似乎依据的是勒·柯布西耶式的原则，但美国学者理查德·佛罗里达笔下的“创意阶层”在这样的城市中会生活得舒适吗？曼努埃尔·卡斯特利斯所设想的“流空间”和“场所空间”的关系在柯布西耶式的环境中是否适用？更进一步，勒·柯布西耶式的摩天大楼何以成了西方现代都市生活的标志性形式，以致世贸双塔在 2001 年 9 月 11 日成为伊斯兰基地组织的攻击目标？

勒·柯布西耶的著作包括《明日之城市》（The City of Tomorrow and its Planning）（New York：Dover，1987，translated by Frederich Etchells from Urbanisme，1929），《思考城市规划》（Concerning Town Planning）（New Haven，CT：Yale University Press，1948，translated by Clive Entwistle from Propos d’Urbanisme，1946）和《人类三大聚居地规划》（L’Urbanisme des Trois Etablissements Humaines）（Paris：Editions de Minuit，1959）。

关于勒·柯布西耶思想的出色论述可在以下书籍中找到：Robert Fishman 的《20 世纪城市乌托邦》（Urban Utopias in the Twentieth Century）（New York：Basic Books，1977），Peter Hall 的《明日的城市》（Cities of Tomorrow）（Oxford：Blackwell，1988），Kenneth Frampton 的《勒·柯布西耶：二十世纪的建筑师》（Le Corbusier：Architect of the Twentieth Century）（New York：Abrams，2002，with photographs by Roberto Schezen）和 Nicholas Fox Weber 的《勒·柯布西耶传》（Le Corbusier：A Life）（New York：Knopf，2008）。如果想更进一步了解勒·柯布西耶最重要的城市规划项目，可以参看 Vikramaditya Prakash 的《昌迪加尔的勒·柯布西耶：印度后殖民时代的现代性斗争》（Chandigarh’s Le Corbusier：The Struggle for Modernity in Postcolonial India）（Seattle，WA：University of Washington Press，2002） 和 Klaus-Peter Gast and Arthur Ruegg 的《勒·柯布西耶：巴黎－昌迪加尔》（Le Corbusier：Paris-Chandigarh）（Boston，MA：Birkhäuser，2000）。Jean-Louis Cohen 的《勒·柯布西耶，1887—1965》（Le Corbusier，1887—1965）（Los Angeles，CA：Taschen，2005） 和由 Phaidon Press 编辑出版的《伟大的勒·柯布西耶》（Le Corbusier Le Grand）（London：2008）中，包括了柯布西耶各个时期的优秀建筑作品的照片。要了解更多现代主义运动的背景，可以参考 Richard Weston 的《现代主义》（Modernism）（London：Phaidon，2001），Christopher Wilk 的《现代主义：设计一个新的世界》（Modernism：Designing a New World）（London：Victoria & Albert Museum，2006），Peter Gay 的《现代主义：异端之诱惑》（Modernism：

The Lure of Heresy)(New York : Norton，2007)。而要了解更广泛的文化和文学运动背景，可以参考 Pericles Lewis 的《剑桥对现代主义思想的诠释》(The Cambridge Introduction to Modernism) (Cambridge : Cambridge University Press，2007)。

勒・柯布西耶著作的中文译作可以参阅《光辉城市》(金秋野、王又佳译，中国建筑工业出版社，2009)、《人类三大聚居地规划》(刘佳燕译，中国建筑工业出版社，2009)、《精确性：建筑与城市规划状态报告》(陈洁译，中国建筑工业出版社，2009) 和《明日之城市》(李浩译，中国建筑工业出版社，2009)。当然，《勒•柯布西耶全集》(共 8 卷)(中国建筑工业出版社，2005) 是一套最全面反映勒•柯布西耶思想贡献的书籍。此外，彼得・霍尔撰写的《明日之城：一部关于 20 世纪城市规划与设计的思想史》(童明译，中国建筑工业出版社，2009) 也有关于勒・柯布西耶思想的精彩论述。

正文

现今城市中心的拥堵问题必须消除。

通过技术分析和建筑综合体的运用，我拟定出了可以供 300 万人口生活的现代城市规划方案。我的工作成果在 1922 年 11 月的巴黎秋季沙龙上已经得以展示。这个规划方案让公众震撼，在一些地方人们对此充满激情，而在另一些地方人们对此也产生了很大兴趣。我提出的是一个简易的、毫不妥协的解决方案，没有附带的注释。唉，不是每个人都能读懂规划图，我本应在现场不断回应人们内心深处产生的基本疑问。这些问题都是非常有趣的，且都是可以得到答案的。当将来我有必要写一本书来阐述制定城市规划的新规则的时候，我绝对会首先给出这些基本问题的答案。我这里使用了两种假设，第一，源于思想、或源于内心、或源于生理感知的感性判断，作为新原则的基础；第二，历史的和统计的论据 (作为理性的判断)。因此我可以始终坚守基本原则，并且掌控其所存在的环境。

我希望能够通过这种方式帮助读者事前能够对我的规划思想有一个大体的了解。这样，当我展示我的规划设想的时候，我就可以很开心地确信，他们将不再感到震惊错愕，也不会感到一丝恐慌。

300万人口的现代都市

我以实验室研究员的方式开展工作，首先我力图避免所有特殊情况以及可能出现的偶然情景，我假设在一个理想的基地上开始我们的工作。我的目标不是否定现有的事物，而是通过构建一个理论上无懈可击的方案，从而揭示出现代城市规划的基本原则。如果这些基本原则是名副其实的，那么就可以作为任何现代城市规划体系的骨架，从而成为指引城市发展的导则。然后，我们就需要选择一座特定的城市作为案例，无论是巴黎、伦敦、柏林、纽约或是其他小城镇都可以。我们最终的研究结果是，我们可以掌控并决定这场即将到来的战役的方向。以现代方式重建任何宏伟城市的愿望，好比参加一场艰难的战役。你能想象参加战役的人不知道他们的目标么？可这就是正在发生的事情。当局不得不做一些事情，于是他们让警察戴上白袖标或骑上马背，他们创造了声音信号和光信号，他们提出在街道上架设天桥或在地下设置人行道；同时，他们提出建设更多的田园城市，或是决议取缔有轨电车，等等一系列的提案。相关的决议以疯狂的速度出台，似乎是为了控制住一头被困住的野兽。这野兽正是伟大的城市。可是城市的力量远超过所有这些宏韬伟略，而且它才刚刚苏醒。未来，我们还有什么办法可以应对之?

我们必须制定一套行动标准。

我们必须掌握现代城市规划的基本原则。

选址

一块平坦的基地是现代城市的理想选址（图1）。在所有交通过分集中的地区，如果地势平坦，则一般可以通过正常的途径来缓解。而交通量越少的地区，地势起伏的影响就越小。

河流应在远离城市的地方流淌。它是液态的铁路、货运站和分装中心。在合乎礼仪的雅致的房屋里，仆人楼梯也不应该穿过客厅——即使女佣再漂亮（换句话说，即使河里的小船能让斜倚在桥上的漫步者心情愉悦，也不能让河流从城市中穿过）。

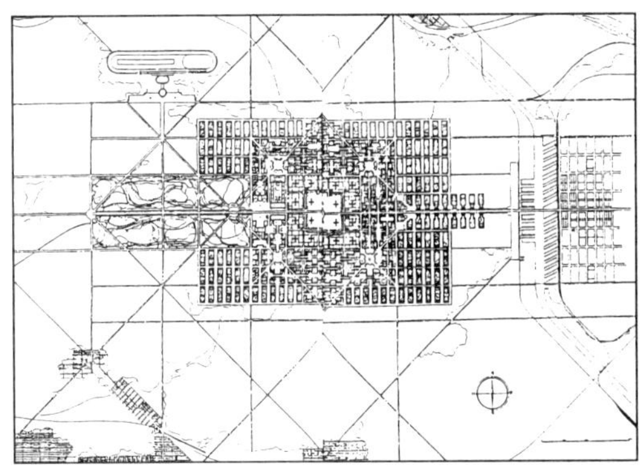

图1

人口

人口的构成包括真正的城市公民、郊区居民和混合类型的居民：

1. 城市公民是指那些工作和生活在城市中的人。

2. 郊区居民是指在外围工业区工作、不进入城市的人：他们生活在田园城市。

3. 混合类型的居民是指工作在城市的商务区，但和家人生活在田园城市的人。

要明确界定上述人口的分类（并使这些大家认可的类型可以转换），就会触及城市规划的核心问题，因为这样的分类将可能导致按照定义的三类区域分配土地，并划定其边界。这可能需要我们确切阐述并解决以下问题：

1. 城市，作为商业和居住中心。

2. 工业城市与田园城市的关系（即运输问题）。

3. 田园城市和工人的日常通勤。

我们首先需要一个小巧、快速、活跃且集中的机构，也就是中心组织完善的城市；其次需要一个灵活、分散且有弹性的机构，即城市外围的田园城市。在这两类机构之间，我们必须通过立法以确保必要的建设活动，包括预留一片可以拓展的区域，保留一些林地和农田，储备一些新鲜空气。

人口密度

一座城市的人口越密集，城市扩展的距离就越小。因此，我们必须将进行商务活动的城市中心密度提高，这才是切实可行的。

肺

在现代社会，工作强度日益加剧，工作要求对我们神经系统的影响越来越造成威胁。辛劳的当代工人需要稳定和清新的空气，而不是污浊的空气。

现如今城市密度的增加只能以牺牲开放空间来实现，而开放空间是城市呼吸的肺。

我们必须增加开放空间，并缩小城市半径，因此需要构建垂直的城市中心。

城市住宅区不必再沿着充满了噪声和灰尘且缺少光线的“长廊式街道”建设。

建造远离街道的城市住宅是一个简单的问题：不再是小的内部庭院，而是面对大型公园的窗景，无论我们的房屋计划是“红线退让”类型的，还是按照“细胞”原则建造。

街道

今天的街道仍是传统的铺装裸露地面，在其下面依旧有地铁运行。

真正的现代街道是一个新型的有机体，一系列延伸的车间，一个包含许多复杂和精巧器官的家，如燃气、自来水、电力电源。将这些重要的服务干线埋藏，与经济性、安全性和理性原则全然相悖。干线的每一段都应该是便于进入的。这延伸车间的每层都将有其特定功能。如果这种被我称为“车间”的街道类型得以实现，它就会像习惯建于街道两侧的房子那样，也会像承载着它跨越山谷与河流的桥梁那样，将会成为一项重要的建设事件。

现代街道将是土木工程的杰作，而不再仅仅是挖土工人的工作而已。

我们不能再容忍“长廊式街道”，因为它对邻近的住宅产生不良影响，并导致大家竞相建设小型内院甚至“井”式院落。

交通

交通分类比其他问题简单。

现在的日常交通是不分类的，就像是将炸药扔到街上一样，可能会伤及行人。即便这样，交通也没有完全履行其职能。这种牺牲行人的做法在哪里都是行不通的。

如果我们对交通分类，将可以得到：

1. 重型货运交通。

2. 轻型货运交通，承担各个方向的短途运输，比如有篷货车等。

3. 快速交通，它将覆盖城镇的大部分区域。

在超高效利用的楼层，有三种道路是必要的：

1. 地下层是为重型交通使用的街道。这层的房屋仅仅包括混凝土桩及其之间的大面积开敞空间，开敞空间构成了一系列的货物交换场所，重型货车可以在此装载和卸载。

2. 在建筑物的底层是复杂而精妙的普通街道网络，可以去往各个方向。

3. 从城市的北部到南部、东部到西部，形成了两条宏伟的城市轴线，在120—180米宽的巨型加固钢筋混凝土桥梁上将建成单向快速交通干道，每半英里有地面辅道从两侧接入。因此，可以在任何给定的地点进入这些干道，并且以最快的速度穿过城市，且不需要经过任何交叉口就能直接到达郊区。

现有街道的数量应减少三分之二。交叉口可以算是交通的顽敌，其数量直接取决于街道的数量。现有街道的数量实际上在遥远的历史时期就已经确定。几乎无一例外，地产边界的永固性使得即使是最模糊的小径和传统村落中的步行路都得以保留，并逐步转化为长街甚至是大道……其结果是，每50码、甚至20或10码，就有一个交叉路口。 这导致了我们都非常熟悉交通拥堵，这是何其荒谬啊。

两个巴士站或两个地铁站之间的距离，为我们提供了街道之间必要的距离标尺，虽然这一标尺根据车辆的行驶速度和行人的步行能力而有所不同。因此，街道之间平均的正常距离约为400码，这也同时给定了城市的跨度标准。我设想的方格网城市，其街道间距为400米，偶尔可以划分为200米。

通过这三层高效利用的楼层，每一类机动车交通（货车，私家车，的士，巴士）都可以得到快速和灵活的运输服务。

在固定轨道上运行的车辆只允许以大负载车队的形式运行，这样就可以作为地下交通系统或者郊区铁路的扩展。现代城市的核心区是不允许有轨电车存在的。

如果城市由约400码见方的地块组成，这会给我们提供约40英亩的地段，人口密度从6000—50000不等，这与该地段开发为商业，还是开发为住宅有关。因此接下来，实质性的工作是继续应用我们的距离标尺，像现今的巴黎地铁（即400米）那样，在每个地块的中间设置车站。

与两条城市宏伟轴线同向的是在快速交通干道下面运行的地铁，连接四座郊区田园城市的最远点，并与大都市区的交通网络相连接……在更低一层，同样沿着两个主轴线，是通往郊区的单向回路交通系统。更下面一层，是服务更大范围的四条交通干线，连接东南西北各个方向。这些干线交通将在中央火车站汇聚，或者最好是可以接入一个闭环系统。

车站

城市中只有一座车站，这座车站的唯一理想选址就是城市中心，它理应在此，没有任何理由把它放到其他地方。火车站是滚滚车轮的中枢。

车站将是绝对的地下建筑。车站屋顶在距离地面两层高的地方，将成为航空的士的小型机场。这个小机场（可以联系到保护区内的主要机场）必须与地铁线、郊区线、主干线和主要快速路有方便的联系，也要与相关的行政服务机构有便捷的联系。

城市规划

我们必须遵循的基本原则是：

1. 我们必须去缓解城市中心的拥挤。

2. 我们必须强化城市中心的密度。

3. 我们必须增加流动[1]的手段。

4. 必须增加公园和开放空间。

我们在最中心的位置设置车站，车站里有为航空的士提供的起落平台。

从南到北，从东到西，我们有快速交通要道，形成120英尺宽的高架道路。

在摩天大楼的底部和周围，我们有一个很大的空地，长2400码，宽1500码，面积360万平方码，花园、公园和街道布局其中。在这些公园中，在摩天大楼的底层和周围，将是餐馆和咖啡厅，奢侈品商店，建筑中还有后退台阶的影剧院，礼堂等；停车位或车库也设置在此。

摩天大楼的设计纯粹出于商业目的。

在左边，我们有巨大的公共建筑——博物馆、市政和行政办公楼。再左侧有“公园”（为将来城市中心的合理拓展做预留）。

在右边，走过主要干道的其中一条，我们有仓库和带有货站的工业小区。

城市周围全是树林和绿色田野保护区。

再远一些是田园城市，形成了宽广的环带。

此外，在所有这些要素的中心区域，我们有中央火车站，由以下要素组成：

1. 起降平台；形成一个面积20万平方码的小型飞机场。

2. 中间层或夹层：在这一层是为快速机动车交通提供的凸起轨道，唯一的交叉口也是环形的。

3. 一楼：有入口大厅以及地铁、郊区线路、区域干线和空中航线的售票处。

4. “地下一层”：这里是城市地铁及其干线。

5. “地下二层”：这里是单向循环运行的郊区线。

6. “地下三层”：这里是通往东南西北四个方向的区域干线。

城市

在这里，我们有 24 幢摩天大楼，每幢可以容纳 1—5 万名员工；在商业和酒店业地块，这样的摩天大楼可以容纳 40—60 万居民。

除了上述两种摩天大楼外，居住地块又能容纳 60 万居民。

田园城市，又可以容纳 200 万或更多的居民。

在广阔的中央空地里，有咖啡厅、餐馆、奢侈品商店和各类大厅，壮丽的集会场所分层跌落到它周围宏伟的公园中，整个布局呈现出充满秩序和活力的壮观景象。

人口密度

（A）摩天楼：每英亩可容纳 1200 名居民。[2]

（B）有红线退让的居住地块：每英亩可容纳 120 名居民，这些属于豪华住宅。

（C）在“细胞”系统上建造的居住地块：有相似数量的居民。

这样的高密度，实现了我们所需的距离压缩，并能确保相互间快速的沟通。

注：在巴黎的市中心，平均密度为每英亩 146 人，伦敦为 63 人，巴黎的拥挤地区为 213 人，而伦敦为 169 人。

开放空间

在 A 区域，开放空间的用地比例为 95%（用作广场、餐厅和剧院）。

在 B 区域，开放空间的用地比例为 85%（用作花园和运动场）。

在 C 区域，开放空间的用地比例为 48%（用作花园和运动场）。

教育和文娱中心、大学、艺术和工业博物馆、公共服务机构、郡县议政厅

“英国花园”（Jardin anglais）[3]（必要的时候，城市可以拓展到这里）。

运动场：赛车跑道，马场，体育场，游泳浴场等。

带有机场的保护区（这是属于城市的地产）

这一区域禁止一切建设活动，保留作为城市的发展备用地，由当局政府直接决策管理：它可能包括森林、农田和运动场。在城市附近不断购买小块土地以形成“保护区”，是政府可以经营的事物中最重要和最紧迫的。它可能最终会带来十倍的投资成本回报。

工业区：采取厂房租用的形式

商业用途:60 层的摩天大楼，没有内部天井，也没有庭院……

后退红线的 6 座两层住宅楼，依然没有内部天井：公寓有一侧能眺望大型公园。

在“单元分隔”原则上建造的住宅楼，带有“空中花园”，可以眺望大型公园，依然没有内部天井。这些是最现代化的“服务公寓”。

田园城市：美感、经济、完善和现代化的景象

一句简单的话足以表达明天的需要：我们必须在开敞空间中建设城市。

平面布局必须是一个纯粹几何化的设计，并且囊括几何图形所固有的许多精巧内涵。

现今的城市处在濒死边缘，就因为它不是几何化的。开敞空间中的建设将取代目前杂乱无章的安排，用统一的布局取代我们当今的城市。我

们必须这样做，否则今天的城市没得救。

纯粹几何布局的结果就是单调重复。单调重复的结果就会形成是一个标准、形成一个完美的形式（即创建标准类型）。几何布局意味着数学可以发挥作用。

虽然没有一流的人类生产力（来建设城市），但是有几何作为基础。几何是建筑的本质。为了引入城市建设的统一标准，我们必须使建造活动产业化。而迄今为止城市建设作为经济活动，仍旧坚决抵制产业化。城市建设也因此远远落后于先进的（工业化）进程。其结果是，建设成本仍旧高得离谱。

从专业的角度来看，建筑师已成为一个扭曲的物种。建筑师们越来越偏爱不规则的基地，声称这样的基地能够赋予他们原创的灵感，而不是就事论事的提出简单的设计方案。显然，这样的论调是错误的。因为，现今实施的建筑要不就是为了富人而建设，要不就是亏损的（例如市政住房计划的实施情况），更有甚之的是建设低劣房屋，剥夺了居民所应享有的舒适。机动车已经实现批量生产，这是一个舒适，精确，平衡，且受到好评的杰作。而（在一个"不规则的"基地上）有秩序地建设就是一件不协调的作品——真是匪夷所思。

如果建筑工地在标准化和大规模生产线上重组，那我们将可能诞生一批像技术工人一样敬业和聪明的工人群体。

技术工人仅仅出现20多年，但却已经在世界工人群体中占据了最重要的位置。

石匠的出现可以追溯到远古时代！他们用脚和锤子不断敲击。他们敲碎周围的一切，然而雇用石匠的工厂在几个月内分崩离析。必须训导石匠的思想，使其成为工业化建筑工地上重要和精确机械的一部分。

建设成本将下降八成。

劳动者的薪酬将有明确的分类，根据每个人的贡献和服务而定。

不规则的基地吸收每一个建筑师的创造才华，并使其精疲力竭。其结果也同样不寻常：不匀称的畸形，专家的方案只能取悦于其他专家（而非人民）。

我们必须在开敞空间进行建设：在市区和外围都是如此。

然后通过一切必要的技术步骤，并使用绝对的经济手段，我们就能够将自己置身于其中，从而体验到建立在几何基础上的创造艺术的强烈愉悦。

城市及其美感

（这里提出的城市规划方案是一个纯粹只考虑几何因素的直接结果。）

大尺寸的新单元（400码）会激发一切事物的灵感。虽然街道间距400米（有时只有200米）的方格网布局是统一的（这样的布局形式的结果就是不会迷路），但任何两个街道都不是雷同的。正是在壮丽的交响乐中，几何的力量开始发挥作用。

假设我们正在从大公园进入城市。我们的汽车行驶在特别架高的机动车道路上，快速穿行在摩天大楼之间：当我们再接近些就能看到冲入云霄的几乎一模一样的24幢摩天楼；我们的左右两侧，每一个特定区域的边缘是市政府行政大楼，围绕开敞空间的是博物馆和大学等建筑。

然后，我们突然发现自己正在第一簇摩天大楼的脚下。但在这里我们有一个巨大的空间，而不是像纽约那样，只有微薄阳光依稀照亮的阴沉街道。整座城市是一个公园。台阶伸到草坪和树丛之中。水平线上的低矮建筑物，让目光可以直视树木枝叶。那些琐碎的杂乱之物（指类似小店铺、小办公房之类的建筑）哪里去了？在这样的城市里，人们生活在安宁与纯净的空气中，噪声被绿树的枝叶舒缓。在这里，纽约的混乱得以解决。在这里，我们沐浴在阳光下，徜徉在现代化的城市中（图 2）。

我们的车已经离开了高架路，速度降至每小时 60 英里，轻轻地穿过住宅区。“红线退让”造就了巨大的建筑场景。这里有花园，游戏及运动场地。目光所及，天空无处不在。方形轮廓的跌落式屋顶直冲云霄，被翠绿的空中花园包围。

统一的单元模式构成了一幅图景，从而弱化了远处众多建筑的硬质边界。轮廓因距离而柔化，摩天大楼几何化的外立面上大面积的玻璃面反射着天空的蓝色光辉。巨大且光芒四射的棱镜，有种压倒一切的感觉。

在每一个方向上我们有不同的景象：我们的“网格”是基于 400 码的单元，但是如果因为建筑设计而修改之，则有些不可思议！（在 600 码 ×400 码的“红线后退”单元上，则情况恰恰相反。）

在飞机上的旅行者到达君士坦丁堡或北京时候，突然看到蜿蜒河流和斑块森林的清晰印记，这是一个按照人的意识成长的城市：人类智慧的标记。

图 2　现代城市

正如黄昏的光线落在玻璃摩天大楼上，如同火焰一般。

这不是有问题的未来主义，只是一种突然呈现在观众面前的文学轰动而已。这是一名建筑师组建的阳光场景，他使用了可塑材料以达到塑造不同形制的目的。[4]

为速度（汽车）而建的城市必将成功。

（张元　张立　译，张立　校）

注释

1　这里作者指城市中的车流、人流和物资流等流动。——译者注

2　相当于 30 万人 / 平方公里。——译者注

3　这是一座英国式的花园，坐落在瑞士日内瓦，花园内参天大树间装饰有喷泉和雕像。是为纪念 1814 年日内瓦加入瑞士联邦而建造的。大道旁还有个著名的大花钟（L'Horloge Fleurie）最早修建于 1955 年，花盘直径达 5 米，由 6500 株鲜艳的花卉拼成。——译者注

4　这里是一个比喻，“可塑材料”隐喻城市单元，“不同形制”隐喻城市的不同形态。——译者注

广亩城市：一个新的社区规划

弗兰克·劳埃德·赖特

编者导读

半个多世纪以来，“谁是最伟大的美国建筑师？”这个问题可能只有一个答案：弗兰克·劳埃德·赖特（1867—1959 年）。起初是因为他革命性的“草原住宅建筑风格”——长而低矮的悬挑屋顶的轮廓线，使得建筑看起来像是从中西部景观中直接生长出来的一样。后来是因为东京帝国饭店、纽约古根海姆美术馆，西宾夕法尼亚壮观的流水别墅等建筑杰作，使得赖特成为有机建筑和表达材料自然属性的建筑风格的代表人物。

对很多人而言，赖特的建筑和“美国式民主的建筑”是同义的。作为一名坚定的自我中心主义者，一位媒体名人圈中的先锋人物，赖特致力于让大家认同他所代表主流的美国精神。他给公众留下了一个说话坦诚、反集体主义式民主、傲慢强势的形象，他本人则寻求表达一种激进个人主义的观念。作为一名艺术天才，赖特鄙视当时流行的市侩习气，他将美国流行文化的明显衰落归咎于“暴民统治”，归咎于为这种利益服务的缺乏道德原则的银行家和政客。到 20 世纪 20 年代和 30 年代，赖特已经成为一名社会革命者，但却并非是典型的左翼社会主义者。在一定程度上，赖特呼吁美国社会进行激烈的转型，以恢复早期爱默生 * 时代和杰斐逊 **（Jeffersonian）时代的道德风范。赖特乌托邦思想的物质体现就是“广亩城市”。1935 年赖特在纽约洛克菲勒中心发布了他的广亩城市模型。这里重刊的文章表达了他最初的、也是最清晰的关于这个革命性方案的表述，即：每个美国公民可以获得最少每人一英亩的土地，家庭农庄作为文明的基础，政府削减至只有一名郡县建筑师，他负责指导土地分配

---

* 拉尔夫·沃尔多·爱默生（Ralph Waldo Emerson，1803—1882 年），生于波士顿。美国思想家、文学家，诗人。19 世纪初期的美国缺乏统一的政体，更没有相对一致的意识形态。19 世纪末期美国因南北战争而统一，而且个性逐渐鲜明，美国文化也正竭力走出欧洲的阴影。1837 年爱默生发表了题名为《美国学者》的著名演讲词，宣告美国文学已脱离英国文学而独立，告诫美国学者不要让学究习气蔓延，不要盲目地追随欧洲传统，不要进行纯粹的摹仿。这篇讲词还抨击了美国社会的拜金主义，强调人的价值。爱默生的思想被誉为美国思想文化领域的“独立宣言”。爱默生也因此被确立为美国文化精神的代表人物。——译者注

** 托马斯·杰斐逊（Thomas Jefferson，1743—1826 年），美国民主共和党政治家，第三任总统（1801—1809 年），是 1776 年《独立宣言》的主要起草者。杰斐逊前后从事政治活动近 60 年之久，主张人权平等、言论、宗教和人身自由，强调“人人生而平等”。原作者在这里引用爱默生和杰斐逊是想说明，赖特的广亩城市思想是打破传统、强调人的价值、强调人人生而平等的社会改革思想。——译者注

和基本的社区设施建设。当时很多人认为这个想法完全异想天开，但是事实证明，当 20 世纪下半叶改变美国景观的郊区蔓延出现时，“广亩城市”（以及小而高效的赖特式有机住宅）看来乃是一个预言。

赖特认为，电话和汽车这两项发明使得传统城市“不再现代”；他坚定地认为，将来有一天，像纽约和芝加哥这样高密度、拥挤的大都市集聚区会衰败。在这些大都市集聚区中，美国人可能会重新选择定居在乡村（以重新享受个人自由和自给自足等乡村生活的优点）。这种居住模式是由独立的家庭庄园组成的“城市”，在那里人们可以在彼此间有充分的隔离以确保家庭的稳定感。尽管如此，通过电话和汽车可以保持足够的联系，仍然可以获得真正的社区感受。借用无政府主义哲学家克鲁泡特金的观点，赖特认为广亩城市的市民每天应该追求体力劳动和智力劳动的结合，以实现被现代社会和现代城市破坏了的人类整体性。赖特也认为，通过土地所有权获得的由个人自由和尊严所构成的系统，是确保社会和谐和避免阶级斗争的途径。广亩城市很自然地让人想起和另外两个城市模型的比较，一是与之截然不同的霍华德田园城市模型，二是勒·柯布西耶的建立在花园中的塔楼城市。让人非常好奇的是，广亩城市的总体人口密度和霍华德的田园城市以及勒·柯布西耶的塔楼城市设想并非完全不同，取决于周边公园用地或绿带用地实际的面积大小。并且赖特和勒·柯布西耶的设想都是基于小汽车的影响，一个构想选择了中心集聚的方式，另一个则选择了外围分散的方式。但是最有启示性的比较是罗伯特·费什曼对后郊区时代的“技术化郊区”的描述，梅尔文·韦伯（Melvin Webber）对后城市时代的预言以及曼努埃尔·卡斯特利斯提出的“流的空间”的概念。本书第 9 部分讨论了关于全球城市的本质问题，人们忍不住会猜想，在 21 世纪基于计算机的电信设施的帮助下，加之可能利用互联网远程办公，赖特在 1935 年提出的愿景现在是否真的可以实现？

本文摘自《建筑实录》（Architectural Record，vol.77，April，1935）。关于广亩城市的更多信息可阅读 Robert Fishman 的《20 世纪的城市乌邦托》。John Sergeant 的《弗兰克·劳埃德·赖特的草原住宅：有机住宅的案例》（Frank Lloyd Wright's Usonian Houses：The Case for Organic Architecture）（New York：Whitney Library of Design，1984）也是比较有用的参考读物；William Allin Store 的《弗兰克·劳埃德·赖特研究指南》（A Frank Lloyd Wright' s Companion）（Chicago：University of Chicago Press，1994）也是令人印象深刻的、权威的参考读物。

还有三本优秀的赖特传记，分别是：Meryle Secrest 的《赖特传记》（Frank Lloyd Wright：A Biography）（Chicago：University of Chicago Press，1998），Brendan Gill 的《多重使命：赖特的一生》（Many Tasks：A Life of Frank Lloyd Wright）（New York：Da Capo Press，1998）；Ada Louise Huxtable 的《弗兰克·劳埃德·赖特》（Frank Lloyd Wright）（New York：Viking，2004）。关于赖特的优秀评论可以参阅 David Larkin and Bruce Brooks Pfeiffer（eds）共同编写的《弗兰克·劳埃德·赖特：杰作集》（Frank Lloyd Wright：The Masterworks）（New York：Rizzoli，1993），以及 Neil Levine 的《弗兰克·劳埃德·赖特的建筑》（The Architecture of Frank Lloyd Wright）（Princeton：Princeton University Press，

1996）。但是关于赖特的最好的资料还是来自赖特本人，虽然他的写作风格经常是古怪和夸张的，特别引人兴趣的是他的《民主到来之时》（When Democracy Builds）（Chicago：University of Chicago Press，1945），《天才和暴民》（Genius and the Mobocracy）（New York：Duell，Sloan & Pearce，1949）和《宜居城市》（The Living City）（New York：Horizon，1958）。

关于赖特的中文译作很多，比如《建筑之梦》（赖特著，于潼译，山东画报出版社，2011）、《赖特论美国建筑》（赖特著，埃德加·考夫曼编，姜涌、李振涛 译，中国建筑工业出版社，2010）、《赖特景观——弗兰克·劳埃德·赖特的景观设计》（查尔斯·E·阿瓜尔 等著，朱强 等译，中国建筑工业出版社，2007）和《弗兰克·劳埃德·赖特》（詹卢卡·杰尔米尼 著，王忠英 译，大连理工大学出版社，2008）。此外，《1948 生活在赖特身边》（汪坦著，中国建筑工业出版社，2009）也是一本了解赖特的参考读物。但遗憾的是，至今关于赖特的完整城市规划思想的中文参考读物还很鲜见，有兴趣的读者只能阅读英文原文了。

正文

人们生来就拥有权利下放、分配以及将世人财产与其生而俱来的土地拥有权相关联的权利，考虑到这些权利的简单行使，广亩城市也就成为现实。

如同我看待建筑一样，最好的建筑师是这样的，他能够通过改变那些人类增长所固有的要素，设计和组织最近的有机体以构成人类成长的特征。虽然文明本身必然是一种形式，但是文明并不必然固化，或者称之为“不注重实践”——如果民主是理智的话。所有的统治都是一种死亡的形式，虽然有时为生活服务，但更多的时候是对生活所强加的控制。在广亩城市中，一切都是平衡的，但很少是显见的，且从来都是注重实践的。

任何事物在不破坏它固有形式的情况下，其都具有正常增长的能力。在新的（广亩）城市中，同样如此。在广亩城市中，为确保整体和谐的编组和队列都是存在的，但是其仅仅存在以下地方：在这里种植和养殖本质上是一种自然过程，或者围墙提供了一种希望的隐居生活，除此之外，编组和队列是不存在的。到处都是韵律的美感替代了传统的重复。在任何重复或者标准化经常会存在的地方，其都被其内在的韵律感和艺术感所改变，或者是被其内在的天然本质所改变，这种改变使其成为具有人类持久的价值。

权力阶层把传统城市建设成了另一副模样，无论他们是否喜欢，三个已经投入使用的重要发明正在构建广亩城市，他们分别是：

1. 机动车：人类的普遍机动化；

2. 收音机、电话和电视：电信交往正变得普及；

3. 标准化的车间生产：机器发明加上科学发现。

对于美国来说，上述三大重要革新的代价就是（过度）开发，这导致我们每天到处可以看到周围的垃圾和丑陋的脚手架材料，而这些在广亩城市中是根本不需要的。如果我们的政府极力推动的话，我们就可以行使我们与生俱来的三项权利，这样代价就不会这么高，这三项权利是：

1. 使用直接交换媒介代替黄金作为贵重物品的社会权利：社会信用的若干种形式；

2. 拥有土地，享受空气和阳光的社会权利：土地只能用来使用和改善；

3. 拥有思想观点的社会权利，人们因之而生活，也是为之而生活，有关人民生活的发明创造和科学发现的公众所有权。

作为广亩城市的理想，其唯一假设就是上述三项权利将属于市民，届时试图从市民手中窃取民主价值，对于封建遗存和封建皇室子嗣的支持者们而言明显是愚蠢的，对于那些盲目卑躬屈膝和违背他们市民意愿的人而言，这样的行为也同样是愚蠢的。

地主不会比佃户更加开心。投机倒把者也不会在生意结束时像从前那样大赚特赚。当下的虚幻的繁荣日益明显是一个谎言，就像对于这样的繁荣背后的得益者和牺牲者的不公正一样，这种所谓的繁荣是把奖励分发给人群中像狼、狐狸和老鼠之流的人，分发给社会的寄生群体。很可能在社会学意义上，广亩城市的发布是具有决定意义的成就，不管怎样，这种成就是具有超越性的。所以我称之为一种美国新式的自由生活。这种自由生活将脚手架扔在一旁。这种自由生活建立了一种新的成功理想。

在广亩城市中，通过消除城市和集镇，当下被广为诟病的卑劣的、低级的官僚政府被削减为每个县只有一个小型政府。这样，类似来来往往的运输和无聊的生意这样的浪费活动也就不复存在了。分配变得自发和直接，大部分发生在产品的生产地。每件物品的分配方法也是简单和直接的。从制造商到消费者，大都是使用最直接的路径。

煤炭（运量通常占到火车运量的 1/3）通过在矿坑直接燃烧转换成电力输送，这样可以削减煤炭的运输，从而更容易获得更多的铁路路权，截留下笨重的车辆，把路权放到日常的干线交通服务；在干线交通上，货车集中在下层车道，多条快速车道在上面，而高速铁路车道在中间，交通就这样持续地运行。因为车辆在任何固定点上可以进进出出，所以这些干道不会是预设的交通，而是流动的交通。如同快速路一样，最宏大的干道会成为伟大的建筑，在它结构内部可以自动提供所有的原料的储藏设施，这样可以减少原料难看的堆积。

州政府唯一需要做的事情就是重新分配土地，当然这是通过县政府来具体实施的，对于无孩子的家庭分配至少一亩土地，而人口多的家庭分配的土地要多一些，土地分配的多少由州政府决定。建筑师是州政府机构的代理人，负责土地分配和改良相关的所有事务以及总体的协调发展。所有的建设都应符合建筑师的有机建筑理念的整体感。在这里，建筑就是大地景观，大地景观通过简单的开垦过程，而具备了建筑的特点。

在广亩城市中，所有的公用事业都是由州政府和县政府来管理，例如行政管理、治安巡查、消防、邮政、银行、证件办理和档案记录等事务促使政治活动对于每一个人而言变得鲜活起来，而不是像在现在的城市模式下，看不到希望的人们对政治漠不关心，从而使得政治成为贪腐群体的职业。

广亩城市的建筑无论大的、小的、多的和少的，其并无明显差别。对于所有的建筑而言，质量都是一样的。无论是第一块地产，还是最后一块地产，其（设计）思想都是最好的。唯一的差别就是建筑的个性和建筑面积。在广亩城市中没有贫穷和富有的差别。

在模式和风格上，广亩城市也不做任何声明和终结性的论断。

有机特性就是风格。有机风格有无数的天然优秀的结构形式。对于广亩城市而言，能够以其基本结构形式不断生长，这不是突变，而是从其内部展现的基本形式。

让我们来看一下我们社会的基本单元（图 1）：彼此联系的农田、工厂——煤炭在开采地已经燃烧（转化为电能）所以烟气排放也削减了、分散的学校、多样化的居住、家庭办公室、安全

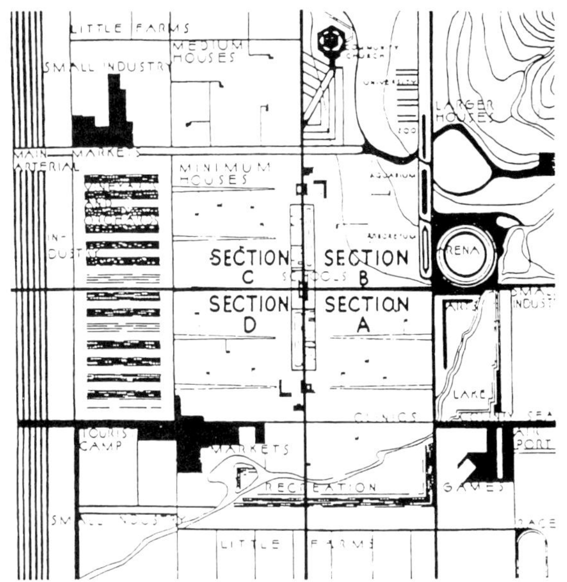

图 1

的车辆、精简的政府。所有的公共利益都得到了和谐处理，在这里一切都得到了合理使用：小的农场、为产业服务的小的家庭、小的工厂、小的学校、小的大学——大部分人可以根据自己的兴趣选择进入，小的实验室——可以供专业人士使用。不仅仅是动物，农场本身也成为城市最为吸引人的单元。最后，动物的饲养管理不仅让动物满意，也让所有人感到愉悦。这才是真正让人放松的农场。

构想中的广亩城市建成后将会自动消除失业，并且永远消除其他一切罪恶。广亩城市永远不会有劳动力过剩，也就不会有随之而发生的消费不足。很明显，也很坦率地说，在广亩城市中无论人们做什么，大多是亲力亲为，而且是出于自己的兴趣，这种兴趣是来自最有价值的灵感和指引，当然如果需要的话，接受一些培训也是应该的。自给自足的经济已经很近了，当然这种自给自足仅仅是为了生计；这样的话，生活会变得丰富多彩和妙趣横生。

县建筑师由各县自行聘请，县建筑师会针对地块建设给出一些固定的要求，每一位建设者都应遵守该要求，从而达到整体和谐。这样每一个县都会本能地发展属于自己的特色。广义而言，建筑就可以充满活力。

在一座有机建筑中，基地本身已经决定了其所有特征；气候的不同对其产生影响；资金预算的不同对其产生约束；功能的不同也同样影响着其建筑特点。

在广亩城市中，形式和功能是统一的。但是，广亩城市没有终点！上述模型显示，在广亩空间上建设的一个 4 平方英里的典型乡村可以作为一个基本单元，其可以容纳 1400 多户家庭，基本单元的大小与其所属的气候区有关。随着区域环境、气候、地形的变化，基本单元的朝向也可以向南或向北变化。

在（广亩城市）模型中，重点是强调统一秩序下的多样性，同时也承认在大部分的绿化中，从形式需要上来说，大面积种植也是必要的。在简单的政府补贴下，特定的广大空间或者是一片广亩单元，世世代代种植有益的、美丽的树林，以创造私密性和乡村间各种各样的分隔。没有沿路成排的树木遮挡风景。即使成排的树木，也是与道路垂直，或者成组种植。像白松、胡桃、桦树、山毛榉和冷杉之类的有益树种也会如同水果和坚果类树种一样逐渐成长到成熟期，这也会是可以盈利的收获，同时可以给整座城市带来个性、私密和舒适。一般的公园就是小溪旁开满鲜花的草场，公园的边界是成排的树林，一层一层高出地面的鲜花。在一端的音乐花园与噪声完全隔离。通过体育馆、动物园、水族馆、植物园和艺术馆，可以开展很多大众化的体育活动和节日庆典。

交通问题得到了特别的关注，因为机动化能够创造更多的舒适和设施，广亩城市到来的就越快。每一个广亩市民都有自己的汽车。多车道的快速路使得旅行变得舒适和愉悦。(道路上)没有平面交叉也没有平面左转。道路系统及其构筑物也就没必要有信号灯和信号灯柱。道路两边没有沟渠，也没有侧石。(机动车道侧面)有护栏来保护人行道，机动车在不损坏的情况下是无法越过护栏的。

在空中交通方面，广亩城市拒绝使用时下的飞机，取而代之的是肯定会到来的独立的机械单元：能够垂直升起的涡轮装置，通过无线电控制和转子方向的控制可以向任何方向旅行，其最高速度达每小时 200 英里，这种装置能够安全下降到六角机坪(也是其升空的地方)或任何其他地方。如果事先设计的话，这种装置也可以以平台的方式来降落。

在干线上唯一的固定的交通工具是长途轨道车辆，其可以达到时速 220 英里(已经在德国造出来了)。所有其他交通工具就是汽车，这些汽车运行于上层的 12 车道或者是下层的 3 车道的货车专用道，这样的火车专用道有两边的优势，其可以将货物直接发到两边的仓库，也可以从两边的仓库直接(经由火车)发到消费者手中。在主要的干线上本地的货车也可以行驶于底层而到达仓储库房。本地的货运道路与这些复杂的干线是并行的。

广亩城市中的住房是多种多样的：广泛使用耐火的人造材料，工厂的预制单元适合自由组合和拼装，但是也没有忽视传统的天然材料，只要当初设计了天然材料，而且可以得到，就会使用。住房主人的利益早就在预制多用途构件和单元时就几乎全部考虑好了，毫无疑问是通过简化建造步骤，降低建造成本来实现的。这里有带有实验室的专业人士的住房，最小的带有工作间的住房，类似的中等住房，大一点的住房和有些机械化时代奢侈的住房。我们可以对市民说(为了便于市民理解)，有一个车位的住房、两个车位的住房、三个车位的住房、四个车位的住房和五个车位的住房。玻璃的广泛使用，使得房间看起来像是没有屋顶一样。玻璃屋顶通常用作棚架或者花园。但是在玻璃广泛使用的地方，其通常是以家用为目的，比如防护性悬挑。

模型显示，屋顶使用了铜作为永久性的覆盖物，这种屋顶可以用许多种适当方法制造，并且对于整体表现出一种大致和谐的色彩效果。

电力、石油和燃气是唯一的流行燃料。每一块儿分配的土地在靠近公用照明附近的固定位置都有一个坑道，不必撬开铺装道路就可以到达(检修)电力、石油、燃气、水和污水(设施)。

学校的问题是这样解决的，通过在市中心分离出一部分低层建筑作为学校，这样在市中心孩子们可以不必穿越车流行走。学校的建筑群包括一些陈列馆，陈列一些从博物馆借来的展品；还包括一个音乐厅兼做演讲厅，供小群孩子玩耍的小花园、供个人户外学习的光线充足的小房间：这里还有一个小型动物园、大一点的游泳池和绿色的运动场。

这个校园建筑群在(广亩城市)模型的正中心，在其中心还容纳了高等级中学，适合把学生分成几个小组。

通过这种由土地面积和土地类型来决定的公平分配，这片 4 平方英里的土地，包括公寓和旅馆设施在内一共可以容纳大约 1400 户五口(或更多)之家。

需要重申的是，整个模型的基础是将全面分散化作为其适用的准则，并且把所有的广亩单元整合成一个基本结构；自由使用只能用来使用和改良的土地，公共设施和政府本身由广亩城市的市民所有；所有人在自己的土地上有隐私权，所有人可以在自己的土地上劳动获得公平生活收入，或者是在他自己的实验室，或者是在为整座城市生活服务的公共部门。

在广亩城市模型中有太多的细节可以进行

更完整的阐释。钻研模型本身就是必要的研究。大部分细节可以通过下面各种各样建设形式的相关模型获得解释：快速路建设、左转道设计、转线轨道、地下通道、各种各样的住房和公共建筑。

任何一位研究广亩模型的人都必须牢牢记住塔里辛研究团队的论文，广亩城市的设计就是这篇论文所提出来的，模型构建得很周详，但不管怎样，其并非断言性的，而是对一个民族和国家发展过程中不可逆转的变迁的精彩演绎。

建立在广亩城市上的个性特征必然是富有生命力的。不健康的生活不会得到支持，过度资本化的、拥挤的城市中心遗留下来的糟透了的历史遗留物会在三到四代人的时间里消失。传统的虚幻的繁荣根本无法做到，而新的成功构想（广亩城市）与人们的天性最为接近，也就会有更好的时机自然成长。

（张立　译、校）

走向可持续发展

世界环境与发展委员会（布伦特兰委员会）

编者导读

在物质层面上，城市是一种人工的构筑物，但是城市和周边自然环境之间的关系却常常影响着城市生活的特色和质量。如果说第一批城市代表的是建立在控制水利以进行灌溉的基础上的“水利文明”；如果说工业革命时期的城市开始了一个前所未有的生态环境恶化的新时代，那么正是未受污染的自然环境——或者至少是关于未受污染的自然环境的思想——为智慧复兴和伦理比较提供了持续的源泉。为了使人工化的城市区域与公园、公共花园或者周边的农村区域取得平衡，19 世纪和 20 世纪出现的乌托邦式的空想家——弗雷德里克·劳·奥姆斯特德、埃比尼泽·霍华德，勒·柯布西耶和弗兰克·劳埃德·赖特——构想了许多城市规划方案。近年来，自然生态学、绿色都市主义和可持续发展思想的影响力日渐趋强，他们在城市政策和规划的制定中已经成为主导力量。

1968 年，斯坦福大学的生物学家保罗·埃利希（Paul Ehrlich）出版了《人口爆炸》（The Population Bomb）一书。书中预言，到 20 世纪 80 年代地球上将会人满为患，发展中国家将会面临持续的饥荒。1970 年人们在旧金山庆祝了第一个世界地球日。1972 年罗马俱乐部（the Club of Rome）发表了一份极具影响力的报告《增长的极限》（The Limits to Growth）。他们认为，在当今世界各地发展不均衡、人口爆炸性增长和资源迅速消耗的情况下，各国政府和经济力量应当开始减少过度生产和过度消费。所有这些进展意味着向环保主义的转变正在悄然发生，在资本主义全球化和 20 世纪 60 年代左派意识形态开始失去支持的特殊时刻，环保主义作为一种全新的改革范式成为所有这些发展转向的目标。随后，1987 年《我们共同的未来》发表了，这是由联合国资助的世界环境与发展委员会（WCED）提交的一份报告，也吹响了“可持续发展”的嘹亮号角。本文即选自该报告。

WCED 委员会的主席是格罗·布伦特兰，因而这份报告习称为“布伦特兰报告”。布伦特兰主席来自挪威，是唯一一位联合国主要成员国中担任过环境部长的首相。报告中“行动起来！”一节指出，在 20 世纪，“人类世界和承载人类世界的地球之间的关系已经发生了深刻的变化”，逐渐增加的“变化的速度正在超出……我们当前的掌控能力”。因此，世界需要推行可持续发展的理念，它指一种“既满足当代人的需求，又不损害后代人满足他们需求的能力的发展”。报告认为，这种可持续发展“其自身应当包括……‘需求’（needs）的理念，尤其是世界上贫困人民的需求，应将此放在特别优先的地位来考虑"。

一些怀疑论者否认布伦特兰报告，认为这个报告只不过是对自由市场资本主义的又一次抨击，其立场是支持政府对经济进行大规模的管制。有些激进的环保人士则宣称，"可持续发展" 不过是一种矛盾的修辞手法，它讨好大商业利益集团，给资本主义披上生态友好的虚伪外衣。但是随着 1992 年关于环境和发展的《里约宣言》（Rio Declaration）的发表，1997—1999 年关于全球气候变化的京都议定书（Kyoto Protocol）的签订和 2002 年在约翰内斯堡举行的可持续发展世界峰会（World Summit on Sustainable Development）的召开，由布伦特兰报告提出的可持续发展的环境愿景背后的动力正在持续增强。今天，对气候变化和化石燃料导致的碳排放的关注，促使各国政府寻找新的更为清洁的新能源。在城市规划领域，可持续性的理念作为城市发展项目背后的核心理念之一，已经在世界范围内得到广泛应用，尤其是在欧洲、北美，特别是在新城市主义倡导者安德烈斯·杜安尼（Andres Duany）、伊丽莎白·普拉特－齐贝克（Elizabeth Plater-Zyberk）、彼得·卡尔索普和威廉·富尔顿（William Fulton）的工作中体现得最为显著。

读者若想了解如何将这些可持续发展的内容应用于城市背景之中，可以参阅蒂莫西·比特雷的文章"欧洲城市的可持续规划"（Planning for Sustainability in European Cities）和斯蒂芬·惠勒的文章"城市规划和全球气候变化"（Urban Planning and Global Climate Change）。若想获得城市可持续性方面更广泛的视野，可以参阅蒂莫西·比特雷和斯蒂芬·惠勒等人编辑的《可持续城市发展读本》（The Sustainable Urban Development Reader）（Routledge，2004）。总的来说，环保主义方面的文献汗牛充栋。若想了解最好的反面意见，可以参阅比约恩·伦博格（Bjorn Lumborg）的《多疑的环境保护论者：展示世界真实的面目》（The Skeptical Environmentalist：Measuring the Real State of the World）（Cambridge University Press，2001）。

关于城市可持续发展的中文文献，读者可以参阅《我们共同的未来》（世界环境与发展委员会 编，柯金良 译，吉林人民出版社，1997）、《一个地球 共同的未来：我们正在改变全球环境》（西尔弗 等 著，徐庆华 等 译，中国环境科学出版社，1999）。关于城市可持续发展和生态城市建设的书籍可以参阅《生态城市的规划与建设》（怀特著，沈清基、吴斐琼译，同济大学出版社，2009）、《生态城市：重建与自然平衡的城市》（理查德·瑞吉斯特著，王如松、于占杰 译，社会科学文献出版社，2010）、《生态城市伯克利：为一个健康的未来建设城市》（理查德·瑞杰斯特 著，沈清基 等译，中国建筑工业出版社，2005）、《欧洲城市生态建设考察实录》（栗德祥 编，中国建筑工业出版社，2011）《生态城市前沿：美国波特兰成长的挑战和经验》（康妮·小泽 寇永霞、朱力 著，东南大学出版社，2010）。此外，《紧缩城市：一种可持续发展的城市形态》（詹克斯 等著，周玉鹏 等译，中国建筑工业出版社，2004）也是一本不错的参考读物。

正文

大家行动起来

一个世纪以来，人类世界和承载人类世界的地球之间的关系已经发生了深刻的变化。

在本世纪[1]之初，无论是人类还是技术本身都无法改变地球上各系统间的平衡。但是在本世纪末，人口数量急剧增长，人类活动日趋频繁，地球自身的平衡系统开始改变；虽然并非故意，但是人类的活动已经造成了大气、土壤、水、动植物以及他们之间的关系发生了变化。这种变化非常迅速，正在超过科学学科的应对能力，我们当前的评估和处理能力也难以很好地应对。当今的世界和以往不同，更加支离破碎，虽然身在其中的一些政治和经济组织尝试着适应和应对这些变化，但结果往往令人失望。然而，环境变化的速度太快，以至于忧心忡忡的人们正设法把上述议题纳入政治议程中。

责任和义务不应只由某一部分国家来承担。发展中国家面临着许多明显的威胁到生存的挑战——沙漠化、森林退化和污染，同时大多数的贫困也发生在发展中国家，而贫困与环境退化总是相互关联的。热带雨林在消失，动植物物种在减少，降水规律在改变，人类民族的大家庭会因此而受到惩罚。工业化国家也面临着威胁到生存的挑战：有毒化学物质、有毒废物和酸化现象。所有的国家都可能因工业化国家的碳排放和能与臭氧层发生反应的气体排放而深受影响，也承受着这些国家在未来战争中使用核武器的风险。所有的国家在当下的变化趋势中，在纠正国际经济系统的行动中都有自己的一份责任。现有的国际经济系统加剧了而不是减小了不平等，增加了而不是减少了穷人的数量。

未来的几十年非常关键，打破既有模式的时刻已经到来。试图以发展和环境保护的老方法来维持社会和生态的平衡将很难奏效。只有作出改变才能确保安全。本委员会已经提到了一些必须实施的行动提案，这些提案是为了减少生存的危险性和使得未来的发展处于可持续发展的轨道之上。然而我们知道，这样一种在“可持续发展”理念基础上的重新定向有点儿超出了当前决策架构和机构组织的能力范围，无论是在国内还是国际上都是这样。

本委员会一直小心谨慎，将我们的提案建立在当前各种机构的现实能力基础之上，建立在当下能够和必须完成的事情的基础上。但是，为了确保后代有选择的余地，我们当代人必须马上开始行动，团结一致。

为了实现必需的改变，我们认为本报告积极地后续行动是非常必要的。出于这种考虑，我们呼吁联合国大会郑重地将这份报告转化成一项联合国可持续发展计划。区域层面的专门的后续会议应当召开。在这份报告递交给联合国大会之后的适当的一段时期内，应当召开国际性的会议来审视回顾已经取得的进展，并且改进后续行动安排，我们需要这些行动安排来设立基准和推动人类进步。

首先，本委员会一直关注所有国家和各行各业的人民。我们的报告正是为人民而提交的。我们所呼吁的人类（对环境和发展的）态度的转变有赖于一场宏大的教育、辩论和公众参与运动。若想获得可持续的人类进步，这项运动必须现在马上开始。

世界环境与发展委员会（WCED）的成员来自21 个不同的国家。虽然我们的讨论经常在细节和优先权方面产生分歧，尽管我们的背景有显著差异，民族责任和国际的责任也不同，但是我们都一致认为当下“必须做出改变”。

安全、幸福和地球的生存质量有赖于即将付诸实际的改变，我们高度一致地坚信这一点。

充满危机的未来

地球仅仅是一个个体，但是世界却不是。我们都依赖着同一个生物圈来维持我们的生命。但是，每个社区、每个国家为了生存和繁荣而奋斗时，很少会考虑到自己的发展对于他人的影响。有些国家消耗地球资源的速度很快，这将导致留给后代的资源所剩无几。而为数更多的国家所消耗的资源远远不足，他们的生活伴随着饥饿、贫困、疾病和夭折。

但是，我们已取得一定的进步。在世界的许多地区，当今出生的儿童有望比他们的父母有更长的寿命以及受到更好的教育。在许多地区，新生儿也有望获得广义上更高的生活水平。我们在考虑进一步的改善措施，我们曾将试图将地球变成一个更安全、更舒适、更适合当代人和后代生活的家园，但每次都以失败收场；尽管如此，目前取得的进步仍然给了我们希望。

我们需要对上述失败加以纠正，这些失败源自贫困，也源自我们采用短视的方法追求繁荣。世界许多地区正处在恶性循环之中：穷人每天为了生存被迫过度使用资源，而环境的恶化使他们进一步贫困，使他们的生计更加困难和不稳定。世界上一些地区取得的繁荣往往是不稳定的，因为它是在短期内通过农业、林业和工业方式来取得利润和发展。

过去社会一直面临着这样的压力（以牺牲环境求发展），正如许多荒凉的废墟提醒我们的一样，有时社会也会屈从于这些压力。但是，这些压力常常是局部的。今天我们对自然的干扰范围正在扩大，我们的决策对自然的影响已经超越了国界。国家间经济互动的日益频繁使得本来就很大的国家决策影响进一步放大。经济学和生态学经常将我们结合在紧密的网络中。如今，许多地区面临着对人类环境不可逆转的、具有破坏性的危机，这些危机威胁人类进步的根基。

这些日益加深的（环境、发展等）相互联系是成立世界环境与发展委员会的主要原因。我们遍访世界近三年，听取各种意见。在由委员会组织的专门公众听证会上，我们听取了来自政府领导、科学家和专家的意见，也听取了关注更广义的环境与发展议题的市民组织的意见，还听取了成千上万的农户、棚户区居民、年轻人、企业家、土著和部落居民等人的意见。

我们发现各地的公众对环境有着深切的关注，这种关注不仅导致了抗议，而且往往导致行为的改变。而真正的挑战在于确保这些新价值观能够更充分地反映在政治及经济架构的行为操守和实际运作中。

我们也找到了希望所在：人们可以团结起来建设一个更加繁荣、更加公正、更加安定的未来；（政府）可以通过实施维持和扩大地球资源库的政策来赢得一个经济发展的新时代；再过几年，我们所知的上个世纪[2]取得的进步，就可以在全人类得以实现。但是，要让希望成为现实，我们必须更好地认识我们所面临的压力的症状，我们必须找出原因，我们必须设计出管理环境资源以及保持人类发展的新途径。

症状和原因

环境压力经常被视为对稀缺资源的不断增长的需求以及由于较富裕者生活水平提高产生的污染的结果。但是贫穷本身也会污染环境，而且以不同方式产生环境压力。那些饥饿的穷人为了生存，往往破坏他们附近的环境：他们砍伐树木，在草原上过度放牧，过度使用贫瘠的土地，越来越多的人涌入拥挤的城市。这些变化的累积性影响是如此的深远，以至于使得贫困自身成为主要的全球性灾难。

另一方面，在那些因经济发展带来生活水平提高的地区，其经济发展方式有时候从长远角度来说会造成全球性破坏。过去一段时期，生活水平的改善大多是建立在对原料、能源、化学制品和化学合成物的大量使用上，以及建立在产生污染的基础上，而这类污染并没有充分统计在生产工艺的成本中。这样的（物资滥用和污染）趋势对环境有着不可预见的影响。因此，今天的环境挑战即来自发展不足，也来自某些经济增长方式带来的非预见性后果。

[……]

可持续发展是既满足当代人的需要，又不对后代人满足其需要的能力构成危害的发展。它包括两个核心概念：

“需要”的概念，尤其是世界上贫困人群的基本需要，应放在特别优先位置进行考虑。

“限制”的概念，是技术状况和社会组织针对环境能够满足现在和未来需求提出的限制。

因此，无论是发展中国家还是发达国家，市场经济导向的国家还是集权的计划经济国家，所有国家的社会经济发展目标必须根据可持续性原则来确定。诠释也许会有不同，但必须遵守一些特别的约定，必须从对可持续发展的基本概念和实现可持续发展的战略框架的共同认识出发。发展包括经济和社会不断前进的转型。即使在严格的社会和政治条件约束下，物质层面的可持续发展在理论上来说也是可以达到的。但是，除非发展政策关注于资源供应和成本以及利益分配方面的变化，否则物质层面的可持续性是不能实现的。虽然狭义的物质层面可持续性关注的是各代人之间的社会公平，但也必须合理地关注每一代人内部的公平。

可持续发展的概念

人类需求和欲望的满足是发展的主要目的。发展中国家大量人口的基本需求——粮食、衣服、住房、就业——没有得到满足；除了基本需求外，他们也期待更高的生活质量。一个到处充满贫困和不平等的世界常常更易于发生生态危机和其他危机。可持续发展需要满足全体人民的基本需要，并为全体人民提供机会来实现更好生活的愿望。

只有当各地的消费标准已经考虑了长远的可持续性问题，那么超过基本最低限度的生活水平才是可持续的。然而，我们中许多人的生活超过了世界的平均生态承载力，比如我们使用能源的方式。人们所观察到的需要是由社会和文化条件所决定的，可持续发展鼓励生态可能承载的消费标准和所有人都可以合理向往的消费标准，并要求推广这样的观念。

基本需要的满足部分地取决于获取全面的发展潜力，可持续发展明确要求那些基本需要没有得到满足的地方实现经济增长。而对于其他地方，假如增长的内容反映了可持续性的广泛原则以及不产生对他人的剥削，那么可持续发展就能与经济增长相协调。但是靠自身实现的增长是不够的。虽然高水平的生产活动和普遍贫困可以共存，但是也可以一起危害环境。因此，可持续发展要求社会从两方面满足人们的需求，一是提高生产潜力，二是确保所有人都有平等的机会。人口数量的扩张会给资源带来压力，在资源掠夺普遍发生的地区，人口增长还会减缓生活水平的提高。这不仅仅是人口规模的问题，也是资源分配的问题。只有人口发展与生态系统不断变化的生产潜力相协调，可持续发展才能实现。

一个社会可以有很多途径来危害后代人满足其基本需要的能力——比如过度开发资源。技术发展的方向可能解决一些当前的问题，但却会导致产生更大的问题。欠考虑的发展可能会使大部分人面临边缘化的危险。

定居农业、水道改向、矿物提炼、热量和有毒气体排入大气、森林商业化、遗传控制都是人类在发展过程中干扰自然系统的例子。直到最近这类干扰规模较小，其影响有限；但是现在这种干扰在规模和影响上都更加剧烈，并从局部和全球层面都对生命支持系统造成了威胁。这样的事情其实是不应该发生的。至少，可持续的发展一定是不能危害支持地球生命的自然系统：大气、水、土壤和生物。

就人口或资源利用的增长而言，有一个极限，超过这个极限就会发生生态灾难。能源、物资、水和土地的使用都有不同的限度，其中许多以成本上升和收益下降的形式，而不是以资源库突然消失的形式表现出来。知识的累积和技术的发展会加强资源库的承载能力。但是最终的限度是有的，可持续性要求，在还远没有达到这些限度之前，全世界必须保证公平地分配有限的资源和调整技术努力的方向以减轻由之带来的压力。

很明显，经济增长和发展涉及自然生态系统的变化。无论在何处，任何一个生态系统都不可能完整地加以保护。如果已经进行开发规划并考虑土壤流失速度、水文情势和遗传基因损失带来的影响的话，减少分水岭的某一块森林并在别的地方补上，这并不是一件坏事。总而言之，像森林和鱼类这样的可再生资源，假如其利用率是在再生和自然增长的限度内，是不会耗尽的。但是多数可再生资源只是复杂的和互相联结起来的生态系统的一个组成部分；在考虑了开发对整个系统的影响之后，必须明确其最大的可持续产量。

至于像化石燃料和矿物这样的不可再生资源，对它们的利用减少了留给后代的储量，但这并不意味着不应该利用这些资源。总的来说，耗竭的速率应考虑那种资源的临界状态，最小化消耗的技术可得到性和可行替代物的可能性。因此，土地退化不应超过可合理恢复的程度。对矿物和化石燃料来说，其耗竭的速度以及对其循环利用和经济实用的强调都应制定出具体标准，以确保在可接受的替代物出现之前，资源不会枯竭。可持续发展要求不可再生资源耗竭的速率应尽可能地防止将来出现“没的使用，又没其他选择”的局面。

发展倾向于使生态系统简化和减少物种的多样性。而物种一旦灭绝就不可再生。动植物物种的消失会大大地减少后代人的选择机会，所以可持续发展要求保护动植物物种。

所谓的免费物品如大气和水也是资源。生产过程中的原材料和能源只有部分地被转换为有用的产品，其余部分则成为废物。为了保持生态系统的完整性，可持续发展要求把对大气质量、水和其他自然要素的负面影响减少到最低限度。

其实可持续发展是一种变化过程。在这个过程中，资源的开发、投资的方向、技术进步的指向和制度的变化都是互相协调的，共同增强当前和将来满足人类的需要和愿望的潜力。

（黎威　张立　译，张立　校）

注释

1　这篇文章的“本世纪”指的是20世纪。——编者注

2　指19世纪。——编者注

城市规划学的形成，发展和趋势*

吴良镛

编者导读

城市规划作为一门独立学科，历史并不长。但是城市规划思想和实践的历史却有千年之久。从古希腊的城邦，到巴黎的改造；从秦代长安城，到明代北京城的建造，城市规划的思想始终贯穿其中。到了近代，更是涌现出了格迪斯、傅立叶、霍华德、赖特和勒·柯布西耶等规划思想家。虽然有些构想过于乌托邦，但其蕴含的社会改良思想，即使在今天也可称之为“创举”。城市规划思想的活跃以及城市规划建设的实践，有力地推动了城市规划学的形成和发展。

早在 1946 年梁思成先生创办清华大学建筑系之初，就将城市（市镇）规划纳为重要的教学内容，并于新中国成立前夕将建筑系改名为营建系，设建筑组与市镇规划组。而城市规划作为中国高等院校的一个专业最早则是在 1952 年由同济大学创办的，当时名为“都市计划与经营专业”，并设立由金经昌、冯纪忠等先生领衔的都市计划教研室。1956 年该专业分为城市规划专业和城市建设工程专业，到 1986 年正式成立中国内地首个城市规划系。可见城市规划学科迄今在中国高等院校已经有数十年的历史，在此期间，一批规划界的前辈为中国的规划学科作出了重要贡献。

作为中国规划界的前辈之一，吴良镛先生不但在规划理论上有大量著作，而且参与了大量的规划实践工作，例如 1978 年对北京旧城区中心地段的整治进行研究；1988 年的北京菊儿胡同改造，其后这个项目成为北京老城区改造的典范之作，1993 年获得联合国颁发的“世界人居奖”；2000 年后他对北京－天津地区的规划进行长期的研究，提出很多重要建议。吴良镛先生最主要的学术贡献是他提出的“人居环境科学”理论，这个理论构建了从建筑、环境、到城市问题研究的框架，是吴先生近一个世纪以来在学术研究及规划实践中对城市和城市规划学的真知灼见及心得感悟的完整总结。

本文原是吴先生在 1988 年为中国《大百科全书》编写主条目而拟写的提纲和基础材料，其后写成《城市与城市规划学》一文，对城市及城市规划工作进行了提纲挈领的阐述。吴先生的《城市与城市规划学》全文分为六个部分：一、城市的起源和本质；二、城市的发展；三、城市规划学的形成和发展；四、近代城市规划学理论与实践；五、城市规划学的发展趋势；六、中国

* 本文节选自《城市与城市规划学》（中国建筑工业出版社，1988）。——编者注

近现代城市与城市规划学的发展与未来。本文节选了其中的第三部分和第五部分。

在本文的节选中，吴良镛教授将工业革命以前作为城市规划学的形成期，称之为古典城市规划学；将工业革命以后作为城市规划学的发展期，称为近代城市规划学。文章对中国和西方城市规划思想的形成分而述之："在西方古代和中古社会中，虽说还没有独立的城市规划学科，但建筑学中包含着城市规划和设计的内容……中国古代城市的建设成就中最为重要的是都城建设……。"而近代城市规划学科的发展是"建筑学以及城市社会学、城市地理学、城市经济学等学科的综合发展的成果"，"可以说理论探索、实际建设和立法工作各以不同角度促进近代城市规划和建设的发展。这三者可谓之为近现代城市规划的主要组成部分，也是近代城市规划学的主要来源和研究对象。"

吴良镛先生注意到，"随着城市化的发展，城市规模的扩大，城市之间、城乡之间关系日益密切，城市规划学研究的空间范围从城市逐步扩展到城市周围地带、整个区域以至整个国家，甚至超越了国境。"城市研究不仅应关注过去和现在，更要放眼未来；城市规划不仅应关注城市，更要放眼农村。2008 年《中华人民共和国城乡规划法》的实施标志着中国城市规划工作已经正式包括了农村地区。2011 年《城乡规划学》成为国家一级学科，可见中国的城市（乡）规划学正处在一个蓬勃发展的黄金时期，规划行业得到国家和社会的广泛关注及支持。

吴良镛先生出生于 1922 年，是当代中国建筑学与城市规划学的先驱者之一、中国工程院和中国科学院两院院士，也是 2011 年中国国家最高科技奖获得者。吴良镛先生 1944 年自重庆中央大学毕业，1948 年到 1949 年留学美国匡溪艺术学院（Cranbrook Academy of Art），师从建筑大师沙里宁（Eliel Saarinen）。1950 年吴良镛先生回国赴清华任教迄今，现任清华大学人居环境研究中心主任，中国城市规划学会名誉理事长。他曾任国际建筑师协会副主席，世界人居学会主席，中国建筑学会副理事长，中国城市科学研究会副理事长等职位。在获得国家最高科技奖之前，吴先生已经获得过多种国际国内的表彰，包括法国文化艺术骑士勋章、荷兰克劳斯亲王奖、中国国家教委科学进步一等奖等。

吴良镛先生的学术著作十分丰富，研究吴良镛先生的城市规划思想，可以参阅的相关文献包括:《中国古代城市史纲》（吴良镛著，西德英文版，1985）、《人居环境科学导论》（吴良镛 编，中国建筑工业出版社，2001）、《中国城乡发展模式转型的思考》（吴良镛著，清华大学出版社，2009）、《京津冀地区城乡空间发展规划研究》（吴良镛著，中国建筑工业出版社，2002）和《广义建筑学》（吴良镛 著，清华大学出版社，1989，2011 年修订）等。

对城市（乡）规划学的发展研究有兴趣的读者还可以阅读《城市发展史——起源、演变和前景》（刘易斯·芒福德 著，宋俊岭 倪文彦 译，中国建筑工业出版社，2005）和《英国城乡规划（第十四版）》（巴里·卡林沃斯和文森特·纳丁著，陈闽齐等译，东南大学出版社，2011）。

对城市规划理论演变的较清晰的梳理可以参见《19 世纪与 20 世纪的城市规划》（迪特马尔·赖因博恩著，虞龙发等译，中国建筑工业出版社，2009）、《1945 年后西方城市规划理论的流变》（奈杰尔·泰勒著，李白玉和陈贞译，中国建筑工业出版社，2006）、《现代城市规划理论》（孙施文编著，中国建筑工业出版社，2006）、《梳理城市规划理论》（张庭伟著，《城市规划》2012 年第 4 期）。

正文

城市规划学的形成和发展

规划是人类的基本活动之一。规划是进行合理的选择和对未来活动加以控制的行为，规划也是一种解决问题的特殊形式。从有意识地安排建筑空间和物质环境这个意义上来说，城市规划可以说和城市一样古老。

人类很早就在自觉地或不自觉地组织自己的居住环境。这样做既有实用上的原因，也有精神生活上的原因。早在城市的雏形——原始社会的聚落中，村地的选择、土地利用的功能分区、大小建筑的组合、建筑物的朝向、中心广场的形成、防御沟的挖掘等在一定程度上都反映了合理的布局和经营。

历史上各时代建设的推进，必然促进规划、建筑理论与技术的发展。尤其是每一历史时期的建设高潮，不仅促进了该时期城市形态模式与建筑模式的成熟，而且促进了与该时期历史条件相适应的城市规划与建筑理论的发展和完善。在每一高潮中，总有一大批杰出的规划思想家和实践家涌现出来。

1. 前期城市化时期

从西方古代社会来看，早在古希腊的城邦建设中便出现了希波达摩斯（Hippodamus）的城市建设体系。建筑师从当时的哲学思想和实用两方面出发，探讨了城镇的形态，从而发展了这一体系。其主要特征是采用了方格网式的街道系统，并与城市的市场（agora）和公共建筑群结合起来；古罗马奥古斯都的军事工程师维特鲁威（Vitruvius）在公元前 1 世纪博采众说，写成《建筑十书》，并在其中用一定的篇幅论述城市规划设计的经验与理论（尤其表现在从军事防御出发而设计的城市模式方面），在伴随文艺复兴运动到来的新的建设高潮中，又涌现出一大批卓越的艺术家和建筑师，诸如阿尔伯蒂（Alberti 1404—1472 年），达·芬奇（L. D. Vinci 1452—1519 年），帕拉第奥（A. Palladio 1508—1580 年），斯卡摩锡（Scamozzi）等。他们在论及建筑时也提出了一些有关城市的理论和城市模式。阿尔伯蒂在其《建筑论》中开宗明义地谈选址与环境，述及用地划分，郊区道路景观设计等广泛内容。斯卡摩锡在设计其“理想城”时，设想了各类不同功能的广场，反映了文艺复兴时期商业的兴盛和城市生活的多样化。在西方古代和中古社会中，虽说还没有独立的城市规划学科，但建筑学中包含着城市规划和设计的内容。当然，在其他有关学科中也已经有人注意到对城市的研究。

从中国封建社会来看，春秋战国时期是早期城市建设大发展时期，也是一个城市建设思想大繁荣的时期。《周礼·考工记》、《商君书》、《管子》、《墨子》等古籍中都记载有当时人们对城市建设的看法。

在这些论述中，比较辩证地阐明了城市与区域的关系（在一定地区、山川、陵谷、都邑、道路和农田的占地应有适当的比例；城池的大小要与耕地面积、农业人口与非农业人口呈一定比例关系），关于城市的用地选择与规划布局（城市建设如何“因天材，就地利”，要讲求实效……），关于城市建设如何符合军事要求(如城址的选择，城市的规模，土地的使用，筑城的原则……）等等，都是基于当时的政治需要，实际建设经验的总结或理论的探讨。

中国古代城市的建设成就中最为重要的是都城建设，都城被认为“四方之极”，“首善之区”，历代的统治者对之特别重视，立定典章、指导建设。因此它典型地体现了各个时代的成就，我国古代文献中对都城规划的论述也甚多，其中以《周礼》所定的一些原则最为完整也最重要，影响后世达两千多年之久。

关于首都的建设，《周礼》指出：

“唯王建国，辨方正位，体国经野，设官分职，以为民极。”

《考工记》对首都的规划更作了一些具体的规定，例如对于道路交通的级别，规定：

“经涂九轨，环涂（环路）七轨，野涂（郊区道路）五轨。”

[……]

《考工记》对各地诸侯城和都的规划也规定了规模、面积、城高、门宽、宫室及道路宽度等制度，其形制与尺度必须小于首都，不得逾越。

对于这些史料，学术界有各种看法，有认为是“典章”，但直到今天，我们还没有从考古发掘中证实这就是当时已经执行的制度。从城市规划学术观点看，不妨假设它是基于当时实践的经验与制度的基础上，又加以想象化或模式化的“理想城”。《考工记》的价值有两点是可以肯定的，第一，它反映了早期城市规划最完整的思想与体系；第二，它对后来的都城建设起了重大的影响，特别是元大都及以后都城有人称之为中国古都规划形制的“红线”。

我国长期封建社会都城建设一脉相承，不断发展，逐渐形成完整的规划体系。战国时期的列国都城还采用了大小城的制度，体现了“筑城以卫君，造廓以守民”的要求。演变到汉长安，都城中的宫殿、闾里、市肆、道路、园林等城市的各个要素的建设，已集中在一个城垣内，城市开始组合成整体。汉长安城形制的形成，是我国都城前期规划形制的开端。其后，曹魏邺城与北魏洛阳进一步加强了全面规划，它的规划布局，对我国前期城市建设的高峰——隋唐长安的形成起了重要的影响。

唐长安在中国城市规划史上的成就是多方面的，无论城址的选择；规划分区的形成；宫城坊里、市肆园林的划分；方格形街道系统的拟定；水系的开拓；中轴线的运用；街道绿化的建设；城郭的建造，宫廷、坊里、宗教、园林建筑群体的组合；个体建筑的构成及艺术形象与风格的创造；建筑绘画雕塑的结合等等，既吸取历史经验，又都有重要的创造。长安的城市建设成就是灿烂的盛唐文化极为重要的组成部分，是“最为巨大的艺术品”。

继唐长安之后的宋东京（河南开封）在都城建设史上也是重要的一页。它不像唐长安那样经过审慎地规划，从平地建设起来，而是在原有的地区性中心城市的基础上逐步发展，经过较大规模的改造和扩建而成的。在宋定都以前，周世宗柴荣颁发的诏书所阐明的规划思想应当说是一份关于我国有领导、有规划地进行城市改建扩建极有价值的文献。由于这时商品经济有了较大的发展，城市商业已不集中在特定的“市”内，由于坊里制的废除，居住区演变成坊巷，并沿街设置市肆，一种新的城市形态开始形成，这是封建都城形制发展的一个重大转折点，具体体现了城市适应经济发展的趋势和满足城市居民社会生活多样化的要求。

元大都、明清北京，继承和发展隋唐长安和宋东京的优秀传统，结合北京的历史地理条件，并有意识地参照《考工记》的模式，它在城市的规划和设计上的成就，可以说是集我国都城形制之大成，经过进一步的创造，达到了我国后期都城发展的新高峰，也是最后的结晶。北京至今仍然不失为中国古代城市建设遗产中规模最大，保存得尚属完整的实例。

都城的建设规划对地方城市的发展也饶有影响，如唐以后的州县城制，就多是从“里坊”之制影响演化而来。由于我国封建社会的集权统一，城市建设多有规划，总的说，城市布局，用地分区，建筑布局和道路系统等等，比较严整，有严格的等级划分，地方城市布局受制度的约束相对要少些，更能结合具体条件，不拘一格因而也更富于变化。例如同为行政中心城市，居于江南的平江府（苏州），与成都、广州的布局形态就很不一致。

城市建设是人类千百年建城活动实践的结晶。这中间既是千千万万无名氏的创造，也有杰出规划家的功勋，如阳成延、萧何之经营长安，曹操之经营邺城，宇文恺、刘龙经营隋大兴，刘秉忠之经营元大都等等，有帝王、有将相、有哲匠，他们为古代的城市规划作出了重大贡献。

古代的城市距离现实已较远，但是这些优秀的实例以及它所体现的规划原则，足以代表工业革命前古典城市规划学的成就。对其发展演变进行研究，仍然是甚为有益的。

无论东西方城市，城市园林建设均占有相当重要的地位。中国的造园活动历史悠久。早在战国时期，人们便造园囿，筑台榭，以至修建离宫别馆；到明清时皇家禁苑和私家园林均达一时之盛；在两河流域，人们在乌尔城等的观象台建筑群中种植树木，在巴比伦建设了“空中花园”；在古君士坦丁堡（今土耳其伊斯坦布尔），1453年建都后沿黄金角（The Golden Horn）建设园林。西欧中世纪的城镇内部虽很少有园林建设，但它们规模很小，故也能与大自然结合。欧洲城市中在文艺复兴运动之后，兴造园林之风大盛，并一直持续到近代。可以说，在古代环境建设中，城市规划、建筑、园林是有机地结合在一起的。

2. 近现代城市化时期

工业革命给城市带来了巨大的变革。“工业革命以前的建筑（教堂等公共建筑除外）一般说来居住和劳动的场所都在‘同一屋顶之下’，或直接毗邻。”工业革命导致了这种情况的结束。新的劳动场所不仅与居住分离，而且其建筑的规模、体量也远远冲破旧有的尺度。工业革命促进了人口向城市集中和大城市的兴起，同时也导致了城市居住环境的严重恶化以及其他前所未有的城市问题。这些问题的产生，一方面固然由于人们对史无前例的生产力的发展引起的居住环境的巨大变化缺乏经验和对策；另一方面，也与所在国家的资本主义所有制、阶级剥削和压迫密切相关。

1）城市规划思想、理论和学说

近代城市规划思想的萌芽，首先出自人们从社会改革角度出发解决城市矛盾和危机的种种探讨。从19世纪30—50年代，一些空想社会主义者企图以住房、城市规划建设等不同方面的改良来医治社会的病症。他们承袭了15世纪托马斯·莫尔（Thomas More，1478—1535年）在其《乌托邦》中，16世纪坎帕内拉（Campanella，1568—1639年）在其《太阳城》中提出的种种设想，并加以发展。法国的傅立叶（Charler Fousier，1772—1837年）提出了法郎吉（Phalanstery）的设想，该学派的追随者比利时的戈丁（Godine）还将这一设想付诸实验，在Guise建成了“大家庭”（Fanilistere）按照傅立叶的设想而加具体化了的建筑群；英国的工业慈善家欧文，在美国进行了“新协和村”的试验，如此等等，这些试验虽一一失败，但这些空想社会主义者的理论与实践，对后来城市规划思想发展产生了一定的影响。

在工业革命后的一段时期内，建筑师的业务活动和视野每局限于个体建筑中，实际上忽视了城市规划领域，尤其是对宏观城市研究工作缺乏认识。早期的现代城市规划理论家大都是政治家、哲学家和一些关心于此的业余爱好者，最初的实践家主要不是建筑师。如在巴黎改建中主持工作的便是行政官员奥斯曼（Haussmann）。

在西方，有两位先驱者对近代城市规划学科的形成影响极大。他们是霍华德（Ebenezer Howard，1854—1928年）和帕特里克·格迪斯（Patrick Geddes，1850—1932年）。霍华德所提出的“田园城市理论”和倡导的“田园城市运动”及田园城建设实践对西方近现代城市建设，特别是新城建设影响极大。格迪斯则创导了另一城市规划学派。作为赫胥黎的学生，他受到法国社会学家孔德和拉伯雷（Laplay）的影响，从理论上研究了城市发展和城市及区域规划的理论和方法，还积极从事城市规划的宣传教育工作。霍华德着眼于离开原有城市，从开始便另起炉灶，平地起家，较少受到历史的影响，而格迪斯则把重点放在如何根据现有条件与资源发展原有城市。这两种倾向可以被融合在一起作为形成一种新的规划理论和实践的基础，因为这两者都已经着手制订了关于城市生活的许多基本价值准则，以及对其优劣的评定标准。这两个学派在后来又有了不同的发展。霍华德及其追随者形成了英国的田园城运动。主张保持城乡平衡，并采取发展小城市的方针；而格迪斯及其追随者，特别是城市历史及社会学家刘易斯·芒福德则多着眼于寻求提高城市文化的途径。

稍后于早期先驱者，一些具有革新思想的建筑师，如托尼·加尼尔（Tony Garnier）、彼得鲁斯·贝尔拉赫（Petrus Berlage）及奥托·瓦格纳（Otto Wagner）等人也紧接着投入到城市规划工作中。20世纪初，昂温（Raymond Unwin）《城市规划实践——城市与郊区设计艺术概论》一书，总结城市发展的历史佳例及他本人参加田园城与“田园新村”的规划实践的经验，可视为近代建筑师对城市规划科学领域最早的开拓。随着近代城市规划学的发展，越来越多的建筑师开始将建筑与城市作为有机的整体加以研究。

可以认为，近代城市规划学科是建筑学以及城市社会学、城市地理学、城市经济学等学科的综合发展的成果。

在现代，城市规划学科得到了更大的发展。这方面的情况将在第四部分中作详细的阐述。

2）城市规划与建设的实践

在19世纪中叶，最著名、影响最广的规划建设实践是1853—1871年间由奥斯曼主持下的巴黎改建，巴黎改建出于统治者的政治目的，着眼于道路系统的开辟，广场的组织，房地产和市政设施的经营等。但巴黎市中心环境因此得到的改善却是以形成新的贫民窟为代价的，从技术上说，这一实践为城市的改建和扩建进行了有价值的探索，因为它是史无前例的，它对继之而来的1858年的维也纳环形大道的设计竞赛与实践、1880年科隆城环形道的竞赛、1858—1862年柏林（Hobrecht）的详细规划以至1909年伯纳姆（Burnham）作的芝加哥治理和扩展规划都有影响。

由于新兴工业在城市中崛起，人们遇到了一系列新的城市矛盾。这期间有关方面也试图作一些局部改善。早期的“工业慈善家”从自身利益及其“信仰”出发，建设了一些新的工业城镇。如索尔特（Salt）1851年在英国的布拉德福德（Bradford）建设了索尔泰尔（Saltaire）工人居住新村——即在建设工厂的同时进行工人的住宅建设，并建设了一些公共设施。这一类试验对霍华德的田园城思想的形成有一定影响。

随着田园城运动的实践发展，1909年英国，第一个田园城莱奇沃思建成。1919年，第二个田园城韦林建成。这些实践，对第二次世界大战后的新城建设有着很大的影响。

3）城市建设的立法与技术法规

制定城市建设法的最初目的是保护居民健康，维持整齐、清洁、安全的城市环境。从这一目的出发，人们逐步拟定了有关城市和建筑设施的各种标准。1848年，英国制定了《公共卫生法》，其中用了很大篇幅规定住宅的标准；1905年，英国继而颁布了“住宅与城市规划法”（Housing and Town Planning Act），1907年，瑞典制订了有关城市规划和土地使用韵法律；1916年，在美国纽约出现了分区确定土地利用和建筑高度的区划法规（Zoning）。这些法规对城市形态的发展都有一定程度的影响，其中尤以区划法规为最大。

城市立法工作随着建设的发展而发展。第二次世界大战后繁重的城市建设任务促使许多西方国家重新检讨自身的城市建设法律。英国在1943年战争尚未结束时便由当时新成立的城乡规划部颁发了第一个管理战后建设的法令——《城乡规划法暂时条例》(The Town and Country Planning Act-Interim Development),1947年又颁布了《城乡规划法》(The Town and Country Planning Act),作为大不列颠岛在二十年内居民点规划设计工作的准绳。随后,英国有关部门又根据建设形势的发展,不断修正该法的内容,使规划程序和方法适应于新的情况。1968年英国颁布了新的《城乡规划法》,将英国的城市规划工作分为战略性结构规划和局部地区规划两个阶段。这一新法,是在过去二十年中规划理论发展和丰富实践经验的基础上修订而成的。

国内外城市建设的实践证明,城市建设与管理迫切需要与之相适应的各级法律体系,而合理的政府法规和条例又可以进一步提高城市建设的质量。

综上所述,可以说理论探索、实际建设和立法工作各以不同角度促进近代城市规划和建设的发展。这三者可谓之为近现代城市规划的主要组成部分,也是近代城市规划学的主要来源和研究对象,有关这方面的研究说明,这三部分在其发展过程中,一直是相互影响、相互促进,共同推动着近现代城市规划学及城市建设事业的发展的。剖析这一历史现象非常重要,它启示我们如何自觉地推动学科的发展和当前的建设。

近代城市规划学发展到今天,有着更为广泛的内容。它对城市环境的形成、发展、布局与变化进行综合的研究,周密的规划,以期从政治、经济、社会、文化、美学多方面满足人们的生活需要。

城市规划学的发展趋势

现代西方城市的种种问题,有其社会制度的原因,然而在不少西方发达国家中,问题出现得较早,人们在解决这些矛盾的努力中积累了较为丰富的经验,因此在城市规划、建设和管理上都取得了一定的科学成就。在大多数发展中国家里,城市化起步较晚,文化、经济状况比较落后,在城市建设上又有不同于发达国家的种种问题。如何根据具体情况,在不同的道路探索,引起愈来愈多学者的重视。值得指出的是,即使有了较好的社会制度,生产力与生产关系的矛盾仍然存在,加之建设经验的缺乏、体制的不完善,因而仍然不能认为良好的居住环境会自然而然地出现。如果处理不当,城市的问题仍然可能尖锐化。从认识论的观点来看,无论历史上的或当前的规划,人们认识能力与预测能力总有不完善的地方,不可预见的、因素也总是存在的。从这种意义上来说,可以说它们总是落后于时代的。人们只能尽自己最大努力从历史与现实中总结经验,寻找规律,预测未来,以指导建设。但时代的发展很快,城市建设的周期又很长,因此即使按当时“最新”的规划思想进行建设,到完成时却往往已经落后于发展的需求。所以,矛盾永远是存在的。人们只能通过更深入的科学研究,力求更科学地预测未来,以不断地、及时地调节和完善城市的规划,这也正是城市规划学发展的总趋势。

1. 宏观研究的扩展和微观研究的深入

在工业革命初期的城市建设中,人们常常就事论事,孤立地考虑个体或局部的建设和发展,最多也不过就城市而论城市,随着城市化的发展,城市规模的扩大,城市之间、城乡之间关系日益密切,城市规划学研究的空间范围从城市逐步扩展到城市周围地带、整个区域以至整个国家,甚至超越了国境。

城市体系的学术研究具有重要的意义,尤其是在比较发达的城市体系中,城市之间的作用方式相当复杂。城市体系不仅是互相依存的一系列城市的聚合,而且本身就是一个有机的组织,它在整个社会中具有突出的作用。城市体系不仅在发达国家中存在，在许多发展中国家里也已经存在，或正在形成。在社会趋于开放的情况下，一些由大城市、特大城市建立起来的城市体系逐步并越来越具有全球性的意义。

因此，城市研究实际上成为广义人类聚居问题研究的重要方面，并扩大到宏观人口分布、城市系统结构、空间组织与分布形式、城市间关系、城乡关系等领域。以至海洋资源的开发、极地的开发、水上空间的开发等与人类聚居有关的技术进展也引起研究城市发展的学者们的注意。总之，从宏观上探讨和研究城市的发展规律和道路，是可能的，也是必需的。

城市研究在宏观上的扩展，也会促进和指导微观方面的工作。地方的问题，如住房、就业、交通、社会福利等等是在国家或区域整体的社会及经济变化这个更广阔的背景下发生的，了解地方的问题不能与宏观概念分开。地区性城市问题的解决方案也要和国家及区域层次上的发展战略相结合。

微观研究目前也在不断深入中。例如，人们在研究居住的"极限空间"、最佳密度以及城市细胞组织（urban tissue）等方面都取得了一定进展。

2. 时间要素的再认识

每个城市都有它生长、发展、衰微、复兴等变化过程。城市的研究也离不开时间的要素。近来，时间要素更加受到人们的重视。有人认为过去规划工作对"时间的度量"重视不够，认为需要提高，"时间感"（time conscious），才有助于加强规划工作。

1）更注意历史与现状研究

考古发现对城市规划设计和建筑的思潮影响很大。现在人们更注意研究古往今来的社会经济、文化和技术演变过程对城市发展的影响及其作用规律。这种研究也越来越不局限于西方文化的传统。目前亚洲、非洲、中东和拉丁美洲的城市发展越来越为人们所重视，人们不仅研究城市，还研究史前文化和原始文化的各种聚落，不仅研究所谓杰出的设计传统（high design tradition），如雅典城山、罗马广场，还注意由大众创造出来的居住环境；不仅注意经过自觉设计的规划实例，还注意长时期以来由人们不自觉地规划设计的成果。

2）更注意研究未来

未来学的发展，标志着人们开始对未来进行更宏观、更整体化的研究。西方社会中已经开始了对2000年时发展的研究工作（如欧洲2000年、日本2000年的研究等），取得了一些成果。从城市研究方面看，对未来城市的研究，应从了解城市经济与社会发展的背景人手，从政治、经济、社会、文化、教育、科学技术等方面综合探讨城市的发展战略。

3）重新认识城市规划工作

人们认识到，城市规划本身也要随时间的推移而不断地变化发展。人们已经不把城市规划方案当作一朝制订便可以一劳永逸的东西，不再满足于静态的、封闭的总体规划方案和最终蓝图（an end state blue print）。而越来越认识到动态规划的概念和方法的重要性，从本质上说，城市规划工作本身就是不断研究、不断修正、开放的、应变的过程。基于这一观点，有人还提出所谓"滚动式"规划或"延续性"规划等，通过实施效果的检验，以补充、修正规划。

总之，城市规划工作已经不仅是平面上的二维的土地利用区划，也不仅是三维空间上的布局，而是引入了时序这一基本要素的四维的研究活动。规划中要积极提供最大范围内的，可以预见的和不能预见到的机会，保证人们有可能的最大的选择自由，能使未来的发展留有充分的余地和多种可能性。

3. 交叉学科的城市研究

人们关心城市，研究城市；可以说从很早就开始了。但在古代社会中，这些研究一般都散见于政治家的言论、学者的论述、文学作品以及地方史志等不同的地方。20 世纪 30 年代到第二次世界大战期间，社会、经济、人口、统计、地理、历史、法律、工程、建筑等专业人员从本专业的角度出发，研究城市和城市发展，使人们对城市的认识提高了一大步，也推动了城市建设工作的发展。

自觉的多学科交叉发展与渗透，还是最近几十年中逐渐出现的现象。随着城市研究的发展，新的思想、新的方法和新的学科不断被引入。在 20 世纪初，城市社会学开始形成。1925 年美国社会学家伯吉斯提出同心圆学说。城市经济学和城市地理学在同时或稍后也有所进展，1924 年土地经济学家霍伊特提出楔形理论，1945 年地理学家哈里斯提出多核心理论。在其他方面，60 年代城市规划学家林奇应用心理学的概念，发展了“城市意象”学说。近现代考古学的发展，也推动了城市历史研究。这些学科的互相渗透，促进了城市结构说的形成。有人还拟出了城市研究发展的种种模式。

多学科交叉中值得重视的成果之一是新的科学技术手段在规划中得到日益广泛的应用。近年来，新的自然科学方法与技术，例如系统工程理论，新的数学方法以及电子计算机技术不断渗透到城市规划与城市研究中。这种可称为科学的规划研究，而不是直观与特定（ad hoc）的研究。运筹学的应用，包括线性规划、费用 / 效益分析、最短路径分析、对策论等，这些在规划中都已得到应用。正是这些发展推动了多学科的综合研究与城市系统研究。人们还试图应用新的技术与方法在定性分析基础上作一定的定量分析。预测科学的发展，对城市研究也有很大的推动。

另一个值得注视的现象是“城市学”（urbanology）和“人类聚居学”（the science of human settlements）的酝酿。有志于“城市学”的学者试图建立凌驾于城市研究各有关学科和学科群之上的，以研究城市性质、城市模型、城市系统和城市发展战略为目的的独立学科。但也有人不同意这种做法。他们认为“城市学”只能是多学科工作的结果，在试图理解和解决城市问题的大量工作没有完成以前，承认城市学为独立学科仅是一种奢望。当然，对于这种见解，也可视为一家之说。近现代城市科学发展，至今仍不能说完整的学术体系已经形成。这种不成熟性正反映了近代城市科学涉及问题之广泛复杂与发展之迅速，从另一方面也反映了这一科学领域方兴未艾、欣欣向荣的局面。

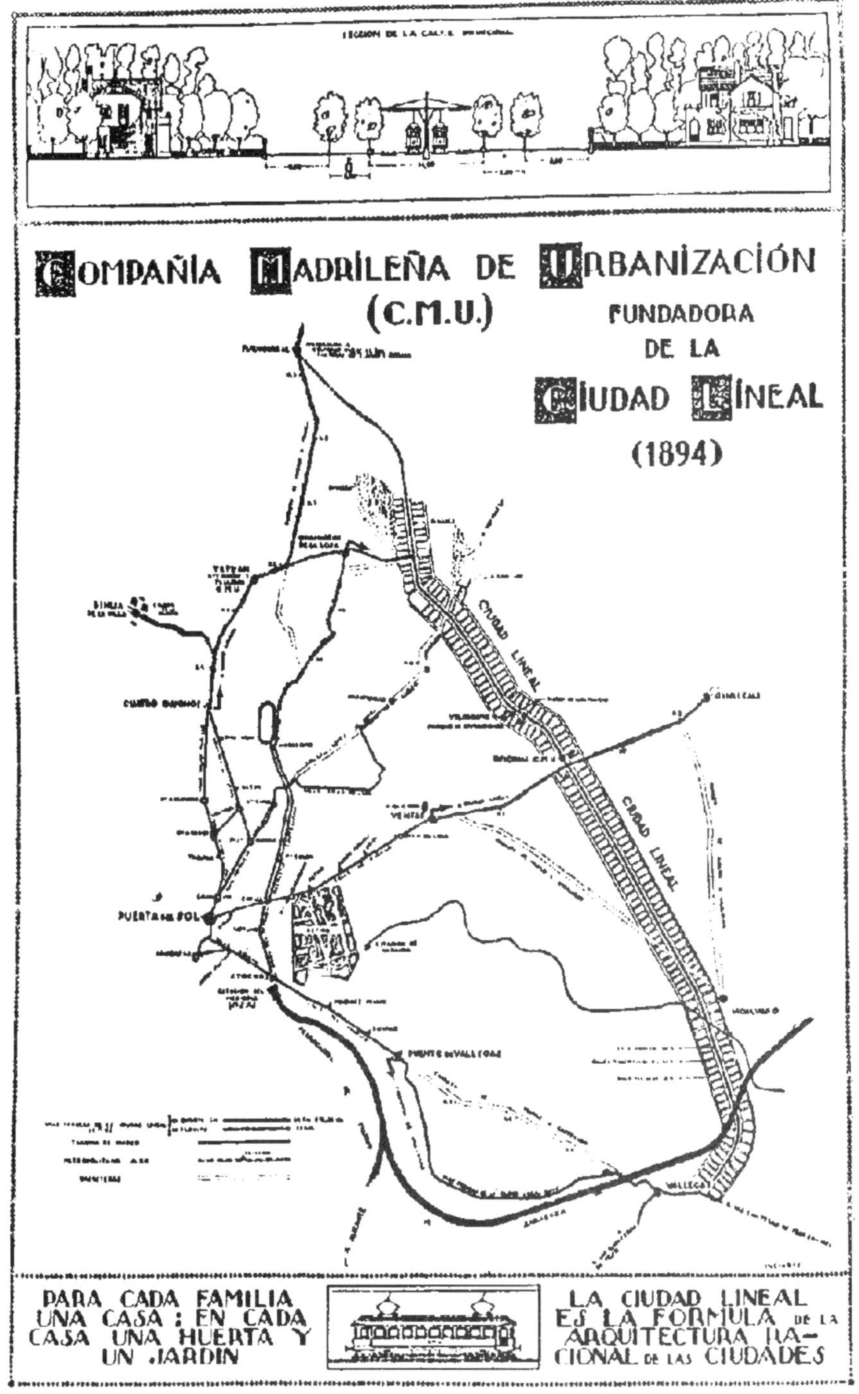

框图 19　索里亚・玛塔的马德里带状城市，1894 年

西班牙工程师索里亚・玛塔认为新的交通技术能带来革命性的力量。他设想的“带状城市”就是沿着电车线路而建，它能够为人们提供亲近自然的机会，价格相对低廉的地段，快速的交通以及高效的基础设施

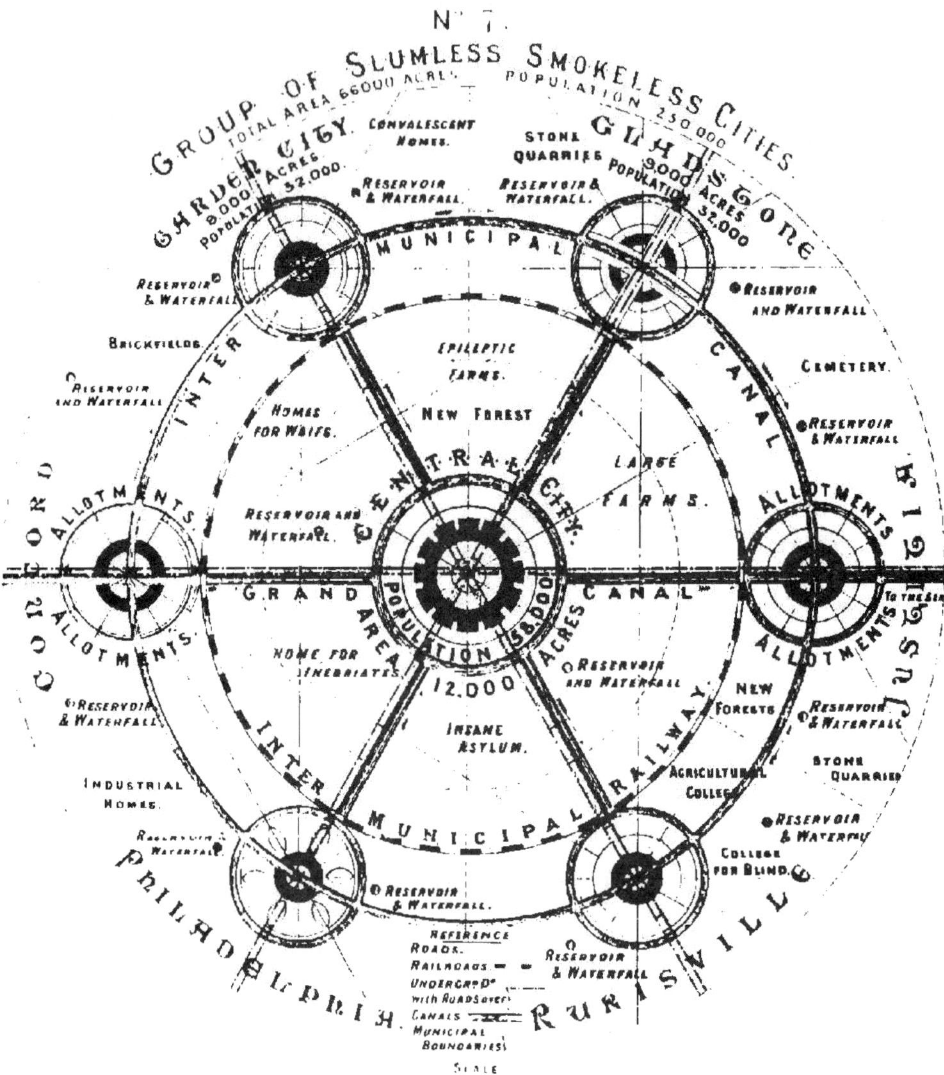

框图 20　埃比尼泽·霍华德的田园城市，1898 年

田园城市理念源自他的著作《明天：一条通往真正改革的和平之路》。面对 19 世纪肮脏的城市状况，埃比尼泽·霍华德精心规划了一个自给自足的"田园城市"，约 32000 人，并有一个永久性的绿化带包围。之后，田园城市运动蔓延全球，并继续激励着城市规划师们

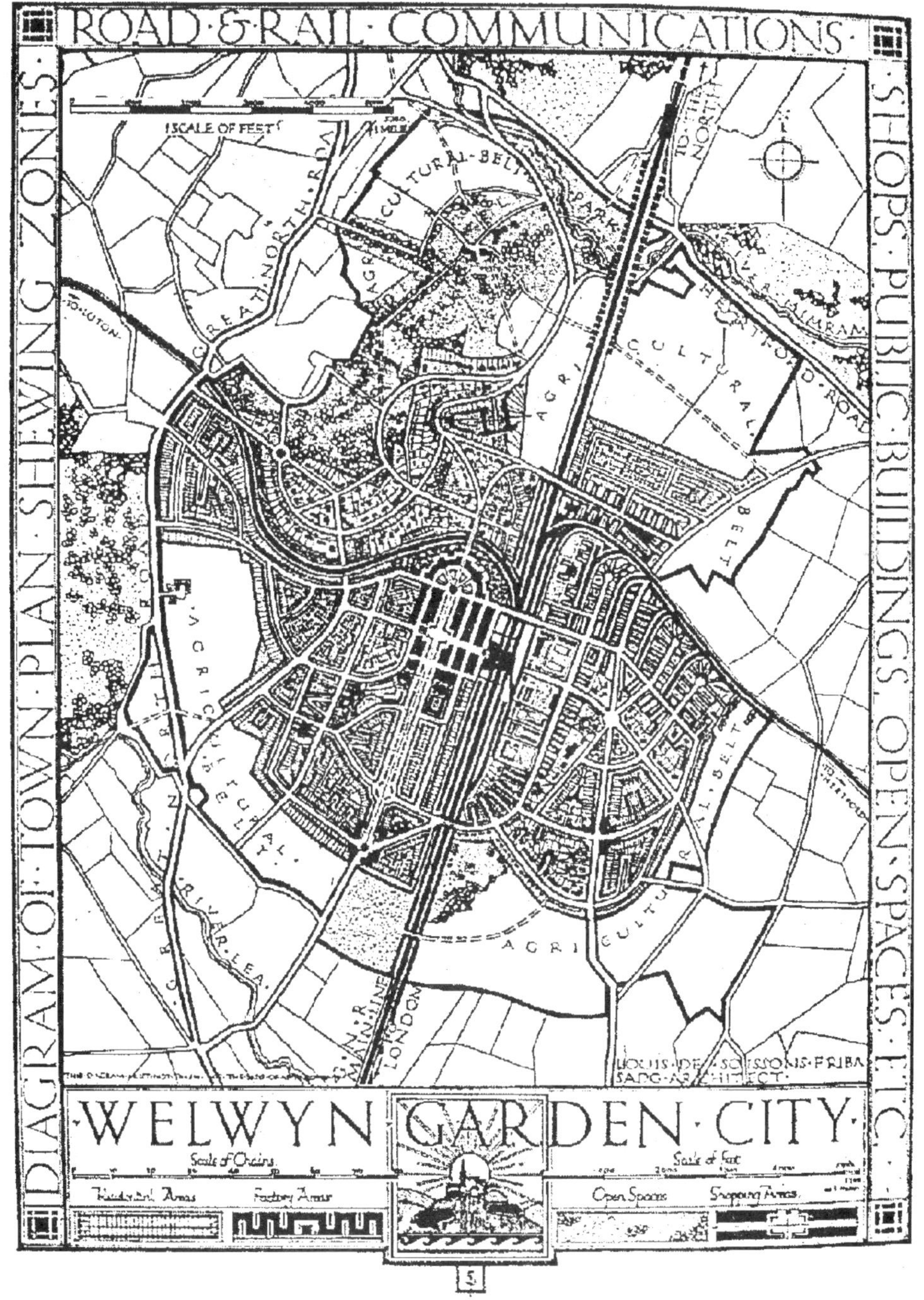

框图 21　田园城市韦林，1909 年

韦林是英国第二座按照霍华德设想建造的田园城市。城市建成后，霍华德本人也在那里安享晚年

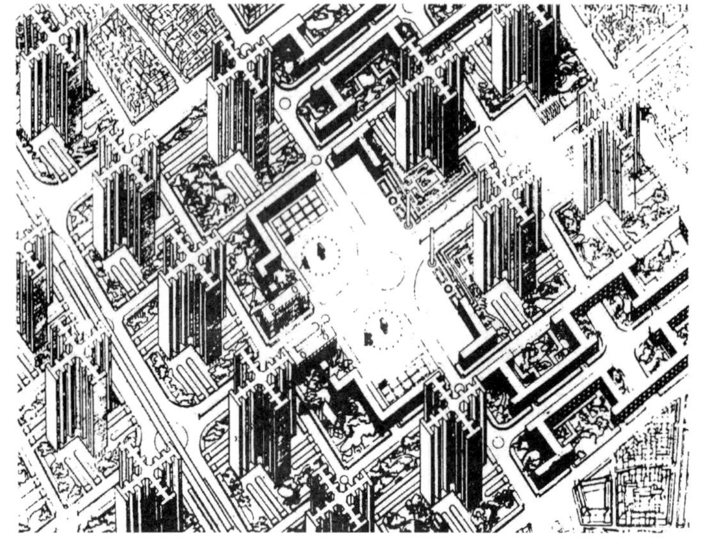

框图 22　勒·柯布西耶的瓦赞规划，1925 年

卓有远见的现代主义大师勒·柯布西耶规划了巨大的钢筋水泥城市，在这些城市中，拥有公园般的环境，并以城市快速路、大型现代化高层建筑为特征，能够容纳 300 万人

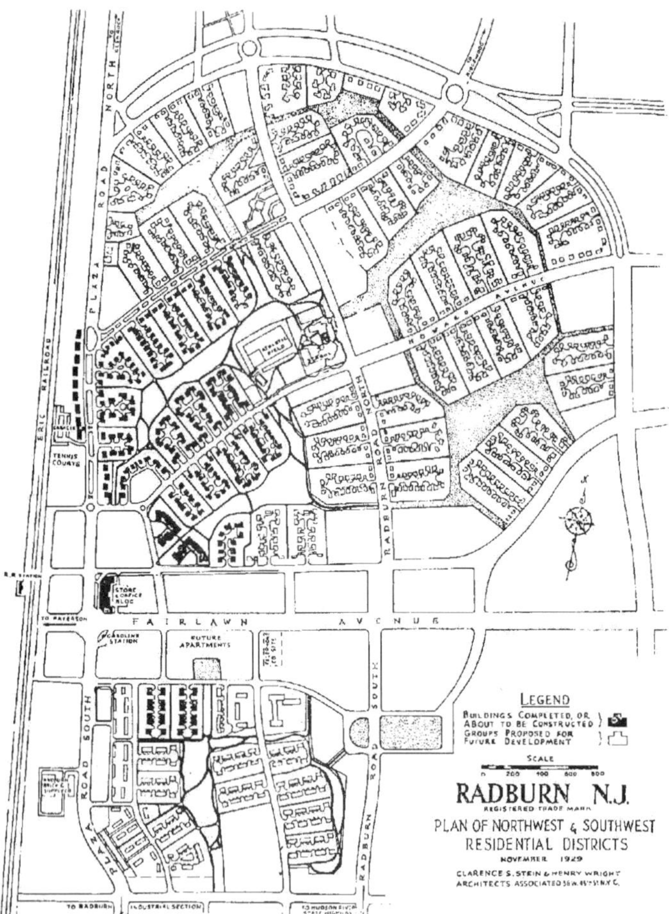

框图 23　新泽西的拉德本规划，1929 年

建筑师克拉伦斯·斯坦和亨利·莱特为应对小汽车带来的问题，提出了拉德本规划。在这个规划中，它充分考虑了私人汽车对现代城市生活的影响，开创了一种全新的居住区和街道布局模式。首次将居住区道路按功能划分为若干等级，提出了树状的道路系统以及尽端路结构，在保障机动车流畅通的同时减少了过境交通对居住区的干扰，用了人车分离的道路系统以创造出积极的邻里交往空间

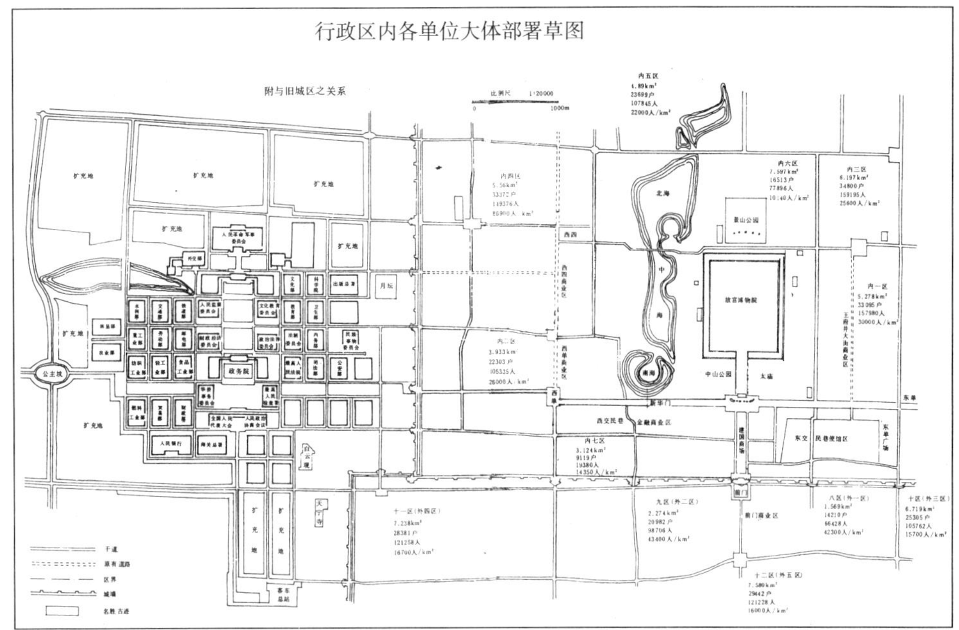

框图 24　梁思成先生的北京城规划方案

上图为梁思成先生建议的"行政区内各单位大体部署草图"。1950 年，梁思成与陈占祥共同提出了《关于中央人民政府行政中心区位置的建议》。他们认为，行政中心应该西移，在西面建立新城，并明确提出要疏散旧城区的人口（图片源自 http://www.bcu.edu.cn/truekxyj/journal/zengkan2006/8.htm）

下图为梁思成先生对于北京城墙方案的意向图。他认为城墙可以用来设计成世界上绝无仅有的独具特色的城墙公园，供市民游玩、休憩，下面可以做成交通环岛，来解决交通

框图 25　丹麦哥本哈根的步行街

—这个案例极好地诠释了丹麦建筑规划师扬·盖尔的理论，他认为好的建筑空间设计能够创造宜人的空间氛围，使人们愿意走出家门，进行彼此之间的互动交流

第6部分

城市规划理论

引 言

当代城市规划的发展经历了漫长的历程：它始于受到美国奥姆斯特德影响的公园运动，经历了英国埃比尼泽·霍华德富有远见的规划及田园城市运动，美国丹尼尔·班纳姆纪念碑式的城市美化项目，苏格兰生物学家帕特里克·格迪斯具有先见之明的区域规划，法国勒·柯布西耶和他的现代主义运动追随者，美国弗兰克·劳埃德·赖特的广亩城市，以及在本书第5部分“城市规划的历史与展望”中已经讨论过的许多构想的，或实施了的规划。如今，城市与区域规划（在英国也称为城乡规划）已经成为一个重要的学科和职业，它有着独立的主体理论和一系列专业实践。第6部分将重点讨论当代城市规划理论。

如果说城市是上演人类戏剧的舞台，那么城市规划师就是舞台的工作人员。大城市的地方政府雇用几十个甚至几百个受过专业训练的规划师；即使是大多数中小城市和城镇，也有城市规划师及一些具体的规划来谋划其未来的发展。除了受过正规城市和区域规划教育的专业规划师外，规划人员还包括建筑师和城市设计师、地理学家、经济学家、土木工程师、交通专家、环保专业人士、计算机专家和受过谈判及其他沟通性规划技能训练的专业人员。城市规划师工作的范围涉及国家、州和地区级的政府，以及地方层面的私人和非盈利部门。

城市规划建立在对当地条件的分析之上，提出了城市居民、地方民选官员、规划人员和咨询顾问们共同赞同的城市发展未来愿景。最好的城市规划应该反映一个地区的文化和历史，尊重乡土的规划和建筑。

在不同的地域，城市规划的途径、内容、完善程度、综合性、时间维度，以及形式也各不相同。美国洛杉矶市城市规划委员会或巴西库里蒂巴市的规划师们在编制规划时，进行了大量的数据调查和复杂的分析；而一个小城镇的规划，则可能仅仅是在兼职规划咨询师的指导下，由居民和地方民选官员所做的对该镇发展条件的一些共识和实施建议。可见，城市规划工作受到所在背景环境的重大影响。

认识到规划工作必须基于不同地域的社会经济环境，本部分选用了6篇文章，包括3篇西方学者的经典规划理论文献和3篇华人规划师对中国规划理论的思考。彼得·霍尔爵士的《理论之城》论述了20世纪城市规划理论的演变和现状。奈杰尔·泰勒的《1945年以来的英美城市规划理论：非范式转变的三大进展》扼要重述了霍尔的观点，为霍尔的选文提供了补充信息，并阐述了泰勒自己对规划理论在第二次世界大战结束后的发展的看法。保罗·达维多夫的《规划中的倡导主义和多元主义》对传统城市规划的价值观提出尖锐的批评。他认为在历来的规划决策中，弱势群体的需求往往被忽视，因此他提出“倡导性规划”，提倡规划师为弱势群体发声。当代中国正经历着大规模的城市建设高潮，急切需要规划理论的指导。张庭伟、吴志强、孙施文三位华人规划师的文章则从不同角度讨论了中国规划理论的发展及其在实践中面临的挑战，并提出了各自的建议。

20 世纪上半叶，城市规划主要是精英的、象牙塔式的行为，规划师们很少关注方案的实施。根据霍尔的观点，该时期的规划理论，主要是关注如何描绘终极蓝图以适应一个静态的世界。在这个“黄金时代”，规划师似乎不受政治因素的干扰，对自己的技术能力具有绝对的信心。他们制订的城市规划方案受到田园城市和城市美化运动的强烈影响。然而，在理论上完美的物质性详细规划却无法付诸实践。第二次世界大战之后，城市发展和变化的步伐加快了，早期那种静态建筑式的城市规划和象牙塔中的总体规划方法已不再适用，也难以适应城市的发展。

半个世纪以前，计算机为城市规划带来了革命性的改变。在“系统革命”盛行的 20 世纪 60 年代，城市规划师将数据输入大型计算机，并编写计算机程序来模拟交通流、土地功能转变，以及构成城市的各种“系统”之间的关系。当时的系统规划理论家认为：准确的实际数据和计算机逻辑可以提供规划问题的最优解。如今，大多数规划师则认为：城市规划作为一种规范性的行为，可以有许多不同的选择；对任何特定的规划问题，都没有单一的“最优解”。许多当代规划理论家承认，实践中获得的准确信息和电脑分析工作都是有价值的，但规划师关注的焦点在于规划过程，因为这将促使规划更好地反映各种不同利益的需求，而不仅仅是所谓的“最优解”。在计算机广泛应用于城市规划的今天，更应该关注我们想要什么样的城市未来，而不仅仅是描绘一个给定的未来。规划师在工作中广泛使用了数据分析软件、统计软件、地理信息系统（GIS）和计算机辅助设计（CAD），但是在最终决定应该采取什么样的规划方案时，必须考虑社区的价值观及当地的政治状况，同时应用通过计算机工具所获得的分析结果。规划和政治一样，是一种“可能性”的艺术，而不是只有一个“确定解”。

规划理论从来不是象牙塔里的专利。达维多夫认为城市规划中存在多元价值观，规划应直面各种冲突。公民和决策者并不关心那些不切实际的静态物质空间设计，或是 20 世纪前半叶乌托邦式的总体规划，因为它们对人们的生活没有直接影响，而仅是小圈子内的“专业活动”。但是大家都关心诸如危险废物处理场选址、限制土地利用方式（因为可能造成地价下降）、将历史教堂夷为平地、建设开放空间、治理河流污染，或是在自己的邻里附近建设高速公路之类的规划，因为这些规划影响到每个人的生活。在很多情况下，市民们承认某项公共设施的重要性，但由于其对当地可能产生的负面影响，他们未必欢迎这个项目，而希望它建在别处。对于这种现象甚至有一个专门的词汇来描述：“宁避症候群”或“不要建在我的后院里”（Not in My Backyard，NIMBY）。

具有规划师和律师双重背景的保罗·达维多夫提出应该对规划过程中不同群体的竞争关系予以重视。与那些相信基于数据的数学模型可以产生一个“最佳”规划方案的系统规划师们不同，达维多夫认为规划在本质上是一个规范性的、具有价值观的政治过程。在达维多夫设想的规划实践中，城市规划师将作为倡导者，尤其是为穷人和被剥夺权利的弱势群体大声呼吁。他为这种规划取了一个名字——倡导性规划。达维多夫和许多受他鼓舞的规划师，将规划看作一种非暴力的社会变革方式。他们关注社会公正，并把它视之为一个持久的进程。从 19 世纪英国的改革者们为工业城市贫民窟的居民倡导起码的居住条件，到 20 世纪美国的新政、“伟大社会”计划，到今天受社会公正思想鼓舞的规划师，进步人士总是将城市规划与社会公正联系在一起。这一传统最近的化身是“公平规划”，这是克利夫兰州立大学教授、前克里夫兰市规划师诺曼·克鲁姆霍尔茨（Norman Krumholz）开创的新领域。

总之，犹如霍尔和泰勒指出的，自 20 世纪 50 年代以来，城市规划理论界经历了一系列的冲突，理论家们提出了很多新的规划方法和思想，这些思想来自马克思主义者、倡导性规划师、公平规划师、多元主义者、片段渐进式规划师、统计分析规划师、系统规划师、绿色城市主义者、生态设计者、女权主义规划师和交往行为理论家等等。也许，正是由于城市规划途径的多元化，更谦逊、更多元化、更切合实际又更灵活的规划理论正在浮现。

自 20 世纪 90 年代以来，国际上公认中国正在经历一个史无前例的大规模城市化过程。到 2011 年，中国的城市化率已经跨过 50% 的门槛，城市人口在历史上首次超过农村人口。庞大的人口基数，高速的城市化运动，城乡社会的巨大变迁，为中国规划师带来了机遇也带来了挑战，迫切需要规划理论的引导。由于大部分规划师忙于似乎无穷无尽的具体规划事务，中国规划界一直感受到规划理论建设的缺失。现代城市规划理论在西方产生并发展，霍尔和泰勒的文章清晰地描绘了 100 余年来西方城市规划理论的演进和三大进展。相对而言，中国还未真正建立起自己的城市规划理论。目前中国的规划理论和实践很大程度上借鉴了西方的理论框架，同时也带有强烈的中国历史文化传统、经济发展阶段和特有的制度环境的印迹。这些情况，导致了中国规划师在面临理论和实践的冲突时感到困惑。如何看待当代中国城市规划理论和城市规划学科的发展，3 篇华人学者的选文提供了有价值的观点。他们的文章从不同视角对中国城市规划理论与学科发展方向进行了探讨。

张庭伟以国际比较的视野对西方规划理论进行了回顾，认为在纷繁复杂的理论流派面前，只有范式理论的长期目标才具有时间上的稳定性和地域上的普适性，而规划的程序理论和机制理论则带有地域和时间上的特殊性，需辨析、理解它们产生的社会背景才有借鉴意义。由此，他提出了一个中国规划理论的框架，认为中国规划理论应该包括具有普世价值的范式理论，以及具有中国特色的程序理论和规划机制理论三部分。基于中国城市发展的现状和阶段性特点，张庭伟认为转型期的中国城市规划改革应将工作职能和行政能力分等，当前应该集中于规划的基本职能，未来随着社会发展阶段的变化，再对规划的工作职能和行政能力进行调整。

作为规划教授而又参与了大量当代中国的规划实践，吴志强深刻感受到中国规划学科蓬勃发展表象下潜伏的危机。他在文中指出：目前中国规划学科面临着核心理论空心化、理论创新惰性化以及研究阵地孤立化的问题。他提出，虽然中国规划学科与国际规划学界处在不同的发展阶段上，但同样面临如何从相关学科引入“规划中的理论”（Theory in Planning）为主导的发展阶段，进入以人居空间研究为中心、具有新一代“规划本位理论”（Theory of Planning）的理论创新时期。

另一位规划教授孙施文剖析了中国的“实用理性”和西方理性概念的差别，认为中国城市规划面临困境的主要原因之一是城市规划过程中缺少理性的精神和理性的思维方式。在中国的文化背景下，要真正做到城市规划的理性化，需要更为广阔的整体思维方式的转变。

从本部分介绍的中西方城市规划理论发展的历程和现状可以看出，以美英规划理论为主体的西方规划理论经历了美学→工具和技术理性→多元价值观转变的趋势。而中国的规划教育和规划实践，对规划师价值准则的重要性仍未给予足够的重视，规划工作依然围绕美学→工具和技术理性展开。因此建构符合中国国情和发展阶段的有中国特色的规划理论，仍然需要中国规划界持之以恒的努力。

理论之城*

彼得 · 霍尔

编者导读

本文选自英国地理学家、城市规划师和博学家彼得·霍尔爵士关于20世纪城市规划和城市设计思想史的权威著作《明日城市》。《明日城市》是一部抽象的哲学著作，探讨了规划理论在美国和英国的演进，它对日常的城市规划实践具有重要的指导作用。

尽管没有使用“范式”或“范式转变”这样的术语，霍尔在实际上描述了规划理念范式在过去一百年中连续演化的过程。在本部分的另一篇选文中，英国理论家奈杰尔·泰勒认为，英美规划理论在1945年以后的那些重要发展还不能够被称之为范式转变。我们希望读者在阅读过这两篇文章之后，可以自己来判断霍尔和泰勒所描述的那些城市规划理论的变化，到底能不能称得上范式转变。

根据霍尔的观点，第一代现代城市规划的范式是把城市规划的本质视为建筑。霍尔指出，在第二次世界大战之前，城市规划职业被定义为进行物质性规划的技能；受建筑学专业教育的教授主导了城市规划专业的教学和研究。第一代的教授教育学生们把建筑制图的技能扩展到城市尺度上来，以编制出独立的、终极蓝图式的物质规划。如同雷蒙德·昂温设计的田园城市莱奇沃思的规划一样，规划师们被视为具有特权的精英，他们并不需要和规划所服务的对象进行沟通，他们在工作时也不带有某种群体的视角。早期的规划理论家认为，一旦他们在图纸上设计了一个精巧的、造型美观和功能完整的方案，人们就能像按照建筑图纸造房子一样，建设起一个城市。

但是，霍尔指出，很少有规划师是从零开始设计新的城镇的。相反，他们必须决定如何将新规划的住房、街道、商业零售区、工业园区、公园和开放空间整合进现有的城市基础设施和新兴郊区中。城市规划师不可能像建筑师那样，完全按照图纸来操作；相反，城市规划是一个长期的、动态的和复杂的过程。城市规划也不是一个价值中立的科学过程，可以让受过良好教育的精英理智地选择解决规划问题的最佳方案并获得客户的支持。如同保罗·达维多夫所描述的那样，城市规划是一个需要规划师在相互冲突的价值观中进行选择的政治过程。约翰·福雷斯特指出，城市规划通常是包含了冲突的，因此纯净的象牙塔般的规划很少有机

* 本文的译文来自同济大学出版社2009年出版的《明日之城》，特此致谢。——译者注

会实施。有效的城市规划需要规划师与市民互动，逐步攀向谢莉·阿恩斯坦关于公众参与阶梯理论的更高层次。

在 20 世纪 60 年代，教育背景是计算机科学家、计量地理学家、工程师和区域经济学家的系统分析师们提出了一种很有竞争力的观点。他们认为:城市规划应该是一门科学,而非一门手艺。他们认为规划师可以，而且应该立足于实证数据分析，利用定量分析的方法，在现有数据的基础上来规划交通和其他城市系统。将城市规划视为系统分析的一个分支的第一代系统规划师，在电脑还是昂贵、难以使用的新技术时，已成为在城市规划领域成功使用电脑的先驱。系统理论家认为，规划应该是数学模型，而不是终极状态的建筑图纸。20 世纪 20 年代在利物浦大学受教育的第一代传统规划师可以绘制出一系列精致的蓝图和设计草图，却可能完全看不懂一个 60 年代在曼彻斯特大学受教育的系统规划师所提出的针对同一个新城的"方案"，这样的"方案"由一系列方程式和计算机数学模型所组成，它们显示了应该如何细分土地、修建道路和公园。

然而，城市规划到底应当服务于什么样的城市和什么样的人？对于什么是一个好的城市，人们持有不同的观念。埃比尼泽·霍华德所推崇的紧凑、宜人尺度的田园城市与勒·柯布西耶的光明城市或是弗兰克·劳埃德·赖特的广亩城市就有很大的不同：光明城市由绿地公园中的大规模高层建筑组成，可容纳 300 万居民;广亩城则由人均占地达 1 英亩的独户住宅组成。

在 20 世纪 60 和 70 年代，受到城市种族和阶级冲突的影响，许多城市规划师开始认为：城市规划是如此重要，以至于不能仅仅依赖于掌握了艺术手法的精英设计师，或是编制系统规划模型的技术专家型的规划师。像保罗·达维多夫和谢莉·阿恩斯坦这样的自由主义规划师和规划学者，更为关注规划结果和规划的主体——即城市是为什么样的人而建造的。当大部分城市由哈维·莫罗奇所谓的"增长机器"所运作，把商业利益放在第一位的时候，达维多夫，阿恩斯坦和其他的自由主义者却把城市视为造福于贫困和弱势群体的媒介，而不是仅仅为商业精英，为追求经济增长的地方政府，为自给自足的郊区居民——这些居民常常利用规划来排斥低收入和少数族裔家庭。在其学术生涯的早期，戴维·哈维（David Harvey）和曼努埃尔·卡斯特利斯提出了基于阶级冲突的新马克思主义城市发展理论，并在其后期的著作中详细阐述了这些观点。

20 世纪的马克思主义者并不能简单地使用 19 世纪弗里德里希·恩格斯在英格兰曼彻斯特所使用的那种阶级分类方式。19 世纪工业城市中的阶级冲突主要存在于被压迫的工业无产阶级和富有的生产资料所有者之间，这种明显的阶级冲突，到了 20 世纪 60 年代，已经变得更为复杂，各种不平等、排斥、种族隔离和缺少机会在城市中仍然广泛存在。根据新马克思主义理论家最新的阶级分析结果，城市规划普遍地支持富裕的、具有广泛社会资本的白人男性异性恋者，以及从事和商业相关职业的居民;而不支持贫穷的工人阶级居民、少数族裔、移民、妇女和同性恋者。新马克思主义城市理论在 20 世纪 70 年代的大部分学术讨论中占据了上风。

霍尔在结束其对规划理论变迁的回顾时，对当前规划界的理论与实践分离提出了批评。他认为，城市和区域规划专业的数量和规模都在扩张，规划理论也得到了发展，但今天的规划学者往往只是讨论彼此的学术理论，而不是注重实际规划实践或一线规划从业人员的需求。城市规划的实践者们因为感觉到规划学术理论和他们不甚相关，认为自己只是进行具体的规划实践，所以无需深入了解规划理论的含义。霍尔认为两者之间应该有更密切的关系：理论来自规划实践并与规划实践相互影响，规划实践来自规划理论并促使其完善。霍尔认为约翰·福雷斯特的实证研究和实践理论就是规划理论和实践紧密结合的良好范例。福雷斯特采访了大量的从业规划师，以充分了解规划实践，在此基础上发展了相关理论；之后又将其理论观点用于指导实践，提高了规划师的实践能力。

彼得·霍尔爵士是伦敦大学巴特利特（Bartlett）建筑和规划学院的城市规划教授，他自 1994 年开始在那里任教。在这之前，他曾任教于位于旧金山海湾地区的加州大学伯克利分校的城市和区域规划学院，以及英国雷丁大学的地理学院。霍尔游历广泛，在城市地理学和城市规划方面的著作颇为丰富。除了他的学术成就以外，霍尔还有大量的规划实践项目，如英吉利海峡隧道规划、加州高速火车线路规划、英国海滨小镇布莱克浦的复兴规划等，后者同时也是霍尔的家乡。霍尔的理论来自实际规划的经验。他获得了大量的荣誉，包括英国研究院皇家地理学会的创始人勋章以及骑士身份，2005 年其著作《文明中的城市》（Cities in Civilization）还获得了著名的巴尔赞奖（Balzan Prize）。

本文节选自《明日城市：20 世纪城市规划与设计的思想史（第三版）》，（Oxford：Blackwell，2001）。彼得·霍尔的其他著作还包括《城市和区域规划（第五版）》（伦敦：Routledge，2009），《文明中的城市》（纽约：Pantheon，1998），《世界城市（第三版）》（伦敦：Weidenfeld & Nicolson；纽约：St. Martin's，I984），以及《规划大灾难》（Berkeley，加州：加州大学出版社，1982）。

由 Eugenie Birch 编著的《城市与区域规划文选》（London：Routledge，2006）的第二部分包括了其他一些关于规划理论的选文。对规划理论进行研究还可以阅读 Philip Allmendinger 的《规划理论》（纽约：Palgrave Macmillan，2002），Susan Fainstein 和 Scott Campbell 的《城市规划读本》（伦敦：Blackwell，2001），Nigel Taylor 的《1945 年以后的城市规划理论》（Thousand Oaks，CA：Sage，1998），Seymour Mandelbaum，Luigi Mazza 和 Robert Burchell 编著的《规划理论探索》（New Brunswick，NJ：罗格斯大学城市政策研究中心，1996），以及 John Friedmann 的《公共领域的规划：从知识到行动》（普林斯顿大学出版社，1987）。

正文

规划与学术：费城、曼彻斯特、加利福尼亚、巴黎（1955—1987年）

……直到 1955 年前后……城市规划最终成为立法，但是为了这一目标，它开始吞下导致其自身解体的苦果。它迅速分裂成两个独立阵营：一个存在于规划学院中，逐渐地直至完全地迷恋于主体的理论；另一个则存在于地方政府和议会的办公室中，只关心真实世界中的日常规划事务。这种分裂并非一开始就很清楚；事实上，在 20 世纪 50 年代末和 60 年代的大部分时期里，人们最终似乎已经在理论领域与实践领域之间建立起了一种完整而令人满意的关联性。但是很快，幻象被搁置到一旁，在 70 年代有过短暂甜蜜的蜜月之后，紧接着的就是争吵和临时的和解，到 80 年代则是离婚。并且在这一过程中，规划丧失了许多刚刚建立起来的合理性。

学术性城市规划的前史（1930—1955年）

20 世纪 50 年代以前，城市规划并非没有受到学术的影响。事实上，在每个城市化的国家里，大学与工学院已经为规划师的职业教育创建了课程，用于界定和维持标准的行业实体已经存在，并且与许多学术部门建立了联系。到1909年时，英国捷足先登。当时阳光港的创建者、肥皂大王威廉·赫斯基斯·利弗（William Hesketh Lever）赢得了对某报纸的诽谤诉讼案，并把收益捐献给当地的利物浦大学，成立了市政设计系。第一位教授斯坦利·阿谢德（Stanley Adshead）几乎立刻就创办了第一份期刊——《城市规划评论》（Town Planning Review），将理论与良好的实践案例紧密结合在一起。其首任编辑是一位新招入的年轻教师：帕特里克·阿伯克龙比（Patrick Abercrombie）。后来阿伯克龙比先是在利物浦接替了阿谢德的教席，然后在成立于1914年的、英国第二所规划学院——伦敦大学学院担任主席。城市规划学会（TPI）（仅在1959年有一次皇家的授爵仪式）成立于1914年，由英国皇家建筑师学会、市政工程师学会与皇家特许测量师学会联合组建。到20世纪30年代末时，它已经认证了7所学院，通过这些学院的考试即取得入会资格。

美国则较为迟缓。虽然哈佛大学于1909年和利物浦并驾齐驱，开设了一门规划课程，但是直到1929年，它才拥有了一个独立的系。尽管如此，到20世纪30年代时，美国在麻省理工学院（MIT）、康奈尔、哥伦比亚和伊利诺伊也有了规划学院，并且全国众多大学里的其他学院也教授规划课程。美国城市规划学会（ACPI）成立于1917年的全国城市规划会议10年后（主要在托马斯·亚当斯的坚持下），它成为沿着城市规划学会方向的、羽翼丰满的职业实体，并且一直保持着这种状态。直到1938年，美国城市规划学会进行扩展，纳入了区域规划，并更名为美国规划师学会。

这些和其他类似创举的关键在于：它们由于职业需要而发展起来，常常作为建筑学和工程学等相关专业的副产品，从一开始就深深弥漫着以设计为基础的专业的风格。曾经规划师的工作就是制订规划，研制规范来实施规划，然后再使这些规范得以实施。相关的规划知识主要来自工作的需要，城市规划教育的使命则是传授这些知识以及必要的设计技巧。到1950年时，城市规划的乌托邦时代就结束了，城市规划现在已经转变成综合土地利用规划。所有这些都在20世纪50年代中期，以及自此以后的城市规划院校的教程之中得到了深刻的反映；而这些反过来又体现于学术规划师所撰写的专著和论文中。正如基布尔（Keeble）于1964年对他的英国听众所讲述，以及肯特（Kent）在同一年提醒美国听众的那样：土地利用规划是一个特殊而紧密联系的课题，与社会或经济规划非常不同。而这些文字反映了这样的事实："城市规划师早期采取了工程师为设计公共项目而发展起来的思维方式和分析方法，他们随后又将这些运用到城市的设计中。"

正如迈克尔·巴蒂（Michael Batty）所评述的，其结果形成了一门对于普通市民而言"有点神秘"的学科。如同法律和医学一样，但是与这些历史更为悠久的专业教育形成鲜明对比的是，它并非基于任何坚固的理论实体之上，而是存在于其中："社会科学的碎屑与传统的建筑决定论混杂在一起"。规划师们所获得的综合能力并非来自抽象思维，而是来自实践工作。在实践中，他们首先采用创造性的直觉，然后才是思考。虽然他们可以得出零星的关于城市的理论，例如芝加哥学派关于城市的社会分化，关于城市地租级差的土地经济学理论，关于自然区域的地理学概念；但这些只是作为实用知识的片断来进行运用。在后来由许多理论家所得出的重要结论中，只存在一些城市规划中的理论（theory in planning），而没有关于城市规划的理论（theory of planning）。整个过程非常直接，它以一种单向的方法为基础：调查（格迪斯的方法），接着是分析（一种含蓄的学习方法），再接着是设计。

确实，正如阿伯克龙比在1933年的经典文章中所认为的，规划的编制只是规划师工作的一半，构成规划另一半的则是实施，但是没有任何地方提到需要某种持续性的学习过程。当然，为城市规划（以及它们所依据的调查）服务的1947年的城乡规划法每5年更新一次也是事实，其前提仍然是以既定的土地利用规划作为成果。10年之后，尽管基布尔在其同样经典的文章里提到了规划过程，并直截了当地指出，需要一种与从区域到地方性空间等级相应的规划体系，并且需要于规划之前在每个层面上进行调研。这种关于实施或更新的讨论在其他地方是没有的。于是，除了极其笼统的宣言外（如阿伯克龙比著名的格言："美观、健康和舒适"），目标仍然是不明朗的。规划师直觉地根据自己的价值观来制定目标，根据定义，这种价值是"专业的"且与政治无关的。

因此，在由1947年的城乡规划法所创立的经典的英国土地利用规划体系中，没有涉及重复性的学习过程，因为假定规划师第一次就能把它搞清楚。

> 于是，该过程就得不到明确的反馈：也就是研究能够"自动导向"最佳规划。这是因为"规划师必须去研究问题的本质"这个概念，直接与他作为专家和专业人士所假定的永久正确性相冲突……由于假定的过程的确定性，人们几乎不考虑以新的调查形式来返回现实……这种确定性（以专家的绝对正确性为基础）强化了过程的技术性以及非政治性的本质。政治环境被认为完全是被动性的，实际上服从于规划师的"计谋"，并且在实践中基本上就是这样的情形。
>
> （巴蒂，1979）

这就是巴蒂所谓的规划的黄金时代：规划师独立于政治干扰之外，对他的技术能力充满自信，并主动地进行工作。这与当时规划所要面对的外部世界相适应：这是一个极其缓慢变化的世界（固定的人口、衰退的经济），大多数的规划干预将只是偶然而短暂的，例如在一次大型战争之后。阿伯克隆比于1948年在与赫伯特·杰克逊（Herbert Jackson）合作制订的西米德兰兹规划中写道：规划的一个主要目标应当是减缓城市变化的节奏，以此来降低已建建筑物很快过时的频率：理想城市就是一种静止的、停滞的城市。

> 让我们设想……在考虑所有可能相关的因素之后，一座城镇的最高人口规模已经得以设定……根据当前情况，以及城市规划师的经验与想象力所得出的所有可以想到的目标，来进行适当的空间安排。
>
> 于是，一种围合或绿环就被描绘出来，在它之外，土地利用将很少涉及居住人口。城市规划师现在可以很愉快地在一开始就知道自己的问题范围。他可以在一种基本人口总量的前提下，为整体和局部做出设计。这个过程本身将会十分困难，但是至少他可以从一个数字开始，来使他心安理得。
>
> （阿伯克隆比和杰克逊，1948）

有意思的是，美国的城市规划从未如此这般。肯特于1964年在一篇关于城市总体规划的文章中（尽管它所针对的同样是土地利用规划）提醒自己的学生："随着时间的推移，目标指向将不断地进行调整"。并且，由于规划师对于社会经济作用力与物质环境之间关系的基本理解大多数依靠直觉，而且是投机性的，肯特还告诫他的学生读者们：

> 在大多数情况下，不可能确切地知道应当采用什么样的物质设计方法来实现某个设定的社会或经济目标；或者什么样的社会和经济结果将从某个制订的物质设计目标中引导出来。这样，城市议会和城市规划委员会（而不是职业的城市规划师）应当针对规划所基于的价值做出最终判断。
>
> （肯特，1964）

但是除了这些，甚至连肯特也确信，规划师仍有可能制订出某种最理想的土地利用规划，关于目标的问题被回避了。

系统的革命

那曾经是一个幸福的、几乎是梦幻般的世界。但是在20世纪50年代，规划越来越无法应对现实，所有事情都开始失去控制。在每个工业国家都出现了始料未及的生育高峰，对此，人口学家感到惊慌，规划师则感到危机；不同国家发生这些只是时间上的差异，而且每个地方都出现了对于妇产科诊所和儿童保育诊所的大量需求，紧接着出现了对学校和活动场地的需求。对于每个国家而言，伟大的战后经济繁荣几乎同时启动，引发对于工厂和办公楼新投资的需求压力。而且由于繁荣带来了富裕，这些国家很快进入高度的大众消费时代，对于耐用消费品有着史无前例的需求量，其中最值得关注的就是急需土地的住房和汽车。在美国、英国和整个西欧大陆，到处表现出来的结果就是城市发展和城市变化的步伐开始加速到一种几乎过热的程度，适用于一种停滞世界的传统规划体系被击溃了。

这些自身需求迫使系统发生转变，但几乎巧合的是，供给方面也发生了变化。在20世纪50年代中期，整个城市与区域社会研究领域发生了一场知识革命，它为规划师提供了大量可借鉴的知识行囊。一些地理学家和工业经济学家发现了德国理论家的关于区位问题的研究成果，例如约翰·海因里希·冯·屠能（Johann Heinrich von Thünen）（1826）关于农业，阿尔弗雷德·韦布（Alfred Webb）（1909）关于工业，瓦尔特·克里斯塔勒（Walter Christaller）（1933）关于中心地理的理论，以及奥古斯特·勒施（August Lbsch）（1940）关于区位的总体理论。他们开始总结并研究这些著作，并且在必要之处进行诠释。在美国，来自各个领域的学者开始在许多分布状态中寻找规律，包括空间分布。地理学家开始采用逻辑实证主义的信条，认为他们的课题应当停止针对地球表面细微差异的描述，而应当去发展关于空间分布的总体假说，它可以随后得到现实的严格检验：这正是那些德国先驱们的区位理论所采用的方法。这些思想加上相关著作，由美国经济学家沃尔特·伊萨德（Walter Isard）在一篇立刻产生影响力的文章中进行了卓越的综合。在1953—1957年期间，在人类地理学方面发生了一场瞬间的革命，而伊萨德将新地理学与区位经济学的德国传统融合在一起，开创了一门新的学科。另外，带着官方的希望［正如在1950年英国的舒斯特委员会（Schuster Committee）的重要报告中建议，在规划教育中应当包含更多的社会科学内容］，新的区位分析开始进入规划教育的课程之中。

这给城市规划带来的影响是重大的。仅仅在很短的时间内，“物质规划的原理在1960—1970年的10年间，比在前面的100年，甚至1000年里的变化都要多。”规划主题从一门以一套关于城市概念的粗浅的个人知识为基础的手工艺转换成为一种明显科学化的行为。大量精确的信息得以收集并处理，规划师因而可以设计出一种非常灵敏的系统用于指导和控制，规划的效果可以得到监控，并且可以根据需要进行调整。更准确地说，城市与区域可以被视为一种复合系统（它们事实上只是一个全面的整体系统之中的一个子系统），而规划则被视为一种针对这些系统进行控制和监控的连续过程，它从当时由诺伯特·维纳（Norbert Wiener）提出的新学科——控制论中派生出来。

于是[套用一种后来在托马斯·库恩（Thomas Kuhn）著名的著作中所采用的语言]一种范式变革就此产生了，它影响着城市规划，如同它影响着许多其他与规划和设计相关的领域一样。特别是由于冷战时期，美国正在紧锣密鼓地投身于建造新型的和复杂的中程电子控制系统，它早期主要应用于关注防御与太空。从这个领域中很快引发了另一项运用。罗伯特·米切尔（Robert Mitchell）和切斯特·拉普金（Chester Rapkin），他们是宾夕法尼亚大学伊萨德的同事，早在1954年就已经出版了一本书，指出城市交通模式是各种活动方式（如土地利用）的一种直接的且可度量的函数，这些活动方式反过来形成了城市交通模式。上述研究成果结合早期有关空间作用形式的工作，再加上计算机的数据处理能力的首次应用，产生了一门关于城市交通规划的新学科，人们第一次认为可以科学地预测未来的交通状况。这项成果首次运用于1955年历史性的底特律大都市地区的交通研究，随后在1956年的芝加哥研究中得到进一步发展，并很快成为一种被运用于几百项该类研究的标准方法，开始普及于美国，然后遍及了整个世界。

它在方法上着重以工程学为基础，采用了一种相当标准化的过程。首先，为系统的操作设定明确的对象和目标；然后，从系统的现状中获得资料：交通流量以及产生它们的活动行为，从这中间设计出模型。它的目标是以精确的数学形式建立起这些关系，然后以从这些模型中获得的关系为基础，针对系统的未来状况进行预测。从中设计出数套可供选择的解决方案，并进行评价，以选择一项最优的方案。最后，一旦网络得到应用，它就可以不断地进行监控，而且可以根据需要对系统进行调整。

起先，这些关系被视为单向操作：城市活动和土地利用是给定的，由此出发，生成交通方式。于是，所形成的方法论和技术则成为这一新领域中的一部分：交通规划，它作为传统城市规划中的一个方面开始出现。但是很快，美国区域科学家提出了一项关键性的修正：城市活动（商业、工业、居住）的区位模式反过来又被现状的交通机会所影响。这些关系也可以精确地模型化，并用于预测；因此关系是双向的，这就有了为整个大城市或次区域地区开发一种土地使用交通规划的相互作用系统的需要。现在，以工程学为基础的方法第一次进入了传统的土地利用规划师的专业领域。空间相互作用模型，特别是加林·劳里（Garin-Lowry）模型（该模型在给定关于就业与交通之间关系的基本数据的前提下，可以得出关于城市活动与土地利用的结果模型），成为规划师惯用手段的组成部分。正如一篇经典的系统论文所提到的：

> 在这个规划的一般过程中，我们进行专门化以应对更加特殊的问题。这就是一个特定的、真实世界的系统或者子系统，必须由一种处在一般概念系统中的特定概念系统或者子系统来进行表达。这种对某个系统的特定表达就称作模型……模型运用是一种方法，通过它，高度变化着的现实世界将被简化成为适用于人类沟通能力的某种变量。
>
> [查德威克（Chadwick），1971]

这里涉及的不只是一种关于计算机应用的知识，它对于20世纪60年代的普通规划师而言是新鲜的，它也意味着规划中的一个根本上不同的概念。与那些假设了目标从一开始就固定了的、原先的总体规划或蓝图方法不同，新的概念将规划作为一种过程，“通过它，当录入的信息要求这种变化时，程序在应用的过程中就会得到调整。”这种规划程序独立于被规划的事物。正如梅尔文·韦伯所评价的，它是“用于决策和行动的一种特殊方法”，这涉及一种不断循环的逻辑过程的序列：设定目标，预测外部世界中的变化，针对可供选择的行动路线可能会产生的一系列后果进行估算，评价成本与收益，以此作为行动策略的依据，并且不断进行监控。这就是新的英国系统规划教科书中的方法，它于 20 世纪 60 年代末开始出现，与一群年轻的英国研究生及曼彻斯特大学的教学和研究有关。它也是次区域研究运用了整整一代的方法：1965—1975 年英雄化的发展和变化时期。它在英国应用于快速发展的大城市地区：莱切斯特 - 莱切斯特郡，诺丁汉郡 - 德比郡，考文垂 - 沃里克郡 - 索利哈尔，南汉普郡。所有这些都深深浸染着新方法和新技术。在其中几个大城市地区中，同样重要的人物——莱切斯特的麦克洛林（McLoughlin），诺丁汉德比的巴蒂——扮演了指导或者关键顾问的角色。

但是革命并不如它的支持者们所认为的那样彻底（至少在它的早期阶段）。许多“系统”规划带有浓重的蓝图色彩，因为它们很快导致了为固定投资（如高速公路系统）所制订的过于死板的方案。除此之外，在它的后面是一些奇怪的形而上学设想，这是新的系统规划师与他们蓝图式的前辈们所共有的：规划系统被视为是主动的，而城市系统则被看作纯粹是被动的，政治系统被认为是友好的并且乐于接受规划师的专家建议。在实践中，系统规划师涉及两种非常不同的行为：作为社会科学家，他或者她是被动地观察并分析现实；作为设计师，同样的规划师又作用于现实并改变它——这是一种本质上难以确定的行为，从本质上也受制于只能通过复杂的、经常是杂乱的一系列在专家、政客和公众之间的协议所设定的目标。

问题的核心是一种逻辑上的自相矛盾。无论系统规划师们如何宣称，城市规划系统与（例如）武器系统不同。在后一种系统中，“系统方法”（systems approach）已经最先并且成功地得到应用，控制是内在于系统之中的；但是在这里，城市区域系统则内在于它自己的控制系统之中。与此相关的是其他一些关键性的差异：在城市规划中，并不存在只有一种问题和一个压倒性的目标，而是存在着许多问题和许多目标，它们也许是相互矛盾的，这就很难从总体目标转化成特定的操作性目标。它们也并没有完全被了解，需要进行分析的系统并非不证自明地存在着，而是处在综合性状态之中；大多数现象也并非是确定的，而是处在可能性之中；成本与收益很难进行量化。所以，系统论学派所宣称的科学化的目标并不能轻易地实现。学派的成员们也逐渐承认，在这样的开放系统中，系统分析需要扮演直觉和判断（换句话说，是传统的方法）的辅助性角色。到 1975 年时，布里顿·哈里斯（Britton Harris）（也许是所有系统规划师中最著名的）可以写道，他不再相信规划中较困难的问题可以通过优化的方法来进行解决。

寻求一种新范式

在 20 世纪 60 年代后期，所有这些质疑开始集中为来自两个非常不同方向的攻击，它们一起将系统规划至少连根拔起了一半。在哲学右翼有来自美国政治科学家所做的一系列理论性和经验性的研究，他们认为（至少在美国）重要的城市决策是在复杂的政治结构中作出的，其中的任何个人或团体都不会拥有全部的知识和权力。因此，对决策过程的最佳描述是“非连续性渐进主义”（disjointed incrementalism）或者“糊弄过关”（muddling through）的。迈耶森（Meyerson）和班菲尔德（Banfield）对于芝加哥住房局（Chicago Housing Authority）所作的经典分析，认为芝加哥住房局很少从事真正的规划，之所以失败是因为它没有正确地识别出城市中真正的权力结构；该局关于公共利益的精英论观点完全与最终普及的、选区政治家们所持有的平民论观点相对立。唐斯（Downs）将这种结构理论化，认为政治家通过提供一堆政策，如同在市场中购物一样，获得选票。林德布卢姆（Lindblom）用他所发现的现实中的政策发展过程来对比整个理性综合规划的模型，而现实中的政策发展过程是以价值观与分析的混合物、目标与手段的混合体、无法分析的选择项，以及对理论的回避作为其特征的。奥特舒勒（Autshuler）关于明尼阿波利斯圣保罗的分析表明，职业规划师对于动用公路建设工程师进行回击的政治机器产生不了任何作用。这些工程师通过强调专业技术和专注于狭隘的目标来获胜，但是他们的胜利只不过是一场政治游戏。结论是：规划师们应当认识到自己的弱点，设计适合于现实的策略。

所有这些分析源于针对美国城市政策的研究，这在传统上是最为大众化和多元化的。甚至在那里，拉宾诺维茨（Rabinowitz）关于新泽西州城市的研究认为，政策在风格上多种多样，从极为细碎的到非常完整的。而埃齐奥尼（Etzioni）则批判了林德布卢姆，他认为最近的美国历史提供了几个关于非渐进性（non-incremental）决策的重要案例，尤其是在防务方面。尽管存在这些限制条件，但是研究至少显示出，现实中的规划确实与系统论课本中所展望的那种冷静、理性、严格的方式相距甚远。如果距离能够更近一些，就会变得更好一些；当然，也可能不会。令人担忧的一点就是在实践中，地方民主被证实是一种无休无止的杂乱事务，而不是人们在理论中所期望的。一些理论家因此判定，如果这是规划的方式，那么这也就是应该得到鼓励的方式：局部的、试验性的、渐进的，当问题出现时再着手解决它们。

这就更为清楚地显示出来，因为在美国（由于如此频繁地出现），来自左翼的批判也得出了极其近似的结论。到 20 世纪 60 年代末时，在公民权运动和反贫困战争、反对越南战争的抗议和校园言论自由运动的支持下，正是左翼在推动着所有的事情。三个话题构成了全面抗议浪潮的基础，它们对于系统规划师的合法性是致命性的打击。一是对于专家和自上而下规划的普遍不信任——无论是针对和平与战争的问题，或是针对城市的问题；另一个更加特殊的话题是一种关于系统方法的不断增长的妄想症，它在军事运用中被视为采用伪科学和晦涩的行话来制造一种烟幕，在它身后，则是应当受到道德谴责的政策；第三个是由横贯美国城市的骚乱所触发的，这些骚乱于 1964 年始于新泽西的帕特森，1967 年结束于洛杉矶的沃茨。这些话题似乎证明了一点：系统规划在改善城市状况方面没有发挥任何作用；相反，正是它帮助或者至少纵容了内城社区的解体，也许事实上它已经促成了这些话题。到 1967 年时，一位批判家理查德·博兰（Richard Bolan）认为，系统规划是穿着华丽服饰的老式综合规划，系统规划与综合规划同样都忽略了政治现实。

来自左翼的当即反应就是呼吁规划师自己去改变状况，通过成为倡导性规划师（advocate-planner）来实践自下而上的规划。另外，这样他们可以明确有关目标和对象设定的争论，对此，由于蓝图式方法和系统性方法都比较满意于一种“这就是职业规划师的工作”的假设，因此都忽略了这一点。倡导性规划师可以通过各种方式在各种群体中进行干预，多样性应当是他们的要点。他们应当协助把选择项告诉公众们，推动公共规划部门去寻求支持，协助批判者去制订比官方规划更加完善的规划，强制去考虑基础的价值观。其形成的结构就是高度美国化的：民主的、地方化的、多元化的，但是也由于以规范化的冲突为基础而具有合法性。但是有意思的是，当人们在某一方面对规划师进行贬低时，这种结构又在另外一方面极大地增强了他或她的权威性，规划师获取了许多地方选举官员曾经行使的职权。而且在实践中，人们并不完全清楚这个过程是如何运转的，特别是这个过程将如何解决在社区内部产生的非常真实的利益冲突，或者它如何可以避免规划师又一次成为操纵者的危险。

无论如何，不仅在作为分离渐进主义者的规划师与倡导性规划师之间存在一种短暂的相似，而且确实这二者中的任何一个与 1967 年博兰的文章中所提出的第三种模型之间都有类同之处。在第三种模型中作为非正式的协调者和分析者的规划师，又接着引出了第四种模型：梅尔文·韦伯的或然性规划师（probabilistic planner），他运用新的信息系统辅助争论，并提高决策水平。所有这些都假设在一个多元化的世界里进行工作，面对着众多存在冲突的不同利益团体，规划师最多拥有（或者进一步来说，应当拥有）极其有限的权力和影响力。至少不言而喻的是，所有这些都是基于对逻辑实证主义的不断接受，正如韦伯在 1968—1969 年两个长篇文章的结论中所指出的：

> 我的观点就在于，城市规划未能采用规划方法——选择，而是按照关于幸福的理想化图景，强行置入很多东西（包括法律限制）。我所着急的是，作为一种选择项，规划应当提炼出规划思想和规划方法。

因此，韦伯关于规划的观点直截了当地否定了一种静止的、可预测的未来和一致性目标的可能性，它提供了一些 20 世纪 70 年代的社会学习（Social Learning）或者新人文主义（New Humanist）方法的哲学基础，它强调了一种有助于应对杂乱环境的学习体系的重要性。但是最终，这种方法使自己从逻辑实证主义中分离出来，又回到对于非常类似于老式蓝图规划的个人知识的依赖，而且由于得到洛杉矶加利福尼亚大学的约翰·弗里德曼的发展，它最终导致了对于由少数政治集团将所有政治行为进行分解继而决策的需求：向规划的无政府主义根源的彻底回归。

所以，这些不同的方法分裂了，有时是在细节方面的强调有所不同，有时是更加根本性的分裂。它们之间的共同之处在于相信（在美国的政治体系中或多或少地相信），规划师并不拥有而且也不应该拥有太多的权力。在 1965—1975 年的 10 年间，这些方法一起熟练地从规划师身上剥去了多少有点教士化的外衣，也剥去了他或她可能拥有的、由这种外衣所带来的神秘感。毋庸置疑，这种观点有力地将自己传达给职业规划师们。甚至在更加中央化的、拥有自上而下的政治系统的国家中（例如英国），年轻而且刚毕业的规划师们日益将自己视作类似于赤脚医生的角色：帮助内城街头的穷人，或者为一个政治上可接受的地方政府服务，如果未能如愿，就为社区组织与一个政治上令人厌恶的地方政府进行斗争。

除了美国理论家针对城市规划的颠覆性工作之外，一些历史因素也对这种转变发挥了作用：规划师与政治家们迟缓地发现了不断受到盘剥的内城穷人，然后，发现了这些人所居住的地区正在遭受着人口下降和去工业化的痛苦。结果，规划师们逐渐从仅仅是物质性的规划转入到社会与经济规划中来。这种变化可以如此描述：1955 年，典型的刚毕业的规划师是坐在绘图板前面的，为所需要的土地利用绘制方案；1965 年，他或她正在分析计算机输出的交通模式；1975 年，同样的人正在与社区群体交谈到深夜，试图组织起来对付外部世界的敌对势力。

这是一个明显的角色转换。在这几十年间完

全或部分丢失了的东西，就是对于医生或律师所掌握的那种特殊而有用的专业技能的要求。的确，由于环境特征以及在规划教育中的变化因素，尽管他或她仍有可能尚未具备足够或特别有用的某项技能，但是规划师仍然可以提供关于规划法规和程序方面，以及如何去完成一项特定的设计方案的专业知识。而且，一些批评家也开始认为，这是因为城市规划如此稀薄地在如此广阔的范围里推广，以至于它几乎变得毫无意义。阿龙·维尔达夫斯基（Aaron Wildavsky）著名的文章标题是这样的："如果城市规划关乎所有的事情，那么它就什么都不是"。

事实上城市规划（作为一门学科）已经将自己的角色理论化到这样一种程度：它正在否定自己所宣称合法的东西。法鲁迪（Faludi）于1973年在他的文章中指出：规划可以仅仅是功能性的（functional），因为，目标可以被视为是给定的；或者规划也可以仅仅是规范性的（normative），因为它们自己就是理性选择的目标。问题在于，规划是否真正有能力去做后一种工作。到20世纪70年代中期时，结果就是城市规划已经触及"范式危机"（paradigm crisis）。它从理论上有效地把规划过程从它所规划的东西中独立出来，而这意味着对于基本理论的一种忽视，将它推向整个事情的边缘。"结果，需要新理论来把现有的规划策略，与应用这些策略的城市物质与社会系统联系起来。"

马克思主义者的优势

在接下来的10年中，形势变得更加明朗：当逻辑实证主义者们从知识领域的战场上败下阵来，马克思主义者取而代之了。正如众所周知，20世纪70年代发生了马克思主义研究的一次伟大复兴（确实是一场真正的爆发）。这就必然会影响到与之紧密相关的领域：城市地理学、社会学、经济学和城市规划。正如早期的新古典主义经济学家一样，马克思的确对于空间区位问题明显不感兴趣（尽管恩格斯已经对维多利亚时代中期曼彻斯特各种阶层的空间分布提出了启发性的观点）。如今这门学科虔诚地寻求从经典文献中抽离出来的、一点点积淀下来的精华，用来调制缺失的理论药方。最终到20世纪70年代中期时，药方研制成功了，于是新作品犹如潮水般涌来。它是从各个地方、各个领域产生出来的：在英国，地理学家戴维·哈维和多琳·马西（Doreen Massey）采用资本循环帮助解释城市的发展和变化；在巴黎，曼努埃尔·卡斯特利斯和亨利·勒菲弗（Henri Lefebvre）发展了以社会学为基础的理论。

在接下来发生在马克思主义者内部无休止的争论中，一个重要的问题涉及国家的角色。在法国，罗奇内（Lokjine）和其他一些人认为，国家的角色在于通过宏观经济规划和相应的基础设施投资之类的措施，为私人资本的直接生产性投资提供基础和帮助。卡斯特利斯则相反，他认为，国家的主要职能是提供集体性消费（例如公共住房、学校或者交通），来为劳动力的再生产提供保障并平息阶级冲突，从根本上维持这个系统。很显然，城市规划在国家的这两种职能中都可以扮演一种非常重要的角色。于是到20世纪70年代中期时，法国的马克思主义城市学家参与到迪耶普这样的大型工业地区的工业化研究中。

与此同时，在英语世界出现了一种特殊的关于规划的马克思主义观点。为了清楚地对它进行描述，需要引入一段马克思主义理论课程。但是，在不够充分的结论中，它宣称资本主义城市本身的结构（包括它的土地利用和行为模式）是资本追求利润的产物。因为资本主义注定要陷入周期性的危机之中，并在当前的晚期资本主义阶段陷得更深，资本要求国家作为它的代理人，通过整顿商品生产中的无组织化，以及辅助劳动力的再生产来援助它。于是，资本力图去实现某些必要的目标：通过保证资源的合理配置帮助资本积累的延续，通过提供社会公共设施协助劳动力的再生产，通过对资本主义的社会和财产关系进行保障和立法，在劳动力与资本之间保持一种微妙的平衡,防止社会分裂。正如迪尔和斯科特所言:“最终，城市规划是当私有化的资本主义社会和财产关系的自我无组织化趋势在城市空间中出现时，针对它们的一种历史特殊性的和社会必然性的反应。”特别是，它寻求保证必要的基础设施和某些基本的城市服务的集中供给，并且减少由某些资本的某些行为而导致系统其他部分受损的负面外部性。

但是，由于资本主义同时也希望尽可能限制国家规划，那么就存在一种内在矛盾性：规划由于其内在的缺陷，总是在解决某个问题时却又产生了另一个问题。因而，马克思主义者认为，19世纪巴黎的清除行动产生了工人阶级的住房问题，美国的区划限制了企业家们按照利润最大化的原则选择区位的权力。而且规划只不过仅仅能够修正土地开发过程中的某些参数，并不能改变它的内在逻辑，因此，也不能解决私人积累与集体行动之间的矛盾。再者，资产阶级无论如何也不是同质的，资本的不同部分也会存在着分异，甚至对立的利益，并且随后可能形成复杂的联盟。尽管近代的马克思主义带有一种强烈的结构性要素，它的解释却越来越多元化。但是在这个过程中，国家在城市系统中干预得越多，不同的社会群体及其分支与国家所决策的立法之间对抗的可能性也就越大。作为一个整体的城市生活变得越来越受到政治论战和困境的侵扰。

由于传统的非马克思主义规划理论忽略了规划的这种根本基础，于是马克思主义的阐释者们认为，它注定是空洞的：力图去定义规划在理想中应当成为什么样，从而回避了所有的环境，它的功能已经将规划非政治化为一种行为，并且因此使其合法化；它试图通过将自身表现为一种形成了现实世界规划中不同方面的力量来达到这个目的。但是事实上，它的各种口号：发展可以合理表现现实世界过程的抽象概念，为自己的行为进行立法，解释来源于思想的物质过程，从普遍共有的价值观中得出规划目标，运用从其他领域（诸如工程学）中抽取的比喻来抽象规划行为……所有这些既非常宏大，又非常不合理。马克思主义者们认为，现实恰恰相反：客观而言，规划理论只不过是对导致规划形成的社会力量的一种创造。

这就激发了大量使人烦忧的严密批判：是的，当然规划不可能如同科学探究所宣称的那样，仅仅是一种独立的、自我合法化的行为；是的，当然这是一种现象，如同其他所有现象一样，它反映了所在的时代环境。正如斯科特和罗维斯（Roweis）所认为的：

> 一方面是当前的规划理论世界，另一方面是实践性规划行为干预的现实世界，二者之间必然存在着一种不匹配。一个是秩序和理性的典范，而与之相关联的另一个则充满了混乱和无稽。传统的理论家们随后开始着手解决理论与现实之间的这种不匹配，他们通过引入一种新观点来达到目的：在任何场合，规划理论都没有强烈地试图去解释世界是怎么样的，而是它应当是怎样的。规划理论随后为自己设立了将不合理性合理化的任务，并且通过重新采用一系列抽象、独立、先验的概念来与世界发生关系，努力在社会与历史的现实中实现自我(就像黑格尔的“普遍精神”)。

这是一个有力的批判。但是无论是对于不幸的规划师而言（他的合法性已经完全被剥夺，就像从一个落魄官员的肩上摘下勋章一样），还是对于马克思主义批判者来说，它留下了一个明显开放性的问题：那么，规划理论是关于什么的？它是否还有任何规范性的或者描述性的内容？从逻辑上讲，这好像是没有答案的。其中一位批评家菲利普·库克（Philip Cook）则不苟同：

> 公平而言，针对规划已经形成的主要批判，就是规划在顽固地保持着规范性……本书讨论的是他们（规划理论家）应当去辨识那些导致了在规划本质中发生变化的机制，而不是假设这些变化是否来自个人的创造性思维活动，或者仅仅是存在于所见事情中的规则。

这至少是连贯的：规划理论应当避免所有的描述，它应当就站在规划过程的外面，并且努力带着问题去分析对象（包括传统理论），去分析历史作用力的表现形式。斯科特和罗维斯在10年前似乎也说过同样的话：规划理论不可能成为规范性的，它不能设想“先验性的操作概念”。但是后来他们又将自己的逻辑颠倒过来，说道：“众多的城市规划理论不仅应当告诉我们规划是什么，而且也要告诉我们，作为思想进步的规划师，我们能够做些什么，应该做些什么。”

当然这纯粹是一种狡辩，但是它很好地表达了这种困境的极度痛苦。理论要么是去阐释资本主义的历史逻辑，要么是关于措施的描述。因为不能指望规划师兼理论家（无论他或她多么富有经验）去改变资本主义的一丝一毫，逻辑上似乎要求他或她严格恪守第一个选择并放弃第二个选择。换而言之，马克思主义的逻辑是奇怪的寂静主义者：它认为规划师应当从规划中抽身出来，而全部进入到学术的象牙塔之中。

一些人深刻地意识到这种困境。约翰·福雷斯特试图将整个规划行为理论以于尔根·哈贝马斯（Jürgen Habermas）的工作为基础。哈贝马斯也许是第二次世界大战战后时期德国社会理论家的领军人物，他认为晚期资本主义为了维持自身的合法性，会通过在交往中于自己周围构造出一套复杂的变形，以迷惑并阻挠人们对它的运行过程得出清晰的理解。于是他认为，个人变得无力去理解他们如何并且为什么去行动，因此被排除在影响他们自己生活的所有权力之外。

由于它们是长篇大论的、压制性的和误导性的，它们最终说服人们：不平等、贫穷和不健康要么是牺牲者所承担的问题，要么是他们对如此“政治”或“复杂”的问题无可奈何。哈贝马斯认为，民主政策或者规划要求来自集体性批判所达成的一致，而不是从沉默或某种党派路线而来的一致。

但是，福雷斯特认为，哈贝马斯自己关于交往行为的设想，为规划师提供了一条改善自己实践的道路：

> 通过把规划实践看作规范性的、由角色构成（role-structured）的交往行为（它向公众歪曲、掩盖或展示他们所面对的前景和可能性），一种规划的批判理论在实践中和伦理上可以帮助我们。这是批判理论对于规划的贡献：带有空想的实用主义——去揭示真正的选择，去校正错误的预测，去反对讥诮，去促进探究，去传播政治责任感，介入并且采取行动。批判性的规划实践（技术上的技能和政治上的敏感）是一项组织化的和民主化的实践。
>
> （福雷斯特，1980）

好了。问题在于（除去它德国哲学的基础，这需要对密集分析进行必要的大幅度的过分简化）实践上的处方完全显示出老套的民主化常识，几乎等同于15年前达维多夫的倡导性规划（advocary planning）：培育社区网络，认真聆听民众，吸纳缺乏组织的群体，教育市民如何去介入，提供信息，并确保让民众知道如何去获得它，为处于矛盾状况之中的群体培训工作中的技能，强调参与的必要性，对外部压力进行补偿。确实，如果在所有这些工作中，规划师可以感受到自己已经戳穿了资本主义的面具，那么就会有助于他们去帮助其他人采取行动，来改变那些人的环境和他们的生活。在明确了20世纪70年代晚期清晰的哲学思路之后，这样一种大量隐喻式的支撑也许是必要的。

象牙塔外的世界：实践从理论中回撤

同时，如果理论家在一个方向上回撤，实践者们必然会做出反应。无论是否因为受到日益学究气的学术争论的困惑和烦扰，他们陷入一种日益缺乏理论、缺乏思考、实用性的、甚至粗俗的规划形式之中。这种情况并不是全新的，规划以前也曾经被疑云所笼罩（例如20世纪50年代），但很快又重新回到蓝天之下。20世纪80年代和90年代所谓新的、奇特的和似乎独特的现象，就是学术上马克思主义理论家与后马克思主义理论家（主要是学术性的旁观者，坐在大看台上，或者观察着资本主义的最后游戏，或者观察着一个非现实世界的建造）和反理论的、反策略的、反知识类型的、处在下级层面中的选手之间的分裂。50年代绝对不是这样，当时学术界是教练，向下面对着球队。

情况并非完全如此，许多学者仍然在尝试着指导现实中的规划。RTPI很高兴地看到他们在想法上变得更加具有实践性了。实践者并没有向学术界闭目塞听，有些甚至回来学习进修课程。而且如果在英国是这样，那么在美国就更是如此，那里的分裂从未非常明显，目前存在一种清楚决然的趋势，而它似乎不仅仅是循环性的。

原因很简单：随着任何形式的职业教育更加完全地被吸纳到学术中来，随着它的教师们更加彻底地社会化，随着职业领域似乎更加依赖于学术角度的判断，那么它的规范和价值（理论性的、知识性的、分离了的）将变得比以往更加普遍，而且教学与实践之间的隔阂将逐渐被加大。这里有一个重要的原因，在20世纪80年代规划学院大量出产的著作和文章中，有许多（经常是那些在学术委员会中获得极高评价的）对于普通的实践者而言，都是完全无关，甚至是完全无法理解的。

也许可以认为，这是实践者的过错。同样，也许我们需要没有明显成效的基础科学，即使我们不能及时获得它在技术上的应用。讨论中的难点在于寻找具有说服力的证据（不仅在这里，而且在整个社会科学中），去证明这种收益最终将会到来。因此，社会科学在任何地方都已经陷入得不到尊重的地步，这不仅仅限于英国和美国。因此，它们支持率的消失（至少在英国是这样）也在规划界产生了直接的回应：规划与学术之间的关系已经变得令人失望，而这是现在不得不说的一个重要的、未能解决的问题。

（童明　译，田莉　校）

规划中的倡导主义和多元主义

保罗·达维多夫

编者导读

任何一个重要的城市规划决策通常都涉及许多不同的利益相关者和利益群体。规划通常由当地规划部门制订，这其中涉及的利益群体十分复杂——从组织精密、资金雄厚、财大气粗的工业集团，到身无分文、受规划决策影响然而对规划程序和规划本身却一无所知的临时组织起来的小组，可能都受到它的影响。正如约翰·福雷斯特所说：规划通常伴随着不同利益群体之间的冲突，而规划师必须掌握解决冲突的技能。

保罗·达维多夫（1930—1984）是一个维权律师及规划师。基于法学背景，他观察和思考城市规划的方式与传统的规划师大相径庭，也因此完成此篇非常有新意的文章。达维多夫认为，传统的城市规划方式是有严重缺陷的。在民主国家，规划应该是多元化的，应该结合不同群体的意见设计。由于低收入群体、少数群体和富裕、有权势的群体的不平等，弱势群体就需要倡导式的规划师，一如律师在法庭上的角色，代表他们的客户说话。本文是达维多夫这些观点的精彩总结，是城市规划理论的经典之一。

与达维多夫提议的倡导规划不同，在他写这篇文章的时代，即 20 世纪 60 年代末，甚至是今天，大多数城市规划师仍然在城市规划委员会的指导下，作为政府规划部门的职员而工作。规划工作人员制订他们认为最好的规划以满足整个社区的福祉，社区又反过来复查，也许会修改规划，最终由规划委员会、市议会通过。在理论上，规划委员会不偏袒任何特定的利益群体，无论是无家可归的人，还是商人、环保主义者、自行车爱好者。但是根据地方文化和城市规划委员会的组成，规划委员会可能特别赞同某些观点，而不是其他观点，例如许多城市规划委员会同意哈维·莫罗奇提出的地方“增长机器”的价值观。

达维多夫认为，由于不同的群体有不同的利益，他们的利益会导致他们认同不同的规划。例如，一个规划师可能会制订和倡导一个满足伦敦布里克斯顿地区贫困的印度裔居民需求的规划。另一个规划师可能从同一地区的零售商的角度出发，制订一个不同的规划。第三位规划师可能与布里克斯顿的环保主义者一起，制订和倡导将布里克斯顿地区纳入布伦特兰委员会和蒂莫西·比特雷敦促的可持续城市发展的规划。像律师一样，倡导规划师为他的客户服务，而不是为广大市民服务。倡导规划师与代表其他利益的倡导规划师竞争，就像律师在法律案件中与对方的律师辩论一样。规划委员会则像受理法律案件的法官一样，就规划的内容做最终的决定。

面对不同提议的规划，地方规划委员将不得不比较各个规划的长处，正如法庭不得不权衡正反两方律师提供的证据和证词。达维多夫相信，经过这样的过程产生的规划，比规划部门的员工在没有经过倡导规划师们相互竞争的情况下制定的规划要好。法律理论家已经对这样的竞争系统制订了成熟的理论。法学教授指出，冲突、质疑可以让人们诚实。律师之所以认真地工作，是因为他们知道他们的工作将会受到各方严格的审查，而且它给法官提供不同的观点，以备选择。达维多夫认为，如果有一个站在无钱无权的群体立场说话的倡导规划师，他们的需求也许——注意：仅仅是“也许”——会更好的得到重视，他们的利益也就可能得到保障。达维多夫特别关注低收入的少数群体。本书第 2 部分（城市文化与社会）所选的文章指出：不同的社区可能需要不同的规划。除了人种和种族，性别、年龄、性取向、残疾状况、职业结构和其他特性也可能会影响一个区域所需要的规划的类型。

达维多夫关于规划应该如何实施的观点深刻影响了 20 世纪 60 年代和 70 年代的激进规划师，他们中许多人把自己定义为倡导规划师，为那些不被代表的群体的需求和利益制订规划，并取得了值得关注的成就。今天，许多规划师仍然自认为是倡导规划师或公平规划师，继续发扬这一传统。虽然许多地方层面的规划依然由城市规划部门的员工完成，但规划界已经意识到规划中多元主义的重要性，并且规划委员会对于不同利益群体之间平衡的倡导，表现出的态度已经比达维多夫写文章之前要开放得多了。诺曼·克鲁姆霍尔茨，一位前任城市规划主管，在他任俄亥俄州克利夫兰市规划部门主管的任期内，把社会公平作为基本原则，创建了他称为公平规划的规划理论和实践——一个类似于倡导规划又与它不同的理论。

回顾彼得·霍尔爵士和奈杰尔·泰勒关于城市规划理论的演变，以及爱德华·凯泽（Edward Kaiser）和戴维·戈德乔克（David Godschalk）占主流地位的关于物质空间规划的描述，我们能够更好地理解达维多夫批判的内容。将达维多夫的城市规划方法与勒·柯布西耶聪敏却精英的视角相比，后者是 CIAM 建筑师精英们强行以他们认为的现代机器文明的形式来要求城市的肌理，而达维多夫则是平民化、多元化的。比较达维多夫与约翰·福雷斯特的观点，后者认为在规划过程中规划师可以应用自己的影响力去授权给利益相关者。将倡导规划的方式与谢里·阿恩斯坦的方式相比，可以发现后者提出授权给社区，以达到市民参与中尽可能高的级别。

达维多夫倡导规划的模型假设，会有规划师来代表那些未被代表的低收入和少数人群的利益。在达维多夫的文章出现后的一个短暂时期内，美国联邦政府按照倡导规划的原则，成立了社区设计中心（Community Design Centers），并提供建筑和规划方面的援助。但是，这并非大量使用纳税人的钱。大多数为穷人倡导的倡导规划师都是志愿者；另一方面，代表增长机器的规划师、开发商和私营业主往往有很多的资金资助，去发展和倡导他们的梦想。

保罗·达维多夫（1930—1984）在宾夕法尼亚大学获得城市规划学位（1956）和法律学位（1961）。20 世纪 50 年代和 60 年代，他在纽约和一些东海岸城市从事规划实践家的工作。达维多夫 1958—1965 年在宾夕法尼亚大学教授城市规划，1965—1969 年则在亨特学院任教，在亨特学院他还担任研究生规划项目的主管。1969 年，他与尼尔·戈尔德（Neil Gold）成立了郊区行动研究所——一个致力于在郊区建设低收入者住房的非营利组织，并担任执行董事。他具有服务于低收入和少数群体住房及其他问题做倡导规划的直接经验。1980 年，郊区行动研究所变成了大都市行动研究所。

每年的美国规划院校联合会（ACSP）年会上，北美城市规划教授们颁发保罗·达维多夫奖给那些在工作中体现了保罗·达维多夫的实践和理想的城市规划学者。获得保罗·达维多夫奖是一种荣誉，因为达维多夫体现了规划界大力倡导代表社会弱势群体的专业承诺。

康奈尔大学图书馆（馆藏号 4250）收集了达维多夫 1951—1985 年的论文。这些论文在万维网上的网址是 http：//rmc.library.cornell.edu/ead/htmldocs/ RMM04250.html。

Chester Hartman 的著作 Cities for Sale：The Transformation of San Francisco（Berkeley，CA：University of California Press，2002）介绍了倡导规划师和为穷人辩护的律师如何为了使城市更新更加顺应旧金山市场南部周围的低收入居民的利益而斗争。前俄亥俄州克利夫兰主管、克利夫兰大学规划学教授 Norman Krumholz 在与 John Forester 合著的《落实公平规划》（Making Equity Planning Work）（Philadelphia，PA：Temple University Press，1990）一书中介绍了他实施公平规划的经验，在他与 Pierre Clavel 合著的 Reinventing Cities：Equity Planners Tell Their Stories（Philadelphia：Temple University Press，1994）一书中介绍了其他公平规划师的经验。Jacqueline Levitt 在 Barry Checkoway 编的《规划实践的战略视角》（Strategic Perspectives in Planning Practice）（Lexington，MA：Lexington Books，1986）一书中讨论了女权倡导规划。社会工作理论家 Francis Fox Piven 和 Richard A. Cloward 在 The Politics of Turmoil（New York：Vintage，1970）一书中的"Who Does the Advocacy Planner Serve?"一文中，对倡导规划提出了挑衅性的激进批判。作者的观点是，如果引导愤怒而缺乏规划知识的居民参与到规划过程中去，出于善意的规划师实际上削弱了居民们的政治权利，最后导致为社会主导者的利益服务。这与今天某些极端后现代主义者的观点类似，他们认为最好的规划师是人民自己，也只能是自己。

正文

我们现在身处的社会是一个新纪元，过去梦想的文明平等的民主社会变成了现实。众多反对种族歧视的声音激励着这个民族去纠正种族问题和其他社会不公正问题。美国国会通过的大量福利措施和最高法院对受法律公平保护的司法解释回应了群众的需求，同时也为仍然需要的变革敞开大门。

所谓公正，需要黑人和穷人都享受到政治和社会平等，需要公众来建立一个为所有人提供公平机会的社会基石。社会迫切需要明智的规划、明确的新的社会目标以及实现目标的手段，这是显而易见的。未来的社会将是一个城市化的社会，城市规划师将赋予它形态和内涵。

未来规划的前景是开放的，它欢迎各种政治和社会价值观进行讨论，互相检验。接受这一观点意味着，规划将不再是由规划师作为专家而单独制订的了。也有观点说，专业学习有利于决策者扩大知识量，在制定目标和理想的时候需要优先考虑专家观点：

> 我们曾经建议，至少部分地建议，城市规划师最好从对城市各功能区的调研出发，而不是从他自己的价值观出发（他们往往试图将自己的价值观放大）。这个建议源于人们认为，在这个时候，很多规划决策的含义往往不被理解，而且对于大都市系统，目前

没有确切的方法去将价值观衡量、排名并转译到规划设计中。

尽管认同通过社会目标，人们知道了对人性化和开放度的需求，这段陈述仍试图弱化，或者说减少规划的独特的贡献：认知城市的功能区，为改善城市状况规划更美好的未来。

另一个试图降低规划和其他政策科学的态度和价值观的重要理论是：重大公共问题本身只是不同技术方案的选择。达尔（Dahl）和林德布卢姆将以下内容放在了他们重要的教科书《政治，经济和福利》的最前面：

在经济的组织与改革中，曾经的“重大问题”，已经不再是最大问题了。有思想的人越来越难作出有意义的传统的选择：社会主义还是资本主义，计划经济还是自由市场经济，监管还是放任，他们发现他们的选择其实并不简单也并不重要。不简单，是因为经济组织提出的棘手的问题只能通过对技术细节的潜心关注得以解决。比如说，通货膨胀能不能被控制呢？这不重要，是因为至少在西方世界，大多数人不能够也不希望通过试验来使整个社会经济组织更好地达到目标。比如，如果税款能达到目标，为什么要“废除工资体系”来改善收入不平等呢？

这段文字写于20世纪50年代早期，它更多地表达了50年代的精神，而不是60年代的。他们认为，重大的战役已经打完了。但是经济组织的“重大问题”，即围绕着公平分配性质的中心问题，至今还没有得到解决。在国家资源的分配问题上，世界仍然是一团糟。目前社会财富、知识、技能和其他社会物品分配的公正显然存在争议。财富和其他应该分配给不同阶层的社会物品的共享并不是技术上的问题，这是社会态度的问题。

由于规划的制订是基于既定目标的基础上的，因此不可能基于中立的立场进行规划行动。这一观点得出的结论是：“价值观在任何理性决策进程中都是不可避免的因素”，因此规划师的价值观必须明确。这一结论的影响在别处已经论述过了，本文就不讨论了。在这里，我想说，规划师的价值观不应该只体现在口头上，而是应该落实到他的行动中，他应该肯定它们，对于他认为适当的就应该拥护。

社会中包含许多不同的利益群体，因此确定什么是公共利益是一个极富争议的问题。在完成实现未来理想状态的行动中，规划界必须在政治争论的声音中彻底地、公开地坚守自己的职责。此外，规划师们应该能够参与到政治进程当中，充当关心政策、将会对社区未来发展产生影响的政府、其他群体、机构或个体等的利益代言人。

建议城市规划师代表不同的利益群体并为他们辩护，是基于建立有效率的城市民主的需求之上，在这个民主的城市中，市民可以在公共政策的决策中发挥积极作用。合理的民主政策是在政治辩论的过程中决定的。所谓正确的行动，永远是如何选择的问题，而不是事实是如何的问题。在官僚政治的时代须十分谨慎，因为选择过程都暴露在公众的视野和参与之中。

在政府规划和福利活动增加的时代，城市政策必须维持不断增加的中央政府控制的需求和当地特色、特定的利益需求之间的平衡。公众的利益和少数人的利益都需要支持，规划必须要组织得足够好、足够实用，以便化解各方在公共利益上不可避免的分歧。

民主中的理想政治进程用和法律进程差不多相同的方式，不停地探寻真理。听证会、大量的证据、相互的讯问、合理的决定，这些都是为了达到相对真理，即公正的决策。相应的进程和两个（或者更多）政党政治争论都特别依赖专业人士的大力倡导。这种专业倡导人代表了个人、群体或是组织的利益。他要确保他们的立场在语言上能够被他的代理人和他试图说服的决策人理解。

如果规划过程是为了鼓励民主政府，那么它的操作应该包含而不是排除市民参与过程。“包含”的含义不仅仅是让市民听到，还包括让他们能够知道规划决策背后的原因，并且能针对规划专业术语的内容作出回应。

过去基于“一元规划”的规划实践阻挡了市民全民参与规划制定的脚步。“一元规划”是指一个社会中只有一个机构制订一个全面规划，而这个机构是城市规划委员会或部门。为什么社会的其他部门不能制订规划呢？为什么只有一个机构关注如何建立社会发展的总体目标和具体目标，以及要用什么样的战略和投入来实现这些目标？为什么没有多元的规划呢？

如果规划的社会、经济和政治等分支之间存在分歧，那为什么与那个机构意见相反的机构不制订自己的规划呢？有趣的是，我们观察到规划的“理性”理论在呼吁大家考虑规划行为之外的替代方案。从理性上来说，所有的替代方案都应该被视作达到目的的手段因从而被检验。作为理性的一部分，所有的替代选择都应该好好研究。但是，那些建议规划机构考虑备选方案的人们，包括我自己，都给那些机构的规划师一种负担，即提出“一些代表性的替代方案”。而机构的规划师被赋予了建立全方位政治模型的责任，被要求整理出他认为有价值的替代方案。这个责任太艰巨了，以至于他没能向各利益集团提供替代的规划方案，而这些利益集团才是最终受完成的方案影响的人。

虽然大多数国家和地方的规划实践主张被认为是有益健康的，在大部分规划师都是公务员的城市规划领域，一些有争议的批评并不总是被看作是合法的。进一步说，在那些只有政府制订规划、没有少数群体制订规划的地方，专业人士能感受到必须完成公共机构规划的压力。例如，一个联邦官员向规划教授协会抱怨说，专业规划师们没有给联邦项目足够的支持。他认为，每个规划师都应该支持联邦更新项目。当然政府管理者会在政府之外寻求专业的支持，但这样的支持不应该被视作忠心的反映。在民主的制度中，对公共机构的反对或者支持都是正常的且适当的。而该机构，尽管事实上它是关心规划的，也可能带来不好的后果。

我为多元规划辩解，并不意味着要削弱公共规划机构责任的重要性。它必须为社会决定适合未来发展的规划路线。但是作为被独立的社会中唯一的规划制订者，公共机构，还有公众本身，也许正在因对未来方向不完整的肤浅的分析而受害。而由多元规划带来的生动的政治争议，可以提升制订公共规划进程的合理性。

政府以外的利益群体对于替代规划的倡导会在很多方面刺激城市规划。首先，它在告知公众开放的替代方案方面，是一个更好的手段，被支持者们强烈提倡替代方案。在当前的实践中，这些少数机构所描绘的替代方案并没有受到同等的热情对待。对于理性主义提出考虑替代方案作为备选路线的一个典型反应是“不可能实现，你怎么能指望规划师们去介绍一个他们并不赞同的替代方案？”对这个问题的合理回答是：规划师，就像律师一样，他们有捍卫他们相反立场的职业义务。然而，在多元规划的体制中，公共机构至少可以被解除提供替代方案的一些负担。在多元规划中，替代方案可能是由利益群体提出来的，往往不同于公共机构提出来的规划。这样的替代方案往往代表了拥护者的深层想法，不仅仅是理性规划师寻求的多重方案的凭空想象。

倡导性规划和多元性规划提升规划实践的第

二个途径是迫使公共机构和其他规划机构竞争，以赢得政治支持。在没有反对或没有由利益群体提出替代规划方案的时候，公共机构没有动力去提高他们的工作质量和规划制订的速度。政治消费者们对综合规划提供反对或支持的选票，来决定公共机构的规划被采纳或不被采纳。

第三种提升规划实践的方法来源于多元规划，迫使那些对“现有”规划不满的人们提出更好的规划方案，而不仅仅是履行批判他们认为不当的规划的基本义务。

倡导式规划师

在多元规划实施的地方，倡导成为了社会应该如何发展的竞争性争论中提供专业支持的手段。支持政治争论的多元主义强调过程，而倡导主义强调过程中专业人士的作用。在实施一元规划的地方，倡导主义不是最重要的，因为那里很少存在或者根本不存在能够与公共机构的规划构成竞争的方案。倡导主义的概念来自法律，是指诉讼过程中至少两个相反观点之间的相互敌对。

在法律倡导中，律师必须为自己和他的代理人的法律正当性和正义而辩护。而倡导式规划师必须为他自己和代理人眼中的良好社会而战。倡导式规划师不仅仅是信息提供者，他要分析当前的趋势，模拟未来的条件，并设计规划的手段。除了要完成上述规划的必要组成部分，他还应是具体的实质性方案的支持者。

倡导式规划师要对他的代理人负责，并且要尽力去表达他的代理人的观点。但这并不意味着规划师不能去说服他的代理人。有些时候，说服也许不是必要的，因为规划师往往会寻找在良好的社会条件和实现手段上与他有着相同观点的客户。事实上，倡导规划的好处之一就是他为规划师提供了寻找与他的价值观相近的机构并为其工作的机会。现在有些机构的规划师可能会对他的单位为他提供的职位感到失望，但是又没有合适的替代的雇主。

倡导式规划师首先是规划师。他将负责为他的代理人制订规划方案，并完成规划过程中包含的其他各种要素。无论是为公共机构工作还是为私人组织工作，规划师在制订规划的过程中必须考虑其他规划中提出的观点。因此，倡导的规划方案中可能会有法律概述的一些特点。这样一个文件将提出支持某一组提议的事实和理由，并指出观点相反的提议的不足之处。这样，多元规划的倡导性质可能会颠覆用好像无须证明的专业术语编写规划提案的传统。

当代规划的一个棘手问题是，寻找评估替代规划方案的技术。如果没有对规划方案潜在价值的评估方法，诸如成本效益分析之类的技术手段，则帮助甚微。倡导规划，通过挖掘规划的潜在价值、明确社会成本和效益的定义，将对规划评估的过程有极大的帮助。再进一步说，它明确了(而现在并不明确)在评估规划时是没有中立立场的，有多少价值体系，就有多少评估体系。

多元规划的倡导性质还会对规划中的信息和调研的应用产生积极影响。倡导规划师在讨论与他的规划相反的方案时的任务之一是指出其他方案提供的信息是存在偏见的。通过这种方法，作为相反方案的评判者，他将会执行类似于法律中质证的任务。虽然对于被质疑有偏见的规划师是痛苦的（没有规划师可以做到完全不带偏见），替代规划的倡导者们的对抗过程带来的净效应是更加仔细和严谨的调研。

并不是所有的倡导规划师的工作都有对抗的性质，而更多的是教育性质。倡导者将有告知其他集团（包括公共机构）目前情况、问题、他所代表的集团的前景的工作。另一项主要的教育性工作是告知他的代理人规划和重建中他们的权利、市政府的一般运营方式和可能会影响到他们的特定项目。

倡导规划师倾注很多的精力，来协助他们的客户组织理清他们的思路，并帮助他们表达。为了帮助他们的客户在政治上更强大，倡导者可能还要致力于扩大他的客户组织的规模和范围。但倡导者最重要的工作是为客户组织开展规划进程，并为他的规划提议进行令人信服的辩护。

城市规划和更新影响了越来越多人的生活，规划中的倡导主义也开始显现。对城市更新的批判已经迫使城市更新部门作出回应，而正在进行的辩论激励着公共机构开始自我评价。倡导规划这条道路上的许多工作已经着手开展，但这些工作很少是由专业规划师做的。更多数情况下，从事这些工作的是经过培训的社区工作者或是学生团体。然而，至少有一个案例，在专业规划师的帮助下，替代性的城市更新方案得到了很大的推进，使安置不合理的家庭数量远远少于预期。

多元主义和倡导主义都是激励社会中所有的群体考虑未来情况的手段。但是，有一个社会群体现在特别需要规划师的帮助。那就是低收入家庭组成的群体。每当在社区行动项目当中涉及为穷人建立住所的时候，关心这些群体的规划师们最好想办法和他们一同来规划。为这些团体制订的规划将寻求与贫穷做斗争的手段，并为这一组织中的成员和与他们情况类似的家庭提供新的更好的机会。为低收入群体提供充分规划援助的困难可以由分配到地方扶贫委员会的资金来克服。但是这些委员会并不是穷人的唯一代表，还有其他组织也在为穷人寻求帮助。这种类型的援助如何得到资金保障呢？这个问题将在下面的文章中解决，下面我们将关注多元规划的制度化。

规划的结构

特殊利益群体的规划

地方规划进程中常常包括一个或更多“市民”组织，他们关注社区中的规划性质。可行计划中需要的“市民参与”使这一传统延续了下来，并将它应用到很多大的社区中去。现行的市民参与计划中的难点在于，市民更多的是对机构提出的方案作出反应，而不是提出他们认为合适的可行性目标和未来的设想。

市民组织没能在规划制定过程中起到积极作用，在某种程度上是政府官僚在社会中角色的扩大化和城市政党政策的历史性缺陷的共同结果。我们的社会还在讨论组织“市民参与”的必要性是一件十分丢人的事。在开明的民主政治中，这样的参与应该是很正常的。地方实践要求市民参与的模式化，就像是集权主义中通过市民游行来表示对国家的忠诚。

有兴趣对社区发展提供建议的私人群体是否需要做自己的社会调查和分析呢？答案取决于公共机构编制工作的质量（这些工作成果应作为公共信息公开）。在某些情况下，公共机构没有调查和分析私人群体认为重要的地方，或者公共机构的工作带有明显的偏见，超出了私人群体的接受范围。无论如何，一个有用的规划政策的制订需要大量的社会现状信息和未来的预测信息。收集这些信息需要一些成本，即使信息是从公共机构拿来的。私人群体在规划的准备过程中最大的开销可能就是雇用一个或者更多的专业规划师的费用。

哪些组织会参与到多元规划的过程中呢？首先想到的类型是政党，但显然这只是一种渴望。很少有迹象表明，地方政治团体有兴趣、能力或精力去为他们的社会制订良好的发展方案。然而，我们也不应该把所有的过错都归咎于职业政客，毕竟政党的注册成员们并没怎么从他们这些代理身上要求过太多。

尽管这样的希望不现实，但是希望政党积极参与到规划过程中的渴望依然很强烈。在理想状态下，地方政党会建立包含社会发展总体规划的政治纲领，政府立法部门中的多数党和少数党将都能利用这一规划作为评估单个立法建议的依据。再进一步，地方行政部门将会利用规划部门来实施他向选民提出的方案。这个梦想在很长一段时间内都不可能实现。在此期间，其他利益集团必须填补当前政治组织无法实现的空白。

第二种可能会对制订社会发展规划有兴趣的组织，是那些代表特殊群体利益的组织，他们对于什么是恰当的公共政策有自己成熟的见解。这些组织包括商会、房地产协会、劳工组织、亲战和反战团体、反贫困委员会等。这种性质的组织常常在社会发展规划中发挥一定的作用，但是很少能提出自己的规划。

必须承认，有强有力的理由阻碍这些组织对单个规划案投入很多精力。事实上，这个理由和一定程度上限制政治家的兴趣与我们社会中规划潜力的原因是相似的。如果他们承认了某个规划，将会很难找到包容他们各种利益的途径。换句话说，如果没有将他们的情况和盘托出的话，那些专家、政客、说客打起牌来会容易得多。

第三种是那些看起来是规划的倡导者、但上述分类对他们都不适用的组织。他们专门成立来反对某些提议和政策。例如反对重建计划、区划方案或公共服务设施的区位选择提议。这些组织致力于寻找能够对他们有积极影响、更好地为他们服务的替代计划。

也许从效率和理性规划的角度，从全市的高度来开始多元规划更合理，但是更现实的角度是从邻里的层级开始。应当指出这样的做法有一定的优势。早先我们就提出过政府内部集中权力和分散权力之间的矛盾。由中央规划部门和邻里组织的冲突引发的争论也许确实是健康的，它更清楚地界定了福利政策的定义，以及它与个人或少数群体利益的关系。

谁来为多元规划埋单呢？有一些组织有资源来赞助规划的推进，但许多团体没有办法。相对贫困的团体试图提出规划方案的困境大概和穷人想要寻求法律援助的困境差不多。如果多元规划的想法是有道理的，那么它应该得到基金会的援助或政府的支持。刚开始，更有可能是一些基金会愿意将多元规划看作使城市规划更加高效、更加民主的手段来进行试验；或者联邦政府将多元规划看作是激发地方对社会事务兴趣的有力工具（如果是由地方反贫困委员会制订的话）。

联邦对多元规划的赞助可能是刺激未来公民参与社会的更有效的手段，而不是像现在这种参与的类型。只有当多元规划不是被看成打击更新规划，而是刺激更新部门作出更好的规划方案时，才会得到联邦支持。

公共规划机构

规划实践有效民主化的一大阻碍就是规划委员会这个不负责任的老化机构的继续存在。如果大家同意一般政策和实施措施的形成是影响公共利益的议题，并且公共利益问题应该通过建立决策的民主进程来协商解决，那么确实很难找到令人信服的理由继续允许独立的委员会做规划决策。在规划早期阶段约翰·T·霍华德（John T. Howard）和其他一些支持规划委员会存在的人的辩护也许曾有说服力。但是距当年罗伯特·沃克（Robert Walker）反对霍华德提出的规划仅仅作为市长下属的一个职能机构的观点至今，已经十多年过去了。随着规划决策对市民生活的影响越来越大，沃克的提议已刻不容缓。

除了关于独立机构的正当性的重要问题（该机构远离公众对公共政策的掌控之外），没能将规划的决策权交由公民选举出的官员手中，这也让专业规划师很难使他们的提议发挥作用。将规划从地方政策中脱离使得独立委员会获取有力的政治支持更加困难。这个委员会不直接负责选民的工作，反过来，那些选民对规划委员会的态度充其量也只能算是漠不关心。

在过去的十年中，在许多城市，改变城市发

展的权利已经从城市规划委员会的手中溜走（假设他们曾经拥有过），并转移到发展协调者的手中。这削弱了专业规划师的权利。也许在他们拒绝采取一致行动反对永久性委员会的时候，这一切就不知不觉地发生了。

规划委员会是20世纪初保守改革运动的产物。这场运动本质上是反平民亲贵族的。政策被视作是不洁的事情。规划委员会是不算太遥远的过去年代的遗迹，在那个时代人们相信，只要好人们对一个问题进行深入的讨论，就一定会得到正确的解决方案。现在我们知道了，或者一直以来都知道，没有所谓的正确解决方案。所谓的正确政策是决策者认为的正确。

规划委员会不负责任何选区。除了主席，委员会的成员很少被公众所知。通常，成员个体不会表达他们的个人观点，而更喜欢躲在群体决策的背后。如果成员个体能提出赞成或反对意见，至少委员会可能会就规划问题提出一些新的想法。很难理解，为什么这样贵族式的、不民主的决策形式要继续下去。公共规划的功能应该由行政部分或立法部分或两者共同来执行。关于这两个政府部门谁能作出更好的规划，一直存在一些疑问，但我们有充分的理由相信，如果这两个部门的信息来源是他们各自的员工的话，两个部门合作将会对规划问题有更全面的认识。进一步讲，在立法机构中分别设立为弱势群体的规划人员和为多数群体的规划人员或许是可行的。

我的建议的最根本之处在于，我相信，城市发展存在或者应该存在一种共和的、民主的方式；应该有保守的和自由的规划，支持私人市场的规划和支持政府控制的规划。一个社区的发展有很多方向，应该有相应的规划来展示这些发展方向。那些对每一种未来的替代建设方案表示支持的人都应该提供各种解释。如前所述，现在这些替代方案都不会向公众展示。那屈指可数的几个介绍这些规划方案发展的报道都不是站在普通市民的立场上说话的。他们充满了专业术语，并介绍虚假的选择方案。这些规划提供的是技术上的土地利用的选择方案，而不是社会、经济或政治价值上的选择方案。无论是传统的一元规划还是代表技术选择的新的规划都限制了公众对于他们未来发展状态的知情权。这些规划带来的不是多样全面规划会带来的健康的政治讨论，它已经使人们丧失了兴趣。

当然，独立规划委员会和一元的规划实践是不应该共存的。他们使开明的政治辩论变得枯燥和更加困难。但是当第三个陈旧的城市规划理念添加到他们之中后，这样的辩论更加不可能了。这三个陈旧的理念中的第三个即城市规划应该只关注城市发展的物质层面。

对规划范围的包容性定义

将物质空间规划和城市规划等同起来的观点是缺乏远见的。这可能有历史的原因，但是在这样一个必须整合知识和技术来和困扰城市人的无数问题斗争的时代，这显然是不合时宜的观点。

城市规划专业对于物质环境由来已久的关注，使他们不能看清物质空间和土地其实是使用者的奴仆的本质。如果不能为它的使用者服务，这些物质空间将没有意义也没有质量可言。但是每当物质环境在没有考虑使用群体就被评价为好或坏时，这一点常常被遗忘掉。高密度、低密度、绿化带、混合使用、集群发展、集中或分散的商业中心，他们本身既不好也不坏。他们讨论物质空间的关系或条件，但只有基于不同使用者的社会、经济、心理、生理或审美需求时，这一切才有价值。

在过去十年中城市更新的专业经验已经显示了，仅仅关注物质空间需要的成本很高。我们已经发现，给改造社区的物质环境拨款也许不是必要的，而且可能会严重损害社会和经济制度，造成恶劣的社会反响。另一个对于物质空间偏好造成不良影响的例子是，城市规划师们设想他们可以进行资本预算，好像一个设施的物理特性可以和它物理实体相关的服务功能及理念分开一样。这种设想是值得商榷的。设施的大小、形状和位置与该设施容纳活动的目标是相互作用的。典型的例子有公共教育和廉租房的提供。“物质空间规划”带来的种族和其他社会经济问题，如学校和住房的选址等，已经被扩大化了，但是城市规划师们，明知道会有这样的后果，却没有试图去理解这些社会经济问题的起因和解决方案。

城市规划专业视野的局限往往带有强烈的偏见，它常常建议现有的社会和经济的做法延续下去。这里我不是反对这样做的结果，而是他们这样做的方式。对社会和经济分析方法的相对无知，使规划师往往在对成本和效益还缺乏足够认识的情况下，就对不同部门的人口作出方案。

在规划研究上已经投入了大量资金，例如区域交通需求研究，但是这些研究都在一个大前提下进行，那就是不同的社会和经济阶层的需求和能力没有差别。再举个例子，在住房方面，规划师们一直在犹豫一个问题，在贫民窟设立公共住房会产生怎样的后果。在工业发展方面，规划师们很少考虑社会需要的工作类型，他们认为一种工作和另一种工作都是一样的有用。但这在那些特定群体很难找到工作的城市是不成立的。

“谁得到了什么，何时何地如何以及怎样得到”，这是每一种公共资源被分配时都必须提出的基本政治问题。当土地利用成为判断的唯一或必要标准时，这些问题是无法得到合适的解答的。

对于城市发展中的某个方面，如土地利用，需要更为广泛的视角，这一点同样适用于其他方面，比如卫生、福利以及休闲。城市的管治需要对未来的准备充分的规划。这样的规划如果只是对公众部分而不是全部关注的话，将会在某种程度上失去指导力和科学根基。

上述城市规划实施的含义如下。首先，国家规划授权立法机关予以修订，允许规划部门学习并准备制订涉及公共利益的任一领域的规划。第二，规划教育的方向应该转变，提供公共规划不同领域的专门化教育，并把核心定在规划过程上。第三，专业规划部门应该拓宽视野，招纳不局限在物质空间规划上的规划师们。

一年前，在 AIP 公约中建议到，AIP 宪法应该予以修订，允许城市规划将视野拓宽到公众关注的所有问题。在公约中的协会支持它的成员应该在地方上和在国家层面这样做。当前的宪法规定说协会的“特定领域的活动应该是统一发展城市社区、周边地区、州、区域和民族的规划（通过对土地、土地占用和因此带来的监管的全面的测定）”。AIP 从宪法中将斜体字删除的时候到了。局限在这些领域的规划师不是城市规划师，他是土地规划师或者物质空间规划师。城市是由它的市民，他们的活动，他们的政治、经济、文化机构以及其他很多东西组成的。城市规划师必须理解并处理好所有这些要素。

新的城市规划师会关注物质空间规划、经济规划和社会规划。他的工作范围不会比现在对于市长或者市议员的工作要求窄小。因此，我们不能以范围太广难以处理为理由反对扩大规划范畴。市长需要帮助，尤其需要规划师的帮助，受过训练能够从短期和长期的角度研究需求和愿望的规划师。观察社区行动方案的早期阶段可以明显看出，我们的城市需要这样的帮助，而这种帮助是受过训练的规划师可以提供的。我们的城市需要对社会和经济项目的长期设想，及在物质空间规划领域已经提供的信息。必须对潜在的资源进行检查和优先设置。

我刚刚所说的，并不是要终止物质空间规划，而是说，物质空间规划可以被看作城市规划的一部分。当局限的工作范围被打开，城市规划师可以将他的专业知识运用到经营预算和成本预算中，运用到每个相关的城市项目中，这些项目可能是关于城市的社会、政治、经济资源或者其他方面的。

将规划的视野扩展到公众关注的所有领域不仅可以使规划成为地方政府的一个更高效的管理工具，也使规划实践和市民真正关心的问题靠得更近了。多元规划体系可能在关注活生生的社会经济问题上成功的几率更大，而不是在物质空间领域的深奥问题上。

规划师的教育

把规划的视野扩展到囊括所有政府关心的领域可能需要城市规划师们对于影响城市发展的结构和力量具有更宽泛的知识体系。总的来说，这是没有错的。但是目前许多城市规划师仅仅擅长一个或几个政府职能。拓宽规划的视野则需要一些精于在一个或多个热点领域服务的规划师。

城市规划的主要目的之一是协调众多独立的功能。协调要求规划师们掌握构成城市社会的众多要素相关的知识。教育这样一个协调的角色是一项艰难的工作，现在传统的两年制的研究生教育是不够的。训练本文中需要的有技能的城市规划师可能不仅需要更长的研究生学习，还需要本科的人文课程，以全面了解城市的状况、分析和解决城市问题。

多元规划的实践需要教育出能够在形成社会政策这样有争议的工作中，从事专业性倡导工作的规划师。能够从事这样工作的人必须同时深深地了解规划的过程和某些实质性的想法。由于我们意识到意识形态的不同将区分不同派别的规划师，所以迫切需要培养出能够表达他们社会目标的规划师。

《美国规划师学报》最近的5月刊显示出了分析技巧的巨大进步，该刊描述了模拟城市生长过程的技术，预示着有一天规划师和公众能够更好地预测某一政策产生的结果。但是如果政策本身没有实质性内容的话，这一进步的优势也不大。现在的规划师往往把社会中的人性看作庸俗的、无聊的，或者钩心斗角的。当老师们打算向学生们指出，哪一个规划师在城市化的世界中提出了影响人类处境的历史或哲学思想时，往往很难说出一个名字来。有时候可能会提到古德曼或芒福德。但是规划师一般也就能说出绿色空间和相关活动临近布局的好处，之后就很少再深入思考了。我们其实面临为被割裂的群体提出建议缩短上班通勤时间等更多更深层次的问题。

结论

城市社区是由相互关联的要素组成的系统，但是这些要素是怎样相互联系的，或将要怎样相互联系，又应该怎样相互联系鲜为人知。这些是新的综合规划师需要了解的知识，这就要求规划专业由精通当代哲学、社会工作、法律、社会科学、公民设计的群体组成。不是每个规划师都必须掌握所有这些知识，但每个规划师必须对其中一个或多个领域有较深的了解，并且能够根据他的理解，作出有说服力的表述。作为使我们的城市更加美好、更加有活力、更加有创造力、更加公正的职业，我们过去所做的似乎没什么太多可说的。所以，我们的任务是培养下一代能够超越我们的规划师，使他们具备能够描绘未来城市生活的能力。

（田卉　秦波　译，杨映雪　秦波　校）

1945 年以来的英美城市规划理论：非范式转变的三大进展

奈杰尔・泰勒

编者导读

前文所选彼得・霍尔爵士的文章讨论的是现代规划理论从起源到 21 世纪初的演化过程，其中大部分理论家来自英国和美国。在本文中，英国规划理论家奈杰尔・泰勒对 1945—1999 年的英美规划理论发展阐述了自己的见解。泰勒认为，规划理论在这段时间有着显著的发展，但并非是完全的范式转变。

“范式”和“科学思维方式的革命性转变”的概念来自杰出的物理学家和科学历史学家托马斯・库恩一部极有影响的著作——《科学革命的结构（The Structure of Scientific Revolutions）》（芝加哥大学出版社，1962）。库恩认为“科学革命”是指那些在思维发展方面具有革命性意义的进步，从而和缓慢及渐进的“常态科学”（Normal Science）不同。例如，16 世纪意大利天文学家尼古拉斯・哥白尼（Nicolaus Copernicus）的理论认为，太阳系的中心是在太空中旋转的球形的太阳，而非静止不动的扁平的地球。这是革命性的科学突破。而绘制火星上的环形山地图，就属于常态科学。绘制火星环形山地图的工作是在已经建立起的理论框架中进一步丰富人类的知识，但哥白尼的理论则代表了全新地看待宇宙的方式。城市规划是一种基于社会科学的规范性实践。认为城市规划应该用计算机模型作为辅助，而不是建筑制图来辅助的理论，可能是一种范式转换，而约翰・福雷斯特关于城市规划师如何解决冲突的探讨则属“常态科学”发展，因为它仅仅扩展了城市规划的相关知识。

泰勒探讨了自 20 世纪 60 年代开始的城市规划的三个重要变化：首先，城市规划师的角色从有创意的设计师转变为科学的分析者和理性的决策者；其次，城市规划师的身份从技术专家转变为规划管理者和交流协调者；最后，城市规划的思维方式从现代主义转变为后现代主义。

泰勒同意彼得・霍尔的观点：城市规划理论最初认为城市规划基本上是一个物质设计的过程——是一个规模扩大到整个城镇或是城镇一部分的建筑设计行为。他认为这种观点在第二次世界大战之后仍然占据主导地位，而其影响超过了霍尔的描述。泰勒也同意霍尔的说法，认为这一理论在 20 世纪 60 年代中期受到了理性规划模型和系统论的质疑。泰勒认为“理性过程观点”和“系统观点”兴起于60年代后期，代表了对基于设计的规划观念的突破。人们开始把城市视为一系列在不断变化的环境下相互关联的系统活动，其时刻处于变化的状态需要我们进行科学的分析，而不仅仅是绘制静态的、造型美观的、终极状态的蓝图。

这种从基于设计的规划向基于系统的规划的转变就是库恩意义上的范式转变吗？泰勒认为不是。他指出，自20世纪60年代晚期和70年代以来，城市设计仍然是城市规划的一个重要组成部分；到了80和90年代，理论界更是出现了城市设计研究的复兴。根据泰勒的观点，系统论和理性过程规划的观点，是丰富了而不是替代了基于设计的规划观点。他们代表了一个重要的改变，但还不是一种范式转变。

泰勒指出，规划理论在20世纪60年代出现了另一个重要转变，其观点认为规划是包含了价值判断的政治过程。像亨利·勒菲弗，戴维·哈维和曼努埃尔·卡斯特利斯这样的新马克思主义者认为规划师应该关心社会的公正与平等。因此，保罗·达维多夫和谢莉·阿恩斯坦认为应当将穷人和弱势群体也纳入规划决策的过程，或者至少是在决策时考虑他们的利益。

不管是传统的基于设计的规划观念，还是基于系统和理性过程的规划观念，都认为规划师具备了普通人所不具备的专业知识。然而反对该观点的极端提法也许认为，一个并不具备关于设计、经济学、计算机或理性规划知识的愤怒的社区居民，也有可能（甚至更有可能），比一个受过大学教育的规划师更有资格为其居住的社区制订规划。一番反对驱逐大多数贫困少数族裔居民的重建计划的充满激情的演说，也许比一个基于大量的数据和复杂的计算机模型分析，并应用了专业设计技能而制订出的重建规划更好。

泰勒注意到，规划理论界普遍认可的观点是，规划师的专业知识应该用于启发思路和管理规划的过程。根据这一观点，规划师应该“协调”（facilitate）规划，而不是把自己那些基于专业知识所做的决定强加给规划对象。英国规划理论家帕齐·希利提出了沟通行动规划的理念，把规划师看作协调者和执行者。美国规划师朱迪思·英尼斯（Judith Innes）和戴维·布赫（David Booher）还指出，在处理复杂的规划问题时，协同规划是一种重要的方法。把规划师视为协调者和管理者，而不是技术专家的转变是库恩意义上的范式转变吗？泰勒同样认为不是。泰勒承认沟通和管理规划过程的工作是重要的，但他仍然认为规划师可以而且应该具有实质性的知识，这样，公民、其他的利益相关者和决策者才有可能了解各种规划解决方案的可能后果。

泰勒认为，城市规划上的最后一个重大变化发生在20世纪60年代，是从现代主义到后现代主义规划方法的转变。勒·柯布西耶、国际现代建筑协会（CIAM）和其他的现代主义者在建筑和城市规划理论和实践方面所取得的进步，在20世纪20—50年代达到了顶峰。现代主义者认为关注历史的城市设计没什么价值，他们偏爱运用现代的建筑材料，如钢铁和玻璃，在美学上喜欢简约的功能主义规划，提倡以理性、科学的方式来解决问题，并喜欢巨大的、高速运作的高效城市。但是，大约是从20世纪60年代开始，现代主义开始变得不再受欢迎。戴维·哈维、迈克·戴维斯和迈克尔·迪尔等发展出了一套新的后现代主义的城市理论。

后现代主义者重视历史，喜欢本土特色的设计。他们认为开发应关注人的尺度，并重视功能混合式的项目和复杂性，而不是效率和速度。J·B·杰克逊和简·雅各布斯反对现代主义的价值观。凯文·林奇、威廉姆·怀特、艾伦·雅各布斯和唐纳德·阿普尔亚德，以及扬·盖尔等人提出的城市设计理论则折射了后现代主义的价值观。

泰勒还详细描述了英属哥伦比亚大学教授莱奥妮·桑德柯克（Leonie Sandercock）提出的后现代主义规划方法。桑德柯克认为，规划师应当更多地依赖以语言、歌谣、故事及各种视觉形式来表述的多种多样的知识，包括经验的、实地的、文脉的以及直觉的知识，而不仅仅是理性的科学分析。从规范上讲，桑德柯克认为，今天的多元文化城市需要对文化差异更敏感的、基于社区的后现代规划。那么，桑德柯克和其他后现代主义规划师们所倡导的后现代主义价值观和规划过程称得上是范式转变吗？同样，泰勒认为不是。他认为：多元文化、基于社区的规划可能是可取的，用“不同的方式”来了解城市能有助于理解和制订好的规划，但并不能由此而否认一个总揽全局的规范性价值观，以及用于实施规划的政府行为的必要性。

总之，泰勒认为，1945年以来的城市规划理论尽管出现了一些重大的变化，却也有着显著的连续性。总体来说，他认为1945年以来规划理论的发展是补充和丰富了第二次世界大战以来的早期规划理念。

泰勒认为，从物质设计到系统论和理性过程规划的转变，尽管重要，却不能称之为范式转变。你是否同意他的观点？从技术专家到规划管理和沟通者的转变，以及从现代主义到后现代主义城市规划理论的转变呢？是范式转变吗？

奈杰尔·泰勒是位于布里斯托的西英格兰大学规划和建筑专业的首席讲师，以及意大利博洛尼亚大学建筑和规划学院的客座教授。他的教学和研究兴趣包括规划理论、城市规划史、城市设计与美学，并在政策制定和沟通方面也有鲜明的思考和独特的理解。他同时还是《规划实践和研究》（Planning Practice and Research）期刊编辑委员会的一员，担任书评编辑一职。

本文发表于《规划观察》（Planning Perspectives）14（4）（1999）。泰勒的规划著作《1945年以来的城市规划理论》（Thousand Oaks，CA：Sage，1998）包含了与本文主题类似的更广泛的讨论。其他的规划理论著作请参考彼得·霍尔的选文的介绍。

正文

近年来，范式转变成为热门词汇，它主要用来表述思想史上发生的重大变化。同样，它也被用来描述第二次世界大战后城市规划思想的一些转变。在本文中，笔者回顾了1945年以来的城市规划思想史，指出在这一时期，规划思想有三个显著的变化。第一个变化发生在20世纪60年代，从过去的将城市规划视为物质性规划及城市设计的实践转变为将规划视为系统的理性的过程；第二个变化是，从把规划作为一项需要专业技术支持的工作，转变为把规划看作需要对环境变化作出价值判断的过程，而在这一过程中，规划师扮演的角色是管理者和协调者；第三个变化，是从“现代”理论到“后现代”理论的变化。我个人认为，从程度上来讲，这些变化还不能被称作是范式转变，把它们视为一些重要的进展更加合适，因为他们“填补”并且丰富了半个世纪前业已存在的规划理论。

引言

在第二次世界大战结束后的50年间，城市规划理论发生了一些重大变化。最重要的变化是什么？变化的程度如何？在本文中，我将回顾1945年以来城市规划思想的变革之路，并阐述这一时期最重要的转变。我研究的重点是英国及北美规划思想的转变，尽管这些变化对其他地区也有很大的影响。我所关注的理论是那些界定了城市规划工作内容的理念或理论（即适应于实践的技术）。换言之，我将重点分析过去50年间城市规划自身的观念变化，同时审视现代－后现代之间的争执及其对城市规划目标（以及规范性理论）转变的影响。

在思想史的研究中，时髦的说法是用范式转变来描述思想的重大变化，一些规划理论家也开始应用这一概念来描述1945年以来的城市规划思想变化。因此，除了解释1945年以来（英美）规划思想的变化，我还需评价它们是否称得上范式转变。在下一节中，我首先要阐述美国历史学家托马斯·库恩的范式理论。然后，从一个英国人的视角来说明1945年以来在城市规划领域公认的最重要的三个变化。尽管这些变化很重要，我仍然认为，用范式转变来描述这些规划思想的转变过于强烈。

范式及范式转变的理念

托马斯·库恩在阐述其历史科学思想时，率先使用了“范式”这一术语来分析重大的思想转变。在库恩之前，人们认为科学知识是随着历史进程而稳定发展，随着对不同现象的实证经验的观察积累而来的。而库恩对于科学历史的研究却得出了这一观点：即关于科学知识的进步是渐进的、逐步演化的观点是错误的。根据库恩的理论，如果我们研究任何科学分支，都可以发现它们有着明确的基础理论、概念或假设，而这些基础理论、概念或假设长期保持稳定，甚至长达数百年。这些根深蒂固的观念形成人们认识现实生活的基础，以至于大多数人想要突破它们探索事物的真相非常困难（在某些情况下根本不可能）。这些基础理论构成了人们对于世界（或者是其中的重要部分）的认识，也就是世界观，这些持久的世界观就是库恩所谓的范式。科学历史上的范式实例有哥白尼学说之前关于地球是扁平的并且存在于宇宙中心的理论，达尔文主义之前人类诞生于地球而区别于其他物种的理论，以及牛顿力学模型的宇宙理论。

库恩对于科学史的研究表明：即使在范式盛行时期，揭示新现象并以实证研究为基础的科学理论的进步还是会发生。当然，大多数的科学研究及理论进步都是以当时盛行的基础性的世界观或范式为前提进行的。大多数情况下，这些世界观或范式毋庸置疑。从这个意义上说，科学研究相当于为这些既定的范式添砖加瓦，进一步说充其量也是对其进行了完善。因为大多科学研究都以已建立起的标准范式为基础，库恩也将其称之为“标准的”科学。

在某种范式流行的历史时期内，科学家常常注意到一些无法用流行范式来解释的现象。在库恩看来，多数科学家并不愿意用这些不合常规范式标准的现象去挑战他们赖以解释世界的定理。相反，他们更易于对这些不合常规的现象视而不见，相信总有一天会有人能用现存范式去解释这些看似不合常理的现象。然而，历史上最伟大的科学家却会对这些无法解释的反常现象产生极大兴趣，并且最终提出关于这个世界的全新理解，重新诠释这些用传统范式难以解释的现象。这种全新的基础理论等同于一套全新的科学构架、世界观或者范式。根据库恩的理论，范式转变是一种革命性的思想转变，因为对世界的认知方式被完全颠覆了，取而代之的是一套全新的理论观点。库恩提出的范式转变事例包括：从地球扁平且是宇宙的中心转变为近似圆形以及围绕太阳轨道旋转，人类起源的神创论到达尔文的进化论，以及从牛顿到爱因斯坦的时空观。

显然，对于库恩来说，范式的转变是最根本的理论的转变。它解释了为什么这种典型的范式转变在科学史上并不常见。任何现存的范式一旦被确认，也就确定了整个科学界对于世界某些方面的认知方式，而这种认识常常会持续好几个世纪，而非仅仅数十年。如果我们认同了库恩的范式理论，那么在这短短 50 年间，城市规划领域似乎没有发生范式转变。此外，库恩描述的是科学思想的转变，主要是人们描述并解释现实世界的思想的主要变化，而城市规划并非科学。相反，它是一种社会活动的方式，在特定的价值观指导下构造物质世界的方式。换言之，城市规划是一种规范性实践（尽管为了达到某种价值目标，城市规划和其他规范性实践一样，必须依赖于相对科学的解释）。

当然，我们并非必须接受上述这种强烈的基础性的范式概念。我们可以以一种更柔和、更大众化的方式应用这一概念来描述一些重大的思想变化，而不一定是那些从根本上改变了人们世界观及思维体系的思想变化。此外，尽管城市规划不是一门严格的科学，但仍然可以将库恩的范式转变概念延伸，去描述那些价值观和伦理观念的变化。尽管以这种更加自由的方式使用范式转变这一概念并无不妥，但我们仍应警惕概念的滥用。如果过去 50 年间任何的规划思想变化都可以被称之为范式转变，那么范式转变将显得过多。因此，我赞成以更纯粹和严肃（甚至是严苛）的态度来使用这一概念。考虑到这一概念的强烈特性，我认为，尽管在过去 50 年中，城市规划行为发生了巨大的变化，却没有哪一种可以称得上是范式的转变。

接下来，我将阐述对于 1945 年以来的规划理论的看法。下一节讨论城市规划史上对于笔者个人而言最重要的两大创新，它们对城市规划行为或者学科进行了构架和定义，并且均出现于 20 世纪 60 年代的英国和美国。首先是从传统的城市设计到系统的和理性化的规划过程的转变，其次是从物质性规划到程序性规划的观念转变。后者发生于 20 世纪 70—80 年代，最终明确规划师作为规划判断过程中的组织者，而非拥有专业知识的独立决策者。作为的这种规划观念的最新版本，沟通规划理论（communicative planning theory）明确指出：规划师担任的是协调人的角色，充分考虑他人的观点并利用其技术来进行规划决策。

之后的章节，笔者考察了战后规划思想的第三个变化，一些人将其称之为从现代主义到后现代主义的转变。桑德柯克认为这种转变是根本性的，以至于她声称："……我们正在经历托马斯•库恩所定义的范式转变时期。"

在结尾的章节中，笔者指出了 1945 年以来城市规划理论演变中的一些连续性，并重申：过去 50 年，规划领域所有的转变都不能被称作是纯粹的，或是基础的，库恩意义上的范式转变。

规划所经历的两大重要转变

从富有创意的设计师转变为进行科学分析的规划师以及理性的决策者

第二次世界大战后的 20 年间，城市规划理论与实践被物质性规划的理念所主宰。事实上，物质性规划的理念可以追溯到欧洲文艺复兴时期，甚至更久远。它的历史演进轨迹告诉我们：所谓的城市规划，基本上都由建筑师来贯彻执行。事实上，建筑与城市规划之间的紧密联系在人类历史上从来密不可分。因此，所谓的城市规划其实和建筑学一样，唯一的区别就是城市规划是整个城市尺度上的建筑，或者城市的一部分，而非建筑单体。

这种把城市规划当作"大尺度建筑设计"的理念一直持续到 20 世纪 60 年代，具体现在战后的大多数规划师被当作建筑师或是建筑规划师来接受训练。正因为如此，英国的执业建筑师团体——英国皇家建筑师学会（RIBA），拒绝成立一个独立的执业规划师团体，他们认为城市规划作为一种实践已包含在他们的工作当中。战后设计与规划之间的紧密联系，以及建筑学和规划学的联系，也说明了为什么在这个时期，美学仍然是城市规划所考虑的重点。就像建筑学一样，城市规划也被视为一门艺术，虽然这种应用性或者说实用性的艺术被一些功利主义或者功能主义的需要所推崇。

在这背景之下，20 世纪 60 年代系统性规划和理性过程规划观点的出现打破了长达一个世纪的传统，在一定程度上，也可被视为库恩意义上的范式转变。

值得注意的是，规划的系统论和理性过程论在概念上是不同的，它们代表两种不同的规划理论。系统论的基础是将城市规划的研究对象，包括城镇、区域等（总而言之是外部环境）都视为一个"系统"。相反，理性过程论考虑的是规划自身所采取的方法或过程本身，尤其是它提出了规划的"理想模式"（ideal-type）这一概念，来描述作出符合工具理性的决策的过程。撇开这个重要的区别，系统论和理性过程论的结合，颠覆了城市规划基于设计角度的传统理念。这种颠覆体现在以下四个方面：

首先，城市的常态是一系列相互联系的活动的观点取代了本质上是物质的或形态学的城市观。

其次，过去，城市规划师们主要倾向于从物质的和美学的角度来观察和批判城市，他们现在已经开始学会了从城市生活和经济活动方面来考察城市；用哈维的话来说，就是以空间的社会学概念取代了空间的地理学或形态学概念。

第三，现在，城市被看作"鲜活的"功能体，这意味着以"过程"，而非"最终状态"或"蓝图"式的做法来进行城市规划和规划决策。

第四，这些概念的变化意味着城市规划的技术和技能应随之转变。如果城市规划师们试图控制和规划更为复杂和动态的系统，就必然需要更严谨的科学分析方法。

总的来说，系统论和理性过程论为规划思想带来的转变可以总结为（哪怕是粗略地）：基于设计的传统城市规划是一门艺术，而系统论和理性过程论表明，城市规划也是一门科学。一方面，环境系统（地区、城市等）的分析包括系统的和实证的，因此也可称之为"科学"的调查和分析不同区位间各种活动的相互关系。另一方面，把规划作为理性决策的过程在概念上也是科学的。可以理解，从"城市规划是一门艺术"到"城市规划是一门科学"的转变使得许多在传统城市规划教育背景下成长起来的规划师和规划专业的学生非常不安。突然，在短短几年时间内，掌握了城市环境美学方法，把自己视为具有创意的、艺术家气质的城市设计师们，被新一代的规划理论家告知，这种规划观念是不恰当的，他们应该把自己看成是，也必须成为，科学的系统分析师。

然而，尽管这种思想转变很重要，它能否被称作是库恩意义上的范式转变呢？仍有待讨论。过去 20 年来，这种转变使得规划的设计和美学导向逐步边缘化，但在英国的规划实践中（尤其是规划管理机构的发展规划），规划师还是继续用设计质量和美学影响来作为规划评估的标准之一。因此，在规划的实践领域，上述理论视角还没有完全替代基于设计的城市规划观念。

诚然，这些判断是基于规划实践而非规划理论的。但从理论层面上来讲，在规划实践中仍延续物质设计的观点仍值得关注。至少在地方的规划层面上，许多规划师仍相信，新发展地区的空间形态与美观仍然是城市规划的关注焦点。尽管在微观层次的地方规划中，也可以看到系统论和理性过程的印迹（例如在发展建议书中更多考虑社会和经济影响，以更合理的过程来实施地方规划，等等），但它们在本质上仍沿袭传统的基于设计的规划观念。因此，在地方规划的层面上，规划理念的转变未能替代物质性规划设计。从这个意义上说，这种转变还称不上范式变革。此外，20 世纪 80、90 年代的城市设计理论复兴也证明，基于设计的物质规划观念和城市规划理论之间具有持之以恒的相关性。

因此，在更宏观、更战略性的规划层面，由系统论和理性过程论引领的观念转变取代了基于设计的规划理念。事实上，系统论和理性过程论所带来的主要转变，就是明确地区分了战略性和长期性的规划、地方性的和相对近期的规划。系统论和理性过程论所带来的改变与战略层次的概念规划是最密切相关的。回顾过往，城市规划思想在 20 世纪 60 年代所发生的上述转变并没有推翻传统的基于设计的城市规划思想，更确切地说，是在传统的规划导向中增加了系统论和理性过程论的考量。所以，城市规划思想的这一转变，并不是托马斯・库恩所描述的那种科学理论上的革命性范式转变。

从作为技术专家的规划师到作为管理者和协调者的规划师

尽管物质性规划的传统理念和基于城市系统分析视角的理性决策规划之间有明显不同，但它们之间也存在共同点，即它们都假定城市规划师具备、或应当具备一些外行人所没有的专业知识和技能。正是这种知识和技能，赋予了规划师做规划的资格。也正因为职业化的核心条件是对某些专门知识或技能的掌握，所以，城市规划师成了一项独立的职业。

显然，成为一名城市规划师应当掌握的具体知识和技能是随着规划的内涵转变而不断改变的。在传统的物质性规划设计中，美学和城市设计的能力必不可少；而在系统论和理性过程论的规划中，科学分析和理性决策的能力至关重要。无论在哪种情况下，城市规划师都被视为具有专业知识、技能和理解力的人。然而，这一想法却受到了一种新的城市规划观念的挑战。

这一挑战出现在 20 世纪 60 年代。当人们越来越意识到，城市规划决策说到底是一种价值判断，是关于应不应当创造或保留某种环境的价值判断（有别于科学意义上的判断）。接下来，人们自然就会提出下一个问题，即城市规划师是否比普通人拥有更多特殊能力来做出这样的判断。不幸的是，60 年代的规划实践，如住房重建或道路规划，似乎给出了否定的答案。意识到城市规划是一个关系利益分配的政治过程，人们对城市规划是否包含了这样的专业技能的关注超过了对城市规划应包含哪些专业知识范围的关注。

基于对城市规划师角色的质疑，城市规划理论的发展出现了分歧，并持续至今。一方面，一些规划理论家依然相信，城市规划实践需要很多实质性的专业知识和技能，如城市设计、系统分析、都市更新、可持续发展等。而另一方面，认为城市规划是包含利益分配的政治过程的观点广受认可。 基于上文的分析，似乎可以断定城市规划并不需要特定的专业知识。事实上，一些“激进”的规划理论家已经轻率地同意这种观点。大多数规划理论家认为规划承载利益分配和政治性的本质为规划思想提供了新的视角。这否定了城市规划师具有某些特殊技能可以做出更好的规划决策或建议的提法：因为什么是“更好的”是一种价值判断，而规划师在对环境问题作出价值判断这一点上并不具有出众的技能。但是，人们仍认为城市规划师拥有（或应当拥有）一些专业技能，即管理规划决策制订过程，并进行行动协调以实现公众目标的能力。

在 20 世纪 70 和 80 年代，一种新的规划理论出现了，即城市规划师的角色（他们的职业专长）是界定土地开发中或受开发影响的不同利益团体，并从中斡旋。从这个意义上来看，城市规划师扮演了其他人参与规划问题的协调者的角色，而非参与规划的人本身。人们不再把城市规划师视为技术专家，而是其他人表达对城市，或城市的一部分应当如何规划的“协调者”。当我们去想象这样的一个管理规划决策制订过程的城市规划师时，特别容易想到一个身着灰色长袍的会议主席，而附加在这一形象上的还有对于理想主义者而言更具吸引力的意识形态的承诺，即承诺规划的过程是一个开放和民主的过程，特别是对于哪些在土地开发过程中容易被忽视和被压迫的弱势或边缘群体来说，这种承诺至关重要。

这种理论的一个早期版本是 20 世纪 60 年代保罗·达维多夫的“倡导性规划”。而最近的版本则是在哈贝马斯的沟通行为理论启发下出现的“沟通性规划”。在这一点上，沟通和谈判技巧成为城市规划师作为非强迫性的“协调者”角色所应拥有的核心技能。事实上，从让公众参与规划这一点上来看，作为倾听者和咨询师的城市规划师需要这种人际交往的能力。

> 有意义的对话——学会用客户的语言与之对话——是富有成效的咨询服务的核心所在。咨询不是简单地提供建议或是告诉客户应如何如何，而是让客户更清楚地认识自己，并通过这种认识实现个人成长。地方政府在决策过程中如果希望吸纳市民参加，他们必须采用多重咨询的技巧——积极地聆听，不带个人偏见地接受并充分理解他人等。没有我们的推动，人们怎么可能参与到决策过程中呢？

这一观点，与城市规划师是一名设计师或一位系统分析师的观点都大相径庭。20 世纪 70 年代和 80 年代，关注规划实施的观点出现了，这和规划师作为规划决策的管理者、沟通者和“协调者”的角色密切相关。第一个提出该观点的是 60 年代末期的约翰·弗里德曼，当时他发表了一篇批评规划理性过程模式的文章，称理性过程论过分强调了决策而忽视了行动。这些批评，连同普雷斯曼（Pressman）和维尔达夫斯基的著作，让大家注意到了一个被忽略已久的事实：即使是通过公共决策和政策程序严密设计的规划理念，也不一定有必要的手段保证其实施。这是因为，在考虑如何制订适当的政策和规划时，人们并没有关注到如何来实施这些政策和规划。实施的概念——约翰·弗里德曼将其称之为“行动规划”——由此成为了 20 世纪 70 和 80 年代一些规划理论家所关注的问题。

虽然规划实施的问题与前文讨论过的把规划作为政治活动的观点截然不同，后者所使用的一些概念和技巧却适用于前者。20 世纪关于 70 和 80 年代的规划实施理论，人们普遍认为，作为公共政策和规划的实施者，规划师需要有效地发挥沟通、协商、谈判的作用，让其他的利益代理人参与到开发过程中来。总之，由实施带来的问题在理论上的反映依然是，规划师应该是一个有能力的管理者、沟通者和协调者。

如今，许多规划师都开始把自己视为规划的管理者和协调者，而不是具有特殊专业技能的规划师。这样的改变在城市规划思想领域无疑具有重要意义。因此，朱迪思·英尼斯把这种“交往行为和互动实践”称为规划理论的新范式。我不得不再次对这样的称谓提出警告，这种转变是否称得上库恩意义上的范式转变有待商榷。显然，前面所说的这两种观点中有一定的关联。城市规划师首先可以是沟通者和协调者，同时，在与他人沟通和协调的过程中，规划师仍然可以运用其专业知识，比如，可以分析规划对一个小镇功能和形态可能的影响。城市规划师的这种身份，有点类似于供职于经济事务的公务员，他们为制定经济政策的决策者提供专业建议。为了更好地担当顾问角色，城市规划师必须拥有与他人沟通和谈判的技巧，同时也必须拥有一些专业知识，帮助他人把这个沟通过程推向规划决策。本节所讨论的“实质性”或“程序性”的城市规划，并不是如同库恩所说的科学史上的范式转变那样，两者具有本质差异。

现代主义和后现代主义的规划理论：规范性规划思想的转变

一些评论家认为，从20世纪60年代晚期以来，西方思想和文化界有一个从“现代主义”到“后现代主义”的转型。部分评论家甚至认为，这一转变是根本性的转变，构成了世界观的转变，或者说，范式转变。这一所谓的范式转变对于城市规划有着特殊的影响，因为现代建筑和城市规划是现代主义到后现代主义转变的主要领域之一。的确，根据查尔斯·詹克斯（Charles Jencks）的观点，1972年被拆毁的美国圣路易斯布鲁特－伊果高层住宅已经敲响了现代主义的丧钟，该项目在早年曾获得了现代城市规划和建筑设计的奖项，现在却被地方政府视为不适合居住并且炸毁了。

从某种意义上，我们可以把后现代主义看作反对现代主义风格的运动。在建筑设计上，后现代主义者还反对美学上的极简主义和平面几何式的建筑设计及总体规划方案，反对功能主义的教条。后现代建筑师追求“风格的回归”，以此来赋予建筑美学内容和特殊的“意味”。所以，在关于后现代建筑的第一个文本中（当然这一头衔尚有争议），罗伯特·文丘里（Robert Venturi）有一段著名的，关于自己是一个具有独特风格的“复杂的”建筑师还是一个平庸的现代“功能主义者”的自述：

> 我喜欢具有复杂性和矛盾性的建筑，建筑师再也不能被正统现代建筑的道德语言所束缚。我喜欢混合的，而不是‘纯粹的’；妥协的，而不是“干净的”；婉转的，而不是“直截了当的”；暧昧的，而不是“清楚明确的”；不一致和模棱两可的，而不是直接的和清晰的。比起统一所带来的明确感，我更喜欢凌乱所带来的活力。比起意义的明确性，我更在乎意义的丰富性。

在城市规划方面，简·雅各布斯和克里斯托弗·亚历山大对城市的复杂性表达了同样的偏好，他们反对埃比尼泽·霍华德和勒·柯布西耶那样的现代城市规划理论家所倡导的简单秩序。雅各布斯对区划和所谓的“综合性”再开发的简单性倾向颇多微词，认为它们忽略了城市既有地区紧密的经济联系和社会脉络与活力。反之，雅各布斯提倡土地的混合使用，保留那些所谓的“贫民地区”而使它们自身“去贫民化”。亚历山大从类似的角度批评了现代城市规划，认为其致力于用简单的“树形”结构来概括城市地区（如“自给自足的”的社区规划）。他认为，一个成功的城市应当包括复杂和微妙的“半网络”模式的相互关系。

这些建筑与规划思想已偏离了流行的现代主义传统。还有人认为，从现代主义到后现代主义的转变不仅仅是在建筑和城市规划中加入更多的“复杂性”。因为，支撑并推动建筑和城市规划（和其他方面的现代西方文化）的现代运动的，是更基本的知识取向。它起源于18世纪欧洲的启蒙运动，这种启蒙的世界观被描述为建立在理性分析和科学理解上的人类进步的乐观信念。撇开它的“机器美学”的部分，人们认为现代城市规划思想和实践表达了更为普适的启蒙思想的世界观或范式，相应地，后现代主义规划理论被看作是对这一理性传统的突破。

这一看法是具有进步意义的，至少对桑德柯克来说是如此。在她所反对的现代主义范式的城市规划和她所支持的后现代范式之间，她强调了两个重要的差异：一个是规划的认识论基础，另一个则是规划的价值观，或是规范性理论。首先，桑德柯克指出，现代主义规划关心的是如何做出更合理的规划或政治决策。为了达到这一目的，现代主义规划在很大程度上依赖于对社会科学理论和方法的掌握，以使知识和经验是“建立在实证科学上,倾向于定量模型与分析的”。其次，国家具有进步和改革的趋势，因此，国家赋予相关部门权力来进行城市规划，来了解什么是全体社会的公共利益。

和现代主义规划认识论和规范性的特征相比，桑德柯克认为后现代主义与之正好相反。首先,从规划理论的模型上比较,桑德柯克宣称:“手段－目标理性可能仍是一个有用的概念……但我们也需要更多和更明确的现实智慧。这种现实智慧源于比科学知识更为丰富的不同类型的知识和经验，它包括许多‘体验性的、地方性的以及符合历史文脉的直观知识，具体表现在演讲、歌曲、故事，以及各种可视形式中’。规划师应该学会如何获取这些其他的知识形式。”其次，为了反对“自上而下”的国家主导规划模式，桑德柯克提出“转向基于社区的规划，自下而上地赋予社区规划的权力”。这牵涉到一个观点，即规划“不再是只关心全面的和综合性的协调行动，……而更多的是政治性、协商性、针对性更强的规划。这一改变减少了对规划文本的依赖，而更多强调以人为本。”一定程度上，后现代主义规划理论还包含对现代城市中居住着的越来越多的具有多元文化和利益诉求的不同民族和其他社会团体的承认与关注。后现代社区规划对文化差异是非常敏感的，它抛弃了达成普适性公共利益的想法，因为这样的想法往往会“排斥差异”。相反，在一个多元文化的地区做规划，需要一种新的多元文化的解读能力。

后现代主义对现代主义认识论的批评主要在于它过分依赖了理性和科学。然而，许多理论家质疑：后现代主义的批评是否，或能否，与它自己的倡导相一致？比如，大家可以看以下这段迈克尔·迪尔对后现代主义认识论的声明：

> 后现代主义的主要攻击目标是现代运动的合理性，尤其是它的基本特性——寻找统一真理。后现代主义的立场是：所有的元叙事[1]都是不可信的，政府当局所提供的解释并无确切根据，因此不可轻信。后现代主义断言，本质上，元叙事并不一定具有相对于其他解释方式的优势，因此任何试图建立知识共识的行为都应该被质疑。

从字面意义上看，该声明暗示：它拒绝所有的理性对话。如果后现代主义者们，如迪尔在上文所说的那样，相信没有一定的标准来判断不同理论的优缺点，那么，也就完全没有理由来对不同的理论评头论足了。这一观点不仅导致了学术上的绝望情绪（因为从字面意义上说，它否认了可以通过与他人的理性对话来获得更多的启示），也一步步地将自己带入了灭亡之境。

如该论点所说，如果后现代主义认识论对现代主义的理性与科学的批判本身并不一致，那么后现代主义打破了启蒙主义理性的范式这一观点就不成立了。这并不是要否认桑德柯克认为“可能具有多种认知方式”可以充实、填补通过推理和科学分析而获得相关理解的观点。确实，在一些地方性的规划实践中，即使没有严格的科学方法，当地社区的知识和经验也足够做出合理的判断。但是，如果这就是后现代主义认识论的作用所在，那么它所有的成就都不足以与现代“启蒙主义”的认识论相抗衡，而充其量是对它的一个补充。

既是这样，还有什么价值选择，或者规范性的理论，是后现代主义所提倡来反对现代主义价值观的吗？这些又能代表规范性思维方式的范式转换吗？

大致而言，后现代主义认为世界和我们对它的经验比我们在现代主义时代所意识到的更复杂和微妙。在关系到城市及城市环境的问题上时，后现代主义主张：人们从场所的环境所得到的体验，比现代主义所表述的更加多样化和“开放”，尤其对一些现代派建筑师设计的未来理想城市的夸张的极简方案（如勒·柯布西耶的光辉城市）而言。现代主义建筑师和规划师重视简单、秩序、统一和整洁，而后现代主义者更看重复杂、多样、差异和多元化。这一看法与30年前简·雅各布斯和克里斯托弗·亚历山大对于城市的复杂性和多样性的倡导相一致。所以，后现代主义宣称，没有一种环境是完美的，对于理想的环境品质，并没有唯一的答案。因此有些人可能继续把霍华德的田园城市作为规划的理想范本，而其他人却更喜欢伊丽莎白·威尔逊（Elizabeth Wilson）所谓的“欣欣向荣的大都市”和嘈杂环境。正应为如此，桑德柯克把理想的后现代城市视为一个多元文化的城市。

后现代主义强调多样性、差异性、多元化和多元文化主义，这一点与自由主义的政治理想不谋而合。自由主义者也同样看重多元社会。在多元社会中，每个人都有机会在不同的行为方式间自由选择，来认识和塑造独特的自己。从这一点来看，后现代主义的思维规范，似乎与对市场敏感的自由主义规划体系更为契合，而不是社会主义的集权和社会民主形式的规划（它们通常是现代主义的）。

但是这些后现代价值范式突破了所谓的现代主义规划的价值观了吗？尚有两点存疑。

首先，后现代主义所主张的关于多样性和多元性的普遍价值立场，如果任何“差异”都被接受或被承认，就可能走上极端；换句话说，将导致道德和政治的相对主义。这样的极端道德相对主义会受到和早先的后现代认识论相对主义类似的批评。可以肯定，我们可以赞同更复杂的和多元文化的环境的思想，但不能否定一些首要的，甚至是普遍的规范原则。例如，无论在全球的哪一个角落，城市规划是否应该帮助实现经济上的和环境上可持续发展，并且带来愉悦的审美体验，而不是社会分裂？事实上，即使是桑德柯克，也在她的理想“国际大都市”（Cosmopolis）观点中提到，应该有一些最重要的规范原则，作为后现代城市规划所提倡的差异和多元文化的前提，例如关于社会正义的普遍原则，和培育“具有对话和谈判机制的政治参与途径”的政治体制。

其次，在后现代主义的自由主义倾向方面，即使苏联社会主义式的中央集权规划和战后西方的社会民主主义规划受到了质疑，人们也不会一致认可，自由市场形式下的规划就一定会创造更好的环境。桑德柯克认为“自下而上”的基于社区的规划可作为“自上而下”的集权主义规划的解药。尽管她同时也指出：

> 并不是说一定要拒绝由国家主导的规划。就像社区规划一样，国家主导的规划也有扭曲和武断的地方。社区层面的成功总是需要国家的认可，无论是通过立法认可还是通过资源的重新分配。

然而，认为后现代自由主义，或某些版本的社区规划可以构成社会民主政治的范式转变，还为时尚早[在这方面，可以参考吉登斯（Giddens）关于社会民主复兴的最新观点]。

结论：城市规划思想的变革和延续

毫无疑问，城市规划思想自第二次世界大战之后发生了很大变化，并且这些变化已经影响了规划实践。因此，城市规划师所持有的观念，以及相应的技能，与50年前建筑师式的规划师迥然相异。举例来说，现在，规划师们认为，城市规划是一个“管理规划决策的过程”和“就行动协议进行谈判的实践”，因此城市规划师首先是沟通者和协调者，而像托马斯·夏普(Thomas Sharp)，弗雷德里克·吉伯德(Frederick Gibberd)和刘易斯·基布尔(Lewis Keeble)那样的战后早期的英国规划师显然不会这样想。反过来，认为城市规划师的主要任务是调查城市的物质形态和美学特征，然后坐到图板前绘制总体规划图这样的观点，当代规划师也会认为是狭隘、天真和不合时宜的。同样，现代派关于外科手术式的改建和“总体规划式的”发展可能带来更美好的城市这样的观点，也受到了人们的长期质疑。

以上这些都是关于城乡规划行为和价值观的重要转变。把这样的转变描述为“范式转变”是没有害处的，尽管这一用法并不准确。然而，在使用任何像库恩用于描述科学史上的思想转变的“范式转变”这样的激进术语时，我们都会存疑，即自1945年以来的城市规划思想的所有转变是否适合被描述为“范式转变”。范式转变这一术语给人一种强烈的感觉，它是一种价值观的根本性转变——是人们观念体系的格式塔转变。1945年以来的城市规划思想，在经历着一系列重要断裂和转变的同时，却仍然有一种连续性贯穿了这些转变。

单从表面上判断，我们可以把从物质设计到系统论和理性过程论的规划转变视为世界观的转变(即库恩意义上的范式转变)。但事实上，系统论和理性过程的观点并没有完全取代城市设计概念的规划。至少在地方层面的小区域的规划和发展控制上，良好的城市设计(和设计控制)仍然是城市规划的中心诉求；更何况，20世纪80年代中期以来，城市规划还经历了一场设计观念的复苏。规划师的角色从城市规划的专家转变为管理者和协调者，也就是说，不再把规划师视为提供规划答案的人，而是一个可激发他人给出规划问题答案的人，或者说，在各种答案之间进行“协调”。尽管尚有争议，这一转变可能更称得上是范式转变。同时，规划是一种“沟通行动”的观点也并不排斥规划师具有一些专业技能，例如判断某种发展计划可能给城市环境带来何种影响的能力。同样，后现代主义对复杂性、差异性和相对价值的强调，也不排斥一些关于环境质量的普遍原则，尽管它并不十分依赖(复杂的)推理和科学的理解。

回顾自第二次世界大战结束以来城市规划理论的转变，一些规划理论家认为，规划理论已经分裂成多个不同的，甚至是不相容的理论立场或“范式”。对这样的观点，本文表示质疑。虽然自1945年以来的规划思想经历了重要的变化，却也有着显著的连续性。实际上，这段时期城市规划思想的转变可以看作对旧范式的发展，而不是不兼容的规划范式之间的断裂。换句话说，本文所描述的城市规划理论的转变，同样可以被视为“填补”和丰富了原有的规划观念。从这个意义上讲，自1945年以来的城市规划理论，只不过是随着我们对城市环境的复杂性，以及不同社区的多元价值取向的认识日益丰富而逐步成熟。

（田莉　马文军　邓文静　译）

注释

1 Meta-narratives，所谓元叙事是指黑格尔式的思想传统——“纯思辨理论叙事”，即包罗万象的准则和无所不包的理论体系。——译者注

转型时期中国的规划理论和规划改革 *

张庭伟

编者导读

在史无前例的中国城市化进程中，中国规划师们致力于编制各种规划，也注视着发达国家规划界的发展动态以期从国外经验中得到借鉴。在国外工作的一些华裔规划师，特别是在国内外都接受过教育的海外华人学者，同样密切关注着中国城市的发展及规划工作的进展，希望基于自己在海外的经验为中外规划交流及中国的城市发展做出一些贡献。本书收入的张庭伟、吴缚龙两位教授，是这些海外规划学者的代表，他们的文章是他们长期以来对中国的城市发展及中外城市比较研究的成果。

中国改革开放以来，国内规划界对西方规划理论和实践给予了很大的关注。但是，由于所处工作环境的局限，不少国内学者对西方规划理论及实践的介绍及理解偏重于具体的、个别的理论介绍和案例导入，缺少系统的、全面而整体的理论框架，也缺乏对国外规划理论及实施的批判性分析。美国伊利诺伊大学规划教授张庭伟认为：中国的城市化虽然表现出一般城市化的某些共同过程，但是更加具有自己的特点，因此无法、也不应该完全借用西方的规划理论，而必须发展建立中国自己的规划理论。为此，首先要对西方规划理论进行梳理、解构，发现其有借鉴意义的普适性部分，分离其仅仅基于西方经验的局限性部分，同时根据中国丰富的规划实践完善、建立中国的规划理论。在这方面，张庭伟教授做出了有益的努力。

本文选自《城市规划》2008 年第 3 期。文中张庭伟集中讨论了建立中国规划理论的框架问题。他首先指出，西方现代规划理论自身也不是线性发展而是多向性的，是随着当时当地客观情况的变化而变化的，因此西方规划理论作为整体并不具有全球的普适性。基于国际比较的视野，他提出可以把规划理论分成规划范式理论、规划程序理论和规划机制理论三部分，他强调，只有规划范式理论的长期目标才具有时间上的稳定性和地域上的普适性，而规划的程序理论和机制理论则受到不同时期、不同地域的政体、经济、文化等的影响，因而有更大的变异性而非应用的普遍性。张庭伟对中西方规划理论的差异性划分及强调规划理论必须根植于“背景”中的观点，对于中国规划师有鉴别地借鉴西方规划理论与实践提供了有价值的分析工具和工作模式。

---

* 本文原载于《城市规划》2008 年第 3 期。——编者注

张庭伟认为，当代中国规划理论受到中国传统哲学、50 多年来社会主义制度在中国的实践，以及现代西方规划理论及实践三个源泉的影响。中国悠久的文明历史及影响深远的传统哲学思想，计划经济下集权式体制的影响，改革开放后迅速出现的市场导向的政策，以及打开国门、引入西方规划理论及实践带来的冲击，是产生当代中国社会思潮和规划思想的深层基础。在社会发展模式的转型中，规划工作出现了矛盾及冲突，使得中国规划师在面临这些冲突，尤其是应对城市快速发展的挑战时，显得迷茫困惑：或者会转向简单照搬西方的规划理论与实践经验，或者在潜意识中仍然受到计划经济体制的影响，难以理性面对市场经济新条件下中国城市发展的机遇和问题。面对规划理论的发展滞后于规划实践，中国规划界对于“有中国特色的规划理论”的渴求和呼声不断。张庭伟以其自身对中美城市规划理论与实践的解读，对规划在社会经济发展中的作用进行了探讨，认为规划理论本身就是与时俱进的；在现阶段，中国的规划理论及实践应该顺应客观的发展阶段和制度背景，在“规划作为社会财富再分配的手段”、“规划作为经济、社会、环境平衡发展的调控手段”和“规划作为促进经济增长的手段”之间进行选择。在对中国自 1949 年以来城市发展的理论导向和实践进行检讨以后，张庭伟提出转型期的中国规划理论是在特定的政治经济条件下形成的，因此有相当的特殊性和局限性。在经济发展上，政府仍以发展增量经济为主；在决策程序上，依然体现出强烈的自上而下的特点；在规划机制上，保留了政府为主、市场为次、社会参与少的特点。但转型期也为中国规划机制的变革创造了条件，规划目标开始包括了可持续发展的内容；规划决策程序开始出现了新型的“半参与性规划”。最后，在对政府的职能范围和行政能力的分析中，张庭伟提出了转型期中国城市规划改革的方向是：首先应该分清规划的基本职能、中等职能和积极职能，规划工作应该集中于作为经济、社会、环境平衡发展调控手段的基本职能，减少其他职能的内容，同时改进、加强在执行基本职能时的规划行政能力。

总体而言，本文是作者经过多年研究和思索之后提出的转型期中国规划理论的代表作之一。文中提出的很多观点，直面目前规划界困惑已久的诸多问题，为未来建立有中国特色的规划理论打下了基础。

张庭伟出生于上海，1968 年自同济大学建筑系城市规划专业毕业，1981 年获同济大学城市规划硕士学位后留校任教，1986—1988 年任同济大学城市规划系副系主任。1988 年进入美国北卡罗来纳（教堂山）大学（UNC）学习，1992 年获美国伊利诺伊（芝加哥）大学（UIC）城市规划博士学位。现为美国伊利诺伊大学大城市研究院亚洲和中国研究中心主任、教授、大学参议员、大学职称评定委员、中国住房和城乡建设部城市规划专家委员会委员、中国城市科学研究会常务理事。张庭伟曾参与组织并担任首届世界规划院校大会（WPSC2001）项目委员会的联合主席，担任国际中国规划学会主席、美国规划院校联合会（ACSP）国际委员、美国注册规划师协会（AICP）国际委员等职务。

与年轻一代留学生在出国前往往缺乏国内工作经验不同，张庭伟在赴美国之前，已经有 20 年从事建筑规划事务的经验，包括规划教育及建筑、规划设计的实践，因此对中国的国情、尤其是中国规划工作的大环境及决策过程有较为深入的了解。赴美国后，他在芝加哥规划局、芝加哥园林局及不同规划研究机构工作实习。成为规划教授后，长期参与美国的城市及社区发展规划项目，并曾作为美国代表团成员（NGO 组）参加 1996 年联合国人居高峰会议，因此对美国的国情，包括美国的社会文化及规划行业有第一手的经验。他在美中两国数十年的工作实践，使他具有丰富的阅历，能够从比较的角度来从事中美规划理论与实践的研究。他较早就不断地将西方规划理论与动态介绍到中国，为中国规划师全面而客观地了解西方的城市规划理论打开了一扇启蒙之门。在 20 世纪 90 年代，作为美国注册规划师协会（AICP）的代表，张庭伟参与了中国执业规划师制度的筹备工作。同时，他也以各种方式向西方规划界介绍中国城市建设的实践，希望他们以中国的观点而不仅是以西方流行的理论框架来理解中国城市发展的成就及问题。因此，他被美国规划界前辈约翰·弗里德曼（J. Friedmann）称为中国规划界和国外交流的“铰链”（hinge）。

近年来，张庭伟的主要研究方向包括中国规划工作的理论基础及政策问题，美国规划理论的变迁及规划实践动态，以及中美规划比较研究。如果希望全面了解张庭伟教授的观点，读者还可以参阅他的其他专著：《中美城市建设和规划比较研究》、《转型的足迹——东南亚城市发展与演变》、《城市滨水区设计与开发》以及论文《迈入新世纪：建设有中国特色的现代规划理论》、《城市的竞争力以及城市规划的作用》、《市场经济下的规划及规划师的职责》、《城市的两重性和规划理论问题》、《为中国规划师的西方城市规划文献导读》、《规划理论作为一种制度创新：论规划理论的多向性和理论发展轨迹的非线性》、《20 世纪规划理论指导下的 21 世纪城市建设》、《1950—2050 年美国城市发展的动力分析》等。

正文

导言

众所周知，应用学科和基础学科的不同之处之一是应用学科必须及时依照社会的变化而与时俱进。由于应用性学科是把知识应用于特定的社会实践，随着时代变化，社会对学科的知识需求也相应变化，学科本身当然必须变化。城市规划也不例外，规划必然、也必须与时俱进。城市规划是一门应用性学科，其存在的意义是通过公共政策，运用公权力和各界协作，来应对、解决当代的城市问题，并防止、减少可以预见的未来的城市问题，最终目的是保护长期的公共利益。事实上，一部城市规划的历史，就是一部与时俱进的历史。我在《规划理论作为一种制度创新：论规划理论的多向性和理论发展轨迹的非线性》一文中，力图证明的是：城市规划理论，包括所谓“经典规划理论”，不是一成不变、放之四海而皆准的绝对真理，而是“断片式”的，多方向的，根据当时当地情况调整因而有相当发散性的相对真理。由于社会变化的多元性，社会发展方向的多向性，以及社会发展受偶发事件影响而出现的曲折性，作为应对的城市规划理论也反映出多向性和发展过程的非线性。犹如绝对真理是全部相对真理的总和一样，完整意义上的“规划理论”是具有相对真理性的规划理论“断片”之和，不能希求一个完全通用的规划理论来整合所有规划理论的“断片”。因此，研究规划理论应该更加注重社会变迁的大背景，探求彼时彼地的社会背景，理解当时当地主流规划理论出现的缘由和变化的轨迹，以构筑当前的规划理论。

显然，规划的与时俱进仍出自于时间及地点变化两个层面的原因。在时间方面，21 世纪后工业城市面临的问题不可能和 19 世纪工业化初期现代规划诞生时的城市一样。在地点方面，中国的城市问题不可能和现代规划诞生地的英国城市一样。即使在当代中国，20 世纪 80 年代以前计划经济下的城市问题和今天的城市问题也十分不同。当代中国正经历着一个转型期，从一个城市化程度低、相对贫困、自给自足、封闭的农业型社会转向一个具有中等城市化水平、相对开放、小康、以工业生产为主的世界经济的一员。因此，当代中国的城市规划不但在时间、地点两方面都大大有别于起源于工业化初期英国经验的“经典”城市规划，也有别于中国在计划经济时期的城市规划。新时期的规划工作面对新的情况，需要新的理论，必须对“常规”的规划工作进行改革，而源于西方的传统规划理论显然无法提供答案。

事实上，西方传统的规划理论甚至也无法回答今天西方城市面临的问题。因为不仅中国正在转型，整个世界正经历着一个转型期。在经济上，百年以来传统的经济发展模式——资源高消耗、劳动力高密集、追求数量上的高增长、以制造业为基础的无限扩张型模式已经难以为继。全球自然资源和环境负担的极限迫使人类寻求可持续发展的新模式。同时，全球化整合的国际经济网络已经替代了单一封闭的国家经济体系，全球市场的控制力已经部分取代了单一国家在经济上的控制力。在社会上，民族同质性高、阶级圈层明显、由相对封闭的社区构成的传统社会，正让位给成员异质性、利益多样化、冲突多层面、同时又由无所不在的电子通信网密切连接着的“新世代”社会。因此，世界各国的城市都面临着经济、社会转型的挑战。当代西方城市的经济转型和西方规划界对规划理论的探索也证明了规划理论变革的必要性。中国的转型是世界转型的重要部分，西方规划界的变革也给构筑、发展中国自己的城市规划理论提供了借鉴。

本文提出的观点是，第一，作为应用科学的城市规划理论有阶段性，理论发展必须与时俱进。第二，当代世界和当代中国都处于转型期，中国转型期的规划面临着特定的城市问题，需要新的规划理论来指导。规划是政府行为，规划工作的主要功能是制定并实施政府的公共政策，因此讨论规划理论无法和政府的定位理论分开，必须把当代规划理论的构筑放在中国转型期政府职责转变的大背景中来理解。转型期政府职责的定位（政府和市场及社会的分工），政府干预市场的力度和方式，政府在效率或公平之间的倾向，都决定着规划工作的内容和方法。所以规划理论是一种制度创新，即在政府、社会、市场三者之间的制度安排。在一定程度上，规划理论是关于政府定位的理论。第三，我们可以把规划理论分成规划范式理论、规划程序理论和规划机制理论三部分。中国规划理论的这三部分受到中国传统哲学、50年来社会主义理论在中国的实践，以及现代西方规划理论三个源泉的影响。三个源泉在范式理论方面有相似性，但它们在其他方面的差异甚大。转型期规划理论在理论的三方面都表现出阶段性及局限性的特点。由于这是一个特定阶段的理论，因此转型期规划理论具有、也只具有相对的真理性，只是宏观意义上“中国规划理论”体系的一部分，其局限性有待于未来阶段规划理论的修正和补充。第四，为了适应转型时期的城市发展，规划工作必须改革。犹如政府的一切行政行为包括“职能范围”和“行政能力”两方面，规划工作也包括职能和能力两方面，在这两方面都需要改革。现阶段的规划改革首先应该划分规划工作的职能层次，分清规划的基本职能，中等职能和积极职能。当前的规划工作应该集中于基本职能，减少其他职能的内容，以减轻“城市规划不能承受之重”，同时改进、加强在执行基本职能时的规划行政能力。规划改革不是一劳永逸的，因为不同时期、不同城市需要不同的规划功能，有不同的规划职责，所以规划工作永远面临着改革的要求，不可能不变地依照一个固定的模式进行。和一切应用科学一样，改革和创新也永远是规划学科的一部分。

规划理论的构筑和规划范式理论的阶段性问题

关于规划理论的著作浩瀚如海，而且对于规划及其理论的定义各不相同。当代美国规划理论领袖人物之一的曼德尔鲍姆（S. Mandelbaum）指出："理论不等于实践的简单汇总，不是统计得出的分布模式，不是规范的教义手册，也不是一套政策建议。"理论是由一组命题组成的原则和决策依据，可以把我们从单凭感性获得的观感混乱中带领出来，从而找到隐藏在现象背后的规律（Mandelbaum，1996）。意大利规划教授马扎（L. Mazza）认为规划理论为规划师指明了规划工作的社会意义和工作依据。在他看来，"城市规划不是为了设计未来，而是依靠基于对过去的知识来管理当代。"根本而言，"当代"才是规划工作的中心，"过去"是经验参照系，而"未来"是待证的愿望（Mazza，1996）。著名教授弗里德曼把近200年的美国规划理论分成四个学派：政策分析，社会学习，社会改革，和社会动员。总的趋势是，规划和社会生活越来越接近，社会学习和社会改革学派的影响越来越大（Friedmann，1987）。密歇根大学的坎贝尔和哈佛大学的法因斯坦认为规划理论包括"程序性理论"（procedural theory）和"实质性理论"（substantive theory）两部分。程序性理论受到政治学、公共政策、法律、决策理论的影响；实质性理论和城市社会学、地理学、经济学、历史学有密切关系。规划理论主要关注程序性理论，而城市理论则关注实质性理论。他们认为城市规划位于政治经济学（涉及程序性理论）和历史学（涉及实质性理论）的交叉口，是"在城市和区域舞台上的一种人类行为"（Campbell and Fainstein，2003）。马扎指出，规划理论的核心是"两个关系"问题：知识和权力的关系；知识和行动的关系。由于规划是政府行为，所以规划理论首先必须回答政府在多大程度上、如何来干预社会生活，因此涉及权力和社会经济活动的关系。又由于规划是应用科学，所以规划理论必须回答如何把规划知识应用到改善城市质量的行动中的问题（Mazza，1996）。荷兰教授法鲁迪认为，规划理论可以分成"规划的理论"（theory of planning）和"规划中的理论"（theory in planning）两部分（Faludi，1973）。前者讨论规划价值观和规划过程，是规划自身的理论或"纯规划理论"；后者是规划工作中的理论，指导专项规划，带有较多的技术成分，当然也无法脱离价值观问题。

综合这些观点，本文建议在"规划中的理论"（具体的专项规划理论）以外，可以把"规划的理论"本身再分解成规划范式理论（normative theory）、规划程序理论（planning procedural theory）和规划机制理论（planning institution theory）三部分。规划范式理论是为了建立规划自身的价值观，讨论规划工作的目标"应该"是什么，好的城市"应该"符合什么标准。林奇在《好的城市形态》（Good City Form）一书中提出的五条物质性和两条非物质性的指标（效率和公平）就是一个规划范式理论的样板。规划程序理论关注规划编制和实施的过程，特别是公众和规划师在规划过程中各自的角色和参与的途径，以及公正合理的规划编制、实施程序。在美国，规划程序理论历经了理性模型（rational model）、倡导性规划（advocacy planning）、联络性规划（communicative planning）和协作性规划（collaborative planning）等阶段。规划机制理论讨论中央、区域、城市和社区各个层面规划工作的职责和规划立法问题，特别是规划实施中的公众监督机制问题。美国在2002年提出的"精明的增长"可以被认为属于规划机制理论，因为它主要讨论在区域层面上协调地方城市扩展的机制（行政手段、政策手段、经济手段、法律手段）以及各级政府在调节发展时的立法问题。

在以上三方面的规划理论中，笔者认为只有范式理论的长期目标才具有时间上的稳定性和地域上的普适性。例如，范式理论提出规划的公平、效率、提升社区生命力等，可以认为是持久不变的规划价值观，因为其基础建立在自然和谐、社会公正、社区健康、历史延续等人类的基本普世价值观上。这些普世价值无论在中国或外国，无论在历史上或当代，都得到广泛的认同。其他两方面的理论问题，即规划程序和规划机制，则受到不同时期、不同地域的政体、经济、文化、公众教育水平以及该时期外部社会主流思潮（哲学、社会学等）的影响，因而有更加大的变异性。这些变异性的实质是不同时代、不同民族在实现普世价值最终目标时采用的途径和方法的差异。因为途径和方法由政体、经济、文化等国情民情所决定，所以途径和方法无法、也不应该有统一的模式。规划理论的多向性，主要体现于此。

然而，即使是范式理论即规划的价值目标，也有阶段性的问题，因为规划目标受一定阶段内政府定位和公众水平的影响。无论在发达国家和发展中国家，规划都是政府行为。原则而言，政府存在的根本理由是保障社会公平，保障社会公平无疑也是规划存在的主要理由。在实践中，和一切政府行为一样，规划行为的目标包含了效率和公平两方面的考量，两者同时体现在规划的外部职能和内部组织两个方面。在外部职能方面，规划工作通过干预社会资源的调配来保证资源长期、高效的利用，目的是提高整个社会的生产效率。在市场经济中，市场是调配资源的主力，但是市场有其盲点，需要政府干预作为调节和补充。例如，众所周知，市场注重土地的交易价值而忽视土地的使用价值，为了赚取利润，可能出现短视的市场开发行为。规划部门通过规划法规保护土地的基本使用价值，调控开发行为，来保证全社会的长期利益。这是规划外部职能的效率因素。与此同时，在内部组织方面，规划机构和其他政府部门一样，必须提高自身的工作效率。表现在公平方面，规划通过介入社会资源的分配，特别是通过弥补市场盲点，保护公共利益，以体现社会公正，这是规划部门和一切政府部门的基本职能。同时，规划机构内部必须公平透明地处理各种事务，反对以权谋私，表现出机构自身的公平。因此，规划工作在外部职能和内部组织两方面都涉及效率和公平问题。简而言之，效率更多地和社会资源的投入、配置有关，公平更多地和社会资源的产出、分配有关。然而，在一定的发展阶段，政府的政策有倾向性，可能更关注资源配置以提高效率，也可能更关注资源的分配以体现公平。政府政策在效率或公平之间的不同倾向制约着规划工作，使规划的范式理论在不同阶段也出现不同倾向。在规划实践中，规划部门可能在公认的价值体系（包括效率和公平）中排列先后，在一定阶段内优先关注某些价值，例如效率或公平。因此，规划理论无法和政府的定位理论分开讨论，规划理论的本质是一种制度创新，即在政府、社会、市场三者之间的制度安排。在一定程度上，规划理论是一种关于政府定位的理论。正如马扎所说，规划理论的核心之一是知识（规划）和权力（使用规划权力）的关系（Mazza，1996）。归根结底，必须把当代规划理论的构筑放在中国转型期政府职责的变化这个大背景中来讨论，转型期政府职责的定位（政府和市场及社会的分工），政府干预市场的力度和方式，政府在效率和公平之间的倾向性，都决定着规划工作的内容和方法。一个城市规划工作受到的贬褒当然和当地规划部门有关，但是更多的是和当时当地政府的决策有关。在很大程度上，规划部门不过是政府决策的执行者而已，对于规划的成功或失败，规划部门都只有部分的功过。

抽象地看，我们可以把规划的社会目标理解为一个水平坐标轴，规划的主要功能是公权力在实现经济、社会、环境平衡发展时体现效率和公

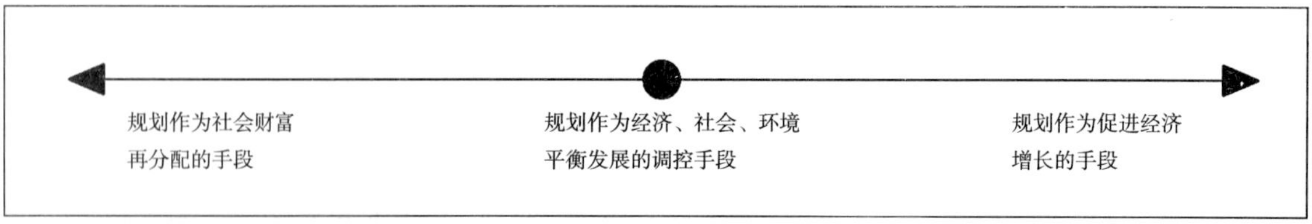

规划作为社会财富再分配的手段

规划作为经济、社会、环境平衡发展的调控手段

规划作为促进经济增长的手段

图 1　不同发展阶段城市规划的功能定位

平的一种调控手段。规划调控的对象是谁？坎贝尔和法因斯坦认为，规划的对象或“对立面”包括自由市场、无序发展，和短视自私的决策三方面（Campbell and Fainstein，2003）。这些问题的共同特点是过分偏向个体或小团体的私利而忽视社会公利，过于注重效率而缺乏公平考量。前已述及，效率和公平体现在规划工作的全过程，两者都是规划的目标，这个定位可以看作规划的基本功能，因此位于坐标轴的中点。然而，在不同发展阶段，受到政府方针的制约，规划的重心可能在效率和公平两者中偏移。我们往往把经济发展的阶段比喻为蛋糕问题。存量经济大的发达国家已经有较大的蛋糕，面临的主要问题是蛋糕的公平分配。存量经济小的发展中国家则首先要把蛋糕做大，然后才可能讨论分配问题。规划部门是政府众多的部门之一，有自己的中心职责和功能。在发达国家，规划的中心功能是“再分配”，即以公共政策的形式来减少自由市场和自私决策的负面影响，以体现社会公正，保障社会稳定，同时兼顾资源配置的效益。在坐标轴上，这个定位偏向于“再分配”或公平一端。另一方面，在很多发展中国家，规划的主要功能是通过资源调配来促进经济增长，同时考虑公平问题。在坐标轴上，这样的功能定位偏向于“促进经济发展”或效率的一端（图 1）。在中心点左右两侧的两种定位反映了规划目标的一定偏移，这种偏移是由经济发展水平、政府政策、社会监督等因素决定的。

以经济发展程度区分，我们可以把发达国家、中等程度发达国家和发展中国家指定给规划部门的主要工作内容分成三类，可以粗略地以图 2 表示。A 型是存量经济大的发达国家，规划工作的主体以再分配为主，当然也有调控、继续促进经济增长的内容。C 型是存量经济很小的发展中国家，必须依靠扩大增量经济才能应付就业、公共开支等问题，因此政府指定给规划部门的工作重点是促进经济增长，同时加上出于公平考量的再分配问题。B 型则是位于两者之间的中等发达国家，规划工作的中心是调控，既考虑经济增长，也考虑公平分配。通过城市规划来促进经济增长，调控经济活动，对社会财富进行再分配，这三者并非互相排斥，而是连续和互补的关系，因此可以用连续的实线来表示（图 2）。

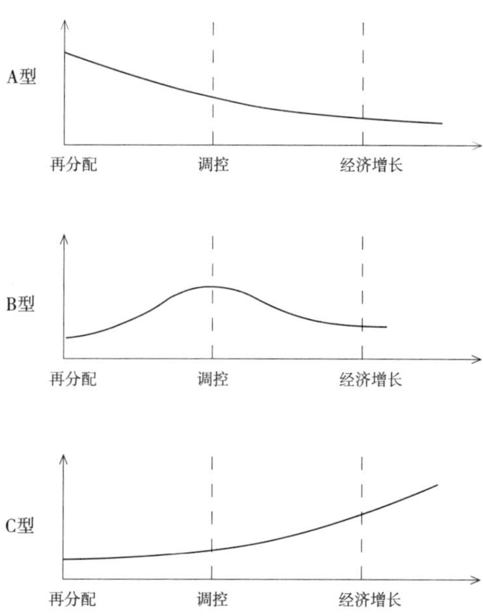

图 2　不同经济发达程度国家规划工作的重心

重要的是，不但在国家层面，而且在城市层面上同样可以应用上述的理论构架：在经济发达程度高的城市，政府的经济政策重点是调整存量经济（反映在规划上，表现为调整现有存量土地的使用）而不是无限扩大增量经济（表现为不断扩大城市面积），再分配和调整就成为规划的主要内容。在经济发达程度较低城市的规划工作，则以促进经济增长（表现为扩大城市面积，增加建设项目，追求增量的扩张）为首要任务。规划工作在效率和公平问题上的阶段性，和经济发展的阶段性以及政府决策的阶段性相对应，体现了转型期规划理论和转型期政府职责的大背景的密切关系。

中国城市规划理论的组成部分

迄今为止，中国是否已经有了自己的城市规划理论？严格地说，也许尚未形成，尚在建设、完善过程中。但是如果把规划理论理解为指导规划实践的价值观、准则和工作程序，则中国规划师早已有一套自己的规划理论。世界各国的城市规划有地域性，并受到各自经济发展阶段的影响，因此有特殊性。同时，各国城市规划工作的基本价值，面对的基本城市问题，规划的工作内容和手段等又具有相似性——规划工作都是以政府行为为主体，以公共政策为主要工具，以保护公共利益为目标的政府工作。中国的规划同样有其特殊性，同时又具有相似性。相似性在于中国规划工作的基本规范性价值目标和工作方式和其他国家相似。特殊性表现为：中国规划是在中国这个特定的地域，受到中国经济发展阶段和文化特点制约的规划工作。在转型期的中国规划，则表现为既有中国社会的特点（地域性），又有转型期政府定位和经济发展阶段的特点（阶段性）。

前已述及，“规划的理论”可以分成规划范式理论、规划程序理论和规划机制理论三部分。中国转型期的规划理论也可以同样分成三方面。作为价值观反映的中国规划范式理论特别受到中国传统哲学和文化的长期影响，以及当时政治运动的短期影响。规划程序理论和规划机制理论则更多受到中国社会传统结构和当时当地经济发展阶段的影响。改革开放以来，中国规划理论界也受到当代西方规划理论和实践的影响。

《城市规划》举办的“求是理论论坛”，提出以中国传统哲学、1949 年以来社会主义理论在中国的实践，以及现代西方哲学作为影响中国现代规划理论的三个主要源头，反映出海内外华人规划师对建立中国特色的城市规划理论的深入思考和责任感。

讨论这三个主要源头对规划的影响，首先涉及两大问题：作为大背景的政府和社会的关系，以及政府政策在效率和公平中的倾向问题。规划工作是政府工作，故在极大程度上，规划理论的核心问题首先是政府和社会的关系问题，即，规划工作（一种政府干预）存在的必要性、合法性，及其方法与机制。其次，如果以效率为导向的市场是经济活动的基本动力，而以公平为导向的政府行为（包括规划）只是市场的补充，那么政府政策（包括规划政策）在效率和公平中的倾向问题(包括规划工作的价值目标和实现目标的手段）就成为同样重要的内容。

上述三个主要源头对两大问题的理念有相当大的差异甚至有很大的冲突，它们对中国规划理论的影响，在内容、程度、权重，特别是发生影响的时期上十分不同。如何认识它们对中国规划理论的影响？为了便于讨论，我们可以建立一个矩阵，从宏观上分析中国规划理论的三个组成部分和影响规划理论的三个主要源头之间的关系（表 1）。

以中国传统哲学而言，历史上的诸子百家，特别是儒家、道家、法家三家对国家治理和城市管理都曾有很大影响。简单地理解，儒家主张一

中国规划理论的三个组成部分和影响规划理论的三个主要源头 **表 1**

规划理论的源头	对规划范式理论的影响	对规划程序理论的影响	对规划机制理论的影响
中国传统哲学的影响（以儒家为主）	对理想社会的定义：偏重公平而不强调效率，主张互助和谐的“大同世界”，国强民富的“盛世大治” 政府、社会、个人三者关系的社会定位：“天地君臣父子”，在等级社会中各就其位，各司其职；政府对人民施以仁政，人民服从政府的管理 社会价值规范：重读书轻实践，重农工轻商贸，重情义轻规则，重理想轻物质（“学而优则仕”，“士农工商”的社会等级；反对“玩物丧志”） 官本位的统治方式：“劳心者治人，劳力者治于人” 社会风尚：吃苦耐劳，鄙视享受（“必先劳其筋骨……”，“先天下之忧而忧，后天下之乐而乐”）	自上而下的官本位式决策过程，政府对经济社会活动进行训导和控制 教化人民服从政府，政府则以“明君清官”的决策体系和“盛世大治”的实施成果来回应，并证明其统治的合法性 百姓：“有了问题找官”	以政府为主，在经济上政府和市场合作，但政府有终决权 缺乏所谓“社区”的理念，但是政府依靠士绅和商会处理城市建设事务。认为“明君清官”可以代表人民的根本利益，主要决策者的英明决策可以实现“盛世大治” 中央政府分派各级政府各就其位，各司其职，决策的职权大小按职位高低而定，但以落实中央政府（皇帝）的决策为最终依据 百姓被要求服从并按照政府的决策而行动，在决策系统中地位最低，无法参与决策
社会主义理论在中国的实践	对理想社会的定义：共产主义和社会主义，共同富裕的理想 强调公平而忽视效率的平均主义倾向（全面覆盖的社会福利和社会保障，低水平的大锅饭） 政府和社会的关系：政府承担无限职责（大政府，小社会） 生产重于消费的理念（把城市从“消费性”改造为“生产性”） 社会风尚：提倡理想主义，艰苦奋斗，物质生活节俭 依赖政府解决问题而不是依靠自己的大众思维方式	政府通过自上而下的计划和规划对经济活动、社会资源进行指导和控制 编制“五年计划”是指导经济和城市建设的基本方法 在编制计划时注重中央的决策方针，缺乏由下而上的社会参与过程 百姓：“一切问题找官”	完全以政府为主，严格控制市场活动的经济管理模式 政府行为是城市发展的主要动力 规划的社会作用和功能：落实规划期间由中央政府一元化领导下提出的建设目标 严格按照中央、省、地、市、区不同层级编制发展计划和建设规划 规划部门直接参与城市开发，组织项目设计，参与项目建设 公众参与极少
现代西方规划哲学的影响（以美国为主）	对理想社会的定义：自由民主平等的普世价值 市场，而不是政府是经济活动的主体。政府保护私有制 对政府、社会、个人三者关系的定位（政府的权限有限，目的是保护自由市场及个人利益——小政府，大社会） 个人主义：对自己负责而不是依靠政府的社会理念 注重效率，支持与众不同和标新立异 重视物质享受，提倡消费，注重生活质量，同时讲求实际的社会风尚 重视决策的科学性、法治性和制度化	由下而上的社会活动为主，自上而下的调整为辅 通过民意代表（社会力）对政府决策制约、修正 通过立法保障公众参与决策的过程，但过于强调公平的决策过程可能导致决策效率降低 百姓：“自己依靠自己，需要仲裁时才找官”	市场是城市发展的主要动力，政府作为市场的补充 大部分规划工作以再分配为基本导向 规划部门作为“裁判员”，不直接涉及城市开发 城市规划和城市管理是地方政府的职权，“各自为政”，上级政府难以干预 中央政府对城市发展有宏观指导，无强制性指令 区域层面政府的调控作用弱化，城市协作薄弱

个有明确等级、各司其职的社会，政府管理社会，通过施以仁政来引导社会发展并“教化”普通百姓，因为他们认为国家在明君清官的领导下可以大治，而人性本善，可以通过教育来提升百姓的素质，如孔子、孟子。道家主张尽量减少政府干预，“无为而治”，因为他们认为人类作为自然界的一部分，和其他生物一样，可以依照、效法自然法则生存而无需外部干预，自然法则超过了任何的人类管理能力，如老子、庄子。法家主张加强政府管理，严格法规，因为他们认为人性有极大的弱点，甚至人性本恶，必须依靠法律体制加以约束，如韩非子。不但三者之间的观点明显相异，而且在这三者各自的内部，又分成众多学派。例如同属儒家，孟子提倡“民贵君轻”，政府的决策“有仁义而已，何必曰利”，富于理想主义和民本主义；墨子主张“兼相爱，交相利”，提倡仁政，但认为“言利”未必不对，互利而交是社会生活的一部分，更具现实主义；程朱理学则将他们认为规范性的“天理”和现实中普通人的“人欲”对立，主张“去人欲，存天理”，以期维护刻板的伦常名教，维持现有秩序而反对变革。在不同的历史阶段，这些不同的哲学派别对中国政府的行政理念、城市管治方式，也对普通人民的基本理念和社会风尚都产生过巨大影响。 回顾历史，儒家哲学无疑在中国历史上占统治地位，虽然儒家内部有不同派别，然而作为儒家的共性，通过清官廉政自上而下的有效控制实现“世界大同，盛世大治”的理念，是中国历史上的主流。同时，儒家主张一个等级有序，各级政府各司其职，各社会阶层各就其位的等级社会。虽然儒家的影响在今天已经大大削弱，但是在中国社会深层，仍然能看到这些传统的痕迹。事实上，它们是中华民族文化的基本组成部分之一，今天中国的城市规划从理念到实践仍然留有它们的烙印。这些传统，一方面在基本价值上相似于社会主义的“共同富裕”和西方传统的“社会公正，人民富足”等理念，体现出人类普世价值的共同性；另一方面在政府行政理念上既有别于社会主义的无等级社会，也有别于现代西方理念（起码在形式上和理论上）的公民社会、分权制约、由下而上的决策等社会管理模式。

社会主义理论在中国的实践同样是一个复杂的概念，在五十多年中“社会主义理论”本身就经历了多样的变化，对城市规划的理念和实践产生了不同的影响。虽然“发展社会经济，实现共同富裕”一直是社会主义的核心理念，同样反映出普世价值的共同性，但是在实践中对社会主义有不同解释、不同的政策。20 世纪 50 年代的社会主义建设理论以城市发展为中心，以苏联模式为样本，通过中央计划经济整合国家资源，围绕工业化和国有化、集体化，发展工业城市，推进工业项目建设，政策同时强调经济效率（工业化）和社会公平（国有化、集体化）。规划作为落实中央政策、调配资源的重要手段，主要功能是促进城市经济增长，扩大城市规模和提升生产效率。20 世纪 60 年代初的“调整、巩固、充实、提高”方针转向兼顾工业和农业，社会主义建设重点转向农业的恢复和发展，提倡控制城市扩展，规划的主要功能也转为调整经济结构（减少工业项目，增加农业投入）和进行再分配（参与人口从城市疏散到农村的人口再分配，和土地回归农业使用的土地再分配）。由于重点转向农业，城市规划在促进城市经济增长中的作用下降，地方政府对规划的社会功能产生疑问，甚至出现了“三年不做城市规划”，“取消城市规划专业”的偏向。 20 世纪 60 年代后期到 20 世纪 70 年代前半期的文革时期，社会主义理论被曲解为“阶级斗争为纲”，轻视经济建设，完全否定了城市规划的社会功能，对城市采用近乎“无为”放任的管理方式，加剧了城市基础设施缺乏的问题。20 世纪 80 年代改革开放以后出现了经济发展的势头，社会主义理论回到关注经济建设的轨道，农业发展使农村城市化开始露头，社会对城市规划的需求上升，规划重新被赋予促进经济增长和城市扩展的使命，提高效率成为政府关注的中心。自 1990 年代起，“发展是硬道理”成为社会主义建设理论的中心，出现了高速城市化和大规模城市建设的高潮。一方面规划进一步成为拉动经济增长的工具，规划成为一种生产力和“建设的龙头”，另一方面出于公平考量的规划的再分配功能则被忽视，在某些城市出于公共利益考量的规划内容（例如坚持环保原则，综合平衡等）甚至被当作“拉了经济发展的后腿”。同时，规划体制推行了分权化，地方政府对城市建设和规划的重视和控制空前提高。中国城市规划学科进入黄金时代，自身经历了极大的发展。2003 年以后，社会主义建设理论的中心转向和谐社会和科学发展观；社会公平、协调发展成为政府政策的基本主题，也成为城市规划工作的重要目标，公平开始成为和效率同样重要的规划价值观。

回顾 50 年的历史，中国社会主义理论和经济政策的多变性充分反映在城市规划理念和实践的多变性中。同时，50 年来社会主义理论在中国的实践也留下了一些相对共同的特点，主要表现为：在实现理想社会时，政府担负了极大的职责，政府取代了市场和社会，成为城市发展的主要动力。规划工作的主要功能是落实政府提出的政治目标和建设目标，特别是促进经济增长的目标。在一个经济相对落后的国家，政府对经济效率的追求往往大于对社会公平的考虑，这也长期影响了规划理念。 在规划过程中，保持了自上而下的决策结构，保持了五年计划的社会经济管理模式。在规划实施中，规划部门以落实政府目标（由五年计划规定）为主要考量，规划不但是裁判员，而且是运动员，直接参与城市开发活动（例如土地批租、设计招标等）。

第二次世界大战后的现代西方哲学和规划理论也一样流派众多并处于变化之中（由于篇幅所限，不再展开）。简言之，从 20 世纪 50 年代提倡理性主义、实证主义哲学转向 80 年代的后现代主义和 2000 年的后实证主义哲学，哲学理念的变化引起规划师对规划社会作用的反省。规划理念随之从希望通过实证，建立放之四海而皆准的一统模式来实现社会公平和富足，转向重视当时当地（context）因地制宜的后实证主义，对多元化更加接受和肯定。在规划过程和实施上，从自上而下的政府强势规划（特别在战后恢复期的城市更新时期）转向由下而上的联络性规划和协作性规划，对城市问题的表述更加谨慎，对产生问题根源的研究更加深层，规划师也从高度自信转为谦虚低调，越来越倾向于邀请各界共同协作来寻求解法，而不是武断地提出所谓“规划的”解法。这些都反映出当代西方哲学和规划理论变化对规划实践的影响。

当代西方规划理论也有一些共同特点，它们既带有西方传统社会文化的烙印，又反映了当代的社会思潮。例如，当代西方规划界都承认市场力（企业）和社会力（社区）是城市发展的主要动力，政府的角色则是市场的补充和社会的协调；发达国家的规划工作大部分以社会公平而不是经济效率为考量，以再分配和社会服务为基本内容，而不是直接参与以经济增长为目的的建设活动；规划部门基本作为游戏规则的制定者、“裁判员”和协调者，极少直接涉及城市开发操作。

中国转型期的规划理论问题

中国转型期的城市规划理论受到上述三方面源头的影响，又是在当前中国政治经济发展阶段的规划理论，受到转型期政府定位的制约。因此，转型期规划理论表现出特殊性和相当的局限性。

其特点之一是，在规范性理论方面，由于中国仍然是发展中国家，必须依靠增量经济解决政府收入和就业的问题，故增长是地方政府工作的中心，“发展是硬道理”仍然是地方政府行政及决策的基础。规划部门接受“政府积极干预社会经济发展”的政府定位，作为地方政府部门之一的规划部门也必然被要求扮演促进经济增长的角色，规划工作的内容相当于图2中C型国家，即规划以促进经济增长作为主要功能，而不是体现社会再分配；规划不完全具有调控功能，或者其调控功能受到地方政府的制约；规划工作对效率的考虑多于对公平的考量。这是因为在分权改革后，地方政府几乎完全掌控着城市发展建设，地方规划部门被动地成为实现地方政府政治经济发展目标的工具，使中央政府出于公平考量的城市调控政策（例如经济宏观调控，严控土地批租等）受到地方政治经济体系的制约而弱化甚至变形。

转型期中国的规范性理论表现出中国传统哲学和社会主义建设理论中“通过政府干预促进经济增长”理念的延续性，也反映了当前中国政治经济发展阶段的需要，有某些合理性。这个阶段的理论和发达国家规划工作主要作为地方政府的再分配手段相当不同。虽然一部分具有前瞻视野的中国规划师对发达国家的规划理论和实践表现出兴趣，希望中国规划工作在理论上和功能上能更多和当代发达国家的规划工作接轨，即更加关注再分配和社会公平问题，但讨论仅仅局限于规划界内部，无法获得地方政府的共鸣，难以在规划实践中得以体现。

值得注意的是，这种转型期的规范性理论正面临挑战。2003年以来，中央政府提出了和谐社会和科学发展观，表明中央政府的政策开始从强调效率转向关注公平。规划作为公共政策，其应有的再分配功能和调控功能正越来越得到中央政府的关注和支持，这将在一定程度上影响地方政府的城市发展政策和地方规划部门的工作定位。虽然目前在规划实践中出现的变化仍然有限，但是已经有越来越多的规划理论工作者对“规划作为经济增长的工具”提出疑问，希望重新定位政府（包括城市规划在内）和市场在经济活动中的各自地位（孙施文，2006）。可以推测，未来阶段规划的规范性理论将更多地体现其再分配功能和调控功能，而中国传统哲学提倡的，也是50年来社会主义实践所实施的“政府包揽一切”的做法可能有所减弱，现代西方规划理论和实践关于“公平规划”的影响会相对增强。

转型期城市规划理论的特点之二是，在规划过程理论上，政府仍然自上而下实行决策，但是决策权已经从中央政府移交到地方政府；五年计划仍然是政府管理经济的主要方法，但五年计划的内容已经从指令性转向指导性；规划的编制和执行仍然高度集中，但公众参与规划咨询（至少在形式上）已经被接受，专家参与重大项目决策已经十分普遍。这些变化既体现了中国传统哲学和社会主义理论在中国实践的延续，又反映出改革开放、实行分权后的新现象，也折射出现代西方规划过程理论由下而上的决策模式对中国城市领导人和规划界的影响，可以认为是具有中国特色的转型期的规划过程。

然而，目前绝大多数城市的规划过程仍然不够透明，项目的决定都是从上而下，公众参与以教育性、咨询性、形式性为主（例如建造规划展览馆组织公众参观，进行规划建设项目的问卷调查等），而不是实质性的公众参与（例如给予代表公众的人大规划委员会和社区组织对开发项目的否决权）。公众在初期可能对形式性的参与表示出热情，但随后会不满足于被动地接受已定的规划决策的“形式性参与”。事实上，公众已经通过各种方式表示出对城市发展的不同意见（例如通过媒体提出批评，出席听证会表达意见等）。可以预期，经过深入改革以后，中国特色的规划过程理论将进一步发展，其方向是，明确并落实“以民为主”的规划理念，参照发达国家的做法，在地方规划法规中加入公众参与、听证、公示作为必要的法律程序，建立有法规保证、对城市发展有实际作用、可操作的公众参与的规划过程。目前应该在条件较好的城市进行试点，再总结提高。

转型期城市规划理论的特点之三是，改革开放为规划机制的变革创造了条件，从而可以根据中国的国情建立自己的规划机制理论。首先，在中央和地方的关系上，分权改革的推行已经为城市建设职责分工带来了根本性的变化，中央政府对地方城市建设的控制大大减弱，地方政府已经成为城市发展的主要决策者。这和改革前中央政府通过对大部分项目“立项”的方式干预地方建设的做法相比是很大的进步。其次，在政府和市场的关系上，随着经济改革的深化，完全以政府为主、严格限制市场开发活动的管理模式，正在让位给政府牵头，市场投资为主的开发模式。虽然政府行为仍然是城市发展的主要动力，但是市场在城市开发中的地位越来越上升。再次，由于以上的变化，规划的社会作用和功能也发生了变化。 规划从落实由中央政府一元化领导提出的建设目标，严格按照中央、省、地、市、区不同层级发展计划来编制建设规划，转向按照地方政府的发展目标而编制规划。红火一时的以扩大规模为主要目的的战略规划正是地方政府对于中央政府调控政策的对应，“战略规划”的实质是地方和中央博弈的“战略对策”。同时，规划也成为政府意愿和市场意愿的中介，表现为：代表地方政府意图的规划部门直接参与城市开发策划，组织项目设计。这些特点，同样都体现出转型期规划机制和职能理论的过渡性特点。

由于决策的分权止步于城市层面，也由于地方政府仍然在根本上控掌了城市建设活动，而难以充分发挥市场的积极性，转型期的规划理论也必然有待于进一步改革。 其可能的方向是，规划部门的建设发展规划将更加反映公众的意愿而减少政府色彩；规划工作更加转向再分配，让市场成为城市发展的主要动力而政府则作为市场的补充；规划部门更加作为“裁判员”而不直接涉及城市开发活动；同时建立区域协调机制，积极提倡并以法规保证区域层面的协作。地方规划部门和地方计划部门可能合并，因为地方计划部门越来越从直接指导经济活动转向间接调控，其功能已经弱化，故有可能并入赋予了更多调控功能的城市规划部门。

转型时期城市规划改革的方向：规划的职能范围和行政能力

世界银行在 1997 年的《世界发展报告》中提出：根本而言，国家的职能是应对市场失灵和促进社会公平。国家职能可以分成三个等级：最小职能、中等职能和积极职能（表 2）。最小的国家职能是保证基本公共物品的供给（制定社会活动法规，提供安全保护、救灾等）；中等职能是应对经济活动外部性，提供社会保险；积极职能是参与、协调经济活动，包括资源的再分配。政府在三种职能中的分量不同，基本职能最大，中等职能居次，积极职能最小。

著名美国学者佛朗西斯·福山（Francis Fukuyama）据此在《国家构建》一书中提出了一个影响很大的观点：在讨论政府改革时，应该分清政府职能两方面的内涵——职能范围和行政能力。他在分析了一些非洲国家面临的困境后指出：这些国家政府面临的问题不是一般认为的政府过大而需要向“小政府”的方向改革，而是相反，那些国家政府的行政能力严重低下才是问题的根源。例如，国际上对这些国家的援助往往被利益集团中饱私囊而政府却没有能力保证把援助分给穷人。因此，他认为政府改革的方向应该在两方面进行：职能范围应该集中，行政能力必须提高（Francis Fukuyama，2004）。

根据他的理论，笔者进一步认为，政府的职

世界银行对国家职能的划分 **表 2**

职能	应对市场失灵		增进公平	
最小职能	提供纯公共物品			保护穷人
	国防			济贫计划
	法律与秩序			救灾
	保护财产权			
	宏观调控			
	公共卫生			
中等职能	应对经济活动外部性	反垄断	克服信息不对称	提供社会保险
	教育	公共设施管理	保险	养老金
	环境保护	反托拉斯	金融监管	家庭补助
	职业教育		保护消费者	失业保险
积极职能	协调私人领域的活动			再分配
	建设市场			资产再分配
	产业政策：集群战略			

资料来源：世界银行，1997。

能是有等级的。大家都很熟悉马斯洛的人类需求等级理论：他把人类活动分成四个等级，以生存需求为基本需求，自我成就满足为最高需求。在基本需求没有满足以前，上层需求无法得到满足。与此相似，国家职能也有等级问题，积极职能是建立在最小职能的基础上的。在最小职能没有完全做好以前，不应该过多涉及、也无法做好积极职能。主要行政能力应该用于最小职能。图 3 中以线段的长短表示政府行政能力的大小及职能的轻重，最小职能应该有最强的行政能力，故线段最长。

作为政府一部分的城市规划同样也有职能范围和行政能力两方面的问题。当前规划改革的第一个问题是改革规划工作的职能范围，可以把规划职能分成最小职能、中等职能和积极职能三部分（当然，规划职能的分级需要公众和学术界广泛讨论，笔者在此无意做定论）。一般公认，通过规划法规确定城市土地使用的性质、规模和建设强度；确定城市发展的方向；提供以基础设施

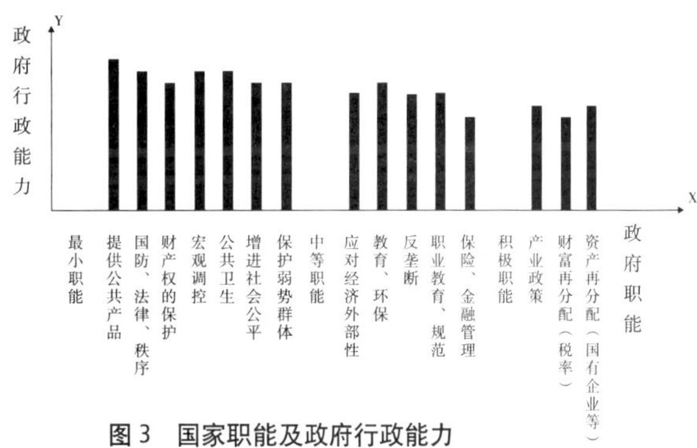

图 3　国家职能及政府行政能力

和公共空间为主的公共物品；保护自然环境和耕地；帮助弱势群体等工作应该是规划的最小职能。最小职能的决策基础是长期的公共利益和社会公平（图 4）。

为了保障公共利益作出的调控应该是规划的中等职能，包括应对市场开发外部性效应的调控；对建设开发的总量及速度的调控；参与土地及房地产市场的调控管理等。城市规划作为政府的调控工具，在执行中等职能时的基础理念是公平和效率，但更倾向于公平考量。

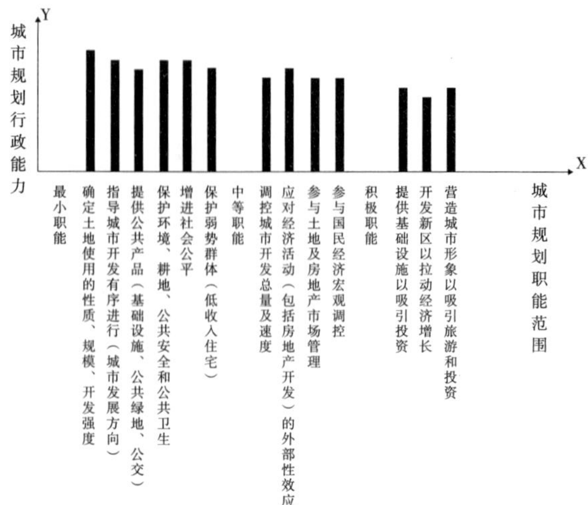

图 4　规划工作的职能与行政能力

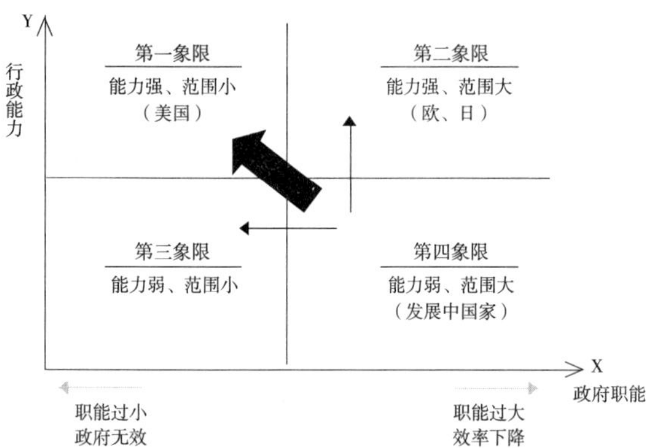

图 5　政府行政能力的改革方向

规划的积极职能应该在基本完成了上述两项职能以后，或在上述职能已经完全展开后再涉及，执行积极职能的基础理念是通过规划来提高经济效率，促进经济增长。例如，政府直接介入经济活动——介入完全以拉动经济增长为目的的新区开发，完全以吸引投资为目的的城市形象营造等。

规划改革在对规划工作的职能进行分类，分清职能的轻重缓急时，可以学习公安部门的经验。众所周知，警察的基本职能是保障社会安全，但实际上他们往往被要求介入其他事务。在改革中，公安部门提出减少警察参与非基本职能的事务，例如帮助开发工程驱赶钉子户之类的杂事，这样不但可以减少工作量，将精力集中于主要职能，而且可以大大减少卷入社会矛盾的机会。政府部门的规划师同样应该减少帮助开发商、投资商的具体项目等非基本职能的事务。

规划改革的第二个问题是提升规划部门的行政能力。佛朗西斯・福山对政府行政能力的改革提出了一个框架，分别把政府职能范围和行政能力作为坐标系统的 X、Y 轴。他把各国政府按照职能范围和行政能力简化成四种模式（事实情况则复杂得多，福山对此有详细讨论）。我们可以用图 5 说明福山的理论。第一种政府的职能范围小而行政能力强，处于第一象限，以美国为代表。第二种政府的职能范围大但行政能力也强，处于第二象限，以欧洲、日本为代表。第三种政府的行政能力虽小但职能范围也小，处于第三象限，如塞拉里昂。第四种政府的职能范围似乎很大但行政能力却很小，处于第四象限，以一些非洲发展中国家为代表。他认为从行政效率而言，第一象限的模式最好，一个能力强而事务集中的政府肯定比较强大而有效。第四象限的模式最差，因为政府铺开了一个大摊子，似乎样样想管却无能力管理，必然造成政府无能，社会混乱。他建议，处于第四象限的国家应该向其他象限转变，目标是第一象限的那种小而精的政府。同时，他也指出，政府的职能并非越小越好，政府职能过小则等同于无效管理，政府职能过大则表现为无力管理。

我们可以在同样的理论框架中讨论规划改革问题，首先理清规划的职能范围，明确规划的核心职能，而后研究如何加强规划核心职能的行政能力。当前可以先展开讨论，研究规划基本职能、中等职能、积极职能的划分问题。除了通过终身教育提高规划师的素质，引入现代化的办公设施之外，在具体工作中，应该优先将规划部门的主要行政能力用于规划的基本职能，“集中兵力作战”，在此基础上再考虑参与其他职能的事务。

归根到底，规划改革的真正意义是决策理念的变革。在经济处于转型期的今天，必须将规划决策从强调增长的“效率考量”，转向强调再分配即共同分享增长成果的“公平考量”。而规划编制的分类、审批的过程等具体问题，都会随着理念的变化而改变，理念变了，创新的大门就打开了，具体问题也就迎刃而解了。这样的理念转变，看起来似乎可能影响经济增长速度，但其实对于国家的长治久安有着十分重要的意义。如果城市建设政策不能体现社会公平，如果城市规划部门无法向全体市民证明自己的最终工作目标是实现社会公平而不是帮助某些利益集团，那么对规划工作的批评，对规划部门的抱怨就永远不会减少。

一个城市在经济发展的起步阶段，必须依靠扩大增量经济来积累资金，需要动用各种政策工具和手段，包括利用城市规划和城市建设项目来拉动经济增长，这具有合理性。但是高速的经济增长肯定会有代价，支付代价的往往是普通百姓。为了经济高速增长，百姓可以、而且应该承担一定的代价。然而当城市发展经过了依靠增量经济积累资金的阶段，如果继续要求普通百姓为已经得到好处的利益集团承担代价而未能得到补偿，就可能引发社会不安定。当前一些经济发达城市虽然已经进入了存量经济的阶段而不必再完全依靠增量经济，却仍然把城市规划单纯当作拉动经济增长的工具而忽略规划的调控和再分配功能。正是由于片面强调经济增长而无视规划的调控功能及再分配功能，导致了今天很多的城市问题，例如住房问题(地方政府为了扩大基础设施投资，要求从高地价中取得收益，结果导致高房价)，交通问题(规划部门过多地考虑小汽车的顺畅通行而忽视公交便利和步行安全)。因此，当前规划工作改革的目标是回归到规划以调控及再分配为基础的基本职能，减少涉及其他职能，以减轻“城市规划不能承受之重”。特别值得注意的是，2003年以后，中央政府的大政策已经发生了变化，科学发展观推出了一套新的理念，规划改革正是在这样的大背景下进行的，也必然应该反映新的理念。

当然，由于中国幅员广阔，东部、中部、西部各地城市经济发展的阶段不同，规划工作的改革也不可能完全相同。很多中、西部的城市仍然处于增量经济的发展阶段，规划工作必然以促进经济增长为主要内容。只有经过了这个阶段，有了一定的积累，才谈得上再分配。

规划改革不是一劳永逸的，不同时期、不同城市需要不同的规划功能，有不同的规划职责，所以规划工作永远面临着改革的要求，不可能一成不变地依照一个固定的模式进行。和一切应用科学一样，改革和创新也永远是规划学科的一部分。

城市规划学科的发展方向*

吴志强

编者导读

中国的改革开放不仅为国家带来了史无前例的发展机遇，也为一批精英人才发挥自己的聪明才智、为国家效力带来了难能可贵的机遇。从20世纪90年代开始，相当一批中国规划师、建筑师在接受了发达国家的博士教育后回到国内，成为当前中国规划、建筑界的骨干。同济大学的吴志强教授是其中比较突出的一员。

接受了中西两方面的规划教育，又身处当代中国城市规划教育的第一线和规划实践工作的前沿，吴志强教授长期对规划学科的发展进行思考和探索。在本篇文章中，吴志强指出，城市规划学科在吸收经济学、政治学、社会学等相关学科知识的同时，自身却丧失了理论研究的主导地位和以空间作为载体的特色。一方面，中国规划大量引进国外所谓的“时髦理论”，未考虑中国国情而简单照搬；另一方面，对中国快速发展中遇到的实践问题，缺乏持续的观察研究和理论突破，导致中国规划理论的空心化。在中国城市规划行业低层次扩张的同时，城市规划核心思想边缘化的局面却更加严峻。

城市规划学科从单纯的物质性规划走向对政治、经济、社会等其他学科的借鉴曾被认为是规划学科拓展研究视野、真正理解城市运行规律并使规划成果能在现实世界中发挥作用的重要渠道。但同时，城市规划简单地交织于其他学科而缺乏本体规划理论，也使很多中国规划师陷入了“到底什么是城市规划”和“城市规划到底干什么”的困惑和迷茫中。吴志强曾用一个形象的比喻来描述目前城市规划学科的这种困境：“如果规划师过分关注于物质性规划，而忽略政治、经济、社会、生态等相关学科对规划的影响，那么他就是聋子；但如果他只关注相关学科的研究而忽视规划的空间本体特点，那么他就是瞎子”。作为规划师，应力争摆脱“聋”和“瞎”的弱点，努力做到耳聪目明。他认为，规划学科的核心理论向空间化回归是城市规划生存、发展、壮大的必然趋势。城市规划学科的拓展应该立足于巩固“空间问题”这个基石，从经济、生态、社会、政治等多个角度来认识城市空间形成的原因，对相关学科的空间属性进行挖掘，将城市空间的多重属性与相关学科的空间化指导意义相融合，形成不断扩大的城市规划核心理论圈，避免去物质化和唯空间论两个极端。吴志强教授对于城市规划学科发展

* 本文原载于《城市规划学刊》2005年第6期。——编者注

方向的指引，对于处于困惑和迷茫中的中国规划师来讲，具有较大的借鉴意义，为规划学科如何坚守自身特色，并从相关学科中汲取养分提供了指导和依据。

吴志强 1960 年生于上海，1978—1985 年在同济大学城市规划系获学士与硕士学位，之后留校任教。1988 年他赴德国柏林工业大学，在环境与社会学院的城市与区域规划专业学习，1994 年获工学博士学位。1994—1996 年任德国柏林城市与建筑研究首席研究员。1996 年回母校同济大学任教，现任同济大学副校长、城市规划教授、博士生导师。吴志强曾任 2001 年世界城市规划院校大会（WPSC2001 年）秘书长、国际指导委员会联席主席、全球规划教育组织（GPEAN）常务理事、资格委员会主席、亚洲规划学院联合会（APSA）主席、联合国环境署亚太生态环境组织（EENAP）专家组组长、2008 年成都灾区安置规划总规划师、2010 年上海世博会园区规划总规划师、同济大学建筑城规学院院长等职务。现任联合国教科文组织——国际建协世界建筑教育委员会终身委员、瑞典皇家工程院院士，同时担任全国高等学校城市规划专业指导委员会主任委员、中国城市规划学会副理事长、中国城市规划协会理事、住房和城乡建设部城乡规划专家委员会委员等职位。

虽然吴志强教授主要从事规划教育，但是他积极参与大量规划实践工作，特别是参与了近年来中国城市发展中的很多重大事件，如上海世博会、汶川地震后重建规划等工作。此外，他也是中外国际规划交流合作的热情推动者及参与者。丰富的中国规划实践及国际经验使吴志强对于规划学科有全面的认识和深入的理解。他对于规划学科发展的探讨还见之于他的其他文章，如《重大事件对城市规划学科发展的意义及启示》、《新时期我国城市与区域规划研究展望》、《对规划原理的思考》、《为 21 世纪的全球的规划教育奠基》、《从首届世界规划院校大会看世界城市规划发展动态》、《〈百年西方城市规划理论演进〉导论》、《论进入 21 世纪时中国城市规划体系的建设》等，读者们可以参阅。

正文

概况

2005 年 9 月，在马来西亚槟城（Penang）召开了第八届 APSA 会[1]双年国际大会，除 APSA 的亚洲学者以外，AESOP、ACSP、ANZAPS[2]等世界其他大洲的规划院校组织也有众多学者参会发言，在会议期间所折射出的问题令人深思：一方面，几乎所有的学者都在不同的场合表示，中国的城市规划在国际规划学界上达到了一个空前的有影响力的地位，专程赶来筹备明年世界大会的世界规划院校大会国际指导委员会主席路易斯·阿尔布雷希茨（Louis Albrechts）教授在大会上强调，在最近的 5 年中，中国的城市规划教育对世界规划界开始产生重要影响，同济大学是全世界影响力提升最快的规划院校。在亚洲最高级别的城市规划教育论坛中，有大量来自中国的学者进行发言、交流，令人高兴和鼓舞。另一方面，西方的规划院校普遍面临招不到好学生，招不满学生的状况，不得不依靠国际学生特别是中国学生维持适当的规模，很多城市规划专业的系、研究所不断缩小。这很令人震惊，为什么欧美的城市规划专业经过了 20 世纪 70、80 年代的拓展后，今天规划教育反而面临如此窘境，这是一个值得大家思考的问题。

柏林工业大学（TU Berlin）区域与城市规划研究所所走过的道路也同样具有警示意义。1972 年，柏林工大在欧洲大陆所有的大学中，最早创办了独立于建筑学之外的城市规划专业，

5位城市规划专业教授和另外6位分别来自城市经济学、城市社会学、国民经济学、区域地理学、建设法学和统计学专业的志同道合的教授携手，组合成一个新的城市规划专业——城市与区域研究所。该研究所完全与建筑系平行，在德国代表了一个全新的城市规划学派。这一代人把城市规划从纯粹的物质城市设计的地位提升到了城市经济、城市生态、城市社会、城市土地、城市地理等更广阔的天地中。他们发起并成立了欧洲的城市规划院校联合会（AESOP），形成欧洲城市规划的一面旗帜。然而进入20世纪90年代以后，随着这批教授的退休，这个研究重地在学校中的地位不断下降，最终被建筑学院重新整合，这面旗帜最终倒了下去。处于春天里的中国城市规划学科难道不会面临这样的危机吗?

学科的拓展给学生造成的迷茫同样不容忽视。目前，全国城市规划院校的数量呈现一种爆炸性的扩张（图1）[3]，城市规划学科的课程设置也逐渐与国际接轨。城市规划专业指导委员会指定的核心课程减少到了8门，所占学时也下降到了总学时的不足1/3，各个院校根据自身的特点和渊源，开设了包含地理学、管理学、林学、信息技术等诸多相关专业的课程（陈秉钊，2004）。一时间，城市规划教育覆盖的领域空前扩大，城市规划学科的外沿不断向外延伸和扩张，形成了多领域、多模式、交叉性的结构体系。

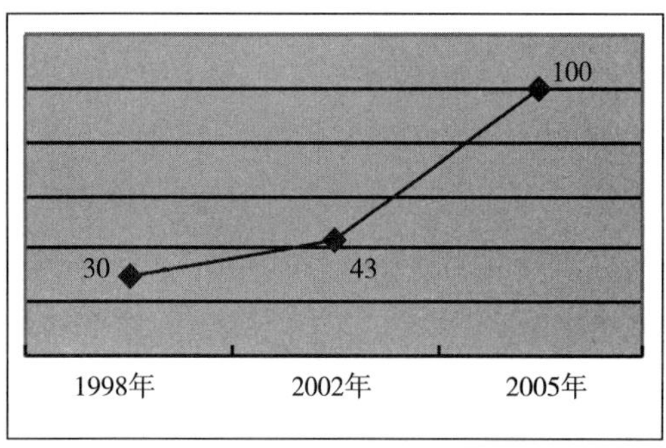

图1 全国（不含港澳特区和台湾地区）开办城市规划专业的院校数量变化图

学科的发展令人振奋，却也造成了许多的误解，在ABBS论坛上，学生对城市规划学科的发展前景展开了讨论，有不少人提出：城市规划是一门基础课，目前与城市相关的专业课都要学，但最后什么都讲不清楚，如果不把城市规划进行分解，划分为各个具体的相关专业，其结果就像经济管理专业一样毕业分配没人要。我们的学科日益拓展，但其结果却是我们的学生认为可以取消城市规划专业。[4]从这个角度看，今天城市规划的核心概念，在学生的脑海中不是扩大了，而是被空前的挤压了。形成这样的观念无疑是与我们目前的规划教育方法和内容有直接关系的。

学科构成的多元化模式是城市规划教育发展的必然潮流，但西方城市规划学科走过的道路和今天我们所面临的困惑都提示我们，发达国家的模式并非完美，我们进行多元化教育的目标和内容仍值得进一步讨论。

今日城市规划学科的危机

1. 核心理论空心化

很多规划教育工作者都已经注意到，20世纪60年代以来，西方城市规划的核心领域逐渐出现了转型，设计和工程学科的主导地位受到动摇，社会、经济、政治和环境生态学科的思想对城市规划产生了重大的影响。

20世纪80年代以后，城市规划理论中的主导思想已经出现了明显的偏移（图2），城市规划学者不但丧失了对城市发展的话语权，更不幸的是，为了争夺这种话语权，或者试图进入决策者的语境，城市规划学科简单地“交叉”了政治学、管理学、经济学或者社会学诸领域的观点来武装自己。这种“交叉”在一定时期内形成了规划理论研究的蓬勃局面（1960—1980年），但随着相关研究地不断深入，城市规划却只能亦步亦趋，完全丧失了理论研究的主导地位，形成了规

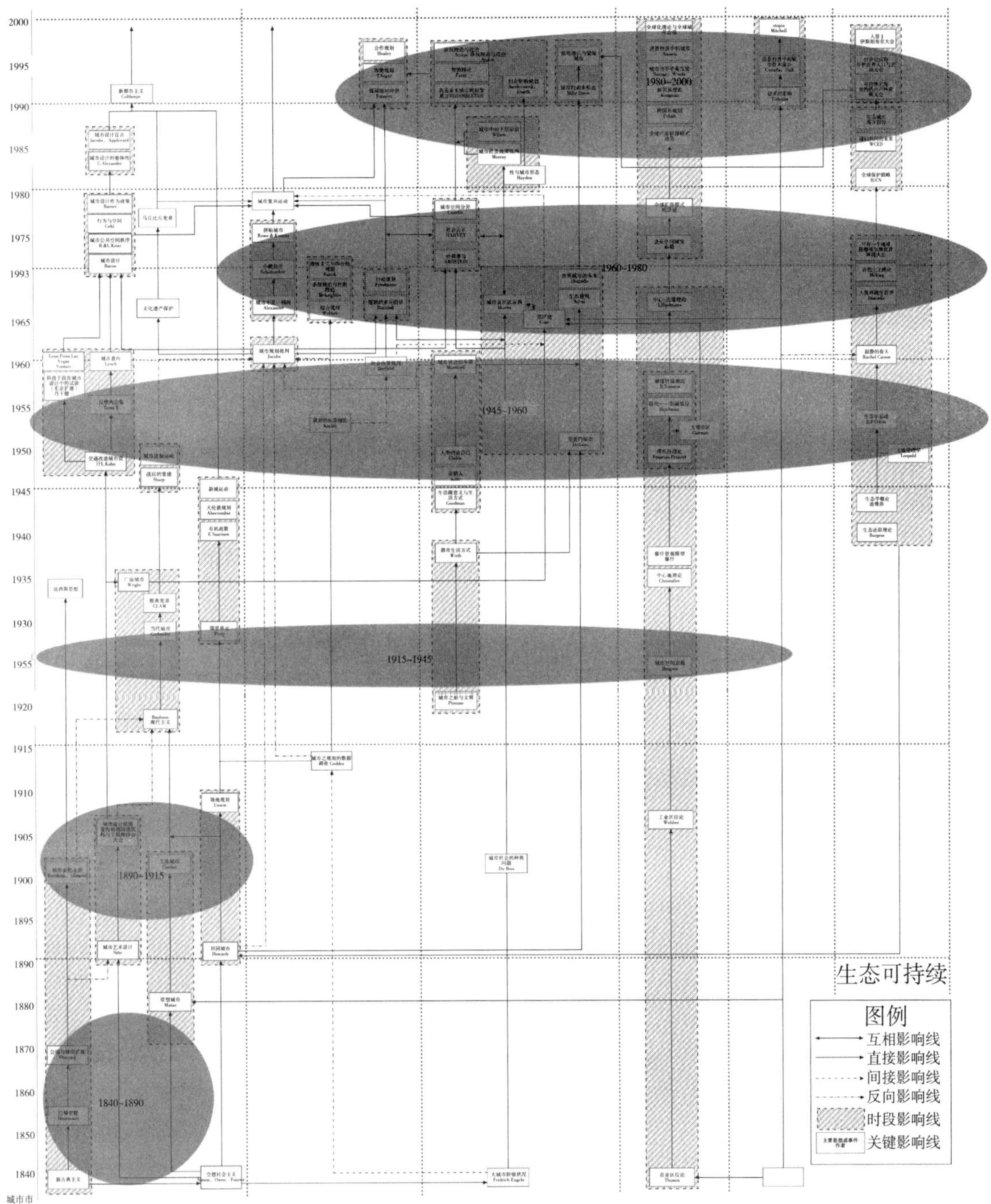

图 2　城市规划学科讨论热点的漂移

（本图中的内容是作者个人的整理，其中多有疏漏，还有待继续深入）

划理论的空心化局面。

学科交叉并非是核心理论空心化的罪魁祸首，学科交叉的目的是形成“嫁接”，形成独立的、具有创新意义的研究领域和科学理论，而目前城市规划的交叉却没有形成自己的“知识产权”，反而促成了一大批其他领域的“大家”，或者是将城市规划的学者“装扮”成了其他专业的专家，城市规划专业的影响力受到了明显的削弱，他们中的代表有（图 3）：

萨斯基娅·萨森，曾是哥伦比亚大学城市和区域规划教授，转投芝加哥大学社会学任教授，以及英国伦敦经济学院（LSE）社会学教授；

戴维·哈维，约翰斯·霍普金斯大学地理学教授；

曼努埃尔·卡斯特利斯，1979 被加州大学伯克利分校城市与区域规划学系引进，后索性到了社会学系任教授，身兼两职；

1

2

3

4

图 3 当前城市规划理论领域的几个热点人物

（1. 萨斯基娅·萨森；2. 戴维·哈维；3. 曼努埃尔·卡斯特利斯；4. 迈克尔·波特）

迈克尔·波特，哈佛商学院教授；

[……]

诚然，并非历史上所有的城市规划思想都来自规划师的脑海，甚至大多数不来自职业规划师的创造。但历史上也从未有一个时期，规划所依托的思想距离城市建设的实践这么遥远（表 1）。当美国规划院校联合会（ACSP）依然将土地利用规划列为城市规划第一任务的时候，我们是否考虑过我们对于土地布局模式和空间选址问题的研究有哪些交叉后的创新？有什么思想产生了世界性的影响？

城市规划主要思想的年代演进　　表 1

年代	思想或著作
1890 之前	**大城市的阶级问题**
	公园与城市扩展
	城市市政工程设计
1890—1915	田园城市
	城市艺术设计
	工业城市
	城市规划的数据调查
	城市社会的种族问题
1916—1945	当代城市
	新城运动
	法西斯思想
	城市之始与文明
	中心地理论
1946—1960	城市更新运动
	规划的标准理论
	城市社会的本质
	增长极理论
1961—1973	城市意象
	文化遗产保护
	社会决策批判

续表

年代	思想或著作
1961—1973	城市规划批判
	规划中的多元倡导
	理性主义与综合性规划
	郊区化
	寂静的春天
1973—1980	城市设计作为政策
	马丘比丘宪章
	社会公正
	城市复兴运动
1981—1990	城市设计宣言
	城市社会政策批判
	我们共同的未来
1990 以来	新都市主义
	精明增长与紧凑城市
	沟通规划
	政权理论与城市政治
	妇女在规划理论中的方向性影响
	21 世纪的城市：走向三大和谐
	全球化理论与全球城
	信息经济
	可持续发展

注：黑体字部分是城市规划相关领域的引入理论，可以发现这部分的内容在近些年来有明显的增加。

有学者认为目前的对于社会科学、法学、地理学、管理学、政治学的研究反映了城市规划的本质，是巨大的进步；但我们也必须看到，目前的规划理论依然处于“引用”阶段，在“放出去”的同时，“收回来”的观念却远远不够。如果不及时纠正，城市规划核心思想边缘化的局面将伴随着学科低层次的扩张而变得更加严峻。

核心理论的空洞，已经导致了今日西方城市规划教育的衰弱局面；核心理论的贫乏，已经致使规划师在城市决策中的发言权越来越少；长此以往，谁能确保我国的规划行业不会走向消亡？

2. 理论创新的惰性化

一般地说，规划理论的集中产生总有特定的土壤，特别是增长方式的革命、对大规模建设的反思以及思想方式的变革，在规划史上它们体现为 1890—1915 年工业革命期间、1961—1973 年战后重建和民权运动期间两次规划的思潮爆发。

今日的中国，几个重大的刺激外因几乎同时存在，正是应该极大地丰富具有中国特色的城市规划思想库的时代，而我们的城市规划学术研究却日益显现出人欲我欲、人云亦云的惰性，在大量引进国外时髦理论的同时，对于“中国现象”的研究始终保持在一个不温不火的局面上，没有集中性的理论突破，也缺乏持续性的观察研究，甚至连长三角、珠三角等中国特有的城市问题研究也大量依靠国际学者“出口转内销”式的研究来构建理论框架。今天的国际城市研究界，长三角研究引用率最高的文献竟然是某国外建筑师的一本专著，这不能不说是中国城市规划理论界的悲哀。

这种问题的发生不能仅仅归咎于中国规划基础理论的长期贫血，它与许多规划研究人员的浮躁心态是分不开的。一方面引进一个新理论投入的时间和精力少，另一方面还可以迅速成为某个方面的专家，比之穷年累月进行一个研究显然要合算，更重要的是，还可以随时转变风向，迅速投入到普遍关注的热点问题中去，成为永远的弄潮儿。

当然，这里我们充分肯定介绍国外理论和名著进入中国的重要性，没有知识的接轨，我们根本无法建立与世界平行的研究平台，但一个学科的巩固还是更需要创新型的知识和艰苦的基础研究。

理论创新的惰性影响的不仅仅是学科成熟的

进程，面对中国环境和资源这两个危机性的难题，规划专业的无所作为就更为“规划无用论”站脚助威了：

1987—2000年我国的城市总面积从10816平方公里增长到248758平方公里，增加了23倍，而同期的城镇化水平从25.32%增长到36.22%，仅上升了10.9%；

2004年，中国的耕地资源总量下降到18亿亩的警戒线，直逼16亿亩的生存线，人均耕地1.4亩，仅为世界人均水平的2/5；而根据一般预测，中国还将有20%左右的人口脱离农业生产，进入城镇；

与此同时，中国人均水资源拥有量只为世界平均水平的1/4，全国600多座城市有2/3供水不足，特别是北京和西部部分城市已经处于国际公认的极度缺水程度；

目前我国油气需求量为2.7亿吨，而实际产量为1.8亿吨左右，预测2020年能源需求为4.5~6亿吨，目前我国能源需求中的36%依靠进口，预计2020年将达到60%，而其中建筑能耗占全部能耗的28%（汪光焘，2004）；

[……]

在新的历史时期，中国的城市规划学科如果在这些方面不能有所应对、有所突破，城市规划学科的地位将难以避免地会进一步下降。

3. 研究阵地的孤立化

理论和研究的惰性在规划教育上产生的后果之一，就是多学科的交叉在一些领域徒有其表，各个学科的教学内容与城市规划专业的实践性目标之间存在巨大的理论空白，难以形成紧密的连续。由于学科领域的不断外延，反而导致了城市规划学科的科研资源不断减少。同时，经济学、管理学、社会科学都逐渐成为城市研究的主导力量，面对社会需求也更有灵活性，唯独城市规划学科和学生面对的需求市场越来越狭隘。

在许多领域，并非是有了“城市”+“XX学”这样的组词结构就可以实现学科的交叉和交融，就可以让城市规划在其中占有一席之地。例如，城市生态学、城市社会学等领域早已经形成了比较固定的学科，传统意义上的城市规划学科却在其中应用较少，参与甚少，贡献更少；几乎已经完全成了“人家的学科”，这样的交流恐怕迟早会变成“蚕食”。

孤立化的多学科教育对以技能培训为主的本科生教育造成的影响相对较小，但会造成我们前面提到的，一些青年规划师的虚无主义，认为“规划师什么都可以说说，但说什么也说不明白”；影响到硕士、博士教育的表现则是研究能力的下降和研究领域的狭隘。近年来不少的硕士、博士论文中出现了这样的问题：理论综述部分经常是旁征博引、诸子百家，但进入实证和结论部分，还是干巴巴地讲一些20世纪50—60年代规划师的口头禅，那些进口的理论都丢到了九霄云外。

博士生的教育目标是培养研究型人才，如果这部分青年学者不能有清醒的认识和应用的能力，要改变这种状况就尤其困难。今天，我们这些教育者责任重大。

城市规划学科的发展方向

提出这些规划学科和教育面临的问题，并非是为了让大家对学科交流提高警惕，严守门户，而是为了让我们在这样一个良好的局面面前保持必要的紧迫感和责任感，中国的城市规划学科要真正成为一门科学，还需要利用学科交叉的有利条件，填补理论空白，创造更多的“硬件”支撑。

1. 学科核心理论的向空间化回归

当前西方城市规划学科的衰弱过程很大程度上是与西方城市规划的后现代社会思潮相联系的。在这个否定权威、强调多元、呼吁个体价值

图 4　乱成一锅粥的规划讨论

观的时代中，城市规划学者进行了多方面的反思，其中一个很重要的论调是城市规划专业形成了“话语霸权”（Willam Salet，Adreas Faludi，1999），认为以前的规划是利用一系列的术语将非专业人士隔绝在门外，形成了规划专家自己的沙龙。在这样的思想路线下，越来越多的学者开始进入沟通、交流和对话的规划方法研究中。[5] 城市规划的霸权主义消除了，同样消弭的还有城市规划的理性自信和生长空间（图 4）。

我们并不否认这种自我批判的意义，但这种批判一旦被错误地引申为城市规划不需要自己的权威领域，不需要构建一个城市规划具有主导地位（而不是服务地位）的“理论场”，城市规划学科能否名副其实就大成疑问了。

对于现代城市规划的支撑体系有四元论：经济学、公共管理学、社会学、政治学（梁鹤年，2004）；或三元论：理想主义、理性主义、实用主义（仇保兴，2005）等不同的认识；但我们必须清醒地认识到城市空间和城市设施是各种思想的共同目标。脱离了城市空间的城市规划无法成为一种职业，城市规划学科也难以立足。

纵观百年以来的城市规划理论演进，城市设计始终是城市规划学科的支柱之一，从图 2 的框架中也可以发现这一点。其间城市设计潮流虽屡有起伏，也多次嫁接了其他学科（如社会分层理论、公共政策理论）的思想，但其植根于城市规划学科的本性却基本没有受到挑战，至今英国的规划教育体系中仍有 62% 的院校设置城市设计专业，在英国规划院校的专题研究课程中位居第二位（唐子来，2003），这是与城市设计无法动摇的空间属性不可分割的。

随着对城市规划本质问题认识的不断升华，我们从艺术角度处理空间的观念逐步过渡到从经济、生态、社会、政治等各个角度来认识城市空间形成的原因、研究分布城市空间的技术、完善管理城市空间的手段。在从巨大的理论思想宝库中汲取营养的过程中，城市规划学科拓展应该立足于巩固“空间问题”这个基石，对周边学科的空间属性进行挖掘，将城市空间的多重属性与相关学科的空间化指导意义相融合，形成不断扩大的城市规划核心理论圈。

图 5 概念性地表达了城市规划核心理论的构筑模式，其中心思想，是通过相关学科空间化的研究，将“放出去”的城市规划理论视野，在经过吸收 - 创新的过程后，形成独立的多元空间或区位理论，并以此形成城市规划学科具有权威话语权的思想和实践领域，应对我们所实际操作的工作对象。

在这个圈层中，仍然有巨大的理论空白点等待规划工作者来弥补，如表 2。

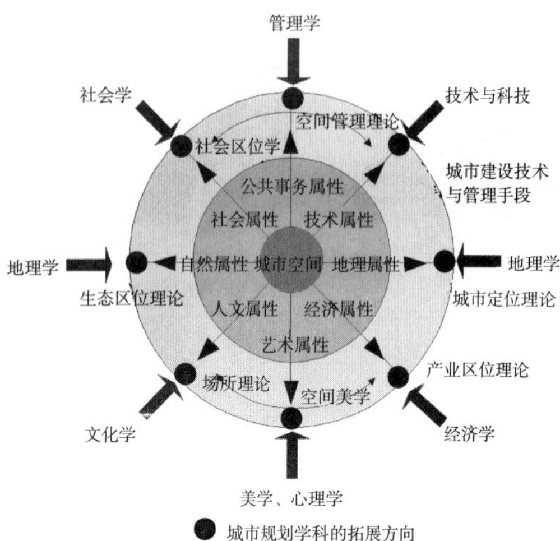

图 5 城市规划学科核心理论的概念性框图
（本图并不全面，仅作示意性说明）

亟须弥补的城市规划理论空白　　表 2

产业区位理论	研究新经济，网络化等浪潮造成的产业选址问题
社会区位理论	空间布局与社会分层的关系，社会的和谐或骚乱与空间规划的关系
空间生态理论	各种生态要素在城市中的合理分布
城市定位理论	多背景条件下城市的性质、规模定位，以及由此产生的矛盾的解决方案
空间管理理论	市场经济背景下城市空间经营和管理的价值标准，符合和谐发展观念的城市空间评价体系

注：以上各种理论空白点仅仅是管中窥豹，它们都是今天的城市规划必须解决而没有解决好的问题。随着这些研究领域的推进，城市规划的技术权威性和实施可能性都可以得到根本上的提高。

今天的城市建设已经出现了环境保护的一票否决，公共参与的一票否决，城市规划何时能够提出自己的“一票否决”技术要求，何时才能够真正确立本学科不可动摇的理论地位。

2. 根植于中国实践的应用研究

成功的经验是学习的榜样，但并非成功的保证。步入城市世纪，我国城镇快速增长，目前城镇化率已经达到 41.7%，按照世界城市化规律曲线，已处于城镇化加速起翘期的中期。

根据大多数国家的经验，伴随城镇化的深入，国家的经济发展水平将得到进一步提高，国民收入水平和生活质量持续得到改善，逐渐走向发达和富裕。但同样也存在反面的案例，拉美国家的经验同样表明，如果没有适合本国国情的城市发展思路，城镇化发展也可能会走向过度城镇化和城市贫困化的反面极端。

探索和研究根植于本土，顺应自身发展需求、适应地区发展规律的城市规划理论、技术，既是学科自强自立的要求，也是今日城市规划学科的历史责任。

从中国的现状出发，我们的学科至少在三个方面的研究是具有关键性意义的。

（1）区域尺度的空间规划研究

在“十一五”期间，中国将进入这个城市化加速期关键性的中期，大规模的现代化城市建设将从根本上奠定未来中国城镇化的普遍模式和在较长时间内稳定的形态。

国外的经验表明，发达国家都是异常重视这个城市化曲线起翘阶段的全面空间规划。这一方面是由于建设总量巨大，产生的历史影响深远；另一方面是生活方式的全面转型促使人们重新思考自己未来的聚居形态。英国大伦敦规划、德国国家国土空间规划都是在这一时刻的前期开始编制实施的。

在“十一五”期间，中国赖以成功的低成本、低门槛的竞争优势面临严重的挑战。同时在国际间转移的低端产业的总量会逐渐减少，分羹的对手却越来越多；而在中高端领域，任何一个中国城市在与国际高等级对手竞争的时候都会显得底气不足：

上海，市区面积 2057 平方公里，2002 年人口为 1334.23 万人，2004 年度上海市的 GDP 为 760 亿美元。

大伦敦，面积 1580 平方公里，2001 年伦敦人口为 718.8 万人。按市区人口计算，2004 年度伦敦市的GDP为2847亿美元。

纽约，面积780平方公里，市区人口700多万人，2004年度纽约市的GDP为4070亿美元。

东京，总面积2155平方公里，2003年人口约1229万人，按市区人口计算，2004年度东京市的GDP为7848亿美元。

香港，总面积达1103平方公里，2003年年底，香港人口约680万人，按市区人口计算，2004年度香港市的GDP为1640亿美元。

柏林，总面积883平方公里，人口约339万人。2004年度柏林市的GDP为1017亿美元（图6）[6]……

低效能的土地利用和羸弱的经济实力显示了中国城市与国际城市竞争高级产业时的无力，也指示了我们未来的改进方向：通过区域合作，集成比较优势，为迎接下一轮产业转移竞争作准备。

从国际学界的发展看，区域研究也同样进入一个新的发展阶段，对“新区域主义（New Regionalism）”和“全球区域（Global Region）”的研究已经成为城市乃至国家应对经济全球化的共同选择（Roger Simmonds，Gary Hack，2000）。

进入社会主义市场经济时期以来，市场理论对国家层面和区域层面的空间规划实践缺乏宏观引导，人口和资源的流动依赖不完全信息条件下的市场杠杆调节，缺乏应对国际竞争的布局企图。同时具有法定地位和实施强制力的区域空间规划的缺位，使国家宏观的战略构想难以实现。

通过建立有效完整的全国城乡空间规划体系，尽快结束没有战略性空间布局与时间发展计划的盲目城镇化，推进中国区域科学有序地发展，对国家已是当务之急，重中之重。

（2）回归“人的尺度”的城市规划研究

城市规划的发展是与人的发展不可分割的，现代城市规划和城市理论的奠基者霍华德·西特等人都是从人的视角来观察城市和环境，为人与人、人与自然、人与建成环境的和谐和友好做出了启迪性的贡献。

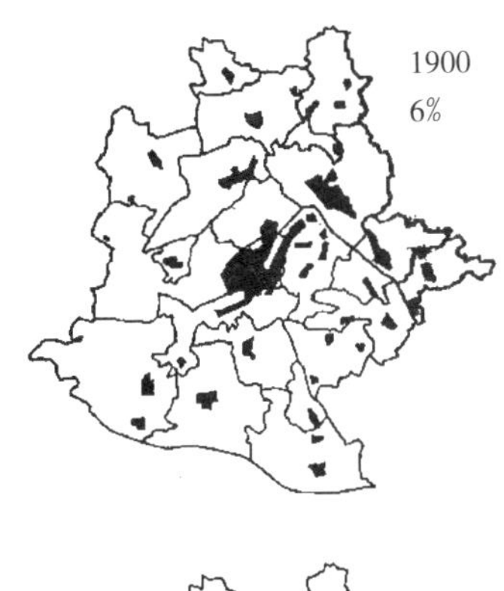

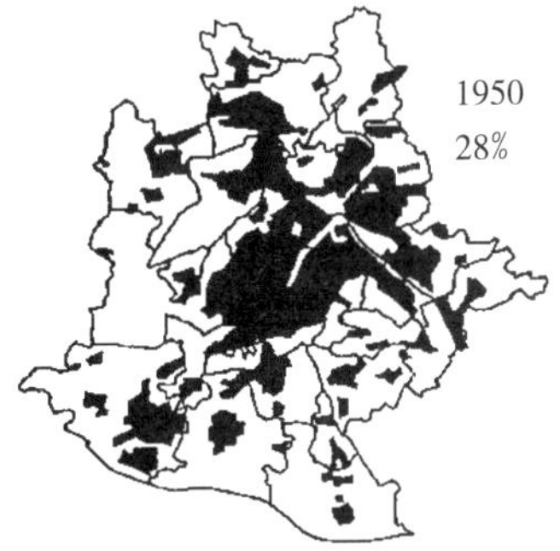

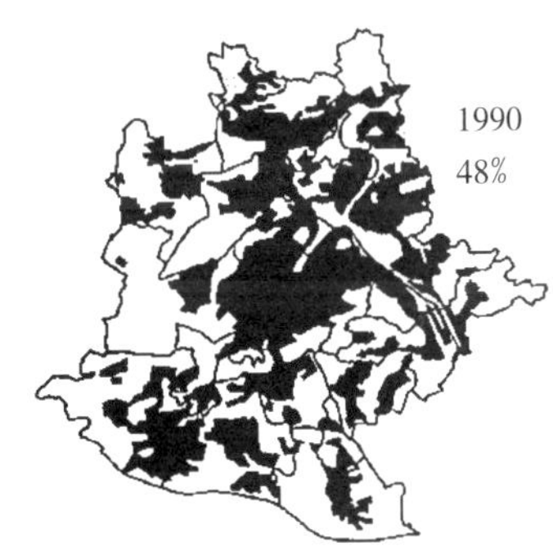

图6　德国城市化水平变化

（20世纪50—60年代正是德国大规模进行国土空间规划的时期）

在城市规划学科不断扩展的今天，我们却发现脑海中人的影响在不断的模糊，电缆、厂房和银行中流动着的许多数字成为我们思维中的单元，今天城市规划经常站在市民的对立面，难道与这种思想立场的差异没有关系吗？换一个角度思考，即使是城市规划政策具有超越个人利益的经济理性或技术理性，这种选择如果能够通过人的尺度描述出来，城市规划也将获得更多的公众支持。

回归“人的尺度”的城市规划要求学科从多个方面同时推进：在空间维度上，要求规划研究关注人的心理和生理要求，转变自己目前的“直升机”似的视角，进行大量的基础性实验和实证性研究；在社会维度上，关注社会各个阶层的发展状况，尤其是从农村转移过来的“新市民”[7]的生存状态，不能继续用“城市人口”的同质化称谓抹杀多样的社会需求；在地理维度上，将“全球转移”、“全球选址”等时髦术语更多地与人在数量与质量上的转移和分布结合起来，与这些转移对人的生活方式和品质造成的影响联系起来，真正从社会和谐，也就是人的和谐的角度进行我们的研究。

（3）可持续的人居环境研究

土地和能源资源的紧缺是中国城市化面临的首要难题。但规划研究的缺位造成的损失更加剧了资源矛盾的紧张程度。

在 1991—2000 年，我国设市城市建设用地平均每年增长 1022 平方公里；2002 年城市建设用地增加 2460 平方公里，征用土地 2880 平方公里，建设用地增加值是前 10 年平均值的 2 倍多，征用土地是前 10 年平均值的 3 倍以上（陈秉钊，2004）。

同时，到 2004 年底，全国城镇规划区范围内共闲置土地 720 平方公里，空闲土地 562 平方公里，批而未供土地 1356 平方公里，三类土地总量为 2638 平方公里，相当于现有城镇建设用地总量的 7.8%。

当前的城市建设模式和人居模式相对于中国的资源状况已经达到了一个危险的极限，从目前的技术水平看，在相当长的时间内，我们的地球已经不可能为人类的发展提供更多的新型能源，可持续的人居环境研究所担负的历史使命也日益凸显。

人居环境研究是一个多层面的知识体系，从宏观的城市化模式、城市空间形态到微观的社区自组织系统、绿色建筑技术，从面上的生态环境研究到点上的建筑生命循环周期都具有重要的理论价值和显见的经济效益。城市规划长期将自己定位为一个“龙头学科”，在这样一个与人类生存密切关联的群体性科学领域中，城市规划没有理由不用“领先”的标准来要求自己。

3. 理论体系的自省与升华

中国城市规划学科走向成熟还需要进行本位论的升华。

应该说，今天中国所遇到的规划无用主义论调与西方国家在 20 世纪 50—60 年代所面临的问题是极其相似的。了解西方城市规划史的学者可以发现，20 世纪 50 年代的西方所面临的城市建设背景与我们的现状颇有相通之处。一方面是城市进行了战后的大规模重建，另一方面城市更新运动的成就也蔚为可观。

城市更新运动的起源标志是 1949 年《新住房法》的颁布，主要内容为大规模的清理拆除贫民窟以及不合标准的劣等住宅、重建衰落地区、改善住房条件、恢复城市中心区的经济活力、减少种族隔离等。

但在实际操作中，由于受到了利益集团施加的压力和官僚机构低效率等多种因素的影响，导致其为低收入者提供住房的主要目标被扭曲，开发与计划实施和实际需求相互脱节，无法解决牵涉面广而复杂的住房问题。地方政府作为计划的具体实施者，并不真正关心低收入者住房问题，而是为了振兴城市经济、增加政府财政税收，注重商业发展。强势利益集团（垄断资本）同样不关心住房问题，只是借更新之名，进行高档住宅和商业开发，牟取高额利润。

更新计划不但没有达到预期目标，而且还由于政策本身存在的问题，产生了许多新的社会问题，从而招致社会各界的抨击。1961 年，“那个土里土气、穿着网球鞋的小老太太”维各布斯更是尖刻地讽刺道：“霍华德创立了一套强大的、摧毁城市的思想”、“现代城市规划理论都是从这种愚蠢的东西（霍华德和他的田园城市）改编过来，或用它来装饰自己”、“(分散主义是）以破坏以至摧毁城市为己任的处方”、“最知道怎样把反城市的规划融进这个罪恶堡垒中的人是一个欧洲建筑师，名叫勒·柯布西耶”……一时间，城市规划的弊端几乎是赤裸裸地暴露在公众舆论面前，城市规划的公信力雪崩般地下坠，规划工作者即使如芒福德也不得不为捍卫自己的事业而大声辩护。

但我们也不得不承认，西方城市规划正是在这种辩论和反思之后，真正丰富和成熟起来的。自省之后的升华，使西方的城市规划对自己的工作方法、工作对象和工作程序有了更全面的认识，从此由现代主义迈向多元和人文的后现代主义时期。雅各布斯和她的著作也成为城市规划理论教科书中极为重要的一部。

1900—1960 年，西方用了 60 年的时间寻找到了建构规划理论体系更广阔的平台，我们希望在第二个 60 年到来之前，中国的城市规划界可以对中国的快速城市化过程进行一个客观的、具有世界影响的理论总结，可以组织起自己完整、合理的学科门类，并形成广泛的职业价值认同。

城市规划教育的应对

（1）有一流的研究才有一流的教育。城市规划的教育模式与国际逐渐接轨的同时，中国课程内容应该具有独立的知识地位。

（2）青年学子规划职业自我认同感的树立首先要从规划核心内容的集体认同开始。这要求城市规划课程有清晰的主线，过程安排有循序渐进的计划。

（3）避免去物质化的极端。去物质化的极端认为以物质空间为核心的规划教育已不适应形势的需要，全面否定“功能主义”等传统规划思想。但去物质化之后未能建立起新的理论和技术系统，这不但导致了教育与实际工作的脱节，更使城市规划学科走入虚无主义的陷阱。

（4）避免唯空间论的极端。唯空间论的极端片面地理解作为规划核心内容的空间化的含义，将一切与城市空间无关的知识从自己的视野中排除；其结果必然是无法从不断发展的人类知识中寻找到新的结合点和知识交叉点，最终坐以待毙。核心空间化与教育开放化是“足”与“眼”的关系，站稳脚跟、高瞻远瞩，才能培养出适应多元化社会的城市规划人才。

结语

在中国城市规划理论和实践体系依然很不完善的大背景下，城市规划学科发展中值得讨论和改进的问题还很多；例如，仍然没有完全转型的计划经济与市场经济的矛盾问题，规划从业者的

图 7　被禁锢住手脚的城市绘图师

职业道德问题，且仍有大量的相关知识需要我们在城市规划中实践应用，例如复杂理论、耗散结构理论和协同学等。这些方面的内容同样在城市规划学科的发展中具有重要地位，但不在本文的讨论范围内，故不赘述。

西方城市规划理论从理想主义起步，经历了理性主义的丰富和完善，走向了更广阔的社会科学领域，其理论方法和技术储备已经有了比较雄厚的基础。在这个特定阶段中，面临的规划核心理论的空心化问题和规划教育的衰落有可能是一个发展门槛和瓶颈，并不一定是城市规划的最终趋势。但在国际学术交流日益频繁的今天，这种思想是在同步地影响着并不那么坚实和牢固的中国城市规划学科，盲目地追随国际学界的动态热点，漂移性地进行我们的研究工作，无疑对中国城市规划学科的发展弊多利少。

希望本文的抛砖引玉，能够使规划人，尤其是理论工作者和教育工作者都能够从喧嚣躁动中停顿片刻，重新审视我们的事业，思考一下我们在做什么，我们该做什么，我们必须做什么。能有这样的效果，本文就已经达到目的了。

注释

1 APSA，Asia Planning School Association，亚洲规划院校联合会，是目前亚洲城市规划专业最大的国际性学术组织。APSA 主席办公室现设在上海同济大学建筑与城市规划学院。其第六届双年国际大会于 2001 年与首届世界规划院校大会同期在同济大学举行，第七届双年国际大会于 2003 年在越南河内建筑大学举行。2005 年 9 月在马来西亚槟城的圣马来西亚大学举办了第八届双年国际大会，共收到了来自世界各地的 202 篇论文，遴选后在大会上宣读的论文有 89 篇。ASPA 第九届双年国际大会将于 2007 在斯里兰卡召开，第十届双年国际大会将于 2009 年在印度召开。

2 AESOP 为欧洲规划院校联合会、ACSP 为美国规划院校联合会、ANZAPS 为澳大利亚新西兰规划院校联合会，该部分内容可以在 ABBS 论坛关于“应当取消城市规划专业”的讨论中找到（www.abbs.com）。

3 该表的数据并非是精确数、系根据相关文献和网络资料整理，可参考：陈秉钊，2004；赵民，2004。

4 该部分内容可以在 ABBS 论坛关于“应当取消城市规划专业”的讨论中找到（www.abbs.com）。

5 1990 年代以来城市规划理论界将沟通规划和合作规划作为城市规划方法论发展的重大突破，诸多“先锋”学者投身其中，但城市空间领域的研究却停滞不前，难有突破，甚至在国际性的讲坛中，这些做基础性研究的学者也是缘悭一面。

6 该部分数据由网络相关资料整理形成，可能并不准确，但具有说明性的意义。

7 目前城市中存在着大量被称为“民工”和“流动人口”的人群，这部分人群无论是从他们的生活空间和生活方式看，都已经是城市市民的一部分。从学术的角度看，“民工”和“流动人口”是一种区别对待的歧视，也不能唤醒城市的决策者对这部分人群正常需求的关注，我们呼吁将这部分人口视为“新市民”。

中国城市规划的理性思维困境 *

孙施文

编者导读

随着中国经济的高速增长及城市的急速发展，对城市规划师的需求日益增加。中国自改革开放以来，完全由中国规划院校自己培养的一批优秀规划师已经走上历史舞台，并且已经成为当代中国规划界的中坚力量，选入本书的文章作者赵民、王建国及孙施文等教授均是这些规划师的代表。

由于中国的城市规划脱胎于建筑学，长期以来带有强烈的物质性规划和技术工具的特点，也即孙施文在本文中强调的“实用理性”或“工具理性”，而缺失了对城市规划本质的思考，这和本部分选文中张庭伟教授在《转型时期中国的城市规划理论和规划改革》一文提到的中国城市规划教育缺乏对“规划价值观”培养的判断相似。改革开放以来，随着中国城市的高速发展，城市规划专业迎来了“规划的春天”，规划师获得了大展拳脚的广阔舞台。但是在如火如荼的城市建设高潮背后，对城市规划的理性思考却被忽视了。部分规划师沦为某些地方政府和强大利益团体在制图板上的“代笔人”，在规划工作中放弃了对规划价值观的遵从和坚持。在这种急功近利的社会环境中，孙施文教授坚守城市规划的学术阵地，对看似枯燥的“规划价值理性”的探索仍孜孜不倦。在《中国城市规划的理性思维困境》一文中，孙施文首先对“什么是理性”及东西方对于“理性”理解上的差异进行了讨论，并指出：中国现代城市规划缺少理性精神和理性思维方式。虽然中国规划工作由于借鉴了西方城市规划理论而貌似披上了理性的外衣，但其本质上仍停留在物质性规划的阶段。根据奈杰尔·泰勒对现代城市规划理论三大进展的界定，孙施文认为中国城市规划还处于第一阶段，尚未进入真正的理性规划层面，更遑论从现代主义向后现代主义的转变。究其原因，孙施文从中国传统文化的分析着手，认为在于缺少作为知识演进的理性态度和思维。中西方对于理性的理解不同，中国文化传统追求的是“实用主义”理性，是建构在个体自身的功利性判断基础上、带有浓重的情感因素和经验判断的理性，和西方提倡的基于群体的共同理性有很大的不同。当代中国城市规划的学科体系及规划管理机制基本上建立在西方规划学科的基础上，但中国规划师的思维方式却表现出浓厚的中国传统思维特征，而且规划运作时的中外制度环境明显不同，由此导致中国城市规划的理性思维面临困境。

---

* 本文原载于《城市规划学刊》2007 年第 2 期。——编者注

孙施文认为，中国城市规划的理性化，不仅是建立现代知识体系的需要，也是城市规划成为一种现代知识形态继续存在和发展的必要基础。城市规划要想与社会生活的运行与发展相融贯，并在现实生活中真正发挥作用，理性化必不可少。而且，这种理性化并不局限于对城市规划的整体性重构，这种重构也不在于其形式上的一致性和对西方的模仿，其关键在于建立起能够统领中国城市规划各组成要素的、贯通各部分内容的内在运作机制。

孙施文于 1963 年出生于上海，1985 年毕业于同济大学城市规划系，其后在上海市城市规划建筑管理局工作，1988 年及 1994 年分别获得同济大学城市规划系硕士和博士学位，之后留校任教，现任同济大学建筑与城市规划学院城市规划系副主任、教授、博士生导师，同时担任中国城市规划学会学术工作委员会主任委员等职务。

孙施文教授的学术研究专注于当代中国规划界面临的一些根本问题，特别是中国城市规划的基础理论问题，希望从理论上探求产生规划问题的根源，发现解决问题的途径。早在 1994 年，孙施文在其博士论文《城市规划哲学》中，就对中国城市规划缺乏理论基础的问题表现出热切关注。多年来他发表的关于中西方规划理论的一系列学术著作，影响了一批规划学子。本文原载于《城市规划学刊》2007 年第 2 期。对孙施文教授学术思想有兴趣的读者，还可参阅其论文《城市规划方法论的思想基础》、《城市规划作用方式的历史演变》、《城市规划作用的研究》、《寻求真实状况下的规划意义及相应对策》、《规划的本质意义及其困境》、《城市总体规划实施政策的理性过程》、《城市规划不能承受之重》等。特别是他的《城市规划哲学》和《现代城市规划理论》两本学术专著，在中国规划理论界引起了广泛的关注。

对中国规划理论的探索，需要一代人甚至几代人的努力。改革开放 30 多年来中国发展的成就，及史无前例的城市化浪潮，为有中国特色的城市规划理论的诞生和发展提供了丰厚的实践土壤和工作平台。在面临社会、经济乃至政治转型的中国，我们殷切地盼望着有更多学者关注规划理论，更加努力地把丰富的规划实践上升为理论，能够早日建成一支富有活力的中国规划理论队伍。

正文

当今，几乎所有有关现代性的讨论都涉及城市规划问题，而且都把城市规划看成是现代性的最典型代表，因此，现代性的问题在城市规划中也表现得最为明显。[1] 没有现代性，就不可能有现代意义上的城市规划，现代性不仅为城市规划提供了思想武器，同时也是现代城市规划能够形成、发展和发挥作用的整体性基础。也就是说，只有有了现代性，城市规划才有形成的可能。

从知识体系和实践领域来看，所谓现代性的最集中特征和表现，或者说现代化的基本精神就是理性化。从现代化的发展历程来看，首先是以自然科学知识为基础的技术的普遍运用（技术现代化）和以机器生产为基础的工业化（经济现代化）为开路先锋，推动了社会、政治、文化等方面的现代化进程，包括：民族国家一体化、法制化和极权化的国家体制的建立（政治现代化），科层制的普及（组织现代化），以功能、绩效原则为基础的高度分化与流动的各种社会结构的形成（社会现代化），理性至上、个人至上、成功至上、能力至上、效率至上的价值观的确立（文化现代化）等。[2] 而现代化社会的许多特点，如专业化、标准化、同步化、集中化、规模化、系统化、控制化等都是社会生活全面理性化的不同表现。现代城市规划作为西方社会现代化过程中伴生的知识体系和社会实践，其同样具有非常明确的理性特征，现代城市规划的形成及其发展既是社会理性化过程的结果，同样也推进并强化了理性化的进一步扩展和对社会的控制。

理性的含义

由于中西方语言的差异，对于“理性”本身的认识存在着一定的偏差。在西方语言中，“理性”和“合理性”具有相同的含义，如“rationality”这个词就都具有这两方面的内涵，至少也表明了通过理性来寻求合理性的路径关系。在通常意义上，理性包括了两方面的内容，一方面的含义是指一种思维方式，即由概念、判断、推理等组成的思维活动，这是就其思维过程而言的；另一方面的含义是指这种思维过程中的实质性内容的，即具有可推理性。当然，理性也并不是单一的，正由于其贯穿于现代生活的各个方面，因此也就有多种理性的存在，并且可以根据不同的目的对它们进行划分，比如：从内容上可以划分为实质理性与工具理性；从程度上可以划分为纯粹理性（或完备理性）和有限理性；从操作上可以划分为思辨理性和实践理性；从社会意义上可以划分为个人理性与集体理性等。但这些都是对理性进行运用的表象性进行分类的结果，对于我们理解理性或合理性本身，邦格（M. Bunge）所概括的合理性的七种方面仍然是非常有用的。邦格认为合理性可以包括以下七个方面[3]，这七个方面的内容基本上覆盖了我们通常所说的理性或合理性的主要内容。

（1）概念的合理性：使模糊（含混和不准确）最小化；

（2）逻辑的合理性：力求连贯一致（避免矛盾）；

（3）方法论的合理性：质疑（怀疑与批判）和证明（要求证据或事实，无论这些证据或事实是有利的还是不利的）；

（4）认识论的合理性：关心经验的支持，避免与科学技术知识不一致的臆断；

（5）本体论的合理性：采纳与同时代的科学技术知识相一致的世界观；

（6）价值观的合理性：力求达到可达到的并值得达到的目标；

（7）实践的合理性：采取有助于达到预期目标的手段。

要注意理性与理性主义是有区别的。理性主义作为一种认识论和哲学观点，是唯理论，是把理性看成是知识的唯一来源，只承认理性认识的可靠性，否认理性认识依赖于感性经验等。尽管其基础是理性，但它也由此而排挤掉其他认识的可能。因此，理性主义与这里所讨论的理性是不同的。理性作为一种思维方式和思维过程中的实质内容，是达到或实现邦格所揭示的这些合理性方面的途径，这才是本文使用“理性”这个词的基本含义。

建立在理性基础之上的西方现代城市规划

暂且不去讨论“理性功能主义”或“功能理性主义”，也不以“综合理性理论（或方法）”这些带有“理性”名头的内容来讨论现代城市规划本身所固有的理性特征，而用在中文语境中被认为最不具“理性”特征的“乌托邦”（或称空想社会主义）思想来说明。“乌托邦”确实指的是“乌有之乡”，是一个想象出来的地方，也是想象出来的一种制度体系以及这种制度体系在社会生活中的表现；空想社会主义有空想的成分，但不是指其是胡思乱想的结果。恰恰相反的是，所有的“乌托邦”几乎都是针对当时社会所存在的问题的，具有极强的社会批判精神和针对性，非常符合现代理性思维的问题意识。通过对现代“乌托邦”思想的认真考察就可以看到，“乌托邦”

思想只有在由启蒙运动所张扬的现代思想体系中才有可能出现和存活。①只有在启蒙运动之后才形成了人通过自己的理性可以改变社会这样的思想，在此之前社会被认为是由上帝所预设好了的，人是不能改变天意的；②“乌托邦”思想所期望的对社会进行改造，只有在启蒙运动建立的社会认识的基础上才有可能，也就是社会是发展演变的，社会会变得越来越好，在这样的基础上，乌托邦才有可能去超前地设想未来的美好社会；③所有的乌托邦都是符合理性规则而推演出来的结果，是从逻辑分析的框架中演绎而来的，必要的前提一经设定，其推导出来的结果就应该是如此的[4]，也就是说，所有的乌托邦方案都是经得起理论上的检验的，与现代知识体系架构的要求完全一致。“乌托邦”之所以在西方思想体系中能够存活下来，并不断得到认可，很重要的一点也就是它是现代性的成果，也是现代理性思想的体现。它之所以被称为“乌托邦”或者被冠以“空想”的名分，并不在于它本身的不合理，而是由于“乌托邦”所提出的只是现实中存在的问题的终极性的解决方案，希望能够彻底地、一劳永逸地解决社会中存在的问题，或者是根本性的问题，因此在特定的社会制度下可能不具有可实施的条件，或者说是其整体实施的不可能性。[5]从知识体系的角度来看，这种不可实施性也只是由于所有的乌托邦都是建立在理论思维的基础之上的，而不是建立在实践思维的基础上的。[6]而以简·雅各布斯为代表的对现代城市规划的批判实际上就是以实践思维对理论思维的批判。[7]

由此可见，所有的“乌托邦”思想几乎都是建立在现代性和理性的基础之上的，甚至可以说，“乌托邦”是现代性思想的最杰出的表述之一。[8]在西方的语境中，对“乌托邦”的理解并不像在中文语境中那样，往往被认为是否定的、消极的，或者对这个词的运用是贬义的。在中文的语境中，“乌托邦”之所以处于这样的地位，是由于其缺乏实际的功利性，并不能为现有的行动提供直接的框架。而在西方的语境中，“乌托邦”的被敬重在于其对社会的批判性和对思想的引导性，因此在西方的思想史上具有很高的地位。这一点不仅从马克思对“空想社会主义”（在西语中与“乌托邦”具有同义性）的论述中可以看到，而马克思的思想体系在很大程度上就是建立在此基础上的（即所谓的马克思主义的三大来源之一）。而且在整个 20 世纪的西方学术史上都有对乌托邦思想的深入研究。即使是对于后现代的思想家来说，尽管他们试图冲破现代主义的束缚，解构现代主义的思想体系，也同样没有贬弃乌托邦的思想导引，如后现代思想的重要旗手鲍曼（Zygmunt Bauman）等的相关论述。[9]

现代“乌托邦”思想是现代城市规划最重要的思想基础之一，它不仅为现代城市规划奠定了社会进步和社会改造的思想基础，建立了现代城市规划的基本价值观念，而且在知识体系上也建构了基本的思想框架，其所蕴含的理性的思想方法同样为现代城市规划继承，霍华德以降的现代城市规划始终是沿着这一路径发展的，20 世纪 60 年代以后的城市规划社会科学化和城市研究的兴起及其在城市规划领域的渗透，则在延续以自然科学为范型的理性研究方面表现得更为突出。

我国城市规划中缺乏理性的现象

我国城市规划中缺乏理性的表现比比皆是，甚至可以说是整体性地缺乏，这里不一一列举，仅从宏观上指出几个方面：

（1）缺少理性化地研究问题的精神。在我国的城市规划领域，一直缺少对城市问题以及城市规划所涉及问题的深入研究。[10]城市规划的编制始终被看成是一项必须要做的工作或任务，而不是看成是解决问题的工具；因此，在规划的内容和考虑这些内容时即使会提到城市中存在的问题，但所提出的规划成果和对策与这些问题并无关系，由此也减弱了对问题研究的需要。在规划编制中，不从问题出发针对问题提出解决方法，而是从理想化的终极状态出发，不探究行动步骤和可能，无法建立起现实与未来之间的逻辑联系。其中最为典型的是在编制规划时都进行了现状调查，但这些调查是怎样转化为规划的，这些调查的内容是如何对规划的内容产生影响的，规划的成果与调查的内容是否有内在的逻辑关系，等等，都没有任何的解说，而且并没有建立起这样的关联，以致不用现状调查也照样可以拿出几套方案。更有甚者，在“开放、公正、择优”等的旗号下，城市总体规划的编制也可以放到招投标的市场上，以图纸的优劣、图案的好坏来进行抉择，成为真正的“竞图”。另一方面，城市规划领域中的研究大多表现为随感型的阐述，缺乏严格的论证和遵循逻辑，缺少真正意义上的实证研究，偏重于宏大叙事的感想，进而产生了如李泽厚先生所描述的中国文史哲类研究所出现的相类似现象：“常常违反形式逻辑，仅以气势（情感力量）逼人……”。[11]

（2）在制度层面，城市规划相关法律法规的制定，并没有从城市规划能做什么和该做什么的角度进行必要的研究，凭借着传统的做法、专业人员的臆想或者当政者在特定时期的某些感触，想当然地或随意地设定规划的内容，从城市规划自身的角度设定与外界的相互关系。城市规划部门或者城市规划师为突出自己的特殊性，强调城市规划的技术内容而忽视城市规划所具有的社会意义，以城市规划的技术性来消除城市规划本身具有的行政管理特征和对社会利益的影响，从而将城市规划与其他相关制度相脱离，城市规划部门游离于政府的其他部门，甚至出现相互对抗的状况。如果仅仅考虑技术的合理性（其实，我们现在的规划正如前面所指出的那样，并不一定就具有充分的技术合理性），这还仅仅只是理性当中的一部分，从城市规划是社会实践的角度来看，最重要的则是处理好规划技术与其他方面的相互关系，这是实践思维的关键所在，在此框架下，才有技术理性可言。城市规划作为一项社会制度而发挥作用，城市规划作为一种政府行为，理应与其他的制度和政府部门之间有密切的协作，因此，城市规划部门与其他部门、城市规划制度与其他制度之间的分离导致了城市规划作用难以发挥而且城市规划的运作日益困难，其实质是社会整体制度和政府整体架构的瓦解。此外，在制度设定时往往迁就行政管理机构设置的需要，不按照以事设岗而是以岗设事，以多少带有点随意性和偶然性的行政机构的设置来界定城市规划的内容与范围，混淆城市规划的作用对象与作用机制。

（3）在知识层面，城市规划学科把形态设计和终极状态作为基础的规划观，因此，一直限于描摹未来状况，而它的依据则来自规划师自己的灵感和所谓的经验。强调规划师的创造性，而这种所谓的创造性实质上只是一种艺术赋形的工作，追求图案的形式美和创造令人震惊的效果。而源自灵感和经验的内容具有不可检验性和不可复原性，使得设计者具有了天马行空的自由，更加肆无忌惮地不顾理性的规则。近些年逐步建立起来的专家评审制度，期望从更为科学、理性的方面对方案本身进行评估，但由于对制度的运作没有相应的规则，专家所发表的意见都是基于专家本人的认识和灵感，有许多都是随兴而发的感受，因此，专家评审实际上也已成为了设计师与专家之间的“聋子的对话”。此外，城市规划内的各类知识缺乏连贯性和逻辑的一致性，近些年来强调了将其他学科的知识引入城市规划领域，但仍未建立融贯的和与规划内容互动的关系，造成了各种知识在城市规划领域中拼凑在一起的格局，而且这些知识在被引入的同时全然不顾不同知识本身的前提条件，矛盾和冲突显而易见，最终造成城市规划学科与其他学科之间的不相交融。同时，由于城市规划与引入的各种知识缺乏逻辑性的整合，城市规划知识本身又缺乏理性的组织和考量，因此，它难以纳入到受城市规划影响的其他学科思考的范围之中，更不用说成为这些相关学科研究的基础。

（4）在城市规划的操作层面，各类规划各行其是，对于同一框架下的规划类型，下层次规划违背上层次规划，规划实施脱离经法定程序批准的规划。在时间序列上，后续规划或修编规划整体性地改变前面的规划，规划缺乏时间上的延续性。规划师偏爱个人意志的阐发，缺乏客观研究城市的兴趣，在对城市不甚了了的情况下对城市未来发展指手画脚。因此，每一次规划的编制都是在一定范围内的整体性的改变，是结构性地颠覆上一层次的规划和前一次的规划。从城市规划的内容上讲，规划的过程建立在先验的设定基础上，以不变应万变，总期望着用其他的种种手段来实现这样的设定。由于规划过程中更注重直觉和形象的感性认识，而对理性态度和方法予以排斥，普遍存在着以设想和想象替代现实、以浪漫主义的愿望替代对合理性的思考、以艺术法则替代逻辑推演之类的现象。在此基础上，规划中各项要素之间的关系都是随意的和臆想的，只是建立在具体设计者的感觉之上，因此这些要素的综合只能说是包括了全体要素的混合或者说是纠合在一起，它们之间的关系并不具有必然性也不具有必要性，因此城市规划所标榜的综合性实际上是在没有分析的基础上的虚假的“综合”。

我国现代城市规划中的理性从一开始就被遮蔽了

检视我国当代城市规划中为什么会缺失了理性的成分，不能仅从规划中的种种不理性或非理性的具体现象出发，也不能把这一切都归于城市规划从业者本身或相关人员思维中所存在的缺省，否则就会成为掺入大量的意气用事的大批判式的揭发，而是希望从学科本身的内在脉络中去寻找，去探究中国城市规划本身的病症。因此，拟将重点放在我国城市规划引入阶段的分析中，这样或许可以更清楚地看到，中国现代城市规划从一开始就缺少了理性的基础，并印证了笔者的一个主题思想：中国的城市规划尽管已经具有了西方式的外套，但其本质上从来还没有进入现代化的进程，因此，中国的城市规划当今首要的任务是现代化，而不是所谓的后现代化。

从学科本身的发展来看，如果全新的学科的出现或引入，它所要求的基本结构或者其生存状态与原有的体系完全不同，一般会出现两种状况，一是以全新的思维方式和逻辑结构来发展这门学科，进而对整个学科体系进行全面的重构，二是保持原有的学科体系而新的学科将游离在外（被边缘化），等待适当的时候进行重新整合。这两种状况在世界各国的学科发展过程中都曾经出现过，在我国的近现代史上也同样出现过。但我国的城市规划却没有出现这样的状况，而是自引入之初开始，就融合进了原有的知识体系中。或许因为城市规划本身就是一门实用的学科，因此“实用理性”（见后述）可以很好地将其与传统的学科体系进行融合。但这个城市规划与西方的城市规划并不具有可比性，这种不可比性不仅在引进时就已经对原初的被引进的内容进行了选择，并在经历了近百年的发展之后已经走上了完全不同的路径，因此，即使人们现在所说的都是“城市规划”，名称或许一致，但在本质上相距甚远。[12] 如果看不到这一点，不仅根本无法认识我们的城市规划，而且也无法真正认识其他国家的城市规划，在这样的状况下说什么学习、借鉴、参考等等都是奢谈。

“城市规划”（或“都市计划”）[13] 这个名称本身也是后来引进的，而我们现在讲中国古代的

“匠人营国”或把其他有关对城市进行安排的活动称为“城市规划”也仅仅是套用了这一词语而已。[14] 其实这是两种完全不同的思想体系和知识系统，两者之间并不存在可以通约的因素。中国传统的所谓“城市规划”属于一种“匠艺”，受礼制的约束，在其延续的过程中基本是保存了一些手法而成为定式、制度和风格，是所谓以不变应万变，以固定的形制来规约各不相同的城市变化需求，至少在这一点上就与现代思想及其知识系统背道而驰。从本质上说，中国古代并不存在现代意义上的城市规划，即使到了20世纪20—30年代，现在被我们称为城市规划的某些活动，正如陈占祥先生对1929年的“大上海计划”所作的评论那样：“没有城市规划思想的实质”[15]，笔者相信陈先生所说的“城市规划”肯定是指“现代城市规划”。这一评论也警示了人们，从现代城市规划引入我国开始，就已摈弃了它的核心本质。

从整体上讲，城市规划的引入是站在中国本土的思想认识基础上，从外在性方面学习了国外的现有形态，硬生生地插入到中国既有的学科体系和社会实践之中的，其相互之间的相容性却未被很好的考察或进行适宜的调谐，从而导致了规划编制成果的内容看上去差不多，规划的组织体制也非常类似，但许多本质性的内容没有得到很好的移植，而且也没有相应的动力去进行这样的移植（因为已经为其找到了适意的位置，在既有的体系中得到了安顿）。在我国城市规划的引入过程中，以既有的传统学科规制为依据，置学科本身的特质于不顾，按部分类似的方式归并到已有的学科或学科体系中。如，1903年清廷颁布了“钦定学堂章程”，其中规定大学堂分为八科，建筑作为一个学科列于工科之下。在此后的时段中，城市规划的理念被逐渐引入，但为了适应中国传统体制，以日本的制度框架为参照，以美国发源于城市美化运动的设计观念为蓝本，摈弃现代城市规划的原型，如英国的城市规划的实质，而架构了中国现代城市规划的基本体制。1928年上海市在政府部门首设城市规划管理机构，也同样设于上海特别市工务局中。这种状况在20世纪20—30年代也有一些批判，如杨哲明在1930年出版的《都市政策ABC》中就明确地指出：“英国都市计划之主管机关，由卫生部负完全责任，办理都市计划方面之一切事宜。……与日本之视都市计划为土木工程事业之范围者不同。可知英国都市计划之目的，在维持市民之公共卫生；都市计划之目的，在力求住宅问题的改良和解决”。[16] 但这样的观点并没有得到广泛的认同，也没有在教育和政府制度层面有所改观。而将城市规划看作建筑学中的一部分，是土木工程事业中的一部分的传统却一直延续了下来，直至现在，学科体系仍是如此。在这样的思想体系下进行的城市规划，尽管从表面上看已与西方非常类似，但仍然不能称为现代城市规划，陈占祥先生评论的实质也正在于此。之所以出现这样的状况，实际上还是处于一种在不冲击既有框架的基础上接受外来的新知识，以为以这样的修补就可以使旧有的知识体系适应新的发展需要。正由于这样的状况，整体上满足于能用就行的心态，至于为什么要用或者如何用好之类的问题就被完全的遮蔽了，这或许也是另一种形式的“实用理性”。[17]

在1949年以前，或许1946年“大上海都市计划”是最符合同时代西方城市规划典范的，不论其规划编制成果的形式，还是其分析的框架与思路，这或许得益于该规划的编制者都接受过西方城市规划的专业训练，而且也有多位外国学者的参与，同时也由于在当时延续了租界时期的政府管制方式，对政府事务的讨论能够基于现代理性的基础来进行。[18] 但从另一方面来看，由于整个学科体系和社会制度本身所存在的问题，或许只能说它在学术系统内部或者说是在规划编制领域内是完善的，其与社会运作机制的衔接仍然存在着问题。进入20世纪50年代以后，城市规划的转型是基于向苏联老大哥学习，这里有意识形态本身的需要，但就社会整体而言，其实质仍然是中国社会进入现代化的一种选择。也许这仅仅只是一种路径的改变，其现代化的本质没有发生改变，正如，马克思许多论述的基调仍然是有关于现代性的。[19] 同样，在20世纪50年代后期对苏联模式的城市规划的批判，并不完全是起因于意识形态的决裂，而是在西方思想的影响下（主要是基于40年代之前的规划知识）对城市规划不同认识之间的对抗，这种对抗之所以能够发生，在很大程度上，是苏联模式对前现代规划方式的运用，进而导致接受了欧美规划思想的城市规划师或学者的进一步反思，这也可以看到这种批判主要发生在1949年前已有一定现代城市规划基础或者在接受西方式城市规划教育者较集中的城市中。它希望中国的城市规划不要被再次拉入到前现代的传统之中（其中最具典型意义的是上海），尽管其运用的工具是基于现实状况而对形式主义的反抗，而没有声明其思想和理论的基础，但实质上其隐含的参照对象则是建立在西方的现代城市规划基础上的。[20]

自20世纪80 年代以后，经过近20年的半封锁，尤其是“文革”期间的全封锁，西方的城市规划已经有了长足的发展，而此时中国的城市规划基本上仍处于恢复时期，被称为50年代后的“第二个春天”，因此着力建立的是延续50年代初的城市规划体系。而西方国家的城市规划理论和实践也在不断引入，但这种引入仍然是在原有体系中进行修补，与20世纪初的引进不同的是，这个时候已经有了一个城市规划的知识体系，不只是在整个知识体系中引入城市规划的问题，而是在既有的城市规划中不断补充和完善。但这种引进不仅同样是以实用主义为指针的，而且更是顺应着掌握着主导话语者的需要而零星地、局部地引入的（既不顾在西方知识体系中的状况，也不顾自己的知识系统的状况），这种百衲衣式的织补方式更使城市规划勉为其难，既缺乏对思想性内容的追求，也放弃了整体结构的逻辑关联；不仅由于缺乏内在的理性运作机制而导致其在知识系统内部的瓦解，而且由于在体系架构上缺少理性的考量而导致其整体上的东拼西凑；不仅在于城市规划在对城市进行安排时缺乏对城市运作本身的理性认识与组织，也缺乏对城市规划本身架构的理性认识。这就是当今城市规划所直接面对的结构性问题。

现代理性对中国城市规划为什么这么难？

从整体上讲，我国现代城市规划发展的起点并不是在自己的社会、经济、政治框架中自发生成的，而是在从国外引进整体性框架后嫁接起来的。这种引进也不是从当时存在的问题出发的理性选择，而是如我国大量的学科和社会经济政治体制一样，基本上是基于国外先进（现代化的，或者后来是所谓的发达的）国家有这样的内容，所以我们也要有或也应该有这样的心态，从而将一门新的学科和一项制度纳入了进来。在这样的背景下，城市规划的社会需要程度如何，以及它所应当担当的职责是什么，它如何与其他制度之间进行有效协调，以及这个知识门类的核心及相关体系的关系等等，并没有得到很好的考量，也没有建立起可以调谐的机制来促使其与其他要素一起发展。从这样的角度来看，我们就可以理解，城市规划并不是以其自身来直接面对社会的，而是按照被赋予的职责来完成相应的结构需要的。在制度层面上，城市规划并不是问题取向的，它并不被用来解决什么特定的问题，而是为了符合结构体系的需要。在追求行政效率的要求下，城市规划被格式化为某些类型，并且为每一种类型建立各种规则。从结果来看，这样建立的制度，无论在规划成果（plan）的形式上，还是在政府机构的组织方式与城市规划管理内容上，与西方原初自己生长出来的城市规划在形式上非常接近（所有后发达国家都几乎出现过这样的现象）。作为以实用性和追赶型为目标的急功近利的学习的结果，就是保持表面上的相似性，而缺乏对其本质性的揭示和融会贯通，更不会根据其本身的特质来改变相应的思想方法和具体内容。这在我国城市规划近百年的发展历程中尤为显著，而且并没有深刻的改变，这或许是中国传统的“实用理性”思维所导致的结果。

这里先暂且不论制度层面的城市规划的状况，首先来讨论一下作为知识体系的城市规划中的状况。在知识层面上，现代城市规划的知识系统是在西方社会科学、技术科学等的基础上发展而来的，因此，无论其在西方的科学知识体系中有多么的不同，它始终是在西方知识之树上结出的果实，其所依存的思维方式保持了一致性，正如前面对“乌托邦”思想的分析所指出的那样，理性思想是其根本性的支柱。对西方国家中现代城市规划的发展历程也同样可以得出这样的结论，这里不做赘述，读者可以参阅大量所谓后现代主义的文献对现代城市规划的批判以及其他的相关文献。[21]

而在我国的传统文化中，始终缺少作为知识演进的理性态度和思想。这并不是说，在中国传统社会中没有据以对行为作出判断的准则，而是说，在中西方的语境中，“理性”的含义是不同的，不仅其所强调的核心思想不同，而且在其表达的方式与基本的起点上就完全不同。哲学家李泽厚先生深入研究了康德的“纯粹理性”，并对中国文化传统进行了探讨，并意图通过对中国传统的“实用理性”进行改进来适应现代化进程中的需要。他认为，中国传统的“实用主义”理性的特征在于“建构理性化的思想情感以指导行动”，“这特色是既不使思想走向远离实际的抽象玄思，也不使人轻易排斥思想，轻易陷入非理性的情感迷狂，而是强调‘道在伦常日用之中’，‘以实事程实功’，关注实际效用，重视世间关系，不依凭超验或先验的理性或反理性，而是要求从经验中概括出合理性。‘实用理性’要求理性渗入日常生活之中，以‘合情合理’、‘通情达理’等原则来指导、判断和规范人们的行为活动，维持和延续社会和个体的生存、生活和生命。”[22]因此，在传统的中国社会中，人们作为行动依据的“理性”是建立在个体自身的功利性判断基础上的，其中包含着浓重的情感因素和由经验出发的判断，这种判断正如李泽厚先生所揭示的那样是维系中国传统社会运行和发展的基础。但从更为广泛的社会角度来看，仅有这样的“理性”是不够的，正由于这种“理性”具有明显的个体性和不可重复性（无论是个体间的还是代际的），而不是基于群体共同的理智判断，所以需要有一套社会机制来弱化个体性特征并强化人际关系，迫使个体必须在群体的上下左右关系中受到牵制与约束，从而架构了中国传统社会的基本特征。

随着社会经济政治体制和西方知识体系的不断引入，传统的社会体系发生了重大的改变，而百多年来的“西化”和反传统浪潮也风起云涌，但文化积淀的改变是漫长的过程，“即使在决裂式的‘彻底’反传统思潮（从五四、‘文革’到《河殇》）中，也仍然可以看得出这种重现实功用，由情感因素和经验出发的传统理性特色”。[23]而另一方面，中国的现代化进程更多是仅仅停留在物质的、外显的那部分，就是可以用一些指标进行考核的那部分。而在更为深层次的文化、思维方式等方面几乎没有得到改变，而这在许多现代学科的发展过程中也留下了深刻的痕迹。尽管这些学科都以西方的知识体系为参照，甚至是直接从西方引入的，但从引入之初直至后来的不断发展中，都只保留了其外壳而对其内核已经进行了偷换，而其后果就是中式的经脉无法贯通西式的外形，以中国的传统思维方式根本无法走通从西方引入的学科的各个方面，更无法将其整合为一个整体而在社会发展过程中发挥作用。城市规划是其中的典型，但很显然这不仅仅是城市规划的问题，而是具有更为广泛的社会性特征，几乎所有以西方为参照而建立起来的学科当今都面临着同样的问题。由于现在所有的制度架构和学科体系都是建立在西方的参照系基础上的，相应的运行规则和制度化的评价体系都以此为准，并且也在不断地（包括今后）引入国外的知识内容，但由于内在的运行基础仍然是未经改造的传统，在这样的体系中游走就必然是步履维艰的。我们现在总感觉，比如城市规划，为什么有如此之多的问题，其实质就是与城市规划相关的种种制度存在着内在的悖论，这种悖论的存在宣告了“中体西用”的破产。我们也曾经期望用“中国特色”来破解这样的悖论；但实际上，这只是一种掩耳盗铃，是传统的“实用理性”的另一种延续，其最终将积聚的矛盾继续累积，并有可能导致整体框架的瓦解。

结语

由于在学理上中西方的理性思想完全是两种不同的思维方式与规则，因此它们不能相互替代。而现在面对的困境之一就是，城市规划的学科体系及其内在机制是建立在西方学科传统基础上的，其内在的发展理数是由西式的思维方式作决定的，尤其我们仍在不断地引进西方学科体系中产生的理论、方法以及相关的内容与评判的准则，而作为运行中的我国城市规划已经脱离了其发展的思维基础，用中国传统型思维方式改造了西式的现代理性，也就使贯穿城市规划的内在经络已经发生改变，由现代理性所贯通的城市规划中的各种理论、知识与体系以及与社会的关系（即城市规划的作用方式），与城市规划相关的各项知识之间的关联和构成城市规划的各项关系已经互相分离。在这样的状况下，我国城市规划的进一步发展必然要面临重大的抉择；也就是，城市规划本身的发展面临着如何选取适宜的结构体系的问题。而在社会不断现代化、知识体系不断理性的背景下，城市规划必然要求有进一步的理性化，这种理性化并不局限于对城市规划的整体性的重构，而且这种重构并不在于其形式上的一致性和对西方的模仿，关键在于建立起能够统领我国城市规划各组成要素的、贯通各部分内容的内在运作机制。

在现代知识的基础上，要破解这样的困境，实现我国城市规划的有效运作，从内在机制上讲，除了理性化别无他途。而且，我国城市规划的理性化，并不仅仅只是从现代知识体系的角度上才有这样的需要，但这至少是城市规划要作为一种现代知识形态继续存在和发展的必要基础。而现代城市社会的发展也同样有此要求。应该看到，现代城市生活也是建立在理性的基础之上的，西梅尔、沃斯等人对城市生活的研究早就揭示了城市生活方式的特征[24]；同样，市场经济也是建立在理性的基础之上的，市场经济体制的运作基础就是所有的市场参与者都是从理性判断出发的，而这样的机制本身就要求并决定了其中的参与者必须理性地作出反应。当然，就现代城市生活和市场机制的方方面面来说，理性并不是唯一的，也不是万能的，但没有理性是万万不能的。现代生活的各个方面都把理性作为其最基本的运作基础，如果我国城市规划仍然缺少这种理性的精神，那么它将永远难以与社会生活的运行和发展相融贯，也就不可能在城市发展过程中发挥其应有的作用，这样的城市规划是必然要被排除在社会体制之外的。

需要说明的是，笔者并不是在这里否定中国传统思想和相应的制度，包括古代城市规划的成就，而是想说明，当引进了国外的先进技术或经验及具体做法时，要充分认知其间的差异，否则会水土不服，或者即使存活了下来，其效用也是值得怀疑的。现代城市规划在我国已有近一个世纪的历史了，现在所面临的困境恰恰是水土不服所造成的。笔者在这里也不是要大肆宣传理性，把理性看成是解救我国城市规划困境唯一的良方妙药；而是说，我们要看到，西方的城市规划是建立在它自身的语境之中的，我们在学习的过程中应当能够分辨出其语境之间的差异。确实，从20世纪60年代开始对理性的质疑在西方的学术界逐渐兴起，到70年代后，在"后现代主义"的旗帜下更出现了对理性的毁灭性的打击。但应该看到，这种抨击和打击所针对的实际上是"理性主义"，而不是理性本身。而且从我国知识界和社会实践的状况来看，笔者觉得必须非常清醒地看待西方社会中的后现代思想及其对现代主义的批判。西方的后现代主义对理性主义的批判，是由于经过200多年的发展，在西方社会中理性化已经发展到了极致，也就是在社会各个方面已经过度理性化了。[25] 所以，从一定的角度来看，后现代主义批判的作用是积极的，也是其在80年代以后能够成为社会的主流性思潮的基础。但这种抨击本身并不是在摧毁理性本身，而是对社会过度理性化（或者按照韦伯的划分，是工具理性的过度化）和唯理性论所实施的批判，至少，从某种角度讲，他们也是在学理的基础上、在理性的规则下所进行的批判，并期望通过对过去被理性主义排挤掉的社会因素的呼唤来弥补过度理性化所带来的后果。而在我国的知识体系和社会实践中，我们要认知理性化所存在的问题，但不能也不应当以此来否定理性的作用。在中国，现代理性化可以说还只是刚刚起步，我们所面临的困境是前现代和现代之间的争斗，而不是过度理性化。当然，我们对理性所存在的问题也要有所觉醒，注意并尽可能克服理性化的副作用，但不应错误地用前现代的观念来压制或抵触理性化的进程。不应唯理性论，用理性来排挤其他观念和准则，但同样不应视理性化为畏途，排挤理性的作用。前面的种种论述想要说明的是，中国的城市规划尚未真正走上理性之路，因此，现在所需要的恰恰是理性化，而不是"去"理性化。

注释

1 后现代主义对现代性的批判，尽管有很多文献的本意并不在于对城市规划进行认识，但都会用城市规划的例子来予以说明，这也可以佐证城市规划与现代性之间的关系。这既与城市规划对现代性思想的贯彻有关，另一方面也是因为城市规划表现得更为具体化，其所产生的后果与人们的日常生活有关联，而不像纯粹的思辨那样好像离人们的生活很遥远。比较典型的论著如：斯科特（James C.Scott）的《国家的视角》（Seeing Like a State：How Certain Schemes to Improve the Human Condition Have Failed，1998；王晓毅译.北京：社会科学文献出版社，2004）；鲍曼（Zygmunt Bauman）的《生活在碎片之中：论后现代的道德》（Life in Fragments：Essays in Postmodern Morality，1995；郁建兴等译.上海：学林出版社，2002）；拉比诺（Paul Rabinow）的《French Modern：Norms and Forms of the Social Environment》（MIT Press，1989）等等。此外，像伯曼（Marshall Berman）对现代性进行论述的著作《一切坚固的东西都烟消云散了》（All that is Solid Melts into Air：The Experience of Modernity，1982、1988；徐大建和张辑译.北京：商务印书馆，2003）也同样如此。

2 引用自谢立中为《20世纪西方现代化理论文选》（谢立中，孙立平.上海：三联书店，2002）所写的"编者前言"。

3 引自：胡辉华.合理性问题.广州：广东人民出版社，2000：81.

4 从西方语言对"理性主义"一词的常用含义来说，主要指的就是这一点。

5 Leonard Reissman在1970年发表的一篇文章《The Visionary：Planner for Urban Utopia》（后由M. C.Branch编入Urban Planning Theory，Dowden，Hutchinson & Ross，1975）中认为：城市规划领域中的"空想主义者并不是不关心实践的问题，应该说，其问题的意识就是从实践中来的，他们是希望通过其中对问题解决的方案来回答或是改进实践中的问题，只是其方案是建立在长期的考虑与社会需要的基础之上，是从较高的道德与美学标准以及高度有序的社会秩序出发的，并不能为当时当地的实践者所接受而已。”

6 徐长福在其所著的《理论思维与工程思维：两种思维方式的僭越与划界》（上海：上海人民出版社，2002）中区分了理论思维与工程思维的区别，但我觉得，实践思维比他所说的工程思维更具有特征性。况且他所说的工程思维与实践思维具有非常强的一致性；并可参见布尔迪（Pierre Bourdieu）有关实践思维的阐述，如他的《实践理论大纲》（Outline of A Theory of Practice. Cambridge：Cambridge University Press. 1972/1977）、《实践的逻辑》（The Logie of Practice，Cambridge：Polity Press，Stanford：Stanford University Press，1975/1990）等。

7 见 Jane Jacobs. The Death and Life of Great American Cities，Random，1961。该书的中文版已由译林出版社于 2005 年出版。但值得指出的是，理论思维与实践思维是两种完全不同的思维方式，之间不存在直接的对应性。雅可布斯批判的意义在于对新城建设、城市更新等实践的批判方面，她无法论证而且在该书中也确实没有论证霍华德、勒·柯布西耶理论思想的缺陷。有关理论思维与实践思维的划界问题，参见徐长福的《理论思维与工程思维》。

8 而在城市规划领域中值得关注的是，由勒·柯布西耶领衔的“理性功能主义”中蕴含着“理性主义”（中文里也译为“唯理论”或“唯理性论”）的成分，但同样有非常明显的非理性成分，这种非理性成分是与所谓的现代主义艺术相并行的和从浪漫主义继承下来的，而这，恰恰是人们现在将城市规划设定为设计类专业活动的思想基础。

9 参见：张汝伦 . 柏林和乌托邦 . 读书，1999（7）.

10 这也许并不只是城市规划这个学科的问题，而是我国所有学科都具有的特征。

11 见：李泽厚 . 实用理性与乐感文化 . 北京：生活·读书·新知三联书店，2005：12.

12 笔者对城市规划的基本价值观的讨论已经揭示了我国城市规划与西方城市规划在这方面所存在的差异，参见拙作《城市规划不能承受之重》[城市规划学刊，2006（1）.]。

13. 从严格的意义上讲，“城市规划”这个中文词是 1950 年代才得以确立的，参见：陈占祥 . 谈城市设计 . 城市规划，1991（1）。而之前，中文中通用的是“都市计划”一词，而该词也是在 20 世纪初从日语中通借过来的，有点类似于中文“哲学”等词的来源。其实，在英语中，现在在英国通用的“town planning”这个词——“city planning”以及“urban planning”等是这个词的延伸——也是到 20 世纪初才真正形成的（见 E.Relph 的《The Modern Urban Landscape》（1987，Croom Helm））。在中文与西语中，不仅仅“城市规划”这类新词，即使像“城市”这样的名称尽管在中文里早已存在，但其含义与西语中的“city”也是有很大区别的，文字上的对应性并不能保证其实质上的一致。参见拙作《城市化之路怎么走》[城市规划学刊，2005（3）] 中有关中国的“城市”与西方的“city”之间存在着极大差异的讨论。

14 用中国古代文献中的城址选择的记载，并不能解说现代城市规划的核心，这样的引证实际上连现代城市规划思想的皮毛也未涉及。就好比，我们有《山海经》的记叙，我们有嫦娥奔月的神话，但这与当代的科学技术没有任何的关联，同样 2000 多年来也没有对登月等科学技术的发展产生任何的刺激。

15 见陈占祥 . 谈城市设计 . 城市规划，1991（1）.

16 见杨哲明 . 都市政策 ABC. 上海：世界书局，1930.

17 这种“实用主义”在这方面有点符合后现代主义思想的精神，类似于费耶阿本德（Paul Feyerabend）的“怎么都行”（anything going）的观点。

18 李德华先生作为参与其中的工作人员，在日后的回忆中曾多次提及这一点。我跟随李先生攻读硕士、博士学位期间以及后来在与李先生交谈时（因我曾在上海的城市规划管理部门工作过几年，并长年关注城市规划的管理问题），李先生曾多次向我提及当时讨论问题的方式及相应的制度，并且在讨论城市规划的理性或合理性问题时都提到了当时工作方法和组织过程中对理性的强调。我觉得这一点对现时也可以有许多启示。《理想空间》第一期对李先生的访谈《李德华：理想、浪漫、人本》（同济大学出版社，2004：2-4）中也提到了一些内容。

19 正如伯曼（Marshall Berman）在《一切坚固的东西都烟消云散了》（A1l that is Solid Melts info Air：The Experience of Modernity，1982、1988；徐大建和张辑译 . 北京：商务印书馆，2003.）一书中所指出的那样，马克思与恩格斯的《共产党宣言》同样可以被看成是一篇有关于现代性的檄文，在汪民安等人主编的《现代性基本读本》（郑州：河南大学出版社，2005）中在“现代性与体验”的篇目下也同样收入了《共产党宣言》的节选。

20 参阅中国城市规划学会主编的《五十年回眸——新中国的城市规划》（北京：商务印书馆，1999）中的多篇相关文章。李德华教授在多年以前也曾与我谈及这一相似的问题。

21 在相关的著述中，我觉得 James C.Scott 的《Seeing Like a State：How Certain Schemes to Improve the Human Condition Have Failed》，1998（国家的视角：那些试图改善人类状况的项目是如何失败的.王晓毅译.北京：社会科学文献出版社，2004）；James Holston 的《The Modernist City An Anthropological Critique of Brasilia》（1989，Chicago and London：The University of Chicago Press）以及 Leonie Sandercock 的《Cosmopolis Ⅱ：Mongrel Cities in the 21st Century》（2003，London and New York：Continuum）最具有批判性。当然，并不是从批判性出发的，也不属于后现代论述的文献也非常众多，Peter Hall 的《Cities of Tomorrow：An Intellectual History of Urban Planning and Design in 20th Century》（1988 / 2002，第三版，Oxford and Maiden：Blackwell）是新近论述西方城市规划发展进程的较为杰出的规划史教材，而且几乎就可以说这是一部论述现代城市规划理性化发展历史的巨著，是一部彰显了理性化过程在推动现代城市规划发展中的作用的文献。

22 引自李泽厚的《实用理性与乐感文化》（北京：生活·读书·新知三联书店，2005：347）。尽管这里用了许多描述美国"实用主义"哲学的语言来描述中国传统的"实用主义"；但是，这两种"实用主义"在本质上是完全不同的。此外，李泽厚在该书的第一篇文章《论实用理性与乐感文化》中指出，"中国传统实用理性过于重视现实的可能性，轻视逻辑的可能性，从而经常轻视和贬低'无用'的抽象思维"。从而对"实用理性"的特征进行了更为哲学性的揭示，而这样一种实用理性，"使得中国人的心智和语言长期沉溺在认识经验、现实成败的具体关系的思考和伦理上，不能创造出理论上的抽象的逻辑演绎系统和归纳方法。"在这样的基础上推而广之，他认为："汉语缺少抽象词汇，哲学缺少形而上学，思维缺少抽象力度，说话作文不遵守形式逻辑，计算推演不重视公理系统"。

23 引自李泽厚.实用理性与乐感文化.北京：生活·读书·新知三联书店，2005：347.

24 George Simmel 1903 年发表的论文《大都市和精神生活》（The Metropolis and Mental Life），见 Neil Leach 编《Rethinking Architecture：A Reader in Cultural Theory》（1997，London and New York：Routeledge）；Louis Wirth 于 1938 年发表的《作为生活方式的城市性》（Urbanism as A Way of Life），见 Richard T. LeGates 和 Frederic Stout. 2000. The City Reader（2nd ed），London and New York：Routledge。以上两篇论文的中文版参见汪民安等主编的《现代性基本读本》（郑州:河南大学出版社，2005），尽管这两篇论文标题的译法与这里所列的有所不同。

25 乔治·里茨尔（George Ritzer）非常形象地将这种过度理性化的状况描述为"麦当劳化"（McDonaldization），见其《社会的麦当劳化》（The McDonaldization of Society：An Investigation into the Changing Character of Contemporary Social Life，顾建光译.社会的麦当劳化——对变化中的当代社会生活特征的研究.上海：上海译文出版社，1999）一书。从这种"麦当劳化"中可以推理出现代生活中的许多荒唐结果。

第7部分

城市规划实践

引　言

城市规划的根本目标是城市社会进步与经济发展的并举、物质建设与生态建设的协调，因此它是一门应用学科，具有本质上的实践性。规划的实践工作是在价值观引导下进行的。城市规划工作在每一个城市具体的规划、建设、管理三个不可分割的部分中起着统领作用，其中都反映了规划师的价值观。在第 6 部分探讨城市规划理论之后，本篇主要研究现有的经典规划实践。虽然所收录的文章讨论的是规划的实践问题，但规划实践无法和规划理论分开。分析实践经验，可以检验理论，从而推而广之，指导不同城市的规划工作。需要指出的是，由于规划学科的实践性本质，规划师的工作必须根植于所处的特定环境，不同城市不同的历史背景、地理条件、经济基础、政治体制、生态环境等决定了规划工作的不同内容或侧重，也影响着规划师的价值观。本部分所收录的 5 篇文章，从各个角度探讨了规划实践中涉及的知识、技巧和价值观问题，有助于规划师更深入地理解规划实践的复杂性和重要性。

麻省理工学院规划教授比什・桑亚尔长期关注规划实践中所蕴含的文化因素，因为文化决定了深层的价值观。任何国家、城市的规划的编制、实施与监督过程，必然与所在国家和地区的政治、法律以及文化传统、环境息息相关，为了深入剖析和全面展示这些不同的外部因素对规划实践的影响，桑亚尔组织了十多位知名学者对不同国家和地区的规划实践进行了对比分析，总结归纳了外部因素对规划实践的影响。总体而言，这些国家和地区的规划实践具有相似的阶段性，从规划的“黄金年代”，到经历了广受抨击的 20 世纪 70 年代，到经济全球化的今天。但不同城市的规划实践又有明显的差异，因为每个城市的环境条件都具有独特性，这种独特性决定了规划文化，反映了当地社会变革的结果。桑亚尔认为：规划文化影响了城市发展，但城市发展反过来也能影响规划文化。

北卡罗来纳大学规划教授爱德华・凯泽和戴维・戈德乔克的文章为城市规划实践提供了很好的引导。他们追踪 20 世纪土地利用规划的演变，用树干和分支的比喻描述美国主流规划界的土地利用规划的现状。凯泽和戈德乔克指出，20 世纪 50 年代规划界达成共识，即城市综合规划应该是一个目标长期、有愿景的、用图纸来表述城市未来物质形态的文件。其主要目的是物质空间的土地利用规划，而不是社会经济规划。凯泽和戈德乔克认为，在实践中，这棵大树的主干城市土地利用规划仍是大多数城市综合规划方案的核心，但现在正逐渐分成管理－政策规划和物质设计规划两个分支。

由于规划变得更加与切实利益相关，因此规划实践中出现的冲突问题已经变得越来越显著。康奈尔大学规划教授约翰・福雷斯特描述了城市规划中冲突的价值观，并建议采用承认多元主义和直面冲突的方法。福雷斯特讨论了规划师与当地居民、地方官员、利益群体、私人开发者实际互动的过程，并提供了也许是最好的视角，即以规划师自己的视角，认知当前的城市规划究竟是什么样子。基于对数十个规划实践者的采访，福雷斯特介绍了规划师的日常工作，他们权力的性质和局限，以及为了达到目标他们实际采取的策略。规划师们协商、调节、解决冲突，并在相互竞争的派别之间来回穿梭，充当外交官的角色。规划师还可能在工作中带来不同性别的不同视角。福雷斯特关注公平规划，即公平地分配诸如住房、开放空间、交通运输等资源，并对许多规划师努力调控市场力量，组织和提高那些市场服务不足的社区居民的服务表示赞赏。研究福雷斯特《面对冲突的规划》一文，规划实践者们可以学到很多东西，从而变得更加高效。

城市规划中另一个长久的价值观是确保建成环境和自然环境的和谐。19 世纪中叶的景观规划师，英格兰的公园规划师们如约瑟夫·帕克斯顿（Joseph Paxton）和美国的弗雷德里克·劳·奥姆斯特德努力将自然带入拥挤的城市。20 世纪初，苏格兰生物学家兼规划师帕特里克·格迪斯为区域规划设计出了一个精心设计的计划，反映不同的生态系统。伊恩·麦克哈格（Ian McHarg）在他的经典著作《设计结合自然》（Design with Nature）（1969）中也反映了类似的观点。今天，布伦特兰委员会提出的可持续城市规划、蒂莫西·比特雷（Timothy Beatley）介绍的绿色城市主义、斯蒂芬·惠勒（Steven Wheeler）介绍的生态设计、碳平衡城市规划，都继续了城市与自然和谐发展的理论。

弗吉尼亚大学规划教授蒂莫西·比特雷的文章介绍了欧洲的绿色城市主义，以及世界的规划师能从中学习什么。比特雷介绍了欧洲注重环境的城市，为了保留其紧凑形式、促进公共交通、减少对汽车的依赖、以可再生能源代替不可再生能源和支持步行所做的实践工作。比特雷指出欧洲可持续城市发展议程的核心方面，提供欧洲一些城市已经实施的模范典型案例，从而有力地指出：绿色城市主义是可以实现的，并且能创造出尊重地球自然环境的宜居城市。比特雷的文章将理论与实践相结合，对城市环境面临的挑战抱有现实的态度，同时对人们能够做到抱有乐观的态度。

在本部分最后一篇文章中，加利福尼亚大学戴维斯分校景观建筑与城市设计教授斯蒂芬·惠勒提出，或许当今世界面临的最根本的规划问题是如何使全球气候变化减缓或停止，以及缓解目前已经出现的全球气候变化的状况。在长时间的否认和不作为之后，科学家们已经几乎达成共识，即人类活动正在以惊人的速度使地球升温。对极地冰盖和冰川融化、海平面上升，以及世界不同地区生态系统变化的科学测量表明，世界上很多地方正在变暖。但气候变化并不一致，地球上另一些地区正变得更潮湿、寒冷、更容易遭受极端气候打击。为了解决全球气候变化问题，需要人类在近期彻底改变能源使用的方式，并且落实高水平的国际合作。在城市建设中数以百万的决策，将对解决全球气候变化起到决定性作用。惠勒从一些新视角来思考城市对于全球气候变化的影响和城市可以采用的改善措施。对于规划师而言，城市建设的规划决策对全球气候变化会产生长久的、决定性的作用。

近 30 年来，中国社会经济的快速发展和城镇化的推进，在大中小城市和广大乡村中都急需城乡规划学科的专门人才。本部分所选的文章能为中国城市规划工作下一个阶段发展的方向，以及规划教育的完善提供借鉴和参考。

混合的规划文化：探究全球文化的共同点

比什·桑亚尔

编者导读

规划实践从来不能脱离地点、时间、背景。任何国家、任何城市规划的编制、实施与监督，必然与所在国家和城市当时的政治、法律、历史、经济以及文化体制息息相关。然而，要深入剖析和全面展示这些外部因素对规划实践的影响，却是一个困难的学术挑战。跨国的对比分析是可行的研究方法，可以通过对比不同国家、城市的政体、历史、经济发展阶段、文化传统等因素，来考察它们对规划工作的差异或相似的影响。也有人通过在方法论上控制不同的外部因素（“自变量”），分析它们对规划工作（“因变量”）的影响，希望由此推导出某种“最佳”的规划模式（最优的自变量组合及因变量结果）。

然而，跨国比较研究具有相当大的难度；更重要的是，如果过于抽象，“最佳”的规划模式往往变成象牙塔里的学术游戏，缺乏指导具体规划实践的价值。难能可贵的是，麻省理工学院都市研究与规划系教授比什·桑亚尔主持完成了这样一个跨国规划文化比较的研究。他邀请了十余个不同国家和地区的知名规划学者，以规划文化及其对规划实践的影响为中心，对不同地域的规划实践进行探索，从而完成了《比较规划文化》（Comparative Planning Cultures）一书。本文是桑亚尔为该书所撰写的导言，总结了全书各个章节针对不同国家和地区研究的主要发现，并归纳了具有共性的议题。

桑亚尔在文章开始就给“规划文化”作了定义。他认为：一种规划文化是一个地方的规划师群体对政府、市场、社会三者角色定位的“集体特性”（collective ethos）。规划文化作为给定的客观条件，可能对不同的规划实践产生影响，导致不同的规划过程及规划结果。由此，文章回顾了规划学科变迁的历史。

桑亚尔和彼得·霍尔一样，将第二次世界大战后将近20年的时间称为“规划的黄金时代”。这个时期的规划师是乐观而雄心勃勃的，主流规划文化是科学理性的，建立在价值中立的基础上，对现实进行科学分析、总结规律，从而提出解决方案。在当时发展中国家的规划文化与工业化国家同样乐观，同样受技术专家主导，只是规划师在所掌控的资源上与发达国家的同行有较大差距。

经过1968年这个转折点，国际上爆发了各种政治事件，新思潮交叠浮现，规划工作在发达国家和发展中国家都开始受到抨击。规划被认为过于依靠专家主导，过于精英化，也过于集权化，此前那种自上而下、以国家为中心的规划文化被认为是僵化的、无法满足人民需求的，而且与地方文化格格不入，所以应被摒弃。

根据新的范式，规划是“自下而上的”、“以人民为中心的”，不再完全依赖经济学家、工程师和统计学家，而更多是依靠人类学家、社会学家、文化研究学者、基层活动分子等更接近群众的人。在新的范式中，规划的参与性增强，文化敏感性提高，政治上为弱势群体倡导的意图更为明显。总的来说，在解决问题时不再那么技术至上，对现代技术（如电脑）的依赖性减弱。

到了 20 世纪 80 年代，规划文化中又注入了两个新元素，一是经济活动及工业生产的全球化，二是新自由主义（由里根总统和撒切尔首相发起）的盛行。但是，新自由主义的三驾马车——稳定、自由、私有化——伴随着传统规划机构的消逝，并没有为发展中国家带来经济的高速增长。为了替新自由主义的失败辩护，有些人重新修改理论，认为内生于当地的文化因素才是经济增长的真正障碍。在一定程度上，这是对的，因为文化从来都是经济制度很重要的组成部分。“文化虚无论”背后是过于强硬的“现代主义”，貌似科学地认为全世界可以统一于一种规律、一种制度之中，这已经受到广泛的质疑和抨击。

桑亚尔指出，上述的回顾只是规划这个行业从第二次世界大战刚结束时的黄金时代，到最近 50 年中逐步丧失合法性的大致过程。但是规划实践的变化在各国却并不一致，甚至南辕北辙。规划在工业化国家、工业化过程中国家和转型期国家这三类国家之间的区别固然存在，然而就是在同一类国家中，过去 50 年里传统规划实践的改变、发展或是衰退的方式也有很大的不同。

基于对 11 个案例的深入剖析，桑亚尔发现：过于强调文化差异的“文化基本论”的观点同样不准确。各国、各地的文化不是静态、不可改变的，无论是内部还是外部，文化都将随社会、政治和经济的影响而演变。如果完全信仰“文化基本论”，则发展中国家似乎将永无翻身之日——因为其固有的文化落后，国家就永远无法进步。显然，无论是“文化虚无论”，还是“文化基本论”，都是值得商榷的观点。

通过案例分析发现，总体而言，各个国家的规划实践具有相似的阶段性，规划经历了“黄金时代”，到广受抨击的时代。但不同国家具体的规划实践又差异明显，每种环境都是独特的，而这种独特性正是不同社会变革复杂过程的结果。所以，桑亚尔号召，与其致力于寻找每个国家规划实践的文化核心，希望发现文化与规划实践的因果关系，不如去了解这些国家，包括我们自己国家规划实践中发生的变化。缺乏对各国文化的全面和动态的理解，我们或许会将我们对他人和他人对我们的程式化印象当作真实。

比什·桑亚尔是麻省理工学院都市研究与规划系前主任，都市研究与规划教授，现任麻省理工大学教务委员会主席。比什，全名是 Bishwapriya，在孟加拉语中代表了生命中相互矛盾的力量。他的学术生涯始于印度加尔各答，之后赴印度理工学院攻读硕士研究生，最后前往美国加利福尼亚大学洛杉矶分校攻读国际发展规划博士学位。在 1984 年加入麻省理工学院担任助理教授前，比什为世界银行工作。

桑亚尔教授的一系列代表著作包括《比较规划文化》[Routledge，New York，NY（2005）]，《城市规划作为一个职业：变化，成功，错误及机遇》[The Profession of City Planning：Changes，Successes，Failures and Challenges（1950—2000）][Rutgers University，New

Brunswick，NJ（1999）]，《高科技与低收入社区：对积极应用现代信息技术的展望》（High Technology and Low Income Communities：Prospects for the Positive Use of Advanced Information Technology）[MIT Press，Cambridge，MA.（1998）]，《协作性的自治：国家的辩证法——发展中国家的非政府组织关系》（Cooperative Autonomy：The Dialectic of State – NGO Relationship in Developing Countries，International Institute of Labour Studies）[Geneva，Switzerland（1994）]，《打破国界：建立同一世界的规划教育》（Breaking the Boundaries：One World Approach to Planning Education，Plenum）[Oxford，U.K.（1990）]。

其他一些代表性论文包括：《规划新趋势》（What is New in Planning）[International Planning Studies，Routledge（2008）]，《理论》（Planning Theory）（SAGE Publications，Vol. 6，Issue 3，pp. 327–331），《全球化，伦理妥协及规划理论》（Globalization，Ethical Compromise and Planning Theory）[Planning Theory，Vol. 1，No. 2，pp. 117–124，Sage Publications（2002）]，《自治迷信：非政府组织对自治的自我否定》（The Autonomy Fetish：The NGOs' Self–Defeating Quest for Autonomy）[The Annals of The American Academy of Political Science，November（1997）]，《培育与市场：颠倒的顺序》（Training and Markets：The Inverted Sequence）[Habitat International，Vol. 14，No. 3（1991）]，《在富国大学的穷国学生：21 世纪的规划教育》（Poor Countries' Students in Rich Countries' Universities：Possibilities of Planning Education for the Twenty–First Century）[Journal of Planning Education and Research，Vol. 8，No. 3（1989）] 等等。

正文

导言

不同国家的规划师影响城市、区域以及国家发展的方式是否存在明显差异？这些差异是否源于各国不同的规划文化，或者说是不同国家的规划师对于国家、市场、公民社会在区域和国家发展进程中所扮演角色的认识差异？而规划文化到底是怎样形成的？是本土生成且不可改变的，抑或是随着国内外社会、政治、经济的改变而改变？我们所处时代一个重要特征是贸易、资本流动、劳动力转移、技术合作等全球关联程度的强化，及其对于国家的影响。这种相互关联性是否影响当今的主流规划文化？如果是，又是否会形成一种全新的、完全不一样的规划文化呢？

本书的作者们用自己在十个国家和地区的规划经验回答了上述问题。这些国家的城市化和工业化水平各不相同。如美国、英国、荷兰、日本和澳大利亚这些国家，它们的工业化和城市化水平比中国、印度、伊朗、墨西哥这些正在工业化的国家要高。上述这些国家的政治体系也不尽相同。一类是像英国、美国、荷兰这些国家，有很长的民主政治传统；另一类是中国这样的社会主义国家，当然近年来政府也在进行分权改革。还有在这两类之间的，包括：印度，由联邦政府管治的民主国家；澳大利亚，20 世纪早期建国，也是由联邦政府管治；墨西哥，1910 年革命后就是民主政治，却一直都由集权式政党统治直到最近；伊朗，长期由一个独特的、结合神权和民主的、较为集权的政府管治；印尼，前不久其领导人仍是军方支持的独裁者。这些复杂的政治情况使得规划文化的探讨更加艰难，却也更加有趣。

作为探讨各国规划文化的理论基石，《比较规划文化》一书包括两篇理论性文章，作者分别是约翰·弗里德曼和曼努埃尔·卡斯特利斯，试图对20世纪末的全球发展趋势做一个总述。卡斯特利斯强调技术——特别是信息通信技术——的影响，技术将从根本上改变城市化的物质基础。卡斯特利斯认为当代各国的规划实践必须理解新技术革新对城市化的影响，并准备接受它带来的挑战。弗里德曼则将全球分成了三个不同部分，指出工业化国家、工业化进程中国家和转型国家具有完全不同的城市生活特征。转型国家指那些试图将之前的社会主义经济体系转化为完全工业化的、市场导向的、生产资料私有化的市场经济体系的国家。这些差异说明全球的相互关联——包括贸易、投资、劳动力流通、文化符号以及其他常常包含在“全球化”这个术语范畴之内的其他活动——并未导致全球规划文化的同质化。这三组国家间工业化水平的巨大差异，还有他们与全球经济联系方式的差异，是造成这三组国家规划实践差异的重要因素。

规划文化：黄金时代

如果说一个城市、区域或国家的政治经济体制决定了其规划实践的具体特性，那为什么我们要关注规划文化？这里我们将通过一个简单的历史分析来探讨这个问题，分析规划文化的概念是如何在工业化（industrialized）国家和工业化进程中（industrializing）国家关于规划实践的讨论中逐渐形成。此类理论分析在第二次世界大战结束后即发轫，当时规划在工业化国家和工业化进程中国家都繁盛一时，因此彼得·霍尔将这个时代描述为“规划的黄金时代”。虽然当时并没有关于规划文化的讨论。

之所以称为“黄金时代”，是因为城市、区域和国家等各个尺度上规划师们的高涨热情，他们的规划不用再像过去一样听从于建筑师或是城市设计师们的直觉或美学感官。相反，规划文化是科学理性的，它是建立在对现实合理样本的精确观察，以及对社会经济变化冷静的、价值中立的分析基础上的。通过在第二次世界大战中就得以证明有效的各种严格客观的评估方法，比如成本效益分析、规划程序化、预算分析等，最终将会得到专业的规划推荐方案。

规划的综合理性模型（RCM）反映了战后时期对规划的渴望。它在理论上由公司区位论支撑，该理论最早起源于20世纪早期的德国，后来引入美国和其他地区。早期的区位理论在与交通的相关研究（特别是汽车及其对公司、家庭的区位影响）建立联系后，焕发出新的智慧光芒，并且更有说服力了。它带来的结果是土地利用和交通模型的迅速增长，强化了规划师这一职业的重要性，因为他们掌握专业知识和技术从而能够科学地塑造未来。

在一些受殖民化影响的工业化进程中国家，其主流规划文化与工业化国家一样的乐观，同样受技术专家主导，但集权化特点更加明显。许多工业化进程中国家的规划灵感来自前苏联的规划经验。经济学家和统计学家主导规划实践，而规划实践通常被看作是科学理性的，需要专家和专业知识。文化的议题则很少涉及，其中部分原因是规划的目标被定位为改变国家文化，以达到快速现代化的目的，包括经济现代化和政治现代化。虽然许多摆脱殖民化的国家政治领袖经常讨论主权、文化主权和经济自足的问题，但是总体上来说，规划师在制订规划时很少特地将文化属性纳入其中。第二次世界大战后规划文化唯一明显的区别是前英国殖民地和前法国殖民地之间的区别——特别是在非洲。法国殖民统治的模式比英国更加中央集权，而一些区别在殖民地独立之后仍然存在。但这两类前殖民地国家都在追求规划上的专家主导和出口导向，都有一个清晰的目标——预估为实现各国每年经济增加所需的双边和多边援助。

在城市层面，工业进程中国家的规划师们追

求西方总体规划的模式，编制体现现代城市思维的总体规划，利用交通动脉将城市不同类型的用地联系起来。关于此已经有很多研究，与我们的主题相关的论点是，真正的规划文化是体现在日常规划实践活动中，而不是仅仅体现在规划成果中。大多数规划部门往往工作人员少，资源有限。规范的技术式规划需要大量的数据、技术能力和一群高素质、享受高福利的工作人员，现实却是常常连基本的设备都没有。

然而，现代化的激励作用实在是巨大，一些国家将出口和国际援助所得的大量资金用于投资建设全新的首都城市。许多首都城市的规划是由外国建筑师编制，他们往往对当地文化一无所知。而这种无知并不被看作是一个不利因素；相反，既然规划的目标是城市物质形态和规划进程两者的现代化，不了解当地文化反而被认为是有利因素，特别是这些帮助城市实现现代化的外来专家被认为和当地权贵及地方腐败无关。

规划文化的范式转型

如果将1968年视为规划在工业化国家和工业化进程中国家开始受到抨击的转折点，那么，规划的黄金时代持续了近20年。虽然这次转折已被充分研究，但是它依然值得我们反思和警醒，因为受到抨击的不仅是规划的成果，还有规划实践的文化。批判来自很多方面，包括规划师自身，尤其是学术界的规划师。那些在黄金时代被视作规划优点的属性，现在成了主要的缺点。规划被认为过于专家主导，过于精英化，过于集权化，过于官僚主义，过于伪科学，过于霸权等等。在工业化进程中国家，对于规划的批判更为猛烈。有评论说规划非但不是推进社会改革和现代化的正面力量，反而是这些改革的主要障碍。综合左派和右派对规划文化的批评，一个共同的结论是这种自上而下、以国家为中心的规划是僵化的、无法满足人民需求的，而且与当地文化格格不入。

在工业化国家和工业化进程中国家都有许多关于规划实践需要范式转型的讨论。根据新的范式，规划实践将会是“自下而上的”、“以人民为中心的”，不再依赖经济学家、工程师和统计学家，而是依靠人类学家、社会学家、文化研究学者、基层活动分子等更接近群众的人。从制度上说，权力从国家机构转移到非政府组织和私人志愿组织，它们被认为更有效率、更公平、更灵活、更负责任。在新的范式中，规划的参与性增强、文化敏感性提高、政治上为弱势群体倡导的意图更为明显。总的来说，在解决问题时不再那么技术至上，对现代技术（如电脑）的依赖性减弱。范式转变后对什么是更有效率的规划的理解，理论研究者比实践者体会得更深，因为规划实践者的工作不像理论探讨那样容易调整和改变。尽管如此，随着时间的流逝，规划实践也发生了改变，并带来一个好坏皆有的后果。

在积极的方面，规划师们更加关注环境问题、性别歧视、种族歧视对城市形态及规划实践的影响。民权运动与规划实践的范式转型同步，提高了规划师对于城市人口多元组成的理解和认识。总的来说，规划过程变得更加开放，更加鼓励公众参与。在新兴工业化国家对发展理念的探讨中，规划实践的转型显得最为瞩目。在此之前，发展仅仅等同于经济增长；在此之后，规划的新范式开始关注收入再分配、减少贫困、保障住房以及非正式经济等满足城市贫民基本需求的种种问题。这使大家意识到，工业化进程中国家的规划问题和工业化国家存在明显差异。因此，建立在工业化国家经验基础上的旧的现代化模式并不适合新的工业化进程中国家。后者的规划需要充分理解和尊重他们的文化、经济、政治和制度上的特性。

在消极的方面，主流规划范式的转型也带来了一些问题。传统的规划机构受到抨击，他们失去的不仅仅是合法性，还有各种资源，以及介入那些影响城市物质环境的社会经济政治决策过程的能力。虽然在此过程中取代他们的规划机构也确实出现了，但是这些新机构不能针对城市问题提供全面的解决方案。这些规划机构只关注特定群体的一到两个问题，并且往往规模太小不能解决大尺度的问题。与公众的设想相反，他们并不比传统的规划机构更高效或更负责。

确实，新的规划范式打开了规划面向公众监督的大门。然而在某些国家，公众参与得过多使得规划决策的过程存在争议。这迫使规划师变成了协调者，在工作中通过不断摸索学习协调的技巧。在规划过程中，规划协调者常常不发表他们的专业观点以免“误导”商讨进程，而是在争议的观点中寻找共通点，有时达成的却是标准最低的“最小公分母”方案。在这样的规划过程中，专业规划师所拥有的其他人不具备的专业知识和技能被忽视了。规划理论家之间日益增多的争论所反映出来的规划师内部的不一致只会加深大众的怀疑，怀疑专业规划师到底能为决策做什么贡献。由于缺少怎样才能做好规划的专业共识，专业规划师们常常在不确定规划效力的情况下工作。业内的焦虑连同资源日益减少的威胁，使得有人认为规划专业处于危机之中。

受到抨击的规划

20 世纪 80 年代，规划实践文化中注入了两个新元素。第一，工业生产的全球化越来越普遍，制造业正从传统的工业城市向外转移。资本外流造成了城市中高失业率、住房止赎、财税收入大幅降低、基础设施不能维持等种种问题。美国和其他工业化国家的规划师们意识到，传统的城市规划不能帮助这些去工业化的城市解决经济健康问题。规划师们对于如何有效解决问题莫衷一是，一些人呼吁出台专门针对去工业化现象的城市政策。

第二，新自由主义（由里根总统和撒切尔首相发起）的盛行从根本上改变了专业规划的发展。对于这个重要的政治转折点规划师需要铭记的是，在这个历史阶段因为政府干预社会的角色（尤其是政府管制行为）受到质疑，传统规划的形象也被质疑。新自由主义者抨击政府和规划——委婉称之为“政府重塑”或“新公共管理”，目的在于解除早先在一些“福利式”工业化国家所达成的政府、市场、市民之间的社会契约。

在工业化进程中国家，这些抨击包括三个互相联系的政策，一般被称为稳定化、自由化和私有化。这些政策的目的在于改变工业化进程中国家的落后经济体，而落后的经济体往往被归咎于政府的介入。虽然对于这些工业化和工业化进程中国家的公共政策和规划实践的评论不一，但它们的指向是相似的，即让所有的国家以更低的生产和流通成本在全球经济中竞争。而这需要扶持性的、灵活的、市场友好的国家政策，是企业家导向而非管控导向。最终目的是通过降低投资风险和降低税收来吸引私人投资。因此，公私合作成为规划师制定规划战略的关键，而这种战略是通过绕开传统规划机构来实现的，因为传统机构已成为争议性政策的竞技场。新的规划机构是以发展同盟的形式，而不是规划部门的形式出现，因为激励这个时代的是企业家精神和发展导向，不是管制和规划。

讽刺的是，在规划受到抨击、失去传统力量的时候，工业化进程中国家的规划理论家中出现了“沟通式转变”。在一个当权者并不想认真做规划的时代，规划师提议通过小规模社区群体和其他非传统的基层机构所组织的公共研究来重塑规划的合法性。1991 年苏联的解体打破了传统规划的最后一丝希望。如前文所述，前苏联曾激励了许多工业化进程中国家，通过制定模式化的国家规划来实现快速工业化。在大约 70 年的时间里，前苏联连同中国、古巴等其他社会主义国家，为不一样的制度安排提供了切实的例子。这种不一样的制度安排失去了原有的吸引力，最终随着苏联的解体而抵达如弗朗西斯・福山宣言所述的“历史的终结”(1989)。

冷战后的规划

在弗朗西斯・福山胜利宣言发表的15年后，世界并没有变得更和平或更繁荣。新自由主义的三驾马车——稳定化、自由化、私有化——伴随着传统规划机构的消逝，并没有带来经济的高速增长(除了中国，它是通过自己的政策途径实现了增长)。在很多轮的稳定、自由、私有化之后，工业化进程中国家经济增长仍然迟缓(现在又被归咎于腐败)。为了替新自由主义的失败辩护，有些人重新修改理论，认为某些文化因素才是经济增长的真正障碍。

在工业化国家，信息和通信技术的快速发展并没有实现真正的可持续经济增长。此外新技术也没有让世人离得更近。自从里根和撒切尔致力于取消工业化国家的福利制度和工业化进程中国家的发展导向型制度以来，世界各国收入的不平等不断加剧。各类国家的宗教原教旨运动同时也在不断发展，这更增加了世俗规划实践的压力。然而，20世纪70年代的社会变革——如环境意识觉醒、对种族和性别多样性的认同、全球相互关联的认知——所带来的某些益处，仍在继续影响许多国家的“规划讨论”。在人类历史的新纪元之初，社会发展的新趋势需要人们深刻反思规划事业及其存在的正当性(如果还有的话)。

可以有很多角度对规划进行反思。一个角度是研究那些重塑政府的尝试和新公共管理理念的影响，或者关注新自由主义是如何攻击传统规划部门并改变规划风格的。另一个角度是关注规划成功的案例，如巴西波尔图・阿里格的参与预算，或是欧洲经济联盟的基础设施规划。相反的，还有一个角度是关注失败的规划案例，并寻找产生这样结果的原因。讽刺的是，“最好的规划实践”的案例研究自从20世纪80年代——即规划受到抨击以来，数量有明显的增长。如果仔细研究，会发现这些案例显示的并不是规划实践的效力，而是市场或更多时候是市民社会，为这些成功的实践所作出的贡献。换句话说，这些“最好的实践”并没有为规划本身提供有力的论据；相反，它表明了要得到好的结果，依靠管制的传统规划方式必须改变，以适应市场的需求。

《比较规划文化》一书的作者们清楚地知道规划是依靠专业知识和技术解决空间问题的学科，了解其从第二次世界大战刚结束时的黄金时代，到最近50年中逐步丧失合法性过程中本质上的改变。但是，规划实践性质的改变在各国并不一致。在工业化国家、工业化进程中国家和转型国家之间的区别固然存在，就是在同一类国家中，在过去50年里传统规划实践改变、发展或是衰退的方式也有很大的不同。对这些差异的传统解释倾向于强调政治经济体制的差异。但是越来越明显的是，全球的贸易、金融、管理实践的相互关联正在导致制度的同质化，并开始模糊不同国家管辖权的差异，因此上述传统的解释正受到挑战。

20世纪90年代中期以来信息和通信技术的迅速发展，强化了制度形式和实践趋同的感知，但是事实上我们仍能从规划师应对变化的方式上看出明显不同。各国对影响新自由主义政策因素的不同评估，清楚地表明了新自由主义的“话语”在不同的国家是如何被转译成实际政策的。每个工业化国家撤销福利政策的手段都不同，工业化进程中国家取消发展导向型政策的方法也不一样。这些明显差异产生了一个问题，曾经预测新自由主义政策的统一和同质化效果的新古典经济学家们是否忽视了不同规划文化的特殊性?

关注规划文化

文化尤其是规划文化的问题从来不是新古典主义经济学家的兴趣所在，而他们往往是主导经济增长话语权的人。然而在规划的黄金时代，是发展经济学家和凯恩斯经济学家掌控着话语权。从 20 世纪 70 年代早期开始，他们的理论开始受到抨击，若干经济部门需要特别关注和政府干预的论点开始消亡。在规划由于干扰市场受到抨击的同时，新古典主义经济学家认为世界各国人民之间的文化差异是不相关的。他们认为每个个体都是“理性行为人”，只为自己的利益考虑。根据他们的观点，规划师和政策制定者应该明白这一基本原理，从而制定帮助而不是阻碍人们实现自身利益最大化的制度。

《比较规划文化》一书的目的在于根据十个特定国家的具体经验去评估规划是否符合上述观点，这十个国家的规模不一，工业化水平不等，资源和政治体制各不相同。基于对规划实践的详细说明，我们试图确定是否每个案例都体现了不同的制度安排，而这些制度安排塑造了各自的规划文化。我们也要探究这样的文化特征，如保罗·里克尔（Paul·Ricoeur）曾经描述的“文化核子”，在多大程度上影响一个地域。这是一个很重要的问题，因为文化认同常常被认为包含本土的、传承的、永恒的核心文化特征。在多元文化的旗帜下，20 世纪 70 年代涌现了许多关于规划实践的批判，认为传统规划失败的部分原因是没能认识这一形成人们身份认同的基本要素。

但是像上文提到的，规划文化似乎在最近 50 年发生了转变。在试图解释这种变化时，我们特别注意了现行的全球贸易、资本流动、技术连通等方面日趋紧密的相互联系是否影响、又是如何影响规划文化的。20 世纪 50 年代的黄金时代是技术理性、专业知识、综合化和管理的官僚体制盛行的时代，之后是否有规划文化开始趋同的信号？在不同的环境中，这样的规划模式怎样变化，又是为什么发生变化？既然所有的国家为了全球化的利益而竞争，有没有一种共同的规划模式出现？而在不同环境下，规划模式是否受到地方独特的文化习俗的影响？

最后一个问题带来了一个老问题，一个 20 世纪 60 年代（先在美国后在欧洲和其他地方纷纷爆发城市骚乱的年代）以来规划理论家们一直努力解决的问题：政治是如何与规划模式相互影响的？本书的案例研究证实了规划模式和文化的本质性变化，提出了规划文化是否应该被视为相对独立的“自变量”。这些案例研究表明，规划文化就像其嵌入的整体社会文化一样，随着政治、经济变化而演进，有时会变得更加民主，参与性更高；有时也会向着相反的方向变化。可以肯定的是，规划文化不仅受政治变化的影响，还受其他变化的影响，如技术革新、人口结构变化、新问题凸显、一个或多个现有问题突然恶化等。规划理念的国际交流也在影响规划模式，虽然在程度上并不像它的反对者或支持者声称的那样。

像这样多个相互关联的因果关系所影响的复杂社会问题，我们如何才能发现新的规律？《比较规划文化》一书中的文章根据他们各自研究的规划文化，有着不同的风格。作者们根据他们的经验和专业知识，选择不同的时间、问题和研究方法。这些研究设计的不同产生了各自独特的故事，我努力在一个广泛的主题下去涵盖它们。

规划背景的不同

对于不同的国家不同规划实践的解读，背景特殊性的问题是显而易见的：印度尼西亚与印度大大不同，与英格兰也非常不同；反过来，也与法国等国家不同。布斯（Booth）对于英国和法国的规划体系的历史比较分析（第 11 章差异的性质：英国和法国规划的法律和政府的传统及其影响）表明，即使两国的规划系统都受 19 世纪德国城镇规划的影响，它们的法律体系不同（英国主要依赖惯例法，而法国主要以成文法为主），它们的国家传统不同（法国有书面宪法，是一个相对集权的国家，而英国则没有书面宪法，权力相对分散），它们的私有财产的定义方式也不同。

在其他机构的具体例子中，索伦森（Sorensen）（第 10 章国家发展和公共领域的极端狭隘：20 世纪日本规划文化的演变）显示，日本规划的形成受其独特的国家和社会关系影响，这是一种根深蒂固的个人和集体可以为国家利益而作出任何牺牲的传统。索伦森认为尽管这种国家和社会之间的不平衡关系在第二次世界大战前就已经存在，它在战后的民主社会中却依然存在。日本规划明显的集权特点即来自这种牺牲文化；在这种自上而下的模式中，日本规划官僚得到政党和商界精英的支持，形成了相互支持的三角关系。

《比较规划文化》一书中的所有案例研究揭示了独特的规划内容。例如，法鲁迪（Faludi）（第 12 章荷兰：对规划情有独钟的文化）介绍了荷兰的规划是如何由地理环境、新教传统、决策形成的社群结构，以及“对规划情有独钟的文化”所影响。与荷兰形成鲜明对比的是澳大利亚的规划，由桑德柯克介绍（第 13 章悖论：澳大利亚规划文化的历史剖析），该国规划既不全面，也缺乏国家层面上的。这种差异的历史解释是在澳大利亚独立成为单一民族国家后，有意识地避免复制当时英国的阶级对立和美国以市场为主导的模式。

改变规划文化的本质

众所周知，不仅不同国家的规划背景不同，即使在一国之内，特别是那些联邦政府治理结构之下的国家内，规划背景也不尽相同。然而，去探究在多大程度上这些背景差异可以归结为当地文化特色是非常有意思的问题。《比较规划文化》一书中的研究表明了文化基本论的观点是不准确的，此时的文化被描述为静态、自产自销、纯粹、不可改变的。然而，无论是内部与外部，这些规划文化都随社会、政治和经济影响而演变，从而形成了多元文化，只有通过深入的历史分析才能了解其复杂性。

例如，布斯（Booth）的研究（第 2 章）很好地阐释了法国和英国规划中的德国“血统”。考尔德（Cowherd）（第 8 章规划文化是否重要：印尼城市转型中的荷兰和美国模型）介绍了荷兰和美国规划在印尼的影响。同样，戴维斯（第 9 章墨西哥城的规划文化争鸣和城市建成环境）谈论了法国和美国的规划和设计模式对墨西哥城的双重影响。塔杰巴克赫什（Tajbakhsh）（第 4 章伊朗的规划文化：20 世纪的集权、分权和地方治理）提到欧洲（比利时和法国）在 20 世纪初对宪章制定的影响。班纳吉（Banerjee）（第 7 章理解规划文化：加尔各答悖论）展示了熟悉美国规划传统的福特基金会顾问对印度加尔各答规划文化的影响。同样，利夫（Leaf）（第 5 章现代遇上传统：中国城市重建中的专业规划师和地方团体）描述了经济自由主义的影响。源自美国华盛顿特区的新自由主义，加上中国内部的政治压力，深深影响了中国规划的实践。诚然，利夫认为所有的这些变化，最终是中国既定政治领导层的共同选择。然而也正如伍美琴（第 6 章两个中国转型城市的规划文化：香港和深圳）所说，由于经济开放深圳出现了新的、创业导向的规划模式。换句话说，即使没有政治制度的根本改变，规划模式也会发展和改变。

与罗伯特・费什曼所说的内部“规划对话”相对，最极端的例子是伯奇的案例研究（第 14 章压力下的美国规划：面对危机时的忍耐与繁荣）——世界贸易中心恐怖袭击事件之后的曼哈顿下城规划。关于全球化，这个案例为规划师之间的对话增加了新的维度，不仅有资本和劳动力之间的对话，还包括和恐怖分子的对话。根据伯奇对规划过程许多参与者和机构的描述，这个不寻常的事件是否会永久改变美国规划文化尚不清楚。但是整个过程中众多参与者对规划的积极响应，最终又被少数富人的意见深深影响，这是典型的北美模式。读者可能也了解到世界贸易中心原址重建的设计竞赛。这些来自世界各地的私人公司的设计作品在何种程度上反映美国规划文化呢？只有考虑当代国际大都会纽约在过去的 125 年中受到国外投资和移民影响的规划文化，才能回答这个问题。纽约现在被理所当然地认为是一个世界城市。因此，在世界范围内寻找建设它被摧毁的地标设计方案是适当的。这种做法得到了一些纽约市民的大力支持，他们最近称赞圣地亚哥·卡拉特拉瓦在前世界贸易中心原址旁的新火车总站设计。虽然在西班牙受教育，卡拉特拉瓦能够捕捉到纽约的精髓，部分是因为纽约是一个受到许多文化影响的全球性城市，多年来的文化已被吸收进了城市建筑中。

全球化与规划文化

关于全球化带来的文化同质现象，已经有过很多讨论。然而这里介绍的案例研究表明，全球化同质效应的表现和威胁，可能被夸大了。虽然这些案例研究为全球互动提供了许多例子，但没有一个案例表现出这种互动会带来规划模式的趋同。诚然，管治和规划的权力下放是塔杰巴克赫什（第 4 章）对伊朗、利夫（第 5 章）对中国的描述。同样，桑德柯克（第 13 章）介绍的创业导向式规划（与管制相反），目前在澳大利亚盛行，在有着不同规划历史的许多美国城市和其他国家的城市也存在。然而这些趋势似乎与地方环境相结合，产生了不同的结果。

虽然我们应该先考虑这些不同的效果，再批评或者赞美规划文化的全球化影响，但我们的研究表明《比较规划文化》一书研究的这些国家都在努力收获全球化的益处，而规划作为一项政府工作也在做这方面的努力。规划者不反对越来越多的金融和信息流的相互关联；相反，他们正在调整做法，以满足当下的需求。当然，不同国家的规划正在转向不同的模式，但全世界规划师的意图十分相似：避免被金融、贸易、技术进步等全球化进程所孤立和排斥。这种趋势是否是单纯的通信和信息技术传播的结果，我们尚不知道。但是，如卡斯特利斯在第 3 章流动空间，地方空间：信息时代城市化理论的材料中所说，这些新技术肯定已经影响了世界各地规划师的认识，担心他们不是卡斯特利斯所说的“网”的一部分，从而落在世界前进的脚步之后。然而，正如塔杰巴克赫什（第 4 章）、考尔德（第 8 章）、法鲁迪（第 12 章）、利夫（第 5 章）所述，这种趋势并没有使规划文化同质化。国家能够保留其适应地方宗教和政治传统特色的本地规划特色。

全球化有没有削弱民族国家的规划和干预以达成特定社会成果的能力？许多人认为，民族国家已经失去了影响商业周期的能力，而商业周期自20世纪30年代以来已成为凯恩斯主义的一部分。有些人认为，无论是国家还是地方征税的能力都已经被越来越多的跨境资本流动和通过降低税率以吸引外来投资的竞争所削弱。反过来，这减少了规划的可用资源，使领土更容易受到全球投资流动的影响。本书中，虽然卡斯特利斯对规划未来的预测不像其他人那样悲观，但他对于信息技术的发展以及其对民族国家传统规划能力不利影响的叙述（第 3 章）与上述观点相符。正如最初由皮尔斯·约翰逊和霍尔在 1993 年提出的那样，卡斯特利斯也认为，国家规划能力的下降带来的一个意外但积极的影响是：地方政府在规划中的作用上升，尤其是有多元化经济基础的大城市。

本书中没有作者试图验证关于全球化对规划

能力影响的一些猜想。书中的讨论提供了一些证据，但其结论可能比对全球化单纯的批评或支持更加复杂。例如，桑德柯克（第 13 章）介绍了全球投资的竞争是如何影响澳大利亚规划师，使他们忽视某些社会公正问题，而去鼓励创业型城市，急于给国际公司提供合资机会和减税。同样，考尔德（第 8 章）提供了一些例子：在印尼为了给企业和地方政界提供放松管制的机会从而牟利，规划是如何降低其监管功能的。相比之下，伍美琴对于中国成功的描述（第 6 章）则表明，城市的成功并不仅仅是依靠投资者。实际上，伍美琴的对比表明，香港曾经是一个创业型的城市，现在正落后于深圳这个城市，主要是因为深圳有一群地方年轻规划师的创新和创业精神。利夫对于中国规划的看法（第 5 章）没有那么乐观。他对地方规划师面对旧的政治精英能保持相对独立持怀疑态度。然而，1990 年左右以来，中国经济的稳定增长是考核地方规划官员和本地企业能否为经济增长创造条件的指标。通过权力的下放和尚未得到很好分析的其他一些体制机制，中国的规划师已经成功地为内部和外部的投资者开放经济，从而带来了前所未有的经济增长，这也增加了规划的财力基础。中国成功的部分原因是，虽然私人投资可以简单到通过按下一个键盘而带动世界的发展，但是最终这些投资必须落到特定的空间，并产生进一步的发展。正如克鲁格曼 1995 年观察到的，对于私人投资，有良好物质和社会基础设施的地方，比有大量税收优惠和廉价土地的地方更有吸引力。中国的地方规划师们知道这一比较优势。随着中央规划影响力相对于改革前的减弱，规划师以及地方企业家迎来了一个在 20 世纪 90 年代中期前没人能预料到的新的、创业型的规划模式。

城市和潜在私人投资者（包括内部和外部的）之间的关系，也验证了伯奇关于纽约试图在世界贸易中心原址重建的分析（第 14 章）。虽然伯奇描述了一个许多团体和机构同时互动的相对混乱的规划过程，但她的描述表示私人投资并非这个规划过程的唯一主导。虽然在北美传统上存在着制度性阻碍，规划依然很重要。

班纳吉对于西孟加拉州州府加尔各答在马克思主义长期统治之前时期的历史分析，也提供了对于私人投资和公共规划文化之间关系传统理解的挑战。班纳吉生动地介绍了福特基金会如何投入大量的专业知识和资源，拓展加尔各答都市圈地区规划的范围和模式。当时该州的首席大臣担心地区失业率的上升，这往往会被马克思主义的反对党利用。福特基金会的主要目标之一是提供更多的就业机会，使加尔各答都市圈更有利于私人投资。其策略不是减少政府的规划功能以创造更多的就业机会。相反，它在以物质空间为主导的规划中加入社会和经济规划的新元素，从而扩展规划的功能。福特基金会的努力并没有立刻增加就业，而因为在西孟加拉邦州和加尔各答市马克思主义领导的联合政府上台，福特最终减少了投资。

然而占主导地位的规划文化已经改善了，从此不再局限于制订传统的总体规划。在马克思主义领导的联合政府垮台后的短暂时期，前执政党重新执政，并试图恢复福特基金会的规划主张。根据其主张建立了一个新的规划机构，加尔各答大都会发展局，这个机构在持续 25 年的马克思主义统治后仍然保持着活力。福特基金会之前引进到加尔各答以制止马克思主义掌权的社会经济规划，现在正被马克思主义政府用于最初设想的同一目的：通过物质空间和社会基础设施的公共开支，使加尔各答更能吸引私人投资。

当文化遇到政治

加尔各答的规划故事只是本书诸多案例中的一个，它告诉我们，理解任何一个地方的规划文化，必须理解该地区规划与社会经济、政治变革的关系。利夫对于中国规划文化的探索（第5章），塔杰巴克赫什对伊朗规划的分析（第4章），考尔德对印尼规划的描述（第8章），以及戴维斯对墨西哥城规划的写照，都说明了同样的问题。尽管文化一词常常因其主导一个领域而与经济和政治分开，但规划文化并不是一个独立的自变量。正如之前提到的，当对规划文化进行历史分析时，研究显示它是不断变化的，有时抵制社会变革，而其他时候则促进社会变革以应对内部和外部的压力。

在任何地方，社会、经济和政治变革对规划文化的影响都是很难预测的。我们的案例研究表明某些国家在特定的历史时刻，这些变革的影响是改良的。但即使在同一国家，也会出现倒退的后果。例如，如桑德柯克介绍的，澳大利亚规划师对澳大利亚土著的态度，在过去的100年中已发生显著变化。此外，他们现在对性别不平等有更深的认识，并更加关注环境恶化的问题。然而在澳大利亚刚开始关注环境问题时，城市规划师们开始远离传统的对于公平和社会问题的关注，走向“地方营销”，以吸引私人投资。考尔德（第8章）介绍了印尼类似的错综复杂的结果，苏哈托总统的辞职导致了行政权力的下放，增加了媒体和基层组织参与的自由度。然而在同一时期，规划师们实施“美国式市场自由化”，从而减少监管措施，增加民众的种族和阶级分层。

戴维斯（第9章）介绍了墨西哥城的复杂情况。一方面，墨西哥革命结束了旧寡头的统治，并迎来了以关注穷人福利为标志的新时期。另一方面，在革命之后，墨西哥城的规划被规划师中不同群体的政治和专业分歧所窒息。即使在主流思想呼吁为国家建设而牺牲个体利益的日本，索伦森（第10章）提到民间社会强烈反对只关注工业扩展而忽视群众，尤其在20世纪90世纪初日本泡沫经济崩溃之后。

同一国家不同结果的例子还有很多。例如，利夫（第5章）介绍了中国“文化大革命”期间的重大变化，当时毛泽东谴责专业主义为精英主义。而现在则是完全的逆转，出现了一群新的技术规划师，管理从社会主义城市到创业性城市的转型。相比之下，正如伍美琴（第6章）所指出，香港已失去了其早期的创业优势，不能重建其规划文化以与中国内地的一些新兴城市相竞争。

这些例子，尤其本书中的例子，突出了一个问题，即要了解任一地方社会的变化，需要超越构成那个地方特定政治经济体系中的政治架构和经济关系的文化属性。正如弗里德曼（第2章）指出的，每个国家规划机构具体特点的形成，主要是由其独特的政治经济关系决定的。通过广泛的历史分析，布斯（第11章）指出，产权关系、政府间的关系、国家的法律框架，是和规划实践特别相关的三个要素。应该了解这三个要素的制度基础，以及它们如何在不同地域的制度框架下随着时间而演变，从而形成关于规划文化本质的重要见解。卡斯特利斯（第3章）增加了这个时代的第四个要素，即信息和通信技术，因为它们在区域之间建立起了新的经济及政治联系。卡斯特利斯认为这种联系从上到下对规划都有着影响。

在民族国家政治和经济精英相互联系日益紧密的同时，在寻求身份认同的底层群体之间也存在着相互联系，因为他们正试图理解到底是谁在影响他们的生活质量。这些底层的活动，即弗里德曼曾称为激进规划的模式，在我们的研讨会中没有得到足够的重视。虽然本书的作者们没有忽视来自底层的压力和不同政见的声音，但这些异议不是这11个案例中任何一个关注的重点。产生这样意想不到的偏见的合理原因之一是，虽然规划通常被描述为一项涉及所有人群的专业活动，实践中仍然是由处于社会顶层的规划师主导，即使这种主导的性质已经在过去的300年中彻底改变。这里介绍的案例大多是每个国家占主导地位的规划实践。然而所有的案例研究表明，无论是主导的规划实践，还是这些实践背后潜在的文化，都并非一成不变。在应对政治变化时，这些变化有时是在进步，有时则是在退步。如果我们要超越为社会保守主义提供动力的、僵化的规划文化，了解这些政治变化的起源和结果是至关重要的。

结论

《比较规划文化》一书中的 11 个规划研究案例，没有得出一个精确的关于规划文化是如何影响规划实践的结论。由它们而得出的是一个更加复杂的理解，规划文化不应该被视为专门界定的不变的社会属性，以明确区别不同国家的规划实践。相反，研究的重点应该是社会、政治和技术变化的连续过程，它影响着规划师在不同环境中概念化问题以及提出结构化制度方案的方式。如果用动态的方式看待规划文化，而不是感觉上具有不变性和继承感很强的传统的文化概念，我们可以超越"文化中心论"这种在本质上是排他的、狭隘的，以及对历史阐释不准确的观念。

正如本书中的案例研究表明，不存在规划文化的核心或核心的规划文化，也没有单一的社会基因可以揭示规划实践文化的 DNA。正如所嵌入的更广泛的社会文化，规划文化是在不断变化的。这就是为什么它难以精确地标定为任何社会转型中的文化要素。现在文化人类学家承认了文化的这种无定形和变化的本质。正如施维德（Shweder）最近指出的："文化要素太难界定，很容易复制，并且距离创造的原点太远。长久以来，文化之间的互动以及借用、挪用、迁移和扩散等不同过程无处不在，其真正的本地性已经所剩无几。"施维德的评论对规划文化是有用的，并深刻体现在爱德华·赛义德（Edward Said）所说的"思想的复杂沟通"。

这并不是说所有国家的规划实践都是一样的。这里的案例研究清楚地表明，每种环境都是独特的，但是这种独特性正是社会变革复杂过程的结果，而不是静态的规划文化的必然和可预见的结果。与其寻找每个国家规划实践的文化核心，我们不如去了解所有国家，包括我们自己国家规划实践中发生的变化。缺乏对社会变革（也是规划的中心目标）的比较和动态的理解，我们可能会无意中将我们对他人的和他人对我们的程式化印象当作真实。

要理解当代社会变革对规划文化的影响，我们必须了解投资、贸易、创意和人口流动的增加带来的全球化趋势。但是对这种趋势的前瞻和恐惧都被夸大了。我们的案例研究表明，即使全球化以及同时崛起的新自由主义思想已经渗透到了所有国家的规划探讨，他们的影响也差别很大。所有国家的规划机构并没有同样被解散，管制也没有同样被撤销。同样，远离基于大量数据和技术分析的综合规划，也并不是在所有国家都是一样的。相反，信息和通信技术日新月异的变化——尤其是地理信息系统的广泛使用——带来了地方一级"科学规划"的复兴。

可以肯定的是，主流的规划在任何环境下都不可能不受到底层的反对。全球互通性的增加带来的社会经济不平等的加剧，在许多国家都不同程度上产生了反对主流规划的声音。这种对立的声音并非在所有国家都同样强烈，他们没有集成为一个系统，建立一个全球性的公民社会。这一结果的一个合理解释是，全世界的规划师都知道外部条件需要调整以适应当地情况。决定规划师如何应对外部势力的是不同背景下不断变化的政治，而不是规划文化。然而规划作为一项专业活动，并没有失去世界范围内的有效性。相反，许多国家对规划师专业知识要求的不断增加，虽然现在的专业知识更多关注如何减少管制和吸引私人投资，较少响应来自社会底层的反对声。

11个案例研究基础上规划实践的全景图，只能是建议不同国家的规划师去应对社会和空间变化的多种力量。这些案例并不是为了相互之间严格的对比。我们从来没有打算用一些精心设计的标准去比较规划文化。在过去，这方面的努力无助于更好地理解文化，反而导致了文化上的傲慢和狭隘。我们的目标是通过关于规划实践的全球对话以超越这样的分化，我们只是使用规划文化作为这一开放式对话的概念性语汇。这种以文化为主题的研究方法——尤其是国家之间的文化差异——与那些担心即将到来的文明冲突的研究方法完全不同。我们的目标不是确定规划文化的刻板印象，从而强调世界各国人民之间的分歧，而是寻找一个共同的智慧平台——一种"社会共同性"——这在重大的社会变革和全球化的时代，为规划师赋予了一个新的内容和内涵。

规划师并不是唯一在快速不确定的变化中寻求他们职业新内涵的群体。同时在其他社会活动的领域也存在着这些努力的迹象。原教旨主义和正统教体突出宗教的复兴，这是被社会变化困扰的人民试图塑造社会角色认同的另一个表现。而另一个极端是多元主义旗帜下的社会群体的流动性。与宗教原旨主义不同，多元主义不评判"其他人"。但是，与原旨主义类似的是，他们没有兴趣在不同的群体之间寻求一个共同点。相比之下，我们试图了解不同国家的规划文化，而寻找一个共同点的动机是学术探索。这不应该被误解为是为规划师创造一个共同的文化，或是不同国家规划精英之间"达沃斯文化"对话的另一个版本。在我编辑《比较规划文化》一书时，我们的目标越来越清楚，是通过有着非常不同规划经验的人的学术交流，创造一个关于规划在社会变化中角色的全球对话。希望智慧的碰撞可以更加精确地理解我们自己以及他人。

在并不遥远的过去，不同文化的相遇经常引发武装对抗和战争。我们仍在经历这样的遭遇，有人还在试图通过构建以文化冲突为基础的理论将其合法化。而不同文化相遇的另一种方式是通过在不断扩大的市场中交换商品和服务，现在又有了通信技术的帮助。我们努力了解十个国家的规划文化，目的是鼓励不同形式的文化交流。我们希望在这个进程中，我们已经开始逐渐理解那些组成全世界不同民族共同点的智慧和社会上的相似性。我们可能尚未达到目的地，但至少我们已经开始出发。

（田卉　秦波　译，杨映雪　秦波　校）

美国 20 世纪的城市土地利用规划

爱德华 · J · 凯泽　戴维 · R · 戈德乔克

编者导读

本文发表于《美国规划协会会刊》(1995)。与土地利用相关的物质规划一直是城市规划教学和实践中的核心内容之一。在很多城市规划专业教学中提供“物质规划”或“土地利用规划”类的课程，物质规划方面的专业训练是城市规划专业常见的专业课。一些地理系也会开设物质规划课程和专业训练。这些课程所要解决的重点问题是如何利用土地，尤其是城市土地，具体而言就是如何科学安排和布局居住、工业、零售、开放空间或其他功能的土地。土地利用规划与交通出行、社会投资和基础设施等各方面的发展有着紧密的联系。

在本文中，两位城市规划教授爱德华 • J • 凯泽和戴维 • R • 戈德乔克介绍了美国 20 世纪土地利用规划的理念演变，以及当今美国土地利用规划实践的现状。这个研究是基于两位教授在北卡罗来纳大学(UNC)城市和区域规划系(全世界土地利用规划的重要学术中心)的杰出教学生涯。凯泽和戈德乔克两位教授也是美国最好的土地利用规划课本《城市土地利用规划》(Urban Land Use Planning)的合著者。

文中，凯泽和戈德乔克将土地利用规划实践的发展历程形象地比作一棵树的生长。这棵大树植根于一系列不同的规划理论和实践，从 20 世纪 50 年代流行的城市长期物质发展总体空间规划思想发轫，历经一系列的演变，由一组理念的树枝长成为强壮的“树干”。这一“树干”，经过超过 60 年的酝酿，通过周期性的分枝生长，成为一棵混合的现代规划“大树”。这棵“大树”通常混合了设计、政策、管理以及居民行为和土地使用选址等多方面内容。

凯泽和戈德乔克关于 20 世纪土地利用规划的描述始于如彼得 • 霍尔和奈杰尔 • 泰勒所描述的精英主义式的、以建筑学为基础的、往往不切实际的规划模式，这种规划从 20 世纪初一直延续到第二次世界大战之后。19 世纪后期，许多德国城市就做了相当精细的土地利用规划。19 世纪末和 20 世纪初，纽约、芝加哥，以及其他美国的大城市和许多欧洲大城市也开始制定城市开发规划。19 世纪末，德国城市又率先制定了区划法规，1916 年纽约也通过了第一个综合区划法规条例。

爱德华 • 巴西特(Edward Bassett)是纽约区划法的主要制定者。他认为城市应该有“总体规划”来引导长期发展。巴西特进一步区分了总体规划和区划法规的分工，认为总体规划应展望 50 年的城市发展，朝向一个宏观、不具约束力的远期目标，而区划法规则应该是一个有约束力的文件，精确地规定在什么地方应该进行什么建设。

美国最高法院在 1926 年关于尤克里（Euclid）村与安北勒（Ambler）置业公司的判案中，宣告区划法规符合宪法，再加上当时由美国商务部提案的区划法授权法案（1926）和标准城市规划授权法案（1928）鼓励了很多州授权或要求城市或县组建规划委员会，编制规划，并实施区划法规。“总体规划”（master plan）一词逐渐被政治含义淡化的“综合规划”（general plan）所取代。

凯泽和戈德乔克沿着土地利用规划这棵大树的根，追溯到 20 世纪中叶。20 世纪 50 年代，规划师们达成共识：城市规划应该关注城市长期建设的物质发展，这也是巴西特理想中的综合规划。经过几十年的演变，早期物质空间导向的综合规划已经变得越来越复杂，逐渐演化到今天多元融合的城市土地利用规划。如今的城市土地利用规划虽然在很大程度上保持了物质规划的主干地位，但是逐渐纳入了公共政策和管理方面的内容，远比彼得·霍尔爵士所说的令人看着舒适但实施效果不佳的 20 世纪 50 年代（规划的黄金时代）的总体规划更为现实。公众大量参与规划制定，在谢莉·阿恩斯坦《市民参与的阶梯》里占据了中等或更上好的位置，实践中规划师也已经采用约翰·福雷斯特所描述的许多协商谈判的策略。现代综合规划的基础建立在加利福尼亚大学伯克利分校规划教授 T·J·肯特在 1964 年出版的《城市总体规划》(The Urban General Plan）一书论述的观点之上。

在美国，城市和县是州下一级的法定行政机构，不同的州对于何种规划是必须的或推荐的决定也有所不同。人口稀少的州以及强烈反对政府干预私有产权的州几乎不需要规划；而人口多、生态环境脆弱的州，以及具有更多政府对私人财产监管的政治文化的州，则需要更多的规划引导。例如，加利福尼亚州要求每个县和市都有一个综合规划，并强制规定了规划中必须涵盖的内容，同时要求当地土地利用规划与综合规划一致。

20 世纪 50 年代的城市综合规划往往是精英化的、鼓舞性的、长期的，很少关注具体实施。而凯泽和戈德乔克则认为，城市土地利用规划应该成为针对城市未来发展达成的社会共识，以及由财政支持的管理城市变化的框架。在新的背景下，城市规划更加关注蒂莫西·比特雷提出的绿色城市规划问题，布伦特兰委员会提出的可持续城市发展问题，以及斯蒂芬·惠勒提出的减少人类碳足迹、减缓全球变暖的策略。

如今，大多数城市规划方案都有基于现状而预测的远期土地利用、交通系统、社区设施和其他基础设施的规划图。现在的规划不同于早期的规划，基本不包含整个新城或城市局部地区的整体建筑的静态效果。此外，在图纸方面，城市规划的愿景也可以通过文字或示意图来表达。现代综合规划中的地图通过分析人口普查和其他数据，由地理信息系统（GIS）计算机化得出，而不是用手工彩色近似地画出。计算机化的人口、住房、就业数据的统计分析是规划的基础；规划图纸往往由计算机辅助设计（CAD）软件程序和绘图程序得出。

城市规划师同时也要准备区域规划。在美国，政府会议（COGs）做一些区域规划，但大多数都比较薄弱，影响力有限。大都会交通规划机构也做全区域的交通规划。美国的俄勒冈州波特兰大都会有一个民选的区域政府，具有制定区域规划的法律权力，并取得了显著的成绩。波特兰州立大学城市历史学家卡尔·阿博特（Carl Abbott）甚至认为波特兰是优秀规划之都。在欧洲，欧盟要求成员国做空间规划，在英国和其他地区该类规划包括一些区域层面的规划。

到 21 世纪初，城市土地利用的大树似乎还会继续生长。凯泽和戈德乔克预测，下一代的城市发展规划将会更加成熟，并会在不放弃城市物质规划传统的同时做出调整。

爱德华・J・凯泽和戴维・R・戈德乔克都是北卡罗来纳大学（UNC）城市和区域规划系的荣休教授。他们和斯图尔特・蔡平（Stuart Chapin）合著了第四版的《城市土地利用规划》(芝加哥：伊利诺伊大学出版社，1995)，该书是美国土地利用规划的主要教材。戴维・戈德乔克还与菲利普・伯克（Philip Berke）合著了第五版的《城市土地利用规划》。

尤金妮亚・伯奇（Eugenie Birch）主编的《城市与区域规划读本》(The Urban and Regional Planning Reader)(伦敦：Routledge，2009）是一本关于城市和区域规划经典和当代著作的文选。其他关于美国城市规划的著作包括：国际城市管理协会（ICMA）的《地方规划：当代原则和实践》(Local Planning：Contemporary Principles and Practice)(华盛顿，ICMA)；利夫（John M. Levy）的《当代城市规划》,第八版(Contemporary Urban Planning)(纽约:Prentice Hall,2008);威廉・富尔顿(William Fulton)和保罗・希格利(Paul Shigley)的《加利福尼亚规划指南》(Guide to California Planning)(Point Arena，CA：Solano 出版社，2005)；Eric Damian Kelley 的《社区规划：综合规划简介》(Community Planning：An Introduction to the Comprehensive Planning)(华盛顿：Island 出版社，2009)；亚历山大・加文（Alexander Garvin）的《美国城市规划设计的对与错》第 2 版（The American City：What Works What Doesn't）(纽约：McGraw-Hill，2002)；杰伊・斯坦（Jay Stein）主编的《城市规划经典著作》(Classic Readings in Urban Planning)(纽约：McGraw-Hill，2002)。

关于欧洲城市规划的名著包括：J. Barry Cullingworth 和 Vincent Nadin 的《英国的城市和乡村规划》，第 14 版（Town and Country Planning in the UK)(伦敦和纽约：Routledge，2006)；彼得・霍尔和 Mark Tewdyr-Jones 的《城市和区域规划》第 5 版（Urban and Regional Planning)(伦敦和纽约：Routledge，2009)。后者是关于英国空间规划的非常好的范例。

彼得・霍尔爵士的著作《明日城市》第 3 版（Cities of Tomorrow)(牛津：Blackwell，2002）介绍了 20 世纪城市规划和设计的历史，包括了在英国、北美和其他地区的主要趋势。Mellior Scott 的著作《1890 年以来美国的城市规划》(American City Planning Since 1890)(Berkeley：U.C. 出版社，1969)，详细介绍了 1909—1969 年 60 年间美国城市规划的历史。由 Donald A. Krueckebert 编辑的《美国规划师：传记和回忆》(The American Planner：Biographies and Recollections)(纽约：Methuen，1983）提供了美国土地利用规划另一个视角。

正文

美国 20 世纪的城市土地利用规划，从初期以城市空间设计和土地区划为主导的技术性专业发端，逐步发展为集规划设计和政策管理于一身的复杂综合体，这一兼收并蓄其他相关学科不断丰富自身专业领域的演变过程，对中国今天的城乡空间规划研究有多方面的借鉴和启发。

土地利用规划的“家族树”

美国 20 世纪的社区物质形态规划是由一些“社会精英们”推进的，从城市美化设计到公众参与，为城市发展战略奠定了广泛的基础。回顾美国城市土地利用规划理论和实践的历史，可以看到新的思想和技术在不断地相互渗透融合。传统绘图式的土地利用规划通过政策规划、土地分类规划以及开发管理规划的多种变革而得以丰富和拓展。

与现代建筑的呆板形式和理论教条不同，地方的社区规划并没有命里注定地被所谓后现代革命所解体，尽管存在着对物质形态规划的大量批判并经常有人预测其死亡，但事实表明了传统的土地利用规划仍旧完好地存在于多数美国社区之中。1994 年的部分统计发现，有 12 个州根据州的控制增长法规编制完成了 2742 个地方性综合规划。这些规划不仅帮助决策人去控制城市的增长和变化，而且还提供了一个用于促成相关社区在土地利用问题上取得一致意见的工作平台。

如果将物质形态规划的演进比作一棵“家族树”，早期的家系渊源由树根来代表（图 1），则美国在 20 世纪中叶完成的大量城市总体规划实践就构成了大树的主干。自 70 年代起，传统的土地利用规划生出几个分枝：文字型政策规划、土地分类规划和开发管理规划。尽管这些分枝来源于不同的规划学科，但它们都与主干相接，这些枝干与现今以树冠形式表现在顶部的综合设计、政策、管理的混合型规划连接在一起。

“家族树”的根：第一个50年

20 世纪初最有影响的规划是由芝加哥商业俱乐部（一个城市性的非政府实体）于 1909 年发表的芝加哥规划，主要由建筑师伯纳姆（1846—1912）完成。它的原型是一个理想主义的远景建设方案，重点放在为城市美化而努力的公共空间设计方面。随着芝加哥规划的传播，城市美化运动的思想很快就拓展得更具有综合性了。

在 1911 年召开的美国第一次全国城市规划会议上，著名景园建筑师小奥姆斯特德（1870—1957）根据其父辈的经验，将城市规划定义为一种针对所有土地利用、私有地产、公共场所和交通运输的规划。之后，美国规划法的先驱人物贝特曼（1873—1945）在 1928 年的美国城市规划会议上说，假定这个规划是对城市范围物质发展

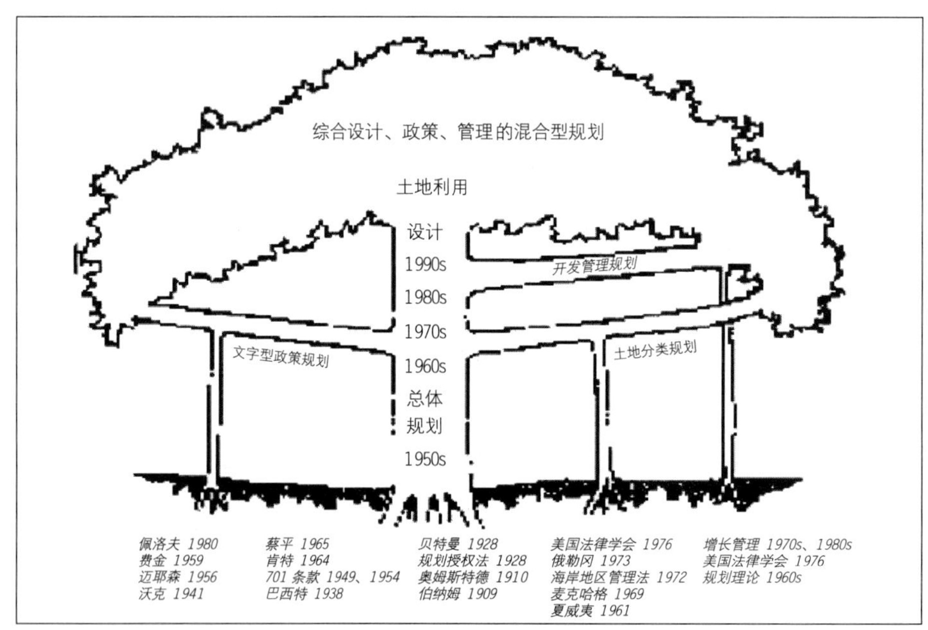

图 1　土地利用规划的家族树

的总体设计，则应包括“总体定位和对新建公共设施私人开发，各类土地如居住、商业、工业用地等利用的总体布局……它应是对未来 25—50 年进行的规划”。小奥姆斯特德和贝特曼均预见到 20 世纪中叶的美国城市土地利用规划。

联邦政府 1928 年颁布的《标准城市规划授权法》(Standard City Planning Enabling Act) 影响深远，很早就被许多州采纳。不过，这个法案使许多规划师和政府官员们对总体规划和土地区划条例之间的区别产生混淆，其结果是有数百个社区都进行了“分区规划”却没有编制指导区划的综合规划，原因是联邦法案未能明确综合规划的重要性。

被称为美国区划之父的纽约律师爱德华·巴西特(1863—1948),于 1938 年出版了《总体规划》(The Master Plan) 一书，基本澄清了规划的主要内容和形式。巴西特在补充 1928 年法案的基础上，强调规划应有 7 个要素：街道、公园、公共建筑用地、公共保留地、公共设施线路、码头与堤岸的界线（所有的公共设施）和对私有地产的区划。这些要素都与土地(而不是建筑)相关联，并可以在图纸上表示出来。巴西特认为总体规划要依靠一个独立的委员会,他设想规划是一块“可塑”的图纸,在其中既保持着规划委员会的权限，又可以对规划方案进行快速和方便的转化。

20 世纪 40 年代，将规划的职能与城市政府分离，以及将规划的重点放在物质发展上，这两点在当时都受到质疑。沃克在《地方政府的规划职能》一书中说：“城市规划的范围与市政府的职能同样广泛”，中央规划机构也许不必要去做所有的规划，但从总体政策上考虑，它应该协调各部门的规划，开创一个不以物质规划为核心的综合规划，他还认为，独立的规划委员会应该由隶属于市长的某个部门或办公室取而代之。沃克的提议在 60 年代被普遍采纳，尽管规划委员会对于选择负责规划事务的官员仍享有较大的发言权，但多数城镇的社区规划都已经由隶属于市政府的机构负责。

总结美国在 20 世纪前 50 年的规划思潮演变过程，其重点集中于继承城市设计遗产，关注远期城镇空间形态发展上。城市规划师同时为地方政府官员和市民规划委员会工作，旨在保护公共利益，矫正政府的腐败，规划致力于公共和私有土地的利用，但并不去直接处理具体的实施过程。

20世纪中叶以后的规划

出于多种原因，20 世纪 50 年代的美国地方社区规划成长迅速。第一，政府必须与战后的人口和城市增长冲击波抗争，还有因大萧条和战争年代已经一再推延的对基础设施和社区服务所需资金的投入；第二，城市立法者和管理者对规划从独立的委员会负责制转为地方政府的一项职能这一点很感兴趣；第三，也是十分重要的一点，1954 年住宅法案的第 701 条款要求地方政府正式通过一项长期的总体规划，以便获得联邦政府为城市更新、住房和其他项目的贷款，并同时能使综合规划本身也得到资助。据统计，美国在 50 年代后半期所编制的城市规划比历史上的任何时期都要多。

与此同时，规划的概念在两位规划教育家那里得到修正和重塑,伯克利加州大学肯特(1917—1998)教授在《城市总体规划》(1964，1990)一书中阐明了规划的政策作用；蔡平(1916—)教授完成了美国城市土地利用规划的方法学研究，他的学术思想在《城市土地利用规划》的 4 个版本(1957，1965，1979，1995)中得到充分体现。

肯特的城市总体规划思想：

肯特强调的规划重点是：为了土地利用、交通和社区设施，需要制定长期的物质发展规划。此外，这个规划可以包含城市设计和公用事业的章节，以及对特定地区如历史保护区或再开发地区的内容。规划涉及社区的整个地理辖区；它是对未来的展望，但不是一张蓝图；是关于政策的陈述，但不是行动计划；是目标的形成，但不是一张时间表，它没有先后次序或费用估算。

肯特建议的规划目标是：

- 保障公众的整体利益，而不仅是社区中个体或特殊团体的利益；
- 在社区发展中政治和技术有效地结合；
- 将长期规划与短期项目决策结合在一起；
- 运用专业和技术知识，对社区物质发展的政治决策实施影响。

蔡平的城市土地利用规划思想：

蔡平关于规划的概念是：具有总体性，按比例绘制未来的土地利用规划图，包括私人土地利用、公共设施以及道路交通系统。按照蔡平的设想，土地利用规划是综合规划的第一步。土地利用规划将作为综合规划的一块奠基石，它还应包括交通运输、市政设施、社区公用事业以及更新改造规划；规划的目的是指导政府对公用事业、分区区划、土地细分控制以及城市更新作出决策，并向私营开发商传达有关城市未来形态发展的规划建议。

20 世纪 50—60 年代的美国城市土地利用规划是一个长期的物质开发过程，它包括私人土地利用、交通和社区设施。标准的规划形式包括对现状条件和需求的概述、总体目标的确定、城市的远期发展形态以及相关发展政策等。规划的内容是综合的，同时涉及公共和私人土地的开发，并包括整个规划的行政区域。它形成了 50—60 年代家族树的主干，而今天的规划有许多方面都溯源于此。

当代规划：与新枝干的结合

20 世纪中叶之后的规划概念与实践仍在不断演变。到 70 年代，有一些新思想已深入人心，并表现在以下 4 个方面：

- 土地利用规划（The Land Use Design）

未来土地利用的详细规划设计图，它来源于 50 年代的规划，同时始终是大树主干的一个组成部分。不过，从今天的观点出发，土地利用规划会更直接地与实际的战略规划相伴随，虽然仍采用绘图方式，但已经包含有大量的政策。

- 土地分类规划（The Land Classification Plan）

与详细的土地利用模式不同，它是开发地区的规划总图，目前在各个县、大都会地区十分流行。土地分类规划来源于麦克哈格（1920—）的著作《设计结合自然》（1969），1976 年美国法律学会（ALI）的“土地发展模式编码”。1972 年的“美国海岸地区管理法”和 1973 年俄勒冈州的土地利用法。

- 文字型政策规划（The Verbal Policy Plan）

它并不强调在图纸上体现政策或最终的表现形式，而是集中用文字表述行动政策。其内容通常很详细，有时也叫作战略规划；它来源于迈耶森 1956 年提出的“中期的综合规划方法”，费金（Fagin）1959 年的政策规划，以及佩洛夫（Perloff）1980 年的“战略及政策总体规划”。

- 开发管理规划（The Development Management Flan）

它设置一个专门的行动计划来指导开发，如公共投资计划、开发条例或者基础设施和服务项目的拓展计划等。开发管理规划来源于环境运动以及国家增长的管理和社区发展控制等运动。

土地利用规划

土地利用规划在 4 种当代规划类型中最具传统。土地利用规划提出了一种长期的未来城市形态，由零售、办公、工业、居住用地、开放空间以及公共用地和交通系统组成；今天有了新的认识，要考虑环境，有时还包括农业和林业用地。如今的土地利用规划采用“混合功用”的形式，它实践着新城市主义的紧凑原则，将居住、就业和商业区混合在一起。此外，它要绘制一张开发战略图，将未来城市形态表现出来同时制定社区基础设施和服务项目的资金战略。该规划通常围绕战略主题或围绕发展、环境、经济增长、交通或邻里、社区规模的变化等问题来组织。

土地利用规划反映最新的社会问题，特别是环境和基础设施危机，并强调地方政府的资金投入。当代的规划师不再将环境因素视为发展的限制因素。规划中要计算项目总金额、进度、区位以及增长的费用等，要将这些因素作为规划过程中需要明确的政策来加以抉择。

1990 年马里兰州霍华德县的总体规划获得 1991 年美国规划学会杰出综合规划奖，图 2 说明了当代的土地利用规划。该规划源于传统的总体规划，在此基础上增加了新的目标、政策和规划技术。为了加强交流和得到公众的理解，从战略角度对行政区划分原则、乡村地区的保护、平衡增长、工作结合自然、社区进步和分阶段发展等 6 个方面进行规划，并以此来替代以往的一些规划要素。除沿用传统的土地利用规划形式外，还绘制了 6 个方面的“战略图”以及 2000 年和 2010 年的发展战略图。规划明确了未来两年的实施步骤，并确定了衡量规划方案成功与否的标准。

土地分类规划

政府为了具体说明在何处或何种条件下将会出现城市增长，需要进行土地分类或绘制优先开发规划图。通常还要针对增长速度和期限制定开发条例。土地分类通过确定“非开发”地区来提出环境保护的要求。与土地利用规划一样，土地分类规划也采取了绘图式的空间表现形式。不过，它减少了在特定区域内的土地利用模式图；另一方面，土地分类规划更专注于开发战略。各个县、大都会地区及区域规划机构比一般城市更喜欢编制土地分类规划。

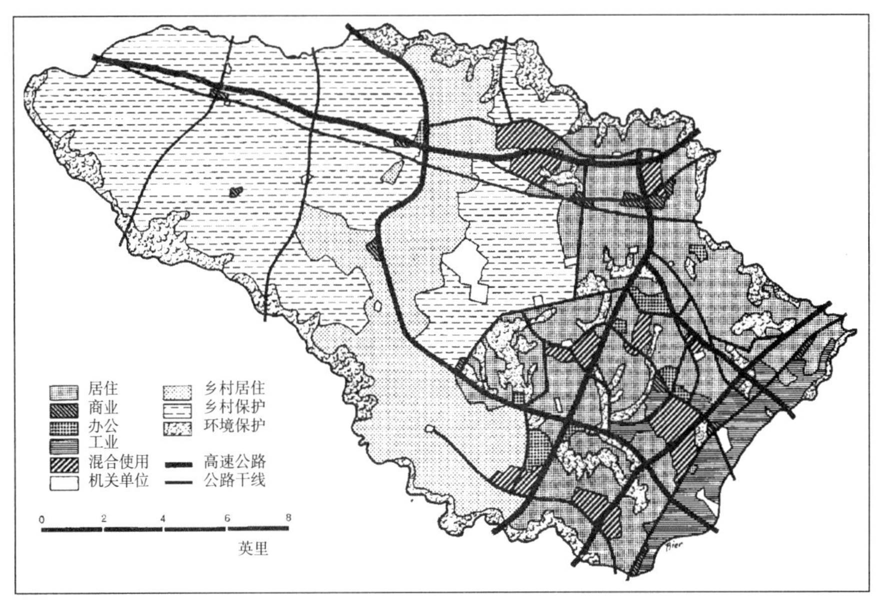

图 2　马里兰州霍华德县总体规划图 2010 年土地利用规划图

（资料来源：根据 1990 年霍华德县总体规划改绘）

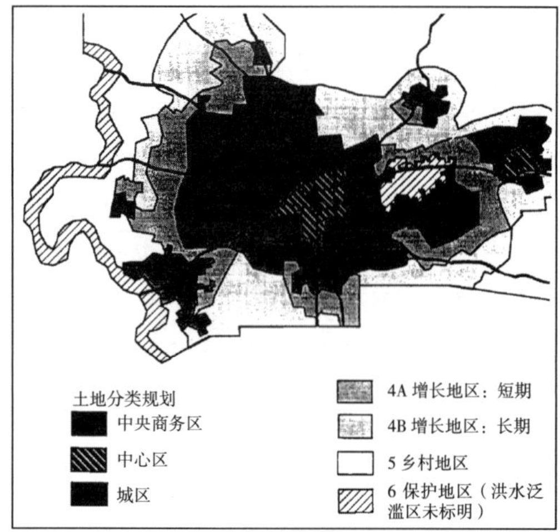

图 3　北卡罗来纳州佛斯县土地分类规划图

（资料来源：引自北卡罗来纳州佛斯县 1988 年城乡综合规划）

土地分类规划要明确鼓励开发的地区和限制开发的地区。对确认的每个地段，要制定出有关开发类型、期限、允许开发的密度、基础设施的拓展、鼓励开发或限制使用等方面的政策。

获得 1989 年美国规划学会荣誉表扬奖的北卡罗来纳州佛斯县综合规划说明了当代土地分类规划的方法。该规划提出划分 6 种不同性质地块的方法，并在此基础上增加了积极发展的中心商务区。图 3 中的图例表明了长期和短期的两类开发用地。规划方案对各个地段的政策均有详细说明。

文字型政策性规划

文字型政策规划主要是关于目标和政策的书面文本，没有专门的图纸来表示土地利用形式或实施战略，有时也被称为政策框架规划。文字型政策规划要比其他类型的规划更具有灵活性，特别适于非物质形态的开发政策。采用这种规划有时是为了使规划师不必过于依靠图纸，因为图纸有时很难跟上社区政策的发展变化。

文字型政策规划可用于各级政府，但通常是在州政府一级。文字型政策规划通常包括目标、现状和规划项目以及与目标相关的政策。可以认为，土地利用规划、土地分类规划和开发管理规划都含有文字型政策规划的内容。

开发管理规划

开发管理规划是一项协调行动计划，由地方政府的专门机构承担，期限为 3-10 年。完整的开发管理规划一般需包括以下内容：

（1）描述并分析现状和将要面临的开发条件，特别关注开发程序、政策与体制间的关系以及对当前开发管理体系的批评意见。

（2）确定目标。

（3）行动计划，包括城市基础设施和社区公共事业计划、资金改善计划、获取地产计划，以及其他相关的具体内容。

（4）结合规章制度阐明立法意图的官方图纸，形成目标地区的土地分类规划图或土地利用规划图；分区区划图，各区的叠合图，与特定地段的开发类型、密度和各种要求相关的图纸；城市商业服务业分布图；资金改善的时间表；或其他关于开发管理标准和程序的图纸。

开发管理规划是一种独特的规划类型，它强调特定的行动过程，而不是一般的政策。开发管理规划要做到与实施措施相结合，使之成为固定规章的一部分。

当代混合型规划：规划、政策和管理相结合

经过实践检验，上述各种类型规划中的精华部分已融入当代混合型规划之中并充实了政策和管理措施。各州对增长的管理已经开发出一套新的土地利用的管理体系，并提出了如下具体目标：

- 一致性——政府间和政府内部（规划与条例之间）;
- 同步性——基础设施与新的开发项目；
- 紧凑性——新的增长与限制城市蔓延；
- 可负担性——新的住宅建设；

- 经济开发或增长控制；
- 可持续性。

当代规划的另一个重要影响是社区规划设计重点的更新。新城市主义和公交导向式的设计运动已经崭露头角，并开始在土地利用规划中提出混合功用城乡土地的建议。

“奔向可持续的西雅图：一个管理城市增长的规划”（1994）说明了进行当代混合型城市规划的新途径。当代规划的3个核心价值观——社会平等、环境管理、经济的安全性和机遇——支撑着整个规划的可持续目标。西雅图城市规划被视为美国当代规划的一个典范。[1]

当代混合型规划的另一个实例是“弗吉尼亚州劳顿县1991年总体规划”，它获得了1994年美国规划学会小型社区综合规划奖。该规划制定的目标包括：

（1）自然和文化资源的目标：通过限制开发的方式来寻求保护脆弱资源的途径，同时又不过度地削弱土地的使用价值。

（2）增长管理的目标：合理调节和控制该县区域增长的负担，指导开发进入该县东部的城市化区域或西部城镇及其城市增长地区，同时保护西部的农业和开敞空间地带。

（3）社区规划的目标：实行紧凑的集中增长方式，创造土地混合功用的社区；社区应具有强烈的视觉可识别性，有拟人尺度的街道系统以及一系列用新城市主义设计观念建造的住宅；提供多种就业机会。

规划提出了3个时间层次：5年的短期开发方案，20年的长期开发格局和“终极”到2040年的远景规划。规划使用了社区特色地段的概念作为土地利用管理的一种组织框架。规划对全县以及东部城市增长地区、小城镇增长地区、乡野地区和现有的农村地区的发展政策都提出了建议。

结语

以上4种类型的规划在实践中并非相互排斥。在社区层面上编制总体规划经常结合这4种类型，其政策部分包含有关环境、社会、经济、住宅和基础设施的内容，由土地分类图确定空间增长政策，土地利用规划图指明各项土地利用的区位，开发管理规划则为指导增长和资金问题而安排好建设标准与程序。不管采用何种规划类型，大多数已改进的规划仅仅将规划作为协调增长管理计划的一部分，而不像20世纪50年代那样作为主要的规划产品。这样一个项目可将资金改善计划、土地使用控制、小地段的规划、功能规划和其他相关部分以及总体规划等结合在一起。

20世纪前50年，规划与政府的改革、城市美化运动和“城市效率”密切联系在一起，规划由一个独立的委员会完成，主要是对未来城市形态提出建议。到20世纪中期，这种从旧传统中发展而来的规划形式已经成为范围广泛的地方实践。在近30年里，环境和基础设施问题促使规划向增加管理的方向发展。同时，市民和利益集团的活动发挥着更大的作用，土地利用政策成了一个大热门。规划理论家们正在对20世纪中期的规划方式提出质疑，也对规划的主题、过程、内容和形式等方面提出改进的建议，有时甚至对理性规划的核心思想提出挑战。尽管还没有形成一个十分完整的新构架，也并没有放弃规划的传统观念，但规划在实践中已经发生了改变。

（毛其智　译）

注释

1　有关情况可参见《国外城市规划》2000年第4期“可持续发展规划的范例——西雅图市总体规划述评”一文。——编者注

面对冲突的规划

约翰·福雷斯特

编者导读

本文发表于《美国城市规划协会会刊》(1987)。规划从来都是在冲突中实现的。规划师、市民、地方民选官员、环保主义者、种族和族裔团体成员、开发商和其他团体等，往往对这个城市应该是什么样、应该怎样规划及建设有着不同的看法。因此在民主国家的城市规划委员会会议中，经常会上演激烈的冲突。相似的，在中国，经济发展也带来了个体利益和群体利益的冲突，一些市民反对某个建设项目而进行的"集体散步"式的抵触也会常见。英国和美国早期规划理论内在的问题之一，便是将规划师看作是可以独自制订出好的规划方案的技术专家，而不需要与受规划影响的人们更多地进行沟通。然而正如彼得·霍尔和奈杰尔·泰勒指出，这种基于对规划师具备超常知识的迷信、而欲使公众普遍接受的想法已被证明是不现实的。除非规划师与业主充分交流、解决在不同规划方案之间进行选择带来的冲突，否则他们的规划都是有缺陷的。只有少数城市规划师能够很好地将理论和实践统一起来。然而有一位规划理论家，他能直面规划冲突的本性，并且亲自参与调解规划中的冲突，他就是康奈尔大学规划学教授约翰·福雷斯特。

福雷斯特深入观察规划师与城市规划中参与规划决策的利益相关者的行为，研究在面对冲突时城市规划的实践如何作出反应，也曾经在他生活的地方参与调解规划冲突。本文总结了他关于规划过程的心得，以及关于规划师怎样才能够有效地面对冲突的经验。福雷斯特这些真实的经验教训是很宝贵的。同样重要的是，福雷斯特为彼得·霍尔所描述的在当今学术界规划理论中，凭空发展自己理论的理论家与从不用理论武装自己的实践家之间的僵局，指出了一条明路。与那些象牙塔里的理论家不同，福雷斯特认真听取城市规划实践家的意见，并从中学到了很多知识。他也从调解冲突的实践中学到了很多经验。福雷斯特没有像戴维·哈维那样单纯地将冲突描述为后现代主义文化的一部分，也没有像迈克·戴维斯那样在面对冲突时举手投降。福雷斯特综合自己在实践中所学，提出了高度反映客观现实的规划理论和概念。

正如大家所料，福雷斯特的观点被很多规划实践家所接受。在一些如谢莉·阿恩斯坦那样相信市民参与能够发挥重要作用的规划师中间，福雷斯特是很著名的。他帮助英国规划学教授帕齐·希利(Patsy Healey)所称的协作规划(collaborative planning)建立了理论主体。

福雷斯特发现，城市规划师在引导开发商和地方居民共同完成规划这个复杂过程时，采取了各种不同的策略。成功的规划师善于通过正式和非正式两种途径来处理冲突，而且必须要注意时机，要有能力承担复杂的、矛盾的职责——一方面要应对地方官员，同时顾忌法律授权；另一方面还要满足市民的需求。此外，成功的规划师必须坚守职业规范，坚持自己所持有的高质量城市发展的专业观点。那些退守在自己的工作室，仅仅根据自己相信的城市蓝图来描绘美丽的规划、建立优雅的电脑模型，而不面对各种利益竞争团体和冲突的规划师，是注定要失败的。在处理各竞争团体之间的冲突时，规划师必须将专业知识与实践技能结合起来。

福雷斯特的著作中有很多有意义的经验总结。比如，想要将城市规划有效地转化为实际行动，一定会有反对意见出现，而且可能会变成一个无止境的、令人沮丧的过程。规划师对此要有心理准备，不应该因此感到惊讶或是疲倦，要理解自己的权力以及局限，更要对城市发展过程中不同主体的利益保持敏感，并去了解他们。

福雷斯特认为，规划师应能够自觉遵循一系列的策略，从而使项目保持在正轨上并获得成功，就像一个规范执行者、谈判人兼调解人、资料收集人，或是外交官那样。

规范执行者告诉人们在城市规划过程中，哪些行为是法律允许的，哪些是不允许的。他们对话的途径远离不切实际的想法，集中讨论可能的选项。谈判人和调解人使用的技巧类似于解决家庭成员矛盾的咨询师，或试图使工会和雇主达成共识的劳工调解人。包括仔细聆听各方的需求，试图让各方看见其他方为解决问题所作出的努力，并让双方妥协。福雷斯特对于外交官的比喻，典故是联合国特使与巴勒斯坦领导人在加沙的中东会议上交换关于以色列休战的看法，然后奔赴特拉维夫分享他们的心得，听取以色列的意见，迫使以色列人让出一小步，然后又奔赴加沙，告诉巴勒斯坦人他们的心得，迫使他们也让出一小步，并重新听取他们的意见。

作为资料收集人，规划师可以提供有助于决策的信息和建议。例如，如果市民想构建绿色发展规划，但是不知道如何去策划，一个熟悉太阳能电池板、中水系统、光伏电池、堆肥、自然排水和任何绿色规划理念的规划师可以在规划过程中提供自己的想法，供大众考虑。这样可以使市民在作出规划选择时更多基于客观信息，而不是基于个人的主观意见。

我们可以将福雷斯特的观点与戴维·哈维关于在城市空间上问题上的社会冲突的描述相比较。如果要尝试推行爱德华·凯泽和戴维·戈德乔克所描述的不同类型的规划，那么就需要考虑所要面对的冲突。

约翰·福雷斯特是康奈尔大学城市与区域规划系的教授。他的兴趣在于规划师参与规划过程的方式、在不同的背景下调解公共纠纷、规划伦理和协商。他是纽约汤普金斯县社区调解中心的调解员，并为共识研究所（马萨诸塞州剑桥一个非营利组织）工作，旨在研究如何通过训练和能力建设，提高规划师们凝练公众共识和解决冲突的理论和实践水平。

在中国，随着不同利益集团的增加以及诉求表达的开放，城市中各类冲突也会增加，中国规划师今后的重要职责之一将是应对冲突、协调矛盾和努力达成共识。因此，福雷斯特此文不仅为中国的规划实践者提供了西方规划师协商谈判的技巧和策略，而且也为理论研究者开拓了方向。

福雷斯特的著作还有《直面差异：处理公众纠纷的戏剧》（Dealing with Differences：

Dramas of Mediating Public Disputes，New York：Oxford，2009）、《协商型实践者：鼓励参与规划过程》、《批判性理论，公众选择和规划实践：导向一种批判性的实用主义》（Critical Theory，Public Choice，and Planning Practice：Towards a Critical Pragmatism）（Buffalo：State University of New York Press，1993）和《面对权力的规划》（Planning in the Face of Power）（Berkeley：University of California Press，1988）。他与前克利夫兰城市规划主任诺曼·克鲁姆霍尔茨合著了《落实公平规划：公共部门的领导权》，总结了克鲁姆霍尔茨在克利夫兰实施对社会负责的公平规划的实践经验，与拉斐尔·菲施勒（Raphael Fischler）和德博拉·什穆埃利（Deborah Shmueli）合著了《以色列的规划师和设计师：社区建设者简介》（Israeli Planners and Designers：Profiles of Community Builders）（Albany：SUNY Press，2001），编写了《批判性理论与公共生活》（Critical Theory and Public Life）（Cambridge：MIT Press，1987），一本集合了于尔根·哈贝马斯重要社会交流理论研究的文集。目前，福雷斯特正与康奈尔大学规划教授肯尼斯·里尔登（Kenneth Reardon）一起编一本康奈尔大学以及区域规划系关于新奥尔良规划倡议的书。关于城市规划者如何管理冲突的文章《面对权力的规划》曾发表在《美国城市规划协会会刊》1982 年第 1 期上。

其他关于城市规划实践的书包括 Allan Jacobs 的《落实城市规划》（Making City Planning Work）（Chicago：American Society of Planning Officials，1976）和 Bruce W. McClendon 等的《规划师谈规划》（Planners on Planning）（San Francisco：Jossey-Bass，1996）。有关解决城市规划冲突的书有 Patrick Field 和 Lawrence Susskind 的《直面愤怒的公众：解决争端的多赢机制》（Dealing with an Angry Public：The Mutual Gains Approach To Resolving Disputes）（New York：Free Press，1996），Lawrence Susskind 和 Jeffrey Cruikshank 的《打破僵局：解决争议的共识机制》（Breaking The Impasse：Consensual Approaches To Resolving Public Disputes）（New York：Basic Books，1989），以及 Lawrence Susskind、Sarah McKearnan 和 Jennifer Thomas-Larmer 的《共识建设指南：达致共识的综合指引》（The Consensus Building Handbook：A Comprehensive Guide to Reaching Agreement）（Thousand Oaks，CA：Sage，1999）。

另外帕齐·希利的《协作规划：在破碎的社会中构筑场所》和 Judith Innes 和 David Booher 的《复杂条件下的规划：作为公共政策的协作理性导论》（Planning with Complexity：An Introduction to Collaborative Rationality for Public Policy）（London and New York：Routledge，2010）是关于协作规划的代表著作。其他关于协作规划的书还包括：Robert J. Mason 的《协作性土地使用管理：场所规划中的无声革命》（Collaborative Land Use Management：The Quieter Revolution in Place-Based Planning）（Lanham，MD：Rowman & Littlefield，2008）、John McCarthy 的《合作，协作规划和城市复兴》（Partnership，Collaborative Planning and Urban Regeneration）（Aldershot，UK：Ashgate，2007）。国家专家研讨会议中心出版了名为《实施性规划手册：渐进、协作的社区规划基本导则》（The Charrette Handbook：The Essential Guide for Accelerated，Collaborative Community Planning）（Chicago，IL：American Planning Association，2006）的具体操作指导手册。

正文

面对土地使用的冲突，规划师如何协调各冲突部门并同时作为利益相关者参与谈判？为了回答这个问题，这篇文章阐述了规划师处理这类不断增多的冲突的策略，这些冲突包括区划申诉、土地细分许可、特殊许可申请以及设计审查等地方程序。

地方规划师经常需承担复杂而矛盾的责任。他们有可能会同时服务于政府部门、法律委托部门、专业部门以及有特殊需求的市民团体。他们的工作处于典型的不确定的情境中，在明显的权力不对称中，在多元的、不明确的、冲突的政治诉求中。因此，许多地方规划师会寻求方法，既能够进行有效的谈判来满足各种特定利益，也能够进行调解，通过一种表面上参与度很高的规划过程来解决冲突。

但是，这些任务——谈判和调解——是有两种本质冲突的。首先，谈判者的利益威胁到了独立的和可能是中立的调解者的角色。其次，尽管谈判的角色允许规划师保护相对弱势群体的利益，但调解的角色却从根本上威胁到这种可能性，而且导致现实中的权力不平等不受到干预。地方规划师该如何处理这类问题？我将在下文具体讨论他们的策略。

本文首先介绍地方规划师自己的叙述，他们在地方土地使用许可过程中，同时面对谈判和调解的挑战。在新英格兰的城市和市镇、市区和郊区，规划主管和职员在广泛的开放式的访谈过程中和我分享他们的观点。定性分析显示，下文的研究在不同的规划环境即便不具有普遍性，但至少是有道理的。

文章随后探究了当规划师处理当地的土地许可冲突的时候，他们所使用的一系列调解谈判的策略。文章认为调解者的角色是情绪复杂的，并且提出疑问：调解者需要什么样的技能？为什么规划师似乎经常不情愿接受面对面的调解角色？

最后，文章转向这些讨论的意义。地方规划组织如何鼓励有效的谈判以及公平又有效率的调解？这些调解谈判策略如何才能增强弱势者的权力而不是强化现有的权力不公平现象？

引发地方土地使用冲突的因素

规划师在面对土地许可冲突的时候首先考虑的是制度环境。通常情况下，私人开发商提出开发计划。正式的市政委员会——常常是规划委员会或者是区划申诉委员会——作出决策授权准许方案调整、特殊许可以及设计许可。通常受到影响的居民在这些委员会决定之前的正式公众听证会上有发言权，但仅有非常小的影响力。规划师会向这些委员会报告提供细节的分析。当报告是正面的时候，他们时常加上一些附加条件才给予许可，或者建议修改设计来完善开发计划；当报告是负面的时候，他们会进行争论，并提出理由。

一些市政当局有的已经选举了许可发放委员会，有的是指定了委员会。一些市政法令要求必须有设计审查；其他的则没有规定。一些地方议事程序在“重要”项目上需要不止一个规划委员会参与听证，但是一些地方不需要。无论如何，由于一些原因，在这些不同的制度设定中，规划师的角色可能是更相似而不是更不同。

相似的规划职责

第一点，规划师必须帮助开发商和居民操作一个可能很复杂的评论程序；明确性和可预测性是非常重要的。第二点，规划者必须把握时间。开发商或者居民什么时候被告知一个提案也许比这个提案是什么更重要。第三点，规划师还需要处理项目开发商和受到影响的居民之间的冲突。

通常与开发提案有关的冲突点包括：开发规模、租户收入、新的交通状况、现有拥堵状况、街道特色等。这些冲突同时涉及设计、社会政策、安全、交通和邻近地区特色等问题。第四点，面对这样的冲突，规划师能做到多少不仅依赖于他们的官方职责，同时也依赖于他们私人的积极性。举例来说，一个分区的议事程序要求规划委员会在给定时间内组织公众听证会，但是它通常不会告诉规划师该给一个开发商或者一个邻里多少相关信息、在什么时候举行单方或双方的非正式会议、规划师该如何做、究竟该邀请哪些人、该如何与各方面协商。因此在正式的区划申请、许可证申请、总设计图以及设计审查的指导方针里面，规划师能够进行最终实质的判断并发挥重要的影响作用。

规划师的影响力

许可程序的复杂性赋予了规划师影响力。对每个参与者来说，复杂性造成了不确定性。一个规划副主任解释到，有些规划师很愿意使用这个工具。他从老生常谈的道理开始，详细地说明：

> 对开发商而言，时间就是金钱。钱一旦到手，即开始计时。在这里我们会有一些影响力。我们可能不能够停止一个有问题的项目，但是我们能够或多或少的审查项目，减慢该项目实施的速度。（开发商）为此能花上两天或者两个月的时间，但是我们试着使他们明白，“我们是能够相处的人”。因此很多开发商会说“让我们和这些人相处，并听听他们所关心的吧……”

他继续讲：

> 但我们的影响力也有其他的方式。举例来说，有不同的方法来解释条例。或者我能影响建筑物委员会成员。他过去一直在这个办公室工作，而且我们关系很好……他的下属可能就一个他们正在关注的项目而打电话给我们，并且问我们：“嗨，你们想通过这个项目吗？”

副主任解释到，规划师从战略的层面上考虑有关时间的安排，不仅仅为了让某个项目耽搁，而且可能是为了鼓励某个项目或者为了抓住其他的项目。

> 在另外的一个项目上，我们在等到没什么变数了才奋力推动它。我们想等开发商投入足够资源到这个项目，然后再推动这个项目。如果我们过早地推动，开发商也许就会走开了。

另外一个城市的规划主任附和这个观点：

> 比如一个开发商、市长和我共同参加的首次会谈。因为其中的利益（财政或物质环境的），市长可能在桌子下面踢我，他在告诉我说：“现在不要”。他不想使项目搁置……而且因此我能够在以后处理这些问题……

对于聪明人来说，由于规划程序的复杂而产生的机会比烦恼要多。对于新手，毫无疑问，则会是另外一种局面。

但是，是不是每样东西都会让所有人看到，包括最后的分析，都会写入公开的书面文件？这几乎是不可能的。首先所有的程序能够完全清晰么？考虑一下在某些规划阶段努力解决问题的建筑规划师的经验。下面的交谈是我与这个规划师面谈的最后内容。规划师从一个文件夹中拿出一张图表说道：“这张是我刚刚绘制的流程图，显示了我们的设计过程。如果你有任何的疑问，可以讨论。我认为它相当含糊不清。"

一个站在附近且无意中听到这句话的区划申请规划师插嘴道："如果你都认为它含糊不清，那想想开发商和居民将会如何！"

两个规划师都摇头笑了，因为问题是太简单了：设计流程图上的箭头似乎无所不在。图表毫无疑问是正确的，但是它看起来确实复杂。

我想起与区划申请规划师的第一轮面谈。故意以一个诱导性的问题探询，我问："如果每件事情都作为公开信息被记录下来，如果所有事情都有清楚的书面记录，那你们在这个过程中会有什么影响力呢？"

区划申请规划师露齿而笑说："但现实如此，过程的确不清不楚！这样我就能施加影响了……"建筑规划师又更进一步发展了这个观点：

> 在我以前工作的地方，规划主管想要采用一份新的"政策和程序"文件，该文件会对每一个最终的项目进行定义。我们要使每一个项目变得清晰。所有职员花了很长的时间来梳理，试着把所有的因素和步骤都清楚地定义……但是太混乱了。一旦我们采用了那个文件，大家都开始争论起每个条文的确切意思。

很明显，清晰度是有限度的。

不同的角色，不同的策略

规划人员一针见血地指出了很多他们在同开发商和居民合作时遇到的不同难题。一个规划主管的坦白之词值得详细引述：

> 和开发商或者他们的律师坐下来谈判很容易。他们很清楚，他们想要会谈。我们之间有共同语言——比如说关于如何分区——他们也知道，谈起技术问题也比较顺利。而且他们会用统一的声音说话（虽然那不是说我们不会跟建筑师及开发商争吵——举例来说，我们会施压于开发商，而建筑师会因为和我们意见一致而高兴）……
>
> 有问题的是社区。居民们没有一致性。这个星期来一个小组，下个星期又来另外一个。如果没有统一的观点，事情就会变得很困难。某个小组担心交通问题，另一个小组不关心交通而担心日照。不仅没有统一的观点。他们也不知道程序（尽管有些案例中他们会有很多专家）。因此在规划职员层面（不是规划委员会），我们通常不同时处理开发商和居民的问题。

虽然这些意见可能使民众力量的倡导者苦恼，但是他们还是说了很多他们自己碰到的现实状况。

所有的人都是平等的，但是当他们走进规划部门的时候，却不一定意见相同。这位规划主管认为，由于某些原因，把所有相关的群体组织在一起开会显然不是一个好主意（然而，这将是我们在下面进一步考虑的问题）。

首先，这个规划主管认为，规划师通常都知道该从开发商那里期待什么；开发商的利益通常比居民们的清楚，而且项目提议者可能实际上想要和规划师见面，而居民则可能很难视规划师为潜在的盟友；毕竟，规划师不是最终决策者，而且决策者也常常忽视规划师的建议。因此，开发商可能会与规划师建立良好的关系（毕竟，这是他们生意的一部分），而居民却不会那样做。所以地方规划师们可能会觉得和开发商的会面相对热忱和亲切，而和居民代表的会面则生分而难以捉摸。

其次，这个规划主管认为，规划师和开发商能够使用同一种专业语言。他们能精确地知道技术上和制度上的议题，而且能够明白对方都在谈论什么。而在一些项目中，他暗示，在帮助居民真正理解相关议题之前，必须给他们解释很多区划规则中的专业术语。

再次，开发商的意见是统一的而居民们却不是。当规划师听开发商谈话的时候，他们知道他们正在听谁说，而且他们知道他们在下个星期还能听到重复、详细说明、辩解或者修饰的话语。这个规划主管认为，当规划师听居民谈话时，他们不能确信可以在多大程度上相信所听到的。他在想，“谁来真正为居民说话？”

规划师必须对谁真正代表了受到影响的居民，以及该如何解释他们所担心的事进行切实的判断。这位规划主管暗示，因此，除非规划师能够找到一个方法理清“居民的声音”；否则，在开发商和居民之间进行共同斡旋的难关似乎是不可逾越的。我们下面回到代表人这个话题。

信息、专业知识和财力的不平等

权力的不平衡会怎么样？通常是开发商启动地块开发，规划师回应。居民们如果参与进来的话，就要试着同时回应开发商和规划师。开发商有金融资本投资；居民有自发的协会，能发出声音，但没有资本。开发商雇佣专家，居民租借专家。开发商通常有经济资源，居民通常只有时间，但是居民们不是总能有足够的耐力把时间转换成真正的谈判力。

当权力关系不平衡时，是不是调解谈判只能是为弱势一方增加力量而进行呢？不，因为就像我们下面将要看到的，调解谈判不是一个噱头或一个偏方。它是一个实际的政治策略，被用来应对现实中特定的权利关系。

当开发商或居民团体的任何一方强势到不需要谈判时，其他的政治策略比调解谈判更适当。但是当开发商和居民想要协商的时候，规划师既能充当调停者协助谈判，又能充当自身利益的协调者。但是这怎么可能呢？规划师能使用什么样的策略呢？

规划师的策略：调解地方土地使用冲突的六种方式

规划师面对地方土地使用冲突时，可以考虑使用下列六种调解谈判策略。之所以被叫作调解策略，是因为规划师运用他们来保证主要相关群体的利益合法化；之所以被叫作谈判策略，是因为（除了第一个策略之外）他们将注意力集中在非正式的谈判上，而不是正式的决策会议来产生可行的协议。

策略一：事实！规则！——规划师作为管理者

第一个策略是一个传统的应对方法，其本身是非常简单的，但在实际运用中却更复杂。处理区划申请和设计审查的一个年轻规划师说：

> 我时常把自己当成是一个事实的发掘者，通过我，规划委员会来评估某个项目并且形成意见；无论这个项目是设计审查、特别许可还是需要调整，都需要许多事实……

在这里规划师是明确地作为技术人员和官僚角色而出现；规划师处理信息，而其他人负责作出决定。但是这个角色很快出现问题。片刻之后，这个规划师继续说，

> 我们的角色是听居民诉说，并能够在规划委员会上说话，“好，这个项目符合技术上的要求，但是将会有其他影响……”然后，在满足一定条件下给予放行……我们将会为居民提出在各种条件下尽可能多的必要的合法保护。问题是，居民抱怨有没有法律地位？其实抱怨不仅仅是诉苦，也是一种法律依据。

这个规划师的角色比事实挖掘者复杂很多；事实上它相当于司法审判。他暗示，“我不只是一个官僚主义者，我是一个专业人士。我需要考虑的不只是技术上的要求，还有对居民的合法保护。现在我必须去想法律依据！”虽然说考虑法律依据，但不是说只考虑政治、其他机构的感觉、社区会议中的混乱局面，而是意味着作出专业的判断，然后在规划委员会上提出那些应该被添加到许可中的条件。

现在该考虑更复杂的策略了。

策略二：事前调解和谈判——表述关注的问题

当开发商和规划师讨论项目申请的时候，居民代表很少参与。尽管如此，规划师既要讨论和居民相关的问题，也要替居民关心的问题说话。下面是一个城市规划主管谈论的内容，该城市居民有良好的组织，并善于表达和沟通：

> 我们缓和地对开发商表达我们的建议。当我们能接受A，居民们想要D时，我们将会告诉开发商如果可以的话，请在两者之间考虑。

在这里，规划师预期居民会受到的影响，从而改变非正式的规划建议并且与开发商寻找一个可接受的妥协。他解释：

> 我们所做的是在事前调解而不是在事后调解。我们去设想人们所要担心的事，然后提出来；我们在“冲突出现”之前做了很多工作……当我们考虑到居民的想法而希望对一个项目进行调整时，也会介入调解；但那是之后的事，在公众听证会之后……

和上述规划管理者不同，当这位规划主管和一个开发商见面的时候，他远不是仅仅依靠他的专业判断。他将会通过协商达成项目的最终成果，这些结果要符合当地的法令和专业的标准，同时使受到影响的居民满意。他的计算不只是司法上的，而且是明确的政治上的。他预想到社区居民所担心的利益，因此他寻求代表居民的利益而不需要居民代表。

事前调解是在那些冲突爆发之前就来表述他人关心的问题，这样的事前调解包括许多政治上、策略和道德上的议题。规划师与居民组织有什么样的关系？规划师如何能感知“社区想要的是什么”？规划师可能“引导”开发商哪些是“关键角色”？规划师应该给出或保留多少信息以及建议？

无论项目开发商是否和居民见面，类似这样的问题都会出现。在许多案例中，一些超大的“社区”包括了若干居住片区，“居民利益”似乎更难通过真正的居民代表来体现，规划师的事前调解或许是唯一可行的调解方式。

策略三：让他们会谈——规划师作为辅助力量

规划师的影响力可能以另一种方式使用。前面提到的规划主管继续说：

> 不管我们和开发商的第一次会谈是如何进行的，我们总是向他们建议和居民以及居民代表见面（在授予许可的会议上）。我们通常会给开发商一个符合他们专业和政治上期许的图景。而选举代表则可能说这个项目在专业上没有问题，但是在他们的选区却不合适。我们试着不断地鼓励会议继续……

然后，这个规划主管会经常试探居民组织和选举代表的反映。在市政厅中工作是有优势的，“我们与代表讨论项目；我们在市政厅经常见到他们，他们要求我们解释在城市中他们的地盘正在发生什么”。所以，规划主管会听开发商的声音，听居民的声音，并且“不断地鼓励会议继续”。

一个很少和居民以及开发商见面的规划主管对他使用的其他策略更敏感：

> 我们……因为一些理由，敦促申请者、开发商直接与居民处理相关事务。首先，如果居民在听证会上面对一个光鲜花哨的规划，他们会认为这是一个既成事实；他们将采用“全副武装向前开火”的策略，因为他们认为这仅仅是“同意”或“否定”的决定。其次，我们告诉开发商跟居民们交谈，如果他们能够提出一些让居民们同意的意见，这样在申诉会议上就比较容易了。再次，我们试着使他们面对面地会谈，或者组成一个小组，但是以非正式的会议和非制度化的方式。我们试着让开发商以那样的形式来推销他们的项目；这将比举行一个大型、正式的听证会产生更好的效果。

但是规划师为什么不愿召集开发商和居民之间的谈判会议，却愿意鼓励两者自己见面呢？为什么规划师不抓住机会，面对面的调解地方土地使用的冲突？规划师很难想象这样的调解角色：

> 在开发商和居民之间做中立者的工作？我不知道我将从何处着手。我只会回答问题，建议哪些可能需要做等等。这就是我们的角色应该做的事情，虽然我们应该找到开发商和居民之间妥协的办法。但是我们必须在规则下面工作，那是我的基准点，说明游戏的规则是什么，那就是工作。

这个规划师所想象的介于争论双方之间的“中立者”，不是促成统一意见的协调者，而是拳击比赛的仲裁人。仲裁人确保规则被执行，而敌对双方可以随意打倒对方。难怪，规划师会觉得协调者的角色缺乏吸引力！

一个资深规划师的体会就更复杂了：

> 如果能够保证我完全独立，那么我可以进行协调，但是我仍然必须支付我的账单……规划部门总是有一些既定的利益，尽管我们尽可能试着保持客观、独立……我为一位市长工作、为选举代表工作、为 14 个委员会工作……因此在我身上总是有妥协的问题。举例来说，如果市长说：“告诉我该如何开展这个项目”，我需要思考很长一段时间后才敢回答：“我不得不说这个项目不能开展。”我们有一位非常强势的市长……

策略四：展开穿梭外交——对双方各自进行试探和提出建议

一位规划主管提出了另外的方法促进开发商和居民的谈判：

> 我在运用穿梭外交的时候感觉很舒服；如果你愿意的话，尝试把居民所担心的问题放在桌面上，让开发商处理它们。而我宁愿单独地对双方各自发表意见，也不愿处于双方都在的场合。如果双方都在，我将比面对任意一方时所提供的意见要少。

这位规划主管建议，穿梭外交让规划师以专业有效的方式提出每个利益团体所考虑的问题。他解释：

> 如果我和开发商在一起，我感觉我能提出更加极端的提议——“敲掉三层楼”——

但是如果居民在那里我可能就不敢说，居民们可能就会抓住一点茬儿不放，而且这样会破坏谈判而不是促进谈判……如果开发商有一个好的建议，我愿意放弃这个主意，但是居民们却不会，然后他们可能用我的观点来打击开发商："嗯，规划主管的建议，它一定是一个好主意"……然后我也无法收回自己的话……

这位规划主管关心他的提议、意见、疑惑和论据将会如何被理解并运用，同时也关心手头的项目应该如何改动。他清楚地认识到，当他说话和行动的时候，他将不可避免地引发一个或另一个争论。他不只在讲话中传达信息，同时也有实际的、有影响力的行为。他将注意力集中在特定的问题上，塑造未来的议程，合法的观点，并且建议未来讨论的方向。

这个规划主管继续说，

我不想让步于开发商说项目不会有交通问题，因为我想要逼迫他解决一个已经存在的或者即将发生的问题……但是我可以和在一边的居民说："看，这不是一件大事，不过是五次出行，而不是五十次。"我能在一个私人会议上这样说，但是如果我在公共会议上对居民代表这样说的话，我就是在侮辱他，连开发商也会偷笑……因此如果几个方面的人都在一起的话，我将无法坦白自己的想法。不是说所有的情况都应该采用穿梭外交，而是在这里必须采用。

这些意见说明规划师的确能够在允许的程序中调解冲突，但他们的协调方式未必是人们通常想象的那样。规划师很难作为独立的第三者，来协助组织开发商和居民进行面对面的会议，从而达成开发协议，但是他们仍然可能利用穿梭外交来调解这样的冲突。

策略五：积极的有偏向的调解——站在非中立立场

我们来考虑一个并非区划申请而是区划调整申请的案例。一个早期服务于社区组织的规划师，召集一个包括五个社区代表和五个当地商业代表的工作小组，来起草一份市区延伸的一条主要交通道路的区划调整申请。她认为这个项目是一个协调工作，并且会反映她作为一个规划师、协调者在处理类似实际问题和主观问题时的情形：

我是处在一个必须考虑每一个人但没有人会信任我的位置吗？当然，总是这样。但是我已经在这一行工作了七年，并且幸运地拥有良好的名誉……信任是一种结果，来源于你的正直以及规划的过程。我常和人们谈话，沟通是其中重要的一部分……我的方法是让人们发牢骚，让他们对我说其他人的负面的事情，然后在下次进行不同的交谈，我肯定会说他们说的这个人的好处，试着让他们感觉到他们能畅所欲言，而且试着用事实让他们认识到其他人并不只是把一切搞砸。但是我会通过另外一个谈话来达到目的；如果他们很生气，我会让他们发牢骚。

这个规划师很好地了解到不信任任何一方是一个不变的议题，因此当她工作时，她试着建立信任。她向那些人保证，无论他们说什么，她都将会努力听取他们的话；她会承认并且尊重他们的想法和感觉。她对人和他所说的话都很注意。然后，当她和她的委员会成员建立信任后，她就能确定真正的要点没有被忽略。

她了解愤怒需要平复。因此，她对它们抱以耐心的对待。她到处寻求调解不同利益团体冲突的方法：

> 我也明确我的观点，把另外一方所关心的问题明白地、但不点名地告诉每一方……这些问题为什么那么重要呢？我喜欢让人预先做好争论以及辩护的准备，要么支持自己的论点，要么被反驳。我不赞同突击通知。最好让人预先知道会发生什么事，这样他们就能想象可能的情境。如果你有可信度，并且表现出高度的关注，那么他们就会聆听反对的声音；但是在另外一种情况下他们可能就不会去听……如果他们是非常惊讶地听到一种异议，你可能会因未事先通知而受到责备。如果所讨论的问题是被置于一个情绪化的场景，那么人们会更专注于情绪而非实质的东西，这是我所担心的。在情绪化的场景中，很多东西被遗漏，很多东西是无关紧要的，但在以后可能又会变得很重要……

这个规划师清晰地了解情绪和实质相互交织的关系。那些关注实质的规划师试着忽视或者远离情绪，但这样做是把自己置身困难之中。因此她又说了更多。

她明白，在一些场景下争论的团体能听进一些反对意见，了解至关重要的关键点，并且处理它们。然而在其他的场景下，这些观点可能被忽视。她试着将每方所担心的问题呈现给另一方，以便它们能被了解和应对。预知的议题是最主要的；在过程中太晚明确重要的反对意见将会使问题变得情绪化，并且代价高昂，规划师们很可能需要一同承担过失。“为什么不更早告诉我们？”重复的话会经常被听到。

然后，考虑一下这个规划师正在承担的协调者角色的想法。她继续说：

> 但是我所做的不同于独立的协调者的模式。在我的工作中，你会和城市中的某些团体保持持续的关系。你会比一个独立协调者拥有更多的有关各种个人的历史、参与组织、行政组织的政治历史等信息。你的自身利益跟当前的事情息息相关。你想要一个可信的过程，想要项目是成功的；在我的案例中，我希望市议会采纳委员会的提议。因而你就掺杂进了个人利益……既是职业上的也是情感上的。你对个别的计划书有不同意见；你是一个专业人士，你应该有自己的主张，你应该能够审查一份计划书而且有自己的意见。

因此，她认为土地使用冲突的调停是有一定范围的，但是“游戏的规则”不是给那些正在调解的规划师用的。事实上，现在正在调解地方土地使用冲突的规划师们并没有在等其他人制定游戏规则，他们正在写他们自己的规则。

策略六：分开工作——你来协商，我来谈判

最后的规划策略是为了促进规划师在会议桌上面对面地进行调解，但身份不是一个调解者而是协商者或者顾问；一位规划主管解释道：

> 我们处理这些冲突有另外的一个方法；我们需要一个当地规划委员会的成员参与进来。举例来说，如果有一个有组织的成熟的居民团体，假设我们从委员会里找来了这么一个建筑师，他能说会道……会议的主席可能会要求他与居民联络、通话，这样，他有时候会只和居民沟通，有时候和两方面都沟通……

在这里“项目经理”来自规划委员会并且拥有良好的“沟通技术”。在这样的情形中，规划师的感觉如何？

我的观点是让委员会成员为市民充当召集会议的角色。我是一个雇员。在协商的情景中，市民参与这个角色比雇员参与看上去更合适……因为他们来自同一个社区，如果他们的行为表现合适，那么委员会成员会在一个较好的环境中把居民和开发商摆在一起。一些委员会成员有良好的沟通能力；一些则在解决特殊问题上比其他人有更高的效率。

这个规划师如此认同自己职位的专业和政治角色，以至于他不能够想象自己承担中立与会方或者居民－开发商的协商调停者的角色。但这不是说就不能调解了，而是意味着规划师在遇到另一个团体（规划委员会成员），在居民与开发商之间召集非正式、但有组织的项目协商时，他们宁愿保持利益相关者的姿态。这个规划师举例来解释他的观点：

以 Mayfair 医院用地为例。医院要关闭，居民和规划委员会开始关心这块用地将会被如何处置，因此来自规划委员会的 Jan 参与到医院和居民之间来寻求可能性。居民和医院都设立了各自的重建委员会，Jan 和我都去参加了会议。大多数人都同意居民们的选择，作为居住用地要比作为机构用地更好；但是，大家对于居住区规模、人口密度等很多问题产生了很多分歧。最后，一个包含这块地的专门的区划方案被提出；居民们支持这个提案，而且该提案还进入了当地居民投票选举的范围内……

当地方规划师感觉到他们自己不能调解争辩的时候，寻找非官方的调解员——大多是志愿者等——就成了他们的策略。这些非正式的调解员可能是从受尊敬的当地机构“借”来的，他们组织争论各方之间的会议，允许规划师参加，而规划师是作为关心相关问题的有专业水准的利益团体来参加的。

表 1 总结了上述 6 种方法。这些方法共同形成了规划师在面对土地使用冲突、特别许可以及规划设计审查程序时所能使用的协商谈判策略。要精炼这些策略，规划师们可以立足于几种基本的冲突解决理论和技巧。现在讨论这几种策略各自的竞争优势和敏感点。

地方规划师在许可程序中使用的所有调解谈判策略　　表 1

1. 事实！规则！：规划师作为管理者
2. 事前调解和谈判：表述关注的问题
3. 让他们会谈：规划师作为辅助力量
4. 进行穿梭外交：对双方各自进行试探和提出建议
5. 积极的有偏向的调解：站在非中立立场
6. 分开工作：你来调解，我来谈判

包含复杂情绪的协调谈判策略

担任调解员对于规划师而言并非那么容易，这远不是只因为缺少独立性。与规划师传统上安排的会谈不同，调解者所具备的复杂的感情对规划师提出了不同的要求。这个从社区组织者转行来的规划师很好地阐释了这一点：

在他们中间，你饱受谴责，你被当作出气筒。你被认为有一些权力，而事实是你确实有一些……看吧，如果你在项目中有一定的财务权益，或者有个人感情，你想要那些相关的人关注你的观点，如果你认为他们没有那样做，你将会很生气！

“这样的话，当规划师试着通过表现出超然、客观的态度来显示其专业性的时候，他们肯定让别人生气？”我问。

当然！

这段评论对规划师职业身份的认同理解得非常透彻。“专业”、“客观”和“超然”就一定是同义词吗？这个规划师认为，如果是的话，那么规划师为追求独立的职业作风而做的努力将会引来那些被服务的人的愤怒、怨恨与怀疑。

这样，我们就能了解规划师是如何在公共听证会上，以他自己的方式非常小心地处理情绪化的参与者的了：

我是如何处理人们的愤怒的？我试着保持冷静，但偶尔我也会被激怒。理性是我们被期望拥有的表现。市民被激怒是没有问题的，但规划师就不行！

在一个正式的公共听证会上，在回应情绪激愤的民众的要求时，如何保持冷静和理性？这个规划师详细地作了如下说明：

针对项目（呈现我们的分析）以及可能产生的问题进行讨论是一码事，用温和的方式反对一个公共居住区的居民则是另一码事……问题在于如果你与公众对抗，那么以后那些事会一直缠着你……我们是要长期工作的，我们得保持我们的可靠性……

规划师在这里纠结的问题显然已经不是案例的事实是怎样的，事实可能已经足够清楚；而是规划师应该如何来呈现他认为必须做的分析？他在决定使用论据和不使用它之间该如何作出选择？

我在规划会议上遇到的最大问题是不知道何时该回应、何时该保持沉默。举例来说，在一个听证会上，我不可能回应所有的控告和提出的议题，因此我必须选择一个方向来处理通常大家都关心的问题。这样的方式在依次辩论问题的时候不太有效；但好处是它能比较好地阐述问题以及澄清被误解的问题……

这个规划师不仅是在听证会上概述了事实，即使当他感觉情势比较紧张时，他也试图避免使用敌对的姿势。他尽可能多地聆听每个人所关心的问题。他知道当问题被澄清时，那些观点、要求以及立场都可能发生改变；但是如果他不去回应人们所关心的问题，那就可能招致一些麻烦。因为他和他的职员是要放长线钓大鱼的，他希望能够与居民、社区领袖以及选举代表今后始终保持合作关系而不仅仅是现在。该规划师认为，他将如何与参与争论的各个团体建立联系，和他在听证会上要说什么一样重要。

另外一个规划师指出了包含在其中的技巧：

我会雇谁来处理这样的冲突问题呢？我将会寻找一个会仔细聆听，擅长清晰、简洁、平静地表达立场的人，以及一个能够倾听并理解别人观点（尽管自己不一定认同），然后简明扼要地作出回应的人。大多数人（包括我自己）总会在适当的时机之前抢先回答，而我需要的是一个能够冷静面对问题的人……

一个社区开发主管首先提到了“好的聆听者”，然后详细地说明：

（为了处理这些冲突，我会想要雇佣一个职员）他不会说“我知道的最多”，也不是跟从大众的需要来获得支持。我需要那些思想开放并且能够感知事情将如何发展的人；这些人不会全盘接受别人观点，但是也不会得罪别人。他们必须有敏锐的观察力——打开门，给人们一种参与其中并可行的感觉——而不能够仅仅为了博得认同就相信那些没有可能实施的项目……

这位规划主管同时也指出，规划师说什么以及如何说之间的平衡是非常必要的。“如何说”的意思是：他不要求职员“得到人们的支持”、“对抗别人”，或者回避谈论别人所担心的问题，他也不愿意他的职员为了达成暂时的共识而牺牲项目的可行性。他要求职员具备的是实质性的判断和管理程序的技巧。

关于当开发商在通过审批手续时，规划师所需要做的工作和协商能力，这个规划主管强调了沟通的重要性：

我们（规划师）可以获得信息、资源、技术……因此开发商通常想要与我们合作。他们获得审批会遇到一定的麻烦……因此我们会问：“你想要什么？”然后我们会开始一个会议程序……这就是沟通，真正的工作。你必须拥有技术手段……但那只是全部工作的25%，另外75%是用沟通技巧来通过程序。

比例或许不准，但观点没错。规划从业者和教育者总在一定程度上把注意力集中在事实、规则和可能的结果以及对策上，他们可能没能注意到本地土地使用冲突中那些紧迫的情绪上和沟通上的问题。因为规划师还并不具备外交官的技巧，所以恐怕没人会对规划师设想调节者角色的无趣而陷入沉默感到意外了。

在下文中，我们转向管理和政治方面的问题。规划组织在最初阶段应该做些什么来提高规划师的能力，从而得以成功地调解当地土地使用的谈判？如果权力不平衡怎么办？

这六个策略对规划机构管理的意义

这些分析对政策的制定者，以及那些希望在地方规划评论程序中建立协商机制的规划师来说有什么用呢？协商可能会在相互依赖的权力状况下提供一些机会：解决问题的方式从敌对变成合作；自主形成的开发控制和共识；改善城市－开发商－居民三者之间的关系，从而对未来项目形成较早且有效的评议；来自居民的更有效的表述；城市、居民和开发商同时获得增益。只有在不是一个团体成为绝对主导力量、强大到不需要协商而可以为所欲为的情况下，这些机会才有可能出现。

规划师已经在不同的情况下使用这些策略了。应该在什么情况下使用何种策略，依靠的是规划师大量的实践经验：规划师运用哪种技巧？开发商、居民或其他组织有多希望能共同会谈？有充足的时间来召开早期的共同会谈吗？是不是某个团体实际上或者政治上的替代方案是如此有力，因此调解协商变得毫无意义了？

没有一个策略是适用于所有情境的，因此，也就没有一种方法可以成为模型运用在所有的区划或者许可项目程序中。但是，说我们不应该拘泥于这些策略的意思并不是说我们就不能够经常运用它们了。那么规划师该如何在地方区划、许可以及设计审查程序中运用这些调解协商策略呢？

第一，规划师在他们的日常事务中必须清楚地区分两个互补但却不同的功能：为特定的实质性目的（举例来说，设计高质量的住宅或者经济适用房）而进行的专业活动，或是为推动参与性过程而进行的专业活动，可以使参与者的声音能够影响各方，作为调停者在争论者之间促进谈判。

第二，规划师需要一个（哪怕不是正式也要尽量建立）补充正式许可程序的（并非要替换正式许可的）目标，即协商谈判：在正式听证会前，尝试各种可能的方式以及自愿的尝试性的协商。

第三，规划师应该回顾检视一下各种策略的效果。他们需要决定每个部分该如何运作，提供机构的规模，他们的区划和相关的条例，选举官员，居民团体和其他机构的政治机构历史。规划师必须要清楚，他们需要哪些技巧和能力来恰当地运用这里的每一项策略。

第四，规划师必须要能够向开发商、居民团体、公共部门职员以及选举或委任的官员展示协商谈判工作将会如何使得各方面都获益，从而有效促进地方土地利用规划开发的进程。规划师也必须清楚协商谈判工作所达不到的某些目的，比如说，它不能根本解决权力不平衡的问题。然而它能使一个敌对的过程变得部分地合作。它不能解决基本权力的问题，但是它经常能使各方的利益影响面扩大，从而使开发商更重视。协商谈判工作既不会帮助开发商，也不会拖延项目和提议（像疑心的项目开发商和建筑商猜测的那样）。然而当任何一方能有效地威胁另一边的时候，或者当任何一方的利益要仰赖另一方行动的时候，协商谈判就有可能促成自动的协议，形成控制双方的合作方式，使得“双赢”的局面能够达成，而且这样做对所有方面来说都比寻找其他替代策略更为有效（比如说上法院，或者组织社区运动等）。

第五，规划师们需要创建一个行政的组织程序，使用一种或多种协商策略谈判以应对面临的项目，并且不断评估这些策略在开展过程中的进展情况。随着规划师对协商和谈判原理技巧的不断训练，规划机构的这种行政组织程序将会对这些策略的有效实施形成进一步的促进作用。

面对权力的不平衡这六个策略有什么区别?

我们以上谈论的六个策略都不能叫作“中立的”。规划师不可避免地会采纳这些策略，用来挑战现存的信息不对称、专业知识不统一、政治资源和机会不均等。下面将依次简单地考虑每一个策略步骤。

规划师只提供事实或关于程序的资讯，似乎是平等对待任何前来询问的人。然而确有尖锐的不平等存在，如果以同等的方式对待那些强势的群体和弱势的群体，那么只会保证强势者继续强势，弱势者继续弱势。故作中立的规划师自认为是主张平等的，然而讽刺的是，他们的行为却延续并且有意忽视了现存的不平等。

在某些规划事件中，事前调解策略会包含很多自由量裁权。如果规划师无法把弱势群体的利益“放在谈判桌上”，那么在这里不平等也将会继续，不会被改善。如果规划师确实为居民的利益而与开发商争辩，那么他们就可能挑战现有的不平等。但是规划师应该支持哪种“居民利益”？居民特定的弱势的组织如何被表现？这些问题既现实又理论，而且没有纯粹技术上的、像“食谱”一样的现成答案。

乍看起来，让开发商和居民在没有规划师的情况下会面的策略好像是在这两个团体之间呈现各自原本的力量。然而依靠规划师的干涉，这个或那个团体可能变强或变弱。有时候，规划师帮助开发商预先谋划，并最终规避了反对项目计划的市民们所担心的问题。有时候，规划师也可能站在弱势市民的立场为他们提供专业技能、途径和信息以此来提升市民的地位。

运用穿梭外交的规划师拥有同样的自由量裁权。在这里规划师可能劝说弱势团体，在真正的协商开始前后帮助他们，通过鉴别选择出可能会被有效提出的问题、确认哪些专家或者其他有影响的人可能会被传召、商议协商策略以及设想哪些技巧会被使用等等。穿梭外交不需要在所有团体面前都表现得中立，但他们必须要表现得有用或者被那些团体所需要。作为“附有利益的协商者”的规划师要面对的问题和机会跟穿梭外交者所面对的一样。除此之外，这些协商者可能冒着被规划委员会成员、官员或者选举代表察觉的风险，被认为试图取代这些人的正式的权利。从这点上来看，使用穿梭外交的规划师就显示出其隐形的优势；规划师能够小心谨慎地劝说、提供一整套建议并“交易”，而不必担心过于张扬，成为引人注目的中心。

最后，分开协商和谈判功能的策略也包含了很多自由量裁权。在这里，调停者和谈判者考虑利益的方式，以及强化弱势团体声音的方式，将会影响现有的权力不平衡。

谈判总会牵涉相对权力的问题，因此非常倚重各个团体的资源整合、磨炼观点以及组织支持等前期准备工作。如果冲突被挑起，在结构性力量不平衡的情形下，政治敏锐的规划师需要的就不只是组织能力，也需要协商谈判的能力。最后，要注意的是，那些让所有人都关注阶级权力不平衡的规划师并不比那些积极的调解者在实践中做得更好。虽然后者了解同样的东西并且做了同样的事情，但却并不在协商过程中有意使用这些术语或分析框架。

结论

所有的协商谈判策略不可避免的要求规划师进行政治上和道德上的实践判断。这些判断包括哪些人该被邀请来会谈；会谈应该在哪里、在什么时候，以及如何举行；哪些议题应该在会议议程上出现；哪些人的问题是被大家公认的，或没有被认识到；规划师的角色应该如何干预等等。

在地方规划程序中，规划师时常会有行政的自由裁量权，这些权力不仅用于调解那些具有利益冲突的团体之中，也用于带有自身利益的谈判过程中。规划师通常能例行公事的开展组织支援、谈判、调解等各种工作。通过这些工作，地方规划师能使用一系列协商谈判策略来应对现实存在的权力不平衡问题，包括那些会长久威胁地方规划结果的通道、信息、阶层以及专业水准等不平衡的问题。

在地方许可程序中，协商谈判策略当然不可能解决我们社会的结构性问题。然而当地方冲突牵涉多个议题的时候，当不同的利益能够通过交易达成共赢局面的时候，当多元利益而不是基本权力面临威胁的时候，规划师的协商谈判策略就能够在政治上、道德上以及实践中显示其重要意义了。

（殷悦　译，杨映雪　秦波　校）

欧洲城市的可持续发展规划：主要城市的实践回顾

蒂莫西・比特雷

编者导读

本文发表于《可持续城市发展读本》(2003)。如金斯利・戴维斯所描绘的人类城市化，也如弗里德里希・恩格斯在1844年所描绘的极端情况——不顾及环境后果的工业化，它们引发了对能够维持城市生活的地球承载力的严重关注。绿色城市主义和可持续城市发展是调整人类发展，使之与自然过程相一致，确保自然资源足够支持子孙后代发展而提出的解决方案。

在中国城市化率迈过50%门槛之时，中国城市也正站在一个十字路口，一条道路朝向美国式机动车导向的、蔓延型的城市化模式，另外一条则朝向欧洲式公交导向的、紧凑型的城市化模式。何去何从，现在的抉择将影响若干年后中国城市的形态、生活方式及环境质量。蒂莫西・比特雷此文给读者提供了更多关于欧洲城市可持续发展规划的信息，有助于我们在十字路口做出更好的选择。

比特雷指出，大多数欧洲城市比美国和世界上其他地方的城市更加重视城市可持续发展。轰轰烈烈的绿色政治、参与欧盟资助的相关经验共享项目、数百个地方示范工程都说明了这一点。由于欧洲城市在新政策上已经领先一步，因此它们有许多成功的可持续发展的实践，当然也包括曾犯过的错误，为中国和世界上其他国家的城市提供了重要的经验和教训。

直到最近，固守成见的决策者们依然将绿色愿景看作毫无希望和不切实际的。在他们看来，幻想使用洁净、可再生的太阳能和风力发电来满足社区能源需求（而不是使用诸如煤炭之类会产生污染、带来全球变暖的非可再生能源）的确很容易。幻想人们步行或骑自行车出行而不是开车去上班，回收污水中的污泥用作沼气，在城市园圃中耕种多种蔬菜的情景的确令人愉快。但是，对绿色城市主义持批评态度的人认为，替代性能源产生的能量并不足以支撑城市运行。自行车和人行道路是好的，但是人们仍然需要汽车和高速公路来满足出行。生产足够的粮食来养活60多亿人口唯一的经济方式是综合农业企业，而不是城市园圃。然而比特雷不这么认为。他从欧洲的实践中得到确凿的证据：紧凑、步行、高效节能、清洁、绿色的社区是可以建立的；可持续发展的、宜居的城市在经济上也是可行的。

许多欧洲城市推动可持续发展的一个战略措施是限制蔓延式扩张、鼓励紧凑型发展。大多数欧洲人反对罗伯特・布鲁格曼所倡导的对城市蔓延自由放任的方式。因此，大多数欧洲城市的平均密度要比美国城市高得多，因为那里的市民愿意接受更高密度的开发，而不像美国人那样，喜欢低密度的郊区、依赖小汽车。具有讽刺意义的是，当那些选择在低密度郊区生活的美国人来到巴黎或阿姆斯特丹旅游时，往往很享受那里的城市活力和街道生活！

通过限制扩张、在现有城区附近以相对高的密度建设新区、促进城市发展和工业再利用，欧洲城市已经达到了较高的平均密度。比特雷指出，高密度使得更高效的公共交通和能源系统成为可能。

欧洲城市在公共交通系统上的人均投资比美国城市多得多，包括高速铁路线（如子弹头列车）、地铁、公交等。一些城市通过征收交通拥挤费、充满创意地抑制驾驶的鼓励性制度设计、拼车计划以及推广自行车的使用等方式来减少对小汽车的依赖。欧洲的交通运输系统与土地利用规划相一致，并且相互整合，形成整体。普通家庭哪怕只有一辆汽车，甚至没有汽车都可以自由出行，不需要每个人都拥有汽车。一个紧凑型城市，如果同时又拥有很好的公共交通系统（正如许多欧洲城市那样），人们出行时一定会常常使用公交系统，而不是私人汽车；所产生的收益又可以反过来用于维持公交系统的运行。相反，如果公交系统状况不佳，人们在不得已时才选择公交作为交通方式，公交系统就很难保证足够的收入，状况又将进一步恶化。

许多欧洲国家的汽油税是美国的两倍或三倍。威尔伯·汤普森关于通过定价商品来施行城市政策的研究是很好的例子。提高汽油税将遏制驾车出行，鼓励更紧凑的城市、更好的和使用率更高的公共交通系统以及更少的空气污染。在制度设计上，欧洲汽油税的收入通常用于支持公共交通系统。

阿姆斯特丹和一些其他欧洲城市也在努力推进自行车出行。某些城市在收费的基础上为人们提供自行车使用系统，甚至是免费的公共自行车。

相比扩张性、低密度的美国和世界其他国家的一些城市，欧洲城市不但具有更好的公共交通系统，而且更加注重为步行者提供适宜的步行系统。如果规划师和建筑师遵循扬·盖尔的原则，他们会发现高密度更方便人们徒步出行。作为可行的方案，应该有意识地用政策去建立有吸引力的、令人兴奋的步行区域以鼓励步行。可持续性可以促进宜居性的提高。

欧洲城市在提高能源效率、减少浪费方面取得了令人印象深刻的进步。例如，斯德哥尔摩的政府将处理垃圾、水和能源部门合并到一起。尽管有人对此持批评态度，但污水中的污泥已经被用作肥料生产沼气，为城市公交和一家地方发电厂提供燃料。

如今，绿色政治已经成为世界性的政治运动。在欧洲，已经有足够的绿党代表当选，在一些国家的政治联盟中形成了自身的政治力量。在美国，绿色政治激发了新一轮有关城市发展本质的思考。

其实，绿色城市化并不是一个新的观点。在第一次世界大战之前，学界翘楚苏格兰生态学家帕特里克·格迪斯已经区分了不同生态系统的需求，并制定了尊重自然系统建设城市的系统方法。另一个苏格兰人伊恩·麦克哈格写了一本影响深远的书——《设计结合自然》，激发了20世纪60年代出生的一代人的环保意识。如今，建筑师中正在掀起一股生态设计的潮流，尊重自然环境也已经成为“新城市主义宪章”的基石。

蒂莫西·比特雷是位于夏洛特斯维尔市的弗吉尼亚大学城市与环境规划系的Theresa

Heinz 讲座教授。他的主要教学和研究方向是环境规划和政策，特别强调沿海地区和自然灾害区的规划、环境价值观和道德观，以及生物多样性的保护。

本文中回顾的实践在比特雷的《绿色城市主义：向欧洲城市学习》(Green Urbanism：Learning from European Cities)(Washington，DC：Island Press，1999) 一书中有更详细的介绍。比特雷教授的其他著作包括《无家可归：全球化时代可持续发展的住宅与社区》(Native to Nowhere：Sustaining Home and Community in a Global Age)(Washington，DC：Island Press，2005)、与戴维·戈德乔克及其他人合著的《自然灾害控制》(Natural Hazard Mitigation)(Washington，DC：Island Press，1998)、与克里斯蒂·曼宁 (Kristy Manning) 合著的《场所生态学》(The Ecology of Place)(Washington，DC：Island Press，1997)、与菲利普·伯克合著的《飓风之后：加勒比海灾后重建和可持续发展》(After the Hurricane：Linking Recovery To Sustainable Development in the Caribbean)(Baltimore：Johns Hopkins University Press，1997)、《滨海地区管理导言》(An Introduction to Coastal Zone Management)(Washington，DC：Island Press，1994)、《土地利用的伦理观：政策与规划的原则》(Ethical Land Use：Principles of Policy and Planning)(Baltimore：Johns Hopkins University Press，1994)、《 生境保护规划：濒危物种与城市增长》(Habitat Conservation Planning：Endangered Species and Urban Growth)(Austin：University of Texas Press，1994)。

关于城市可持续发展和绿色城市化的经典作品收录于比特雷与斯蒂芬·惠勒共同编著的《可持续城市发展读本》。

关于城市化对自然环境的破坏性影响，参见 William Cronon 的《自然的大都会》(Nature' s Metropolis)(New York：W.W. Norton，1992)，该书描述了芝加哥是如何通过开采自然资源繁荣起来的，以及 Mark Reisner 的《卡迪拉克沙漠》(Cadillac Desert)(New York：Penguin，1993) 介绍了美国西南部的破坏性开发。

关于城市可持续发展的重要著作包括 Peter Newman 和 Isabella Jennings 的《城市作为可持续的生态系统：原则与实践》(Cities as Sustainable Ecosystems：Principles and Practices)(Washington，DC：Island Press，2008)、Douglas Farr 的《可持续的城市主义：城市设计结合自然》(Sustainable Urbanism：Urban Design With Nature)(Hoboken，N.J.：Wiley，2007)、Richard Register 的《生态城市：再建与自然和谐的城市》(EcoCities：Rebuilding Cities in Balance with Nature)(Gabriola Island，BC：New Society Publishers，2006)、Mike Jencks 和 Nicola Dempsey 的《可持续城市的未来形态与设计》(Future Forms and Design for Sustainable Cities)(Oxford：Architectural Press，2005)。

伊恩·麦克哈格的经典著作《设计结合自然》以及帕特里克·格迪斯的《进化中的城市》(Cities in Evolution)(London：Williams and Norgate，1915) 都是今天可持续发展、区域规划、生态设计领域必不可少的经典著作，是以推荐。

关于欧洲绿色政治方面的更多参考书籍可以参见：Michael Dobson 的《绿色政治思想》(Green Political Thoughts)，Andrew Dobson 和 Robyn Eckersley 编著的《政治理论与生态挑战》(Political Theory and the Ecological Challenge)，John Dryzek 编著的《绿色联邦与社

会运动：美国的环境主义》(Green States and Social Movements：Environmentalism in the United States)，以及 Michael O'Neill 的《当代欧洲的绿色政党与政治挑战：新政治、旧困境》(Green Parties and Political Change in Contemporary Europe：New Politics，Old Predicaments)。关于美国的绿色政治，可参见 John Rensenbrink 的《向困境开战：美国政治的绿色转型》(Against All Odds：The Green Transformation of American Politics)。

正文

引言：向欧洲城市学习

世界上很少有其他地方像欧洲，尤其是欧洲北部和西北部这样关注可持续问题，并将此概念明确地应用于城市。在大约最近 6 年中笔者一直致力于研究欧洲城市中创新的可持续发展实践。第一阶段的研究已出版成书——《绿色城市主义：向欧洲城市学习》。下文便是在研究了 11 个国家的 30 多个城市之后对一些关键议题及极具前景的观点和策略的概括。同时，本书还包括了更多近期的研究案例和实地工作。

这项研究最初是关注欧洲国家在城市层面上(尤其是在笔者考察的城市) 对可持续发展的重视。"可持续城市"的概念在这些城市产生了共鸣，并带有重要的政治意义。其中一个典型例子是"可持续城镇运动" 的成功，该组织是由欧盟资助的非官方组织，旨在追求城市的可持续发展。第一届会议始于 1994 年，参与的城市均签署了《奥尔堡宪章》[举办地是丹麦的奥尔堡 (Aalborg)]。迄今为止已有 1800 多个城市和城镇加入了该组织。该组织的日常工作是出版各城市可持续发展实践活动的简报，并组织各项会议和研讨会。该组织还设立了 "欧洲年度可持续城市奖" (第一届于 1996 年颁布)，受到当地政府和官员的高度重视和评价。

许多欧洲城市已经或正在参与地方 21 世纪议程活动 (其中许多城市也签署了《奥尔堡宪章》)，这也是衡量当地可持续发展的一个重要指标。事实上，在作者所研究的国家中，许多城市的地方政府都参与了该议程的活动 (例如：瑞典所有的地方政府都介入了地方 21 世纪议程)。通常，这些活动表明了政府大力推动社区参与可持续发展的决心，其活动内容包括主办本地可持续发展论坛、建立可持续发展评价指标、发布当地环境调查报告、颁布当地可持续发展综合行动计划。大量事实证明，欧洲城市高度重视环境和可持续发展的目标，并已付诸行动。下文将介绍大家最为关注的几个方面。

紧凑城市和区域

城市形态和土地利用结构是决定城市可持续发展的主要因素。尽管欧洲城市已经经历了城市分散化的阶段，但是他们仍然比美国城市更紧凑，密度也更高。彼得·纽曼 (Peter Newman) 和杰弗里·肯沃西 (Jeffrey Kenworthy) 观测和跟踪记录了世界上好几个城市的平均密度。他们发现，就每公顷人口数量而言，欧洲城市 (如阿姆斯特丹和巴黎) 比那些典型的美国城市具有更高的人口密度。从整个城市的人口密度来看，欧洲城市的人口密度通常在 40—60 人 / 公顷的范围内，而美国城市则低许多，通常不到 20 人 / 公顷。即使那些我们认为密度很高的城市，如纽约市，就其整个大都会圈范围来看，其密度也是比较低的。高密度紧凑型城市相比低密度非紧凑型的城市而言，具有如下一些优势：较低的人均能耗量和二氧化碳排放量，更少的空气和水体污染，以及较少的资源需求量。

而且，欧洲许多城市的实践活动向我们展示了城市的紧凑性和高密度并不一定要在城市中兴建摩天大楼和超高层建筑。例如，在有些人口密度和紧凑度都较高的城市中（比如阿姆斯特丹），其城市就主要以低层建筑为主。虽然很多可持续城市发展理论的倡导者提议开发建造绿色高层建筑［具体可见杨经文（Kenneth Yeang）设计的生态气候（bio-climate）高层建筑］，但欧洲这些城市的发展经验足以令我们相信，高密度和紧凑型城市也可以营造一个宜人尺度的建成环境。欧洲大多数城市在确保城市紧凑度的前提下，保留了传统的城市形态和格局，并因其宜人的尺度受到很多人的喜爱。

紧凑型的城市布局也非常有利于其他可持续发展措施的实施，比如公共交通、步行空间、高效能源利用等。此外，还有许多其他因素影响着城市形态的发展，比如城市发展的历史格局、有限的土地供应（许多国家的土地供应非常紧张）以及不同的土地利用理念。然而，在作者所研究的这些案例城市中，大多数城市都有意识地采用了加强城市核心区发展密度的政策，而且新的主要增长区域都位于建成区内或毗邻建成区，并明确了高密度开发的策略。

许多城市在保存城市历史环境和紧凑的城市形态方面的做法具有示范意义。例如在阿姆斯特丹，政府积极推动城市再开发和原有工业用地的再开发计划（比如阿姆斯特丹东码头区的再开发）。柏林的规划则强调，通过多样化的城市再开发政策，协调未来城市增长与城市化区域发展的关系。德国的弗赖堡在保证市中心区有足够住宅供应的情况下，倡导城市沿着公共交通走廊实行紧凑和高密度开发的政策（目前弗赖堡市已经明令禁止住宅用地转为办公用地或其他用途）。

欧洲城市正在利用一系列的规划战略来推动紧凑型城市的发展。规划内容包括：严格限制在城市指定的开发区域外围进行开发建设活动；政府主导城市增长地区的开发与设计；政府拥有大片城市公用地的所有权（尤其是在斯堪的纳维亚地区的斯德哥尔摩市）；同时对城市大型交通设施和基础设施进行开发投资以保证实现城市的紧凑开发。

绿色城市主义：紧凑生态的城市形态

这些欧洲城市的成长区和再开发区域采用了一系列生态规划设计的概念，从太阳能到社区花园的自然排水系统，有效地证明了生态与城市可以和谐共存。这种紧凑的绿色增长模式可以从乌德勒支、弗赖堡、阿姆斯特丹、哥本哈根、赫尔辛基和斯德哥尔摩这几个城市新开发区的已建成部分或建设规划中得到很好的体现。

例如乌德勒支就是荷兰城市中一个具有创新性的新成长区。除了采用功能混合设计、平衡就业和住房，还有很多其他生态设计的特色。区域附近发电站的废弃能源、双层次供水系统（可提供循环水作为非饮用水）以及利用天然沼泽（荷兰人称其为“干谷”）系统形成的雨水管理系统可为区域大多数地方提供电和水。围绕几个新火车站周边地区进行高密度开发，并通过自行车专用及自行车、步行专用天桥提供与城市中心快速便捷的联系。住宅和建筑将遵循低能耗标准，只允许使用通过鉴定的可再生木材。

对于再开发区和城市中心老化的衰败区的再利用，欧洲城市也为我们提供了优秀的可借鉴性范例。典型案例如阿姆斯特丹的东部港口住宅区，将 8000 栋新住宅建造在再生土地上。在 Java-eiland（该项目的一个主要部分）规划中，总体规划（由城市设计师 Sjoerd Soeters

负责）划定了规划区的分区、密度和交通系统。同时为了鼓励建筑的多样性和独特性，规划还规定了每个建筑师最多可以设计的建筑物数量。从而产生了一个汇聚多个设计师不同风格建筑物的、富有活力的社区。这一岛区成功地将当地传统风貌（代表阿姆斯特丹历史风貌的运河网和房屋）与独特的现代风格（运河上的每座人行天桥都具有独特的外观和设计风格）联系并融合起来。Java-eiland 规划证明了城市建筑物可以以这样一种方式存在：它们既能提供丰富有机的城市空间，同时又承认并尊重历史和周围环境，避免千篇一律。

总体来说，欧洲的中心城市（特别是此研究中考察的城市）和城市核心区的活力得到了维持和加强。这在很大程度上归功于历史上的高密度和紧凑的城市形态，同时也是努力保持和提升城市中心质量和活力的结果。在研究的城市当中，城市中心始终力求保持以居住功能为主，多种功能混合的区域。例如，格罗宁根已经着手一系列措施来改善中心区，包括打造新的步行商业区（建立两个相连的环形步行区域）、安装（黄色）地砖设备和在步行区域设置新的街道设施，以及其他一些措施。

在致力于促进紧凑城市形态的政策方面，格罗宁根同样也做出了巨大努力，以确保所有重要的新建公共建筑和吸引公众注意力的事物向心集中。例如新建的现代艺术展览馆就坐落在城市主要的火车站和城镇中心之间，成为连接两者的重要步行纽带。

可持续的出行方式

实现更可持续的混合出行方式选择是一个巨大的挑战，《绿色城市主义》一书中所考察的绝大多数城市都选择优先大力构建和维持一个换乘快捷、舒适和可靠的公共交通系统。

许多致力于扩展和增强公共交通的城市都面临小汽车使用的增加，这样的例子为数不少。苏黎世正在积极实施一项给予公共交通优先权的道路政策。有轨电车和公共汽车在受到保护的专线上行驶，交通管制系统在十字路口为其亮绿灯优先通行，同时采取一系列措施减少小汽车对公交的干扰（例如：禁止小汽车在有轨电车专用车道前左转，一些特定区域禁止停车，设立步行岛，等等）。一张单程票可用于城市中的所有公交方式（包括公共汽车、有轨电车和新的城市地下公交系统）。公交服务频率高，而且几乎所有村镇周围几百米内都有公交站点覆盖。像弗赖堡和哥本哈根这样的城市都具有类似发展公交的措施。

这些欧洲城市交通的综合统筹令人印象深刻。交通投资和路线设定方面的互相协调使得各种公交方式得以相互补充。例如在所研究的大多数城市中，区域性和全国性铁路系统都能和当地线路较好地结合在一起。同时，从一种交通方式换乘另一种也很容易。这些城市考虑将当地公交枢纽建造成具有多种换乘方式、功能混合的活力中心，阿纳姆市的新荷兰中央车站就是这样一个例子。它融合了单一区域的高速和常规列车服务、地方性交通、自行车停车场、租车和维修点，同时还有商场、办公楼和住宅。这些功能都在市中心几百米范围之内。

能够在欧洲畅通便捷地出行，洲际高速铁路功不可没。使用高速铁路进行跨国旅行越来越舒适便捷，对专用轨道和基础设施建设的投资反映了欧洲国家对这一问题的超前思考。现在这类建设活动渐渐已经不再仅由北欧和西北欧的国家主导了。例如意大利和西班牙的新高速铁路系统目前正在建设中。总体来说，未来 8 年内欧洲将计划建成为目前长度两倍的高速铁路专线。同时，最新一代的列车速度将更快——平均时速 300 公里，甚至更高。

需要强调的是，交通系统的投资需与土地利用紧密结合。本研究中所有重要的新成长区都拥有良好的公共交通服务基础。这些设施是在项目开始建设及资金刚投入的时候就同步开始建设，而不是等到住宅建成后才开始。例如，弗赖堡新成长中的社区 Rieselfeld 在项目完全建成前就有了新的有轨电车线路。再进一步举例，在阿姆斯特丹的 Nieuw Sloten 社区，早在第一栋住宅落成时就开始了有轨电车服务。汉诺威的新生态住宅区 Kronsberg 有三个有轨电车车站以确保住宅到车站的距离均不超过 600 米。这些城市有一个共识，即为新居民提供多种出行方式选择以及尽早建立起灵活的出行模式。

“小汽车共享”在欧洲已得以实施，并且成为越来越受欢迎的出行选择。在这里，居民可通过加入小汽车共享机构或团体来获得使用邻里小汽车的权利，以每小时或每公里为单位计费。目前在欧洲 500 个城市有 10 万左右居民享受着小汽车共享机构或团体的服务。一些最新成立的小汽车共享机构，如荷兰的“绿色车轮”(Green Wheels)，也在尝试推行创新策略以吸引新顾客。该机构致力于发展联盟成员，比如与国家铁路公司合作，以更低的价格提供一整套服务。小汽车共享策略获得成功的一个关键点在于便利场所的提供，包括阿姆斯特丹和乌德勒支在内的许多城市都为此预留空间。一些城市，例如德国的汉诺威，那里的小汽车共享机构（称作 Okostadt 的非盈利性机构）在策略上将小汽车与市内地铁和有轨电车站通盘考虑，进一步提高了小汽车共享的可实施性。

机动车以外的思考

这些城市中很多都是新的出行理念的先行者，并努力在新开发地区实现这些想法。例如，阿姆斯特丹在开发 Jjburg 时采取的出行策略是，为所有新居民提供综合的出行方式，包括免费交通凭证（某些特殊时期适用）和当地小汽车共享机构的会员折扣。这项策略的目标是从一开始就最小化对汽车的依赖，给予居民更多的出行选择。最终这个新区的出行需求将由城市地铁的延长线和快速有轨电车共同承担。

由于机动车依赖最小化运动的进一步影响，越来越多的无车社区也同时在这些城市发展起来。阿姆斯特丹的 GWL-Terrein 项目位于城市自来水厂旧址，它仅合并了周围少数几个停车场。厂区内由一家小汽车共享机构与品质良好的电车服务公司合作，这是这一理念得以实施的重要原因。项目内部由大面积的花园（还有供居民使用的 120 座社区花园）和步行环境组成，并设有火灾和紧急事件情况下车辆的安全通道。

另一个无车社区的试验在弗赖堡的新生态区域 Vauban。这个坐落在军队营房的项目之所以独特，是因为它让新居民自由选择是否愿意参与无车计划，并给予愿意参与的人经济上的支持。具体来说，拥有小汽车的居民在附近的停车场停车需缴纳大约 1.3 万美元（略低于住宅价格的 1/10）。如此一来在财政上极大鼓励了人们参与无车计划，迄今为止已有大约一半的居民选择参与无车计划。类似 Vauban 这类项目促使新居民意识到可持续发展可以身体力行，并获得一定的经济上的支持。

在《绿色城市主义》所考察的城市中自行车这种出行方式令人印象深刻。这些城市中的大多数都付出了极大的努力发展自行车设施，以提高自行车使用率。柏林设立了 800 公里的自行车专用车道，维也纳目前的自行车路网比 20 世纪 80 年代末的两倍还长。哥本哈根出台政策规定沿主干道两旁必须设自行车道，如今这座城市的自行车得到了充分地利用。少数城市，比如荷兰的格罗宁根市，一半以上的日常通勤都依靠自行车。事实上在荷兰、斯堪的纳维亚以及德国所有城市的新发展区中，自行车出行已经是规划中必不可少的一部分，包括与现有城市自行车路网的重要衔接。

这些城市开展了一系列措施来推广自行车的使用。这些措施包括设置自行车道专用的信号灯，十字路口自行车优先通过，广泛设置自行车停车场（尤其在火车站、公共建筑周围），以及在新发展区将自行车存放费用降至最低。许多城市正逐步将部分机动车停车场改为自行车停车场。乌德勒支市发现停放一辆小汽车的位置可以停放6—10辆自行车。荷兰蒂尔堡最近在市中心商业区建立了地下自行车停车场。弗赖堡在换乘中心设立了两层的自行车停车楼，其中地面层停放小汽车共享计划的汽车，同时还设有咖啡馆、旅行社和德国联邦铁路办公室（建筑还采用覆土屋顶和太阳能光伏发电）。

这些城市还创造性地推出了公用自行车。最典型的是哥本哈根的“城市自行车”工程，目前已有超过2000辆这样的公用自行车出现在市中心。这些自行车有明显的标志（赞助和购买这些自行车的公司均可在其车轮和车身上做广告），投入一枚硬币做押金即可使用。这些自行车的脚踏板相互连接并配有防盗设置。这项工程取得了成功，而且自行车的数量还在持续增长。这些可持续发展的欧洲城市发现，自行车作为替代小汽车出行的一种重要方式不仅适应可持续的原则，而且可以通过恰当的规划和投资吸引数量可观的使用者。

构建步行城市，扩展公共领域

在为步行者创造适宜的城市环境方面，欧洲城市也取得了出色的成果。显然，越是紧凑、高密度、功能混合的城市环境越适宜步行。欧洲的大多数城市和地区，在历史上以步行和面对面的商贸交易为主，从而演化形成了紧凑的城市形态，如今在创建步行城市环境时受益匪浅。欧洲城市之所以如此具有活力和吸引力，其良好的公共步行空间功不可没。一些城市，如巴塞罗那和威尼斯，始终保留着积极且引人注目的步行城市的模式。这些空间用途多样：是露天剧场，是市民交往、互动和集会的“起居室”，也是许多政治事件发生和民主制度得到体现的场所。如今这些区域成为了公众交流的中心场所——玩耍的孩童、随意的交流和偶然的邂逅，人们到这里欣赏风景，同时也成为风景中的一部分。

这些城市中的大部分地方都保持这种模式，并且优先考虑城市的紧凑形态，这使步行传统更易推广。尤其值得一提的是，这些城市始终保持对步行环境的关注，不断地扩大步行区域并强调公共步行空间的塑造。哥本哈根等一些城市从20世纪60年代初开始设定了几个不同阶段，逐渐使城市中心摆脱小汽车的占领。并在1962年把闹市区的一条主干道Stroget改造成步行街。哥本哈根每年都在进行步行街的改造建设，采取每年将2%—3%的市区停车场改建成步行活动场地的政策，这在20—40年后取得了显著的成效。如今步行空间的总面积已经非常可观了，18个过去的机动车停车场如今已成了步行休闲广场——总面积达到将近10万平方米，如果把这么大面积的空间一次性进行改造，在政治上难度将非常之大。

许多其他城市也仿照哥本哈根的例子，尤其是荷兰和德国的城市，这种例子在欧洲城市随处可见。例如维也纳和格罗宁根已将他们市中心的很大一部分改建成了步行区，创造出了宜人且高度实用的公共空间。格罗宁根的紧凑城市策略保证了大部分新建公共建筑和设施坐落在市中心且步行可达——这是一座“短距离”的紧凑城市。在莱顿这样的城市，建设重点是架设运河上连接各主干道的步行天桥，每一片新住宅区都规划了杂货店、邮局以及其他步行易达的商店。功能混合程度越高，表示居民能在步行易达的范围内拥有越多的商店、公共服务机构和咖啡馆。

欧洲城市在将城市中心改造成步行街区这方面的经验，不论在经济效益上还是在居民生活质量方面，都是成功的范例。这类步行空间的塑造包含了喷泉、雕塑和公众艺术，大量的休息座椅，当然还有其他许多吸引人群的理由——餐厅、咖啡馆和商店。每个城市都有自己独一无二的历史和特色来塑造步行环境的文化特点。弗赖堡的“backle”，沿着街道流过老城中心的内河以及鹅卵石步道都十分美丽且独特，这座城市在提升空间品质方面极为出色。

良好的公共交通是这些城市能够维持步行区域的重要因素，还有对自行车出行的倡导，就像哥本哈根那样。平衡城市交通、限制机动车可达性以及提高小汽车停车费用等所作的努力也是重要原因。许多欧洲城市对道路收费进行了试验或预测。伦敦市是近来最受关注的一个例子，目前进入伦敦市中心的小汽车均需缴费 5 英镑（这项政策现在已经使进入市中心的小汽车数量明显减少）。欧洲的这些经验告诉我们，即使在条件不够理想的地区，良好的步行文化和社区生活的塑造也是可能实现的；此外这些空间还能产生一系列令人难以置信的社会、文化和经济效益。

绿化城市环境

保持城市的紧凑性也是绿色城市的一个巨大挑战，在我们所研究的几个城市中可以看到很多令人瞩目的城市环境绿化创新之举。首先，在这些城市中，都有宽阔的绿带和区域范围内的开放空间网络，其中大量的自然地为城市政府所拥有，例如在维也纳、柏林、格拉茨等城市内就拥有大片的森林和开敞地。赫尔辛基和哥本哈根在城市空间结构上的独特性使得巨大的楔形绿地几乎可以从城市边缘穿越至城市中心区。例如，在赫尔辛基，就有一个长 11 公里、占地 1000 公顷的楔形绿地（Keskuspuisto 中央公园），它从市中心一直延伸到城市北部的老熟林（old growth forest）地区。

又如在汉诺威，有一个广阔的受政府保护的绿色空间网络，其中包括位于城市中心区、占地 650 公顷的茂密森林区 Eilenriede。此外，汉诺威最近刚刚建设完成一个长 80 公里的环城绿带（der grune 绿环），绿带内设置了连续的步行和自行车路线，步行（或骑行）其间的市民可以享受从 Borde 山到 Leineaue 河谷的一系列景致。

其次，近来还有一种趋势，即不仅要在单个城市内部设立生态网络，还要在各城市之间创建生态网络系统。最明显的一个例子即是荷兰，政府非常关注国家和省域层面的生态网络规划。在国家政府所主持的自然政策计划（Nature Policy Plan）中，规划了一个全国的生态网络体系，它由核心区、自然发展区（natural development areas）和绿色廊道组成。这些具体的规划措施又在省域层面得以深化和落实，而单个城市则反过来融入国家层面的生态网络规划，并在此基础上根据自己城市的特色构建绿色生态网络系统。通常，在一个市的范围内，生态网络由生态水道（如运河）、树林廊道和绿色廊道（联系公园和开放空间的绿色通道）组成。在荷兰的格罗宁根、阿姆斯特丹和乌德勒支等城市，都有全职的城市生态工作人员，他们主要致力于创建和维护城市内重要的绿色生态廊道。

最后，许多城市近来还开展了对绿化城市建成环境的补助计划。比如在德国、奥地利和荷兰等城市，开始倾向于建设生态或绿化屋顶。其中奥地利的林茨市是欧洲绿色屋顶计划开展最广泛的城市之一。在这个计划的指导下，城市经常需要制定建筑设计条例，以弥补被建筑占用的城市绿色空间，而绿色屋顶计划则是一种很好的解决办法。自 20 世纪 80 年代末以来，林茨市政府就开展了绿色屋顶补贴计划，其补偿费用达到建设绿屋顶成本的 35%。该计划实施以后非常成功，现在约有 300 个大小不等的绿化屋顶分布在林茨市内。它们分别依附于不同类型的建筑上，有医院、幼儿园、音乐厅，甚至包括加油站。绿色屋顶计划为实现城市良好的环境效益提供了一种有效的解决办法，同时在容纳生物多样性方面具有惊人的潜力。此外，在这些城市中还在积极开展其他一些创新的绿色城市环境战略，包括绿色街道计划、绿桥计划与城市河流复原（urban stream daylighting）计划。[1]

可再生能源与闭环（Closed-loop）城市

很多城市已经采取行动来推广“城市新陈代谢”运动。所谓城市的新陈代谢，即是指城市活动的废弃物，犹如自然界那样，可以成为其他城市活动的输入物或“食物”。斯德哥尔摩已经在这个领域取得了一些引人注目的进步，甚至还在行政上重组政府机构，使得和废弃物、水与能源有关的部门都归于一个生态循环部门统筹管理。城市中大量支持与协调生态平衡的行动已经出现了，例如把污水中的污泥转化为肥料并用于食品生产，从污泥中产生生物燃气等。这种生物燃气可用作城市公交车辆和热电厂的燃料。通过这种方式，废弃物以区域供热的形式返回到了居民使用中。另一个闭环城市的实例即是鹿特丹的 Roca3 热电厂，该电厂可为区域供热，并为当地 120 个温室提供二氧化碳。很显然，在这个案例中，城市中无用的“废物”转变为该城市另一项活动有用的“燃料”；而且 Roca3 热电厂每年可以减少约 13 万吨碳的排放。

上述这些模范城市已经将能源计划列为规划议程的重点，他们正在采取一系列重要的措施来保存能源并大力推广使用可再生资源。热电联供（CHP）的大量应用以及区域供热（尤其是在北欧城市），是这些地区人均二氧化碳排放量较低的一个重要原因。例如，赫尔辛基的区域供热系统是覆盖面最大的供热系统之一：城市中超过 91% 的建筑都与它相连。因而城市燃料的使用效率大大增加，污染排放则大大减少。如今，区域供热中的热电厂在一些新建的住宅区里往往与建筑合一布置。例如在汉诺威的 kronsberg，城市供热由两家热电联供厂（CHP）供应，其中一家热电联供厂（供应约 600 个住宅单元和一所小学校）就位于一座公寓楼地下。

很多城市，包括海德堡和弗赖堡，已为新建设项目设立了最大能量消耗标准。海德堡最近发起了一项低能耗社会住宅项目，以证实低能耗设计（具体标准为一年 47kW·h/m^2）的可行性。与此同时，荷兰人正在推进能量平衡住宅的建设，这种住宅在使用超过一年后能生产和它所消耗的一样多的能量，最早的两套住宅已在阿默斯福特的 Nieuwland 区建成。

很多城市像海德堡一样设立了评估和减少学校及其他公共建筑能量消耗标准的计划。该计划鼓励学校保留一部分从能源集约使用和学校翻新中节省下来的资金。海德堡已经参与到一项创新绩效系统评价计划中，其中私人投资的改建公司可以享有能源使用收益中的一部分利益。

在我们研究的这些案例所在的城市（和国家）中，对太阳能和其他可再生能源的兴趣正呈爆炸性地增长。如弗赖堡和柏林这样的城市已经在竞争“太阳能城市”的称号，每个城市都为太阳能安装提供了大量补贴。在荷兰的主要发展地区，诸如阿默斯福特的 Nieuwland 和阿姆斯特丹的 Nieuw Sloten，正在将太阳能的使用具体化入它们的设计中。在素有“太阳能郊区”之称的 Nieuwland，超过 900 个家庭拥有屋顶光伏设施，1100 个家庭拥有太阳能热供应设施，很多主要公共建筑都利用从太阳能产生的能量来供电（包括几所学校、一座体育馆以及一处育儿设施）。

尤其令人欣慰的是，太阳能利用已经有效地与住宅、学校和其他公共建筑的设计结合起来。

在这些欧洲城市中，公众和政府在财政和技术方面为可再生能源的发展提供支持的程度引人瞩目。政府提供大量生产补贴和消费补贴，这一举措反映了人们对全球变暖问题和能源自给自足问题的关注。许多城市在将可再生能源概念和技术具体化方面表现出的创新程度也同样令人印象深刻。例如，奥斯陆的新国际机场通过一个树皮、木材生物能源的区域供热系统提供热量。这个系统通过 8 公里长的管道为建筑以及机场的除冰系统供热。潮湿的树皮燃料是本地产品，成本仅是燃油的三分之一。在瑞典的松兹瓦尔，雪被收集、储存起来用作城市医院的一种主要供冷来源。在哥本哈根，20 座 2MW 的风力发电机组已在岸边建立起来，他们可以共同为约 3 万个家庭提供足够的能源。

绿色城市，绿色管治

很多城市都在用更高的标准来看待这些城市环境治理行动和管理模式对环境绩效的作用。作为第一步，许多地方政府已经开展了某种形式的内部环境审计。它们被称作绿色审计或环境审计，政府尝试研究一项针对城市政策和政府治理模式的环境影响评价。很多地方政府正处于被欧盟的生态管理和审计计划（EMAS：Eco-Management and Audit Scheme）认证的过程中（伦敦的萨顿区是第一个被认证的地区），其实 EMAS 是一套更常用于私人公司的环境管理系统。几个德国城市已提出试点计划，准备开展环境预算项目。海牙和伦敦等城市已经计算了它们的生态足迹，并用这些措施作为政策导向。丹麦的 Albertslund 开发了一套创新性的“绿色账户”系统，该系统可以在城市和地区层面跟踪和评估环境趋势。此外，很多城市都开发了可持续发展指标（如莱切斯特、伦敦和海牙）。像拉赫蒂、赫尔辛基和博洛尼亚已经在检验环境影响和城市部门减少废弃物、能耗等项目中开展了广泛的入户教育，并有专门的管理人员参与，通常来说这也是地方 21 世纪议程的一部分。

城市政府采取了一系列措施来减少各种城市活动对城市环境的影响。很多社区采纳了环境购买和采购政策。如 Albertslund 制定了这样的政策：对学校和育儿机构只能提供有机食品，并限制公园和公共场地使用农药。其他城市正在努力促进环保车辆的发展。斯德哥尔摩的环保车辆计划是欧盟资助的最大的项目之一（在欧盟资助的开创性的 ZEUS 之下的一个试点计划），有超过 300 辆环保车。很多城市正在寻求调整职工交通出行方式的办法，例如鼓励使用公共交通或自行车出行。此外像德国的萨尔布吕肯等城市，已经在减少城市公共建筑的能源消耗、废弃物产出和资源消耗方面取得了巨大的进展。

社区也参与了大量有关城市可持续发展问题的事务，其中政府采纳和实施了各种各样具有创造性的方法。例如莱切斯特建立起了与当地媒体的联盟，并主办了一系列关于社区问题的教育运动。此外，莱切斯特还与它的非政府伙伴 Environ 共同建立了一个环境中心、一家叫 Ark 的虚拟咖啡屋和一个示范性的生态家园。这些模范城市的官员们通常认为：为社区树立积极榜样是至关重要的，在要求市民改变他们的行为和生活方式之前，市政府必须改造自己的环境居所作为榜样。

解读欧洲城市：一些总结性的思考

可以肯定的是，很多欧洲城市正在面临着许多与可持续发展相悖的城市问题，尤其是机动车拥有量和使用量的巨大增长，以及人口和商业设施的分散布局模式。此外，由于相对富裕的人口消耗了大量资源，因而欧洲城市在世界上留下了巨大的生态足迹。然而，这些示范性的城市却为我们提供了城市实现可持续发展的具体措施，以及他们在处理这些困难时所做出的令人鼓舞的尝试与努力。

这些城市有很多经验值得我们学习。他们的实践活动向我们证明，在应对全球环境问题，包括对化石燃料的依赖以及全球气候变化问题中，市政当局可以并且能够发挥非常重要的作用。城市环境的革新在减少生态环境影响（欧洲城市产生的人均碳排放量约是美国城市的一半）和提升生活质量（比如鼓励使用自行车和公共交通来扩展个人交通方式选择）方面具有巨大的潜力。

事实上，在这些创新城市中所采取的大部分理念、创新和战略思想，不仅减少了城市的生态足迹，还提升了城市的宜居性和生活质量。将空间从小汽车那里夺回来，并转化为步行空间和公共空间，这对增强城市的吸引力具有非常重要的作用。对公共交通的投资大大减少了能量消耗、二氧化碳排放以及城市的空气质量问题，同时为年轻人和年长者提供了很好的独立出行的机会。提供适宜安全的骑车环境不仅改善了城市环境质量，而且也为市民提供了非常必要的体育锻炼形式。

这些经验清楚地证明，在高度城市化和紧凑的建成环境中应用绿色或生态的战略技术（从太阳能和风能到中水循环）都是可能的。它再一次向我们证明，绿色城市主义并不是一个矛盾的概念。总而言之，这些欧洲城市的经验是：政府能做很多事情来帮助实现这一概念，从为汽车共享公司提供停车场地，到为绿色屋顶提供密度奖励，再到生产或购买绿色电力。

此外，还有很多在实施过程中的经验值得我们借鉴。这些经验中关键的一点即是理解在可持续发展中不同利益群体合作的重要性。虽然要实现多赢的局面并不容易，但成功实现可持续发展在很大程度上取决于此。这意味着让不同部门互相交谈并一起工作（像在斯德哥尔摩那样），同时倡导公共部门与私人企业的合作，这具有重要意义。

毫无疑问，认识到政府架构中的差异性是非常重要的。这些国家（主要与美国相比）的经济和规划工作框架非常有利于上述很多示范性城市可持续项目的推进。无可否认的是，经济激励和经济结构至关重要。高油价（西欧 4—5 美元一加仑）在欧洲国家已经成为一种有意识的政策战略。例如在德国，它为推行公共交通提供了重要的推动力。这样的高油价政策，如果应用到美国，无疑将有助于更紧凑的土地使用模式，以及促进人们对更可持续交通方式的选择。同时，在丹麦，碳税有助于极大地削弱传统的化石能源与可持续、可再生能源之间的市场竞争。更高的能源价格通常促进能源的节约使用和提高能源使用效率。从欧洲城市的这些案例中，另一个很重要的经验是要重视及时调整激励政策和经济信号的作用。可以说收取汽油税和能源税是在社会和政治层面上的一项重要战略决策，而不是一个预先存在的背景条件。

可以肯定的是，还有其他诸如政治、社会和文化等因素对这些示范性城市开展绿色城市主义起到很大作用。赋予绿色城市主义支持者和其他社会环境学派表达自己声音和想法的权力，是议会制政治结构体系中很重要的一环。当然，明智的规划和土地使用控制体系也很重要，它给予政府更强的变通能力和主动权。这些欧洲城市所从事的很多重要的可持续方面的活动（包括作为市场刺激者、创新活动开拓者以及实践项目的金融保证人）都是地方政府习以为常的工作。

不可否认，与美国城市相比，欧洲城市中还有很多其他因素导致了绿色城市主义在城市范围内的广泛开展。其中一点就是，在欧洲盛行的土地观念中，个人使用和自由主义的色彩更少。例如，对一个农场主或农民而言，他几乎不用担心他或她的土地最终会转化为城市开发用地。

当然也有许多地区的文化差异导致了规划和土地利用上的差异性。在欧洲城市中，人们更乐意生活在城镇内，这显然是来自古老的欧洲城市文化。在像西班牙和意大利这样的国家，人们对于在城市中漫步、在公共场所闲逛，以及对公共空间领域的重视，有助于解释为什么在这些国家中步行空间可以如此成功。此外，一个城市中人们的生活节奏、一天的文娱活动安排、一周的工作时间也非常重要。在意大利，公共空间和步行空间的利用率很高，因为在当地人一天的生活中，很多休闲活动就发生在公共空间内。例如在商店关门后到晚饭前的一段时间，大家通常都会在室外活动。观察欧洲城市中人们生活的场景，有很多值得我们学习的经验——人性化的城市理念、提高城市生活的宜居性、加强人与人之间的交往，以及可持续发展的城市理念。在多个层面上，欧洲城市有影响深远的经验值得我们好好学习。

（田莉　戈璧青　董衡苹　译
杨映雪　秦波　校）

注释

1　Urban stream daylighting 计划是指在早先的工业化时代，城市河流被改造为下水道、阴渠等排水设施。近年来在美国一些城市中，随着这些下水道设施的老化，政府采取了拆除这些设施，复原城市河流原生态的计划，同时结合复原工程达到了营造城市生态景观的目的。——译者注

城市规划与全球气候变化：世界和中国

斯蒂芬·惠勒　秦波

编者导读

此文是为第五版《城市读本》专门撰写的文章，原文作者加利福尼亚大学戴维斯分校景观建筑与环境设计系副教授斯蒂芬·惠勒就如何应对世界上所有城市和城镇所面临的最重要的威胁之一，也是很多人认为的人类所面临的最大的挑战——全球气候变化阐述了自己的观点。为了更好地反映中国国情，中国人民大学城市规划与管理系的秦波经与惠勒沟通，翻译并局部改写了此文，以供中国规划师参考。

惠勒指出，碳是温室气体（GHGs）中的罪魁祸首，因此规划低碳排城市和碳中和城市是未来世界各地城市规划面临的主要挑战。惠勒进一步指出，实现上述非常难以实现的目标依然不够，因为全球气候变化的负面影响已经存在；在未来的几十年中，城市规划师必须努力减轻已经发生或将要发生的全球气候变化所产生的负面影响。

惠勒为应对气候变化的城市规划提供了理论框架，并为解决这个庞大而复杂的问题，提出了一系列不同尺度的规划实践方案，十分值得规划师和城市学者的关注。早在 1987 年，布伦特兰委员会就得出结论：世界发展的模式是不可持续的。这个观点在当时存在很多争议，但现在已被大多数人（除了少数气候变化怀疑论者和特殊利益群体）接受了。为了减少或停止大规模破坏式的发展，布伦特兰委员会在 20 世纪 80 年代末曾经确定了狭义的行动计划，但今天已经停止。事实上，无论规划师们为未来城市做的规划多么有效，过去不可持续的发展模式对地球造成的巨大伤害已经存在，城市必须要面对严峻的气候变化所带来的问题。科学界的共识是：到 21 世纪中叶气温将会上升约 2℃。虽然该预测基于复杂的计算机模型和假设，有待进一步讨论实证；但可以确定的是，一定幅度的温度变化将会带来可怕的后果。热浪将会增加人和动物的死亡率，气候变化将影响农业和粮食供应，山区积雪和冰川融化会造成水资源短缺，全球空气流通模式的变化将导致世界许多地区的干旱，风暴增加和海平面上升将需要昂贵的防洪系统，甚至可能淹没大多数滨海城市。全球气候变化可能给世界某些地区带来过多的降雨，而给另外一些地区带来干旱。它将会对生态系统、农业、健康造成复杂的影响，导致数百万人的迁移，并在一些气候变化影响严重的地区造成政治不稳定，甚至激起战争。

惠勒指出，温室气体会经由烟囱、机动车尾气管、家畜粪便和空调系统等途径被排放到大气中。它们来自交通、建筑物中的电力和热力、工业、土地利用变化、农业、垃圾填埋和其他很多方面。因此，任何试图减弱全球变暖程度的努力必须考虑众多方面，甚至按照极端的说法，要考虑人类所有的行为。

人类是怎么到了今天这一地步呢？本书第 1 部分《城市的演进》中金斯利・戴维斯所描述的世界人口快速的指数性增长可以帮助解释现有的困境。特大城市区域的出现也阐释了这个重要的问题。人口增长和高速城市化都对地球的自然环境造成了深刻的甚至是灾难性的影响。不可再生的能源被消耗，森林被砍伐，很多物种灭绝了。人们生产物品、交通出行的方式都对全球气候变化造成影响。世界上越来越多的人加入到肯尼斯・杰克逊所描绘的以汽车为中心的所谓"现代生活"中，消耗不可再生能源，排放温室气体。而布鲁格曼和卡尔索普、富尔顿所描述的那种低密度、无计划蔓延的土地使用模式将更增加对汽车的依赖。

本文也提供了关于城市规划理论和实践的极好案例。惠勒介绍了关于如何应对全球气候变化的重要理论。例如普林斯顿大学教授斯蒂芬•帕卡拉（Stephen Pacala）和罗伯特•索科洛（Robert Socolow）提出的"楔形"战略，呼吁世界各国确定并实施"楔形"政策，如提高汽车燃油效率、用风能和太阳能光伏技术和核技术发电代替燃煤发电（可使全球碳排放量每年减少十亿吨）。惠勒还描述了由世界观察研究所和地球政策研究所的莱斯特・布朗（Lester Brown）、詹姆斯・汉森（James Hansen），美国国家航空航天局（NASA）、斯坦福大学教授保罗・埃利希，哈佛大学教授约翰・霍尔德伦（John Holdren）为了应对全球气候变化而构建的一套理论框架。

在城市规划实践的层面上，惠勒指出应对全球气候变化的规划是一项复杂的任务，需要采用全面的、跨学科的方法，并综合生物学家、交通规划师、农学家、经济学家以及众多其他学科专家的见解。惠勒认为，各级政府为减少温室气体进行规划的推进过程还是过于缓慢，虽然目前也开始有一些进展。文中也提供了很多应对全球气候变化的优秀实践案例。当然本书选文中蒂莫西・比特雷也列举了不少实例。

在国家和国际社会层面，尽管目前做得还不够，但重要的是已经达成了多边协议。在一些地区，如欧盟及世界上很多国家（包括中国），已经设立了减少温室气体排放的目标，并正在为实现这些目标而不懈努力。在区域和次国家层面，惠勒还介绍了许多国家的政府和机构为减少温室气体排放而提出的规划方案。目前，美国大多数州都有自己应对气候变化的方案，大都会区域机构也在适应新的形势，很多城市正在重新规划公共交通系统，以推进公交导向的发展模式，确保城市形态更加紧凑；中国很多城市也在积极推行公交导向的发展模式。越来越多的城市、乡镇和农村社区已经编制和颁布了各自应对气候变化的规划和政策，旨在减少温室气体排放。有些城市要求公共建筑达到美国绿色建筑协会的能源和环境发展理事会（LEED）评级制度的认证，并鼓励建造使用很少的甚至不使用场外能源的"被动式住宅"。惠勒也介绍了其他一些做法，包括投资建设自行车交通系统和步行交通系统、建设集中供热供冷系统、建立小规模的"社区能源系统"、用风能和太阳能发电、减少深色沥青的地面覆盖面积（沥青地面吸热）、给屋顶涂上浅色（反射热量）等等。

惠勒指出：全球气候变化可能是这一代规划师面临的最大挑战，但这同时也是机遇——一个创造更宜居、更平等、更可持续的社区和生活方式的机遇。气候变化所带来的压力，最终可能会成为推动可持续发展的动力。

随着经济的快速发展和生活水平的提高，中国城市居民的消费结构从“衣、食”逐步向“住、行”方向升级，对建筑面积、室内环境舒适度以及私人汽车等居住和交通方面的需求逐渐提高，势必导致城市碳排放的迅速上升，因此本文提出的问题及解决方案也会成为有价值的借鉴。

斯蒂芬·惠勒是加利福尼亚大学戴维斯分校景观建筑与环境设计系的副教授。在此之前，他在新墨西哥大学的社区与区域规划系任教。在他的学术生涯之前，他曾是“地球之友”组织的游说人员、《城市生态学》的董事，并曾在《城市生态学家》担任过8年编辑。他的著作有《可持续规划：创造宜居、平等、生态的社区》(Planning for Sustainability：Creating Livable，Equitable，and Ecological Communities)(Routledge，2004)、与蒂莫西·比特雷合编的《可持续城市发展读本》。

在关于全球气候变化的重要著作中，最重要的有两本：美国前副总统和诺贝尔和平奖得主艾伯特·戈尔(Albert Gore)的《我们的选择：一个解决气候危机的计划》(Our Choice：A Plan to Solve the Climate Crisis)(Emmaus，PA：Rodale，2009)，以及IPCC的《跨政府间气候变化小组的报告》(The Report of the Intergovernmental Panel on Climate Change)(Geneva：IPCC，2007)。

其他有关全球气候变化的著作包括：Arnold Bloom的《全球气候变化》(Global Climate Change)(Basingstoke，UK：Sinauer，2008)、Andrew Dessler和Edward A. Parson的《全球气候变化的科学及政治》(The Science and Politics of Global Climate Change)(Cambridge：Cambridge University Press，2006)、Mark Lynas的《六度：我们在一个更加炎热的地球上的未来》(Six Degrees：Our Future on a Hotter Planet)(Washington，DC：National Geographic，2008)、Karen McGlothlin的《全球气候变化》(Global Climate Change)(Lanham，MD：Rowman and Littlefield，2006)、Michael E Schlesinger等人编的《人类导致的气候变化：一个跨学科的评估》(Human Induced Climate Change：An Interdisciplinary Assessment)(Cambridge：Cambridge University Press，2007)。

当然我们也不能对相反的观点视而不见，这些著作有Patrick J. Michaels和Robert C. Balling，Jr.的《极端气候：他们不希望你知道的全球暖化科学》(Climate of Extremes：Global Warming Science They Don't Want You to Know)(Washington，DC：Cato Institute，2010)和Bjørn Lomborg的《多疑的环境保护论者：展示世界的真实状况》(The Skeptical Environmentalist: Measaring the Real State of the World)(Cambridge: Cambridge University Press，2001)。

关于对气候怀疑论者的批判，可以参考James Hoggan和Richard Littlemore的《掩盖气候变化：否认全球变暖的圣战》(Climate Change Coverup：The Crusade to Deny Global Warming)(Petersburg，VA：Graystone，2009)。

正文

前言

气候变化或许是我们规划界面临的最大挑战，也是世界各地城市面临的重大威胁。科学家指出，在我们的有生之年世界应当实现零碳排放的目标，但基于当前的运输技术以及建筑、工业、农业等产业对化石燃料的依赖，这几乎是一个不可完成的任务。同样艰巨的是，我们还必须适应一定程度上不可避免的气候变化所带来的危害，包括温度上升至少 2℃、各地更多的干旱或洪水、海平面百年内上升数米甚至更多等等。

这是挑战，但也是机遇，一个创造更宜居、更美好、更可持续的城市和世界的机遇。气候变化正成为实现可持续发展最重要的推动力。可持续发展是很多环保主义者和社会人士自 20 世纪 60 年代以来就努力倡导的目标，但却一直受到全球资本家及其政治同盟的抵制。

事实上，人类早在 19 世纪就开始意识到地球气候的变化。1859 年约翰·廷德尔（John Tyndall）发现，二氧化碳和水蒸气等气体会在地球上产生温室效应；19 世纪 90 年代，斯万特·阿列纽斯（Svante Arrhenius）居然能准确地计算出大气中二氧化碳含量增加一倍，会提升地球温度多少度；20 世纪 50 年代，当科学家们发现海洋吸收的二氧化碳并不像曾以为的那么多，于是开始用文件正式记录每年大气中二氧化碳的变化，从而揭开气候变化科学新的一页；20 世纪 70 年代，美国官方科学机构发布了关于气候变化可能性的正式报告；1988 年，美国权威气候学家詹姆斯·汉森确认全球变暖并非气候数据中的随机“噪声”，而是真实的趋势。然而直到 21 世纪初，人类才真正重视全球气候变暖的事实，意识到必须迅速采取行动减少温室气体排放，并应对随之而来的挑战。

应对全球变暖是一个循序渐进的过程。在这个过程中，个人和社会都需要更好地学习和理解这个复杂问题，更好地管治自身，加强跨文化、跨地区的合作，约束危害集体利益和生态环境的破坏力量或自私行为。全球气候变化是规划师必须面对的严峻挑战；但同时，应对气候变化也是一项激动人心、创造性的工作，一项有机会构建更美好的城市、对当前和未来几代人都有深远意义的工作。

“减缓”策略中的挑战

很多人认为现在最迫切的任务是减少人类温室气体（GHGs）的排放，也就是所谓的“减缓”气候变化的策略。排入大气的温室气体有很多：来自工业烟囱、汽车尾气、森林火灾的二氧化碳；来自家畜粪便和打嗝，以及垃圾场有机物分解的甲烷；来自农业肥料和牛群的一氧化二氮；来自冰箱和空调设备的含氢氟烃及其他化学物质；以及工业生产过程中的化学气体等。此外，其他一些污染物也会影响气候变化（例如因为烟尘污染，雪变黑后会吸收更多的太阳热量）。显然，减缓全球变暖的措施必须分析上述所有温室气体的源头。这是一项需要全面考虑人类各种行为的极其复杂的任务，事实上中国目前还没有城市能够理清自身的温室气体排放清单。

根据世界资源研究所的统计，全球范围内约 13% 的温室气体来自交通运输，34% 来自建筑物和能源行业本身的用电和用热，18% 来自工业生产，18% 来自地表变化（比如热带雨林和湿地减少），13% 来自农业，还有 4% 来自垃圾场和废物处理过程。温室气体来源如此广泛，显然不是仅仅应对几个工业烟囱就可以轻松解决的问题。因此，我们每一个人都应反思自身行为，想想自己对全球气候变化的“贡献”。中国的碳排放总量已经是世界第一，但经济依然处于工业化阶段，能源供给中 75% 以上依赖于煤，还有庞大的人口基数，这使得中国的减排任务尤为艰巨。

各级政府制定温室气体减排计划的进程缓慢。在国际层面，20 世纪 90 年代初在联合国的支持下，举行了一系列的国际会议并形成若干协议。1997 年的《京都议定书》就是其中之一，它为 30 个工业化国家设立了 2008—2012 年的温室气体减排目标。一些欧洲国家和日本的确实现了这些目标，但很多国家都没实现，包括美国（签署了但从未批准该协议）。中国、印度等发展中国家则完全不在《京都议定书》范围之内。2009年的哥本哈根会议试图达成一个强制性国际公约，但不幸没有成功；取而代之的是一些小范围的国际协议，如由美国、中国、印度、巴西、南非签署的哥本哈根协议。国际社会确实有过努力和进展，但还远远不够。

在国家层面，很多政府设定了减排目标，并努力探寻减排途径。例如27个国家组成的欧盟，设定了2020年排放量比1990年减少20%的目标，甚至希望2050年比1990年减少95%。为实现这些目标，欧盟成员国实施了一系列措施，包括制定规范、征收碳税、鼓励发展风能和太阳能，并在欧盟范围内建立“限额与交易”机制。所谓“限额与交易”，是指给予不同行业不同的、逐渐减少的温室气体排放额度，然后允许减排迅速的企业将多余的额度出售给那些还不能按时达标的企业。这样的机制既能激励企业迅速行动、减少排放，也给那些很难迅速减排的企业留有空间。2006年的“十一五”规划中，中国首次将能耗强度和污染物减排总量作为约束性指标，成功扭转了之前能源消耗和污染物大幅上升的趋势；2007年，中国推出《应对气候变化国家方案》，是第一个制订国家方案的发展中国家；2011年的“十二五”规划中，进一步设定2015年万元GDP能耗要比2010年下降16%的目标，并明确将减排结果纳入领导干部评价体系之内。

在州、省层面，很多政府也制订了减排方案。美国一些州政府加强对电力公司的监管，设置“可再生能源标准”，要求相当比例的电力来自可再生能源；一些州提升了建筑标准，建设节能建筑，像加利福尼亚州自1978年就开始如此；一些州政府建立了更好的土地利用规划体系，比如俄勒冈州自20世纪60年代开始的一系列措施。至2010年，美国大约30个州已经制订了气候变化综合规划，其中包括数十个行动计划。在国家“十一五”、“十二五”规划的指引下，中国大部分的省也都制定了各自的“节能减排实施方案”，落实目标责任。然而制订规划只是第一步，要实现减排目标，最缺的是资金投入和监管力量。

大都会区域政府能够通过改善公共交通系统、确保紧凑的城市形态和推行公交导向型发展模式等方式来减少温室气体排放，特别是加拿大、英国、欧洲大陆强有力的大都会政府，美国和澳大利亚的大都会政府也同样可以。例如，圣迭戈都会区联合政府（SANDAG）制订了一个雄伟计划，发展该区域的轻轨和公交系统，并在车站周边集中建设新的住房、办公楼和商业设施。多伦多、伦敦、波特兰的大都会政府也曾设立类似的目标。中国的直辖市和地级市政府比西方国家的大都会政府拥有更多的行政资源，在城市土地利用规划上也有着更强的控制力，上文中所提到的公交系统（轻轨/地铁）建设和TOD开发模式并不少见。更有许多城市在全面探索低碳城市的发展之路，比如沈阳在企业、园区与城市三个尺度，通过电力、新能源、交通、冶金等领域的技术创新，致力于建设“零排放”的联合国生态城示范城市；成都在其“建设低碳城市工作方案”中纳入产业、技术、规划等多方面措施；吉林市从热电联产、发展清洁能源、建筑、交通等方面构建“低碳发展路线图”。“说易行难”，到底哪些城市能够真正实现低碳甚至是零碳发展尚待观察。

在行政体系的底端，越来越多的城市、乡镇和农村地区已经制定应对气候变化的规划和政策，以减少辖区内的温室气体排放。例如，自行车和步行交通系统是最适合在地方层面落实的措施。在上级政府设立目标的指引下，具体的城市设计和土地利用规划也同样最好由地方政府实施。绿色经济发展项目、循环利用、生态教育等许多社会服务也都主要由地方政府负责。包括 ICLEI——可持续发展地方政府协会等非营利组织，也在帮助世界范围内的地方政府制定减排计划和气候变化规划。中国一些城市的开发区、商务区、新城也在积极践行低碳发展理念。比如北京朝阳区 CBD 在公共建筑节能、公交体系接驳、地下空间利用、碳循环设计等方面展开探索，力图建设“低碳 CBD”；密云区通过鼓励小型乡村酒店、自行车出行、植树造林以及减少一次性用品使用等方式，构建“低碳旅游试验区”；上海虹桥区通过规划，在城市空间布局、交通组织、能源利用和建筑设计四个方面努力，建设“低碳商务社区”。

城市事实上在应对全球气候变化中走在前列。20 世纪 80 年代后期就已有很多城市社区在实施温室气体的减排计划，并且在 1992 年联合国里约热内卢“地球峰会”之后取得更大的进展。提升公共建筑和机动车辆的能源使用效率是其中的常见措施。现在许多美国城市和乡镇要求公共建筑必须达到绿色建筑协会的能源和环境发展评级体系（LEED）的认证。中国住房和城乡建设部也在采取措施，推进一二星级绿色建筑评价标识工作。随着绿色建筑越来越多，绿色设计和绿色技术的成本也会越来越低。然而公共建筑只是所有建筑的一小部分，因此要全面提升建筑标准，要求私营部门的建筑也是低能耗的。现在施工的建筑大致会用到 2050 年，因此发展零碳建筑可以说是刻不容缓。所谓零碳建筑，是指自身产生的能源可以满足自身需要的建筑。现在世界上已经有这种建筑了，它也被德国人称为“被动式住宅”，几乎不消耗或者消耗很少外来能源的建筑。基于大规模的太阳能产业，中国山东省德州在建筑节能上有突出表现，其市区住宅 70% 以上普及太阳能热水器，2009 年建成了全球最大的太阳能办公大楼，能够减少建筑能耗 88%，而且还在进一步推进“百万屋顶”、“百村浴室”等项目。

城市需要更多的、各式各样的节能规划。区域供热供冷系统能非常有效地服务于整个社区，已经在很多可持续发展的社区项目中实施，如斯德哥尔摩的哈马比区和英国的南部海岸城市南安普敦（20 世纪 80 年代末以来，该市地热系统已经能够满足其能源需求）。热电联供是将热力和电力共同生产，进一步提高能源效率。同时，小型的风能发电、太阳能发电可以布置在屋顶、停车场和其他城市空间。虽然大型的风力和太阳能发电站也是需要的，但这些小型“本地能源系统”能将清洁能源生产融入每一个社区，还能节约长距离的传输线缆；中国很多城市中的太阳能和风能路灯便是很好的例子。

最近几十年，世界各地的城市和乡镇也采取各种措施减少汽车的使用，由此减少因汽车燃油而引起的二氧化碳排放。通常有以下三方面的措施：发展汽车的替代品（如火车、自行车、步行）；经济激励（如更高的停车费）；以及优化用地布局，使人们出行目的地（比如家、工作地点、商店等）彼此之间更近，或者更加靠近公共交通。

然而，很多城市还在延续那些鼓励汽车使用的发展模式，例如拓宽道路，批建郊区购物中心、办公园区和住宅区，允许远郊农村的低密度开发项目。事实上，城市不可能既蔓延式发展又减少汽车出行。城市的蔓延式开发破坏了紧凑、低碳的邻里结构，并激发了要求更多道路和汽车补贴的政治诉求。在高地价、高房价和改善住房需求的压力下，中国不少城市的郊区也出现“大盘”、“山庄”等蔓延式的“卧城”开发。经验已经证明，像北京回龙观、天通苑这样的超大社区拉大了通勤距离，给公共交通带来巨大压力，鼓励私家汽车出行。我们需要取得共识，取缔这些产生高排放的开发模式。

农村其实也需要减少温室气体排放的规划。通过保护和扩大森林植被，可以吸收大气中的二氧化碳并长期封存在木头和土壤中，从而部分抵消市区和郊区排放的温室气体，还能避免因砍伐森林而产生的温室气体。保护湿地（特别是泥炭沼泽）也是十分必要的，因为湿地一旦干涸或焚烧，会向大气中排放大量的甲烷和二氧化碳。这个类型的碳排放是一些发展中国家（如印度尼西亚）面临的特殊挑战。由于不合理的开发与开垦、产业和生活污水的污染等因素，中国的湿地资源正受到严重威胁，鄱阳湖、洞庭湖等最大的淡水湖竟然能干涸成“草原”，必须采取更严格的措施进行保护。

要减少温室气体排放，同时在石油资源日益稀缺的情况下减少对化石燃料的依赖，农业耕作的方式需要改变。深耕土地会释放一种很强的温室气体一氧化二氮，所以更合理的耕作方式是浅耕或者不耕。合成氮化肥也会产生一氧化二氮，最好用有机肥来维护土壤养分。水稻种植和家畜饲养，特别是反刍动物（如牛）的饲养，都会排放甲烷。使用化石燃料的农业机械和灌溉也会释放温室气体。农业系统产生温室气体的确切机制很复杂，并且因作物、土壤、气候、生态、生产技术、市场距离的不同而变化。但很多粮食生产方式的确需要改变，比如可以在市区内或附近进行农业生产，从而更便捷地供应健康食物，同时少用化学原料来制造食品。其实这也会给城市居民带来益处。

减少温室气体排放的整个过程将极大地改变我们的生活环境和生活方式。城市可能更加紧凑，尤其是北美城市，人们将在比现在动辄2000平方英尺小很多的房子里居住（因为大房子会产生大量的建材能耗，而且需要更多的能量来供热制冷）。相比现在，人们将更少使用机动车，购买的物质产品也少得多（因为即便采用最高效的技术，机动车和物质生产也会产生相当量的碳排放）。每一种能源都会被很仔细地回收利用，以进一步降低碳排放。饮食也将改变，如禁止以高碳排的方式生产肉类。如果我们的目标是减少10%、20%甚至是50%的排放，可能还不需要这么大的改变，但问题是我们需要减少80%—100%。因此减缓气候变化的策略需要一个彻底改变城市形态、功能与生活方式的规划。中国的城市规划师也因此必须反思当今城市的发展模式，变“交通性好”（主要手段是增加车辆使用）的规划目标为“可达性好”（主要手段是减少出行需求）。在我国城市化和机动化最终完成之前，应该利用各种规划工具构建紧凑的城市空间结构、公共交通和慢速交通优先的运输体系、低能耗高产出的产业结构和技术以及低碳生态的消费方式。

“适应”策略中的挑战

早期应对气候变化的规划重点在如何减少温室气体排放，很少有规划关注国家或城市如何去适应气候变化。但是，科学研究表明气候已经发生了实质性变化，如何适应气候变化也因此成为一个越来越受重视的问题。

高温当然是引起关注的主要原因。气候模型显示，2050年美国和欧洲大部分地区平均气温将上升2℃，2100年将上升3—5℃（最终结果也部分取决于“减缓”策略的成效）。气候变暖将产生广泛的影响，因此也需要有不同的“适应”性策略。中国气象局数据显示，近百年来中国地表气温升高了1.1℃，到2020年可能再升高0.5—0.7℃，其中北方升温大于南方，冬春季升温大于夏秋季。

首先，热浪将导致死亡率上升，特别是那些没有制冷设备的穷人和老人。根据法国政府的统计数据，2003年的一场热浪致使14800名法国人丧生，37000名欧洲人丧生。近几年来，中国北京、上海、南京、武汉、重庆、广州、常州等城市同期最高气温的历史记录被一一打破。为了预防热浪造成的死亡，地方政府需要预先判别可能受灾的人群，为他们提供降温或绝热措施。气候变暖还可能导致传染病蔓延到新的区域，因为动物或昆虫宿主因为气候变化而四处迁徙。通过对传染病分布变化趋势的监控和分析，我们可以明确相关风险并采取恰当的公共卫生措施。

除了健康危害，更炎热的夏天也将降低人们的舒适感，而城市热岛效应（硬质铺装和建筑物主导的形态使城市温度升高3—6℃）更是加剧了这个问题。频繁使用空调会导致更多的能源消耗和温室气体排放，根本不是解决方案。很多城市用植树计划来代替空调，比如纽约、丹佛和洛杉矶都已开展“百万棵树”项目来增加城市植被，值得我国城市学习和借鉴。此外，使用建筑出挑遮阳、人行道顶棚、保持建筑内夜间凉意等措施可以提高人们的舒适感。在地中海等炎热地区以及我国南方地区，民居建筑早已使用上述措施来度过炎炎夏日。其他措施还包括：减少用深色沥青（吸热）覆盖的地面、为屋顶涂上浅色（反射热量），以及修建植被覆盖的“绿色屋顶”。

气候变暖会在很多方面影响农业，进而影响粮食供应。一些地方将因为太热而不能种植现有作物，因为每种作物都有能忍受的最高温度，一旦超过就不能开花、结果，甚至是存活。像桃子和李子等一些生殖周期依赖于寒冷冬天的作物很难存活。气候变化还会导致一些地区出现新的害虫，我国已经发现农作物害虫向高纬度地区扩散，中纬度地区的病虫害加剧。要完善针对农业的适应性策略，需要更多的科学研究。有些地方可以种植新的耐热作物，而很多地方的种植作物可能需要大的调整。

除了高温以外，还需要制定一系列措施来应对降水的变化。随着全球大气环流的改变，地球上很多地区将变得更为干旱，包括地中海盆地、美国西南部、非洲北部和南部、巴西部分地区和澳大利亚。这些地区必须准备更积极的节水规划。相反，也有很多地区将变得更为潮湿，包括北美洲北部、欧洲、亚洲，或者还有非洲东部。这些地区则必须准备更多的防洪措施。因为高温气候体系内蕴含更多能量，很多风暴的强度将可能增加。近年来，中国城市中的降水记录也被屡屡打破，2011年更是引发“到北京看海”、“到武汉看威尼斯”等媒体关注的严重积水问题。到2050年，中国降水量还将增加2%—5%。规划师要制定更多的抵抗洪水和风暴的措施，而且不仅仅是抵抗飓风，还包括很多现在虽小但会变得更猛烈的风暴。

在一些降水量不变甚至是增加的地区其实也会出现缺水的问题，因为那些充当水源地的冰川积雪将逐渐减少或是消失。很多地方都将因此受到影响，包括加利福尼亚，其用水源于内华达山脉的积雪；玻利维亚，用水源于安第斯山脉；印度和巴基斯坦，用水源于喜马拉雅山脉和其他中亚山系。修建再多的大坝和蓄水湖，也不可能取代山脉来储存水源。针对这个问题，除了加大水源地保护力度外我们其实没有其他的办法。随着冰川消失、雪线升高、湿地萎缩、草地沙化，中国长江、黄河和澜沧江共同的源头汇水区三江源的生态环境明显恶化，形势日益严峻。“中华水塔”成为高高悬挂的达摩克利斯之剑，警示我们必须以更有力的措施保护三江源，保护水源地。

自21世纪中叶开始，很长时间内海平面上升都将是城市面临的最大威胁之一。世界上最大的城市很多几乎与海平面等高，包括纽约、伦敦、阿姆斯特丹、达卡和上海。即便海平面只是上升2—3米（21世纪内很可能发生），都会对这些城市造成严重威胁。因此一些重要举措已在酝酿和实施之中，比如建设大型防洪闸等。伦敦已经在市区南部的泰晤士河上修建防洪闸，以防止受到风暴侵袭。荷兰也实施了许多类似措施。但是数百年来海平面一直在上升，甚至可能升到如今海平面以上 40 米，因此所有这些措施终将失效（基于历史数据，在地球显著变暖、格陵兰岛和南极等冰山已经融化的情况下，海平面正持续快速上升）。如果这样，除了人口向内陆转移外，已然没有别的办法。在美国的佛罗里达和荷兰这样的低海拔地区，人们已经在讨论调整土地利用规划，遏制可能会被洪水淹没地区的发展，以及怎样将基础设施转移到内陆去。因为中国的大城市有 70% 以上集中在东部沿海地区，受到海平面上升影响的城市不在少数，其中天津、上海两个直辖市以及浙江、山东两省的城市群尤为突出。虽然一些城市也在加强海堤建设、修建防洪闸，但很少有全面考虑海平面上升所带来的海水上溯、淡水减少、湿地消减、地表下沉、洪涝加重、产业风险等危害的综合应对方案。

同样需要适应的是气候变化的连锁效应。如果全球粮食产量因干旱、洪水、虫害或者气温变化而大幅下降，我们必须要有应对方案，保证那些弱势群体也能达到温饱。如果水资源危机或饥荒引发战争，则需要国际外交努力及维和力量。如果人口需要迁徙（例如，海平面如升高两米将会使孟加拉国的大部分地区无法居住），则需要以人道、公平的方式来帮助难民。

虽然最近有所改善，一直以来应对气候变化的规划对适应性策略关注不够，在中国也是这样。适应性策略应当是城市和区域规划中的重要基点，然而一个未解决的重要问题是如何支付这些适应性方案或绿色发展计划所需的费用，特别是对于发展中国家。提升能效的措施从长远看也许能收支平衡，但前期投入也是必不可少的。许多发展中国家认为像美国这样的工业化国家在温室气体的排放历史中负有更多责任，所以应当帮助支付适应性方案的费用。1997 年京都会议构建的“清洁发展机制”在某种程度上承认了这种责任，美国等其他国家也在 2009 年哥本哈根会议中承诺每年筹集 1000 亿美元来援助发展中国家。但这些举措依然是不够的，而且后续经费是否落实还有待观察。

对社会政治体系的挑战

尽管世界各国和城市正采取更多的措施来减缓和适应气候变化，但相对于实际需求而言还是远远不够。根据美国海洋和大气管理局的数据，在 1990—2000 年间温室气体排放量非但没有下降，反而上升了 26%。2005 年的卡特里娜飓风以及世界各地频繁发生的洪水、干旱、饥荒等灾害，都证明了目前适应性规划的不足。

一些更强有力的措施建议已经提出。20 世纪 70 年代以来，环保主义者一直呼吁节约能源和发展可再生能源。减少汽车使用和不可再生能源消耗的措施也是众所周知。然而要应对更严重的气候变化，我们需要更具创造性的方案。例如，“世界观察和地球政策研究所”的创始人莱斯特・布朗先生提出了一个全方位、详细的“方案 B”。通过这个方案我们能够迅速地向可再生能源、资源保护、可持续农业、人口稳定和社会公平的方向发展。美国宇航局戈达德空间研究所所长詹姆斯・汉森先生提出“收费与收益”制度，即能源生产商为他们燃料释放的每吨二氧化碳支付一笔不断上升的费用，而这笔费用的收益将公平地返还给公众。不像“限额与交易”制度只对某些低能效的公司有经济压力，而且排放额度的价格要足够高才有激励作用，“收费与收益”制度对几乎所有的排放主体提供减排的经济激励和压力。

也许最有影响的方案是 2004 年由普林斯顿大学教授斯蒂芬・帕卡拉和罗伯特・索科洛提出的“抓手”战略。该战略呼吁世界各国确定并落实若干“抓手”，这些“抓手”每年可减少十亿吨的碳排放。所谓“抓手”，主要包括提升汽车燃油效率，减少机动车使用，建设节能建筑，保护农耕地，用风能、太阳能、核能代替煤电等。整个方案简明扼要，但是每一个“抓手”都需要巨大的投入。以风力发电为例，需要建设一百万台1兆瓦的风力发电机组，其投入大致和美国第二次世界大战时期的投入相当。

现在的问题其实不在于人类能不能实施这些方案。我们不仅能够实施，而且根据麦肯锡公司的研究和英国政府的斯特恩报告，我们还可能因为提高能源效率获得经济收益。问题在于能否达成政治共识和决心。依赖化石燃料的产业和他们的同盟从根本上反对所有这些方案（埃克森美孚公司是否认气候变化组织的主要幕后支持者）。在像美国这样的国家中的政党、政治家和媒体评论员都不愿采取过激的行为。发达国家的民众不愿意改变他们的生活方式，去支持那些有可能改变已成习惯的碳排放行为的政治家；发展中国家的民众也不愿意改变他们改善生活的诉求，他们的消费结构和生活方式正逐步向发达国家靠拢。

而一些遏制气候变化的关键策略甚至目前还没提上议程，因为这些策略将彻底冲击当前的主流价值观和生活方式，比如控制或减少世界人口。随着人口出生率的下降，21世纪全球人口大约能稳定在100亿左右。但如果以今天发达国家的生活方式，这么多人口远远超出了地球的负荷，不管是温室气体排放还是其他资源。现在很少有人愿意谈论控制人口。在很多国家讨论人口政策很复杂、很困难，因为会牵涉到移民、文化、宗教信仰等敏感问题。从这个角度看，某种程度上我国的基本国策“计划生育”政策的确减少了规模巨大的碳排放。

另一个很少讨论的策略是抑制消费。工业社会的经济增长在很大程度上取决于物质商品生产和消费的扩张，但在一个有限资源的世界这注定是不可持续的。这也使得减少温室气体排放变得非常困难。经济学家赫尔曼·戴利（Herman Daly）从20世纪70年代开始就呼吁，要建立一种强调生活质量而不是商品数量的可持续经济体系，但却一直被忽视。尽管偶尔有经济衰退，缺乏监管的、消费导向的庞大资本主义并未衰退。而喜马拉雅山的佛教国家不丹国，似乎是世界上唯一以“国民幸福总值”而不是“国民生产总值”来衡量成功的国家。改革开放30年后，在发展为先导的理念指引下，我们以物质生产为主要手段，以国内外消费（出口）为支撑，取得了高速的经济增长，国民收入大幅提高，物质条件大幅改善，但抱怨生活不幸福的人似乎更多了，生态环境也大幅恶化。这是一种不可持续的发展模式，我们必须反思，重新思考发展的内涵和实现发展的路径，经济增长不等于发展，物质生产和消费更不是实现发展的唯一路径。

还有一个很少讨论的问题，那就是机动化。我们已经习惯了每年驾车行驶越来越长的距离，习惯了频繁地乘坐喷气式飞机出行，但其实只有走路和骑车才是零碳排。航空交通的碳排放很大，从纽约飞到洛杉矶所排放的温室气体相当于驾车一年的排放量，但不幸的是没有其他技术可以取代飞机。在零碳社会中，我们的出行需求将大大降低，更多地在本地生活。这有很多好处：我们会更积极地关心所在的城市和乡镇，学会欣赏本地的文化和生态。我们将很少花时间在通勤和其他出行上。但这个方向似乎离我们现在的生活方式太遥远，几乎没有人考虑过。不论如何，我们至少要摈弃机动化就是现代化的陈腐观点，不能让汽车引导城市形态的变化，而要控制土地利用规划，减少汽车的使用。

最后一个没人愿意谈论的话题是公平。目前为止，世界上很少的一部分人排放了大部分的温室气体，却由所用人共同承担应对气候变化的成本，这是不公平的。这就像富人们将地球带到了生态危机的悬崖边，却告诉穷人们说你们不能享受和我们一样的生活方式了。我们必须找到符合可持续发展的生活方式，并由全世界所有人共享。这意味着富人必须放弃他们过度消费的生活方式，但几乎没有工业化国家的人愿意这样。发展中国家也必须认识到，“成事不说，遂事不谏，既往不咎”，争吵抱怨于事无补，不如面向未来采取积极行动，挽救所有人的地球。

要在本质上理解这些气候变化中相互关联的问题，“I=PATE” 公式是个好办法。这个公式是在 20 世纪 70 年代初，由保罗•埃利希和约翰•霍尔德伦首先提出来描述当时能源危机的。“I” 表示全球变暖对地球的影响；“P” 表示人口，即地球上人类的总数；“A” 表示财富，包括物质消费和交通出行，既然出行也是消费的一种；“T” 表示技术，是人类生活消费中所用技术的效率和碳排放强度；“E” 表示公平，是各地共享生活消费方式的程度。

换句话说，全球变暖的后果是人口、财富、技术和公平共同作用的结果，其中任何一项偏高，想降低总的影响都会很难。例如，如果世界人口总数很高，那么财富（消费）必须很低，技术必须非常低碳，公平程度也会很低。

迄今为止，“T”（技术）是讨论气候变化的焦点，而 “P”、“A” 和 “E” 则很少被关注。究其原因，是因为针对这些因素的措施将会挑战现有的经济、政治和文化制度。我们现在应该突破这些制度约束，再来看看哪些是减少温室气体和适应全球变暖的必要举措。

可见，应对气候变化的规划不仅需要考虑绿色建筑、可再生能源、公共系统，还需要考虑提升民主、完善制度。更聪慧、教育程度更高的民众才会选择更强大、更有远见的领袖，更完善的规章制度才能防止利益集团影响公众决策，所以只有进一步从根本上完善我们的社会，才能走向一个更可持续的、零碳的世界。

结论

世界上大大小小的城市、乡镇和郊区在应对气候变化中都扮演着重要角色。它们是大部分温室气体的来源，现在也亟须为它们的居民规划一种零碳的生活方式。城市也面临气候变化带来的危险，必须做好准备去适应一个气候变化的世界。总之，气候变化将从一个从未有过的角度考验城市和区域规划。

我们必须着手解决那些导致现状的深层问题，否则无论是减缓规划还是适应规划都无法奏效。这要求新的经济增长不再依赖于持续扩张的物资生产和资源消耗，以及随之而来的污染；这要求新的政府管治方式来帮助公众理解当今世界的复杂性和相互依赖性，也帮助新的选民和领袖采取建设性行动；这要求新的文化，反对消费崇拜、暴力和民族利己主义；这还要求我们反思既有的生活方式，更诗意地生活在这个星球上。

这些改变听起来似乎很不现实。然而，20 世纪的科学和心理学研究已经证明，社会可以在很大程度上重塑人的本性，这就是我们面临的最具挑战性的规划，即如何积极地改造社会，从而激发人们个体以及群体最好的人性潜能。总之，是时候向前迈进了，是时候去迎接这些地球上的挑战了。气候变化警示着我们必须作出改变，过程当然艰辛，但终会有丰收的喜悦，从而迎来全新的城市、生活和社会，还有一个健康的地球。

框图 26　2008 年奥运会主会场，北京

借助于大事件带动城市建设是国际常见的开发模式。近年来中国城市以大事件为契机进行城市建设，比较典型的有北京 2008 年的奥运会和上海 2010 年的世博会。其他城市也采用类似方式推动城市建设，如南京的全运会和广州的亚运会等（张庭伟摄，2008 年）

框图 27　上海世博会文化中心

上海 2010 年的世博会是借助于大事件推动城市建设的又一个成功案例。通过世博会，上海的轨道交通、城市面貌、生态建设都有了相当大的进步（张庭伟摄，2010 年）

框图 28　杭州钱江新城

通过新城建设来改善城市物质环境质量以提升城市竞争力，是中国城市发展的又一常见的模式。2000 年以来，设计质量较高的新城不断出现。杭州钱江新城始建于 2000 年，经过国际竞标，最后完成的物质环境受到好评。图中间是市民中心，周围是文化中心及表演艺术中心；高架平台下面有地铁车站与中心城连接（张庭伟摄，2010 年）

第9部分

城市设计

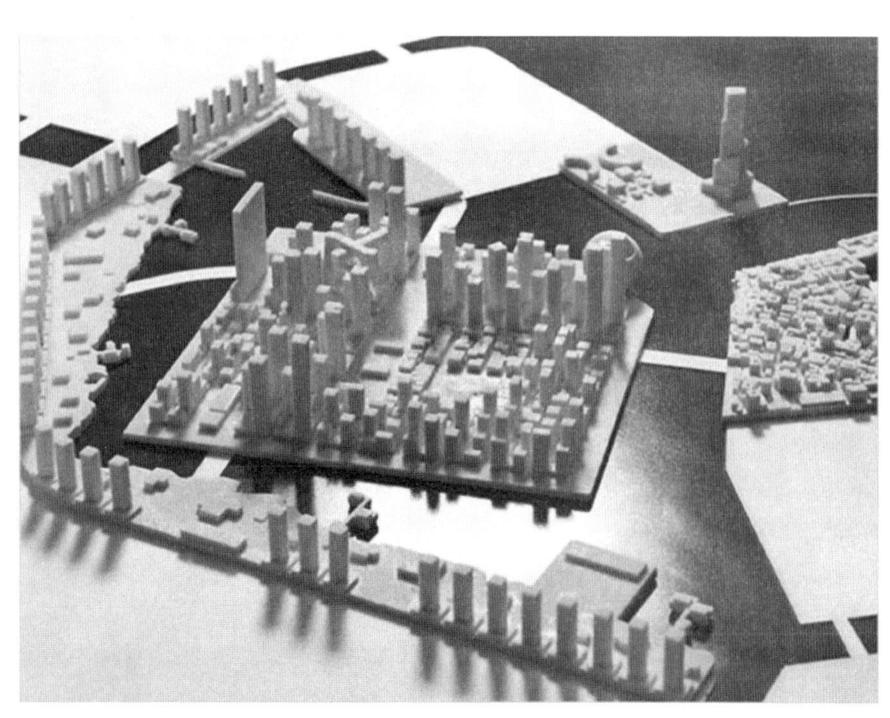

引 言

第 8 部分聚焦于城市设计，探讨人类实际塑造建成环境的方式。城市设计师一般先接受建筑师的训练，然后学习城市设计及城市与区域规划，他们关注比单体建筑物范围更大的场所，如一组建筑物、街坊、邻里、公园系统、公路走廊或整个新镇。来自景观建筑专业的相关设计人员侧重于处理自然与都市环境的关系。此外，还有许多与城市设计相关的城市研究及城市建设的学科、职业涉及城市建设的实践。城市设计师需要同时运用偏向艺术感性思维的右脑和理性分析的左脑。最好的城市设计师也是社会科学家，他们研究人们在环境中的行为特性，运用心理学知识，分析人们如何感知空间以及人与人之间如何互动；搜索历史学知识，了解场所的物质形态演化；依据人类学和社会学知识，创造满足不同社会群体的场所空间；城市设计师还使用计算机辅助设计（CAD）和绘图软件，以及社会科学家和城市规划师所用的定性和定量研究方法。

关于优秀的城市设计的构成要素，不同的城市设计师可能见仁见智，但是他们都相信设计本身具有价值，认为职业设计师应该有意识地创造关联性的城市空间，在强调自我意识的同时，尊重甚至效法 J·B·杰克逊推崇的乡土性设计元素。城市设计的专业性表述一般为手绘或计算机的绘图，但理念表达上则凭借语言、照片、地图和其他媒介手段。

本部分选文的作者为城市设计师凯文·林奇、社会学家威廉·怀特、城市规划师克拉伦斯·佩里、艾伦·雅各布斯和唐纳德·阿普尔亚德，以及建筑师和城市设计师王建国。这份名单说明不同学科和职业对城市设计均有贡献，优秀的城市设计敏锐地反映了人的各种需求。

优秀的城市设计一般始于细致的观察。19 世纪后期奥地利建筑师卡米洛·西特在考察欧洲城市广场之后，总结出设计城市的艺术原则；麻省理工学院的城市设计教授凯文·林奇与他的学生开展了大量调查，探索人们如何感知所生活的城市，他们请受访者绘出心理认知地图，以理解人们头脑中那些较为清晰或者不清晰的城市要素；社会学家威廉·怀特与亨特学院的学生花费数百小时，观察人们如何使用纽约市的公园和广场，运用摄影技术记录并进行分析，定量性地研究人们使用公园和广场的方式，由此推导出好的公园与广场的设计原则；规划师艾伦·雅各布斯和唐纳德·阿普尔亚德的城市设计宣言来自大量的调研、草图、计算、绘图、拍照、测量以及对旧金山市的实地走访和观察。

建成环境设计也许不能完全决定人的行为，但是本部分的选文却表明，低劣的设计会麻痹人的神经，而优秀的设计会产生积极正面的影响。当前，带有丑陋、冷淡、肮脏、危险、萧条、不可持续、功能失调、种族或性别隔离等突出问题的场所在许多大城市随处可见。是改善机动车交通还是建设步行友好的街道，是振兴城市经济还是保留历史建筑，是保护自然环境还是增强城市的全球竞争力，不同的城市设计师有不同的选择。但是不管如何抉择，他们都有自己独特的设计路径。

建筑师克拉伦斯·佩里的理论是迄今为止最具影响的城市设计文献之一。拉塞尔·萨基基金会提供充足的费用，资助开展纽约的区域规划，作为项目的一部分，基金会委托美国最著名的规划师进行区域规划背景研究。克拉伦斯·佩里负责研究新的邻里设计准则。纽约区域规划的最终成果颇具争议，刘易斯·芒福德认为此规划过于胆小和保守，但他和其他专家对佩里的研究大加赞赏，认为佩里精简的研究成果对城市规划的贡献卓著。自 1929 年以来，佩里的邻里理论影响遍及全世界。

面对像纽约这样人口庞大、非人性化的大都会地区，加之 20 世纪 20 年代大量私人汽车所造成的郊区蔓延和社区瓦解等问题，佩里的解决方案是构筑具有人性尺度的邻里单元，围绕教育和文化综合体，将居民组织在一起，维持社区感。佩里解释说，教育是美国家庭的基本价值观，如果邻里规模足以支撑一所小学，那么这所学校将成为一个粘结剂，促进居民之间的各种互动。如果每到周末或晚上，成年人也去学校，读夜校、运动健身或者进行各种文化活动，通过参与互动，邻里之间将更为熟悉，关系更为密切。这样就可以消解路易斯·沃斯在“都市主义成为一种生活方式”一文中哀叹的道德失范现象。以家庭为导向、学校为中心的邻里有助于形成罗伯特·帕特南特别强调的社会资本，在这样的邻里，儿童能够步行上学，邻里文化活动将人们聚在一起。佩里提出了一整套设计理念，将邻里单位的居民组织在一起，为防止机动车破坏城市肌理，佩里区分了穿越性（through）和地方性交通（local traffic），利用尽端路阻止穿越性交通，步行与车行采取立交，以避免交叉口的混乱现象，学校综合体位于邻里单位的中心。佩里的这篇论文在城市设计界一直占据主导地位，直到 1961 年，才被麻省理工学院的规划教授凯文·林奇关于城市设计的著作所替代。

林奇的《城市意象》很快成为当代城市设计的基本理论。林奇问了几个基本问题：人们是怎么感知建成环境的？人们所感知城市的基本要素是什么？建成环境的哪些方面使人迷惑，哪些方面有助于认知？如果掌握了人们构筑城市意象的理论，城市设计师应该怎么做才能创造更为美好的城市？来自《城市意象》的节选论述了林奇关于人们感知城市意象的主要发现，即五个最为基本的形态要素：路径、边界、区域、节点和地标，林奇就这些要素如何构造更好的城市设计提出了大量建议。艾伦·雅各布斯、唐纳德·阿普尔亚德和其他规划师将林奇的理念推广到全世界的城市设计实践之中。

社会学家威廉·怀特关于空间设计的论文总结了纽约市民如何使用城市公园和广场。怀特是一位敏锐的观察家和出色的作家，他的研究成为社会学家可借鉴的一种范本，帮助理解人类行为以及编制优秀的城市设计方案。怀特的研究展示了城市研究如何促使城市政策发生改变。纽约城市规划部门和其他涉及公园规划与管理的组织，直接将怀特的理念转化为实施策略。依据怀特的理念，纽约市将分隔布赖恩特公园与街道的铁栅栏去掉，增加售卖食品的小货摊和可移动的椅子。今天，布赖恩特公园一改过去纽约市民唯恐避之不及的危险的公园印象，成为一处充满活力和受人欢迎的城市公园。其他城市也运用怀特的思想来改善公园和广场环境。

城市规划师艾伦·雅各布斯和唐纳德·阿普尔亚德的事业轨迹体现了理论结合实践所析出的硕果。雅各布斯是加利福尼亚大学伯克利分校的荣休教授，阿普尔亚德也在这所学校执教，直至去世。两人都是凯文·林奇的学生。雅各布斯曾担任旧金山市规划局长，阿普尔亚德与他一起开展非常出名的街道活力与城市设计研究。以林奇的理念和阿普尔亚德的研究成果为理论基础，在雅各布斯的领导下，旧金山市规划局制定出一项城市设计方案，这项方案之后荣获大奖，成效卓著，深远地影响了旧金山市四分之一世纪的发展，并且成为其他城市学习的样板。

建筑师和城市设计师王建国是东南大学建筑系的教授和东南大学城市规划设计研究院院长。他的《21世纪初中国城市设计的理念辨析、实践特征和普适命题》一文，分析和总结了中国城市设计理论和实践在新千年的发展特点和动向。王建国认为，中国城市设计除了吸收国际上城市设计的成功经验外，已经发展出具有自身特点的城市设计专业内涵和社会实践方式，即城市设计与法定城市规划体系的多层次、多向度和多方式的结合和融贯。城市设计应该营造个性化的城市特色空间和形态，创造具有宜人尺度的优雅场所环境，大众共享的“日常生活空间”与表达集体意志的“宏大叙事场景”两者能够等量齐观。新千年伊始，中国城市设计出现了一些体系性的新发展，主要反映在城市设计对可持续发展和低碳社会的关注、数字技术发展对城市设计形体构思和技术方法的推动，以及当代艺术思潮流变的影响等方面。

设计城市环境需要关切人类需求和自然环境，城市规划师、建筑师、景观建筑师和其他专业设计师必须关注生物与其他自然系统、物质形态与功能、所设计的地区的历史与文化、美学、经济学、交通系统以及人们使用空间的各种方式。事实上，本书的每一部分内容对实现优秀的城市设计均有帮助。

邻里单位

克拉伦斯·佩里

编者导读

20 世纪 20 年代，汽车时代刚刚开始，美国建筑师克拉伦斯·佩里此时已开始深入思考城市增长与汽车兴起对邻里空间及良好的邻里生活质量所产生的影响。通过清晰地建构如何在现代世界里维持邻里的人性尺度，佩里的思想对 20 世纪的城市规划产生了深远影响，如今这种影响仍在持续。

佩里认为，每一个大城市都是由较小的社区聚合而成，“细胞式城市”是汽车时代不可避免的结果，这些较小社区的生活品质能极大地塑造个人的生活体验。在世界上最宜居城市的排名中，纽约和巴黎往往排在最前面，但是对于在阿里·迈达尼普尔悲叹的巴黎移民郊区中遭受隔离，或伊利亚·安德森描述的破败贫民窟生活的人来说，这些世界级大城市肮脏、嘈杂、拥挤且危险。如果快速的汽车交通让他们的孩子不敢随便出门玩耍，如果孩子们上学不得不穿越快车道，如果生活区附近没有日常生活用品便利店，如果缺少公园和游戏休闲场所，大城市的居民可能极为不满。

佩里注意到过去人们对自己所居住的村庄或小城镇具有强烈的身份认同，今天的新城市主义者也有同样的看法。这些场所具有独特的空间结构和文化。1929 佩里写作这篇论文时，美国新建的高速公路正在不断切入居住区，轰隆作响、川流不息的车流将居住区分隔为互不相连的孤岛。与此同时，不断增加的人口填入村落之间的缝隙，佩里认为“社区的特征被持续稀释。”尽管一些新开发区的居民邻里关系良好，但是在许多填缝式开发地区，居民之间的关系并非如此。佩里认为，居民之间交往的类型和频繁程度决定了邻里的优劣。

佩里将邻里社区在地理空间上的需求与人的生命周期联系起来，年轻的单身族喜欢城市生活相对较高的隐私性，但是，当他们结婚并有小孩后，“就渴望拥有独立的房子、院子和友善的邻里”。因此，在佩里看来，最主要的挑战是创造适合有小孩家庭的生活空间，其解决策略是“邻里单位”。

佩里注意到小学是邻里与核心家庭相联系的主要社会性机构。在购买房屋时，学校的质量及房屋与小学之间的距离是最为重要的影响因素。在每个上学日，家长（一般是母亲）每天接送小孩，家庭成员一起去学校游戏、运动或从事其他活动，居民们的许多朋友就是小孩的同学家长，同时家长们积极参加家校联系委员会和其他学校机构。因为这些原因，佩里认为邻里单位应该围绕学校建设。在《邻里单位》一文中（在其他文章中佩里论述得更为全面），佩里提出学校应该成为社区中心，晚上成年人可以在这里接受再教育，开展各种文化性活动。

在 20 年代，教育工作者认为 800—1500 人的学生数是一所小学的合理规模，因此佩里认为邻里单位的规模应该满足容纳这些儿童的家庭数量。按照当时盛行的密度，5 英亩的小学用地（约 2 万平方米）、半英里的服务半径（约 800 米）最为合适。学生可以步行上学，不必穿越交通繁忙的道路。当然，居住密度、每个家庭的学龄儿童数量和地理特殊环境的差异会影响这一理想模式。

佩里方案的中心思想之一是道路分级系统，整个道路服务两类人群：外部的过路人和邻里居民。邻里外围为城市干道，服务于外部通过性交通。佩里反对城市干道分隔学校和居住用地，除非建造（昂贵的）桥梁或者下穿式隧道，否则儿童上学穿越快速干道时会十分危险。邻里内部道路主要为邻里居民使用。在扬·盖尔为提高市民生活质量提出交通宁静区（traffic calming）的理念之前，佩里早就建议通过居住区道路的宽度控制和详细设计，确保慢行交通和行人在居住区内部的步行安全。

在美国，大多数邻里以居住为主，由带有独立院子的独户住宅组成。佩里认为社区居民应该可以很方便地到达杂货店和其他服务邻里的零售店，因此商业服务应该布置在邻里单位的边缘处，居民依靠内部道路、外部人群通过城市干道去商店。除了学校、运动场、街道系统和住所外，佩里还是公园和开放空间的倡导者。

在政治上佩里是一位保守的实用主义者。在他撰写"邻里单位"时，美国正处于大萧条时期，佩里不相信邻里单位会得到政府的大力干预与税收补助，因此只能说服私人开发商，通过邻里单位的理念吸引市场上的私人购房者。佩里阐述了私人开发商如何将他的理念运用于未开发地区（"绿地"）、衰退的可再开发地区（"棕地"）以及学校布局不合理、交通混乱和缺少开放空间的建成区。

佩里的处方是针对社会上的一部分群体，即中产、富裕、有孩子的核心家庭，通过创造功能合理、安全和吸引人的邻里，形成较强的社区意识感。佩里非常排斥简·雅各布斯赞扬的那种混乱、混合的都市邻里。尽管佩里专注于白人占主导、中产阶级、核心家庭的社区，但是他关于教育、邻里设计和社区的思想完全适用于杜波依斯（著名黑人学者）、威廉·朱利叶斯·威尔逊（著名黑人学者）和伊利亚·安德森（著名黑人学者）等人探讨的黑人社区、路易斯·沃斯研究的移民社区、达芙妮·斯佩恩分析的单身女性和女户主家庭以及迈克尔·波特希望通过私营部门来帮助的城市贫民。

布鲁格曼发现：佩里 1929 年观察到的村落间隙自发发展的现象与托马斯·西韦特 1977 年提出的城市间隙（Zwischenstadt）概念之间存在一定的类似性，罗伯特·费什曼研究郊区科技园区（Technoburbia）时探讨了同样的区域斑块（patches）问题。

今天人们对佩里的理念可能有疑问，针对中产及上层收入人群核心家庭的规划理念，是否仍然适合家庭结构改变的今日社会？佩里是否具有反城市的偏见？他的思想是否会鼓励城市蔓延？他是否支持布鲁格曼的论点，即郊区蔓延的原因在于郊区住区满足了富裕民主社会居民的住房需求，因而具有存在的必要性？当家庭越来越富裕，能够承受住在低密度社区时，佩里的药方是否能成为一副解药，治愈路易斯・沃斯在《都市主义成为一种生活方式》一文中描述的都市人的异化？20世纪的邻里单位能够拯救罗伯特•帕特南悲叹的市民参与匮乏吗？这些问题需要读者自己进一步思考。

居住小区的理念于20世纪50年代由前苏联传至中国，居住小区与邻里单位在理念上有许多相同之处：两者都强调居住区外部为城市干道所环绕；内部以邻里交通为主；邻里内部道路通而不畅，以阻隔外部穿越性交通；人口规模以一所小学所要求的人口数为基数；配置一定的邻里商业和其他服务设施。两者的最大差别是居住小区的人口和建筑密度比邻里单位高很多，一般以多层或者高层为主，因此用地更为紧凑；邻里单位更为强调利用公共服务设施促进邻里之间的社会性生活。中国在计划经济时期的“单位制”社区是一种自我平衡、“小而全”的社会空间组织形态，尽管“单位制”社区内的邻里关系密切，但“单位制”社区与邻里单位两者的思想出发点与空间组织结构均不同。在当前市场经济的情况下，居住小区的理论和实践有所变化，更为迎合市场需求和人口结构的变化，小学不作为居住小区的一个硬性条件，但是邻里单位理论对小区规划，尤其是居民社会性生活的营造仍有一定的借鉴和指导意义。目前大量出现的门禁小区（Gated Community）对于城市肌理、社会分层、城市的可持续发展等方面具有负面影响，相关研究需要进一步深化。

克拉伦斯・亚瑟・佩里（1872—1944）是一名建筑师和规划师。他为拉塞尔・萨基基金会写了一系列关于教育和学校作为社区中心的报告，包括《更广泛地使用学校校舍》（Wider Use of the School Plant，1911）、《社区中心活动》（Community Center Activities，1916）、《教育拓展》（Educational Extension，1916）和《公共教育拓展》（The Extension of Public Education，1915）。在撰写“邻里单位”时，他住在由拉塞尔・萨基基金会提供的一座花园郊区——森林山花园。

本文节选自他的专题论文《邻里单位：强化家庭生活的一个社区规划方案》的第二部分，发表于《纽约区域规划与周边环境》第七卷，标题为《邻里与社区规划》（Neighborhood and Community Planning，1929，1974）。佩里的邻里单位在后来《机械时代的住房》（Housing for the Mechanical Age，1933，1939）文献中得到进一步传播。

其他关于邻里规划和设计的书籍包括：Tridib Bannerjee 和 William C. Baer 的《超越邻里单位：居住环境与公共政策》（Beyond the Neighborhood Unit：Residential Environments and Public Policy，1984）、Frederick D. Jarvis 的《美好邻里的场地规划和社区设计》（Site Planning and Community Design for Great Neighborhoods，1993）、Randolph Hester 的《邻里空间》（Neighborhood Space，1975）及《与居民共同规划邻里空间》（Planning Neighborhood Space with People，1982）、Sidney Bower 出版的《好邻里：内城和郊区居住环境研究》（Good Neighborhoods：A Study of In-Town and Suburban Residential Environments，2000）以及城市设计协会的《建筑模式：建造美好邻里的一种手段》（The Architectural Pattern Book：A Tool for Building Great Neighborhoods，2004）。

正文

一般而言，邻里及区域有一个基本共同点，即它们是独立于行政边界的统一体。例如，纽约区域规划尽管考虑了社会、经济和物质上的关联特征，但却没有行政边界，区域内包含村、郡县和城市等定义明确的行政实体，这些实体构成次区域（sub-regional）规划单元，次区域规划单元之内是邻里社区，没有明确的行政边界，有时跨越两个或者更多的行政区。由此可见，在任何大都会区的规划中，存在三种不同类型的社区：

1. 区域级社区（regional community），包含许多行政社区，是社区之集合；

2. 村、郡县或城市社区；

3. 邻里社区（neighborhood community）。

只有第二种具有行政机构，尽管其他两种社区对政治同样具有一定的影响力。虽然邻里社区没有行政机构，但是与村或城市相比，统一感和凝聚力更强，因此，构成了社会之基础。

邻里单位

为了便于讨论，我们为邻里单位设计了一个基于家庭生活的布局方案，这是本研究的主要成果。我们的调研表明：当居住社区（residential communities）满足家庭生活的基本需求时，不同居住社区之间配置的设施和基本功能具有相似性。在邻里单位系统中，这些设施集中布置，形成一个有机整体。我们的布局方案意欲成为社区模式构造的一个框架，而非详细规划，它需要规划师、建筑师和施工方将之转变为实际的房地产开发项目。

这个方案的基本原则是城市邻里应该成为具有一定规模的清晰的实体单元，在行政、消防、治安和其他服务功能上邻里单元依靠市政当局，大多数居民都在邻里单位之外就业，人们上“中心区”从事债券投资业务，观看戏剧，参观博物馆或者购买钢琴。然而，一些设施和功能主要服务于地方性（local）的邻里，特别是组织较好的居住社区，这些设施和功能可归纳为四类：（1）小学；（2）小型公园和游戏场；（3）地方性商店；以及（4）居住环境。其他的邻里设施偶尔也会出现，但这四类是最基本的设施。

作为父母，他们一般关心城市的公立学校，但是更为关注自己小孩的学校。同样，他们特别关注自家和邻居小孩玩耍的游戏场。至于小商业，业主们需要就近方便，但不要挨着家门口。这些商店应该集中布置，提供多种选择。

居住环境包括建筑质量、街道组织、沿街和院子的绿化种植、建筑布局与退界、商店、加油站和为居住服务的其他商业设施，所有这些构成一个家庭的外部环境。居住地区的特征可以透漏出居民的某些信息，人选择环境，环境也成为居民特征的一种外延。一个人凭借一己之力很难创造居住环境，所以后者绝对是一种集合性的社区产品。

本研究主要关注邻里自身，而不是处理它与城市的关系。如果邻里可以当作一个有机实体（organic entity），那么从逻辑上讲第一步是将居住用地划分为邻里单元，每个单元都适合作为邻里社区；第二步对每个单元进行规划，配置必要的设施和条件，使得邻里的四个主要功能能够有效运作。为实现这个主要目标，构建步行安全的结构布局，实现高品质的居住环境，需要满足以下几项原则。

邻里单元的原则

1. 规模：一个居住单元应该提供基本的住宅量，满足一所小学需要的人口数，实际用地范围可依据人口密度测算而得；

2. 边界：一个居住单元的四界应该是城市干道，宽度满足各种外部通过性交通的要求；

3. 开放空间：即小公园和休憩娱乐空间系统，满足特定邻里的需求；

4. 设施用地：学校和具有一定服务半径的其他设施，规模适合邻里单元，围绕中心、公园或广场布置；

5. 邻里商店：一个或者多个商业集中区，满足服务人口的需求，布置在单元的周边，最好在交通节点，靠近附近邻里的类似功能区；

6. 内部道路系统：规划一个特殊的道路系统，主路宽度与交通流量相匹配，道路网整体上能够促进内部交通，阻碍穿越式交通。

所有这些原则……如果能有更为清晰的图示解说就更令人满意了……为了实现这个目标，下文提出了几种规划方案和应用图解。

低成本郊区开发（图 1）

地区特征：这个规划方案位于昆士郡（Borough of Queens）郊区的一块真实基地，目前是一片地形稍微有一点起伏的开放空地，局部有森林覆盖。唯一的道路是乡村公路，但是今后肯定会升级为主要干道，附件没有商业设施和工业区。

人口与住房：基地细划（lot subdivision）为 822 户独幢住宅、236 户双拼住宅、36 户联排住宅和 147 套公寓，能够居住 1241 户家庭，每户 4.93 人，总人口 6125 人，适龄儿童 1021 人。整个邻里的平均毛密度为每英亩 7.75 户家庭。

开放空间：公园、小型绿地和环岛共计 17 英亩，占总用地的 10.6%。如果包括集市广场的 1.2 英亩，开放空间将达到 18.2 英亩，最大公共空间占地 3.3 英亩（表 1）。

最大的公共空间既作为邻里公园，也是学校前的开放空间，学校建筑物的后面是孩子们的运动场，占地 2.54 英亩，附近有一处专门针对女孩的游戏场，占地 1.74 英亩，男孩游戏场在另一端稍微远一点的地方，占地 2.74 英亩，网球场在邻里的另一处（表 2）。其他处还配置了椭圆形停车场或小型绿地，使得邻里居住环境绿意盎然，为周围住户提供悦目、迷人的小型景观。

社区中心：公共空间是社区中心最为重要的特征，面向中央公园的一组建筑包括小学校舍和面向小广场的两幢侧楼。一幢可以作为公共图书馆，另一幢安排邻里服务功能。此外，布置两座教堂，一座与学校的运动场相连，另一座位于主要街道的交叉角。学校及其附属建筑构成邻里主干道的东端，西端为集市广场，主干道两侧可以停车。不管在设计还是景观上，中央公园及其建筑群都构成重要、富有趣味的邻里社区中心。

购物区：小的商业区分别坐落在基地的四个街角。与这些商铺相连的邻里道路应该拓宽，以提供停车空间，两个小的集市广场是两个重要节点，能增加机动车泊车位，也服务于店铺的卸货功能。商业区和集市广场计 7.7 英亩，每户店铺临街长度平均为 2.3 英尺。

街道系统：为了执行邻里单位的规划原则，邻里周边的街道应达到主要交通干道的宽度要求。一条街道的宽度为 160 英尺，其他三条为 120 英尺宽。每条干道在单向交通布局上，靠中间的一条车道为穿越性交通，旁边两条车道为地方性交通，两者之间用绿化种植带分隔。邻里周边的道路的一半用地由开发商提供，约 15.3 英亩，占总用地的 9.5%，比一般商业性区划的道路用地比例大得多，满足今日交通量的需求。内部道路一般为 40 或 50 英尺宽，完全满足交通需求，由独户家庭组成的邻里开发建设。经过仔细设计，这样的道路用地所占比例远低于标准网格细划。如果街道宽度小于 50 英尺，总的街道用地将从 27.4% 降至 22% 左右。大多数连接周边干道的邻里内部道路与毗邻开发街坊的道路开口错位，邻里内没有直接穿越的道路……

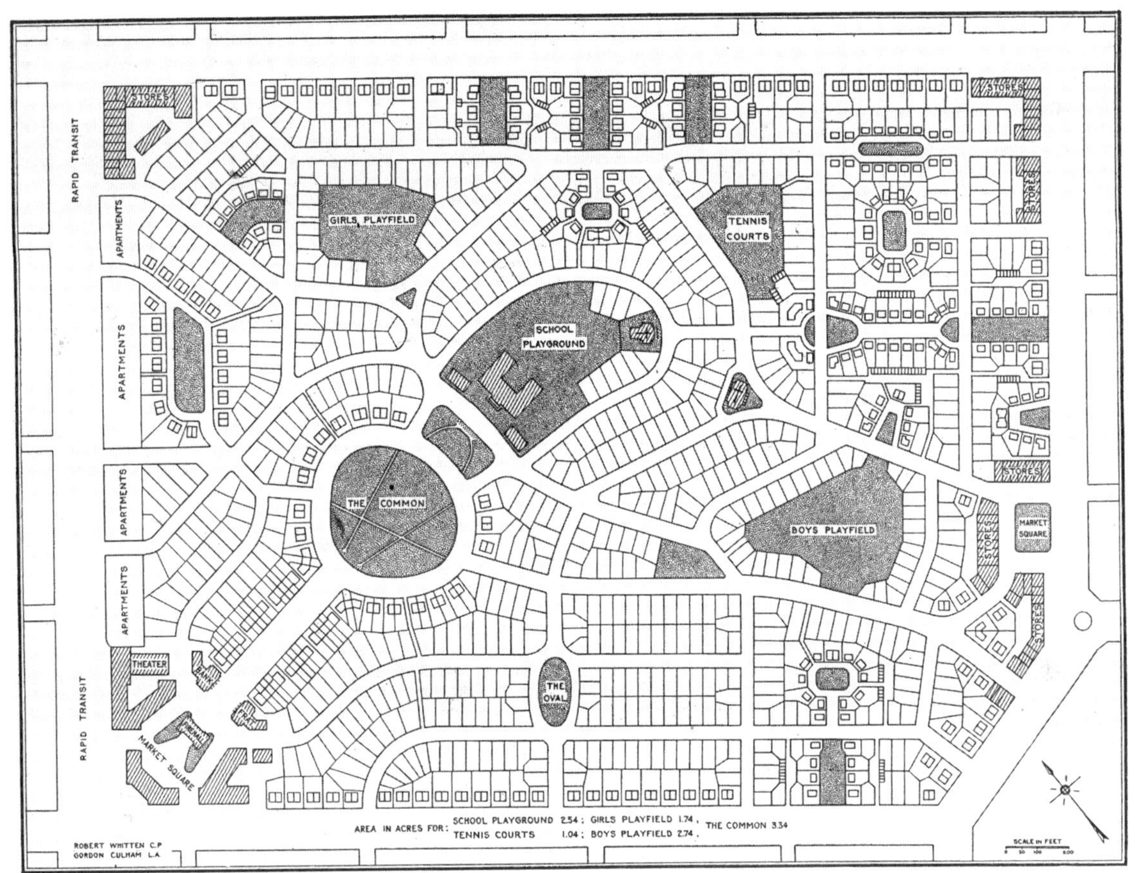

图 1　邻里单元普通住宅的细划方案

图 1 各类用地分布比例　　表 1

用地类型	英亩	百分比
独栋住宅	86.5	54.0
公寓	3.4	2.1
商业区	6.5	4.1
市场广场	1.2	0.8
学校和教堂用地	1.6	1.0
公园和运动场地	13.8	8.6
绿地和环形开放空间	3.2	2.0
街道	43.8	27.4
总计	160	100

图 1 开放空间的分布　　表 2

用地类型	英亩
学校运动场	2.54
女子游戏场	1.74
男子游戏场	2.74
网球场	1.04
中央花园	3.34
庭院绿地	2.4
总计	13.8

工业区的邻里单元（图 2）

此方案是一张布局略图，临近工厂或者铁路。许多城市都有这种特征的“中心区”(central areas)，不属于商务或者工业用地，不适合高档住宅，低成本的独立住宅开发也太昂贵。

从经济上看，这类地区的唯一选择是工业。然而，如果继续建厂房，增加非居住用地，工人们每天的通勤距离随之拉长，相反，如果建造住宅，就可以较好地实现城市规划的目标。

规划用地的北侧为铁路及防护绿地，南侧为城市主要交通干线，交通干线的地面层之上为高架铁路，地面层为道路交通，在规划用地南侧边界的中部处设置高架铁路站点，形成“中心区”的门户。

功能设置：上述特征决定了街道系统的树状布局。主干道始于高架轻轨站，经过主要商业街，终点为社区中心。枝干遍及邻里单元，方便儿童就近上学以及居民与主街、商务区的联系。

沿邻里的北部边界，布置轻工业、车库或仓库，作为铁路噪声与视觉污染的缓冲地带。向南跨过一条很窄的服务性道路布置公寓，后者主要朝向单元内部和开放空间。

公寓布置在邻里单位的周边，成为明显的视觉边界，同时最大限度地利用邻里的迷人景观——位于市民中心的基督教堂和公园开放空间。

住宅密度：上述图解主要说明一种邻里不同要素的布局，不是终极规划。街道系统服务于 2000 户家庭，其中独立式住宅、少量半独立式住宅和联排住宅占总用地的 68%；公寓占 32%，平均每套面积 800 平方英尺。住宅每户 4.5 人，公寓每套 4.2 人，总人口约为 8800 人，其中小学生约 1400 人，正好符合城市小学的规定要求。每户家庭平均净占地面积为 1003.7 平方英尺，如果加上公园和游戏场，将增至 1216 平方英尺。

娱乐用地：包括一片大的学校运动场和适合青少年活动的两片游戏场，一片游戏场规划为 9 个网球场，另一个作棒球或足球场。这些场地在布局上使用方便，同时成为周边住宅的视觉景观。场地周边种植乔木，场地内大量植草，避免经常见到的光秃秃活动场地的现象。

社区中心：位于邻里中心的一组建筑物包含社区的教育、宗教和市民生活功能，同时作为主街的对景，这组建筑物包括一所学校和两座教堂，均面向配置纪念碑、喷泉或其他装饰构筑物的小广场。学校的大礼堂、健身房、图书馆和其他房间均可作为邻里居民的市民性、文化性和娱乐性活动空间。拥有如此规模的设施配置和多样化的环境条件，一定能够激发居民的地方性意识(local consciousness)，形成友好、面对面交流的邻里关系。

商业区：最重要的商业区位于主要的门户和南部干道处，为了满足更多的便利性和聚集性需求，引入一处小的集市广场，广场周边布置一座电影院、一幢旅馆、一处邮政分局和一个消防分队等设施。在东北角布置另一个小的商业区，满足东北部居民的生活需求。

经济因素：这种开发模式适合中等收入的家庭，土地使用综合规划实现了高强度和经济利润，又没有丧失舒适和优美的居住环境。尽管住宅四周退界很少，但邻里景观令人愉悦，且大量的游戏休闲空间为邻里居民所共有。

虽然这是一个住区规划方案，但由于人口聚集，商业和商务土地的价值将大为提升。可以说社区创造了价值，尽管这些利润主要被开发商所占有，但由于开发商的投入，住户也从住房和环境的改善中获得部分收益。

街道用地所占的比例高于一般性邻里单位的水平，达到 35.5%，这是由于集市广场的大片停车场和 200 英尺宽的林荫道，林荫道的一半用地计算在道路用地之内。一般而言，邻里单元的方案可以节省道路用地，其总量差不多等

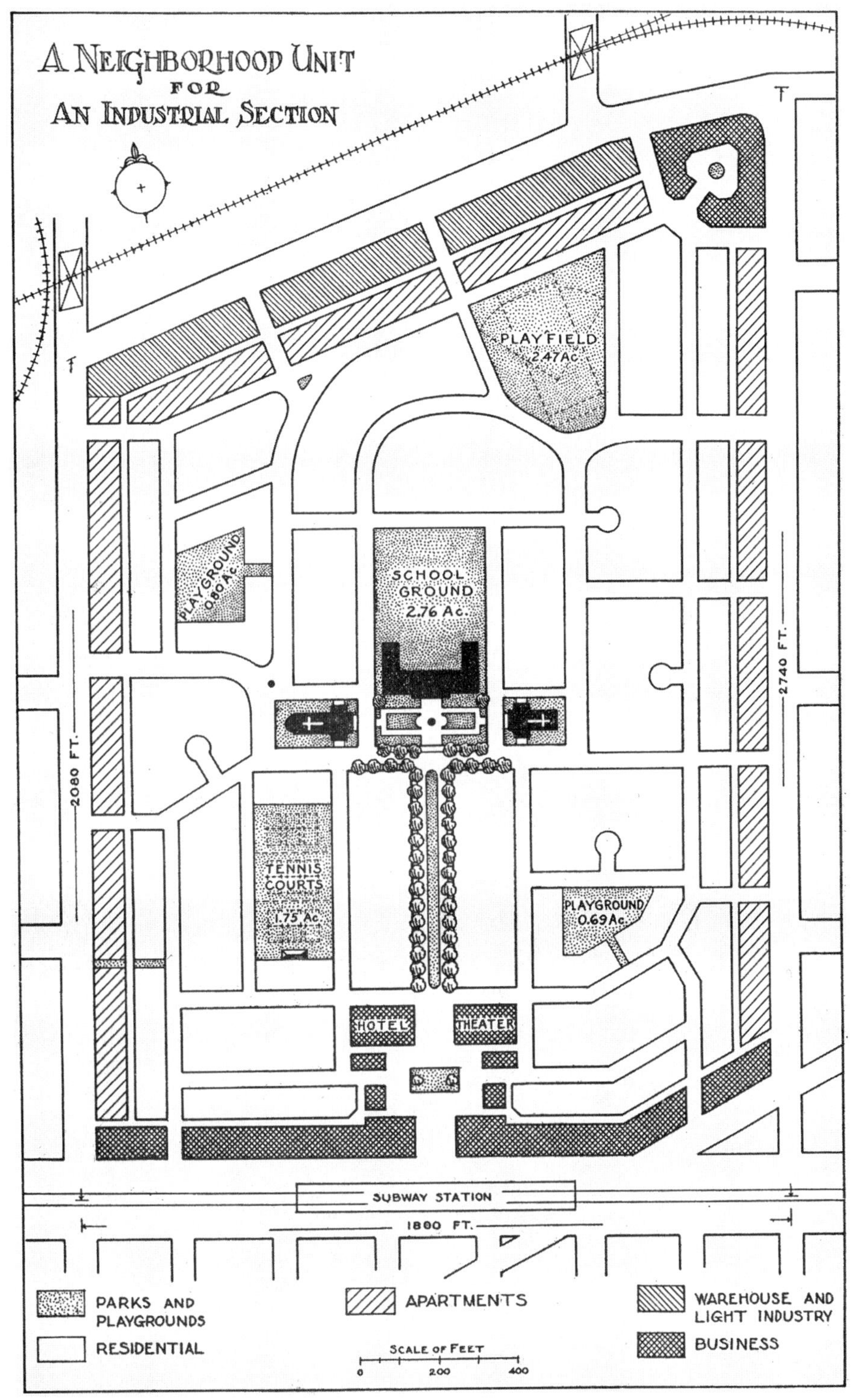

图 2　较高密度的“中心区”规划

图 2 各类用地分布比例　　　　表 3

用地类型	英亩	百分比
居住——独立住宅	37.8	37.3
居住——公寓	8.4	8.3
公园和运动场地	10.8	10.6
商业	5.2	5.1
仓库	3.2	3.2
街道	36.0	35.5
总计	101.4	100

于开放空间的用地。学校和教堂用地应该予以保留，这样在广告宣传中可以完全自信地标示出来，吸引潜在的购买客户群体。如果规划的教堂基址不建教堂，那么应保留为公共或者半公共空间使用。

公寓住宅单元（图 3）

人口：规划为五层且带地下室的建筑，每套公寓面积 1320 平方英尺，共容纳 2381 户家庭，每户 4.2 人，共 10000 人。适龄儿童 1600 名，满足一所小学的基本学生数量。

环境：此单元坐落在中心商务与居住混合区，单元的一边面向城市的主要街道，因此布置商业，同时设置一所剧院、一处游乐场和一个商业街区，服务邻里和城市市民。

街道系统：此单元四周为较宽的城市道路，内部的道路以较短的机动车道为特征，方便交通，但不容易穿越，总体上通往社区中心，道路宽度依据交通量和泊车需求确定。

开放空间：公园和游戏场按每 1000 人 1.0 英亩水平配置，如果算上公寓内的庭院，每

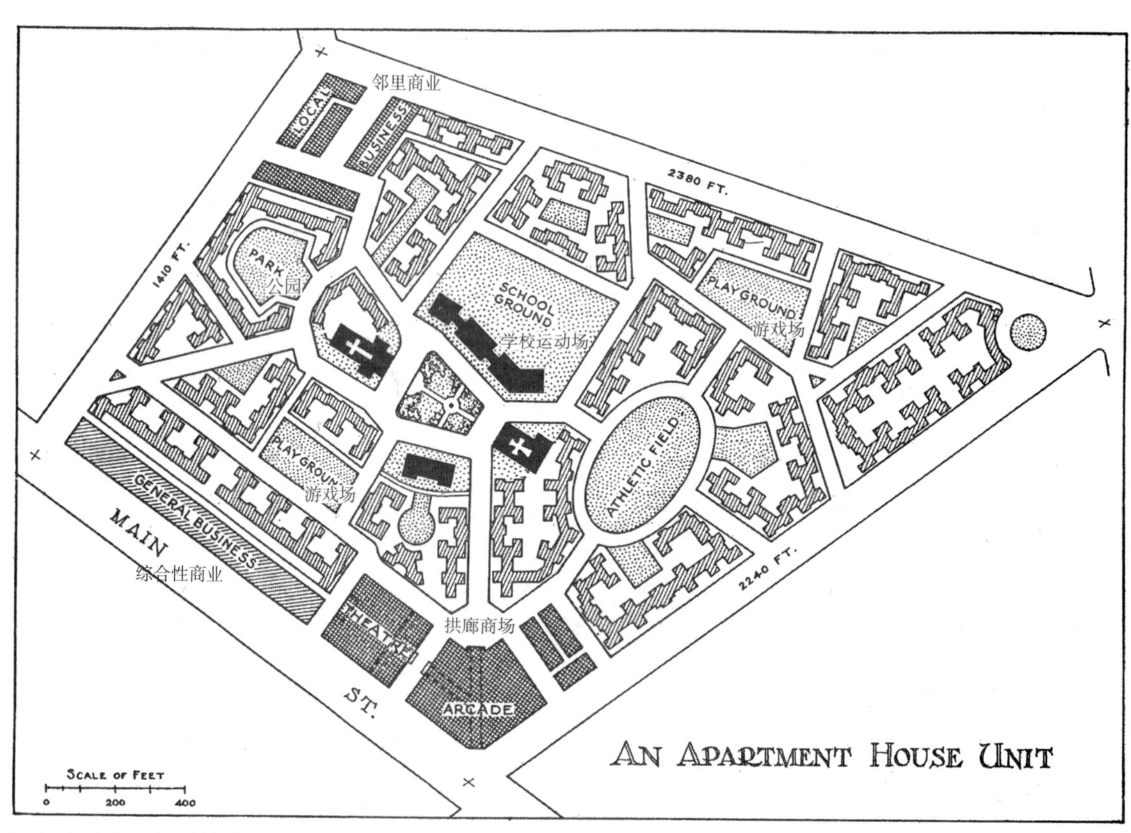

图 3　多家庭公寓区的规划方法，有趣的室外景观，街道安全，更为自由的开放空间和个性化邻里

图 3 各类用地分布比例 表 4

用地类型	英亩	百分比
公寓建筑	12.0	15.9
公寓庭院	21.3	28.0
公园和运动场地	10.4	13.8
街道集市广场	25.3	33.4
邻里商业	4.9	6.5
综合性商业	1.8	2.4
总计	75.7	100

图 3 开放空间的分布 表 5

用地类型	英亩
学校运动场	3.27
专用运动场地	1.85
中央花园	0.81
公园	0.61
游戏场 1	1.03
游戏场 2	0.81
环形绿地	0.18
小型绿地	1.86
总计	10.42

1000 人将达到 3.17 英亩，具体分布见表 4。

考虑小学生非同时性使用，小学的活动场地按每生 89 平方英尺配置。运动场足够大，春季和夏季作为棒球场，秋天改为橄榄球场，冬天如用水管喷淋，可作为溜冰场。

专用运动场地可以安排 6 个网球场，“瓶颈形”（bottle-neck）的公园由一组公寓围合，但其他居民也能方便使用。

娱乐休闲空间需要植草，边沿植树，这样能使周边公寓增加视觉愉悦度。

社区中心：围绕一片小尺度的中央花园布置一所学校、两座教堂和一幢公共建筑，后者可建成公共图书馆的分馆、博物馆、小剧院或俱乐部。不管何种情况下，都应该作为社区公共服务的功能。

中央花园布局较为正式，设计元素包括一座纪念碑及一个乐队演奏台，建筑和景观采用一定的装饰性，这种规划能极大地增强邻里的自豪感和环境魅力。学校的长条形布局使得礼堂、健身房和教室可以单独建造，通过走廊联系在一起。这种安排能方便居民使用学校设施，同时也有利于教学。

公寓模式：公寓建筑平面非常接近安德鲁·J·托马斯（Andrew J. Thomas）先生设计的一组位于纽约市的“花园公寓”（garden apartments），由小约翰·D·洛克菲勒（John D. Rockefeller, Jr.）投资开发，每套公寓有 4—7 个房间，大套有两个卫生间。按照设计规则，每个房间三面采光，有时甚至四面采光，所有房间都有穿堂风。

在洛克菲勒的规划项目中，每一套公寓都朝向中央花园，中央花园规划了一处日本白嘴鸦的栖息地（rookery）和跨越流水的一座木桥，沿步行道种植灌木丛，整体效果像公园，清新宜人。

类似的处理可以运用到单元各种内部空间布局之中。由于短且不规则的街道和建筑为非对称布局，一处庭院景观可以为不同的公寓楼所看见，迷人的庭院景观由此将极大地延展。

五街区公寓住宅单元（图 4）

区位：作为一种规划模式，此方案位于城市中心的居住片区，具有较高的土地价值，由于环境恶化或拆迁需要重建。本规划方案的基地位于曼哈顿，每个街坊宽 200 英尺、长 670 英尺，一边临河，两条城市道路被封闭，另外两条从阶梯形的中央庭院下面穿过。

场地规划：规划场地的总尺寸为 650 英尺 ×1200 英尺，约 16 英亩，南北建筑红线各后退道路红线 30 英尺，两条端头路从 60 英尺拓宽至 80 英尺，拓宽的 20 英尺来自规划用地，西部道路从 80 英尺扩大至 100 英尺，街道拓宽和建筑退界的面积加起来有 89800 平方英尺，比原来两条减少的道路面积多 11800 平方英尺。

建筑围合开放空间，形成三个中央庭院，庭院面积占到总用地的 53%，主要庭院规模与曼哈顿的格莱美西（Gramercy）公园差不多。中央庭院阳光充沛，可建成精致的景观和几何型花园。

东西两端的庭院比中心花园高出 20 英尺，这样两条城市道路就可以从下面穿过。下部多余的空间属于服务性用房。一个端头庭院作网球场，另外一端为儿童游戏场，面积近 1.0 英亩。通过这样的开放空间与建筑布局，规划取得超常规的日照水准，每个居室朝向阳光的角度都小于 45 度。建筑进深 50 英尺，这样进深可以布置两个房间。西部中间的建筑距 100 英尺宽的道路红线边沿有 130 英尺，因此不会被相邻街坊的建筑遮挡太多的阳光。

居住设施：公寓楼可容纳 1000 户家庭，每套公寓房间为 3—14 间不等，适合不同家庭。此外，还有作为客人短暂停留之用的旅馆，以及小学、礼堂、健身房、游泳池、手球场、更衣室和其他运动设施。规划用地的一边或几边可作商店。礼堂可以放电影、做演讲、小剧场表演、举办公共会议甚至教徒的礼拜活动。健身房能作舞蹈室，地下室可作为壁球场。

高度：沿街建筑高度为 2—3 层，与街道相邻的高层为 10 层，中部高层为 15 层，两座塔楼为 33 层。屋顶尽量做成花园，增加愉悦的景色。

这个规划尽管比其他三个邻里单元密度高很多，但遵循邻里单元的所有原则。社区中心和商业区虽然不明显，但是都有配置。儿童们无需穿越交通性道路就能玩耍、上学和逛商店。

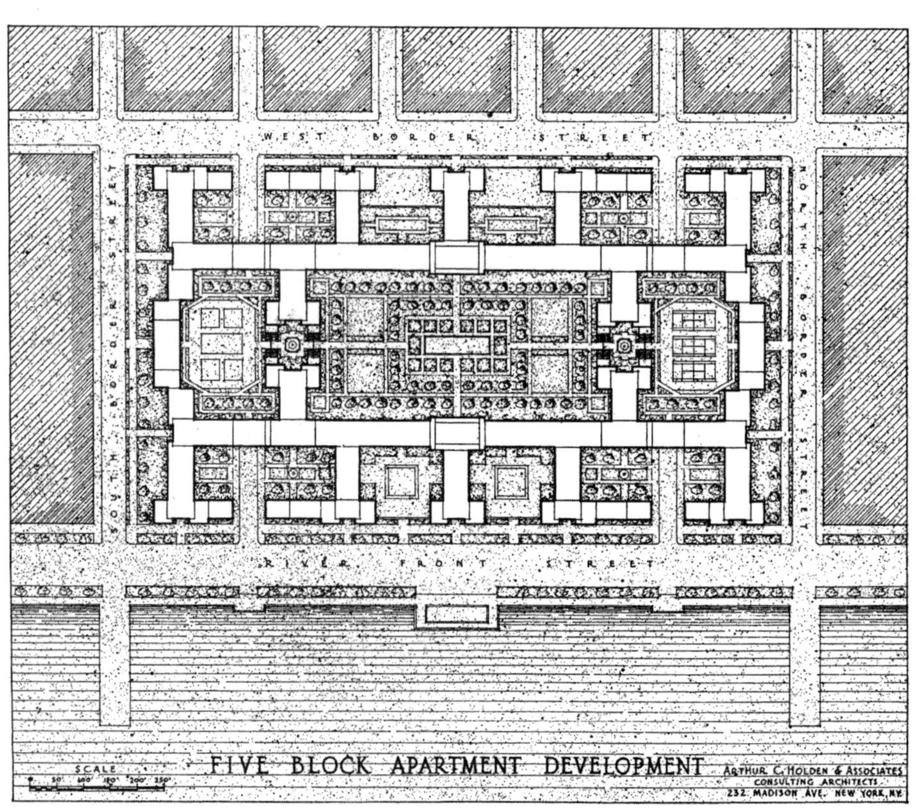

图 4　贫民窟如何实现再生

城市意象及其要素

凯文 · 林奇

编者导读

凯文 · 林奇（1918—1984）是麻省理工学院（MIT）的城市设计专业教授，是 20 世纪城市设计学科的标志性人物。本选文出自林奇的《城市意象》，这本书是城市设计类书籍中被阅读次数最多的著作。

依据心理学和人文学科的文献，林奇试图理解人们如何认知城市环境，以及设计专业人士如何应对这种人类深层次的需求。在广泛阅读历史、人类学、建筑学、艺术、心理学、文学和其他学科文献的基础上，林奇这本文风写意且充满深刻人文情怀的著作将理论与设计实践以一种独特的方式结合起来。

“城市意象及其要素”阐述了林奇最为知名的有关人如何认知城市的概念。林奇认为，人们将城市看作由隐藏的城市形态要素构成的整体，这些要素包括“路径”（人和物流动的路径）、“边界”（区分不同城市肌理的边界）、“地标”（显眼并成为导向的地标）、“区域”（物理或文化区域，即使它们的界限模糊）和“节点”（空间活动中心，尤其是路径交会的节点）。林奇认为，人类有一种天生的想要了解他们周边环境的欲望。如果上述要素清晰可辨，就可以创造出明确的城市意象，这样的环境最能帮助人们了解城市。林奇还认为，如果城市设计师了解人们如何看待这些要素，并以此加强城市意象的话，就能够创造出更加符合心理需求的城市环境。

林奇的研究充满创造力，是定性研究的一个经典案例。林奇并没有从一个理论开始，从而推理出人们如何认知城市（推理逻辑），而是先收集经验性的信息，然后构建理论，解释他的发现（归纳逻辑），这是一个常见的研究策略。例如，规划师常就某一规划问题进行调查，收集人们对项目的看法。林奇的工作与一般性调查结果的不同之处是，林奇创造了一种技术，即让人们描绘出他们“头脑中的地图”，并分析这些地图，以此探索人们如何认知周边环境。通过观察这些地图中重复出现的形态，林奇总结出那些影响人们认知的城市形态基本要素。几乎所有人都会画街道以及人和物沿之移动的其他一些地理要素。林奇将这些要素归纳为“路径”。他还注意到在这些地图中城市不同部分之间的边界通常很清晰，并将这些要素归纳为“边界”。与之相似地，他从普通人绘制的地图中发现其他一些重复的要素，将其归纳为“地标”、“节点”和“区域”。

受到林奇工作的影响，来自旧金山、开罗、哈瓦那和特鲁希略城（委内瑞拉的城市）的城市设计师利用林奇确定的城市形态要素，将他们正在设计的城市或城市局部的要素徒手绘制成路径、边界、节点、地标和区域。与此同时，他们还把林奇关于好的城市形态的理论和建议应用到实践之中，强化城市意象。

林奇采用观察、访谈和概念性地图（conceptual maps）等定性研究方法，然而，像许多建筑师和设计师一样，林奇也是一位优秀的艺术家，既能画图解式的概念草图，又能对建成环境做很细致的速写。城市设计是一门科学，也是一门艺术。今天，计算机和计算机辅助设计（CAD）软件已经使城市设计方式发生了革命性的变化，计算机辅助设计软件可以让设计师对城市空间进行二维和三维的渲染。凭借计算机辅助设计软件，城市设计师可以向他人拟真地展现某个场地、邻里甚至整个城市，使新设计的建筑物体量、尺度和立面看起来像处于真实环境一样。三维虚拟现实软件可以让人们"穿行于"虚拟设计中，体验建成后的感受。

与林奇一样，其他一些著名的城市设计师也将其理论建立在人的心理需求之上。林奇的理论是关于人们如何在城市中发现愉悦和美学；卡米洛·西特的理论是根据艺术原则来规划公共空间，使城市成为一个室外艺术馆；扬·盖尔研究人与人沟通的心理需求，以及如何通过建筑之间的空间设计来激发更多的室外活动，增进社会交往，满足人的基本需求；威廉·怀特依据人们潜意识对周边建成环境的行为反应规律，提出关于公园和广场的极具想象力的实用性设计原则；弗雷德里克·劳·奥姆斯特德提出有关城市公园设计的操作性建议，认为城市公园应该是让人心灵宁静的绿洲，居民在公园里能够逃避城市生活的压力，精神上得到宽慰、愉悦和解脱。

城市设计的许多知识来源于心理学，特别是其分支学科：社会心理学和城市心理学。德国心理学家乔治·西梅尔是城市心理学研究的先驱，他在 1905 年发表了影响深远的重要论文《大都会与精神生活》。路易斯·沃斯的论文《都市性作为一种生活方式》是以西梅尔的思想为基础。加利福尼亚大学戴维斯分校的心理学荣休教授罗伯特·萨默（Robert Sommer）对人们如何感知其周边的个人空间进行了细致研究，他的研究成果被建筑师和城市规划师大量用于实践之中。

城市地理学、城市政治学、城市经济学和城市历史学已成为各自母学科的主干分支学科、并且在大学设有课程，与此不同，城市心理学专业只在少数心理学系设置。

文化是人类学家特别关注的主题，一些城市人类学家研究文化如何影响人类的空间感知。人类学家爱德华·T·霍尔（Edward T. Hall）提出空间关系学理论（field of proxemics），研究不同文化的人群如何感知周围空间。

凯文·林奇在耶鲁大学学习建筑学，后来到弗兰克·劳埃德·赖特手下做学徒，赖特是一位才华横溢、固执己见的建筑师，曾富有创见性地提出广亩城市，被誉为美国最伟大的建筑师之一。林奇于 1947 年在麻省理工学院获得城市规划的本科学位，一年之后成为该校的教师，讲授城市设计和场所规划，同时积极参与城市设计实践。在发表《城市意象》专著后，林奇获得广泛声誉，之后在全世界范围内进行学术讲演及规划设计咨询。

除了《城市意象》（1960）外，林奇的众多著作还包括：林奇与格里·哈克（Gerry Hack）合作出版的作为场地设计教科书的《场所规划》（Site Planning，1984），关于历史保护的《此地何时》（What Time Is This Place，1979），关于区域规划的《区域特色的管理》（Managing the

Sense of A Region，1976 ）以及他的大部头专著《好的城市形态》。林奇的其他作品收录在林奇、班纳吉和米歇尔·索斯沃思（Michel Southworth）合编的《城市特色与城市设计：凯文·林奇的著作与项目》（City Sense and City Design：Writings and Projects of Kevin Lynch，1995）。其他有关林奇的资料收藏在麻省理工学院图书馆的档案与特别文献处，编号 MC208，Box X。

经典和当代的城市设计文献可见于 Micheal Larice 和 Elizabeth Macdonald 合编的《城市设计读本》（The Urban Design Reader，2006）。其他关于城市设计的书籍包括 Alex Krieger 和 Willian S. Saunders 合编的《城市设计》（Urban Design，2009），Lance Jay BrownDavid Dixon 和 Oliver Gillham 的合著《城市时代的城市设计：为人规划场所》（Urban Design for An Urban Century：Placemaking for People，2009），Doug Kelbaugh 的《公共场所：指向邻里和区域设计》（Common Place：Toward Neighborhood and Regional Design，1997），Mike Greenberg 的《城市的诗学：设计有效的邻里》（The Poetics of Cities：Designing Neighborhoods that Work（Columbus，OH：Ohio State University Press，1995），Spiro Kostof《城市的形成》（The City Shaped，1991）和《城市的组合》（The City Assembled，1992）以及 Edmund Bacon 的《城市设计》（The Design of Cities，1976）。另一部关于设计师的书籍是 Ray Jindoz、Karen Levine 和城市设计协会合著的《城市设计手册：技术和工作方法》（The Urban Design Handbook：Techniques and Working Methods，2003）。

心理学家 Robert Sommers 关于心理学的书籍《个人空间》（Personal Place，2008）和 Anthony Hiss 的《场所体验》（The Experience of Place，1990）也对人们如何感知空间的心理进行了探索。

人类学家爱德华·T·霍尔关于空间关系学的书籍为《无声的语言》（The Silent Language，1959）和《隐藏的秩序》（The Hidden Dimension，1966），研究人如何对周边空间进行反应。

有关性别、设计和空间的书籍包括 Daphne Spain 的《性别空间》（Gendered Spaces，1992）、Doreen Nassey 的《空间、场所和性别》（Space，Place，and Gender）以及 Linda McDowell 的《性别、身份和场所：理解女性地理学》（Gender，Identity，and Place：Understanding Feminist Geographies，1999）。

1990 年中国建筑工业出版社出版了项秉仁翻译的《The Image of the City》中译本，书名为《城市的印象》，作为较早引入中国的城市设计专著，林奇的思想对中国城市设计界产生了重要影响，城市意象五要素已成为中国城市设计的重要理论和设计方法之一。2001 年华夏出版社又重新翻译出版了林奇的中译本，书名改为《城市意象》，由方益萍、何晓军翻译。本文采用《城市意象》的中译名，内容节选自《城市意象》的第三章，重新翻译的译文参考了上述两种中译版本。

正文

任何城市似乎都有一个由许多人意象迭合而成的公众意象，或者说许多的市民所认可的一系列意象。这种群体意象十分必要，有助于人们适应环境，与他人和谐相处。每个人的意象都是独特的，尽管它的内容很少或者从未与人沟通，但总体上很接近于公众意象，在某些环境下可能特别吻合，或者包含在公众意象之中。

本项分析仅限于可感知客体的物质性特征，尽管其他因素也会影响客体的可意象性，如某一地区的社会意义、功能、历史，甚至是它的名称，但本研究的目的是揭示形态的效用，因此其他因素不作讨论。一般而言，在实际设计中，形态可以用来强化意义，而非背道而驰。

我们迄今所研究的城市意象内容偏重于物质性形态，可归纳为五类：路径、边界、区域、节点和地标。这些要素广泛反复地出现在各种环境意象之中……这些要素的定义如下：

（1）路径　路径是观察者习惯、偶然或能够沿之移动的通道，它可以是街道、步行道、交通干道、运河或铁路，对许多人来说，它是城市意象中的主导要素。人们沿路径移动，观察城市，其他的环境要素沿路径展开，与路径关系密切。

（2）边界　边界是非路径的线性要素，它是两个面之间的界限，是连续性中的线性中断，如水岸、铁路、开发用地的边界、围墙等，它们构成一种侧向参照，而非协调的轴线关系。这些边界可以是栅栏，互相渗透，同时分隔不同区域；也可以是缝合地带（seams），将两个不同区域联系在一起。边界要素虽然不像路径那么突出，对许多人来说仍然是重要的空间特征，能够将城市区域组织在一起，如一座城市的外围水系或城墙。

（3）区域　区域是城市内具有一定规模的片区，具有二维性，观察者从心理上可以“进入”其中。这些区域具有某些共同、可识别的特征，通常从内部可以识别，倘若从外部看也显而易见的话，就可以用来作为外部参照。在一定程度上，大多数人以区域编织自己的城市意象，不同之处在于路径和区域哪一个处于主导地位，这一点似乎因人而异，而且与特定城市有关。

（4）节点　节点是观察者进入城市内的战略性地点，人们在此频繁地往来，这些节点包括空间连接点、交通转换站、十字路口或道路交会处、一种结构向另一种结构的转换处，或者只是简单的聚集点，这些聚集点由于某些功能聚集而显得十分重要，如街角聚会点或围合型广场。某些聚集点是一个区域的中心，其影响从中心不断向外辐射，成为区域的核心和象征。许多节点具有连接和聚集两种特征。节点与路径有关，因为典型的连接点就是路径和事件的汇聚处。节点同样与区域相关，一般是区域的功能集聚点，是极化的中心。无论如何，几乎在每个意象中都能找到一些节点，它们有时构成城市意象的主要特征。

（5）地标　地标是另一类型的点状参照物，观察者只在其外部，并不进入其中。地标通常是一个简单的物体，如建筑物、标志、店铺或山峦，它们从许多可能性要素中被挑选出来。有些地标是远距离的，可以从不同的角度和距离看见，高于其他要素，成为一个放射状的参照物。它们可以位于城里或在城外很远处，成为一个恒定的标识，如孤塔、金色穹顶、高山，甚至像太阳那样缓慢而有规律的移动点。另外一些地标主要是地方性的，仅在有限的范围和特定路线才能看到，如难以计数的标牌、店面、树木，甚至是门把手之类的城市细部，成为观察者城市意象的组成部分。它们经常成为客体的特征或结构的线索，人们对线路越熟悉，就越依赖这些地标。

当观察者所处的视角不同时，某一特定对象的意象类型偶尔也会随之发生改变。快速路对司机来说是一种路径，但对行人来说则是一个边界；一个中心，在中等规模的城市中可能是一个区域，而对整个大都会地区来说则是一个节点。不过当某个观察者的活动类似时，意象的分类是稳定的。

在现实中上述要素类型不是孤立存在的，区域由节点结构而成，受边界限定，通过路径与其他区域渗透，地标散布在区域内。要素之间有规律地互相穿插和迭合。如果我们的分析始于资料分类，那么最终必须重新整合为一个整体意象……

路径

就大多数受访者而言，路径是最为主导的城市要素，虽然它会随人们对城市的熟悉程度而有所变化。初到波士顿的人往往依据地形、区域、总体特征以及主要的方向关联理解城市；对波士顿了解多一些的人通常掌握了部分的路网结构，他们更多地考虑特定的路径及其相互关系；最熟悉波士顿的人倾向于依靠小的地标，而非区域或路径。

不可低估公路系统具有的戏剧性和可识别性。一位泽西城的受访者刚开始觉得自己周围没有什么值得描述的东西，但当她谈到霍兰隧道（Holland Tunnel）时，突然眼睛一亮。另一位女士这样叙述：

> 你穿过培尔特文大街（Baldwin Avenue），整个纽约就呈现在你面前，你看到巨大的地面高差……眼前是低处的泽西城全景，接着从岗上走下去，你会发现一条隧道、哈得逊河和其他各种事物……我常常向右看，揣摩着是否看到……自由女神像……然后抬头看看帝国大厦，看看天气如何……我感到很高兴，因为我要去一些地方，这些地方是我喜欢的场所。

特定的路径可能变得很重要。习惯性的出行具有很强的影响，一些主要的交通线路在城市意象中会成为关键性的特征，如波士顿的博伊斯顿大街（Boylston Street）、斯托罗干道（Storrow Drive）、特里蒙特大街（Tremont Street）、泽西城的赫德森林荫道和洛杉矶的快速路等。

特殊功能和活动在某条街道的聚集会提高它在观察者心目中的重要性。波士顿的华盛顿大街就是一个明显的例子，人们总是把它与商店和剧院联系起来……人们似乎对活动数量的变化很敏感，而且有时会依据主要交通流识别方向，如洛杉矶的百老汇大街就是因其拥挤的人流和车流为人熟知，波士顿的华盛顿大街是由于其熙熙攘攘的人流让人记忆深刻……

有特点的空间能加强特定道路的意象，在直觉上，很宽或过窄的街道都会引起人们注意，波士顿的剑桥街、联邦林荫道、大西洋街皆因道路宽阔而闻名……宽与窄的空间特性之所以重要，部分源自主街宽、小街窄的一般性关系，人们自然地寻找和依靠那些主要（即宽阔）的街道，波士顿的某些空间模式可以引以为证……波士顿金融区让人难辨方向，洛杉矶网格道路的匿名性（anonymity），都是因为空间缺乏主导因素。

建筑立面对路径特征的形成同样具有重要作用。贝肯街（Beacon Street）和联邦大道的明显差异部分源自沿街建筑的立面……

靠近城市中一些有特色的要素也会增加路径的重要性，此时路径还能起到边界的作用。大西洋街的重要性在于它与码头和港口的关系，斯托罗干道是因为它位于查尔斯河畔。

[……]

如果主要路径缺乏个性，或容易互相混淆，那么就很难形成城市的整体意象。……泽西城不少街道，无论在现实还是记忆中都很难找寻。

可识别且连续的道路十分重要，人们习惯地依赖这些特性。

[……]

人们倾向于思考路径的起点和终点，他们希望明白路径从哪里来，到哪里去。起讫点明确的路径具有很强的识别性，有助于把整个城市连接起来，给观察者方位感……

[……]

几条重要的路径可以想象构成一个简单的结构，只要它们之间有稳定的总体联系，那些小的不规则性可以忽略不计。也许除了华盛顿街和特里蒙特街两者基本平行以外，波士顿的其他道路无助于形成这种意象。但是，波士顿的地铁系统，不管如何复杂，却很容易看作两条平行线，剑桥－多彻斯特线从它们中部切过，尽管这两条线均通向城北车站，容易互相混淆。洛杉矶的快速路系统似乎可以当作一个完整的结构……

当大量的街道有规律地重复且可以预料时，就构成一种网络，洛杉矶的网格就是一个很好的实例。几乎每一个受访者都可以轻易画出近20条主要路径，彼此关系正确。然而，这种极其同质的规律性也使得受访者很难分辨这些道路的差异。

波士顿贝克湾（Back Bay）规则性的道路网十分有趣，与城市中心的其他片区形成鲜明对比，这种现象在美国大多数城市中都不会出现。但是，贝克湾道路网的规则性并非毫无特征，纵向街道与横向街道区分极为明显，就像曼哈顿的路网一样。每条纵向街道都有各自的特征，如贝肯街、马尔巴勒街（Marlboro Street）、联邦林荫道、纽伯里街（Newbury Street），每条都不同，同时，横向街道成为一种度量参照。街道的相对宽度、街区长度、建筑立面、路名系统、两个方向街道的相对长度和数量以及功能的重要性，所有这些都有助于强化差异，由此一种规则性的图形被赋予形式和特征。横向道路的字母命名方式与洛杉矶道路的数字命名方式十分相似，经常被人们用作一种定位手段。

[……]

受访者倾向于将周围环境规则化，如把南端（South End）简化为几何体系。除非与事实明显相抵触，人们总是试图将路径组织到几何网络中去，而忽略曲线和非直角交叉。尽管泽西城低地地区只有部分网格，但人们总是把它们画成完整的网格。一些受访者把洛杉矶中部画成重复的网格，而忽视东面边界的变形。几位受访者甚至坚持认为波士顿迷宫般的金融区是方格棋盘！……

边界

边界是除路径以外的线性要素，它们通常是两个区的交界处，尽管并非全是这样。边界起到侧向参照作用，在波士顿和泽西城这一点体现得较为明显，在洛杉矶则较弱。最清晰的边界不仅视觉上突出，而且空间上连续，不可穿越。波士顿的查尔斯河（Charles River）是最好的实例。

前文已经谈到波士顿半岛限定（definition）的重要性，18世纪时这一限定甚至更为明显，那时整个城市是真正的半岛，之后海岸线虽然不断变化，但半岛景观却延续下来。至少有一个变化强化了半岛意象：即查尔斯河作为边界，它以前是一片沼泽滞水，经过细致的整治与建设，现在的景象大为改观。受访者频繁地描绘此边界，有时还详细地画了出来。人们都记得查尔斯河岸宽阔的开放空间、曲线的岸线、旁边的快速路、船舶、草坪和露天音乐剧场。

半岛另一侧的水滨是众所周知的港区，因功能特殊而进入人们的记忆。但是许多建筑物遮挡了水面，而且昔日的码头生活已经淡出人们的视线，因此人们对水的感觉反而冲淡了……

[……]

泽西城的滨水地带也是一个明确的边界，不过这里是一个用铁丝网围起来、无人涉足的禁区。无论是铁路、地形变化、高速公路还是地区边界，都是在环境中十分凸显的因素，倾向于使环境碎片化。像哈肯萨克（Hackensack）河岸的垃圾焚烧场这类令人不快的边界，人们似乎已从记忆中将之抹去。

[……]

尽管边界的连续性和可见性十分重要，但这并非意味边界不可穿越。许多边界是缝合地带，而非隔离屏障，区分这两种差异十分有趣。波士顿的中央干道似乎起到完全的分隔和孤立的作用；宽阔的剑桥大街将两个区域明确划分，但又保持了两侧之间的视觉联系；贝肯街是贝肯山沿公共广场一侧看得见的边界，但并不是一种屏障，而是缝合地带，将两个主要区域清晰地联系在一起；贝肯山脚下的查尔斯街把较低的山下与上部山丘以一种不明确的关系联系起来，起到既分隔又联系的作用；查尔斯街交通繁忙，但是沿路设有一些小商店以及与贝肯山相关的特殊活动场所，将居民吸引过来。不同的人在不同的时间对查尔斯街的看法是不同的，它也许是线性节点，也许是边界、路径。

边界与路径有时分不开，因为一般的观察者也许是沿着路径移动……因此，移动是占主导的意象，这种要素通常画成路径，并由边界特征所强化。

[……]

说到芝加哥离不开密歇根湖，看看有多少芝加哥人在画他们的城市地图时，除了湖岸线以外还画什么将是非常有趣的一件事。这是一个可见边界的重要实例，尺度巨大，展示了整个大都会。高楼大厦、公园和微型私人港湾都拥向水边，大部分湖滨地带都向公众开放，这种对比很明显，湖滨的进深特别宽阔，沿湖滨的活动丰富，沿岸密集的路径和活动强化了这种效果。这里的尺度可能过大，有些粗犷，城市和水面之间的开敞空间可能太多，就像芝加哥鲁普区（Loop）的情况一样。不过，芝加哥的城市沿湖立面景观仍然令人难以忘怀。

区域

区域是观察者心理上能够进入、相对大一些的城市片区，具有某些共同特征。人们可以在内部进行识别，如果经过或朝这个区域走去，偶尔也能充当外部参照。尽管连居住多年有经验的居民对波士顿的路径模式都感到十分困惑，但很多受访者发现并指出，许多区域的个性弥补了路径模式的不足。有人这么说：波士顿的每一部分都不同，你能就你所在的区域谈出很多内容。

泽西城也有区域，但它们一般都属于不同种族和阶层，物质空间上的差别较小。洛杉矶除了市中心区以外，特别缺少个性鲜明的区域。最好的区域是沿斯基德罗（Skid Row）街的线型商业带或金融区……

当问及哪座城市便于识别方向时，人们举出了几个城市，但无一例外地都提到了纽约（指曼哈顿区），原因并不是它的方格路网，洛杉矶也有方格路网，但是纽约拥有大量界定清晰、特色鲜明的区域，分布在河流和街道组成的有序框架内。两位洛杉矶的受访者甚至认为曼哈顿比洛杉矶中心区小！尺度的概念部分取决于城市结构的清晰程度。

波士顿的一些访谈表明，区域是城市意象的基本要素。当要求一位受访者从法纳尔大厅（Faneuil Hall）去交响音乐厅时，他立刻把这一行程理解为从城北端走至贝克区。没有用来定向的区域也可能是城市生活中重要和令人满意的空间。在波士顿，随着人们对城市熟悉程度的增加，区域的识别方式似乎也有所改变。非常熟悉波士顿的人较容易识别区域，并且较多地依靠较小的要素组织和辨识空间，少数极为熟悉波士顿的人无法把细节的感知归纳成区域，他们感受到城市所有部分之间的细微差别，但难以将要素组合，形成区域性认知。

决定区域的物质性特征是连续的主题，这些主题在各种各样的构成要素中表现出来，如纹理、空间、形式、细部、标志、建筑类型、使用功能、活动、居民、维护程度、地形等。像波士顿这样建筑密集的城市，立面的相似性——材料、样式、装饰、色彩、轮廓线，尤其是窗户的排列方式——都是识别区域的基本线索，贝肯山和联邦大道都是很好的例子。不但视觉要素可以成为线索，声音也很重要。事实上有时混乱本身也可能成为一种线索，就像一位妇女所说：一旦迷路了，她马上想到自己大概是在波士顿城北端。

通常，区域的典型特征表现为一组颇具特色的主题单元（thematic unit），例如贝肯山的意象，包括陡而窄的街道、砖砌且尺度宜人的旧的联排住宅、维护精致的白色门廊、黑色的铁花装饰、卵石和砖铺砌的人行道，静谧和显贵的行人，这组不同凡响的主题单元与城市的其他部分形成鲜明的对比，极易辨认……

要想创造一个凸显的意象，必须对线索进行一定的强化。现实中某些区域虽然有一些特别符号，但还不足以构建完整的主题单元。因此，熟悉城市的人可以识别某个区域，但不熟悉城市的人难以识别，说明此区域的视觉强度和视觉冲击力度不够。例如洛杉矶的小东京，除了那里的居民和招牌上的字体外，小东京在整个城市脉络中并不突出。尽管不少人知道这是一个少数族裔聚居区，但小东京只是城市意象中的次要组成部分。

社会内涵对区域的形成具有十分重要的作用。在一系列的街头访谈中，许多人暗示，不同的区域与不同的社会阶层联系在一起。泽西城的大部分区域是按阶层和种族划分的，初来乍到的人很难分辨；在泽西城和波士顿，人们特别关注上流阶层生活的区域，因而夸大了这些区域的重要性。区域的名称有助于区域的个性，即便主题单元与城市其他部分未形成强烈的对比关系。此外，与历史的联系也可起到相似的作用。

一旦满足上述要求，主题单元的特征与城市其他部分呈对比，那么区域内部具有的同一性程度就不太重要了，特别是不同要素按可预料的方式出现时尤为如此。街角小店在贝肯山上形成了一种韵律，成为受访者意象的一部分，这些小商店非但没有削弱反而加强了贝肯山属于非商业区的意象。受访者很可能会忽略大量与区域特征不一致的要素。

区域有各种各样的边界，其中一些肯定明晰，如贝克区在查尔斯河和公共花园的边界，所有受访者都清楚它们的确切位置；另一些边界可能不太确定，如市中心购物区和办公区的分界线，多数人只能指出大致的位置；还有一些区域根本没有边界，许多受访者认为波士顿城南端就是如此……

这些边界似乎还有一个次要作用，它们可以限定一个区域，增强其特点，但很明显这些边界无法建构区域。边界可能以无序的方式碎片化城市，促成区域的出现。少数人感到波士顿大量个性化的区域造成城市无组织的状态：由于边界过于分明，阻碍了区域之间的过渡联系，给人增添无组织的印象。

有一种类型的区域，存在一个较强的核心，从核心向外主题逐渐减弱。事实上，在一个较大的同质化区，一个强有力的节点就可以创造一种区域，这是通过“辐射”（radiation），即依靠一种毗邻节点的感觉实现的。这类区域可感知的内容很少，但有助于组织空间意象。

一些闻名的波士顿区域在公众的意象中是无结构的，例如许多熟悉波士顿的人认为城西端和城北端内部没有太多区别。更常见的是，像市场区这样主题生动的区域，无论内部还是外部，似乎都杂乱无形。人们对市场活动的亲身感受难以忘怀，法纳尔大厅和附属设施更增加了这种感受。但是，这一区域还是缺乏明确形态，无限蔓延，且被中央干道分割，受制于法纳尔大厅和干草市场（Hay market）两个相竞争的活动中心。道克（Dock）广场空间混乱，与其他地区的联系模糊，且被中央干道打断。因此，大多数人对市场区的意象是含混漂移的，虽然位于波士顿半岛的端头，但它并没有像远处南边的公共广场那样，起到潜在的连接作用。这个区域尽管与众不同，但只是一个混乱的地带。相反贝肯山结构清晰，内部有次一级的分区，如路易斯堡广场节点、各种地标和明确的路网。

此外，一些区域是内向的，与其他城市区域联系甚少，如波士顿的城北端和中国城；还有一些区域是外向的，与周围的要素联结在一起。尽管贝肯山的公共广场内部道路混乱，但视觉上它与相邻区域相沟通。洛杉矶的邦克山（Bunker Hill）是一个有趣的例子，它的特征鲜明，历史悠久，地形富有特色，甚至比贝肯山还要靠近市中心，但是城市建筑包围了邦克山，办公大楼遮盖了它的边界，切断了与道路之间联系，这使得邦克山从城市意象中弱化甚至消失。实际上邦克山是改变城市景观的绝佳机会。

有的区域独立存在，泽西城、洛杉矶区域都是这种类型，波士顿的城南端也是这样。另外一些区域连接在一起，如洛杉矶的小东京区和市中心区，以及波士顿的城西端至贝肯山一带。波士顿市中心的贝克湾、公共广场、贝肯山、商业购物区、金融区和市场区，彼此毗邻，形成一个紧密联系、连续的特征化区域。无论人们在这些区域的任何一点，总处于一个可识别的区段。而且，这些区段既相连又有对比，强化了各自的主题。如贝肯山因为与斯考莱广场和商业中心区相伴，特点更为突出。

节点

节点是观察者可以进入的战略性地点，典型的节点如道路连接点或者某些特征的集中点。尽管节点是城市意象中概念化的一个小点，但现实中可以是大的广场和伸展的线状空间，甚至是大城市的整个市中心区。事实上，当我们从国家或国际层面来考虑，整个城市自身也可以看作一个节点。

交通的连接或中断处，对于城市观察者来说非常重要。因为人们必须在此作出抉择，他们会集中自己的注意力，对附近的要素更为留意。大量事实反复证明，位于连接点的要素由于其位置而获得特殊的重要性。这些地点在感知上的重要性也通过另一途经表现出来，当问及日常出行中哪个地点感觉开始进入波士顿市中心，许多受访者都把交通转换点作为进入市中心的关键点。大多数情况下，这个地点是从高速公路（如斯托罗街或中央干道）进入城市道路的转换点；或者是铁路进入波士顿的第一站（即贝克车站），尽管受访者并没有在此下车。泽西城的居民认为一旦驶出托内勒（Tonnelle）环形林荫道，就算是离开城市了。从一种交通转换到另一种交通，似乎标志着主要结构单元（structural units）之间的转换。

[……]

地铁车站虽然沿看不见的地铁线连成一串，但也属于战略性的连接节点，一些车站如帕克大街、查尔斯大街、考普利（Copley）广场和南站在波士顿地图中都非常重要，有几位受访者依靠这些站点组织城市……

一些主要的火车站，虽然已不那么重要，但仍是重要的城市节点。波士顿的南站是城市中最重要的节点之一，对通勤乘客、地铁乘客和城际乘客有重要的功能作用，而且南站矗立在杜威（Dewey）广场上的巨大立面在视觉上令人难忘。如果我们的研究包括机场，那么航空站也是如此……

主题集中的节点也经常出现，洛杉矶的珀欣（Pershing）广场是一个突出的实例，它也许是城市意象中最鲜明的点，类型化的空间、绿化和活动构成了珀欣广场的特征……

路易斯堡广场是另一个主题集中的节点，这是一个宁静、闻名的居住区开放空间，配有极易识别、有护栏的公园，使人很容易联想到贝肯山上流阶层的主题。与乔丹－法琳（Jordan-filene）街角相比，它是一个更纯粹的主题集中的例子。乔丹－法琳街角不是一处交通转换点，在记忆中只是贝肯山内部的某个地方，它作为节点的重要性完全来自所具有的功能。

节点可以同时是连接点和聚集点，如泽西城的乔纳尔广场（Journal Square），既是公交转换点，又是商店集中区。主题集中也可能成为一个地区的焦点，如乔丹－法琳街角和路易斯堡广场。也有些并不是焦点，而是分离的专业性集中区，如洛杉矶的奥尔维拉（Olvera）街道。

识别一个节点并非需要一个强有力的空间形态，乔纳尔广场和斯科雷（Scollay）广场就是例证。然而如果空间形态明确，给人的印象会更加深刻，令人难忘。

[……]

与区域一样，节点也有内向和外向之分。斯科雷广场是内向的，当人们位于其中时，很难找到方向感，其周边的主要方向是指向或者远离它。当到达广场时，主要的地点感只是“我到了”。相反，波士顿的杜威广场是外向的，总的方向很明确，与办公区、商业区和滨水区的联系清晰……

可以用著名的意大利节点——威尼斯的圣马可广场总结这些特性：高度差异化、丰富多彩又复杂多样，与城市的总体特征以及相连接的狭窄曲折空间形成鲜明的对比。然而，它又与城市的主要特质——大运河紧密联系，广场形状具有方位感，人们进入其中能够清晰地辨识方向。广场内部也具有高度的差异性和结构，由两部分空间组成，并有多种各具特色的地标（主教堂、总督府、钟楼、图书馆）。置身其中，人们可以感受到其清晰、微妙的关系。圣马可广场是如此独特，以至于许多从未到过威尼斯的人也能从照片中一眼认出它。

地标

地标是观察者的外部参考点，是尺度上变化无穷的形体要素。似乎存在一种趋势，越是熟悉城市的人越依靠地标作为向导，人们刚开始接触城市时，主要识别城市的连续性特征，之后越来越欣赏城市的独特性和特殊性。

由于地标是从一大堆可能性要素中挑选出来的，因此其关键的物质特征是特殊性，在某些方面具有唯一性，令人难以忘怀。

如果地标形状清晰，与背景形成对比，或占据突出的空间位置，它们就会更容易被识别，更有可能被看作重要的目标。图底对比似乎是最主要的因素，衬托某个要素的背景并不局限于直接毗邻的环境，法纳尔大厅的蚱蜢形风向标、州议会大厦的金色穹窿，以及洛杉矶市政厅的尖顶，都是以整个城市为背景的独特性标志。

此外，受访者还会从肮脏的城市环境中挑选出整洁的场所（如波士顿的基督教科学教堂），或是从一个老城中挑出新建建筑（如阿奇街的小教堂）作为地标。泽西城医疗中心的小草坪和花园与其规模巨大的建筑一样闻名。洛杉矶市政中心的老档案馆是一栋窄小邋遢的建筑，与所有其他市政建筑形成一定的偏角，窗户排列与细部的尺度也与其他建筑完全不同。尽管老档案馆的功能与意义都不重要，但是它的位置、年代和尺度上的差异使它成为相对容易辨识的形象，有时愉悦，有时讨厌。尽管它是规整的矩形，但有人却说它是“馅饼状”，这是因为老档案馆的偏角位置造成了错觉。

与周围环境形成对比有助于要素成为地标，有两种方法：其一，使要素在各个方向都看得见（如波士顿的汉考克大厦和洛杉矶的里奇菲尔德石油大楼）；其二，使要素与周围环境形成对比，如建筑退界或高度不一样。洛杉矶第七街与花街（Flower Steet）的街角处有一幢古老的两层灰色木构建筑，后退建筑“红线”大约10英尺，里面仅为几家小店，但是却受到许多人的关注和喜爱，有人甚至打趣地称它为“灰姑娘”。老建筑的空间退让和宜人尺度引人注目且令人愉悦，与其他沿街压齐建筑“红线”的建筑物形成对比。

[……]

远距离的地标，从多个地点均能看到，这些地标路人皆知，但似乎只有不熟悉波士顿的人才利用远距离的地标组织城市结构，选择出行线路。例如，只有初来乍到的人才利用汉考克大厦和海关大楼确定方向。

很少人清楚地知道远处地标的确切位置，以及如何才能到达那里。事实上，大多数波士顿的地标都“没有根基”，它们有一种特殊的浮动感。约翰·汉考克大厦、海关大楼和法院大楼的天际线都很突出，但它们的位置和基地特征绝对没有其顶部那么重要。

波士顿州议会的金色穹顶却是这种难以把握特征的少有例外，独特的形式和功能、位于山顶及面向公共广场、耀眼的金色穹窿，都使它成为波士顿市中心区的重要标志，在各个层面上均有令人满意的可识别性，达到了象征性与视觉重要性的统一。

人们利用远处的地标主要是为了获得大的方向感，或者说起到一种象征性作用。一位受访者把海关大楼作为大西洋街统一性的象征，因为这条街道的任何一处都能看到海关大楼；而另外一位受访者认为海关大楼在金融区内建立起到一种节奏作用，因为从许多地点间或都能看到它。

佛罗伦萨主教堂的穹窿是远距离地标的著名例子，无论距离远近、白天或夜晚，穹窿都明确无疑地展现在人们眼前，它的体量和轮廓突出，与城市历史紧密关联，恰好既是宗教中心又是交通枢纽，人们根据穹窿和钟楼的相对位置，可以从远处判定方位。很难想象这座城市如果没有这幢宏伟的建筑将会是什么样子。

不过在我们研究的三座城市中，更常见的仍是那些只能在有限范围内看到的局部性地标，它们都是各种有效目标。成为局部性地标的要素数量取决于观察者对周围环境的熟悉程度，以及要素的自身条件。不熟悉的受访者在室内访谈时，通常只能列举很少几个地标，然而当实地踏勘时，他们会设法找到多得多的地标。此外，声音和气味尽管自身不构成地标，但有时能强化视觉地标。

[……]

要素的相互关系

上述要素仅仅是城市环境意象的原始材料，它们必须组织结合，才能形成一种满意的形式。前面的讨论已经涉及相似要素的组合（如道路网、地标群和马赛克式的特征区域），下一步合乎逻辑的思考应该是不同要素组合的相互影响。它们可能互相强化，相得益彰；也可能相互矛盾，各自抵消。一个巨大的地标可能会使它所在的一个小规模区域相形见绌，失去尺度。

如果一个地标的位置恰当，那么它可以明确和强化一个核心；如果它的布局发生偏离，会使方向错乱，就像波士顿汉考克大厦与考普利广场的关系一样……

[……]

我们一直努力组织我们的环境，去结构和识别它们。各种各样的环境或多或少都受到这种努力的影响。在重建城市时，我们应该赋予城市一种形态，使之有助于城市意象的组织，而不是起到相反的阻碍作用。

空间设计

威廉·怀特

编者导读

纽约市的某些公园和广场人气很旺，另外一些却冷冷清清。由于对这种现象感到迷惑不解，纽约城市规划委员会聘请威廉·怀特研究这些公园和广场的使用状况，协助拟定综合性的城市设计策略，提高城市公园和广场的总体品质。

尽管怀特没有受过城市规划、景观建筑和设计等专业的正式训练，但是他在这些领域的研究成果卓著，纽约城市大学亨特学院（Hunter College）授予他杰出教授身份，美国地理学会为他提供了第一个国内“考察基金”（expedition grant），研究高品质公园和广场的形成机制，怀特的研究课题为“街道生活研究”。

与怀特一起工作的研究人员包括纽约城市规划局一群年轻、聪明的设计师和规划师、亨特学院的社会学学生和他聘请的参与“街道生活研究”的其他优秀人员。这个团队的研究成果极为出彩，他们关于人们如何使用城市空间的研究以及为纽约市制定的城市设计导则获得了广泛的赞誉，并且被运用于纽约和其他许多城市管理之中。

“街道生活研究”是城市研究的优秀案例。怀特首先提出人们使用城市空间的一般性假设，然后像卡米洛·西特和扬·盖尔一样，在实际中观察人们如何使用城市空间。怀特和他的团队通过拍摄纽约市民如何使用不同的广场和公园，仔细地分析拍摄的短片，记录哪一年哪一天的哪一段时间，何人坐在何处，观察市民如何互动及当时的周围环境状况，验证每一条假设。他的分析结果令人惊讶，虽然一些假设得到验证，但是怀特发现他不得不放弃或调整许多其他表面上看来似乎非常正确的假设。例如，怀特假设使用广场的人数与空间的大小和形状相关，大的公园比小公园人数要多，长方形公园比很窄的长条带形公园人数要多。但是，观察结果证明这些论断是错误的：迷你型的格林内克（Greenacre）花园比规模上大很多的彭尼（J.C. Penny）公园人数多得多；纽约最受欢迎的绿地之一是由一幢建筑后退形成的长而窄的带形空间。什么原因吸引人们来到某个公园和广场呢？怀特最后得出结论：公园或广场可坐空间的数量比总的空间大小和形状更为重要。兜售食品的小贩、与街道的开敞性联系、可移动的椅子、阳光（甚至是反射的阳光）和正规设计中忽略的其他因素，造成了市民使用不同公园和广场的巨大差异。

达芙妮·斯佩恩注意到，大多数涉及城市空间组织的文献忽视了性别差异，最多从男性的视角，以一个单独的章节讨论设计对女性的影响。怀特是少数注意性别因素的研究人员之一，他把性别的影响融入研究之中。他注意到对于公园和广场可坐性空间的位置，女性比男性观察更为细致，对讨厌的人和事情更为敏感。因此怀特得出结论：如果一个广场中女性使用的比例较高，那么这个广场肯定更为舒适、管理更好。

威廉·怀特的思想影响广泛，纽约城市规划委员会根据他的建议举行了数次听证会，在反复争议之后，规划委员会采纳了他的很多建议，将之作为新的开发规划要求或设计准则。受怀特思想的鼓舞，一个公私合作组织拆除了布赖恩特花园（Bryant Park）与街道之间的隔离墙，代之以可坐性设施和食品零售点，最终将一个很少人使用的、不安全的花园转变成受欢迎、人头攒动的公共场所（与此同时，由于驱逐了许多原来在花园的无家可归的“居民”，引发了谁主导公共空间以及如何使用公共空间的争议）。

仔细比较卡米洛·西特《建造城市的艺术》中关于好的公共空间的重要性，以及基托关于雅典城邦的市场和其他公共空间的喧闹街道生活的描述，怀特将西格拉姆广场视作“最好的舞台”，这与刘易斯·芒福德关于“城市剧场”的描述有极大的类似性。与此相反，迈克·戴维斯发现洛杉矶的设计师努力把公共空间设计成为排斥无家可归者、驱逐不受欢迎者的场所，也许就像怀特所说：“制造一个差劲的场所也需要努力工作”。

纽约市鼓励提高公园和广场品质的做法极有参考价值，城市可以运用威尔伯·汤普森建议的经济刺激手段，鼓励开发商建造政府提倡的城市空间类型。许多城市中心区的办公楼市场需求旺盛，区划法规对办公楼的高度和容量进行了限制，若能容许建设多于区划法规定的办公楼面积，对于开发商来说可以带来丰厚的经济收益。纽约市规定：如果私人开发商同意在城市街道层面增加公园和广场，那么可以给予他们“密度奖励”（density bonuses），即容许增建更多的办公楼建筑面积。由于奖励的面积数量较多，几乎所有的办公楼开发商都参与了此项计划。尽管某些开发商努力为城市打造迷人的公园和广场，但是另外一些开发商所作的却仅仅是为了获取“密度奖励”。正是这个原因，纽约市（以及其他制定类似区划法规的城市）公园和广场的品质差异巨大。因此，为了建设高品质的公园和广场，必须要求开发商的设计符合一定的城市设计准则。

威廉·怀特（William Hollingsworth “Holly” Whyte）（1918—1999 年）是一位社会学家兼职记者，早年他以研究公司文化的名著《组织化的人》（The Organization Man）获得广泛声誉，此书于 1956 年成为美国当年最畅销的书籍，销售量超过 200 万本。怀特曾担任劳伦斯·洛克菲勒（Laurence S. Rockefeller）的环境问题顾问、美国许多城市的规划顾问和美国保护协会理事，也是城市艺术协会、哈得逊河谷（Hudson River Valley）委员会和林登·约翰逊（Lyndon B. Johnson）自然环境特别工作组的活跃分子，但是怀特的“街道生活研究”最为有名。纽约市一个非营利性组织——“公共空间研究”（The Project for Public Spaces）至今仍在宣传怀特的思想。

在中国的建筑与城市规划界，城市公共空间是一个重要的研究领域，中国环境行为研究学会（EBRA）每两年举办一次环境行为学研究国际学术研讨会，涉及大量城市公共空间的研究课题。近年来，城市规划专业的社会学研究方向也开始运用怀特的方法开展城市公共空间研究。

本文节选自《城市：市中心的再发现》（City: Rediscovering the Center）（New York:

Anchor，1988）。怀特基于自己的研究，制作了一部名为《公共空间、人性场所》的生动有趣的影片；怀特关于街道生活的经典研究的原始报告已经印刷成书，书名为《小城市空间的社会生活》（The Social Life of Small Urban Spaces）（New York：The Project for Public Spaces，2001）。怀特最为重要的文集收录于 Albert LaFarge 编的《怀特主要作品集》（The Essential Willam Whyte）（New York：Fordham Uniresity Press，2000）一书中；他最为众人所知的书籍是《组织化的人》。

“公共空间研究”组织出版的一部书籍《创造成功的公共空间手册》（How to Turn a Place Around：A Handbook for Creating Successful Public Spaces，2000）进一步发展了怀特的思想，Jay Walljasper 也撰写了一部类似的书《伟大的邻里：自己动手创造场所指南》（The Great Neighborhood Book：A Do-it-yourself Guide to Placemaking）（New York：New Society，2007）。Oscar Newman 的名著《可防卫空间》（Defensible Space）（New York：Macmillan，1972）研究低收入公共住房居民如何使用空间，提出建筑师和规划师满足居民安全要求的策略。Clare Cooper 和 Wendy Sarkissien 的合著《人性的住房》（Housing as if People Mattered）（Berkeley，CA：University of California Press，1986）为建造满足居民需要的住房提出了实践性的设计建议，其中特别考虑职业妇女和儿童的特点。Allan Jacobs 的《观察城市》（Looking at Cities，1985）讨论如何像怀特一样仔细观察城市以及如何做好城市规划，富有启迪。John Lofland、David A. Snow、Leon Anderson、Lyn H. Lofland 合著的《分析社会环境：定性观察和分析指南》第四版（Analyzing Social Settings：A Guide to Qualitative Observation and Analysis，4th edn，2005）是有关观察与分析方法的标准论述。

正文

1970 年我组建了一个关于“街道生活”的研究小组，开始调查城市空间……

自 1961 年起，纽约市政府开始对提供城市广场的开发商给予一定的开发奖励。每配建一平方英尺广场，开发商可超出原区划规定，多获得 10 平方英尺商业建筑面积。他们无一例外地都这么做了，每幢新的办公楼前都有一个广场或者类似的开放空间。

我们发现一些广场，特别是在午休时间，人群密集……然而，大多数的广场人烟稀少。除了有人穿越外，广场上很少见到其他类型的活动。……我们开始着手工作，研究各种空间。

[……]

我们开始仔细研究人们如何使用广场，我们在广场安上“定时”（time-lapse）摄像机，向下俯拍广场，记录人们的日常生活方式。我们还进行访谈，了解人们从哪里来，在何处工作，他们使用广场的频率以及对广场环境的看法。但是，最为重要的是观察人们在广场上的具体活动。

[……]

户外可坐空间

纽约人在使用广场时，非常有规律。每天进出广场时，他们基本上坐在同一位置，很少改变。一开始，户外座椅不是我们考量的变量。除少数例外，我们研究的大多数广场都具有很强的可比性，一般位于主要的林荫大道旁，靠近公共汽车站或地铁站，有大量人流经过。然而，当我们按高峰小时就座的人数给广场评级时，发现幅度变化很大，沃特街（Water Street）77 号高达 160 人，而公园林荫道 280 号只有 17 人。

为什么会出现这种现象？我们把阳光作为第一个影响因素进行研究，阳光看起来似乎最为重要，最早的定时摄影资料似乎也证实了这一点，可后续研究否定了这个结论。下文的分析表明，阳光是一个很重要的因素，但并不能解释不同广场受欢迎程度的差异。

美学因素也不能解释，尽管我们不能测量美，但是我们预期最成功的广场倾向于视觉上最为愉悦。西格拉姆广场似乎是这种典型案例，但是我们再一次碰到了反例。西格拉姆广场干净、优雅，然而，在一些建筑师看来庸俗不堪的沃特街 77 号广场也非常受人欢迎。我们发现优雅、纯净的建筑与围绕它的使用活动几乎没有关系。

[……]

我们研究的另一个因素是空间的形状。纽约市的城市设计师认为空间的形状极为重要，希望我们的研究能够支持关于空间比例和方位的严格设计准则，他们特别想剔除“带形广场”——比人行道稍宽、又长又窄的空间，那里经常空无一人。这些设计师认为设置“带形广场”的开发商不应该获得开发补偿奖励，长度大于宽度三倍的广场都应该排除在外。

但是，研究数据并不支持这种准则。我们发现，尽管大多数带形广场很少人使用，但广场形状是其主要原因吗？一些方形的广场亦经常无人使用，相反，几个使用频率最高的地点就是又长又窄的带形空间。纽约市最受欢迎的五处公共空间之一就是一幢建筑后退形成的窄窄的长条形空间。我们的研究没有证实广场形状不重要，或者这是源自设计师的误导；然而，就像前面讨论的阳光一样，还有其他更为重要的影响因素。

如果空间形状不重要，那么空间的大小呢？一些保守主义者认为空间大小是关键因素。在他们看来，人们之所以去开放空间，是想从都市的喧闹中寻求一种解脱，因此，阳光和空间越充足，吸引的人就越多。如果我们依据空间的大小排列广场，那么肯定是广场的规模和使用人数存在正相关性。

我们又一次发现它们不存在清晰的相关性。几个小广场聚集了很多人，而几处大的开放空间空空荡荡。非常大的空间并不一定吸引人，一些情况下还会起到相反的效果。

[……]

……不管提出多少其他的变量，一个基本变量始终存在，最终我们认为它就是最主要的影响因素，“人们倾向于坐在有位置可坐的地点”。

这个结论可能不像一个“智力炸弹”一样冲击读者的思想，即便当我自己回顾之前的研究时，也奇怪为什么一开始没有把它当作一个明显的影响因素。可以肯定，可坐性空间只是众多变量之一，如果没有事先控制，直接把可坐性空间作为一个因子进行测量，那么测量的因果关系将很难断定。但是可坐性空间是受欢迎的广场和公园的最基本前提。如果没地方可坐，再迷人的喷泉、再具吸引力的环境设计，都不可能吸引人们走近，然后坐下来。

整合的就座环境

理想上，就座设施本身应该让人感觉很舒适——长凳有靠背，椅子的轮廓很符合人体工效学。然而，更重要的是很适合社会性活动。这意味着可选择性：可以坐在前面、后面、侧边，阳光下、阴影里，几人成组坐在一起或者独自一人坐着。可选择性应该是设计的基本要求，尽管可以增加长凳和椅子，但最好的办法是最大化环境的可坐性（sittability）。这意味着建造可坐的凸缘（ledge），或者一个既可作桌面、又能坐上去的平整面。这种机会很多，因为纽约市大多数建筑的场地都有高差，会形成几个台地，很容易把它们设计成可坐的环境。

[……]

凸缘应该可坐，但是应该怎么具体定义呢？如果我们想在纽约市区划中补充可坐的凸缘，我想我们应该规定凸缘的高度、深度，增加说明这些规定的实例。

然而我们没有预料到出现了不少反对声，他们认为这种区划太具体，这些反对声不是来自建造商，而是来自地方规划委员会的成员，他们认为无需制定特殊的细节规定，只要给出一般性的指导就行了，如场所应该可坐，细节可由单个项目具体处理。

此论点好像挺有说服力，特别是对门外汉。在区划会议的某个时刻，有人站起来发言说："让我们去掉这些废话，讨论一些基本性的要求。"此时，每位与会者都鼓掌，赞同删除官僚主义的吹毛求疵和所谓的官样规章。

但是模糊性产生的问题更大，大多数区划条款对开发商需要做什么有明确的规定，但问题是开发商具体应该提供的内容含糊不清，而且若开发商没有达到此项要求将会发生什么也不清楚。就像许多城市出现的那样，含糊的规定很难实施。如果没有清晰的规定，就达不到想要的结果。

[……]

座位的高度

我们想舒适的座位高度是一项较为容易确定的准则，似乎很明显，6—17 英寸属于理想的高度范围，但是增加或降低多少仍然适合呢？几处最受欢迎的场所地形起伏，提供了可参考的数据。例如，西格拉姆大楼面临广场的凸缘一端高 7 英寸，另一端上升至 44 英寸，这种凸缘高度的渐变性为研究提供了便利，通过历时性地记录多少人坐在何种高度位置，可以测得人们偏爱的座位高度的统计数据。

……我们发现人们的分布极其平均，我们的研究结论是：人们愿意坐在 1—3 英尺的任何高度位置，这一规定数值已经出现在新的区划法之中。人们也许会坐在更低或者更高的地方，但是总的倾向于一个特定范围。

另一个数据更为重要：人的臀部。建筑师常常忽视这个维度，很少能看到一个凸缘或长凳足够宽，从两侧坐上去都感觉不错，一些座椅坐上去感觉宽度不够。最令人沮丧的是，一处凸缘宽到两侧都可以坐人，但是又窄到两侧的人都感到不舒适。观察这些场所，你会发现人们难堪地调整位置。

[……]

这引出我们的第二个重大发现：两倍臀部深的空间能够容纳更多的人舒适地就座：30 英寸就达到要求了，但是 36 英寸更好。

[……]

增加几英寸的座位深度，就可能将可坐性空间数量增加一倍。这并不意味着有两倍的人将使用这些空间，可能没有那么多人，但这不是我们谈论的关键点，多余的空间可以增加社会行为的舒适性，个人或群体可以彼此分开，有更多的选择性。

台阶也是同样的道理，台阶上充足的空间为人们的各种聚会提供了可能性，而且台阶处视线极佳，人们可以坐下来，欣赏街道上发生的都市生活戏剧。新的区划法规没有把台阶定义为可坐性空间，因为开发商很容易完成这项指标，而且一些广场可能会变成缺少平地的台阶空间。但是台阶的一些准则可以运用到凸缘上。

角落能起到一定的功能，人们常常聚集在台阶的尽端，特别是在尽端凸缘高起，形成直角。这些地点很适合面对面地坐在一起，很容易吸引一群人聚拢过来。

[……]

长凳

长凳一般属于"装饰"物品，目的是强化建筑的摄影效果。这些长凳不大适合人坐下来，要么数量太少，要么长凳太小，它们彼此分开，与广场上的活动分离。更为糟糕的是，建筑师不断重复同一模式，而不明白这种模式从一开始就不对……

更好的长凳设计在技术上并不难，长凳尺寸应该大一些，增加靠背和扶手，这些规定很容易满足。旧的公园座椅就很好，因为它满足了上述条件。一些游戏与公园设施制造商的新设计也不错……

糟糕的是设计师把长凳固定在混凝土地面上，这是基于某些假设，即人们喜欢坐在远离活动发生的地点，问题是即便这些假设被证明是错误的，弥补已经来不及了。许多步行商业街就是这种情况，在正式开放之前，所有的设计都确定了。正式开放之后某些就座区空无一人，但是这些教训很难纠正，实际上人们很少意识到这种错误。

为什么不尝试另一种思路？凸缘和台阶是固定的，但是长凳和椅子无需固定。拿几把结实的长凳或者类似物，仅凭简单的研究就能发现放在哪儿比较适合，怎么放置最为有效，使用这些椅子的人很快就会让你明白。第二天，我们发现了几种基本的使用模式，之后变化不大，偶尔椅子被移动了，你也会很清楚随后应该如何调整。

[……]

椅子

现在我们来讨论一项极美妙的发明：可移动的椅子，带靠背，坐上去很舒服，倘若配有扶手，那就更棒了，但是椅子最大的特点是可以移动。椅子扩大了使用的灵活性，移到太阳下、阴影里，可为聚会营造空间，也可搬开远离某些人。具有选择的可能性与移动椅子一样重要，如果知道椅子可以随意移动，坐在那儿就会感到更舒服。这也许能解释为什么人们坐下来之前，常常稍微前后挪动一下椅子，即便椅子可能最后仍然停留在原来的位置。然而，这种移动具有一定功能意义，它对外界是一种宣言，表明主人的自我主宰意识，并且对此相当满意。

椅子的微小移动传递出某种信息，如果一位新来者选择坐在一对或一群人旁边的一把椅子上，他一般会前后移动一下椅子，但并不会移得太远，这传达如下信息：对不起，靠得有点近，但其他地方没有空位了，我会尊重你们的隐私，希望你们也尊重我的权利。对方一般会有人做出相应的移动，观赏这种礼貌互让行为是高品质场所的愉悦体验之一。

固定座位很糟糕，这是一种具有欺骗性的设计。涂有清新的油漆，艺术性地成组布置，成为精致的装饰元件：金属情侣椅、旋转凳子、方形石头、可坐的平台，但是他们是固定的东西，不方便移动。社会距离的度量很微妙，一直会变，但是固定座位之间的距离不能改变。情侣椅可以适合情侣，但对于熟人来说太近，对于陌生人来说太挤。一个人独坐时，往往会把腿搁在另外一把椅子上。

固定椅子在开放空间令人感觉很别扭，因为固定椅子之外有那么多开放空间。在剧场，陌生人坐在一起不会紧张，因为这是必需的而且传统上完全可以容忍。广场上坐得很靠近就没有必要，周边有那么多空间，固定座位给人被操控的感觉，设计师安排你坐在这儿，他坐在那儿。一些案例中，人们把椅子从固定点挪开。当存在固定椅子和其他可坐性空间时，人们一般选择后者。

可坐性空间的数量

我们面临的一个关键问题是应该配置多少可坐性空间……

所有的可坐性空间，包括长凳及像凸缘这样的可坐性空间……使用最多的广场的可坐性空间面积占到总的开放空间的 6%—10%……另一个比较性的指标是线性长度，这个指标比面积更为精确和有效。

[……]

最后我们商议的数据是：每30平方英尺的广场面积配置一英尺长的可坐性空间。这个指标很合理，开发商很容易满足这项要求，他们甚至能执行更为严格的要求，然而，重要的不是精确的配置比例，一旦建筑师开始想办法让一个场所具备可坐性，就很难不超过这个最低配置。而且，其他因素也会随之一并考虑，如潜在的步行人流量、台阶、树木、挡风处理、采光，甚至垃圾箱的位置等等，一项改变措施可带来其他的改进行为。好的场所会满足所有的条件，其原因可归结至人性。

太阳、风、树和水

太阳

我看到最满意的摄像是在西格拉姆广场我们进行第一次分时摄影时所记录的太阳光线动态变化。在上午晚些时候，广场完全在阴影里。快到中午时，一条窄窄的楔形阳光带在广场上慢慢移动，与此同时，坐在广场上的人也随之移动。阳光在哪里，他们就坐到哪里;没有阳光的地方不会有人坐，这体现出一种极为密切的相关性。我非常珍惜这一点，与城市设计师一样，我也相信南面有阳光的重要性。有许多实例可以证明这一点。

然后，我们发现出错了，这种关系消失了，不仅在西格拉姆广场，而且出现在其他地方。太阳仍然移动，但是坐的人不动。五月和六月都是如此，尽管中午时分气温上升不多，但是增加的热度足够了，阳光不再是一个关键因素。

[……]

但是，数据没有测量人们体验的质量，如果有阳光，人们就能进行选择，可以晒太阳、躲在阴影里或选择处在两者之间。坐在树下的最佳时机是阳光从树顶上泻下来。日照越多越好，如果南面有日照，应该予以最大利用。纽约区划法现在要求新的广场和开放空间必须南向。

[……]

风

人们喜欢日照充足的地方，然而，挡风与日照一样重要。小公园，特别是三面封闭的公园很受欢迎。从身体和心理上，人们感觉到很舒服，因此这些场所聚集的人数相对较高。

树木

存在许多理由要求种植树木，但仅仅因气候一项，我们就应该沿人行道和开放空间种植多得多的树木。纽约新的开放空间区划法大大提高了种植要求：开发商必须沿每25英尺的人行道长度种植一棵行道树，胸径至少3.5英寸，且地面上种植灌木。广场上的树木必须按一定比例配置，5000平方英尺至少6棵树。

[……]

应该鼓励开发商将树木与可坐性空间安排在一起，树木成团布置，像佩里（Paley）花园一样，如果树木紧靠在一起，重叠的树叶可以提供令人愉悦的光影效果。藤架具有同样的功效。

水

水是另一个精致的因素，目前设计师处理得很好。新的广场和公园有各种形式的水：瀑布、水墙、湍流、水道、平静的水池、地下水渠、曲溪、各种喷泉等。只是缺少一点：可接近的机会。

[……]

把水建在开放空间却排斥人们靠近它，这种做法不对，但是在全国各地这种现象却经常发生。水池和喷泉建好了，然后立一块告示板：禁止触水。非常过分的是有人将过度的热情用于反复地抽空水池、再填满，然后放空、再清洗，似乎水池的主要作用就是不断地维护。

食物

如果想让一个场所出现活动,可以兜售食品。纽约市每一个“上演”生动社会生活场景的广场或散步处，总是可以发现街角有一位兜售食品的小贩,一堆人围着他,吃东西、闲谈或者只是站着。

小贩有很好的嗅觉，知道哪里好做生意，他们需要谋生,不得不这样。他们不断尝试着兜售,如果一处有生意，很快会聚集一堆小贩。这会吸引更多的人群，然后聚拢更多的小贩。有时聚集的人太多了，以致步行交通阻塞。圣诞节前的洛克菲勒广场，我们统计出 40 英尺的一段空间有 15 位小贩，大多数都在卖热卷饼。

然而，纽约市政当局严格谴责这些兜售行为，他们制定了许多法规，致使小贩不管是否有执照，在生意好的地点做生意都会成为非法行为，小贩总是遭遇执法警察。在中镇和 T·曼哈顿，可以观察到最频繁的警察执法是给食品小贩惩罚性传票，有时候小贩被全部驱赶，警察开着卡车过来，把小贩拖走，这种行为常常招致大规模的民众对抗。

实际上，小贩已经成为城市室外生活的“宴会备办者”。他们提供服务，满足一般性商业机构所没有关照的需求。广场特别需要这些服务，在快餐和餐馆被拆除后，才会有小贩进来，他们填补了空白。这一点非常明显，当他们被驱赶走后，广场上的社会生活也随之消失了。

[……]

我们建议纽约新的区划法要求所有的广场和公园配置基本的食品店铺，规划委员会认为这种要求有点过分，最后没有通过，但是特别提出鼓励设置食品店和其他相关设施，如户外咖啡馆可以占据开放空间的 20%，以前这是属于违法行为。

街道

现在让我们讨论广场最为关键的空间，它不处于广场内，而是在街道上。我们前面探讨了其他重要的舒适性因素：可坐性空间、阳光、树木、水、食物，但是这个清单上还可以增加街道。广场与街道的关系是整合性的，无疑非常重要。

一个迷人的广场始于街角。如果这个街角很忙碌，就会形成活跃的社会性生活。人们站在街角不仅仅是等红绿灯，有人在此倾心交谈，有人依依不舍地寒暄告别。假如街角有一位小贩，人们会成群地围在他身边。此外，在街角和广场之间，人们不断穿梭往来。

街角的活动是一场极美妙的演出，“上演”这出戏剧的最佳手段之一就是在广场和街道之间不设置任何阻隔物。广场的前沿位置是最为重要的空间，如果可坐的话，会吸引很多人。然而，这里常常不适合坐下来,有时还安装讨厌的东西,如在条形凸缘上安装栏杆……

街道的另一个重要特征是商业零售，带有展示橱窗、吸引注意力的招牌、进进出出的大门等。新建的大型办公楼摒弃这些零售店，代之以大块平板玻璃，透过玻璃，只能看见银行办公人员坐在各自的桌子前。一幢大块平板玻璃的大楼已经足够单调了，如果一个街坊连着一个街坊都是这样，那么街道空间会极其乏味。纽约美洲（Americas）林荫大道的许多广场没有商店，只有几个街区例外，相比其他广场，这几个街区的世俗街景显得非常迷人。

作为开放空间奖励的基本条件，开发商应该拿出最少 50% 的沿街面作为零售和食品店铺，新的纽约区划法就是这么规定的，幸运的是市场压力也趋向同一结果。在我们进行研究的时候，银行比零售商店的市场出价更高，因而获得建筑的地面层空间，自此以后，银行业不断回落，市场逐渐向零售商业倾斜，但是区划的规定也没有什么坏处。街道与广场或开放空间交接地带的处理是设计成败之关键。理想上，转换地带应该模糊街道与广场的边界，纽约的佩里花园就是很好的例子，人行道已经整合成为花园的一部分，花园内茂密的树叶层层叠叠，伸展在人行道上方，沿路边设置了花坛，在踏步两侧为弧线形可坐的平台。在街道与佩里花园的空间转换处，常常有人坐在踏步两侧的平台上等人，这里是一处方便的约会碰头地点，此外，还有几个人在聊天。

[……]

除非迫不得已，开放空间不要下沉。除了两至三个例外，下沉广场都是死空间（dead space），几乎没人待在那里，如果有商店，常常装置有假人的橱窗，掩饰内部稀少的顾客。除非下沉广场与地铁相连，否则为什么要走下去？一旦到达下沉广场，你会感觉自己处在井底，上面的人们看着你，而你很难看到他们。

[……]

不良分子

如果好的场所令人愉悦，为什么数量却不多呢？最大的一个问题是“不良分子”（undesirables），他们自身不是一个很大的问题，但对付他们的措施却是一个大问题。许多商人被一种恐惧所困扰：如果一个场所很吸引人，那么也会引来“不良分子”，这样就变得不再吸引人了。没有吃的，没有坐的，就没有闲逛的人。因此，椅子造得很短，人不能睡在上面；在凸缘上安装长钉，赶走“不良分子”。可是，许多人需要的空间没有了，为这些空间所做的必要性设施的计划也取消了。

谁是“不良分子”？在大多数投资商看来，他们不是抢劫者、毒品交易分子，或者真正危险的人，而是酒鬼，那些喝光了纸袋子里几个半品脱容量的酒瓶的社会遗弃者——最无害的城市边缘人，他们象征破坏文雅氛围的“不良分子”。就零售商而言，“不良分子”的名单涵盖广泛，包括胖女人、行为奇怪的人、嬉皮士、青少年、老人、街头音乐家以及各种小贩。

[……]

对付“不良分子”的最好办法是让环境对所有人都有吸引力，我们的观察记录完全肯定了这一点。除少数例外，大多数中心商务区的广场和小公园在有人使用时，是最安全的地点之一。

[……]

有效容量

迄今为止，我们考虑了使城市空间更为吸引人的各种方法，现在让我们转向另一个问题：如果我们太成功了会发生什么？可以想象，许许多多的人可能会拥向大众所喜欢的场所……那么，多少人算是太多了？

[……]

容量会自动找平（self-leveling），这是一个需要反复陈述的观点，许多规划委员会成员担心超额的承载容量，害怕太多的舒适便利设施、太多的可坐性空间会引发过度使用，导致人群拥挤。但是实际观察的结果是：低度使用是主要问题。大多数城市开放空间当前的使用状况远远低于其承载容量，相反，少数例外很受市民欢迎。承载人数最多的场所空间使用效率最高，最受人喜爱，是使用者决定了场所的拥挤水平（level of crowding），他们一向掌控得很好。

[……]

21 世纪初中国城市设计的理念辨析、实践特征和普适命题*

王建国

编者导读

中国城市空间设计的历史悠久，早期的经典《周礼·考工记》对王城空间的构筑做了细致的描述，这种空间规划的理念后来体现在曹魏邺城和隋唐长安城的规划之中，并在明清北京城的建设中发挥到极致。现代城市设计学科从 20 世纪 40 年代开始引入中国，但是发展缓慢。近 30 年来，随着中国经济快速增长，城市建设的实践大量增加，中国城市设计的经验也渐渐得到总结、探索。新千年伊始，中国城市设计出现了一些体系性的新发展。

王建国的《21 世纪初中国城市设计的理念辨析、实践特征和普适命题》一文发表于 2012 年的《城市规划学刊》，文章系统分析和总结了中国城市设计的理论和实践在新千年的发展特点和动向，认为中国城市设计除了吸收国际上城市设计的成功经验外，已经发展出具有自身特点的城市设计专业内涵和社会实践方式，即城市设计与法定城市规划体系的多层次、多向度和多方式的结合和融贯。城市设计既不简单地是城市规划的一部分，也不是扩大的建筑设计；城市设计致力于构建历史、今天和未来具有合理时空梯度的环境，注重个性化的城市特色空间和形态营造，注重“平凡建筑”与“伟岸建筑”、“日常生活空间”与“宏大叙事场景”的等量齐观。他的这些观点对于今天中国城市一些规模巨大而质量不高的城市设计项目，具有很好的指导意义。

王建国毕业于东南大学建筑系，现任东南大学建筑学院院长，城市规划设计研究院院长。2001 年被批准为教育部“长江学者奖励计划”特聘教授，国家杰出青年科学基金获得者。目前他还兼任中国国家自然科学基金委员会学科评审组成员、中国城市规划学会城市设计学术委员会副主任等职务。王建国不仅是一位勤奋的学者，也是一位活跃的城市设计实践者，主持、参与了不少城市设计项目。基于自己的研究成果及实践经验，他出版了很多城市设计方面的著作，包括《现代城市设计理论和方法》、《城市设计》、《安藤忠雄》、《可持续发展的城市与建筑》等。王建国众多的城市设计著作、论文使他不同于一般的设计师，因为他善于发现问题，关注国内外研究动态，并且及时总结成文，影响了很多学生及实践者。王建国相关的研究课题包括“基

---

* 本文原载于《城市规划学刊》2012 年第 2 期，选入本书时，作者进行了修改。——编者注

于生态准则的绿色城市设计研究”（1998—2001）、“社会转型过程中绿色城市设计方法及其适用技术的研究”（1999）、“江苏省城市设计导则研究”（2000）及“现代城市设计与城镇建筑环境”（2001）。

正文

城市设计领域内涵的再认识

城市设计的领域界定一直是个复杂的问题，国内外有着多种认识和理解。有三类主要的认识值得关注：

一类观点是关注城市设计对于城市形态演变进行长程管理的导引性。前宾夕法尼亚大学教授乔纳森·巴奈特（Jonathan Barnett）曾说过：城市设计是“设计城市而不设计建筑”（Design cities without design buildings）。这一观点认为城市设计师不只是一个城市建筑工程项目的设计人员，而应直接介入到设计体制和管理工作中，相关城市设计成果应具有纲要性和引导性，而具体的表达则是城市设计政策和城市设计导则。

也有学者认为：城市设计是“放大的抑或扩大规模的建筑设计”，这是当年西特、吉伯德、培根和沙里宁等学者的基本观点，也是国内外不少建筑学背景的专业人员所普遍认同的。

不列颠百科全书则将城市设计的工作内容和范围列得比较宽泛，包括了城市总体的形态架构、城市要素系统设计（有点类似我国常做的城市特色、城市色彩、标识系统抑或城市雕塑、天际线等系统要素的设计）直到城市细部要素等所有与“形体构思”相关的内容。

笔者曾经在《现代城市设计理论和方法》一书中将城市设计的概念划分为理论形态和应用形态，理论形态的理解多着重城市设计的理论性和知识架构，力求从本质上揭示城市设计概念的内涵和外延，一般较多反映研究者个人的价值判断，不依附于来自社会流行的某种看法和观念。应用形态的理解则更多地关注为实际的城市建设和开发项目而进行的详细规划和具体设计，强调城市设计决策过程和设计成果，以及针对现实目标的可操作性。亦即项目实践导向的城市设计内涵。

综合诸学者的见解和观点，中国大百科全书第二版撰写的城市设计词条这样写道：“现代城市设计，作为城市规划工作业务的延伸和具体化，目的在于通过创造性的空间组织和设计，为公众营造一个舒适宜人、方便高效、健康卫生、优美且富有文化内涵和艺术特色的城市空间，提高人们生活环境的品质。”

新千年中国城市设计发展动向和趋势

城市设计学科在中国的发展从20世纪80年代的起步，到90年代的发展壮大，基本走势是：总体顺应以美国和日本为代表的国际城市设计发展潮流，而同时开始探索并初步建立了中国城市设计理论和方法的架构（吴良镛，1999；齐康，1997；邹德慈，2003；王建国，1991，1999；卢济威，2005）。新千年伊始，随着快速城市化的进程和城市建设社会需求的转型，城市设计项目实践得到了长足发展，因之，中国城市设计出现了一些体系性的新发展。这一新的发展主要反映在城市设计对可持续发展和低碳社会的关注、数字技术发展对城市设计形体构思和技术方法的推动，以及当代艺术思潮流变的影响等等。

主要表现在：

（1）城市设计理论和方法研究成果发表与中西方发展齐头并进。

在西方，一些高校学者继续在城市形态分析理论、城市设计方法论等方面做出探索，代表作包括科斯托夫（Spiro Kostof，1991，1999）所著的姐妹作《城市的形成》和《城市的组合》，英国学者卡尔莫纳（Carmona，2003）等撰写的《城市设计的维度》、美国学者容·朗（Jong Lang）有关美国城市设计的系列论著等。而在中国，同样也先后出版了《城市建筑》、《城市设计》、《城市设计的机制和创作实践》和《城市设计实践论》等一些研究论著。此外，在国家各类基金研究成果、高校研究生学位论文中，探讨中国城市设计理论、方法和实施特点研究的论文也不胜枚举，特别是在城市设计与城市规划协同实施方法、数字化城市设计技术方法等方面取得具有显著中国特点的成果。工程实践一线的城市设计师则在探讨和总结基于案例实证的城市设计实际运作方面取得的成果。

（2）中国城市设计实践呈现出后发的活跃性、普遍性和探索性。

中国与西方发达国家的城市发展时段相位的不同导致中西方城市设计实践的不均衡性。20世纪90年代中期以降，中国城市设计项目实践呈现“量大面广”的现象；且很多项目具有诉诸实施的可能性，而且即使是概念性的城市设计，很多也包含了明确的近期实施的现实要求。不仅如此，中国城市设计项目还具有尺度规模大、内容广泛等特点，因而带有与“社会发展、土地管理和资源分配”等与城市规划密切相关的属性。

从国际视野来看，近几十年欧美发达国家因城市化进程趋于成熟而稳定，大规模的城市扩张基本结束，基于经济扩张动力的城市全局性的社会、空间发展和规划机会比较少。从城市设计实践的角度来看，新千年后西方国家鲜见有大尺度的城市新区开发和建设，较多的是一些城市在产业转型和旧城更新中面临的城市旧区改造项目，也包括一些城市希望通过寻找“催化剂”项目激发城市活力的项目。所以，这类项目一般多为局部性的城市设计项目，由于尺度相对较小，且其依托的原有城市结构已经比较完整，所以从城市设计成果上看，物化的空间形态研究内容较多，较多关注与人们视觉感知范围密切相关的尺度形体。对相关的大尺度城市空间形态而言，城市设计因不具实施需求而研究薄弱。由于地段“局部性”和“激发活力”的特点，所以，建筑师较多介入了与城市设计相关的项目事件，例如：雷姆·库哈斯完成了德国埃森郊区关税联盟12号矿井地区的发展规划，已经部分实现的是阿姆斯特丹附近的阿尔默新城中心区重建规划（城市设计）。福斯特参与了德国杜伊斯堡和西班牙毕尔巴鄂改建的城市设计方案并中选，法国建筑师努韦尔则参加了瑞士温特图尔的工业区改造并获胜等。

在对国外设计机构参加中国城市设计成效的评估方面，我认为，境外建筑师在城市发展理念、空间发展策略和形态取向设计方面具有一定的比较优势，但同时也缺失对中国城市设计实施的社会基础、产权辨析、基础设施、发展动力和基于规划管理导控前提的中国城市设计实施路径的基本认识。因而，国际竞赛并不能从根本上解决中国现阶段的城市设计问题。

中国城市规划的管理和实施体制与城市设计

城市规划和城市设计从历史的角度来看，一直是密切相关的。从雅典卫城及古罗马建设开始，经文艺复兴和巴洛克时期，再到奥斯曼时期的巴黎改建，直到美国首都华盛顿规划、澳大利亚首都堪培拉规划建设，城市的规划蓝图都是与城市空间形态的规划布局和建筑形体控制联系在一起的，而这些规划中的很大一部分内容甚至就是由建筑师完成的。工业革命后，这种形态主导的城市建设现象才因为城市需要承载更加复杂的功能要求而趋于衰微。现代城市规划和现代城市设计在研究对象的尺度、范围和内涵上亦产生了显著分野，亦即，城市规划逐渐演变成“政府行为、工程技术和社会运动”三位一体的形态，或者说是“社会规划、经济规划、空间规划”三位一体的形态；而城市设计却越来越关注基于人们实际体验和感受尺度的形体环境的设计和优化工作，城市环境的场所意义和活力、人文历史价值、舒适宜人的尺度亦是城市设计的主要内容。从尺度上讲，工作对象范围缩小了，但内涵和复杂性却增加了，很多时候还需要跨学科的专业人员合作。一般来说，在涉及城市整体的，宏观层面上的空间、土地和环境资源以及公共政策方面，城市规划具有决定性的作用；而在城市开放空间、公共空间体系、景观特色，以及与公众相关的空间环境塑造等方面城市设计则具有决定性的作用。

然而，毕竟城市环境和城市建设是一个连续统一体，城市规划和城市设计毕竟也都是以城市发展建设为对象的，所以专业的分野不是非此即彼的关系，而是互动互融的关系。世界各国在城市建设的过程中，探索了各有特色的城市规划和设计的互动关联模式，如美国采用的是城市分区管制（Zoning）框架下推进城市设计政策和导则实施的模式（类似于中国的特色意图区），城市设计是城市建设和建筑设计需要满足的基本原则；在英国则将城市设计内容置于“规划许可制度”的工作中，特别在城市颓败旧区的改造更新中需要土地使用性质变更或土地混合型开发利用时，政府主管部门大都倾向于采用类似城市设计乃至建筑设计导则的方式来执行开发管制。

在中国，城市设计与城市规划的关系由于城市规划在城市建设中具有唯一性法定地位而变得扑朔迷离，如果我们能厘清这一关系，便是抓住了中国的城市设计的特色。事实上，近十年来，与城市规划协同实施的中国城市设计案例大量出现。我认为，中国城市设计跟国外城市设计实施有同有异。通常，城市设计法定实施的渠道只有两条：一是通过具有明确业主的城市建筑群和建筑综合体实施；二是依托城市规划经由政府批准实施，而后者更具普遍性。

在中国城市设计近30年的演进过程中，除了吸收国际城市设计的传统特点和实施的成功经验之外，也发展出具有中国自身特点的城市设计专业内涵和社会实践方式，这就是城市设计与法定城市规划体系的多层次、多向度和多方式的结合和融贯。中国是一个强势政府推动城市发展和建设的体制，城市建设往往是政府自上而下的驾驭，政府赋予了城市规划的法定性作用，强调了规划在贯彻政府在社会保障民生、经济发展、用地布局及空间形象等方面发展的政治意义。于是，现代城市规划三大性质中的“政府行为”属性得到了超尺度的放大，而工程技术属性作为“技术支撑”的角色而存在，也常常裹挟着较多的政治色彩，而作为与“政府行为”和“技术决策”相平衡的“社会参与”属性则比较弱势。信息不对称是常态状况，规划公示和公众参与决策虽然近年有进步，但还是经常流于形式。

这就是说，城市设计在中国，如果希望能够有效地付诸实施，除了单一项目由业主委托的情况之外，必须依托政府协调、仲裁诸“社会业主群体”的利益和诉求，而依托政府的很重要的方面就是依托相关法定规划的编制才能发挥作用（即使是城市设计借壳城市规划获得法定实施准入也可以）。

事实上，基于中国特定的城市规划编制、管理和实施制度，城市设计是城市规划工作的一部分，乃至贯穿城市规划的全过程，抑或“缩小了的城市规划”。这和中国城市设计项目存在较多中大尺度乃至城市尺度的项目需求相关。

不过，既然公认城市设计主要与人实际感知的空间形态和活动相关，那城市设计应该有一个相对适合于自身操作的对象尺度范围，亦即主城区及片区以下的中小尺度的城市空间范围。数十乃至数百平方公里的范围应主要是城市规划的操作对象，在这种尺度上，城市设计所能做的应该是对规划的形态诠释或公共空间体系类研究专题。

城市设计可以起到深化城市规划和指导具体规划实施的作用，同时又可以在城市层面上去引导并在一定程度上规范建筑设计，所以在城市规划各个层面中都可包含城市设计的内容。城市设计承续了城市规划中对空间规划、空间结构和用地布局的合理性和“自上而下”对建筑的管控理性。这种管控作用虽属一种有限理性，且不在于保证有最好设计，但却可以保障基本的城市空间整体品质，避免最坏设计的产生。

中国城市设计的实施和操作

概括地说，目前中国城市设计编制的技术形式大致可分为以下几个方面：

（1）就城市社会空间发展中形态优化和美学感知等特殊命题提出城市设计专题研究（城市空间特色要素系统、城市公共空间体系、城市历史名城保护、城市色彩、城市天际线、城市雕塑等）。

（2）配合城市特定层次的法定规划组织城市设计专题，尤其是需要在城市中大尺度的规划上必须要融合城市设计的成果。

（3）与特定城市规划同时编制，编制单位密切互动切磋，提高城市规划编制在规划理念、内容设置、指标控制方面的科学性；同时使得城市设计在法定的科学规划前置导控下更加具有操作实效性，并对城市环境品质提升起到真正的指导作用。

（4）利用城市设计概念方案征询和竞赛的方式，针对城市中一些尚存在多重选择和建设开发可能性的用地，或是突发性城市事件引领下可能开发建设的用地，开展设计概念探讨；极端情况下，设计畅想也是必不可少的。

（5）城市设计编制先行，然后控制性详细规划编制跟进城市设计的管控内容，这样城市设计就真正起到了规划编制技术支撑的作用，也使得城市规划在导控指标科学性方面具有根本改善。

（6）地段实施性的城市设计，项目实践主要以诉诸城市功能合理性和视觉理论技术方法为主。随着人们对城市客体复杂性认知的深化，城市设计后来的焦点也逐渐发展到社会活力的提升和激发、场所精神的营造以及城市各要素系统整合等方面的内容。

作为对城市设计实施有效性的评估，我们看到：除了少量工程实施性城市设计的活动外，基本上都从强调固定的终极蓝图式的设计成果部分转到了对开发建设的组织过程，以及从专业设计活动到商业活动、政府行为、开发活动与规划设计的综合。城市设计成果形式则从形态布局逐步向政策、决策等控制手段的方向转变。

同时，城市设计中以数字化定量研究成果为依托的理性成果在迅速增加，例如对于城市土地属性的定量研究成果的逐渐积累，会有可能导致城市设计形态类成果内涵的根本改变，并使今后城市土地开发强度、密度等用地指标确定的科学计量成为可能。越来越多的实践案例表明，基于GIS，GPS等的技术分析成果会大大增加城市复杂地形中实施城市设计的科学合理性，同时也改变了城市设计传统的“形态优先”的技术思路。在中国，大尺度城市空间设计实践案例比较普遍，因此，经典的基于视觉有序的城市设计技术方法不仅要吸收规划方法的优点，而且本身必须完善和拓展，其方法体系和作业方式也会有很大改变。由于大多数情况下，城市设计是针对城市空间对象和环境调整优化所做的长程考虑，所以特别关注其与中国现行城市规划编制、管理体制和工作内容的衔接。如果城市设计成果及其数字化的技术表述方式可以与城市建设的管理技术平台有效结合，那就可以更好地使城市设计作为法定规划的一部分和重要的技术支撑，推进城市建设和管理的科学化。经由这样的衔接，城市设计就可以比以往更加有效地指导中国现阶段量大面广的城市建设，特别是对营造城市环境品质和特色产生决定性的影响。

结语：中国城市设计的核心价值和普适命题

分析总结城市设计的发展历史和众多成功案例，结合当前中国城市发展和建设的实践，我们发现城市设计实际上是存在核心价值和普适命题的，这些价值和命题大致包括：

（1）从关注“自上而下”在市场经济条件下对土地的控制性主题转向“自上而下”和“自下而上”对城市成长性和市民社会需求的引导性主题的结合。

（2）从广场、大马路转向对街道空间，特别是步行街的关注。

（3）营造具有宜人尺度的人性场所、突出历史文化内涵和城市集体记忆的重要性。

（4）在中国城市发展建设中，可以通过城市设计做出富有创新意识乃至具有一定挑战性价值的环境品质提升方案。特别是在地段级的城市设计项目中，建筑师具有较大的完成优势，因为建筑师的工作在形体空间组织、美学控制和文化彰显方面更加适合原创性的表达。

（5）合理利用“催化剂”（Catalyst）和引领性重要项目（Pilot Project），可以在激发市民想象和催生城市活力方面发挥重要作用。但需注意三个要点：首先是要选择在城市公众可达、可用并且是可观（欣赏）的城市战略要点位置；其次是项目应该是与城市内涵性功能（如文化、体育等公共设施）和外溢性功能（具有对城市以外区域和城市的吸引力和竞争力，但并不一定是最高及最大等俗套的东西）相关的结合体；再次是城市公共性基础设施，如桥梁、市政工程等同样可以成为城市的名片和标志性建筑。

（6）城市设计可以帮助城市总体规划有效改善在城市特色空间布局、自然要素系统维护、形象认知结构、公共活动体系等方面的作为，尤其是为中大尺度的城市特色空间的保护、成长和营造提出具体的指导性意见。

总之，城市设计既不简单是城市规划一部分，也不是扩大范围的建筑设计。城市设计致力于营造“精致、雅致、宜居、乐居”的城市，同时还致力于构建历史、今天和未来具有合理时空梯度的环境。城市设计注重个性化的城市特色空间和形态营造，主张让城市环境有非人为驾驭的自由成长机会。城市设计注重人的感知和体验，创造具有宜人尺度的优雅场所环境。最后，城市设计还要注重“平凡建筑”（城市基底）与“伟岸建筑”（如城市地标）、“日常生活空间”（大众共享）与“宏大叙事场景”（集体意志）的等量齐观。

面向城市设计的宣言

艾伦·雅各布斯　唐纳德·阿普尔亚德

编者导读

与迈克·戴维斯、阿里·迈达尼普尔和戴维·哈维的观点一样，艾伦·雅各布斯和唐纳德·阿普尔亚德对洛杉矶、伦敦、纽约和很多其他大城市的诸多方面深表不满，如大型公共或私人机构开发建设的空旷、无特征区域，危险、污染、嘈杂和无归属感的生活环境，临街无窗子、类似城堡的建筑群，它们以各种信号或明确或隐晦地告诉外来者，他们在此不受欢迎。除了洞察和批判城市问题之外，雅各布斯和阿普尔亚德撰写的《面向城市设计的宣言》还提出城市生活的目标，以及如何设计城市肌理，创造宜居的都市环境。

雅各布斯和阿普尔亚德有意把他们的文章题名为“宣言”，并且以国际现代建筑协会（CIAM）经典的《雅典宪章》为摹本。国际现代建筑协会的当代城市建设理念是基于勒·柯布西耶的原则，但《面向城市设计的宣言》信奉的价值观与现代主义原则完全相反，在本质上实为一种反现代主义的宣言。现代主义思想已经“失宠”半个世纪之久，所以毫不奇怪，雅各布斯和阿普尔亚德的思想与新城市主义协会、凯文·林奇、扬·盖尔和威廉·怀特的许多设计原则基本一致。

雅各布斯和阿普尔亚德两人都不赞成受国际现代建筑协会影响下的一些做法，如大规模推倒重建、高速干道建设以及在大片开放空间中孤立建造的高层建筑。两人都喜欢欧洲城市及旧金山市本土的城市人文品质。艾伦·雅各布斯在欧洲和南美度过了许多夏天，他像卡米洛·西特一样对城市进行观察。作为一位有才华的艺术家和摄影师，雅各布斯花费大量时间对欧洲和美国城市进行摄影和速写。在他论述美好街道的重要著作中，配有大量插图，描绘世界上最为精彩、宜人的街道人文品质，这是与勒·柯布西耶和其他现代主义者全然不同的关注点，后者关注效率、速度和现代建筑材料的使用。

雅各布斯和阿普尔亚德承认E·霍华德的田园城市理念创造了一些愉悦的社区，但是两人认为田园城市更像郊区，而非真正的城市。雅各布斯和阿普尔亚德的城市设计宣言比勒·柯布西耶的理论更为精致和人性化，比霍华德的理论更强调城市性，他们希望创造足够的密度，支撑街道生活和多样性的城市社区。

雅各布斯和阿普尔亚德的宣言结合了学术理论及其实践经验，他们提出的城市开发密度高于霍华德的田园城市，使之成为一个真正的城市，但是他们不认同国际现代建筑协会的理论家提出的高密度，特别是由公园包围的巨构物（勒·柯布西耶故意制订一个规划，将大片巴黎老城区拆毁，代之以混凝土和钢等材料的现代高层建筑，震惊了当时的建筑界）。

尽管雅各布斯和阿普尔亚德赞成合理的噪声分贝控制和街道宽度的工程标准，但他们反对破坏城市生活肌理的过度做法。像简·雅各布斯、威廉·怀特和刘易斯·芒福德一样，他们也喜爱一定程度的无序性，包括噪声、气味和“杂乱”的土地使用，这些无序使得城市生活充满乐趣。某些工程师和许多现代主义的建筑师力图消除这些无序性，形成有序的分区。如同扬·盖尔一样，雅各布斯和阿普尔亚德珍视促进人们互动的步行及公共空间，与国际现代建筑协会精英理论家不同，他们认为谢莉·阿恩斯坦和约翰·福雷斯特的参与式规划非常重要。艾伦·雅各布斯和唐纳德·阿普尔亚德两人都是凯文·林奇的学生，曾与凯文·林奇一起工作，形成密切的工作关系，林奇关于城市意象要素的理念对他们影响很深。

艾伦·雅各布斯（1928—）是加利福尼亚大学伯克利分校城市与区域规划系的荣休教授，曾担任旧金山市规划局长达 8 年之久。雅各布斯曾在匹兹堡、费城、新德里和旧金山担任职业城市规划师，又在宾夕法尼亚大学和加利福尼亚大学伯克利分校执教，他的职业不断地在实践与学术之间转换。在担任旧金山市规划局长时，雅各布斯请阿普尔亚德负责研究旧金山市街道的宜居性，并制定出反映凯文·林奇理念的一项城市设计方案，此方案曾荣获大奖。

唐纳德·阿普尔亚德（1928—1982）也在伯克利大学执教城市规划和城市设计。阿普尔亚德强调街道的重要性，其思想与简·雅各布斯关于“街道芭蕾”和克拉伦斯·佩里、扬·盖尔强调街道作为邻里品质和户外生活的主要决定因子的理念相一致。街道是大多数城市最为重要的公共空间，由公共部门出资修建，规划师和城市设计师对街道设计给予了充分的重视。如果一个城市听从一位城市设计师关于街道的设计建议，那么将对整个城市的设计产生巨大的影响。

像简·雅各布斯一样，阿普尔亚德强调街道除了作为车行通道之外，还有其他许多功能。简·雅各布斯认为让周围居民看到街道上的活动可以减少犯罪，阿普尔亚德同样总结出街道设计能够促进或阻碍邻里的友好关系（neighborliness）。在一项研究中，阿普尔亚德发现旧金山市居住在交通流量较低街道上的居民平均的朋友数量，是交通流量较高街道的居民的三倍；前者的熟人数量是后者的两倍。因此，阿普尔亚德积极倡导在可能的情况下尽可能减少街道宽度，设立交通宁静区，降低车速，让人们安静地使用街道。

在《实施城市规划》一书中，雅各布斯根据他在担任旧金山市规划局长时成功和不成功案例的研究，在不同章节讲述了一位城市规划局长的工作实践。雅各布斯的另一本书《观察城市》的最初思想源于他在伯克利执教时的一次授课，学生们带他去了一个不熟悉的邻里，留下他一个人仔细观察，之后他比较了实地观察的结果与关于这个邻里的数据和城市规划报告，得出自己的结论。《观察城市》一书提醒职业人员遵循西特、林奇、盖尔、怀特、阿普尔亚德和雅各布斯等研究者的足迹，仔细地观察他们所规划的区域。这本书概述了基本的方法论，讲述如何阅读建成环境的线索，以及如何提高城市规划实践。雅各布斯近期的书籍包括《美好街道》（Great Streets，1995）、与 Elizabeth MacDonald 和 Yodan Rofe 合著的《林荫道手册：历史、演化与多样化的设计》（The Boulevard Book：History，Evolution，Design of

Mulitway Boulevards，2001）。

唐纳德·阿普尔亚德与凯文·林奇和约翰·迈耶（John Myer）的合著《看街景》（The View from the Road，1963）以及他的著作《宜居街道》（Livable Streets，1981）阐述了如何将街道设计理念演变为实施行动。阿普尔亚德的儿子布鲁斯·阿普尔亚德（Bruce Appleyard）在《宜居街道》的新版本中补充了一些材料，他也是城市规划师和设计师，通过重游父亲研究的场地，布鲁斯·阿普尔亚德补充和扩展了父亲的工作，新书于 2011 年由 Routledge 出版。

两本同名书籍《城市设计读本》是关于城市设计的重要文献集。Elizabeth McDonald 和 Michael Larice 合编的《城市设计读本》（2006）是 Routledlge 出版的“城市读本系列”书籍之一，包含了经典和当代城市设计的文献，包括编者导读和节选，格式类似于英文版《城市读本》第五版。Matthew Carmona 和 Steve Tiesdell 联合编辑的《城市设计读本》（2007）主要涉及当代英国的城市设计文献。

其他有关城市设计领域的文献有 Lance Jay Brown、David Dixon 和 Oliver Gillham 合著的《城市时代的城市设计：为人规划场所》、Peter Bosselmann 的《城市转型：理解城市形态和设计》（Urban Transformation：Understanding City Form and Design，2008）和 Jonathan Barnett 的《城市设计导论》（An Introduction to Urban Design，1982）。Alex Krieger 和 William S. Saunders 编著的《城市设计》（Urban Design，2009）一书收录了城市设计师撰写的关于 20 世纪 50 年代以来城市设计领域演化的文章。Edmund N. Bacon 的《城市设计》（Design of Cities，1976）是一本开拓性书籍，他是一位有广泛影响的建筑师和规划师，1949—1970 年一直担任费城规划委员会的执行主席，他富有远见的领导帮助了费城的转型。

近年来“新城市主义”在中国的影响度颇高，艾伦·雅各布斯和唐纳德·阿普尔亚德的《面向城市设计的宣言》也可以当作“新城市主义”的背景理论知识进行阅读。此文原载于 1987 年的《美国规划学会学报》。

正文

我们认为是时候提出一个新的城市设计宣言了。勒·柯布西耶和国际现代建筑协会发起的《雅典宪章》已经过去差不多 50 年，遵循国际现代建筑协会传统召开的第一次城市设计大会也是 20 多年之前的事，自此以后，国际现代建筑协会制定的各种训诫箴言受到社会学家的大肆批判，最近建筑师自己也参与进来。但是《雅典宪章》的影响仍然明显，因此我们的宣言打算以此为出发点。有一点不要误会：《雅典宪章》仅仅是一个宣言——公开指出 20 世纪 30 年代工业城市的问题，提出物质性空间的基本要求，实现健康、人性和美丽的城市环境。宪章涉及社会、经济和政治问题，但基本主题是城市的物质性设计。宪章的起草人是关注社会的建筑师，认为艺术和工艺应该关注社会问题，提高人类福祉，把他们当作精英设计师和物质决定主义者的论断是错误的。

宪章谴责与贫民窟密切关联、中等尺度（高达 6 层）和高密度的建筑形态。同样，面向街道的建筑被认为对健康有害。城市无限制的蔓延似乎要吞噬乡村，郊区被认为是可怕的废物遗弃地。因此，解决方案只能是拆除不符合卫生要求的住房，在每一个居住区修建绿地，在大片开放空间建造新的高层高密度建筑。住宅不再采用面向街道的传统形式，交通系统被调整，满足新出现的机械化（汽车）要求。工作地点接近居住区，但是两者分离。为建设新的城市，需要大面积的土地，最好由公众所有，替代各种小规模的用地形式（只有这样，项目才可能正确设计与开发）。

当前，不管是社会主义还是资本主义国家，不管是未开发土地还是旧城区的更新，成千上万的住房和再开发项目遵循宪章的训旨，宪章的设计理念已经不属于少数精英的知识产权，而是一种世界性设计语言，尽管在不少开发中宪章的设计原则被贬斥。

当然，《雅典宪章》不是20世纪影响城市开发的唯一主要思想。为解决19世纪工业城市的“疾病”，埃比尼泽·霍华德的田园城市运动同《雅典宪章》一样影响深远。不少国家的新城政策根植于霍华德的思想，但是你不必去新城也能看到霍华德、奥姆斯特德、赖特和斯坦恩等人的影响，不管在城市还是郊区，超级街坊的理念渗透于全世界的大规模住房开发项目之中，建筑伫立于公园之中的理念同时出现在田园城市以及从宪章中汲取灵感的不同开发项目之中。的确，两个运动有许多共同之处：超级街坊、人车分离、内向性公共空间、住房与街道分离以及集中式土地所有权。田园城市社区较多地强调私人户外空间，两者最为重要的差别在于密度和建筑类型：田园城市的居民住房类型一般为排屋、田园公寓和有单独出入口的两层小公寓套房，而勒·柯布西耶和国际现代建筑协会追求高层公寓，市民居住在公寓之中，密度比田园城市高得多。

我们不太喜欢《雅典宪章》以及田园城市运动所催生的城市环境。《雅典宪章》的重点在于建筑物及其内部功能，忽视公共空间内的公共生活，以内向性为导向，建筑物倾向于形成大大小小的孤岛，可以布置在任何地方。从外部透视来看，这些建筑如同艺术品，矗立于可以完全被人们来看见和欣赏的位置。建筑物很高大，所以最好从远处看（观看的比例与移动的汽车类似），缺少多样性、偶发性和惊喜，至少对于步行者来说是这样。此外，在宪章影响的城市中，我们发现少有快乐（joy）、魔力（magic）和灵魂（spirit）。对于我们而言，它们不是城市，也许对于某些人算是。大多数田园城市安全、健康，甚至闲适惬意，但是相比于城市，它们更像郊区。其实，田园城市并非真想成为城市，因为它们一直关注“田园”甚于“城市”。

两个运动代表一种针对工业城市物质性衰败和社会不平等的过激的设计反应。尽管可以理解，但两个运动对拥挤、缺乏日照、通风不利、缺乏功效、高密度的建筑和城市反应过激，而且，乌托邦也没有研究这些场所在社会性和物质性上是否具有优点。这些环境是否反映（甚至孕育）了个人和集体意义的价值观？比如说公共性、社区感。不明白这些，对于城市“疾病”的过激反应就像将小孩和澡盆一起扔出去。

从《雅典宪章》到现在发生了大量的城市建设和城市更新实践，出现了新的城市观点发言人，人们越来越厌倦国际现代建筑风格的建筑。许多人开始回溯风景如画的前工业城市，由《建筑评论》杂志领导的城镇景观运动将城市看作一个雕塑公园，强调“城市体验”。拉斯穆森（Rasmussen）、凯派什（Kepes）以及后来的凯文·林奇、简·雅各布斯都赞成城市的现象学观点，从而演绎出一整套新的城市形态语汇，这些语汇源自人们之于城市的所见、所闻和所感，包括材料、质地、地面、立面、风格、标识、光线、座位、树、阳光和影子等，对于一位用心的观察者和使用者而言，这些感受均具有潜在的愉悦价值。这个运动为城市设计赋予了人性化的语汇，尽管城镇景观的运动忽视社会性意义，但我们仍然很愿意认同它的绝大部分原则。

20世纪60年代诞生了社区设计，那些受城市设计负面影响的社会群体受到高度关注。设计师成为“柔性警察”（soft cops），许多职业设计师离开设计领域，加入到社会或者规划行业，他们发现城市物质环境缺乏应有的社会价值。但是，80年代设计行业变得保守，从先前的社会参与退缩至形式主义。受符号学和其他抽象理论的影响,建筑界出现了追逐半吊子(dilettantish)和自恋性(narcissistic)的倾向，成为高级艺术消费文化的时髦分子，日益远离人们的日常生活，作品最终置于艺术画廊和艺术书籍之中。城市规划则陷入住房管理和维护、环境和能源计划以及应付预算消减与社区需求之中，无暇顾及城市形态的品质。

当所有这些职业意识形态各行其道时，城市发生了大规模的经济、技术和社会变化。就像官僚主义一样，资本主义的规模持续增长，与此同时，汽车破坏了城市的原有形态。

在撰写这份新的宣言时，我们分析了CIAM 50年前未曾遇到的一些现象：加利福尼亚和西南地区的汽车城市，欧洲、拉丁美洲和俄国城市中受CIAM影响的住房开发，以及第三世界快速发展的城市周边大量涌现的私自占地定居点，这些现象与19世纪的欧洲完全不同，那么当前的城市问题是什么呢?

现代城市设计的问题

低劣的生活环境

尽管发达国家的住房在采光、通风和室内空间等基本条件上大有改善，但是住宅区的周边环境常常是危险、污染、充斥噪声和匿名性的废弃地。在这样的城市旅行越来越让人感到疲乏和压抑。

巨构症（Giantism）及控制力丧失

城市土地不断被大型开发商和公共机构所控制。城市要素在体量上无情地膨胀，大运量的交通系统与个别化的出行模式分离，大规模的区域被开发，而人们却感到与己无关。

相比变化缓慢的地方性社区，新的社区内的居民对自己的家、邻里和城市有较少的控制感(sense of control)。这种巨构症频繁出现在社会主义的城市住房和资本主义的城市办公与商业开发项目之中。

大规模的私有化和公共生活的丧失

城市，特别是美国的城市，已经被私有化，原因之一是因为消费社会重视个人与私营部门，形成了加尔布雷斯(Galbraith)描述的“个人外表光鲜而公共场所邋遢”的现象，这种城市空间的私有化随着汽车的蔓延急剧扩张。街道犯罪是这种趋向的原因和结果，这导致另一种新的城市形态:封闭、具有防卫性的孤岛(defended islands)，立面无窗单调，被停车场和快速交通包围。随着公共交通减少，不同社会群体在美国城市中的会面场所也随之减少。美国城市的公共环境已经成为空荡荡的沙漠，公众生活只能依靠经过规划的正式性场合，在受保护的内部空间延续。

离心分化

发达工业国家将工作从家庭、邻里中剥离，汽车和不断扩张的商业企业剥夺地方性社区的店铺营业销售，恐惧使得不同的社会群体分离，逃向各自的同质性群体聚居区。社区的居住密度更低，同质性更强。城市不断扩张，分割成大规模的单一文化区，人们只有通过长距离出行才能到达特定地点。城市落入一种脆弱而无节制的系统之中，依赖廉价的汽油，不同社会群体之间的孤立日益加剧。

有价值场所被破坏

对利润、名望的贪婪追求以及对有吸引力的公众场所的无节制开发，导致城市遗产被大肆毁坏，历史地点和自然环境被过度利用。像在旧金山发生的许多案例，“饥饿”的游客和开发商蜂拥而至，场所的真正价值正在遭受破坏。

无场所感

城市正成为市民难以理解的无意义场所。我们不再知道围绕我们的事物的起源，我们很少知道周围材料和产品来自何方？谁拥有它们？谁在背后操控？其目的是什么？我们生活在这些城市，缺少参与，不知道将来会发生何事？对于大多数人而言，这是一个异邦的世界（alien world）。因此毫不奇怪，许多人退出社区参与，享受专属自己的私密、有限的世界。

不公正

城市成为不平等的象征。在许多城市，富人与穷人之间的环境差异极其巨大。富人区通常占据和控制主导性的交通方式，这使得穷人的生活环境更为恶劣。在低密度的现代城市，这种差异的可见性较低，然而，即便富人隐藏起来，差距仍然不会自然消失。

无根的职业主义

最后，今日的设计行业也是问题的一部分。我们常常为一个陌生地点和人群设计，而给当地的居民很少的参与权。大多数职业从业人员主要受到普适性（universal）的职业文化影响，并不理解地方性文化，但职业设计人员却为后者规划方案，设计产品。我们带着自己的“锦囊妙计”周游全世界，在着陆的地点兜售这些妙计，当这种漂浮的职业文化涉及某个特定场所时，只能产生最为肤浅的设计概念。由于无根，容易受到设计潮流和理论变化的影响，而忽视地方性事件。设计师研究太少，建议太多，仅仅通过快速视察，短时间就制定出设计方案，把其他的时间用于说服业主。时间与预算的限制、缺乏了解和无场所性的文化“驱使”着设计师。更为不利的是，设计师对潜在影响自己偏好的“根”常常毫无意识。与此同时，规划行业在社会科学实证主义的影响下，随波逐流，屈从于资本主义经济和消费者权威的社会压力，规划师丧失了信念。尽管我们相信市民参与对于城市规划非常重要，但职业人士必须有自己的是非观念，即便可能会被别人否认。

营造城市生活的目标

因此，我们提出一系列美好城市环境必须具备的目标：宜居性、个性与控制；机会可及性（access to opportunity）、想象力和乐趣；真实性和意义；开放的社区和公共生活；自力更生以及正义。

宜居性

城市应该是一个场所，每个人都能相对舒适地生活。大多数人需要一处作为生存环境的庇护所，人们能够在此养育他们的孩子，从事私密性活动，睡觉、聚餐、放松与恢复身心。这是一个管理完善的环境，排除讨厌的事物：过度拥挤、嘈杂、危险、空气污染、灰尘、垃圾和其他不受欢迎的事物。

个性与控制

不管是基于个人还是集体，人们应该觉得环境的某些部分属于他们自己，他们对这些环境非常关心，富有责任，这与是否拥有财产权无关。城市环境应该鼓励人们表达自己，参与其间，明确他们的需求，并采取行动。这就像举办一个研讨会，每个人对共同讨论的问题都有所贡献，城市环境应该鼓励参与。也许，某些城市居民不需要参与，他们喜欢城市的匿名性，但是我们并不能确信匿名性是一种令人渴望的自由。如果人们相信自己能够站出来，参与完成社区的某项任务，感受可能会好得多。

因此，环境应该为使用或者受之影响的人设计，而不是为产权所有者设计。这将减少陌生感和匿名性（即使有人想要，也不予考虑），增加人们的身份感（sense of identity）、有根的安全感（rootedness），鼓励人们对物质环境更多的爱护与责任。尊重自然和城市环境是我们与CIAM运动的根本区别，城市设计经常假定新的比旧的好，但是只有当新的空间比既有环境确实更好时，这个论点才算成立。因为旧的环境通常属于市民的共同遗产，因此保护性做法常常能促进居民的身份感和控制感，进而获得更好的社区归属感（sense of community）。

机会可及性、想象力及乐趣

城市应该是一个可以打破常规、扩展生活体验、结识新朋友、了解新观念以及令人愉悦的场所。在功能性层面，人们可以选择不同的住房和工作；在其他层面，人们可以感悟城市，体验富有启迪性的文化。一座城市应该是具有魔力（magical）的场所，能够使幻想（fantasy）变成现实，摆脱每日单调的工作与生活。建筑师和规划师把城市和他们自身看得太过严肃，结果建成环境常常枯燥乏味、死气沉沉、没有想象力、没有幽默感、陌生异化。但是人们需要逃脱每天无处不在的严肃性。城市一直是激动人心的场所，它是一座剧场，一个舞台，市民在此展示自己，也能观看他人。城市具有魔力，或者说应该具备魔力，提供一定的官能享受情绪，以及标识、夜晚灯光、迷幻、色彩和其他意象。在这里，信念（belief）可以暂时中止，就像一场虚拟体验。或许这些场所需要设计“圈套”（framed），这样人们可以展开探索。迄今为止，这种幻境式实验主要由商业公司尝试进行，而且品质低下，很少有深度。人们无需旅行至喜马拉雅山或者南海岛屿获取自身的特殊体验，这种挑战可以发生在家门口附近，有一个地点是社区的乌托邦，唤醒现代城市的历史、自然与人文性，探索十足的奇异。

真实性与意义

人们应该能够理解自己（或他人）的城市，了解它的基本格局、公共空间和机构的功能，熟知城市的可能机遇。在一座真实的城市，事物和场所的起源清晰，这意味着城市环境不受权势集团控制，重要的公共场所不会被隐藏。城市应该将社会道德象征化（symbolize），培育公民社会的美德与良知。

这并不意味着每件事情必须像超市的货架一样分门别类，一座城市应该就像一个可以阅读的故事。由于人们会忽视过于明显的事物，在面对复杂性时又不知所措，因此城市的故事应以一种迷人甚至刺激的方式呈现。在城市空间的组织中，重要建筑和公共空间应该展示出来，否则会被忽略，这将影响城市的形态结构、标示系统、公共资讯和公共场所的教育效用。

宜居、个性、真实性和机遇是城市环境的重要特征，主要面向个人和较小的社会群体，与此同时，城市还有更高的社会目标，这是我们特别想强调的。

社区与公共生活

城市应该鼓励市民参与社区的公共生活。由于巨构症和碎片化，公共生活特别是公共场所的公共生活已经被严重腐蚀。为了扭转这种非良性趋向，邻里运动（neighborhood movement）由此发展起来，这种运动鼓动成千上万、甚至上百万的人抛开自己封闭的私人生活，倡导居民积极投入到地方社区运动之中。但是邻里运动具有局限性，它可能纯粹是防御性、狭隘的地方性（parochial）和服务自我（self-serving）。城市不应该是不同利益集团、阶级和邻里的竞争性关系的集合，城市应该培育市民对于更大集体的责任，具有容忍、正义、守法和民主的市民品质。城市的空间结构应该直接或者象征性（symbolically）地激发和鼓励公共生活，而不是依靠公共机构促成公共生活。公共环境，对社区所有成员开放，不同的人在这里聚会，无人排除在外，除非有人滋事生非。

城市的自力更生

越来越多的城市在能源和其他稀缺资源的利用上将不得不强调自我的可持续性。“软性能源路径”（Soft energy paths）不仅能减少跨地域、跨国界的资源依赖与掠夺，而且能够帮助城市重新树立较强的地方和地区身份感、真实性和意义。

所有人参与的环境

好的环境应该向所有人开放。每位市民应该拥有某种最低程度的宜居环境及最低程度的身份、控制力和机会。好的城市设计必须同时考虑穷人和富人。实际上，穷人需要更多帮助。

我们期望一个真正多元化的社会，在权力分配上比今天任何国家都更平均，不同利益和群体的价值观与文化得到尊重，并且在公正的公共场所内表达和互动。

这些城市环境目标既有个人的又有集体的，两种目标常常会发生冲突。一个城市为个人考量得越多，公共生活可能就会越少；为公共物品的投资越多，个人方面就会越少。好的城市环境在某种程度上能够平衡这些目标，既能够保持个人和集体的身份，又关注公共事业；既强调责任，又鼓励愉悦事件；既保持社区开放，又维持强烈的地方感。

都市生活的城市肌理

为保护或创造城市肌理，鼓励宜居的城市环境，我们有一些基本想法。我们强调好的城市环境的结构性品质（structural qualities），这有助于创造与我们目标吻合的城市体验。

请不要误会，我们不是谈论城市的所有品质。我们不是处理主要的交通系统、开放空间、自然环境、大尺度的城市空间结构或者甚至邻里结构，而仅仅涉及好的城市的肌理。

如果想积极地回应都市生活中最为重要的目标和价值观，应该具备五项基本的物质性特征，作为健康城市环境的先决条件。五项特征必须一同展现，而非仅仅一两项。城市还有其他重要的物质性特征，但下面五项是必不可少：宜居的街道和邻里；居住开发的最小密度和土地使用强度；整合居住、工作和购物活动，彼此适当毗邻；人造环境特别是建筑限定公共空间（与建筑孤立于空间相对）；非常多的独立建筑物呈现出复杂的布局和相互关系。

让我们解释一下，所有五个特征必须同时兼备。人们应该能够生活在适当（但不是过度）安全和清洁的环境之中。这意味着：宜居的街道和邻里；充足的日照、洁净的空气、培育良好的树木、植被和花园、愉悦的开放空间、宜人尺度与细致设计的建筑；没有令人烦躁的噪声；干净、物质环境安全。上述大多数的特征可以通过城市的物质性肌理设计实现。

读者也许会说：“不错，但是这说明什么？”通常这意味着特定的标准和要求，如：日照角度、声音的分贝控制水平、路径的宽度和建筑之间的间距。许多研究人员一直想定义宜居环境的品质，他们归纳了大量的属性，包括结构性和一些相当小的细节属性，然而缺少一个简单正确的答案。我们敬佩他们所做出的努力，我们自己也参与其中。然而，对宜居和个人舒适性的追求已经导致了城市的碎片化，不管是城市还是郊区开发，宜居性标准常常表述过度。对于此项物质性特征，我们的态度是：“合理，但不过度……”。例如，充分日照的要求常常导致建筑和人彼此过度地分离，超出可以论证的日照需求；对于交通安全的担心致使持续拓宽街道和转弯半径，清除窄街和锐角；因为考虑到噪声，所以将建筑物从街道移开，尽管还有其他方式可以处理这个问题。宜居的街道和邻里是任何好的城市肌理的基本要求，但是不管较高密度的老城区还是新开发区，如果过分追求邻里的宜居性，可能会毁坏我们努力寻求的城市品质。

需要一个最低限度的密度。我们所提出的密度是指在某一地区生活的居民数量（有时以居住单元表示），或者在某一地区活动的人数。城市不是农场，城市是人们相距很近地生活和工作的场所。

我们认为密度非常重要，它是一个可以感知的维度，而且我们认为感知的密度比每单元用地上居民的“客观”测量人数更为重要。我们同时认为，对物质空间进行操控可以调整人们的更高或更低的密度感受。如果一个狭窄、弯曲的街道尽端是一个小型开放空间，充斥很多标识，可是却没有人，这种场所的集合不会构成一个城市。城市不仅仅是舞台背景，城市的一个区域需要有最低数量的居民，他们在那里生活，相互交流，开展各种公共活动，形成多样性和社区感。

依据人口密度，就可以解释都市生活中某些重要功能和服务存在或缺失的原因。例如，城市或某一地区小商店和服务店的数量和种类，包括杂货店、酒吧、面包房、洗衣房、咖啡馆、旧货铺等，部分取决于人口密度，这些商业及其种类在人们居住更紧凑（即较高人口密度）的地区更容易生存；大运量公共交通的可行性部分依赖于居住地区的人口密度，部分取决于商业、服务区的规模和活动强度，当使用公共交通的人数增多，就可以减少停车需求，增加居住密度；如果要想拥有都市生活，必须有一定数量的人很多时间相处在较为紧凑的空间范围内；地方控制和社区身份的目标也与密度相关。理想密度的概念模糊不清，人们很容易把它与健康、宜居、生活方式、住房类型、地域尺度（建筑物、邻里还是城市）以及经济发展相混淆，最适宜儿童成长的密度可能不足以支撑公共交通的运行。近期能源的利用效率也涉及密度，改善能源使用的概念需要更为紧凑的生活空间布局。

依据我们的经验和相关文献，我们认为每英亩 15 个居住单元（30—60 人）为支撑都市生活的最小净密度（人数或者居住单元除以基地面积，公共道路排除在外）。根据图纸分析，这个密度适合布置排屋，每块用地为 25 英尺宽、115 英尺长。当然也可以采用其他建筑类型，部分地区的密度可以更低，但不能低得太多，我们不相信每英亩 6 个居住单元的地区会形成都市感，更不要说半英亩 1 个居住单元了。城市大部分区域每英亩可以高至 48 个居住单元（96—192 人），仍然可以获得宽敞、优雅的都市生活。例如，旧金山的大部分区域为底层停车、上面三层（每层 1 个居住单元）的建筑，每个地块为 25 英尺 ×（100—125）英尺。在这种密度的住房条件下，大多数人拥有私人或共用的花园，不需要门厅，居民可以直达地面。满足这种密度的步行和汽车交通需求的道路宽度为 50 英尺左右。为适应特定的需求和生活方式，城市的某些部分密度更高，同样能令人满意。我们不能肯定密度上限，但城市大部分区域每英亩净居住用地超过 200 人时，生活环境的舒适度将迅速降低。

除居住密度外，要想获得都市性，还存在某一地区的最低使用强度。我们不能确知这个数值，也不能肯定最好的测量方式。这里我们想特别谈谈城市的公共“聚会”区，我们相信前面谈到的最低居住密度能够创造大量人与人互动的聚会场所，但不能确认它们能否为“中心区”催生足够的活力。必须整合居住、工作和购物以及公共性、精神性和娱乐性等各种活动，彼此合理靠近。最佳的城市场所具有一定的功能混合性，因为混合性反映了公共性和多样性价值，有助于建构地方社区身份。当功能混合时，激动人心、亢奋、刺激和交流就可能出现。许多例子表明：是混合性而不仅仅是人口密度和使用密度，使得一个地区充满活力，人们不用钻入汽车，就可以在一个步行场所完成各种日常活动。

我们不是说城市的每一个地区都应该是所有功能的完全混合，那是不可能的，彻底的混合要求每幢建筑都有居住、工作、购物和娱乐功能，我们不是要回到中世纪。很多人提到“生活避难所”的概念，它几乎完全由纯住宅构成。我们认为“生活避难所”规模应该相对较小，只有几个街坊，距商业、工作、娱乐或者其他公共事务机构很近，步行很容易到达。除了中央商务区几个开发强度最高的街区或者重工业区外，聚会场所都应该有专门性的室内空间。商店应该与办公混合，如果我们把城市景观看作一种肌理，那么应该是许多颜色组合的盐与胡椒的肌理，每种颜色代表一种或者多种功能。当然，某种颜色可能在一些地区占主导，某些地区颜色可能非常平均。如果你眯起眼睛或者凑近看，一些街坊只有一种颜色，红色、棕色或者绿色。但总体上讲，色块之间清晰区分的情况很少，它不像拼花被子或者均质色彩的织物，城市的肌理是混合的。

建筑物（或者是人们置于环境中的其他物体）在城市环境中的布局应该限定甚至围合公共空间，而不是孤立于环境之中。高密度和功能整合还不足以形成城市性，在一块规模较大的基地上竖立一座足够高的建筑物，容纳足够多的人居住（甚至工作），很容易达到我们谈到的密度和混合使用，就像大多数所谓的“混合使用”的项目一样。但是如果这座建筑物与其他建筑物相距很远，彼此互不关联，那么其混合只在内部发生，这正是雅典宪章、田园城市和标准郊区开发的产品模式。

不管街道是直线、曲线还是在折线，如果街道不是很宽，沿街布置的建筑紧密相连，这样可以较好地限定街道空间。随着建筑物之间的距离（与建筑物的体量相关联）扩大，单个建筑物变得越来越孤立，依据规模和功能的不同，成为或大或小的视觉焦点。除非作为公众聚会的重要建筑或公共活动中心（如体育馆或会议厅），这些建筑物倾向于私密化和内向性，不同方向来的人进进出出。然而，经过限定的室外环境效果就不一样，即便不谈这些限定空间的心理价值（如私密性、归属感、保护性等，很难证明且因人而异），也可以明显地观察到由建筑物围合的空间容易聚集人气，促进公众互动，这些空间可以是线性的（像街道一样），也可以是各种形态的广场。在围合空间内，不同的使用之间的趣味性及相互影响亦会增强。当然，这种空间制约并限定了人们的自由，人们不能在任意一点朝任意一个方向行动，但仍然有足够多的选择（即便只是休闲林荫道），而且极有可能捕获感官刺激、激动人心、意外惊喜和聚焦中心。一次又一次，我们寻求回到限定的空间形态，因为都市生活强调公共空间甚于私人建筑物。

公共场所和街道系统非常重要，公共生活的核心价值是公共性，不同群体聚在一起，尽管有争执，但关系仍然和睦。最为重要的公共场所应该是步行者的天堂，坐在汽车里的人无法展开公共生活，今天许多公共场所被汽车占据，作为行驶或停车之用。我们必须抗争，为步行者夺回更多的公共空间。步行街不仅仅有利于当地从事经营活动的商人，而且具有重要的公共价值。不同群体的人在这里相遇，他们面对面的交流，这种行为还具有教育意义，鼓励人们彼此相互宽容。如果能抑制机动车交通，复活美国城市中的街道生活，重现街头贩卖和街道剧场的场景，就会出现更为丰富多彩的都市公共环境。

城市应该有向所有人开放，成为具有象征性的公众聚会场所，由公共机构所控制。为了方便交流，从一处场所到达另外一处场所，互动、交换思想和物品，必须有不受私人控制的健全的公共交通系统。与此同时，公共交通系统必须视为重要的文化场所，在此展示城市精致的工业产品和艺术品，就像中世纪和文艺复兴时期的城市广场一样。

最后，要求不同建筑和空间按复杂性关系布置，这与捉摸不定的人性尺度有关，这种观念不仅属于建筑师的理念，而且一般人也能够理解。多样性、私密性、未曾预料和刺激的事件在由许多建筑组成的环境中发生的概率远大于只有几座孤单建筑的环境。

有很长一段时间，我们相信需要控制大片的土地，才能设计出健康、高效、美感愉悦的环境，至少工业城市的贫民窟部分地与那些建筑密度过大的小地块相关。社会主义和资本主义的意识形态都期望将土地集中在一起，进行社会上和经济上均有益的整合性开发。社会主义国家依靠公有制，资本主义国家通过再开发和奖励大规模开发的新的税收机制实现。两种意识形态下的建筑师要么进行鼓吹，要么很轻易地信服土地集中的观点。这其中的原因很容易发现，不管是大企业还是大政府，开发结果大多倾向于内向性、易于控制、无生气和大体量的建筑。出入口很少，窗户很少，功能简单，很少创新，缺乏个性，远逊于旧城或者多种功能和建筑组合的城市肌理。在大体量建筑的开发项目中，企图打破简单立面、细化不同功能的尝试很少像小规模地块开发一样成功。在合理的公共管制下，通过大量的单独设计和建造较小规模建筑，可以获得健康、安全和高效的城市环境。毫无疑问，地块越小，小规模的建筑越多，公共空间就会有更多的出入口，出现更多的窗户和更为精致的具有多样性的建筑形态，从而引发更为公共、鲜活的都市生活，更多小团体参与其间。此外，需要制定其他必要的规定，使得公共空间的界面充满生机，而非类似办公和银行建筑的隔声墙，小规模建筑比大尺度建筑更有利于实现此目标。当然，占地较大的建筑也需要，但是这些建筑是例外，属于非规定性内容，不应出现在公共活动的中心区。

所有这些及其他特质

一个好的城市应该具备上述所有空间特质。没有宜居性的密度会把我们重新拉回 19 世纪的贫民窟，而没有小尺度、精致肌理的公共空间只能制造空旷、尺度夸张的城市。精致的城市肌理提供了良好的机会，有助于实现我们所列举的多项目标，尽管五项空间特征是为了鼓励公共空间和公共生活，但是它们对宜居性也很有利。虽然五项空间特征对塑造个人和集体身份感的最终效果尚不清楚，但是小尺度的城市环境比大尺度的城市环境更有可能促成这种身份感。多样化和较高人口密度的城市结构能够激发机会和想象力，对个人和小集体而言，这种城市结构比巨构空间更能够创造有意义的环境。我们不能担保这种城市结构为公平，但弱势群体可能会获得更多的公正性。尽管如此，这种城市肌理自身还不足以实现所有目标，其他物质性特征对环境设计也很重要，这包括让人们接近自然、从建成环境中解脱出来的开敞空间，以及赋予邻里（区域）和城市地方性、身份感的边界限定。其他重要特征还有公共建筑、教育环境、培育精神性的场所等。

大量的参与者

我们已经关注于一个好的城市肌理的物质性特征，然而实现它们的过程也不可忽视，其间涉及许多建筑、场所和参与者。正是在建设和管理城市的参与过程中，市民与城市之间建立了极大的认同感；反过来，又增强了市民的身份感和控制力。

一个必要的开端

为了实现都市生活的基本价值，我们提出的五个特征是必不可少的。这些特征需要进一步阐释和测试，我们需要进一步探索公共空间的形态布局，包括最大密度、具有都市感的社区最小规模（瑞士一些很小的村落符合此项要求，每个人都知道一些令人喜爱的例子）、在不同的环境条件下大与小尺度的标准、景观材料作为空间限定的要素等。我们已经知道不少，但是仍然需要朝着新的城市设计宣言迈进。

我们知道任何理想的社区，包括符合本宣言要求的社区，永远无法满足每一个人。一些人现在不喜欢城市，将来也不喜欢，他们对我们建议的东西不感兴趣。

我们的城市愿景部分根植于早期古老的城市场所，包括乌托邦设计师在内的许多人常出于好心，拒绝这些城市场所。因此我们的乌托邦不会满足所有人，这没什么关系。我们喜欢城市，如果让我们挑选自己喜欢的社区，我们将选择一个具有都市性和公共生活的社区，包含前述的各种目标，具备我们列举的物质性特征。此外，我们认为这种社区反映了人们的需求，能够创造高品质的都市生活。

框图 29　哈尔滨中心区改造后的景观

为了实现“振兴东北老工业基地”的目标，东北地区城市增加了建设投入（张庭伟摄，2009 年）

框图 30　重庆市中心的解放碑广场

位于中国西部地区的重庆，是中国人口最多的城市，2011 年全市总人口达 3100 余万人；该市为市民提供了宽敞、多功能的广场空间（张庭伟摄）

框图 31　北京一个新落成的多功能中心

随着中国城市居民收入的增加，市民对公共空间的需求也增加了。中国对外开放后国际交往的增加，也提出了对国际水平的公共空间的需求。很多城市都建造了大规模复合型的功能中心以应对这些需求（张庭伟摄，2012 年）

第9部分

全球化背景下的城市

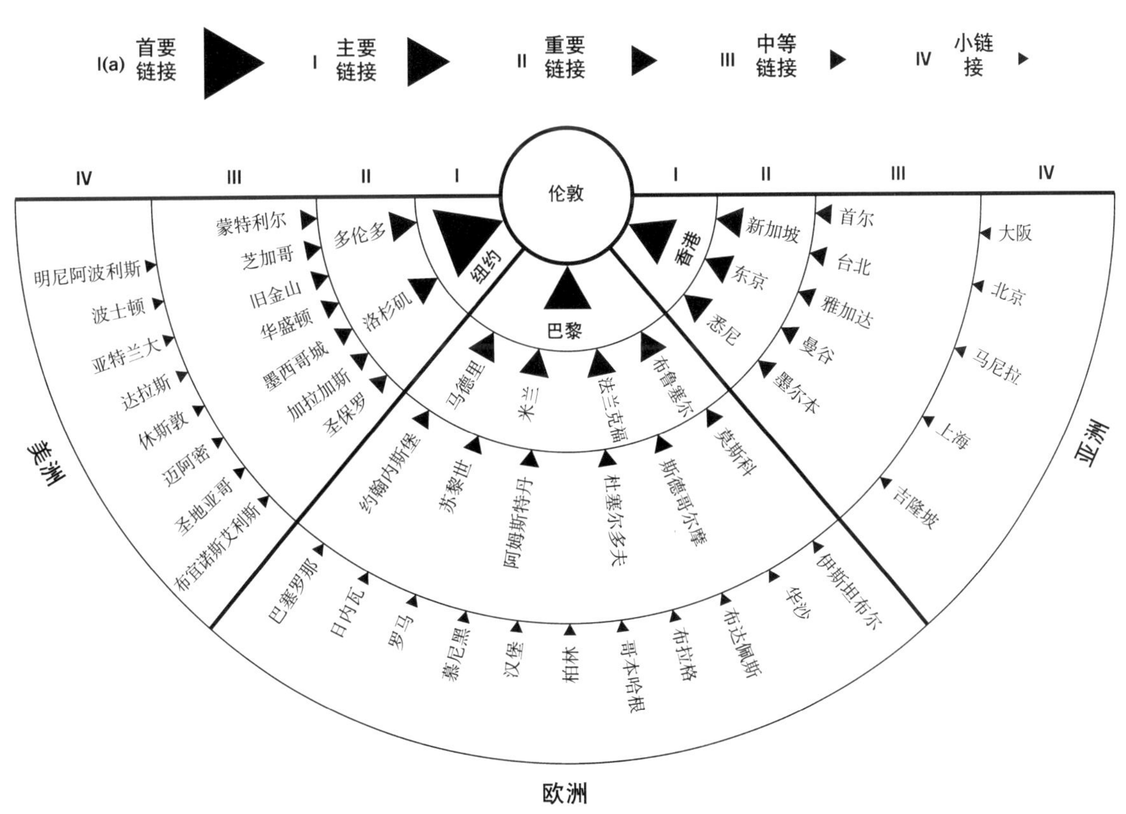

引　言

关于城市的书籍，通常都会以对城市未来的判断作为结论，就像英文版《城市读本》较早的版本所作的那样。在过去的几十年，对城市未来的思索经常会涉及新出现的后现代与后工业化时代的世界秩序，这与自中世纪或古代发展而来的现代主义与工业化世界的秩序有所不同。在V·戈登·蔡尔德提出的农业、城市及工业社会之后，人类发展史上一场新的“革命”将出现，一个新的城市未来将揭开面纱。现在，这个全球化社会已经出现了，城市的未来已经到来，未来就是现在！

当然，对探索未来的渴望是人类的天性，就像圣经里特尔斐的先知和圣人一样古老，规划城市的未来，至少就像圣经里面新耶路撒冷，或者柏拉图描绘的《理想国》里的理想城邦一样历史久远。但是每次对未来预言实现的速度加快，都发生在重大的文化和历史转变时刻。这样的例子包括19世纪工业革命时期，理想主义者儒勒·凡尔纳（Jules Verne）和政治理想者爱德华·贝拉米捕捉到了当时社会流行的理念，或者空想主义者帮助建立了城市规划实践的理论基础。还有如当前的例子，发达的经济体已经进入了一个新的全球化重组时期，基于信息与后工业化的发展触发了新的城市文明与人类住区形式。新的城市现实是城市的全球化，或者更恰当的说是全球城市主义的连锁系统。文化历史学家史蒂芬·马库斯对恩格斯及其关于19世纪曼彻斯特、英格兰的描绘，是这样评价的：“工业化的历史经验不能和城市化的历史经验分开”。今天有人会说：新的城市秩序的经验不能和全球化分开。

全球化未来的可能性是多种多样的，每一个选择反映了一些我们最深层的希望和恐惧。20世纪60年代沟通理论的权威马歇尔·麦克卢汉（Marshall McLuhan）的《向后看，2000—1887》（Looking Backward，2000—1887）认为整个世界有一天会变成一个“地球村”，人类的每个成员会在一个古代社区（neolithic community）的当代幻影中交往。一些激进的环保主义者曾经提倡：在被城市化了的文明的边缘地带建立农村公社以“回归自然”，现在他们则提倡“城市农业”，即使是在高层写字楼里也可以一样推行这个理念。其他同样激进的社会活动分子，试图在我们的城区和郊区努力建立“城市基布兹”（kibbutzim，以色列集体农场）和其他形式的类似社区。全球的科技乐观主义者看到地球的未来是对空间的殖民化开发与核能的广泛利用，而科技悲观主义者则设想世界末日的城市，就如同《终结者》、《银翼杀手》、《黑客帝国》或者是其他流行的科幻小说描绘的景象。但是，三大社会经济力已经在推动城市发生根本的变革了：与快速人口增长密切相关的城市化，新科技发展和变化的可能性，以及气候、资源及承载力变化的不可避免性。新的全球主义的城市范例是对以上三个因素的回应。

为了预测新兴城市的形态，必须首先对世界城市化进程的可能方向有一个清晰的认识，这个认识正如本书第 1 部分中摘引的金斯利・戴维斯的短文《人类的城市化》中描绘的那样。在 1900 年，世界人口大约是 20 亿；到了 2010 年已将近 70 亿。世界人口还要增长多快？到什么程度？世界城市人口占总人口的比例——现在大约 50%——在未来的几十年和几个世纪将继续加大吗？被弗雷德里克・劳・奥姆斯特德称为“向城市漂流”（townward drift）的状况是否会继续？最后达到什么程度？ 70%、80%、100%？或者城市化已经到达顶点，将要稳定在目前的水平？或许《城市的演进》中（图框 1）关于世界城市化的 S 曲线将被证明是钟形曲线，即生活在城市的人口比例将长期而逐渐地下降，直到占总人口很小部分的人还留在传统的、出于地方感情的城市中。

上述这个可能性已经导致了一批复杂的、也是备受争议的文献的出现。有些学者考虑到现代交通和通信技术的可能影响，看到城市将逐渐消亡。早在 1845 年，一位报纸主编就宣称：莫尔斯的新发明——电报，将“消灭距离”（annihilate distance）。其他人，特别是环保主义者，认为城市化已经达到了自然的上限，并将在一个受生态和经济约束的时代开始逆转；或是暗示：无节制的增长必然导致广泛的经济与环境崩溃。当然，所有这些都是臆测，与最近的经验和广泛接受的联合国各机构的预测恰恰相反——联合国经济与社会事务部人口处预测：世界人口将在 2050 年达到 90 亿。联合国人口基金会在其 2007 年世界人口状况报告中则指出：农村人口缩小和城市化还将继续，特别是在发展中国家，在接下来的几十年里将达到“未来的人口增长将全部在城镇和城市中”的程度。

认为城市化会下降的这种对城市未来的看法可称为“后城市主义”。著名的城市规划教授梅尔文・韦伯在《后城市时代》（The Post-City Age，1968）中认为某些科技的发展将必然导致传统城市的终结，并出现人类发展的后城市时期。当韦伯在 20 世纪 60 年代写出他的预言文章时，他提到航空旅行和电话技术的影响。他预见的后城市社会类似于弗兰克・劳埃德・赖特在 20 世纪 30 年代提出的广亩城。现在，电脑和电信的出现似乎使这些预测显得更加合理。虽然韦伯关于城市发展过程将逆转的基本思路到目前为止已被证明是错误的，但韦伯认为我们应该重新定义城市的观点还是正确的，即新的科技世界将会导致很多人所说的“电子鸿沟”（digital divide），使得一些人信息丰富，其他人则信息贫乏，这是一个不能被忽视的、令人担忧的现实。

韦伯是一位带有乌托邦愿景的人，从事着伟大又似乎有些神秘的思考人类未来的事业。然而，从关注城市的远景转为脚踏实地、关注基于现实和可预见趋势的近期，也许更加务实而有用。最重要的一些近期趋势是并行出现的：首先是一个全球性、后工业化、基于通信方式变革的经济体系；其次是一个新的、广泛的郊区发展环带，记者若埃尔・加罗（Joel Garreau）称之为“边缘城市”（Edge City），罗伯特・费什曼评价为“科技郊区”（Technoburbia）；第三，对国际环境问题的忧虑，如蒂莫西・比特雷和斯蒂芬・惠勒所描述的可持续发展、全球气候变暖和大气污染问题；第四，贫民窟生活环境，以及各种族、民族、阶层等社会矛盾的持续和激化，数百年来已成为城市生活的一个特征。这些影响都有可能决定 21 世纪初期城市的发展进程。

萨斯基娅・萨森教授在 20 世纪 90 年代描写了全球化信息给城市未来带来的好处，她在《新技术的影响和城市的全球化》一文中认为，“全球化的地理包含了动态的分散与集中”。她毫不讳言地指出：“根据信息产业的标准概念，生产性服务业在中心城市的快速增长和超比例集中是不应发生的”。但城市并没有消失在全球主义时代。相反，它们变得更加巨大而密集，而且对新兴的全球社会和经济极为重要，因为城市仍然提供“集聚经济和高度创新的环境”。最后这一点，作为创新中心的全球城市，强调了理查德·佛罗里达在《创意阶层》（The Creative Class）中描述的发展的重要性。

萨森指出，“中心……和中央商务区再也不是简单直接的关系”。不错，纽约的曼哈顿依然作为全球城市的 CBD，但是变化中的其他全球城市的空间形态表明:“对于区域概念的重新理解”，能够拓展为一种“以商业节点网格为形式的大都会区”。新的全球社会的城市实际上与之前的城市有所不同，萨森令人信服地指出了其中的延续性和非延续性。经济、社会、科技都改变了，但是她认为“不变的……是城市仍然是配置这些新元素的不可分割的一部分的重要程度。”

萨森指出，新的城市中心的形式“是建立在电子化的空间里的”。她呼吁注意曼努埃尔·卡斯特利斯的成果——曼努埃尔·卡斯特利斯被认为是最有影响力的全球城市主义理论家，著有《流的空间和场所空间：信息时代城市主义理论的素材》（Space of Flows，Space of Places：Materials for a Theory of Urbanism in the Information Age）。

卡斯特利斯写道，“我们已经进入了一个新的时代，信息时代”。这不仅仅是一个关于新的全球经济联系的阐述，同时也是一个对新的“网络社会”的愿景——人们在其中生活、工作的“流的空间”（全球在线通信网络）和“地方的空间”（他们所在的当地街道和社区）同时并存。对卡斯特利斯而言，分析 21 世纪新的城市现实可以沿着三个轴线进行：功能、意义和形式。功能上，“在经济活动中占主导的进程……被全球网络所组织起来”，但是“在日常生活中，私人生活和文化身份的本质又是当地的”。在人类层面上的意义，这表明了个人身份不断共享而公共身份不断叠加。在城市的空间层面上，“流的空间被折叠成地方的空间……而他们的逻辑是清晰的”。这些洞察力对于处在全球社会中的城市的规划、建筑、城市设计和城市管治有着深远的意义。规划者必须理解：在大都会的尺度上，为了把“流的空间”和“地方的空间”联系起来，关注“城市风貌、街区生活、市民文化”，同关注经济竞争力一样重要。建筑师和设计师必须通过“共享的公共空间”来联结城市社区，它们能够成为自发的社会互动的场所;并且通过像迪拜的哈利法塔或是毕尔巴鄂的古根海姆博物馆那样的项目,为城市“恢复象征的意义”而努力。政治家和政策制定者必须在国家和国际层面寻求有效的治理新模式，以适应新兴的“网络国家”。

在评估电信和全球化对城市空间的影响方面，萨斯基娅·萨森专注于特定的城市和大都会地区，但是她也关注一个她称之为“由一系列跨国的城市网络”所支配的新兴世界。城市网络群——或者说是一个单一的“相互联系的全球城市网络”——的概念，很容易让人联想到对当代城市理论做出重要贡献的、由乔纳森·比弗斯托克、理查德·史密斯、彼得·泰勒提出的《世界城市网络：一种新的后地理学？》（World-City Network：A New Metageography？）。这篇开创性文章的标题提出的问题，已经显示了这个概念的广度和深度。在全球化时代，城市空间的传统概念能继续有任何相关性吗？或者它们会被整个新的“后地理学”（Metageography）的全球城市主义所抛弃？这些问题是由全球化和世界城市研究网络（即 GaWC）的成员所提出的，GaWC 乃是由泰勒教授在英国拉夫堡大学创办并领导的一个机构。

GaWC 小组所倡导的城市地理学新概念，是早期城市地理学一些不成熟的模型的必然后继。例如，基于工业化时代芝加哥的伯吉斯模型（the Burgess model），或以功能区图式表达乌托邦那样愿景的规划师霍华德、勒·柯布西耶和赖特。新概念建立在德国地理学家瓦尔特·克里斯塔勒的中心地理论和城市系统等级序列思想的基础上。今天，在后现代的全球城市主义时期，问题不再是区划，或个别城市与郊区及腹地的关系，而是全球所有主要的全球城市和大都会地区之间的相互关系，这些城市与区域在它们各自国家里的运营越来越独立。当今世界，城市不再是各自隔绝和竞争的，而是一个全球的城市网络，一个相互关联的世界，是电子信息流相结合而创建的“一个新的功能空间，这对于新千年的理解是至关重要的”。在这个新的城市空间里，有伦敦、纽约、巴黎、香港这些比弗斯托克、史密斯和泰勒所称的“阿尔法城市”（alpha cities，即首要城市）；有次级的世界城市如洛杉矶、法兰克福、东京；也有其他全球性链接的城市包括芝加哥、圣保罗、阿姆斯特丹、曼谷、明尼阿波利斯、华沙和上海等。在这个积极的重组过程中，形成了一个新兴的城市实力梯度，甚至可能形成一个全球性的“反乌托邦”。即使如此，这些新的全球主义理论家认为，没有人可以“忽视世界城市网络这个新的后地理学”。

萨森、卡斯特利斯与 GaWC 小组的著作表明了世界各地的城市——不论在何种程度，是好是坏——都受到了不断的全球化的影响。中国为这一现象提供了极其重要的案例，在《全球社会中的中国城市》（Chinese Cities in a Global Society）中，作为（英文版）《城市读本》第 5 版的一个重要组成，华裔美国学者张庭伟概述了在新的全球化社会中中国城市的非凡变化，而这种变化的发生具有世界历史意义。*

早在公元前两千年，城市就第一次出现在中国的河流流域；到欧洲中世纪时期，那些中国城市已经成为世界上最大和最辉煌的城市了（参见马可波罗著作里的描述）。然而，至少在五千年前，中国就是一个对城市文化带有偏见的农业社会。部分原因是因为所有的农民社会都将城市视为统治者的据点；更重要的是，尤其是在 19 世纪，中国最大的城市——上海、广州、香港——成为帝国主义列强殖民统治的租界。在 1949 年中华人民共和国成立以后，城市化程度显著上升，但在毛泽东时代，中国仍然是一个农村人口占多数的国家。在“大跃进”和“文革”期间，许多城市居民被迁往农村，实际上甚至造成了城市化水平略有下降。20 世纪 70 年代末，在邓小平的领导下，中国共产党宣布进行农业经济改革，包括在 1978 年进行的具有历史意义的市场改革，允许本国企业家进行创新和改革，并允许外国资本投资新企业。这是一个激动人心的创举——在政治体制上保留中央的强大控制权力，而在经济上市场可以独立进行生产、交易并创造新的财富。由于这个政策，使得数以百万计的人口脱离了贫困，并鼓励了新生的中产阶级缓慢发展（也使极少数人的收入水平迅速增长）。它以农村人口向城市迁移的空前增长为基础，迅速加快了城市人口增长的步伐。

根据张庭伟的报告，中国在 21 世纪初的城市化率约为 46%，城市人口增长主要是因为来自内陆农村数以亿计的人口流向沿海城市和大都会地区。张庭伟指出，长期以来，中国一直是世界上人口数量最多的国家（占世界总人口的 20%）；2010 年，中国的 655 个城市超过 8.3

* 张庭伟在英文版中的文章没有选入中文版，但是我们把英文版原编者的导言照翻在此，目的是供读者了解西方学者对中国城市化的看法。——编者注

亿的总人口（包括近年的农村移民）相当于包括北美、欧盟、日本和澳大利亚在内所有发达国家城市人口的 75%。

由于中国城市人口的爆炸性增长，4 座中国城市——上海、北京、广州、深圳——将有可能在 2025 年跻身世界上 20 个最大的城市。这一增长归因于市场力量和政府的政策，特别是建立经济特区和鼓励外国直接投资的政策。全球化背景下的高速城市化并非没有负面影响，农村移民转移到城市后没有足够的就业机会和住房，很多人居住在城市边缘的贫民窟里。少数沿海大都会地区的快速增长形成了国家层面“发展不平衡”的格局，互联网的广泛使用迅速改变着中国的传统文化，有时甚至威胁到中央政府对政治事件的主控。所有这些问题在规划和政策上成为对中国政府和新产生的私营企业的挑战。现有体制和市场经济之间的冲突不可避免地会出现，需要做的是寻找出一种符合政府和企业双方利益的、同时符合更大范围社会利益的模式。中国现在是、也将继续是对一个新兴的全球社会长期成功或失败的试验案例。

长期担任中国住房和城乡建设部领导的仇保兴对于中国的城市化具有权威的官方资料及全面的了解。他的文章将中国的城市化置于全球三次城市化浪潮中，特别详细分析了中国城市化所涉及的城市化人口规模、城市化速度、移民数量、能源需求、城市化动力、城市交通及环保问题等挑战，认为中国的城市化和世界其他国家的第三次城市化浪潮具有相似性，也有差别。对于中国城市面临的众多挑战，他提出了一系列政策建议，目的是使中国成为全球可持续发展新型城市化的范例，代表了中国政府对于未来城市化对策的思考。

英国伦敦大学的吴缚龙是近年来在西方城市地理学界发表著作最多、最勤奋的华裔学者。他对中国城市化进程的观察，在相当程度上反映了主流西方学术界对中国城市变化的观点。一方面，吴缚龙充分肯定了改革开放后中国城市的长足进步；另一方面，他也注意到当代中国城市社会转型带来的负面影响。他认为：市场导向改革下的中国城市，呈现出前所未有的多样性和异质性。如果把市场发展作为社会进步的驱动，那么国家将有必要去管理新出现的社会复杂性、流动性社会分工。这将驱使国家本身与社会脱离，使其成为现代意义上的国家机器，其后果是社会管理的专业化，以及社会开支的增加。

无论在中国还是在其他国家，有关全球城市化的文献大多侧重于技术给经济和社会生活所带来的革命性变化，以及由于城市、国家及跨国投资与生产变化所引发的全球关系的重构。从外观上看，崭新的闪闪发光的摩天大楼作为这些变化的象征，定义了从伦敦和洛杉矶到上海和迪拜这样的全球性城市的天际线。而经常被忽视的是，特别是在发展中国家，极端贫困仍然是城市生活的一个特征。摩天大楼在快速增长，同时增长的还有大量的贫民窟。

2003 年，联合国人类住区规划署（UN-HABITAT 联合国人居署）出版的《贫民窟的挑战》（The Challenge of Slums）报告中估计，居住在城市贫民窟的人数已经有 10 亿，占总城镇人口的近 1/3，到 2020 年，这一数字可能会增加至 20 亿。其中一些贫民窟地区在内陆城市，但更多的是在迅速扩大的全球中心城市的周围。在那里，生活的艰难几乎难以想象，污水横流，令人想起恩格斯曾经描述的 19 世纪中叶的曼彻斯特，但是人满为患的规模却要大得多。显然，全球主义新的城市所面临的重大挑战之一将是需要制定创新性的规划政策，以逐步改善贫民窟糟糕的环境，为贫民窟居民提供全方位的医疗、教育和就业机会。

世界城市——同时拥有巨大的财富和庞大的贫民窟——并非一个全新的现象。帕特里克·格迪斯早在1924年写过关于世界城市联盟（world league of cities）的文章，描述像罗马帝国的罗马、奥斯曼帝国的伊斯坦布尔，以及欧洲帝国主义列强的首都和其他许多城市，都曾经代表了全球性的权力。但是当代全球城市所具有的影响力的范围和深度，却是一个新的现实，它成为描述、分析和推论全球化时代有关城市发展和未来发展方式的学术研究的主体。这些研究主体的内容是庞大的，很少有学者能够对其进行整体总结。但有两个人做到了，他们是Routledge出版社《城市读本系列》里的《全球城市读本》（2006）的共同编辑尼尔·布伦纳（Neil Brenner）和罗杰·凯尔（Roger Keil）。

布伦纳是纽约大学研究社会学和城市学的教授，凯尔是多伦多约克大学环境学的教授，也是加拿大的德国和欧洲研究中心的主任。在《从全球城市到全球城市化》一文中，作为（英文版）《城市读本》第5版的特别贡献，布伦纳和凯尔回顾了过去几十年里有关全球城市和全球城市网络的学术文献，提出不少富有见地的创见。

布伦纳和凯尔仔细评估了所有《城市读本》中相关作者的开创性著作，包括萨斯基娅·萨森、卡斯特利斯、彼得·泰勒和全球化与世界级城市研究小组等，他们还注意到了许多其他学者的研究，包括1966年彼得·霍尔爵士的《世界城市》（The World Cities），珍妮特·阿布－卢格霍特（Janet Abu-Lughod）所做的历史展望，苏珊·费恩斯坦（Susan Fainstein）有关全球城市中不平等情况的研究工作，斯蒂芬·格雷厄姆（Stephen Graham）对于通信产业作用的观察，爱德华·索亚（Edward Soja）和迈克·戴维斯的后现代分析等等。布伦纳和凯尔特别关注两位深深影响了他们工作的具有开创性的学者：亨利·勒菲弗（Henri LeFebvre）1970年的《城市革命》（The Urban Revolution）预言了他所谓"普遍性"的世界资本主义；约翰·弗里德曼（John Friedmann）1986年的"世界城市假说"（world city hypothesis）浓缩了很多在该领域的思想，他深厚的人文性项目并非基于辉煌的新政策或大规模的建设项目，而是基于"以人为主，人的生存空间和生活质量，隐藏的城市移民的诉求，在当前，则是市民社会的概念。"

在本书第一部分的介绍中，我们指出，城市历史的进步，从美索不达米亚的起源到现在的全球化，根本上的连续性被一些加剧变化、不连续的时刻所中断，例如V·戈登·蔡尔德（V. Gordon Childe）所确定的范式转移的"革命"。全球城市、全球城市网络和全球化作为当今时代特征的政治和经济现实，无疑构成了一个激进的、不连续性的历史时刻。不过，尽管在城市历史中的一场革命作为全球化的结果已经发生，但是一些长期的连续性因素仍然存在：全球互联网连接不能完全取代地方性的联系，种族和阶层的身份标志有所变化但并没有消失。也许最重要的是，布伦纳和凯尔认识到，社会不平等，贫困、衰退的贫民窟这些情况作为城市生活的现实，在新的全球社会里仍然存在。这就是为什么在对全球化的城市化问题和相关文献回顾的结尾，他们提出了"研究并且行动"（research-and action）的倡议，而作为（中文版）《城市读本》编辑的我们，也加入他们的这种倡导。布伦纳和凯尔把当代的全球社会视作"根本上的专制"（profoundly authoritarian），并需要"激进或渐进的社会变革"（radical or progressive social change）。无论是同意这一看法，或是持有相对温和的意见，甚至乐观地认为全球城市只需通过渐进式的改革控制手段就可实现其对未来的承诺，城市研究工作的中心挑战都是坚持持续不断地研究与行动：不仅要努力更好地了解一个城市的进程，更要寻求一种更高级、更好形式的城市社区，使它所支持的个体能够生活得更好。

新技术的影响和城市的全球化

萨斯基娅・萨森

编者导读

社会学家萨斯基娅・萨森在芝加哥大学任教多年，目前是哥伦比亚大学全球思想委员会委员，罗伯特・S・林德（Robert S. Lynd）社会学讲席教授。萨森具有极其特殊的国际化背景，她 1949 年出生于海牙，成长于阿根廷和意大利，会说五种语言。在印第安纳州圣母大学获得博士学位前，她曾在法国普瓦提埃大学、阿根廷布宜诺斯艾利斯大学、意大利罗马大学学习和任教。在芝加哥大学和哥伦比亚大学任教时，她还时常去伦敦政治经济学院担任访问教授。她的研究分析了最发达城市和世界大都会地区信息技术、经济和物理空间组织方面的数据，并最早提出了“全球城市”的说法。

在下面的选文中，她介绍了全球化和信息技术是如何改变了城市间的关系、重新配置了大都会空间的活动。如她在其划时代的著作《全球城市：纽约、伦敦、东京》（The Global City：New York，London，Tokyo）（普林斯顿：普林斯顿出版社，1991）中的描述一样，萨森特别感兴趣的是纽约、伦敦、东京这些全球城市，它们集中了国际金融职能，其经济与世界经济关系最为密切。萨森认为在全球、国家和都市区的层面上，全球化既是集中的又是分散的。在全球层面上，经济实力日益集中在纽约、伦敦、东京等地。但是，分散在全球各处的墨西哥城、台北、曼谷、布宜诺斯艾利斯、圣保罗、法兰克福、苏黎世、悉尼也可以被定义为全球城市，因为它们也是全球经济中的焦点和运营中心，而不仅仅是一般的特大城市。

随着经济活动日益全球化和制造业日益专门化，萨森认为，一个跟过去完全不同的新的世界“城市系统”正在出现。萨森定义的“企业服务综合体”——为跨国企业服务的高层次的金融家、律师、会计师、广告专业人员及其他专业人才组成的网络，正在全球城市中聚集。在伦敦、纽约、东京等全球城市的跨国公司总部作出的决定，不仅影响这些城市的居民，还影响着分布在世界各地的像马来西亚的吉隆坡、越南的西贡（现在的胡志明市）、智利的圣地亚哥这些城市的就业、薪资和经济健康。如果金融分析师认为阿根廷的经济疲软，或者律师告诉他们中国目前的法律改革代表一个新的暴利机会，跨国公司就可能从阿根廷撤出数十亿美元的资金，转投中国上海，在一个小规模广告团队的协助下，将其产品推广至中国庞大的新兴市场。

企业集中在大城市的传统原因是他们需要与其他企业、律师、会计师、银行家、广告公司和其他帮助其生意的专业服务提供商接触。在大城市可以很方便地走到隔壁的律师事务所，或者到邻近街区去跟一个主要业务合作伙伴谈谈生意，经济学家称之为城市的“聚集经济”。正如曼努埃尔·卡斯特利斯所阐述的，当今的数字信息时代，信息几乎可以立即到达世界任何地方。商人不再需要步行到隔壁跟他们的律师交流，或在街头遇到一个商业伙伴，他们可以打电话、发传真、发电子邮件、召开视频会议，只要电信基础设施许可，距离可以从隔壁到世界上任何遥远的地方。全球城市具有高度发达的电信基础设施，以闪电般的速度传输着惊人数量的信息。在几秒钟内，里约热内卢的国际银行可以通过卫星，获取一个纽约银行全年的财务记录。

对于发展趋势的预测，梅尔文·韦伯在 1968 年认为信息科技将使空间变得越来越无足轻重，因此城市的重要性将减少。但是萨森表明：这样的情况并没有发生。根据调查的数据，她发现信息革命以来，像纽约、伦敦和东京这些全球城市的人口、财富和力量在不断增长，其地位和重要性在不断上升，而不是降低。另一方面，在历史上曾作为次要指挥和控制中心的许多城市的经济则在衰退，公司的权力不断集中到最发达的全球城市，巴黎的经济实力和财富在增长，马赛则正在下降。

萨森指出，生产和零售越来越分散。许多公司在总部所在地设计产品，总部也许（但不一定）设在伦敦这样的全球城市，他们跟马来西亚这样的发展中国家的公司订立合同，生产他们所设计的产品。然后，他们在全球市场行销最终产品。这种生产过程需要相当熟练的支持团队来管理分散在世界各地而且快速变化的业务——例如，熟悉英国法律的律师，懂得马来西亚会计事务的会计师，对德国消费者的文化偏好敏感的广告总监。很少公司本身有能力做得到这一切，于是，他们纷纷转向依靠在全球城市里的各个专业公司提供的服务网络。

萨森质疑“富裕国家”和“富裕城市”的整个概念，究竟是处于世界经济的中央还是处于边缘。她认为经济上的不平等正在急剧增加，特别是位于世界经济中心的全球城市里。国际金融中心获取的超额利润，给了华尔街银行家超乎寻常的财富；而许多在华尔街工作的低薪门卫和文案员工，却出生于欠发达国家，生活在不远处的少数族群居住社区。在圣保罗，富裕的巴西国民和外籍人士的工资收入和生活方式更像是富有的纽约人，而不像几个街区外的当地居民。世界各个国家都面临着一个重要的公共政策问题，即如何促进经济平等并帮助其公民从新的世界经济秩序中获得更多的利益。

作为全球化和信息技术发展的结果，城市 – 区域也在发生变化。萨森认为：全球城市区域的经济活动都体现出世界城市体系中正发生的集中和分散这两种动态。当欧内斯特·W·伯吉斯提出他的同心圆理论时，芝加哥等许多城市都有清晰的中央商务区（CBD），激烈的经济活动主要集中于此。今天在发达的都市里，城市往往不再有单一明确的 CBD。萨森认为正在出现四种不同的类型：一些城市中类似传统 CBD 的中心区依然存在，纽约的华尔街地区就是一个例子。另一些城市在传统城市中心邻近处出现一个新的“假 CBD”，像巴黎市中心外的德方斯地区就规划了大规模的办公综合体。在其他地区，萨森看到沿着“网络”和“数字高速公路”而出现的商务活动节点。她指出这些沿着信息流的空间往往是沿着高速公路、高速铁路和机场等以往的基础设施走廊，也就是说，20 世纪的基础设施似乎正在塑造 21 世纪区域的空间组织。同样的，萨森也发现聚合的、集中的物质空间和网络空间同时出现，跨地域的密集经济活动和电子空间的集中同时发生。

除了《全球城市》外，她的著作还包括《领土、主权、权利——从中世纪到全球聚合》(Territory，Authority，Rights：From Medieval to Global Assemblages)(普林斯顿：普林斯顿大学出版社，2006)、《反国有化：全球数字时代的经济和政治》(Denationalization：Economy and Policy in A Global Digital Age)(普林斯顿：普林斯顿大学出版社，2003)、《全球网络 / 互联城市》(Global Networks/ Linked Cities)(纽约：Routledge，2002)、《访客和陌生人》(Guests and Aliens)(纽约：新出版社，1999)、与 Anthony Appiah 合著的《全球化及其反对者》(Globalization and Its Discontents)(纽约：新出版社，1998)，《失去控制？全球化时代的主权》(Losing Control? Sovereignty in An Age of Globalization)(纽约：哥伦比亚大学出版社，1996)、《世界经济中的城市（第三版）》(Cities in a World Economy)(千橡市：Pine Forge 出版社，2006)以及《劳动和资本的流动性：国际投资和劳动力流动的研究》(The Mobility of Labor and Capital：A Study in International Investment and Labor Flows)(纽约：剑桥大学出版社，1988)。

有关全球化对城市的影响的优秀读物还包括，尼尔・布伦纳和罗杰・凯尔编辑的《全球城市读本》(The Global Cities Reader)(伦敦:Routledge，2005)，Jan Lin 和 Christopher Lee 编著的《城市社会学读本》(The Urban Sociology Reader)(伦敦：Routledge，2005)收录了关于城市化和全球变化的重要文献；Nicholas Fyfe 和 Judith Kenny 编著的《城市地理读本(The Urban Geography Reader)(伦敦：Routledge，2005)》的第三部分讨论了全球经济和文化重组对城市的影响;J. John Palen 的《城市化世界》(The Urban World)(第八版)(Boulder CO：Paradigm,2008)做了有用的综述;Stephen Graham 编著的《电脑化网络城市读本》(The Cybercities Reader)(伦敦：Routledge，2003)包括了关于信息技术如何影响城市的文献。

正文

通信技术和全球化已成为塑造城市空间组织的重要力量，这种重组越来越多地体现在社会和经济活动的空间实质以及这些活动的物质性环境上。无论是在电子空间或建成环境中，这种重组涉及城市的重新定位，特别是城市的中心地位。

全球金融和专业服务市场的增长，国际投资大幅增加导致对跨国服务网络的需求，国际经济活动中政府调节作用的降低，以及其他公共机构尤其是全球市场和公司总部的作用凸显——所有这些都指向跨国城市网络的存在。在这里我们可以看到跨国城市系统开始形成，在很大程度上，世界主要的商务活动中心正是从这些跨国网络中显现出他们的重要性。然而，世界上不再存在单一的全球城市，与过去作为资本帝国的城市形成鲜明对照。

世界网络和中央指挥功能

地理上的全球化包括动态的分散和集中，后者直到最近才引起重视。在大城市、国家及全球层次上经济活动的空间呈现出分散的趋势，也就是我们所指出的全球化，导致高层管理和控制运作功能需要新型的集中区域。分支机构的快速增长说明了这种变化，到 1998 年，企业在海外的分支机构大约有 50 万家。分散的工厂和服务点是企业整体运行的一部分，它们在数量上的快速增长催生了对中央协调和服务新的规模的巨大需求。因此，通信和新的全球化法律框架使经济活动在空间上的分散成为可能，如果诸如管控、所有权及利润分配这些现代经济体制中的特征能够持续得以控制的话，这种空间分散将促成中心职能的进一步扩大。

今天，关于全球性跨国活动和特定地方之间关联的另一个实例是全球金融市场。巨量的交易规模急剧上升，资本市场每年交易额达 75 万亿美元，是全球经济的重要组成部分。这些交易很大一部分是通过通信方式完成，电信系统使全球范围内资金和信息的瞬时传递成为可能。人们对于新技术即时传输的容量给予了很大的关注，问题的另一方面，是那些位于发达国家特定城市的全球金融市场到底发展到何种程度。事实上，集中度出奇的高，在后面的部分我将根据实证进行讨论。

全球范围内的股票市场已经实现一体化，此外，20 世纪 80 年代欧洲和北美所有主要市场的管制放松，使得 80 年代末和 90 年代初有一大批城市加入这个市场，如布宜诺斯艾利斯、圣保罗、墨西哥城、曼谷、台北等。更多股票市场的融合促进了资本的增长，这些资本可以通过股票市场流动，1998 年全球市场的市值高达 20 万亿美元。

从 1990 年开始的十年里，全球化创造出特殊的组织需求。全球性金融和专业服务市场出现，投资增长成为国际贸易的主要类型，这些都促成了管理职能的扩张和企业对专业服务需求的扩大。

对于中央职能我所指的并不仅仅是顶级的总部，而是所有顶级的金融、法律、会计、管理、行政、规划职能，它们是在多个国家，甚至是在越来越多的国家中运行一个公司组织所必需的服务。这些中央职能一部分由总部承担，也有相当一部分是由所谓的企业服务综合体来执行，那是在多个国家的法律制度、会计制度、广告文化等制度下运行的处理复杂问题的网络，包括了所有这些领域快速创新的条件下运行的金融、法律、会计和广告公司。这种服务已经非常专业化和复杂化，所以越来越多的总部会从专业公司购买这些服务，而不是在自身内部解决。为全球经济体系的管理和协调出谋划策的公司聚集在一起，它们高度集中在高度发达的国家，尤其是（虽然不完全是）集中在那些我所谓的全球城市中。这种功能的聚集代表了全球经济组织的一个战略性因素，这些组织就在这里——在纽约，在巴黎，在阿姆斯特丹。

新形式的中心化

当今社会，中心区域和诸如中央商务区的区域实体之间的关系已经不再简单。事实上，在过去甚至直到最近的时候，中心区是市中心和如今 CBD 的代名词，中心区的空间关联可以覆盖几种不同的地理区域形式。它可以是 CBD，很大程度上纽约就是如此；它也可以是以一连串密集商业活动的节点网络形式存在的大都会，正如我们在法兰克福和苏黎世看到的那样。通信的发展和全球经济的增长已经深刻地改变了中心的职能，这两者之间有着千丝万缕的联系，它们促成了中心化（和边际化）新的地理格局。简单地说，今天的中心承担着四种不同的形式。

第一，CBD 依然是中心职能的主要形式，虽然中心区域与过去意义上诸如地理的市中心及中央商务区已经没有多少直接的关系，但是作为主要国际商务中心的 CBD 已经被技术上和经济上的变化深刻地改变了。我们可以从美国和西欧一些地区看到国际城市模式的差别。在美国，像纽约和芝加哥这样的大城市由于漠视城市基础设施并因此导致空间退化，而不得不多次重建中心。这种基于各时期主流的城市和空间组织形式进行改造的规划导致空间退化的加剧，在市中心重建中产生了巨大的空间。在欧洲，城市中心能够得到很好的保护，他们很少有巨大的弃置空间，工作场所的扩大和智能建筑的建造基本都会在老中心之外。最显著的一个例子是德方斯新区，为了避免对城市内部建成环境的影响，这一大规模最先进的办公楼综合体紧挨着巴黎建成区外建设。这是政府政策和规划的一个显著例子，说明政府如何满足高质量的中心区办公空间的增长需求。通过伦敦码头区则可以看到从中心向周边土地扩展的另一种新形式。20世纪80年代期间，欧洲、北美和日本的一些主要城市也开展了类似的周边区域中心化的项目。

第二，中心区可以扩大成为以密集商业活动的节点网络形式存在的大都会。有人可能会问，在更广泛的区域内传播，以战略节点密集为特点的空间组织能否构成中心地区的组织新形式，而不是像通常观点认为的郊区化和地理空间分散那样。这些不同的节点通过网络和数字高速公路来联系，代表了新的区域地理关系中最先进的中心形式。然而，其他那些没有被数字高速网络覆盖的地方却被边缘化了。这些地域节点网络代表了我对区域概念重新构建的分析。远离中心地区的区域网络可能植根于传统方式的交通基础设施中，特别是联系机场的快速铁路和高速公路。具有讽刺意义的是，传统的基础设施可能从通信中获得最大的经济利益。我认为这是一个非常重要的问题，但它经常在一些关于通过信息通信进行区域综合的讨论中被忽视。

第三，我们正在目睹着由远程信息处理和密集的经济交易所构成的交易中心新形式……最有权力的新地域中心把主要的国际金融和商业中心与其他地区联系在一起：如纽约、伦敦、东京、巴黎、法兰克福、苏黎世、阿姆斯特丹、洛杉矶、悉尼、香港等，现在诸如圣保罗和墨西哥这样的城市也融入其中。这些城市之间的交易，特别是金融市场、服务贸易和投资方面的交易急剧增加，巨量的订单随之而来。同时，战略资源和活动在这些城市之间以及同一国家的不同城市之间的不均衡问题更加激化。例如，对比15年前，巴黎在法国的主要经济方面占有的份额与财富显著上升，而马赛曾经是主要的经济枢纽，现在的份额却不断下滑。

第四，在电子化的空间里也正在形成新形式的中心。电子化空间通常被认为是一种纯技术活动，从这个意义上说空间是单纯的。但是，如果我们考虑到这些空间中运行的金融业的战略内容，我们可以看到这些空间能够产生利益从而形成权力。这些技术可以强化金融业的盈利能力，提高金融资本的流动性，它们也会造成金融业相对于其他行业和特定人群的重要影响，乃至对整个经济的影响。网络空间和其他空间一样，可以通过多种方式表述，有些是善意和令人深受启发的，有些则不是。我的观点是经济权力结构建立在电子化空间之中，他们高度复杂的组成包含了协调性和集中性两个方面的特点。

中心化和中心的重新定义：一些实证案例

高层次管理、协调和服务职能集中的趋势在发达国家和国际范围内都很明显。例如，巴黎提供了法国超过40%的生产者服务，高级服务方面更超过80%。纽约的人口仅占全国的3%，但提供了全美生产者服务出口的1/5到1/4。伦敦的生产性服务出口占英国的40%，相同的趋势在苏黎世、法兰克福、东京这些位于更小国家的城市也很普遍。

在曼哈顿金融区，先进的信息和通信技术的使用已经对本地区的空间组织造成强烈冲击，因为智能建筑有更多的空间要求。满足这些要求的新办公大楼在过去10年里遍布于旧华尔街中心之外，因为旧的中心街道狭窄、地块狭小，不仅盖新楼很困难，翻新旧楼也极其昂贵且往往不可能。本地区的这些新建筑大多是企业总部和金融服务行业的设施，这些企业往往极其依赖远程信息处理，使用最先进的技术往往是购买房产和选址时考虑的首要因素。他们需要完全充足的电信系统和高承载能力，往往还需要专用交换机等等，这些都需要大空间。例如，支持企业交易活动的技术设备需要的空间可能与交易空间一样大。

悉尼的案例说明了巨大的洲际经济规模及其对于空间集聚的压力。20 世纪 80 年代的发展没有强化澳大利亚城镇的多极化，却提高了澳大利亚经济的国际化程度。外国投资比例的增加，向金融、地产和生产性服务的巨大转变促成了主要的经济活动和行动者更多地集聚在悉尼，而长期作为澳大利亚经济活动和财富中心的墨尔本所占的份额却不断减少。

服务强度和全球化的交集

为了了解 20 世纪 80 年代初以来特定类型的城市在世界经济中扮演的新的或急剧扩大的角色，我们需要关注主要过程的交集。第一个是经济活动全球化的趋势大幅增长，这提高了交易的规模和复杂性，从而也推动了顶级跨国公司总部职能的发展和先进的企业服务业的发展。要注意的是，虽然全球化提高了顶级公司运作的规模和复杂程度，但是对于涉及地理范围更小、经营活动更简单的区域性企业来说，全球化的影响也很明显。虽然区域性企业不需要关注跨国经营的要求与不同国家的法规，但是他们仍然有区域性运作的分散网络，需要集中管理和服务。

需要考虑的第二个过程是在所有行业组织中日益增长的服务力度。这导致了各行业企业对服务需求的大幅度增长。从采矿业和制造业到金融和消费服务，城市是提供给公司服务产品的主要场所，因此各行业组织服务力度的增大也对城市在 80 年代的发展有很重要的影响。意识到服务的发展在国家不同层次的城镇都很显著是很重要的。这些城市中有的是为了满足区域市场，有的是满足国内市场，还有的定位于全球市场，这样说来，全球化就成为一个规模和复杂度的问题。

从城市经济的角度来看，关键环节是各行业的公司日益增长的服务需求，并且无论是在国际、国家还是区域水平上，城市都是这种服务的首选生产基地。因此我们在城市中看到了金融和服务活动构成的新型城市经济核心，取代了古老传统的面向制造业的经济核心。

就这些城市的案例而言，（我们可以发现）主流的国际商务中心的新内核是由规模的大小、权力的高低和获利程度所组成的，这使我们发现了一种新的都市经济的构成形式。而这种认知至少是来源于以下两类见解：首先，即使这些城市作为金融和商业中心已经存在了很长的时间，但是从 20 世纪 70 年代起，这些经济中心所经营的商业和金融部门的结构已经发生了巨大的变化，这些产业在都市经济中所占的比重和规模都有了显著的增长。另一方面，一些新的金融和服务行业的复合体在金融和商务行业中所占比例上升，特别是它们中的国际金融机构引发了一种见解：新的金融权威机构出现了。尽管它们只是整个城市经济体中的一个小小的部分，但是这些机构仍对那些大的经济团体具有很强的影响力。其中最显著的便是为了在金融领域获得超额利润，不可避免地会使制造业贬值，其后果便是这些制造业再也无法获得金融业所能取得的超额利润。获利是金融行业的一种典型的行为。这不是说这些城市中所有的经济情况都已经发生了变化。恰恰相反，这些城市所展现出来的相似性和持续性表明了相对于把这些城市经济的各方面定义为全球化中的一个节点而言，这些转变更像是强行植入的全球化过程和全球化市场。这意味着经济全球化扩展异常迅速，并且为物价稳定注入了动力——

对经济活动和结果的新的价值评判。经济全球化对城市经济中的大部分行业具有毁灭性的副作用。一些拥有高昂价格和获利程度较高的国际性连锁行业，如价格昂贵的餐厅和酒店，已使得其他无法与其进行空间与资金竞争的行业，经历着全球化带来的萧条与被淘汰的命运，如我们所熟知的邻家小店正在被迎合城市精英口味的高档精品店和餐厅所取代。

虽然全球化在世界各地的普及程度不同，但是从20世纪80年代末开始，这种趋势已经不可阻挡了。大多数发展中国家的重要城市也被纳入到全球市场的这一体系中，圣保罗、布宜诺斯艾利斯、曼谷、台北和墨西哥城只是它们中的几个缩影。这些新的都市核心区被放松管制的金融市场孕育着，不断增加的金融和专业性服务行业把这些国家纳入到全球化的市场中去。对于外资开放的股票市场和曾经占据主导地位的国企私营化是促成这一现象的原因。这些城市规模巨大，新的都市核心区对于整个城市的影响不像伦敦和法兰克福那样明显，但是这种转变仍然是真实存在的。

新的生产综合体的构成

根据信息产业的标准概念，在全球经济中心城市中，生产性服务业出现这样快速的增长和不成比例的集中本不应该发生。由于嵌入了最先进的信息技术，生产性服务业在选址时应该能够逃离高成本与拥挤不堪的主要城市。然而，城市提供了资本聚集的机会和高度创新的环境。对于复杂、密集、专业化服务业的需求形成了经济上独立的专业化服务机构。

这些服务的生产过程因为邻近其他专业服务而获利，特别是在该行业内较为领先和具有创新能力的机构中体现得最为明显。复杂性和创新性通常都需要不同行业提供大量高度专业化的服务。举例来说，金融产品的推出需要会计、广告、法律、经济咨询、公共关系、设计师和印刷企业的共同工作。这些服务行业的生产特性，特别是在创新和复杂性方面，解释了它们为什么聚集在主要城市里。我们通常听到的关于高层次专业人士需要面对面进行沟通和交流的说法，可以从以下几个方面加以说明：市场性服务，不像其他服务那样，并不需要靠近其服务的消费者或企业，而是接近那些与他们业务相关或者能共同提供复合性产品与服务的企业。会计公司可以远程处理委托方的事务，但其服务的实质需要靠近其需要的专家、律师或程序员。同时，集中性也由于能够被这些高技能企业所雇用的员工而产生，因为他们需要大城市中心提供的便利设施和生活方式。同时面对面的交流触发的是大量的信息投入和反馈。在当前的技术发展阶段，与专业人士进行快速和直接地沟通与交流仍然是处理高度复杂事务与产品时最有效的方式。在大都会里集中应用最先进的电信和电脑网络设备是进行上述产业生产的关键性要素。

这些不同的约束导致了大城市中的生产性服务企业组成一个个生产综合体，提供更加综合的服务能力，与跨国公司总部保持直接的密切联系，成为联合的总部，即企业服务综合体。但是就我的理解而言，我们必须将两者加以区分。尽管很多跨国公司总部的所在地仍然高度集中在大城市中，但是在过去的20年间，他们中的很大一部分开始搬到城外去了。这些企业总部可以搬到城外，但他们需要生产服务网络，以提供其需要的专业化服务和融资。此外，那些具有大量海外业务的，高度创新的，以及产品线复杂的企业总部会坐落在大城市中。简而言之，那些按部就班、更加关注国内市场的企业总部应该会趋向于迁出大城市，那些在竞争激烈、创新性强，以国际市场为导向的企业总部将会集中于国际化的商业中心，无论成本会多么高昂。

全球信息化时代的区域概念

经济活动中大量使用电信技术，企业因此可以在地理上空间分散而流动，仅仅关注区域市场的观念显得过时。可以看到的是，大城市中信息产业的快速活动能力与地理分散的加剧只是片面的。有证据表明，在美国和其他发达国家的城市中，区域专业化在提供这些服务的实际工作中往往带来一系列不同的结果。

从区域的角度来看，重要的是这些为大城市的生产服务综合体而建立的通信设施，也能为区域内其他重要的经济节点服务，这些经济节点因此可以联结主要城市，乃至整个世界范围的企业和市场网络。从区域的角度看，这些地区面临的问题是，当地公司利用最先进的网络联系到世界的同时，也将其他外国公司带到当地。考虑到这些经济节点分布的区域网络，集中在大城市的好处不仅仅局限于这些城市自身的企业。

接着，就信息化产业的生产过程本质而言，就像前文中所说的那样，一些活动的地理分散程度还是有限的。面对面进行谈判和交易的重要性，意味着位于大都会或区域网络中的公司需要便利的交通设施，如高速公路和高速铁路系统，而且两地位置最理想的情况是不超过两小时的车程。新的信息技术自身值得讽刺的一点是，为了实现对它们的最大化使用，有时候我们仍然需要传统的基础设施。跨国交流时我们需要机场和飞机，国内和区域内活动时，则需要火车和汽车。

对于大量使用信息技术手段的用户来说，传统基础设施的重要性尚未给予足够的认识。现在主流的观点是远程互动系统已经替代了对于交通系统的需求。但是精确的、就发达产业生产流程的本质而言，无论企业注重全球市场还是国内市场，在过去十年间的电子化时代里，那些重要经济体间的商务旅行数量一直保持着快速增长的趋势。虚拟办公仅仅是一种有限的可能性，而不是纯粹的技术分析能够提供的结果，某些特定的经济活动可以在任何地方的虚拟办公室进行，但是对于需要大量专业化建议、需要创新及承担风险的生产者来说，与其他公司或者专家进行直接的面对面交流的需要，仍然是进行地点选择时的重要因素。因此，某一产业的大都会化和区域化还是存在一些限制的，这些限制就是它们往返于区域内主要城市之间的通勤时间是否控制在一个可以被接受的程度。具有讽刺意义的是，在如今这个电子化的时代，以前观念中的地段和基础设施重新成为关键性的经济因素。这种类型的区域与传统形式的区域有很多不同，像上文中第二种中心的形式那样，是通过数字化通信而连接的都市网络节点。但为了使这些数字化的网格发挥作用，传统的基础设施，最好是最先进的基础设施，仍是必需的。

现实空间与虚拟空间的交集

在新经济中显然出现了新形式的经济活动，这种新形式的经济不断交织在现实和虚拟空间中。在当前的世界中，不存在彻底的虚拟公司和虚拟经济部门。甚至对所有经济活动中数字化、去物质化、全球化程度最高的金融业而言，依然要在虚拟和现实空间中不断穿插才能实现。尽管程度有所不同，不同类型的经济部门和不同类型的公司都需要将其业务同时布局在虚拟和现实的空间中，具体的安排要根据其业务的数字化、标准化和全球化的程度而定。越来越多的远程控制系统和全球化正在变成一种基本的力量，以重塑经济空间的组织结构。

在这里，我留给建筑师们的问题是，这个关于虚拟与现实的交集点对于企业或者动态的经济活动来说，是否值得思考、理论化和探索？我认为这个交集是自主的，并且成为两个互相排斥的空间的分界线。我认为需要再一次对这条“分析性的边界线”(Analytic borderland)进行定义，结合其自身的特性和理论，包含其自身的建筑可能性。电脑屏幕所显示的空间，可能是这条分界线体现的一种形式，或者最多是这条分界线的部分定义。

在这里，背景(Contextuality)意味着什么？一个纳入到整个网络系统中的次要经济体，其业务一部分是在现实世界中进行，另外一部分则是面对着整个世界(虚拟化的数字空间)，我们很难界定它的背景。同样的，对独立的企业来说也很难做到这一点，它们的整个方向就是同时面对自身和整个世界。它们的交易跨越了其所在的区域，另一方面，我研究的全球城市更多关注全球市场而不是其狭义上所处的地域。因此，它们对于整个都市系统的意义进行了重新界定，并且以此为线索，从都市系统的角度出发人为地对整个国家的地域进行了整合。这通常发生在那些以高产出和高消费为主要发展动力的发达国家中，并且使整个国家实现繁荣。但是今天当有了如金融这样数字化、去物质化和全球化的产业时，上述情况没能实现。在这一背景下，与其他地区及其他产业的联系更加特别。比方说，纽约移民社区里的非正规经济为一些低收入工人在全球金融中心——华尔街工作提供了机会，同样的情况也发生在巴黎、伦敦、法兰克福和苏黎世。

结论

经济全球化和远程通信导致了这样的结果，人们开始倾向于在跨境网络的节点和资源丰富的区域建立城市。这不是一个新鲜的话题，数百年里城市一直处于世界交流网络的交点。所不同的是，这些网络的强度、复杂度和全球度不同，经济中去物质化和数字化的程度不同，大家流动的速度也不同。还有，融入更大地理空间范围形成的网络中的城市数量不同。

在两种意义上，新的城市空间性产生了局部性，即部分说明了城市中发生了什么和城市是什么，城市里仅仅容纳了我们通常认为的城市行政范围的一部分，或者说是城市公共形象的一部分。需要弄明白的是，在何种程度上城市仍然是上述这些新特性的整体。

世界城市网络：一种新的后地理学？

乔纳森·比弗斯托克　理查德·史密斯　彼得·泰勒

编者导读

在萨斯基娅·萨森关于全球城市中复杂的生产者和金融服务研究的带动下，许多学者开始通过不同途径研究全球城市体系。其中对全球城市体系层级研究最成功的是一组英国拉夫堡（Loughborough University）大学的学者，他们成立了一个创新的研究网络，被称为全球化与世界城市研究小组（GaWC）。这一组织由经济地理学和城市规划专家彼得·泰勒带领，GaWC 已总结出了来自多种来源的新数据以研究全球城市如何形成，也创造了分析数据的一些非常创新的方法策略。泰勒和他的同事——地理学家理查德·史密斯和乔纳森·比弗斯托克一起，正努力解决全球城市和全球城市网络的理论问题。

本文表述了一个相对较早的纲领性观点，它由 GaWC 的三位核心成员提出，并于 2000 年在《美国地理学协会年报》上发表。文章首先质疑主流社会科学中传统疆域主义的“后地理学”，这些主流观点认为世界是按照国家划分、边界清晰的政治经济生活的容器。作者认为“后地理学”应该意味着全新的城市地理学概念，远远超出传统的城市空间观念及理论空间模式，诸如著名的伯吉斯模型（Burgess model）等；新的观点强调世界各地城市和全球大都会区之间相互联系。作者认为，需要更加重视城市间的网络——像卡斯特利斯所说的那样，网络是建立在全球城市之间的流动、联系、连接和相互的关系。他们认为，这种城市间的网络已经变得前所未有的重要，而我们对它的发展轨迹和地理范围的认识却仍然严重不足。

GaWC 的研究人员承认第一波全球城市研究者的观点，但批评他们把重点放在全球城市的固定属性（如跨国公司总部的数量），而不是关注互通互联的全球城市中心之间动态变化的关系上。在《世界城市网络：一种新的后地理学》一文中，作者介绍了研究全球城市体系的方法，不仅研究了 74 家主要制造业和金融服务业全球办公室的分布状况，还特别对主要跨国制造业和金融服务业在伦敦的公司进行了范例研究。他们所使用的定量描述的方法，为城市体系研究开辟了一个全新的理论和实证的角度，对世界城市和全球化的研究产生了立竿见影的影响。

彼得·泰勒（生于 1944 年）是全球化与世界城市研究小组（GaWC）的创始人和主任，也是拉夫堡大学地理学系教授。他担任《政治地理季刊》（Political Geography Quarterly）和《国际政治经济回顾》（Review of International Political Economy）的编辑，发表了 300 多篇论文，其中 60 篇已被翻译成 23 种语言。他的研究分为三大类：当代世界城市网络的分析、基于历史的远至 16 世纪的城市网络比较研究和城市社会转型过程的理论。在他的著作中最具影响力的有：《世界城市网络：全球城市分析》（World City Network：A Global Urban Analysis）（伦敦：Routledge，2004）、《政治地理学：世界经济、民族国家》（Political Geography：World Economy，Nation-State Locality）（新泽西州恩格尔伍德：Prentice – Hall 出版社，2006），以及《全球化中的城市》（Cities in Globalization）（伦敦、纽约：Routledge，2006），此书与 Ben Derudder、Pieter Saey 和 Frank Witlox 合编。

自 2007 年以来，乔纳森·比弗斯托克一直在英国诺丁汉大学经济地理学系担任教授。在这之前，他是拉夫堡大学地理系的系主任，并担任 GaWC 的联合主任。他是《地球论坛》（Geoforum）和《当代欧洲研究》（Journal of Contemporary European Studies）杂志的编辑。他的研究兴趣包括全球化和世界城市、国际金融中心的地域关系（尤其是伦敦、法兰克福和新加坡）、银行业的全球化和世界经济背景下的技术劳动力迁移模式。理查德·史密斯是斯旺西大学的高级讲师，他专注于全球化和世界城市的理论研究。

《世界城市网络：一种新的后地理学？》基于同一团队的比弗斯托克、史密斯和泰勒所写的其他两篇文章之上——《世界城市名册》（A Roster of World Cities.《Cities》期刊 .1999 年 16 期），以及《法律的长胳膊：全球化世界经济背景下的伦敦律师事务所》（The Long Arm of the Law：London's Law Firms in a Globalizing World-Economy.《Environment and Planning》期刊 .1999 年 31 期）。若想进一步了解 GaWC 研究项目的信息，请参阅该组织的网站（www.lboro.ac.uk/gawc/）。关于全球化和世界城市的学术研究成果颇丰。对该领域最好的概况介绍是尼尔·布伦纳和罗杰·凯尔共同编著的《全球城市读本》、彼得·泰勒的《世界城市网络：全球城市分析》、萨斯基娅·萨森的《世界经济中的城市（第三版）》、曼努埃尔·卡斯特利斯的《网络社会的崛起》（The Rise of the Network Society，牛津：Blackwell 出版社，1996），J·约翰·佩伦的《城市化世界（第八版）》（The Urban World）（科罗拉多州巨石城：Paradigm 出版社，2008）。

正文

据报道，在阿波罗号飞船进行太空飞行期间，一位宇航员在回头看地球的时候惊讶地发现他竟然看不到国界。这种把我们的世界看成是一个"蓝色星球"的新观点与大多数现代人理所当然认为的以托勒密王朝国家中心为模型或图像的世界空间格局观点相矛盾，他们认为现代世界充满了网格、刻度和领土边界。作为对现代化器张气焰的进一步颠覆，只有中国古代长城被公认为是从太空中望向地球肉眼所能看到的唯一"人造"景观。然而有趣的是，长城并不是唯一可见的特征：在夜间，现代居住区就像黑色画布上清晰可见的光点。现代社会的整体面貌通过那些传回地球的照片图像被公众清晰地认知，这些图像由围绕北半球中纬度地区加上许多别处的灯光绿洲的宽阔地带所组成，而图上亮点确定了全球城市模型。

事实上，地球的这些"外观"确定了以定居点为单位的世界空间格局，而不是更为熟知的以国家为单位的世界空间格局——助长了当代"一个世界"[也被称为"太空船地球"（Spaceship Earth）或"地球村"（Whole Earth）]理论的发展，但最终却以全球化的"无边界世界"（borderless world）理论而告终。当然，地域不能只依靠可见的或隐喻的来判断。因此，国家边界正在太空照片中消失的事实并没能告诉我们任何关于当前国家权力影响世界地理的情况。但是，照片可以影响“后地理”或“人们得以组织自身关于世界的知识的空间结构”。在现代世界，已经明显地发展成为以欧洲为中心的和以国家为基础的特征。首先，这个夜间照片中的马赛克式空间结构挑战了人们居住在定居点的观点。这里，我们认为最大的光点是“世界城市”，它们的跨国功能对国家及其边界都提出挑战。这些城市存在于流动、联系、连接和相互关系的世界中。世界城市代表了另外一种后地理、一个网络，而不是国家的拼凑。

从历史上看，城市总是存在于相互关联的环境中，这其中包括物质的流动和信息传输。城市承担了向内地提供服务以及将内地与更广泛的区域联系在一起的中心角色。这些反映了经济地理学者对于产业的分布：初级和次级的活动通常位于农业和工业区域，而第三产业则位于功能性的区域，就像中心地理论中描述的那样。为什么我们所关注的当代城市在流动的世界中不同于先前有关第三产业的活动及其研究？首先，20 世纪见证了发达经济体中显著的产业升级：经济增长由最初依赖于制造业而转变为越来越依赖于服务行业；其次，这一趋势已被近期大规模的信息技术的发展所增强，信息技术的发展不仅有助于提供更加迅速的服务和实施高效的控制，而且更为关键的是能够在全球范围内实施这些运作。当代的世界城市是这些经济变化的结果，从太空看到的夜间巨大的光亮区域实际上是大量连接的信息流，是一种新型的功能空间，对于新时期的地理认知来说是至关重要的。

（我们）初步的研究报告基于实证性研究，试图描述世界城市之间新的地理关系。这样一个适度的目标被认为是必要的，因为在研究世界城市的文献中，对于城市关系的研究都存在着根本性的不足：关于世界城市的研究一般都有着充分的信息，因此有利于分析评价个别城市和进行几个城市的比较；然而，这些用于分析的数据绝大多数来源于对城市属性的测量，这些信息对于评估普通城市重要性和学习城市内部进程是有用的，但没有直接告诉我们城市之间的关系。因此城市可以根据其属性确定等级，但旨在发掘流量或者网络的分层定序需要不同类型的数据，这些数据来源于对城市之间关联性的测量。在这些研究领域中，关联性数据的缺乏通常被称为“肮脏的小秘密”。换句话说，在这个新的地理学领域，我们能够了解这些节点，却对它们之间的连接知之甚少。

关于数据的特定解决方案是把研究重点放在那些具有全球性办公地点选择战略的大型企业服务公司。完成这一数据收集工作后，我们可以从两个方面分析组合的数据：首先得到一个网络，其次得出一个世界城市的脉络，也就是这个网络所指向的城市——伦敦。我们的这些分析均是独立的，是本领域率先完成的经验主义研究。通过简短的结论，我们认为这一新的后地理学将会带来未来影响：因为我们正在见证进行中的反乌托邦的过程。

全球办公地点战略

能够用来研究全球范围内城市之间关系，并能获得的公开数据是国际航空客运的统计数据。因此，毫不奇怪当今世界城市网络的实证研究均倚重这个数据来源。但这些统计数字对于世界城市之间关系的描述也有严重的局限性：第一，这些数据包含的信息多于与世界城市的形成进程相关联的内容（如旅游业数据）；第二，数据记录中包括了跨国的数据，却没有记录重要的国内城市间的旅行数据（例如，纽约至多伦多的数据被记录在内，但纽约至洛杉矶的数据则没有）。后者虽可以通过扩大国内航班的统计数据加以优化，而这些航空公司控制的中心辐射系统的特质，也对使用这些数据来描述世界城市网络提出了另一个重要的警示。

了解先进生产性服务公司的全球定位战略，是解决上述问题来描述世界城市网络的替代办法。在全球范围内提供商业服务的公司必须在整个世界各大城市中合理安置他们的员工和专业人士，以便更好地服务于他们的客户。设立办事处虽然是一项昂贵的投入，但如果该公司认为，一个特定的城市是为了履行其企业共同的目标而必须占领的地方，必要的投资就是值得的。因此，先进生产性服务公司的办公室地域分布，说明了这些公司所选择的内部办公网络，并以此对城市之间的关系作出了注解，从而为我们提供了对世界城市进程的战略解析。从这个角度看，世界城市网络的形成是所有这些主要的先进生产性服务公司的全球定位战略的总和。

公司办公网络的信息可以通过各种资源的调查来获取，如公司网站、内部指南、为客户提供的手册和贸易出版物等。我们收集到分布在 263 个城市的 74 家公司（包括了会计、广告、银行/金融、商业法等行业）的数据。经过对这些数据的初步分析，我们标示出这些城市中的 143 个主要办公中心，同时在数量、规模和办公室重要性的基础上，确定其中的 55 个城市为世界城市，它们被用来作为研究世界城市网络的基本框架。

城际间的全球网络

根据 55 个国际性大都会提供的城市服务而分为三个级别，包括 10 个 α 级别城市、10 个 β 级别城市以及 35 个 γ 级别城市。在这个章节，只有 α 级别的城市（芝加哥、法兰克福、香港、伦敦、洛杉矶、米兰、纽约、巴黎、新加坡和东京）用来诠释办公室的地理联系如何影响城市间的关系。可以注意到十大世界性大都会在地理上的分布情况，它们都相对平均地分布在我们之前认定的三个主要“全球化竞技场”区域：美国、西欧和亚太。世界性城市关系网络的架构是由这些 α 级别世界城市的关系勾勒出来的，采用的方法是根据全球最大的 46 家公司是否在当地设立办公室的数据来认定（这些公司都在 15 个以上不同的城市设有办公室）。

α 级别世界城市之间的关系：在两城市中均设有办事处的公司数目 表 1

	芝加哥（CH）	法兰克福（FF）	香港（HK）	伦敦（LN）	洛杉矶（LA）	米兰（ML）	纽约（NY）	巴黎（PA）	新加坡（SG）	东京（TK）
芝加哥										
法兰克福	21									
香港	21	30								
伦敦	23	32	38							
洛杉矶	21	23	29	33						
米兰	19	28	29	32	22					
纽约	23	32	38	45	32	32				
巴黎	21	30	32	35	27	28	34			
新加坡	20	30	34	35	26	29	35	32		
东京	23	30	34	37	30	29	37	32	32	

表 1 显示的是“同时存在数量”，在这个城际间模型中每一格的数据表示的是在两个 α 级别城市都设有办公室的公司数量。因此，伦敦和纽约“共享”46 个公司中的 45 个，只有一个公司没有同时在两个城市中设有办公室。很显然这两个城市是这些具有全球战略的公司进行合作服务的不二选择。图 1 中，20 个最高的“同时存在数量”被分为两个层级。

从较高的层级中挑选出萨斯基娅·萨森认为的三大国际大都会：伦敦、纽约和东京，显示为一个三角形（但同时注意到，香港和伦敦、纽约也有着这种联系）。从较低层次的联络关系看，伦敦和纽约与其他 8 个城市也有共享存在，但是也要注意到，数据中亚太城市的情况：新加坡和东京、中国香港一样连接着 5 个其他的城市，和巴黎在同一个水平上。形成对比的是纽约以下的美国的世界城市，洛杉矶同时存在数量与法兰克福、米兰排在倒数第二的级别，而芝加哥则很孤独，在图表中没有包含最低水平的城际间的联系。这张表格也可以用来解释三大全球化竞技场中地缘政治的分布情况。

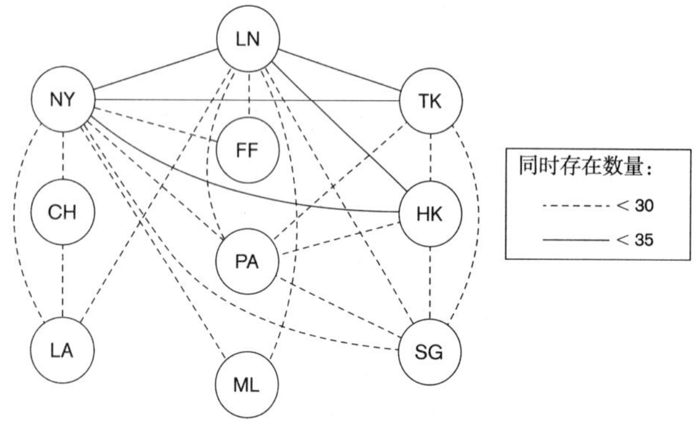

图 1

在最为分散的亚太地区，没有一个处于统治地位的世界城市，所以至少需要在三个城市设立办公室来覆盖该区域：即香港以服务中国，新加坡以服务东南亚，东京以服务日本。相对的，美国作为一个整体，占据一个城市便可以覆盖全国市场，结果使纽约对其他的美国城市产生了阴影效应。与此同时，西欧正在日渐政治一体化，但数量众多的国别化市场，使伦敦不足以达到像纽约一样统治它的区域腹地的水平。

“同时存在数量”均衡地以定量而非指向性的方式诠释城际合作。与此相对，表 2 则不均衡

α 级别世界城市的办公室同时存在指数矩阵 **表 2**

	芝加哥	法兰克福	香港	伦敦	洛杉矶	米兰	纽约	巴黎	新加坡	东京
芝加哥		89	89	100	91	79	100	89	83	100
法兰克福	67		93	100	72	87	100	95	94	95
香港	60	82		100	80	80	100	85	92	90
伦敦	59	77	87		78	78	98	83	83	86
洛杉矶	67	73	89	100		70	97	84	81	89
米兰	59	88	93	100	67		100	88	91	93
纽约	59	77	87	98	77	77		79	83	85
巴黎	64	85	90	100	80	81	97		90	90
新加坡	60	87	98	100	78	83	100	92		95
东京	64	84	93	100	83	81	100	87	88	

地用概率来诠释城际联系。

表格中的每一格显示的是 A 城市的某个公司在 B 城市设立办公室的概率。因此，表 2 显示的是如果你和以芝加哥为基地的某公司做生意，那么该公司将有 91%（应为 89%——译者注）的概率在法兰克福设立办公室。另一方面，就法兰克福的公司来说，它在芝加哥设立办公室的概率只有 66%（应为 67%——译者注）。这种不对称的现象用向量 2 和 3 表示。

首要向量显示的是概率高于 95% 的城市。可以注意到在这个层面上所有城市都和伦敦、纽约有联系（图 2）。在图 1 中，只有东京和香港达到了这种最高的联系程度的级别，但是它们都只有单一的联系。同样，观察概率较低的城市关系时也很有趣，正如图 3 所示。这张表格强化了上面提到的关于三大全球化竞技场的论述：芝加哥和洛杉矶没有来自其他全球化竞技场的箭头，即像大部分欧亚城市那样的联系形式。亚太城市拥有的箭头居多，但是法兰克福和巴黎也有一定的来自其他城市的箭头。这是第一次以这种方式，从全球的角度研究城际间的关系。作为初期研究的预期，可以得出一些针对进一步研究的建议，在一定程度上多纳入一些城市和精确的网络来分析，以便梳理出更符合当下世界城市网络的更深入特征。

不过更紧要的任务是超越这些横向的分析，从时间角度纵向地探测出世界城市网络结构发展的趋势。只有这样，我们才能作出可靠的评估，评估城际网络在新千年的发展动向和它将如何影响不同的城市。比如说纽约的阴影效应是在增强还是在减弱？我们目前尚不得而知。

案例分析：伦敦——触及全球

目前还没有一份出版物，以与世界其他城市的联络程度来评估一个世界性城市的全球性能

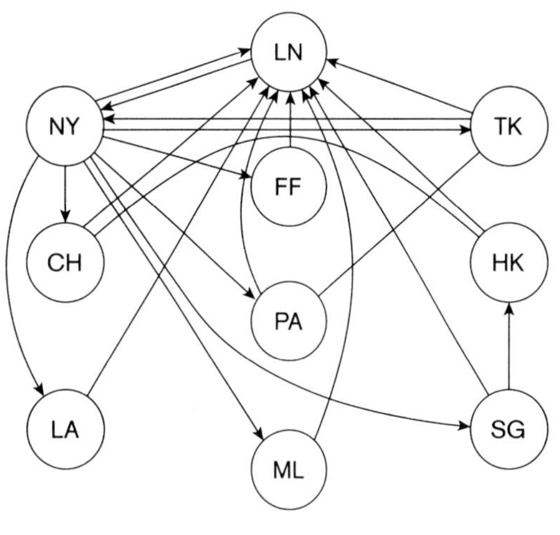

图 2

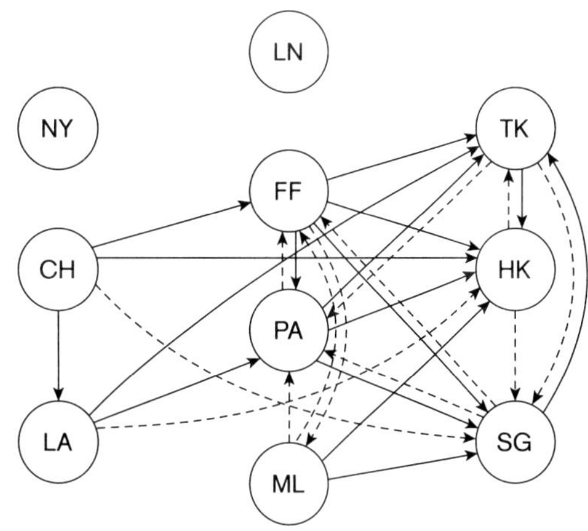

图 3

力。关于生产者服务公司的办公室分布的地缘数据库特别适合这个研究，这里我们以一个简洁的图解来分析伦敦。

这里对伦敦进行分析所用的数据在三个方面有别于我们之前用到的那些。第一，因为这次只分析伦敦的公司，所以上述有一家跟伦敦没有交集的公司不被考虑在内。此外，我们增加了公司的样本总量，包括了一些小公司，现在总共有 69 家公司。第二，我们包括了所有 55 个国际性大都会。第三，对于许多公司来说，可以研究的远不只是它们设或者不设办公室这么简单，还包括该公司的从业人员和专家数量，以及在给定功能的基础上办公室被分配到评级城市的顺序量表。

为了将这些数据整理为一个可供比对的标准，所有的三个层级（间隔的、顺序的和名义上的）被整合到一个统一的标尺上。对于每一个世界性城市，每家公司根据下述规则进行打分：（0）无办事处；（1）象征性存在，或在别处能得到信息，只是极少地存在；（2）相关信息适度存在；（3）相关信息大量存在。在判定额外信息存在的数据时，我们很小心地对数据进行划分。对于大型的会计公司，比如，在这个城市中“少量存在”被定义为少于 20 名员工，“大量存在”则意味着多于 50 个专业从业人员。然而，对于律师事务所来说，则同比例缩小到 10 至 20 名。通过这个方法，我们可以超越地理意义上的存在与否，而关注该公司是否能在一个城市里提供专业服务。

根据每一个产品服务分项，我们对总部在伦敦的公司在其他 54 个世界城市提供的服务进行了评分，大致能够估计伦敦公司在其他世界城市的服务状况。表 3 中，根据提供服务的程度对 10 座世界性城市进行了排名。正如预期，α 级城市在最后一个部分中表现突出，而纽约在所有四个部分中都排名第一或并列第一。此外，其他的世界性城市也展现各自特色：最明显的是政治中心华盛顿和布鲁塞尔在法律服务方面尤为突出；杜塞尔多夫在会计服务方面轻松超越了同属于德国的 α 级城市法兰克福；与英国的联系也使悉尼和多伦多在一些服务行业中保持领先。结果标准化计算后得出了城市联系的“平均水平”，以及除芝加哥外的十大 α 级城市。洛杉矶依然排名垫底，显示出与伦敦关系方面的纽约的阴影效应。

当把世界上所有其他城市都考虑进来的时候，伦敦与城际间的连接，便向我们展示了一幅伦敦触及全球的网络图。这个平均的百分比从最高的纽约（87），其次是巴黎（68），香港（64），到最低的明尼阿波利斯（15），还有大阪（21），慕尼黑（22）。根据这些平均分，世界城市按照与伦敦联系程度的紧密关系可以被分为 5 档。纽约作为“首要链接”，其次是巴黎和香港作为“主要链接”，这三者之后，得分在 50 以上的，有 9 个“重要链接”。其余的被分配到了 18 个“中等链接”（36—50 分），和 24 个“小链接”中去。这些链接被列在图 3 中，相对平均地分配在三大“世界分区”以及毗邻的地区中，纽约带来的阴影效应依然存在。

在进入 21 世纪前，伦敦的大问题是它能否继续坐稳欧洲城市老大这把交椅。随着欧洲中央银行落户在法兰克福，城际间的竞争正在上演。目前，正如我们之前所展示的，伦敦在欧洲的竞争中还是占有明显优势。但是，根据经验，为了洞察这场竞争的动向，我们必须用发展的数据来增加横向的比较，再作些类似的城市分析。

结论：后地理学的糟糕处境

里卡尔多·彼得雷拉（Riccardo Petrella），有时被称为“欧盟的官方未来学家”，警告说：“富裕的城市地区正像孤岛一样为贫困的星球所包围”。他设想了一个场景，到 2025 年，世界

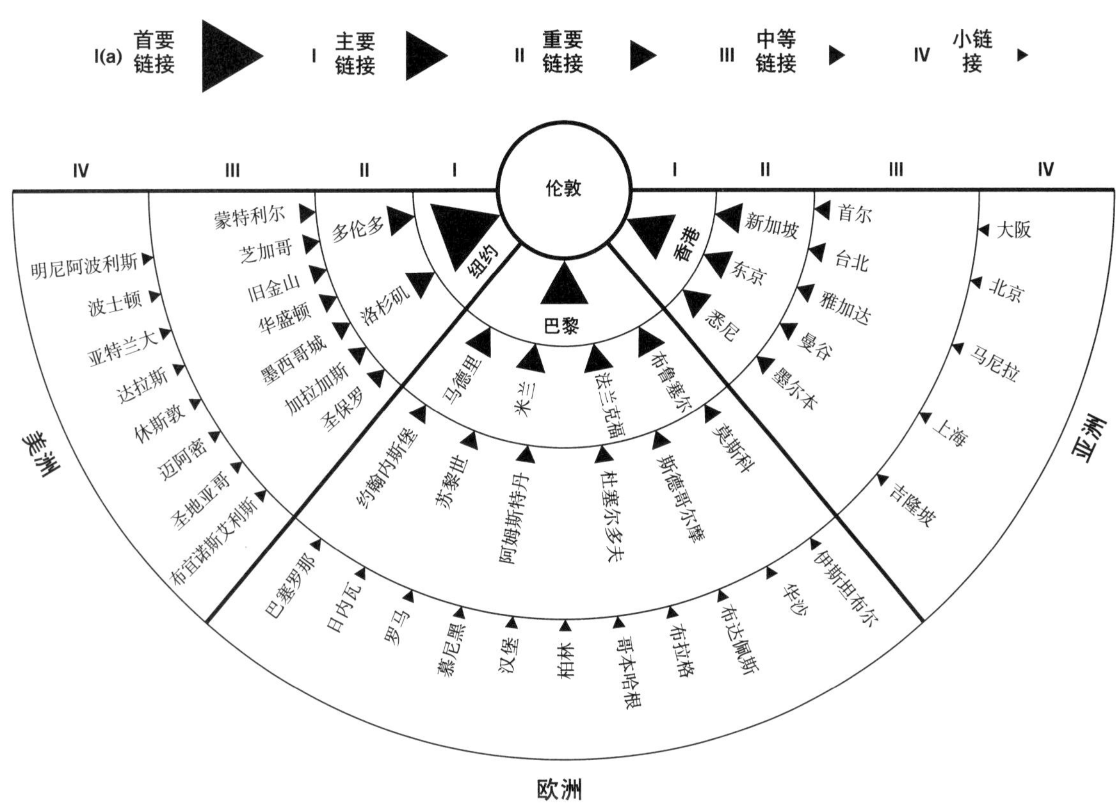

图 4

与伦敦办公室联系排名最前的 10 大城市　　表 3

会计	广告	金融	法律	平均
1. 杜塞尔多夫，纽约，巴黎，东京，多伦多	1. 纽约 2. 布鲁塞尔，马德里，悉尼，多伦多	1. 纽约 2. 新加坡 3. 香港，东京 5. 法兰克福	1. 纽约 2. 华盛顿 3. 布鲁塞尔，香港 5. 巴黎	1. 纽约 2. 巴黎 3. 香港
6. 芝加哥，米兰，悉尼，华盛顿	6. 米兰，巴黎	6. 巴黎，苏黎世	6. 洛杉矶	4. 东京，布鲁塞尔
10. 亚特兰大，布鲁塞尔，法兰克福，旧金山	8. 洛杉矶，新加坡，斯德哥尔摩	8. 悉尼 9. 马德里 10 米兰，台北	7. 东京 8. 新加坡 9. 莫斯科 10. 法兰克福	6. 新加坡 7. 悉尼 8. 米兰 9. 法兰克福，洛杉矶，多伦多

30 个最强大的城市地区（CR-30）将取代现在的 G-7（七国集团，目前七个最强大的国家）形成一个新的全球治理结构。这种预测是基于伴随着经济全球化而来的财富和收入在世界城市的极化现象。世界城市的从业人员和专业人士，在一个全球性的劳动力市场中工作，并获得了"全球化的工资"（主要是以奖金的形式），并因此形成一个新的收入分类"拿工资的富人阶层"。

彼得雷拉对目前可能导致分裂的糟糕处境的趋势发出了警告，以警示我们将要面对的危险，但城市并非只能成为可怕的未来。在大都会里文化冲突关系可以得到最好地管理并加以创造性地利用。当然，现代国家，他们的野心是民族国家，在处理文化差异的问题上有着骇人听闻的纪录。但关键的一点是，这不是一个简单的城市与国家的问题。世界城市并没有削弱国家的权力，他们是目前正在进行中的全球性权力重组的一部分，就像过去很多次重组一样。伦敦的世界角色和英国的经济关系之间，以及纽约的世界角色和美国的经济之间，和所有其他世界城市及其所在的国家经济体之间，都正在经历着重新洗牌的过程，而这一过程也是更为宏观的全球经济与空间关系中影响网络与用地平衡的组成部分。在本文中，我们已经说明如何进行城市经济网络的实证分析，以补充传统经济地理学对于国家之间比较优势的研究。我们的一个明确的结论是，在新的千年，我们不能忽视这个新的后地理学，世界城市网络。

流的空间和场所空间：信息时代的城市理论素材（2001，2002）

曼努埃尔·卡斯特利斯

编者导读

对后现代理论家曼努埃尔·卡斯特利斯而言，空间的概念是用来表达城市社会的基本单位。根据他的理论，当代城市生活的空间体验通过两种空间得以表达：一种是被他称为“流的空间”的电信电子、电脑网络世界，这是新的全球经济运作的主要空间；另一种是“地方空间”的物理世界，也即在大都会地区中的社区及地方商业节点，这是人们过日子、建立个人和家庭关系、发展实现个人认同的地方。

就像19和20世纪对应的是“工业城市”一样，卡斯特利斯认为21世纪的社会已经进入了以新的“网络社会”和“信息城市”为特征的“全新的信息时代”。然后，他回顾了后现代城市社会中所发生的变化。其中一些变化仅仅是延续了早前的发展：例如，快速城市化和大都会区域化、家族式家庭的崩溃、越来越多的多民族城市社区、一定程度上由于增加的城市暴力和偏执犯罪文化而产生的社会隔离。其他变化则是完全新出现的：以通信技术为基础的“网络和城市节点的全新地理形式”；社会关系方面，网络上的虚拟社区对传统物理社区提出了挑战，尽管传统物理社区是在紧密的相互作用中发展起来的；以“网络国家”的出现为基础的地方管理新形式。以这一新的城市现实调查为基础，卡斯特利斯建立了他称之为功能、意义和形式的研究城市的三向度理论方法。“功能”指的是电子化联系的全球和面对面联系的地方之间的动态对立。“意义”则意味着“个性化”（个人身份）和“社会性”（共享的种族、社会地位和文化特征）之间的复杂关系。“形式”是指网络和物理这两种空间维度的冲突和相互作用。卡斯特利斯写道：“流的空间包含在地方的空间之中，但它们的逻辑不同。”

卡斯特利斯认为信息时代的社会组织包含了占主导地位的经济、技术、媒体和体制的集中化进程，因为它们都是通过全球网络加以组织的。如乔纳森·比弗斯托克、理查德·史密斯、彼得·泰勒和萨斯基娅·萨森所描述的，跨国界的网络构成了世界经济的重要方面。另一方面，通过迈克·戴维斯描述的洛杉矶因空间隔离而导致的可达性公共空间的破坏和阿里·迈达尼普尔（Ali Madanipour）描述的社会排斥形式，卡斯特利斯观察例外的情况，与尼尔·布伦纳和罗杰·凯尔一样，卡斯特利斯认为新的全球城市的社会不平等问题需要通过新形式的社会和政治上的积极行动来解决。

卡斯特利斯构建的理论能直接应用到城市规划、农业、城市设计和政府管理领域。他的一些观点可以看作“旧瓶内的新酒”。卡斯特利斯提出“城市风格、街道生活和市民文化”的观点应该同“经济竞争力”一样重要，它和刘易斯·芒福德提出的“城市戏剧”理论相通；卡斯特利斯本人注意到，他对公共空间社会重要性的强调，实际上是重申和更新了凯文·林奇和艾伦·雅各布斯的观点，而且与卡米洛·西特、威廉·H·怀特和扬·盖尔的观点完全一致。同时，卡斯特利斯认识到：一个网络和物质空间对立的新型城市世界，需要我们彻底更新对城市和城市生活的理解。如今，认识城市必须从大都会区域的尺度上开始，对于城市规划、设计和政府管理的挑战，则是在人们所生活的完全不同的城市世界——电子流的空间和物理的地方空间之间——创造有意义且有效的“沟通”。

曼努埃尔·卡斯特利斯是一位真正的国际人士。他 1942 年出生于西班牙，青少年时期由于参与反佛朗哥政治运动而逃离西班牙，并在巴黎大学学习社会学，然后留校任教。1979 年，他加入加利福尼亚大学伯克利分校，在城市和区域规划以及社会学学院任教达 24 年。现在，他一部分时间在巴塞罗那开放大学当研究教授，另一部分时间则在洛杉矶南加州大学担任“沃利斯·安纳堡（Wallis Annenberg）科技和社会讲座”的教职。他还是麻省理工学院“马文（Marvin）和乔安妮·格罗斯曼（Joanne Grossman）科技和社会专业”特聘教授，也是英国牛津大学互联网研究中心的杰出访问教授。20 世纪 80 年代，在彼得·霍尔称为城市规划理论的“马克思主义崛起”时期，卡斯特利斯在资本主义国家、基层城市抗议运动和城市规划的环境下，系统建立了复杂的新马克思主义理论。近年来，他的研究转向了高科技和信息革命对社区生活和城市发展的影响。由于这些基础研究，卡斯特利斯被称为“虚拟文化理论家”和“第一位伟大的网络空间哲学家”。

作为大约 20 本著作的作者、15 本著作的合著者，以及百余篇学术期刊论文的作者，卡斯特利斯是当今学术界最具影响力和被最频繁引用的学者之一。本文是对卡斯特利斯在 2001 年和 2002 年两次演讲的扩充和修订。他的代表作是《信息时代三部曲——网络社会的崛起》（Information Age Trilogy：The Rise of The Network Society）（牛津大学：Blackwell 出版社，1996）、《认同身份的力量》（The Power of Identity）（牛津大学：Blackwell 出版社，1997）和《千年的终结》（The End of The Millennium）（牛津大学：Blackwell 出版社，1998）。卡斯特利斯关于信息技术和城市的其他著作还包括：《信息城市：信息技术、经济重构与城市区域化进程 》（The Informational City：Information Technology，Economic Restructuring，and The Urban-regional Process）（牛津大学：Blackwell 出版社，1991），文章选集《高技术、空间与社会》（High Tech，Space，and Society）（Beverly Hills，CA：Sage，1985），与彼得·霍尔合著的《世界技术城市》、《城市与草根》及《城市问题》。卡斯特利斯整个学术生涯的优秀论文选录在由 Ida Susser 编辑的《卡斯特利斯论城市和社会理论读本》（The Castells Reader on Cities and Social Theory）（牛津大学：Blackwell 出版社，2002）。斯蒂芬·格雷厄姆编辑的《电脑化网络城市读本》（The Cybercities Reader）（伦敦：Routledge 出版社，2005）是对卡斯特利斯关于电子化城市生活和信息时代的城市文献的完整收录。

正文

我们进入了一个被称作“信息时代”的全新时代。空间的转化是一切结构转变的基本维度。我们需要一个关于空间形态和进程的新理论，适用于新的社会、技术和空间背景。这里我将提出几个关于信息时代城市理论的基本要素。我不会展开关于信息时代的分析，请参阅我的信息时代三部曲（Castells，1996—2000）。

我的理论并非建构在其他的理论基础之上，而是基于对全球社会和空间变化趋势的整体观察。在此，我将首先概述21世纪伊始的主要空间变化趋势；接着将尝试对这些空间趋势的观察进行理论解释；之后我将强调信息时代城市出现的主要问题，特别是城市作为文化传播的社会空间系统出现的转变；最后，我将以对城市规划、建筑和城市设计的分析得出一些建议性的结论。

21世纪初城市空间的转变

空间的转变应该在更宏观的社会转变背景下加以理解：空间并不反映社会，而是表达社会，它是社会的基本范畴，与社会组织和社会变革的整体进程密不可分。因而，作为信息时代的特征，一个新的网络社会正在形成，同时，一个新的城市的世界也正在形成。这些宏观变化与空间形态和城市演进的重要发展有关，可以概括为以下主题：

● 由于商业化的农业基本实现自动化生产，全球经济已在世界范围内形成整体生产网络，世界主要人口都已经居住在城市地区。可以预见的是，城市化程度将继续提高，21世纪中叶城市人口将达到世界总人口的2/3到3/4。

● 这种城市化过程并不是平均地发展，而是形成一种新的大都会地区：城市群在巨大的地域中膨胀和分布，组合为功能整合而社会性质相异的多中心结构，我将这种新的空间形态称为大都会地区。

● 先进的通信技术、互联网、快速的电脑管理交通系统使空间的集聚与扩散同时成为可能，展现出一个由网络和节点构成的新的地理范畴，既是覆盖世界、遍及各国，又在大都会地区之间及内部存在。

● 社会关系表现出个性化和地方自治的特征，空间的模式化与在线的交流同时发生。虚拟社区和物理社区密切地交互发展，所有集聚的过程都受到日益增长的工作、社会关系和居住习惯的个性化的挑战。

● 传统父权家庭的没落，使得社会组成因不同的文化与经济发展水平，由以家庭为单位转变为以个人为单位的网络（通常是妇女及其子女，也包括彼此独立的同居关系）。对住房、邻里、公共空间和交通系统的使用与形式都产生了可观的影响。

● 作为新的经济活动形式的网络化企业，有着高度分散和平等的工作与管理模式，使工作空间和居住空间的功能性差异变得模糊。类似手工业时期的工作与居住混杂的布局方式重新出现，旧的工业空间被改造为信息生产空间。这一现象不仅出现在纽约的硅谷地区或旧金山的多媒体谷，同样也成为伦敦、东京、北京、台北、巴黎、巴塞罗那和许多其他城市的特征，生产性用途的改变比居住形式更能体现城市空间的新转变。

● 世界范围内的城市空间越来越表现出多民族和多文化的特征。芝加哥学派曾经讨论的旧议题，由于种族组成的多样化而显得更加严重。

● 全球犯罪经济稳固地根植于城市的架构中，为犯罪文化提供了工作、收入和社会组织，深刻影响到低收入群体乃至整个城市的生活。随着城市暴力活动和变态行为的蔓延，防御性的居住模式越来越多。

- 不同个体和不同文化之间交流方式的崩溃与防御性空间的出现，形成了完全隔离的区域：戒备森严的富人社区和穷人的地盘并存。

- 作为对郊区蔓延和居住模式个人化的应对，城市中心和公共空间成为地方生活的重要表现，体现出特定城市的活力与特性（Hall，1998；Borja，2001）。然而，商业压力与模仿城市生活的企图常常将公共空间变成主题公园；在这里，塑造城市的是符号而不是体验，最终在媒体中投射出一个虚拟的城市。随着独立性的增强，城市空间也被用于少数个体的消费。

- 总之，全新的城市世界似乎被双重运动所控制，被跨国界的网络所包含，并被分隔的地方空间所排斥。人和地方的个体价值越高，它们使用互联网的机会越多；反之，个体价值越低，就越少使用网络。边远的地方脱离新的网络，造成了遍布世界的落后乡村和简陋城镇，分裂的都市生活在基础设施相互分离的网络里进行着……

- 大城市区域的体制，并没有统一的名称、文化和管理机构，削弱了行政责任、公众参与和有效的管理机制（Sassen，2001）。另一方面，在全球化时代，地方政府变成灵活的参与者，同时与地方居民和全球流动的势力和资本发生关系（Borja and Castells，1997）。并非因为他们足够强大，而是因为包括国家政府在内的各级政府，都缺少足够的管理和控制能力。因而，一种新的国家形式——网络国家——出现了，形成一个由国家政府、州省政府、区域政府、地方政府，甚至包括非政府组织的超国家管理机构。地方政府成为制度的代表和管理链上的节点，可以在整个过程中近距离代表市民价值与偏好。实际上多数国家的民意测验表明，相对其他各级政府来说，百姓更加信任地方政府。

- 无论如何，城市的社会运动并未消失，而是沿着两条主线有所变化。首先是保护地方社区，确保人们获得合适的居住空间，享有合适的住房和城市服务。第二是环境运动，旨在保护城市品质，获得更广义概念上的生活质量；不仅要更好的生活，还要不同的生活。经常地，环境上更广义的目标被转化为保护特定群体的行动，两个趋势因此而融合。然而，只有像生态思想家和活动家所提议的那样，通过城市生活的文化变革，城市社会运动才有可能突破地方主义的束缚。实际上，如果将他们封闭进自己的社区，城市社会运动可能导致空间的进一步分裂，最终导致社会的断裂。

在这些城市社会变化的大趋势背景下，我们可以理解新的空间模式和进程，并重新思考21世纪的建筑、城市设计和城市规划。

空间转型的理论方法

为了从观察城市发展趋势转向城市的理论研究，我们需要在比较分析的层面上把握社会经济空间变化的关键要素。我认为信息时代的城市转型围绕三条轴线组织，分别是功能、意义与形式。

功能

从功能上讲，网络社会是围绕着全球和地方之间的对立而组织的。经济、技术、媒体的控制由机构化的组织在全球网络中实施。而每天的日常工作、私人生活、文化认同以及政治参与，基本上是地方性活动。由于通信系统的存在，城市与地方和全球都将连接在一起，而这正是问题开始的所在，因为这是两个相互矛盾的逻辑，城市同时应对二者的影响，造成城市从内部出现分裂。

意义

就意义而言，当今社会兼具个性化与群居的矛盾性。通过个性化，我明白从生物性上讲个体对于项目、兴趣和代表的全部意义，根植于个体内。从群居性上说，共同的身份包含的全部意义，是以价值和信仰系统为基础，其他所有身份均来源于此。而社会则是存在于两者之间，在个体与制度所设定的身份交替之间，在市民社会的构成来源……

在网络社会形成阶段，我观察到的趋势表明，个性和文化之间、个人和社会之间的关系日益紧张，距离越来越远。因为城市是大量被迫共存的个体的聚合，公众生活在大都会的空间里，个体性和群居性之间的分裂，使得作为沟通和行政手段的城市的社会系统承受非同寻常的压力。社会融合再次成为最重要的问题，尽管面临新的环境，并与那些早期工业城市时期的情况完全不同，这主要是因为空间形式作为第三条轴线体现了不同的趋势。

形式

在流的空间与地方空间之间，存在着日益加强的压力和联系。

流的空间通过互动的网络将不同的地点连接起来，特定地理环境中的人与活动都由这一网络维系着。地方空间则围绕地方特性来组织体验和活动。流的空间与地方空间按各自的逻辑同时建构和解构，城市没有消失在虚拟的网络中，只是通过电子方式和物理接触的方式来交互，通过网络和地方的结合而被转化……信息城市围绕这种双重沟通系统而构建。在同一时间里，我们的城市由流量和地方以及它们之间的关系组成。两个例子将有助于阐述这一观点，一个从城市结构的角度来看，另一个从城市的体验来看。

谈到城市结构，全球城市的概念在 20 世纪 90 年代得到普及。虽然大多数人将这一词汇与一些占主导地位的中心城市联系在一起，如伦敦、纽约和东京，然而全球城市的概念并没有指称任何特定的城市，而是那些将各个分散的城市连成网络并统治整个地球的城市。全球城市是一种空间形态，而不是某些城市的特殊头衔，虽然这些城市在全球网络中占有更多的份额。从某种意义上说，包括纽约和伦敦在内的所有城市，其大部分地区都是属于地方，而并非着眼于全球。许多城市不同规模的地域，分布于不同层面的全球性网络中。这种将全球城市理解为全球化过程中产生的一种空间形式，比之于城市营销机构的广泛宣扬，应该更近于萨斯基娅·萨森对于全球城市的开创性分析。因此，从结构上来看，城市在全球经济中的作用取决于其在整体交通和通信网络方面的连接能力，取决于其在全球竞争过程中有效获得人力资源的能力。作为这种趋势的结果，城市中与全球经济联系最紧密的重点地区，将在投资和管理方面获得最多的关注，因为他们是城市价值的来源，这些节点区域及其周边地区将获得发展的契机。因此，大都会的经济命脉取决于他们调动与安排各自区域功能与形式，以确保他们在全球流的空间竞争中的竞争力。

从城市体验来看，现在的城市环境已经布置了越来越多的电子通信设备。我们的城市生活环境……已经成为电子化的乌托邦，是一种与我们不断互动的新的城市形态，有意或无意地，以无线的方式连上网络信息系统。实事求是地说，流的空间已被置入地方空间。然而，两种空间的逻辑截然不同：网络体验与面对面的经验各自不同，关键问题是确保二者能够相互融合。

信息时代的城市主题

社会融合的问题曾是工业化时代城市化进程中的问题，现在又再度出现在城市研究的理论前沿。事实上，问题的重点是城市作为沟通手段而存在，而我们今天生活在以城市为主体的世界，与过去有着非常不同的组成。在 20 世纪初社会融合关注的是城市亚文化如何融入城市文化的问题，而在21世纪面临的挑战是不可逆转的独特的文化和身份需要在城市中共存。现在已不再有主流文化，只有全球媒体才有能力传达主流的消息，同时还要适应其目标市场的需要，根据需求构建一个内容可变的万花筒，并随之重建文化和个人的多样性，而不是寻求一套共同的价值观。通过互联网的横向沟通方式传播，加速了象征性互动过程的碎片化和个性化。零散的大都会和个性化的通信方式使每个人都成为纷繁的多极化文化的一极。对于公共领域的怀念，并不能抵消在生活、工作、空间和通信的多样性、规范性和个性化等方面追求既能面对面，又要电子化的结构性趋势。另一方面，地方自治主义在个体分割中增加了集体分化。因此，在缺乏一个统一文化和统一习俗的背景下，关键的问题不是对于一种主流文化的分享，而是多个文化的可沟通性问题。

这里沟通的含义是中性的，其基础可以是实物的、社会的或电子的，也可以是包括这三种不同体验的复合体。从物质上说，这些无名的个体与用来界定新空间的新的形式有关，虽然对于不同的群体与个体存在不同的含义。

城市互动的第二个层次是指社会的沟通模式。在这里，地方生活表现形式的多样性，以及它们与媒体文化的关系，必须与通信沟通理论融合，靠做而不是说。换句话说，信息在大都会地区从一个社会群体传播到另一个，从一种含义到另一种含义，需要对公共领域进行从机构到公共场所的重新定义……作为自发的社会互动的场所，公共空间是我们社会的交际位置所在，而正式的政治机构，已成为一个专门的领域，几乎不再影响人们的私密生活，这是大多数人所珍视的。因此，它不是政治，或者地方政治，这没关系。它的相关性局限于媒介与表现力，指向社会实践，超越于体制的界限之外。因此，在城市的实践中，其公共空间，包括交通网络的汇集点（或通信节点）成为城市生活的沟通媒介。人们能够，或者不能够在家庭外，以及在网络外的公共场所正常地表达自己的想法，这是城市研究的重要领域，我称之为个性化大都会的公共场所社交性。

沟通的第三个层次是指以电子通信作为一种新的社交形式的流行。越来越多的社会研究表明，电子通信网络的密度和强度已证明了它也是一种社区，即使与面对面的社区有所不同。在这里，关键的问题是不同网络之间的通信代码含义，以及虚拟网络与现实之间基于不同利益与价值观而形成的相互作用。因为互联网作为一种普遍的社会实践仍处于起步阶段，在目前这些沟通过程中还没有现成的理论，但我们知道，网络的社交形式有其特别之处，与地理位置无关，而是与电子通信网络的组成相关。个体网络形成的虚拟社区正在改变大都会生活中新的生活方式，而不仅仅是电子化的幻想世界。

第四，新的城市世界代码共享的分析也需要空间布局、社会组织与电子网络之间接口的研究。威廉·米切尔（Willan Mitchell）认为这个接口是新的城市形态的核心，称之为电子乌托邦……换句话说，我们必须同时明白沟通的过程与通信的过程。新的都市中心和虚拟社区中出现的公共空间之间的矛盾和/或互补关系，可能是奠定新的城市规划理论的基础——由流动和地方的相互交织而组成的机械城市或混合型城市的理论。

让我们在探索城市理论新主题的道路上走得更远些。我们知道远程家庭办公（就是在家通过网络在线从事全职工作）是一种未来学虚构的故事，包括你我在内的大多数人在家中也时不时地在线工作，但又要去其他地方办公，我们舟车劳顿地在城市和世界穿梭，同时也通过移动设备与我们的专业合伙人、供应商以及客户进行沟通和联系。后者是我们真正工作的新空间尺度，它是一个新的工作经验，同时也是一个新的生活体验。身体移动并要保持与我们所做的任何事情相联系，这是一个人类体验的新领域……网络式空间的移动性分析是另一个新的城市主义理论的前沿。要对它们进行探索而不仅仅只是描述，我们需要引进新的概念。网络与场所的连接需要被理解为一种可变的几何连接。就像是连接世界各地场所的通道和厅堂，空间流动的场所必须被理解为交换器和社会避难所，与家和办公室一样忙碌。这些场所的个人和文化认同，他们的功能性与象征，是十分重要的内容，而不仅仅只是与全球性的精英有关。世界范围内大量的旅游、国际移民、短暂性工作，这些都是当前乱作一团的新世界所出现的新情况。我们与机场、火车和汽车站、高速公路、海关的关系是无数的城市新体验的一部分。在成熟的工业社会中我们可以将这些问题归结为种族传统。但是在这里，交通系统的速度、复杂性、可达性又改变了问题的规模和意义。此外，需要注意的是，我们身体移动的同时仍保持着网络连接，在不同地方间移动并传输流量。

家长制的危机改变了 21 世纪的城市生活，这并非科技进步的结果，就像我在拙著《认同身份的力量》一书中所说，这是信息时代最重要的特征。不可否认，从历史的角度看，家长制并未消亡。然而，它已经被战胜了，以至于大部分城市居民的日常生活已经重新定义，不复当年基于工业社会相对稳定的家长制核心家庭那种传统形式。在性别平等的状况下以及传统家庭组织形式的压力下，城市生活的形式和节奏发生了巨大的变化。居住、交通、购物、教育以及娱乐的方式都发生了巨大改变，以适应家庭需求变化及随之带来的多元化的个人需求。为适应这些变化，国家的政策不断地调整，例如，关于如何照顾儿童的问题，政府、企业、市场或者个人在每日生活中都做了很多改变。

我们都知道女性在家长制城市中受到歧视，从经验上看女性工作赋予城市以功能，这是城市研究文献中一个明显但是很少被承认的事实。然而，我们需要深入地认识到，从对此谴责到对城市特定矛盾的分析，这些矛盾是越来越多的消除性别差异运动与历史上家长制家庭和城市结构之间形成的矛盾。当人们制定策略来克服性别差异化社会的限制时，这些矛盾是怎么显露出来的？特别是女性是如何改变城市生活，如何重新规划具有千年历史的男性城市？这些就是后家长制城市理论应该研究的问题。

草根运动持续塑造着城市，以及更加广义的社会。它们来自各种各样的形式和思想，对这些问题我们必须保持开放的心态，而不是预先假设哪些是进步的哪些是倒退的，而是把它们视为当前社会转型的象征。我们还应记住研究社会运动的最基本原则，他们就是他们所说的自己，他们是自己的意识。我们可以研究他们的起源，建立他们的行动规则，探索他们胜利和失败的原因，把他们的成果与全面的社会转型相关联，但不要试图去阐述他们，对他们解释他们所说的真正意味着什么。因为，最后社会运动只是他们自己的符号和既定目标，其实就是他们所说的话。

基于对早期网络社会中社会运动的观察，社会学家似乎对两类问题给予了特别关注。第一个是前面我称之为流的空间的草根性，将互联网用于社会移动和社会挑战的网络。这个不仅是简单的技术问题，因为它关系到社会运动的组织、联络和形成过程。通常这些在线的社会运动与地方的运动相关联，在某个特定的时间与地点交会。一个很好的例子就是针对 1999 年 12 月在西雅图举行的世界贸易组织会议，以及随后召开的全球化机构会议的抗议活动，这种反对失控的全球化的草根运动，重新定义了当新经济的目标和程序发生争议时的方式。另一个主要的社会运动领域就是环境运动与社会组织生态观的探索，城市变成环境主义引发的全球事务与人们关注地方生活问题的连接点。重新定义城市生态系统，探索本地生态系统和全球生态系统的联系，构成了基础，以克服草根运动引发的地方主义。

另一方面，这种连接不能只是从生态学知识的角度运作。隐含在环境运动中，文化变革的概念在深层的生态学理论中则得到清楚的表达。新的文明，而不是简单的新的科技样式，需要新的文化。这种形成中的文化引发了各种利益集团和文化项目的争夺，环境主义将是这场文化战争的核心主题，城市的生态议题构成了这场战争中关键性的战场。

抓住新议题的同时，我们仍要关注 21 世纪里还将长期存在的贫困、种族和社会歧视、社会排斥等城市问题。实际上，最近的研究显示城市边缘化和网络社会不平等问题的增加。此外，新背景下的旧问题实际上变成新的问题。因此，伊达·舒塞尔（Ida Susser）指出贫困、耻辱和歧视的传播是纽约底层人群艾滋病扩散的重要原因，埃里克·克里伯格（Eric Klinenberg）在他有关 1995 年芝加哥热浪袭击的毁灭性影响的社会剖析中指出，几天里数百名老人在城市中孤独死去的命运，其根源是工作、家庭、信息和社交网络造成的新形式的社会隔离。网络社会中包容和排斥的辩证关系重新定义了城市贫困研究的领域，并迫使我们思考另一种形式的包容（例如社会共同责任或是犯罪经济），以及网络时代造成技术隔离的排斥机制。

城市主义的这种新理论，实际上也是社会科学最后的前沿领域，是有关信息时代里时间和空间之间新关系的研究。在我的时间和空间新关系的分析中，我提出在网络社会中空间构建了时间，而工业社会里时间是主宰，城市化和工业化被认为是消除基于土地的传统和文化的广泛进步的一部分。在我们的社会中，你生活的网络社会决定了你使用的时间框架。如果你是流的空间的居民，或者你生活在主流网络中，你将像在华尔街或硅谷一样争分夺秒（与时间疯狂地赛跑）。如果你是在珠江三角洲的工厂小镇，你将像百年前实施泰勒制管理下的底特律汽车工人一样。如果你住在亚马逊地区的 Mamiraua 小村，决定你生活的生命周期通常比较短。不同于这些空间决定时间的观点，环境运动主张放慢时间节奏，用斯图尔特·布兰德（Stewart Brand）的话说，现在的时间变长了，因为在整个复杂的互动中空间尺度扩大到整个地球，子孙后代也需要列入我们今世的考虑范畴之中。

那么，对于城市规划、建筑和城市设计来说，这些多维度的变化有怎样的意义呢?

城市重构中的规划、建筑和城市设计

21 世纪最重要的城市悖论就是我们可以住在一个没有城市的、城市占主导地位的世界——这是一个无需空间基础、包含文化交流和共享，甚至矛盾共享的系统。各方面的评论家与观察者都曾经警告，城市组织的社会性、象征性及功能性的瓦解会在世界范围内成倍增长。

但是社会与空间的形成依靠人们有意识的行动，并不存在结构决定论。所以在强调城市经济竞争力、大都会的流动性、空间的私有化、管制和安全的同时，还需要在世界各地的大都会关注越来越重要的城市文化、街道生活、市民文化以及空间形式。城市正在进行着重构，世界上重要的城市项目重点在于交流，在于多维的意义：通过大都会规划重塑功能性的交流；通过创新形象的地标性建筑项目营造空间象征；通过专注于公共空间的保护、恢复和建造的城市设计来重建城市形式，作为城市生活的缩影。

但是，要保护城市作为新的空间背景下的文化形式，关键是整合规划、建筑、城市设计，而这种整合只能通过都市政治影响下的城市政策而实现。最后，大都会区域的管理是一项政治进程，由利益、价值、冲突、争议、选择而组成，它们塑造了空间和社会之间的互动。城市由市民组成，为他们的利益而管理。只有当民主失落，科技与经济才会成为我们生活方式的主宰。一旦市场凌驾于文化之上、官僚忽略市民需求，地域广阔的城市带将取代传统城市成为多维交流的生活系统。

规划

在信息时代大都会区域中规划的关键是确保大都会内部和大都会之间的联系性，规划必须关注区域管理流的空间的能力。区域繁荣及其居民的幸福将极大地依赖他们在创造与争夺知识、财富、权利的全球网络中的竞争与合作能力。同时，规划必须保证这些大都会节点与大都会区域中场所空间的联系。也就是说，在空间网络的世界中，这些不同网络之间的适当联系对于连接全球与本地，又不造成两者的矛盾极为重要。

这意味着规划应该能在大都会的尺度上发挥作用，通过减少封闭区域的做法防止空间隔离，确保有效的交通，提供负担得起的住房、无差别的教育。种族和社会的多样性是大都会区域的特征之一，这些特征是应该被保护的。规划应该整合大都会空间的开放空间和自然区域，而不止于规划传统的城市绿带。新的大都会区域覆盖广大的土地区域，其中大片的农田和自然土地应作为保持大都会土地平衡的重要组成部分而加以保护。新都市空间具有多功能性的特征，内涵丰富，防止功能的专业化和现代主义城市化的隔离。新的规划实践引发了人口和活动同时的集聚和分散过程，并导致区域里形成多个次中心。

大都会区域社会及功能的多样性要求多种方式的交通，包括区域公共交通（铁路、地铁、公交车、出租车）、本地交通（自行车、人行道以及城市专门提供的往返巴士服务）与私人汽车及高速公路系统的结合。此外，在后家长制的世界里，养育子女也变成一个十分重要的城市服务，必须整合到大都会的规划内容中。同样，一些城市需要根据就业需要而投资新建住房及交通，这些区域的规划中应该加入育儿服务的设施。

总的来说，现今影响区域竞争能力更多的是流的空间，大多数的大都会规划关注的重点也从适应大都会区域场所空间的变化而转向适应流的空间的变化，利用规划将场所空间营造为生活空间，确保大都会区域经济及其居民生活品质的相互关联性。

建筑

在需要沟通的大都会世界里，找回城市的形象与意义是最基本的工作。这是建筑学长久以来的一个假设，而且比以前更为重要。各种各样的建筑都将是重塑大都会区域形象的救星，在流的空间中营造场所。近几年，我们观察到很多案例中建筑对城市与区域复兴所产生的文化与经济上的积极作用。的确，建筑自身并不能改变整个大都会区域的功能及意义，形象的营造需要融入整个城市的构建之中，正如我将在下文中讨论到的，这是城市设计的关键职能。但是我们仍需要通过建筑的介入获得有意义的形式，来激起一场文化辩论，使空间成为一种生活形式。最近的建筑趋势显示出从介入场所空间到介入流的空间的转变，博物馆、会议中心和交通节点空间成为信息时代关键性的空间。这些文化活动与沟通功能的空间，因建筑行为而变成文化表达与寓意交换的表现形式。

最为宏大的例子莫过于弗兰克·盖里设计的位于毕尔巴鄂的古根海姆博物馆，它象征了城市处于严重的经济危机和戏剧化政治冲突时的生活意志。……里卡多·博菲利（Ricardo

Bofill）设计的巴塞罗那机场，拉斐尔·莫尼奥（Rafael Moneo）设计的位于马德里的火车站与圣塞巴斯蒂安的柯萨尔会议中心，理查德·迈耶设计的巴塞罗那现代艺术博物馆，以及雷姆·库哈斯设计的法国里尔大宫，都是信息时代大型新建筑的典型，是朝圣者为寻找他们思想的意义而聚集的地方。评论家大多批评象征性建筑和整个城市缺少关联，这些流的空间的建筑与公共空间缺乏整合，等同于象征符号的罗列和无意义的空间。这就是为什么有必要将建筑与城市设计以及规划相联系。当然建筑创作有其自身的语言，这些项目不能简化为只有功能或是形式。空间含义依然是由文化而创造，但是它们最终的意义取决于它们与城市活动之间围绕公共空间而实现的互动。

城市设计

信息时代对城市的主要挑战是重建城市文化，这需要对城市形式进行社会空间处理，即我们所知的城市设计过程。但是，这必须是一种通过共享公共空间，将地方生活、个人、市镇和全球性流动结合在一起的城市设计。公共空间是体验的主要联结者，私人购物中心则是社交的空间。

公共空间通过公民权利的行使，让城市成为文化的创造者、社交和交流的组织者及民主火种的散播者，这与以崩溃、破碎和私有化为特征的城市危机相对立。这是城市设计长久以来的共识，譬如凯文·林奇的思想与实践，以及当下最具代表性的艾伦·雅各布斯。雅各布斯关于街道的研究，以及伊丽莎白·麦克唐纳认为街道作为城市形式具有整合交通和社会意义的理论，表明对于边缘城市而言，除了防卫性的郊区空间外，还可以有人性化的选择。巴塞罗那城市设计模式的成功，以公共广场，甚至老城里的小型广场的规划为基础，优秀的设计将社会生活、有韵味的建筑形式（并不一定是最佳的品位，但关系不大）和供人们使用的开放空间三者结合起来。不仅仅是开放空间，还有以包含丰富活动为标志的开放空间和街道生活，如对街头商贩活动和街头乐者的容纳等。

公共空间的再造工作贯穿整个大都会区，特别突出的是工人阶层所在的边缘地区，这是社会经济重组中最需要受到关注的空间。有些公共空间是广场，有时是一个公园，有时是条林荫大道，有时是喷泉周围几个平方米的空地，或是图书馆、博物馆前的空地，以及人行道边的露天咖啡馆，任何时候最重要的都是自发性的用途、相互作用的密度、言论自由、多功能的空间及多元文化的街头生活。这里不是再现中世纪的小镇。事实上，公共空间（老的、新的、更新改造的）的例子，点缀着整个地球……它是公共空间在城市私有化与流的空间崛起的共同压力下崩溃的奇异历史。因此，它不仅是过去与未来之争，而是以新出现的大都会地区为战场的两种形式的现状。斗争（及其结果）当然是政治性的，但是这场斗争的根本意义是将城市变成一个有意义的地方。

信息时代的城市政府

能够实时联系都市规划、建筑、城市设计的是城市政策的领域。城市政策作为战略愿景，着眼于都市空间向全球性流的空间和地方性场所空间演变的双重关系。作为一个指导性的工具，这一构想必须从大多数市民的价值观与兴趣出发。有效的城市政策则始终要综合行动者及其参与具体项目的利益，只是这份综合必须有技术上的可能性和正规的表达，使城市形式依此演变而不会令当地社会受到经济条件限制或技术的束缚。而不断调整各种结构性因素与社会进程冲突之间的矛盾则是城市政府的责任，这也是为什么仅仅依靠良好的规划或独创性的建筑并不能保存城市的文化，除非有高效的政府，以及作为基础的公民参与和地方民主实践。这是过分的要求吗？事实上，地球上良好的城市政府例子不胜枚举，这些城市从公众利益出发，调动市场力量，引导利益集团参与宜居城市的建设。波特兰、多伦多、巴塞罗那、伯明翰、博洛尼亚，以及其他许多城市，都是以创新的城市政策，管理当前大都会转型的实例。创新的城市政策不是来自伟大的城市学家（虽然城市的确需要），而是来自能够推动城市居民关注其生活环境品质的政治纲领。

结论

城市新的文化不是历史终结的文化，加强沟通也许可以成为化解冲突的方式。当前，社会不公和人与人之间的隔阂相互交织，引发社会暴力。因此，城市融合的新文化不是单一主流价值观一统天下的文化，而是当地多样化社会与全球间财富、权力及信息流动相连的文化。通过建筑和城市设计可以联系技术与文化，在新的大都会背景下营造共同的意象，重塑公共空间。但要做到这些，他们需要民主氛围的城市政治，以及创新的城市政策的支持。

第三次城市化浪潮中的中国范例：中国快速城市化的特点、问题与对策*

仇保兴

编者导读

本文将目前正如火如荼进行中的中国城市化进程放在近现代世界城市化浪潮的大背景下进行宏观审视，作者从城市化人口规模、城市化速度、对外移民数量、能源和原材料价格、城市化动力，以及环境保护等方面对第一次的欧洲城市化、第二次的美国城市化、第三次的拉美和中国城市化进行了系统的回顾对比。

本文作者仇保兴是中国住房和城乡建设部副部长。讨论中国城市化的文章很多，但是像本文作者那样，长期担任中国住房及城乡建设部领导，此前又具有在地方城市担任市长经历的作者却不多。由于作者对于中国的城市化问题具有权威的官方资料及全面的了解，所以本文对中国城市化的分析比较深入中肯。

仇保兴认为中国的城市化和世界其他国家的第三次城市化浪潮有相似性，也有差别性。他指出：为了实现健康和可持续的城市化发展的目标，中国城市化面临并需要解决来自8个方面的挑战。这些挑战包括：1）全国宜居土地和水资源相对短缺的挑战；2）大规模候鸟式农民工流向分布失调的挑战；3）建筑能耗增长过快，能量供求关系失衡的挑战；4）机动化、汽车快速增长带来的城市蔓延的挑战；5）城市化推动力失调，环境污染的挑战；6）自然和历史文化遗产遭到破坏，城市风貌雷同的挑战；7）城乡居民收入扩大，社会冲突增加的挑战；8）城市间恶性经济竞争加剧的挑战。针对这些挑战，本文提出一系列宏观层面的解决对策：1）完善区域城镇化体系，加强城市群协调发展，建立城市群政府协调管理机制，走基础设施共建、资源共享、生态环境共保、污染共治的道路；2）促进区域城镇布局、城乡经济发展和社会财富分配三方面趋向均衡；3）促进企业集群的发展，形成城乡协调、产业互补、功能优化、竞争力不断提升的城市群，从而应对全球化的挑战。

本文提出的对策不仅对于中国走资源节约型和环境友好型的城市化道路具有现实意义，对于其他发展中国家城市面临的相似挑战也有借鉴作用。作者提出这些政策建议，目的是使中国成为全球可持续发展新型城市化的范例，代表了中国政府对于未来城市化对策的思考。

---

* 本文原载于《城市规划学刊》2007年第6期。——编者注

仇保兴先后毕业于浙江大学物理系、复旦大学和同济大学，获得经济学博士学位和城市规划博士学位。他曾担任浙江省乐清县县委书记、金华市市委书记、杭州市市长等工作，2001 年 11 月任建设部副部长，2008 年 3 月建设部改名为住房和城乡建设部后，他任第一副部长。仇保兴不仅是国家部委领导，更是城市规划建设方面的著名专家。曾作为访问学者在美国哈佛大学肯尼迪政府学院参与相关项目的研究。目前他兼任同济大学、中国社会科学院的博士生导师，清华大学、北京大学、南京大学、浙江大学、复旦大学、中国人民大学等大学的兼职或客座教授。仇保兴在国内外核心杂志发表学术论文近百篇，并出版多部专著，主要有《华夏文明振兴之路》、《产权制度改革的理论探索及应用》、《地区形象理论及应用》、《金华市城乡一体化发展规划》、《小企业集群研究》、《让权力在阳光下运行》、《人才·体制·环境——区域经济转型与对策选择》、《追求繁荣与舒适——转型期间城市规划、建设与管理的若干策略》以及《和谐与创新——快速城镇化进程中的问题、危机与对策》等，其中《和谐与创新——快速城镇化进程中的问题、危机与对策》已被翻译成英文在欧盟出版发行。

正文

全球的城市化进程已经历了三次大的浪潮（图 1）。第一次是欧洲的城市化。它发端于英国，自 1750 年开始，历时近 200 年的时间，完成了英国和欧洲大多数国家的城市化。第二次是美国的城市化。由于世界工业中心的逐渐转移和欧洲移民的进入，美国城市化的速率比英国高出 1 倍，仅用 100 年左右的时间就完成了基本进程。第三次是拉美和正在进行中的中国城市化。

在全球不同的城市化阶段，都出现了相应的社会危机甚至灾害。如在英国和欧洲的城市化进程初期，由于人类第一次把自身的居住模式从分散改变为集中，大量的人口聚居在城市里，相应的公共卫生设施建设能力不足，以至出现了诸如鼠疫、伤寒、天花和流感等传染病的大规模流行。所以，英国也是世界上首部城市规划法规的诞生地，实际上当时的城市规划体系主要是建立在公共卫生防疫功能之上的。随后进行的欧洲其他国家和美国的城市化，由于人类获得了经验，各国规划师和建筑师于 1933 年汇集雅典，经过讨论出台了《雅典宪章》，提出城市应该划分为工作、居住、交通、休憩 4 个功能区，以减少工业和生活垃圾污染的影响，改善城市的人居环境。但《雅典宪章》也存在一些缺陷，不能与随后的城市化问题相适应，所以各国规划师于 1977 年在秘鲁的首都利马又签署了《马丘比丘宪章》。该宪章指出，世界文化是多元化的，不仅仅只有西方的理性主义，还有一些理性主义不能包括的多元文化，如南美的印第安文化。同时还指出城市是一种流动的空间，必须以公共交通取代私人汽车的交通；城市要延续自己的文脉，要注重保护地方的特色等等。这些观点和相应的措施在一定程度上有效地纠正了第一次和第二次城市化浪潮出现的问题。

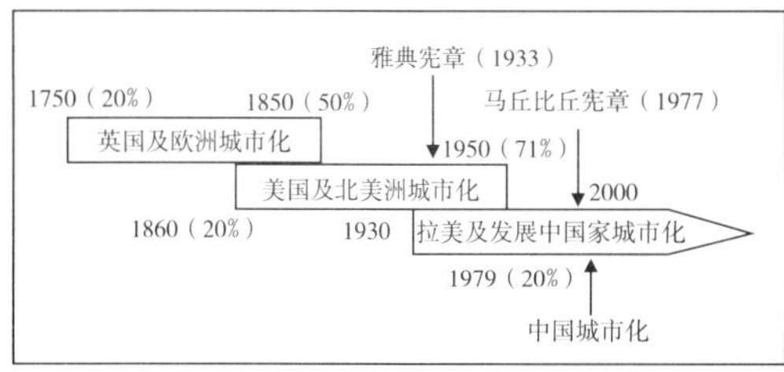

图 1　全球三次城市化浪潮示意图

在中国的城市化进程中，由于苏联模式的影响，规划师们长期接受的是建筑学知识的教育，对第一、二次城市化浪潮中的这些经验教训，还需要一段时间来消化和接受。非常有幸的是，有先行者提供了经验和教训，不仅有发达国家，而且有发展中国家的拉美模式和非洲模式，所以中国的城市化有条件正确地汲取他们的经验和教训来避免重蹈覆辙。

全球三次城市化浪潮包括中国的城市化所涉及的城市化人口规模、城市化速度、对外移民数量、能源需求、城市化动力及环保要求等，有相似性，也有差别性（表 1）。

从城市化人口的规模来说，第一次城市化浪潮的人口规模不大，大约只有 2 亿人，而随后两次城市化浪潮，人口规模一次比一次大。从城市化速度来讲，完成城市化基本进程（城市化水平从 30% 提升到 70%）需要的时间，一次比一次短。拉美国家约为 50 年，预计我国的城市化进程只需要 35—45 年时间。在对外移民数量上，英国及欧洲诸国城市化进程中，有几千万人口移居国外，拉美诸国中，仅墨西哥就向美国移民将近 3000 万人。这些都对当事国城市化的压力产生了释放的作用。而中国的城市化进程，不可能向国外大规模移民，所以 13 亿人口的中国的城市化是世界上唯一一次在自己的国土上完成的超级人口大国。从能源和原材料的价格来讲，第一次和第二次城市化进程中，燃料和原材料价格都非常低廉，油价只是几美金一桶。到了拉美城市化时期，油价飞涨；而轮到中国进入城市化快速发展期时，能源和原材料的价格极高，迫使中国必须走资源节约型的城市化道路。从城市化的动力来讲，第一次和第二次的城市化靠的是工业化的推动，第三次城市化进程中，拉美等国主要靠工业化和全球化的推动。中国城市化的诸多作用力中，不仅有工业化的推动力，还有信息化和全球化的推动作用，城市化的进程比先行国家更加复杂。从环保要求来讲，第一次城市化进程中，人类没有认识到与工业化相伴随的城市化会对生态环境产生巨大的破坏。城市化首先把循环利用的农业经济模式改变为单向式的工业经济，工业和城市废物的不循环利用状况引发了严重的环境问题。到了第二次城市化高潮期，人类对环保提出了相应的要求，但并未奏效。在城市化的第三次浪潮兴起之际，在巴西里约热内卢召开的联合国会议，提出了 21 世纪议程，要关注城市化对全球环境的影响。由此可见，中国的城市化模式不仅要关注自身生态环境的有效保护，也要对缓解全球气候变化和可持续发展作出贡献。

具体来说，处于第三次城市化浪潮中的我国，正面临着以下 8 个方面的挑战。正确选择和实施应对这些挑战的基本对策，正是实现中国健康城市化和确保可持续发展的基点。

三次城市化浪潮的比较 **表 1**

	第一次	第二次	第三次	中国
城市化人口规模	2 亿	2.5 亿	10 亿	6—8 亿
城市化速度	180—200 年	100 年	40—50 年	35—45 年
对外移民数量	0.2—0.5 亿	0.5 亿	0.6—1.2 亿	0
能源和原材料价格	低	低	高	极高
城市化动力与背景	工业化	工业化	工业化 全球化	工业化 信息化 全球化
环保要求	低	中	中	高

宜居土地和水资源相对稀缺，人地矛盾尖锐

中国适居土地资源非常匮乏。综合高程、年降水量、≥ 10℃积温、土地利用、土壤侵蚀、地形坡度、地貌等各地理因素对人类居住地适宜性的影响分析，一类宜居土地约占全国国土面积的19%，其中 55% 为耕地；居住适宜度为二类以上的地区约占全国土地面积的 26%。

一类宜居土地主要分布在海岸线和东部地区，与优质农田高度重合。而中国人均耕地只有1.4 亩，仅为世界平均水平的 40%，而且总量还在不断减少。1999—2004 年间，年均减少耕地1840 万亩。另据国土资源部统计，"十五" 期间，建设用地共占用土地 3285 万亩，平均每年 657万亩。其中独立工矿企业用地 1315 万亩，城镇建设用地 618 万亩，交通设施用地 546 万亩，村庄建设用地 477 万亩，特殊用地（包括水利建设）329 万亩。此外，中国人均淡水资源只有 2290多立方米，而且分布非常不均匀。华北地区人口约占全国人口 1/3，但水资源仅占 6%，而西南地区人口占全国的 1/6，却拥有全国 46% 的水资源。中国的人口和水土资源与世界其他大国相比（表2），人口密度是最高的，而人均资源是最少的，如人均水资源只有加拿大的 2.3%，而森林总面积不到俄罗斯的 18%。总之，因为中国是以占全球7% 的耕地和 7% 的淡水资源来支撑占全球 21% 人口的城市化，其挑战尤为严峻。

对策：（1）在城市化快速发展区域划定禁建区、控制区，强化保护基本农田、风景名胜、文化遗产和生态用地；（2）优先支持西部、中部地区城镇基础设施建设和服务业的发展，改善人居环境，创造就业机会，尽可能保持人口分布的相对均衡；（3）坚持紧凑型的城市与城镇发展模式；（4）推行促进土地集约使用的住房调控政策，保护耕地，避免出现西方发达国家的别墅式住房模式。

候鸟式农民工流动规模巨大，流向分布失调

中国现行的城市土地国有化和农村土地集体所有双轨并行的制度，虽然不利于农产品的规模经营，但是已经成为城市化进程中非常有效率的"社会保障体系"。农民进城务工或创业，一旦失业或破产，还可以回到农村，以耕种承包地养活全家。但是大量的农民进城，也带来了很多的问题，不少城市的"城中村"正在成为中国式的"贫民窟"（图 2）城中村改造的难度很大。但值得庆幸的是，中国东部沿海大城市中的"城中村"改造已取得了良好的开端（图 3）。

图 2　南方城市中的城中村

图 3　城中村改造后的面貌

农民工的流向分布失调。从转移方式看（表3），1978—1983年，我国农村富余劳动力主要是通过乡镇企业的发展实行就地转移，转移量在3000万人左右；1983—1988年，乡镇企业发展迅速，通过乡镇企业就地转移的数量大大增加，到1988年将近1亿人。与此同时，跨区域流动转移的人数也大幅度增加，达到2600万人。2004年，跨区域流动转移的人数与通过乡镇企业转移的人数均超过1.1亿，而且增长速度非常快。从不同等级城市接受农民工的分布情况看（表4），2001—2004年短短的4年间，农民工跨区域流向直辖市、地级市的数量不断增加，流向县城、建制镇或就地就业的数量逐渐减少。

这是因为，大城市规模越大，产业集聚的能力就越强，越能提供大量的就业岗位，但城市面临人口快速膨胀的压力也越大。如在非洲、南亚和拉美地区的一些国家，大批失地农民进城聚居，出现了大量的贫民窟（图4），有的已经占城市建成区的70%，这不仅造成了城市投资环境的恶化，而且也带来了农村劳动力的大量流失、农作物的歉收。在中国，大量候鸟式的农民工流动，造成了春节前后和农忙季节全国性的交通拥堵（图5）。

对策：（1）推行农村人居环境的整治，均衡

中国水土资源与世界其他大国比较 **表2**

	俄罗斯	加拿大	中国	美国	巴西
人口密度（人/平方公里）	8.6	3.2	131.0	27.5	19.1
人均耕地面积（平方公里）	1.39	2.50	0.21	1.64	1.47
人均水资源（立方米/人）（1995）	30599	98462	2292	9413	42975
森林总面积（千平方公里）	754.9	247.2	133.8	209.6	566.0

农民通过乡镇企业、跨区域流动两种方式转移数量的比较（万人） **表3**

	通过乡镇企业的就地转移	通过跨区域流动的转移
1978—1983年	2827—3235 增408	约200（出县就业）
1983—1988年	3235—9545 增6310	200—2600 增2400
1988—2004年	9545—13866 增4321	2600—11823 增9223

2001—2004年农民工进城就业分布（%） **表4**

	2001年	2002年	2003年	2004年
全国	100	100	100	100
直辖市	8.2	8.4	9.5	9.6
省会城市	21.8	21.2	19.6	18.5
地级城市	27.2	27.2	31.8	34.3
县级市	21	21.1	20.4	20.5
建制镇	13	12.9	11.6	11.4
其他	8.7	9.2	7.1	5.7

图 4　国外贫民窟一隅

图 5　春运民工潮

图 6　农村村庄人居环境整治的面貌

城市化的拉力，避免出现非洲式的"贫困城市化"。浙江等省积极开展农村村庄人居环境整治，并取得了明显的成效（图 6），已经吸引了很多大城市的居民去那里度假；（2）把促进"城中村"的改造与解决进城务工农民的住房问题结合起来，改善城市人居环境和对外来打工者的包容能力；（3）在农村，推行"一村一品"或"一镇一品"，鼓励农民自主创业。通过农民的自主创业来激发自下而上的工业化和城市化动力，从而实现中国城市化健康有序的发展。

建筑能耗过快增长，能量供求关系失衡

中国正面临着非常严峻的能源短缺问题，即使是储量最为丰富的煤炭资源，人均占有量也只有全球平均水平的 45%。人均石油、天然气储量仅占全球平均水平的 11% 和 4%；同时，中国气候以冬寒夏热为主要特点，与世界上同纬度地区相比，冬季气温偏低 5—15℃，夏季气温偏高 1—2.5℃。所以，需要消耗更多的能源来维持舒适的室内温度。正处于城市化高速发展期的中

国，每年将新增20亿平方米建筑，目前仅北京、上海的年建筑总量就超过了整个欧洲同期的建筑量。现有的400亿平方米的建筑绝大部分是不节能的，装上空调之后，往往有40%以上的能源被浪费了。

随着生活水平的提高，城市的建筑能耗正在快速增长。以上海市为例，1993年上海市夏季最高用电负荷只有530万千瓦，而10年后的2004年，已达到1500万千瓦（图7）。相对世界其他国家而言，中国人均耗量数量虽然较低，但增长速度较快（图8）。如果拥有13亿人口的中国选择美国的城市化模式，全人类的生存和发展就需要3个以上地球的资源来支撑。

对策:（1）推行“双跨越”建筑节能的模式。可行的工作目标是，到2010年建筑节能率要达到50%。2020年建筑节能率达到65%。同时，一般节能建筑与绿色建筑并重发展。如果建筑节能工作进展顺利，从现在到2020年，就可以节约3.5亿吨标准煤，这相当于英国或法国的全年能耗；（2）在城市、农村鼓励可再生能源的开发利用。大力发展太阳能、风能与建筑一体化。在新农村建设中，鼓励和推行使用生物质能源，防止城乡用能结构趋同化；（3）在北方地区限期推行供热体制的改革，解决节能不节钱的问题，催生居民自我进行节能改造的动力机制；（4）推动绿色城市基础设施的设计与建设。在城市化快速发展进程中，能不能推行节能、节水、节地、节材的模式，将对城市化的健康与否产生重大的影响。

机动化与城市化同步发生，城市蔓延趋势初显

近几年来，随着中国经济的快速发展和人民生活水平的提高，民用汽车拥有量快速增长。1979—2004年全国汽车保有量年均增长率达到12.18%，高于GDP的增长率（图9）。如按2005—2010年增12.4%、2010—2020年增9.5%推算，到2010年，汽车保有量将达5427万辆，2020年将达1.34—1.45亿辆。如果我国13亿人口达到欧盟或者是美国的人均汽车拥有量，那将喝光全球的石油。除此之外，人们一旦拥有了汽车，居住点选择的空间范围将大大扩展，“车轮上的城市化”将难以避免。目前，中国人口稠密地区的郊区化、城市人口密度下降的趋势已经显现。前50年，中国基本保持了高密度的城市化发展模式，每km^2建成区约1万人口。但是近几年，随着机动化的到来，人口密度下降的趋势已经显现（图10）。美国在城市化的过程中，城市人口密度从1890年的将近8000人/平方英里，下

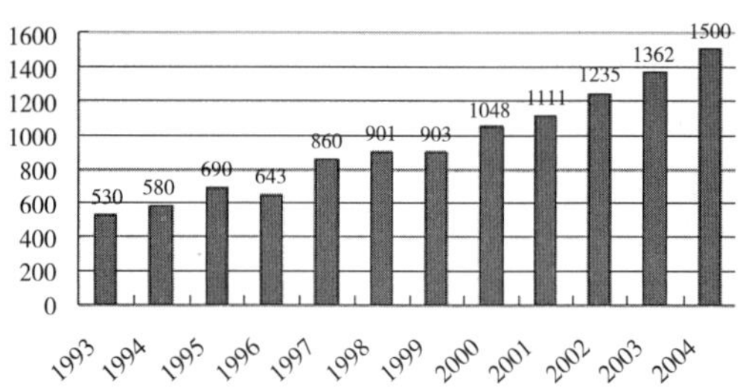

图7　上海市夏季最高用电负荷变化

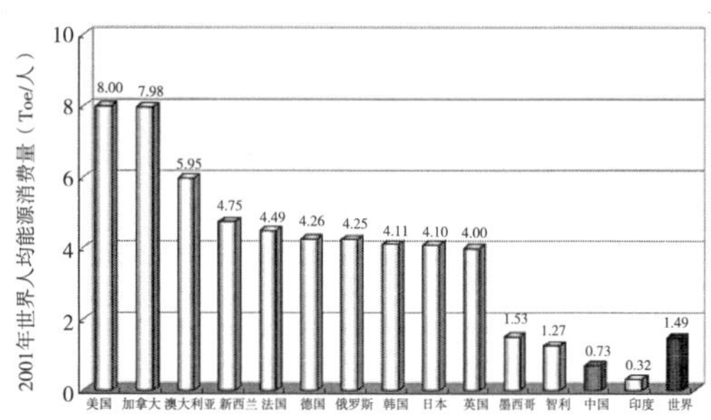

图8　2001年世界人均能源消费量

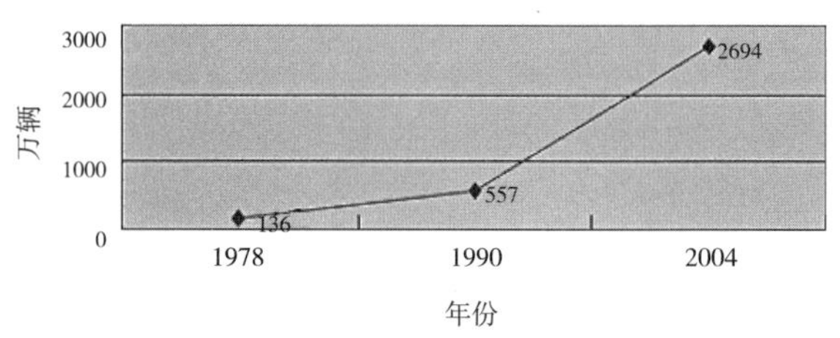

图9　1978—2004年汽车保有量变化

降到1990年的不到4000人/平方英里（图11）。中国的人口密度如果持续下降，那大部分的耕地将被建筑、道路、停车场所覆盖。民用汽车将大量增加，也将使大城市的交通拥堵和空气污染越来越严重。

机动化还将导致交通发展模式的失调，高速公路过多过密。我国高速公路总里程已达3.68万公里，比2001年翻了一番还多，总长度仅次于美国，居世界第二。据最近公布的数据，2035年前，我国将建成8.48万公里的高速公路，届时中国将成为全球高速公路占地面积第一、交通耗能第一的国家。而美国农民户均占用耕地200公顷，我国仅为0.5公顷；美国人均石油储量是全球平均的2倍，我国仅为1/10。从用地效能来看，与铁路相比，每公里高速公路单线占地为25亩，复线占地为40亩，而四车道（双向）占地为120亩。依据《全国土地利用总体规划纲要（2005—2020）（送审稿）》，2020年前各项基础设施用地需求量超过300万公顷。其中，公路用地预计需求大于200万公顷，年均约为1997—2004年年均增量的1.8倍；铁路用地预计超过20万公顷，年增长是1997—2004年年均增量的2.7倍。美国交通部长曾经反思：如果美国联邦政府在上世纪初叶将投资于高速公路的巨额资金拨出20%—30%用于城市公共交通，美国的城市蔓延就不会像现在这样严重。

对策：（1）实施公共交通优先的战略。私人可以拥有轿车，但是人们日常的大部分出行必须依靠人性化的、便捷的公共交通系统，这样的通行模式可以最大限度地减少交通能耗；（2）倡导土地混合开发使用的模式，确保经济活力，实现自行车和步行道的便利通达。中国应该保持自行车出行模式；（3）推行TOD的开发模式，有序发展大城市新区、卫星城和郊区集镇紧凑的开发模式；（4）在大城市中心实施“交通需求”管理；（5）加快城际轨道交通建设，部分取代高速公路的客货功能，减少交通能耗。

城市化推动力失调，污染排放失控

在城市化发展初期，我国主要依靠工业化来推动城市化，服务业发展滞后。再加上治污设施建设滞后，“形象工程”过多，工业污染和城市排放污染物剧增。据2006年统计，在全国662座城市中，居然有200多座没有生活污水处理厂。自1995年来，中国城市污水排放量始终保持在每年350亿立方米以上，污水处理率虽然逐年提高，但是处理能力放空、排污标准过低的情况严重存在（图12，图13）。在国家监测的744个水体断面中，劣五类的近1/3，流经城市的河段普遍遭到污染。2005年化学需氧量排放量为1414.5万吨，比2000年下降了2%，没有完成“十五”计划确

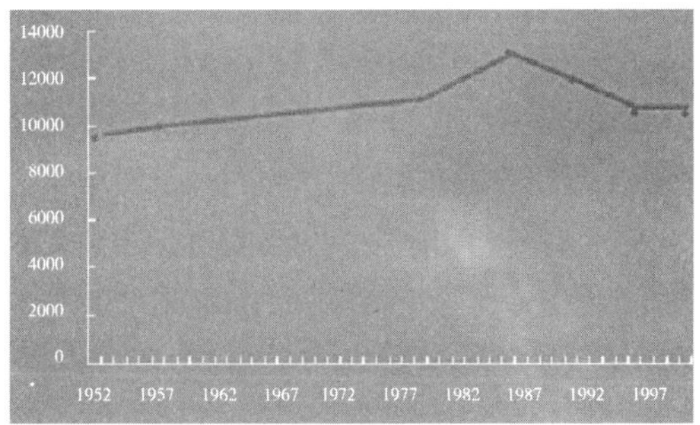

图10 中国城市人口密度变化（人/平方公里）

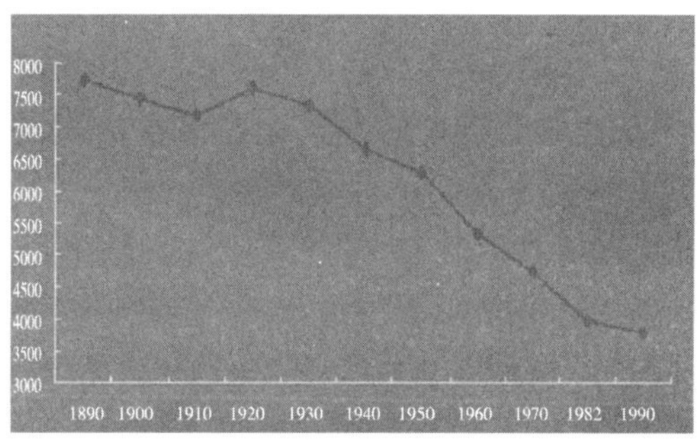

图11 美国城市人口密度变化（人/平方英里）

定的削减10%的目标。工业污染和城市污染排放物的增加，也导致了近海的污染。从广东、浙江、上海、江苏一直到山东，近海的污染物严重超标（图14）。水质性缺水和突发性污染事件造成城市的安全问题也越来越严重、越来越频繁。如2006年年底吉林化工厂爆炸造成的松花江水体污染影响严重，范围空前。在大气污染方面。1/5的城市空气污染严重，一些大城市机动车排放尾气和挥发性有机物污染不断增加。2005年二氧化硫排放量高达2549万吨，比2000年增加了27%，“十五”计划确定的目标也没有完成。全球10个空气污染最严重的城市中，中国占了8个。工业固体废物处理量（包括综合利用和处置量）由2000年的4.37亿吨增加到2005年的10.1亿吨，增长了1.3倍。危险废物年产生量在1000万吨左右，处置和利用量保持在2/3。受工业“三废”污染的耕地面积达1.5亿亩。

对策：（1）建立以可持续发展为主要内容的城市领导“政绩”引导考核体系。建设部或会同其他几个部委对城市进行分层次考核，首先是进行城市必要的基础设施达标评价，而后是进行园林城市、节水型城市、绿色公交城市、环保模范城市的考核评选，在此基础上，引导其向生态园林城市的目标迈进，最后是中国人居环境奖。通过这样一个系统的考核体系，引导决策者以科学发展观推进城市的发展；（2）加快推进市政公用设施市场化改革，严格政府监管，加快城市污染防治和污水、垃圾处理设施的建设速度；（3）以信息化带动工业化，倡导循环经济，尽快转变“先污染后治理”的错误发展模式。

自然和历史文化遗产受到破坏，城市风貌雷同

城市规划、建设缺乏地方特色，难以继承历史文化的脉络，造成大江南北的城市形象雷同，千城一面。任其发展下去，将来有可能出现这样的困境：世界上各种风格的建筑和城市在我国都有了，唯独缺少中国自己风格的建筑和城市风貌。如北京传统的四合院和胡同在日益减少，城市文化遗产、自然遗产受到破坏。国家设立的重点风景名胜区、自然保护区，因为区内人口急剧增加、干部的急功近利意识和土地制度等因素，使保护性法规形同虚设，资源破坏的案例频繁发生。

对策：（1）健全历史文化名城、名镇、名村和风景区保护法规，严格保护遗产。浙江的南浔镇、安徽的宏村，注重对历史文化遗产的

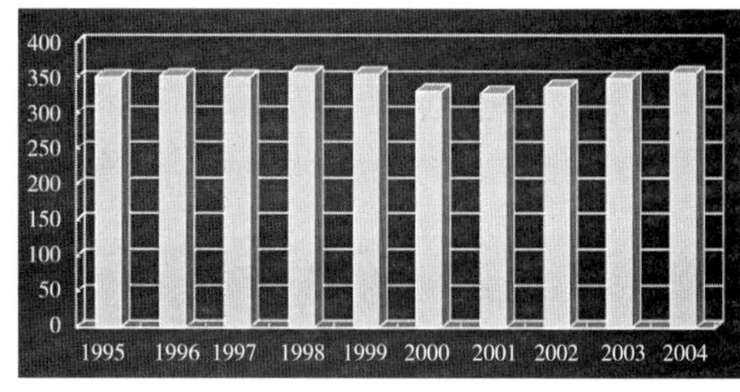

图12　城市污水年排放量（亿立方米）

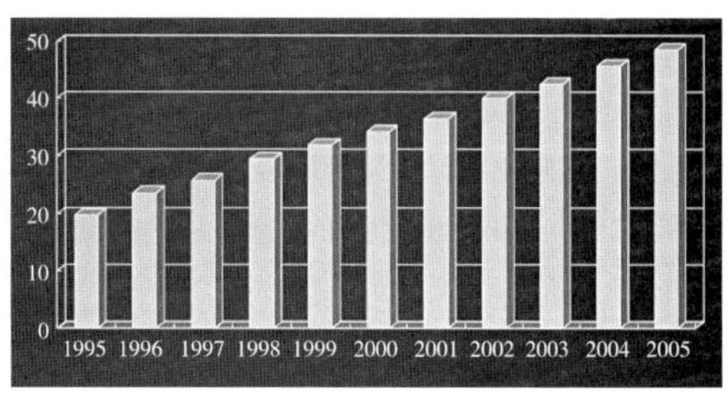

图13　城市污水处理率（%）

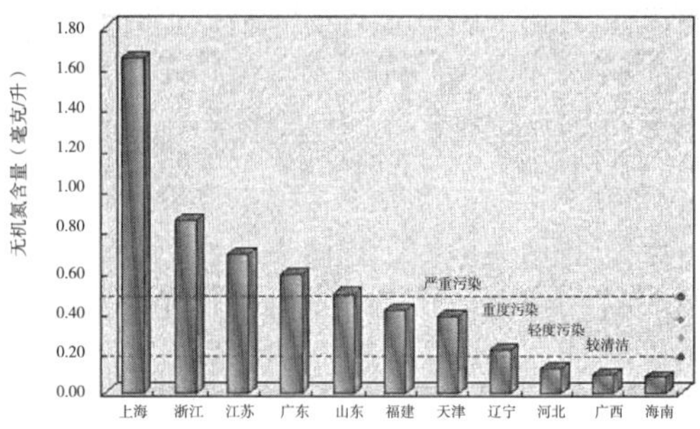

图14　近岸海域污染情况对比（2004年）

保护，不仅展示了优秀的徽派建筑文化风貌，而且取得了良好的经济和社会效益，当地GDP的70%来自旅游业的发展；（2）设立“遗产日”，调动社会各界保护各类不可再生的遗产资源的积极性；（3）建立遥感监测体系和派驻规划督察员制度，严肃处理破坏资源的人与事，强化遗产资源保护法规的监督落实。

城乡居民收入差距日益扩大，社会冲突增加

城乡居民和城市居民收入差距迅速扩大。据统计资料分析，1986年城乡居民的收入只有1倍之差，但是到了2002年，城乡居民收入的差距扩大到了4.5倍（图15）。基尼系数已达0.47，越过了所谓的0.4的警戒线，好在城市和农村内部的基尼系数尚处在0.4以下。世界上基尼系数超过0.5的国家数量不少，大部分都属于社会稳定性较低的发展中国家。尤其严峻的是中国三大人口的高峰将相继来临，就业难度将进一步增大。据统计分析，15—65岁劳动力的高峰将于2016年到来，总量达10.1亿。65岁以上老年人占总人口的比例于2020年达到11.2%，老龄化社会加速来临。人口总量高峰于2033年左右来临，总人口将达15亿左右，届时人均淡水资源将低于1700立方米，低于全球的警戒线。还有城市化和全球化带来的多元文化交融对社会稳定的冲击影响也不容低估。总之，现阶段正是中国社会结构容易失序、居民心理容易失衡、伦理道德容易失调的关键时期。

对策：（1）推行新农村建设，倡导城乡互补的差别化规划建设方针，有效地调控城市化进程，有针对性地解决农村尤其是农民收入过低的问题；（2）加快廉租房和经济适用房的建设，确保低收入者的居住权；（3）保障城镇产业集群的创立和发展，为市民提供低门槛创业和发展创意产业的条件；（4）加快社会保障体系的建设；（5）以“五个统筹”构建和谐社会，以“八荣八耻”重建道德体系，维护社会稳定。

城市区域化加速来临，城市间恶性竞争加剧

城市群的经济集中度初步显现。目前，中国已初步形成20个城市群，但这些城市群主要分布在一、二类宜居的土地上，也就是集中在沿海这一带。实际上是以占全国国土面积19%的一类宜居土地承载了我国城市化进程

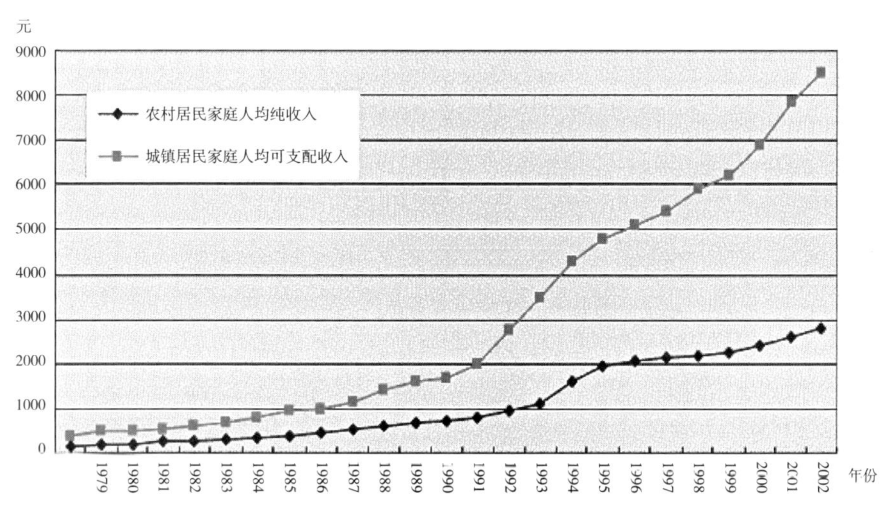

图15　城乡居民收入比较

中的大部分空间压力。城市发达地区的区域城市化加速。对照12年前后珠江三角洲地区的城市分布情况遥感图片，可以清楚地看到，这一地区的城市分布区域迅速扩大。人口稠密地带城市区域化和区域城市化的时代加速来临，使得区域城市群之间和城市之间的恶性竞争加剧，产业雷同、基础设施重复建设的状况日益严重。

对策：(1)不失时机地编制和实施区域城镇体系规划、城市群协调发展规划，统筹基础设施共建、资源共享、生态环境共保和污染共治；(2)建立城市群政府协调管理机制，促使区域城镇布局、城乡经济发展、社会财富分配三方面趋向均衡；(3)促进企业集群的发展，形成城乡协调、产业互补、功能优化、竞争力不断提升的城市群，从而应对全球化的挑战。

总之，中国正处于全球第三次城市化浪潮之中，必须充分借鉴先行国家的经验和教训，适时变革城市规划体系，强化城乡规划和其他相关公共政策的调控力度和范围，统筹城乡、区域和社会经济的发展，创造出既对外不大规模移民，又不会对全球能源、资源供需关系造成严重影响，对内坚持走资源节约型、环境友好型的道路，为全球的可持续发展作出贡献的新型城市化范例。

退离全能社会：建设中的中国城市化

吴缚龙

编者导读

由于中国快速而规模巨大的城市化对人类社会、特别是对未来全球城市化的重要影响，研究中国的城市化问题成为国际学术界的一个热点，并且在社会学、地理学、经济学、城市学、城市规划学等学科中出现了大量有价值的研究成果。

本文作者吴缚龙是一位活跃在国际地理学界的中国问题专家，他在文章中通过回顾历史，分析了中国社会在近现代各个不同历史时期的特点，并探讨了中国社会是如何从传统的“乡土”社会，经历社会主义的“全能主义”社会，发展到当前以城市化为推手、以商品经济为导向的现代型社会。在从传统乡土社会向社会主义社会的转变过程中，中国以家庭为核心、“自我控制和自我治理”的传统社会关系网络被单位大院式的“国家分层控制与住宅管理相结合的领土治理”所取代。20 世纪 80 年代后，商品经济和城市化浪潮改变了中国的城市空间和社会关系网络，市场改革和消费革命导致了原有领土治理模式的解体，在社会管理上呈现出更加丰富的多元性和自主性。

其后，作者对当前的中国城市化特征进行了分析。首先，快速城市化为城市带来了大量的农民工，而由于户籍制度和城乡收入差距等因素的限制，这些进城务工人员往往聚集在城乡结合部，形成大量的“城中村”，这些城中村居住人员的流动性强而社会网络脆弱。其次，以房地产开发为主导的快速城市改造使得很多城市传统街区消失，转而被高层办公楼、豪华公寓、购物中心、高级酒店等新建筑所取代，传统街区的邻里关系和社会网络被损坏甚至完全破坏。再次，房地产开发带动了城市扩张，并形成封闭式的门卫社区，城市原有居民开始在封闭式的社区中形成新的、缺乏多层次的社会交往网络。同时，如业主委员会这样的社区自治团体出现，增加了邻里治理的复杂性，“社会服务的专业化”使得互助式的邻里关系变得不再必要。作者最后得出结论：随着国家和社会的现代化，国家不能像全能社会那样嵌入在社会中，不是作为一种直接的分配资源的工具，而是要站在社会的对面，调解各种社会争论和冲突。总之，作者认为中国的城市化正在导向逐步地退离全能社会。

吴缚龙是南京大学学士和硕士，香港大学博士和博士后，现为英国伦敦大学学院（University College London）的巴特雷特规划教授。他的主要研究方向包括：中国的城市政策、城市理论、城市管治，以及动态城市模型。

吴缚龙是一位高产的学者，他发表了大量关于当代中国城市问题的论文及专著，内容涵盖了中国的城市化、城市与区域发展、城市贫困问题、社会空间分离及差异、城市振兴等问题。据社会科学论文索引记录（SSCI），吴缚龙为排名全球前50名的地理学家。他是多家国际学术期刊的编委，2001年他获得了国际人居杂志(Habitat International）颁发的Otto Koenigsberger奖。过去25年中，吴缚龙教授参与主持了多项中国城镇体系规划、战略规划和城市总体规划的项目。他编著的英文专著有《中国城市转型》、《全球化与中国城市》、《后改革时期中国城市的发展》、《中国城市崛起》、《中国城市贫困》、《在城市中国的边缘化》、《国际视野下的后郊区化》等。

吴缚龙也积极参与英国和中国的学术交流，历任英国文化协会中英高校交流关于贫困问题项目的负责人、莱文辉基金会资助的中国城市国际研究网络的执行主任、英国国际开发部中英可持续发展的对话咨询专家。近年来他致力于推动中国城市研究的国际化与本土化，并参与规划实践，这些经验为他的研究打下坚实的基础，并获得西方主流学术界的重视。

正文

一个乡土的社会

中国著名社会学家费孝通介绍了中国社会的基础是“乡土”（费孝通，1992）。他进一步阐述，在这样一个乡土社会里，社会结构的特点是所谓的差序格局（社会的差分模式），这是中国农村的基本组织原则。不同于西方社会里明确的社会界定，中国传统社会“就像一个被扔进石头的湖表面出现的圆圈，每个人都站在他或她自己制造的圆圈里”（费孝通，1992：62）的中心。农村社会基本上是一个熟人社会，其中一个是“差异相关”的家庭成员的内圈，然后是大家庭成员的外圈，再进一步是村民构成的更大的外环。这些特异的关联把个人融入有社会网络的社会里。由于其接近而又有差异的联系，农村受社会规范而不是法律或法规的管治。

在封建帝国时期，中国大部分是农村地区（周锡瑞，2000），城市主要是一个行政中心，但封建制主要依靠农村的村庄“自我控制和自我治理”（机制是保甲制，见讨论）。作为管理和地方政权的象征，城市有最突出的空间元素：政府大厦（衙门），作为一个城市的神经中枢。除了这种行政角色，其他如商业活动都受到打压，所有的儒家精英更乐意在政府里追求自己的职业，而不是成为商人［马润潮（Laurence J. C. Ma，2009）］。在宋代（960—1279），由于蓬勃发展的商业的促进，中国出现了胚胎般的城市文化；但从现代意义上说，作为一个市民社会的城市是缺失的。

作为一个行政中心，中国的城市与马克斯•韦伯所谓16世纪欧洲的西方城市形成了鲜明对比；韦伯认为，“在欧洲公民参加了当地政府，在中国城市居民属于自己的家庭和土著村庄，而在印度城市居民是不同种姓的成员。”换句话说，西方城市的发展代表着现代主义的进步，日常生活的现代化含义是所谓的“社会关系的官僚化”。此般城墙内的城市化生活成为“生产－资本主义－西方现代性新模式”的温床（Haussermann and Haila，2005：51）。

全能的社会主义

农村社会的特点一直在继续着，甚至被所谓的“社会主义新传统”加强。在计划经济时期，国家通过国有制工作单位来组织集体消费。这些工作单位不仅仅是生产经营单位，而是“社会总实体”，实施着服务规定、房屋开发和分配，以及社会管理的职能。中国社会学家孙立平认为，由于社会关系的累积，中国社会是一个全能社会。他把这样一个全能主义的社会，描述为一个“结构分化”的社会，在这样的社会里，“国家控制经济和垄断一切社会资源。进一步讲，政治、社会和意识形态被高度地相互重叠。”（2004：31）这样的一个全能社会在社会动员方面是有效的。

全能主义社会得到国家住房供应方式的强化。工作单元混合是一种独特的国家主导的工业化形式，是一种国家分层控制与住宅管理相结合的领土治理。换句话说，大院式的生活是一种工作场所和生活场所的组合，这产生了中国城市一个相对分化的社会空间格局，这种格局主要是基于对职业类型的划分，而不是社会经济或阶级划分。然而，随着单位制度的衰退，一个基于住房使用权的空间分化新格局开始出现。在本章的剩余部分，我们将专注于这个新的住宅模式的社会意义。

城市化缺失

国家在生产以及再生产方面起着主导作用。国家的再分配（Nee，1991）主要是通过万能的、自足的工作单位来实现。这个全能社会的一个重要特点是，工作单位的个体成员形成了一种全面的关系，而不是如雇主和雇员的部分关系。由于投资消费被认为是浪费和非生产，所以国家制约消费并强调城市的生产作用。此外，通过户籍制度（户口），控制农村人口向城市迁移，并禁止自发流入城市。至1978年经济改革前，城镇化水平即城镇人口的比重受抑制而低于18%。与发展中国家的“超城市化”相反，在中国，城市人口占总人口的比例落后于其工业化水平。换句话说，社会主义城市是“待城市化的”，中国实现了“没有城市化的工业化”。

类似于中欧和东欧的其他社会主义城市，国有制单位在日常生活中发挥主导作用，生产、消费、再生产交织在当地的单位社区里。撒列尼（Szalenyi，1996）认为，社会主义的城市通常缺乏“城市化”；没有多样性、异质性、现代化大都会的特征；供给工人的住房标准是景观单调、多层楼无电梯；除了古迹和公共建筑，城市没有打破天际线的摩天大楼；犯罪率很低，没有乞丐和无家可归的人；没有与城市化相关联的城市缺点。在社会主义里，统一和集体分别为中国城市化的基本特征。

市场改革和新兴住宅多样性

以市场为导向的改革给中产阶级消费者带来了新的自由，与此同时，居民逃离公共领域，寻找自己的一种新的美好生活，而不是寻求社会组合，他们往往幻想着选择一个封闭的郊区社区。结果是，这些封闭式的郊区社区拥有吉祥的名字，如桔郡、优诗美地、贝弗利山庄、枫丹白露，以及泰晤士小镇等，其中一些装饰华丽，带有新古典主义建筑风格（图1）。

商品经济的发展改变了城市空间，形成了更加丰富的多样性和自主性。消费革命推进了个性化，居民可以根据自己的喜好，选择自己生活的地方，而不再依靠国有制单位的住房分配。随着流动性的增加，数以百万计的人搬到郊区，导致了城市的快速扩张和郊区化。

不同于社会主义时期的技术设计标准，新的设计根据不同消费群体的需求而制定，开发商吹嘘自己现在的产品是量身定做（度身打造，是中国房地产使用的一个术语，字面意思是“根据你的尺寸，并仅为你而设计”），以此显示其与大规模建设产品的不同。与传统住区里社会和空间的相似性相反，这些新的地方更加注重个性化的形

图1　一栋高档复合别墅

（位于颐和园和玉泉山之间的显要位置；图中显示的是会所，享有高贵而专业的家庭管家式服务，作者摄）

式，有时带有豪华设施，如高尔夫球场和会所。房地产开发商提出了一个口号："居住改变中国"，这将带来深刻的社会影响。

连根拔起的社区

城中村

随着移民的大量涌入，城市附近的村庄成为他们的定居点。在社会主义下，农村人口没有获得分配住房的资格。当国有制单位的住房实行私有化改革后，公房租户获得了所居住房屋的产权，但他们通常没有多余的房产出租。当移民在改革后期来到城市时，他们无法在工作地点附近找到足够的私人出租屋。相反，他们必须去城市周边寻找落脚地，通常是农民的住房，或是由当地农民建造并出租给农民工的住房。

在中国，城市包围着的村庄被称为"城中村"，但他们明显不同于英国的防御型村庄空间或美国的少数民族聚居地。在中国，城中村字面上是移民定居点，为农民工提供廉租住房，但房屋质量较差。许多移民和他们的家人不得不合租甚至群租。在城中村，外来人口数远远超过了当地农民，例如深圳的安联村，在户籍机关登记的人口是4042人，而外来人口达到93000人，外来人口与当地人口的比例达到23 ： 1。

尽管原来的村庄是一个由家庭关系组成的农村社会，但外来人口的到来打破了传统的结构。在这些城市村庄里，城乡地区之间的差异已经转变成承租人和业主之间的新二元关系。然而，原村民作为他们村的成员，使他们有权利去村办企业，而大多数移民则被排除在所有决策过程之外，导致城中村的社会空间碎片化。虽然外来的移民可能在城市停留多年，但他们仍然是这些村庄的寄居者，因为他们不属于这个住区。

外来人口在其居住位置方面流动性很大，不断根据自己的工作位置更换他们的住所。非正规的住房租赁市场加上非正规的就业致使租赁关系很不稳定，尽管同一籍贯的外来人口通常喜欢聚集在同一地区，形成根据聚居人口籍贯而命名的地方，如浙江村、河南村、新疆村，但是，这些村庄明显不同于一个已有的农村社会。

传统街区

快速的城市改造，特别是以房地产开发为主导的方式，对中国传统社区产生了深刻的影响。事实上，在被拆迁之前，传统街区与单位住区相比，较少被纳入国家管理，其住房使用权大多是由1949年前建造的私人住房改造后交由房管局管理的公共住房，是品质相对低劣的公屋。

在治理方面，传统街区受到的官方影响较少，因为他们多由街道办事处，以及下属的居民委员会来组织，而不是由国营单位管理。居民们在这些住区居住的时间很长，因而形成紧密的邻里关系，互相间很熟悉。北京的胡同或者上海的弄堂，都呈现出这种亲密的邻里和强烈的社会交往关系画面。

渐渐地，这些传统住区见证了一个社会组成的不断变化。当富裕的居民搬到郊区的商品住房，他们将其街面房出售给店面经营者或出租给外来务工人员。市区里房屋的建筑密度在增加，特别是当居民在公共领域不断自行搭建后。这时，庭院变成了“杂乱的院子”。令人惊讶的是，虽然许多家庭依然在同样的庭院里聚集生活着，但因为高流动性和不断变化的租客，传统的邻里关系已经不复存在。

现在很多传统住区被“夷为平地，让位于碍眼的高层办公楼、市内豪华公寓、港式购物中心，以及到处可见而缺少地方特色的五星级酒店”（弗里德曼，2007：271）。事实上，即使在大规模的房地产开发之前，20世纪80年代改革初期，政府在市区组织建设高层住宅楼和大型住宅小区时，已经使邻里互动关系大为减少。从设计的角度看，现代风格的建筑，可能因减少了邻居之间的实际互动关系而遭受指责，但毕竟是对居民自我隐私需求不断增加的一种应对。置业引领的重建加速了住宅搬迁的过程，社会经济地位高的商品住房购房者取代了旧区内的原有居民。许多传统的社区已经消失，中国城市见证了“地方社区拆迁和重建”的动态过程（弗里德曼，2007：275）。

基于置业利益和私人领域

当城市旧区的居民原有的居住社会网络完全破坏后，他们开始在封闭式的社区形成新的社会关系。这些新的社区形成的时间很短，因此也没有“难忘的地方回忆”（Tomba，2005：939），因此缺乏多层次的社会交往网络。这些房屋大多由房地产开发商投资并建设起来，提供了新的具有吸引力的生活方式，同时也划分了后单位时代的社会阶层。这些封闭式社区居住的多是业主，拥有不动产的他们成立业主委员会，协调了居民、开发商和物业管理之间的关系，从而增强了社会稳定性，而政府不会产生成本。

业主委员会的出现，增加了邻里治理的复杂性，因为传统社区由街道办事处和居民委员会管理，而为了捍卫自己的共同财产和利益，居民利用业主委员会作为阵地维护自身的权益。最近，在封闭式社区出现越来越多的土地使用纠纷，如绿地空间保护、噪声和污染问题。社区居民基于房产所有权而形成的业主关系，也不同于以往工作单位同事关系。

社会服务和社区治理的专业化

为应对不断上升的社会流动和国家行政体制外出现的新兴领域，国家改变了对社区的治理方式，并开始实施“社会服务专业化”的过程。在封建帝王时期，中国实行的邻里监视制度，被称为保甲制，它实质上是一个以社区为基础的执法和公民控制的制度，由宋代的王安石发明（960—1279）。一甲为100户，每10甲形成一保。保甲领导人负责维持社会秩序，同一保甲的家庭共同承担社区义务。到社会主义时期这一制度为工作单位制度所取代。然而，在改革后期，国家开始认识到社区组织的重要性，开始把较小的居民委员会合并成较大的社区委员会。这些委员会的经费由街道办事处分配，虽然数量并不多。社区委员会通常还将一些社区服务作为副业经营，来补贴运营开支，但最近国家要求从社区组织中剥离这些业务，从而把社区组织转变为一个纯粹的政府机构。

不断变化的人口构成给邻里管理带来挑战，邻里的快速变化对保持这些地方的社会凝聚力造成了困难。在高档社区里，新居民属于较高的社会阶层。他们就业充分，非常繁忙，通常都不愿意参加邻里活动，这与原居民之间的密切关系形成了鲜明对比。对原居民来说，居委会经常是与自己情况相近的退休人士和家庭主妇在服务，它是一个更加亲近的协会，可以交换信息和寻求帮助。在高档小区，很多住房是空置的，因为购房者购买它们只是为了投资，实际上并不住在那里。

一些市区居民迁往郊区后仍然设法在原住地保留户籍，因为诸如学校等服务设施在中心区比郊区更好。例如在上海，虽然20世纪80年代建成了高架环路，成千上万的居民仍将户口留在环线内的中心区，这样产生了中国城市一个独特的现象：户口登记地与实际居住地的分离（人户分离），这给社区管理带来了问题。

异质性，匿名性和多样性

社会主义的城市曾经是通过社会而组织，国家组织的集体消费减少了私人消费的空间。在单位大院里，居民们互相熟悉，因为他们隶属于同一工作单位。在传统社区，以前独门独户的房子被改造成多户住宅，由于居住密度大和多户合用，庭院式生活的隐私被蚕食，居民往往不得不共用卫生设施和公共空间。从一定意义上讲，社会主义城市是一个全能主义的社会，因为每天的生活都集中在公共领域里发生。

商品房的发展为新生的中产阶级摆脱全能主义社会提供了机会。新中产阶级参与社区活动的意愿很低，他们渴望一个更有隐私的良好环境，而不仅仅是寻求一种社区生活。对于他们来说，这些封闭式社区能够保留适当的隐私，搬到这些地方居住，他们更有自由感，能够摆脱传统街区活跃的社会参与、控制和监测。物业公司有时会促进邻里活动，但居民一般更愿意彼此保持舒适的距离，享受物业公司的专业化服务而不靠邻居援助。因此，他们的领域是纯化的生活空间，没有太多不确定的邻居互动或滋扰。

在封建社会晚期，中国的城市街道有了电力照明，可用的公共设施标志着现代主义的到来。在20世纪20年代和30年代，短暂繁荣的城市

图2　上海新天地。高端与时尚的购物和娱乐区，适当地建在保存完好的石库门风格房屋里（作者摄）

文化在许多方面类似于一个快速的城市化，随后被日本侵略和第二次世界大战所打断。直到20世纪70年代末，中国开始经济体制改革，霓虹灯又开始闪烁。伴随市场化的日常生活，新的私人空间和领域开始出现。商品住房的发展使拥有一套自己的家变成可能。财富和更多收入的积累，激发了城市商业的繁荣，一些街道转变为步行街和沿街商场。专业化分工日益多样，特许专营及豪华商店可以和伦敦、纽约、东京、中国香港等全球城市最高端的商业空间相媲美。

其中一个高档的消费地点是上海新天地（图2），这是一个包括香港地产发展商瑞安集团和卢湾区政府的合资项目，采用房地产开发为主导的重建方式。这些上海殖民时期有露台的住房被适当地改造成精品店、酒吧和餐馆。使被称为石库门的建筑风格得以保留，变身为上海时髦的消费和娱乐场所。像新天地这样的地方，不是一个购物或餐饮的“普通空间”，而是被赋予新形象与识别性的特殊空间。殖民时期的建筑区重生为上海的新“上只角”。明星挂历、咖啡馆，以及旧式里弄房屋一起再现了“旧上海”殖民时期的浪漫。最重要的是，这些时髦地方的产品代表了一种新的味道，有别于大众消费的标准化商品。

结论：城市化正在进行，但新的社会心理如何形成？

中国以市场为导向的改革带来了深刻的社会变革。新中国成立以前，中国在很大程度上是一个乡土化的农村社会，1949年国家主导的工业化启动，但通过工作单位的社会组织和国家－社会关系的极化，中国实现了“没有城市化的工业化”。城市化缺席，一些传统社会的特征依然存在。由于市场机制的引入，这种稳定的社会秩序被打破。改革后的城市发展同时被市场经济、消费革命和个人主义所带动。

农村人口大规模向城市迁移，使城市人口的数量急剧增加。对于外来务工人员的社会管制开始放松，他们成为寄居城市的人口。更重要的是，通过快速的城市改造以及传统社区的拆迁，整个城市人口都成为所谓的“流动人口”。无根的状况，物质上是由于居住流动性的不断上升，精神上也由于社区里相对宽松的关系。同时，为应对渴望个人隐私和生活的愿望，封闭式小区大量建设。因此，中国城市更加多元化和呈现更多的异质性。在某种意义上，中国的城市化是从一个全能社会后退的结果，这个全能社会在中国历史上已经存在了多个朝代。

面对不断增加的社会复杂性，国家将管理任务下放到社区，努力维护社会的可治理性，以“社区建设”的名义，通过重建以地方场所为基础的社区，营造新的空间秩序，但这并非等同于重建一个全能社会。首先，商品化深刻地改变了社会关系，社区服务被商品化，并通过所谓的“物业管理公司”提供。社区管理“专业化”，专业社工替代了居委会的退休人员和家庭主妇，街道办事处演变成一级政府，官员也成为公务员。在社区层面上，业主组成业主委员会，但它们之间的关系是基于物业权益，因而也更加合理化和局部化，而不是在同一工作单位的更加全面的关系。随着时间的推移，新建的居民区将变得成熟，社会关系可能得到加强。尽管如此，中国城市不会重回全能主义的过去。

总之，在空间和社会阶层方面，市场改革下的中国城市，呈现出一个前所未有的多样和异质水平。把市场发展作为社会进步的驱动，国家有必要去管理新出现的社会复杂性、分工和流动性。这将驱使国家本身与社会脱离，使其成为现代意义上的国家机器，其后果是社会管理的专业化，以及社会开支的增加。在中国城市里，我们将看到的是国家和社会的现代化，随之而来的是更多的社会生活官僚化，正如马克斯·韦伯预测的那样。因此，国家不能像全能社会中那样嵌入在社会中，而是要站在社会的对面，调解各种社会的争论和冲突，而不是作为一种直接的资源分配工具；因此，回到有关城市化和精神生活的经典问题，这种新提出的城市化在何种程度上塑造了怎样不同的社会心理和新的个性？

主要研究成果与相关信息
——贫民窟的挑战：2003 年全球人居报告

联合国人居署

编者导读

如本部分“全球化背景下的城市”所选的各篇文章所示，城市化的特性被视为一个整体，而城市生活的环境则被视为局部，两者都发生在城市转型的过程中。新技术引发新的社会关系、新的全球经济，以及地方、区域和全球治理的新挑战。但在全球城市变化的背景下，没有一个难题比长久存在的城市问题更重要——贫困、社会不平等，以及被难以想象的贫民窟困扰的社区。

在所有城市的每一个历史时期，都存在着某种程度的经济上的不平等。极度贫穷的家庭与邻里，通常明显地有别于富人们富丽堂皇的豪宅和中产阶级舒适的居住区域。城市贫民窟是全球城市化一个特别重要的问题——在位于城市中心区或者城市外围的贫民窟里，居民过着仅能糊口的生活，应对着艰苦的生活条件。如今，无论在美国萧条的旧城贫民区及拉丁裔贫民聚集区，还是在全球都市郊区外破落的棚户区和贫民区，极端贫穷及贫民窟代表了数亿人的城市生活现状——或许有十亿人口，接近全球城市人口的 1/3。

贫民窟经常给政策制定者和发展中的经济带来挑战。弗里德里希·恩格斯于 1840 年描述过工业城市起步时贫民窟的黯淡阴冷，在其后一个世纪里，工业化发展创造的财富帮助改善了居住和社区环境，催生了产业工人阶级。即便是黑人学者杜波依斯描述的被严格分离的美国黑人贫民聚集区也是多阶层的社区——尽管贫穷比例严重失衡，仍然存在一些进入上层社会的机会。然而，当今庞大的城市贫民窟是全球经济的产物，那里的居民很少有机会通过教育及工作获得社会地位的上升。正如联合国秘书长安南（Kofi Annan）在为《贫民窟的挑战：2003 年全球人居报告》一书所写的前言中所言：全球贫穷的核心正向城市转移，这一过程如今被称为“贫困的城市化”。

《贫民窟的挑战》一书的主要研究结论是，贫民窟人口的主体来自世界上的发展中地区，20 世纪 90 年代这一数字急剧上升，到 2020 年将可能翻倍（达到 20 亿）。令人惊讶的是，贫民窟居民并非人人都贫穷，但大多数贫民窟居民依靠非正式的工作获得收入，例如不受约束的地下贸易，有时甚至是非法、但却是更大范围的全球城市经济中所需的经济活动。地方与区域政府急需实施城市规划和经济发展政策来防止出现新的贫民窟，必须尽可能多地出台贫民窟改进政策，不是搁置清除贫民窟的工程，而是改善现存贫民窟生活环境的项目。这些研究结果发表在尼尔·布伦纳和罗杰·凯尔的文章《从全球城市到全球城市化》中，他们呼吁从"研究－行动"到"激进而进步"的社会变革。

《贫民窟的挑战》(The Challenge of Slums)(伦敦，地球观察，2003)由联合国人居署组织编写，这家机构于1978年成立，总部设在肯尼亚内罗毕。联合国大会在2000年9月颁布了联合国千年宣言，一整套全球发展目标旨在实现世界和平、人权、普及教育、环境可持续、消灭艾滋病以及消除贫穷等各方面，联合国人居署负责报告世界范围内的人类住区及城市发展问题，类似于世界环境与发展委员会于1987年的布伦特兰报告中公布的全球可持续发展。

其他联合国人居署出版物包括《世界贫民窟：新千年世界贫困的面貌？》(Slums of the World: The Face of Urban Poverty in the New Millennium?)(2003)、《世界城市现状》(The State of World's Cities)(2008)、一系列关于城市用水与卫生的报告以及一些国家住房财政发展战略文章。《贫民窟的挑战》包含了29个城市案例研究——从开罗和卢萨卡到圣保罗和洛杉矶，也包含了一些有用的统计指标。另一份重要的全球贫民窟分析报告是Mark Kamer的《剥夺：世界城市贫民窟的生活》(Dispossessed：Life in the World's Urban Slums)(Maryknoll，NY：Orbis 2006)。Mike Davis的《贫民窟星球》(Planet of Slums)(伦敦：Verso，2006)直接回应了《贫民窟的挑战》，强烈反对新自由主义的世界秩序，他认为这助长了人类的退化。Robert Neuwirth的《影子城市：十亿棚户区人口，一个新的城市世界》(Shadow Cities：A Billion Squatters，A New Urban World)提出了同样的观点，但是视贫民窟为擅自占用土地的人，严厉批评了联合国人居署。

同样，可以参见John Hagedorn和Mike Davis的《流氓的世界：年轻人和流氓文化》(A World of Gangs：Young Men and Gangista Culture)(明尼阿波尼斯，明尼苏达：明尼苏达大学出版社，2008)。关于长期视角的西方贫民窟历史，可参考上面引用的恩格斯和杜波依斯的文章以及William Julius Wilson的《真实的弱势者：内城、下层阶级和公共政策》(The Truly Disadvantaged：The Inner City，The Underclass，and Public Policy)(Chicago，IL：University of Chicago Press，1987)，《当工作消失时：新城市贫民的世界》(When Work Disappears：The World of The New Urban Poor)(New York：Knopf，1996)，Elijah Anderson的《街道法则：正派、暴力和旧城的道德生活》(Code of the Street：Decency，Violence，and the Moral Life of the Inner City)(New York：W.W. Norton，1999)。如要了解更深层的历史演变，可参考Rorbert Roberts的《传统贫民窟：本世纪前四分之一年代时索尔福德的生活》(The Classic Slum：Salford life in the First Quarter of the Century)(Manchester：University of Manchester Press，1971)，该书描述了恩格斯走访的某街区，以及Tyler Anbinder的《五个方面：那个发明了踢踏舞、披肩发并成为举世闻名的贫民窟的19世纪的纽约街区》(Five Points：the 19th Century New York City Neighborhood That Invented Tap Dance，Stole Elections，and Became the World's Most Notorious Slum)(New York：Free Press，2001)。

正文

在 2000 年联合国大会的千年宣言通过后，出台了路线方针，明确了千年发展的目标与对象，包括战争、贫穷、饥饿、疾病、文盲、环境恶化和性别歧视，以及改善贫民窟居民生活。《贫民窟的挑战：2003 年全球人居报告》进行了第一个全球贫民窟评价，从一个新的被认可的可操作的贫民窟定义开始，报告首先说明了全球贫民窟人口数的估计，之后检验了全球、区域以及地方性的贫民窟的潜在成因，以及贫民窟的空间经济特征和动态。最后，报告确定并评价了主要的贫民窟政策及方法，这些已经在过去数十年里指导应对贫民窟挑战。

从这份评价中获知，贫民窟带来的挑战程度显而易见且非常可怕。如果国家政府、城市当局以及市民没有缜密而相互协调的行动，贫民窟人口数很可能在大多数发展中国家呈现上升趋势。为了指明前进的方向，报告确定了目前可行的解决贫民问题的方法，包括扩大贫民窟改进工程，以及降低城市贫困。为了阐明背景，有关全球人居报告的重要研究成果及相关信息将在下文进行说明。

主要研究成果

2001 年，有 9.24 亿人，或者说世界 31.6% 的城市人口生活在贫民窟。他们主要生活在发展中地区，占城市人口的 43%，而 6% 的人口生活在更发达的区域。在发展中地区内，2001 年时撒哈拉非洲城市居民中生活在贫民窟的比例最高（71.9%），大洋洲最低（24.1%），居于中间的是南亚（58%）、东亚（36.4%）、西亚（33.1%）、拉美及加勒比海地区（31.9%）、北非（29.2%）以及东南亚（28%）。

至于贫民窟人口的绝对数量，亚洲（包括所有子区域）占全球最大比重，2001 年一共有 5.54 亿贫民窟人口（大约占全世界贫民窟总人口的 60%）。非洲一共有 1.87 亿贫民窟人口（约占全世界的 20%），拉美及加勒比海地区有 1.28 亿贫民窟人口（约占全世界的 14%），欧洲及其他发达国家有 5400 万贫民窟人口（约占全世界的 6%）。

几乎能确定的是，贫民窟人口在 20 世纪 90 年代大幅增长。预计在未来 30 年内，如果不采取坚决且明确的行动，全球贫民窟总人口将增加到 20 亿。过去十年里不发达区域的城市人口增长了 36%，可以认为城市家庭数以同比例增长。但似乎贫民窟的改进或者正规的建设不可能以与此同样的速度进行，正如发展中国家很少有如此规模的正规居住建设工程，因此很可能非正规居民的家庭数增长超过 36%。然而很显然，世界不同地区与此总体概况不尽相同。

在亚洲，普通城市住房标准十年内有所改善，正规住宅发展与城市增长保持同步，直到 1997 年金融危机。甚至在这次危机之后，一些国家如泰国仍旧持续改善着他们的城市环境。在印度，经济环境在一些城市也取得进步，如班加罗尔。然而通常我们会认为城市人口增长速度超过城市支持的空间容量，所以贫民窟才会增加，尤其是在南亚国家。

在拉美的一些国家，大量的土地存在使用期限，棚户区人口大幅下降，这将降低大多数定义下的贫民窟的人口。此外，城市化达到 89% 的饱和程度，贫民窟形成速度减缓。不过住房短缺仍然居高不下，贫民窟在大多城市仍然突出。

撒哈拉非洲国家的大多数城市以及一些北非和西亚城市存在严重的住房紧张问题，租金与价格飙升，可能与较高的使用率相关。此外，贫民窟区域在大多城市增加，并且贫民窟改善速度非常缓慢或者几乎可以忽略不计。在南非，一项大规模住房工程大大地减少了非正规居住地的数量。

全球报告中考察过的超过半数的城市都显示,贫民窟的形成仍将持续(阿比让、阿默达巴德、波哥大、贝鲁特、开罗、哈瓦那、雅加达、卡拉奇、加尔各答、洛杉矶、墨西哥城、内罗毕、纽瓦克、拉巴德－萨尔、里约热内卢和圣保罗)。有一些城市(曼谷、成都、科伦坡和那不勒斯)报告了减缓的贫民窟形成趋势，而其他的城市(德班、伊巴丹、卢萨卡、马尼拉、莫斯科、金边、基多和悉尼)都没有显示或者没有足够充分的资料。

全球正在日益关注贫民窟,正如最近的《联合国千年宣言》明确的以及后续的国际社会确定的优先发展权。为了说明正在增长的城市贫民窟人口数，各国政府最近采取了一些专门针对贫民窟的对策，旨在到2020年较大幅度地改善至少1亿贫民的生活。根据所预计的贫民窟人口数增长幅度(未来30年可能升至20亿)，千年发展计划应以国际社会应对的底线为目标。如果“城市无贫民窟”成为现实，需要做的工作还有很多。

贫民窟是城市贫困和城市内部不平等的物质性和空间性的表现。然而，贫民窟不能容纳所有的城市贫民，并且也不是所有的贫民窟居民一直贫困。根据世界银行的贫困定义，据估计，世界上半数人口的居民(近30亿)每天的生活花费不到2美元，约12亿人口生活极端贫困，即每日花费不到1美元。生活在极端贫困中的人口比例从1990年的29%下降到1999年的23%，主要是由于1987年至1998年期间，在东亚地区大幅减少了1.4亿人。但是,从绝对数量上来说,全球生活在极端贫困中的人数持续增加至1993年，并在1998年回复到1988年的水平。

尽管众所周知统计城市贫困状况非常困难，人们普遍推测，城市贫困水平低于农村，并且世界范围内生活在贫困中的城市人口的增长速度远远高于农村。贫困和营养不良在城市地区的绝对数量不断增加，同样增加的还有市区整体贫困和营养不良的比例。总体来看，贫困正在不断向城市入侵,这个进程被人们称为“贫困人口城市化”。

贫民窟和贫穷是密切相关、相辅相成的，但这种关系并不简单明了。一方面，贫民窟居民不是同质化的人口，一些有合理收入的人口住在贫民窟社区内或边缘。尽管大多数贫民窟居民在非正规经济中工作，他们的收入有可能超过正规部门雇员的收入。另一方面，在许多城市中，贫民区外生活的穷人比贫民区内更多。贫民窟地区有最密集的穷人，最差的住房和环境条件，但即使在最高级和最昂贵的地区，还是有一些低收入的人。在一些城市，贫民窟是如此普遍，但是富人们宁愿将他们隔离在外而不是为穷人建设住宅区。

大多数在发展中国家的城市贫民窟居民从位于贫民区内外的非正规部门赚取他们的生活收入。许多非正规经济部门的企业家，将他们位于贫民区内的生意操作扩展到城市的其他客户群。大多数贫民窟居民在低薪行业中谋生计，如在服装行业的非正规就业，回收固体废物，各种以家庭为基础的企业,许多家庭佣人、保安、计件工人、个体的美容美发师和家具制造商。非正规部门是在贫民窟中占主导地位的生计来源。然而，根据收集到的世界各地的贫民窟居民的职业和创收活动的信息，专家发现贫民窟人口多种多样，范围从大学讲师、学生到非正规部门的员工和那些从事非法活动的人员，比如小偷小摸。非正式部门目前面临的主要问题是缺乏正式认可，以及低生产率和低收入水平。

国家对待贫民窟，尤其是非正式定居点的态度已经从消极对待转变为积极。以前的做法如强迫迁离、忽视和非自愿移民的政策被摒弃，取而代之的是更积极的政策，如鼓励自助和原住地环境的提升，扶持和更多的权利政策。非正式定居点，即大多数发展中国家城市贫困人口生活的地方，更多地被地方管理者视为充满机遇和挑战的地方，被称为“希望的贫民窟”，而不是“绝望的贫民窟”。 虽然被迫搬迁和安置仍然出现在一些城市，但是现在几乎没有任何政府仍然公开主张这样的镇压政策。

大量的资料显示，穷人为改善自己的生活环境而自行设计的解决方案卓有成效，使非正规住区逐步完善。在一些改造政策已落实到位的地区，贫民窟已成为越来越多社会凝聚力的所在，提供保障权，为地方经济发展和改善城市贫民收入作出了贡献。然而，与贫民窟所面临的挑战相比，这些成功的例子相当少，而且尚未被系统地记录下来。

长期以来，犯罪问题一直与贫民窟相关联，使公共政策制定者产生很多对于贫民窟的负面看法。但是越来越多的人意识到贫民窟居民不是犯罪的主要来源。相反，贫民窟居民更容易受到有组织犯罪的侵害，原因是公共房屋以及许多将贫民窟居民排除在外的政策，其结果便是大多数贫民窟居民变成受害者而非犯罪者。虽然一些贫民窟（尤其是传统的市中心贫民窟）可能更容易受到犯罪和暴力行为的侵害，并且被贴上了高离婚率和反文化的标签，但并不会造成社会失调。

重要信息

面对贫民窟的挑战，城市发展政策应该更积极地解决一般的贫民窟居民的生计以及城市贫困的整体问题，从而不仅仅关注住房、基础设施和物质性环境条件的改善。贫民窟，在很大程度上，是城市贫困的外在表现。但是贫民窟存在的根本原因未曾被过去的决策者所重视，他们对于贫民窟只会一味地消灭或升级，换汤不换药。未来的政策应放远眼光，从根本上解决城市贫困的问题。贫民窟政策应该寻求支持城市贫民生计的方法，使城市非正规部门的活动蓬勃发展，将低收入住房开发与增加收入、提供廉价交通以及为低收入者住房提供适合的选址等问题相结合，提供更多的工作机会。

在一般情况下，贫民窟政策应当与解决贫困问题的各个方面结合起来，包括就业和收入、食品、保健和教育、住房，以及使用城市基础设施和服务。然而，我们应当认识到，改善贫民窟居民的收入和就业，与国民经济的增长密不可分，这本身就是依赖于有效而公平的国家和国际经济政策，包括贸易的强劲增长。

贫民窟改造中的扩大规模和模式复制是最重要的战略，近年来已受到更多的重视，但应当承认，这也只是一个可行的解决方案，而并非全部。过去的贫民窟改造和低收入住房发展的失败，在很大程度上，是资源分配不足的结果，因为成本无法有效地回收。未来的贫民窟改造应根据资源不足的现状作出相应对策以解决现有的贫民窟问题，不管是对城市还是国家。此外，还应适当注意现有存量住房的维护和管理，这都要求有足够的资源。贫民窟改造应扩大到覆盖整个城市，并复制以涵盖所有城市。扩大规模和模式复制，应成为推动贫民窟改造的原则，尤其是针对城市低收入者的住房政策。一些国家已通过在年度预算中分配一定比例的资金用于发展低收入住房而取得重大进展，如新加坡、中国，新近的有南非。

贫民窟改造的政策是成功的，但近几十年来国家和地方各级政府（尤其是许多发展中国家）的那种冷漠态度和缺乏政治意愿的状况亟须扭转。最近全球经济环境的变化导致经济波动加剧，降低了正式的城镇就业水平（尤其是在发展中国家），并加剧了城市之间以及城市内部的收入不平等。同时，经济结构调整的政策要求国家减少对城市问题的干预，从而导致低收入者住房方案的失败。国家和地方各级政府所面临的大规模贫民窟问题需要更多的政治决策，并且这样的问题会延续到未来。对城市贫困和贫民窟问题来说，更多的国家干预是必需的。尤其是在一些发展中国家，城市贫困程度增加，正规就业水平减少，收入不平等加剧，以及城市贫困阶层的弱势问题等。

在房屋开发过程中，城市贫民和传统开发投资商的充分参与对于提高贫民窟政策的有效性有着巨大潜力。这就要求城市政策更具包容性和公共部门对所有公民更负责任。长期以来，不可否认的是，穷人在贫民窟改造中发挥了关键作用。参与决策，改善自己的生活条件，这不仅是一种权利，而且能使公共政策发挥出更大的效力。

贫民窟政策应该寻求让穷人参与到贫民窟改造方案和项目的制定、融资和实施中来，激发他们自身的创造性来改善其自身生活状况。这种参与，也应该延伸到社区和帮助贫困者的非政府组织（NGOs）这样更大的范围内，并将他们正式纳入城市管理机制中。此外，贫民窟的解决方案应吸取各方的经验，如非正式部门的地主、土地所有者和投资的中产阶级。鼓励中低收入者进行住房投资，最大限度地保障使用权，并最大限度地减少对城市贫困人口的经济剥削。

许多贫穷的贫民窟居民在城市工作，以确保富人和其他高收入群体的需求得到满足；贫民窟的非正式经济活动与城市的正规经济是密切相关的；位于贫民窟的非正式服务往往延伸到整个城市的客户。显然，需要重视的是如何确保贫民窟成为城市不可或缺的创造力和生产力的一部分。在更广的范围内，它关系到城市的包容性和公平性的城市治理。但是，包容性和公平性的城市治理需要更多国家和地方各级政府的参与，尤其是在城市基础设施和服务方面需要公平的投资政策。

目前，租期的保障是许多城市贫民所急需的，比拥有住所更加重要，但基于所有权和个人土地所有权的大规模的贫民窟政策并不总是能完全实现。大多数城市贫民因为买不起房子，租赁房屋居住是他们最合乎逻辑的解决方案（公共决策者并不总能认识到这一点）。因此，贫民窟的政策应该更加关注租期安全，以及城市贫民不受非法驱逐的权利，此外还有对女性的住房和财产权利的保护。改善贫民窟居民的使用权和房屋权利的安全性是全球安居运动（GCST）的核心原则，虽然一些国际组织，特别是双边组织，仍旧把重心放在住房所有权上。然而，未来的政策应纳入保障使用权和加强穷人的住房权利，尤其是对贫困妇女，这样的政策方向是明确的。对于最贫穷和最脆弱、买不起住房的群体，在市场机制为基础的前提下，使其获得足够住房的解决方案，只能通过有针对性的补贴来实现。

为了提高城市的包容性，城市政策应该越来越多地着眼于创造更安全的城市。这可以通过为城市低收入人口（包括贫民窟居民）制订的住房政策，有效创造就业机会的城市政策，更有效的警察和司法机构以及强大的以社区为基础的处理犯罪机制来更好地实现。一些城市（特别是在拉丁美洲和加勒比地区）搜集的证据表明，为保证贫民窟的居住安全，必须切断城市犯罪和暴力的根源。在 20 世纪 60 和 70 年代，拉美城市中的一些贫民窟居民（尤其是棚户区居民）最恐惧的是被政府或私人土地所有者驱逐。如今，这种恐惧已经被暴力和犯罪，包括与贩毒有关的枪击事件所取代，而更具全球代表性的关于犯罪和贫民窟之间关系的最新分析表明，贫民窟居民对大城市没有威胁，反倒是往往成为来自贫民窟外城市地区的犯罪和有关暴力行为的受害者。贫民窟居民，往往由于被公众预防方案和流程排除在外而易遭受警务人员的侵犯。

为了实现无贫民窟城市的目标，发展中国家的城市，要在大力实施减贫战略的大背景下，制定旨在防止贫民窟出现的城市规划和管理政策。城市贫民窟的问题，在许多国家（尽管不是全部）应被视为在更广的范围内以福利为导向、以市场为基础的低收入者住房政策和战略失败造成的。由于农村人口迅速向城市迁移、城市贫困和不平等的加速、贫困社区的边缘化、城市贫困者无法获得支付得起的住房,城市贫民的住房投资不足,以及原有住房的维护不足共同造成贫民窟现象的加剧。

改造已有的贫民窟应当有明确一贯的城市规划与管理政策，以及低收入者住房发展计划。后者应包括逐步为低收入住房建设提供价格合理的熟地（有基础设施配套的用地），从而防止出现更多的贫民窟。在更广泛的全国范围内，分散的城市化战略应追求的是在可能的情况下，确保农村人口向城市的迁移更加均匀，从而防止其涌入主要城市，造成如雨后春笋般的新贫民窟。这是一个比直接控制农村人口迅速向城市迁移更容易接受和更有效的管理方式。然而，分散的城市化只能在适合国家经济发展政策，包括减少贫穷的框架内开展。

在全市范围内的基础设施投资是改善贫民窟的一个先决条件，因为如果缺少这一条件将使城市贫民被排除在外，改造的住房他们仍会承担不起。努力改善贫民窟环境的可居住性和提高经济生产活动的核心是提供基本的基础设施，特别是供水和卫生设施，但也包括电力、道路、人行道和废物管理。经验表明，若要城市贫民能够负担得起住房支出，并且贫困居民开办的非正规企业能够维持运营，由公共部门在全市范围内投资建设主干基础设施是必不可少的。因此，未来的低收入住房和贫民窟改造政策需要更加注重全市范围内基础设施发展的融资问题。

过去几十年积累的经验表明，在原址上的贫民窟改造比重新安置贫民窟更加有效，并且贫民窟改造项目和方案更加规范。强迫驱逐和拆迁贫民窟来安置贫民窟居民将会带来更多的问题。拆除和搬迁将造成不必要的破坏，大量能够为贫困者所居住的房屋被拆，新建的房屋太贵，导致搬迁的居民重回贫民窟居住。重新安置还经常会切断贫民窟居民的就业来源，拆迁或非自愿移民应尽量避免使用，除非在那些易受灾害或污染的区域，或者人口密度太高，无法安装新的基础设施（尤其是水和卫生设施）的地方。因此，在原地改造贫民窟应该更加规范，尽量选择合理的非自愿或自愿安置。创造便捷的生活机会，是一个成功的贫民窟改造方案的关键。

从全球城市到全球城市化

尼尔·布伦纳　罗杰·凯尔

编者导读

像现代工业城市和20世纪大都会出现时一样，全球化时代出现的全新城市已经引发了大量的描述、分析和理论文献，这些研究已经、并将继续引领我们对仍然新兴的城市未来更全面的了解。作为Routledge出版社城市读本系列书籍中《全球城市读本》一书的主编，尼尔·布伦纳和罗杰·凯尔在这方面的研究比其他任何学者都更详尽和更有说服力。

尼尔·布伦纳是一位城市政治经济学、城市地理学和城市理论方面的专家，1999年从芝加哥大学获得博士学位之前，他在耶鲁大学和加州大学洛杉矶分校学习，目前在纽约大学担任社会学和都市研究副教授，也担任《欧洲城市与区域研究》(European Urban and Regional Studies)和《反证：激进地理学学刊》(Antipode：A Radical Journal of Geography)杂志的编委。他是影响深远的文章《全球城市与全球地方化国家：当代欧洲全球城市的形成和国家领土重组》[载于《国际政治经济回顾》(Review of International Political Economy，1998)]的作者。罗杰·凯尔获得法兰克福大学博士学位，之后任多伦多约克大学城市学院院长、环境研究教授，以及加拿大的德国和欧洲研究中心主任。凯尔著有《洛杉矶：城市化、全球化和社会争斗》(Los Angeles：Urbanization，Globalization，and Social Struggles)(Chichester: Wiley出版社，1998)、与Gene Desfor合著《自然和城市：多伦多和洛杉矶的环境政策》(Nature and the City：Making Environmental Policy in Toronto and Los Angeles)(Tucson，AZ：亚利桑那大学出版社，自然与社会系列，2004)以及著有《网络连接的疾病：新型传染病和全球城市》(Networked Disease：Emerging Infections and the Global City)(Oxford：Wiley-Blackwell出版社，2008)等书。他是《城市与区域研究国际期刊》(IJURR)的联合编辑，还是《城市研究与对策国际网络》(INURA)的创始人之一。

作为中文版《城市读本》的选文，布伦纳和凯尔在《从全球城市到全球城市化》一文的开篇就写道："所有主要指标都显示，当前整个世界的城市化速度比人类历史上的任何时候都更加迅速"。而对于这一革命性的新现实，法国哲学家亨利·勒菲弗早在1970年就在他的著作《城市革命》中有所预测："借助于星体式纹理和网络结构的城市化空间，资本主义的城市化进程得以普及。"今天，他们注意到，亨利·勒菲弗的"预言不再只是未来学家的猜测"，当今的城市化已经"具有行星化社会存在的所有主要特点……是人类社会生活的必然。"

与芝加哥学派的城市研究人员对现状的分析有很大的不同，甚至不同于像早在1924年就使用“世界城市”术语的先锋学者帕特里克·格迪斯的愿景，布伦纳和凯尔认为当代城市的世界揭示了“在全世界城市化的区域中或之间进行的、新型的全球化联系方式与新形式的断裂、边缘化、排斥和脆弱性”。他们认为新城市化作为第二次世界大战和冷战后全球资本主义的表现，越来越多的新全球城市从国家和州省的背景中脱颖而出，“超国家或全球性力量的影响”，正如新马克思主义理论者如亨利·勒菲弗、戴维·哈维（David Harvey）和曼努埃尔·卡斯特利斯所发现的那样。在这些理论家的眼中，他们观察到城市化已成为“进行中的资本主义社会空间结构形成和转型的积极时刻”。

关注到全球城市间的网络，以及萨斯基娅·萨森、多琳·梅西（Doreen Massey）、安尼亚·罗伊（Ananya Roy）、詹妮弗·罗宾逊（Jennifer Robinson），以及英国拉夫堡大学的彼得·泰勒和全球化与世界城市组织（GaWC）的开创性工作，布伦纳和凯尔认为：世界城市不只是大型企业的总部地点，也不只是全球指挥和控制中心，新的全球城市还提出了关于“重组城市管理和城市社会斗争新环境”的问题。在研究这些城市的过程中必须涉及“广泛的全球化或者全球化载体”问题，不只是包括“经济流”，还包括“新的社会、文化、政治、生态、媒体和离散网络的共同体”。最后，作者向阅读这本书的新一代城市规划学者发出“研究和行动邀请”。在约翰·弗里德曼和他人研究的基础上，布伦纳和凯尔要求读者对被他们认为是“彻底脱节但极度专制的新世界秩序”的全球化现状进行更清晰地思考和行动。他们写道，是否有可能导致新的“激进或渐进的社会转型，最终是一个需要通过持续地社会运动和斗争来决定的政治问题”。

关于全球城市和全球城市网络的进一步阅读，最佳推荐是尼尔·布伦纳和罗杰·凯尔编辑的《全球城市读本》，以及（英文版）《城市读本》（第五版）中每一部分相关的参考文献。彼得·泰勒的《世界城市网络：一种新的后地理学？》是研究全球城市化的基础。同样重要的还有萨斯基娅·萨森的《全球城市：纽约、伦敦、东京》、《全球化及其反对者》、《全球网络/互联城市》和《世界经济中的城市（第三版）》；以及曼努埃尔·卡斯特利斯的《信息城市：信息技术、经济重构与城市区域化进程》和他的权威性著作信息时代三部曲，尤其是《网络社会的崛起》。

其他重要资料来源还包括亨利·勒菲弗的《城市革命》（The Urban Revolution）（Minneapolis，MN：明尼苏达大学出版社，1970），Peter Marcuse 和 Ronald van Kempen 编写的《全球化的城市：一种新的空间秩序？》（Globalizing Cities：A New Spatial Order?）（Oxford：Blackwell 出版社，2000），Doreen Massey 的《世界城市》（World City）（伦敦，Polity 出版社，2007）和 J. John Palen 的《城市化世界（第八版）》（Boulder，CO：Paradigm 出版社，2008）。

对于研究全球化社会中的城市具有特别重要意义的著作包括 Mike Davis 的著作《石英城市》（City of Quartz）（伦敦：Verso 出版社，1990）和《贫民窟星球》（Planet of Slums）（伦敦：Verso 出版社，2006）。该领域的其他有用的概述还包括 Fu-Chen Lo 和 Yue-Man Yeung 主编的《全球化与大城市的世界》（Globalization and the World of Large Cities）（东京：联合国大学出版社，1998），John R. Logan 主编的《中国新城市：全球化和市场改革》（The New Chinese Cities：Globalization and Market Reform）（Oxford：Blackwell 出版社，2002），以及 Mark Abrahamson 的《全球城市》（Global Cities）（牛津：牛津大学出版社，2004）。

正文

城市化正在迅速加快，越来越集中且不均衡地扩张。人口、经济、社会技术、物质代谢和社会文化的城市化过程导致了全球网络化空间集聚的人类定居点的形成和现代资本主义主要规模的集中、再现和竞争性基础设施的配置，这种日益全球化的城市化模式与早前的预测并不一致。在20世纪的最后十几年中，由于新的信息技术（如互联网）致使运输成本降低和日益分散的人类住区新模式的产生，很多人认为城市化的时代已接近尾声。尽管存在这些趋势，所有主要指标都显示，现在整个世界经济的城市化相比人类历史上的任何时候都程度更高、速度更快。

40年前，法国哲学家亨利·勒菲弗在他的开创性著作《城市革命》（1970）中预言了资本主义城市化进程中将形成行星化的结构与组织。今天，勒菲弗的预言不再是未来学家的猜测，而是为洞察我们全球城市的现实提供了一个现实的出发点。

这并不是表明整个世界已经成为一个单一的、密集的城市，相反，不平衡的空间发展、社会空间极化和土地的不平等仍然非常普遍，这是现代资本主义的特征。因此，勒菲弗预测行星化社会的存在将逐渐变成城市化进程的主要形式，而决定人类社会生活命运（实际上是地球本身）的是间断的动力和不均衡的城市化轨迹。

城市的革命带来了城市研究领域的重大挑战。就像《城市读本》一书中的其他文章所展示的，对这一领域研究的起源基于对相关的有边界城市人居环境的调查，它是一个内部分化并独立的“世界”，与周边的经济、政治和环境关系网络相隔离，就像城市社会学的芝加哥学派提出的同心圆模型一样。然而今天，它已不再是住区生态学里内部分化的城市世界，也不是城市化的住区在广大农村地区的延伸，这是城市研究的中心问题。相反，与全球范围内发展并不均衡的城市趋同化相关联，我们面临的是新型的全球化联系方式，伴随全球城市地区新形式的割裂、边缘化、排斥和脆弱性。如何破译这些转变、它们的起源和结果呢？什么样的城市化类别和模式能最适当的解释它们及其带来的广泛影响？

20世纪80年代初以来，重要的城市研究者都投入了巨大精力到以下问题的研究：一方面，分析全球城市化新形式以及它们对主要城市的社会、政治和经济动态的影响；另一方面，引入一种新的方法和概念，旨在洞察20世纪晚期和21世纪早期资本主义行星式城市化不断变化的现实。最后形成的对“世界城市”、“全球城市”、“全球化中的城市”的研究产生了迷人的、令人兴奋和通常富有争议的见解。与此同时，对这些文献缺失环节的辩论此起彼伏，而文献中开放式的问题则不断激励着新一代的城市研究者去破译我们生活的这个城市化世界。由于篇幅有限，我们难以对这些多样化的研究一窥究竟（详细的介绍、概述和进一步阅读的建议，请参阅《全球城市读本》）。相反，我们列出了一些方法论基础和全球城市调查研究的主要脉络与提纲，同时通过对全球城市网络的构想和调查的特别研究，我们还提到了这一领域一些新兴的争论和议题，希望借此激发读者对这本书的兴趣，让新的城市研究者为了解和塑造全球城市化的未来动力和轨迹，贡献自己的激情。

城市化和全球资本主义

虽然世界城市概念的形成是一个较长的历史性问题，但它作为城市研究的核心概念在20世纪80年代得到了统一。在第二次世界大战后的政治经济和空间秩序崩溃之后，为破译全球资本主义的危机引发的重组而进行了跨学科的尝试。直到这一时期，城市研究的主导方法仍假定城市完全是本国范围内的中心。因此，才有战后区域发展学者们将国家视作增长核心的城市和周围边缘地区的观点。同样，战后的城市地理学家普遍假设国家范围是研究的重点，并在此基础上进行城市分级和城市系统组织。实际上，即使是较早使用“世界城市”的20世纪著名城市学者，如帕特里克·格迪斯和彼得·霍尔也同样表达了这样的假设。在他们的著作中，世界城市的国际化特征被解释为它们所在国家的地缘政治力量衍生的副产品。这一时期并未系统地研究到城市发展或城市分级可能是由超国家或全球力量所控制的。

20世纪60年代末和70年代初，随着激进的城市政治经济学研究的兴起，从国家的角度研究城市发展进程的观点受到挑战。新马克思主义城市理论家，如亨利·勒菲弗、戴维·哈维和曼努埃尔·卡斯特利斯的重大贡献是总结了大量的新类别和方法用于分析现代城市化进程的资本主义特征。从这个角度看，当代城市被视为与资本主义生产方式（包括资本积累和阶级斗争）相关的核心社会进程在空间上的具体表现。虽然这些新方法在当时没有明确地探讨当代城市化的全球特征，他们建议必须在资本主义的持续发展和无休止的空间扩张的宏观地理背景下理解城市。以这种方式，积极的城市学家详细制订了对于资本主义城市化的空间和本能的多层次理解。在这个新的概念框架下，城市发展的空间和层次参数不再是想当然的人类社会固有特征。相反，现在的城市化日益被视为资本主义社会空间组成内持续进行的生产与变革中一个活跃的时刻。

最重要的是，这些新的城市政治经济学方法在北美福特主义危机、城市和区域经历众多社会空间转型时出现，并在跨国公司主导的新一轮劳动力国际化分工时得到应用。福特主义是从第二次世界大战之后直到20世纪70年代初期间，在许多西方工业化国家盛行的社会生产方式。福特主义推动生产力发展的基础是由于大规模生产技术和与之密切相关的资本家与劳动者之间的阶级妥协导致了相当合作的劳资关系和工人阶级收入不断上升，这样一来，依靠国内消费需求支撑的福利国家制度得到强化。在国际上，福特主义在美国的文化、金融和军事输出时得到了传播和重现，植根于遍及老工业化国家的大型工业区并发挥作用。由于日益灵活的专业化生产模式、工业组织和企业内部关系、长期以来受各种制度束缚的市场竞争得以自由、社会再生产的缓慢商品化、国家福利措施减少，以及地区增长新形式和世界经济衰退等原因，这种社会空间形式在20世纪70年代之后被全面取代。在北半球，如底特律、芝加哥、英格兰中部、德国鲁尔区和意大利北部部分地区等老工业地区遭遇了重大的经济危机，表现出工厂倒闭、高失业率和基础设施荒废等特征。同时，新工业区在福特主义的传统中心地带之外出现，正显现出前所未有的产业活力和增长，例如硅谷、南加州、德国南部的部分地区、意大利艾米利亚－罗马涅大区和法国南部的部分地区。在全球资本主义核心区之外，新形式的工业化出现在发展中国家的主要制造业区域，例如墨西哥、巴西、韩国、中国台湾和印度，与这些转变同时进行的还有跨国公司在世界经济所有领域作用的日益突出。

福特主义危机之后，城市学者进行了主题多样的研究，如工业衰退、城市房地产市场、土地极化利用、区域主义、集体消费、地方干预、场所政治和城市社会运动等。这些研究表明，当代城市转型的缘由，不能纯粹在地方、区域或国家的范畴内来理解，也就是20世纪70年代后的城市和地区重组必须理解成是全世界经济、政治和社会空间转型的表现和结果。因此，老工业城市如芝加哥、底特律、利物浦、多特蒙德或都灵的工厂倒闭和工人斗争不能简单地理解成是地方、区域乃至国内发展的结果，而必须与世界经济资本利益积累的彻底改变和工业生产的全球化重组这些更广泛长期的趋势联系起来去分析。

类似的研究也表明，全球背景的重要性也体现在城市和区域在其他方面的重组，例如国家内部空间新形式的不均衡、经济和社会政策的场所形式和区域形式的出现，以及新的以地域为基础的社会和政治运动。

在20世纪70年代和80年代初对全球范围的城市重组研究中，重要的城市政治经济学家开始借鉴一些强调全球尺度的资本主义政治经济学的综合研究方法。其中最重要的是由伊曼纽·华勒斯坦（Immanuel Wellerstein）提出的世界系统分析模型和其他研究世界范围经济发展极化和资本主义核心、外围和边缘区域生活状况的分析模型。世界系统学者坚持认为只有在尽可能大的空间尺度内，并跨越数世纪的时间才能充分理解世界经济资本主义。他们尖锐地批评主流社会科学方法论的民族主义假设，认为应该明确现代资本主义长期全球化的认识。20世纪70年代，世界系统理论的兴起与关注地理政治经济的新马克思主义研究同时出现。在跨国企业、衰退、依赖、阶级形成、危机理论和资本国际化的多样化研究背景下，这些新研究关注了激进的政治经济，并对资本主义在历史和当代背景下的全球状况进行了探索。

与这一背景不同，现在称为全球城市研究领域的出现也有其相应背景。与始于20世纪80年代的其他重要的城市转型分析一样，全球城市理论是在新马克思主义政治经济学家、世界系统理论家和其他全球资本主义重要分析者上个十年间开创的分析的基础上建立起来的。

全球城市和城市转型

根据彼得·泰勒的说法："只有当世界经济的转型被作为一系列独立的城市系统而显得不合时宜，坦率地说是不恰当的时候，世界城市研究才开始关注企业的聚集行为"。在20世纪80年代和90年代期间，重要的城市研究者普遍抛弃了认为城市系统独立存在的假设，这导致城市转型和各种全球经济之间相互作用的开创性研究的出现，随后还有与政治、文化和环境转型的结合研究。许多学者对这一研究议题贡献了重要的见解，最具影响力的基础结论由约翰·弗里德曼和萨斯基娅·萨森提出。迄今为止，这些学者的著作与全球城市密切联系，研究全球化和城市发展之间相互作用的学者也不断引用他们的观点。

在20世纪80年代末和90年代，全球城市理论被广泛应用在主要城市作为全球金融中心、跨国公司总部所在地、先进生产力与金融服务业集聚地的研究领域。在这一阶段，研究人员对以下几大问题进行了大量的研究：

全球城市的层级结构

全球城市理论假设了全球范围内城市层级结构的形成，以及跨国公司如何在其中协调其生产和投资活动。自20世纪80年代以来，城市层级结构的分布、组成和发展趋势已经成为热门的研究和辩论主题。在萨森和弗里德曼最初的研究之后，学者们已经探索出多种方法策略和经验数据来源，通过它来绘制这一层级结构［请参阅拉夫堡大学“全球化和世界城市”（GaWC）研究小组的工作——www.lboro.ac.uk/gawc/，以及比弗斯托克、史密斯和泰勒在《城市读本》这一部分提出的“新的后地理学”概念]。然而，无论他们之间的差异是什么，全球城市体系中的大多数研究将这种网格城市概念化为不仅是加快和加强资本（包括金融资本）全球化的基本空间基础设施，而且是 20 世纪 70 年代后期出现的新形式的全球极化现象的媒介和表现。

对城市空间重组的争论

在这篇文章中，对于全球城市的理解，不仅涉及全球的尺度，世界范围内全球城市之间的联系也正在建立。同样重要的是，这一领域的研究人员指出，全球城市形成的过程是城市尺度上社会、技术和空间的转变，既涉及城市内部，又涉及城市周围的都市区域，全球化的城市发展在建筑及社会空间环境中得到了强有力的体现。在曼努埃尔·卡斯特利斯那些有影响力的学术著作中，关于全球性“流动空间”的建设必然涉及“场所空间”的重大转变。例如，跨国公司总部和先进的企业服务公司在全球城市核心区域集群聚集，使得区域基础设施承受过多压力，从而导致新的，往往是投机性的，房地产业的迅速发展，在已经建设的城市中心区域以及城市中心外围的区域建造诸如新的办公大楼和高档住宅，以及基础设施、文化性和娱乐性空间。同时，在全球城市核心区域，新的社会技术相关基础设施的需求以及办公用房成本的上升，可能在局部区域产生巨大的溢出效应，小型到中型的企业服务聚集区和后勤办公室遍布整个城市地区。最后，这些总部经济的整合，也可能对当地的住房市场产生显著的影响，因为开发商试图将已经衰落的城市核心改造成企业精英和其他被假定为“创意阶层”成员的居住空间。因此，随着原有工人阶级社区及工业区的改造，以及居住和就业构成的转换，可能造成租金和住房价格的上涨。全球城市的研究人员跟踪了这些空间及其他空间的转换，城市建设环境成为一个竞技场，来自跨国公司、开发商、企业精英以及工人、居民等各种社会力量和利益，在城市设计、土地利用和公共空间等问题上展开竞争。当然，这些问题几乎在所有现代城市中都争论激烈。研究人员承认这点，但他们特别关注 20 世纪 80 年代和 90 年代的城市问题，以发掘在全球资本主义体系中能够发挥关键性指挥和控制职能的独特形式与结果。

城市社会结构的变革

在全球城市研究的初始阶段，一项最具煽动性并引发争议的研究涉及全球城市的形成给城市社会结构带来的影响。弗里德曼和萨森特别指出，全球城市等级制度的出现，会使得“二元化”的城市劳动力市场结构占主导地位，一方面是获取高收入的企业精英，另一方面是大量报酬很低或非正式工作的雇佣工人。对许多人来说，那时，在 1982 年，一部由著名电影导演雷利·斯科特（Ridley Scott）执导的未来主义电影《银翼杀手》，为这些新模式在全球化城市中的社会空间极化现象，提供了一套适宜的模拟图像。基于想象的洛杉矶，电影表达了许多社会科学家认为可能的未来，在未来城市中大多数居民将是外来移民，他们中许多是穷人，而且经常被围困在住宅包围的空间和隔离社区。约翰·卡朋特（John Carpenter）的电影《逃离纽约》（1981）揭露了同样严峻的纽约的未来，电影中整个曼哈顿岛成为一座戒备森严的监狱。对于萨森来说，这种“全球城市中结盟的新阶层”的出现，与传统制造业的衰落以及新兴的先进生产者与金融服务的综合体直接结合在一起。她通过对伦敦、纽约和东京的广泛类比研究发现，如果特定区域模式的社会分化在这些不同的城市发生，随之而来的一个直接后果就是这些城市作为全球指挥及控制中心这一新角色的产生。这种“两极分化的论点”引发了激烈的讨论和辩论。当一些学者尝试在各个全球化城市中运用他们论点的时候，其他的分析家，例如彼得·马库塞（Peter Marcuse）和罗纳德·范·肯培（Ronald van Kempen），则在质疑这些论点的逻辑及（或）经验的有效性。

结合关于全球城市研究的上述主题，许多著名的城市学者开始将理论研究范围扩展至诸如纽约、伦敦、东京这些世界经济主要的指挥和控制中心城市以外的城市，包括跨区域中心的东亚（新加坡、韩国、香港）、北美（洛杉矶、芝加哥、迈阿密、多伦多）和西欧（巴黎、法兰克福、阿姆斯特丹、苏黎世、米兰）。在这个重要的研究链上，起到根本推进作用的全球城市理论被运用于世界各地的不同城市，特别是北半球的城市，这些城市正经历着由区域经济转变带来的经济和社会空间的重组。在那里，分析的中心议题是弄清特定城市的主要社会经济动向，例如，产业结构调整、资本投资模式改变、劳动力市场的分割过程、社会空间极化以及阶级和种族冲突，与潜藏其中的全球城市等级序列和全球经济力量的产生相联系。以这样的方式，研究者证明了全球城市理论并不仅仅适用于分析研究过的跨国指挥与控制中心领域，也可以用于探索一系列广泛的城市转变——现在也包括城市治理的重组，以及与20世纪70年代以后区域经济重组风波演变相一致的城市社会斗争新环境。他们对文献做出一个重大的调整，取代“全球城市”的是由马库塞和范·肯培提出的“全球化城市”，这一术语试图凸显出全球化和城市重组过程的多样途径和特殊区域格局。

全球城市网络的争论和视野

关于全球城市形成的争论，不再主要聚焦在总部为跨国资本的选址、专业生产和金融服务的聚集，以及相应城市与区域空间的合力转换。逐渐地，对国际化城市相关的一系列广泛研究，不仅包括经济流动，也包括新的社会、文化、政治、生态、媒体和离散网络的载体。在此背景下，学者们已经开始更加系统地思考将世界各地城市联系在一起的网络连接。这样的探索推动了各种有关城市的实证研究，以及正在进行的与全球化城市化自身本质的讨论。全球城市研究的范围随着该领域的拓展与发展，现正日益分化，但某些共同关注的问题依然层出不穷。因此，我们总结了关于全球城市之间连通性的四个主要尺度，该问题近些年已激发现代城市规划专家的研究和辩论。

城市网络的种类

在20世纪80年代和90年代，学者们倾向于存在一个单一全球性城市层级的假设，争论主要集中在如何表达，以及最合适的经验指标。然而，这里的讨论在2000年伊始的过去10年里已经大幅改变，因为研究人员现在都认为世界系统是由多个环环相扣的跨城市网络组成。当跨国企业的指挥与控制仍然是问题核心的时候，全球文化流动、政治网络、媒体城市和其他形式的跨城市连接同样激发了人们的兴趣，这其中还包括相关大型基础设施的配置。例如，由华盛顿特区、日内瓦、布鲁塞尔、内罗毕及其他世界外交与非政府组织总部所构成的全球政治中心，以及由麦加、罗马和耶路撒冷等宗教中心构成的另一个网络。此外，某些时候，表面上缺乏战略经济资本的地方仍然可以通过它们在全球网络社会运动中的角色而获得全球影响力。巴西阿雷格里港已经成为世界社会论坛的举办地，瑞士达沃斯每年一月份举行世界经济论坛，它们就是恰当的实例。这些调查表明，支撑世界城市体系的资本结构相互交织，城市间同样存在着复杂的网络联系，构成广泛而相互连接的体系。

城市网络的空间性

对于将全球城市过分简单地理解为边界清晰、可以吸引跨国资本的地方的观点，一些学者提出了不同的理解。以多琳·梅西（Doreen Massey）为例，她反对认为全球城市具有与生俱来的全球性特性的见解。相反，她建议将全球城市网络理解为一组辩证的关系，通过一系列同时发生的全球化与地方化趋势而连接了城市参与者及城市本身。因此，全球城市空间是“有联系的，而不是并列有差异的简单嵌合体”，“全球城市”需要概念化，它“不再是简单的多样性，而是具有竞争、潜在冲突、运动轨迹的聚集场所”。其他学者对全球城市的形成过程与重新调节过程的连接方式进行了研究，这些重新调节的过程往往是通过不可预知、意想不到的方式，继承了全球、国家、区域和地方关系的布局形式。更新的研究则探讨了从城市的政治生态和治理情况调整为新的社会运动动员，涉及全球化城市化进程在不同方面的干预措施及实证含义，每一理论都包括全球城市的重要概念，指向新的关系性与拓扑性，作为理解全球化城市化动态的基础。

城市间网络的范围

20 世纪 80 年代和 90 年代全球城市研究的重点主要在北半球的城市和地区。最近，几位学者质疑了这一范围，并探讨了一些关于全球城市形成概念的疑问。例如，珍妮弗·罗宾逊在其影响力广泛的著作中批评了仅仅依据城市在单一全球层次结构或网络中的重要性来划分的分类方式，而不是通过对城市的全球性建设过程中可能建立与重新建立的多样化资源来评判。虽然注意力集中在本地位置和基于本地位置的社会关系，罗宾逊的著作也主张基于跨国现金流量以及网络连接本身的概念重建，而不只是片面专注于资本投资和金融的逻辑需要。安娜雅·罗伊提出一个类似的想法，旨在呼吁重新重视城市地域的理论研究。她提出了结合特殊性和普遍性的相互对立的理论，她强调：

> 理论必须在适当的地方产生（产生的地点相当重要），然后调整、借用，并适用于新的地点。从这个意义上说，这种积极推行的理论同时进行着定位与移位。

具体而言，在某种程度上，罗宾逊、罗伊和其他人重提并有力地阐述的关于特殊性与普遍性的动态关系，对解释当代资本主义制度下所有的城市在管理其内部矛盾和外部整合这两个不同的演化是必要的。更普遍来说，这方面的研究和理论为遍布世界体系的城市提供了一些高效的生产方法，包括那些位于北半球经济“腹地”以外的城市，或许也能通过重要的修订方法来研究全球化和城市化。

城市间网络的危险性

尽管对他们表达了批评的态度，20 世纪 80 年代和 90 年代大多数全球城市研究强调了资本、劳动力和信息在世界经济中新出现的战略连接性，这些连接性被普遍视作本地经济发展的先决条件。在这种情况下，外国直接投资和企业间的关系网被视为组成全球城市关系的“材料”。当然，正如先前所说，这种“积极的”连接性被视为存在深刻矛盾，因为他们加剧了城市内部以及城市之间的两极分化和社会空间发展的不平衡。然而，除了着重研究原有的两极分化问题以外，重要的城市研究人员只是最近才提出城市间连接性的下降趋势和网络的失败。有关全球城市一直都存在着迥异的观点，认为其积极和正面的看法与对其批评的观点一直共存着。在前者观点中，我们可以理解城市政府自称跻身顶级全球城市的愿望，并借此吸引所有关注与投资。近年来，人们的注意力不仅聚焦于大型基础设施如机场和会展中心，还增加了对“人力资源”和创造性的痴迷。虽然在支持和评判的文献中，很少特别提到全球城市间网络自身的缺陷。只是最近学者们才开始跟踪隐匿于灰色网络中的威胁。新的研究发现，全球化城市今天已越来越多地面临无法控制的挑战。首先，随着2008—2010年全球经济危机的出现，基于市场机制而竞争导向的城市治理形式的局限和矛盾正在席卷整个世界范围内的城市网络：危机倾向和社会生态失调不仅仅发生在网络中的特定地方，而是迅速地遍布网络中的各个角落。其次，通过这些危机趋势而呈现出来的各地城市的政治生态，其特点与结构是由世界城市网络整体的缺陷所决定。这些缺陷的传播不仅通过全球经济中心的传统网络，而且也遍及传染性疾病的国际传播途径，以及大城市的基础设施网络。

有关进一步研究以及行动的邀请

20世纪80年代所做的预测已部分地被我们现在所知道的世界体系中的全球城市所证实，而另外一些预测则没有发生。当时，世界仍处在冷战时期，所谓的“第三世界国家”在社会研究及理论中无足轻重。今天的我们则是生活在一个不同的世界。莫斯科不再被“铁幕”遮挡，柏林已经统一，南非已克服种族隔离制度并主办了2010年世界杯，巴西城市也参与了全球城市的竞争，上海、迪拜、孟买和拉戈斯已不仅在特别的场合被提及，而是司空见惯地出现在大众话题、电影和音乐中。宝莱坞的电影作品已跨越了印度次大陆的边界，嘻哈音乐成为全球范围内城市和乡村青年的共同语言，美式咖啡巨头星巴克已占领了世界各地城市的街道角落，而且已经改变了包括罗马尼亚、中国及秘鲁在内的那些可以负担得起咖啡消费的人群的生活方式。冷战后的世界已经通过一系列交互的全球城市网络更加紧密地连接在一起。香港、伦敦、温哥华存在于有形的地图上，相互间复杂而扩展的家庭和商业关系跨越了三大洲。虽然城市间及城市居民间的地理邻近度在增加，但人心的距离却往往变得越来越远。虽然外界大肆宣扬的银翼杀手的情节在多数西方城市并未出现，但内部社会空间的分化却导致了类似的排他性、隔离以及封闭管理的社区的出现。从全球范围看，由迈克·戴维斯在21世纪初预言的“贫民窟星球”的确出现了，与位于欧洲、亚洲和北美洲的那些繁华的银行、文化和娱乐中心形成鲜明对比。从城市区域看，当世界大部分地区的快速城市化继续推向更加遥远的昔日“农村”地带，直径超过100英里的城市也显著增加。当全球化和多元化的城市社区欲以新的、潜在的革新方式行使城市权利的时候，新形式的政治也随之出现。当我们仍能在全球范围内感受到2008—2010年全球金融危机的后续影响时，可以预见新形成的以及再组合的政治经济权力关系以及社会自然代谢关系将要出现。所有的这些（也许更多）必然挑战第一代关于全球城市的研究假设与观点。而且，尽管有这些转变，全球城市的经典理论今天仍然是一个基本的参考，因为这些理论突出地强调了全球网络化的城市区域在全球资本主义的形成（瓦解）中的重要作用。

对于全球城市研究者的一种批评是，他们的工作是为了在全球范围内的城市竞争环境中美化某些城市，同时也不加批判地肯定了全球新自由主义的主张。与此相关，这些批评时常暗示全球城市的研究趋于肯定地方管理者为了帮助其所在城市赢得世界舞台关注的政策。在我们看来，造成这些批评的根本原因是混淆了有关全球城市（或曰世界城市）的通俗叫法与学术概念。前者是描述性的肯定概念，经常被地方官员用于吸引注意力，后者则是多义的分析术语，被城市学家用于解释全球化背景下的当代城市化现象。

尽管如此，一些关于全球城市的混淆概念也可能归结到关于这一主题的社会科学研究实质性内容上。在某些情况下，例如洛杉矶，它可以通过所谓的特殊地域“全球性”研究进行“炒作”，事实上这种所谓的特殊地域“全球性”的研究，常常不知不觉地允许学术研究人员参与，从而作为“雇佣者”成为全球城市的热心拥趸。在这方面，关键是要记得约翰·弗里德曼和戈茨·沃尔夫（Goetz Wolff）有关全球城市研究的纲领性提议“研究和行动的纲领”（我们的重点）。对弗里德曼和他众多的同事来说，对全球城市的描述与分析是为了实行积极、进步，甚至是激进的社会变革的第一步。因此，关于全球城市阶层的形成，和全球城市中强化社会空间极化的数据被视为渐进规划者的宣言。按照弗里德曼的观点，他们的作用是推动新的公共政策，减少全球城市中日益贫困的国际工人阶级以及流动人口的痛苦，以及迫使跨国资本服从本地民主政治的控制。对其他人来说，这种呼吁被解读为必须营造积极的商业环境以及形成世界城市所需的基本投资条件。然而，在20世纪90年代有关东亚城市制定试图跻身世界城市的公共政策讨论中，弗里德曼提醒他的听众：

> 城市的出路很大程度上是公共政策的结果，是我们选择的结果。因此，下一世纪的城市或许是广义上滥用规划的结果。我们并不能天真地认为，只要画一幅关于未来的美丽图画即可，如一个总体规划。通过无所不包且雄心勃勃的管理法规，就可以规划未来城市的发展……与其费尽心机地建设规模巨大的项目，如桥梁、隧道、机场；以及能够使大城市市长们心情愉悦的如冰美人般拥有封闭玻璃的摩天大楼。我认为更应该关注的是人，他们的住所以及生活的品质，那些微不足道的外来居民的诉求，以及现在谈论的，市民社会的概念。

既然这样，世界城市（全球城市）的研究能告诉我们多少有关当代资本主义的形势和前景，让我们得以了解当代社会生活，通过我们自身能力来适应当代社会进步与解放呢？在我们看来，全球城市研究提供给我们一些方向，一些知识与政治的基础，当我们尝试在一个基本脱节的，同时高度专政下的环境里营造新的世界秩序，这种知识视角能否帮助我们开辟一种激进或渐进的社会变革之路，始终都是一个政治问题，只能通过持续的社会动员和斗争来决定。

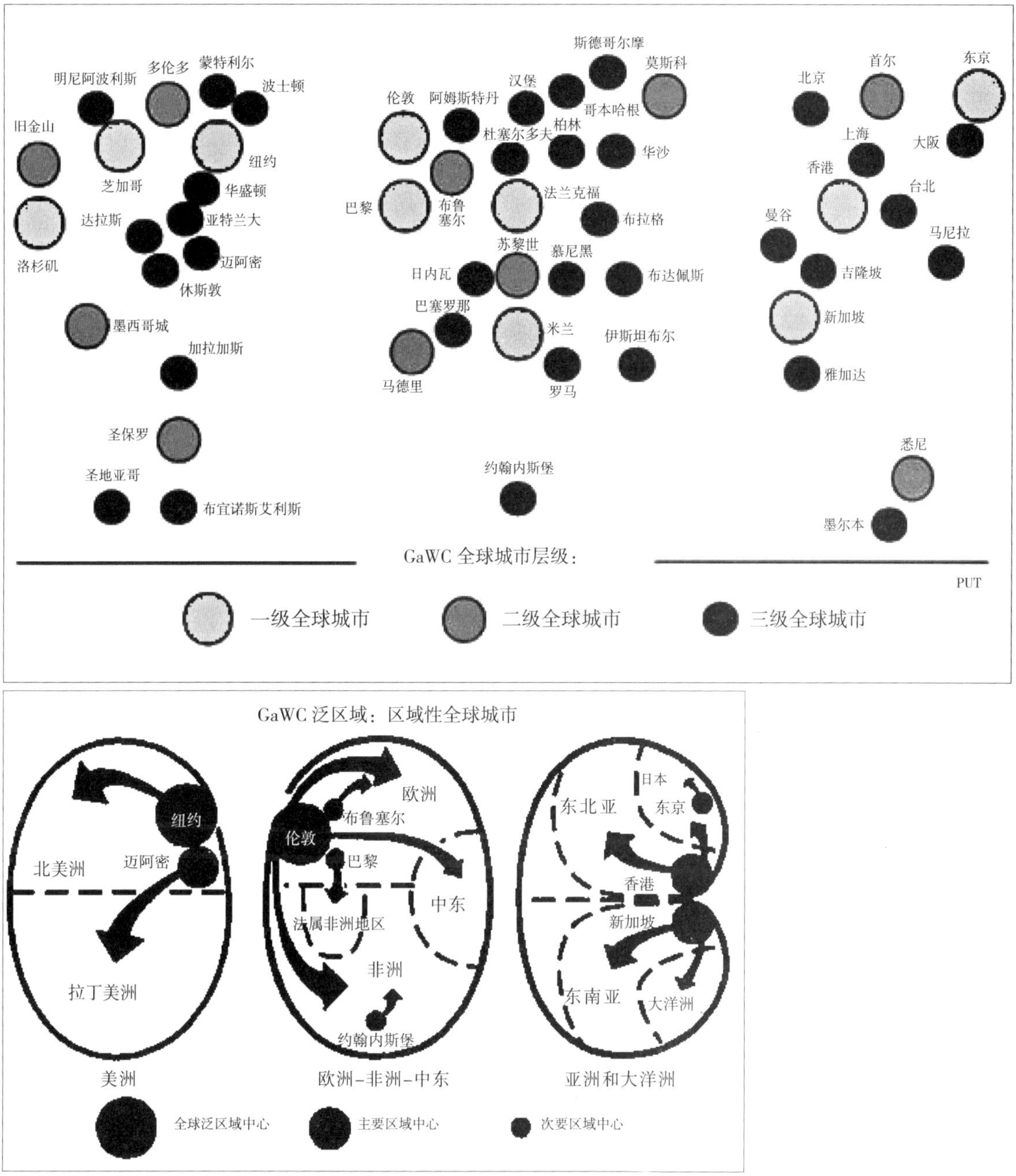

斯德哥尔摩
明尼阿波利斯 多伦多 蒙特利尔 波士顿 莫斯科
旧金山 汉堡 北京 首尔 东京
伦敦 阿姆斯特丹 哥本哈根
杜塞尔多夫 柏林 上海 大阪
芝加哥 纽约 华沙
华盛顿 香港
巴黎 布鲁塞尔 法兰克福 台北
达拉斯 亚特兰大 布拉格 曼谷
洛杉矶 迈阿密 苏黎世 慕尼黑 马尼拉
休斯敦 日内瓦 布达佩斯 吉隆坡
巴塞罗那
墨西哥城 米兰 伊斯坦布尔 新加坡
加拉加斯
马德里 罗马 雅加达
圣保罗 悉尼
圣地亚哥 约翰内斯堡
布宜诺斯艾利斯 墨尔本

GaWC 全球城市层级：

PUT

一级全球城市 二级全球城市 三级全球城市

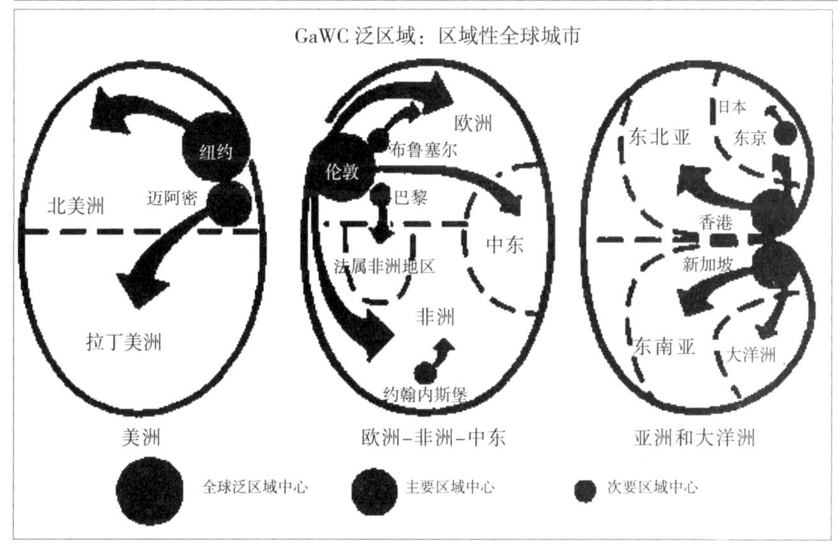

框图 32　全球城市网络

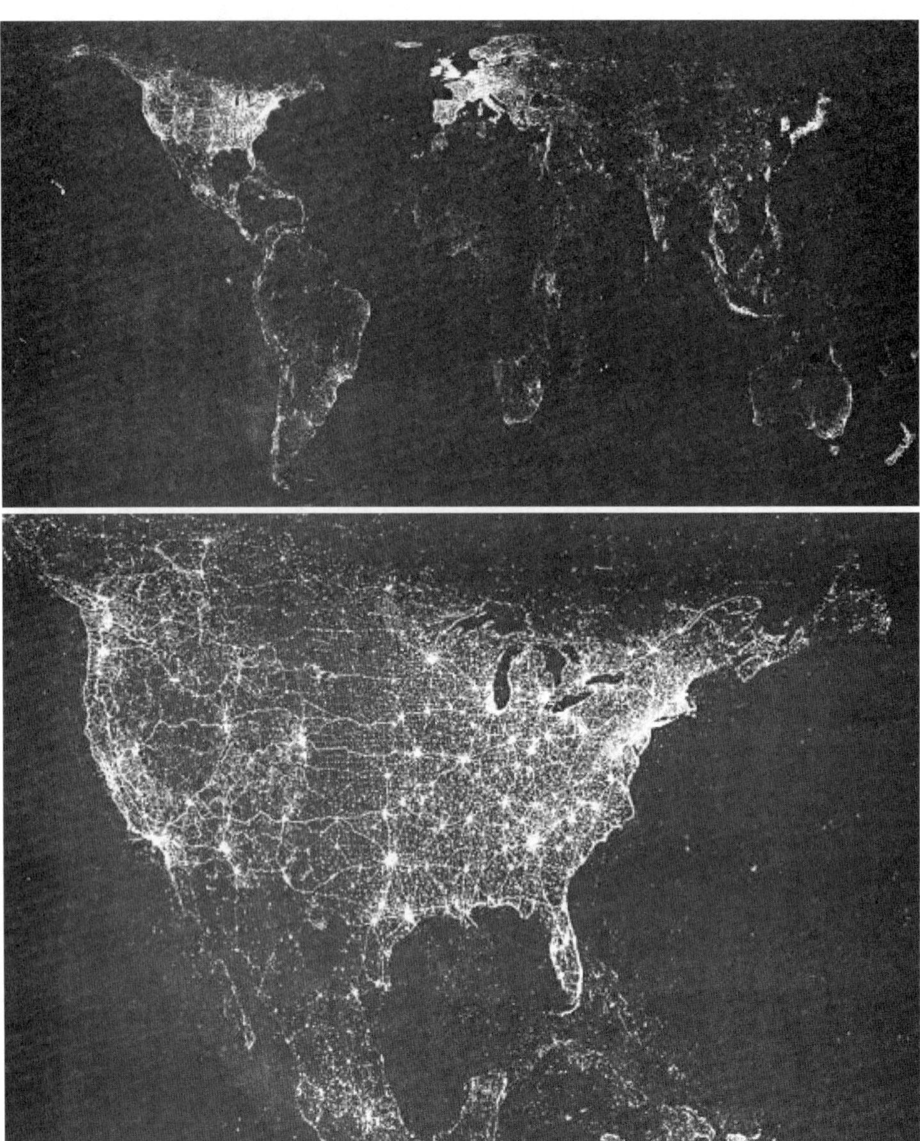

框图 33　社交网络用户分布图

信息时代的到来，使得全球各地之间的物质流、信息流的交换传递越来越频繁。以下两张图是全球、北美地区使用社交网站“推特”（Twitter）和图片分享网站“Flickr”的用户的分布地图（图片摘自 http：//www.xplus.com/papers/jnsb/20110719/n120.shtml）

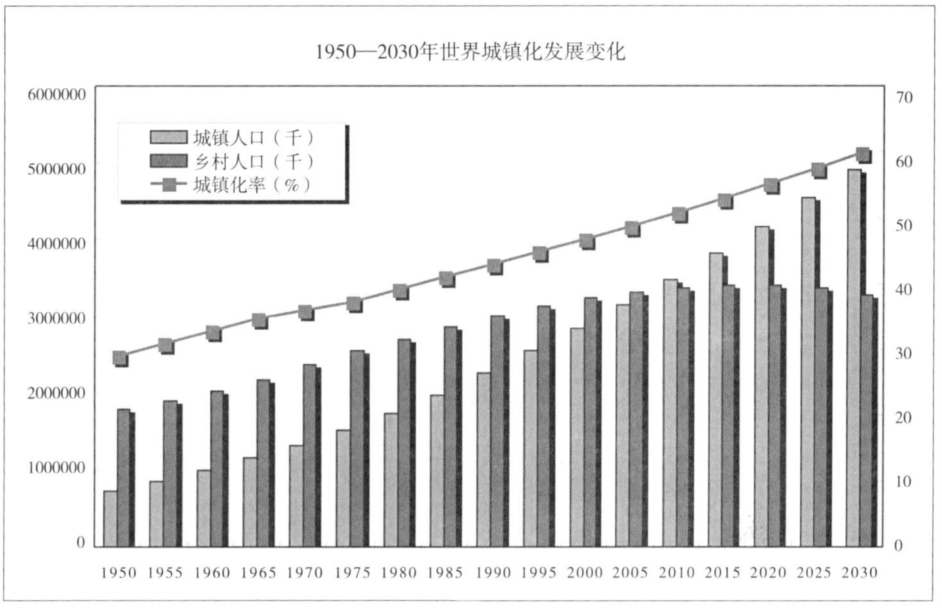

框图 34　世界与中国的城市化进程

上图为 1950—2030 年的世界城镇化发展变化及预测。1950 年以来，世界城镇化率稳步提升，到 2008 年，世界城镇化率首次达到 50%，标志着世界从此进入了城市时代。预计到 2030 年，世界城镇化率将会达到 60%。

下图为中国 1965—2011 年的城市化进程。从 1949 年建国到 1978 年“三中全会”以前，中国内地的城市化相当缓慢，到 1978 年城市化率仅为 17.9%。改革开放以来，中国城市化进程明显加快，现阶段已进入到高速城市化的起飞线上。2002—2011 年期间，我国城镇化率以平均每年 1.35 个百分点的速度发展，城镇人口平均每年增长 2096 万人。2011 年，城镇人口比例达到 51.27%，比 2002 年上升了 12.18 个百分点，城镇人口为 69079 万人，比 2002 年增加了 18867 万人；乡村人口 65656 万人，减少了 12585 万人（编者自绘，数据来源于《中国统计年鉴 2011》）

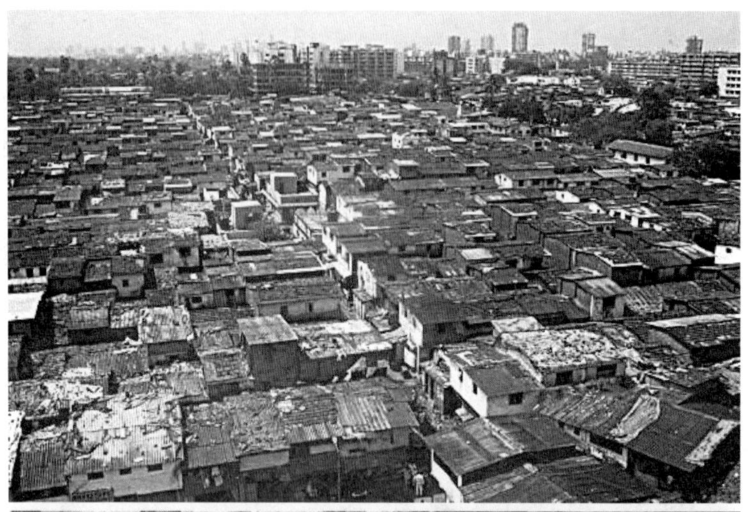

框图 35　贫民窟的挑战

2008 年，全球城市人口占总人口的比例首次超过 50%，标志着全球进入城市时代。在城市化的过程中，贫民窟现象引起人们的高度关注，特别是在拉丁美洲、非洲、亚洲的一些国家，众多大城市均出现了大量的贫民窟。以上两张图片为印度某城市的贫民窟（图片源自 http://bjcity.net/2011/0415/16693.html）

后记

中国城市规划师西方规划著作导读

理查德 · T · 勒盖茨　张庭伟

随着中国城市化进程以前所未有的规模和速度推进，中国的城市规划行业发展十分迅速。目前，中国各种等级、质量的城市规划专业多达 102 个（2004 年），从业城市规划师约 6.5 万人（2004 年），可能已经多于美国（3.2 万人，2002 年）和欧盟 27 个成员国的城市规划师总和。中国规划师与地理学、经济学、社会学及其他社会学科的专家协同合作，成为解决中国城市化过程中遇到的各种城市问题的主力军。

城市规划工作需要规划理论的指导。中国的城市规划理论和实践必须符合中国国情；在建立中国特色的规划理论的过程中，中国规划师和社会学家可以从有着 150 年历史的欧美城市的研究文献中得到借鉴。众所周知，中国在物质性规划方面有着数千年的历史，但现代意义上的城市规划理论则是自 20 世纪初开始，由早期归国的留学学者，以及在中国工作的西方规划师们介绍到中国来的。所以在一定程度上，中国规划师对西方的城市规划理论并不完全陌生，对西方规划理论在中国应用的优缺点也有所了解。近年来随着越来越多的中国学生到西方规划院校学习，西方规划文献也得以进一步传播，国内规划师对西方城市理论的兴趣随之提高。国内已有规划学者尝试编撰一个向中国读者介绍西方 100 年来主要规划理论的书目（吴志强，2003）。这一努力本身就表明了，中国规划界迫切希望能有一部“西方城市规划文献导读”，来指导对西方规划理论的学习。

当前，研究西方经典城市规划著作更有以下理由：

首先，大多数当代的中国规划师是在计划经济时期成长教育起来的，他们缺乏市场经济的知识和经验，但现在他们所面临、希望他们解决的城市问题却是在市场经济条件下产生的。其实，他们所遇到的问题不仅仅是城市问题，更是在市场经济下城市规划师自身的工作定位问题（张庭伟，2002）。西方国家有着长期的市场经济的历史，通过研读西方城市规划著作，中国规划师不仅能借鉴西方城市规划的成功经验、规避西方城市规划的失败教训，更能认识到规划师在市场经济下可能发挥的积极或消极作用。

其次，在相当程度上，当代中国的城市规划教育和实践仍然受到早期西方物质性规划模式以及前苏联自上而下的城市规划模式的影响。这种城市规划模式与当代的中国国情已经不相符合。中国规划师正在致力于建立一种符合中国国情的新型城市规划模式以指导规划实践，每年中国规划年会上对此问题的热烈讨论就是证明。我们认为，将西方经典城市规划理论和当代西方城市规划理论进行本土化，将有助于建立具有中国特色的规划理论。事实上，从欧洲发展起来的西方城市规划理论，在美国就经历过本土化的过程。当代美国的城市规划实践（完全分权式）和当代英国的城市规划实践（相对集中式）有相当的差异，但是两者建立在完全相同的西方经典规划理论的基础上。可见，规划理论和实践的本土化是有先例可寻的。通过对西方城市规划产生、发展的历史背景与中国国情的比较分析，无疑可以加快建立有中国特色的创新性的城市规划模式。

再次，虽然熟识西方城市规划著作的中国城市规划师人数在不断增加，但是仍有一部分中国学者和规划师在系统研读西方经典城市规划理论，特别是研究当代欧美城市规划著作方面存在困难。工作繁重的中国规划学者和规划师们面临两个困难：一是缺乏时间，二是缺乏渠道。虽然越来越多的西方城市规划著作已被翻译到中国，在中国顶尖规划专业就读的规划学生们也有越来越多的机会接触到一些英文版的城市规划文献，但目前还没有一篇专门以中国城市规划师为阅读对象、系统介绍西方重要城市规划著作的图书。本书就是为了填补这一空白所做的第一步努力。

本篇后记的主要参考资料为：（英文版）《城市读本（第三版）》（The City Reader）（2003），编者为勒盖茨与斯托特；已经出版的城市规划和城市研究方面的8本专著（编者分别为：Miles，Hall，and Borden，2003；Graham，2003；Wheeler and Beatle，2004；Brenner and Keil，2004；Lin 2005；Macdonald and Larice，2004；Strom and Mollenkop，200；Fyfe and Kenny，2005），以及《城市规划读本》（Urban Planning Reader，编者为Birch，2007）；还有1870—1950年欧美城市研究及城市规划著作中一些重要著作的汇编（编者LeGates and Stout，1999）。

在城市科学中，城市规划和城市研究是两个互相联系而又各自独立的领域。本篇后记以这两大领域内最重要的著作为基础，对欧美城市研究和城市规划的教育和实践做了介绍。本后记分为三个部分：第一部分为引言，简要介绍了欧美城市规划专业的基本情况。第二部分集中讨论城市规划和城市研究两个专业的主要文献。在城市规划部分，介绍了城市规划理论、城市规划实践和城市设计三方面的主要著作，偏重于论述城市规划理论的历史演变和专项规划方面的著作。在城市研究方面，主要介绍了城市社会学、城市经济学、城市地理学、城市管理和政治学及城市历史学的著作。在第三部分结论部分提出了我们对建立中国规划理论的一些建议。

西方的城市规划教育和实践

1. 城市规划和城市研究教育

在美国，大部分规划师的城市规划教育是通过“城市和区域规划”（Urban and Regional Planning）专业中两年制的研究生教育进行的。这些专业必须获得美国规划协会中的国家级评估委员会（城市规划专业评估委员会，简称PAB）的认证。城市科学方面的教育则主要在本科生学位的“城市事务”（Urban Affairs）或“城市研究”（Urban Studies）专业开始，然后进入研究生学位。

城市规划专业通常设在城市和区域规划系内，往往和建筑、景观、设计、结构或其他建成环境方面的专业共同组建成一个学院。城市科学方面的本科生教育通常设在交叉学科的专业内，如城市事务、城市研究和其他以城市为研究对象的社会科学专业中。类似于中国的情况，在美国开设的城市规划和以城市为研究对象的社会科学的院系，不仅种类繁多，而且随着学院结构的重新组织或重新命名，院系也往往随之重组。

在 20 世纪上半叶，西方绝大多数的城市规划专家毕业于有着建筑学背景的“建筑与城市规划”专业。即便在今天，西方大多数城市规划专业仍然包括在建筑学院内，但是当今城市规划专业的师资队伍已经变得越来越多元而交叉：有城市规划背景，也有地理学、经济学、社会学和建筑学等背景。此外，还有一些市政工程背景的教授在城市规划系的交通规划、市政设施规划等专业任教，但这些具有市政工程背景的教授一般都不属于城市规划系，而仅仅是为规划系的学生开课，他们在业务上属于工学院。

城市研究教育则不同。大部分西方大学都有社会科学或人文科学学院，在学院中设有地理学、经济学、社会学、政治学、人类学、历史学和文学等学科。城市研究专业大多属于社会科学或人文科学学院，可以分散在不同的学科中，教授们的专业背景也十分多样，他们从各自专业的角度（例如地理学、经济学、社会学等）研究城市的土地、交通、环保、住房和城市政策等和城市规划有关的问题。所以在西方院校，城市规划和城市研究专业既独立又相关，但研究和关注的对象都是城市。

2. 城市规划的专业组织机构

美国城市规划协会（APA）和英国皇家城市规划学会（RTPI）在欧美的地位和作用，类似于中国城市规划学会（UPSC）和城市规划协会（CACP）。加入美国规划协会的城市规划师们，在国家级或区域级的城市规划年会上讨论城市规划实践中的重点热点话题，出版有影响力的学术期刊，以及通过其他方式来加强相互交流。美国城市规划协会把城市规划师们讨论的重点热点话题整理成册，以《城市规划咨询服务报告》（PAS）和年会会议纪要的形式出版。这些报告和会议记录对中国城市规划师可能有相当的启发意义。

北美洲的城市事务研究会（UAA）和欧洲城市研究协会（EURA）则类似于中国城市科学研究会（CSUS），主要是城市研究学者的论坛。虽然也有一些城市规划师是协会成员，但 UAA 的大多数成员具有社会科学和公共政策的专业背景，是政治经济学家。

经过城市规划专业评估委员会（PAB）资格认定的北美城市规划院校组成了北美城市规划院校联合会（ACSP）。欧洲类似的城市规划院校组织为欧洲城市规划院校协会（AESOP）。拉丁美洲、澳大利亚、新西兰、加拿大、巴西和其他葡萄牙语拉丁国家，法国和其他法语国家，以及亚洲地区同样存在着类似的城市规划院校组织。在全球城市规划教育团体（GPEIG）的网站上有上述各城市规划院校协会的外部链接。从全球层面来看，世界城市规划院校大会（WCPS）每五年举行一次。2001 年，第一次世界城市规划院校大会在上海的同济大学举行；2006 年，第二届世界城市规划院校大会在墨西哥城举行。

美国社会学协会（ASA），美国政治学协会（APSA），美国地理学协会（AAG），以及它们的欧洲兄弟组织中都设有城市问题专业组以提供会员们对城市问题研究的交流平台。此外，美国交通研究委员会（TRB）等城市规划专业的分支学科也有其专业年会。

3. 城市规划和城市研究的学术刊物

美国城市规划院校联合会（ACSP）的学术刊物是《城市规划教育和研究》（Journal of Planning Education and Research），以发表规划教授、研究生的文章为主，类似于中国的《城市规划学刊》（Urban Planning Forum）。美国城市规划协会的学术刊物为《美国城市规划协会会刊》（American Planning Association Journal），发表城市规划学术以及实践方面的文章。英国的同等杂志为《城镇城市规划评论》（Town Planning Review）。西方主要的城市研究方面的学术刊物则包括：《城市事务》（The Journal of Urban Affairs），《城市事务评论》（Urban Affairs Review），《城市研究》（Urban Studies）和《国际城市和区域研究》（The International Journal of Urban and Regional Research）等。

4. 网络资源

今天，网络已经成为信息的重要来源。我们在下面介绍一些对规划师和以城市为研究对象的社会学家有用的网络资源，以供参考：

1）Cyburbia：http://www.cyburbia.org/（一个很好的城市规划信息门户网站；有详尽的城市规划方面的消息，众多的外部链接和网站论坛）

2）The Association of Collegiate Planning（ACSP）网站：http://www.acsp.org/（美国城市规划院校联合会的网站，有北美各城市规划专业的消息介绍，可和北美所有获得认证的城市规划院校的网址链接）

3）The American Planning Association（APA）网站：http://www.planning.org/（美国城市规划协会的网站）

4）The Royal Town Planning Institute（RTPI）网站：http://www.rtpi.org.uk/（英国皇家城市规划学会网站）

5）The Global Planning Educators Interest Group（GPEIG）网站：http://gpeig.org/（可以和全球各城市规划教育联合会的网站链接）

6）The Urban Affairs Association（UAA）：http://www.udel.edu/uaa/（北美洲城市事务研究会的网站）

7）The European Urban Affairs Association（EURA）website：http://www.eura.org/（欧洲城市研究协会的网站）

城市规划和城市设计的主要文献

西方的城市规划教育注重于城市规划理论和规划实践的结合，重点是城市规划，但也开设区域规划方面的课程。城市规划理论是城市规划专业评估委员会要求的核心必修课程，城市规划设计和城市设计课程则是城市规划类学生的主要课程。

1. **城市规划理论**

在西方使用最广的城市规划教程是彼得·霍尔爵士的《明日城市》(Cities of Tomorrow, Peter Hall, 2002)。《明日城市》对20世纪的城市规划理论演变做了精辟的总结。霍尔描述了欧洲和美国的城市规划教育如何受到各种不同思想范式的影响，以及城市规划师们如何定位、建立自己的专业。霍尔指出，早期开设规划课程的大学如英国的利物浦大学，美国的麻省理工学院和哈佛大学曾经认为城市规划应该以建筑设计为基础；当时规划学生的城市规划设计类似于建筑学生在图板上所绘的设计图纸。但是，在权力高度分散化的资本主义社会，这样做出的城市规划极少得以实施。自20世纪上半叶以来，城市规划理论发生了重大转变。许多城市规划理论家认为应该将城市规划学生培养成能提供城市综合规划(General Plan)以指导城市发展的通才，而不是设计师。20世纪70年代后，随着计算机的普及，很多城市规划理论家转而认为城市规划应该是一门科学，要注重定量分析、数理方法及计算机数学模型的应用。在20世纪60—70年代，一批具有激进和自由主义思想的城市规划师们对美国社会上的贫穷、种族歧视、社会不公等现象感到震撼，认为城市规划教育和实践应以激进的马克思主义为工具对现实进行批判。不少城市规划理论家赞同由律师兼规划师的保罗·达维多夫在《规划中的倡导主义和多元主义》(Advocacy and Pluralism in Planning)(Davidoff,1965)一书中的观点：城市规划师应该成为社会弱势群体的代言人，因为在市场经济下弱势群体的需求无法得到满足。与此相似，克里夫兰州立大学的诺曼·克鲁姆霍尔茨教授及康奈尔大学的约翰·福雷斯特教授在《落实公平规划：公共部门的领导权》(Making Equity Planning Work：Leadership in the Public Sector, Krumholz and Forester, 1990)一书中也提出：城市规划的主要目标是提升社会公正。对于社会公正的追求已经成为英美城市规划职业主流的基本职业道德。

约翰·弗里德曼的《公共领域的规划》(Planning in the Public Domain, Friedmann, 1985)是迄今为止美国最为广泛采用的城市规划理论教材。他把全部规划理论按照从保守到激进的程度，分为政策分析、社会学习、社会改良和社会动员四个系统，并分析了各系统的哲学根源、特点及对规划实施的影响。他本人的倾向则介于社会学习和社会改良两派之间。

早期最有影响的西方规划理论著作之一是1973年安德烈斯·福卢迪教授编著的《规划理论读本》(A Reader in Planning Theory, 1973)。此书第一部分对城市规划理论的分析相当有价值，故不断再版。福卢迪将规划理论分成“规划自身的理论”(theory of planning)和“规划工作中的理论”(theory in planning)，认为规划师应该特别关注“规划自身的理论”，重视“规范性理论”(normative theory)。由于中国传统的城市规划原理大多属于“规划工作中的理论”，较少有系统的对规范性理论的讨论，故这些观点对中国规划师具有重要参考价值。近年来出版的规划理论著作有：现在哈佛大学任教的S·法因斯坦教授的《城市规划理论的新趋势》(New Directions in Planning Theory,Susan Fainstein,2000)；麻省理工学院教授罗德温(已故)和桑亚尔合作的《作为职业的城市规划——变化，印象和挑战：1950—2000》(The Profession of City Planning-Changes, Images and Challenges：1950—2000, Rodwin & Sanyal, 2000)；英国Aberdeen大学阿尔门丁格教授的《规划理论》(Planning Theory, Allmendinger, 2002)。这些著作提供了当代西方规划理论从理性规划、倡导性规划，到协同规划的发展过程的全景图。

其中阿尔门丁格的《规划理论》一书全面回顾了到 2000 年为止的西方规划理论的演变，特别讨论了后实证主义哲学对当代规划理论的影响，这个理论为目前流行的协同规划（collaborative planning）提供了基础。

近年来出版的三部城市规划理论读本：《城市规划理论读本（第二版）》（Readings in Planning Theory，2nd revised edition，Campbell and Fainstein，2003）；《1945 年后的城市规划理论》（Urban Planning Theory Since 1945，Taylor，1998）；《城市规划理论探索》（Explorations in Planning Theory，Mazza，Mandelbaum，and Burchell，1996）简介了 20 世纪西方主要规划理论，内容全面，常被采用为硕士研究生规划理论课的教材。

基于英国经验的城市规划理论著作主要有《1945 年以来英美城镇规划理论：同一思想范式下的三大进程》（Anglo-American Town Planning Theory Since 1945：Three Significant Developments But No Paradigm Shifts，Taylor，1999）对英美城市规划实践做了对比，但偏重于英国的规划理论和实践体系。

当代欧美最好的城市规划研究生教育所包含的课程内容十分多元化，在规划理论中也包括了设计、社会科学、科学研究方法等方面的理论。其目标是将学生培养为能将自然科学和社会科学结合在一起的通才：他们既能使用计算机软件做专业分析，能将土地利用、住房、交通等专项规划融入总体规划中以反映经济、社会的客观条件，并体现在城市规划、设计中；又能和政府官员协调合作，引导公众参与达成共识，以保证城市规划方案得以实施。为此，学生还必须学习各种交流方式，学习通过图纸、报告、地图、协商、计算机模型等方法向公众和政府官员传递规划师的意见。

2. 城市规划实践

虽然美英两国的规划理论相似，两国的规划实践却有相当大的差异，两国有不同的著作讨论各自的规划实施问题。在美国，第一届全美城市规划师大会于 1909 年在华盛顿召开，有近 50 名建筑师、律师、社会工作者、健康专家，以及其他专业人士参加。同一年，英国通过了最早的城镇城市规划立法，在利物浦大学建立了世界上最早的城市规划专业。美国执业规划师协会（AICP）是美国城市规划协会（APA）所属的一个职业规划师协会。虽然并非只有通过了美国执业规划师协会考试的城市规划师才有资格做城市规划，但越来越多的城市规划师将通过美国执业城市规划师协会的资格考试作为其从业的资格证明。英国皇家规划师协会（RTPI）是美国执业规划师协会的对等组织。AICP 和 RTPI 这两个组织曾经参与、协助建立中国规划师资格考试体系。绝大多数 AICP 和 RTPI 的成员在政府部门或其他政府机构工作，也有相当一部分在非营利组织、私人城市规划事务所工作。

国际城市管理协会（ICMA）是美国一个研究城市管理、城市经营方面（包括城市规划）的组织。ICMA 自 20 世纪 40 年代以来出版了一系列城市规划实践方面的从业者丛书。因为丛书的封面是绿色的而统称为绿皮书。最近出版的 ICMA 绿皮书是《地方政府城市规划实践》（The Practice of Local Government Planning. ICMA，2000）。该书各章节的作者为城市规划教授和从事实践工作的城市规划师，由伊利诺伊（芝加哥）大学（UIC）的霍克（Hoch）教授主编。其内容涉及地方政府城市规划的各个领域，如土地利用、交通、住房、基础设施规划等。新版的ICMA的绿皮书正在筹划当中。ICMA的绿皮书在美国城市规划专业中被广泛使用，它是理解当代美国城市规划实践的标准教材，也是美国城市规划师实践工作中必备的案头书，中国规划师可以从中得到很多启发。

《加利福尼亚规划指南（第3版）》（Guide to California Planning, 3rd edition. Fulton and Shigley,2005）虽然在美国知名度不高，但在加利福尼亚州却被广泛使用。这本书组织良好，表意清晰，是中国规划师了解美国城市规划实践的很好的入门读本。该书的出版社——Solano Press——主要出版城市规划法律、再开发、环境分析等方面高质量的实践类的城市图书，详细内容可浏览它的网站：http：//www.solano.com/catalog.htm。

关于当代美国城市和区域规划实践方面的新书有：《当代城市规划（第7版）》（Contemporary Urban Planning, 7th edition. J. Levy, 2005）和城市规划专业的教学读本《重新设计城市：原则，实践，措施》（Redesigning Cities: Principles, Practice and Implementation. J. Barnett, 2003）。城市规划职业方面的经典读本有：《城市规划经典著作》（Classic Readings in Urban Planning, 2nd edition. Stein, 2004），和《城市和区域规划读本》（Urban and Regional Planning Reader. Birch, 2007）。在《美国城市规划设计的对与错》一书中，加文以自己作为纽约市城市规划局长和开发商的两个角度阐述了在资本主义经济背景下的美国城市规划实践，内有大量成功及失败的开发项目的案例分析和图片。

在英国，最著名的城市规划实践方面的读本是霍尔教授的《城市和区域规划（第4版）》（Urban and Regional Planning, 4th edition. Hall, 2002）和《英格兰和威尔士的城市规划（第14版）》（Town and Country Planning in England and Wales, 14th ed. Cullingworth and Nadin, 2006）。这两本书的观点和英国早期城市规划著作（如Unwin、Adams、Abercrombie等人）仍然一致，重视规划工作的全面性。

3. 城市总体规划（Urban general plan）

中国地方政府在制订地方性城市规划时，也许可以借鉴美国总体规划的经验。城市总体规划涵盖物质规划的所有方面，是对行政区划范围内所有地区的城市发展情况的分析和展望。与中国情况类似，美国的总体规划一般期限为20年。而在20世纪中叶，城市总体规划的期限甚至达到50年。虽然城市总体规划的期限很长，但按照具体条件，往往定期对规划作出部分或全部修订。

对总体规划的一般认识是，总体规划不应拘泥于短期的发展细节，而应注重于长期的发展设想；总体规划应该能够指导下一层次的各专业规划和土地利用法规的编制。哈佛大学法律系的查尔斯·哈尔教授认为：总体规划应属于“永恒的法令”范畴，是置于其他土地利用法则之上的“金字塔的顶端”。北卡罗来纳大学（UNC）教授爱德华·凯泽等认为总体规划是“结实的大树”，在树上生长出各种分支，如城市设计、城市政策等（参见其《20世纪土地利用规划：一棵结实的家族树》，Twentieth Century Land Use Planning：A Stalwart Family Tree. Kaiser & Goldschalk, 2006）。

在美国，城市总体规划对土地和开发的要求通过两个层面的法规得以实施：首先，通过《细分法》(Subdivision Ordinance)来管理如何将农业用地转化为城市用地；其次，通过《区划法》(Zoning ordinance)来规定城市土地的用途、开发强度和建筑体量。再进一步，通过《住房建造法规》(Housing and Building Codes)以及相关的地方法律条例来管理住宅和其他建筑物的设计和建设问题。在过去的20年间，美国一些位于快速发展区域内的城市采用了各种《增长管理和控制法规》，目的是控制城市增长的速度，引导城市扩张向符合公众愿望的方向发展。基于中国的高速城市化，Douglas Porter 的《管理美国社区的增长》(Managing Growth in America's Communities. Douglas Porter，1997)，以及 Jerry Weitz 的《中止蔓延：政府对增长的指导》两本书可供参考。

1938年，制定纽约第一部区划法规的E·巴西特律师在《总体规划：有关社区土地城市规划立法理论的讨论》(The Master Plan, With A Discussion of the Theory of Community Land Planning Legislation. Bassett，1938)一书中为纽约市制订了全面的总体规划和区划。这是美国第一次对总体规划应该包括什么内容所做的全面论述。加州大学城市规划系的J·肯特教授在《城市总体规划》一书中对"什么是城市总体规划"作出了同样出色的贡献。虽然这两本书已是历史，两人的观点并不完全一致，他们对在总体规划过程中遇到的各种具体问题的解决方法也不完全一致，但巴西特和肯特在关于什么是总体规划方面的相似的深刻见解，以及他们所提出的规划问题，对中国规划师仍然具有一定的借鉴意义。

城市规划学科有诸多的子学科，如土地利用规划、经济发展规划、社区发展规划、城市交通规划、国际发展规划等。下文将对城市规划学科中的这些子学科的文献作一介绍。

4. 土地利用规划

欧美与中国情况类似，土地利用规划是总体规划的核心，土地利用规划的课程大多开设在城市规划系，有时也开设在地理系。

在美国的规划研究生教育和实践规划师中，最广为使用的土地利用规划教材是北卡罗来纳大学爱德华·凯泽等教授合著的《城市土地利用规划(第五版)》(Urban Land Use Planning. 5th Edition, Kaiser, Godschalk, and Berke, 2006)。该书的第一部分为理论框架，包括了土地规划理论，土地经济学理论和政治经济学理论，如果希望较快了解美国规划理论的大致内容，本书是最佳选择。其后各部分详细讨论了用地规划的法规、设计和管理问题。 50年前，该书的第一版由同为北卡罗来纳大学教授的斯图尔特·察平编辑出版(Chapin，1957)。察平教授曾经是田纳西流域规划局(Tennessee Valley Authority，负责制订美国最大的流域范围内城市规划的政府机构)的区域规划师，有着丰富的从业经验。以后的修订版同样继承了理论与实践相结合的原则。

美国土地利用规划的经典著作之一是阿朗索的《区位和土地利用》(Location and Land Use, Alonso, 1964)。阿朗索提出的按照区位的经济价值来选择、决定土地使用的理论和方法，迄今仍然是土地利用规划的基础。由于美国大部分土地由私人拥有而中国城市土地属于公共所有，中国规划师可能发现美国土地利用规划中讨论的问题和中国的国情有差异。特别应该注意的是：美英两国对土地的管理是通过规划和法规，而不是政府直接控制土地使用。我们认为，随着中国土地制度的改革和变化，西方的某些做法将能发挥借鉴作用。

5. 城市交通规划

随着中国经济的蓬勃发展，中国公共设施项目的建设量越来越大，包括机场、港口、高速公路、地铁、轻轨系统等。中国大城市的发展情况已和世界上最先进的国际城市相似。中国的汽车制造厂数量、汽车拥有量、出行里程数等指标的快速增长，正是中国大力发展市政设施以拉动经济发展政策的结果。中国私人汽车拥有量的上升是对中国规划师的挑战。西方的汽车交通由来已久，西方交通规划方面的大量著作应能为中国提供借鉴。

很多西方学者在回顾西方的汽车文化及其带来后果时认为：高速公路的无序扩展，分散而低密度的城市发展模式，乃是美国汽车泛滥的根本原因。由于汽车文化造成的社会和环境成本居高不下，西方规划师们认为发展公共交通系统、建立多样化的运输模式体系、在区域层面提倡紧凑的城市布局才是交通规划的正确方向。中国城市地区的人口密度高、人口基数大，需要有创新的交通规划模式。但是了解西方汽车文化的发生和发展，了解美国低密度开发造成的社会和环境问题，对中国制定（仍然在起步阶段的）城市交通政策有很大意义。

西方大多数交通规划课程开设在城市规划系和土木工程系，但是交通规划师和交通工程师各有分工。传统上，交通规划依靠定量的方法和数学模型来预测未来的交通需求和交通分布情况。交通规划师通过土地利用模式预测在特定模式下可能的出行量、起始点和目的地；而数学模式和计算机工具，如 TranCAD，则被用来预测未来出行中的交通能力缺口。在一些中国的城市规划专业中，也已经开始运用一些先进的计算机模型，如 EMMII。当前美国规划界大力提倡“公交导向的发展”（TOD）模式，把交通规划和土地利用规划、人口密度、就业分布结合起来，这应该也会成为中国城市交通规划的方向。

交通规划和交通政策不仅仅只涉及技术层次的定量分析，还包括以伦理和政治考量来决定应采用什么形式的交通，什么是可行的，什么是必需的等政策问题。近年来重要的交通规划方面的著作有：《公交型大都会》（The Transit Metropolis. Robert Cervero，1998）及《仍然陷于交通阻塞：高峰时段交通堵塞问题》（Still Stuck in Traffic：Coping With Peak-Hour Traffic Congestion. Anthony Downs，2004）。后者对交通政策和城市规划的联系问题做了很好的总结。其他著作还包括《新型公交城市：公交导向型城市发展的最佳实例》（The New Transit Town：Best Practices in Transit-Oriented Development. Hank Dittmar and Gloria Ohland，2003）和《城市公交体系和技术》（Urban transit systems and technology，Robert Dunphy and Vuchic Vukan. 2007）。

西方有大量研究交通发展对城市发展影响的著作，中国交通政策的制定者也许可以从西方的正反经验中获得借鉴。例如，地理学家 J•万斯（Jay Vance）在《自 16 世纪以来的交通地理史》（Capturing the Horizon：The Historical Geography of Transportation since The Sixteenth Century. Vance，1986）一书中研究了交通技术和城市空间发展的关系。历史学家 C•W•奇普“Charles W. Cheape”的《大众客运：1880—1912 年纽约，波士顿、费城的公共交通》（Moving the Masses：Urban Public Transit in New York, Boston, and Philadelphia, 1880—1912. Cheape, 1980）、C·胡德“Clifton Hood”在《722英里：纽约地铁系统以及它如何改变了纽约》（722 miles：The Building of the Subways and How They Transformed New York. Hood, 1993）一书中论证了电车和城市地铁作为主要公交系统和城市开发建设的互动关系。肯尼斯·杰克逊的《杂草边疆：美国的郊区化》（The Crabgrass Frontier：The Suburbaization of the United States. Jackson, 1985）讨论了汽车文化和郊区化是如何对当代美国城市及区域的空间结构、经济结构和社会结构造成了巨大影响，这对中国当前面临的城市扩展也许有比较直接的意义。

6. 环境规划和可持续发展

从20世纪60年代下半叶开始，环境保护的浪潮席卷了整个西方。市民、政府、城市规划师越来越关注于人类活动对自然资源的破坏，包括不负责任地滥用自然资源，砍伐森林，填埋湿地，倾倒有毒废料等。其后果是人类可居住地减少，动植物灭绝。随着对盲目追求增长的政策所导致的全球变暖和其他潜在危机的理解，以及地球的不可修复性破坏这一事实变得越来越清晰，学术界涌现了大量关于如何仔细分析经济发展所带来环境影响，如何合理利用资源的著作。中国经济在过去20年的高速发展大大改善了人民生活，但是也带来大量环境问题。2003年以来，中国已经把可持续发展、科学发展作为政策中心，西方国家在经济发展中的正反经验可以是中国的重要借鉴。

联合国环境署的报告《我们共同的未来》（Our Common Future, 1987）一书是环境保护问题的全球性基本指导。美国的Island出版社是出版环境问题和环境规划书籍的领头者。他们已经出版的书籍涵盖可持续城市发展、绿色城市主义、自然设计、新区域主义、公交导向发展等方面。如《区域城市》（The Regional City. Calthorpe and Fulton, 2001），《公交型大都会》（Cervero, 1998），《无限的城市：城市蔓延争论概述》（Gillam, 2002），《大都会区域规划》（Planning Metropolitan Regions. Hack, 2001），《生态设计》（Ecological Design. Van der Ryn and Cowan, 2001）。

在美国，所有大型项目开发之前都要进行环境规划，其中心是开发项目的环境影响评估，包括开发可能对自然环境所造成的影响，以及可减少或减轻环境破坏的其他可行性方案。A·吉尔平（Alan Gilpin）的《环境影响评价》（Environmental Impact Assessment, 2006），B·诺布尔（Bram Noble）的《环境影响评价入门》（Introduction to Environmental Impact Assessment, 2005），L·坎顿（Larry Cantor）的《环境影响评价》（Environmental Impact Assessment, 1995），彼得·莫里斯（Peter Morris）的《环境影响评价方法》（Methods of Environmental Impact Assessment, 2001）对此有深入研究。中国大型项目建设的审批过程也十分相似，这些著作应能给中国环境规划师提供参考。

由于人口增长和快速城市化，中国规划师也面临着公园和开放空间建设的问题——如何有效地利用现有公园，如何建设新公园和公共空间系统等。 在西方有很多论述公共空间和公园的著作：例如哈佛大学A·斯皮恩（Ann Spirn）的《冷漠的花园：城市自然和人性设计》（The

Granite Garden: Urban Nature and Human Design. Spirn, 1985），马库斯与弗朗西斯（Marcus and Francis）的《人的场所：城市开放空间设计指南》（People Places: Design Guidelines for Urban Open Space. Marcus and Francis, 2002），弗朗西斯（Francis）的《城市开放空间：满足使用者要求的设计》（Urban Open Space: Designing For User Needs. Francis, 2003），加文（Garvin）等人的《城市公园和公共空间》（Urban Parks and Open Space. Garvin et al, 1997）。此外，克拉克（Clarke）的《1885—2000年间的欧洲城市和绿色空间：伦敦，斯德哥尔摩，赫尔辛基，彼得堡》（The European City and Green Space: London, Stockholm, Helsinki And St. Petersburg, 1850—2000. Clarke, 2000）一书回顾了欧洲公园的演变，可以参考。

苏格兰生物学家帕特里克·格迪斯是研究如何规划人类定居点以达到人类和自然环境和谐共处的主要学者。早在当代开始关注环境影响评估以及可持续发展之前，格迪斯就在区域规划、自然和人类活动的结合方面做了系统的研究工作，参见他的《进化中的城市》（Cities in Evolution, 1915）。苏格兰建筑师伊恩·麦克哈格（Ian McHarg）的《设计结合自然》（Design with Nature. McHarg, 1969）一书建立在格迪斯的理论基础上，对人类如何尊重自然环境来进行居住建设做了探索，有相当影响。美国新城市主义协会发表的《新城市主义宪章》（Charter of the New Urbanism, Congress of the New Urbanism, 2000）同样强调自然环境和建成环境之间的和谐共处，倡导可持续发展的规划和设计。

7. 城市设计

如何设计出满足人类功能要求的宜居城市历来是设计师和社会学家关注的问题。欧美大学的城市设计课程主要开设在本科生和研究生阶段的建筑、设计和城市规划等专业。

早期的欧洲城市设计师认为城市设计要符合城市的功能要求，提倡高效城市，同时必须重视城市设计的艺术性以创造宜人居住的城市。关于早期欧洲城市设计师实践活动的著作有建筑历史学家A·莫里斯的《工业革命之前的城市形式发展史（第三版）》（History of Urban Form before the Industrial Revolution, 3rd edition. Morris, 1996）以及S·科斯托夫的《塑造城市：从历史角度分析城市形态及其意义》（The City Shaped: Urban Patterns and Meanings Through History. Kostoff, 1991）和《拼贴城市》（The City Assembled. Kostoff, 1992）。这两本关于欧洲城市设计经典实例分析的著作得到各界好评，并附有高质量的图片。

如同霍尔（2004年）所说，英美的城市规划系最早开设在建筑系，教师们多为建筑师，传授的是物质形态层次的城市设计。这种静态、终极的城市规划和设计是精英式的，缺乏公众参与的——虽然形式上很漂亮，却因脱离城市的政治、经济和社会现实而难以实施。20世纪60年代后，随着城市规划师认识到传统城市设计的局限性，城市规划专业的重心从城市设计转向数学模型、系统论和马克思主义政治经济学的分析方法。然而近年来，西方社会重新对城市设计产生了兴趣。但不同的是，今天西方院校的城市设计专业已越来越多地将社会、经济和政治等内容结合到设计技术中而不仅仅停留在设计的层面。计算机成为城市设计的重要工具，而城市设计则成为满足特定社会需求而进行的城市开发的重要工具。

城市设计方面的主要著作来自不同的专业领域。优秀的著作包括建筑师克里斯托弗·亚历山大的《建筑模式语言》(A Pattern Language：Towns，Buildings，Constructions. Alexander，1977)，社会学家威廉·怀特的《城市》(City. Whyte，1989)和雷·奥尔登堡(Ray Oldenburg)的《人性化场所:咖啡馆、书店、酒吧、发廊以及社区中心的休闲处所》(The Great Good Place：Cafés，Coffee Shops，Bookstores，Bars，Hair Salons and Other Hangouts at the Heart of a Community. Oldenburg，1979)，地理学家爱德华·雷尔夫的《场所和无场所》(Place and Placelessness. Relph，1976)，城市规划师A·雅各布斯的《走向城市设计宣言》(Toward an Urban Design Manifesto. Jacobs，1987)以及《伟大的街道》(Great Streets. Jacobs，1995)，E·培根的《城市设计》(Design of Cities. Bacon，1967)，景观规划师C·C·马库斯和卡罗琳·弗朗西斯(Carolyn Francis)的《人性场所：城市开放空间设计指南》(People Places：Design Guidelines for Urban Open Space. Marcus and Francis，1997)。

西方规划界认为，20世纪城市设计领域最重要的代表是麻省理工学院(MIT)已故的林奇(Lynch)教授。他的小册子《城市意象》(The Image of the City. Lynch，1961)，自问世以来再版了20多次，被翻译为多国语言(包括两个中文版译文)。林奇的《场所规划(第3版)》(Site Planning，3rd edition. Lynch and Hack,1984)，虽然自1984年后未再修订，但仍然在城市规划、建筑学和城市设计专业广泛使用。林奇另一本内容丰富、影响巨大的著作是《好的城市形态》(Good City Form. Lynch，1988)。这本书为“什么是一座好的城市”提出了一套完整的规范理论，在讨论了物质形态上的多项原则之后，他将“效率”和“公平”列为“一座好的城市”不可或缺的因素，值得注意。

在研究人类对建成环境的感知和反馈方面，美国威斯康星大学的阿摩斯·拉普卜特(Amos Rapoport)教授有相当大的贡献。他早年的著作《宅形与文化》(House Form and Culture. Rapoport，1969)奠定了他在建筑人类学的理论基础。较后的《城市形式的人文方面》(Human Aspects of Urban Form. Rapoport，1977)和《建成环境的意义》(The Meaning of the Built Environment. Rapoport，1982)等则进一步发展了这些观点。(《宅形与文化》和《建成环境的意义》有中文译本)

在澳大利亚执教的美国教授约翰·兰(John Lang)的《城市设计：美国经验》(Urban Design：The American Experience. Lang，1994)全面介绍了西方的城市设计专业，并列出城市设计的基本原则。

2007年出版的由麦克唐纳(MacDonald)和拉里切(Larice)编辑的《城市设计读本》(Urban Design Reader. Macdonald and Larice，2007)是值得注意的一本书。此书摘要汇编了西方城市设计方面的主要著作，是美国城市设计专业的最新教材，对中国规划研究生和城市设计师也将十分有用。

人类如何使用物质空间？这是城市设计的一个永恒主题。19世纪时期澳大利亚建筑师卡米洛·西特(Camillo Sitte)基于其研究欧洲城市的发现，在《建造城市的艺术：按照艺术原则建造城市》(The Art of Building Cities：City Building According to its Artistic Fundamentals. Sitte，1889)一书中，提出了一整套关于城市设计的理论。该理论强调在建造城市时必须保存历史要素，主张将公共空间设计成不规则形状的空间，以及必须保护私密空间等。城市规划师兼设计师艾伦·雅各布斯（Alan Jacobs）的小册子《观察城市》（Looking at Cities. Jacobs，1985）是理解西特（Sitte）笔下西方传统城市设计的最佳指南。

由于绝大多数西方城市的土地为私人所有，西方城市设计师特别关注难能可贵的公共空间，如街道、公园、广场和公共建筑。因此，城市设计可以在任何空间层面进行。在个体建筑设计的层面，可以要求一幢位于市中心的办公大楼遵守城市设计导则，以保证其融入城市肌理而不是“鹤立鸡群”。城市设计也可能体现在街区层面上，例如在《邻里空间》（Neighborhood Space. Hester，1976）一书中所描述的；或在整个新城规划的层面，例如英国的莱奇沃思（Letchworth），印度的Chandigarh和巴西的巴西利亚（Brasilia）等。新一代的区域主义和新城市主义者，如安德烈斯·杜安尼（Andres Duany）、伊丽莎白·普拉特-齐贝克（Elizabeth Plater-Zyberk）、斯蒂芬·惠勒（Stephen Wheeler）、彼得·卡尔索普（Peter Calthorpe）和威廉·富尔顿（William Fulton）等在其著作《规划可持续发展的宜居城市》（Planning Sustainable and Livable Cities. Wheeler，et al，2006）中认为，城市设计工作应覆盖整个区域。

“建造美丽的城市”是早期城市设计理论和实践的驱动力。在当代，它仍然是城市设计师的主要目标。古代欧洲的王公贵族和教士们为了自身娱乐或体现帝王、上帝的荣耀，委任建筑师们为其营造宏伟美丽的王宫、大教堂、林荫大道和公共空间。当时建造城市的权力掌握在世俗和宗教精英们手中，所以伦敦、巴黎、罗马以及其他欧洲城市的大型公共空间反映的是当时精英们的价值观，表现权力的威势和城市的气派是主要考量。相反，自19世纪以来，在绝大多数美国城市，塑造城市空间的权力掌握在那些认为城市经济效率要重于城市艺术性的商业精英手中。19世纪末20世纪初，芝加哥的建筑师兼规划师丹尼尔·伯纳姆（Daniel Burnham）领导的城市美化运动，在形式上模仿欧洲纪念性的城市设计风格，开创了美国的城市美化运动，但实质上是为了表现芝加哥的经济崛起和商业地位。伯纳姆（Burnham）在其1909年的《芝加哥城市规划》（Plan for Chicago. Burnham，1909）中，生动地阐述了其城市美化运动的思想。该书最近由Princeton Architectural Press重新出版。

城市设计家凯文·林奇（K. Lynch）、社会学家威廉·怀特（Whyte，1989）、城市规划师艾伦·雅各布斯（Jacobs，1995），和城市规划师E·培根（E.Bacon）都十分注重把新的社会科学理论运用于城市设计导则中，即使较早的著作如E·培根（Bacon）的《城市设计》（Design of Cities. Bacon，1967）也十分注重设计的社会影响，而不仅仅在于设计本身。

城市社会科学著作

社会科学专业，特别是社会学、经济学、地理学，通过对社会、经济和空间利用的分析，以及对城市中各种社会进程进行的深刻研究，能帮助城市规划师更好地理解城市。历史学（有时被认为属于社会科学，有时被认为属于人类学）能帮助城市规划师理解城市是如何随着时代变迁而变化的。而城市规划历史则通过研究城市规划理论和实践的时代变迁，指导城市规划师当今的实践。近年来美国有两本主要的跨学科城市社会科学著作汇编：《城市读本（第4

版）》（2007）和《布莱克韦尔版城市读本》（The Blackwell City Reader. Watson and Bridge, 2003）。它们是美国研究生的城市研究读本，中国规划师也可以从中获得对城市问题更加深刻的理解。

1. 城市社会学

在美国，城市社会学的主要研究内容是：种族问题和族裔问题；性别和性取向问题；社会结构和社会分化；移民问题；社会资本和社会网络问题；城市文化；城市人类学以及城市人口学等。城市是社会和文化的重要组成部分，同时又体现并反映了社会和文化。城市规划应该尊重它所处在的社会，好的城市规划应该具有文化敏感性，应能增进社会凝聚力和文化自豪感，因此社会学成为美国规划教育的内容之一。中国丰富的历史文化和当代文化的发展要求中国的城市规划师必须认真考虑社会和文化因素。

欧洲的社会学起源自19世纪末法国和德国社会理论家的著作，美国的社会学则起源于20世纪20年代的芝加哥大学。社会学家、人类学家对理解城市都作出了卓越的贡献，而文化研究专家也已发展了一整套城市文化学的理论。近年来美国和欧洲城市社会学的主要著作包括：《城市和城市生活（第4版）》（Cities and Urban Life, 4th Edition. Macionis and Parillo, 2006）；《城市社会学，资本主义和现代化（第2版）》（Urban Sociology, Capitalism and Modernity, Second Edition. Savage, Warde, and Ward, 2003）；《城市社会学读本》（Urban Sociology Reader. Lin and Mele, 2004），该书包含了城市社会学的经典著作和当代著作，可以作为城市社会学的教材。

近年来城市人类学的主要著作有：《城市生活：城市人类学读本（第4版）》（Urban Life: Readings in the Anthropology of the City, 4th edition. Zenner, and Gmelch, 2004）和《城市的理论化：最新城市人类学》（Theorizing the City: The New Urban Anthropology. Low, 1999）

人口学通常被认为是社会学的一个分支。加州大学伯克利分校和南加州大学的人口学教授金斯利·戴维斯（Kingsley Davis）在50年前的著作《人口城市化》（The Urbanization of the Human Population. Davis,1965）在总结城市化方面做了出色的工作。戴维斯（Davis）指出，城市化不同于城市人口规模的增长。一个社会在多大程度是城市社会，取决于城市人口占总人口的比例，对照农村和小城镇人口占总人口的比例。戴维斯发现，在工业革命前的上千年历史中，西方的城市化进程非常缓慢。自1750年后，西方城市化速度开始加快。然后，在城市化程度最快的发达国家中，城市化速度又变得缓慢。因此戴维斯将城市化进程描述为一条"S"曲线。中国社会在三千余年的发展中，早期出现过很多大城市，但是工业化起步则晚于发达国家，使城市化进程也晚于西方社会，直到20世纪90年代才进入城市化高速发展期。目前，中国的城市化仍处于"S"曲线的快速上升期。

一个与中国城市化相关的问题是：农民从农村迁移至大城市或原先的小乡镇发展成大中城市的过程中，人的个性是如何被"城市化"所影响的。芝加哥学派的社会学家沃斯（Wirth）的《都市作为一种生活方式》一书是关于城市化对个人影响方面的经典著作。沃斯强调了向城市迁移过程对人性的负面影响，他以早期欧洲社会学文献如《社区和社会》（Community and Society. Tonnies，1887）及《大都会和人的精神生活》（The Metropolis and Mental Life. Simmel，1903）为研究基础，发现：当人们从小规模的农村民俗社会迁移到以法律、合同和金钱交易为基础的现代城市社会时，原有的长时期建立起来的自给自足的社会支持系统将被打破。沃斯认为，"城里人"变得更加孤立、无道德感、疏远，这一观点和其欧洲社会学的先辈相一致。

然而，并不是所有的社会学家都同意19世纪欧洲社会学家以及沃斯（Wirth）及其他芝加哥学派社会学家的观点——例如"城市化是对社会关系的破坏，不利于人的个性发展"等。迈克尔·扬（Michael Young）和彼得·威尔莫特（Peter Willmott）在其经典著作《伦敦东部的家庭和血缘》（Family and Kinship in East London. Young and Willmott，1957）中提出：伦敦的贫民区存在着积极的人际网络关系。作者发现，贫民们被搬迁安置到新住房后，他们的社区网络关系反而比以前减少了很多。美国社会学家赫伯特·甘斯（Herburt Gans）在《城市村民》（The Urban Villagers. Gans，1969）一书中，将波士顿西端街区描述为"城市乡村"，那里的移民来自意大利南部，仍保留着许多血缘关系以及原有的自给自足的乡村生活方式。社会评论家简·雅各布斯（Jane Jacobs）在她著名的《美国大城市的死与生》（The Death and Life of Great American Cities. Jacobs，1961）中指出：如西端街区那样有着良性社会关系的社区，能消除犯罪，并提供良好的生活质量。

研究城市移民的西方人类学家们在城市化对个人影响的问题上也存在分歧。罗伯特·雷德菲尔德（Robert Redfield）在他的《小型社区》（The little community. Redfield，1956）和其他著作中，对从墨西哥乡村迁移到墨西哥城的农民做了调查，他认为乡村至城市的迁移运动对个人会产生深刻的、常常是消极的后果。奥斯卡·刘易斯（Oscar Lewis）的《论贫穷的文化》（The Culture of Poverty. Lewis，1961）一书则通过对一个从乡村迁移至墨西哥城的大家庭的研究发现：家庭成员之间仍然保留了出于血缘关系的联系，以及许多源于农村社会的相互扶持的习俗体系。

从社会学家和人类学家关于城市化对人的个性影响的著作中，西方城市规划师认识到了理解现有文化和城市社会网络的重要性。体现在规划工作中，他们在解决物质建设方面的问题，如住房、基础设施、交通拥挤的问题，或解决犯罪、吸毒等社会问题时，都必须考虑城市规划所服务或所涉及的人。与此相似，中国规划师可以从中国社会学家的研究中学习到很多东西。规划的"理性模型"可能无法提供从社会公众参与中获得的解决方案。

许多西方学者对有着良好意图的（如旧区改造）、由上而下的大规模重建项目进行了研究。主流观点（Young and Willmott，1957；Jacobs，1961）认为，改造后的社区虽然在物质形态上拥有崭新的、现代化的建筑环境，但是在社会层次上却破坏了对社区发展十分重要的非正式的人际网络。雅各布斯（Jacobs）的《美国大城市的死与生》——曾为中国热销书的榜首——强调了必须保存虽然物质环境上衰败但文化内涵上丰富的旧社区。

美国另一位有影响的学者约翰·杰克逊（John Jackson）（他的一生都在研究美国的地景）在其《场所感，时间感》（A Sense of Place，A Sense of Time. Jackson，1996）一书中，通过对没有建筑师参与的建成环境，如露天餐馆、谷仓、广告牌、风车、库房、篱笆等的仔细观察研究后，认为这些建成环境反映了营造它们的民众的真实世界观。在夏天，杰克逊(Jackson)骑着摩托车环游美国，仔细观察地景；在冬天，则将出众的、新奇的讲义邮寄给他在哈佛大学和加州大学伯克利分校地理学和地景建筑学的学生。

在社会研究方法上，早在20世纪20年代，芝加哥学派的社会学家就已经鼓励教员和学生们将芝加哥作为“社会试验室”进行研究。《黑人的大都会：对一个北部城市黑人生活的研究》(Black Metropolis：A Study of Negro Life in a Northern City. Drake and Cayton, 1945)对美国南部迁移至芝加哥黑人地带的黑人移民做了调查；《波兰的农村移民，黄金海岸和贫民区》(The Polish Peasant in Europe and America. Thomas and Znanieecki, 1920)研究波兰移民在芝加哥的生活；《黄金海岸和棚户区》(Gold Coast and the Slum. Zorbaugh, 1929)则分析了芝加哥富有的“黄金海岸”以及周边的贫民区之间的关系。

城市民族学对城市次文化进行具体研究，通常是人类学家的研究领域，仍保持着在城市实地考察的传统。艾略特•列保(Elliot Liebow)的《泰利的街角：黑人街角闲逛者研究》(Tally's Corner：A Study of Negro Streetcorner Men, Liebow, 1967)尖锐地揭露了贫穷而闲逛于街角的黑人们的生活；《告诉他们我是谁：无家可归妇女的生活》(Tell Them Who I Am：The Lives of Homeless Women. Liebow,1995)描述了无家可归的妇女的生活；奥斯卡•刘易斯(Oscar Lewis)在《桑切斯的孩子们》(The Children of Sanchez. Lewis, 1961)中继承传统，对一个贫穷的墨西哥血缘家庭做了研究。中国的城市社会学家在研究复杂而快速变化着的中国城市社会时，应该能从这些以西方城市社会学、城市人类学角度所做的研究中得到启示。读过这些著作的城市规划师能做出更适于他们所服务的市民需求的城市发展规划和设计。

哈佛公共政策学院教授罗伯特・帕特南(Robert Putnam)的杰出论文《孤独的保龄球客》(Bowling Alone. Putnam, 1995)以及他同名的著作(Bowling Alone. Putnam, 2000)，在西方重新激起了关于今日城市社区的大讨论，并且引发了新一轮的社区研究热潮。帕特南相信，以自愿者组织的形式存在的“社会资本”(social capital)对任何社会的健康都至关重要。他研究了各个时代不同市民组织中的公众参与问题——有多少市民参与投票，多少人参加学校的家长－教师联系组织，以及各种社会俱乐部成员参与活动的情况。帕特南发现20世纪80—90年代中，美国人的社会团体参与率和公共事务参与率都大幅减少了。一个代表性的事实是：越来越少的人加入成为保龄球俱乐部的成员；越来越多的人独自打保龄球。帕特南对社区参与的减少所作的深刻隐喻，在西方激起了一场社会运动，鼓励青少年投入到社区服务中，努力重建“社会资本”。

城市化可能导致社区网络衰退的研究发现，推动了许多城市规划师努力设计能增进人际关系的街区。早在1929年，建筑师兼规划师克拉伦斯・佩里(Clarence Perry)在《邻里单位》(The Neighborhood Unit. Perry, 1929)中提出邻里单位的设计理念，认为邻里单位应以学校为中心，为孩子们创造出最好的生活环境，而学校建筑在非上课时间则应成为各种社区团体聚会的场所。新城市主义规划师安德烈斯・杜安尼(Andres Duany)和伊丽・普拉特－齐贝克(Elisabeth Plater-Zyberk)在《邻里、地区、通道》(The Neighborhood, the

District and the Corridor. Duany and Plater-Zyberk，2003）一书中鼓励设计有传统小城镇感的社区，例如Seaside镇，佛罗里达镇等体现社区“新传统主义”的项目。中国规划师在新城市主义协会出版的《新城市主义宪章》（Charter of the New Urbanism 2000）一书中能发现更多关于新城市主义的论述。彼得·卡茨（Peter Katz）的《新城市主义：走向社区建筑》（The New Urbanism：Toward an Architecture of Community. Katz，1993）是众多新城市主义著作中的经典。

网络、手机和远距离传输工具的兴起，使研究比特社区成为热点。斯蒂芬·格雷厄姆（Stepben Graham）的《电脑化网络城市读本》（The Cybercities Reader. Graham，2003）一书对此有所探讨。

种族、等级和性别是城市社会学的关注重点。早期非洲裔美国社会学家杜波依斯（W.E.B. Dubois）的《费城黑人》（The Philadelphia Negro. Dubois，1899）是关于美国城市中黑人社会的历史研究方面的经典著作。哈佛大学社会学家威廉·朱利叶斯·威尔逊（Willian Julius Wilson）的《真实的劣势》（The Truly Disadvantaged. Wilson，1987）是研究当代芝加哥和其他黑人社区的最杰出的著作。

因种族、宗教引起的社会隔离和贫穷是城市社会学研究的重要内容。美国有许多关于种族歧视方面的研究，如对华裔美国人受到歧视的研究。在欧洲，伊朗出生、英国长大的城市设计师阿里·迈达尼普尔（Ali Madanipur）及其同事在其《欧洲城市的社会排斥：过程、经验和对策》（Social Exclusion in European Cities：Processes，Experiences，and Responses. Madanipur，1994）一书中研究了歧视中所包涵着的情感问题以及欧洲城市中的社会隔离问题。

很多社会学家对贫穷的性质、原因进行了研究。人类学家奥斯卡·刘易斯（Oscar Lewis）在他的《论贫穷的文化》中，发展了一个看似矛盾的理论：存在着一种“贫穷的文化”，这种文化是如此强势，以至于穷人的孩子几乎不可能从“贫穷的文化”中挣脱出来。而查尔斯·默里（Charles Murray）等保守的社会理论家则在《松塌的基础》（Losing Ground. Murray，1984）中提出：贫穷是由个体自身的不足而引起的。与之相反，威廉·朱利叶斯·威尔逊（Willion Julius Wilson）及其他一些社会学家认为：在当代美国，城市贫穷是由社会的结构性原因引起的。威尔逊（Wilson）在《真实的弱势者》（The Truly Disadvantaged. Wilson，1987）一书中指出：美国的城市贫穷者主要是经济全球化导致低技术就业机会流失引起的，而不是由于种族歧视的结果。

西方规划师和社会学家正越来越关注性别、性倾向、种族和阶级方面的问题。耶鲁大学建筑历史学家多洛雷斯·海登（Dolores Hayden）有很多关于妇女和建成环境方面的著作，如《重新设计美国梦：性别、住房和家庭生活》（Redesigning the American Dream：Gender, Housing,and Family Life. Hayden,2002）。林（Lin）和米尔（Mele）的《城市社会学读本》（The Urban Sociology Reader. Lin and Mele，2004）收录了当代西方关于男女不平等、社会不公正以及同性恋等问题研究的最好著作。

每一社会总会产生出特定的文化和研究城市文化的学者。刘易斯·芒福德（Lewis Mumford）在他的《城市文化》（The Culture of Cities. Mumford，1938）一书中，开创了用文化研究方法研究城市的新领域。著名历史学家阿诺德・汤因比（Arnold Toynbee）的《命运城市》（Cities of Destiny. Toynbee，1967）；历史学家冈瑟・巴特（Grunther Barther）的《城市居民：19世纪美国现代城市文化的崛起》（City People：The Rise of Modern City Culture in the 19th Century America. Barther，1982）；彼得・霍尔（Peter Hall）的《文明中的城市》（Cities in Civilization. Hall，1998）；社会学家朱克英（Sharon Zukin）的《城市文化》（The Cultures of Cities. Zukin，1995）；爱德华・苏贾（Edward Soja）的《后大都会时代》（Postmetropolis，2000）；社会评论家迈克・戴维斯（Mike Davis）的《石英城市：探究洛杉矶的未来》（City of Quartz：Excavating the Future in Los Angeles. Davis，1990）；这些都是关于城市文化的著作。城市文化方面的经典著作汇编有《城市文化经典论文集》（Classic Essays On The Culture of Cities. Sennett，1969）；而城市文化方面的当代著作汇编有《城市文化读本（第2版）》（The City Cultures Reader，2nd edition. Miles，Hall，and Borden，2003）。

2. 城市经济学

城市经济学主要研究的问题包括：公共财政，城市集聚和城市规模问题，城市增长问题，土地和住房租金问题，城市土地利用模式的经济问题，以及住房、环境、犯罪的经济学问题。在西方，城市经济学主要开设在经济学院。有时也开设在商学院或城市规划系。很多经济课程把微观经济学原理和经济政策结合起来。经济学家威尔伯・汤普森（Wilber Thompson）的经典教材——《城市经济学导论》（A Preface to Urban Economics. Thompson，1965）——介绍了那一代城市经济学家对城市经济学的系统研究。经济学家阿瑟・奥沙利文（Arthur O' Sullivan）的著作《城市经济学（第5版）》（Urban Economics，5th edition. O' Sullivan，2002）则是今天最常用的城市经济学教材。经济学家认为应该区分公共物品和私人物品，经济学理论认为公共物品如高速公路、教育、预防接种疫苗应该由政府负担而不应让私人控制；住房、食品等则是个人的责任。在这个理论框架中，一些社会科学家又将城市经济学和其他学科融合成分支学科。如经济地理学侧重研究商品在城内和城际的生产和交换；城市政治经济学研究城市中经济和政治的关系。对经济和城市历史都感兴趣的学者——如比利时历史学家亨利・皮朗（Henri Pirenue），法国历史学费尔南・布罗代尔（Fernand Braudel），美国社会学家J・阿布－卢格霍德（Janet Abu-Lughod）[著作有《纽约、芝加哥、洛杉矶：美国的全球城市》（New York，Chicago，Los Angeles：America' s Global Cities. Abu-Lughod，2000）]发展了城市经济历史这门子学科，主要研究早期贸易网络、资本、交易与城市兴起之间的关系。

两个与经济相关的交叉子学科对城市研究颇有助益。一个是城市公共财政学，一般开设在经济学院，也有的开设在商学院。哈维・罗森（Harvey Rosen）的《公共财政学（第七版）》（Public Finance 7th edition. Rosen，2004）对理解地方政府如何获得税收和使用税收有清晰的论述，是美国公共财政专业的标准读本。另一个子学科区域科学则包括了经济学家、地理学家和其他更侧重于研究区域的专家，重要著作有弗洛拉克斯（Florax）和普莱恩（Plane）的《区域科学的50年历程》（Fifty Years of Regional Science. Florax and Plane，2004）。区域科学家通常运用数理方法进行研究，有自己的专业协会和学术期刊。

3. 城市地理学

美国城市地理学的主要研究内容为：城市化问题，土地使用问题，城市人口地理学，移民问题，城市社会地理学——种族、族裔、宗教的地理分布。近年来，城市管治和空间层面的政治经济学问题成为热点。

地理学在城市研究中做出的重大贡献在于其从空间角度讨论社会、经济问题，所以和城市规划有密切关系。 例如，地理学研究城市内或区域内不同收入、人种、种族和宗教群体的空间分布。美国常用的城市地理学教材有:《城市地理》(Urban Geography. Pacione,2001),《城市地理》(Urban Geography. Kaplan, Wheeler, and Holloway, 2003),《城市化：城市地理导论 (第 2 版)》(Urbanization: An Introduction to Urban Geography, 2nd Edition. Knox and McCarthy, 2005)。《城市地理读本》(The Urban Geography Reader. Fyfe and Kenny, 2005) 一书汇编了经典的城市地理学著作。

芝加哥大学社会学家欧内斯特・W・伯吉斯 (Earnest W. Burgess) 关于城市内部结构的著名论文《一个城市增长：对一研究课题的介绍》(The Growth of a City: An Introduction to a Research Project. Burgess, 1925)，激起了关于构建城市内部结构理论模型的可行性争论。伯吉斯 (Burgess) 认为当时的典型美国城市是同心圆结构，经济行为聚集在市中心的中心商务区。20 世纪 30 年代，房地产经济学家霍默・霍伊特 (Homer Hoyt) 在《美国城市居住区的增长及其结构》(The Structure and Growth of Residential Neighborhoods in American Cities. Hoyt,1939) 中发展出城市内部结构的扇形模型。之后，芝加哥大学的地理学家昌西•哈里斯 (Chauncey Harris) 和爱德华・厄・曼 (Edward Ullman) 在《城市的本质》(The Nature of Cities. Harris and Ullman, 1945) 一书中又提出了城市内部结构的多核心模型。他们的著作可在《城市地理读本》(The Urban Geography Reader. Fyfe and Kenny, 2005) 中找到。1982 年多伦多大学地理学教授洛尼・伯恩 (Lony Bourne) 的《城市内部空间》(The Internal Structure of the City. Bourne, 1982) 是总结城市内部空间结构的经典著作。

德国地理学家瓦尔特•克里斯塔勒 (Walter Christaller) 在《德国南部的中心地》(Central Places in Southern Germany. Christaller, 1933) 一书中讨论了城市体系内的各个城市是如何相互联系的。通过对 20 世纪 30 年代德国南部城市之间电话联系的研究，克里斯塔勒 (Christaller) 提出了他的中心地理论——不同规模的城市如何分布在一个城市体系和功能等级的网络中。克里斯塔勒的著作激起了以后对城市体系全面研究的热潮。彼得・泰勒 (Peter Taylor) 关于世界城市体系的研究《世界城市网络：全球城市分析》；彼得・霍尔 (Peter Hall) 和 Kathy Pain 对西北欧的多中心城市网络的研究《多中心大都会》(The Polycentric Metropolis. Hall and Pain, 2006)；多伦多大学地理学家 L•S•博姆 (Larry S Bourne) 和 J•W•西蒙斯 (JW Simmons) 的《城市系统》(Systems of Cities. Bourne and Simmons, 1978) 都是关于城市内部结构的研究成果。

随着世界经济体系的不断整合，城市在全球范围内的重要性及其联系吸引了诸多学者的目光。国际关系学、经济学、商务管理学、城市规划学、社会学等学科的专家都出版了大量的关于全球化对城市影响的著作。《全球化读本》(Globalization Reader. Lechner and Boli,

2003）和《全球城市读本》（The Global Cities Reader. Brenner and Keil，2005）汇编了近年来关于全球化和全球城市方面的主要著作，可以作为全球化研究的教材。

关于全球城市系统的研究主要关注于城市化地区——或苏格兰地理学家帕特里克·格迪斯（Patrick Geddes）1915 年所定义的“共同城市化区”（Cities in Evolution. Geddes，1915）；法国地理学家让·戈特曼（Jean Gottmann）在《大都会：美国东北海岸的城市化》（Megalopolis：The Urbanized Northeastern Seaboard of the United States. Gottmann，1964）中所使用的“大都会地区”；也即联合国在《城市集聚区 2004》中所称的“城市集聚区”（Urban Agglomerations 2004. United Nations，2005）。这些地区中人口最集聚的地区——人口超过 1 千万的城市——更习惯于被称为巨型城市，或更准确地称为巨型城市地区（因为这些地区通常包括了一个以上的大城市及其周边地区）。世界上许多巨型城市地区存在于中国，在不久的将来，中国将出现更多的巨型城市。中国规划师可借鉴一些介绍亚洲巨型城市的著作：《形成中的亚太地区的世界城市》（Emerging World Cities in Pacific Asia. Lo and Yeung，1996）；《超越大都会区：亚洲巨型城市地区的城市规划和管理》（Beyond Metropolis：The Planning and Governance of Asia's Mega-Urban Regions. Laquian，2005）。关于百万人口大城市的研究可参考彼得·霍尔的《世界城市》（World Cities. Hall，1966）；以及《拉丁美洲的巨型城市》（The Mega-cities in Latin America. Gilbert，1996）；《纽约，芝加哥，洛杉矶：美国的全球城市》（New York，Chicago，Los Angeles：America's Global Cities. Abu-Lughod，2000）；《全球城市：纽约、伦敦、东京》（The Global City：New York，London，Tokyo. Sassen，2001）和《世界经济中的城市（第 3 版）》（Cities in a Global Economy，3rd edition. Sassen，2006）。

西方地理学家们正大力提倡使用 GIS 这个强大的技术软件。GIS 不但可以将电子地图和地理信息联系在一起，更重要的是能运用空间统计的方法研究城市。关于 GIS 和 GIS 科学在城市规划中的应用的著作很多，主要有：《地理信息系统（第二版）》（GIS System，2nd Edition. Longley，Goodchild，Maguire，and Rhind，2005）；《全球思维，区域行动》（Think Globally，Act Regionally. LeGates，2005）；《图化全球城市》（Mapping Global Cities. Pamuk，2005）；《探索城市社区》（Exploring the Urban Community. Greene and Pick，2005）；《GIS 在城市环境中的运用》（GIS For the Urban Environment. Maantay，Juliana and John Ziegler，2006）。

4. 城市管理和政治学

美国的城市管理和政治学的主要研究内容包括：政治学理论，政治经济学，“主人”和“执行机器”理论，公众参与问题，冲突和利益调解，城市管治，城市政体理论等。在城市政治学方面，社会科学院校中的政治科学学者们作出了主要贡献。历史学家、社会学家、经济学家、地理学家、律师、种族和妇女研究专家等也对城市政治学做出了贡献。讨论美国城市政治学方面的主要著作有三本：《城市政治学：美国大都会的权力结构（第 7 版）》（Urban Politics：Power in Metropolitan America，7th edition. Ross and Levine，2005）；《城市政治学：美国城市的政治经济学（第 5 版）》（City Politics：The Political Economy of Urban America，5th edition. Judd and Swanstrom，2005）；《大都会的政治变化（第 7 版）》（Political Change in the Metropolis, 7th edition. Harrigan and Vogel, 2002）。

对研究生来说，较好的美国城市政治学的主要著作汇编有：《城市政治学读本》（The Urban Politics Reader. Mollenkopf and Strom, 2006）和《美国城市政治学读本（第四版）》（American Urban Politics: The Reader, 4th edition. Judd and Kantor, 2005）。纽约城市大学的政治学教授约翰·莫伦科夫（John Mollenkopf）在《二战后城市发展的政治学》（The Postwar Politics Of Urban Development. Mollenkopf, 1975）和《凤凰涅槃：纽约城市政治中政府联盟的兴衰史》（A Phoenix in the Ashes: The Rise and Fall of the Koch Coalition in New York City Politics. Mollenkopf, 1992）中对第二次世界大战后美国城市的政治学著作做了出色的总结。

公众参与是城市管理和政治学的重要内容。很多学者关注市民及其他利益团体参与城市规划和城市政策制定过程的问题。在20世纪60年代，作为美国政府官员的谢莉·阿恩斯坦（Sherry Arnstein）为增加公众参与进行了长期研究。她得出的基本结论是：如果受决策影响的人能参与决策，那么决策就能更加合理而更容易实施，因为受其影响的人更能接受决策。阿恩斯坦在其经典著作《公众参与的阶梯》（A Ladder of Citizen Participation. Arnstein, 1969）中，把在地方政府决策过程中公众参与的不同程度分为"有着7个梯段的梯子"。"最低的梯段"是只有很低程度的公众参与，"最高的梯段"是决策权完全由公众控制。英国城市规划师帕齐·希利（Patsey Healey）在《协作规划：在破碎的社会中构筑场所（第2版）》（Collaborative Planning: Shaping Places in Fragmented Societies, 2nd Edition. Healey, 2006）中认为，通过协作规划的途径，公众能更好地走向阿恩斯坦所形容的公众参与"阶梯"中的更高梯段。

麻省理工学院兼哈佛大学法律教授萨斯金德（Susskind）研究公共事务中利益冲突的调停问题，特别是在环境保护和城市开发中出现利益冲突时的调停问题。他的著作《打破僵局：解决争议的共识机制》（Breaking the Impasse: Consensual Approaches to Resolving Public Disputes. Susskind, 1989）对面临城市开发中大量利益冲突问题的中国规划师有借鉴意义。

在当前中国的城市发展和体制改革中，规划师如何定位？也许中国规划师们可以从康奈尔大学福雷斯特（Forester）教授的著作中吸取理论精华。事实上，西方的规划师们并不真正卷入城市开发，他们只是和涉及开发的各种利益集团打交道，通过协助利益集团建立共识来引导开发，以保障公共利益。福雷斯特通过大量访谈、案例调查，在其名著《面对权力的规划》（Planning in the Face of Power. Forester, 1989）以及《面对冲突的规划》（Planning in the Face of Conflict. Forester, 1987）中详细分析了规划师在私有制的市场经济中可能扮演的不同角色。

由C·N·斯通（C.N.Stone）等人提出的政体理论（The Regime Theory）是近年来西方城市政治经济学的主要理论。斯通（Stone）的《城市开发中的政治考量》（The Politics of Urban Development. Stone, 1987）和《城市政体和城市管治能力》（Urban Regime and the Capacity to Govern: A Political Economy Approach. Stone, 1993）打下了政体理论的基础。政体理论为城市开发项目中政府、市场、社会三者之间博弈的动态结盟提供了一种理论模型，并得到很多实证。

5. **城市历史学**

城市历史学主要研究的内容包括：城市的起源，早期城市的人口和城市演变，殖民城市，工业革命和城市化问题，以及城市规划史。历史学家是研究城市演变的主角，同时，人类学家、地理学家、政治科学家、经济学家、建筑师、规划师及其他学者也做出了贡献。而城市规划史则是城市历史的一个子学科。

西方城市历史学家的著作主要集中在欧美城市史，大多数关于城市化的著作以欧洲为中心，在相当程度上忽视了中国城市的发展。西方也有关于中东、印度、中国等地城市历史的研究，但无论是在数量上还是质量上都相对较差。当代美国城市历史学教材中，采用较多的著作有：《美国城市社会的演变（第6版）》（The Evolution of American Urban Society, 6th Edition. Chudakoff and Smith, 2004）；《美国的城市化（第二版）》（The Making of Urban America, 2nd edition. Mohl, 1997）；和哥伦比亚大学历史学家肯尼斯·杰克逊（Kenneth Jackson）的《杂草边疆：美国的郊区化》（The Crabgrass Frontier: The Suburbanization of the United States. Jackson, 1985），此书是关于美国郊区化的经典著作。

密歇根大学的历史学家罗伯特·费什曼（Robert Fishman）在《20世纪的城市乌托邦》中生动地刻画了20世纪欧美城市规划先驱们的生平，包括埃比尼泽·霍华德（Ebenezer Howard）、勒·柯布西耶（Le Corbusier）和弗兰克·劳埃德·赖特（Fran Lloyd Wright）。彼得·霍尔（Peter Hall）的《明日城市：20世纪城市规划和设计的历史（第3版）》（Cities of Tomorrow: An Intellectual History of Urban Planning and Design in the Twentieth Century, 3rd edition. Hall, 2002）和研究城市对文明影响的《文明中的城市》（Cities in Civilization. Hall, 1998）同样是西方城市规划历史方面的经典著作。

不同历史时期、不同社会中城市人口的规模和城市地区的人口比例，历来是研究城市演变的根本问题。关于历史上城市人口规模的著作有金斯利·戴维斯（Kingsley Davis）的《人口城市化》。该书提供了分析城市人口规模的理论框架。A·F·韦伯（Adna Ferrin Weber）的经典著作《19世纪的城市增长》（The Growth of Cities in the Nineteenth Century. Weber, 1899）记录了19世纪城市人口的增长情况。P·M·霍恩贝格（Paul M. Hohenberg）和L·H·利斯（Lynn Hollen Lees）的著作《欧洲的城市化1000—1950年》（The Making of Urban Europe 1000—1950. Hohenberg and Lees, 1985）讨论了从中世纪到20世纪中叶欧洲城市人口的变化。人口统计学家T·沙德勒（Tertius Chandler）和G·福克斯（Gerald Fox）在《城市增长3000年》（3000 Years of Urban Growth. Chandler and Fox, 1974）中，开列了上千种参考材料中对历史上城市人口规模的估计值，并提出了他们对3000年来世界城市人口的估计值。加州大学伯克利分校的历史学家J.德·弗里斯（Jan de Vries）的《1500—1800年期间的欧洲城市化》（European Urbanization 1500—1800. de Vries,1984）对1500—1800年间欧洲城市的人口，以50年为间距，做了仔细的估计。联合国出版的《2004年全球城市集聚区》（Urban Agglomerations 2004. United Nations, 2005）对全球525个城市集聚区（以人口超过75万为标准）的人口做了年估计。世界银行在《2004年世界发展指数》中，也对每年各国城市化百分比做了估计。此外，一些美国研究机构和世界银行的报告对理解世界城市的历史、现状和未来也很有帮助。

美国自1970年开始，欧洲自1800年开始，中央政府每十年进行一次人口普查，美国人口统计署的《美国统计：1790—2000年的人口普查》(Measuring America: The Decennial Censuses from 1790 to 2000. U.S. Census, 2002)提供了美国人口、住房、教育和其他重要数据的全面资料。在未来，美国将转向抽样调查统计，而不再进行每十年一度的涉及每个公民的全国性普查。

世界上最初的城市在何时、何地、为什么产生？不同地区都有各自最早的城市，它们是在与其他文明相隔绝的情况下发展起来，出现的时间也很不一致，为什么？这是城市研究中又一个永恒的话题。人类学家在城市起源方面做出了巨大的贡献——通常通过发掘古代城市的遗迹提供可靠的证明。大多数的古代城市的考古发掘工作是19世纪末到20世纪初英国考古学家所完成的。今天，中国、印度、巴基斯坦、墨西哥、危地马拉、秘鲁、津巴布韦以及其他最早城市的起源地的考古学家和西方的访问考古学家们仍在继续研究最早城市的起源问题。

通过对古代美索不达米亚地区的乌尔城(位于现在的伊拉克)的发掘，澳大利亚考古学家V·戈登·蔡尔德(Vi Gordon Childe)在《历史探索》中，认为最早城市的出现是源于美索不达米亚地区的城市革命。蔡尔德(Childe)应用马克思的结构主义方法，提出：底格里斯河和幼发拉底河之间丰饶的土地和理想的农耕条件导致了祭祀阶级及战士阶级能从社会中聚集起剩余财富。早在3500年以前，美索不达米亚地区的精英们就修建了灌溉系统，利用剩余财富来营造像乌尔城这样的大城市。关于美索不达米亚地区的其他材料可以从参与发掘乌尔城的L·伍利(Leonard Wooley)的《苏美尔人》中发现。另一位英国考古学家詹姆斯·梅拉尔特(James Mellaart)参与发掘了土耳其的Catal Hüyük古城。在《çatal Hüyük：安纳托利亚的新石器时代古城》(çatal Hüyük: a Neolithic Town in Anatolia. Mellaart, 1967)中，梅拉尔特认为，坚硬锋利的黑曜石的交易——不是肥沃的土地——导致了çatal Hüyük古城的产生。梅拉尔特相信，çatal Hüyük 古城的居民们用他们从黑曜石的交易中获得的钱买进种子种植庄稼，并最终在周边地区都种满了高产的庄稼。这个理论是对蔡尔德(Childe)理论的质疑。梅拉尔特的理论认为最早出现的城市导致了农业的革新，这个思想在简·雅各布斯(Jane Jacobs)的《城市经济》(The Economy of Cities. Jacobs, 1970)中得到了进一步的宣扬。

城市规划史这一城市历史的子学科方面的著作有：约翰·雷普斯(John Reps)的《美国的城市化：美国的城市规划历史》(The Making of Urban America: A History of City Planning in The United States. Reps, 1965)；梅林尔·斯科特(Mellior Scott)的《1890年以来的美国城市规划》(American City Planning Since 1890. Scott, 1985)；C·博伊尔(Christine Boyer)的《美国城市规划的神话：理性城市的梦想》(Dreaming the Rational City: The Myth of American City Planning. Boyer, 1986)；唐纳德·克鲁克伯特(Donald Krueckeberg)的《美国规划师(第2版)》(The American Planner, 2nd edition. Krueckeberg, 1994)；多洛雷斯·海登(Dolores Hayden)的《重新设计美国梦：性别、住房和家庭生活》(Redesigning the American Dream: Gender, Housing, and Family Life. Hayden, 2002)。研究英国城市规划的著作有：彼得·霍尔(Peter Hall)的《明日城市：20世纪城市规划和设

计历史（第 3 版）》（Cities of Tomorrow：An Intellectual History of Urban Planning and Design in the Twentieth Century, 3rd edition. Hall, 2002）；建筑历史学家莫里斯（Morris）的《工业革命之前的城市形态史（第 3 版）》（History of Urban Form Before the Industrial Revolution, 3rd edition. Morris, 1996）；S·科斯托夫（Spiro Kostoff）的《塑造城市：从历史角度分析城市形态及其意义》和《拼贴城市：从历史角度分析城市形态的要素》（The City Assembled：The Elements of Urban Form Through History. Kostoff, 1992）。

由于美国是一个移民国家，有很多美国学者研究移民和种族问题。其中的经典著作有：哈佛大学历史学家奥斯卡·刘易斯（Oscar Lewis）关于纽约、波士顿等东海岸城市欧洲移民情况的著作《离乡背井》（The Uprooted. Lewis, 1951）；加州大学伯克利分校的种族学教授 R·高木（Ron Takaki）的《彼岸的陌生人：亚裔美国人历史》（Strangers from a Different Shore：A History of Asian Americans. Takaki, 1989）。后者对中国和其他亚洲国家迁移至加州及其他西海岸城市的移民历史做了研究。

6. 城市的未来

城市科学的最后一个分支学科是预测城市的未来。正如金斯利·戴维斯（Kingsley Davis）在《人口城市化》中所描述的，人类的城市化进程仍在继续。事实上，所有人口学家都预测全球人口总量仍会大量增长，同时继续城市化——特别是在第三世界。即使政府通过城市规划和各种城市政策来干预城市发展，而且其力度要远甚于过去，21 世纪仍将出现越来越多的城市拥挤、蔓延、污染、自然资源枯竭和物种灭绝等情况。芝加哥大学社会学家萨斯基娅·萨森的《新兴信息技术和全球化对城市的影响》（The Impact of New Information Technologies and Globalization on Cities.Sassen, 2001）和《全球城市：纽约、伦敦、东京》（The Global City：New York, London, Tokyo.Sassen, 2001）以及其他学者的研究显示：现代通信技术并没有造成人类居住的分散倾向。没有任何证据能表明拥有最密集信息流的世界最大城市——纽约、伦敦、东京——在信息革命过程中出现了衰退。

对于城市的未来，20 世纪的城市学家提供了多种不同的版本：霍华德、昂温、格迪斯、芒福德（Howard, Unwin, Geddes, Mumford）都反对大城市无节制的增长，提倡发展符合人类尺度的区域城市。霍华德（Howard）首倡田园城市，他的理念迄今有巨大影响。赖特（Wright）在《广亩城市：一个新社区规划》（Broadacre City：A New Community Plan. Wright, 1935）中，进一步提出了“广亩城”的概念——每个家庭生活在 1 英亩的土地上。现代主义者如勒·柯布西耶则持相反观点，认为应该发展自给自足型的巨型结构体城市。中国当代的大城市似乎更多受到现代主义的影响。

技术、特别是信息技术，对城市和城市系统产生了深远的影响。 曼努埃尔·卡斯特利斯、萨斯基娅·萨森、斯蒂芬·格雷尼姆以及其他西方学者出版了大量关于信息技术及其对城市影响的著作，包括《欧洲城市：信息社会和全球经济》（European Cities, the Informational Society, and the Global Economy. Castells, 1993）；《网络社会的崛起》；《全球城市：纽约、伦敦、东京》（The Global City：New York, London. Tokyo, Sassen 2001）；《新兴信息技术和全球化对城市的影响》(The Impact of New Information Technologies and Globalization on Cities. Sassen, 2001);《世界经济中的城市 (第 3 版)》(Cities in a Global Economy. 3rd edition. Sassen,2006);《E 托邦时代》(E-topia. Mitchell,2001)。《电脑化网络城市读本》(The Cybercities Reader. London : Routledge, 2003) 是城市和信息技术方面的文献汇编。

结论

本文提供了我们认为对中国规划师可能有所助益的百年来西方城市规划和城市研究的主要著作和文献。本导读的内容涉及城市规划理论、规划实践和城市规划的各个子学科，也对城市研究的组成部分，如城市社会学、城市经济学、城市地理学及其他城市学科中有影响的著作做了简要介绍。城市规划和城市研究是相关而不同的学科，业务繁忙的中国规划师可能对后者的兴趣不足，但是后者对从事理论研究工作的学者，如城市规划教授和规划研究生应很有帮助。

西方关于城市和城市规划的著作浩如烟海，我们所选的文献仅仅是其中的一部分。但是这些文献涵盖了绝大多数的城市问题，从城市贫穷到城市设计质量。城市研究涵盖了城市的方方面面，这一事实本身就对只关注物质规划而忽视城市开发所引发的社会和环境后果的一些规划师们有启示作用。我们想传递的信息是，一个完整的城市规划理论体系，应该建筑在城市科学的所有领域之上而不仅仅是规划设计，这才是一个坚固的理论基础，才能全面指导规划实践。

由于西方城市科学和规划的文献极多，我们建议读者可以结合自己工作来选读。例如，城市规划教授和研究生可以着重阅读规划理论方面的著作，加上自己的专业方向——交通规划或城市设计方面的著作。城市研究方面的著作可以作为社会学、地理学等专业的阅读材料，或供规划研究生选读。

目前中国的城市建设是如此火热，城市化的进程是如此迅速，通过研究西方规划和城市研究的著作，中国规划师也许能学到一些经验而减少一些失误。当然，为了中国的城市发展，具有中国特色的城市规划理论只能依靠中国规划师来建立。事实上，中国规划师不仅能从西方著作中汲取营养，还应该对世界规划行业的理论和实践作出自己应有的贡献。

索 引

第 5 部分　城市规划的历史与展望

第 6 部分　城市规划理论

第 7 部分　城市规划实践

第 8 部分　城市设计

第 9 部分　全球化背景下的城市